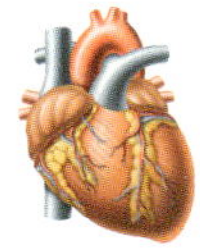 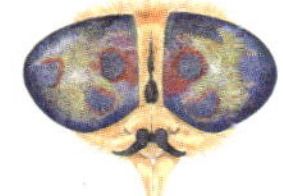

Das große Ravensburger

TASCHEN-LEXIKON

von A–Z

Das große Ravensburger

TASCHEN-LEXIKON

von A–Z

Ravensburger Buchverlag

Bibliografische Information Der Deutschen Nationalbibliothek

Die Deutsche Nationalbibliothek verzeichnet diese Publikation in
der Deutschen Nationalbibliografie; detaillierte bibliografische Daten sind
im Internet über **http://dnb.d-nb.de** abrufbar.

Die Schreibweise entspricht den Regeln der neuen Rechtschreibung.

3 2 1 10 09 08

Titel der Originalausgabe: The Kingfisher A–Z Encyclopedia

Übersetzung aus dem Englischen: bookpartner, Suzanne Bürger,
Sonja Fiedler-Tresp, Dr. Wolfgang Hensel, Cornelia Panzacchi
Typografie, Layout, Satz: Carsten Abelbeck, München
Printed in Germany
ISBN 978-3-473-55075-3

www.ravensburger.de

Inhalt

Hinweise zur Benutzung

In diesem Lexikon lassen sich gesuchte Informationen leicht auffinden. Den größten Teil des Nachschlagewerks nehmen die Stichwortseiten im A–Z-Teil ein. Hier finden sich erklärende Texte zu über 1500 Stichwörtern. In den A–Z-Teil eingeordnet sind über 35 Sonderseiten, die einen Überblick zu ausgewählten Themen aus den Bereichen Natur, Kultur, Wissenschaft und Technik geben. Den Abschluss des Buches bildet ein Anhang mit Karten und Übersichten sowie einem umfangreichen Register.

Zahlreiche Themenseiten behandeln einen Begriff besonders ausführlich.

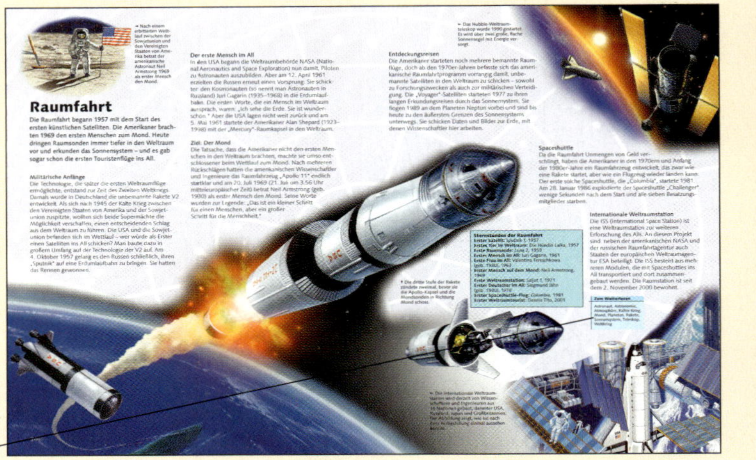

Auf jeder Themenseite gibt es eine Sammlung von Stichwörtern, unter denen man weiterführende Informationen findet.

Das erste bzw. letzte Stichwort jeder Stichwortseite steht im so genannten Kolumnentitel. Das erleichtert das Finden von Begriffen.

Die Stichwörter sind in alphabethischer Reihenfolge angeordnet.

Begriffe in fetter Schrift mit Pfeil verweisen auf ein anderes Stichwort.

Ein kleiner Pfeil zeigt an, zu welcher Abbildung ein Bildtext gehört.

Diamant

Diamant

Diamanten sind die härtesten →**Mineralien** und wertvollsten →**Edelsteine**, die es gibt. Sie bestehen aus reinem →**Kohlenstoff**, demselben Material, aus dem auch →**Kohle** aufgebaut ist. Die →**Atome** des Kohlenstoffs sind jedoch anders angeordnet als bei Kohle. Diese Anordnung bestimmt die Härte. Diamanten entstehen tief unter der Erdoberfläche unter äußerst hohem Druck. Meist sind sie glasklar, sie können aber auch blau, rosa oder gelblich gefärbt sein. Damit Schmuckdiamanten richtig funkeln, werden die Steine geschliffen und poliert. Diamanten lassen sich auch künstlich herstellen. Solche schwarzen Industriediamanten verwendet man als harte Bohrer und zum Schneiden von →**Glas** oder →**Metall**. Diamanten kommen in vielen Ländern →**Afrikas** sowie in →**Russland** vor.

▲ Man findet natürliche Diamanten in Felsgestein eingebettet. Nachdem sie herausgelöst, geschliffen und poliert worden sind, haben sie rund die Hälfte ihres Gewichts verloren.

Dickens, Charles

Charles Dickens (1812–1870) zählte schon zu Lebzeiten zu den bekanntesten und beliebtesten englischen Romanautoren. In seinen →**Büchern** beschreibt er das Leben im viktorianischen London. Dabei stand Dickens immer auf der Seite der Armen und Schwachen, zu denen er in seiner Kindheit selbst gehört hatte. Sein heute bekanntestes Buch „Oliver Twist" erschien 1838/39 zunächst als Fortsetzungsroman in einer →**Zeitung**. In vielen seiner Werke, wie auch z. B. in „Eine Weihnachtsgeschichte" (1843), übte er Kritik an den sozialen Missständen und forderte Hilfe für die Armen. Mit seinem Werk gab er Anstoß zu sozialen Verbesserungen.

▲ Diese Illustration zeigt eine Szene aus Charles Dickens' Roman „Die Lebensgeschichte, Abenteuer, Erfahrungen und Beobachtungen David Copperfields des Jüngeren" (1849/1850).

Dieselmotor

Dieser →**Motor** wurde nach seinem deutschen Erfinder Rudolf Diesel (1858–1913) benannt, der 1897 seinen ersten erfolgreichen Motor dieser Art baute. Der Dieselmotor löste schließlich die →**Dampfmaschine** ab. Den Kraftstoff für diesen Motor nennt man ebenfalls Diesel. Er wird wie Benzin aus →**Erdöl** gewonnen. Dieselmotoren sind im Betrieb billiger als Benzinmotoren, aber sie wiegen mehr und lassen sich schwerer starten. Sie werden hauptsächlich in Lokomotiven, Traktoren, →**Schiffen**, Bussen und Lastwagen eingesetzt.
Bei einem Dieselmotor wird der Kraftstoff nicht wie bei einem Benzinmotor durch den Funken einer Zündkerze entzündet, sondern durch Wärme: Wird →**Luft** stark verdichtet – also auf einen viel kleineren Raum zusammengedrängt, als sie vorher bean-

Luft
Kolben
Zylinder
Kurbelwelle
Dieselöl
Einlassventil
Zünden und Verbrennen
Auslassventil
Abgase

▲ **Ansaugtakt** Der Kolben bewegt sich nach unten. Dadurch wird Luft angesaugt.

▲ **Kompressionstakt** Der Kolben bewegt sich nach oben und presst die Luft zusammen. Sie erhitzt sich.

▲ **Arbeitstakt** Feine Düsen spritzen das Dieselöl ein. Es entzündet sich und explodiert. Der Kolben bewegt sich wieder nach unten.

▲ **Auspufftakt** Der Kolben geht nach oben und drückt die Abgase durch das Auslassventil aus dem Zylinder.

64

Über 1000 farbige Abbildungen veranschaulichen die Sachinformationen. Es sind große Farbbilder, Flaggen und Karten, historische Abbildungen, Porträts oder Schritt-für-Schritt-Abbildungen, die technische Vorgänge erläutern.

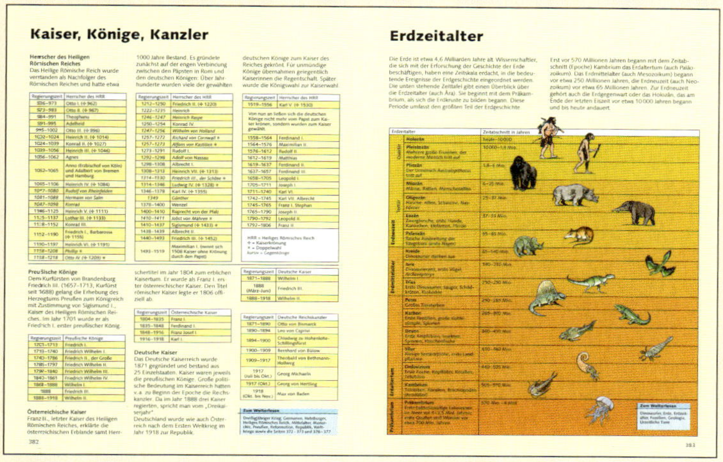

Der Anhang umfasst Übersichtsseiten mit Daten und Fakten aus Geschichte, Geografie und Biologie sowie ein umfangreiches Register.

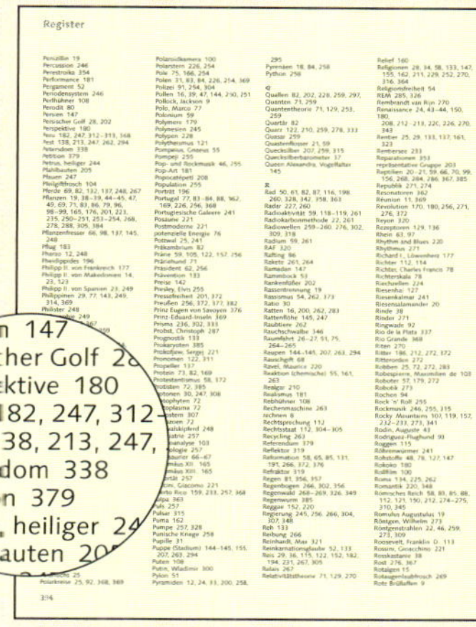

Im Register findet man über 3000 Begriffe mit Seitenangabe.

spruchte – wird sie sehr heiß. Diese Hitze entzündet den Dieselkraftstoff, der daraufhin sofort verbrennt, wie bei einer kleinen →**Explosion**. Der verbrennende Kraftstoff erzeugt heiße →**Gase**, die den Kolben des Motors nach unten drücken und so das Fahrzeug oder eine →**Maschine** antreiben.

Diktatur

Als Diktatur bezeichnet man die uneingeschränkte Herrschaft eines Einzelnen (Diktator) oder einer Partei. Zur Durchsetzung der Herrschaft werden häufig gewaltsame Mittel eingesetzt. In der →**Antike** war ein Diktator ein Übergangsregent, dem man in Notsituationen für sechs Monate die absolute Herrschaft einräumte. Heutzutage nennt man einen Herrscher nur dann Diktator, wenn er die Macht für unbegrenzte Zeit an sich reißt und keine Opposition sowie keine freien →**Wahlen** zulässt. In einer Diktatur sind die →**Menschen**- und →**Bürgerrechte**, wie z. B. die Meinungs- und Pressefreiheit, eingeschränkt. Diktatur wird oft als Gegensatz zur →**Demokratie** verstanden. In →**Europa** herrschten im 20. Jh. mit dem →**Nationalsozialismus** in →**Deutschland** und dem Stalinismus, d. h. dem →**Kommunismus** in der →**Sowjetunion** unter Josef Stalin (1878–1953), zwei schreckliche Diktaturen, in denen jeweils viele Millionen Menschen ermordet wurden. Am längsten währte die Diktatur Francos (1892–1975) in →**Spanien** (1939 bis 1975).

Dinosaurier siehe Seite 66

DNS siehe Genetik

Dominikanische Republik

Die Dominikanische Republik liegt auf dem Ostteil der Insel Hispaniola in der →**Karibik**. Das Land besitzt riesige →**Wälder**. Seine wichtigsten Anbauprodukte sind Zuckerrohr, Tabak und Kaffee. Der Tourismus gewinnt immer mehr an Bedeutung.

Draht

Unter Draht versteht man einen langen dünnen Strang aus →**Metall**, den man leicht verbiegen oder aufwickeln kann. Für Draht gibt es viele Verwendungsmöglichkeiten. Stacheldrahtzäune sorgen dafür, dass →**Schafe** und →**Rinder** nicht von der Weide ausreißen können. Miteinander verdrillte Drähte bilden Seile, an denen einige der weltweit größten →**Brücken** hängen. Leitungsdrähte befördern elektrischen →**Strom**.
Zu den Metallen, aus denen man Draht herstellen kann, gehören →**Kupfer**, →**Eisen**, →**Aluminium** und →**Silber**. Je nach Herstellungsweise unterscheidet man Walzdraht und Ziehdraht. Beim Walzen wird ein Metallstab immer dünner ausgewalzt, beim Ziehen wird er durch immer kleinere Löcher in Metallscheiben gezogen, bis immer längere und dünnere Stränge entstehen. Zum Schluss wird der Draht erwärmt und wieder abgekühlt, wodurch er geschmeidig wird.
Früher wurde Draht von Hand gezogen. Wie dünn er wurde, hing von der Kraft des Drahtziehers ab.

Drama siehe Literatur, Theater

Dreißigjähriger Krieg

Der Dreißigjährige Krieg (1618–1648) war einer der verheerendsten Kriege, die →**Europa** erlebt hat. Er brach knapp hundert Jahre nach der →**Reformation** aus. Grund waren zunächst Gegensätze zwischen protestantischen und katholischen Ländern. Es ging dabei aber nicht in erster Linie um religiöse Fragen, sondern um die machtpolitische Auseinandersetzung zwischen Landesfürsten und dem habsburgischen Kaiser des →**Heiligen Römischen Reiches**. Schließlich entwickelte sich der Krieg zum Kampf zwischen →**Frankreich** und dem österreichischen Herrscherhaus der →**Habsburger** um die Vormachtstellung in Europa.
Der Dreißigjährige Krieg begann mit dem Aufstand böhmischer Protestanten gegen die Statthalter des katholischen Kaisers in Prag. Über viele Jahre war das protestantische Lager, genannt „Union“, der katholischen „Liga“ unterlegen, auch noch als →**Dänemark** und →**Schweden** die Union unterstützten. Erst als sich das katholische Frankreich mit den Protestanten verbündete, wendete sich das Blatt: Franzosen und Schweden zwangen →**Österreich** und seinen wichtigsten Verbündeten, Bayern, zum Waffenstillstand. Mit dem „Westfälischen Frieden“ endete der Dreißigjährige Krieg. Dieser Friedensvertrag garantierte die Gleichstellung von Katholiken und Protestanten und sicherte den deutschen Fürsten die geistliche und weltliche Oberhoheit in ihren Gebieten. Die kaiserliche Macht wurde dadurch geschwächt.

Dominikanische Republik
Staatsform: Republik
Hauptstadt: Santo Domingo
Fläche: 48 422 km²
Einwohner: 8,5 Mio.
Sprache: Spanisch
Währung: Dominikanischer Peso

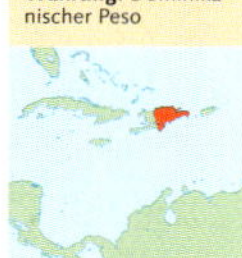

65

Jedem Buchstaben ist eine Farbe zugeordnet. So kann man sich im umfangreichen A–Z-Teil leicht zurechtfinden.

Hier wird auf das Stichwort verwiesen, unter dem der Begriff erklärt ist.

Verweis auf eine Themenseite

Zu den wichtigsten Staaten gibt es jeweils einen „Steckbrief“ mit der Flagge, wichtigen Daten und einer kleinen Landkarte.

Verwendete Abkürzungen

z. B. = zum Beispiel
Jh. = Jahrhundert
v. Chr. = vor Christi Geburt
n. Chr. = nach Christi Geburt
ca. = circa/etwa
d. h. = das heißt
v. a. = vor allem
u. a. = unter anderem
bzw. = beziehungsweise
Mio. = Millionen
Mrd. = Milliarden
°C = Grad Celsius
mm = Millimeter
cm = Zentimeter
m = Meter
km = Kilometer
km² = Quadratkilometer
m/s = Meter pro Sekunde
km/s = Kilometer pro Sekunde
km/h = Kilometer pro Stunde
l = Liter
t = Tonne
kg = Kilogramm
g = Gramm

A

Aale

Aale sind lange, schlanke →**Fische**, die im Süßwasser wie im Meerwasser zu finden sind. Ihre schmalen Rücken- und Afterflossen erstrecken sich fast über den ganzen Körper. Die zwei bekanntesten →**Arten** sind der Europäische und der Amerikanische Flussaal. Beide haben eine bemerkenswerte Lebensgeschichte: Sie verbringen die meiste Zeit ihres Lebens in →**Flüssen**, schwimmen aber zur →**Fortpflanzung** Tausende von Kilometern weit durch den →**Atlantischen Ozean** in die Sargassosee. Nachdem sie dort abgelaicht, also →**Eier** und Sperma ins →**Wasser** abgegeben haben, sterben die Aale. Die frisch geschlüpften Aallarven sind durchsichtig und flach. Nach rund drei Jahren entwickeln sie Flossen und →**Schuppen** und wandern zu den Lebensräumen ihrer Eltern in →**Nordamerika** und →**Europa** zurück. Sie wachsen im Süßwasser heran und bleiben dort bis zur Geschlechtsreife.

Abakus

Der Abakus ist eine einfache →**Rechenmaschine**, die bereits die Menschen im antiken →**Griechenland** und im →**Römischen Reich** verwendeten. Beim Abakus rechnet man mit kleinen Perlen oder Kugeln, die auf mehreren übereinanderliegenden Drähten oder Schnüren aufgezogen sind. Die Kugeln auf der ersten Reihe stellen die Einer dar, die auf der zweiten die Zehner, auf der dritten die Hunderter usw. Der Abakus ist noch in Teilen →**Asiens** und der arabischen Welt in Gebrauch.
Die Römer verwendeten auch kleine Steine, die sie „calculi" (lateinisch für Stein) nannten. Daher kommt der Begriff kalkulieren, ein anderes Wort für berechnen.

▲ Der berühmteste Vertreter des Absolutismus ist König Ludwig XIV., genannt der Sonnenkönig. Er regierte Frankreich nach dem Motto „L'état c'est moi" (Der Staat bin ich).

Absolutismus

Man versteht darunter eine →**Monarchie**, bei der alle Macht in den Händen eines Herrschers liegt. Der Begriff bezeichnet auch das Zeitalter der europäischen →**Geschichte**, in dem diese Staatsform bestimmend war (17. und 18. Jh.). Um seine absolute Herrschaft ausüben zu können, stützt sich der Monarch auf drei Säulen: ein Beamtentum und eine Armee, die ihm ergeben sind und seine Macht nach innen und außen schützen und stützen, sowie ihm unterstehende →**Gerichte**. Seinen Höhepunkt erreichte der Absolutismus in →**Frankreich** unter Ludwig XIV. (1638–1715). In →**Deutschland** konnten die deutschen Könige und Kaiser des →**Heiligen Römischen Reiches** keine solche absolute Herrschaft errichten. Doch bildete sich der Absolutismus in einzelnen deutschen Ländern aus. Das Zeitalter der →**Aufklärung** brachte den aufgeklärten Absolutismus mit sich. →**Friedrich der Große** oder Joseph II. von Österreich (1741–1790) waren typische aufgeklärte Herrscher. Sie empfanden sich als „erste Diener des Staates" und führten Reformen durch. Zum Beispiel wurden die leibeigenen Bauern befreit und die allgemeine Schulpflicht eingeführt.

▲ Das Werk „Propeller" schuf 1923 Robert Delaunay (1885–1941). Er war einer der ersten europäischen Vertreter abstrakter Kunst.

Abstrakte Kunst

Abstrakte Künstler lehnen die naturgetreue Darstellung von Menschen, Landschaften oder Gegenständen ab. Sie konzentrieren sich auf Formen, Farben und Material und wollen dem Betrachter mit ihren Gemälden, →**Zeichnungen** oder Skulpturen Gefühle und Ideen vermitteln.
Das erste Bild der abstrakten →**Malerei** schuf um 1910 der russische Maler Wassily Kandinsky (1866–1944). Bald folgten die ersten Ausstellungen abstrakter Künstler

in Paris und Moskau. In den 1950er-Jahren wurde New York zum führenden Zentrum abstrakter Kunst. Viele moderne Künstler beschäftigten sich mit dieser Kunstrichtung, wie z. B. →**Pablo Picasso**, Jackson Pollock (1912–1956) und Mark Rothko (1903–1970).

Adjektiv

Ein Adjektiv, auch Eigenschaftswort genannt, beschreibt ein →**Substantiv** (Hauptwort). „Ein graues Pferd“ ist eine genauere Angabe als „ein Pferd“. Eine noch genauere Angabe wäre „ein großes, graues Pferd“. „Groß“ und „grau“ sind Adjektive, die das Hauptwort näher bestimmen.
Adjektive können vor dem Substantiv stehen oder auch nachgestellt werden: „Der Kuchen ist köstlich.“ Das Wort „köstlich“ beschreibt den Kuchen. Es ist also ein Adjektiv.

Affen

Affen gehören der Ordnung Primaten an, zu denen auch Halbaffen, →**Menschenaffen** und →**Menschen** zählen. Man unterscheidet zwei große, geografisch getrennte Gruppen: die Altwelt- und die Neuweltaffen. Sie leben in den tropischen →**Wäldern** →**Afrikas** und →**Asiens** bzw. →**Mittel-** und →**Südamerikas**. Typische Merkmale der Affen sind der behaarte Körper, die langen Beine und Arme sowie der lange Schwanz. Dieser hat sich bei vielen →**Arten** zum Greifschwanz entwickelt und kann beim Klettern im Geäst eingesetzt werden. Affen nutzen Hände und Füße nicht nur zum Laufen, sondern können damit auch Nahrung und Gegenstände festhalten oder sich an Äste klammern. Viele Affen leben in großen Gruppen, die man Horden nennt. Jede Affenhorde verteidigt ein eigenes Revier.
Affen verbringen viel Zeit damit, zu spielen, gegeneinander zu kämpfen und gegenseitige Fellpflege zu betreiben.

Afghanistan

Afghanistan ist ein gebirgiges Land in →**Asien**, das an →**Pakistan** und den →**Iran** grenzt. Fast alle Einwohner sind Muslime. 1979 marschierten Truppen der damaligen →**Sowjetunion** ein, um das innerlich zerrissene Land zu stabilisieren. Nach dem Abzug der sowjetischen Truppen im Jahr 1989 wurde Afghanistan von blutigen →**Bürgerkriegen** erschüttert. Schließlich gelang es einer islamischen Gruppierung, den Taliban, über 90 % des Landes zu kontrollieren.
Einige der Talibanführer unterstützten terroristische Organisationen, die am 11. September 2001 auf die US-amerikanischen Städte New York und Washington D.C. schwerste Anschläge verübten. Noch im selben Jahr wurden die Taliban von einer afghanischen Rebellengruppe, der Nordallianz, besiegt. Diese erhielt dabei militärische Unterstützung von den →**Vereinigten Staaten von Amerika** und →**Großbritannien**. Afghanistan hat seitdem eine neue →**Regierung**, ist aber politisch nach wie vor instabil.

Afghanistan
Staatsform: Islamische Republik
Hauptstadt: Kabul
Fläche: 652 000 km²
Einwohner: 26,5 Mio.
Sprachen: Dari, Paschtu
Währung: Afghani

▼ Zu den Affen gehören z. B. die Roten Brüllaffen. Sie schreien morgens in den Baumkronen, um ihre Anwesenheit anzuzeigen oder Alarm zu geben. Sie leben in Familiengruppen in den Wäldern Mittel- und Südamerikas.

Afrika

◄ Geier fressen das verrottende Fleisch toter Tiere.

Afrika ist der zweitgrößte Kontinent. Er erstreckt sich vom Mittelmeer im Norden bis zum Kap der Guten Hoffnung an der Südspitze. Afrika grenzt im Westen an den Atlantik, im Osten an den Indischen Ozean.

▲ Die Baumschlange (Boomslang) ist eine der giftigsten Schlangen Afrikas. Sie jagt Eidechsen und Vögel in den Baumkronen.

Wildes Afrika

Große Teile Afrikas sind Wildnis und die verschiedenen Naturräume weisen eine große Vielfalt an Tierarten auf. Im Norden des Kontinents breitet sich die riesige Wüste Sahara aus. Sie besteht aus Sand und Geröll und gehört zu den heißesten Gebieten der Erde. In der Nähe des Äquators, der sich quer durch die Mitte des Kontinents zieht, wachsen ausgedehnte Regenwälder mit hoch aufragenden Bäumen. Dort ist es immer feucht, weil fast täglich wolkenbruchartige Regenfälle niedergehen. Mehr als ein Drittel Afrikas besteht aus weiten Hochebenen, die von Savanne bedeckt sind. Hier weiden große Herden von Elefanten, Antilopen und Zebras. Raubtiere, wie z. B. die Löwen, machen Jagd auf sie.

Berge, Seen und Flüsse

Vor 20 Millionen Jahren spaltete sich in Ostafrika die Erde. Entlang dieses Spalts entstand das Ostafrikanische Grabensystem, das sogenannte Great Rift Valley mit Bergen, Schluchten und tiefen Seen. Die höchsten Berge liegen in Äthiopien, Kenia, Uganda und Tansania. Der Tanganjikasee ist mit 1470 m der zweittiefste See der Erde.

▲ In der Wüste Sahara gibt es viele Sanddünen, die vom Wind aufgetürmt werden.

Afrikas längste Flüsse sind der Nil, der Niger, der Kongo, der Sambesi und der Limpopo. Sie werden für Fischfang, als Transportwege und zum Bewässern von Feldern genutzt.

Menschen in Afrika

In Afrika leben viele verschiedene Völker. In Nordafrika sind es z. B. die Araber und die Berber, die größtenteils dem Islam angehören. Südlich der Wüste Sahara leben verschiedene Völker der Schwarzafrikaner. Sie machen drei Viertel der gesamten Bevölkerung des Kontinents aus.
Es gibt 53 Staaten in Afrika – und über 2000 verschiedene Sprachen.

Leben in Afrika

Viele Afrikaner treiben Ackerbau, v. a. für den Eigenbedarf. Für den Export werden Kakao, Baumwolle, Zuckerrohr, Kaffee, Tee und Bananen angebaut. Drei Viertel des in der Welt produzierten Palmöls stammt aus Afrika. Es wird zur Herstellung von Seife und Margarine verwendet. Einige Gebiete des Kontinents sind reich an Bodenschätzen wie Gold, Diamanten, Zinn und Kupfer. In Teilen von Nord- und Westafrika gibt es reiche Erdölvorkommen. Viele Afrikaner leben in Dörfern, die oft ihre ganz eigene Kultur und ihre eigene Lebensweise besitzen. Jedoch wachsen auch die städtischen Ballungsgebiete. Zu den größten Städten gehören Kairo und

▼ Wasserlöcher sind für die Tiere auf Afrikas heißen, grasbedeckten Ebenen überlebensnotwendig, besonders in der Trockenzeit.

▲ Flamingos haben ein rosa-schwarzes Gefieder. Man trifft sie z. B. an den Salzseen von Ostafrika.

Steckbrief Afrika
Fläche: 30 313 000 km²
Höchster Berg: Kilimandscharo, Tansania, 5895 m
Tiefster Punkt: Assalsee, Dschibuti, 156 m unter dem Meeresspiegel
Größter See: Viktoriasee, 68 880 km²
Längster Fluss: Nil, 6670 km
Größte Wüste: Sahara
Zahl der Staaten: 53
Größtes Land: Sudan
Kleinster Festlandstaat: Gambia
Kleinster Inselstaat: Seychellen
Größte Stadt: Kairo, Ägypten, ca. 15 Millionen Einwohner
Gesamtbevölkerung: 675 Millionen

Alexandria in Ägypten, Casablanca in Marokko, Lagos und Ibadan in Nigeria, Kinshasa in der Demokratischen Republik Kongo und Kapstadt in Südafrika.

Zum Weiterlesen
Aids, Apartheid, Bürgerkrieg, Islam, Kolonie, Kontinente, Kontinentaldrift, Regenwald, Savanne, Sklaverei, Tropen, Wüste

Unbekanntes Afrika

Jahrhundertelang wussten die Europäer wenig über Afrika und seine Einwohner. Erst als die Portugiesen gegen Ende des 15. Jh. auf ihrer Suche nach einem Seeweg nach Indien die südliche Spitze Afrikas umsegelten, begann man, sich für diesen riesigen Kontinent zu interessieren. Bald wurden Karten von der afrikanischen Küste angefertigt, doch nur einige wenige Händler und Entdecker wagten sich ins Landesinnere vor.

Im 16. Jh. begannen die europäischen Seefahrer Menschen aus Afrika als Sklaven zu verschiffen, der Sklavenhandel nahm seinen Anfang. Bis zum 19. Jh. wurden rund 14 Millionen Sklaven nach Amerika gebracht.

◄ Die Massai-Frauen in Ostafrika tragen bei bestimmten Zeremonien bunte Kleidung und perlenbestickte Kragen.

► Viele Afrikaner sind Bauern. Diese Frau in Sambia bringt Maiskolben nach Hause.

Kolonien

Zu Beginn des 19. Jh. begannen die europäischen Staaten in ihrem Streben nach Macht, Landbesitz und Bodenschätzen in Afrika mehr und mehr Kolonien zu gründen. Schließlich teilten am Ende des 19. Jh. Engländer, Franzosen, Belgier, Deutsche, Portugiesen, Italiener und Spanier den Kontinent beinahe gänzlich unter sich auf.

Unabhängigkeit

Zwischen 1950 und 1970 wurden die meisten afrikanischen Kolonien unabhängige Staaten. Viele dieser Gebiete waren sehr arm, in einigen von ihnen kam es zu blutigen Bürgerkriegen, da rivalisierende Gruppen um die Macht kämpften. Auch heute steht Afrika noch immer vielen Problemen gegenüber. Dazu gehören Krankheiten, wie z. B. Aids, eine schlechte wirtschaftliche Lage und Unterernährung. Die meisten dieser Probleme konnten auch mit internationaler Hilfe bis heute nicht gelöst werden.

Ägypten
Staatsform: Republik
Hauptstadt: Kairo
Fläche: 1 002 000 km²
Einwohner: 63,8 Mio.
Sprache: Arabisch
Währung: Ägyptisches Pfund

Ägypten

Das moderne Ägypten wurde 642 v. Chr. begründet, als das Land von arabischen Heeren erobert wurde. In Bezug auf die Einwohnerzahl ist es heute das zweitgrößte Land **→Afrikas**, die Hauptstadt Kairo ist die größte Stadt des **→Kontinents.** Die meisten Ägypter sind Araber, die dem **→Islam** angehören.
Das Land besteht größtenteils aus **→Wüste**. Nur an den Ufern des Nils gibt es fruchtbare Ackerflächen, wo v. a. **→Baumwolle**, **→Gemüse**, Zuckerrohr und **→Weizen** angebaut werden.
Im Osten des Landes liegt der **→Sueskanal**, der das Mittelmeer mit dem Roten Meer verbindet.

Ägypten, altes

Vor etwa 5000 Jahren entwickelte sich in Ägypten eine der ersten **→Hochkulturen**. Von dieser Zeit an, also von etwa 3000 v. Chr. bis 500 v. Chr., sollte Ägypten eines der größten und wohlhabendsten Reiche der damaligen Welt sein.
Man schätzt die **→Bevölkerung** des alten Ägypten auf etwa sechs Millionen Menschen. Sie lebten hauptsächlich am fruchtbaren Ufer des Nils, weniger in den Fels- und Sandwüsten, die den größten Teil des Inlandes bedecken. Hauptstadt dieses Reiches war Theben.
Jedes Jahr stieg der Nil über seine Ufer und hinterließ fruchtbaren Schlamm, der den Bauern ideale Bedingungen für die **→Landwirtschaft** bot. Die Menschen lernten, ihre Felder zu pflügen, und konnten zweimal im Jahr ernten. Ägypten produzierte so viel **→Getreide**, **→Obst** und **→Gemüse**, dass es ohne Probleme für die ganze Bevölkerung reichte – das waren neben den Bauern die Kaufleute, Handwerker, Bergarbeiter und Priester sowie die adligen Familien und der **→Pharao** (Gottkönig), der das Land regierte. Der größte Teil der Ägypter musste zwar nicht hungern, war aber ansonsten arm und lebte in Lehmhütten mit Dächern aus Palmenzweigen. Reiche Familien besaßen dagegen große, gut ausgestattete Häuser und konnten sich Köstlichkeiten wie Fleisch oder Kuchen leisten. Sie trugen edle Kleidung und Schmuck. Die Frauen benutzten sogar schon Kosmetika.
Die Ägypter hatten begabte Architekten und Ingenieure, die prunkvolle Städte, Tempel und Grabstätten errichteten. Sie planten die eindrucksvollen **→Pyramiden** als Grabmäler für ihre Pharaonen. Der Bau einer Pyramide war sehr aufwendig. Tausende von Arbeitern waren mehrere Jahre damit beschäftigt, große Steinquader aus dem Fels zu hauen, auf dem Nil nach Giseh zu schiffen und sie an ihren Platz zu setzen. Einige der Steinblöcke in der Cheopspyramide wiegen 60 t.
Im Inneren der Pyramiden gibt es viele Gänge, doch nur einer führt zur Grabkammer, in der sich die Mumie, also der einbalsamierte Leichnam, in einem Sarkophag befand. Da die Ägypter an ein Leben nach dem Tod glaubten, gaben sie dem Toten Essen, Geld für die Totenfähre, Schmuck und andere persönliche Dinge mit, die ihm die Reise erleichtern sollten. Viele Grabstätten wurden später von Räubern geplündert. Trotzdem haben Archäologen noch einiges gefunden. Der vielleicht sensationellste Fund war die gut erhaltene Mumie des jungen Pharaos Tutanchamun (1347–1339 v. Chr.) im Jahr 1922.
Zahlreiche mit **→Hieroglyphen** beschriftete Papyrusrollen sind dank des trockenen **→Klimas** in Ägypten erhalten geblieben. Sie und die Wandmalereien in den Pyramiden erzählen von den Gebräuchen der alten Ägypter und von ihren **→Göttern**, wie dem Sonnengott Re oder dem Totengott Osiris. Ende des 12. Jh. v. Chr. übernahmen die Priester die Macht in Ägypten und das Reich begann zu verfallen. Immer wieder überfielen feindliche Nachbarvölker das Land und schwächten

▼ Die größten Pyramiden des alten Ägypten entstanden am Ufer des Nils bei Giseh, nahe der heutigen Hauptstadt Kairo. Hier sieht man eine königliche Barke, die sich den Pyramiden nähert.

es. Ungefähr 300 Jahre lang wurde es von den Griechen beherrscht, dann wurde es nach dem Tod →**Kleopatras** um 30 v. Chr. römische Provinz.

Aids

Aids ist die Abkürzung für den englischen Ausdruck „acquired immune deficiency syndrome", was so viel heißt wie erworbene Immunschwäche. Die tödliche →**Krankheit** wird vom HI-Virus verursacht. Das →**Virus** greift die weißen Blutkörperchen an. Diese haben die Aufgabe, →**Bakterien** und **Viren** abzutöten. Werden die weißen Blutkörperchen vom HI-Virus zerstört, kann schon die kleinste Erkältung schlimme Folgen haben. Aids-Patienten besitzen keine Abwehrkräfte mehr und sie sterben meist. Der Mensch kann auf drei verschiedenen Wegen Aids bekommen: beim Geschlechtsverkehr, wenn eine Wunde mit Aids-infiziertem →**Blut** in Berührung kommt oder als Baby im Mutterleib, wenn die Mutter an Aids erkrankt ist. Oft bricht die Krankheit erst Jahre nach der Ansteckung aus.
Es gibt bis heute kein Heilmittel und keinen Impfstoff gegen das Virus. Aids ist ein weltweites Problem, Millionen von Menschen sterben jedes Jahr an dieser Krankheit.

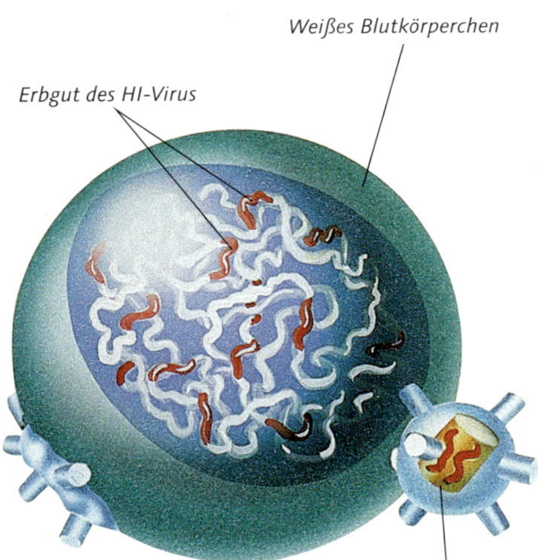

▲ Wenn sich jemand mit der tödlichen Immunschwäche Aids ansteckt, gelangt das HI-Virus ins Blut. Es hängt sich an ein weißes Blutkörperchen und vermehrt sich dort. Die neuen Viren verteilen sich im ganzen Körper.

▲ Die Menschen im alten Ägypten glaubten an ein Leben nach dem Tod. Sie balsamierten die Körper ihrer Toten ein, um ihren Verfall zu verhindern. Erst entfernte man die inneren Organe und legte den Körper 40 Tage in Salz ein, damit er austrocknete. Dann rieb man ihn mit Gewürzen und Öl ein und umwickelte ihn fest mit Stoffbändern.

Aktie

Wenn man Aktien kauft, erwirbt man damit einen Anteil an einem →**Unternehmen** und wird als Aktionär Teilhaber an dessen Vermögen. In der Regel werden die Aktien, die eine Firma ausgibt, an der →**Börse** gehandelt. Die Aktie selbst ist die Urkunde über den erworbenen Besitzanteil am Unternehmen und wird in der →**Bank** in einem Depot für den Besitzer verwahrt. Besitzt dieser noch weitere Aktien von anderen Firmen, legt die Bank sie in dasselbe Depot. Der Wert einer Aktie ändert sich ständig, denn ihr Preis wird jeden Tag aufs Neue an der Börse durch Angebot und Nachfrage ermittelt. Wenn ein Unternehmen gute Geschäfte macht und sich positiv entwickelt, steigt der Wert der Aktien in der Regel. Hat das Unternehmen oder der Wirtschaftszweig, in dem es tätig ist, Probleme, sinkt der Preis der Aktien an der Börse.

Akupunktur

Akupunktur ist eine medizinische Behandlungsmethode aus dem Fernen Osten. Dabei sticht man mit dünnen Metallnadeln an festgelegten Punkten ein wenig in den Körper. Diese Punkte liegen an den zwölf Meridianen des Körpers, in denen nach fernöstlicher Vorstellung die Lebensenergie kreist. Die Chinesen entwickelten die Akupunktur bereits vor fast 5000 Jahren. Sie wird heute noch angewandt und fand in vielen Ländern Anerkennung als alternative →**Medizin**. Akupunktur setzt man z. B. bei Kopfschmerzen, Asthma und Gelenkerkrankungen ein.

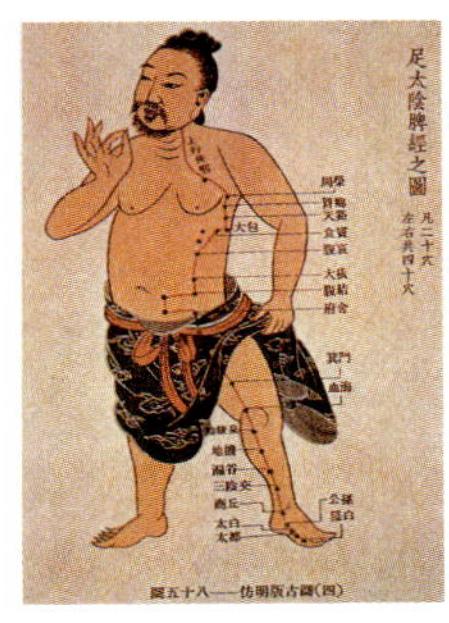

▲ Bei der Akupunktur werden Nadeln an genau festgelegten Punkten in den Körper gestochen. Die Abbildung zeigt einige davon.

► Zu den 14 Arten der Albatrosse gehört auch der Wanderalbatros – der Vogel mit der größten Flügelspannweite. Sie beträgt bis zu 3,5 m. Häufig fliegt er dicht über den Wellen.

Akustik

Die Akustik beschäftigt sich mit dem →**Schall** und der Art und Weise, wie er sich ausbreitet, nämlich in Wellen. Die Schallwellen versetzen die →**Luft** (aber auch feste und flüssige Materialien) in Schwingung. Das bedeutet, die Schwingungen der Schallwelle verdichten und verdünnen die Luft abwechselnd – sie vibriert. Wenn die Schwingungen das Trommelfell im →**Ohr** erreichen und es ebenfalls zum Vibrieren bringen, hört man den Schall. Die Frequenz gibt die Anzahl der Wellen pro Sekunde an. Tiefe Töne haben eine niedrige, hohe Töne dagegen eine hohe Frequenz. Laut und leise unterscheiden sich durch die Amplitude, das ist die Höhe vom Tal der Welle bis zum Wellenberg. Je höher die Amplitude, desto lauter der Ton. Schallwellen werden von unterschiedlichen Oberflächen entweder geschluckt oder zurückgeworfen. Wird viel Schall geschluckt, ist der Klang dumpf und leise, wird viel Schall reflektiert, ist der Klang hallig und laut.

Albanien
Staatsform: Republik
Hauptstadt: Tirana
Fläche: 28 748 km²
Einwohner: 3,4 Mio.
Sprachen: Albanisch, Griechisch
Währung: Lek

Albanien

Albanien ist ein zerklüftetes Land im Südosten →**Europas**. Die meisten Albaner leben in abgelegenen Bergdörfern.
Albanien wurde über 400 Jahre lang vom →**Osmanischen Reich** beherrscht, 1912 wurde es unabhängig. Nach dem Zweiten →**Weltkrieg** herrschte eine kommunistische →**Regierung**. 1992 wurde ein Mehrparteiensystem eingeführt. 1997 erschütterten bewaffnete Unruhen das Land. Die Ordnung wurde bald darauf wieder hergestellt, doch gab es seither immer wieder Aufstände.

Albatrosse

Die Albatrosse gehören zu den größten Seevögeln. Die hervorragenden Segler verbringen den Großteil des Tages in der Luft, lassen sich aber zum Schlafen auf dem Wasser nieder. Das Land suchen sie nur zum Brüten und bei schweren Stürmen auf. Albatrosse ernähren sich von →**Tintenfischen**, →**Quallen** und →**Fischen**. Häufig folgen sie auch →**Schiffen** und schnappen sich die über Bord geworfenen Abfälle. Albatrosse trinken Meerwasser. Das damit aufgenommene →**Salz** scheiden sie über spezielle →**Drüsen** am Kopf aus. Die meisten der 14 verschiedenen Albatrosarten leben südlich des →**Äquators**. Da jedes Jahr Tausende von Albatrossen in Fischernetzen sterben, geht ihr Bestand zurück.

Albino

Albinos sind Tiere, die an einem Pigmentmangel, d. h. an einem Farbstoffmangel, leiden. Sie haben weiße →**Haut** und weiße →**Haare**. Die Iris ihrer →**Augen** ist rot, nicht blau, braun oder grün. Der Pigmentmangel kann vererbt werden und zwar auf die übernächste Generation, d. h. also nicht auf die Kinder eines Albinos, sondern auf seine Enkel.
Menschliche Albinos sind eher selten. In →**Europa** und in den →**Vereinigten Staaten von Amerika** ist höchstens eines von 20 000 Babys ein Albino.

Alchemie

Die →**Chemie** des →**Mittelalters** nennt man Alchemie. Sie war eine Wissenschaft im Grenzbereich von →**Magie**, →**Naturwissenschaft** und →**Religion**. Alchemisten, so nannte man die Menschen, die Alchemie betrieben, suchten nach einer geheimen Substanz, dem „Stein der Weisen". Sie glaubten fest daran, dass man damit weniger wertvolle Dinge wie →**Eisen** oder →**Blei** in →**Gold** verwandeln sowie →**Krankheiten** heilen könne oder ewig jung bliebe. Zwar ist dies keinem Alchemisten jemals gelungen, aber sie lernten viel über einfache chemische →**Reaktionen** und →**Verbindungen** und erfanden einige der Geräte, die man noch heute in der Chemie verwendet.

Alexander der Große

Alexander der Große (356–323 v. Chr.) wurde als Sohn des makedonischen Königs Philipp II. (382–336 v. Chr.) geboren. Der griechische Philosoph →**Aristoteles** war Alexanders Lehrer und Erzieher. Mit nur 20 Jahren wurde Alexander König von Makedonien. Zuerst einte er →**Griechenland** durch die Unterwerfung der griechischen Stämme. Dann begann er seine Feldzüge gegen Persien, Syrien und →**Ägypten**.
331 v. Chr. hatte er so das größte Reich der

→**Antike** geschaffen. Alexander gründete viele nach ihm benannte Städte in den eroberten Ländern, z. B. Alexandria in Ägypten, das durch seine →**Bibliothek** zu einem geistigen Zentrum der Antike wurde.

◄ Alexander der Große war ein äußerst erfolgreicher Feldherr, der sich als Gott verehren ließ. Nach seinem frühen Tod war niemand in der Lage, das riesige Reich, das er geschaffen hatte, zu regieren. Es zerfiel in kleinere Länder, etwa Ägypten und Babylonien.

Algebra

Die Algebra ist ein Teilgebiet der →**Mathematik**. Ursprünglich bezeichnet sie die Lehre von den Gleichungen. Dabei stehen oft Buchstaben für →**Zahlen**. Bei algebraischen Gleichungen müssen sich die Seiten rechts und links des Gleichheitszeichens entsprechen, z. B. $x + 3 = 9$. Die Gleichung löst man, indem man für den Buchstaben diejenige Zahl findet, welche die Aussage wahr macht (in diesem Beispiel 6, denn $6 + 3 = 9$).

Algen

Die Algen bilden eine große Gruppe unter den Lebewesen mit vielen Tausend →**Arten**. Sie leben im →**Meer**, im Süßwasser oder an feuchten Orten, etwa im Erdboden. Manche sind →**Einzeller**, andere bestehen aus vielen →**Zellen**. Die riesigen Tange (Meeresalgen) sind die größten Algen. Sie stehen auf Steinen oder auf dem Meeresgrund. Meeresalgen haben keine →**Blätter** oder →**Blüten**, sondern feste, lederartige Wedel. Algen besitzen den grünen Farbstoff Chlorophyll und können wie die an Land lebenden Grünpflanzen mithilfe von Sonnenlicht ihre eigene Nahrung herstellen (Fotosynthese). Manche Algen enthalten auch noch andere Farbstoffe und man unterscheidet z. B. Rotalgen und Braunalgen von den Grünalgen. Die Blaualgen gehören jedoch nicht zu den Algen. Sie bilden zusammen mit den →**Bakterien** eine eigene Gruppe von Lebewesen. In einigen asiatischen Ländern wie →**China** und →**Japan** findet man Meeresalgen auf der Speisekarte.

▼ Meeresalgen gehören zu der großen Gruppe der Algen. Sie sind wichtig, weil sie Sauerstoff abgeben und für die Selbstreinigung des Wassers sorgen. Meeresalgen bieten vielen Tieren wie Krebsen, Seeschlangen und Garnelen Nahrung und Schutz.

Algerien
Staatsform: Republik
Hauptstadt: Algier
Fläche: 2 381 741 km²
Einwohner: 30,4 Mio.
Sprachen: Arabisch, Tamazight (Tuareg)
Währung: Algerischer Dinar

Algerien

Der nordafrikanische Staat Algerien grenzt ans Mittelmeer. Einen großen Teil des Landes bedeckt die →**Wüste** Sahara. Daher wohnen die meisten Algerier in einem schmalen fruchtbaren Streifen entlang der Küste. Den größten Bevölkerungsteil bilden die Berber (Kabylen, Tuareg).
Ab 1830 war Algerien eine französische →**Kolonie**. Im Jahr 1962 erlangte das Land nach einem langen Krieg seine Unabhängigkeit. Danach versuchte man, einen →**Staat** mit sozialistischer Planwirtschaft aufzubauen. Seit 1989 hat Algerien jedoch eine demokratische →**Verfassung**. In den 1990er-Jahren kam es zu heftigen politischen Unruhen.

Alkohol

Alkohol tritt in verschiedenen Formen auf. Am bekanntesten ist der Alkohol in Getränken wie Bier oder →**Wein**. Zu viel Alkohol schadet der →**Gesundheit**.
Alkohol entsteht in einem biologischen Prozess, der →**Gärung** genannt wird. Dabei verbrauchen Hefepilze den →**Zucker** aus →**Getreide** oder →**Früchten** und bilden Alkohol als Abfallprodukt. Starker Alkohol (z. B. Weinbrand) wird aus diesem Hefealkohol durch →**Destillation** gewonnen.
Alkohol braucht man auch zur Herstellung von Parfüm und manchen →**Medikamenten**. →**Öl** oder →**Fett** löst sich in Alkohol. Als Frostschutzmittel in →**Autos** benutzt man Glykol, das wie alle Alkohole erst bei sehr tiefen →**Temperaturen** gefriert.

Allergie

Eine Allergie ist eine starke Reaktion des Körpers auf Reizstoffe. Diese sogenannten Allergene können Pollen von →**Pflanzen**, tierisches oder pflanzliches →**Eiweiß**, Mehl, →**Obst**, Chemikalien oder Tierhaare sein. Die Allergie zeigt sich in Form von Heuschnupfen, Hautrötungen, Magen-Darm-Leiden, manchmal auch als →**Fieber** oder sogar Asthma.
Leichte Allergien können von selbst wieder verschwinden. Bei schweren Allergien versucht man, den Körper weniger empfindlich zu machen, man sagt dazu desensibilisieren. Dabei impft man ihn so lange mit den Allergenen, bis er genug Antikörper gebildet hat und nicht mehr allergisch reagiert.
Auch →**Tiere** entwickeln Allergien. So haben z. B. viele Pferde eine Heuallergie.

Allesfresser

Man kann die →**Tiere** nach verschiedenen Gesichtspunkten einteilen. Eine Möglichkeit der Unterscheidung ist die Art ihrer Ernährung. Es gibt Tiere, die sowohl pflanzliche als auch tierische Nahrung fressen. Man nennt sie Allesfresser. Zu ihnen zählen z. B. →**Ratten** oder →**Schweine**, die Knollen und →**Früchte**, aber auch →**Würmer** und →**Mäuse** vertilgen. Unter den →**Vögeln** sind etwa die Eichelhäher Allesfresser, unter den →**Reptilien** viele →**Schildkröten**. Die meisten Allesfresser sind zugleich Aasfresser, d. h. sie ernähren sich auch von verstorbenen Tieren. Auch →**Raubtiere** wie →**Bären** oder →**Dachse** fressen nicht nur Fleisch. Ihre Nahrung besteht sogar überwiegend aus →**Pflanzen**.
Wovon sich Tiere ernähren, lässt sich am Bau ihrer →**Zähne** ablesen. Typische Allesfresser unter den →**Säugetieren** haben oft lange Eckzähne wie die Raubtiere, aber auch breite Mahlzähne wie reine →**Pflanzenfresser**. Gegenüber Nahrungsspezialisten wie Pflanzen- oder →**Fleischfressern** sind die Allesfresser oft im Vorteil: Sie sind nicht auf eine bestimmte Nahrungsart angewiesen und haben deshalb größere Überlebenschancen.

Alligatoren siehe Krokodile

Alpen

Die Alpen bilden die größte Gebirgskette →**Europas**. Sie erstrecken sich von →**Frankreich** über die →**Schweiz**, Süddeutschland, Norditalien und →**Österreich** bis nach →**Slowenien**.
Der Montblanc ist mit 4807 m der höchste Berg der Alpen. Dichte →**Wälder** bedecken die steilen Berghänge und in den Tälern

◄ Die Alpen sind die Heimat vieler seltener Tiere.

Die Alpendohle ist ein schwarzer Rabenvogel, der auf den höchsten Gipfeln zu Hause ist.

gibt es viele →**Seen**. Der größte ist der Genfer See. Die Alpen sind ein beliebtes Ziel für Touristen, die dort wandern, Ski laufen oder angeln.

Alphabet

Ein Alphabet ist eine Zusammenstellung von Buchstaben (Zeichen für verschiedene Laute), die dazu dienen, in einer →**Sprache** zu schreiben. Das Wort Alphabet ist von den beiden ersten Buchstaben des griechischen Alphabets abgeleitet: Alpha (a) und Beta (b). Die 26 Buchstaben des deutschen Alphabets stammen aus dem 2500 Jahre alten römischen Alphabet. Weitere heute gebräuchliche Alphabete sind z. B. das griechische, das arabische, das hebräische und das russische oder kyrillische. Die meisten enthalten Zeichen für →**Vokale** (Selbstlaute wie a und o) und →**Konsonanten** (Mitlaute wie b und t). Das hebräische Alphabet besteht allerdings nur aus Konsonanten. Die Buchstaben eines Alphabets folgen einer ganz bestimmten Reihenfolge. Es eignet sich daher für die Ordnung in verschiedensten Nachschlagewerken – für ein Telefonbuch ebenso wie für dieses Lexikon.

Aluminium

Aluminium ist das häufigste →**Metall** der Erdkruste. Es wird v. a. aus Bauxit-Erz gewonnen (Erze sind natürliche →**Verbindungen**, die Metalle enthalten). Das Bauxit wird mit Chemikalien behandelt und in großen, elektrischen Schmelzöfen geschmolzen: Ein starker elektrischer →**Strom** fließt durch den Rohstoff, bis sich am Boden des Ofens das silberfarbene Aluminium absetzt.

Aluminium ist stabil und sehr leicht, es wiegt nur ein Drittel von →**Stahl**. Daher verwendet man es überall dort, wo man Stoffe mit geringem Gewicht, aber hoher Festigkeit benötigt, z. B. im Flugzeugbau oder für Tennisschläger. Da Aluminium auch ein guter Strom- und Wärmeleiter ist, dient es auch als Material für elektrische Leitungen und für Kochtöpfe.

▲ Aluminium ist ein sehr nützliches Metall. Unter anderem wird es für Tennisschläger, Stromleitungen, Flugzeuge und für Kochfolie verwendet.

Ameisen

Ameisen sind →**Insekten**, die in großen Staaten oder Kolonien leben. Einige →**Arten** bauen sich →**Nester** aus Zweigen, andere graben unterirdische Kammern. Wieder andere tragen aus Sand oder Erde Hügel zusammen. Eine Kolonie besteht aus den unfruchtbaren Arbeiterinnen, der →**Eier** legenden Königin sowie den männlichen Ameisen. Ameisen findet man in fast allen Regionen der →**Erde**. Die in →**Europa** heimische Rote Waldameise z. B. macht sich als Vertilgerin von Schadinsekten nützlich und belüftet den Waldboden. Ihr Nest reicht bis zu 2 m tief in die Erde, über dem Boden erhebt sich ein Hügel aus Nadeln, kleinen Zweigen, Moos und Erde.

▼ Fast überall auf der Welt gibt es Ameisen. Blattschneiderameisen leben in tropischen Wäldern Amerikas. Sie schneiden von den Blättern der Baumkronen Stücke ab und zerkauen sie zu Brei. Mit diesem Brei düngen sie einen Pilz, der ihre Nahrungsquelle darstellt.

▼ Der Große Ameisenbär bricht mithilfe seiner Klauen Ameisen- und Termitennester auf. Dann fängt er mit seiner rund 60 cm langen, klebrigen Zunge die Bewohner. Ein Ameisenbär verspeist rund 30 000 Termiten und Ameisen pro Tag.

Ameisenbären

Ameisenbären sind dicht behaarte →**Säugetiere**, die in den tropischen Wäldern und im →**Grasland** →**Mittel**- und →**Südamerikas** leben. Mit ihrer röhrenförmigen Schnauze und der langen, klebrigen Zunge holen sie →**Ameisen**, →**Termiten** und deren →**Eier** aus den →**Nestern**.
Man unterscheidet vier →**Arten**: Die größte Art ist der Große Ameisenbär, der von der Schnauzen- bis zur Schwanzspitze über 2 m messen kann.

Andorra
Staatsform: Parlamentarisches Fürstentum
Hauptstadt: Andorra la Vella
Fläche: 468 km²
Einwohner: 67 000
Sprache: Katalanisch
Währung: Euro

Amphibien und Reptilien

siehe Seite 20

Analysis

Die Analysis ist ein Teilgebiet der →**Mathematik**. Zur Analysis zählt man alle mathematischen Aufgaben, die mit Grenzwerten zu tun haben. Die wichtigsten Voraussetzungen für die Analysis schufen im 17. Jh. unabhängig voneinander der englische Physiker und Mathematiker Isaac →**Newton** und der deutsche Universalgelehrte Gottfried Wilhelm Leibniz (1646–1716). Sie begründeten die Differenzialrechnung, mit der man die Krümmung einer Kurve an einer bestimmten Stelle als Grenzwert bestimmen kann. Mithilfe der Integralrechnung lassen sich Inhalte und Oberflächen von Körpern, aber auch Bewegungsabläufe berechnen.

Anden

Die Anden bilden den längsten Gebirgszug der Welt. Sie erstrecken sich über mehr als 7000 km an der Westküste →**Südamerikas** und damit über die gesamte Länge des →**Kontinents**. Einige Berggipfel sind über 6000 m hoch. Der Aconcagua an der Grenze zwischen →**Argentinien** und →**Chile** ist mit 6960 m die höchste Erhebung Amerikas überhaupt. Viele der Berge sind aktive →**Vulkane**. Die Anden sind reich an →**Bodenschätzen** wie →**Kupfer**, →**Silber** und →**Gold**.

Andersen, Hans Christian

„Das wunderbarste Märchen der Welt ist das Leben selber", sagte Hans Christian Andersen (1805–1875), der über 160 Märchen verfasste. Die bekanntesten – „Der Däumling", „Des Kaisers neue Kleider", „Die Schneekönigin" und „Die Prinzessin auf der Erbse" – brachten Andersen Weltruhm. Nach seiner Märchenfigur „Die kleine Meerjungfrau" entstand die Skulptur der Nixe im →**Hafen** von Kopenhagen.

Andorra

Andorra ist ein winziges Land in den →**Pyrenäen** an der Grenze zwischen →**Frankreich** und →**Spanien** und liegt über 1000 m hoch. Bis 1993 wurde es gemeinsam vom französischen →**Präsidenten** und dem Bischof von Seo de Urgel in Spanien regiert. Seit 1993 wählen die Bürger von Andorra ihre eigene →**Regierung**. Andorra lebt überwiegend vom Fremdenverkehr.

Angola

Angola ist ein großes Land im Südwesten →**Afrikas** und grenzt an den →**Atlantischen Ozean**. Es besitzt wertvolle Diamanten- und Erdölreserven. Der größte Teil des Landes ist von Trockenwald bedecktes Hochland (über 1000 m).
Ende des 15. Jh. nahmen die Portugiesen den Küstenstreifen in Besitz, kontrollierten das Landesinnere aber erst ab Ende des 19. Jh. Von 1960 bis 1975 tobte ein blutiger Unabhängigkeitskrieg. Nach Erreichen der Unabhängigkeit begann ein →**Bürgerkrieg**, der erst 1991 endete. Doch die Unruhen dauerten auch danach noch an.

Antarktis siehe Arktis und Antarktis

Antibiotika

Antibiotika sind →**Medikamente**, mit denen man schädliche →**Bakterien** im Körper abtöten oder deren Vermehrung verhindern kann. Die Ausgangsstoffe werden von anderen Lebewesen – →**Pilzen**, →**Algen**, →**Flechten** oder höheren →**Pflanzen** – erzeugt. Im frühen 20. Jh. entwickelten Wissenschaftler die ersten Antibiotika. Das bedeutendste Antibiotikum war das Penizillin, das aus einem Schimmelpilz gewonnen wird. Penizillin half v. a. bei Lungenentzündung und rettete Tausende von Menschenleben. Mittlerweile haben Wissenschaftler viele weitere Antibiotika entwickelt, die →**Krankheiten** wie Tuberkulose, Typhus und Keuchhusten heilen. Antibiotika wirken aber nur gegen Bakterien, nicht gegen →**Viren**.

Antike

Der Begriff bezeichnet das griechisch-römische Altertum. Die Antike begann um 1000 v. Chr., als die mykenische Kultur zu Ende ging und sich die griechischen Stämme der Ioner, Achäer und Dorier herausbildeten. Sie endet mit der Absetzung des weströmischen Kaisers Romulus Augustulus (um 459–476) im Jahr 476 durch den germanischen Herrscher Odoaker (433–493). Die Zeit danach bis zum Beginn des →**Mittelalters** nennt man Spätantike. Der östliche Teil des →**Römischen Reichs**, das →**Byzantinische Reich**, bestand bis ins Jahr 1453.

Antilopen

Antilopen sind →**Huftiere**, die eng mit →**Rindern** und →**Ziegen** verwandt sind. Sie haben zweigeteilte Hufe und unverzweigte →**Hörner**, die sie nicht abwerfen. Die meisten Antilopen weiden in den →**Savannen** →**Afrikas**. Sie sind schnelle Läufer und bilden häufig große Herden, die beim geringsten Anzeichen von Gefahr fliehen. Ihre schlimmsten Fressfeinde sind →**Löwen**, Geparden und →**Hyänen**. Zu den bekanntesten Antilopenarten zählen Impala, Elenantilope, Wasserbock, Gnu, Gazelle und das nur kaninchengroße Kleinstböckchen.

Apartheid

Der Begriff Apartheid wurde von der weißen →**Regierung** in →**Südafrika** als Name für ihre Politik der Rassentrennung eingeführt. In den späten 1940er-Jahren hatte die Regierung entsprechende →**Gesetze** erlassen. Diese strengen Apartheidsgesetze trennten Weiße und Farbige in allen Lebensbereichen. Die farbige →**Bevölkerung** wurde dabei stark benachteiligt. Zahlreiche Aufstände und Proteste von Seiten der farbigen Bevölkerung und von Bürgerrechtlern aller Hautfarben waren die Folge. Auch viele andere →**Staaten** kritisierten die Regierung Südafrikas scharf. Besonders engagiert in der Anti-Apartheidsbewegung war der Anwalt Nelson Mandela (geb. 1918). Er trat 1944 dem Afrikanischen Nationalkongress (ANC) bei und rief zum gewaltlosen Widerstand gegen die Rassentrennung auf. Mandela wurde 1962 verhaftet und erst 28 Jahre später wieder freigelassen. 1991 setzte sich Präsident de Klerk (geb. 1936) zum Ziel, die Apartheid zu beenden. Drei Jahre später fanden die ersten freien →**Wahlen** für alle Bürger Südafrikas statt. Der Afrikanische Nationalkongress wurde Regierungspartei und Nelson Mandela der erste farbige Präsident Südafrikas.

Äquator

Der Äquator ist eine gedachte Linie um die →**Erde**. Er ist der längste →**Breitengrad** (40 075 km) und liegt genau in der Mitte zwischen Nord- und Südpol. Die Erde wird durch den Äquator in eine nördliche und eine südliche Halbkugel geteilt.

Angola
Staatsform: Republik
Hauptstadt: Luanda
Fläche: 1 246 700 km²
Einwohner: 12,7 Mio.
Sprachen: Portugiesisch, Bantusprachen
Währung: Kwanza

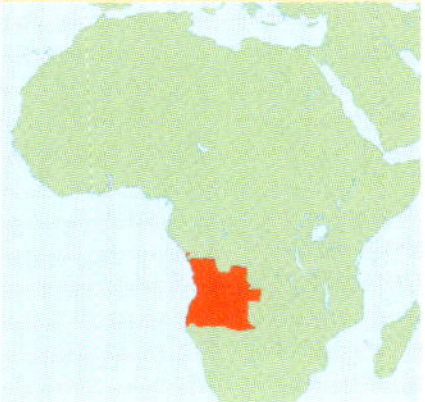

▲ Nelson Mandela, der 28 Jahre in politischer Haft saß, wurde zum Symbol für den Kampf gegen die Apartheid in Südafrika.

▼ Impalas gehören zu den Antilopen. Auf der Flucht vor Raubtieren können sie bis zu 60 km/h erreichen.

Amphibien und Reptilien

Amphibien und Reptilien bilden zwei erstaunlich vielfältige Tiergruppen, die ein gemeinsames Kennzeichen haben: Sie sind wechselwarm. Ihre Körpertemperatur ist also von der Umgebungstemperatur abhängig und wird ihr angepasst.

► Mit etwa 3000 Arten bilden die Echsen die größte Gruppe unter den Reptilien. Manche leben im oder auf dem Boden, andere in Bäumen.

Die Welt der Amphibien

Die Amphibien oder Lurche können sowohl im Wasser als auch auf dem Land leben. Man unterscheidet nach ihrem Aussehen drei Formen: Froschlurche, Schwanzlurche und Blindwühlen. Zu den Froschlurchen zählen die Frösche, Kröten und Unken. Sie bilden mit rund 2600 Arten die weitaus größte Gruppe der Amphibien. Schwanzlurche sind Olme, Riesensalamander, Molche und Salamander mit rund 450 Arten. Die wurmartigen Blindwühlen stellen die kleinste Gruppe mit etwa 170 Arten und kommen nur in tropischen Ländern vor. Lurche trifft man meistens an und in Teichen, Bächen und Sümpfen; Blindwühlen leben dagegen unter der Erde. Sie haben entweder gar keine Augen oder diese sind stark verkümmert.

▲ Frisch ausgeschlüpfte Alligatoren und Krokodile sehen wie Miniaturversionen ihrer Eltern aus.

▼ Der Mississippi-Alligator legt 25 bis 60 Eier und wärmt sie in einem Nest aus Pflanzen und Schlamm. Sind die Jungen geschlüpft, gräbt das Weibchen sie aus. Die Jungen bleiben drei Jahre lang bei ihrer Mutter. Das hier abgebildete Weibchen bringt die frisch geschlüpften Jungen zum Wasser.

Merkmale der Amphibien

Die Haut der Amphibien ist weich und trägt keine schützenden Schuppen. Sie muss stets feucht gehalten werden, damit die Tiere nicht austrocknen. Amphibien atmen fast ausschließlich über die Haut, die von vielen Blutgefäßen durchzogen ist. Der Sauerstoff wird direkt aus der Luft aufgenommen und Kohlendioxid wird über die Haut abgegeben. Amphibien „trinken" auch durch die Haut. Amphibien sind räuberische Tiere, die sich von Insekten und anderen kleinen Lebewesen ernähren. Ihre Eier legen sie gewöhnlich im Wasser ab, wo sich auch die Jungen entwickeln. Aus den Eiern schlüpfen Larven, die mit Kiemen atmen. Man nennt sie bei Froschlurchen Kaulquappen. Im Gegensatz zu den erwachsenen Tieren ernähren sie sich von Pflanzen. Im Laufe ihrer Entwicklung bilden sich die Kiemen zurück und die fertigen Tiere atmen mit Lungen. Manche Lurche wie z. B. der Alpensalamander bringen vollständig entwickelte Jungen zur Welt.

Die Welt der Reptilien

Es gibt rund 6000 Arten von Reptilien. Die meisten kommen in warmen Ländern vor. Dazu zählen fast 3000 Arten von Echsen, über 2700 Arten von Schlangen sowie 220 Arten von Schildkröten. Hinzu kommen 21 Arten von Krokodilen. Die rund 150 Arten der wurmartigen Doppelschleichen sind beinlose Echsen wie unsere heimische Blindschleiche. Sie sind mit ihr aber nur sehr entfernt verwandt und bilden eine eigene Gruppe.

▲ Schlangen sind Jäger. Die südamerikanische Grüne Hundskopfboa ringelt ihren Schwanz um einen Ast und wartet regungslos, bis ein Vogel oder kleines Säugetier in ihre Reichweite kommt. Dann schnellt ihr Kopf vor und die Beute wird mit dem Maul gepackt.

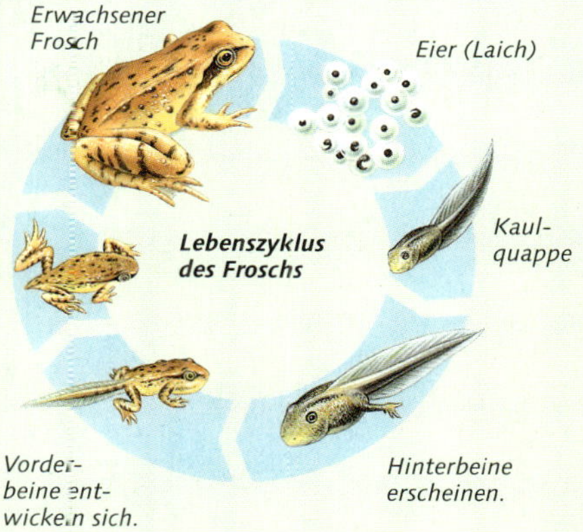

▼ Der südostasiatische Schwarzfuß-Flugfrosch spreizt die Häute zwischen seinen Zehen. So kann er im Gleitflug den Baum wechseln.

Merkmale der Reptilien

Im Unterschied zu den Amphibien sind die meisten Reptilien nicht an ein Leben am oder im Wasser gebunden. Die Seeschlangen, viele Schildkröten sowie die Krokodile sind aber Wasserbewohner. Die meisten Reptilien zählen zu den Schuppenkriechtieren. Ihre Haut ist durch Hornschuppen geschützt wie bei Eidechsen oder Schlangen. Schildkröten und Krokodile haben einen harten Panzer aus Knochenplatten und Horn. Schuppenkriechtiere ersetzen von Zeit zu Zeit ihre Haut. Schlangen streifen die Haut dabei im Ganzen ab.

Reptilien legen eine große Anzahl von Eiern, die sie meist im Sand oder unter Laub vergraben und von der Sonne ausbrüten lassen. Die Eier der Schlangen und Echsen haben eine weiche Schale, bei Krokodilen und Schildkröten ist die Eischale hart. Zahlreiche Schlangen und Echsen gebären auch lebende Jungen. Alle Reptilien sind Räuber, ausgenommen überwiegend Pflanzen fressende Schildkröten. Die größten Räuber sind die Krokodile und Warane. Schlangen erwürgen ihre Beutetiere oder töten sie durch Gift.

Angepasste Temperatur

Wenn man einen Frosch auf die Hand nimmt, fühlt er sich kalt an. Amphibien und Reptilien können keine innere Wärme erzeugen. Sie sind wechselwarm. Das bedeutet, dass sich ihre Körpertemperatur laufend der Temperatur ihrer Umgebung anpasst. Ist es zu kalt, versuchen die Tiere ihre Körpertemperatur durch ein Sonnenbad zu erhöhen. Nur wenn die Betriebstemperatur ihres Körpers hoch genug ist, können sie sich flink und geschickt bewegen. In heißen Ländern verkriechen sich viele Amphibien und Reptilien tagsüber in Höhlen oder unter der Erde. Sie werden erst nachts aktiv und gehen auf Jagd. Die meisten Amphibien- und Reptilienarten sind in den warmen Regionen der Erde heimisch. Arten in kühleren Gegenden fallen in der kalten Jahreszeit in eine Kältestarre.

Wer stammt von wem ab?

Die ältesten Formen der Amphibien stammen von Quastenflossern ab. Diese Fische hatten neben Kiemen auch Lungen und lebten im Zeitalter des Devon. Die Lungenatmung ist Voraussetzung dafür, außerhalb des Wassers zu leben. Vor über 350 Millionen Jahren waren Amphibien dann die ersten Wirbeltiere an Land. Die ersten Reptilien erschienen rund 100 Millionen Jahre später. Sie waren anfangs noch nicht sehr groß. Erst später entwickelten sich die sogenannten Herrscherreptilien, die Dinosaurier. Sie gelten als Vorfahren der heutigen Reptilien oder Kriechtiere. Nur die Schildkröten sind älter.

Zum Weiterlesen

Art, Dinosaurier, Echsen, Erdzeitalter, Frösche und Kröten, Kaltblüter, Krokodile und Alligatoren, Schildkröten, Schlangen, Schwanzlurche, Winterschlaf, Wirbeltiere und Seite 385.

▼ Die australische Kragenechse öffnet das Maul und spreizt ihren Kragen, um Angreifer zu erschrecken.

Argentinien
Staatsform: Bundesrepublik
Hauptstadt: Buenos Aires
Fläche: 2 780 400 km²
Einwohner: 37 Mio.
Sprache: Spanisch
Währung: Argentinischer Peso

Archäologie

Archäologen erforschen die →**Geschichte**, indem sie von →**Menschen** geschaffene Dinge, z. B. Werkzeuge, →**Münzen**, Töpferwaren, →**Häuser**, Tempel und Gräber, untersuchen. Sogar ein Abfallhaufen kann ihnen helfen herauszufinden, wie Menschen früher lebten.
Im frühen 19. Jh. begannen Altertumsforscher, archäologische Fundstätten sehr behutsam auszugraben und Aussehen und genaue Herkunft der Fundstücke zu notieren. Zu den interessantesten und wichtigsten Funden der klassischen Archäologie zählen Troja (1870), die Ruinen von Mykene (1876) und das Grab des ägyptischen →**Pharaos** Tutanchamun (1922).

Jeder Fundgegenstand, auch die kleinste Scherbe, wird in eine Liste eingetragen und erhält eine Nummer.

Archäologen reinigen die Funde, indem sie vorsichtig Erde entfernen.

► Nach wie vor ist die Ausgrabung die wichtigste Methode in der Archäologie. 1974 fand man in der Nähe eines chinesischen Kaisergrabs Tausende lebensgroßer Tonsoldaten.

Die heutigen Archäologen haben es leichter als ihre Vorgänger: Die →**Radiokarbonmethode** hilft zu klären, in welcher Zeit ein Objekt entstand. Untersuchungen mit →**Infrarot**- und →**Röntgenstrahlen** machen sogar →**Zeichnungen** unter der verwitterten Oberfläche einer Bronzeschale sichtbar.
Mithilfe von modernen Tauchausrüstungen können gesunkene Wracks erkundet werden (Unterwasserarchäologie). Und durch Aufnahmen aus der Luft lassen sich unterirdische Fundstätten ausfindig machen (Luftbildarchäologie).

Archimedes

Archimedes (um 287–212 v. Chr.) wurde in Syrakus geboren, studierte in Alexandria (→**Ägypten**) und war nach der Rückkehr in seine Heimatstadt als Ingenieur, Mathematiker und Berater des Königs tätig. Archimedes wies nach, dass das Volumen einer Kugel zwei Drittel des Volumens des Zylinders beträgt, der sie umgibt. Außerdem gilt er als Erfinder des zusammengesetzten →**Flaschenzugs**. Viele Forschungsergebnisse von Archimedes bilden wichtige Grundlagen der →**Mathematik** und →**Physik**, so z. B. das Hebelgesetz oder die Gesetze zur Berechnung von Flächen und Volumina.

Architektur siehe Seite 24

Argentinien

Argentinien ist nach →**Brasilien** das zweitgrößte Land →**Südamerikas**. Es zählt zu den weltweit führenden Produzenten von Rindfleisch und →**Wolle**. Seit einigen Jahren befindet sich das Land jedoch in einer schweren wirtschaftlichen Krise.
In der Mitte des Landes, um Buenos Aires, befindet sich die wichtigste landwirtschaftliche Region, die →**Pampa**, was in der Indianersprache Quechua „flaches Land" bedeutet. Hier gibt es Farmen mit Millionen von →**Rindern** und →**Schafen**. Der Norden Argentiniens ist überwiegend von Trockenwald bedeckt. Im Süden liegt Patagonien, eine kalte Region mit windigen Ebenen. Den westlichen Teil des Landes bilden die schneebedeckten →**Anden**.
Argentinien wurde von 1535 bis 1810 von →**Spanien** regiert. Der größte Teil der heutigen →**Bevölkerung** stammt von Europäern ab, doch gibt es auch etwa 35 000 indianische Ureinwohner.

Aristoteles

Der Philosoph, Lehrer und Schriftsteller Aristoteles (384–322 v. Chr.) gilt als Begründer der wissenschaftlichen →**Philosophie** und als einer der einflussreichsten Denker seiner

Zeit. Im Alter von 17 Jahren ging er nach Athen und trat dort als Schüler in die Akademie des Philosophen Plato (um 427–347 v. Chr.) ein, wo er später selbst Lehrer wurde. 342 v. Chr. wurde Aristoteles vom makedonischen König Philipp II. (382–336 v. Chr.) als Lehrer seines Sohnes, des späteren →**Alexander des Großen,** angestellt. Als Alexander 336 v. Chr. die Thronfolge antrat, kehrte Aristoteles nach Athen zurück und gründete dort seine eigene Schule, das „Lykeion".

Arktis und Antarktis siehe Seite 25

Armada

Armada hieß die große spanische Schiffsflotte, die im 16. Jh. lange als unüberwindlich galt. 1588 ließ der spanische König Philipp II. (1527–1598) mit der Armada England angreifen. Die 130 spanischen →**Schiffe** waren jedoch schwerfällig und den leichten und gut bewaffneten englischen Booten unterlegen. Zahlreiche spanische Schiffe sanken in der Schlacht. Nur 67 kehrten nach →**Spanien** zurück.

▲ Die spanische Armada von 1588 bestand aus 130 Kriegsschiffen. Unter den 30 000 Mann an Bord befanden sich Priester, Ärzte, Juristen und Verwaltungsbeamte.

Art

Biologen ordnen die Lebewesen anhand gemeinsamer oder abweichender Merkmale und Eigenschaften verschiedenen Verwandtschaftsgruppen zu. So entsteht ein Stammbaum, an dessen oberem Ende die Reiche stehen, z. B. Tier- und Pflanzenreich. Die Reiche untergliedern sich weiter in Stämme (bei Tieren) oder Abteilungen (bei Pflanzen). Innerhalb dieser Gruppen unterteilt man dann Klassen, Ordnungen, Familien, Gattungen und schließlich Arten. Mitglieder einer Art können sich untereinander fortpflanzen. Die wissenschaftlichen Bezeichnungen der Lebewesen bestehen aus dem Gattungsnamen und dem Artnamen, wobei Letzterer klein geschrieben wird. So gehört etwa der →**Tiger** zur Gattung *Panthera* und bildet die Art *tigris*. Der biologisch richtige Name lautet also *Panthera tigris*. Der Artname des →**Menschen** lautet *Homo sapiens*.

Artenschutz

Viele →**Arten** der Tier- und Pflanzenwelt sind heute vom Aussterben bedroht. Grund dafür ist, dass die →**Menschen** Lebensräume zerstören oder →**Pflanzen** und →**Tiere** durch →**Jagd** und Sammeln ausrotten. Um dem entgegenzuwirken, wurden und werden Naturschutzgebiete eingerichtet. Aber auch sehr direkte Maßnahmen dienen der Erhaltung bedrohter Arten. So werden etwa →**Nashörnern** die v. a. in Asien sehr begehrten Hörner abgesägt, um Wilderer vom Jagen abzuhalten.

▼ Zum Artenschutz gehört z. B., Elfenbein (Stoßzähne von Elefanten) zu beschlagnahmen und zu vernichten. So wird das Töten von Elefanten zum Zweck des Elfenbeinhandels uninteressant.

Architektur

Architektur ist die Kunst, Bauwerke zu entwerfen. Ziel dabei ist, ein stabiles, gut aussehendes und zweckmäßiges Gebäude zu schaffen.

Frühe Architektur

Die ersten vom Menschen geschaffenen Bauten waren sehr einfach. Sie bestanden aus natürlichen Materialien wie z. B. Gras und schützten vor Sonne, Wind und Regen. Vor über 5000 Jahren entstanden in Mesopotamien (heute Irak) Häuser aus Lehmziegeln, die nur einen einzigen Raum hatten. Mit der Zeit sammelten die Menschen Erfahrungen im Bauen und entwickelten anspruchsvollere Konstruktionen (Bauten). In der Zeit zwischen 2600 und 1000 v. Chr. errichteten die Ägypter gewaltige Pyramiden als Grabmäler für ihre Könige. Die größten dieser Pyramiden bestanden aus über zwei Millionen Steinblöcken.

▲ 3000–2000 v. Chr. errichteten die Sumerer Mesopotamiens hohe, pyramidenförmige Stufentempel, die Zikkurats.

▲ Die Kuppeln und Minarette (Türme) des indischen Tadsch Mahal sind typisch für den islamischen Baustil.

Griechische und römische Architektur

Die westliche Architektur, wie man sie heute kennt, hatte ihren Ursprung um 600 v. Chr. in Griechenland. In den folgenden 300 Jahren entwickelten griechische Architekten den klassischen Stil, zu dessen Elementen schöne Säulen aus Stein oder Marmor zählen. Einige griechische Tempel wie der Parthenon in Athen sowie mehrere Freilufttheater blieben bis heute erhalten.

Die Römer kopierten den architektonischen Stil der Griechen, erdachten aber auch eigene Bauweisen, wie z. B. Rundbögen und Kuppeldächer. Bögen können sehr viel Gewicht tragen und ermöglichen es, größere und stabilere Gebäude zu errichten. Vor allem in der Zeit zwischen 100 v. Chr. und 300 n. Chr. schufen römische Architekten eine Vielzahl von Gebäuden, darunter öffentliche Bäder, Brücken und Sportarenen.

▼ Das New Yorker Guggenheim Museum wurde 1960 eröffnet.

► In den 1980er-Jahren entstand im Hof des Pariser Museums Louvre diese Glaspyramide.

Stilveränderungen

Im Mittelalter entwickelte man in Europa neue Arten der Steinbauweise: Burgen, Festungen und Kirchen entstanden.

Ab der Mitte des 12. bis Ende des 15. Jh. wurden in Europa Kathedralen im gotischen Stil errichtet. Typisch für diese Bauweise sind anmutige, spitze Bögen und Buntglasfenster.

▲ Die in der Renaissance erbaute mächtige Kuppel des Doms von Florenz wurde in ganz Europa bewundert.

Die Renaissance, die in Italien im späten 14. Jh. einsetzte, löste eine neue Entwicklung in der Architektur aus. Auch der Schwerpunkt der Architektur verlagerte sich. Anstatt überwiegend Kirchen und andere mit der Religion verbundene Gebäude zu entwerfen, widmeten sich die Architekten stärker dem Bau von Privathäusern und öffentlichen Bauwerken, wie Regierungsgebäuden und Rathäusern.

Ab dem 16. Jh. konnten Baumeister durch ihre Werke persönlich berühmt werden. Die besten Architekten waren und sind in der Lage, ihren Stil den Bedürfnissen ihrer Kunden anzupassen, und deshalb sehr gefragt.

Moderne Architektur

Ziegel und Stein sind die wichtigsten Baustoffe geblieben, doch können Architekten darüber hinaus aus einer großen Vielfalt weiterer Materialien auswählen. Beton und Stahl, Glas und Kunststoff geben der heutigen Welt ihr Gesicht. Auch viele Erfindungen beeinflussten die Architektur, darunter die Zentralheizung, die elektrische Beleuchtung und die Klimaanlage. Nachdem 1854 der Fahrstuhl erfunden worden war, konnten wesentlich höhere Häuser gebaut werden. Die ersten Wolkenkratzer mit Stahlrahmengerüst entstanden im späten 19. Jh. in Chicago und New York.

Architekten arbeiten mit Ingenieuren und Statikern zusammen. Diese berechnen die Gewichte und Kräfte, die auf die geplanten Gebäude wirken würden, und der Entwurf wird gegebenenfalls abgeändert. Die beeindruckenden Formen moderner Gebäude könnten ohne hoch entwickelte Technologie nicht umgesetzt werden.

Zum Weiterlesen

Ägypten (altes), Beton, Brücken, Burgen, Griechenland (antikes), Haus, Islam, Kirche, Kuppel, Pyramiden, Renaissance, Theater, Wolkenkratzer

Arktis und Antarktis

Arktis und Antarktis liegen im Norden bzw. im Süden der Erdkugel. Sie sind die kältesten Gegenden der Welt und das Leben dort ist sehr hart.

▲ Wie viele arktische Tiere ist auch die Schneeeule weiß. So ist sie im Schnee gut getarnt.

Am Ende der Welt

Die Arktis ist das Gebiet innerhalb des nördlichen Polarkreises (gedachte Linie bei 66,5° nördlicher Breite). Sie besteht aus dem Nordpolarmeer, den angrenzenden Meeren und Inseln sowie den nördlichen Teilen von Alaska, Kanada, Grönland, Norwegen, Schweden, Finnland und Russland. Im Mittelpunkt der Arktis liegt der Nordpol. Die riesigen Eisflächen der Arktis schmelzen als Folge der Klimaerwärmung seit Jahren.
Die Antarktis ist der fünftgrößte Kontinent der Erde, der den Südpol umschließt. Fast die ganze Antarktis ist mit einer 2,5 km dicken Eisschicht bedeckt, die nur von wenigen Gebirgsketten durchbrochen ist. Der antarktischen Küste sind zahlreiche Inseln vorgelagert, im Meer treiben Eisberge und Eisschollen (Schelfeis).

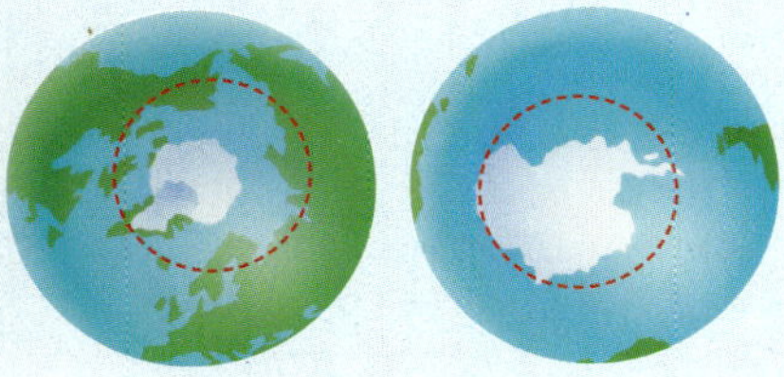

▲ Die Polarkreise sind Kreise um die Erdkugel bei jeweils 66,5° nördlicher bzw. südlicher Breite. Innerhalb des nördlichen Polarkreises ist hauptsächlich Meer, aber im südlichen Polarkreis liegt ein Kontinent.

▲ Viele verschiedene Arten von Walen, etwa der Pottwal, durchschwimmen Arktis und Antarktis auf der Suche nach Futter.

Polare Tierwelt

Trotz der rauen Bedingungen leben viele Tierarten in der Arktis und der Antarktis.
In der Arktis findet man Lemminge, Rentiere oder Karibus, Schneehasen und Eisbären. Viele arktische Tiere verbringen den Winter in unterirdischen Höhlen. Die meisten Vögel ziehen im Winter in wärmere Gegenden und kommen im Frühjahr wieder, um zu brüten. Die arktischen Meere beheimaten Robben, Walrosse und Wale.
In der Nähe des Südpols leben nur sehr wenige Tiere. Doch die Meere beheimaten viele Fische und kleine Krebstiere namens Krill. Diese stellen die Nahrung für eine große Zahl von Kalmaren, Walen, Pinguinen und Albatrossen dar.

▲ Durch die Klimaerwärmung schmilzt das Eis in der Arktis und damit der Lebensraum der Eisbären. Sie zählen deshalb zu den bedrohten Tierarten.

▼ Kaiserpinguine brüten während des antarktischen Winters. Eine dicke Schicht Körperfett schützt sie vor der bitteren Kälte. Außerdem drängen sie sich in Gruppen zusammen, um sich gegenseitig zu wärmen.

Die Kälte

In der Arktis steigt die Temperatur nur für vier Monate im Jahr über den Gefrierpunkt (0 °C). Die Antarktis ist noch kälter. Hier wurde die weltweit kälteste Temperatur aller Zeiten gemessen: –90 °C! Es ist in der Nähe von Nord- und Südpol so kalt, weil hier die Sonne nie hoch am Himmel steht. Im Winter gibt es Tage, an denen sie überhaupt nicht aufgeht (Polarnacht). Im Hochsommer ist die Sonne Tag und Nacht sichtbar – es wird nicht dunkel (Mitternachtssonne).
In der Arktis gibt es verschiedene Völker, z. B. die Inuit in Kanada und Grönland und die Samen in Skandinavien. Die Antarktis ist dagegen völlig unbewohnt. Nur Wissenschaftler leben zeitweise dort.

◄ Bis heute ist der Schlitten, der von Huskys gezogen wird, eine der schnellsten Fortbewegungsmöglichkeiten in der Arktis.

Zum Weiterlesen

Eisberg, Inuit, Jahreszeiten, Klima, Klimaerwärmung, Kontinente, Längen- und Breitengrad, Pinguine, Pole, Robben, Tag und Nacht, Wale

▲ Der Asteroidengürtel zwischen Mars und Jupiter besteht aus Felsbrocken unterschiedlichster Größe. Gelegentlich stoßen sie zusammen und zerbrechen. Ceres, der größte Asteroid, hat einen Durchmesser von etwa 930 km.

Arterie

Eine Arterie ist ein Blutgefäß, in dem sauerstoffreiches →**Blut** vom →**Herzen** in alle Teile des Körpers gepumpt wird. →**Venen** dagegen sind die Blutgefäße, in denen sauerstoffarmes Blut zum Herzen zurückkehrt. Die dickste Arterie des Körpers ist die Aorta oder Hauptschlagader. Sie entspringt im Herzen.

Asien siehe Seite 28

Asteroid

Zur selben Zeit, als die →**Sonne** und die neun →**Planeten** entstanden, bildeten sich Tausende von Asteroiden. Diese auch Planetoiden oder Kleinplaneten genannten Himmelskörper bestehen aus Stein oder →**Eisen**. Die meisten Asteroiden umkreisen die Sonne zwischen →**Mars** und →**Jupiter** im sogenannten Asteroidengürtel. Verlassen die Asteroiden ihre →**Umlaufbahn**, können sie auf andere Planeten treffen. Die auf dem →**Mond** oder →**Merkur** sichtbaren Krater stammen z. B. von den Einschlägen solcher Himmelskörper. Auch die →**Erde** wurde bereits getroffen, daher wird der Weltraum heute mit großen →**Teleskopen** nach gefährlichen Asteroiden abgesucht.

▲ Die Anziehungskraft des Mondes ist um ein Sechstel geringer als die der Erde. Ein Astronaut hat deshalb dort nur ein Sechstel seines Erdgewichtes und bewegt sich leicht schwebend fort.

Astronaut

Astronauten reisen in den Weltraum. In der →**Sowjetunion** hießen sie Kosmonauten. Die Wörter setzen sich zusammen aus griechisch „astron" für Stern oder „kosmos" für Weltall und „nauta" für Seefahrer.

Astronauten brauchen im lebensfeindlichen Weltraum einen speziellen Raumanzug, der die Körpertemperatur und die Versorgung mit Atemluft regelt. Um sich außerhalb des Raumfahrzeuges zu bewegen, tragen sie auf dem Rücken eine Manövriereinheit: Durch den Ausstoß von gasförmigem →**Stickstoff** aus Düsen wird der Astronaut in die gewünschte Richtung gelenkt. Seit Beginn der bemannten →**Raumfahrt** haben Hunderte von Astronauten Raumflüge durchgeführt und zur wissenschaftlichen Erforschung des Weltalls beigetragen.

Astronomie

Die Astronomie ist die Lehre von den Himmelskörpern und die älteste Wissenschaft der Menschheit. Durch nächtliche Beobachtungen des Himmels und der Bewegungen von →**Sonne**, →**Erde** und →**Mond** konnten die Menschen bereits früh das →**Jahr** in Monate, Wochen und Tage einteilen. Mithilfe von →**Kalendern** sagten die ersten Astronomen die Erscheinung von →**Kometen** und Finsternissen voraus. Viele Jahrtausende lang glaubte man, die Erde stünde im Zentrum des Weltraumes. Um 1540 schließlich stellte Nikolaus Kopernikus (1473–1543) die damals unglaubliche Theorie auf, dass die Sonne den Mittelpunkt aller Planetenbahnen bildet. Galileo Galilei (1564–1642) fand als Erster Beweise für diese Theorie. Nach der Erfindung des →**Fernglases** durch den Holländer Hans Lippershey (1570–1619) machte die Astronomie weitere Fortschritte: Neue →**Planeten** und ihre Monde wurden entdeckt. Bis zur Mitte

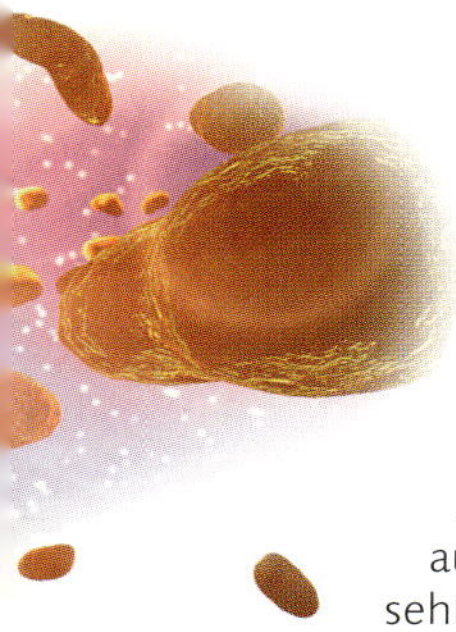

des 19. Jh. erforschte man v. a. die Position der →**Sterne**. Zunehmend aber interessierte man sich auch für Menge und Art ihrer →**Strahlung**. Damit war die →**Astrophysik** geboren. Heutige Astronomen verfügen über ausgefeilte Instrumente und sehr genaue Messmethoden. Moderne Radioteleskope z. B. fangen mit ihren riesigen Schüsselantennen Strahlungen von weit entfernten Himmelserscheinungen, etwa →**Quasaren**, auf. Einen wichtigen Beitrag zur Erforschung des Weltalls leistet auch die →**Raumfahrt**: Aufnahmen und Gesteinsproben aus dem All liefern wichtige Informationen.

Astrophysik

Die Astrophysik ist ein Teilgebiet der modernen →**Astronomie** und →**Physik**. Sie beschreibt und erklärt die Eigenschaften und die Entwicklung des →**Universums** mit physikalischen Methoden. Dabei beschäftigt sie sich nicht nur mit Aufbau und Zustand einzelner →**Planeten** und →**Sterne**, sondern betrachtet auch das Universum als ein Ganzes. Mit ihren Theorien und Messungen – z. B. der elektromagnetischen →**Strahlung** – liefert sie der Astronomie wichtige Grundlagen.

Asyl

Asyl, d. h. einen sicheren Zufluchtsort, suchen Menschen, die in ihrer Heimat wegen ihrer →**Religion**, ihrer politischen Meinung oder ihrer Zugehörigkeit zu einer bestimmten Volksgruppe verfolgt werden. Den Anspruch auf Schutz vor Verfolgung nennt man Asylrecht. Dieses Recht gab es bereits in der →**Antike** und im →**Mittelalter**. Verfolgte flüchteten in Tempel, später in christliche →**Kirchen**, und durften, selbst wenn sie Verbrecher waren, nicht ausgeliefert werden. Heute sind z. B. Botschaften, die →**Staaten** als ihre Vertretungen in anderen Ländern einrichten, Zufluchtsorte für Asylsuchende. Die Genfer Flüchtlingskonvention von 1951 legt fest, dass kein Land einen Menschen in seine Heimat zurückschicken darf, wenn er dort politisch verfolgt wird. In →**Deutschland** erhalten Menschen nur dann Asyl, wenn sie aus unsicheren Staaten kommen und auch beweisen können, dass sie dort verfolgt werden. In einem speziellen Asylverfahren wird dann darüber entschieden, ob Asyl gewährt wird oder nicht.

Äthiopien

Äthiopien ist ein riesiges Binnenland im Nordosten →**Afrikas**.
Ein großer Teil des Landes besteht aus felsigem →**Gebirge** und offenen Hochebenen. Auf diesen pflanzen Bauern →**Getreide** und Kaffee an. Äthiopien litt viele Jahre unter Dürre und →**Bürgerkrieg**. In den 1980er-Jahren kam es zu einer schrecklichen Hungersnot. Bis heute gilt Äthiopien als eines der ärmsten Länder der →**Erde**, das immer wieder von Dürren heimgesucht wird.

Äthiopien
Staatsform: Bundesrepublik
Hauptstadt: Addis Abeba
Fläche: 1 133 380 km²
Einwohner: 64,3 Mio.
Sprache: Amharisch
Währung: Äthiopischer Birr

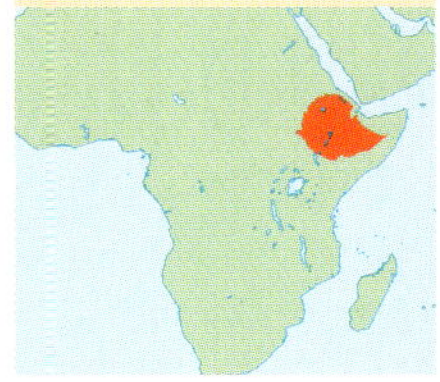

Atlantischer Ozean

Der Atlantische ist nach dem →**Pazifischen Ozean** der zweitgrößte →**Ozean** der Welt. Er liegt westlich von →**Europa** und →**Afrika** und östlich der amerikanischen →**Kontinente**. Seine durchschnittliche Tiefe beträgt rund 3000 m, die größte Tiefe liegt bei 9219 m.
Es gibt mehrere starke Strömungen im Atlantik, darunter den →**Golfstrom**, der an den Küsten im Nordwesten Europas wie eine Art Warmwasserheizung wirkt und so für ein angenehmes, gemäßigtes Klima sorgt.

▲ Der Atlantische Ozean wird vom Äquator in Nord- und Südatlantik geteilt.

Atmosphäre

Man versteht darunter allgemein eine Gashülle, die einen Himmelskörper umgibt. Die Atmosphäre der →**Erde** ist eine Luft- und Feuchtigkeitshülle, die z.B. den lebensnotwendigen →**Sauerstoff** enthält. Sie reguliert auch die Erdtemperatur und schützt vor dem Großteil der gefährlichen ultravioletten Sonnenstrahlen. Das →**Wetter** spielt sich in der tiefsten Schicht der Atmosphäre ab, in der Troposphäre, die sich bis in 17 km Höhe erstreckt. Darüber liegen die Stratosphäre und eine Schicht aus →**Ozon**. Die höheren Schichten der Atmosphäre sind Mesosphäre, Thermosphäre und Exosphäre. Insgesamt erreicht die Atmosphäre eine Höhe von etwa 1000 km. Änderungen in der Zusammensetzung führen zu →**Klimaerwärmung** und →**Ozonloch**.

Die Umzüge am chinesischen Neujahrsfest werden von einem riesigen Drachen angeführt.

Die Bauwerke der Ruinenstadt Petra in Jordanien sind aus Sandsteinfelsen gehauen. Die faszinierende Stadt wurde 400 v. Chr. von den Nabatäern, einem arabischen Volk, errichtet.

Asien

Asien ist der größte Kontinent. Er macht ein Drittel des Festlandgebiets der Erde aus. In Asien leben mehr Menschen als auf allen anderen Kontinenten zusammen.

Land der Extreme

Asien erstreckt sich vom Mittelmeer im Westen bis zum Pazifischen Ozean im Osten und vom nördlichen Polarkreis bis zu den sonnigen Tropeninseln Indonesiens im Süden. Der Zeitunterschied zwischen der Türkei und dem Osten Russlands beträgt zehn Stunden.
Der hohe Norden Asiens besteht aus Tundra, einer baumlosen Wildnis, die den größten Teil des Jahres gefroren ist. Südlich davon liegen riesige Wälder (Taiga) und Steppen. In Westasien gibt es hauptsächlich karge Wüsten. Asien besitzt viele Gebirge, u. a. den mächtigen Himalaja im Herzen des Kontinents. Tiefer im Süden findet man fruchtbare Ebenen und üppige Regenwälder.

Frühe Kulturen

Einige der ältesten Kulturen der Welt existierten in Mesopotamien (heute Irak), im Industal (heute Pakistan) und in China. Die Menschen dort errichteten die ersten großen Städte und entwickelten Schriftsprachen, Rechtssysteme und landwirtschaftliche Methoden. Auch in den Bereichen Architektur, Mathematik und Naturwissenschaft waren sie hoch entwickelt.
Vier der mächtigsten Reiche des 16. Jh. gehörten zu Asien – das Osmanische Reich im Mittleren Osten, das Safawidenreich im heutigen Iran, das Mogulreich in Indien und das Reich der Ming-Dynastie in China.

Wiege der Religionen

Asien ist die Wiege aller Weltreligionen. In Indien entstand sowohl der Hinduismus (gegen 2000 v. Chr.) als auch der Buddhismus (1500 Jahre später). Der Buddhismus ist heute die wichtigste Religion in großen Teilen Ostasiens, z. B. in Tibet, China, Japan und Thailand. Israel und Palästina sind die Wiege von Judentum und Christentum. Der Islam, die Religion der Muslime, wurde im 7. Jh. auf der Arabischen Halbinsel begründet. Der Sikhismus ist noch relativ jung. Er entwickelte sich im frühen 16. Jh. in der Region Pandschab in Nordindien.

Bewegte Geschichte

Im 15. Jh. begannen die Europäer, Asien zu bereisen, und bald schon entwickelten sich Handelsbeziehungen zwischen den zwei Kontinenten. So kamen Gewürze, Seide, Keramik und Schmuck nach Europa. Später verschlossen sich China und Japan für mehrere Jahrhunderte und brachen den Handel und jeden anderen Kontakt mit Europa ab.
Im 19. Jh. wurde ein großer Teil Asiens von europäischen Mächten kolonisiert. Die Kolonialmächte errichteten riesige Plantagen für den Anbau von Tee, Kaffee, Kautschuk und Baumwolle. Während des Zweiten Weltkriegs (1939–1945) besetzte Japan Teile von Ostasien.
Nach Kriegsende wurden viele Kolonien unabhängig. Einige Länder nahmen das politische System des Kommunismus an, u. a. China und Nordkorea. Nach dem Zusammenbruch der Sowjetunion im Jahr 1991 bildeten sich acht neue asiatische Staaten, darunter z. B. Kasachstan und Tadschikistan. Heute gibt es in Asien zahlreiche unabhängige Staaten, angefangen bei Kleinstaaten wie Brunei und Osttimor bis hin zu mächtigen Giganten wie Russland und China.

Der Hochgeschwindigkeitszug „Shinkansen“ verbindet die wichtisten japanischen Städte. Er fährt bis zu 300 km/h.

▲ In Chinas Bergwäldern leben Große Pandabären, die fast nichts anderes als Bambus fressen. Ihr Bestand ist stark bedroht: Es gibt nur noch knapp 1000 von ihnen.

Steckbrief Asien
Fläche: 44 413 000 km²
Höchster Berg: Mount Everest (Nepal/China bzw. Tibet), 8846 m
Tiefster Punkt: Totes Meer (Israel/Jordanien), 408 m unter dem Meeresspiegel
Größter See: Kaspisches Meer, 371 000 km²
Längster Fluss: Jangtsekiang, 6380 km
Größte Wüste: Wüste Gobi
Zahl der Staaten: 48
Größtes Land: Russland
(77 % der Fläche liegen in Asien)
Kleinster Festlandstaat: Libanon
Kleinster Inselstaat: Malediven
Größte Stadt: Tokio (Japan), 12 Mio. Einwohner
Bevölkerungsreichster Staat: China, 1,2 Mrd. Einwohner
Gesamtbevölkerung: 3,6 Mrd. Menschen

Zum Weiterlesen

Gebirge, Gewürze, Hochkulturen, Kolonie, Kontinente, Kommunismus, Osmanisches Reich, Religion, Steppe, Taiga, Tundra, Wüste

Bevölkerung

Manche Teile Asiens wie die Flusstäler Chinas, die indonesische Insel Java und das Gangestal in Indien sind äußerst dicht besiedelt. Im Gegensatz dazu haben die sibirischen Wälder, die Steppenlandschaften in der Mongolei und das Hochplateau von Tibet nur sehr wenige Einwohner. Die bedeutendsten Sprachen sind Chinesisch, Hindi, Japanisch, Russisch und Arabisch.

Industrie

Japan ist die wichtigste Wirtschaftsmacht Asiens. Seit einigen Jahren besitzen jedoch auch die Volksrepublik China sowie einige südostasiatische Staaten eine bedeutende Industrie, v. a. für Massenwaren wie Kleidung und Spielzeug, aber auch für Hightech-Produkte. Singapur, Südkorea und Taiwan gehören z.B. zu diesen sogenannten „Tigerstaaten".

Tier- und Pflanzenwelt

In Asiens abwechslungsreicher Landschaft leben Tausende von Pflanzen- und Tierarten. Die Gebirge Zentralasiens sind die Heimat von Yaks und Schneeleoparden; graue Wölfe und Rentiere leben im hohen Norden. Die Regenwälder des Südens und Südwestens besitzen die weltweit größte Vielfalt an Tieren und Pflanzen, z. B. Tiger, asiatische Elefanten, farbenprächtige Vögel und zahlreiche Schlangen. Doch Jagd und Rodung gefährden viele Arten.

► Reis ist das Grundnahrungsmittel in Ostasien. Er wird auf überfluteten Feldern angebaut. In bergigen Gegenden wächst er auf Terrassen.

Atmung

Unter Atmung versteht man die Versorgung des Körpers mit →**Sauerstoff** und die Entsorgung von →**Kohlendioxid**. Der lebensnotwendige Sauerstoff hilft bei der Verbrennung der Nährstoffe, die Menschen mit den →**Nahrungsmitteln** aufnehmen.
Sauerstoff ist in der →**Luft** enthalten. Wir atmen die Luft durch die →**Nase** oder den Mund ein. Von dort aus strömt sie über die Luftröhre in die →**Lungen** und in immer feinere Röhrchen bis zu den winzigen Lungenbläschen. Durch die Wände dieser Bläschen geht der Sauerstoff ins →**Blut** über und wird von diesem durch den Körper transportiert. Umgekehrt wird Kohlendioxid, das bei der Verbrennung der Nährstoffe entsteht, vom Blut zu den Lungenbläschen gebracht und wieder ausgeatmet. Kinder atmen in Ruhe etwa 20- bis 25-mal pro Minute.

Atom

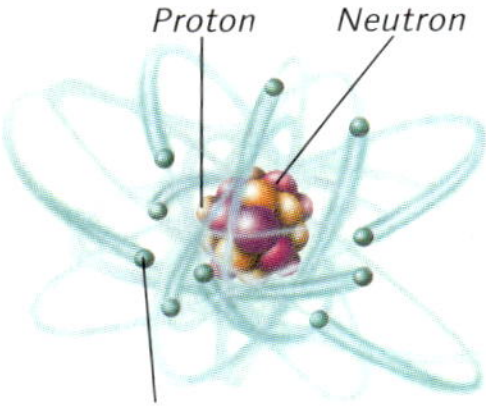

▲ Der Kern eines Atoms besteht aus Protonen und Neutronen. Die Elektronen bewegen sich auf Bahnen um den Kern herum.

Alle →**Materie** auf der →**Erde** ist aus winzigen Teilchen, den Atomen, zusammengesetzt. Auf der Fläche eines Punktes am Satzende finden noch ca. 250 Millionen Atome Platz. Aber selbst Atome bestehen aus noch kleineren Einheiten: einem Atomkern mit Protonen (elektrisch positive Elementarteilchen) und Neutronen (elektrisch neutrale Elementarteilchen) und einer Hülle aus Elektronen (elektrisch negative Elementarteilchen).
Das leichteste Atom ist das des →**Wasserstoffs**. Sein Kern besteht aus nur einem Proton, es hat als einziges →**Element** kein Neutron. Andere Atome sind komplizierter aufgebaut. →**Kohlenstoff** z. B. hat in seinem Atomkern sechs Protonen und sechs Neutronen und in seiner Hülle sechs Elektronen.

Atombombe siehe Atomenergie

Atomenergie

Atomenergie – manchmal auch Kernenergie genannt – wird durch die Spaltung von Atomkernen gewonnen. Das schwerste natürliche chemische →**Element** mit dem größten →**Atom** heißt →**Uran**. In einem Kernkraftwerk wird →**Strom** erzeugt, indem die Kerne von Uranatomen (Uran-235) gespalten werden. Dazu werden die Atomkerne mit winzigen Teilchen, den Neutronen, beschossen. Wenn der Atomkern zerbricht, entstehen weitere Neutronen, die weitere Kerne spalten. Würde diese Kettenreaktion unkontrolliert ablaufen, käme es zur →**Explosion** wie bei einer Atombombe. Im Reaktor eines Kraftwerks wird jedoch dafür gesorgt, dass der Neutronenbeschuss nicht zu stark wird. Bei der Kernspaltung wird eine große Menge an →**Energie** in Form von Wärme frei. Man schickt ein Kühlmittel – eine →**Flüssigkeit** oder ein →**Gas** – durch den Reaktor. Dieses nimmt die Wärme auf und verdampft dadurch. Der Dampf treibt →**Generatoren** an, die Strom liefern.
Die Gewinnung von Atomenergie birgt große Gefahren: Durch einen Reaktorunfall kann →**Radioaktivität** freigesetzt werden. Sie ruft bei Menschen und anderen Lebewesen schwere gesundheitliche Schäden hervor. Diese Gefahr geht auch von dem radioaktiven Abfall aus Atomkraftwerken aus.

Aufklärung

Unter Aufklärung versteht man eine geistige Bewegung in →**Europa**, die ab dem 17. Jh. alle Lebensbereiche nachhaltig beeinflusste und veränderte. Ihren Höhepunkt erreichte sie im 18. Jh. Die Denker der Aufklärung stellten z. B. die Macht der →**Monarchie** sowie die Vorrechte von Adel und Kirche infrage. Anstelle des Studiums alter Schriften, z. B. derer des →**Aristoteles**, bestimmten nun Naturbeobachtung und Versuche die Arbeit der Naturwissenschaftler. Im Mittelpunkt des Aufklärungsdenkens stand der Glaube an die menschliche Vernunft (Ratio): Nicht mehr Religion und politische Macht sollten den Gang der Welt bestimmen. Vielmehr sollte die Überprüfung aller gesellschaftlichen und natürlichen Erscheinungen mithilfe des Verstandes zu mehr Wissen und Fortschritt führen. Der deutsche Philosoph Immanuel Kant (1724–1804) bezeichnete Aufklärung als „Ausgang des Menschen aus seiner selbstverschuldeten Unmündigkeit". Er wandte sich damit sowohl gegen den →**Absolutismus**, der keine Gedankenfreiheit zuließ, wie auch gegen die Bequemlichkeit des Menschen, die ihn oft am selbstständigen Denken hindert.

Aufnahmetechnik

→**Schall** kann auf verschiedene Tonträger aufgenommen werden, z. B. auf Schallplatten, Tonbänder oder CDs (compact discs).
Bei Schallplattenaufnahmen werden die Schallwellen auf eine Nadel übertragen, die Rillen in die Platte ritzt. Beim Abspielen

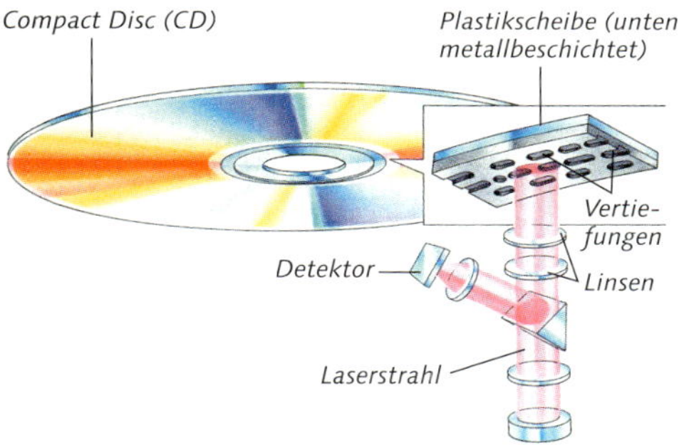

▲ Die besondere Aufnahmetechnik bei CDs erfordert ein spezielles Abspielgerät: Die als Vertiefungen auf der CD gespeicherten Töne werden im CD-Player von einem Laserstrahl als Lichtblitze auf ein lichtempfindliches Lesegerät (Detektor) gelenkt. Dort werden die verschlüsselten Signale in elektrische Impulse (Stromstöße) umgeformt. Diese werden dann in hörbare Töne zurückverwandelt.

tastet eine Nadel die Rillen ab, ihre (mechanischen) Schwingungen werden in Töne umgewandelt. Tonbänder, wie in einem →**Kassettenrekorder**, sind mit Stoffen beschichtet, die magnetisch reagieren: Bei der Aufnahme richten sich die Stoffteilchen durch →**Magnetismus** in bestimmte Richtungen aus. Es entsteht ein Muster, das beim Abspielen wieder in Schall verwandelt wird. Die CD ist eine Scheibe aus Kunststoff, auf der Schallwellen als digitale Signale gespeichert werden. Das bedeutet, dass die Schwingungen der Töne in einen Zahlencode übersetzt und als kleine Vertiefungen (Pits) auf die CD gebrannt werden. Beim Abspielen im CD-Player wird das Muster von einem →**Laser** abgetastet.
Eine CD-ROM kann im Gegensatz zur CD nicht nur Töne, sondern auch Bilder oder Daten von Computerprogrammen speichern. DVDs werden wie CDs bespielt, bieten aber viel mehr Platz für Ton- und Bilddaten. Beim klassischen →**Video** dagegen werden Ton und Bild auf Magnetbänder aufgezeichnet.

Auge

Das Auge ist ein →**Sinnesorgan**. Es liefert genaue Informationen über das Aussehen der Umwelt. Das Auge funktioniert ähnlich wie ein →**Fotoapparat**.
Jeder Gegenstand reflektiert Lichtstrahlen. Betrachtet man einen Gegenstand, fallen diese Lichtstrahlen auf das Auge. Von der durchsichtigen Hornhaut und der →**Linse** wird das →**Licht** gebrochen und auf die Netzhaut im hinteren Teil des Auges gelenkt. Dort sitzen Sinneszellen, die die Lichtreize in Nervenreize umwandeln und über den Sehnerv an das →**Gehirn** weiterleiten.
Zwischen Hornhaut und Linse liegt die Iris. In ihr sind Muskelzellen eingelagert, die den Lichteinfall regeln. Ziehen sie sich z. B. bei Sonne zusammen, verkleinert sich die Pupille und lässt weniger Licht ins Auge dringen.

Aussiedler

Nach dem Zweiten →**Weltkrieg** gerieten viele Deutsche unter die Herrschaft osteuropäischer Staaten. Grund dafür war, dass sie entweder in Gebieten lebten, die Deutschland im Krieg verloren hatte oder dass sie zwangsweise weiter in den Osten vertrieben wurden. Solche Zwangsumsiedlungen fanden bis 1951 statt. Danach versuchten viele Vertriebene, wieder nach →**Deutschland** zurückzukehren, d. h. auszusiedeln. Zwischen 1950 und 1995 reisten rund 3,5 Millionen Aussiedler aus der ehemaligen →**Sowjetunion**, aus →**Ungarn**, →**Polen**, der ehemaligen Tschechoslowakei, →**Rumänien**, Litauen und Lettland in die Bundesrepublik Deutschland ein.

▼ Auf der Netzhaut des Auges entsteht ein umgekehrtes Bild des Gegenstandes, den man betrachtet. Erst das Gehirn verarbeitet die Information zum richtigen Bild.

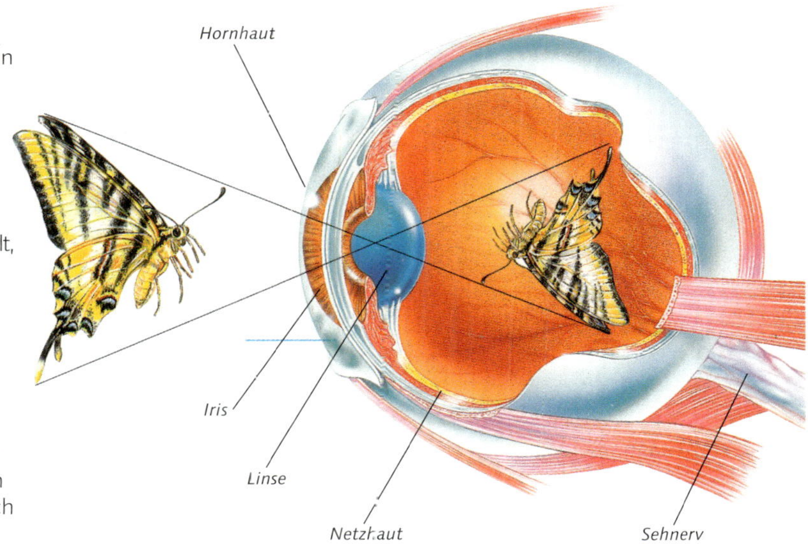

▲ Sydney ist die älteste und größte Stadt Australiens. Sie liegt in einer lang gestreckten Bucht an der Ostküste des Landes. Die außergewöhnliche Form ihres Opernhauses hat die Stadt weltberühmt gemacht.

Australien

Australien ist der kleinste der sieben Kontinente. Er besteht aus einer Insel, deren Fläche etwa drei Vierteln der Gesamtfläche Europas entspricht.

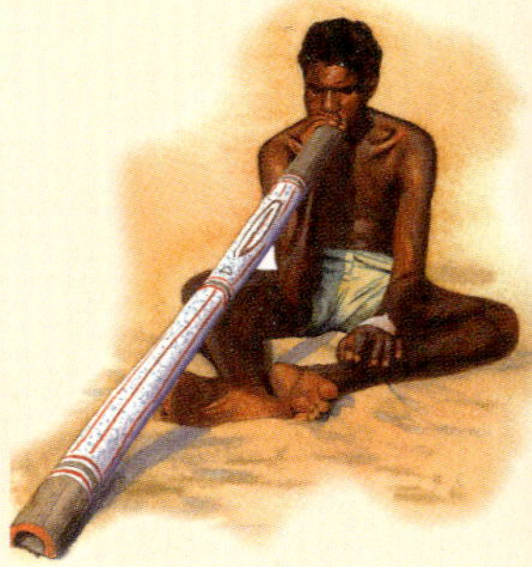

▲ Das Didgeridoo (sprich Didscheridu) ist ein Blasinstrument der Aborigines, das tiefe, brummende Töne erzeugt.

Wüsten und Ebenen

Ein großer Teil Australiens ist trockene, flache Wüste. Das übrige Landesinnere ist Savanne mit einzelnen Bäumen und Sträuchern. Diese heißen Ebenen gehören zu den am dünnsten besiedelten Regionen der Welt. Die Australier haben dafür einen besonderen Ausdruck – „Outback".

Berge und Wälder

In Australien gibt es nur wenige Gebirgszüge. Der größte ist der Great Dividing Range, der sich an der Ostküste entlangzieht. Er trennt die riesigen Inlandwüsten von einem schmalen fruchtbaren Küstenstreifen. An den Berghängen wachsen Eukalyptuswälder.
Im nordöstlichsten Zipfel des Landes, wo das Klima sehr feucht ist, gedeihen üppige Regenwälder.
Tasmanien ist eine große gebirgige Insel im Südosten Australiens.

Korallenriffe

Eines von Australiens spektakulärsten Naturwundern ist das Große Barriereriff vor der Nordostküste. Es hat eine Ausdehnung von etwa 2000 km und besteht aus rund 2500 kleinen Riffs und Koralleninseln.

Steckbrief Australien
Fläche: 7 686 849 km²
Höchster Berg: Mount Kosciusko, 2228 m
Größter See: Eyresee, 9583 km²
Längster Fluss: Murray, 2589 km
Bundesländer: Westaustralien, Südaustralien, Queensland, Neusüdwales, Victoria und Tasmanien
Staatsform: parlamentarische Monarchie
Hauptstadt: Canberra
Größte Stadt: Sydney, 3,7 Mio.
Einwohner: 19 Mio.
Sprache: Englisch
Währung: Australischer Dollar

Pazifische Macht

Australien ist die größte Wirtschaftsmacht des Pazifiks. Farmer halten im Landesinneren riesige Rinder- und Schafherden. Fast ein Drittel der auf der Welt produzierten Schafwolle kommt von den Schaffarmen Australiens. Das Land verfügt über bedeutende Vorkommen an Eisenerz, Bauxit (Aluminiumerz), Blei und Uranerz und ist einer der größten Rohstofflieferanten. Auch der Weinanbau spielt eine wichtige wirtschaftliche Rolle.

◄ Das Große Barriereriff ist der Lebensraum einer ungeheuren Vielzahl von Pflanzen und Tieren.

Geschichte

Die Ureinwohner Australiens sind die Aborigines. Sie zogen als Jäger und Sammler durch das Land, als Ende des 18. Jh. Großbritannien begann, Strafkolonien in Australien einzurichten, um seine überfüllten Gefängnisse zu entlasten. Später folgten britische Siedler auf der Suche nach einer neuen Existenz. Die Aborigines waren lange Zeit unterdrückt, haben aber in jüngerer Zeit begonnen, um ihre Rechte zu kämpfen.

Eine eigene Welt

Australien wurde vor 65 Millionen Jahren zur Insel. Seitdem haben die Pflanzen und Tiere hier besondere Formen entwickelt. Viele Arten gibt es nur in Australien und nirgendwo anders auf der Welt. Beuteltiere, z. B. Koala, Känguru und Wombat, sind typische australische Tiere.

Zum Weiterlesen
Beuteltiere, Kängurus, Koala, Kontinente, Regenwald, Savanne, Uran, Wolle, Wüste

▼ Kängurus sind so verbreitet, dass sie in manchen Gegenden zur Plage geworden sind.

Auto

Motorbetriebene Fahrzeuge gab es schon in der Mitte des 18. Jh., aber die ersten erfolgreichen Automobile wurden erst um 1880 gebaut. Seitdem haben Autos die Welt enorm verändert. Auch die Fahrzeuge selbst haben sich sehr gewandelt.
Die meisten Autos haben →**Benzinmotoren**. Der Kraftstoff Benzin verbrennt im Inneren des →**Motors** und erzeugt dabei genug →**Kraft**, um die →**Räder** des Autos in Bewegung zu setzen. Andere Autos haben einen →**Dieselmotor**. Um das Auto zu beschleunigen, tritt der Fahrer auf das Gaspedal. Dabei wird mehr Kraftstoff in den Motor befördert. Autos werden entweder an den Vorderrädern oder an den Hinterrädern angetrieben. Durch den Motor werden sogenannte Antriebswellen zum Drehen gebracht, die über →**Getriebe** mit den Rädern verbunden sind. Mit dem Kupplungspedal kann der Fahrer in einen anderen Getriebegang schalten. Für die höchste Motorleistung wird der niedrigste (erste) Gang verwendet. Das ist beim Starten der Fall, oder wenn es sehr steil bergauf geht. Bei schneller Fahrt auf einer leeren, ebenen Straße legt der Fahrer den höchsten Gang ein. Die meisten Autos haben vier oder fünf Vorwärtsgänge und einen Rückwärtsgang. Um das Fahrzeug zu verlangsamen oder zum Stehen zu bringen, betätigt man die →**Bremse**.

Azteken

Die Azteken schufen im 14. und 15. Jh. ein mächtiges Reich in →**Mexiko**. Die aztekischen Herrscher besiegten mit ihren erfahrenen Kriegern alle benachbarten Stämme. Sie bauten große Städte und riesige Steinpyramiden mit breiten Treppen, die zu einem Tempel auf der Spitze hinaufführten. Der letzte Herrscher der Azteken war Montezuma II. (1467–1520). Er wurde von den Truppen der spanischen Eroberer unter Hernán Cortés (1485–1547) getötet.

▲ Dieser dreirädrige Dampfwagen ist das älteste Auto der Welt. Er wurde 1769 in Frankreich erfunden.

▼ Die Azteken verehrten viele Götter – einen Gott des Krieges, des Regens, der Sonne und des Windes – und verrichteten Menschenopfer, um sie freundlich zu stimmen.

▼ Heutzutage werden Autos mithilfe von Computern entworfen. Die Entwickler-Teams versuchen, sie möglichst sicher, leistungsfähig, bequem und formschön zu bauen.

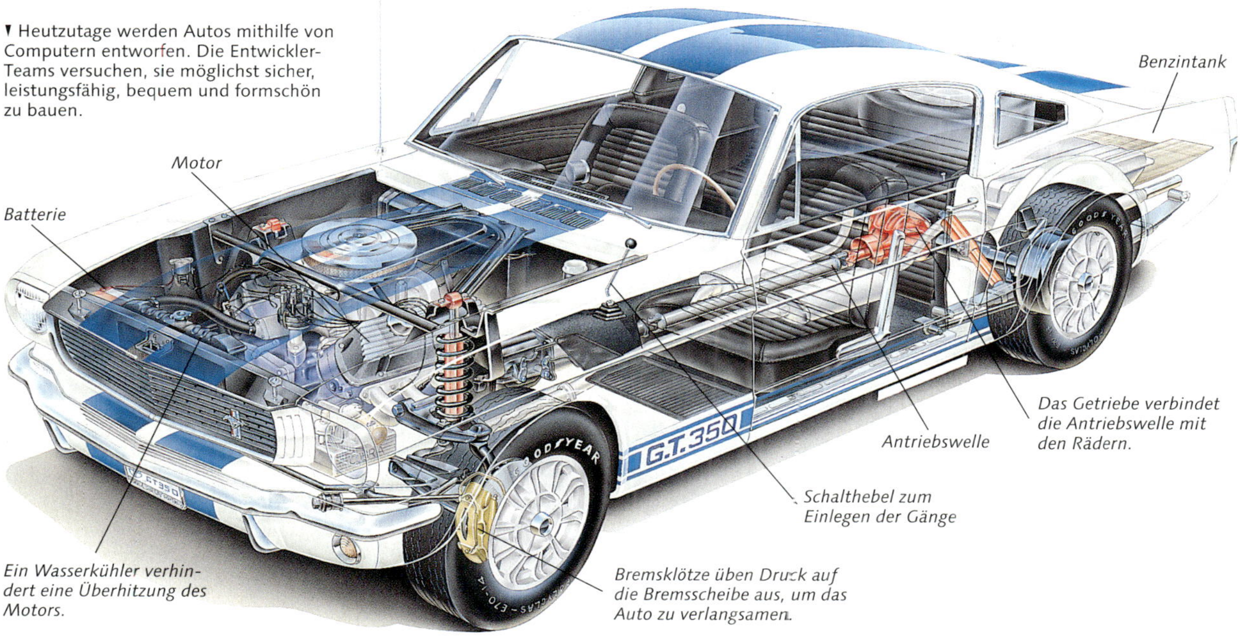

B

Babylon

Babylon war eine der größten Städte der antiken Welt und lag in Mesopotamien (heute →**Irak**) in einem fruchtbaren Tal am Fluss Euphrat. Das Babylonische Reich war fast ebenso groß und reich wie das alte →**Ägypten**.
Die Stadt wurde um 2300 v. Chr. gegründet und bestand fast 2000 Jahre lang. Sie war außerhalb Ägyptens das bedeutendste Zentrum des →**Handels** und zugleich der →**Religion**. Die Babylonier waren berühmt für ihre Kenntnisse in →**Mathematik** und →**Astronomie**. Nebukadnezar II. (um 630–562 v. Chr.), ein mächtiger babylonischer Herrscher, legte die berühmten „Hängenden Gärten" an, die als eines der →**sieben Weltwunder** galten. Er erbaute prunkvolle Paläste sowie riesige Stufentempel, die man Zikkurat nannte. Einer davon war wahrscheinlich der „Turm von Babel", der in der →**Bibel** vorkommt.

▲ Johann Sebastian Bach hat musikalische Werke geschaffen, die weit über seine Zeit hinauswiesen. Sein Genie wurde erst am Ende des 18. Jh. wirklich erkannt.

Bach, Johann Sebastian

Johann Sebastian Bach (1685–1750) stammte aus einer Thüringer Musikerfamilie. Nach ersten Stationen als Organist und Hofkapellmeister trat Bach im Jahr 1723 seine Lebensstellung als Thomaskantor in Leipzig an, die er bis zu seinem Tod innehatte. Bachs Werkverzeichnis ist außerordentlich groß, es umfasst u. a. die sechs „Brandenburgischen Konzerte" (1721), über 200 Kantaten und eine große Zahl an Konzerten, Sonaten, Oratorien, Fugen und Messen. Große Kirchenmusik wie die „Matthäuspassion" (1729) oder die „h-moll-Messe" (1749) entstanden in Leipzig. Johann Sebastian Bach hinterließ auf allen Gebieten so viele Meisterwerke, dass Ludwig van →**Beethoven** über ihn sagte: „Nicht Bach, sondern Meer müsste er heißen."

Bahai-Religion

Die Bahai-Religion entstand 1844 in Persien, dem heutigen →**Iran**. Als ihr Begründer gilt Mirza Ali Mohammed (1819–1850). Er erklärte sich 1844 zum Boten →**Gottes**. 1863 wurde Mirza Husain Ali Nuri (1817–1892), auch Bahaullah (Glanz Gottes) genannt, sein Nachfolger. Der Bahai-Glaube versteht sich als jüngste Weltreligion. Heute leben etwa sechs Millionen Bahai in fast allen Ländern der →**Erde**. Der Glaube der Bahai beruht auf dem Grundsatz der Einheit von Gott, der →**Religionen** und der Menschheit. Die Suche nach Wahrheit, die Gleichwertigkeit von

▼ Babylon war die Hauptstadt des Babylonischen Reiches. Das prunkvolle Ischtar-Tor (es steht heute im Pergamonmuseum, Berlin) wurde von zwei mächtigen Türmen bewacht. Innerhalb der Stadtmauern lagen Tempel, Paläste und die berühmten „Hängenden Gärten".

Mann und Frau, soziale Gerechtigkeit und Abbau von Vorurteilen gehören z. B. zu den Lehren der Bahai-Religion.

Bakterien

Bakterien sind winzige, mit dem bloßen →**Auge** nicht sichtbare Lebewesen, die aus nur einer →**Zelle** ohne Zellkern bestehen. Manche Bakterien sind stäbchenförmig, andere haben die Form einer Schraube, wieder andere sind kugelig. Es gibt Tausende unterschiedlicher Bakterienarten, die nahezu alle Lebensräume besiedeln. Einige leben im Boden, wo sie die Überreste von abgestorbenen →**Pflanzen** und →**Tieren** zersetzen. Auch im →**menschlichen Körper** halten sich Bakterien auf und helfen z. B. bei der →**Verdauung**. Bei der Nahrungsmittelherstellung sind Bakterien ebenfalls nützlich. Mit ihrer Hilfe entsteht z. B. →**Käse**. Andererseits können Bakterien Lebensmittel auch zerstören. Der französische Wissenschaftler Louis →**Pasteur** erfand ein Verfahren dagegen. Bakterien vermehren sich sehr schnell, einige teilen sich alle 20 Minuten. Innerhalb weniger Stunden erzeugt so ein einziges Bakterium Millionen von Nachkommen. Neben vielen harmlosen Bakterien gibt es auch gefährliche, die Krankheiten verursachen, wenn sie in den menschlichen Körper gelangen. Heute gelingt es den Ärzten, mit →**Antibiotika** viele Bakterien abzutöten.

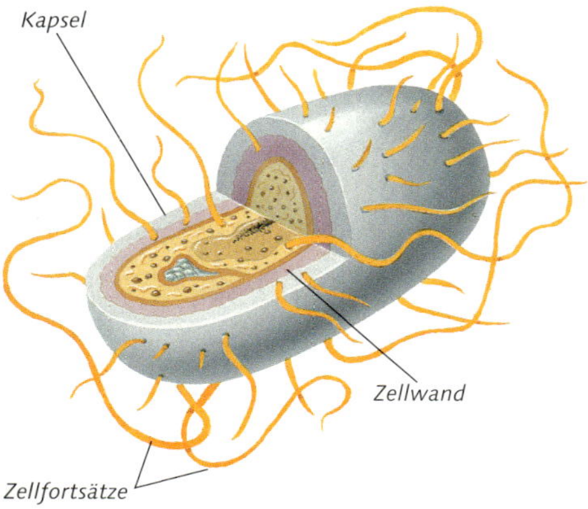

▲ Bakterien sind einfache Zellen, die von einer Zellwand und einer schützenden Kapsel umhüllt werden. Einige Formen tragen fadenartige Fortsätze, um sich fortzubewegen oder um sich an anderen Zellen anzuheften.

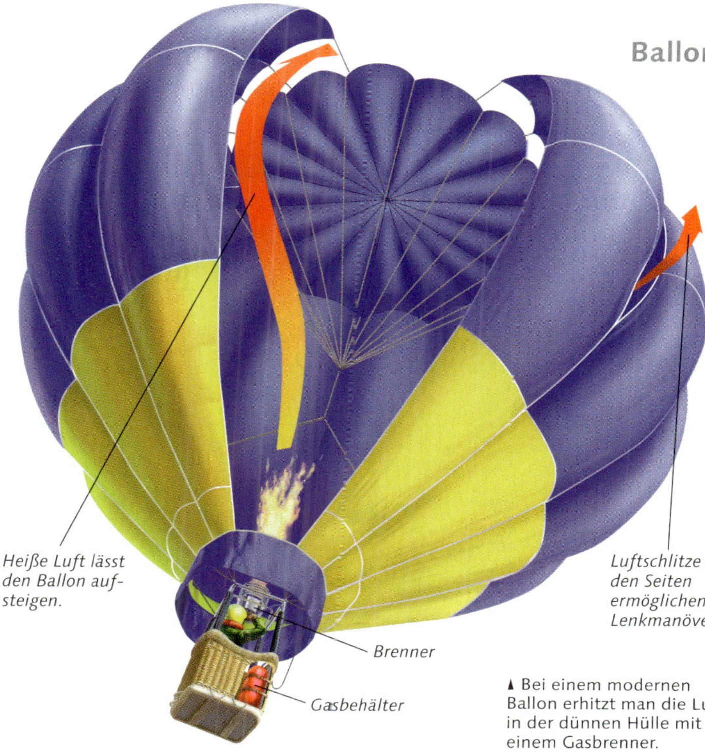

▲ Bei einem modernen Ballon erhitzt man die Luft in der dünnen Hülle mit einem Gasbrenner. Dadurch erhält der Ballon Auftrieb, denn warme Luft steigt immer nach oben. Zum Landen wird die Hitzezufuhr gedrosselt.

Balkan

Der Balkan ist eine große Halbinsel im Südosten →**Europas**, die nach dem gleichnamigen →**Gebirge** benannt ist. Zum Balkan zählen die Länder →**Griechenland**, →**Albanien**, →**Mazedonien**, →**Bulgarien**, →**Serbien**, →**Montenegro**, →**Bosnien** und Herzegowina sowie ein Teil von →**Kroatien** und der →**Türkei**. Der Balkan galt jahrhundertelang als Pulverfass Europas und wurde immer wieder von Kriegen erschüttert. Heute ist die Situation weitgehend stabil.

Ballett siehe Tanz

Ballon und Luftschiff

Ballons und Luftschiffe können fliegen, weil sie mit Heißluft bzw. mit →**Gasen** gefüllt sind die leichter sind als →**Luft**.
Der erste bemannte Ballon wurde 1783 von den französischen Brüdern Montgolfier – Michel Joseph (1740–1810) und Etienne Jacques (1745–1799) – gebaut. Unter dem Ballon wurde ein →**Feuer** entzündet, um die Luft in der Ballonhülle zu erhitzen. Warme Luft steigt nach oben, sodass sich der Ballon emporhebt. Im gleichen Jahr wurde auch der erste mit →**Wasserstoff** gefüllte Gasballon gestartet. Heutzutage verwendet man Ballons, um das →**Wetter** zu beobachten.

Fortsetzung auf Seite 36

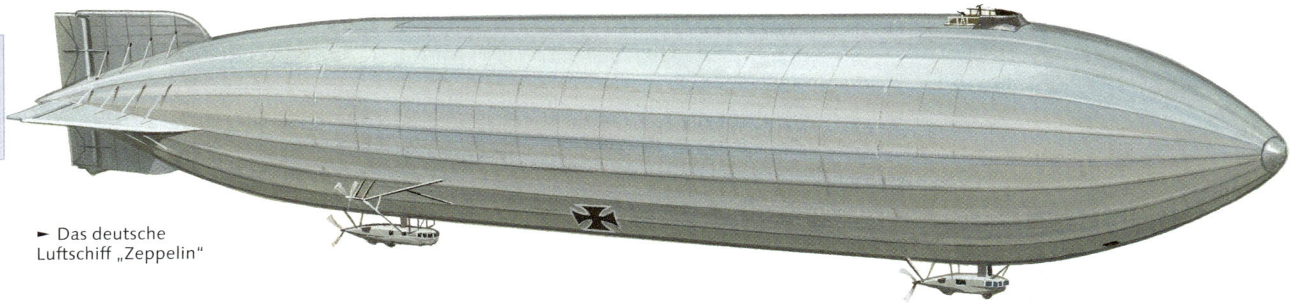

► Das deutsche Luftschiff „Zeppelin“

Fortsetzung von Seite 35
Heißluftballonfahren ist heute aber auch eine beliebte Freizeitbeschäftigung geworden. Luftschiffe sind meist größer als Ballone. Sie haben eine zigarrenförmige Hülle, unter der eine Gondel sowie →**Motoren** und Propeller (zum Lenken) angebracht sind. Das erste Luftschiff wurde 1852 gestartet. Anfang des 20. Jh. wurden bereits viele Luftschiffe auf festen Strecken eingesetzt. Eine Reihe von schlimmen Unfällen setzte dem Zeitalter der Luftschiffe jedoch ein rasches Ende – Wasserstoffgas ist brennbar und deshalb gefährlich. Darüber hinaus verdrängten die Fortschritte im Flugzeugbau die Luftschiffe. Heute verwendet man Luftschiffe nur noch in der →**Werbung** und in Spielfilmen. Sie werden mit einem Gas namens Helium betrieben, das ungefährlicher ist als Wasserstoff und kein Feuer fängt.

Baltikum

Unter Baltikum versteht man das Gebiet der baltischen →**Staaten** Estland, Lettland und Litauen. Sie liegen nördlich von →**Polen**, an der →**Ostsee**. 1918 erlangten sie ihre Unabhängigkeit vom Russischen Reich. 1940 besetzte die damalige →**Sowjetunion** die baltischen Staaten und machte sie zu sowjetischen Teilstaaten. 1944 marschierten deutsche Truppen in die Region ein, am Ende des Zweiten →**Weltkriegs** kam sie erneut unter sowjetische Herrschaft. 1991, als die Sowjetunion politisch in Aufruhr war, erklärten Estland, Litauen und Lettland ihre Unabhängigkeit. Seit 2004 sind sie Mitgliedsstaaten der →**Europäischen Union**. Die Länder haben sich ihre eigene →**Literatur**, ihre Traditionen und →**Sprachen** bewahrt. Lettisch und Litauisch sind slawische Sprachen, Estnisch gehört wie Finnisch und Ungarisch zur finno-ugrischen Sprachgruppe.

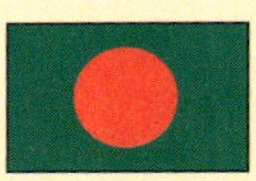

Bangladesch
Staatsform: Republik
Hauptstadt: Dhaka
Fläche: 147 570 km²
Einwohner: 129,7 Mio.
Sprachen: Bengali (Bangla), Urdu, Hindi, Englisch
Währung: Taka

Bangladesch

Bangladesch ist ein asiatischer →**Staat**, der bis 1971 zu →**Pakistan** gehörte. Mit 880 Einwohnern pro km² ist es eines der am dichtesten besiedelten Länder der Welt. Die meisten Einwohner sind sehr arm. Während der Regenzeit überfluten die Flüsse Ganges und Brahmaputra das flache Land. Im Jahr 1991 kamen durch einen Zyklon (→**Wirbelsturm**) 125 000 Menschen ums Leben. Die wichtigsten Feldfrüchte sind →**Reis**, Jute, Tee und Zuckerrohr. Nach Jahren der Militärregierung wurde 1991 ein →**Parlament** eingeführt.

Bank

Eine Bank ist ein →**Unternehmen**, das →**Geld** von Privat- und Geschäftsleuten verwaltet und damit selbst Geld verdient. Um sein Geld bei der Bank anzulegen, braucht man ein Bankkonto. Den Kontostand kann man

▼ Bären sind eher scheu. Sie greifen nur dann an, wenn sie sich bedroht fühlen.

Kodiak (Alaskabär)

Malaienbär

per Einzahlung erhöhen, durch Auszahlung oder Überweisung verringern. Bei einer Überweisung nimmt die Bank Geld von einem Konto und zahlt es auf ein anderes ein. Für das Geld auf den Konten zahlt die Bank Zinsen und hilft so beim Sparen. Gelder, die man sich bei der Bank gegen Zinsen leiht, heißen Kredite.

Bären

Bären kommen in →**Europa**, Amerika und →**Asien**, nicht aber in →**Afrika** und →**Australien** vor. Man unterscheidet die Familie der Großbären und die Familie der Kleinbären. Zu letzteren gehören der Waschbär ebenso wie der Wickelbär oder der Nasenbär. Zu den Großbären zählen acht →**Arten**, darunter einige der größten Raubtiere der →**Erde**. Großbären besitzen kurze, kräftige Gliedmaßen und schwere Köpfe mit mächtigen Kiefern. Mit ihren langen Krallen können sie graben und reißen. Sie sehen zwar relativ schlecht, doch ihr →**Geruchssinn** ist stark ausgeprägt. Obwohl sie sich scheinbar schwerfällig bewegen, können sie sehr schnell laufen und meistens sogar auf →**Bäume** klettern. Der größte Bär ist der Kodiak oder Alaskabär, der mitunter über 750 kg wiegt. Ebenso wie der Eurasische Braunbär und der Grizzlybär bildet er eine Unterart der Braunbären. Im Eis der →**Arktis** lebt der Eisbär. Er ist dort durch sein weißes Fell gut getarnt. Baribal, Malaienbär, Kragenbär, Lippenbär, Brillenbär und Großer Panda tragen überwiegend ein schwarzes Fell.
Braun- und Schwarzbären sind →**Allesfresser** und ernähren sich u. a. von →**Blättern**, →**Wurzeln**, →**Früchten**, Honig, →**Würmern**, →**Fischen** und kleinen →**Säugetieren**. Eisbären jagen kleinere →**Wale** und →**Robben**. Lippenbären fressen außer Honig und Früchten am liebsten →**Ameisen** und →**Termiten**.

Eisbär
Eurasischer Braunbär

Barometer

Der Luftdruck ist das Gewicht, mit dem die →**Luft** der →**Atmosphäre** auf der →**Erde** lastet. Mit einem Barometer lassen sich Druckveränderungen der Luft messen.
Es gibt zwei Arten von Barometern – eine funktioniert mit Federkraft, die andere mit →**Quecksilber**. Das Quecksilberbarometer besteht aus einer u-förmig gebogenen, mit Quecksilber gefüllten Glasröhre. Das eine Ende der Röhre ist offen, das andere geschlossen. Je stärker der Luftdruck auf das offene Ende wirkt, desto höher steigt das Quecksilber im geschlossenen Teil und zeigt so den Luftdruck an. Das Federbarometer (auch Aneroidbarometer genannt) besteht aus einer flachen, fast luftleeren Metalldose mit sehr dehnbaren Wänden. Diese werden von einer Feder auseinandergehalten. Je nach Luftdruck weitet oder verkleinert sich das Gefäß. Diese Bewegungen werden auf einen Zeiger übertragen, der auf einer Skala die jeweiligen Messwerte angibt.

Batterie

Batterien enthalten Chemikalien, mit denen sie →**Elektrizität** erzeugen.
Sogenannte Trockenbatterien, wie sie z. B. in Taschenlampen verwendet werden, können nur für begrenzte Zeit →**Strom** liefern.
Sie enthalten einen Stab aus →**Kupfer** (oder →**Kohlenstoff**) sowie einen von Zinkpulver umgebenen Elektrolyten. Der Elektrolyt ist eine chemische →**Verbindung**, die aus dem Zink positive Ladungen (Ionen) herauslöst. Das Zink wird dadurch negativ geladen, das Kupfer nimmt Ionen auf und wird positiv. Verbindet man den negativen Zinkpol und den positiven Kupferpol mit einem →**Draht**, so wandern Zinkelektronen (negativ geladene Teilchen) zum positiv geladenen Kupferstab – es fließt elektrischer Strom.
Batterien in →**Autos** dagegen können immer wieder benutzt werden, denn die hier verwendeten Chemikalien (→**Blei**, Bleidioxid und Schwefelsäure) kann man mithilfe von elektrischem Strom in ihren ursprünglichen Zustand zurückverwandeln.

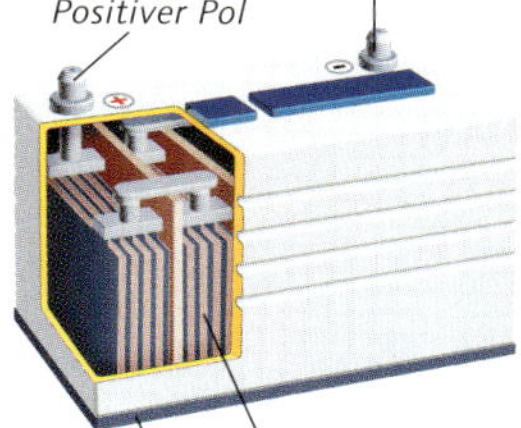

▲ Bei den meisten Autos werden die elektrischen Anlagen mit einer Batterie betrieben. Solange ein Auto fährt, treibt der Motor einen Generator an, der Strom liefert und die Batterie ständig nachlädt.

Roteiche

Mähnenfichte

▲ Die verschiedenen Bäume unterscheiden sich durch ganz bestimmte Merkmale: durch Muster und Farbe der Borke, durch ihre Früchte sowie durch Blattform und -farbe. Von Weitem erkennt man einen Baum auch an seiner charakteristischen Wuchsform.

Bäume

Bäume sind nicht nur schöne, sondern auch sehr nützliche →**Pflanzen**. Einige Baumarten liefern →**Obst** und das →**Holz** der Bäume ist vielseitig verwendbar. Bäume sind wichtig für die Produktion von →**Sauerstoff** und sie schützen die →**Erde** vor Abtragung durch →**Wind** und Regen.

Bäume sind die größten Lebewesen auf der Erde und können ein sehr hohes Alter erreichen: Der höchste Baum ist der Mammutbaum, der bis zu 100 m groß wird. Eine Borstenkiefer in Nevada, USA, soll mindestens 4900 Jahre alt sein.

Es gibt zwei Hauptgruppen bei den Bäumen: die →**Nadelbäume** und die →**Laubbäume**. Nadelbäume, wie Kiefer, Tanne, Lärche, Douglasie und Fichte, haben nadelähnliche →**Blätter**. Sie werden auch als immergrün bezeichnet, weil sie, bis auf die Lärche, ihre Nadeln nicht alle zur gleichen Zeit verlieren und deshalb das ganze Jahr über grün erscheinen. Laubbäume, wie Eiche, Esche, Ahorn, Ulme, Buche und Rosskastanie, besitzen flächige Blätter, die sie im Herbst abwerfen.

Die äußere Schicht des Baumes am Stamm und an den Ästen heißt Rinde. Sie schützt das innere, lebende Holz wie eine Art Haut vor der Witterung und vor Verletzungen. Der äußere, abgestorbene Teil der Rinde heißt Borke.

Beim Dickenwachstum der Bäume bilden sich immer neue Holzschichten, das sind die sogenannten Wachstums- oder Jahresringe. An ihnen kann man ablesen, wie alt ein Baum ist. Gehölze ohne Stamm, die sich schon in Bodennähe verzweigen, nennt man →**Sträucher**.

Baumwolle

Baumwolle wächst in warmen, tropischen Gegenden und ist eine der wichtigsten Nutzpflanzen. Aus den weißen Samenhaaren wird Garn gesponnen. Daraus kann man Stoffe für Bekleidung und viele andere Zwecke →**weben**. Baumwollsamen werden für die Gewinnung von →**Öl** und als Viehfutter verwendet. Aus Baumwolle stellt man außerdem →**Seife**, →**Farben** und Kosmetika her.

▼ Wenn die Früchte der Baumwolle reif sind, brechen sie auf und weiße Fasern und Samen quellen hervor.

Beethoven, Ludwig van

Geboren in Bonn, erhielt Ludwig van Beethoven (1770–1827) schon früh eine gute musikalische Ausbildung und war als junger Mann Mitglied der kurfürstlichen Hofkapelle. 1792 ging er nach Wien und machte sich dort bald einen Namen als Pianist, Lehrer und Komponist. Trotz zunehmender Taubheit komponierte er zahlreiche Meisterwerke: Die „Dritte Sinfonie“ (1804), die den Namen „Eroica“ (Die Heroische) erhielt, die „Fünfte

Sinfonie" (1808) und die „Neunte Sinfonie" (1824) mit dem Schlusschor „Ode an die Freude" (Text von Friedrich →**Schiller)** waren in ihrer Dramatik und Ausdruckskraft neuartig. Van Beethoven hatte bedeutenden Einfluss auf Zeitgenossen und spätere Komponisten wie Richard →**Wagner**.

Befruchtung

Unter einer Befruchtung versteht man die Vereinigung von männlicher und weiblicher Geschlechtszelle. Der Vorgang vollzieht sich bei der geschlechtlichen →**Fortpflanzung**.
Bei der Besamung dringt die männliche Samenzelle in die weibliche Eizelle ein. Sie verschmilzt mit ihr bei der Befruchtung zu einer einzigen →**Zelle**. Die befruchtete Eizelle enthält nun einen Zellkern mit je der Hälfte der elterlichen Chromosomen. Diese tragen die väterlichen und mütterlichen Erbmerkmale, die sich in dem neuen Lebewesen vermischen. Die Eizelle teilt sich nach der Befruchtung und es beginnt das Wachstum des Embryos.
Bei vielen Lebewesen findet die Befruchtung während oder nach der Begattung (Geschlechtsverkehr) im weiblichen Körper statt, z. B. bei →**Säugetieren** und →**Menschen**. Andere, etwa →**Frösche und Kröten** sowie viele →**Fische** geben ihre Geschlechtszellen ins Wasser ab, wo dann die Befruchtung stattfindet. Bei →**Pflanzen**, die sich durch →**Samen** vermehren, wird das männliche Pollenkorn durch →**Insekten** oder den →**Wind** auf die Narbe der →**Blüte** übertragen (Bestäubung). Anschließend kommt es zur Befruchtung.

Belgien

Belgien ist ein kleines Land in Westeuropa. Seine Bevölkerung besteht aus zwei großen Gruppen, den niederländischsprachigen Flamen und den französischsprachigen Wallonen. Die Flamen leben in der Ebene im Nordwesten, die Wallonen bewohnen eine hügelige Region im Südosten. Belgien war im Lauf der →**Geschichte** immer wieder Ort von Eroberung und Krieg. Heute haben die →**Europäische Union** (EU) und die →**NATO** ihren Hauptsitz in Brüssel.

Belgien
Staatsform: Parlamentarische Monarchie
Hauptstadt: Brüssel
Fläche: 30 528 km²
Einwohner: 10,2 Mio.
Sprachen: Niederländisch, Französisch
Währung: Euro

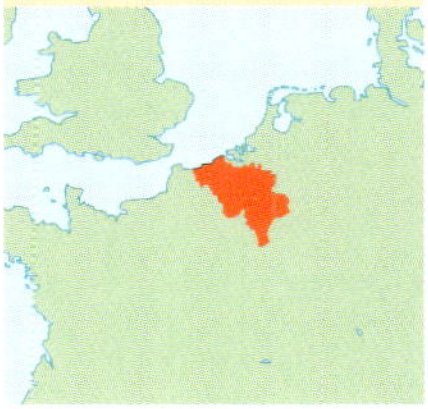

Benz, Carl Friedrich

Carl Friedrich Benz (1844–1929) war einer der Pioniere im Kraftfahrzeugbau. Zeitgleich mit Gottlieb Daimler (1834–1900) und Wilhelm Maybach (1846–1929) entwickelte Benz in Mannheim die ersten funktionstüchtigen Automobile. 1879 gelang es ihm, einen Gasmotor (Verbrennungsmotor) herzustellen. Aufgrund dieses Erfolgs gründete er 1883 in Mannheim die Firma Benz & Co. Rheinische Gasmotorenfabrik. Noch heute besitzen →**Motoren** die von Benz entwickelte Wasserkühlung und eine elektrische Zündung. Seit 1896 stellte die Firma mehrzylindrige Motoren her. 1926 schloss sich das Unternehmen mit dem von Gottlieb Daimler zur Daimler-Benz AG zusammen.

▼ Ludwig van Beethoven war nicht nur ein herausragender Komponist, sondern einer der größten Pianisten seiner Zeit.

Benzinmotor

Der Benzinmotor ist ein →**Motor**, der durch Verbrennung Wärmeenergie in Bewegungsenergie umwandelt: Ein Gemisch aus Benzin und →**Luft** wird immer wieder in einen Zylinder gesaugt, entzündet, verbrannt und ausgestoßen. Durch diesen Vorgang wird ein Kolben im Zylinder ständig auf und ab geschoben. Seine Bewegung treibt mittels einer Kurbelwelle die →**Räder** eines →**Autos** an. Den ersten Verbrennungsmotor konstruierte 1862 Nikolaus Otto (1832–1891). Mitte der 1880er-Jahre bauten Gottlieb Daimler (1834–1900) und Carl →**Benz** unabhängig voneinander Fahrzeuge mit Benzinmotor.

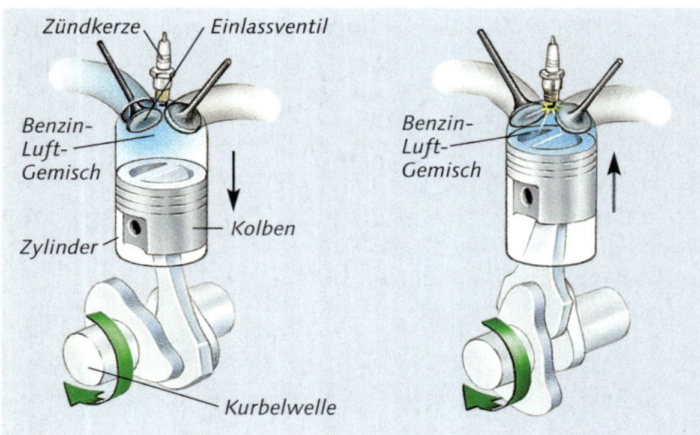

Ansaugtakt
Die Kurbelwelle zieht den Kolben nach unten. Das Treibstoffgemisch strömt in den Zylinder.

Kompressionstakt
Die Aufwärtsbewegung des Kolbens drückt das Treibstoffgemisch zusammen.

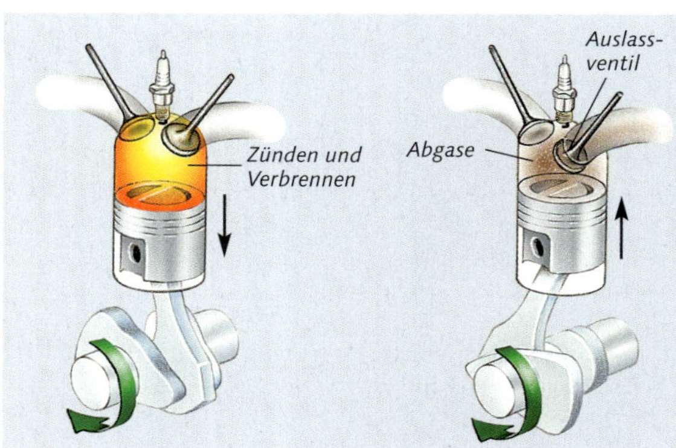

Arbeitstakt
Die Druckwelle des explodierenden Benzins treibt den Kolben abwärts.

Auspufftakt
Der Kolben schiebt die Verbrennungsgase durch das Auslassventil aus dem Zylinder.

Bergbau

Beim Bergbau werden →**Mineralien** aus dem Boden geholt. Abgebaut werden z. B. →**Kohle**, →**Gold**, →**Silber**, →**Salz** sowie Erze, aus denen →**Metalle** gewonnen werden. Bergbau findet entweder in offenen →**Steinbrüchen** (Tagebau) oder in unterirdischen Schächten und Stollen (Untertagebau) statt. In einem Steinbruch werden →**Bodenschätze** gewonnen, die nahe an der Erdoberfläche liegen. Erst entfernt man die →**Erde**, dann wird das →**Gestein**, in dem sich die Mineralien befinden, gesprengt und von riesigen Baggern herausgeschaufelt. Bei tief liegenden Lagerstätten werden Schächte gebohrt. Sie dienen dem Transport und der Frischluftzufuhr. Von den senkrechten Schächten führen waagrechte Stollen zu den Abbaustellen. Heutzutage kann man in einem Bergwerk bis zu 3 km unter die Erdoberfläche gelangen.

Die Arbeiten im Bergbau sind schwer und gefährlich. Stollen können einbrechen, Staub und Gase können die Lunge schädigen.

Beschleunigung

Wenn ein →**Auto** beschleunigt, erhöht es, von der →**Kraft** des →**Motors** angetrieben, seine Geschwindigkeit. Auch wenn z. B. ein Ball von einem Turm herabfällt, wird er während seines Flugs immer schneller, weil er der →**Schwerkraft** unterliegt. Dinge erreichen im freien Fall (ohne Luftwiderstand) nach einer Sekunde eine Geschwindigkeit von

9,8 m/s. Jede weitere Sekunde erhöht sich die Geschwindigkeit um genau 9,8 m/s. Wenn also eine Kraft eine Veränderung der →**Bewegung** bewirkt, spricht man von Beschleunigung.

Beton

Beton ist eine Mischung aus Zement, Kies, →**Sand** und →**Wasser**. Dieses Gemisch ist anfangs weich, wird aber beim Trocknen hart. Man verwendet es zum Bauen von →**Häusern**, →**Straßen**, →**Brücken** und →**Dämmen**. Der Bestandteil Zement wird aus Kalk und →**Ton** hergestellt. Diese Stoffe werden zerstampft, vermischt und erhitzt. Nach dem Abkühlen wird das Gemisch zu Zementpulver zermahlen. Oft wird Beton verstärkt, indem man Stahlstangen in ihn einbettet, solange er noch weich ist. So erhält man Stahlbeton.

Beuteltiere

Beuteltiere sind →**Säugetiere**. Ihre Jungen kommen in einem wenig entwickelten Zustand zur Welt. Sofort nach der Geburt krabbeln die blinden, tauben und unbehaarten Babys in eine Hauttasche (Beutel) der Mutter, trinken ihre →**Milch** und wachsen allmählich heran. Zu den fast 300 →**Arten** von Beuteltieren gehören die →**Kängurus**, →**Nasenbeutler**, →**Opossums** und →**Koalas**. Die meisten Arten kommen in →**Australien** und →**Neuguinea** vor, doch leben auch einige wenige in →**Nord-** und →**Südamerika**. Viele Beuteltierarten sind nachtaktive Bewohner der →**Wälder** oder des →**Graslandes**.

▾ Wombats sind gedrungene Beuteltiere, die mit ihren kräftigen Vorderbeinen Baue graben. Das Junge bleibt mindestens ein Jahr lang bei der Mutter.

Bevölkerung

Die →**Menschen**, die an einem Ort wohnen, bilden dessen Bevölkerung. Der Ort kann eine Stadt, ein Land oder die ganze Welt sein. In der →**Steinzeit** umfasste die Weltbevölkerung nur ein paar Millionen Menschen. Je einfacher die Nahrungssuche wurde und je weniger die Menschen mit Verletzungen und →**Krankheiten** zu kämpfen hatten, desto schneller stieg die Bevölkerungszahl. Zwischen dem Jahr 1 und 1650 n. Chr. verdoppelte sich die Weltbevölkerung. In den nächsten 150 Jahren verdoppelte sie sich wieder. Im Jahr 1930 gab es zwei Milliarden Menschen auf der Welt. Bei der Wende zum 21. Jh. waren es über sechs Milliarden und die Zahl der Weltbevölkerung steigt noch immer an.

Bewässerung

Landwirte und Gärtner müssen ihre →**Pflanzen** bewässern, damit diese wachsen und gute Erträge bringen. Dank der Bewässerung können Nutzpflanzen und Blumen auch auf trockenem Boden wachsen – sogar in einer →**Wüste**. In →**China**, →**Ägypten** und im →**Irak** kennt man die Kunst der Bewässerung schon seit vielen Tausend Jahren.
Häufig werden an →**Flüssen** →**Dämme** gebaut. Dadurch entstehen künstliche →**Seen**, die als Wasserspeicher dienen. Durch →**Kanäle** wird das →**Wasser** dann verteilt. In →**Russland** gibt es einen Bewässerungskanal, der 850 km lang ist. Das Wasser aus den Kanälen wird über Gräben oder in Rohren zu den Feldern befördert. Es wird dann direkt in den Boden geleitet oder berieselt die Pflanzen von oben wie Regen.

Bewegung

Bewegung ist die Ortsveränderung eines Körpers in Bezug auf einen anderen. Fährt z. B. ein →**Auto** von zu Hause los, kann man die entstehende Bewegung in Bezug auf das Haus messen. Bei einer gleichförmigen Bewegung ändert sich die Geschwindigkeit der Bewegung nicht, bei einer ungleichförmigen tritt →**Beschleunigung** auf. Eine Bewegung kann außerdem mit oder ohne Richtungsänderung verlaufen, also geradlinig oder krumm.
Um eine Bewegung hervorzurufen, muss in jedem Fall eine →**Kraft** wirken. Kraft ist auch nötig, wenn man eine Beschleunigung der Bewegung oder eine Richtungsänderung erreichen will.

► Im Alten Testament der Bibel wird berichtet, wie Gott aus einem brennenden Dornbusch zu Moses sprach. Gott befahl Moses, die Juden aus Ägypten nach Israel zu führen.

Bibel

Die Bibel ist das heilige →**Buch** des →**Christentums**. Es besteht aus zwei Teilen. Der erste, das Alte Testament, beschreibt die Erschaffung des Himmels und der →**Erde** durch →**Gott**. Im Anschluss daran sind die Geschichte des jüdischen Volkes und die Lehren der Propheten, die →**Jesus** Christus vorangingen, aufgezeichnet. Das Alte Testament ist auch eine wichtige religiöse Schrift des →**Judentums** (hebräische Bibel). Das Neue Testament berichtet vom Leben Jesu und gibt seine Lehre und seine Gespräche mit den Aposteln wieder.
Jahrhundertelang gab es nur handgeschriebene Bibeln. Die erste gedruckte Bibel entstand um 1455. Seither ist die Bibel der erfolgreichste Bestseller aller Zeiten: Seit 1816 wurden über 2,5 Milliarden Ausgaben verkauft. Sie wurde in über 1500 Sprachen übersetzt.

Biber

Biber sind in Gruppen lebende →**Nagetiere**, die sich gut an das Leben im →**Wasser** angepasst haben. Sie bewohnen an →**Flüssen** und →**Seen** liegende →**Wälder** in →**Europa** und →**Nordamerika**. Die hervorragenden Schwimmer können bis zu 15 Minuten unter Wasser bleiben. Als Steuer und Ruder dient ihnen der bis zu 40 cm lange, flache und geschuppte Schwanz.
Aus Schlamm und Ästen errichten Biber Baue, sogenannte Burgen, deren Eingänge gut geschützt unter Wasser liegen. Mit ihren kräftigen Nagezähnen fällen die Biber →**Bäume** und verstärken damit die von ihnen gebauten →**Dämme** und →**Kanäle**. Biber ernähren sich von den →**Blättern**, Zweigen und Borken der Erlen und Weiden.

► Biber bauen in Wasserläufen Dämme aus Ästen, Lehm und Bäumen. Wenn sich hinter dem Damm Wasser aufgestaut hat, errichten sie darin ihre Wohnburg, deren Eingänge unter Wasser verborgen sind.

▲ Ein Honigbienennest besteht aus Hunderten von wächsernen Zellen, in denen sich aus Eiern erst Larven und dann Bienen entwickeln. Die Larven werden von den Arbeiterinnen mit Honig gefüttert. Der Honig wird aus Nektar und Pollen hergestellt, den die Arbeiterinnen an Blüten sammeln und im sogenannten Honigmagen verarbeiten.

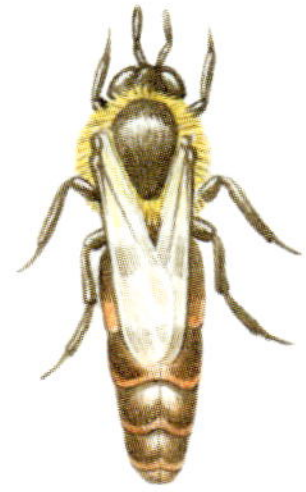

▲ Honigbienen-Königin

Bibliothek

Eine Bibliothek ist ein Ort, an dem →**Bücher** und manchmal auch andere Dinge, z. B. alte Handschriften, →**Karten**, →**Zeichnungen** und Tonaufnahmen, bereitgestellt werden. Es gibt Bibliotheken, die nur einem bestimmten Personenkreis zugänglich sind (z. B. Universitäts- oder Schulbibliotheken), sowie öffentliche Bibliotheken, die jeder benutzen kann (z. B. Stadtbibliotheken). Man unterscheidet außerdem zwischen Leihbibliotheken (man darf Bücher mit nach Hause nehmen) und Präsenzbibliotheken (man darf die Bücher nur dort lesen).

Bienen

Die wohl bekannteste und nützlichste →**Art** der rund 1000 Bienenarten ist die Honigbiene. Sie lebt in Bienenvölkern von ungefähr 50 000 Arbeiterinnen, mehreren Hundert Drohnen (männlichen Bienen) und einer Königin.

Aufgabe der Königin ist es, →**Eier** zu legen. Dazu paart sie sich mit den stachellosen Drohnen. Haben die Drohnen ihren Zweck erfüllt, sterben sie.

Arbeiterinnen sind unfruchtbare Weibchen, die das →**Nest** instand halten und die Königin, die Larven und die Drohnen mit Nahrung versorgen. Ihr Leben dauert gewöhnlich nur vier Wochen. Die Königin muss daher ständig Eier legen, damit immer genügend Arbeiterinnen zur Verfügung stehen. Von Zeit zu Zeit schlüpft eine neue Königin aus. Die alte Königin verlässt kurz davor die Kolonie mit etwa der Hälfte des Volks, um sich an einem neuen Ort niederzulassen. Hier bauen die Arbeiterinnen aus Wachs, das sie in speziellen →**Drüsen** erzeugen, ein Nest. In die kleinen sechseckigen Zellen des Nests legt die Königin ihre Eier, aus denen später die Larven schlüpfen.

Honigbienen verfügen über ein ausgezeichnetes Orientierungsvermögen. Sie finden sich – auch bei bedecktem Himmel – mithilfe der →**Sonne** zurecht. Wenn sie eine ergiebige Futterquelle gefunden haben, fliegen sie zu ihrem Volk zurück und teilen den anderen Arbeiterinnen durch einen Schwänzeltanz mit, wo sich diese Futterquelle befindet.

Menschen, die Bienen halten, nennt man Imker. Sie bieten den Völkern Bienenkörbe oder Bienenstöcke, nehmen ihnen den Honig weg und versorgen sie dafür mit Zuckersirup.

Im Gegensatz zu den in Schwärmen lebenden sogenannten Staaten bildenden Bienen bleiben die Solitärbienen, auch Einsiedlerbienen genannt, allein.

Bildhauerei

Die Bildhauerei ist die Körper bildende →**Kunst**. Sie gestaltet menschliche Figuren, Tiere und Pflanzen, aber auch andere Objekte. Diese Kunstwerke (Skulpturen oder Plastiken) werden aus →**Holz** geschnitzt, aus Stein gehauen oder aus →**Metall** gegossen. Weitere beliebte Werkstoffe sind →**Ton**, Wachs oder Elfenbein. Um die Materialien zu formen, sind unterschiedlichste Techniken notwendig. Einem größeren Werk aber geht stets eine Tonskizze und ein genaues Modell voraus. Beim Bronzeguss wird das Modell in Gips geformt. In diese Form kommt das geschmolzene Metall. Ist es abgekühlt und gehärtet, wird es aus der Form genommen. Der metallene Abguss ist eine perfekte Kopie des Modells.

Die antiken griechischen und römischen Statuen waren Vorbild für die Künstler in der →**Renaissance**, so z. B. für den Florentiner Lorenzo Ghiberti (1378–1455) oder den Nürnberger Bronzebildner Peter Vischer d. J. (1487–1528). Viele moderne Bildhauer wurden von der →**abstrakten Kunst** beeinflusst, wie etwa Henry Moore (1898–1986).

▲ Der Denker (um 1880), ein Meisterwerk der Bildhauerei, ist eine der bekanntesten Schöpfungen des französischen Bildhauers Auguste Rodin (1840–1917).

Binäres System

Das binäre System (Dualsystem) setzt alle →**Zahlen** nur aus den zwei Ziffern 0 und 1 zusammen. Das gebräuchliche Dezimalsystem umfasst dagegen zehn Ziffern: von 0 bis 9. Wenn man im Dezimalsystem eine Zahl mit 10 multipliziert, erhält sie eine Stelle mehr: Aus 10 (zweistellig) wird 100 (dreistellig) usw. Beim binären System muss man eine Zahl mit 2 multiplizieren, damit sie um eine Stelle wächst: Eine 1 allein entspricht der 1 im Dezimalsystem. Multipliziert man die 1 mit der 2, so schreibt man 10, der Wert entspricht aber der 2 im Dezimalsystem. Multipliziert man die binäre 10 noch einmal mit 2, so schreibt man 100 und meint dasselbe wie 4 (1 x 2 x 2) im Dezimalsystem. Elektronische Geräte wie →**Computer** verwenden das binäre System für ihre Berechnungen.

Biologie

Biologie ist die Wissenschaft von den Lebewesen und ihren Beziehungen untereinander. Die →**Botanik** befasst sich mit den →**Pflanzen**, die →**Zoologie** mit den →**Tieren**. Einer der ersten Biologen war der griechische Philosoph →**Aristoteles**. Er sezierte Tiere (er schnitt sie auf und untersuchte ihr Inneres) und teilte sie in Gruppen ein. Bis zur →**Renaissance** interessierten sich die Menschen nur wenig für die Biologie. Erst Forscher wie Leonardo da →**Vinci** wollten wissen, wie Lebewesen wachsen und funktionieren. Im 17. Jh. fand William Harvey (1578–1657) heraus, wie das →**Blut** durch den Körper kreist. Mit der Erfindung des →**Mikroskops** eröffneten sich der Biologie völlig neue Forschungsgebiete. Nun konnten die Forscher die →**Zellen** sehen, aus denen sich jeder Körper zusammensetzt. Auch Männer wie Louis →**Pasteur** benutzten Mikroskope, um Krankheitserreger zu untersuchen. Der Schwede Carl von Linné (1707–1778) versuchte als erster Biologe, Pflanzen und Tiere in ein System natürlicher Verwandtschaft zu gliedern. Von ihm stammt die noch heute gültige wissenschaftliche Namensgebung aus zwei lateinischen Wörtern für Gattung und →**Art**. Im 19. Jh. entwickelte der englische Biologe Charles Darwin (1809–1882) seine Theorie der →**Evolution**: Er war auf einer Forschungsreise um die Welt auf den Gedanken gekommen, dass alle Pflanzen und Tiere von teilweise ausgestorbenen Vorfahren abstammen. Damit wandte er sich gegen die Schöpfungsgeschichte der

▾ Die Biologie beschäftigt sich nicht nur mit den einzelnen Lebewesen, sondern auch mit den komplizierten Beziehungen, durch die sie miteinander in Verbindung stehen. Solche Beziehungen sind z. B. Nahrungsketten. Die Nahrungskette unten beginnt mit dem Laichkraut. Diese Pflanze wird von Schnecken und Kleinkrebsen gefressen, die wiederum Fischen als Nahrung dienen. Fischotter schließlich fressen die Fische. Sterben die Otter, werden sie zur Nahrung für die Fliegenmaden. Alle Tiere scheiden mit dem Kot Nährstoffe ins Wasser ab, die das Laichkraut ernähren.

→**Bibel** und machte sich viele Feinde unter seinen religiösen Zeitgenossen. Heute ist seine Evolutionstheorie weitgehend anerkannt. Die moderne Biologie ist in viele Fachgebiete untergliedert. Zu den neueren Forschungsgebieten gehört auch die Verhaltensforschung, die wesentlich auf den Zoologen Konrad Lorenz (1903–1989) zurückgeht.

▲ Die Bionik nutzt Vorbilder aus der Natur, z. B. den Tintenfisch. Seine Saugnäpfe, mit denen er sich an fast jeder Oberfläche oder an seiner Beute festhalten kann, standen Pate für selbsthaftende Handtuchhalter und Badematten.

Bionik

Bionik ist ein Kunstwort, das 1964 in den USA aus den Begriffen →**Biologie** und Technik geprägt wurde. Ziel der Bioniker ist es, neue technische Verfahren, Bauweisen und Materialien nach dem Vorbild der Natur zu entwickeln. Zu den Erfolgen der Bionik zählt eine Entdeckung der Botaniker Wilhelm Barthlott (geb.1946) und Christoph Neinhuis (geb.1962): Die Blätter der Lotosblume besitzen eine Oberfläche mit winzigen Schuppen oder Noppen. Auf ihnen rollen Regentropfen ab und nehmen dabei Schmutzteilchen mit. So bleiben die Blätter sauber. Auf der Grundlage dieses Lotoseffekts wurden eine schmutzabweisende Wandfarbe und selbstreinigende Dachziegel entwickelt. Eine andere bionische →**Erfindung** ist der Klettverschluss, der nach dem Vorbild der hakenbewehrten Samenhüllen von Kletten konstruiert wurde.

Biotop

Das griechische Wort Biotop leitet sich ab von „bios" (Leben) und „topos" (Ort). Man kann der oder das Biotop sagen und man verwendet häufig auch das deutsche Wort Lebensraum dafür. Der Begriff bezeichnet ein Areal (Gebiet), in dem ein Lebewesen alles vorfindet, was es zum Leben braucht. Man unterscheidet dabei abiotische Faktoren, das sind physikalische und chemische Bedingungen, wie z. B. →**Licht**, →**Temperatur**, →**Sauerstoff** oder →**Wasser**, und biotische Faktoren, das sind biologische Bedingungen, etwa →**Pflanzen** oder Beutetiere, die als Nahrung dienen. Verschiedene Lebewesen sind an verschiedene Biotope angepasst. Auf der →**Erde** gibt es Tausende von größeren und kleineren Biotopen oder Lebensräumen. So sind →**Wüsten** oder tropische →**Regenwälder** Großlebensräume oder Biome. Kakteen sind z. B. gut an Wüsten angepasst, denn sie können Wasser speichern. Aber auch ein einzelner →**Wald**, abgegrenzt durch landwirtschaftliche Flächen, ist ein Lebensraum für verschiedene Lebewesen. Den Wald kann man wieder in kleinere Biotope unterteilen, etwa den Kronenbereich, die Borke eines Baumes, den Waldboden oder einen verfaulenden Holzstamm. Ein Käfer, der Blattläuse jagt, ist an den Kronenbereich angepasst, ein bestimmter →**Pilz** an den Holzstamm. Die Gesamtheit aller Lebewesen eines Biotops nennt man Biozönose.

Bison siehe Rinder

Blatt

Die Blätter von →**Pflanzen** können ganz unterschiedliche Formen haben. In den meisten Fällen zeigen sie aber denselben Aufbau: Das Blatt wird von einer Mittelrippe durchzogen. Von ihr gehen die Blattadern aus. →**Wasser** und Nährstoffe aus dem Boden werden über den Pflanzenstängel nach oben und über Mittelrippe und Blattadern zu den →**Zellen** des Blattes geleitet. In den Blättern findet die Fotosynthese statt, ein Vorgang, bei dem Traubenzucker (als Nahrung für die Pflanzen) und →**Sauerstoff** erzeugt werden. Der Farbstoff Chlorophyll verleiht den Blättern ihre grüne Farbe. Er fängt auch das für die Fotosynthese notwendige Sonnenlicht ein.

▲ Die grünen Blätter der Pflanzen erzeugen mithilfe von Sonnenlicht den für alle anderen Lebewesen notwendigen Sauerstoff.

▲ Früher wurde Blei in Schönheitsmitteln benutzt – bis sich herausstellte, dass dieses Metall für den Menschen gesundheitsschädlich ist.

Blei

Blei ist ein schweres, graublaues →**Metall**, das keinen →**Rost** ansetzt. Es wird für viele Dinge verwendet, u. a. in →**Batterien** für →**Autos**. Es schützt auch vor gefährlichen →**Röntgenstrahlen**, etwa in Röntgenlabors. Blei ist für den Menschen v. a. aber gesundheitsschädlich. Es stört die Bildung neuer →**Zellen** im →**Blut** und kann →**Gehirn**, →**Leber** und →**Nieren** schaden. Benzin enthielt früher Blei, das dann über die Auspuffgase in den Boden und so in →**Nahrungsmittel** gelangte. Heute wird fast nur noch unverbleites Benzin verwendet.

Blues

Der Blues (von englisch blue für traurig, schwermütig) ist eine Musikrichtung und wurde in der zweiten Hälfte des 19. Jh. von schwarzen Musikern in den Südstaaten der →**Vereinigten Staaten von Amerika** geschaffen. Die Sänger verliehen mit ihren Blues-Liedern persönlichen Sorgen, ihrer Armut und der Unterdrückung durch die Weißen Ausdruck. Die Blues-Musik ist sehr variantenreich, viele Musiker entwickelten ihren ganz eigenen Blues-Stil.
Die Hauptinstrumente des Blues waren früher klassische →**Gitarre**, →**Klavier** und Mundharmonika. Längst setzen die Musiker aber auch z. B. E-Gitarren sowie das Schlagzeug und viele weitere Instrumente ein. Der Blues beeinflusste sowohl den →**Jazz** als auch die →**Pop- und Rockmusik**.

► Der Blues hatte Einfluss auf viele große Jazzmusiker wie etwa Duke Ellington (1899–1974). Sie mochten die Blues-Rhythmen und nutzten sie für ihren neuen Stil.

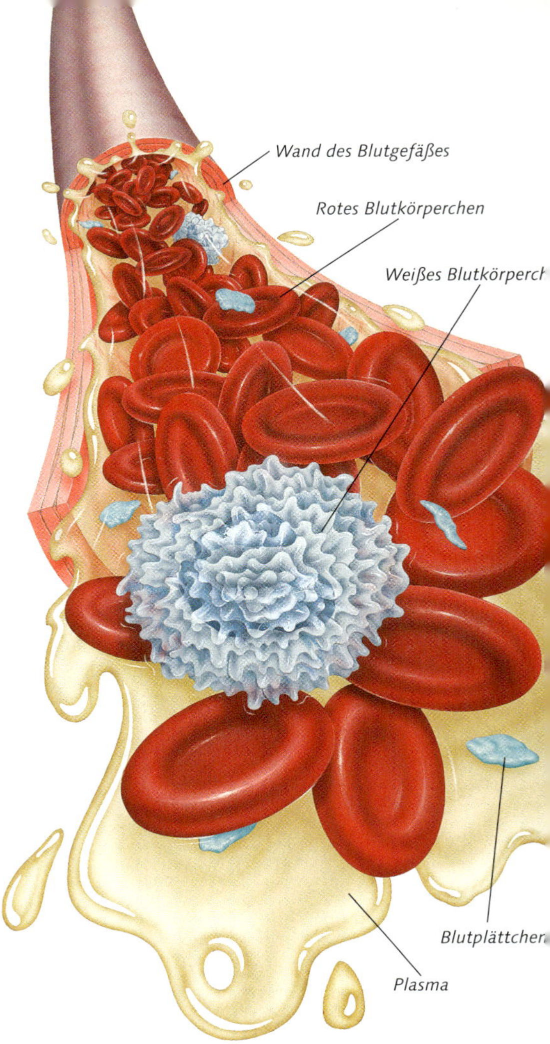

▲ Im Körper eines Erwachsenen strömen etwa 5–6 l Blut. Ein Tropfen Blut enthält rund 250 Millionen rote Blutkörperchen, 375 000 weiße Blutkörperchen und ungefähr 16 Millionen Blutplättchen.

Blut

Blut strömt über den →**Blutkreislauf** ständig durch die Adern des Menschen. Dabei nimmt es an bestimmten Stellen im Körper lebenswichtige Stoffe auf und bringt sie dorthin, wo der Körper sie braucht. Haben die →**Zellen** die verwertbaren Stoffe entnommen, übernimmt das Blut den Abtransport von Abfallprodukten: →**Sauerstoff** wird z. B. durch das Blut von der →**Lunge** zu allen Zellen des Körpers befördert, das →**Kohlendioxid** wird zurück zur Lunge transportiert. Auch Nährstoffe, →**Hormone** und →**Vitamine** werden mithilfe des Blutes im Körper verteilt.
Blut wird im Mark der →**Knochen** produziert und über ein weitverzweigtes System von →**Arterien** und →**Venen** durch den Körper

gepumpt. Es besteht aus einer Flüssigkeit, dem Plasma, und festen Bestandteilen, den Blutzellen. Zu den Blutzellen gehören rote und weiße Blutkörperchen sowie Blutplättchen. Die roten Blutkörperchen werden v. a. als Transportmittel eingesetzt. Der Stoff Hämoglobin, der in ihnen enthalten ist, gibt dem Blut seine rote Farbe. Die weißen Blutkörperchen bekämpfen in den Körper eingedrungene Erreger von →**Krankheiten** und Schadstoffe. Manchmal sterben im Kampf gegen Krankheiten oder Entzündungen viele weiße Blutkörperchen ab; sie bilden Eiter. Die Blutplättchen sorgen bei Verletzungen dafür, dass das Blut gerinnt (dickflüssig wird). Dann kann die Wunde rasch heilen.

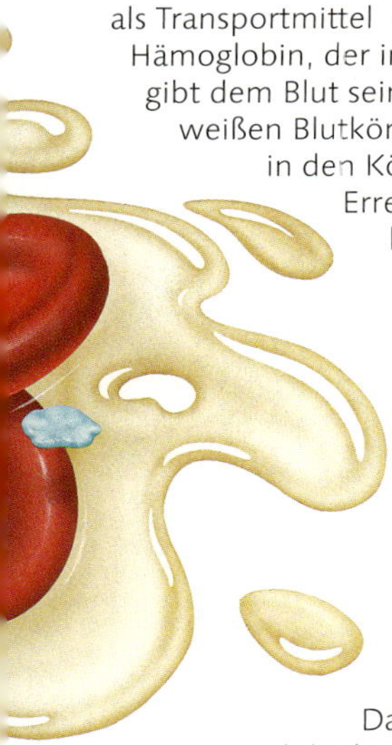

Je nach Merkmalen ordnet man das Blut der Menschen verschiedenen Gruppen zu. Die wichtigsten Blutgruppen sind A, B, AB und 0. Benötigt ein Mensch, der viel Blut verloren hat, das Blut eines anderen, dann darf er nur Blut einer passenden Blutgruppe erhalten.

Blüte

In den Blüten der →**Blütenpflanzen** sitzen die →**Geschlechtsorgane** der →**Pflanzen**. Bei manchen →**Arten** haben die Blüten entweder nur männliche oder nur weibliche Organe. In vielen Blüten sind jedoch sowohl weibliche als auch männliche Geschlechtsorgane ausgebildet. Die männlichen sind die Staubblätter, die sich aus Staubbeutel und -faden zusammensetzen. Die Staubbeutel enthalten Hunderte von Pollenkörnern. Die weiblichen Geschlechtsorgane heißen Stempel und bestehen aus Narbe, Griffel und Fruchtknoten. Vor der →**Befruchtung** findet die Bestäubung statt: →**Insekten** oder der →**Wind** tragen die Pollenkörner zu den Narben. Das Pollenkorn, das die männliche Geschlechtszelle enthält, wandert in den Fruchtknoten, wo männliche und weibliche Geschlechtszellen verschmelzen und einen →**Samen** bilden. Aus diesem wächst später die neue Pflanze heran.

Blütenpflanzen

Es gibt über 250 000 →**Arten** von →**Pflanzen**, die →**Blüten** bilden und sich durch →**Samen** vermehren – von kleinen Wiesenblümchen über prachtvolle →**Orchideen** und stachelige →**Kakteen** bis hin zu den uralten Mammutbäumen. Die Blüten dieser Pflanzen weisen unzählige verschiedene Formen, Größen und Farben auf. Einige Blüten wachsen einzeln am Stängel, andere in größeren Büscheln. In der Regel haben Blüten kräftige Farben und einen starken, süßlichen Duft, manche stinken aber auch. In jedem Fall sind die Blüten wichtig für die →**Fortpflanzung** der Pflanze. Die Blütenpflanzen in Gärten stammen von wilden Pflanzen ab, ähneln aber ihren Verwandten oft nur noch wenig. Viele neue Sorten von Blumen und →**Bäumen** sind gezüchtet worden, die noch besser riechen, noch schöner blühen und noch besser wachsen sollen.

◄ Obwohl sich Blätter und Blüten sehr stark unterscheiden können, sind alle Blütenpflanzen ähnlich aufgebaut.

Blutkreislauf

Die Blutgefäße und das →**Herz** bilden das Blutkreislaufsystem. Es besteht aus dem großen Körperkreislauf und dem kleinen Lungenkreislauf. In etwa einer Minute pumpt das Herz das gesamte →**Blut** durch die Blutgefäße. In den →**Arterien** fließt helles, sauerstoffreiches Blut mit Nährstoffen, in den →**Venen** dunkles, kohlendioxidhaltiges Blut mit Abfallstoffen. Die linke Herzkammer pumpt helles Blut durch die Hauptschlagader (Aorta) in den Körper. Es strömt durch die Arterien in alle Körperteile. Durch die Wände der Kapillaren (feinste Blutgefäße) gibt es Sauerstoff und Nährstoffe ab und nimmt Abfallstoffe und →**Kohlendioxid** auf. Das Blut färbt sich dabei dunkel und fließt in den Venen zum Herzen zurück. Damit ist der große Kreislauf geschlossen. Die rechte Herzkammer pumpt das dunkle Blut durch die Lungenarterien in die →**Lunge**. Dort wird Kohlendioxid abgegeben und →**Sauerstoff** aufgenommen. Dabei wird das Blut wieder hell. Es fließt nun durch die Lungenvenen in den linken Vorhof und schließt so den kleinen Kreislauf.

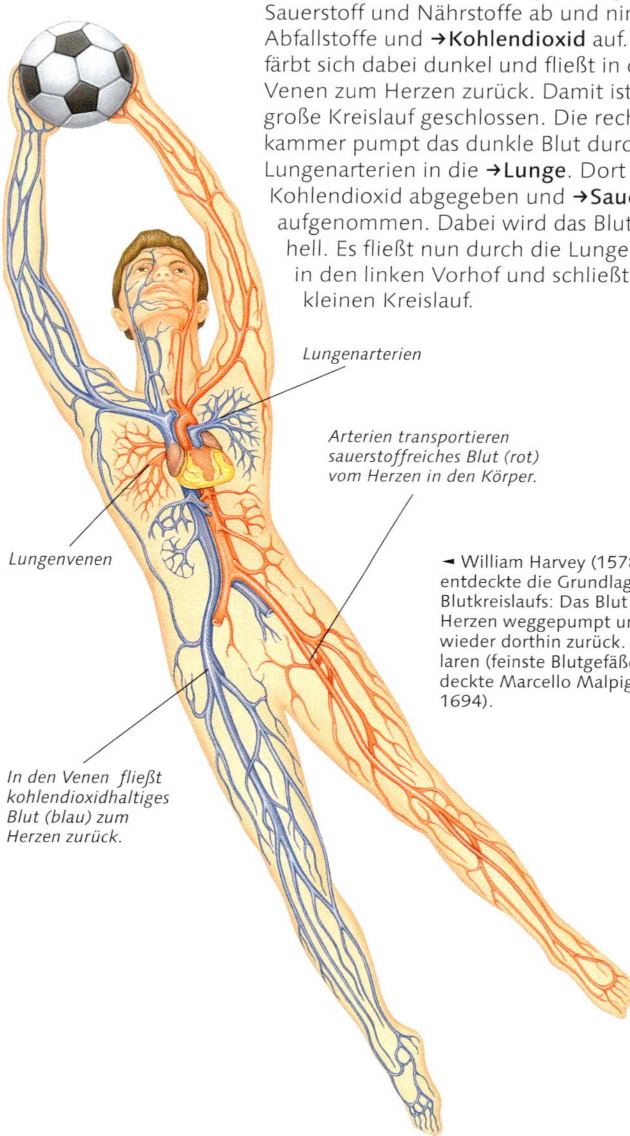

◄ William Harvey (1578–1657) entdeckte die Grundlagen des Blutkreislaufs: Das Blut wird vom Herzen weggepumpt und fließt wieder dorthin zurück. Die Kapillaren (feinste Blutgefäße) entdeckte Marcello Malpighi (1628–1694).

Bodenschätze

Bodenschätze sind Rohstoffe, die in der →**Erde** lagern. Zu den wichtigsten Bodenschätzen zählen →**Kohle**, →**Mineralien** und Erze sowie →**Erdöl** und →**Erdgas**.
Kohle entstand im Lauf von Jahrmillionen aus abgestorbenen →**Bäumen**. Je tiefer das →**Holz** in die Erde sank, desto wertvoller und heizkräftiger ist die Kohle. Steinkohle liegt in besonders tiefen Erdschichten. Man muss sie unterirdisch abbauen. Braunkohle ist jünger und liegt in oberen Schichten. Man kann sie mit großen Baggern im Tagebau gewinnen. Erdöl und Erdgas lagern in durchlässigen Gesteinen in der Erdkruste.

▲ Kohle wird zur Strom- und Stahlerzeugung verwendet und lagert in riesigen Halden in der Nähe von Kraftwerken und Eisenhütten. Man braucht Kohle aber auch zur Herstellung verschiedenster chemischer Produkte.

Man bohrt diese an und das Öl oder Gas steigt durch Druck oft von selbst nach oben. Mineralien baut man oberirdisch oder unterirdisch ab. Von allen →**Metallen** werden nur Edelmetalle wie →**Gold** oder →**Silber** in Reinform aus der Erde geholt.
Die meisten Metalle kommen nur als Erze, d. h. gemischt mit anderen Mineralen, vor. Eisen- und Kupfererze werden meist im Tagebau gefördert.

Bohrinsel

Zu den wichtigsten Rohstoffen, die unterirdisch lagern, gehört das →**Erdöl**. Mithilfe von Bohrplattformen oder Bohrinseln kann man Erdöllagerstätten erschließen, die unter →**Wasser** liegen. Diese Inseln stehen entweder auf hohen Beinen auf dem Meeresgrund (Hubinsel) oder schwimmen auf luftgefüllten Tanks (Halbtaucher). Der eigentliche Bohrturm ist etwa 30 Meter hoch. Der Bohrkopf oder Meißel wird mithilfe von zusammengeschraubten, sich drehenden

▲ Zu den schwersten und aufwendigsten Arbeiten auf einer Bohrinsel gehört das Auswechseln des Bohrkopfes, wenn er abgenutzt ist. Dazu wird das Gestänge zerlegt und nach dem Wechsel wieder zusammengeschraubt. Diese Arbeit kann bis zu 15 Stunden dauern.

Bohrstangen in den Meeresboden getrieben. Eine Bohrung kann sich über Monate hinziehen. Die Besatzung (Taucher, Wissenschaftler, Ingenieure, Spezialarbeiter) lebt in dieser Zeit auf der Bohrinsel. Stößt man schließlich auf Öl, werden weitere Bohrungen ausgeführt und eine Ölförderplattform errichtet. Diese Plattformen sind fest im Meeresboden verankert und hohl. In ihnen wird das geförderte Erdöl gelagert, bevor es in Rohrleitungen zu Tankschiffen oder direkt in eine Raffinerie zur Weiterverarbeitung geleitet wird.

Bolivien

Bolivien ist ein Binnenland im Herzen →**Südamerikas**. Den größten Teil des Staatsgebiets bildet das riesige Tiefland, das sich von der brasilianischen Grenze bis zu den östlichen Ausläufern der →**Anden** zieht. Im anderen Teil liegt der Altiplano, das bolivianische Hochland (über 4000 m), wo zwei Drittel der Bevölkerung leben. Die größte und bedeutendste Stadt ist La Paz. Der Titicacasee in 3812 m Höhe ist einer der höchst gelegenen →**Seen** der Welt.
Bolivien war von 1532 bis 1825 unter spanischer Herrschaft. Es gewann seine Unabhängigkeit mit der Hilfe von Simón Bolívar (1783–1830), einem südamerikanischen Befreiungskämpfer, nach dem Bolivien benannt wurde. Die meisten Einwohner sind Indios, ein Drittel sind Mestizen (Mischlinge zwischen Weißen und Indios) und der Rest sind Weiße. Bolivien ist der weltweit zweitgrößte Förderer von →**Zinn**, →**Bergbau** ist die wichtigste Einkommensquelle des Landes.

Bolivien
Staatsform: Republik
Hauptstadt: Sucre
Fläche: 1 098 581 km²
Einwohner: 8,5 Mio.
Sprachen: Spanisch, Quechua, Aymara
Währung: Boliviano

Boote siehe Schiffe und Boote

Börse

An der Börse handeln →**Banken** und Börsenmakler →**Aktien** (Anteile an →**Unternehmen**) und andere Wertpapiere. Wer →**Geld** für die Zukunft Gewinn bringend anlegen will, kann Aktien kaufen, um sie später teurer zu verkaufen. Man kann mit Aktien aber auch Geld verlieren, z. B. wenn die Unternehmen schlechte Geschäfte machen und der Wert der Aktien sinkt. Die weltgrößten Börsen befinden sich in London, New York und Tokio.

Bosnien und Herzegowina

Bosnien und Herzegowina, ein gebirgiges Land, ist ein sehr junger europäischer Staat und war früher Teil von →**Jugoslawien**. Die Einwohner sind Bosniaken (Muslime), Serben und Kroaten.
Nach der Unabhängigkeit im Jahr 1992 entbrannte ein →**Bürgerkrieg** zwischen den verschiedenen Bevölkerungsgruppen, da sich die serbische Minderheit mit →**Serbien** (damals noch Jugoslawien) und die kroatische Minderheit mit →**Kroatien** verbinden wollte. Es gab sehr viele Tote, Millionen von Menschen flüchteten. Die Kämpfe gehörten zu den schlimmsten in →**Europa** seit dem Zweiten →**Weltkrieg**. Nach der Unterzeichnung des Daytoner Friedensvertrags im Jahr 1995 wurden →**NATO**-Truppen im Land stationiert, um es zu stabilisieren. Inzwischen hat sich die Lage beruhigt.

Bosnien und Herzegowina
Staatsform: Republik
Hauptstadt: Sarajevo
Fläche: 51 129 km²
Einwohner: 4,3 Mio.
Sprachen: Bosnisch, Serbisch, Kroatisch
Währung: Konvertible Mark

Botanik

Die Botanik ist ein Teilgebiet der →**Biologie** und untersucht Aufbau, Fortpflanzung und Wachstum der →**Pflanzen** sowie Vorgänge in ihnen. Es gibt etwa 375 000 Pflanzenarten, von den winzig kleinen →**Algen**, die man nur im →**Mikroskop** sieht, bis hin zu den 100 m hohen Mammutbäumen. Auch →**Gräser**, →**Farne** und →**Moose** gehören zu den Pflanzen. Die Pilze werden heute als eigenständige Verwandtschaftsgruppe angesehen. Die sogenannte angewandte Botanik beschäftigt sich mit der Heilwirkung von Pflanzen und mit Pflanzenkrankheiten. Durch das Studium der Vererbung (→**Genetik**) bei Pflanzen konnten Wissenschaftler neue Pflanzen züchten, die besser wachsen, mehr Ertrag liefern und weniger stark von Krankheiten bedroht sind.

Botsuana
Staatsform: Republik
Hauptstadt: Gaborone
Fläche: 581 730 km²
Einwohner: 1,6 Mio.
Sprachen: Setswana, Englisch
Währung: Pula

Botsuana

Botsuana (oder Botswana) ist ein →**Staat** im Süden →**Afrikas**. Er grenzt an →**Simbabwe**, →**Südafrika** und →**Namibia**. Im Jahr 1865 kam das Land unter britische Herrschaft, 1966 erlangte es seine Unabhängigkeit. Botsuana ist heiß und trocken, den größten Teil des Landes bedeckt die →**Wüste** Kalahari. Der wichtigste Wirtschaftszweig ist der →**Bergbau** mit dem Abbau von →**Diamanten** und anderen →**Edelsteinen**, danach folgen Viehhaltung und Tourismus.

Brasilien
Staatsform: Bundesrepublik
Hauptstadt: Brasilia
Fläche: 8 547 404 km²
Einwohner: 170 Mio.
Sprachen: Portugiesisch, Indianersprachen
Währung: Real

Brasilien

Brasilien ist flächenmäßig das größte Land in →**Südamerika** und das fünftgrößte Land der Welt. In dem riesigen Amazonasbecken wachsen die größten →**Regenwälder** der →**Erde**. Hier lebt die indianische Urbevölkerung. Der Großteil der Brasilianer wohnt entlang der Küste in den großen Städten, v. a. in Saõ Paulo und Rio de Janeiro. Brasilia, die neu erbaute moderne Hauptstadt, liegt im Landesinneren. Die Elendsviertel (Favelas) am Rand der großen Städte zeugen von einem krassen Missverhältnis zwischen Arm und Reich.
Viele Brasilianer arbeiten in der →**Landwirtschaft**: Das Land ist weltweit führend in der Produktion von Kaffee. Daneben werden auch viel Kakao, →**Baumwolle**, Soja, Zuckerrohr und Tabak angebaut.
Brasilien wurde vom frühen 16. Jh. bis 1822 von →**Portugal** regiert.

Breitengrad

siehe Längen- und Breitengrad

Bremse

Damit die Sicherheit im →**Verkehr** gewährleistet ist, müssen alle Fahrzeuge mit einer Bremse ausgestattet sein. →**Fahrräder** z. B. haben Felgenbremsen. Wenn man den Bremshebel am Lenker betätigt, spannt sich ein Draht und eine Hebelzange drückt die Bremsbacken gegen die Felgen des →**Rades**. Bei der Rücktrittbremse drückt ein Bremsmantel gegen die umlaufende Nabe, wenn man die Pedale rückwärts bewegt. Wird die Bremswirkung nicht direkt oder mechanisch hergestellt wie beim Fahrrad, sondern mithilfe einer Bremsflüssigkeit, so spricht man von einem hydraulischen Bremssystem. Man unterscheidet Scheibenbremsen und Trommelbremsen. Bei der Scheibenbremse wird ein Bremsklotz von außen gegen die Bremsscheibe, bei der Trommelbremse dagegen ein Bremsbacken von innen gegen die Bremstrommel gedrückt.

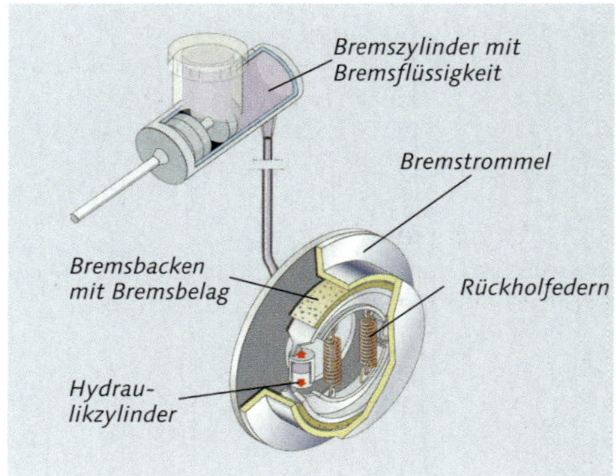

▲ Bei der Trommelbremse ist eine Bremstrommel am Rad angebracht. Wird das Bremspedal betätigt, fließt Bremsflüssigkeit zur Bremse und drückt die Backe an die rotierende Trommel. Dadurch wird sie und mit ihr das Rad abgebremst. Mithilfe von Federn kann sich die Bremsbacke nach dem Bremsvorgang wieder zurückziehen.

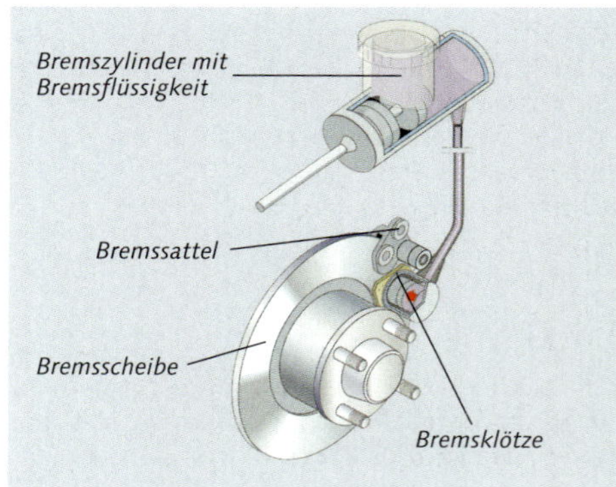

▲ Die Scheibe einer Scheibenbremse ist mit der Achse eines Fahrzeuges und mit dem Rad verbunden. Beim Bremsen drückt die Bremsflüssigkeit einen Bremsklotz gegen die Scheibe. Die Rotation (Umdrehung) des Rades wird dadurch verlangsamt, das Fahrzeug wird gebremst.

Brennstoffe

Brennstoffe sind Stoffe, die beim Verbrennen viel Wärme abgeben. Sie liefern dadurch die nötige →**Energie** etwa zum Kochen, zum Heizen, für den Antrieb von →**Autos** oder zur Erzeugung von →**Elektrizität**. Die wichtigsten Brennstoffe sind →**Erdöl**, →**Kohle** und →**Erd-**

gas. Man bezeichnet sie als fossile Brennstoffe, weil sie tief im Boden aus →**Fossilien** entstanden. So nennt man uralte Überreste von →**Tieren** und →**Pflanzen**.
Manche Brennstoffe geben mehr Wärme ab als andere. Ein Kilogramm Kohle liefert dreimal so viel Wärme wie ein Kilogramm →**Holz**, Erdöl fast viermal so viel und das Gas →**Wasserstoff** etwa zehnmal so viel. Das radioaktive Element →**Uran** kann über 500 000 Mal so viel Wärme abgeben wie Wasserstoff.
Da die Vorräte an fossilen Brennstoffen auf der →**Erde** irgendwann zu Ende gehen, müssen verstärkt →**Sonnenenergie**, →**Windenergie** und die →**Wasserkraft** genutzt werden. Auch die →**Atomenergie** ist eine Alternative. Sie wird von vielen Menschen aber als zu gefährlich abgelehnt.

Brennstoffzelle

Eine Brennstoffzelle ist eine besondere Art von →**Batterie**, die so lange →**Elektrizität** erzeugt, wie sie mit →**Brennstoff** versorgt wird. Solche Batterien verwendet man hauptsächlich in der →**Raumfahrt**. So wurden z. B. die Apollo-Raumschiffe, die zwischen 1969 und 1972 zum →**Mond** flogen, von Brennstoffzellen mit elektrischem →**Strom** versorgt. Als →**Brennstoffe** dienten →**Sauerstoff** und →**Wasserstoff**. Durch die chemische →**Reaktion** der beiden Stoffe wurden Elektrizität und →**Wasser** erzeugt. Das Wasser aus solchen Brennstoffzellen ist als Trinkwasser verwendbar.

Bronze

Bronze ist eine →**Legierung** (Metallgemisch) aus →**Kupfer** und →**Zinn**. Es ist sehr nützlich, weil es viel härter ist als reines Kupfer.
Bronze kommt nicht in der Natur vor, sondern wurde erstmals um etwa 3000 v. Chr. in den Ländern am östlichen Mittelmeer hergestellt. Bis dieses Material auch in →**Europa** eingeführt wurde, hat es weitere 1000 Jahre gedauert.

Bronzezeit

Als die →**Menschen** entdeckten, wie sich aus →**Kupfer** und →**Zinn** →**Bronze** herstellen ließ, veränderte das sehr bald ihr Leben.
Die →**Steinzeit** endete und die Bronzezeit begann. Aus Bronze ließen sich viel schneller Waffen und Werkzeuge herstellen. Die Waffen aus Bronze waren zudem stärker und schärfer als die aus Stein. Die Menschen fertigten aber auch viele andere Gegenstände aus Bronze, z. B. Töpfe, Schilde, Helme und Schmuckstücke. Mit Beginn der Bronzezeit fingen die Menschen an, Städte, Paläste und Tempel zu bauen. Das Bronzezeitalter dauerte in →**Europa** bis ca. 800 v. Chr.

Brot

Brot ist eines der ältesten →**Nahrungsmittel** und mindestens seit 2000 v. Chr. bekannt. Man kann es aus verschiedenen Sorten von →**Getreide** herstellen. Die ersten Brote bestanden nur aus Mehl, →**Wasser** und →**Salz** und waren flache Fladen. Doch die Ägypter entdeckten, dass →**Hefe** den Teig aufgehen lässt. Das geschieht durch →**Gärung**. Heute gibt es Hunderte von verschiedenen Brotsorten.

Brücken

Auf Brücken werden →**Straßen**, Wege und Eisenbahnlinien über →**Flüsse**, Täler und andere Hindernisse geführt. Die frühesten Brücken waren wahrscheinlich umgefallene Baumstämme, die einfach über einen Fluss oder eine schmale Schlucht gelegt wurden. Die Römer gehörten zu den ersten großen Brückenbauern. Einige Steinbrücken des →**Römischen Reiches** stehen heute noch. Im →**Mittelalter** wurden auf den Brücken oft Läden und Wohnhäuser errichtet. Der moderne Brückenbau begann im 18. Jh. mit Brücken aus →**Eisen**. Am Ende des 19. Jh. wurde als Baumaterial dann →**Stahl** verwendet. Heute gibt es vielerlei Brücken. Man unterscheidet drei wichtige Bauarten: Balkenbrücke, Bogenbrücke und Hängebrücke. Eine moderne Balkenbrücke funktioniert im Grunde wie eine einfache Baumstammbrücke. Sie besteht aus starken Balken, auch Träger genannt, deren Enden auf Stützpfeilern aufliegen. Bogenbrücken können einen oder mehrere Bögen haben und damit die Brückendecke (Fahrbahn) abstützen. Früher wurden sie meist aus Stein erbaut, aber heute verwendet man Stahl oder →**Beton**.
Bei Hängebrücken wird die Brückendecke mit starken Stahlseilen an hohen Pfeilern (Pylonen) aufgehängt. Diese Brücken können sehr weite Strecken überspannen.

▲ Dieser Bronzeschild ist 2000 Jahre alt.

▼ Die Golden-Gate-Brücke in San Francisco (USA) ist eine der bekanntesten Hängebrücken. Sie hat eine Spannweite von 1280 m. Die längste Hängebrücke ist mit 1991 Metern Spannweite die Akashi-Kaikyo-Brücke in Japan.

Buch

Bücher dienen dazu, Informationen, Ideen und Geschichten zu erhalten und weiterzugeben. Vorläufer der Bücher, wie man sie heute kennt, stammen von den alten Ägyptern. Es sind handgeschriebene Schriftrollen aus einer Art →**Papier**, das aus der Pflanze Papyrus hergestellt wurde. In der Zeit des →**Römischen Reiches** wurden viele Bücher von Hand auf Pergament geschrieben. Pergament ist dünn gegerbte Tierhaut. Aus ihr schnitt man Blätter, die zu Büchern gebunden wurden, die den heutigen Büchern ähnelten. Im →**Mittelalter** verzierten Mönche Buchseiten mit schönen bunten Abbildungen.
Im 15. Jh. wurde in →**Europa** eine neue Technik der Bücherherstellung eingeführt. Johannes Gutenberg (um 1400–1468) erfand eine →**Drucktechnik** mit beweglichen Typen (Buchstaben), die ermöglichte, schneller zu drucken. Heute erscheinen jährlich Millionen von Büchern auf der Welt.

▲ Viele Darstellungen des Buddha zeigen ihn mit gekreuzten Beinen im so genannten Lotossitz. Dabei wirkt er immer friedlich und entspannt.

Buddha

Das Wort Buddha bedeutet „Erleuchteter" und dient als Ehrentitel großer Lehrer des →**Buddhismus**. Der erste Buddha war Sidharta Gautama, der um 563 v. Chr. im Norden →**Indiens** geboren wurde. Er wanderte lange Zeit durch Indien und predigte seine Lehre, z. B., dass man nur dann wirklich glücklich werden könne, wenn man freundlich und friedfertig gegenüber →**Menschen** und →**Tieren** ist und das Böse meidet.

Buddhismus

Der Buddhismus ist eine →**Religion**, die erstmals vor 2500 Jahren in Asien ausgeübt wurde. Ebenso wie die Anhänger des →**Hinduismus** glauben die Buddhisten, dass man nach dem Tod als →**Mensch** oder →**Tier** wiedergeboren wird. Diese Vorstellung wird als Reinkarnationsglaube bezeichnet. Wer gut ist, gelangt dem Buddhismus zufolge schließlich nach vielen Wiedergeburten in eine Art Paradies: das Nirwana. Weltweit gibt es heute 350 Millionen Buddhisten. Die meisten von ihnen leben in →**Indien**, →**Tibet**, →**China**, →**Japan** und →**Südostasien**.

Bulgarien
Staatsform: Republik
Hauptstadt: Sofia
Fläche: 110 994 km²
Einwohner: 8,2 Mio.
Sprachen: Bulgarisch, Türkisch
Währung: Lew

Bulgarien

Bulgarien ist ein →**Staat** in Südosteuropa. Wie viele seiner Nachbarländer hatte auch Bulgarien in der zweiten Hälfte des 20. Jh. eine kommunistische →**Regierung**. Seit 1990 ist es eine demokratische →**Republik**, seit 2007 gehört es zur →**Europäischen Union**. In der Mitte des Landes erhebt sich der →**Balkan**, ein →**Gebirge**, das die fruchtbare Donauebene im Norden vom Bergland im Süden trennt. Im Osten grenzt das Land an das Schwarze Meer. Die Sandstrände der bulgarischen Küste sind ein beliebtes Reiseziel für Touristen.

Bundesland

Die →**Schweiz** , →**Deutschland** und →**Österreich** sind →**Staaten**, die sich aus mehreren Gliedstaaten zusammensetzen. In Deutschland und Österreich nennt man diese Gliedstaaten Länder oder Bundesländer, in der Schweiz →**Kantone**. Die politische Macht ist zwischen dem Gesamtstaat oder Bundesstaat und den Bundesländern aufgeteilt. Ein solches Regierungssystem nennt man „Föderalismus" (von lateinisch „foedus" für Bündnis). Die Länder oder Kantone haben eigene →**Parlamente** und →**Regierungen** und nehmen Einfluss auf die Gesetzgebung des Bundesstaates. Dazu sind die Länder im Bundesrat (in der Schweiz im Ständerat) vertreten.

Burgen

Burgen sind Wohn- und Befestigungsanlagen, die vorwiegend im →**Mittelalter** von Fürsten oder Adeligen errichtet wurden. Dicke Steinmauern schützten die Bewohner vor Angriffen. Manche Burgen sind noch gut erhalten und sogar bewohnt, die meisten jedoch wurden im Laufe der Zeit zerstört oder als Steinbrüche genutzt.
Die ersten Burgen des Mittelalters wurden ab ca. 800 errichtet. Sie bestanden aus einem Wehrturm (Bergfried), der von einem Mauerring umgeben war. Oft lagen Burgen schwer einnehmbar auf einem steilen Hügel, in der Ebene legte man meist einen schützenden Wassergraben um die Burg an. Mit der Zeit gesellten sich zum Bergfried ein bequemes →**Haus** zum Wohnen (der Palas) sowie verschiedene Räume für die Handwerker, eine Kapelle und Wirtschaftsräume. Sie gruppierten sich alle um den Burghof. Der Bergfried diente dann vorwiegend als Gefängnis oder Zufluchtsort bei Angriffen.
Wollte man eine Burg angreifen, brauchte man dafür aufwändige Belagerungsmaschinen. Die Angriffstruppen schoben lange Leitern und bewegliche Türme an die Burg-

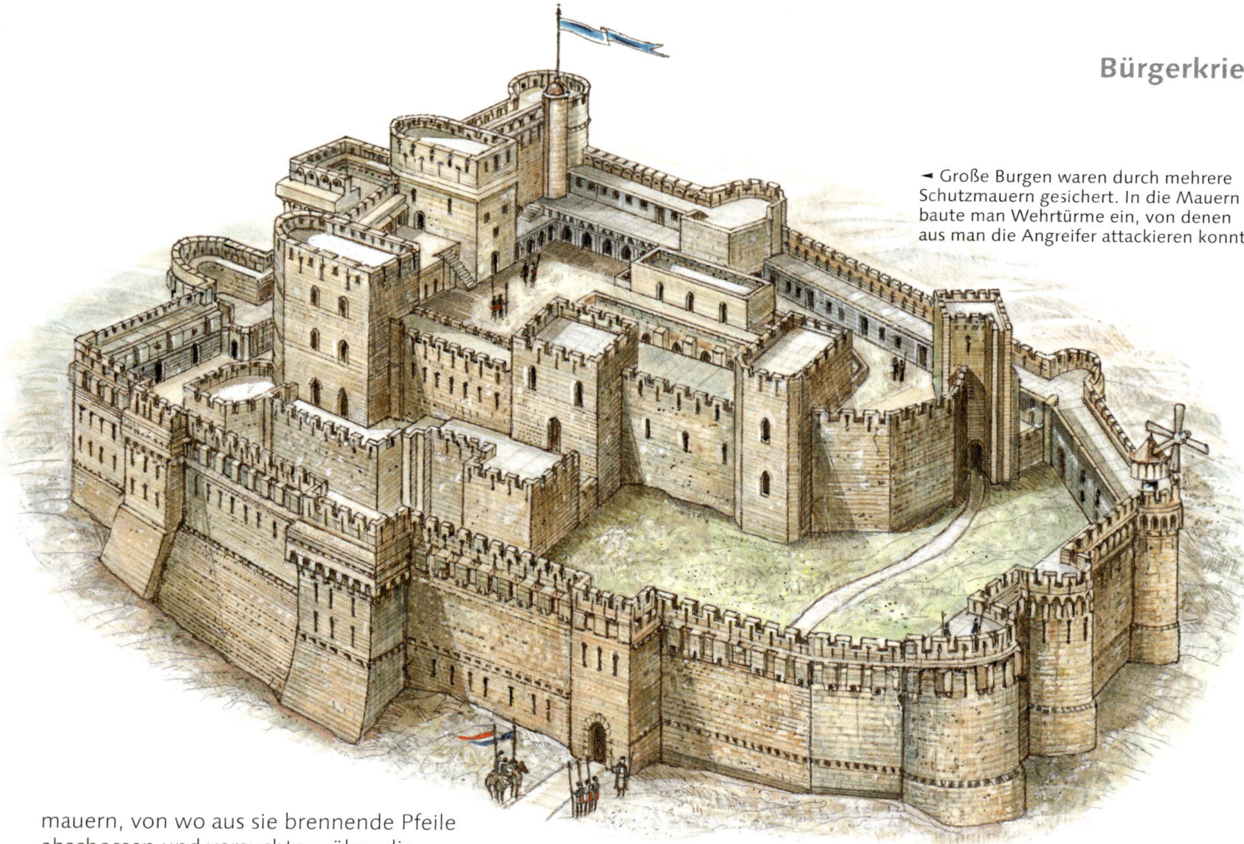

◄ Große Burgen waren durch mehrere Schutzmauern gesichert. In die Mauern baute man Wehrtürme ein, von denen aus man die Angreifer attackieren konnte.

mauern, von wo aus sie brennende Pfeile abschossen und versuchten, über die Burgmauer zu gelangen. Riesige Katapulte schossen Steine, Aas und brennendes Material in die Burg hinein. Mit dem Rammbock versuchten die Angreifer, das stark gesicherte Burgtor zu zertrümmern.

Bürgerinitiative

Eine Bürgerinitiative entsteht, wenn sich mehrere Bürger zusammenschließen, um ihre Interessen durchzusetzen, die vom →**Staat**, von den →**Bundesländern** oder von Städten und Gemeinden nicht berücksichtigt werden. Meist geht es dabei um Fragen des Städtebaus und der Verkehrsplanung, um soziale Einrichtungen (z. B. Kindergärten) oder um den →**Umweltschutz**. Anfang der 1970er-Jahre wehrten sich z. B. sehr viele Menschen gegen den Bau von Atomkraftwerken. Bürgerinitiativen verhinderten 1983 auch, dass die Bürger in Deutschland bei einer geplanten →**Volkszählung** zu viele persönliche Fragen beantworten mussten. Aus Bürgerinitiativen entwickelten sich einige politische Parteien, etwa Bündnis 90/Die Grünen.
Wenn eine Bürgerinitiative genügend Stimmen für ein Anliegen sammelt, kann daraus ein Volksbegehren werden, das dem →**Parlament** eine Gesetzesänderung vorschlägt.

Bürgerkrieg

Ein Bürgerkrieg bricht aus, wenn die →**Bevölkerung** eines Landes sich in zwei oder mehrere Gruppen spaltet, die sich gegenseitig bekämpfen. Grund dafür sind meist unterschiedliche politische oder religiöse Ansichten oder einfach die Zugehörigkeit zu einer bestimmten Volksgruppe (Ethnie). Manchmal werden dabei sogar Freunde oder Verwandte zu erbitterten Gegnern. Große Bürgerkriege fanden zu allen Zeiten und an verschiedensten Orten der Welt statt.
Im amerikanischen Bürgerkrieg kämpften die amerikanische →**Regierung** und die nordamerikanischen Staaten (Union) gegen die Südstaaten (Konföderierte). Grund dafür war, dass die Südstaaten die →**Sklaverei** nicht aufgeben wollten, da sie die Sklaven dringend als billige Arbeitskräfte auf ihren Baumwollplantagen brauchten. Der Krieg endete mit der Niederlage der Konföderierten.
Als in →**Spanien** 1936 die Linksparteien bei →**Wahlen** die Mehrheit errangen, führten die Nationalisten unter der Führung General Francisco Francos (1892–1975) einen Putsch durch. Der daraufhin ausbrechende Bürgerkrieg dauerte drei Jahre und endete mit der

Fortsetzung auf Seite 54

Fortsetzung von Seite 53

Besetzung Madrids durch Francos Truppen. Über 500 000 Menschen verloren in dem Krieg ihr Leben. Francos →**Diktatur** dauerte bis zu seinem Tod 1975.

Immer wieder brachen auf der Welt Bürgerkriege aus, v. a. in Afrika, etwa in →**Nigeria** (1967–1970) oder in →**Ruanda**: Beim Bürgerkrieg zwischen den großen Bevölkerungsgruppen der Tutsi und Hutu im Jahr 1994 wurde etwa eine halbe Million Tutsi und gemäßigte Hutu grausam ermordet.

Der Bosnische Krieg ist der bislang letzte Bürgerkrieg auf europäischem Boden und noch gar nicht sehr lange her. In den Jahren 1992 bis 1995 kämpften muslimische Bosnier, Serben und Kroaten in der früheren jugoslawischen Provinz Bosnien-Herzegowina um die Macht. Alle Parteien verübten schwere Gräueltaten und der Bürgerkrieg forderte Zehntausende von Toten.

▲ Martin Luther King (1929–1968) war der Anführer der Bewegung für Bürgerrechte in den Vereinigten Staaten. Er organisierte zahlreiche Protestmärsche und Kundgebungen. 1968 wurde er ermordet.

Bürgerrechte

Immer wieder haben Menschen im Lauf der →**Geschichte** für ihre Freiheit und das Recht, sich selbst zu regieren, gekämpft. Sie traten damit für ihre Bürgerrechte ein. Dazu gehören Meinungs- und Religionsfreiheit, Gleichheit vor dem Gesetz sowie das Recht, eine →**Regierung** zu wählen und wieder abzusetzen.

In den 1950er-Jahren kämpfte die schwarze →**Bevölkerung** in den →**Vereinigten Staaten von Amerika** für ihre Bürgerrechte und gegen →**Rassismus**. Bedeutende Bürgerrechtsbewegungen gab es auch in den Staaten des Ostblocks, darunter in der →**DDR**.

▼ Über 600 000 Soldaten starben im amerikanischen Bürgerkrieg. Die Schlacht von Gettysburg (1. bis 3. Juli 1863) war die blutigste, die je auf amerikanischem Boden ausgetragen wurde.

Byzantinisches Reich

Das Byzantinische Reich entstand infolge der Politik des römischen Kaisers Konstantin I. (280–337 n. Chr.). 330 machte er Byzanz zur Hauptstadt des →**Römischen Reiches** und benannte die Stadt in Konstantinopel um. 395 kam es dann zur Reichsteilung: Es entstanden das Byzantinische bzw. Oströmische Reich und das Weströmische Reich. Nach dem Zusammenbruch des Weströmischen Reiches 476 dehnte sich das Byzantinische Reich v. a. unter Kaiser Justinian I. (483–565) gewaltig aus. Das →**Christentum** wurde Staatsreligion, Konstantinopel zum bedeutenden religiösen, kulturellen und wirtschaftlichen Zentrum. Nach und nach verlor das Byzantinische Reich weite Gebiete im →**Nahen Osten**, in Nordafrika, Kleinasien und Südeuropa. Es währte bis zur Eroberung Konstantinopels durch die Osmanen im Jahr 1453. Seit 1930 heißt die Stadt Istanbul.

▲ 1453 belagerten die Osmanen Konstantinopel, die Hauptstadt des Byzantinischen Reiches. Nach der Eroberung wurde die bis dahin christliche Stadt ein wichtiges Zentrum der islamischen Welt.

Cäsar, Gaius Julius

Gaius Julius Cäsar (100–44 v. Chr.) war einer der mächtigsten Männer der römischen →**Antike**. Zusammen mit Gnaeus Pompeius (106–48 v. Chr.) und Marcus Licinius Crassus (115–53 v. Chr.) bildete er das sogenannte Triumvirat (Drei-Männer-Bund). Als Konsul und Statthalter von Gallien führte er zwischen 58 v. Chr. und 51 v. Chr. die Gallischen Kriege und eroberte das gesamte Land. Nach dem Tod von Crassus entbrannte ein Machtkampf zwischen Cäsar und Pompeius, der sich zum →**Bürgerkrieg** ausweitete und aus dem Cäsar als Sieger hervorging. Zurück in Rom brachte er die einflussreichen Adelsfamilien gegen sich auf, weil er als Alleinherrscher regieren wollte. 44 v. Chr. wurde Cäsar von den Senatoren Marcus Junius Brutus (88–42 v. Chr.) und Gaius Longinus Cassius (gest. 42 v. Chr.) erdolcht.

◄ Am 15. März 44 v. Chr. – den Iden des März – wurde Cäsar von einer Gruppe von Verschwörern ermordet. Sein letzter Satz soll gelautet haben: „Auch du, mein Sohn Brutus!"

CD siehe Aufnahmetechnik

Chamäleon

Chamäleons bilden eine Gruppe der →**Echsen** und sind in →**Afrika**, →**Asien** und Teilen Südeuropas anzutreffen. Der Körper eines Chamäleons ist schmal und längs über seinen Rücken zieht sich ein Kamm. Bei vielen →**Arten** setzt sich dieser Kamm bis über den Kopf hin fort, manche tragen auch ein →**Horn**. Chamäleons sind dafür bekannt, dass sich die Farbe ihrer →**Haut** verändern kann. Die meisten Arten leben auf →**Bäumen**. Sie bewegen sich äußerst langsam und lauern stundenlang regungslos auf einem Ast. Wenn sich ihnen ein →**Insekt** nähert, lassen sie die lange, klebrige Zunge herausschnellen, um es einzufangen.

Chemie

Die Chemie ist die Wissenschaft von der Zusammensetzung und der Umwandlung der Stoffe. Chemiker finden heraus, woraus eine Substanz besteht und wie ihre Bestandteile zusammengesetzt sind. Die Umwandlung von Stoffen nennt man chemische →**Reaktionen**: Ein Stück →**Holz** z. B., das in einem →**Feuer** verbrennt, verwandelt sich in Asche, wobei gleichzeitig →**Licht** und Wärme abgegeben werden. Es gibt zahlreiche unterschiedliche chemische Reaktionen. Die Chemie, so wie wir sie heute kennen, ging im 17. Jh. aus der →**Alchimie** hervor. Damals gelangen den Chemikern erste Einsichten in die Abläufe von chemischen Reaktionen. Später wurden die →**Elemente** entdeckt, aus denen sich alle Materialien auf der →**Erde** zusammensetzen. Bis jetzt kennt man etwa 100 Elemente. Sie alle bestehen aus winzigen Elementarteilchen, den →**Atomen**. Atome von einzelnen oder verschiedenen Elementen können sich zu →**Molekülen** zusammensetzen. Das →**Salz**, das zum Würzen von Speisen verwendet wird, besteht z. B. aus den Elementen Natrium und Chlor. Forscher unterscheiden die anorganische Chemie, die sich mit den Substanzen der unbelebten Natur befasst, von der organischen Chemie, die Moleküle der Lebewesen untersucht. Ein besonderer Zweig der organischen Chemie ist die Biochemie. Sie untersucht chemische Reaktionen, die im Körper von →**Pflanzen** und →**Tieren** stattfinden. Ärzte erforschen auch die Biochemie des Menschen, um →**Krankheiten** schneller zu erkennen und sie durch chemische →**Medikamente** heilen zu können.

► Ein Chamäleon kann jedes Auge unabhängig vom anderen drehen und so sein Umfeld gut überwachen. Außerdem vermag es seine Hautfarbe der Umgebung anzupassen. Dank dieser Tarnung ist es für Fressfeinde nur schwer zu erkennen.

Chile
Staatsform: Republik
Hauptstadt: Santiago de Chile
Fläche: 765 627 km²
Einwohner: 15,2 Mio.
Sprache: Spanisch
Währung: Peso

Chile

Chile ist ein schmales Land am Fuße der →**Anden**, das sich 4265 km entlang der Westküste →**Südamerikas** erstreckt. Der Großteil der Chilenen lebt im fruchtbaren Mittelteil des Landes, denn im Norden liegt die →**Wüste** Atacama und der Süden ist kalt und windig. Über ein Drittel der →**Bevölkerung** des Landes wohnt in der Hauptstadt.
Chile besitzt über ein Viertel der weltweiten Kupfervorkommen.
Von 1973 bis 1988 herrschte in Chile eine Militärdiktatur.

◄ Die chinesische Schrift besteht aus rund 40 000 Schriftzeichen, von denen jedoch etwa 5000 für den täglichen Gebrauch ausreichen. Dieses Symbol bedeutet: „Chinesen".

China
Staatsform: Volksrepublik
Hauptstadt: Beijing (Peking)
Fläche: 9 572 419 km²
Einwohner: 1,2 Mrd.
Sprachen: Mandarin- oder Hochchinesisch, Tibetisch, Mongolisch, Uigurisch
Währung: Yuan

China

China liegt in →**Asien**. Es ist flächenmäßig das drittgrößte und in Bezug auf die Einwohner das größte Land der Welt. Hier lebt gut ein Fünftel der Weltbevölkerung.
Der Großteil des Landes ist gebirgig. Im Südwesten liegt das tibetische Hochland (über 4000 m), das im Süden durch den →**Himalaja** begrenzt ist. Im Osten fällt es stufenweise bis zur Pazifikküste ab, wo sich fruchtbare Ebenen ausdehnen. Zwischen Chinas längstem →**Fluss**, dem Jangtsekiang, und dem Huang Ho (Gelber Fluss) lebt der Großteil der Bevölkerung. Im Norden von Tibet breitet sich die →**Wüste** Gobi aus.
Viele Chinesen wohnen in den Städten und arbeiten in Fabriken. Mehr Menschen leben jedoch von Landwirtschaft und Fischerei.
China war über 3000 Jahre lang ein Kaiserreich. Die kaiserlichen Paläste kann man bis heute in Chinas Hauptstadt Beijing

► Die Chinesische Mauer ist aus Stein und Erde erbaut. Alle 200 m steht ein Wachturm. Wenn Feinde angriffen, gaben die Wachen Warnsignale ab: bei Tag Rauchzeichen, bei Nacht Signalfeuer.

bewundern. Um 200 v. Chr. befahl der damalige Kaiser den Bau der →**Chinesischen Mauer.** Sie ist die längste Befestigungsanlage aller Zeiten.
Zu den chinesischen →**Erfindungen** gehören →**Papier**, Tinte, →**Drucktechnik**, →**Seide**, Porzellan, →**Feuerwerk** und Schießpulver.
Chinesisch ist die am meisten gesprochene →**Sprache** der Welt.
Seit 1912 ist China eine →**Republik**. Ein blutiger →**Bürgerkrieg** zwischen Nationalisten und Kommunisten endete 1949 mit dem Sieg des →**Kommunismus**. Mao Zedong (1893–1976) war der bedeutendste kommunistische Führer. Während seiner Herrschaft isolierte sich China vom Rest der Welt. Seine Nachfolger öffneten das Land allmählich wieder.
Heute ist China ein aufstrebendes Land, das insbesondere seine Elektro-, Elektronik- und Textilindustrie ausbaut, allerdings ohne Rücksicht auf den →**Umweltschutz**. Regimegegner werden weiterhin verfolgt. Im Jahr 2008 finden die ersten →**Olympischen Spiele** in China statt.

Chinesische Mauer

Vor über 2000 Jahren ließ Shi Huang Ti (259–210 v. Chr.), der erste Kaiser des geeinten →**China**, diese Mauer errichten. Sie sollte das Land vor den Feinden im Norden schützen. Mit etwa 6800 km ist die Chinesische Mauer die längste Mauer der Welt. Sie verläuft von Westchina bis zum Gelben →**Meer**.

Chip

Ein Chip (englisch für Span oder Splitter) ist ein kleines Plättchen, das aus einem →**Element** namens Silizium besteht (Silizium ist ein →**Halbleiter**). Auf dem Chip befinden sich sehr kleine elektrische →**Stromkreise**, sogenannte Mikroschaltungen. Chips (auch Mikrochips genannt) werden in Radios, modernen →**Rechenmaschinen** und →**Computern** verwendet, aber auch für elektronisches Spielzeug sowie für Geld- und Telefonkarten. Da Chips so winzig klein sind, können auch die Geräte, in denen sie eingebaut sind, sehr klein sein.
Die Entwicklung von Chips bedeutete einen großen Fortschritt in der →**Elektronik**.

▾ Während der Operation tragen der Chirurg und sein Team sterile (keimfreie) Kittel, Handschuhe und Masken. Auch die Instrumente sind sterilisiert, damit keine Krankheitserreger in die offene Wunde gelangen.

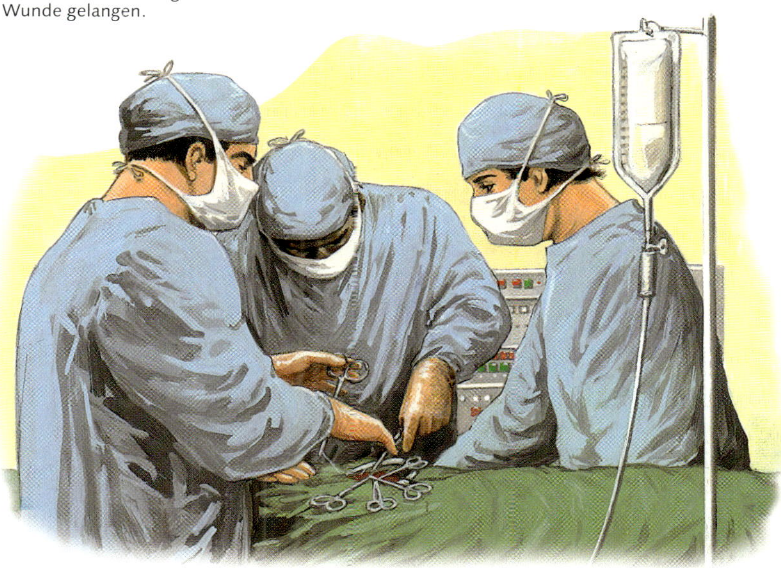

Chirurgie

Die Chirurgie ist ein Teilbereich der →**Medizin**. Die Chirurgen heilen →**Krankheiten** und Verletzungen, indem sie den →**menschlichen Körper** öffnen und kranke Körperteile heilen, entnehmen oder ersetzen. Man nennt diese Eingriffe Operationen.
Damit der Patient keine Schmerzen verspürt, erhält er eine örtliche Betäubung des betroffenen Körperteils oder eine Narkose. Bei der Narkose wird der Patient durch →**Medikamente** für eine bestimmte Zeit in tiefen →**Schlaf** versetzt.
Früher operierten Chirurgen v. a. mit einem sehr scharfen Messer (Skalpell). Heute werden auch moderne Geräte wie →**Laser** eingesetzt, bestimmte Operationen nehmen Chirurgen mithilfe von →**Robotern** vor. Für einige Eingriffe benötigt man heute nur winzige Schnitte: Durch diese werden die chirurgischen Instrumente und eine kleine Kamera in den Körper eingeführt. Seine Arbeit kann der Chirurg auf einem Bildschirm verfolgen.

▲ Menschen, die ein vorbildliches Leben führten und Wunder wirkten, werden im Christentum als Heilige verehrt. Sie müssen vom Papst heilig gesprochen werden.

Christentum

Das Christentum ist eine der großen Weltreligionen. Etwa zwei Milliarden Menschen bezeichnen sich als Christen. Sie folgen der Lehre von →**Jesus** Christus und glauben, dass er der Sohn →**Gottes** ist, der in Menschengestalt auf die Erde kam.

Das Christentum ist 2000 Jahre alt. Der →**Kalender**, der in vielen Ländern der Welt in Gebrauch ist, hat als Ausgangspunkt das Jahr, in dem Christus geboren wurde. Der Geburtstag Christi wird an Weihnachten von Christen in aller Welt mit Gebeten, Geschenken und unterschiedlichen Bräuchen gefeiert. Die →**Bibel** ist das heilige Buch der Christen und der Sonntag ist der wöchentliche Feiertag.

Das Christentum entwickelte sich aus dem →**Judentum**, doch die Lehren Christi erregten das Missfallen der Juden und der Machthaber im →**Römischen Reich**. Christus wurde gekreuzigt. Seine Wiederauferstehung am dritten Tag nach seinem Tod wird mit dem Osterfest gefeiert.

Heute gibt es verschiedene Formen des Christentums. Die älteste und größte Glaubensgemeinschaft ist die römisch-katholische →**Kirche**. Ihr steht der →**Papst** vor. Die orthodoxe Kirche in →**Griechenland** und →**Russland** ist dort die einflussreichste Glaubensgemeinschaft. Der Protestantismus entstand im 16. Jh., als Martin →**Luther** zu einer Reform (Veränderung) der katholischen Kirche aufrief. Diese Epoche nennt man →**Reformation**. Luthers Anhänger wurden Protestanten genannt, weil sie gegen die Lehren und Verfahrensweisen der römisch-katholischen Kirche protestierten.

▼ An bestimmten Feiertagen fanden zur Unterhaltung des römischen Volkes grausame Spiele statt. Im Zuge der Christenverfolgung wurden neben Verbrechern und Sklaven auch Christen den Löwen und anderen wilden Tieren zum Fraß vorgeworfen.

Christenverfolgung

Mit Christenverfolgung sind die strengen Maßnahmen gegen die Christen im →**Römischen Reich** gemeint. Die Römer waren normalerweise tolerant gegenüber Andersgläubigen. Diese durften ihre →**Religion** ausüben, solange sie auch den römischen Staatskult anerkannten. Dazu waren die Christen jedoch nicht bereit, denn sie glaubten an einen einzigen Gott, was dem römischen Glauben an viele →**Götter** und auch dem Kaiserkult widersprach. Die ersten Christenverfolgungen veranlasste Kaiser Nero (37–68 n. Chr.). Er beschuldigte die Christen, Rom in Brand gesteckt zu haben. Kaiser Septimus Severus (146–211) verbot die Religion. Seine Nachfolger verschärften die Maßnahmen gegen die Christen, zerstörten ihre →**Kirchen** und Schriften und versuchten, sie zum Verrat ihres Glaubens zu zwingen. Erst Kaiser Konstantin I. der Große (280–337) erkannte die Christen als Religionsgemeinschaft an. Im Jahr 391 wurde unter Kaiser Theodosius I. (347–395) das →**Christentum** sogar Staatsreligion.

Comics

Das Wort „Comic" kommt aus dem Englischen und bedeutet: komisch, lustig. In den 40er-Jahren des 19. Jh. begannen →**Zeitungen**, →**Zeichnungen** zu veröffentlichen, die sich über Politiker und andere bekannte Leute lustig machten. Diese Zeichnungen nannte man Karikaturen. Ende des 19. Jh. druckten Zeitungen in den USA unterhaltsame Bildergeschichten. Mit der Zeit folgten die Zeitungen in anderen Teilen der Welt ihrem Beispiel und für die Bildergeschichten bürgerte sich der englische Ausdruck „Comics" ein. Bald gab es Comics auch in Heft- und Buchform zu kaufen. Bekannte Comics sind z. B. „Mickymaus", „Die Peanuts" und „Asterix".

Computer

Computer sind vielseitige elektronische Rechner, die in Technik und Wissenschaft riesige Fortschritte ermöglicht haben und auch im Alltag eine immer größere Rolle spielen. Zum Beispiel kann man mit Computern Flugzeuge, Raumschiffe oder lebensrettende medizinische Apparate steuern, aber auch Bankautomaten bedienen.

All das ist nur möglich, weil Computer in der Lage sind, in einer Sekunde Millionen von Rechenvorgängen durchzuführen. Alle Computer arbeiten dabei im sogenannten →**binären System**. In diesem System gibt es nur zwei Ziffern: 1 und 0. Computer erkennen den Unterschied zwischen vorhandenem und nicht vorhandenem Stromfluss, also „an" oder „aus". Die Ziffer 1 steht für „an", die Ziffer 0 für „aus". Wenn man auf einer Computertastatur etwas eintippt, werden dabei viele winzige elektrische →**Ströme** erzeugt, die durch die kleinen →**Stromkreise** auf den →**Chips** fließen. Alle Daten, die ein Benutzer eingibt – egal ob Texte oder Bilder –, werden vom Computer in Zahlenreihen umgewandelt, die

aus den Ziffern 1 und 0 bestehen. Entsprechend den Befehlen eines Programms führt der Computer dann Berechnungen durch. Die Ergebnisse werden schließlich wieder in verständliche Texte und Bilder umgewandelt.
Ein Computer besteht aus vier Grundbestandteilen. Mit einem Eingabegerät, etwa einer Tastatur, einer Maus oder einem Joystick (Steuerhebel für Computerspiele) gibt man Daten in den Computer ein. Anschließend verarbeitet die Zentraleinheit oder CPU (Central Processing Unit) diese Daten und führt die vorgeschriebenen Aufgaben (z. B. Tabellen herstellen) aus. Die Ergebnisse werden dann an ein Ausgabegerät geschickt, etwa zu einem Bildschirm oder einem Drucker. In einem Speicher werden die Programme und Daten gesichert. Man kann sie auch auf herausnehmbare →**CDs** brennen.

▲ Mit Computern kann man Roboter steuern – so wie diesen hier, der neu gebaute Autos mit Lack besprüht.

Computer lassen sich über ein Netz von Telefonleitungen und Kabeln miteinander verbinden. Das →**Internet** ist ein weltumspannendes Computernetzwerk, mit dem man sekundenschnell Daten und Mitteilungen um die ganze →**Erde** schicken kann.

Connecting link

Die heutigen Tier- und Pflanzenarten haben sich durch Veränderung aus einfacheren Vorfahren entwickelt. Dabei gab es Zwischenformen. Diese Connecting links oder Bindeglieder bilden den Übergang zwischen zwei unterschiedlichen Gruppen. Bei →**Tieren** spricht man auch von Brückentieren. Sie besitzen Merkmale von stammesgeschichtlich älteren und jüngeren Gruppen. An den Connecting links kann man den Verlauf der →**Evolution** verfolgen und erklären, wie die einzelnen Tiergruppen voneinander abstammen. Ein Beispiel ist der Urvogel *Archaeopteryx*. Er hat noch viele Merkmale der →**Dinosaurier**, aber auch schon Beine, Flügel und →**Federn** wie die →**Vögel**. Dieser Urvogel gilt als Bindeglied zwischen den →**Reptilien** und den Vögeln. Fast alle Zwischenformen sind ausgestorben und nur als →**Fossilien** bekannt. Es gibt aber auch sogenannte lebende Fossilien, die sich seit vielen Jahrmillionen nicht verändert haben. So ist etwa der heute noch lebende Quastenflosser der nächste Verwandte einer vor 400 Millionen Jahren im Süßwasser lebenden Fischgruppe, von der die →**Amphibien** abstammen. Ein Connecting link zwischen →**Fischen** und Amphibien ist *Ichthyostega*, der bereits vier Beine hat, aber noch Merkmale der Quastenflosser besitzt.

Costa Rica

Costa Rica
Staatsform: Republik
Hauptstadt: San José
Fläche: 51 060 km²
Einwohner: 3,7 Mio.
Sprache: Spanisch
Währung: Costa-Rica-Colón

Costa Rica liegt in →**Mittelamerika**. Einen Großteil des Landes bedecken →**Regenwälder**, der Rest ist landwirtschaftlich geprägt. Die wichtigsten Anbauprodukte sind Kaffee, Bananen und Zuckerrohr. Auch der Tourismus spielt eine große wirtschaftliche Rolle. Von der Mitte des 16. Jh. bis 1821 war Costa Rica (das bedeutet „reiche Küste") eine spanische →**Kolonie**.

Cowboy

▲ Cowboys heißen in Südamerika „Gauchos". Auf den grasbewachsenen Ebenen Argentiniens, den Pampas, führen sie noch heute ein raues, einfaches Leben.

Im Westen der →**Vereinigten Staaten von Amerika** gibt es auch heute noch Cowboys, die vom Sattel aus Rinderherden hüten. Doch die eigentliche Blütezeit der Cowboys dauerte nur 40 Jahre, von 1860 bis 1900. Damals waren die →**Prärien** zwischen Texas und →**Kanada** noch unbewirtschaftetes Land, auf dem man →**Rinder** weiden ließ. Diese wurden von den Cowboys zu den Schlachthöfen oder Eisenbahnstationen getrieben. Das Leben der Cowboys war einfach und hart. Sie besaßen nicht viel mehr als ihr Pferd, den Sattel, eine Bettrolle und Kleidung.

Curie, Marie

Marie Curie (1867–1934) arbeitete bei Henri Becquerel (1852–1908), der 1896 auf die natürliche →**Strahlung** von Uransalz gestoßen war. Curie prägte für dieses Phänomen den Begriff →**Radioaktivität**. Gemeinsam mit ihrem Mann Pierre (1859–1906) entdeckte sie zwei neue chemische →**Elemente**, Polonium und Radium. Dafür erhielten die Curies gemeinsam mit Becquerel 1903 den →**Nobelpreis** für →**Physik**. 1911 erhielt Marie den Nobelpreis für →**Chemie**.

D

▲ Über das Gesicht des Europäischen Dachses verlaufen markante schwarze und weiße Streifen.

Dachse

Dachse sind →**Säugetiere** und mit Mardern, Wieseln und →**Ottern** verwandt. Sie haben gedrungene Körper, lange stumpfe, zum Graben geeignete Krallen, kraftvolle Kiefer und einen kurzen Schwanz. Es gibt mehrere →**Arten** von Dachsen, darunter den Europäischen Dachs und den Afrikanischen Honigdachs.
Nach Sonnenuntergang verlassen die nachtaktiven →**Tiere** ihre unterirdischen Baue und gehen auf Nahrungssuche. Als →**Allesfresser** ernähren sie sich von →**Früchten** und →**Wurzeln**, →**Mäusen** und anderen kleinen Tieren.

Dalai Lama

Im buddhistischen →**Tibet** wird der Dalai Lama (tibetisch für „Ozean des Wissens") als religiöses und politisches Oberhaupt verehrt. Er soll eine Wiedergeburt des →**Buddhas** des Erbarmens sein. Dieser wird so lange als Mensch wiedergeboren, bis alle Menschen erlöst sind. Dem heutigen 14. Dalai Lama (geb. 1935) wurde 1950 die politische Macht übertragen, nachdem das Nachbarland →**China** 1949 Tibet besetzt hatte. Nach einem missglückten Aufstand der Tibeter musste der Dalai Lama 1959 nach →**Indien** flüchten. Bis heute reist er durch die ganze Welt, um internationale Unterstützung für die Freiheit Tibets zu erlangen. 1989 erhielt er den Friedensnobelpreis.

▼ Salvador Dalí kombinierte häufig Gegenstände, die im wirklichen Leben nichts miteinander zu tun haben, wie z. B. bei seinem „Hummer-Telefon" (1936).

Dalí, Salvador

Salvador Dalí (1904–1989) wird als einer der wichtigsten Vertreter der Kunstrichtung des Surrealismus angesehen und ist einer der meistdiskutierten Maler des 20. Jh. In seinen stark psychoanalytisch geprägten Gemälden setzte er Traumbilder und die Welt des Unterbewussten um. Schmelzende Uhren und brennende Giraffen wurden zu seinen Markenzeichen. Seine Lebensgefährtin und spätere Ehefrau Gala (1894–1982) regte ihn zu seinem künstlerischen Schaffen an und war auch seine Managerin. Ab Ende der 1940er-Jahre wandte sich Dalí verstärkt religiösen und historischen Themen zu. Bekannt wurde er auch als ein Meister der Selbstdarstellung.

Dämme

Durch Ablagerung von mitgeführtem Material bilden sich an →**Flüssen** – v. a. durch Hochwasser – Aufschüttungen, sogenannte Naturdämme. Künstliche Dämme sind Erd- oder Steinaufschüttungen, die wertvolles Land vor →**Überschwemmung** schützen. →**Biber** bauen Dämme aus Baumstämmen und Ästen, um →**Wasser** aufzustauen. Denselben Zweck verfolgen die von Menschen errichteten Staudämme. Sie bestehen meist aus →**Beton** und einige davon gehören zu den mächtigsten Bauwerken der Welt. Mit dem Wasser aus Stauseen werden private Haushalte oder Fabriken versorgt und landwirtschaftliche Nutzflächen bewässert. Staudämme können auch dazu genutzt werden, aus →**Wasserkraft** elektrischen →**Strom** zu erzeugen: Hinter den riesigen Staumauern baut sich ein ungeheurer Wasserdruck auf. Durch das Öffnen von Absperrtoren kann Wasser abgelassen werden. Es schießt durch Rohre nach unten und trifft auf die Schaufeln von →**Turbinen**. Diese werden dadurch in Drehung versetzt und treiben →**Generatoren** an und diese liefern →**Elektrizität**.

◄ Viele Dämme sind gebogen, damit das Gewicht des dahinter gestauten Wassers nicht nur gegen die Dammmauer, sondern auch gegen die Talseiten drückt.

Dampfmaschine

Wenn →**Wasser** kocht, verwandelt es sich in Dampf, der viel mehr Platz als das Wasser beansprucht und sich demnach ausdehnt. Im 18. Jh. machten sich britische Erfinder wie Thomas Newcomen (1663–1729) diese Tatsache zunutze und bauten →**Motoren**, die von Dampf angetrieben wurden. Bei Newcomens Motor wurde das Wasser in einem Kessel von einem Ofen erhitzt. Dabei entstand Wasserdampf, der einen Kolben (bewegliches Maschinenteil) in einem Zylinder (röhrenförmiger Körper) nach oben drückte. Sobald der Dampf abkühlte und sich in Wasser zurückverwandelte, bewegte sich der Kolben wieder nach unten. Der Arbeitsgang begann wieder von vorn. James Watt (1736–1819) baute einen leistungsfähigeren Motor, in dem der Kolben von beiden Seiten mittels Dampf hin und her bewegt wurde. Die Kolbenstangen trieben ein →**Rad** an. Anfang des 19. Jh. konnten schwere Lasten von solchen Motoren schon schneller befördert werden als von →**Pferden**.
Dampfmaschinen trugen wesentlich zur →**industriellen Revolution** bei. Sie trieben Fabrikmaschinen (z. B. Webstühle) an sowie →**Eisenbahnen** und →**Schiffe**.
Obwohl die Dampfmaschine inzwischen weitgehend von →**Diesel**- und →**Benzinmotor** verdrängt wurde, spielt die Dampfkraft noch heute eine wichtige Rolle: In vielen →**Kraftwerken** treibt sie über →**Turbinen** die →**Generatoren** an.

► Die von James Watt entwickelte Dampfmaschine wurde zunächst eingesetzt, um Wasser aus Bergwerken zu pumpen. Auch die großen Hämmer in Stahlwerken und Webstühle in der Textilindustrie wurden mit Dampfkraft betrieben.

Die zur Dampferzeugung nötige Hitze entstand durch Verbrennen von Holz oder Kohle in einem Ofen.

Dänemark

Dänemark ist ein kleines Land im Norden →**Europas**. Es gehört wie →**Norwegen**, →**Schweden**, →**Finnland** und →**Island** zu Skandinavien. Den größten Teil des Landes bildet die Halbinsel Jütland, der 600 →**Inseln** vorgelagert sind. →**Grönland** und die Färöer Inseln gehören ebenfalls zum dänischen Staatsgebiet.
Dänemark ist ein flaches Land, dessen Boden und →**Klima** sich ideal für die →**Landwirtschaft** eignen. Wichtige Exportgüter sind Milchprodukte, Schweinefleisch und Fisch. Die dänischen Brauereien sind weltbekannt.

Dänemark
Staatsform: Parlamentarische Monarchie
Hauptstadt: Kopenhagen
Fläche: 43 049 km²
Einwohner: 5,3 Mio.
Sprache: Dänisch
Währung: Dänische Krone

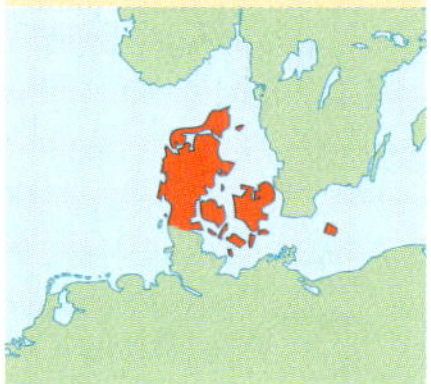

DDR

Die DDR (Abkürzung für Deutsche Demokratische Republik) ging aus der Sowjetischen Besatzungszone (SBZ) hervor, einer von vier Zonen, in die →**Deutschland** nach dem Zweiten →**Weltkrieg** eingeteilt worden war. Der neue →**Staat** wurde nach dem Vorbild der →**Sowjetunion** (UdSSR) aufgebaut, d. h., landwirtschaftliche Betriebe, →**Industrie** und →**Handel** wurden verstaatlicht. Die Parteien KPD und SPD mussten sich zur SED (Sozialistische Einheitspartei) vereinigen. Am 7. Oktober 1949 trat die →**Verfassung** der DDR in Kraft. Das oberste Staatsorgan war die Volkskammer, der auch der Staatsrat und der Ministerrat angehörten. Tatsächlich aber war das Politbüro der SED die bestimmende politische Macht. Immer wieder versuchten Menschen aus der DDR in den Westen Deutschlands zu fliehen. Allein 1953, im Jahr des niedergeschlagenen Arbeiteraufstands in Ostberlin, verließen 330 000 →**Flüchtlinge** die DDR. Am 13. August 1961 wurde daher auf Geheiß der DDR-Regierung mit dem Bau der Berliner Mauer begonnen. Diese wurde Teil einer streng bewachten Grenze zwischen den beiden deutschen Staaten.
Die DDR wurde zur zweitstärksten Industriemacht im Ostblock (Sowjetisches Einflussgebiet). Zwar erkannte die Bundesrepublik Deutschland die DDR nicht als selbstständigen Staat an, doch tauschten beide Länder 1970 ständige Vertretungen aus. Im September 1973 wurden beide Staaten in die →**Vereinten Nationen** (UNO) aufgenommen, was zur allgemeinen Anerkennung der DDR in der westlichen Welt führte. Ende der 1980er-Jahre erlaubte der neue russische →**Präsident** Michail Gorbatschow (geb. 1931) größere Freiheiten in der UdSSR. Dadurch geriet auch die Führung der DDR unter Druck. Proteste aus der Bevölkerung wurden immer lauter. Als die →**Regierung** die Regeln für den innerdeutschen Reiseverkehr lockerte, zog das eine große Ausreisewelle nach sich. Diese gipfelte im Mauerfall am 9. November 1989. Mit dem Beitritt der DDR zur Bundesrepublik Deutschland am 3. Oktober 1990 (→**Wiedervereinigung**) hörte die DDR auf zu existieren.

Delfine und Schweinswale

Delfine und Schweinswale gehören ebenso wie die →**Wale** zur Gruppe der Waltiere und sind →**Säugetiere** – sie atmen mit der →**Lunge**, sind →**Warmblüter** und die Weibchen säugen ihre Jungen. Sie besitzen scharfe →**Zähne** und ihre Schnauzen laufen schnabelartig zu.
Delfine und Schweinswale sind sehr intelligent und verständigen sich mithilfe von Pfiffen und Klicklauten. Um sich im →**Meer** zu orientieren und Beute zu finden, setzen sie Echoortung ein, eine Art →**Radar**.
Die größte →**Art** unter den Delfinen und Schweinswalen ist der Orca oder Schwertwal. Er wird bis zu 9 m lang.

Delta

Ein Delta ist der meist fächerförmige Mündungsbereich eines →**Flusses** am →**Meer** oder an einem →**See**. Der Fluss lagert hier →**Erde** und →**Sand** ab und bahnt sich seinen Weg, indem er häufig die Richtung wechselt. Dieses Labyrinth aus zahlreichen Flussarmen nennt man Delta, da es an den griechischen Buchstaben Delta erinnert, der als Dreieck geschrieben wird.
Ein Flussdelta kann sehr groß sein. Das Delta des Flusses Mississippi z. B. erstreckt sich auf einer Länge von 320 km in den Golf von →**Mexiko**.

Demokratie

Demokratie ist eine Herrschaftsform, bei der die →**Bevölkerung** eines Landes die →**Regierung** selbst bestimmt. In den meisten Demokratien wählt das Wahlvolk seine Vertreter, die als Abgeordnete das →**Parlament** bilden. In einer parlamentarischen Demokratie beschließen die Abgeordneten die →**Gesetze**. Sie gehören unterschiedlichen Parteien an – den Regierungsparteien und den Oppositionsparteien (diese sind nicht an der Regierung beteiligt). Das Parlament heißt in →**Deutschland** Bundestag. An der Spitze der Regierung stehen der Bundeskanzler (er wird vom Bundestag gewählt) und seine Bundesminister. Der Bundespräsident gehört nicht zur Regierung, sondern vertritt als Staatsoberhaupt das ganze Volk. Auch →**Österreich** und die →**Schweiz** sind parlamentarische Demokratien.
In anderen demokratischen Ländern steht der →**Präsident** an der Spitze der Regierung. Er wird direkt oder durch sogenannte Wahlmänner vom Volk gewählt. Die →**Vereinigten Staaten von Amerika** sind ein Beispiel für eine solche Präsidialdemokratie. Dort heißt das Parlament Kongress und besteht aus zwei Kammern – dem Senat und dem Abgeordnetenhaus.
In einigen Ländern wie z. B. →**Großbritannien**, →**Spanien**, den →**Niederlanden** und →**Schweden** gibt es neben dem Parlament auch einen König oder eine Königin (→**Monarchie**). Diese haben aber v. a. Ehrenämter inne.

▼ Delfine – wie diese Fleckendelfine – leben in Gruppen oder Schulen. Sie spüren auch ihre Beutefische gemeinsam auf.

▲ Die erste Demokratie entstand um 508 v. Chr. in Athen. Die freien Männer versammelten sich auf dem Hügel Pnyx und diskutierten wichtige Angelegenheiten.

Fast alle Demokratien garantieren die →**Menschenrechte** und niemand wird ohne eine ordentliche Verhandlung vor →**Gericht** verurteilt.

Destillation

Erhitzt man Salzwasser in einem Topf, wird das →**Wasser** zu Dampf. Trifft der Dampf z. B. auf eine Fensterscheibe, kühlt er ab und wird wieder zu Wasser. Doch das Wasser hat sich verändert – es ist nun reines Wasser. Das →**Salz** ist im Topf zurückgeblieben. Dieses Verfahren des Erhitzens und Abkühlens von →**Flüssigkeiten** nennt man Destillation. Mithilfe der Destillation kann man vermischte flüssige Stoffe voneinander trennen. Die Mischung wird erhitzt und die →**Flüssigkeit**, die den niedrigsten Siedepunkt hat, verdampft als Erste, d. h., sie verwandelt sich in ein →**Gas**, das man auffangen und wieder in eine Flüssigkeit zurückverwandeln kann. Dann verdampft die Flüssigkeit mit dem nächsthöheren Siedepunkt usw. Mit diesem Verfahren wird z. B. das frisch gewonnene →**Erdöl** gereinigt (raffiniert).

Deutschland

Deutschland liegt in der Mitte →**Europas** und hat von allen europäischen →**Staaten** (außer →**Russland**) die meisten Einwohner. Im Norden wird es von →**Ostsee** und →**Nordsee** begrenzt. Das Gebiet der Norddeutschen Tiefebene ist weitgehend flach, Richtung Süden schließen sich die bewaldeten Mittelgebirge an, darunter Harz, Erzgebirge, Schwarzwald und Bayerischer Wald. Im Süden liegt das Alpenvorland und entlang der Grenzen zur →**Schweiz** und zu →**Österreich** erheben sich die →**Alpen**. Der höchste deutsche Berg ist die Zugspitze (2962 m). Im Süden und im Norden gibt es zahlreiche →**Seen**, sie sind Zeugen der →**Eiszeit**. Deutschlands wichtigste →**Flüsse** sind der Rhein, die Elbe, die Donau und die Oder. Außer der Donau, die sich von West nach Ost bewegt, fließen alle in nördliche Richtung.
Bis ins späte 19. Jh. bestand Deutschland aus einzelnen →**Staaten**. Sie wurden von dem preußischen Reichskanzler Otto von Bismarck (1815–1898) zu einem Kaiserreich vereinigt. Deutschland wurde zu einer mächtigen Nation. Nach dem Ersten →**Weltkrieg** entstand die →**Weimarer Republik**, der zwölf Jahre →**Diktatur** während des →**Nationalsozialismus** folgten. Nach dem Zweiten Weltkrieg entstanden zwei deutsche Staaten: die Bundesrepublik Deutschland und die Deutsche Demokratische Republik (→**DDR**). Seit der →**Wiedervereinigung** im Jahr 1990 besteht Deutschland aus 16 →**Bundesländern**.
Obwohl die Wiedervereinigung wirtschaftliche Probleme mit sich brachte, gehört Deutschland nach wie vor zu den reichen Industrienationen der Welt. Wichtige Industriezweige sind z. B. Stahlerzeugung, Kraftfahrzeugbau und die Herstellung chemischer und elektrotechnischer Produkte sowie optischer Geräte.
(Siehe auch die Seiten 370–373)

Deutschland
Staatsform: Bundesrepublik
Hauptstadt: Berlin
Fläche: 357 028 km^2
Einwohner: 82,5 Mio.
Sprache: Deutsch
Währung: Euro

▲ Man findet natürliche Diamanten in Felsgestein eingebettet. Nachdem sie herausgelöst, geschnitten und poliert worden sind, haben sie rund die Hälfte ihres Gewichts verloren.

Diamant

Diamanten sind die härtesten →**Mineralien** und wertvollsten →**Edelsteine**, die es gibt. Sie bestehen aus reinem →**Kohlenstoff**, demselben Material, aus dem auch →**Kohle** aufgebaut ist. Die →**Atome** des Kohlenstoffs sind jedoch anders angeordnet als bei Kohle. Diese Anordnung bestimmt die Härte. Diamanten entstehen tief unter der Erdoberfläche unter äußerst hohem Druck. Meist sind sie glasklar, sie können aber auch blau, rosa oder gelblich gefärbt sein. Damit Schmuckdiamanten richtig funkeln, werden die Steine geschliffen und poliert. Diamanten lassen sich auch künstlich herstellen. Solche schwarzen Industriediamanten verwendet man als harte Bohrer und zum Schneiden von →**Glas** oder →**Metall**. Diamanten kommen in vielen Ländern →**Afrikas** sowie in →**Russland** vor.

Dickens, Charles

Charles Dickens (1812–1870) zählte schon zu Lebzeiten zu den bekanntesten und beliebtesten englischen Romanautoren. In seinen →**Büchern** beschreibt er das Leben im viktorianischen London. Dabei stand Dickens immer auf der Seite der Armen und Schwachen, zu denen er in seiner Kindheit selbst gehört hatte. Sein heute bekanntestes Buch „Oliver Twist" erschien 1838/39 zunächst als Fortsetzungsroman in einer →**Zeitung**. In vielen seiner Werke, wie auch z. B. in „Eine Weihnachtsgeschichte" (1843), übte er Kritik an den sozialen Missständen und forderte Hilfe für die Armen. Mit seinem Werk gab er Anstoß zu sozialen Verbesserungen.

▲ Diese Illustration zeigt eine Szene aus Charles Dickens' Roman „Die Lebensgeschichte, Abenteuer, Erfahrungen und Beobachtungen David Copperfields des Jüngeren" (1849/1850).

Dieselmotor

Dieser →**Motor** wurde nach seinem deutschen Erfinder Rudolf Diesel (1858–1913) benannt, der 1897 seinen ersten erfolgreichen Motor dieser Art baute. Der Dieselmotor löste schließlich die →**Dampfmaschine** ab. Den Kraftstoff für diesen Motor nennt man ebenfalls Diesel. Er wird wie Benzin aus →**Erdöl** gewonnen. Dieselmotoren sind im Betrieb billiger als Benzinmotoren, aber sie wiegen mehr und lassen sich schwerer starten. Sie werden hauptsächlich in Lokomotiven, Traktoren, →**Schiffen**, Bussen und Lastwagen eingesetzt.
Bei einem Dieselmotor wird der Kraftstoff nicht wie bei einem Benzinmotor durch den Funken einer Zündkerze entzündet, sondern durch Wärme: Wird →**Luft** stark verdichtet – also auf einen viel kleineren Raum zusammengedrängt, als sie vorher bean-

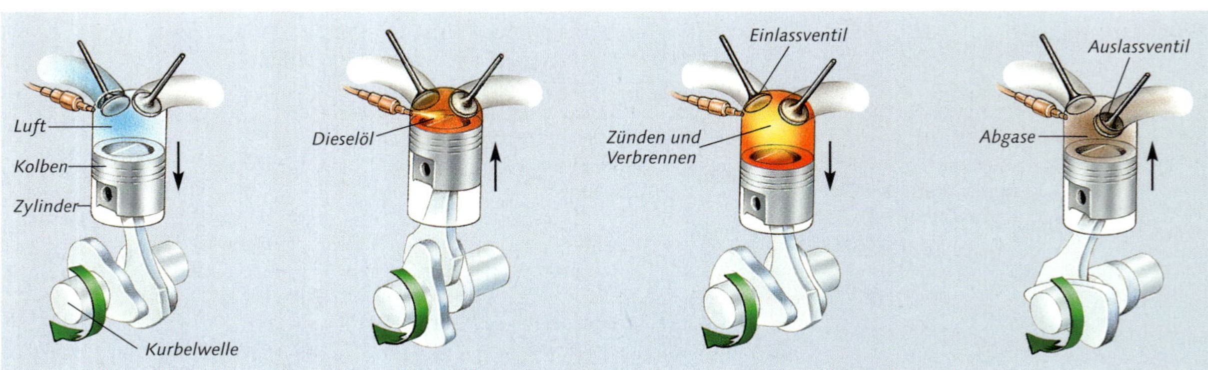

▲ **Ansaugtakt** Der Kolben bewegt sich nach unten. Dadurch wird Luft angesaugt.

▲ **Kompressionstakt** Der Kolben bewegt sich nach oben und presst die Luft zusammen. Sie erhitzt sich.

▲ **Arbeitstakt** Feine Düsen spritzen das Dieselöl ein. Es entzündet sich und explodiert. Der Kolben bewegt sich wieder nach unten.

▲ **Auspufftakt** Der Kolben geht nach oben und drückt die Abgase durch das Auslassventil aus dem Zylinder.

spruchte – wird sie sehr heiß. Diese Hitze entzündet den Dieselkraftstoff, der daraufhin sofort verbrennt, wie bei einer kleinen →**Explosion**. Der verbrennende Kraftstoff erzeugt heiße →**Gase**, die den Kolben des Motors nach unten drücken und so das Fahrzeug oder eine →**Maschine** antreiben.

Diktatur

Als Diktatur bezeichnet man die uneingeschränkte Herrschaft eines Einzelnen (Diktator) oder einer Partei. Zur Durchsetzung der Herrschaft werden häufig gewaltsame Mittel eingesetzt. In der →**Antike** war ein Diktator ein Übergangsregent, dem man in Notsituationen für sechs Monate die absolute Herrschaft einräumte. Heutzutage nennt man einen Herrscher nur dann Diktator, wenn er die Macht für unbegrenzte Zeit an sich reißt und keine Opposition sowie keine freien →**Wahlen** zulässt. In einer Diktatur sind die →**Menschen**- und →**Bürgerrechte**, wie z. B. die Meinungs- und Pressefreiheit, eingeschränkt. Diktatur wird oft als Gegensatz zur →**Demokratie** verstanden. In →**Europa** herrschten im 20. Jh. mit dem →**Nationalsozialismus** in →**Deutschland** und dem Stalinismus, d. h. dem →**Kommunismus** in der →**Sowjetunion** unter Josef Stalin (1878–1953), zwei schreckliche Diktaturen, in denen jeweils viele Millionen Menschen ermordet wurden. Am längsten währte die Diktatur Francos (1892–1975) in →**Spanien** (1939 bis 1975).

Dinosaurier siehe Seite 66

DNS siehe Genetik

Dominikanische Republik

Die Dominikanische Republik liegt auf dem Ostteil der Insel Hispaniola in der →**Karibik**. Das Land besitzt riesige →**Wälder**. Seine wichtigsten Anbauprodukte sind Zuckerrohr, Tabak und Kaffee. Der Tourismus gewinnt immer mehr an Bedeutung.

Draht

Unter Draht versteht man einen langen dünnen Strang aus →**Metall**, den man leicht verbiegen oder aufwickeln kann. Für Draht gibt es viele Verwendungsmöglichkeiten. Stacheldrahtzäune sorgen dafür, dass →**Schafe** und →**Rinder** nicht von der Weide ausreißen können. Miteinander verdrillte Drähte bilden Seile, an denen einige der weltweit größten →**Brücken** hängen. Leitungsdrähte befördern elektrischen →**Strom**.
Zu den Metallen, aus denen man Draht herstellen kann, gehören →**Kupfer**, →**Eisen**, →**Aluminium** und →**Silber**. Je nach Herstellungsweise unterscheidet man Walzdraht und Ziehdraht. Beim Walzen wird ein Metallstab immer dünner ausgewalzt, beim Ziehen wird er durch immer kleinere Löcher in Metallscheiben gezogen, bis immer längere und dünnere Stränge entstehen. Zum Schluss wird der Draht erwärmt und wieder abgekühlt, wodurch er geschmeidig wird.
Früher wurde Draht von Hand gezogen. Wie dünn er wurde, hing von der Kraft des Drahtziehers ab.

Drama siehe Literatur, Theater

Dreißigjähriger Krieg

Der Dreißigjährige Krieg (1618–1648) war einer der verheerendsten Kriege, die →**Europa** erlebt hat. Er brach knapp hundert Jahre nach der →**Reformation** aus. Grund waren zunächst Gegensätze zwischen protestantischen und katholischen Ländern. Es ging dabei aber nicht in erster Linie um religiöse Fragen, sondern um die machtpolitische Auseinandersetzung zwischen Landesfürsten und dem habsburgischen Kaiser des →**Heiligen Römischen Reiches**. Schließlich entwickelte sich der Krieg zum Kampf zwischen →**Frankreich** und dem österreichischen Herrscherhaus der →**Habsburger** um die Vormachtstellung in Europa.
Der Dreißigjährige Krieg begann mit dem Aufstand böhmischer Protestanten gegen die Statthalter des katholischen Kaisers in Prag. Über viele Jahre war das protestantische Lager, genannt „Union“, der katholischen „Liga“ unterlegen, auch noch als →**Dänemark** und →**Schweden** die Union unterstützten. Erst als sich das katholische Frankreich mit den Protestanten verbündete, wendete sich das Blatt: Franzosen und Schweden zwangen →**Österreich** und seinen wichtigsten Verbündeten, Bayern, zum Waffenstillstand. Mit dem „Westfälischen Frieden“ endete der Dreißigjährige Krieg. Dieser Friedensvertrag garantierte die Gleichstellung von Katholiken und Protestanten und sicherte den deutschen Fürsten die geistliche und weltliche Oberhoheit in ihren Gebieten. Die kaiserliche Macht wurde dadurch geschwächt.

Dominikanische Republik
Staatsform: Republik
Hauptstadt: Santo Domingo
Fläche: 48 422 km²
Einwohner. 8,5 Mio.
Sprache: Spanisch
Währung: Dominikanischer Peso

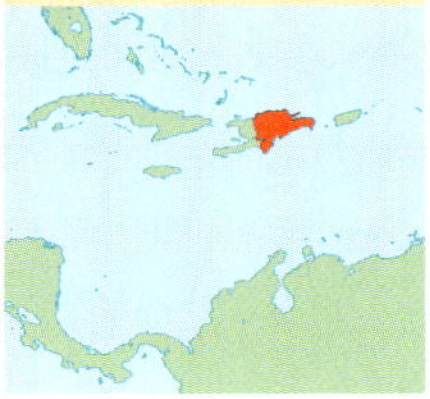

Dinosaurier

Vor etwa 230 Millionen Jahren erschienen die ersten Dinosaurier auf der Erde und sie beherrschten den Planeten mehr als 160 Millionen Jahre lang. Das sogenannte „Zeitalter der Dinsosaurier" erstreckte sich über die Erdzeitalter Trias, Jura und Kreide. Am Ende der Kreidezeit, vor etwa 65 Millionen Jahren, starben die Dinosaurier aus.

▲ *Brontosaurus* war ein großer Pflanzenfresser, der auch die Baumkronen erreichte. Er wog bis zu 30 t.

Schreckliche Echsen

Als man Anfang des 19. Jh. die ersten Dinosaurierknochen fand, wurde der Name „Dinosaurier", d. h. schreckliche Echse, geprägt. Heute wissen wir, dass es sich bei den Dinosauriern nicht um Echsen handelte. Die Wissenschaftler zählen die Giganten des Erdmittelalters zwar immer noch zu den Reptilien, rechnen sie aber den Archosauriern zu. Zu dieser Gruppe gehören auch die Vorfahren heutiger Krokodile sowie die riesigen Pterosaurier (Flugsaurier).

Einteilung

Die Dinosaurier werden in zwei große Gruppen unterteilt, die sich in der Form ihres Beckens unterscheiden. Dinosaurier, deren Becken demjenigen der Echsen ähnelt, werden als Echsenbeckendinosaurier oder *Saurischia* bezeichnet. Zu ihnen gehörten die auf vier Beinen laufenden, Pflanzen fressenden Sauropoden sowie die auf zwei Beinen laufenden, fleischfressenden Theropoden. Die zweite Gruppe der Dinosaurier waren die Vogelbeckendinosaurier oder *Ornithischia.* Einige von ihnen gingen aufrecht auf zwei Beinen, andere liefen auf vier Beinen. Alle Ornithischia aber waren reine Pflanzenfresser.

Pflanzenfresser

Die meisten Dinosaurier ernährten sich von Pflanzen. Nadelbäume, riesige Farne und Bärlappgewächse wuchsen im Erdmittelalter üppig, denn damals herrschte feuchtwarmes Klima. Die größten Pflanzenfresser, wie *Brachiosaurus* und *Diplodocus,* gingen auf allen vieren. Sie konnten aber dank ihrer langen Hälse auch die Blätter und Zapfen von Baumkronen abknappern.

Fleischfresser

Alle fleischfressenden Dinosaurier waren Theropoden. Sie gingen aufrecht und mit ihren langen, schweren Schwänzen hielten sie das Gleichgewicht. An den Füßen der Theropoden saßen rasiermesserscharfe Krallen, mit denen sie ihre Beute verletzen oder töten konnten. Anschließend zerrissen sie ihr Opfer mit den kräftigen, spitzen Zähnen. Manche Theropoden waren Räuber, andere ernährten sich von Aas.

◄ Die schwimmenden Reptilien, die die Meere bewohnten, und die Flugsaurier oder Pterosaurier zählen nicht zu den Dinosauriern. Die Dinosaurier waren Landtiere.

◄ *Deinonychus* (Schreckliche Kralle) war ein gefährlicher Jäger. An den inneren Zehen seiner Hinterfüße saß eine 12 cm lange Kralle, mit der der Raubsaurier sein Opfer aufschlitzte.

► Pflanzen fressende Dinosaurier setzten sich gegen Fressfeinde zur Wehr – z. B. mit dem Schwanz.

Lebensweise

Wie alle Reptilien legten auch Dinosaurier Eier. Aus versteinerten Nestern schließt man, dass die Weibchen 10 bis 40 Eier in ein Loch in der Erde legten. Die Dinosaurierbabys schlüpften nach drei bis vier Wochen und waren vermutlich früh selbstständig. Viele Pflanzen fressende Arten lebten wohl in Herden, um sich vor Fressfeinden zu schützen. Einige räuberische Dinosaurier jagten wie Hunde im Rudel, andere lauerten ihrer Beute auf.

▼ Es gab viele Dinosaurierarten, die sich zum Teil stark voneinander unterschieden. Zahlreiche große Dinosaurier waren Pflanzenfresser.

Weitere urzeitliche Reptilien

Dinosaurier waren reine Landbewohner. Es gab aber zu ihrer Zeit auch Reptilien, die fliegen oder schwimmen konnten. Bei Flugsauriern, auch Pterosaurier genannt, spannte sich eine Haut zwischen Körperseite, Armen und fünftem Finger. Sie ermöglichte den aktiven Flug und den Segelflug. Die Spannweite des größten Pterosauriers betrug 12 bis 15 m. Auch im Meer lebten Reptilien, darunter der langhalsige *Elasmosaurus*. Der Großteil dieser Tiere starb gleichzeitig mit den Dinosauriern aus.

◄ In der späten Trias, vor ungefähr 220 Millionen Jahren, ertrank eine Herde *Coelophysis* in einer Sintflut. Die fossilen Überreste der Tiere wurden im Jahr 1947 bei Ghost Ranch in New Mexico (USA) entdeckt.

Das Ende der Dinosaurier

Noch ist nicht geklärt, warum die Dinosaurier ausstarben. Man nimmt jedoch an, dass eine Klimaveränderung entscheidend zu ihrem Ende beigetragen hat. Einer Theorie zufolge leitete ein Meteoritenaufschlag das Abkühlen des Klimas ein. Der durch den Aufprall emporgeschleuderte Staub könnte die Sonne für mehrere Monate oder Jahre verdunkelt haben. Die Temperaturen wären dadurch gesunken und viele Pflanzen- und Tierarten wären ausgestorben. Für die Klimaveränderung könnte aber auch eine starke vulkanische Aktivität verantwortlich gemacht werden. Die dabei ausgestoßenen Gase und Aschen könnten ebenfalls die Sonnenstrahlen von der Erde abgeschirmt haben.

Zum Weiterlesen

Amphibien und Reptilien, Erdzeitalter, Fossilien, Klima, Meteor und Meteorit, Urzeitliche Tiere

► *Tyrannosaurus rex* lebte vor etwa 70 Millionen Jahren in Nordamerika. Das gefährliche Raubtier besaß einen massigen Kopf und ein kräftiges Gebiss mit bis zu 18 cm langen, fein gekerbten Zähnen. Seine Arme waren kurz und schwach. Daher setzte *T-Rex* sie wohl nicht ein, um seine Beute festzuhalten.

Dinosaurier-Rekorde
Frühester: *Eoraptor*, der vor etwa 230 Mio. Jahren erschien
Schwerster: *Supersaurus*, der bis zu 130 t wog
Längster: *Seismosaurus*, der bis zu 50 m groß war
Kleinster: *Microraptor*, der nur 40 cm lang wurde
Größter Fleischfresser: *Gigantosaurus*, der bis zu 14,5 m lang und 8 t schwer wurde.
Größter Schädel: *Triceratops* mit bis zu 3 m Länge.
Längster Schwanz: *Diplodocus* mit bis zu 13 m Länge
Die meisten Zähne: *Edmontosaurus* mit bis zu 1200
Größtes Ei: *Hypselosaurus* mit bis zu 30 cm Länge und 25 cm Breite

▲ Die Dronte starb aus, weil aus Europa eingeführte Tiere zu Fressfeinden wurden, die ihre Nester ausraubten.

Drittes Reich

siehe Nationalsozialismus

Dritte Welt

siehe Entwicklungsländer

Drogen

Unter Drogen verstand man früher alle Arten getrockneter Pflanzenteile, die in Drogerien verkauft wurden. Heute bezeichnet man damit Rauschgifte. Zu den sogenannten harten Drogen zählen Substanzen aus dem Schlafmohn wie Opium, Morphium und Heroin oder aus dem Kokastrauch wie Kokain und Crack. Sie wirken auf Nervensystem und →**Gehirn**, verändern das Bewusstsein und führen zu Abhängigkeit und Sucht. Daneben gibt es die nicht weniger gefährlichen Designerdrogen wie LSD, Ecstasy und andere.
Sie werden chemisch im Labor hergestellt und erzeugen meist Wahnvorstellungen.
Alle diese Drogen sind illegal, d. h. verboten. Unter das Verbot fallen auch weiche Drogen wie Haschisch oder Marihuana, die aus Indischem Hanf gewonnen werden. Sie machen zwar nicht süchtig, führen aber häufig zum Gebrauch von harten Drogen.
Die Rauschgifte werden geschluckt, gespritzt oder geraucht. Rauschgiftsüchtige tun meist alles, um Geld für ihren Stoff aufzutreiben. Der Körper verlangt nämlich ständig nach Nachschub, ähnlich wie bei süchtigen Rauchern und Alkoholikern. Die Süchtigen leiden unter heftigen Entzugserscheinungen, wenn die Wirkung der Droge nachlässt. Jedes Jahr sterben in Deutschland über 1000 meist junge Menschen an harten Drogen.

Dronte

Die truthuhngroße, flugunfähige Dronte war einst auf der Insel Mauritius im →**Indischen Ozean** heimisch. Als dort vor etwa 400 Jahren Holländer vor Anker gingen, nahte das Ende dieses Vogels. Mit den Siedlern kamen auch →**Ratten** und →**Schweine** auf die →**Insel**, die sich von den →**Eiern** und Küken der Dronte ernährten. Um 1680 starb dieser Vogel aus.

Drucktechnik

Beim Drucken werden Wörter und Bilder vervielfältigt, um →**Bücher**, →**Zeitungen und Zeitschriften** sowie andere Druckerzeugnisse herzustellen. Auch Stoffe und →**Kunststoffe** können bedruckt werden.
Die Ersten, die die Kunst des Druckens beherrschten, waren die Chinesen. Vermutlich bereits im 8. Jh. n. Chr. druckten sie mit geschnitzten Holzblöcken. In →**Europa** wurden Bücher lange Zeit überwiegend durch Abschreiben vervielfältigt und waren entsprechend selten und teuer. Gedruckt wurde nur mit Holzstempeln von Buchstaben oder Bildern oder aber mit aus →**Metall** gegossenen Matrizen (Vorlagen) des gesamten Textes. Um 1450 entwickelte Johannes Gutenberg (um 1400–1468) die erste Druckerpresse

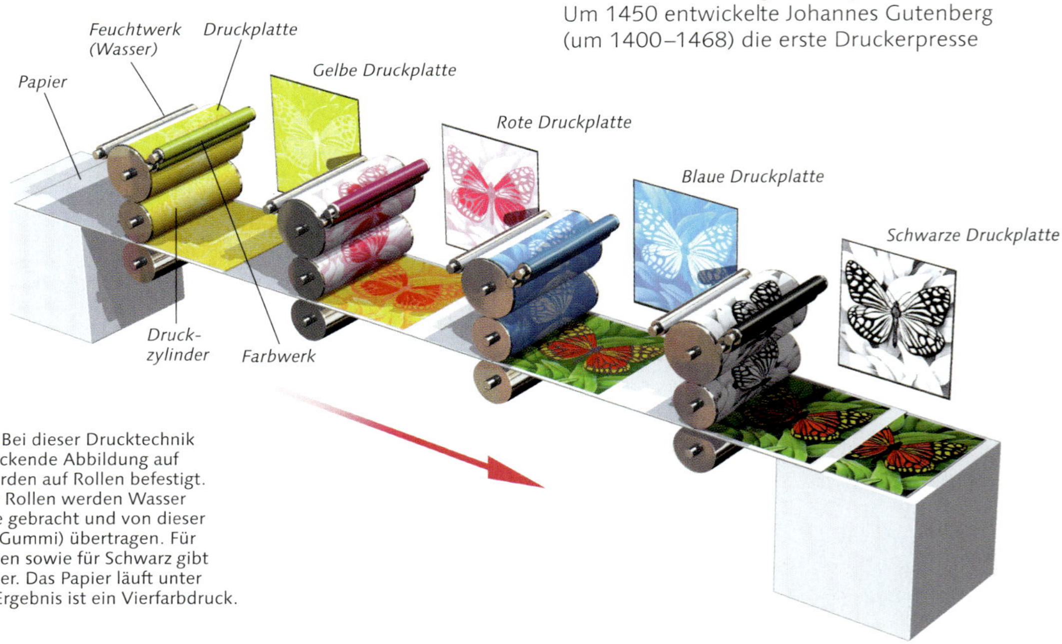

► Das Offsetverfahren: Bei dieser Drucktechnik befindet sich die zu druckende Abbildung auf Druckplatten. Diese werden auf Rollen befestigt. Bei der Umdrehung der Rollen werden Wasser und Farbe auf die Platte gebracht und von dieser auf den Druckzylinder (Gummi) übertragen. Für jede der drei Grundfarben sowie für Schwarz gibt es einen eigenen Zylinder. Das Papier läuft unter den vier Rollen durch. Ergebnis ist ein Vierfarbdruck.

mit beweglichen Einzelbuchstaben (Typen), die er zusammensetzte und in Rahmen befestigte. Die hierbei benutzten erhabenen (vorstehenden) Buchstaben aus Metall konnten immer wieder verwendet werden. Bei diesem sogenannten Hochdruckverfahren wurden die Typen mit Tinte bestrichen und dann gegen das →**Papier** gedrückt. Der heute gebräuchlichste Hochdruck ist der Buchdruck, doch gibt es daneben noch viele andere Druckverfahren.
Beim Tiefdruck, einer in der →**Kunst** angewendeten Methode, ist die Abbildung nicht erhaben, sondern in die Druckplatte geritzt, geschnitzt oder geätzt (mit →**Säure** eingebrannt).
Das Offsetverfahren (Flachdruck) verwendet flache fotografische Gummiplatten. Diese werden chemisch behandelt, sodass die fetthaltige →**Farbe** nur an den zu druckenden Bildern haftet. Diese im frühen 20. Jh. entwickelte Methode ermöglichte die Massenherstellung von Farbdrucken.
Heute werden viele Texte im →**Computer** produziert und dann ausgedruckt: Beim Laserdrucker wird feines schwarzes Pulver auf das Papier übertragen, ein Nadeldrucker bringt über ein Farbband Punkte auf das Papier auf.

Drüse

Drüsen sind →**Organe**, die bestimmte, für den Körper notwendige Wirkstoffe herstellen. Es gibt zwei Arten von Drüsen: endokrine und exokrine. Endokrine Drüsen senden ihre Produkte, die →**Hormone**, direkt in den →**Blutkreislauf**. Eine wichtige endokrine Drüse ist die Schilddrüse. Ihr Hormon steuert den Energieverbrauch des Körpers. Exokrine Drüsen sondern ihre Stoffe nach außen ab. Durch Kanäle gelangen diese z. B. in den Verdauungsapparat oder in die →**Haut**. Schweiß, Tränen und Speichel entstehen in exokrinen Drüsen.

Dschainismus

Der Überlieferung nach wurde diese →**Religion** im 5. Jh. v. Chr. von Mahavira (das bedeutet großer Sieger) in Nordostindien gestiftet. Er erreichte durch Fasten und Meditation das vollkommene Wissen. Sein Sterbeort Pava ist eine Pilgerstätte der Gläubigen. Das Wort „Dschainismus" leitet sich von „Dschina" ab. Das ist ein Mensch, der sich von der Welt gelöst und Erleuchtung erlangt hat. Das leitende Prinzip der Religion ist die Achtung vor dem Leben und allen Lebewesen. Dschainas essen deshalb kein Fleisch. Heute soll es etwa vier Millionen Dschainas geben, die meisten davon leben in →**Indien**. Sie verehren keinen →**Gott**, sondern lassen sich von geistigen Lehrern in Meditation und Selbstdisziplin unterweisen, um sich von weltlichen Wünschen zu befreien.

Dschingis Khan

Dschingis Khan (1162–1227), Sohn eines Stammesfürsten, hieß eigentlich Temujin (mongolisch für Schmied). 1189 wurde er Oberhaupt der Chamag-Mongolen. Sein Ziel war es, alle Nachbarvölker unter seine Herrschaft zu bringen. 1206 wurde er von allen Mongolen als oberster Stammesfürst anerkannt und erhielt den Titel „Dschingis Khan" (mongolisch für ozeangleicher Herrscher). Es folgten mehrere Eroberungszüge, u. a. nach →**China**. Bei Dschingis Khans Tod erstreckte sich sein Reich vom →**Pazifischen Ozean** bis zur Nordküste des Schwarzen Meeres, also bis an die Ostgrenzen →**Europas**. Dieses Reich war durch hervorragende Führung, eiserne Disziplin und unvorstellbare Grausamkeit gegenüber den eroberten Völkern zustande gekommen.

▲ Jeder Krieger des Dschingis Khan hatte mehrere Pferde und ritt sie abwechselnd. So wurden die Tiere nicht zu sehr beansprucht. Das gut ausgebildete Reiterheer eroberte ein riesiges Reich.

Dünger

Dünger sind Chemikalien, die auf Felder und Beete gestreut werden, um den Boden fruchtbarer zu machen. →**Pflanzen** nehmen die Nährstoffe des Düngers aus dem Boden auf. Dadurch wachsen sie besser und bleiben länger gesund. Die wichtigsten Düngemittel sind die →**Mineralien** Kalzium, Phosphor, Kalium und →**Stickstoff**. Außer mit diesen Kunst- oder Mineraldüngern lässt sich die Bodenfruchtbarkeit aber auch mit Naturdüngern verbessern. Das sind pflanzliche oder tierische Düngemittel wie z. B. Kompost oder Mist.
Durch zu starke Düngung wird die Güte des Grundwassers und des Bodens beeinträchtigt und die Pflanzen werden geschädigt.

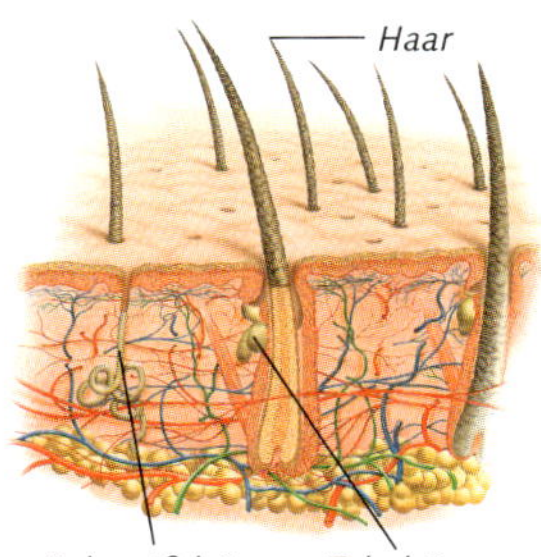

▲ Drüsen, die Schweiß erzeugen, liegen tief in der Haut. Neben den Schweißdrüsen befinden sich in der Haut auch Talgdrüsen, deren Fett die Haut schützt.

Düsentriebwerk

siehe Strahltriebwerk

DVD siehe Aufnahmetechnik

E

▲ Wenn man einige Hundert Meter vor einer Felswand steht und laut in Richtung der Wand ruft, wirft der Fels den Schall wenige Sekunden später als Echo zurück.

Ecuador
Staatsform: Republik
Hauptstadt: Quito
Fläche: 283 600 km²
Einwohner: 12,1 Mio.
Sprache: Spanisch
Währung: US-Dollar

Echo

Bei einem Echo handelt es sich um →**Schall**, der von einer Wand oder einem anderen Hindernis zurückgeworfen wird. Da man weiß, wie schnell sich der Schall durch die →**Luft** oder das →**Wasser** bewegt, kann man anhand eines Echos feststellen, wie weit ein Hindernis entfernt ist. Das →**Sonar** eines →**Schiffes** nutzt das Echo im Wasser, um die Meerestiefe zu messen. →**Fledermäuse** orientieren sich mithilfe des Echos bei ihrem Flug durch die Luft.

Echsen

Echsen bilden eine sehr artenreiche und vielseitige Gruppe der →**Reptilien**. Ihr eidechsen- bis schlangenförmiger Körper ist mit trockener, schuppiger →**Haut** bedeckt. Die meisten Echsen besitzen vier Beine. Einzelne →**Arten** haben jedoch im Lauf der Entwicklungsgeschichte ihre Gliedmaßen verloren und sehen aus wie →**Schlangen**. Es gibt einige Echsenarten, die ihre Jungen lebend gebären, die meisten Echsen aber legen →**Eier**.
Der Großteil der Echsenarten lebt in warmen Regionen. Echsen, die in kühleren Gebieten heimisch sind, halten →**Winterschlaf**. Die wichtigsten Beutetiere der Echsen sind →**Insekten**. Die größte Echse der →**Erde**, der bis zu 2,5 m lange Komodo-Waran, erbeutet auch große →**Säugetiere** wie →**Schweine** und →**Hirsche**.

Ecuador

Ecuador ist ein Land im Nordwesten →**Südamerikas**. Es liegt am →**Äquator**, daher sein Name. Das Zentrum des Landes durchziehen die →**Anden**. Über die Hälfte der Einwohner lebt in Bergtälern in über 2000 m Höhe, wo gemäßigtes tropisches →**Klima** herrscht. Dort werden →**Schafe** und →**Lamas** gezüchtet. Die wichtigsten Ausfuhrprodukte sind Kaffee, Bananen, Zuckerrohr und →**Erdöl**.
Die zu Ecuador gehörenden Galapagosinseln liegen 960 km vor der Westküste des Landes. Sie besitzen eine einzigartige Tierwelt, die der englische Biologe Charles Darwin (1809–1882) studierte.

Edelsteine

In manchen →**Gesteinen** sind harte →**Mineralien** enthalten, die nach dem Schleifen in kräftigen Farben erstrahlen. Viele dieser Edelsteine werden zu Schmuck verarbeitet, z. B. helle →**Diamanten**, blaue Saphire, grüne Smaragde und rote Rubine. Edelsteine werden auch in der Technik verwendet. So finden sich z. B. Rubine in →**Lasern**.

▼ Smaragde sind Edelsteine. Wenn man sie in einem Stück Fels findet, sehen sie noch unscheinbar aus. Sie werden von Experten aus dem Stein geschnitten, geschliffen und poliert.

Geschliffener und polierter Smaragd

Rohsmaragd

Im Fels eingeschlossener Smaragd

▼ Den Körper des Wüstenteufels bedecken wehrhafte Stacheln. Sie schützen diese Echse vor Fressfeinden. Der Wüstenteufel lebt in den Wüsten Australiens und frisst Ameisen.

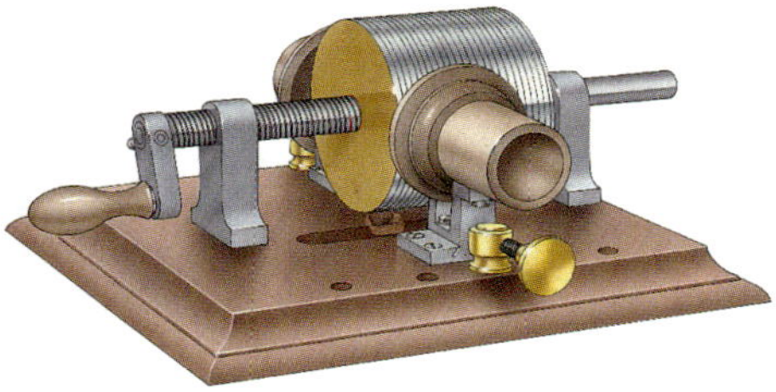

▲ Vorläufer des Plattenspielers war Edisons Fonograf. Bei diesem Gerät waren die Töne auf einer mit Staniolpapier bespannten Walze aufgezeichnet.

Edison, Thomas Alva

Ohne Thomas Alva Edisons (1847–1931) Erfindungsgeist sähe die moderne Welt anders aus: →**Glühlampe**, →**Telefon**, Plattenspieler, →**Filmprojektor** oder →**Filmkamera** – all diese Dinge hat Edison erfunden oder erst richtig funktionsfähig gemacht. Edisons →**Erfindungen** reichten vom Kinetoskop (Filmaufnahmegerät) bis zum Fertighaus. Über 1000 Erfindungen ließ er sich patentieren (d. h., nur der Erfinder allein darf die Erfindung verwerten). 1913 verband er Grammofon und Filmaufnahmegerät und produzierte damit den ersten Tonfilm. Die größte Bedeutung für den Alltag hatte Edisons →**Glühlampe**.

Ei

Ein Ei ist eine weibliche Keimzelle, die nach der →**Befruchtung** durch eine männliche Samenzelle zu einer neuen →**Pflanze** oder einem neuen →**Tier** heranwächst. Nur in seltenen Fällen kann eine Eizelle auch ohne Befruchtung heranwachsen. Bei den meisten →**Säugetieren** wachsen die befruchteten Eizellen im Körper der Mutter heran. Bei →**Vögeln** dagegen legen die Weibchen befruchtete Eier, die ausreichend Nährstoffe für die heranwachsenden Jungen enthalten.

Eichhörnchen und Erdhörnchen

Eichhörnchen und Erdhörnchen gehören ebenso wie die Flughörnchen zur großen Gruppe der Hörnchen. Alle diese →**Nagetiere** haben einen dicht behaarten Schwanz, lange Tasthaare und einen länglichen Körper. Bis auf das Flughörnchen sind alle Hörnchen tagaktiv. Das in →**Europa** am weitesten verbreitete Hörnchen ist das Eichhörnchen, das zur Unterfamilie der Baumhörnchen zählt. Die →**Bäume** bewohnenden Hörnchen wie das Eichhörnchen besitzen scharfe Krallen, die das Klettern erleichtern. Mit ihrem langen, buschigen Schwanz halten sie das Gleichgewicht. Sie springen bis zu 3 m weit von Baum zu Baum. Flughörnchen können sogar bis zu 30 m weit durch die Luft gleiten. Möglich wird dies durch einen Hautlappen, der zwischen den Vorder- und Hinterbeinen angewachsen ist. Spreizen die Flughörnchen die Beine ab, werden diese Häute gespannt und bilden eine Art Gleitschirm. Sowohl Eichhörnchen als auch Flughörnchen ernähren sich von →**Blättern**, Zweigen und →**Samen**.

Präriehund

◄ Während Eichhörnchen in den Bäumen leben, wohnen Erdhörnchen unter der Erde. Die Präriehunde z. B. bilden große Kolonien und leben in unterirdischen Bauen. Die Mitglieder der Kolonie übernehmen Aufgaben, die allen anderen zugute kommen. Dieses Tier wacht am Eingang des Baues.

Erdhörnchen leben in unterirdischen Bauen. Zu dieser Gruppe gehören die nordamerikanischen Präriehunde sowie das Murmeltier.

Einstein, Albert

Albert Einstein (1879–1955) wurde als Kind jüdischer Eltern geboren und wuchs in Ulm und München auf. Seine Entdeckungen haben die →**Physik** grundlegend verändert: Er beschrieb, dass das →**Licht** aus einzelnen Teilen, den →**Quanten**, später Photonen genannt, besteht. Mit seiner →**Relativitätstheorie** stellte er das bislang gültige Verständnis von Raum und →**Zeit** auf den Kopf und ebnete den Weg für die atomare Forschung. Nach Professuren in Prag, Zürich und Berlin musste er 1933 nach der Machtergreifung der Nationalsozialisten in die →**Vereinigten Staaten von Amerika** auswandern, wo er fortan als Professor an der Universität von Princeton tätig war. Albert Einstein revolutionierte mit seinen Forschungsergebnissen und Theorien das physikalische Weltbild des 20. Jh. 1921 erhielt er für seine →**Quantentheorie** den →**Nobelpreis** für Physik. Nach 1945 setzte sich Einstein für den Abbau atomarer Waffen ein.

▲ Albert Einstein war ein genialer Forscher und ein engagierter Atomwaffengegner.

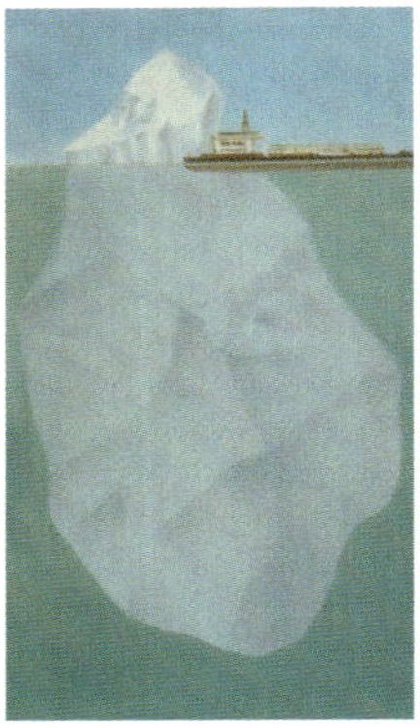

▲ Eisberge stellen eine ernsthafte Gefahr für Schiffe dar, weil nur etwa 1/7 ihrer Größe aus dem Wasser herausragt. Manche Eisberge reichen bis zu 950 m unter die Oberfläche.

Einzeller

Diese Lebewesen bestehen nur aus einer einzigen →**Zelle**. Es gibt Einzeller ohne Zellkern, die →**Bakterien** und Blaualgen, und Einzeller mit Zellkern, die sogenannten Protisten.
Etwa die Hälfte der Protisten sind Einzeller mit tierischen Merkmalen (Protozoen) oder mit pflanzlichen Eigenschaften (Protophyten). Bei manchen kann man nicht genau unterscheiden, ob ihre Lebensweise eher den →**Tieren** oder den →**Pflanzen** ähnelt.
(Neueren Foschungen zufolge werden heute manchmal auch mehrzellige, aber einfach gebaute Lebewesen, etwa mehrzellige Algen, zu den Protisten gezählt.) Ohne →**Wasser** oder eine feuchte Umgebung können Einzeller nicht dauerhaft leben. Viele sind →**Parasiten** im Innern eines anderen Lebewesens. Die Protisten bestehen gewöhnlich aus einer schleimartigen Flüssigkeit, dem farblosen Protoplasma. Es umschließt den Zellkern und ist von einer Zellhaut umgeben. Der Zellkern steuert die →**Fortpflanzung**.
Viele Protisten besitzen sogenannte Scheinfüßchen, Wimpern oder Geißeln. Damit bewegen sie sich im Wasser fort oder strudeln Nährstoffe heran, die sie mit der gesamten Körperoberfläche aufnehmen. Die Nahrung wird von Zellstrukturen verdaut und die Überreste werden an irgendeiner Körperstelle wieder ausgeschieden. Die meisten Einzeller vermehren sich durch Teilung.

Eisberg

Ein Eisberg ist eine in den Gewässern der →**Antarktis** und →**Grönlands** treibende Eismasse. Er besteht aus Süßwasser und hat sich von einem →**Gletscher** oder vom Inlandeis an der Küste losgerissen.
Er schwimmt, weil Eis eine geringere Dichte hat als →**Wasser**. Das rührt daher, dass Wasser sich ausdehnt, wenn es gefriert.
Manche Eisberge sind sehr mächtig, wiegen Millionen von Tonnen und können eine Ausdehnung von bis zu 180 km^2 erreichen.
Sie stellen einen idealen Rastplatz für →**Pinguine** und →**Robben** dar, sind aber für →**Schiffe** gefährlich, da der größte Teil unter der Wasseroberfläche verborgen ist.
Manchmal treiben sie Richtung Süden in den →**Atlantischen Ozean**. 1912 rammte das Linienschiff „Titanic" einen Eisberg im Nordatlantik. Das Schiff sank und über 1500 Passagiere und Besatzungsmitglieder ertranken.

Eisen und Stahl

Von allen →**Metallen** ist Eisen das billigste und nützlichste. Es kommt reichlich in der Erdkruste vor und tritt dort in Form eines →**Minerals** auf, das man Eisenerz nennt. Bevor man es verwenden kann, muss man das Eisen in einem Hochofen bei 1500 °C aus dem Erz herausschmelzen (man nennt das verhütten). Danach wird das so gewonnene Roheisen zu Gusseisen, Schmiedeeisen oder Stahl verarbeitet.
Gusseisen ist hart, aber nicht so hart wie Stahl. Rot glühendes, geschmolzenes Gusseisen gießt man in Formen. Auf diese Weise werden z. B. die →**Motoren** von →**Autos** hergestellt. Schmiedeeisen ist weicher als Gusseisen und wird meistens für Ketten und Tore verwendet. Stahl ist extrem hart und

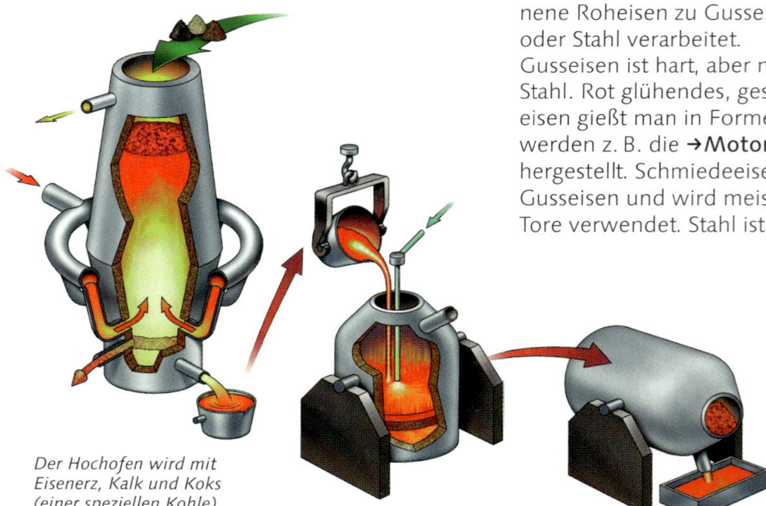

► In einem Hochofen wird das Eisen aus dem Eisenerz herausgelöst. Das meiste davon wird zu Stahl oder Stahllegierungen weiterverarbeitet.

Der Hochofen wird mit Eisenerz, Kalk und Koks (einer speziellen Kohle) gefüllt. Diese Rohstoffe reagieren chemisch miteinander. Es entstehen die nichtmetallische Schlacke und das flüssige Roheisen.

Das Roheisen wird in einen Stahlkonverter (Umwandler) gegossen. Dort hinein wird Sauerstoff geblasen, der den Kohlenstoff bindet. Es entstehen Kohlendioxid und Stahl.

Der noch flüssige Stahl wird in Blöcke gegossen und schließlich weiterverarbeitet.

fest. Er entsteht, indem man dem Roheisen den enthaltenen →**Kohlenstoff** entzieht, der es brüchig macht. Manchmal mischt man dem Stahl noch andere Metalle wie Wolfram, Chrom und Nickel bei. So entstehen →**Legierungen**, aus denen sich vielerlei herstellen lässt – von rostfreien Nägeln bis hin zu →**Brücken**.

Eisenbahnen

Die Eisenbahn ist ein Netz aus Metallschienen, auf denen Züge fahren. Dieses Transportsystem hat sich im 19. Jh. ausgebreitet, weil man damit Menschen und Güter schnell über weite Strecken befördern konnte. Die erste Eisenbahnstrecke →**Deutschlands** verlief zwischen Nürnberg und Fürth und wurde 1835 eröffnet. 1837 und 1844 folgten die ersten Eisenbahnstrecken in →**Österreich** und der →**Schweiz**. Während die ersten Eisenbahnen von →**Dampfmaschinen** angetrieben wurden, sind es heute elektrische Oberleitungen oder →**Dieselmotoren**. Moderne, elektrisch angetriebene Züge wie ICE (Deutschland), TGV (Frankreich), Shinkansen (Japan) oder Railjet (Österreich) erreichen Geschwindigkeiten zwischen 200 und 500 km/h.

Eisenzeit

Die Eisenzeit folgte der →**Steinzeit** und der →**Bronzezeit** als dritte Epoche der Vor- und Frühgeschichte. Sie dauerte bis in die →**Antike** hinein an. In dieser Epoche begannen die →**Menschen**, →**Eisen** als Rohstoff zu verwenden, z. B. bei der Herstellung von Waffen, Geräten und Schmuck. Das erste Volk, das Eisen verarbeitete, waren die Hethiter im 2. Jahrtausend v. Chr. Von Vorderasien aus verbreitete sich die Kunst der Eisenverarbeitung nach →**Europa** sowie nach →**Indien** und →**China**. In →**Griechenland** setzte die Eisenzeit um 1100 v. Chr. ein, in →**Skandinavien** erst um Christi Geburt.

Eiszeiten

In den Eiszeiten bedeckten riesige Eisflächen große Teile der →**Erde**. Jede Eiszeit dauerte mehrere Tausend Jahre. Dazwischen gab es wärmere Perioden. Die letzte Eiszeit endete vor etwa 10 000 Jahren.
Während der Eiszeiten war das →**Klima** sehr kalt, wodurch die →**Gletscher** wuchsen und sich ausbreiteten. Sie bedeckten große Teile →**Nordamerikas**, →**Asiens** und Nordeuropas. In manchen Gegenden war das Eis mehrere Tausend Meter dick. Der Meeresspiegel lag tiefer als heute. Zwischen Asien und Nordamerika gab es eine Landbrücke, über die die Vorfahren der →**Indianer** auf den amerikanischen →**Kontinent** eingewandert sind.

Eiweiß

Eiweiß, auch Protein genannt, ist ein lebenswichtiger Bestandteil unserer Nahrung. Es enthält →**Kohlenstoff**, →**Wasserstoff**, →**Sauerstoff** und →**Stickstoff**. Eiweiß ist ein Baustein für Körpergewebe, besonders für →**Muskeln**, und es repariert beschädigte →**Zellen**. Außerdem liefert es Wärme und →**Energie**, ermöglicht das Wachstum und schützt vor →**Krankheiten**. Da der →**menschliche Körper** Eiweiß nicht speichern kann, muss man es regelmäßig zu sich nehmen.

▼ Während der Eiszeiten mussten sich Tiere und Menschen den harten Lebensbedingungen anpassen. Viele der Säugetiere entwickelten einen dichten Pelz aus zotteligen Wollhaaren, der sie warm hielt.

▲ Stabhochspringen wäre ohne Elastizität nicht denkbar. Wenn der Stab den Boden berührt, wird er gestaucht und er biegt sich. Da er sehr elastisch ist, streckt er sich sofort wieder und katapultiert dabei den Springer über die Stange.

Elastizität

Wenn man an einem Gummiband zieht, dehnt es sich. Lässt man es wieder los, springt es mit einem Satz in seine ursprüngliche Form zurück. Diese Eigenschaft nennt man Elastizität. Elastisch ist auch ein Gummiball: Fällt er auf den Boden, wird der Teil, der den Boden berührt, eingedrückt. Wenn er sich wieder ausdehnt, federt der Ball nach oben.

Jede feste →**Materie** besitzt mehr oder weniger Elastizität. Die →**Moleküle**, die normalerweise einen festen Abstand zueinander haben, werden unter Druck zusammengepresst und weichen anschließend wieder auseinander. Dies gilt auch umgekehrt: Werden die Moleküle auseinandergezogen, ziehen sie sich danach wieder zusammen.

Elefanten

Elefanten sind die größten lebenden Landtiere. Ein Afrikanischer Elefantenbulle (Männchen) kann 4 m hoch werden und so schwer wie sieben mittelgroße Autos. Elefanten haben auffallend große Ohren, einen langen Rüssel, mächtige Stoßzähne und eine wenig behaarte Haut. Man unterscheidet den Afrikanischen und den Asiatischen (oder Indischen) Elefanten. Der Afrikanische Elefant besitzt größere Ohren und Stoßzähne als der Asiatische. Die meisten Afrikanischen Elefanten streifen über die →**Savannen** Ostafrikas, einige leben aber in den →**Wäldern**. Asiatische Elefanten halten sich v. a. im →**Regenwald** auf.

Elefanten sind →**Pflanzen** fressende →**Säugetiere**. Mit ihrem Rüssel rupfen sie →**Gras** und Pflanzenteile ab und spritzen sich →**Wasser** ins Maul.

▼ Der Bestand des Afrikanischen Elefanten ist durch Jagd bedroht. Die Tiere werden wegen ihrer Stoßzähne aus Elfenbein getötet.

Elektrizität

Elektrizität bezeichnet alle Erscheinungen im Zusammenhang mit elektrischen Ladungen und Feldern, wie z. B. die elektrische →**Energie**. Ohne elektrische Energie wäre die heutige Welt nicht denkbar: Elektrische Züge, →**Glühlampen**, →**Computer**, Radio- und Fernsehapparate und viele andere Dinge würden ohne Elektrizität nicht funktionieren. Die Elektrizität wird durch den elektrischen →**Strom** bereitgestellt, der über Kabel ins Haus kommt. Strom fließt, wenn sich in einem solchen Kabel Elektronen (elektrisch negativ geladene Teilchen) alle in dieselbe Richtung bewegen. Dabei muss das Kabel einen geschlossenen Kreislauf (→**Stromkreis**) bilden. Gibt es irgendwo eine Lücke, fließt auch kein Strom.

Die Maßeinheit der elektrischen Stromstärke heißt Ampere (A). Sie gibt an, wie stark der Elektronenfluss in einem Kabel ist. Durch eine Glühbirne fließt nie mehr als 1 A, durch einen Blitz hingegen mehrere 10 000 A. Ein Atomkraftwerk kann 10 Millionen A liefern. Volt (V) ist die Maßeinheit für die Stromspannung. Sie besagt, wie groß das Ladungsgefälle in einem Stromkreis ist. Man kann sie sich als eine Art Druck vorstellen, mit dem Strom durch die Leitung geschoben wird.

Ein wesentlicher Teil der Elektrizität kommt aus großen →**Kraftwerken**. Dort treibt meist Dampf oder →**Wasser** große Laufräder (→**Turbinen**) an. Diese sind wiederum an →**Generatoren** zur Stromerzeugung gekoppelt. Der elektrische Strom fließt vom Kraftwerk durch über- und unterirdische Leitungen in ein sogenanntes elektrisches Versorgungsnetz. Der Strom darin hat eine sehr hohe Span-

nung. Bevor der Strom per Kabel nach Hause geliefert wird, reduzieren →**Transformatoren** diese Spannung auf die 230 Volt, die alltägliche Elektrogeräte benötigen. Aus den Geräten fließt der Strom durch das Stromnetz wieder in den Generator des Kraftwerks zurück. Damit schließt sich der Stromkreis.
Im Haushalt wird Elektrizität in Form von Wechselstrom verwendet. Der Strom fließt dabei abwechselnd in die eine Richtung und dann in die entgegengesetzte. Haushaltsstrom wechselt seine Richtung 50 Mal in der Sekunde.

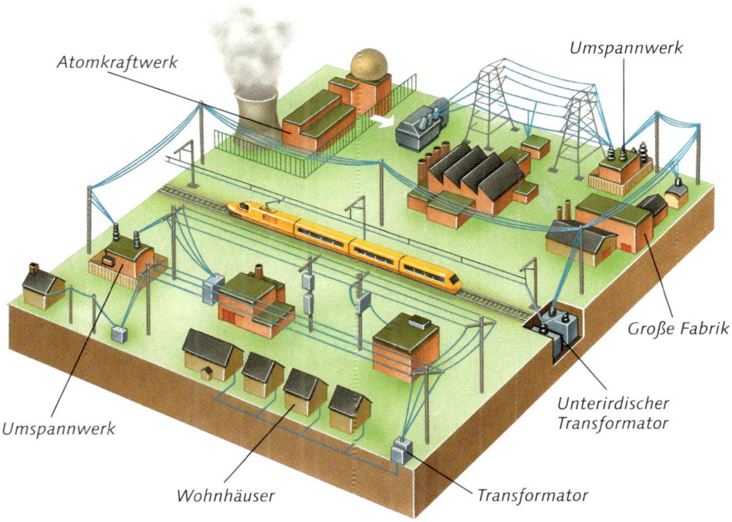

▲ Elektrizität aus einem Kraftwerk fließt durch ein Netz von Starkstromleitungen. Sie gelangt in Umspannwerke oder Transformatoren, in denen die Stromspannung für die Nutzung in Haushalten und Fabriken reduziert wird.

Elektromotor

In einem Elektromotor wird elektrische →**Energie** in Bewegungsenergie umgewandelt. Elektromotoren befinden sich z. B. in →**Kühlschränken**, Staubsaugern, elektrischen →**Uhren**, Haartrocknern, Waschmaschinen und manchen Lokomotiven.
Ein einfacher Elektromotor besteht aus einer Spule aus →**Draht**, die sich zwischen den Polen eines Magneten befindet. Fließt durch diese Spule elektrischer →**Strom**, entsteht ein elektrisches Magnetfeld mit Nord- und Südpol. Da sich gleichnamige Pole abstoßen und ungleichnamige anziehen, dreht sich die Spule zwischen den beiden Polen des Dauermagneten, bis ihr Nordpol dessen Südpol und ihr Südpol dessen Nordpol gegenüberliegt. Dann wird die Stromrichtung geändert (umgepolt), wodurch sich auch die Pole der Spule wieder umkehren. Um ihre Pole wieder nach den Magnetpolen auszurichten, dreht sich die Spule weiter. Diese Drehbewegung kann auf →**Maschinen** übertragen werden und sie antreiben. Schaltet man den Strom ab, verschwindet das elektrische Magnetfeld der Spule – die Bewegung hört auf.

Elektronik

Die Elektronik ist ein wichtiger Fachbereich des →**Ingenieurwesens**, der sich damit befasst, wie sich Elektronen (negativ geladene Teilchen eines →**Atoms**) durch bestimmte feste Materialien, →**Gase** oder durch ein →**Vakuum** bewegen und steuern lassen. Die aufgrund dieser Forschung entwickelten elektronischen Bauteile wie →**Chips** und →**Transistoren** sind in vielen modernen elektrischen Geräten enthalten. Die Bauteile werden auf Platinen (Leiterplatten) durch metallene Bahnen (Leiterbahnen) miteinander verbunden. Elektroniker stellen die einzelnen Bauteile so zusammen, dass die entstehenden Schaltkreise bestimmte Aufgaben ausführen können. Mit solchen Schaltkreisen werden z. B. →**Computer**, Fernseh- und Radioapparate, Taschenrechner, →**Telefone** und Radargeräte betrieben. Ohne Elektronik wären außerdem weder die moderne →**Luftfahrt** noch die →**Raumfahrt** möglich.

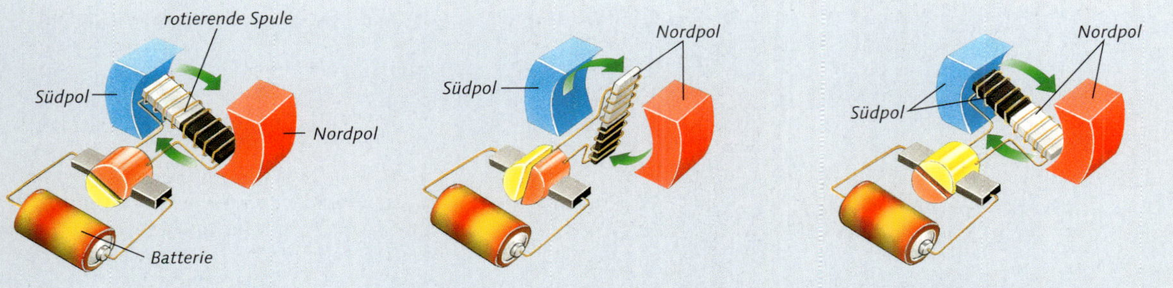

▲ An eine drehbare Spule, die sich zwischen dem Nord- und Südpol eines Dauermagneten befindet, wird ein Gleichstrom gelegt.

▲ Das Magnetfeld der Spule reagiert mit dem des Magneten – Abstoßungs- und Anziehungskräfte bringen die Spule zum Drehen.

▲ Nach jeder halben Drehung wird die Stromrichtung geändert. Die Pole des elektrischen Magnetfelds kehren sich um und die Spule rotiert weiter.

▲ Die einzelnen Elemente haben unterschiedliche Eigenschaften. So entstehen z. B. beim Verbrennen von Metallen verschiedenfarbige Flammen. Das Bild oben zeigt von links nach rechts die Flammen von: Kalzium, Kupfer, Natrium, Lithium, Kalium, Barium und Blei.

Elemente

Alle →**Materie** besteht aus chemischen Elementen. Jedes Element setzt sich aus identischen →**Atomen** zusammen. Verbinden sich mehrere Atome, entsteht ein →**Molekül**. Wird ein Atom gespalten, verliert es die Eigenschaften des Elements. Allerdings zerfallen manche Atome in andere Elemente mit neuen Eigenschaften.
Chemiker haben über 100 Elemente gefunden, 92 davon kommen in der Natur vor. Die übrigen Elemente wurden im Labor bei Experimenten hergestellt. Es gibt Elemente, die bei Raumtemperatur gasförmig sind, andere sind flüssig oder fest.

El Salvador
Staatsform: Republik
Hauptstadt: San Salvador
Fläche: 21 041 km²
Einwohner: 6,3 Mio.
Sprache: Spanisch
Währung: US-Dollar und El-Salvador-Colón

El Salvador

El Salvador ist das kleinste Land →**Mittelamerikas**, hat aber mehr Einwohner pro Quadratkilometer als alle anderen mittelamerikanischen Staaten. Viele der Einwohner sind Bauern, die wichtigsten Erntefrüchte sind Kaffee, Mais und Zuckerrohr.
El Salvador litt zwölf Jahre lang unter einem →**Bürgerkrieg**, der 1992 endete. Seitdem ist El Salvador ein demokratischer →**Staat**.

Ende, Michael

Michael Ende (1929–1995), Sohn des Malers Edgar Ende (1901–1965), zählt zu den beliebtesten deutschen Kinderbuchautoren. Für den Roman „Jim Knopf und Lukas der Lokomotivführer“ erhielt er 1961 den Deutschen Jugendliteraturpreis und wurde damit einer breiten Öffentlichkeit bekannt. 1972 erschien der Märchenroman „Momo“, eine Parabel (Gleichnis) auf die Rastlosigkeit unserer Zeit. Sein international bekanntestes Werk ist „Die unendliche Geschichte“ (1979), in der Michael Ende eine ganze Fantasiewelt zum Leben erweckte. Seine Geschichten sind stets Gegenentwürfe zur heutigen vernunft- und kauforientierten Gesellschaft.

Energie

Energie nennt man die Fähigkeit, Arbeit zu verrichten. Die Einheit der Energie ist das Joule (J). Energie gibt es in ganz verschiedenen Formen, wie etwa als potenzielle oder kinetische Energie. Potenzielle Energie ist eine Energie der Lage, sie steckt z. B. im →**Wasser**, das hinter einem großen Staudamm festgehalten wird. Kinetische Energie ist die Energie der →**Bewegung**. Sie entsteht, wenn das Wasser aus dem Stausee abfließt. Sie treibt dann →**Turbinen** an und wird so in elektrische Energie umgewandelt.
Ein anderes Beispiel für die Umwandlung von Energie findet man in jedem →**Auto**. Dort wandelt sich die chemische Energie des Kraftstoffs durch Verbrennung im Automotor in kinetische Energie um. Ein Teil der Energie wird allerdings auch zur nutzlosen Wärmeenergie, wenn sich der →**Motor** erhitzt. Energie geht nie verloren, sie kann höchstens ungenutzt bleiben.
Die größte Energiequelle für alles Leben auf der →**Erde** ist die →**Sonne** mit ihrer Strahlungsenergie. Zur Stromerzeugung nutzt man v. a. die chemische Energie aus der Verbrennung von →**Kohle**, →**Erdöl** oder →**Erdgas**, die →**Atomenergie**, die →**Wasserkraft** sowie die →**Windenergie**.

England siehe Großbritannien

Entdecker

Immer wieder hat es Menschen gereizt, ihre bekannte Welt zu verlassen und in unerforschte Gebiete aufzubrechen: Schon vor Christi Geburt fuhren z. B. die Vorfahren der heutigen Polynesier mit ihren Kanus los und besiedelten nach und nach einen Teil der →**Pazifischen Inseln**. Die Phönizier, beheimatet im östlichen Mittelmeer, gelangten bis nach Britannien und erkundeten um 600 v. Chr. die Küsten →**Afrikas**. Vor etwa 1000 Jahren erreichten die →**Wikinger** →**Grönland** und →**Nordamerika**.
Die Zeit der großen europäischen Entdeckungsreisen begann dann im 15. Jh.

◄ Auf der Suche nach einem Seeweg von Europa nach Asien entlang der Nordküste Kanadas kamen der britische Admiral John Franklin (1786–1847) und seine Besatzung ums Leben.

▲ Ferdinand Magellans große Entdeckung war der Seeweg um Amerika herum in den Fernen Osten. Er kehrte von dort jedoch nicht mehr zurück: Er wurde 1521 auf den Philippinen getötet. Seine Mannschaft vollendete die Weltumsegelung.

Sie dienten der Forschung, aber auch der Erschließung neuer Handelswege und der Eroberung fremder Gebiete: Die Landhandelswege nach →**Indien** wurden von den Osmanen kontrolliert, die einen hohen Preis für deren Benutzung forderten. Die begehrten →**Gewürze** aus dem Fernen Osten wurden dadurch sehr teuer. Daher suchten die europäischen Mächte →**Spanien** und →**Portugal** einen direkten Seeweg nach Indien. Im Jahr 1498 gelangte Vasco da Gama (1469–1524) auf dem östlichen Seeweg um die Südspitze Afrikas nach Indien. Wenige Jahre zuvor hatte Christoph Kolumbus (1451–1506) versucht, auf einer Westroute nach →**Asien** zu gelangen und dabei den amerikanischen Kontinent erreicht. Erst Ferdinand Magellan (1480–1521) entdeckte eine Westroute in den Fernen Osten um die Südspitze →**Südamerikas** herum.
Oft genug erweiterten die europäischen Mächte ihren Einflussbereich in der Welt mit Gewalt: Der spanische Eroberer Hernán Cortés (1485–1547) bereitete z. B. dem Reich der →**Azteken** in →**Mexiko** ein blutiges Ende und ebnete der spanischen Herrschaft in Lateinamerika den Weg.

► Reisen, auf denen Forschungen betrieben und Entdeckungen gemacht wurden, waren oft sehr gefährlich. Der norwegische Forscher Thor Heyerdahl (1914–2002) wies nach, dass es mit den ganz einfachen Wasserfahrzeugen alter Völker möglich war, den Atlantik und den Pazifik zu überqueren. 1947 segelte er mit seinem Floß „Kon-Tiki" von Peru aus zu den Polynesischen Inseln im Pazifischen Ozean.

Nicht nur auf dem Seeweg, auch über Land reisten Europäer in ferne Länder. Der Italiener Marco Polo (1254–1324) z. B. durchquerte mit seinem Vater und seinem Onkel Asien und erreichte den Hof des Mongolenherrschers Kublai Khan (1215–1294) in Kambaluk (heute Beijing). Erst 24 Jahre später kehrten die drei Männer nach Venedig zurück.
Einer der größten Seefahrer und Entdecker des 18. Jh. war James Cook (1728–1779). Auf seinen drei Seereisen erforschte er u. a. die Küsten →**Australiens** und →**Neuseelands** und er stieß weit in den Südpazifik vor.
Den Südpol erreichte schließlich der Norweger Roald Amundsen (1872–1928) Anfang des 20. Jh., kurz vor dem Briten Robert Falcon Scott (1868–1912).
Mittlerweile gibt es nur noch wenige unbekannte Regionen auf der Welt und die Menschen haben schließlich begonnen, den Weltraum zu erobern: Im Jahr 1969 betrat erstmals ein Mensch den →**Mond**.

Enten

Enten sind mit →**Schwänen** und →**Gänsen** verwandte Wasservögel. Alle diese Entenvögel besitzen Schwimmhäute, die sich zwischen ihren Zehen spannen. Man unterscheidet Gründel- und Tauchenten. Gründelenten suchen ihr Futter an oder dicht unter der Wasseroberfläche, während Tauchenten zur Nahrungssuche oft bis zum Grund tauchen. Die bekannteste heimische Gründelente ist die Stockente.

▲ Eiderenten sind Meerestauchenten. Die weichen Federn dieser Ente werden zum Füllen von Bettdecken und Kissen verwendet.

Entwicklungsländer

Mit dem Begriff Entwicklungsländer (oft auch „Dritte Welt" genannt) beschreibt man Länder, die im Vergleich zu den Industriestaaten wenig Reichtum erwirtschaften können. Diesen misst man am Bruttosozialprodukt (BSP), also an dem in einem Jahr erwirtschafteten Einkommen eines Landes. Entwicklungsländer bilden den Großteil der Länder der →**Erde** und liegen vorwiegend in →**Asien**, →**Afrika** und →**Südamerika**.
Diese →**Staaten** besitzen in der Regel keine moderne →**Industrie**, →**Krankenhäuser** und →**Schulen** sind unzureichend ausgestattet, →**Straßen** und →**Eisenbahnen** in schlechtem Zustand. Die Menschen haben oft keinen Zugang zu sauberem Trinkwasser, Ärzte und →**Medikamente** fehlen, →**Krankheiten** und niedrige Lebenserwartung sind die Folge.
Häufig gehen auch →**Bürgerkriege**, politische Unruhen und Naturkatastrophen mit der Armut einher. Diejenigen Entwicklungsstaaten, die keine Rohstoffe wie →**Erdöl** oder →**Erdgas** besitzen und ein enormes Bevölkerungswachstum verzeichnen, können ihren Bewohnern oft nicht einmal das Minimum zum Leben garantieren. Häufig werden die Menschen (manchmal sogar Kinder) als billige Arbeitskräfte ausgebeutet. Viele Menschen sehen daher nur einen Ausweg: Auswanderung in reiche Länder.

Erdbeben

Bei einem Erdbeben bewegt sich die Erdoberfläche. Die stärksten Beben entstehen durch die Verschiebungen der Erdplatten (→**Kontinentaldrift**): Die Platten stoßen an einer sogenannten Verwerfungslinie aneinander. Durch ihre Bewegung entsteht eine große Spannung im →**Gestein**. Wird sie zu groß, bewegen sich die Platten plötzlich ruckartig aneinander vorbei. Dabei entstehen Schockwellen. Diese breiten sich durch das Gestein aus. Schaukelbewegungen und das Aufbrechen der Erdoberfläche sind die Folge.
Seebeben lösen „Tsunamis" aus – riesige →**Wellen**, die mit hoher Geschwindigkeit über weite Entfernungen ziehen und verheerende Schäden anrichten, wenn sie die Küste erreichen. Kleinere Erdbeben entstehen, wenn →**Vulkane** ausbrechen oder unterirdische Hohlräume einstürzen.
Jedes Jahr ereignen sich etwa eine Million Erdbeben. Die meisten sind jedoch so schwach, dass sie nur von Spezialinstrumenten, den Seismografen, nachgewiesen werden. Mit Werten der sogenannten Richterskala – benannt nach ihrem Begründer Charles Francis Richter (1900–1985) – wird ihre Stärke beschrieben. Nur eines von 500 Erdbeben richtet Schaden an, aber manche Erdbeben führen zu katastrophalen Ver-

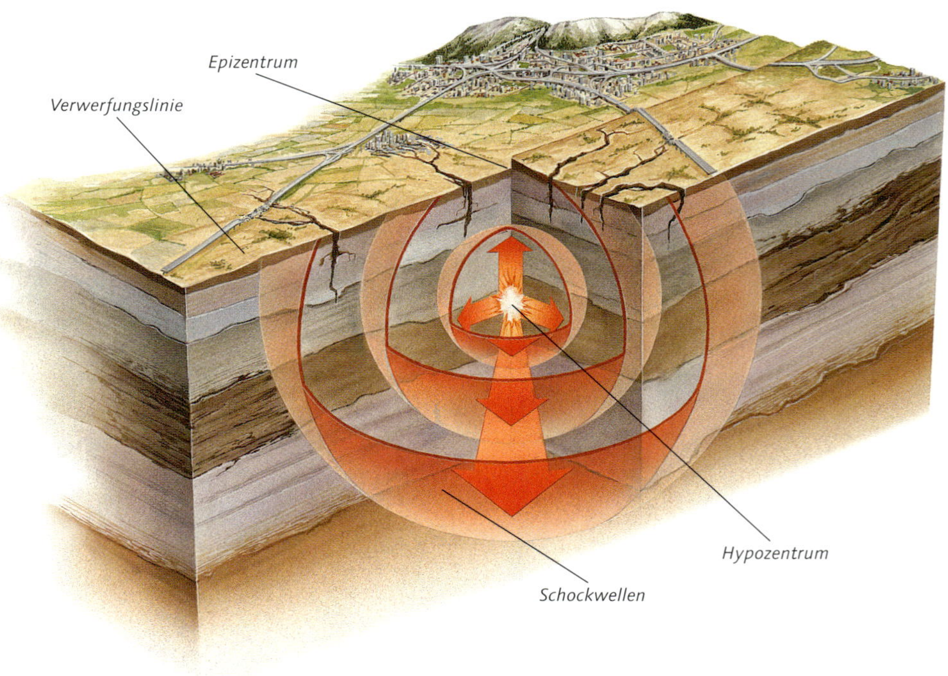

► Die Schockwellen eines Erdbebens werden unter der Erde freigesetzt, im sogenannten Hypozentrum oder Erdbebenherd. Sie breiten sich durch das Gestein aus. Direkt über dem Herd an der Erdoberfläche befindet sich das Epizentrum. Dort sind die Schäden am stärksten.

wüstungen. 1906 zerstörten ein Erdbeben und das →**Feuer**, das als Folge des Bebens ausgebrochen war, den größten Teil der amerikanischen Stadt San Francisco. In der chinesischen Stadt Tangshan fielen 1976 über 200 000 Menschen einem verheerenden Erdbeben zum Opfer. Und im August 1999 fanden bei einem Beben in der →**Türkei** 30 000 Menschen den Tod.

Erde

Erde ist eine Schicht auf der Erdoberfläche, die das →**Gestein** des →**Planeten** Erde bedeckt. Sie setzt sich aus verwitterten Gesteinsteilen, →**Mineralien**, den verrotteten Teilen von →**Pflanzen** (Humus), aus →**Pilzen**, →**Bakterien** und vielen winzigen →**Tieren** zusammen. Gute Erde ist eine Mischung aus →**Lehm**, Schlamm, →**Sand** und viel Humus. Die Menschen setzen der Erde oft →**Dünger** zu, um sie fruchtbarer zu machen.

Erde (Planet) siehe Seite 80

Erdferkel

Das Erdferkel ist ein →**Säugetier**, das Baue gräbt. Manche davon bestehen aus langen Tunnelsystemen, andere sind nur kurz und werden als Versteck genutzt. Das scheue Tier mit den großen Ohren hört sehr gut und hat einen hervorragenden →**Geruchssinn**. Erdferkel ernähren sich von →**Ameisen** und →**Termiten**, deren →**Nester** und Baue sie mit den Vorderfüßen aufbrechen. Dann werden die →**Insekten** mit der langen, klebrigen →**Zunge** eingefangen. Erdferkel sind im offenen Gelände des zentralen und südlichen →**Afrikas** heimisch.

◄ Erdferkel finden Termitennester dank ihres ausgezeichneten Geruchssinns. Sie brechen die Nester auf und lecken die Termiten heraus.

Erdgas

Erdgas ist ein Naturgas, das sich unter der Erdoberfläche befindet. Vielfach tritt es zusammen mit →**Erdöl** auf, manchmal aber auch unabhängig davon. Wenn in einem Ölfeld eine kleine Menge Erdgas auftaucht, wird es abgebrannt. Tritt sehr viel davon auf, wird es durch eine Rohrleitung transportiert und zum Heizen, als Kraftstoff und zur Stromerzeugung verwendet.
Die größten Erdgasvorkommen liegen in →**Russland**, in den →**Vereinigten Staaten von Amerika**, in der →**Nordsee** und in arabischen Ländern. Die Hälfte des in der Welt gewonnenen Erdgases wird in den Vereinigten Staaten verbraucht.

Erdgeschichte siehe Geologie

Erdhörnchen

siehe Eichhörnchen und Erdhörnchen

▼ Von einer Bohrinsel aus wird nach Erdöl und Erdgas gesucht. Rohrleitungen transportieren dann Öl und Gas zum Festland. Erdöl und Erdgas sind wichtige Brennstoffe für die Energiegewinnung.

▼ Durch eine Pipeline wird Erdöl zu den Häfen befördert. Die Trans-Alaska-Pipeline verläuft oberirdisch, so ist sie vor Bodenfrost geschützt. Andere Pipelines wurden unter der Erdoberfläche verlegt.

Erdöl

Das Erdöl ist einer der wichtigsten Rohstoffe. Es entstand im Lauf von Jahrmillionen aus den Überresten meeresbewohnender →**Pflanzen** und →**Tiere**. Meist lagert Erdöl in tief liegenden Gesteinsschichten. Häufig findet sich in der Nähe der Lagerstätten auch →**Erdgas**. Um das Erdöl zu erschließen, treiben hohe Bohrtürme ein Bohrloch bis in die Lagerstätte. Liegt das Öl unter dem Meeresgrund, erfolgt die Bohrung von einer →**Bohrinsel** aus. Das Rohöl leitet man in Pipelines in die nächste Raffinerie oder einen Hafen. Für den →**Transport** auf dem Meer setzt man riesige Öltanker ein, die über 500 000 t Rohöl fassen. In der Raffinerie gewinnt man aus Rohöl Benzin, Heizöl, Dieselkraftstoff und verschiedene andere Stoffe.

Erde

Die Erde ist einer der neun Planeten, die um die Sonne kreisen. Sie ist eine riesige Kugel aus Stein mit einem Kern aus extrem heißen Metallen. Die Erdkugel ist von einer Gashülle umgeben, die u. a. Sauerstoff enthält und die Sonneneinstrahlung abmildert. Zudem ist die Erdoberfläche zu einem großen Teil mit Wasser bedeckt. Dies sind die Bedingungen dafür, dass es auf der Erde Leben gibt.

► Die Erde entstand aus einer gigantischen kosmischen Staubwolke, die die Sonne umgab. Der Staub verdichtete sich und wurde über Millionen von Jahren hinweg zu einem Gesteinsplaneten.

◄ Die oberste Schicht der Erdkruste besteht aus Oberboden (1), Unterboden (2), aufgelockertem und verwittertem Gestein (3) und unverwittertem Ausgangsgestein (4).

◄ Die tektonischen Platten der Erdkruste sind hier durch verschiedene Farben dargestellt. Die roten Pfeile zeigen an, in welche Richtung sich die Platten bewegen.

Bewegte Erde

Die Erde kreist ständig auf einer elliptischen Bahn, der Umlaufbahn, um die Sonne. Sie bewegt sich dabei mit einer Durchschnittsgeschwindigkeit von 30 km pro Sekunde und braucht 365,25 Tage – also ein Jahr – für eine komplette Umrundung. Während dieser Zeit legt die Erde eine Entfernung von rund 940 Millionen km zurück. Außerdem dreht sie sich innerhalb von 24 Stunden einmal um ihre eigene Achse – eine gedachte gerade Linie, die Nord- und Südpol miteinander verbindet. Weil sich die Erde dreht, ist jeweils ein anderer Teil der Sonne zugewandt, dort ist Tag. Auf der Seite, die der Sonne abgewandt ist, herrscht Nacht.

Wechselnde Jahreszeiten

Die Erdachse steht nicht senkrecht zur Umlaufbahn, sondern ist etwas geneigt. Während sich die Erde auf ihrer Umlaufbahn fortbewegt, bekommen die Teile, die gerade der Sonne zugeneigt sind, mehr Licht und Wärme ab – dort herrscht Sommer. Wenn die Erde weiter um die Sonne kreist, entfernen sich diese Orte von der Sonne – es wird Winter.

▼ Steine, Sand und Boden der Erde bestehen aus Mineralien. Viele davon werden tief unter der Erde im glühenden flüssigen Gestein, dem Magma, gebildet.

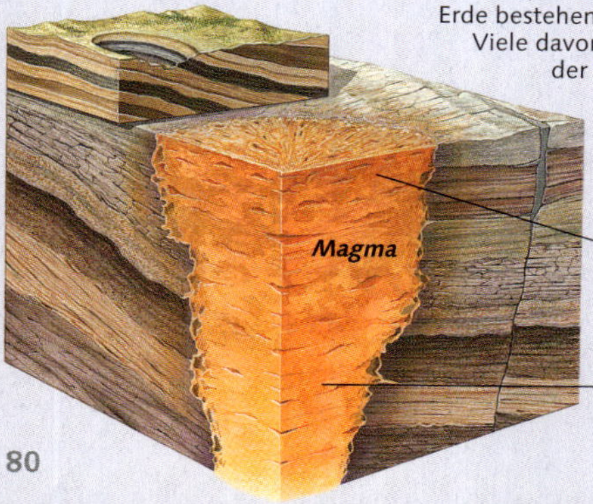

Im Inneren der Erde

Wissenschaftler nehmen an, dass der feste innere Erdkern fast ausschließlich aus festem, purem Eisen und der äußere Erdkern aus halb flüssigem Eisen und Nickel besteht. Der äußere Kern ist in ständiger Bewegung, starke elektrische Strömungen in seinem Inneren erzeugen das Magnetfeld der Erde. Um den Kern liegt der Mantel, der zum größten Teil aus dem halb flüssigen Tiefengestein Peridotit besteht. Die äußerste Schicht bildet die felsige Erdkruste.

Plattentektonik

Die Erdoberfläche setzt sich – ähnlich wie ein Puzzle – aus rund 20 verschiedenen Platten zusammen. Diese sogenannten tektonischen Platten sind in ständiger Bewegung, deshalb bewegen sich auch die Kontinente (Kontinentaldrift). Es gibt ozeanische und kontinentale Platten. Wenn sich zwei Platten aufeinander zubewegen, schiebt sich eine unter die andere und es bilden sich z. B. Gebirge. Wenn zwei Platten auseinanderdriften, steigt geschmolzenes Magma zur Oberfläche auf, wodurch z. B. neuer Meeresboden entsteht. An bestimmten Punkten der Erde reiben benachbarte Platten aneinander. Dies ruft einen massiven Druck hervor, der sich von Zeit zu Zeit in Form von gewaltigen Erdbeben und Vulkanausbrüchen entlädt.

Wasser

71 % der Erdoberfläche sind von Wasser bedeckt. Über 97 % des Wassers macht das Salzwasser in Meeren und Ozeanen aus. Der Rest ist das Süßwasser in Seen, Flüssen, Eisbergen, Eisschollen und Schnee. Die durchschnittliche Tiefe der Ozeane beträgt 5000 m, der tiefste Punkt liegt

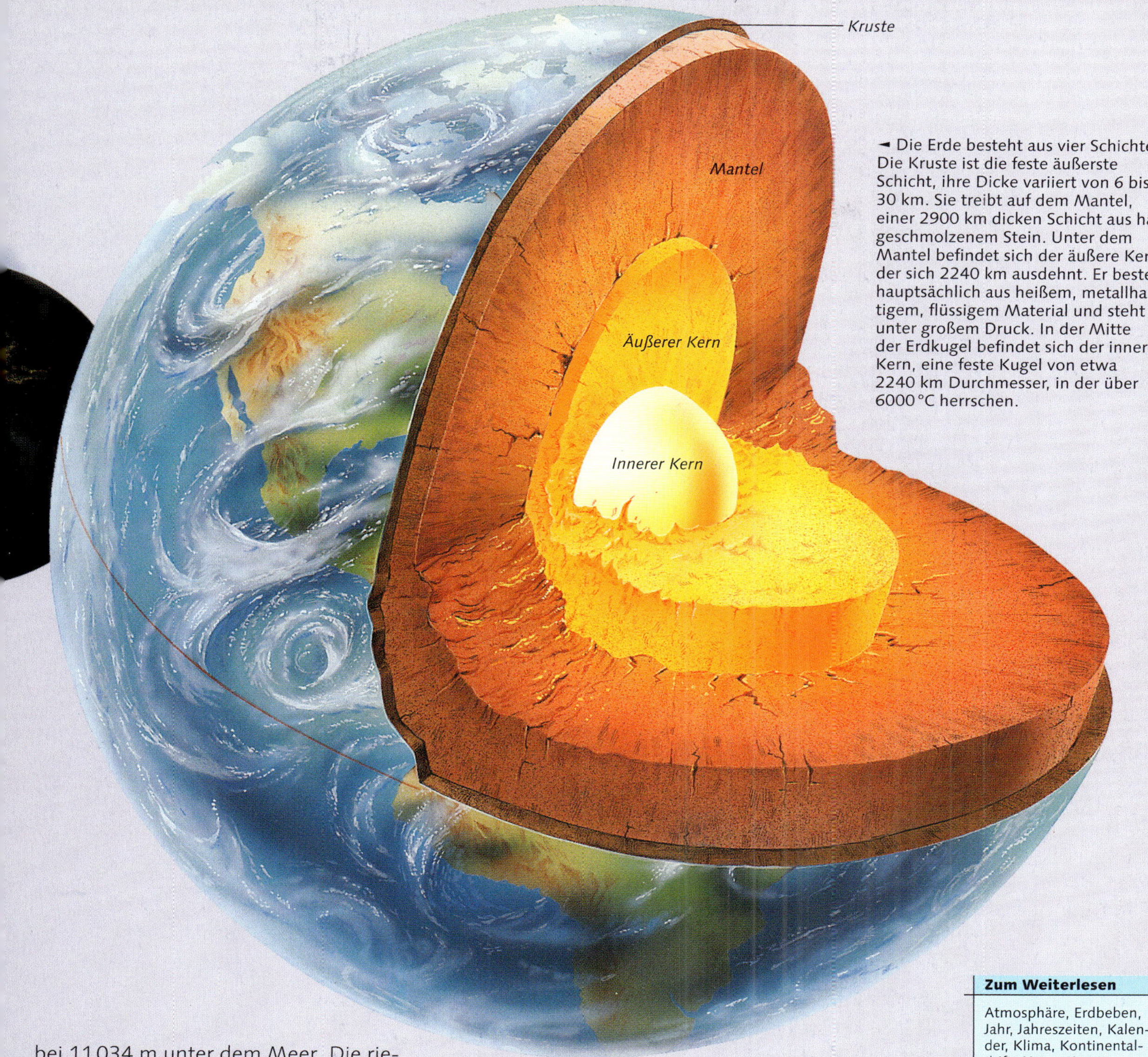

◄ Die Erde besteht aus vier Schichten. Die Kruste ist die feste äußerste Schicht, ihre Dicke variiert von 6 bis 30 km. Sie treibt auf dem Mantel, einer 2900 km dicken Schicht aus halb geschmolzenem Stein. Unter dem Mantel befindet sich der äußere Kern, der sich 2240 km ausdehnt. Er besteht hauptsächlich aus heißem, metallhaltigem, flüssigem Material und steht unter großem Druck. In der Mitte der Erdkugel befindet sich der innere Kern, eine feste Kugel von etwa 2240 km Durchmesser, in der über 6000 °C herrschen.

bei 11 034 m unter dem Meer. Die riesige Wassermenge auf der Erde hat einen starken Einfluss auf das Klima des Planeten und ist in einen unentwegten Kreislauf eingebunden: Das Wasser von Flüssen, Seen, Meeren und Ozeanen verdunstet zu Wasserdampf. Dieser formt sich zu Wolken und fällt als Regen wieder auf die Erde. Jedes Lebewesen braucht Wasser, um zu überleben.

Leben auf der Erde

Dank der Entfernung der Erde von der Sonne ist es hier nicht so heiß wie auf der Venus und nicht so kalt wie auf dem Mars. Deshalb gibt es Leben auf der Erde: Es existieren unzählige Lebewesen, angefangen von winzigen Bakterien bis hin zu den Menschen. Das Leben auf der Erde entstand vor Millionen von Jahren. Einfache Pflanzen entwickelten sich, sie begannen, Sauerstoff zu produzieren. Nach und nach gab es genug Sauerstoff, und es bildete sich die Atmosphäre. Tiere und Menschen brauchen Pflanzen als Nahrung und den Sauerstoff zum Atmen.

Zum Weiterlesen

Atmosphäre, Erdbeben, Jahr, Jahreszeiten, Kalender, Klima, Kontinentaldrift, Magnetismus, Meere, Ozeane, Planeten, Pole, Schwerkraft, Sonnensystem, Tag und Nacht, Umlaufbahn, Vulkan, Wetter

Daten zur Erde
Alter: etwa 4,6 Milliarden Jahre
Durchmesser: 12 714 km (vom Nordpol zum Südpol durch den Erdmittelpunkt)
Umfang: 40 076 km (um die Erdmitte am Äquator)
Durchschnittliche Entfernung zur Sonne: 149,6 Mio. km
Durchschnittstemperatur: 14 °C
Atmosphäre: Stickstoff-Sauerstoff-Gemisch
Zahl der Monde: 1
Länge des Tages: 24 Stunden
Länge des Jahres: 365,25 Tage
Wasserfläche: Etwa 362 Mio. km² – 71 % der Erdoberfläche
Landfläche: Etwa 148 Mio. km² – 29 % der Erdoberfläche
Höchster Berg: Mount Everest (Asien) 8846 m über dem Meeresspiegel
Tiefster Punkt: Marianengraben (Pazifik) 11 034 m
Heißester Ort: Al'Aziziyah (Libyen) 57,7 °C (1922)
Kältester Ort: Wostok (Antarktis) –89,2 °C (1983)

Erdzeitalter

Die →**Erde** entstand aus einem glühenden Gasball. Vor rund vier Milliarden Jahren hatte sie sich so weit abgekühlt, dass einzellige Blaualgen und →**Bakterien** sie besiedeln konnten. Das war in der Erdfrühzeit oder dem Präkambrium. Gegen Ende dieses Zeitabschnitts gab es im →**Meer** auch mehrzellige Lebewesen wie →**Quallen** und →**Würmer**. Vor 570 Millionen Jahren begann das Erdaltertum oder Paläozoikum, das bis vor 250 Millionen Jahren dauerte. In diesem Zeitraum entwickelten sich erste Landpflanzen. Es entstanden auch die →**Fische**, →**Amphibien**, →**Reptilien** und →**Insekten**. Vor 250 Millionen Jahren nahm das Erdmittelalter oder Mesozoikum seinen Anfang. Es wird in drei große Abschnitte eingeteilt: Trias, Jura und Kreide. Die →**Blütenpflanzen** traten auf. Es entwickelten sich erste →**Vögel** und kleine →**Säugetiere**. Während des Mesozoikums verbreiteten sich die Saurier und beherrschten die Erde. Am Ende der Kreidezeit starben sie aus und die Säugetiere begannen sich auszubreiten. Die Erdneuzeit oder das Neozoikum begann vor 65 Millionen Jahren. Sie wird unterteilt in das Tertiär und das Quartär. Vor etwa fünf Millionen Jahren trat der Urmensch *(Australopithecus)* auf, erste →**Menschen** der Gattung *Homo* lebten vor rund zwei Millionen Jahren. Die heutige Erdzeit heißt Holozän. Sie begann vor 10 000 Jahren (siehe auch Seite 383).

Erfindungen

Wenn jemand etwas ganz Neues erdacht und geschaffen hat, spricht man von Erfindung. Es ist unbekannt, von wem die frühesten Erfindungen stammen. Das waren Werkzeuge aus Stein, →**Holz**, →**Horn** oder →**Knochen**, wie etwa die Nadel oder die Axt. Später entstanden Gegenstände aus →**Metall**. Oft wurden Erfindungen an verschiedenen Orten unabhängig voneinander gemacht. Das →**Rad** z. B. kannten viele →**Hochkulturen**. Auch spezielle Techniken wie das →**Weben** wurden in verschiedenen Erdteilen angewendet. Spätere Erfindungen lassen sich mit Namen in Verbindung bringen. So kann man die Erfindung des →**Papiers** um 100 n. Chr. dem Chinesen Tsai Lung oder die des →**Teleskops** dem Niederländer Hans Lippershey (1570–1619) zuschreiben. Heute sind meist mehrere Forscher an wissenschaftlichen Entdeckungen und technischen Erfindungen beteiligt.

▲ Esel werden im Süden Europas, in Asien, Nordafrika und Südamerika als Last- und Arbeitstiere eingesetzt.

Ernährung

Unter Ernährung versteht man die Aufnahme von →**Nahrungsmitteln**. Die Nahrung liefert dem Menschen wertvolle Nährstoffe, die er für alle Körperprozesse braucht. Eine gute, ausgewogene Ernährung setzt sich aus →**Eiweiß** (Protein), →**Kohlenhydraten**, →**Fetten**, →**Vitaminen und Mineralstoffen** sowie →**Wasser** zusammen. Ballaststoffe sind wichtig, weil sie die →**Verdauung** anregen. Falsche, unausgewogene Ernährung schädigt den Körper. Sie kann zu Unter- oder Übergewicht führen und verschiedene →**Krankheiten** und Mangelerscheinungen hervorrufen.

▲ Eine ausgewogene Ernährung hält den Menschen gesund. Um dem Körper wirklich alle wichtigen Nährstoffe zuzuführen, sollte der Speiseplan abwechslungsreich sein.

Erster Weltkrieg siehe Weltkrieg

Erze siehe Mineralien

Esel

Esel sind Verwandte der →**Pferde** und stammen von den Wildeseln →**Afrikas** ab. Sie wurden vor etwa 6000 Jahren zum Haustier. Die sehr trittsicheren →**Huftiere** können auch in unwegsamem Gelände schwere Lasten tragen. Esel haben einen langen Kopf, schmale Ohren und eine kurze Mähne. Ebenso wie Pferde tragen sie an jedem Fuß nur eine Zehe. Ihr Fell ist entweder braun oder auch grau.

Estland siehe Baltikum

Etrusker

Die Etrusker siedelten sich vermutlich im 8. Jh. v. Chr. im Norden →**Italiens** (heutige Toskana und benachbarte Gebiete) an.
Ihr Reich bestand aus einem Bund von zwölf Stadtstaaten, über die Könige und dann der Stadtadel herrschten. Die Bevölkerung war als Handwerker, Bauern, Seefahrer und Händler tätig. Die Etrusker hatten viele Elemente der griechischen Kultur übernommen (z. B. das →**Alphabet** und die →**Götter**) und kleideten sich ähnlich wie die Griechen. →**Musik** und Spiele waren ihre Leidenschaft. Die etruskische Gesellschaft räumte, im Gegensatz zur römischen, den Frauen viele Rechte und Freiheiten ein. Ab 400 v. Chr. verloren die Etrusker an Macht, ihr Reich ging später im →**Römischen Reich** auf.

Euklid

Euklid (um 300 v. Chr.) war ein bedeutender griechischer Mathematiker. Man nimmt an, dass er in Alexandria (→**Ägypten**) lebte und dort eine Schule gründete. Sein Hauptwerk „Elemente" (13 Bände) beschäftigt sich mit der →**Geometrie** und war über 2000 Jahre lang die Grundlage für den Geometrieunterricht. Erst im 19. Jh. begann man, die euklidische Geometrie um fehlende Grundsätze zu erweitern.

Eulen

Eulen gehen überwiegend nachts auf Jagd. Ihre besonders weichen →**Federn** erlauben diesen →**Vögeln** einen nahezu lautlosen Flug. Das gute Sehvermögen und das hervorragende Gehör tragen ebenfalls zur erfolgreichen Jagd im Dunkeln bei. Eulen können ihre großen, nach vorn gerichteten →**Augen** zwar nur eingeschränkt bewegen, dafür aber den Kopf um 180° (Halbkreis) drehen und so nach hinten schauen. Eulen fressen u. a. kleine Vögel und →**Säugetiere** wie →**Mäuse**. Deren unverdauliche Reste, also →**Knochen**, Fell oder Federn, würgen sie als sogenanntes Gewölle wieder aus. Die über 130 Eulenarten werden in Echte Eulen und Schleiereulen unterschieden. Zu den Echten Eulen gehören z. B. der Waldkauz, der Steinkauz und der Uhu. Schleiereulen zeichnen sich durch einen herzförmigen Gesichtsschleier (Federkranz um das Gesicht) aus. Sie sind zwar weitverbreitet, werden aber allmählich seltener. Grund dafür ist, dass sie nicht mehr genügend verlassene Gebäude finden, wo sie ihre →**Eier** ablegen können.

Europa siehe Seite 84

Europäische Union

In der Europäischen Union (EU) haben sich 27 europäische Länder zusammengeschlossen, um wirtschaftlich und politisch eng zusammenzuarbeiten. Sie haben einen EU-Binnenmarkt ohne →**Zölle** oder andere Handelsschranken geschaffen. Zukünftig streben sie auch eine gemeinsame Außen- und Sicherheitspolitik an und es soll eine eigene Unionsbürgerschaft geben. Die Mitgliedsstaaten der Europäischen Union sind →**Belgien**, →**Bulgarien**, →**Dänemark**, →**Deutschland**, Estland, →**Finnland**, →**Frankreich**, →**Griechenland**, →**Großbritannien**, →**Irland**, →**Italien**, Lettland, Litauen, →**Luxemburg**, →**Malta**, →**Niederlande**, →**Österreich**, →**Polen**, →**Portugal**, →**Rumänien**, →**Schweden**, →**Slowakei**, →**Slowenien**, →**Spanien**, →**Tschechien**, →**Ungarn** und →**Zypern**. Am 1. Januar 2002 wurde in zwölf EU-Ländern als gemeinsame Währung der Euro eingeführt. Inzwischen ist der Euro in 15 EU-Ländern das offizielle Zahlungsmittel.

▼ Die meisten Eulen jagen nachts. Lautlos stoßen sie auf Kaninchen, Mäuse und andere Beutetiere herab. Die stark gefiederten Schwungfedern verringern Fluggeräusche.

Europa

Europa ist der zweitkleinste Kontinent. Er hat ein gemäßigtes Klima, fruchtbares Land und ist reich an Bodenschätzen. Damit bietet er den Menschen ideale Lebensbedingungen.

Von der Steinzeit zur Industrie

Europa ist eine Halbinsel westlich von Asien und Teil der tektonischen Platte Eurasien. Der Kontinent war schon während der Steinzeit, allerdings von sehr wenigen Menschen, besiedelt. Nach der Eiszeit wuchs die Bevölkerung. Es bildeten sich verschiedene Völker und Kulturen heraus, z. B. die Kelten. In Griechenland entstanden die ersten Hochkulturen Europas. Heute gehören viele europäische Länder zu den führenden Industrienationen der Welt.

◄ Die Alpen liegen im Herzen Europas und stellen eine der beliebtesten Urlaubsregionen dar.

Einteilung

Nordeuropa besteht aus Bergen und Ebenen, zahlreichen Seen und riesigen Nadelwäldern. Hier liegen Skandinavien (Finnland, Norwegen, Schweden, Dänemark), das Baltikum (Estland, Lettland, Litauen), Island und Teile von Russland.
Zu Westeuropa gehören die Britischen Inseln, Frankreich, Belgien, die Niederlande und Luxemburg. Hier sind die Sommer kühl und die Winter mild.
Mitteleuropa erstreckt sich von Deutschland über Österreich und Ungarn bis nach Polen. Im nördlichen Mitteleuropa liegen ausgedehnte Tiefebenen. Die warmen Sommer, kalten Winter und reichlichen Regenfälle sind ideal für den Anbau von Weizen, Gerste, Hafer, Kartoffeln und Gemüse.
Osteuropa umfasst die Ukraine, Weißrussland und den Westen Russlands bis zum Uralgebirge. Die fruchtbaren Ebenen eignen sich besonders zum Anbau von Weizen und Zuckerrüben.

◄ Rotterdam an der niederländischen Küste besitzt den größten Hafen der Welt. Hier werden viele Waren umgeschlagen, von Chemikalien und Stahl über Maschinen und Textilien bis hin zu Getreide.

Der Süden

Südeuropa ist vom Rest Europas durch die Gebirgszüge der Pyrenäen, Alpen und Karpaten getrennt. Es erstreckt sich von der Iberischen Halbinsel über Südfrankreich und Italien bis nach Griechenland. Hier herrscht das wärmste

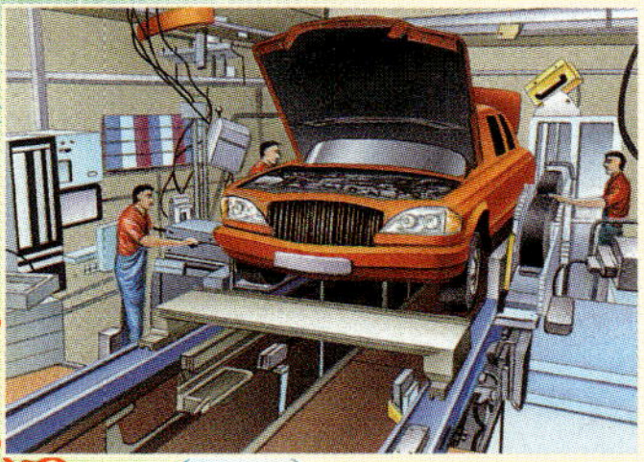

▲ Europa besitzt eine bedeutende Autoindustrie mit hoch automatisierten Fließbandanlagen.

Steckbrief Europa
Fläche: 10 534 600 km²
Höchster Berg: Elbrus (Südrussland), 5642 m
Größter See: Ladogasee (Nordwestrussland), 18 100 km²
Längster Fluss: Wolga, 3530 km
Zahl der Staaten: 45
Größtes Land: Russland (23% liegen in Europa)
Kleinstes Land: Vatikanstadt
Größte Stadt: Paris, Großraum (Frankreich), 10,8 Mio.
Bevölkerungsreichster Staat: Russland, 117 Mio. (im europäischen Teil)
Gesamtbevölkerung: 727 Mio.

Klima Europas mit milden Wintern und heißen, trockenen Sommern. Auf den sanften Hügeln und Ebenen werden Zitrusfrüchte, Oliven und Wein angebaut. Südosteuropäische Länder dagegen, etwa Bulgarien oder Rumänien, haben kalte Winter.

Antikes Erbe

Im Lauf der Geschichte spielte Europa immer wieder eine wichtige Rolle in der Weltpolitik. Die Demokratie wurde vor etwa 2500 Jahren im alten Griechenland entwickelt. Diese Staatsform, in der die Regierung vom Volk gewählt wird, ist heute das bedeutendste politische System der Welt und die Gesetze des Römischen Reiches beeinflussen bis heute viele Rechtssysteme.

▲ Das warme Klima des Mittelmeerraums ist ideal für den Anbau von Wein.

Eroberung der Welt

Gegen Ende des Mittelalters begannen die Europäer, unbekanntes Land zu erforschen. Portugal, Spanien, England, Frankreich und Holland gründeten schließlich zahlreiche Kolonien. Der Handel, der zwischen den Kolonien und Europa blühte, verhalf den Kolonialmächten zu großem Wohlstand. Ende des 19. Jh. gründeten auch Belgien und Deutschland Kolonien. Die meisten europäischen Kolonien erlangten nach dem Zweiten Weltkrieg ihre Unabhängigkeit.

◄ Fruchtbare Böden bedecken große Teile Osteuropas. In einigen Regionen werden noch Ochsengespanne eingesetzt, doch wird dieser Anblick immer seltener.

Kultur und Religion

Europa ist seit der Zeit des antiken Griechenlands ein führendes Zentrum der Bildung. Auch während der Renaissance blühten Wissenschaft, Kunst und Literatur und es kam zu tief greifenden Veränderungen im gesellschaftlichen und wirtschaftlichen Leben.
Europa ist auch ein wichtiges Zentrum des Christentums. Das Oberhaupt der römisch-katholischen Kirche hat seinen Sitz in der Vatikanstadt in Rom (Italien). Durch die Reformation entstanden die evangelische und andere reformierte Kirchen. Die orthodoxe Kirche ist im Osten und Südosten Europas verbreitet.

Krieg und Frieden

Die Landkarte Europas hat sich oft verändert, v. a. aufgrund von Kriegen. Beide Weltkriege wurden in Europa begonnen und größtenteils dort geführt. Nach dem Zweiten Weltkrieg war Europa zwischen den demokratischen Staaten des Westens und den kommunistischen Staaten des Ostens geteilt. Die dadurch angespannte politische Lage wurde „Kalter Krieg" genannt. Ende der 1980er-Jahre brach der Kommunismus in Osteuropa zusammen und die Grenzen öffneten sich. Die Europäische Union wurde auf 27 Staaten erweitert.

Zum Weiterlesen

Antike, Demokratie, Erde, Europäische Union, Hafen, Hochkulturen, Kalter Krieg, Kelten, Kontinent, Längen- und Breitengrad, Mittelalter, Reformation, Renaissance, Römisches Reich, Weltkriege

▲ Klettern ist eine sehr beliebte Extremsportart. Das Erklimmen von steilen Felswänden erfordert Kraft, Kondition und Konzentration. Die Sportler sichern sich mit Seilen und Haken an der Wand und tragen einen Schutzhelm.

Evolution

Die Theorie der Evolution geht davon aus, dass alle heutigen Lebewesen von ausgestorbenen Vorfahren abstammen. In einem langwierigen Prozess, der mit dem ersten Leben auf der →**Erde** begann, viele Millionen von Jahren dauerte und immer noch weitergeht, haben sich →**Arten** ständig weiterentwickelt. Viele Hinweise auf die Evolution liefern die →**Fossilien**, die versteinerten Überreste ausgestorbener →**Pflanzen** und →**Tiere**. Mithilfe von Fossilien kann man sich ein Bild davon machen, wie die Ahnen der heutigen Arten aussahen.
Nur Pflanzen oder Tiere, die an ihre Umwelt angepasst waren, hatten eine Überlebenschance. Die Formen, die am besten angepasst waren, lebten länger, bekamen mehr Nachkommen und konnten sich so stärker vermehren als schlechter angepasste Formen. So gab es z. B. unter den Vorfahren der →**Giraffen** zufällig einige Tiere mit längeren Hälsen. In Zeiten der Not fanden diese länger Nahrung als die übrigen Artgenossen, weil

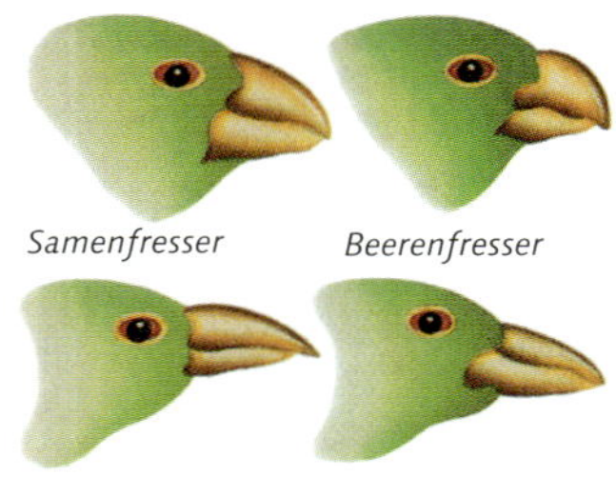

◄ Charles Darwin entwickelte seine Theorie der Evolution als er die Galapagosinseln besuchte. Er traf dort auf verschiedene Finkenarten, die unterschiedliche Schnäbel hatten und sich dementsprechend unterschiedlich ernährten. Sie stammen alle von einem Vorfahren ab, passten sich im Lauf der Zeit aber verschiedenen Lebensräumen an und entwickelten sich zu eigenen Arten.

sie auch hoch wachsende Pflanzen abfressen konnten. Sie überlebten, während Tiere mit sehr kurzen Hälsen starben. So blieben schließlich, über einen langen Zeitraum betrachtet, nur noch die Formen mit längeren Hälsen übrig. Charles Darwin (1809–1882) formulierte 1859 als erster Biologe eine grundsätzliche Theorie zur Evolution.

Explosion

Eine Explosion ist ein Verbrennungsvorgang. Sie findet statt, wenn bestimmte chemische Stoffe (Sprengstoffe) durch Stoßen (wie bei Knallerbsen) oder Erhitzen (etwa mit einer Zündschnur) gezündet werden. Die entstehenden Verbrennungsgase dehnen sich extrem schnell aus und nehmen wesentlich mehr Raum ein als der Ausgangsstoff. Der bei Explosionen frei werdende Druck kann z. B. Häuser zum Einsturz bringen. Hochexplosive Stoffe wie Dynamit explodieren schneller und richten mehr Schaden an als weniger explosive wie Schießpulver.

Extremsportarten

Unter →**Sport** fasst man Betätigungen zusammen, die körperliches Geschick und Ausdauer erfordern. Sportarten, bei denen sich die Sportler großer Gefahr, unter Umständen sogar der Todesgefahr aussetzen, nennt man Extremsportarten. Für die meisten Extremsportarten braucht man eine besondere Ausrüstung. Sie soll dazu beitragen, Verletzungen zu vermeiden.
Zu den am weitesten verbreiteten Extremsportarten zählen Gleitschirmfliegen, Klettern und Rafting (Schlauchbootfahren in Wildwasser). Größtes Risiko lieben Fallschirmspringer und Freitaucher. Fallschirmspringer stürzen sich aus einem Flugzeug, das in bis zu 4000 m Höhe fliegt. Bis zu etwa 800 m Höhe genießen die Extremsportler den freien Fall, erst dann öffnen sie ihren Fallschirm. Freitaucher hingegen lockt es ins Meer. Sie tauchen bis zu 120 m tief oder acht Minuten lang, ohne eine Sauerstoffflasche zu verwenden.

Fahrrad

Ein Fahrrad ist ein Fortbewegungsmittel mit zwei →**Rädern** in einer Spur. Die ersten Fahrräder bestanden nur aus einem Holzbalken, an dem zwei Räder und ein Sitz befestigt waren. Der Fahrer trieb das Gefährt an, indem er sich mit den Füßen vom Boden abstieß. Das erste Fahrrad mit Lenkung und →**Bremse** erfand 1817 Karl Friedrich Freiherr Drais von Sauerbronn (1785–1851). Das erste Fahrrad mit Pedalen wurde 1839 in Schottland entwickelt. Das französische Veloziped (1861) schließlich hatte Pedale, Vorderradantrieb und eine Bremsvorrichtung.
Der nächste Entwicklungsschritt führte zum Hochrad, das ein riesengroßes Vorderrad und ein winziges Hinterrad hatte. Durch das große Vorderrad kam man mit einer Pedaldrehung sehr weit, man fiel aber auch sehr leicht von diesem Fahrrad herunter. Die moderne Form des Fahrrads wurde in den 1880er-Jahren eingeführt. Es hatte ein Hinterrad mit Kettenantrieb sowie mit →**Luft** gefüllte Reifen. Bis auf die Hinzufügung der Gangschaltung hat sich an dieser Grundform seitdem nichts Wesentliches geändert. Fahrräder sind im Vergleich zu →**Autos** umweltfreundlich, verhältnismäßig billig und brauchen wenig Platz.

Faraday, Michael

Michael Faradays (1791–1867) außergewöhnliche experimentelle Begabung ließ ihn grundlegende Entdeckungen in den Bereichen →**Chemie** und →**Physik** machen. So konnte er als Erster zeigen, dass elektrische →**Energie** in mechanische umgewandelt werden kann. Er entdeckte u. a. das Prinzip des →**Transformators** (Gerät zur Umformung elektrischer Spannungen) und entwickelte den →**Generator** oder Dynamo. Bekannt ist der sogenannte Faraday-Käfig: Die Umhüllung eines Raumes mit elektrisch leitfähigem Material (Drahtgeflecht oder Blech) verhindert, dass Stromladungen, wie z. B. Blitze, in das Innere des Raums dringen. Auch →**Autos** oder Flugzeuge sind im Prinzip Faraday-Käfige.

Farben

Farben im physikalischen Sinn sind Anteile des →**Lichts** und bilden das →**Spektrum**. Man versteht darunter aber auch Stoffe, mit denen man Gegenständen einen bestimmten Farbton verleihen kann. Anstrichfarben trägt man z. B. als dünne Schicht auf Wände, →**Holz** oder →**Metall** auf. Oft enthalten Anstrichfarben ein Schutzmittel, etwa gegen Feuchtigkeit oder →**Rost**. Auch in der →**Drucktechnik** und in der →**Malerei** werden Farben verwendet. Außer nach der Art ihrer Verwendung kann man Farben auch nach ihrer Zusammensetzung unterscheiden. Das heißt, der eigentliche Farbstoff kann in unterschiedlichen Substanzen, z. B. →**Öl** oder →**Wasser**, gelöst sein. Wenn das Lösungsmittel verdunstet, trocknet die Farbe. Beim Färben von Textilien durchdringen die in Wasser gelösten Farbstoffe das Gewebe. Früher wurden die Farbstoffe aus →**Erde**, →**Gestein** oder Teilen von →**Pflanzen** gewonnen. Heute werden sie meist künstlich hergestellt.

Farne

Die Farne gehören zu den ersten →Pflanzen, die die →**Erde** besiedelten. Ihre feingliedrigen, federartigen →**Blätter** sehen noch fast genauso aus wie vor Millionen von Jahren. Es gibt weltweit etwa 10 000 verschiedene →**Arten** von Farnen. Sie bevorzugen feuchte, schattige Plätze, gerne unter →**Bäumen**. Ihr Lebenszyklus umfasst geschlechtliche →**Fortpflanzung** und ungeschlechtliche (durch Sporen).

▲ Fahrrad alt: Hochräder waren schwer zu besteigen und nicht verkehrssicher.

▲ Fahrrad neu: Ein modernes Rennrad besteht aus sehr leichten Materialien. Es ist stromlinienförmig gebaut und kann 15 oder 20 Gänge haben.

▲ Farne haben keine Samen oder Blüten. Stattdessen bilden sie Sporen, das sind winzige Zellen, aus denen neue Farne entstehen.

► Bei der Herstellung von Farben in einer Fabrik werden pulverförmige Farbstoffe (Pigmente) durch Einsatz riesiger Walzen in einem flüssigen Mittel – z. B. Öl – gelöst.

Faschismus

Unter Faschismus versteht man die rechtsradikalen, nationalistischen Bewegungen, die in →**Europa** nach dem Ersten →**Weltkrieg** aufkamen. Das Wort kommt aus dem Lateinischen. „Fasces" bezeichnete ein Rutenbündel mit Axt, das als Zeichen staatlicher Gewalt im →**Römischen Reich** galt. 1919 gründete Benito Mussolini (1883–1945) die erste faschistische Partei in Europa und machte →**Italien** 1922 zu einer →**Diktatur**. Der Faschismus strebt die uneingeschränkte Allmacht einer Partei im →**Staat** an. Die Bürger müssen sich bedingungslos dem Interesse des Staates und der →**Regierung** beugen, →**Bürgerrechte** gibt es nicht. Minderheiten und alle, die Widerstand gegen die faschistische Regierung leisten, werden verfolgt. Politische Gegner kommen ins Gefängnis, werden gefoltert und häufig auch umgebracht. Jede Partei außer der faschistischen wird verboten.
Der Faschismus fand viele Anhänger in der Zeit zwischen den Weltkriegen. In →**Spanien**, →**Deutschland** und →**Portugal** kamen faschistische Diktatoren an die Macht. Die faschistische Bewegung in Deutschland hieß →**Nationalsozialismus**. Es regierte die Nationalsozialistische Deutsche Arbeiterpartei (NSDAP). Ihr Führer, Adolf Hitler (1889–1945), wurde 1933 Reichskanzler. Seine Politik führte zum Ausbruch des Zweiten Weltkriegs.

▲ Der Faschismus profitierte von dem Wunsch vieler Menschen, zu einer starken Gemeinschaft zu gehören. Große Massen strömten zu Veranstaltungen wie dieser Kundgebung der Nationalsozialisten in Deutschland im Jahr 1936.

Faseroptik siehe Glasfaseroptik

Faultiere

Die in den →**Regenwäldern** →**Südamerikas** heimischen Faultiere sind nachtaktiv. Den Großteil ihres Lebens verbringen diese →**Säugetiere** in den →**Bäumen** und hangeln sich mit Vorder- und Hinterbeinen langsam an den Ästen entlang. Nur zur Kotabgabe suchen sie den Boden auf. Ihr Fell hat häufig einen grünlichen Schimmer, weil darin →**Algen** wachsen. Faultiere ernähren sich von →**Blättern**, Knospen und Zweigen.
Die bekanntesten →**Arten** sind das Zweifinger- und das Dreifingerfaultier.

FCKW

Die Abkürzung steht für Fluorchlorkohlenwasserstoffe. Das sind chemische →**Verbindungen**, die früher als Kühlmittel, z. B. in →**Kühlschränken**, als Treibmittel in Sprühdosen oder bei der Herstellung von →**Kunststoffen** eingesetzt wurden. Sie schädigen die schützende Ozonschicht in der →**Atmosphäre**. Als Folge davon kann gefährliche UV-→**Strahlung** (sie erhöht die Gefahr von Hautkrebs) bis zur Erdoberfläche vordringen. In →**Deutschland** ist die Verwendung von Fluorchlorkohlenwasserstoffen seit 1995 verboten.

Federn

Federn sind ein charakteristisches Merkmal der →**Vögel**. Das Federkleid oder Gefieder schützt sie vor Kälte und verleiht ihren Körpern eine glatte, stromlinienförmige Gestalt. Auch die breite, flache Form des Vogelflügels ist nur durch die Anordnung von Federn möglich. Jede Feder besteht aus einem hohlen Kiel, an dem die Seitenäste ansetzen.
An diesen wiederum sitzen dünnere Federstrahlen, die über Häkchen mit ihren Nachbarn verbunden sind – so entsteht eine glatte, feste und elastische Oberfläche, die Federfahne.
Ein- oder zweimal pro Jahr werden die Federn der Vögel während der sogenannten Mauser ersetzt. Dabei fallen die alten, verbrauchten Federn aus und neue wachsen an ihrer Stelle nach.

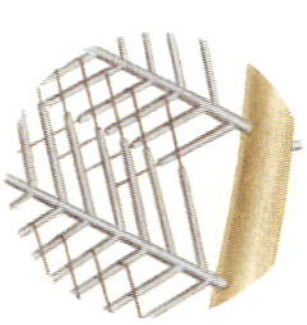

▲ Die Feder besteht aus Kiel und Fahne (oben). Die Vergrößerung (unten) zeigt die fein verästelten, verhakten Federstrahlen.

Fernglas

Durch ein Fernglas betrachtet, erscheinen weit entfernte Gegenstände oder Lebewesen näher und größer. Die wichtigsten Bestandteile des Fernglases sind das Okular, das Objektiv und das Prismenumkehrsystem. Das Objektiv ist eine optische →**Linse**, die sich am unteren Ende eines Fernrohrs oder Fernglases befindet. Diese Linse ist in der Mitte nach innen gewölbt (konkave Linse). Sie erzeugt von dem betrachteten Gegenstand ein verkleinertes Bild, das auf dem Kopf steht und seitenverkehrt ist. Das Okular befindet sich nahe am Auge des Betrachters. Es ist eine in der Mitte nach außen gewölbte Linse (konvexe Linse), die das vom Objektiv eingefangene Bild vergrößert. Damit das Bild aufrecht und seitenrichtig erscheint, liegt zwischen beiden Linsen ein Prismenumkehrsystem. Prismen sind lichtdurchlässige

Körper, die das einfallende →**Licht** ablenken und die Abbildung des betrachteten Gegenstandes auf diese Weise drehen.

Fernsehen

Unter Fernsehen versteht man Aufnahme, Übertragung und Wiedergabe von →**Schall** und Bildern. Der schottische Wissenschaftler John Logie Baird (1888–1946) führte 1926 das erste Fernsehsystem vor. In →**Großbritannien** wurden 1936 erstmals Sendungen ausgestrahlt, damals noch in Schwarz-Weiß. Das Fernsehen in Farbe wurde erst 1956 in den →**Vereinigten Staaten von Amerika** eingeführt. In →**Deutschland** begann das öffentliche Fernsehen in der Bundesrepublik 1952 und in der →**DDR** 1955. Das Fernsehen ist seither ein wichtiges Mittel der →**Kommunikation**.

Beim Fernsehen werden Bilder und Töne in elektrische Signale umgewandelt. Dies erfolgt in einer Fernsehkamera. Was vor der Kamera passiert, wird nicht als ganzes Bild aufgenommen: Mithilfe eines Elektronenstrahls (Elektronen sind elektrisch negativ geladene Teilchen) wird es in viele winzig kleine Bildpunkte (500 000) zerlegt. Außerdem werden von jedem Bild drei Aufnahmen gemacht, nämlich jeweils eine in den Grundfarben Rot, Grün und Blau. Über einen Sender werden die Signale als Funk- oder Radiowellen – wie beim →**Rundfunk** – ausgestrahlt. Fernsehübertragungen erfolgen heute aber auch über Glasfaserkabel.

Die Radiowellen werden von Antennen beim Empfang wieder in elektrische Signale zurückverwandelt. Der Fernsehapparat macht aus den elektrischen Signalen wieder Bilder und Töne. Sein wichtigster Teil ist die Kathodenstrahlröhre (Bildröhre). Das breite Ende vorne bildet den Fernsehschirm. Im schmaleren Teil befinden sich drei Elektronenkanonen (oder Elektronenstrahlröhren), die Phosphorstreifen auf der Rückseite des Schirms mit Elektronen beschießen. Sobald ein Elektron auftrifft, leuchtet ein bestimmter Farbpunkt auf. Aus sehr vielen dieser winzigen aufleuchtenden Farbpunkte baut sich auf dem Fernsehschirm das Bild auf. Alle Farben in einem Farbfernseher setzen sich aus drei Farben zusammen – Rot, Blau und Grün. Jeder Elektronenstrahl trifft nur auf die ihm zugeordnete Farbe.

Bei Live- oder Direktsendungen kann man mitverfolgen, was zeitgleich passiert. Fernsehnachrichten sind daher sehr aktuell. Viele Sendungen werden jedoch als →**Film** oder →**Video** aufgezeichnet und erst später ausgestrahlt. Das Fernsehen ist einerseits eine wichtige Informationsquelle, andererseits aber auch ein Unterhaltungsmedium: Es gibt Nachrichten, Serien, Sportsendungen, Talkshows, Kindersendungen, Tiersendungen, Spielfilme und Dokumentationen (Sendungen über Sachthemen).

Kathodenstrahlröhre (Bildröhre)

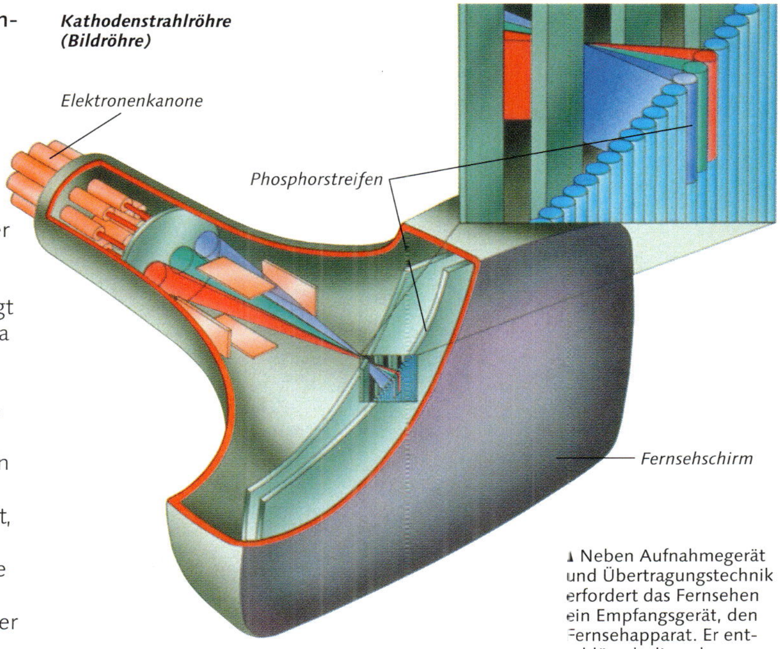

▲ Neben Aufnahmegerät und Übertragungstechnik erfordert das Fernsehen ein Empfangsgerät, den Fernsehapparat. Er entschlüsselt die ankommenden Signale. Mithilfe von Elektronenstrahlen wird das Farbbild auf dem Bildschirm aufgebaut, indem sie Farbpunkte auf der phosphorbeschichteten Rückseite des Bildschirms zum Leuchten bringen.

Fette

Reines Fett kann fest wie Butter sein. Liegt es in flüssiger Form vor, spricht man von →**Öl**. Man unterscheidet tierische (etwa Schmalz) und pflanzliche Fette (etwa Olivenöl).

Fett ist für alle Lebewesen ein wichtiger Nährstoff. Eine Fetteinheit enthält doppelt so viel →**Energie** wie die gleiche Menge →**Zucker**. Bei →**Tieren** und →**Menschen** lagert sich Fett in Form kleiner Tropfen unter der →**Haut** und in →**Zellen** ab. Es dient dem Körper als Energiereserve, die er bei Bedarf abbauen kann. Wir müssen Fett mit unserer Nahrung aufnehmen. Pflanzliche Fette befinden sich in →**Samen** und →**Früchten**, während tierische Fette in Fleisch und Milchprodukten enthalten sind.

Aus tierischen Fetten werden auch →**Seifen**, →**Farben**, Parfüme und Poliermittel hergestellt.

Feuer

Die →**Menschen** der Frühzeit entdeckten irgendwann, dass ein Funke entsteht, wenn man zwei Feuersteine gegeneinander klopft. Damit daraus ein Feuer wurde, musste man nur leicht brennbares Material, etwa Reisig, an den Funken halten. Feuer wurde nun zu einem wichtigen Bestandteil menschlichen Lebens: Es bot →**Licht** und Wärme, garte die Speisen und hielt →**Raubtiere** fern. Es kann aber auch zerstören und ist schwer zu kontrollieren, z. B. bei Waldbränden.
Feuer entsteht durch Verbrennung. Bei diesem Prozess verbindet sich →**Sauerstoff** rasch mit einem chemischen →**Element** des Brennmaterials, etwa mit →**Kohlenstoff** beim Verbrennen von →**Kohle** oder →**Holz**. Ohne Sauerstoff wäre kein Feuer möglich.

▲ Das Feuerwerk wurde vor über 1000 Jahren in China erfunden. Die neue Technik wurde auch in Kriegen eingesetzt.

Feuerwerk

Feuerwerkskörper sind Sprengkörper, bei deren →**Explosion** →**Licht** in bunten Farben sowie Lärm und Rauch entstehen. Sie wurden vor über 1000 Jahren in →**China** erfunden und sind in →**Europa** seit dem 14. Jh. bekannt.
Feuerwerkskörper haben häufig die Form kleiner →**Raketen**. Sie explodieren, weil sie Schießpulver enthalten – ein schwarzes Pulver aus Holzkohle, →**Schwefel** und Salpeter (Kaliumsalz). Die leuchtenden Farben entstehen beim Verbrennen verschiedener chemischer Stoffe.

Fieber

Der →**menschliche Körper** hat normalerweise eine →**Temperatur** von etwa 37 °C. Bei einer größeren Entzündung, etwa eine Mandelentzündung, steigt die Körpertemperatur auf über 38 °C an. Durch die erhöhte Temperatur werden Krankheitserreger bekämpft.
Das Fieber wird von Abbauprodukten ausgelöst, die in den →**Zellen** entstehen und das Wärmezentrum im Zwischenhirn beeinflussen. Es ist nun weniger empfindlich gegenüber Wärme. Der Körper heizt sich auf, Fieber entsteht. Gleichzeitig werden Reaktionen ausgelöst, die verhindern, dass zu viel Körperwärme verloren geht. Die Blutgefäße verengen sich und wir bekommen eine Gänsehaut. Die Körpertemperatur steigt dadurch auf z. B. 40 °C an. Wenn der im →**Gehirn** festgesetzte Sollwert erreicht ist, schaltet das Wärmezentrum wieder auf Normal um.
Die Blutgefäße erweitern sich, der Kranke beginnt zu schwitzen – also Wärme abzugeben – und das Fieber fällt.

Film

Der Franzose Etienne-Jules Marey (1830–1904) entwickelte 1890 die erste →**Filmkamera**, die sogenannte chronomatografische Filmkamera. Sie konnte zwölf Bilder auf eine sich drehende Platte aufneh-

► Um einen Film zu drehen braucht man ein großes Team, darunter Schauspieler, Kameraleute, Beleuchter und Tontechniker. Der Regisseur bestimmt, was auf der Leinwand zu sehen sein wird.

men. Schon durch so wenige abfolgende Bilder wurde ein Bewegungsablauf sichtbar. Thomas Alva →**Edison** und William Dickson (1860–1833) entwickelten 1894 den Kinetografen, ein Aufnahmegerät, und das Kinetoskop, ein Vorführgerät. Die Brüder Auguste (1862–1954) und Louis (1864–1948) Lumière konstruierten schließlich den Kinematografen, ein kombiniertes Aufnahme- und Vorführgerät. Die frühen Filme waren alle in Schwarz-Weiß gedreht und Stummfilme. 1927 lief der erste Tonfilm über die Leinwand. 1932 wurde das Dreifarben-Technicolor-Verfahren entwickelt, seither sind die meisten Filme Farbfilme. 1953 wurde das Breitwandverfahren erfunden, ein Format für breite Kinoleinwände. Ebenfalls in den 1950er-Jahren kamen 3-D-Filme auf. Der dreidimensionale Effekt kommt durch die Verwendung von zwei Kameras bei der Aufnahme und einer speziellen Brille beim Betrachten zustande. In den 1970er-Jahren schließlich entstanden die ersten IMAX-Filme. Durch dieses Großbildverfahren entsteht beim Zuschauer der Eindruck, sich selbst im Filmgeschehen zu befinden.
Die Computeranimation ist eine Technik aus den 1980er-Jahren. Sie wird hauptsächlich beim →**Zeichentrickfilm** eingesetzt.
Nachdem am Ende des 19. Jh. die technischen Voraussetzungen für den Film geschaffen waren, entwickelte sich dieser schnell zum Unterhaltungsmedium, aber auch zu einer neuen Kunstform.
Bedeutende Stummfilme wurden in Europa und den USA gedreht, darunter z. B. „Metropolis" (1926) von Fritz Lang (1890–1976).
Mit dem Tonfilm entstand auch der Beruf des Drehbuchautors. Es war notwendig geworden, speziell auf den Film zugeschnittene lebendige Dialoge zu verfassen. Neben dem Drehbuch sind weitere wichtige Faktoren mitentscheidend für die Qualität eines Films: die Kunst der Kameraführung und der Filmschnitt (Filmstreifen werden an bestimmten Stellen auseinandergeschnitten und mit anderen Abschnitten zusammengesetzt).
Im Lauf der Zeit entstand eine regelrechte Filmindustrie und für Filmproduktionen wurden immer größere Summen ausgegeben. Daneben entwickelte sich aber auch der sogenannte Autorenfilm: Allein der Regisseur sollte für Form und Inhalt des Films verantwortlich sein, nicht das wirtschaftliche Denken von Produktionsfirmen. Der deutsche Regisseur Rainer Werner Fassbinder (1945–1982) ist hier nur stellvertretend für viele andere zu nennen.

Filmkamera

Aufnahmen mit einer Filmkamera ähneln der Aufnahme von →**Fotografien** mit einem →**Fotoapparat**. In der Filmkamera wird der Filmstreifen jedoch viel schneller am Objektiv vorbeitransportiert: Pro Sekunde werden 24 Bilder aufgenommen. Für einen Spielfilm braucht man etwa 2,5 km Film.
Der unbelichtete Film befindet sich auf einer Spule, die von einer Transportklaue ruckweise am Objektiv vorbeigeführt wird. Bei der Belichtung steht der Film still. Eine sich schnell drehende Scheibe, aus der ein Teil (Hellsektor) herausgeschnitten ist, sorgt dafür, dass der Film jeweils im richtigen Moment belichtet wird. Der belichtete Film, also der Teil, auf dem die Bilder aufgenommen sind, wird auf einer zweiten Spule wieder aufgewickelt.

Filmprojektor

Mit diesem Gerät kann ein entwickelter Film, der mit einer →**Filmkamera** aufgenommen wurde, auf eine Leinwand projiziert werden (von lateinisch „proicere" für hinwerfen). Der Film wird von einer Spule auf eine andere gerollt und dabei am Bildfenster des Projektors vorbeigeführt. Er wird immer wieder ganz kurz angehalten, sodass jedes Einzelbild von der Projektorlampe durchleuchtet werden kann (in der Regel zweimal) und so auf die Projektionswand geworfen wird. Durch die schnelle Abfolge (24 Bilder pro Sekunde) nimmt der Zuschauer jedoch keine Einzelbilder, sondern Bewegungsabläufe wahr. Bei längeren Filmen müssen die Filmspulen während der Vorstellung gewechselt werden.

Fingerabdruck

Die Fingerbeeren (oder Fingerkuppen) des Menschen tragen ein Muster aus feinen Linien. Drückt man seinen Finger auf einen Gegenstand, hinterlässt man dieses Muster. Solch ein Fingerabdruck kann der →**Polizei** helfen, eine gesuchte Person zu finden, denn das Muster jedes Menschen ist einmalig. Wer seinen Fingerabdruck genauer ansehen will, drückt seinen Finger zuerst auf ein Stempelkissen und dann auf ein weißes Blatt →**Papier**.
Auch das Erbmaterial eines jeden Menschen ist einzigartig und kann dank der →**Genetik** ebenfalls zur Identifizierung von Personen dienen. Man spricht daher auch vom genetischen Fingerabdruck.

▲ Viele der Filme von und mit Charlie Chaplin (1889–1977) sind Klassiker geworden. Er war Produzent, Regisseur und Schauspieler und drehte sowohl Stumm- wie auch Tonfilme.

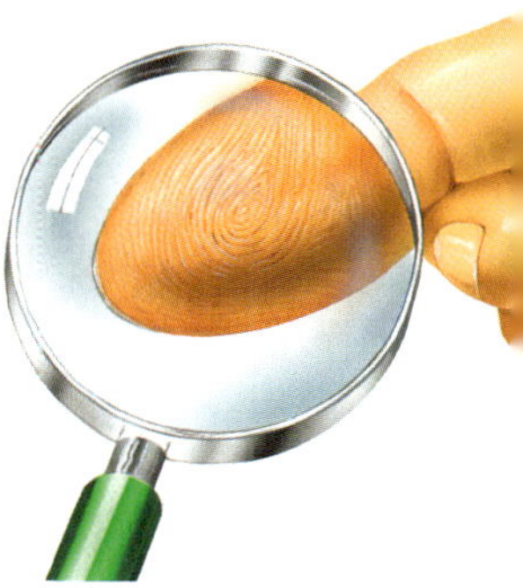

▲ Der Fingerabdruck eines Menschen ist einzigartig und verändert sich nicht. Deshalb spielt er bei polizeilichen Ermittlungen häufig eine wichtige Rolle.

Finnland
Staatsform: Republik
Hauptstadt: Helsinki
Fläche: 338 144 km²
Einwohner: 5,2 Mio.
Sprachen: Finnisch, Schwedisch
Währung: Euro

Finnland

Finnland ist ein →**Staat** in Nordeuropa. Er grenzt an die →**Ostsee** und erstreckt sich bis nördlich des Polarkreises (Kreis um den Nordpol, innerhalb dessen polares →**Klima** herrscht). Tausende von →**Flüssen** und →**Seen** prägen die flache finnische Landschaft und bilden ein großes Seensystem. Über 75 % des finnischen Staatsgebiets sind von Nadelwäldern (Fichte, Lärche, Kiefer) bedeckt. Die wichtigsten Wirtschaftszweige sind Holzwirtschaft, Papier- und Elektronikindustrie.

Fische siehe Seite 94

Fischfang

Der Fischfang ist einer der wichtigsten Wirtschaftszweige. Jedes Jahr werden ungefähr 70 Millionen →**Fische** aus den →**Meeren**, →**Flüssen** und →**Seen** der Welt gefangen. Fische sind ein wertvolles →**Nahrungsmittel**, weil sie viel →**Eiweiß** enthalten. Sie werden aber auch als Tierfutter und →**Dünger** verwertet und aus Fischöl stellt man →**Seife** her.

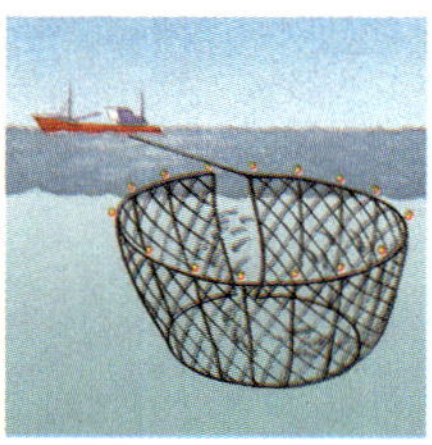

Ringwade

Stellnetz

Grundschleppnetz

◄ Beim industriellen Fischfang werden v. a. drei Netztypen eingesetzt: In einem Grundstellnetz bleiben die Fische mit den Kiemen in den Maschen hängen. Ein Grundschleppnetz wird am Meeresboden entlanggezogen und sammelt die Fische ein. Eine Ringwade wird um einen Fischschwarm gelegt und dann unten zugezogen.

Die meisten Fische werden im Meer gefangen. Sie müssen schnell haltbar gemacht werden, damit sie nicht verderben. Früher, als es noch keine →**Kühlschränke** gab, wurden sie dazu getrocknet, geräuchert oder eingesalzen. Heute werden die Fische auf Eis gelegt oder eingefroren. Manchmal führen Fischfangflotten spezielle →**Schiffe** (Fischfabrikschiffe) mit. Diese verarbeiten den frischen Fisch noch auf See.

Die besten Fanggründe im Meer liegen nicht tiefer als 180 m unter dem Meeresspiegel. Die verbesserten Fischfangtechniken und die wachsende Anzahl von Fangbooten hatten zur Folge, dass zu viele Fische gefangen wurden. Bei zahlreichen →**Arten** ging der Bestand stark zurück.

Fjord

Fjorde sind steilwandige schmale Meeresbuchten, die weit ins Landesinnere hineinreichen und meist sehr tief sind. Sie bildeten sich während der →**Eiszeit**: Die →**Gletscher** räumten tiefe Täler aus. Als die Gletscher am Ende der Eiszeit schmolzen, stieg der Meeresspiegel an und die Fjorde füllten sich mit →**Wasser**.
Fjorde sind charakteristisch für die Küsten von →**Norwegen**, Schottland, →**Grönland**, Westkanada, Südchile und →**Neuseeland**.

Flagge

Flaggen sind Bahnen aus farbigem Stoff, die häufig mit Symbolen verziert sind. Sie werden an Masten und Stangen gehisst (aufgehängt). Das Wort Fahne dient häufig als andere Bezeichnung für Flagge. Flaggen werden von Ländern, Herrschern, Armeen und Organisationen, etwa dem →**Roten Kreuz**, verwendet, aber auch von Sportmannschaften und Pfadfindern.
Flaggen oder Fahnen gibt es seit der Zeit der alten Ägypter. Im Krieg zeigten sie an, welche Soldaten zu welchen Herrschern oder Feldherren gehörten. Mit Flaggen kann man auch Signale übermitteln. Seit 1857 verwenden Schiffe auf See einen internationalen Flaggensignalcode, eine Art Zeichensprache mit Flaggen. Eine weiße Flagge z. B. bedeutet Waffenstillstand und die auf Halbmast gehisste Flagge zeigt einen Todesfall an. Mit einer Flagge in je einer Hand können durch unterschiedliche Armstellungen einzelne Buchstaben und Ziffern gezeigt werden (Flaggenalphabet). Bei den →**Staaten**, die in diesem Lexikon behandelt werden, findet sich die jeweilige Nationalflagge.

Flamingos

Flamingos leben in seichten Salzwasserseen wärmerer Regionen. Die →**Vögel** mit dem größtenteils rosafarbenen Gefieder waten auf langen Beinen durch das Wasser. Zur Nahrungssuche stecken sie den Kopf unter die Wasseroberfläche. Dann nehmen sie mit ihrem hakenförmigen Schnabel Wasser auf, aus dem sie →**Algen**, →**Würmer** oder kleine Krustentiere filtern. Flamingos nisten in großen Kolonien von mitunter mehreren Tausend Vögeln. Es gibt fünf Flamingoarten.

Flamme

Wenn man ein Ding erhitzt, beginnt es ab einer bestimmten →**Temperatur** mit offener Flamme zu brennen. Flammen entstehen immer durch brennende →**Gase**, die durch die Hitze frei werden. Helle Flammen von Kerzen, →**Holz** oder →**Kohle** strahlen viel →**Licht** ab, weil sie winzige, glühende Kohleteilchen in die →**Luft** abgeben. Nicht alle Flammen sind gleich heiß. Holz brennt z. B. bei 1000 °C, die Azetylen-Flamme eines Schweißgerätes erreicht 3000 °C.

Flaschenzug

Ein Flaschenzug ist eine einfache →**Maschine**, die aus mindestens einer, z. B. hoch oben an einem Gerüst befestigten Rolle besteht. Um diese läuft ein Seil, an dessen einem Ende man eine Last befestigen kann. Wenn man am anderen Ende des Seiles zieht, wird die Last emporgehoben. Ein solcher einfacher Flaschenzug verringert aber nicht die →**Kraft**, die man aufwenden muss, um die Last in die Höhe zu heben. Befestigt man die Last jedoch an einer zweiten Rolle, die sich frei über das Seil bewegt, benötigt man nur halb so viel Kraft, um die Last zu heben. Es verlängert sich aber der Weg, d. h., man braucht doppelt so viel Seil. Je mehr Rollen (befestigte und lose) ein Flaschenzug hat und je länger das Seil ist, umso weniger Kraft muss aufgewendet werden, das Gewicht zu bewegen. Flaschenzüge werden z. B. in großen Hebevorrichtungen wie Kränen verwendet.

Flechten

Flechten sind eine Gemeinschaft aus →**Pilzen** und →**Algen**. Die beiden Partner ziehen jeweils Nutzen aus dem anderen. Man nennt eine solche Lebensgemeinschaft Symbiose. Flechten sehen zwar aus wie →**Pflanzen**, haben aber weder →**Wurzeln**, →**Blätter** noch →**Blüten**. Einige Flechtenarten wachsen als krustige Flecken auf Felsen, →**Bäumen** oder Mauern, andere als kleine Büschel nahe dem Erdboden. Sie wachsen sehr langsam und können an Orten leben, die zu trocken, zu kalt oder zu heiß sind für höhere Pflanzen.

Fledermäuse und Flughunde

Fledermäuse und Flughunde bilden die Ordnung der Fledertiere. Dabei handelt es sich um die einzigen →**Säugetiere**, die aktiv fliegen können. Den Flug ermöglicht die unbehaarte, unbefiederte Flughaut, die sich zwischen dem Körper und den verlängerten Fingern spannt.

Die meisten der fast 1000 Fledertierarten sind in den →**Tropen** und anderen warmen Regionen der →**Erde** heimisch. In kalten Regionen lebende →**Arten** halten →**Winterschlaf**. Viele Fledertiere ernähren sich von →**Früchten**, andere fressen →**Insekten**, die sie in der Luft fangen.

Die meisten Fledertiere sind nachts aktiv und schlafen tagsüber in →**Höhlen**, Dachböden oder →**Bäumen**. Ihren Weg und ihre Beute finden Fledermäuse dank Echoortung: Sie stoßen hohe Schreie aus, die von Gegenständen als →**Echo** zurückgeworfen werden. Aus der Zeit, die bis zur Ankunft des Echos vergeht, schließen die Fledermäuse auf die Größe und den Ort von Hindernissen oder Beutetieren. Der Großteil der Flughunde ist dagegen nicht zur Echoortung in der Lage.

▲ Mit seinen langen Beinen stelzt ein Flamingo durch das Wasser. Die Färbung seines Gefieders verdankt der Vogel Nährstoffen und Mineralien, die mit der Nahrung aufgenommen werden.

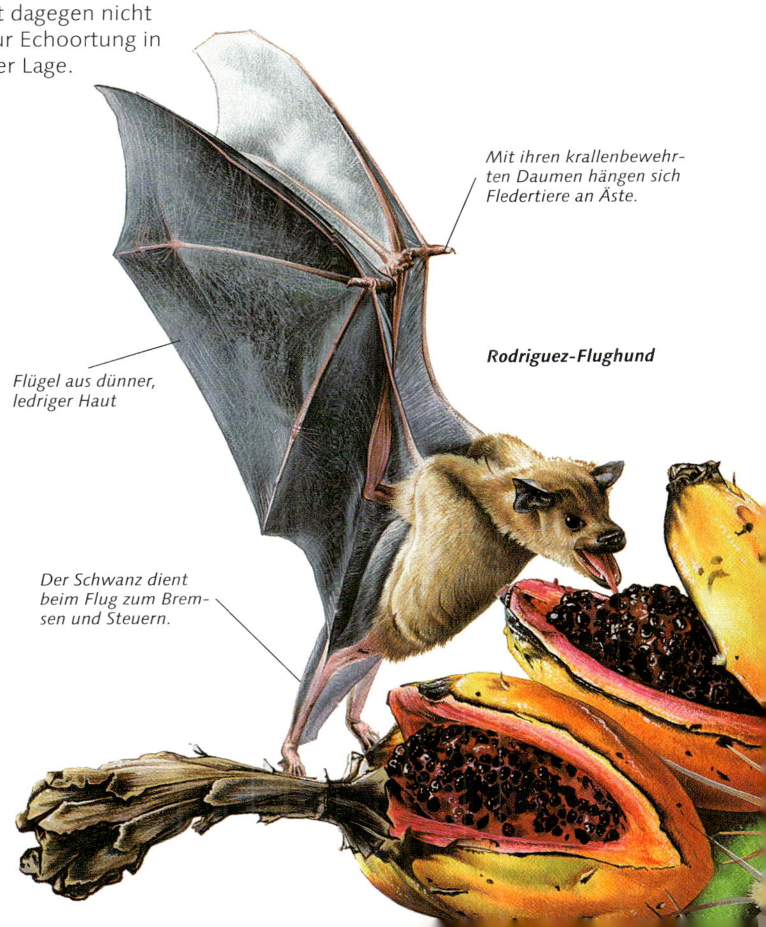

Kaiserfische leben an tropischen Korallenriffen. Die Riffe sind ein artenreicher Lebensraum.

Fische

Vor mehr als 500 Millionen Jahren entwickelten sich als erste Wirbeltiere die Fische. Sie leben im Wasser und nehmen durch ihre Kiemen Sauerstoff aus dem Wasser auf.

Mit leuchtenden Farben warnt der Rotfeuerfisch mögliche Feinde vor seinen giftigen Stacheln.

Lebensraum der Fische
In den verschiedenen Gewässern der Erde hat man bisher über 24 000 Fischarten gezählt. Etwa 60 % der Fische leben im Meer, die übrigen sind meist Süßwasserfische, die in Flüssen, Bächen, Seen und Teichen schwimmen. Ein geringer Teil der Fische wie die Lachse wechselt zwischen Meer- und Süßwasser.

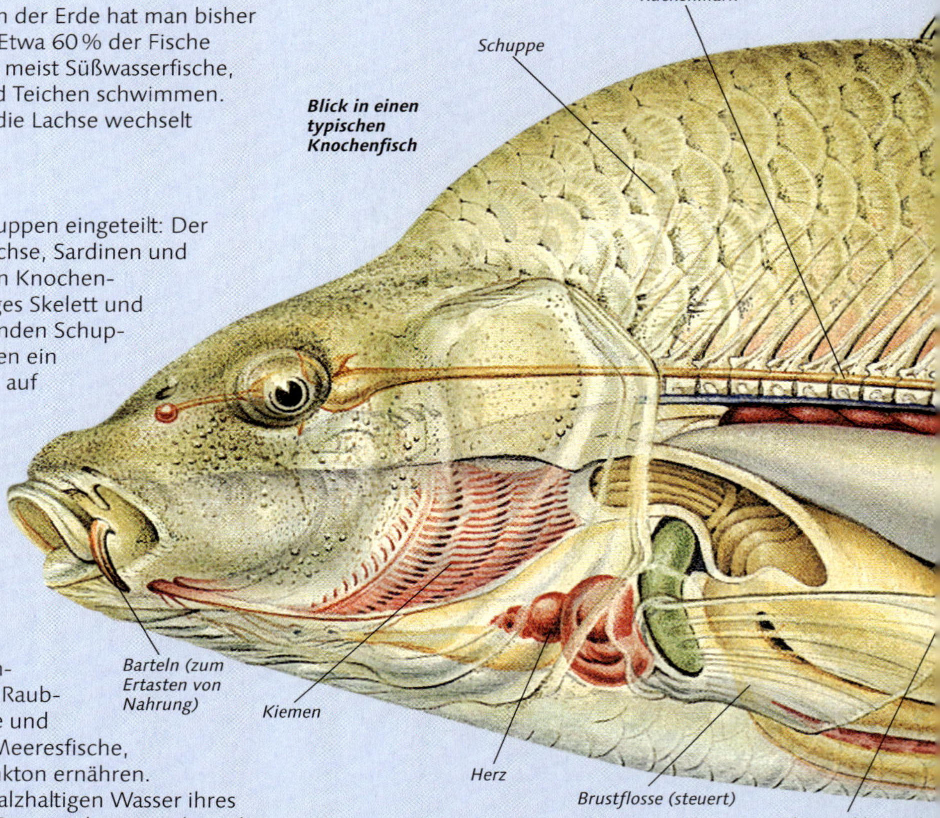

Blick in einen typischen Knochenfisch

Einteilung
Fische werden in zwei große Gruppen eingeteilt: Der Großteil der Fische, darunter Lachse, Sardinen und Aale, gehört zu den sogenannten Knochenfischen. Sie besitzen ein knochiges Skelett und ihre Haut ist von sich überlappenden Schuppen bedeckt. Knorpelfische haben ein Skelett aus Knorpeln und tragen auf der Haut kleine, zahnartige Höcker. Es gibt rund 600 Arten von Knorpelfischen, darunter Haie und Rochen.

Ernährung
Die meisten Süßwasserfische fressen u. a. Wasserpflanzen, Schnecken, Insekten, Larven, Würmer und andere Fische. Unter den meeresbewohnenden Fischen findet man v. a. Raubfische, die Krabben, Tintenfische und Fische jagen. Es gibt aber auch Meeresfische, die sich nur von Algen oder Plankton ernähren. Meeresfische müssen mit dem salzhaltigen Wasser ihres Lebensraums zurechtkommen. Dazu trinken sie sehr viel Wasser und scheiden das meiste Salz, aber nur wenig Wasser wieder aus. Süßwasserfische dagegen trinken nur wenig und nehmen Salz mit ihrer Nahrung auf.

Bewegung im Wasser
Fische haben meist einen stromlinienförmigen Körper, der dem Wasser geringen Widerstand bietet. Den Antrieb und die Steuerung übernehmen die Flossen. Die Schwanzflosse schiebt den Fisch vorwärts, Brust- und Bauchflossen steuern und die After- und Rückenflossen helfen dem Fisch, mit dem Rücken nach oben zu schwimmen.
Damit sie im Wasser nicht absinken, besitzen Knochenfische die sogenannte Schwimmblase. Dieses mit Luft gefüllte Organ funktioniert ähnlich wie eine Schwimmweste und sorgt dafür, dass der Fisch im Wasser treibt. Haien und anderen Knorpelfischen fehlt die Schwimmblase. Sie müssen sich ständig bewegen, um nicht auf den Meeresboden zu sinken.

Seepferdchen legen ihre Eier in eine Tasche am Bauch des Männchens. Dort werden sie befruchtet und bis zum Schlüpfen aufbewahrt. Dann drückt das Männchen die Jungen heraus.

Bei Gefahr schluckt der Kugelfisch viel Wasser. Dadurch schwillt sein Körper auf die doppelte Größe an.

Der Hammerhai trägt seine Augen an zwei fleischigen Lappen. Vermutlich hat er dadurch ein weiteres Blickfeld.

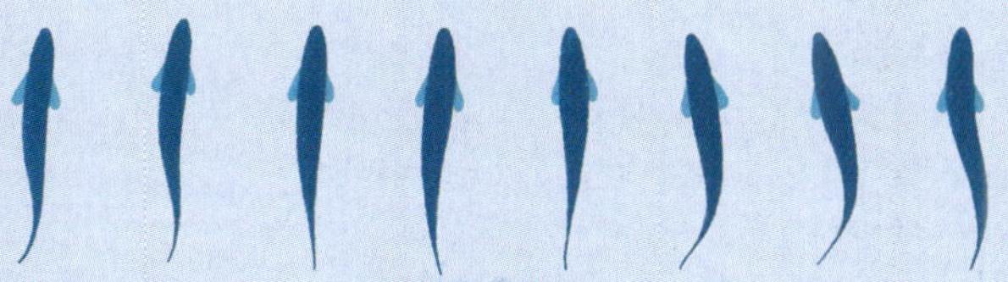

▲ Wie Fische schwimmen
Ein Fisch schiebt sich mit schlängelnden Bewegungen durchs Wasser. Diese Bewegung wird durch Muskelbündel hervorgerufen, die zu beiden Seiten des Körpers verlaufen. Zieht sich das Muskelbündel einer Seite zusammen, werden Schwanz und Schwanzflosse zu dieser Seite gezogen. Anschließend ziehen sich die gegenüberliegenden Muskeln zusammen, strecken den Fisch kurz und ziehen dann die Flosse zur anderen Seite.

▲ Unter Wasser atmen
Nahezu alle Fische atmen, indem sie den im Wasser gelösten Sauerstoff aufnehmen. Das Wasser strömt durch das Maul und an den Kiemen vorbei. Die Blutgefäße in den Kiemen leiten Sauerstoff aus dem Wasser ans Blut weiter und führen Kohlendioxid ans Wasser ab. Durch Öffnungen unter den Kiemendeckeln verlässt das Wasser den Körper wieder.

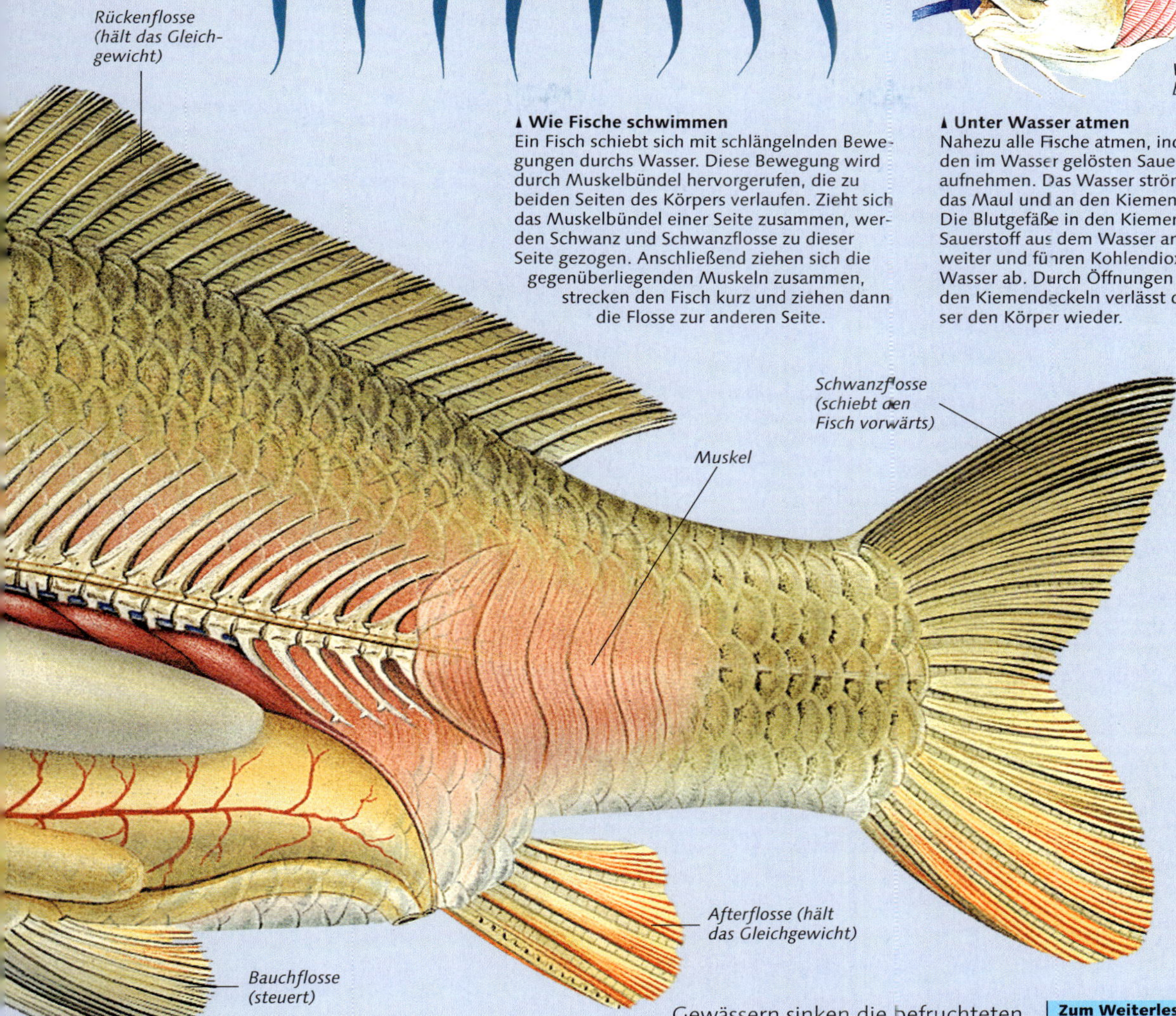

Sinne
Fische können hören, sehen, tasten, schmecken und riechen. Darüber hinaus besitzen sie ein Seitenlinienorgan. Dieses Sinnesorgan besteht aus einer Reihe winziger Poren, die entlang beider Körperseiten verläuft. In den Poren sitzen Härchen, die Bewegungen des Wassers aufnehmen. So kann der Fisch die Nähe anderer Tiere spüren, bevor er diese sieht. Einige Knorpelfischarten können elektrische Impulse anderer Tiere empfangen. So finden sie auch in trübem Wasser Beute.

Fortpflanzung
Einige Fischarten wie die Haie sind lebend gebärend, doch die meisten Fische entwickeln sich aus Eiern. Die Eier werden von den Weibchen ins Wasser abgegeben und dann von den Männchen befruchtet. In seichten Gewässern sinken die befruchteten Eier auf den Boden ab und liegen geschützt zwischen Pflanzen. Im offenen Meer abgelegte Eier treiben im Wasser und fallen häufig anderen Meeresbewohnern zum Opfer. Um möglichst viele Nachkommen zu sichern, legen die Fische daher eine große Anzahl Eier ab. Aus den Eiern schlüpfen Larven, die sich im Lauf von Monaten oder Jahren zu ausgewachsenen Fischen entwickeln.

Zum Weiterlesen

Aale, Fischfang, Fluss, Haie, Lachse, Meer, Ozeane, Plankton, See, Seepferdchen, Tarnung, Tiefseefische, Tierwanderungen, Tunfische, Wasser

Selbstverteidigung
Mit unterschiedlichsten Methoden schützen sich Fische vor Fressfeinden. Manche Arten schließen sich zu großen Schwärmen zusammen, denn Raubfischen fällt es schwer, ein Opfer aus der Menge auszuwählen. Andere tarnen sich mit Farben und Mustern oder schrecken Feinde mit giftigen Stacheln ab. Flugfische entkommen Angreifern, indem sie aus dem Wasser schnellen.

Fleischfressende Pflanzen

Fleischfressende →**Pflanzen** fangen und verdauen →**Tiere** und versorgen sich auf diese Weise mit zusätzlichen Nährstoffen, denn sie wachsen auf nährstoffarmen, v. a. stickstoffarmen Böden wie etwa Moor- oder Sandböden. Mit besonders geformten Pflanzenteilen wie Fanghaaren (z. B. beim Sonnentau), zuschnappenden Blättern (z. B. bei der Venusfliegenfalle) oder Fangblasen (z. B. beim Wasserschlauch) fangen sie ihre Beute.

Fleischfresser

Das sind Tiere, die sich im Gegensatz zu →**Pflanzenfressern** vorwiegend vom Fleisch anderer Tiere ernähren. Manchmal verwendet man den Begriff auch für →**Raubtiere**.

Fliegen

Eine der weltweit erfolgreichsten Gruppen von →**Insekten** sind die Fliegen: Die Weibchen können täglich über 100 →**Eier** ablegen. Daraus entwickeln sich bei warmem Wetter innerhalb von nur einer Woche erwachsene, fortpflanzungsfähige Fliegen. Fliegen besitzen ein Flügelpaar, mit dem sie fliegen, ein zweites Flügelpaar ist stark zurückgebildet. Mit diesen sogenannten Halteren kann die Fliege in der →**Luft** das Gleichgewicht halten. Der Körper der Fliegen ist mit borstigen →**Haaren** besetzt.

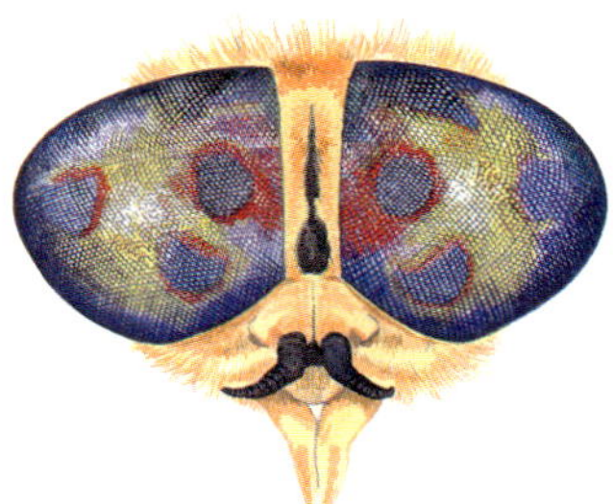

► Die Fliege besitzt zwei Komplex- oder Fassettenaugen, von denen jedes aus Tausenden winzigen sechseckigen Linsen besteht.

Einige Fliegenarten ernähren sich von verrottendem Material, andere beißen →**Tiere**, um deren →**Blut** zu saugen. Schmeißfliegen legen ihre Eier in verwesende Tiere oder Dung, von dem sich die Larven ernähren. Stubenfliegen legen ihre Eier in Abfall oder Exkremente ab. Manche Fliegen sind für den Menschen besonders gefährlich, weil sie →**Krankheiten** wie Cholera und Typhus verbreiten. Die in den →**Tropen** heimische Tsetsefliege überträgt die Schlafkrankheit – eine gefährliche Krankheit, die mit Schläfrigkeit und hohem →**Fieber** einhergeht. Auch gewöhnliche Stubenfliegen stellen ein Gesundheitsrisiko dar, denn sie können Nahrungsmittel mit →**Bakterien** von Mist und faulenden Stoffen verunreinigen.

Fließband

Das Fließband wird in Industriebetrieben zur Massenfertigung eingesetzt. Das Produkt, das angefertigt werden soll, durchläuft dabei auf möglichst kurzem Weg eine bestimmte Folge von Bearbeitungsschritten und rückt stetig auf dem laufenden Band weiter. Die ersten Fließbänder wurden 1870 in den großen Schlachthöfen der amerikanischen Stadt Chicago eingeführt. Seit Anfang des 20. Jh. übernahmen die meisten amerikanischen Großbetriebe dieses Arbeitsverfahren, allen voran die Autoindustrie. Ab 1920 gingen auch europäische Industriebetriebe zur Fließbandarbeit über. In modernen Betrieben bringen Förderbänder die Einzelteile zu einem Montageband, auf dem das Produkt zusammengesetzt wird. Die einzelnen Arbeiter haben am Fließband nur wenige Handgriffe des Fertigungsvorgangs auszuführen, die sich immer wiederholen. Das beschleunigt und verbilligt die Herstellung und kann auch Arbeitsvorgänge erleichtern. Die Arbeit wird dadurch aber eintönig.

Flöte

Die Flöte ist eines der ältesten Musikinstrumente der Menschheit. Man hat mehr als 20 000 Jahre alte Röhrenknochen gefunden, in die Grifflöcher gebohrt waren. Vermutlich haben die →**Menschen** damit schon in der →**Steinzeit** →**Musik** gemacht. Die Flöte ist ein Blasinstrument. Der Flötenspieler bläst Atemluft über die scharfe Kante des Mundstücks in die Röhre. Dort schwingt die →**Luft** und erzeugt dadurch Töne. Um die Höhe der Töne zu verändern, gibt es die Grifflöcher. Wenn man alle Grifflöcher zuhält, schwingt die Luftsäule im ganzen Instrument und es entsteht ein tiefer Ton. Lässt man ein oder mehrere Grifflöcher offen, verkürzt man die schwingende Luftsäule und ein höherer Ton erklingt. Es gibt verschiedene Flötenformen. Am ältesten ist die Längsflöte mit einem aufgesetzten Mundstück. Die bekannte Blockflöte aus →**Holz** ist das beste Beispiel dafür. Querflöten, die quer gehalten und an einem Mundloch angeblasen werden, sind länger als Blockflöten und bestehen aus →**Metall**.

Ihre Grifflöcher bedeckt der Spieler nicht mit den eigenen Fingern, sondern mit kleinen Metallklappen. Die Panflöte besteht aus einer Reihe verschieden langer Röhren und hat keine Grifflöcher.

Flüchtlinge

Ein Flüchtling ist ein Mensch, der Schutz vor einer Gefahr sucht, die ihm in seiner Heimat droht. Meist sind dies Verfolgungen wegen seiner politischen oder religiösen Haltung, eine Hungersnot oder Überschwemmungen. Heutzutage gibt es viele Flüchtlingsorganisationen, die international Hilfe leisten und die Menschen in Flüchtlingscamps mit dem Nötigsten versorgen. Die größte ist das UN-Hochkommissariat für Flüchtlingsangelegenheiten (UNHCR), eine Organisation der →**Vereinten Nationen**. Es gewährt über 22 Millionen Flüchtlingen und Vertriebenen Schutz.

Flughunde

siehe Fledermäuse und Flughunde

Flugzeuge siehe Luftfahrt

Fluss

Flüsse sind fließende Gewässer an der Erdoberfläche. Ihr Wasser kommt von Niederschlägen (Regen, Schnee) oder aus Quellen. Hauptflüsse münden in einen Endsee oder ins Meer. Die Zahl ihrer Nebenflüsse hängt von →**Klima** und Boden der durchquerten Regionen ab. Große Flüsse dienen als Transportwege, auf denen Ozeanschiffe weit ins Land hineinfahren können. In tropischen →**Regenwäldern** sind sie oft die einzigen Verkehrswege. Staudämme an Flüssen dienen der Stromerzeugung. In trockenen Gebieten wird Flusswasser zur Bewässerung verwendet.
Die längsten Flüsse der Welt sind der Nil in →**Afrika** (6671 km), der Amazonas in →**Südamerika** (6500 km), der Jangtsekiang in →**China** (6300 km) und der Mississippi in den →**Vereinigten Staaten von Amerika** (6020 km). Das Einzugsgebiet des Amazonas ist größer als Westeuropa. Die längsten Flüsse Europas sind die Wolga (3530 km) in →**Russland** und die Donau (2850 km), die von →**Deutschland** über Südosteuropa ins Schwarze Meer fließt. Bedeutende Flüsse in Deutschland sind der Rhein (1300 km), die Elbe (1100 km) und die Oder (860 km).

▲ Im Verlauf des israelisch-arabischen Krieges verließen 1948/49 fast eine Million Araber ihre Heimat Palästina. Sie verließen als Flüchtlinge ihre Städte und Dörfer aus Angst vor israelischen Angriffen.

▲ Seit Urzeiten haben sich Flüsse ihre Wege zum Meer gebahnt. Sie entspringen z. B. als winzige Gebirgsflüsschen, wachsen und schwellen an und nehmen Mineralien und andere Kleinstteile auf. Diese Teilchen sinken zu Boden, wenn sich die Fließgeschwindigkeit der Flüsse unweit vom Meer verringert und lassen große Deltas entstehen.

Flüssigkeit

Flüssigkeiten sind Substanzen, die fließen und ihre Form verändern können, wie z. B. →**Wasser**. Wenn man eine Flüssigkeit in einen Behälter schüttet, nimmt sie dessen Form an, doch ihr Volumen (Rauminhalt) bleibt das gleiche. Erhitzt man eine Flüssigkeit, bewegen sich ihre →**Atome** immer schneller, die Flüssigkeit gerät in Bewegung. Erreicht die Flüssigkeit den Siedepunkt, verdampft sie und wird ganz zu →**Gas**. Das bedeutet, sie ändert ihren Aggregatzustand von flüssig zu gasförmig. Kühlt die Flüssigkeit ab, verlangsamen die Atome ihre Bewegung. Beim Gefrierpunkt wird die Substanz fest. Unterschiedliche Substanzen haben verschiedene Siede- und Gefrierpunkte. Wasser z. B. ist bei normaler Raumtemperatur flüssig. →**Metalle** dagegen sind fest und schmelzen (werden flüssig) erst bei sehr hohen →**Temperaturen**.

Flusspferde

Flusspferde sind nicht mit den →**Pferden**, sondern mit den →**Schweinen** verwandt. Zu den Flusspferden gehören zwei →**Arten**: das Große Fluss- oder Nilpferd und das Zwergflusspferd. Beide Arten leben in →**Afrika** und sind reine →**Pflanzenfresser**.

Nilpferde trifft man an und in →**Flüssen** und →**Seen**. Weil ihre →**Augen**, →**Nasen** und →**Ohren** hoch oben am Kopf sitzen, können sie den Großteil des Tages tief im →**Wasser** liegen und dabei ihre Umgebung beobachten. Nilpferde sind auch gute Taucher, die bis zu zehn Minuten unter Wasser bleiben können. Nach dem →**Elefanten** ist das Nilpferd das zweitgrößte lebende Landtier.

Zwergflusspferde sind in den sumpfigen Waldgebieten Westafrikas beheimatet und halten sich auch tagsüber mehr an Land auf als die Großen Flusspferde.

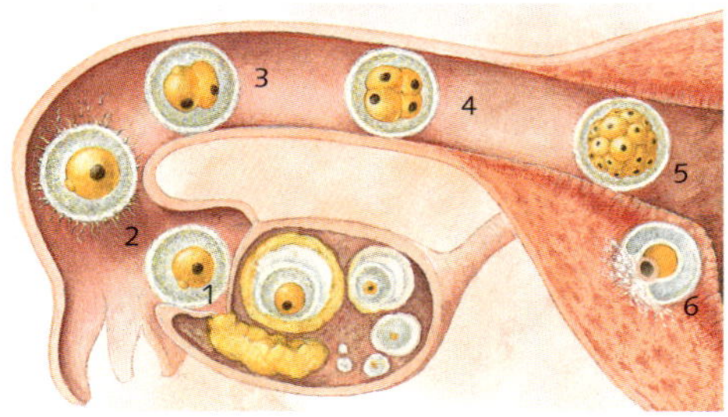

▲ Die Fortpflanzung beim Menschen: Ist bei der Frau gerade ein Ei im Eierstock herangereift (das passiert alle drei bis vier Wochen) löst es sich beim Eisprung (1) heraus und wandert in den Eileiter. Wenn eine Samenzelle auf das Ei trifft, findet eine Befruchtung statt (2). Danach teilt sich die Eizelle immer wieder (3, 4), bis eine winzige Zellkugel (5) entsteht. Diese nistet sich in der Gebärmutter ein (6) und wächst hier zu einem Menschen heran.

Fortpflanzung

Im Prozess der Fortpflanzung bilden →**Pflanzen** und →**Tiere** ihre Nachkommen. Sehr ursprüngliche Lebewesen, wie z. B. →**Einzeller**, pflanzen sich einfach durch Teilung fort. Andere, etwa manche →**Nesseltiere**, vermehren sich vegetativ (nicht sexuell) durch Knospung: Durch Zellteilung bilden sich Körperauswüchse (Knospen), die zu neuen Lebewesen heranwachsen. →**Farne** und →**Pilze** dagegen haben geschlechtslose Vermehrungsorgane, die Sporen, die durch den Wind oder Tiere verbreitet werden. Auch manche höhere Pflanzen können sich vegetativ vermehren. Aus Stängeln (bei Erdbeeren) oder Knollen (bei →**Kartoffeln**) werden neue Pflanzen.

▼ Die Großen Flusspferde ruhen tagsüber im Wasser und kommen abends an Land, um Gras zu fressen.

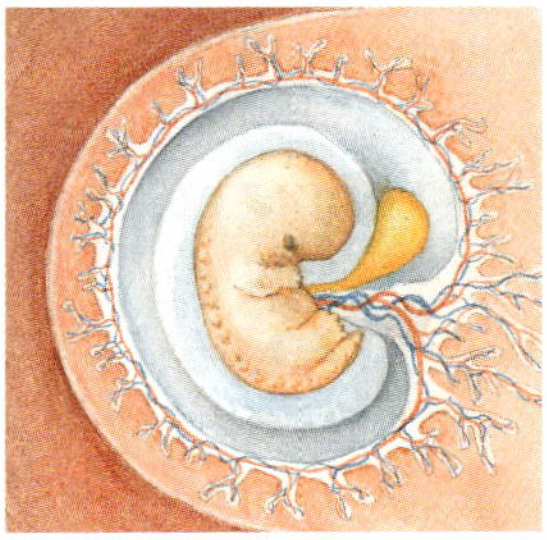

◄ Nach sechs Wochen ist das Baby etwa 7 mm groß. Nach etwa neun Monaten wird es geboren.

Männliche Keimzelle

Bei der sexuellen oder geschlechtlichen Fortpflanzung verschmelzen eine männliche (Spermium) und eine weibliche Keimzelle (→**Ei**) miteinander. Daraus entsteht eine neue →**Zelle**, die sich zu einem neuen Lebewesen entwickelt. Beim Menschen und bei vielen Tieren wird die Eizelle im Innern des weiblichen Körpers befruchtet. Weibliche →**Vögel** oder →**Reptilien** legen ihre →**Eier** nach der →**Befruchtung** ins Freie. Der Embryo entwickelt sich innerhalb des Eies, bis er ausschlüpft. Bei den →**Säugetieren** wird die Eizelle nicht nur im Innern des Weibchens befruchtet, sondern verbleibt so lange dort, bis der Embryo ausgewachsen ist. Er wird über das →**Blut** der Mutter mit Nährstoffen versorgt. Nach der →**Geburt** füttert die Mutter das Kind mit ihrer →**Milch**. Bei →**Amphibien** und vielen →**Fischen** werden die Eier des Weibchens im →**Wasser** befruchtet. Froschweibchen legen meist mehrere Tausend Eier und kümmern sich nicht weiter darum. Vögel brüten ihre Eier aus und pflegen ihren Nachwuchs meist auch nach dem Schlüpfen. Auch Säugetiere sind nach der Geburt auf die Fürsorge ihrer Mutter angewiesen. Tiere, die sich um die Aufzucht der Jungen kümmern, haben weniger Nachwuchs als solche, die ihn unbeaufsichtigt lassen.

Fossilien

Fossilien sind die versteinerten Überreste oder Abdrücke von →**Pflanzen** und →**Tieren**, die vor Jahrtausenden oder Jahrmillionen lebten. Die meisten Fossilien werden an Orten gefunden, die früher von einem →**Meer** bedeckt waren. Oft handelt es sich um die Überreste von frühen tierischen Meeresbewohnern, z. B. Ammoniten. Wenn ein totes Tier auf den Meeresboden sank, verrotteten die weichen Teile, die länger haltbaren wie Schalen, →**Zähne** oder →**Knochen** wurden mit der Zeit von →**Sand** und Schlick bedeckt. Über Jahrmillionen sammelte sich immer mehr solches Material an und wurde unter dem großen Druck zu Stein. Das tierische Material wurde dabei von →**Mineralien** ersetzt, d. h., der Überrest versteinerte. Man nennt diesen Prozess Umkristallisierung. Manchmal sind diese Überreste ganz verwest, haben aber einen Abdruck im →**Gestein** hinterlassen. Auch Fußspuren können zu fossilen Abdrücken werden. Wird ein solcher Hohlraum, den ein Lebewesen hinterlassen hat, mit Gestein angefüllt, entsteht eine steinerne Nachbildung, der Steinkern. Andere Arten von Fossilien sind Überreste in gefrorenem Boden – in →**Sibirien** fand man Fossilien von →**Mammuts** – oder in Harz (Bernstein) eingeschlossene Pflanzenteile oder →**Insekten**.

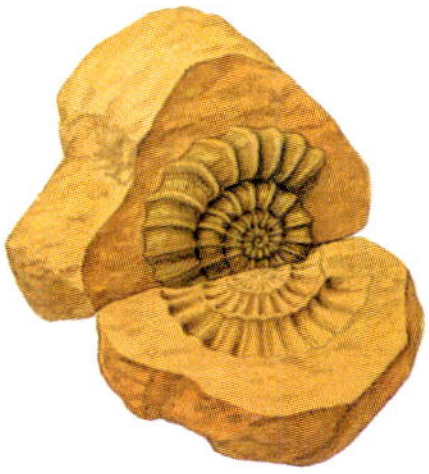

▲ Ein Fossiliensammler spaltet das Gestein auf.

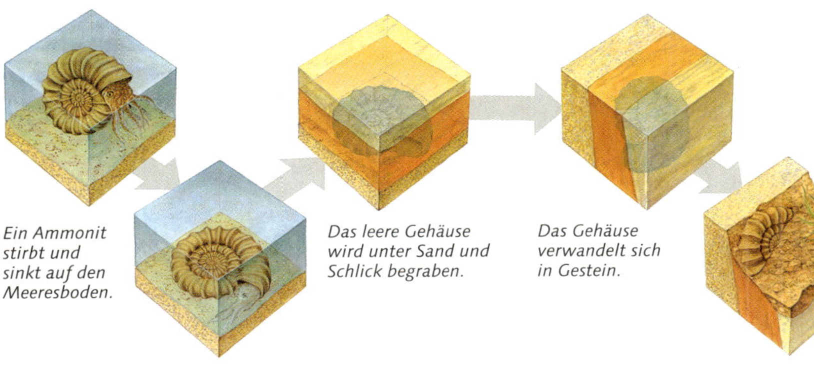

Ein Ammonit stirbt und sinkt auf den Meeresboden.

Seine weichen Körperteile verrotten.

Das leere Gehäuse wird unter Sand und Schlick begraben.

Das Gehäuse verwandelt sich in Gestein.

Das Gestein wird durch Verwitterung abgetragen.

◄ Die ältesten bekannten Fossilien sind über drei Milliarden Jahre alt. Als der Meeresboden durch Bewegungen der Erdkruste emporgefaltet wurde, gelangten sie in Gebirge. Wenn das Gestein durch Regen und Wind verwittert, liegt das Fossil schließlich wieder frei.

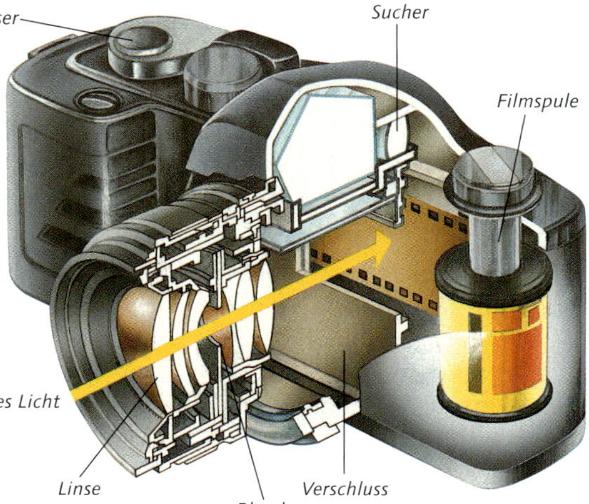

▲ Die Abbildung zeigt die wichtigsten Teile eines Fotoapparats, mit deren Hilfe eine Fotografie zustande kommt. Auf einen Rollfilm können mehrere Bilder aufgenommen werden. Er wird von einer Spule zu einer anderen transportiert.

Fotoapparat

Durch den Sucher eines Fotoapparats (auch Kamera genannt) kann man sehen, was auf der **→Fotografie** abgebildet werden soll. Aufgenommen wird dieses Bild durch ein Objektiv, d. h. durch eine oder mehrere optische **→Linsen**. Der Gegenstand, der fotografiert werden soll, reflektiert Lichtstrahlen. Diese werden vom Objektiv gesammelt und auf den Film geleitet, d. h. der Film wird belichtet, nämlich dann, wenn man auf den Auslöser drückt. Dabei öffnet sich der sogenannte Verschluss und lässt das **→Licht** hinein. Mit der Blende – das ist eine kleine Öffnung im Verschluss, die man vergrößern oder verkleinern kann – lässt sich bestimmen, wie viel Licht auf den Film fällt. Diese Öffnungsweite stellt sich bei vielen Fotoapparaten automatisch ein, ebenso die Belichtungszeit (also wie lange der Verschluss geöffnet bleibt). Auch die Ausrichtung auf die Entfernung zwischen Objektiv und Gegenstand regelt sich von selbst. Bei Spiegelreflexkameras kann man all diese Dinge von Hand einstellen und auch die Objektive auswechseln: Ein Weitwinkelobjektiv eignet sich besonders für Landschaftsaufnahmen, ein Teleobjektiv für Fernaufnahmen.

In geschlossenen Räumen verwendet man ein Blitzlicht, das genügend Licht für die Aufnahme erzeugt. Sofortbild- oder Polaroidkameras entwickeln das Bild sofort im Fotoapparat. In einer Digitalkamera wird das Foto nicht auf einem Film, sondern in digitaler (computerlesbarer) Form auf einem **→Chip** gespeichert.

Fotografie

Das Wort leitet sich her von den griechischen Wörtern „photos" für **→Licht** und „graphein" für zeichnen. Es bedeutet also wörtlich „Zeichnen (oder Zeichnung) mit Licht". Beim Fotografieren wird mithilfe von Licht auf dem in einem **→Fotoapparat** enthaltenen Film ein Bild erzeugt. Unter Fotografie versteht man einerseits alle Vorgänge, die mit dem Fotografieren zu tun haben, aber auch das einzelne durch Fotografieren entstandene Bild, das Foto.

Das erste erhaltene Foto stellte der Franzose Joseph Nicéphore Niepce (1765–1833) im Jahr 1826 her. Louis Daguerre (1787–1851) verbesserte das Verfahren. Zu dieser Zeit konnte nur jeweils ein Foto auf einer einzelnen Platte aufgenommen werden.

Heutige Fotoapparate hingegen enthalten einen Film, der aus einem mit Chemikalien behandelten Kunststoffstreifen besteht. Wenn bei einer Aufnahme Licht auf ihn trifft, entsteht die Abbildung – auf dem Kopf stehend und seitenverkehrt. Das Bild sieht man aber erst, wenn der Film entwickelt ist (mit Chemikalien bearbeitet wurde). Den fertig entwickelten Film nennt man Negativ. Beim Schwarz-Weiß-Film sind die hellen Bildbereiche dunkel und die dunklen Bildbereiche hell abgebildet. Beim Farbfilm erscheinen die Grundfarben Rot, Blau und Grün als Blaugrün, Gelb und Purpur. Diese Negativbilder kann man auf lichtempfindliches **→Papier**

► Um eine Fotografie herzustellen, musste die Metallplatte im Inneren der frühen Fotoapparate sehr lange belichtet werden. Man benötigte Rückenstützen, um die ganze Zeit über still sitzen zu können.

abziehen, es entstehen Positivbilder – die eigentlichen Fotos. Mit speziellen Filmen entstehen durchsichtige Diapositive.
Je nach Anwendungsgebiet kann man unterscheiden zwischen Amateurfotografie (Fotografieren als →**Hobby**) und Berufsfotografie. Berufsfotografen sind z. B. als Bildjournalisten für →**Zeitungen** oder Zeitschriften tätig oder in der →**Werbung**. Daneben hat sich auch die Fotografie als Kunstform entwickelt, z. B. die Fotomontage (mehrere Fotos werden zu einem Gesamtbild zusammengesetzt) oder die Fotografik (gestalterische Bearbeitung von lichtempfindlichem Material).

Fotokopiergerät

Ein Fotokopiergerät ist eine Maschine, mit der man etwas Gedrucktes, z. B. die Seite eines →**Buches**, in wenigen Sekunden exakt wiedergeben (kopieren) und vervielfältigen kann. Wenn man auf den Startknopf drückt, wird die Buchseite von einem hellen →**Licht** beleuchtet. Im Gerät befindet sich eine →**Linse**, die ein Abbild der Buchseite auf eine glatte Metalltrommel wirft, die elektrisch aufgeladen ist. Das von den hellen Bildteilen ausgehende Licht hebt die elektrische Ladung auf, während die dunklen Bildteile auf der Trommel elektrisch geladen bleiben. Nun wird die Trommel mit einem schwarzen, staubartigen Pulver überzogen (Toner). Dieses bleibt nur auf den Bereichen der Trommel haften, die elektrisch geladen sind. Wird nun die Trommel über ein weißes Blatt →**Papier** gerollt, nimmt dieses das schwarze Pulver auf. So entsteht eine Kopie des Textes. Diesen Vervielfältigungsvorgang nennt man auch Xerografie (von griechisch „xero" für trocken und „graphein" für zeichnen).

Fotosynthese siehe Pflanzen

Fraktale

Der →**Mathematiker** Benoît Mandelbrot (geb. 1924) hat 1975 den Begriff Fraktale eingeführt. Fraktale sind geometrische Muster und Strukturen, mit denen sehr komplizierte Sachverhalte abgebildet werden können – besser als mit einfachen geometrischen Formen wie Linie oder Kreis. So lassen sich z. B. mathematische Algorithmen mithilfe von Computerprogrammen als Fraktale darstellen. (Ein Algorithmus ist ein Rechenvorgang aus begrenzt vielen Schritten, der einer bestimmten Vorschrift folgt.) Fraktale eignen sich auch, komplexe Zusammenhänge und Entwicklungen in Natur, →**Wirtschaft** und Gesellschaft zu erklären. Untersucht man Fraktale in Vergrößerungen, entdeckt man immer wieder Figuren, die dem Gesamtbild gleichen, sozusagen kleine Kopien der Fraktale. Solche geometrischen Regelmäßigkeiten kennt man auch aus der Natur, z. B. in der Maserung von →**Gesteinen**, den Strukturen von Blutgefäßen oder im Ablauf von Denkprozessen im →**Gehirn**. Die Untersuchung von Fraktalen hat eine Verwandtschaft zur Chaostheorie. In beiden Fällen sucht man Methoden, um in Abläufen oder Sachverhalten, die eigentlich unregelmäßig sind, wiedererkennbare Strukturen aufzufinden.

Frank, Anne

Nach der Machtergreifung der Nationalsozialisten 1933 emigrierte die jüdische Kaufmannsfamilie Frank nach Amsterdam. Doch im Mai 1940 marschierten deutsche Truppen in die Niederlande ein. Um der Verfolgung zu entgehen, bezogen die Franks am 6. Juli 1942 ein Versteck im Hinterhaus der Prinsengracht 263. Anne Frank (1929–1945) hielt während der nächsten zwei Jahre ihre Erlebnisse und Empfindungen in Tagebüchern fest und schuf so eines der bewegendsten Dokumente zur Judenverfolgung im →**Nationalsozialismus**. Nachdem das Versteck verraten worden war, wurde die Familie in Konzentrationslager verschleppt. Anne Frank starb 1945 im KZ Bergen-Belsen. „Das Tagebuch der Anne Frank" erlangte nach ihrem Tod weltweite Bekanntheit.

Franklin, Benjamin

Benjamin Franklin (1706–1790) war auf den Gebieten →**Politik**, →**Kultur** und Wissenschaft eine der bedeutendsten Persönlichkeiten seiner Zeit. Er gab u. a. eine Zeitung heraus, gründete eine Bibliothek sowie eine Diskussionsrunde, aus der später die „American Philosophical Society" (Amerikanische Philosophische Gesellschaft) hervorging. Als Politiker engagierte er sich in der amerikanischen Unabhängigkeitsbewegung sowie für die Abschaffung der Sklaverei. Er war darüber hinaus maßgeblich an der Ausarbeitung der →**Verfassung** der →**Vereinigten Staaten von Amerika** beteiligt. Außerdem entwickelte Franklin auch einen Ofen mit niedrigem Brennstoffverbrauch und erfand den Blitzableiter.

▲ Benjamin Franklin erkannte, dass Gewitter elektrische Erscheinungen sind. Die Abbildung zeigt einige Modelle von Franklins Blitzableitern.

Frankreich
Staatsform: Republik
Hauptstadt: Paris
Fläche: 551 000 km²
Einwohner: 61 Mio.
Sprache: Französisch
Währung: Euro

Frankreich

Frankreich ist flächenmäßig das größte Land in Westeuropa. Zum Mutterland gehören auch Überseegebiete, die größten liegen in der →**Karibik** und im →**Pazifischen Ozean**.
Im →**Mittelalter** war Frankreich stark zersplittert. Nach und nach gewann jedoch der französische König an Macht und vereinigte die verschiedenen Gebiete schließlich zu einem einzigen Reich. Die Stadt Paris an der Seine wurde die Hauptstadt.
1789 erschütterte die →**Französische Revolution** das Land. Während dieser mehrere Jahre andauernden Unruhen stürzte das französische Volk die →**Monarchie** und rief die →**Republik** aus. Nach der →**Revolution** kam →**Napoleon** an die Macht und krönte sich selbst zum Kaiser. Er eroberte einen großen Teil →**Europas**, bis er schließlich 1815 in der Schlacht von Waterloo in →**Belgien** besiegt wurde. Danach regierten wieder französische Könige und 1848 errichtete man in Frankreich erneut eine Republik.
Während des Ersten und Zweiten →**Weltkriegs** verwandelte sich der Norden Frankreichs in ein Schlachtfeld für die Armeen der Alliierten (gegen →**Deutschland** verbündete Staaten) und der einfallenden Deutschen. 1963 schlossen Deutschland und Frankreich einen Vertrag über die Zusammenarbeit der beiden →**Staaten**. Bis heute sind sie wichtige Partner. Frankreich war einer der Gründungsstaaten der →**Europäischen Union** und zählt heute zu den reichsten Ländern Europas.
Frankreich besitzt ein gemäßigtes →**Klima** und eine sehr abwechslungsreiche Landschaft. Über die Hälfte des Landes ist landwirtschaftliche Nutzfläche, viele Menschen arbeiten in der →**Landwirtschaft**, im →**Fischfang** und in der Forstwirtschaft. Frankreich produziert viel →**Getreide**, →**Gemüse** und →**Obst** und ist berühmt für seinen →**Wein** und seinen →**Käse**. Das Land ist bedeutend im Flugzeug-, Schiff-, Fahrzeug- und Eisenbahnbau, in der Textilindustrie und in der Herstellung von Luxusartikeln wie Parfüm. Darüber hinaus ist Frankreich führend im Bereich der →**Mode**.

Französische Revolution

Die Französische Revolution, die am 14. Juli 1789 ausbrach, veränderte das politische, religiöse und kulturelle Leben in →**Frankreich** vollkommen und hatte starke Auswirkungen auf fast alle anderen Länder →**Europas**.
Ursache für den Aufstand des französischen Volkes war u. a. die Verschwendungssucht der königlichen Familie und ihres Hofstaats. Der französische König Ludwig XVI. (1754–1793) und die Adligen ließen sich prachtvolle Paläste bauen, während das Volk in Armut lebte und hungerte. Zusätzlich trieben schlechte Ernten die Preise für Nahrungsmittel in die Höhe. Die Proteste der Bevölkerung wurden immer lauter, Bauern, Kaufleute, Städter und sogar einige Adlige forderten Veränderungen.

▼ Während der Französischen Revolution errichtete das Volk in den Straßen von Paris Straßensperren, aus deren Schutz heraus es die königlichen Truppen bekämpfte.

Doch es gab kein →**Parlament** oder eine andere Macht, die Einfluss auf den König nehmen konnte. Schließlich wuchs der Ärger im Land so stark, dass sich das Volk im Jahr 1789 gegen den König erhob. Es stürmte mit dem Ruf „Freiheit, Gleichheit, Brüderlichkeit" das Pariser Gefängnis, die Bastille, und verhaftete später den König. Nach einem Fluchtversuch wurden er und seine Frau Marie Antoinette (1755–1793) hingerichtet. Ein Parlament, der Nationalkonvent, wurde einberufen. In ihm dominierten ab 1793 die Jakobiner (die einflussreichste revolutionäre Gruppe) unter Maximilien de Robespierre (1758–1794). Fast 20 000 Menschen, hauptsächlich Königstreue, fanden in der Revolution den Tod.
Frankreich war nun eine Republik und die neue Regierung wollte die Ideen der Revolution verwirklichen. Doch die politischen Führer zerstritten sich und Robespierre wurde selbst hingerichtet. 1799 riss der französische General →**Napoleon** Bonaparte die Macht an sich und errichtete ab 1804 das erste Kaiserreich.

Frauenbewegung

Die Frauenbewegung strebt die Gleichberechtigung zwischen Mann und Frau an. Sie entstand im 19. Jh., als die Frauen volles Stimmrecht sowie Bildungs- und Berufsfreiheit forderten. Die Suffragetten (von engl. suffrage – Stimmrecht), wie man sie nannte, fanden immer mehr Anhängerinnen, v. a. in den →**Vereinigten Staaten von Amerika** und →**Großbritannien**. Im Jahr 1848 fand in New York die erste Frauenrechtsversammlung statt. In Großbritannien gingen Tausende von Frauen auf die Straße oder traten in Hungerstreik, um ihre Forderungen durchzusetzen. Auch in →**Deutschland** formierte sich die Frauenbewegung. 1865 wurde hier der Allgemeine Deutsche Frauenverein gegründet. Im Jahr 1910 bildete sich der Weltbund für Frauenstimmrecht. Der weltweite Protest der Frauen zeigte Anfang des 20. Jh. erste Erfolge: →**Finnland** erteilte 1906 den Frauen das Wahlrecht, die →**Sowjetunion** 1917, Deutschland und Großbritannien 1918. Das erste Frauenwahlrecht hatte →**Neuseeland** (1893), →**Japan** folgte erst 1945.
Während des →**Nationalsozialismus** verlor die Frauenbewegung in Deutschland ihren Einfluss. Erst in den 1960er-Jahren gewann sie wieder Auftrieb. Die Frauen kämpften nun für eine gesellschaftliche Gleichstellung und eine bessere Entlohnung. In Deutschland gründete die Frauenrechtlerin Alice Schwarzer (geb. 1942) die Zeitschrift „Emma", die sich ganz der Gleichberechtigung verschrieb. Viele Ziele der Frauenbewegung wurden schon früh in der →**DDR** umgesetzt. So gab es dort einen viel höheren Anteil erwerbstätiger Frauen als in der Bundesrepublik Deutschland.

Freud, Sigmund

Sigmund Freud (1856–1939) entwickelte eine noch heute angewandte Methode zur Behandlung seelischer Erkrankungen, die Psychoanalyse. Bahnbrechend waren seine Erkenntnisse über Vorgänge in der Psyche des Menschen. Freuds Einsichten – er erkannte z. B. die große Bedeutung unbewusster Wünsche und Bedürfnisse – führten zu einem völlig neuen Verständnis menschlichen Verhaltens und beeinflussten die weitere Entwicklung von →**Medizin**, →**Psychologie**, →**Philosophie**, →**Kunst** und →**Literatur**. Nach dem Medizinstudium eröffnete Freud 1886 eine nervenärztliche Praxis in Wien. 1938, als →**Österreich** an das nationalsozialistische deutsche Reich angeschlossen wurde, emigrierte er wegen seiner jüdischen Abstammung nach London, wo er 1939 starb.

Friedensbewegung

Als Friedensbewegung bezeichnet man die verschiedenen Gruppen, die für militärische Abrüstung und für Frieden zwischen den Völkern eintreten. Schon ab 1815 entstanden die ersten Friedensgesellschaften wie z. B. die Peace Society (1816) in →**Großbritannien**. Im Jahr 1891 gründete Bertha von Suttner (1843–1914) die Österreichische Friedensgesellschaft und 1892 rief Alfred Hermann Fried (1864–1921) die Deutsche Friedensgesellschaft ins Leben. Die Friedensbewegung nahm oft erfolgreich Einfluss auf die →**Politik**, wie z. B. bei der Gründung des Völkerbunds (Staatenbund zur Sicherung des Weltfriedens und Vorläufer der →**Vereinten Nationen**) im Jahr 1919. Auch Preise für Verdienste um den Frieden werden verliehen: seit 1901 ein →**Nobelpreis**, seit 1950 der Friedenspreis des Deutschen Buchhandels. In den 1980er-Jahren protestierten in →**Europa** Millionen von Menschen gegen die Aufrüstung der →**NATO**. 2003 demonstrierten weltweit über 11 Millionen Menschen gegen einen Krieg im →**Irak**.

▲ Die britische Frauenrechtlerin Emmeline Pankhurst (1858–1928) setzte sich nachdrücklich für die Durchsetzung des Frauenwahlrechts ein und wurde mehrmals verhaftet.

Friedrich I., Barbarossa

Friedrich Barbarossa (1122–1190) wurde 1152 von den deutschen Kurfürsten (Kur bedeutet Wahl) zum König gewählt. Drei Jahre darauf wurde er in Rom von Papst Hadrian IV. (1115–1159) zum Kaiser des →**Heiligen Römischen Reiches** gekrönt. Wegen seines rotblonden Bartes erhielt er den Beinamen Barbarossa (italienisch für roter Bart). 38 Jahre lang regierte Barbarossa das deutsch-römische Reich und verteidigte seinen Herrscheranspruch gegen die mächtigen Städte Oberitaliens. Schon zu Lebzeiten genoss er als herausragende Herrscherpersönlichkeit hohes Ansehen bei geistlichen und weltlichen Fürsten. 1190 ertrank er während eines →**Kreuzzugs** auf dem Weg ins Heilige Land.

Friedrich II.

Friedrich II. (1194–1250) wurde 1212 deutscher König, 1220 wurde er von Papst Honorius III. (1160–1227) zum Kaiser des →**Heiligen Römischen Reiches** gekrönt. Seine Regierungszeit war von einem erbitterten Machtkampf mit Papst Gregor IX. (1160–1241) geprägt, der ihn aus der →**Kirche** ausschloss. Trotzdem trat Friedrich 1228 einen →**Kreuzzug** an. Er erreichte durch Verhandlungen mit dem Sultan Malik al-Kamil (gest. 1238) die Überlassung der heiligen Stätten Jerusalem, Bethlehem und Nazareth und krönte sich selbst zum König von Jerusalem (1229). Schon seinen Zeitgenossen galt er als „Einer, der die Welt in Staunen versetzt".

▲ Die Pläne für das Schloss Sanssouci in Potsdam (Bundesland Brandenburg) entwarf Friedrich der Große z.T. selbst. Die beiden Soldaten (rechts) tragen die Uniform der Grenadiere mit den ungewöhnlich hohen Mützen.

Friedrich II. der Große

Friedrich II. (1712–1786), König von →**Preußen**, war den Ideen der →**Aufklärung** zugetan. Als Herrscher vertrat er zwar den →**Absolutismus**, nach dem alle Macht beim König lag, betonte jedoch die Verpflichtung des Königs, für das Wohlergehen der Untertanen zu sorgen. Den Beinamen „der Große" verdankt Friedrich v. a. seinen militärischen Erfolgen als Feldherr: Er machte Preußen zur europäischen Großmacht. Friedrich förderte auch die →**Wirtschaft** des →**Staates** und die Künste. Auf ihn geht auch die Einführung der →**Kartoffel** als Grundnahrungsmittel zurück. Der auch „Alter Fritz" genannte König wurde für nachfolgende Generationen zum Inbegriff des Preußentums.

▼ Frösche und Kröten sind mit mehr als 2500 Arten überall auf der Erde verbreitet.

Pfeilgiftfrosch

Geburtshelferkröte

Frösche und Kröten

Frösche und Kröten bilden die Familie der Froschlurche, die zu den →**Amphibien** gehört. Das bedeutet, dass sie sowohl an Land als auch im →**Wasser** leben können. Sie atmen durch ihre →**Haut** und durch ihre →**Lungen**. Wie alle Amphibien machen auch Frösche und Kröten die Entwicklung vom Ei über das Larvenstadium (Kaulquappe) zum erwachsenen Tier durch. Die Unterscheidung zwischen Frosch und Kröte ist unklar. Als Kröten werden aber v. a. die Froschlurche mit warziger Haut bezeichnet.

▲ Früchte verteilen ihre Samen auf verschiedene Weise. Bei der Spritzgurke z. B. werden die Samen mit großem Druck aus der Frucht herausgeschleudert.

Früchte

Früchte wachsen nach der →**Befruchtung** aus dem Fruchtknoten einer →**Blüte** und umschließen die →**Samen**, bis sie reif sind. Wir verstehen unter Früchten meist →**Obst** wie Äpfel, Pflaumen, Orangen und Bananen. Diese Früchte sind wichtige →**Nahrungsmittel**, denn sie enthalten →**Vitamine und Mineralstoffe** sowie →**Zucker**. Schale, →**Wasser** und Samen der Früchte fördern unsere →**Verdauung**. Andere Früchte sind z. B. die Erbsenschote (die Erbsen selbst sind die Samen), die Walnuss, die stachelige Rosskastanie oder die trockenen Flügel der Hainbuche. Wenn eine Frucht nicht nur aus dem Fruchtknoten, sondern auch aus anderen Pflanzenteilen (z. B. Blütenboden) gebildet wird, spricht man von Scheinfrucht, etwa beim Apfel.

Füchse

Füchse sind →**Säugetiere** und gehören wie →**Wolf** und Schakal zur Familie der Hundeartigen. Sie sind aktive, schnelle Jäger, die ausgezeichnet riechen, sehen und hören. Die verbreitetste →**Art** ist der Rotfuchs, den man in →**Wäldern** Nordeuropas, →**Asiens**, Nordafrikas und →**Nordamerikas** antrifft. Er jagt kleine →**Vögel**, →**Insekten** und bis zu kaninchengroße →**Nagetiere**. Er lebt in selbst gegrabenen oder von Kaninchen und →**Dachsen** verlassenen Bauen. In neuerer Zeit begegnet man Füchsen immer häufiger auch in Städten. Dort leben sie in Hohlräumen unter Gebäuden und anderen Verstecken und ernähren sich von Abfällen. Weitere Arten sind u. a. der nordamerikanische Graufuchs und der Bengalfuchs, der in Vorderindien heimisch ist.

Fußball

Fußball ist eine weltweit verbreitete Sportart mit vielen aktiven und passiven Anhängern. Zwei Mannschaften mit je elf Spielern treten auf einem etwa 90 × 120 m großen Spielfeld gegeneinander an. Die Spielzeit beträgt zweimal 45 Minuten. Zwischen den beiden Halbzeiten gibt es eine 15-minütige Pause. Ziel der beiden Mannschaften ist es, einen Ball in das Tor des Gegners zu schießen. Die Spieler dürfen den Ball mit Kopf, Rumpf und Beinen spielen. Nur der Torwart darf das Leder auch mit Händen und Armen berühren. Fußball ist seit dem späten 19. Jh. ein organisierter →**Sport**. Bereits in den 30er-Jahren des 19. Jh. gab es in mehr als 100 Ländern eigene Meisterschaften. Die besten Fußballspieler eines Landes werden in die Nationalmannschaft aufgenommen. Mit ihr treten sie bei internationalen Wettbewerben wie den Europa- oder Weltmeisterschaften an.

▲ Manchmal müssen die Spieler den Fußball in größerer Höhe abfangen. Dann kommt der Kopf zum Einsatz. Diese Aktion nennt man Kopfball.

▼ Es gibt über 20 Arten von Füchsen. Der Kitfuchs lebt in nordamerikanischen Prärien und verbringt den Tag in einem tiefen Bau, in dem die Luft relativ kühl ist. Nachts kommt er heraus, um Insekten, Nager und andere kleine Tiere zu jagen.

Galaxie

Galaxien kann man sich als Inseln im Weltall vorstellen, die aus unzähligen →**Sternen** bestehen. Man unterteilt Galaxien nach ihrer Form. Es gibt Galaxien in Gestalt einer Ellipse (gestauchte Kreisform), Galaxien mit spiralförmigen Armen aus vielen Sternen und unregelmäßige Galaxien ohne besondere Form. Das →**Sonnensystem** gehört zu einer Spiralgalaxie, die man →**Milchstraße** nennt. Neben der Milchstraße gibt es vermutlich noch etwa zehn Milliarden weitere Galaxien im →**Universum**. Mehrere Galaxien bilden zusammen sogenannte Haufen. Die Milchstraße z. B. gehört mit etwa 30 anderen Galaxien zu einem Haufen, den man lokale Gruppe nennt. Die lokale Gruppe wiederum ist Teil eines sogenannten Superhaufens. Die der Erde nächstgelegene Galaxie ist der Andromedanebel. Wenn man diese Galaxie betrachtet, sieht man →**Licht**, das bereits seit zwei Millionen Jahren unterwegs ist.

Gambia
Staatsform: Republik
Hauptstadt: Banjul
Fläche: 11 295 km²
Einwohner: 1,3 Mio.
Sprache: Englisch
Währung: Dalasi

Gambia

Gambia ist der kleinste Staat auf dem afrikanischen →**Kontinent**. Er liegt an der Westküste und ist etwa halb so groß wie das Bundesland Hessen. Die meisten Einwohner leben von der →**Landwirtschaft**, insbesondere vom Erdnussanbau. Das Land war von 1843 bis zur Erlangung seiner Unabhängigkeit im Jahr 1965 eine britische →**Kolonie**.

▾ Galaxien entstehen aus Staub-Gas-Wolken. Mit der Zeit zieht die Schwerkraft die Gasteilchen zusammen. Die Gaswolke beginnt um sich selbst zu kreisen und wird immer flacher.

Gandhi, Mahatma

Mahatma Gandhi (1869–1948), der Name bedeutet „dessen Seele groß ist", war der bedeutendste Politiker →**Indiens** und der wichtigste Vertreter des gewaltlosen Widerstands gegen politische Ungerechtigkeit. Nach dem Studium in England arbeitete er von 1893 bis 1914 als Rechtsanwalt in →**Südafrika**. Danach wurde er zum geistigen und politischen Führer der indischen Unabhängigkeitsbewegung. Er handelte nach den Prinzipien der Gewaltlosigkeit und erreichte 1947 für sein Land die Unabhängigkeit von →**Großbritannien**. Es gelang ihm nicht, eine Einigung zwischen den verfeindeten indischen Hindus und Muslimen herbeizuführen. Am 30. Januar 1948 wurde Mahatma Gandhi in Neu-Delhi von einem religiösen Hindufanatiker ermordet.

Gänse

Gänse sind große →**Vögel** mit einem langen Hals und einem kleinen Kopf. Fast alle Gänse haben Schwimmhäute zwischen den Zehen. Gänse leben in den kühleren Regionen der Nordhalbkugel und suchen sowohl an Land wie auch im →**Wasser** nach Pflanzennahrung. Die männliche Gans nennt man Ganter oder Gänserich, die Jungen heißen Gössel oder auch Gänseküken.

Gärung

Wenn →**Milch** an der →**Luft** steht, wird sie sauer, Brotteig geht an der Luft auf und Traubensaft verwandelt

▲ Viele Gänse sind Zugvögel. Die Kanadagänse fliegen jedes Frühjahr von Mexiko und dem Süden der USA zu ihren Brutplätzen in Kanada.

▲ Mahatma Gandhi ermutigte seine Landsleute zum gewaltlosen Widerstand gegen die britische Kolonialmacht und rief beispielsweise zum Boykott gegen britische Geschäfte und Regierungsbehörden auf.

sich in →**Wein**. All dies sind Beispiele für Gärung. Für diese biochemische →**Reaktion** sind mikroskopisch kleine Lebewesen wie →**Bakterien**, →**Hefen** oder Schimmelpilze verantwortlich: Sie spalten bestimmte Stoffe in Bruchstücke auf. Schon sehr früh in der Geschichte hat man die Gärung zu nutzen verstanden, um Brotteig, Bier, →**Wein** und →**Käse** herzustellen. Allerdings dauerte es bis ins 19. Jh., ehe Louis →**Pasteur** herausfand, wie eine biologische Gärung ganz genau abläuft.

Gas

Gase sind Substanzen ohne Form und Größe. Ihre →**Atome** bewegen sich frei im Raum, d. h., sie nehmen die Form und das Volumen (Rauminhalt) ihres Aufenthaltsortes an. Kühlt man ein Gas auf eine bestimmte →**Temperatur**, wird es flüssig. Als →**Flüssigkeit** hat die Substanz dann zwar ein festes Volumen, aber noch keine feste Form. Erst wenn der Gefrierpunkt erreicht ist, verwandelt sich die Substanz von einer Flüssigkeit zu einer festen Masse.
Es gibt viele verschiedene Gase: Die →**Luft** ist ein Gasgemisch, das aus den Gasen →**Sauerstoff**, →**Stickstoff**, Argon, Kohlendioxid, Neon und Helium besteht. Mit →**Erdgas** kann man z. B. →**Kraftwerke** betreiben.

Gebirge

Ein Teil der Erdoberfläche ist mit Gebirgen bedeckt. Die größten Gebirgszüge sind die →**Alpen** in →**Europa**, die →**Rocky Mountains** in →**Nordamerika**, die →**Anden** in →**Südamerika** und der →**Himalaja** in →**Asien**. Es gibt auch Berge, meist →**Vulkane**, in den →**Ozeanen**. Sie reichen manchmal über die Wasseroberfläche hinaus und bilden →**Inseln**.
Gebirge bilden sich durch die Bewegungen der Erdkruste. Sie entstehen, wenn sich zwei große Landmassen aufeinander zubewegen und zwischen sich Land aufwerfen. Auf diese Weise wurden z. B. die Alpen geformt. Es gibt auch Gebirge, die nach einem Vulkanausbruch entstanden sind und aus Asche und Lava bestehen.
Gebirge werden ständig durch →**Regen**, →**Wind**, →**Sonne** und Frost abgetragen. Diesen Vorgang nennt man Erosion und selbst das härteste →**Gestein** hält diesem Prozess nicht stand.

▼ In den Gebirgen unterscheidet man verschiedene Höhenstufen der Pflanzenwelt. Sie hängen mit der unterschiedlichen Temperatur und Feuchtigkeit in den Höhenlagen zusammen.

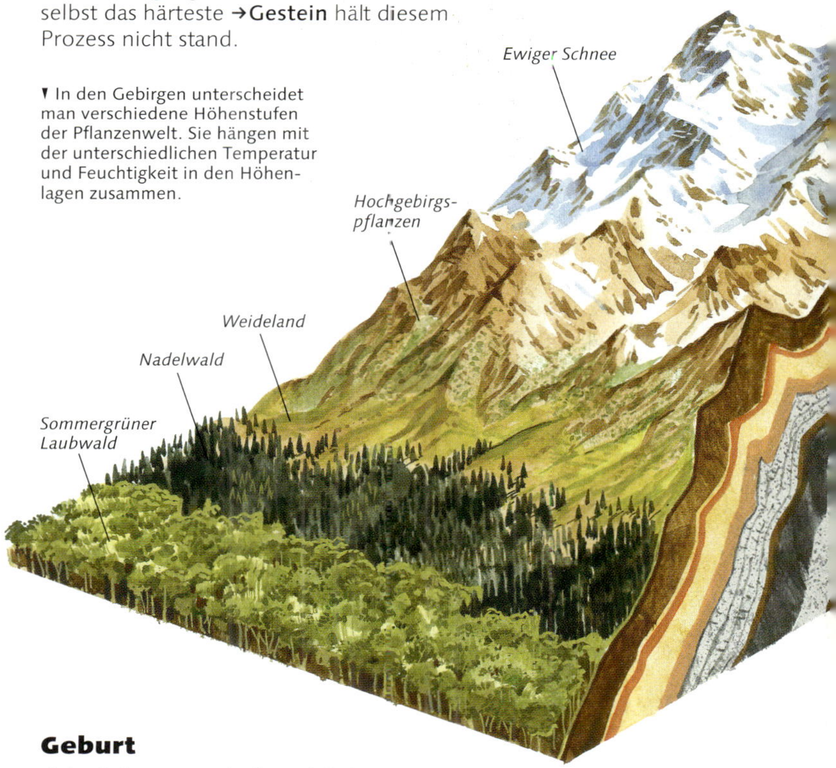

Geburt

siehe Schwangerschaft und Geburt

Geburtenkontrolle

Mit der Geburtenkontrolle versuchen die Menschen, die Anzahl ihrer Kinder zu regeln. Man nennt das auch Familienplanung. Geburtenkontrolle gibt es schon seit der →**Antike**, doch die modernen Methoden wurden erst im 19. und 20. Jh. erfunden.
Es gibt viele verschiedene Arten der Geburtenkontrolle. Meist wird das männliche Sperma daran gehindert, das weibliche Ei zu befruchten. Das bezeichnet man als Empfängnisverhütung. Gängige Mittel sind z. B. die Verhütungspille oder Kondome. Das Kondom wird beim Geschlechtsverkehr über den Penis gestülpt, damit der Samen nicht in den weiblichen Körper gelangt. Die Pille dagegen verhindert den Eisprung bei der Frau und damit die →**Fortpflanzung**. Manche Eltern lassen sich sterilisieren, wenn sie keine weiteren Kinder mehr wollen. Dabei wird der Samenleiter (beim Mann) oder der Eileiter (bei der Frau) durchtrennt.
Einigen Menschen verbietet ihre →**Religion** die Empfängnisverhütung. Mittlerweile wird sie jedoch v. a. in Ländern mit einer sehr großen →**Bevölkerung** verstärkt gefördert.

▲ Die Freilandhaltung ist die artgerechteste Form, Geflügel zu halten. Diese Hühner fressen v. a. Körner, Würmer und Insekten.

Geflügel

Vögel, die wegen ihres Fleischs und ihrer →**Eier** gehalten werden, bezeichnet man als Geflügel. Dazu gehören Hühner, →**Enten**, →**Gänse** und Puten ebenso wie →**Strauße**, Rebhühner, Perlhühner, Fasane und →**Tauben**. Besonders beliebt ist die Hühnerhaltung, denn die anspruchslosen →**Vögel** liefern schmackhaftes Fleisch und Eier zu niedrigen Kosten. Manchmal werden Hühner zu Hunderten in großen sogenannten Legebatterien gehalten. Diese Art der Haltung wird von Tierschützern abgelehnt.

Gehirn

Das Gehirn ist das Kontrollzentrum des Körpers. Es nimmt Informationen auf, die es von den →**Nerven** erhält, verarbeitet und speichert sie und schickt Befehle an alle Körperteile. Das menschliche Gehirn steuert damit Bewegungen, Gedanken, Gedächtnis, Verhalten und Gefühle. Es ist für unbewusste Vorgänge wie die →**Atmung** ebenso zuständig wie für die bewusste Bewegung der Körperteile.
Das menschliche Gehirn ist zwischen 1300 und 1800 g schwer. Es wird in vier große Abschnitte unterteilt: Großhirn, Zwischenhirn, Hirnstamm und Kleinhirn. Jeder dieser Abschnitte hat bestimmte Aufgaben. Der Hirnstamm ist z. B. für die Körpertemperatur und den →**Blutkreislauf** verantwortlich. Das Großhirn besteht aus zwei stark gefurchten Hälften. Die einzelnen Bereiche des Großhirns sind Sitz bestimmter Funktionen.
Das Sehen etwa wird von einem hinteren Großhirnfeld übernommen.
An den Hirnstamm schließt sich ein dicker Nervenstrang an, das Rückenmark. Zusammen mit dem Gehirn bildet er das zentrale Nervensystem. Ununterbrochen werden über seine Nervenfasern Botschaften zwischen Gehirn und anderen Körperteilen übermittelt.

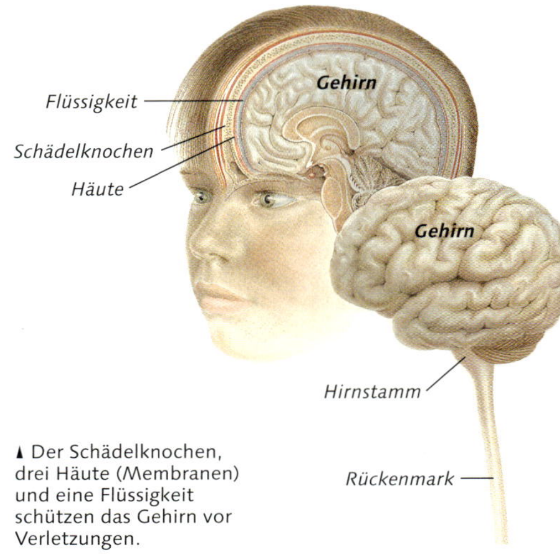

▲ Der Schädelknochen, drei Häute (Membranen) und eine Flüssigkeit schützen das Gehirn vor Verletzungen.

Gehör

Das Gehör ist der →**Sinn**, mit dessen Hilfe der Mensch Geräusche wahrnimmt. Das Gehörorgan ist das →**Ohr**. Manche Menschen sind seit ihrer Geburt, durch Unfall oder Krankheit gehörlos, also taub.
Alle →**Wirbeltiere** besitzen Gehörorgane. Manche Tierarten hören wesentlich besser als der Mensch. →**Katzen** und →**Hunde** z. B. nehmen eine größere Bandbreite an Geräuschen wahr. →**Fledermäuse** finden sich mithilfe ihres besonders guten Gehörs im Raum zurecht. Sie stoßen hohe Laute aus und fangen die Schallwellen auf, die von Gegenständen oder Beutetieren abprallen.

Geier

Altweltgeier sind in den warmen Regionen und →**Gebirgen** →**Asiens**, →**Afrikas** und Südeuropas heimisch, während Neuweltgeier in →**Nord**- und →**Südamerika** leben.

Der Kopf der meisten Geier ist unbefiedert, am Hals befindet sich jedoch häufig eine Halskrause aus →**Federn**. Geier sind Aasfresser und reißen mit ihrem kräftigen Schnabel Fleischstücke aus toten Tieren. Um an Nahrung zu kommen, müssen diese Greifvögel mitunter warten, bis ein großes Raubtier seine Beute getötet und sich daran satt gefressen hat. Geier kreisen stundenlang in großer Höhe und halten nach Futter Ausschau. Sie sind gute Segelflieger. Außerdem sehen sie sehr gut und erkennen tote oder sterbende Tiere aus großer Entfernung. Auch ihr →**Geruchssinn** ist gut ausgebildet. Wenn ein Geier niederstößt, folgen ihm bald andere. Geier nisten in Gruppen an Felswänden, in →**Bäumen** oder auf dem Boden. Die Weibchen legen jeweils nur ein bis zwei →**Eier**.
Der größte Landvogel Nordamerikas ist der Kalifornische Kondor. Die Spannweite dieser Geierart beträgt 3 m.

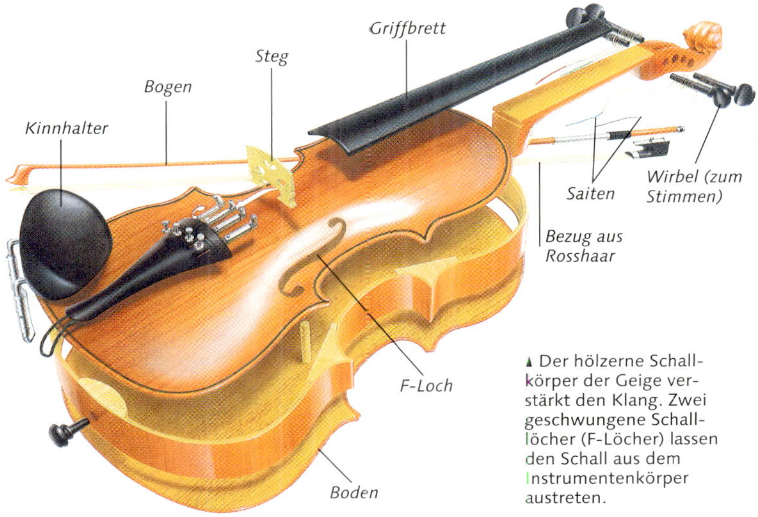

▲ Der hölzerne Schallkörper der Geige verstärkt den Klang. Zwei geschwungene Schalllöcher (F-Löcher) lassen den Schall aus dem Instrumentenkörper austreten.

Geige

Die Geige, auch Violine genannt, ist ein Musikinstrument. Sie gehört zur Familie der Streichinstrumente und ist das kleinste und am höchsten gestimmte Streichinstrument in einem →**Orchester**.

Sie hat einen geschwungenen Körper aus →**Holz**, der ähnlich wie eine Acht geformt ist. Aus dem Körper ragt oben ein langer Hals heraus. Vom oberen Ende des Halses bis zum unteren Ende des Schallkörpers sind vier Saiten aus →**Stahl** oder →**Kunststoff** (Nylon), seltener aus Darm, gespannt.
Die Geige wird mit einem Bogen gespielt, der einen Bezug aus Rosshaar hat. Streicht man mit dem Bogenbezug über die Saiten, geraten diese in Schwingung und lassen so Töne entstehen. Diese Töne werden dann vom Schallkörper aus Holz noch verstärkt. Manchmal werden die Saiten nicht gestrichen, sondern gezupft.

◄ Geier wie diese afrikanischen Weißrückengeier sind sehr nützlich, weil sie die Überreste einer Raubtiermahlzeit entsorgen. Mit Kopf und nacktem Hals können sie sich tief in das Fleisch beugen, ohne ihr Gefieder zu beschmutzen.

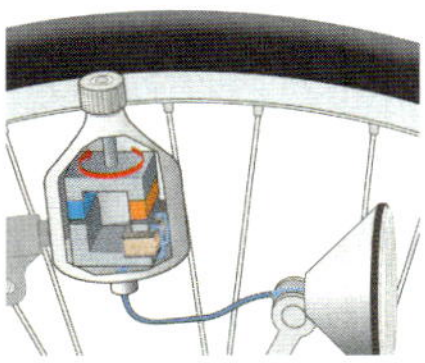

▲ Der englische Naturwissenschaftler Michael Faraday entdeckte das Prinzip des Generators. Der bekannteste Generator ist der Fahrraddynamo: Durch die Bewegung des Fahrradreifens wird ein Rädchen in Bewegung versetzt, das seinerseits einen Magneten im Dynamo zum Rotieren bringt. Der Magnet dreht sich über einer Drahtspule und erzeugt in dieser elektrischen Strom – die angeschlossene Lampe beginnt zu leuchten.

Geld

Beim Einkauf bezahlt man meist mit Geldmünzen oder Geldscheinen. Diese Art von Geld nennt man Bargeld. Oft kann man aber auch mit Schecks und Kreditkarten bezahlen. Das Geld wird dann bei der →**Bank**, bei der man sein Konto hat, abgebucht.
In früheren Zeiten zahlten die Menschen mit →**Muscheln**, Perlen, →**Salz**, →**Getreide** oder Vieh. Die ersten runden Metallmünzen gab es um 700 v. Chr. als Silbermünzen im Königreich Lydien in Kleinasien. Im →**Römischen Reich** prägte man später auch Goldmünzen. Dabei entsprach der Wert des →**Metalls**, also des →**Silbers** oder →**Goldes**, immer dem Münzwert. Erst ab dem 19. Jh. stellte man →**Münzen** auch aus weniger wertvollen Metallen her. Der aufgestanzte Wert war nun höher als der eigentliche Metallwert. Das Papiergeld erfanden die Chinesen bereits im 8. Jh. In →**Europa** entwickelte es sich im späten →**Mittelalter** aus dem Wechsel. Dies war eine Art Quittung, die man als Beleg erhielt, wenn man Münzgeld bei der Bank eingezahlt hatte.

Gemüse

Unter Gemüse versteht man die essbaren Teile von →**Pflanzen**: Man isst z. B. die →**Blätter** von Spinat, Kohl oder Salat, die Stiele von Staudensellerie oder Spargel, die →**Blüten** von Blumenkohl oder Artischocke, die →**Wurzeln** von Möhren oder Rote Bete. Auch manche →**Früchte** (z. B. →**Tomate**, Paprika oder Aubergine) und →**Samen** (Erbsen) werden als Gemüse bezeichnet. Gemüse sind neben dem →**Obst** wichtige →**Nahrungsmittel** und liefern z. B. →**Vitamine und Mineralstoffe**, aber auch →**Stärke** (etwa die →**Kartoffel**).

Generator

Generatoren erzeugen elektrischen →**Strom**. Dabei wandeln sie Bewegungsenergie in elektrische →**Energie** um. Das Prinzip des Generators entdeckte Michael →**Faraday**: Wenn sich eine Spule aus →**Draht** innerhalb eines hufeisenförmigen Magneten dreht, fließt elektrischer Strom durch den Draht. Der Strom kann z. B. zu einer →**Glühlampe** geführt werden und sie zum Leuchten bringen. Große Generatoren bestehen aus Tausenden von Drahtspulen, die man zwischen sehr starken Magneten in rasend schnelle Drehung versetzt. Die größten Generatoren können 20 Millionen Glühbirnen gleichzeitig zum Leuchten bringen. Ein sehr kleiner, aber allen bekannter Generator ist der Fahrraddynamo.
Die →**Kraft**, die nötig ist, um die beweglichen Teile eines Generators zu drehen, kann u. a. vom →**Wind**, von →**Wasser** oder von Wasserdampf herkommen. Die Wärme für die Erzeugung von Wasserdampf erhält man durch Verbrennen von →**Brennstoffen** wie →**Erdöl** oder →**Kohle** oder durch →**Atomenergie**.

Genetik

Bei der →**Fortpflanzung** geben →**Pflanzen**, →**Tiere** und →**Menschen** ihre Eigenschaften an die Nachkommen weiter. So haben manche Kinder die „Augen ihres Vaters" oder die „Haare ihrer Mutter". Man nennt diesen Vorgang Vererbung. Die Wissenschaft von der Vererbung heißt Genetik.
Der Mönch Gregor Mendel (1822–1884) war der erste Forscher, der die Vererbung gezielt untersuchte. Er kreuzte Gartenerbsen, die sich in äußeren Merkmalen, z. B. ihrer Größe, unterschieden. Das heißt, er bestäubte sie

▼ Vielerlei Gemüse bereichert den menschlichen Speiseplan. Die meisten Sorten werden jedes Jahr aufs Neue aus Samen, Zwiebeln oder Knollen gezogen (einjährige Pflanzen).

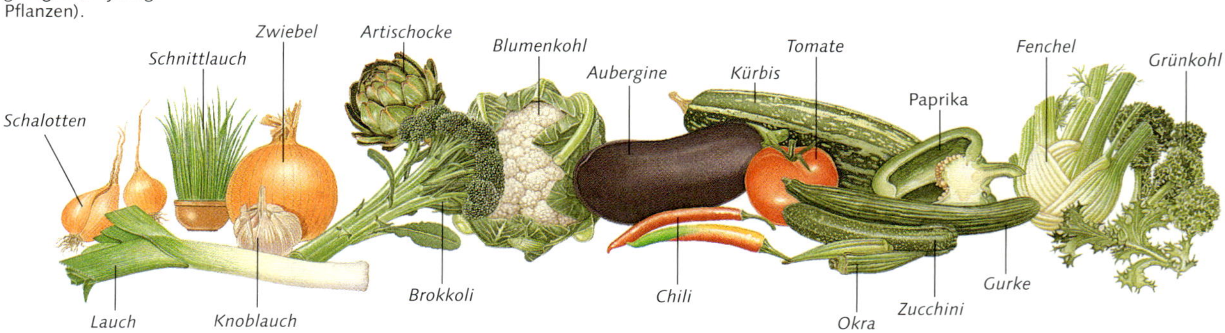

► Die Genetik erforscht u. a. die DNS. Jede Zelle enthält dieses Molekül, auf dem sich die Gene aufreihen.

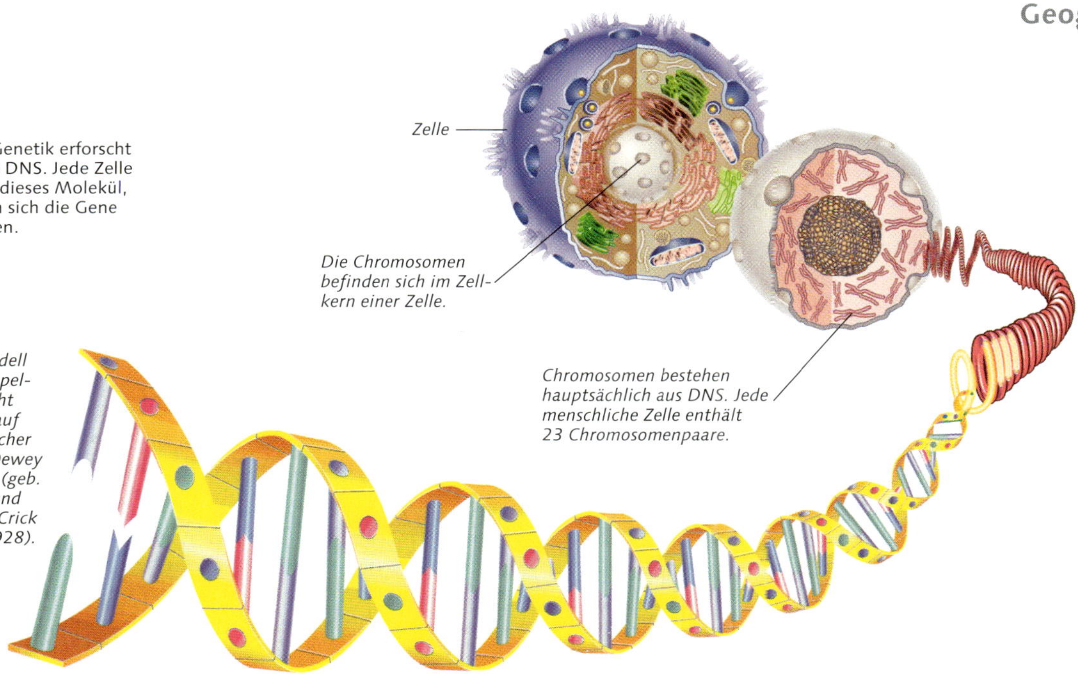

künstlich und führte so eine →**Befruchtung** herbei. Nach vielen solchen Versuchen über mehrere Erbsengenerationen hinweg fand Mendel heraus, dass äußerliche Merkmale nach ganz bestimmten Regeln vererbt werden. Er ging davon aus, dass es Erbeinheiten, sogenannte Gene, geben muss, die für die Vererbung einzelner Merkmale verantwortlich sind.
Heute weiß man, dass die Gene bestimmten Abschnitten auf einem langen →**Molekül** entsprechen. Dieses Molekül heißt Desoxyribonukleinsäure (DNS) und hat die Form einer doppelten Spirale (Doppelhelix). Die DNS befindet sich in jeder einzelnen →**Zelle** eines Lebewesens und ist der Hauptbestandteil der Chromosomen. Das sind die Träger der Gene.
Die Geschlechtszellen (also Ei- und Samenzellen) haben nur halb so viele Chromosomen wie alle anderen Zellen des →**menschlichen Körpers**. Wenn bei der geschlechtlichen Fortpflanzung eine weibliche Eizelle und eine männliche Samenzelle verschmelzen, entsteht eine neue Zelle mit den Chromosomen (also dem Erbgut) beider Eltern. Das Lebewesen mit dem neu kombinierten Erbgut entwickelt sich dann durch Zellteilung weiter. Dabei werden die Chromosomen samt DNS erst verdoppelt und bei der Zellteilung wieder getrennt. Die neuen Tochterzellen enthalten nun identische Chromosomensätze.
Es ist heute möglich, einzelne Gene eines Lebewesens in das Erbgut eines anderen einzuschleusen. Man kann auf diese Weise z. B. widerstandsfähige Nutzpflanzen herstellen. Die Gentechnik ist mittlerweile auch in der Lage, höhere Lebewesen wie Säugetiere künstlich zu klonen. Dabei entstehen Lebewesen mit identischem Erbgut, sogenannte →**Klone**. Doch man weiß wenig darüber, wie sich genetisch konstruierte Lebewesen tatsächlich verhalten werden. Viele Menschen lehnen genetische Veränderungen an Lebewesen – besonders am Menschen – ab.

Geografie

Geografie oder Erdkunde ist das Studium der Erdoberfläche. Geografen untersuchen alles, was es auf der →**Erde** gibt: das Land, das →**Meer**, die →**Luft**, die →**Pflanzen**, die →**Tiere** und die →**Menschen**. Sie erklären dabei aus räumlicher Sicht, wo sich Dinge befinden, wie sie dorthin gekommen sind und wie sie in Beziehung zueinander stehen.
Es gibt viele verschiedene Teilgebiete der Geografie. Die physikalische Geografie beschäftigt sich mit →**Gebirgen**, →**Flüssen** und →**Seen**. Die →**Meteorologie** erforscht das →**Wetter**. Die Wirtschaftsgeografie befasst sich mit →**Landwirtschaft**, →**Bergbau**, →**Industrie** und →**Handel**. Die Humangeografie beobachtet die Entwicklung der →**Bevölkerung** auf der Erde.

▲ Die Geologie liefert Erkenntnisse über den Aufbau der Erde. Geologen untersuchen z. B. Gestein, um Hinweise auf die Erdgeschichte zu erhalten.

Geologie

Die Geologie erforscht, aus welchen Teilen die →**Erde** besteht, woher sie stammen und wie sie an ihren Platz gekommen sind. Sie untersucht auch die chemische Zusammensetzung von →**Gestein** und →**Mineralien** und versucht herauszufinden, wie Gesteine entstanden sind und wie sie durch Bewegungen unterhalb der Erdoberfläche verändert werden.
Ein weiteres Forschungsgebiet der Geologie ist die Erdgeschichte. Geologen haben Gestein gefunden, das 3,8 Milliarden Jahre alt ist, und →**Fossilien**, die zeigen, dass das Leben auf der Erde vor über 3,4 Milliarden Jahren begonnen hat. Heute weiß man, dass die Erde vor etwa 4,5 Milliarden Jahren entstanden ist. Geologen unterstützen auch die Ingenieure bei der Entscheidung, wo sie eine →**Straße** oder einen →**Tunnel** bauen sollen, und beraten bei der Suche nach →**Kohle**, →**Erdöl** oder →**Erdgas**.

Geometrie

Geometrie ist ein Teilgebiet der →**Mathematik**. Mithilfe der Geometrie berechnet man die Form, Größe oder Position von Gebilden der Ebene oder des Raumes. Figuren der Ebene sind z. B. Kreis, Quadrat und Dreieck. Räumliche Körper sind z. B. Kugel, Würfel, Pyramide und Zylinder. Zur Geometrie gehört auch die Berechnung von Winkeln.

▼ Wenn jemand beschuldigt ist, Gesetze verletzt zu haben, kann er vor Gericht kommen. Anwälte legen Beweise vor und befragen Zeugen. Ein Richter spricht das Urteil.

Gericht

Das Gericht ist der Ort, an dem Recht gesprochen wird. Der Rechtsprechung liegen die →**Gesetze** zugrunde, die vom →**Parlament** des Landes erlassen wurden. In Rechtsstaaten müssen die Gerichte unabhängig von der →**Regierung** sein.
Ziel von Gerichtsverfahren ist es, herauszufinden, wie sich ein Fall (z. B. eine Straftat) tatsächlich abgespielt hat oder wer in einem Streitfall (z. B. über einen Kaufvertrag) im Recht ist. Wenn die Sachlage klar ist, wird vom Richter ein Urteil gefällt.
Bei jeder Gerichtsverhandlung (Prozess) muss mindestens ein Richter anwesend sein, dazu kommen je nach Art des Prozesses weitere Personen: Staatsanwälte sind für Strafverfolgung zuständig, Rechtsanwälte verteidigen oder vertreten Personen vor Gericht. Schöffen sind Laienrichter. Sachverständige werden zu speziellen Problemen (etwa zum Gesundheitszustand eines Angeklagten) gehört. Zeugen werden vorgeladen, wenn sie zur Klärung einer Sache beitragen können.
Es gibt verschiedene Arten von Gerichten. In →**Deutschland** stehen auf unterster Stufe (Instanz) die Amtsgerichte. Sie sind z. B. zuständig, wenn es um Streitigkeiten in Bezug auf Miete, Eigentum oder Erbe geht. Wird ein Urteil des Amtsgerichts vom Kläger oder vom Beklagten angezweifelt, kann die Sache vor dem nächsthöheren Gericht (zweite Instanz), dem Landgericht, weiterverhandelt werden. Die Landgerichte haben aber auch eigene Zuständigkeitsbereiche, die sie in erster Instanz verhandeln. Die zwei weiteren Instanzen sind das Oberlandesgericht und der Bundesgerichtshof.
Des Weiteren gibt es auch Spezialgerichte. Arbeitsgerichte z. B. sind zuständig für Streitfälle zwischen Arbeitgebern und Arbeitnehmern.
Nicht nur einzelne Staaten haben ihre Gerichte. Die →**Europäische Union** z. B. hat den Europäischen Gerichtshof. Der Internationale Gerichtshof in Den Haag ist das Rechtsprechungsorgan der →**Vereinten Nationen**.

Germanen

Unter Germanen versteht man verschiedene Völker und Stämme, die Jahrhunderte vor Christi Geburt im südlichen Skandinavien und zwischen Weichsel, Rhein und Main siedelten. Sie zeichneten sich durch miteinander verwandte →**Sprachen** und andere Gemeinsamkeiten aus. So verehrten sie z. B. die gleichen →**Götter und Göttinnen**, wie Odin und Thor oder Freyja und Frigga.
Auf der Suche nach fruchtbarem Land und auf kriegerischen Beutezügen stießen die Germanen immer wieder über die Grenzen des →**Römischen Reiches** vor: So wurden die Kimbern und Teutonen 102/101 v. Chr. von den Römern geschlagen, die Sweben im Jahr 58 n. Chr. In der Schlacht vom Teutoburger Wald (9 n. Chr.) dagegen unterlag das römische Heer den Cheruskern.
Die Römer verstanden es, Germanen in die Organisation ihres Reiches, z. B. in den Militärdienst, einzubinden. Doch der Druck von außen durch die sogenannten freien Germanen blieb bestehen: Langobarden, Markomannen, Quaden, Alemannen, Burgunder, Chatten, Vandalen, Franken, Goten und andere germanische Völker

sorgten immer wieder für Unruhe. Als im 4. Jh. n. Chr. schließlich die →**Hunnen** von →**Asien** her in Richtung →**Europa** drangen und eine große Wanderungsbewegung (→**Völkerwanderung**) unter den Germanen auslösten, konnte das Römische Reich nicht mehr standhalten. Auf seinem Gebiet bildeten sich mehrere germanische Reiche (darunter das Frankenreich, das später unter →**Karl dem Großen** seine Blütezeit erlebte). Damit war das Ende der →**Antike** in Europa eingeleitet und der Grundstein für die Anfänge des →**Mittelalters** gelegt.

Geruchssinn

Der Geruchssinn verleiht den Menschen die Fähigkeit, Gerüche wahrzunehmen. Das Geruchsorgan der Menschen und aller →**Säugetiere** ist die →**Nase**, bzw. die Riechschleimhaut in der Nase. Diese besteht aus feinen Sinneszellen (das sind Nervenzellen), welche die über die Nase eingeatmeten Duftstoffe aufnehmen. Die Sinneszellen übermitteln ihre Informationen dann an das →**Gehirn**.

► Der Geruchssinn ist viel empfindlicher als der Geschmackssinn. Die Nervenzellen der Riechschleimhaut nehmen Gerüche auf und melden dem Gehirn, was man gerade riecht.

Der Geruchssinn hilft z. B. dabei, gute von verdorbenen Lebensmitteln oder Freund und Feind zu unterscheiden. →**Katzen** und →**Hunde** etwa erkennen sich am Geruch. Bei den meisten →**Tieren** ist der Geruchssinn besser ausgebildet als bei Menschen. →**Wölfe** z. B. wittern ihre Beute auf große Entfernung. Falter haben zwar keine Nasen, viele von ihnen können aber trotzdem gut riechen: Ihre Sinneszellen für Gerüche liegen auf den Antennen.

Geschichte

Geschichte ist alles, was in der Vergangenheit passiert ist. Die Geschichtswissenschaft entdeckt und untersucht vergangene Geschehnisse und ihre Zusammenhänge. Menschen, die Geschichte studieren, werden Historiker genannt. Sie beschäftigen sich z. B. mit wichtigen Ereignissen wie Kriegen und →**Revolutionen** oder auch mit Herrschern und →**Regierungen** sowie deren Ideen. Ebenso sehr interessieren sie sich für das Volk, seine Lebensbedingungen, seine Entwicklung und seine Gedanken.
Heutzutage wird alles, was geschieht, in →**Büchern**, auf →**Fotografien**, →**Filmen**, →**Videos** oder mithilfe von →**Computern** festgehalten und weitergegeben. Früher, vor der Erfindung der →**Schrift**, war dies nur mündlich möglich. Die Menschen erzählten sich Geschichten über ihre Herrscher, über Kriege und Abenteuer oder auch über ihre eigene Familie. Diese Geschichten wurden über Generationen hinweg überliefert.
So entstanden →**Mythen und Sagen**. Der Dichter →**Homer** hat solche Überlieferungen in seinen Werken verewigt. Historiker können daraus Rückschlüsse auf die Vorgeschichte und Geschichte seiner Zeit ziehen.
Die Gelehrten im alten →**Ägypten** hielten die Taten ihrer Pharaonen in Form von →**Hieroglyphen** auf Steintafeln fest. Gelehrte im →**Römischen Reich** und in →**China** gelten als die Ersten, die keine Heldengeschichten aufschrieben, sondern die geschichtlichen Ereignisse möglichst wirklichkeitsnah erfassten.
Im →**Europa** des →**Mittelalters** konnten nur sehr wenige Menschen lesen und schreiben. Dies war den Mönchen vorbehalten. Sie schrieben die Werke der →**Antike** ab und erstellten Urkunden oder andere Dokumente, die heute Quellen für die geschichtliche Forschung darstellen.
Ab dem 18. Jh. entwickelte sich in Europa die Geschichte als Wissenschaft: Um die weit zurückliegende Vergangenheit zu erforschen, aus der es keine schriftlichen Überlieferungen gibt, sind Historiker ganz auf die →**Archäologie** angewiesen. Sobald es aus einer Kultur schriftliche Aufzeichnungen gibt, sind diese die wichtigsten Quellen für die Geschichtsforschung. In der →**Neuzeit**, mit der Erfindung des Buchdrucks, nahm die Zahl dieser schriftlichen Überlieferungen stark zu. Um die jüngste Vergangenheit und das, was gerade noch Gegenwart war (→**Zeitgeschichte**), zu erforschen, werten die Geschichtswissenschaftler nicht nur aus, was aufgeschrieben wurde. Sie befragen auch Augenzeugen und ziehen Fernseh- und Rundfunksendungen für ihre Arbeit heran.

▲ Die Geschichte vergangener Kulturen muss aus vielen einzelnen Hinweisen zusammengesetzt werden. Solche Hinweise liefern z. B. lang erhaltene Fundstücke. So glaubt man, dass dieser riesige Steinkopf einen bedeutenden olmekischen Herrscher darstellt. Es ist einer von acht Köpfen, die die Olmeken in Mexiko vor über 3000 Jahren gefertigt haben.

▲ Das Ende des Zweiten Weltkriegs war von großer historischer Bedeutung für die Geschichte Europas. Auf der Konferenz von Jalta (1945) wurden durch den britischen Premierminister Winston Churchill (1874–1965), den amerikanischen Präsidenten Franklin D. Roosevelt (1882–1945) und den sowjetischen Führer Josef Stalin (1878–1953) die Weichen neu gestellt.

Geschlechtsorgane

Männer und Frauen unterscheiden sich u. a. durch ihre Geschlechtsorgane. Diese dienen der geschlechtlichen →**Fortpflanzung**. Man unterscheidet äußere, also sichtbare, und innere Geschlechtsorgane. Die äußeren Geschlechtsorgane des Mannes sind Hodensack und Penis. Zu den inneren männlichen Geschlechtsorganen gehören Hoden und Samenleiter. In den Hoden wird der →**Samen** gebildet. Dieser gelangt beim Geschlechtsverkehr über die inneren Samenleiter in die Harnröhre im Penis. Beim Samenerguss, der Ejakulation, wird der Samen dann mit dem steifen Penis in die Scheide der Frau gebracht.
Die äußeren Geschlechtsorgane der Frau sind die großen und kleinen Schamlippen. Eierstöcke, Eileiter, Gebärmutter und Scheide oder Vagina gehören zu den inneren Geschlechtsorganen der Frau. Die Scheide mündet in den Hals der Gebärmutter. Links und rechts davon liegen die beiden Eierstöcke.
Des Weiteren unterscheidet man primäre und sekundäre Geschlechtsmerkmale: Die primären Geschlechtsmerkmale, das sind die Geschlechtsorgane, sind bereits bei der Geburt vorhanden. Während der →**Pubertät** entwickeln sich die sekundären Geschlechtsmerkmale, also Brüste bei Mädchen, Bart bei Jungen und Schamhaare bei beiden Geschlechtern.

Geschmackssinn

Der Geschmackssinn kann ermitteln, ob ein →**Nahrungsmittel** süß oder salzig, sauer oder bitter ist. Die dazu notwendigen Sinneszellen liegen auf der →**Zunge**. Die Zunge ist mit winzigen warzenartigen Höckern besetzt, den Papillen. An deren Wänden sitzen die Geschmacksknospen mit je 20 bis 30 kugeligen Geschmackszellen. Vorne, hinten und seitlich auf der Zunge befinden sich insgesamt rund 10 000 Geschmacksknospen. Beim Essen übermitteln die Geschmacksnerven Signale an das →**Gehirn**. Das Gehirn wertet die Signale aus und ermittelt den Geschmack. Zum Geschmack einer Speise trägt auch ihr Geruch bei.
Das lässt sich leicht nachweisen: Ist z. B. die →**Nase** verstopft und damit der →**Geruchssinn** beeinträchtigt, schmeckt das meiste Essen fade. Wenn man ein schlecht schmeckendes Medikament schlucken muss, hält man sich also am besten die Nase zu.

Gesetze

Gesetze sind allgemein gültige Regeln für das Zusammenleben der →**Menschen**. In einer →**Demokratie** werden Gesetze von der →**Regierung** vorgeschlagen. Eine gewählte Versammlung von Volksvertretern, also ein →**Parlament**, verabschiedet sie und →**Polizei** und →**Gerichte** sorgen dafür, dass sie eingehalten werden. Gesetzeswerke sind sehr kompliziert und um sie zu verstehen und richtig auszulegen, müssen Anwälte und Richter gut ausgebildet sein.
Die ersten bekannten Gesetze wurden vor 4000 Jahren in →**Babylon** erlassen. Die Gesetze des frühen →**Judentums** gründeten auf den Zehn Geboten, die Gott – wie von der →**Bibel** berichtet – an Moses übergab. Die Römer entwickelten zahlreiche neue Typen von Gesetzen, wie z. B. Familienrecht, Eigentumsrecht und Strafrecht. Einige der heute weltweit geltenden Gesetze gehen auf diese römischen Gesetze zurück.

▾ Mit dem Geschmackssinn kann man vier Geschmacksnoten unterscheiden: süß, salzig, sauer und bitter. Einzelne Bereiche der Zunge sind für bestimmte Geschmacksempfindungen zuständig. Die Zungenspitze nimmt z. B. Süßes wahr. In der Mitte der Zunge sitzen kaum Geschmacksknospen.

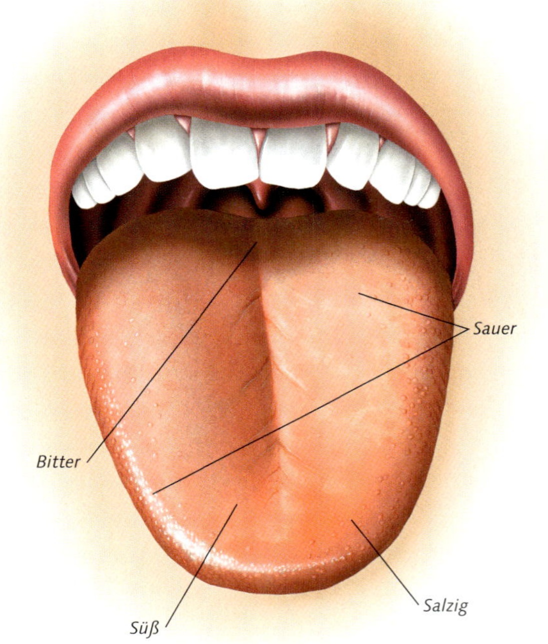

Gesichtssinn

Der Gesichtssinn ermöglicht es →**Menschen** und →**Tieren**, Dinge zu sehen. Das dazugehörige Sinnesorgan ist das →**Auge**. Für viele Tiere ist der Gesichtssinn der wichtigste aller →**Sinne**, denn er hilft ihnen, Nahrung und einen Fortpflanzungspartner zu finden sowie Gefahren zu erkennen. Auch der Mensch ist bei fast allem, was er tut, stark auf seine Augen angewiesen.
Die meisten →**Wirbellosen** haben einfache Augen, mit denen sie Einzelheiten nicht erkennen können. →**Wirbeltiere** dagegen sehen recht deutlich. Die Farben ihrer Umwelt können nur Menschen und einige Tierarten erkennen.

Gestein

Gestein besteht aus winzigen Teilchen von →**Mineralien**.
Das sogenannte Erstarrungsgestein ist vulkanischen Ursprungs. Es entsteht, wenn Magma (geschmolzenes Gestein) abkühlt und erstarrt. Geschieht dies an der Erdoberfläche, bilden sich Ergussgesteine wie Basalt und Obsidian. Erfolgt die Härtung unterirdisch, entsteht z. B. →**Granit**.

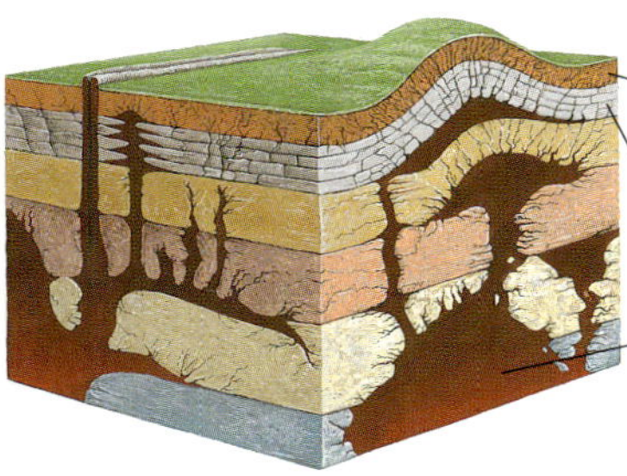

▲ Dieser Querschnitt zeigt, wie Gestein aus Magma entsteht. Auf dem Weg nach oben lagert sich schmelzflüssiges Magma zwischen den Schichten der Erdkruste ab oder steigt ganz nach oben. Es kühlt ab und verhärtet sich.

Zu den Sedimentgesteinen zählen Konglomeratgesteine, eine Mischung aus Kieselsteinen und Sand, sowie Kalksteine, die sich häufig aus Überresten toter →**Pflanzen** und →**Tiere** zusammensetzen.
Als metamorphes Gestein bezeichnet man Erstarrungs- oder Sedimentgestein, das sich unter großer Hitze und Druck verändert hat. So kann sich z. B. Kalkstein in →**Marmor** verwandeln.

Gesundheit

Eine gute Gesundheit zählt zu den wichtigsten Dingen im Leben. Es gibt bestimmte Regeln, die man einhalten sollte, um gesund zu bleiben. Dazu gehört, dass man sich ausgewogen ernährt, d. h. viele →**Vitamine** und andere wichtige Nährstoffe zu sich nimmt sowie viel frisches, sauberes →**Wasser** trinkt. Man sollte regelmäßig →**Sport** treiben, um die →**Muskeln** zu stärken und fit zu bleiben. Sport regt den →**Blutkreislauf** an, wodurch der →**menschliche Körper** mit frischem →**Sauerstoff** versorgt und von Schadstoffen gereinigt wird. Jeder Mensch muss außerdem ausreichend schlafen. Wie viel →**Schlaf** ein Mensch braucht, hängt auch vom Alter ab: Babys schlafen bis zu 20 Stunden am Tag, alte Menschen brauchen nur noch sechs bis sieben Stunden Schlaf. Um gesund zu bleiben, muss man auch auf Sauberkeit achten und Vorschriften der →**Hygiene** einhalten.

▲ Zum Getreide zählen die weltweit wichtigsten Nutzpflanzen.

Getreide

Getreidepflanzen gehören zur Familie der →**Gräser**. Seit die →**Menschen** Ackerbau betreiben, ist Getreide sehr wichtig für ihre →**Ernährung**. Die ersten Getreidearten waren wilde →**Pflanzen**, die gesammelt wurden. Mit der Zeit baute man das Getreide dann gezielt an. In manchen frühen →**Hochkulturen** wurde so viel erwirtschaftet, dass man Vorräte anlegen oder →**Handel** treiben konnte.
Einige Getreide wie →**Reis** und Hirse werden als ganze Körner gekocht und gegessen. Andere wie →**Weizen** oder Roggen muss man erst zu Mehl mahlen, bevor man sie zum Backen oder Kochen verwenden kann. Nudeln z. B. werden aus Weizenmehl und →**Wasser** gemacht. Bestimmte Getreidearten, wie etwa Gerste, benutzt man auch zur Herstellung von alkoholischen Getränken wie Bier oder Whisky. Einige Getreidesorten wie Hafer und Mais werden auch als Viehfutter angepflanzt.

Getriebe

Ein einfaches Getriebe ist ein →**Rad**, das am Rand ringsum mit Zähnen versehen ist (Zahnrad) und damit in die Zähne eines weiteren Zahnrades greift. In der Mitte jedes Rades ist eine Stange aus →**Metall** befestigt, die man Welle nennt. Dreht man eine der Wellen, dann dreht sich auch das daran befestigte Zahnrad. Dieses wiederum versetzt das zweite Zahnrad und dessen Achse in Drehbewegung.
Wenn ein kleines Zahnrad in ein großes Zahnrad greift, das doppelt so viele Zähne hat, dreht sich das große nur halb so schnell wie das kleine. Das passiert z. B., wenn ein →**Auto** in einem niedrigen Gang fährt: Es fährt dann nur langsam, hat aber sehr viel →**Kraft**. Bei einem Auto wird die Kraft des →**Motors** über die Zahnräder eines Getriebes auf die Autoräder übertragen. Betätigt man die Kupplung, wird das Getriebe vom Motor getrennt und der Gang kann gewechselt werden, andere Zahnräder greifen nun ineinander. Nachdem der Fahrer einen anderen Gang eingelegt hat, lässt er das Kupplungspedal wieder los und der Motor wird wieder angekoppelt.

Gewichte

siehe Maße und Gewichte

▾ Das Getriebe eines Autos verbindet Motor und Räder und regelt die Geschwindigkeit, mit der gefahren wird: Langsam in niedrigen, schnell in hohen Gängen.

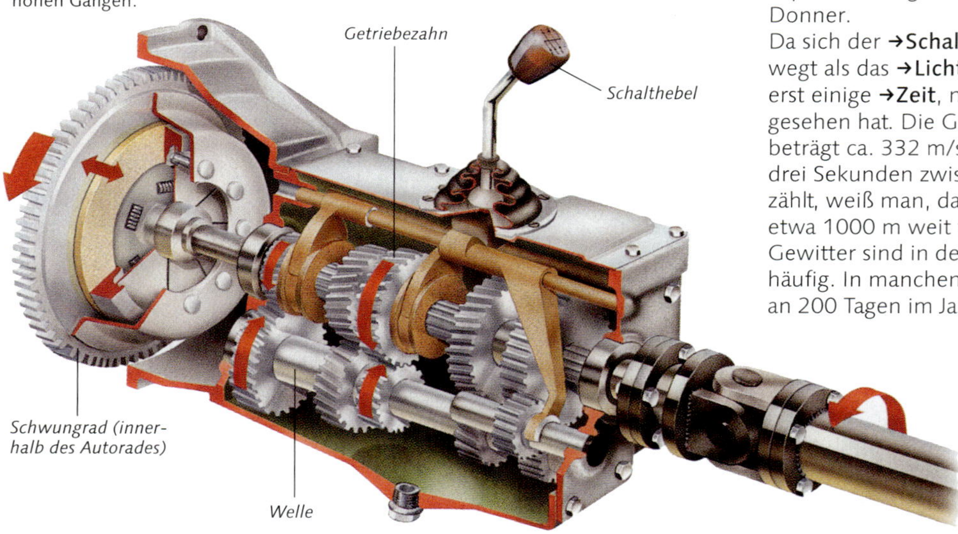

▴ Damit die Blitze bei einem Gewitter keinen Schaden anrichten, haben Gebäude Blitzableiter auf dem Dach. Dort kann ein Blitz einschlagen und wird in die Erde weitergeleitet – das Haus selbst bleibt verschont.

Gewitter

Gewitter entstehen, wenn sehr warme und sehr kalte Luftmassen in der →**Atmosphäre** aufeinander treffen. Dabei baut sich starke →**Elektrizität** innerhalb großer Regenwolken auf. Bei sehr hoher elektrischer Spannung entladen sich dann Blitze, die wie Funken von einer Wolke zur anderen und zur →**Erde** springen. Blitze erhitzen die →**Luft** um sich herum plötzlich so stark, dass sich diese explosionsartig ausbreitet. Das hört man als Donner.
Da sich der →**Schall** viel langsamer fortbewegt als das →**Licht**, hört man den Donner erst einige →**Zeit**, nachdem man einen Blitz gesehen hat. Die Geschwindigkeit des Schalls beträgt ca. 332 m/s. Wenn man also z. B. drei Sekunden zwischen Blitz und Donner zählt, weiß man, dass das Gewitter noch etwa 1000 m weit weg ist.
Gewitter sind in den →**Tropen** besonders häufig. In manchen Regionen dort gibt es an 200 Tagen im Jahr Gewitter.

Gewürze

Gewürze sind (meist getrocknete) Pflanzenteile, die intensiv schmecken und duften und zum Würzen von Speisen und Getränken dienen. Am bekanntesten ist wohl der schwarze Pfeffer, eine getrocknete Beerenfrucht. Anis, Kümmel und Muskatnuss sind →**Samen**. Nelken dagegen sind Blütenknospen und Safran stammt von den weiblichen Geschlechtsorganen einer Krokusblüte.
Von Koriander verwendet man sowohl die →**Blätter** (das Kraut) als auch die Samen. Ingwer, Meerrettich und Kurkuma sind →**Wurzeln** und Zimt stammt von der Rinde des Zimtbaums.
Gewürze waren einst wertvoll wie →**Gold** und der →**Handel** mit Gewürzen eine Gewinn bringende Angelegenheit. Die meisten Gewürzpflanzen wachsen in heißen Gegenden wie →**Indien** und →**Südostasien**. Häufig werden auch würzige →**Kräuter** wie Thymian, Oregano, Salbei, Rosmarin oder Dill als Gewürze bezeichnet.

Geysir

Geysire sind heiße Quellen, die von Zeit zu Zeit Dampf und kochendes →**Wasser** springbrunnenartig ausschleudern. Sie befinden sich meist in der Nähe von →**Vulkanen**. Das Wasser in unterirdischen Kammern wird durch vulkanische Wärme aufgeheizt. Der Druck der darüber liegenden Wassersäule erhöht den Siedepunkt, das Wasser wird überhitzt. Der Ausstoß erfolgt, wenn das Gewicht der Wassersäule dem Druck des überhitzten Wassers nicht mehr standhalten kann.
Viele Geysire gibt es in →**Island**, in den →**Vereinigten Staaten von Amerika** und in →**Neuseeland**.

◄ Die höchste bekannte Wassersäule stieß der neuseeländische Geysir Waimangu im Jahr 1904 aus. Sie erreichte eine Höhe von fast 460 m.

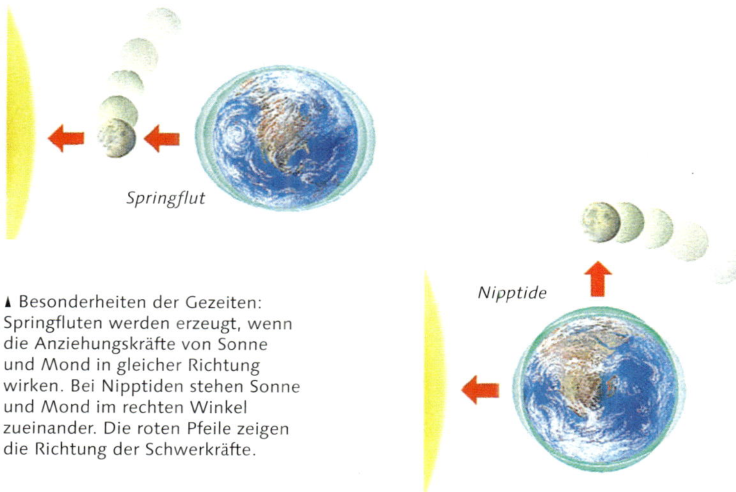

▲ Besonderheiten der Gezeiten: Springfluten werden erzeugt, wenn die Anziehungskräfte von Sonne und Mond in gleicher Richtung wirken. Bei Nipptiden stehen Sonne und Mond im rechten Winkel zueinander. Die roten Pfeile zeigen die Richtung der Schwerkräfte.

Gezeiten

Die Gezeiten oder Tiden sind regelmäßige Bewegungen des →**Ozeans**. Sie werden in erster Linie durch den →**Mond** verursacht. Die →**Schwerkraft** des Mondes funktioniert wie ein gigantischer Magnet, denn sie zieht die Wassermassen an, während sich der Mond um die →**Erde** dreht. Da die Erde zur gleichen Zeit ebenfalls rotiert, gibt es an den Küsten innerhalb von 24 Stunden zweimal Ebbe und zweimal Flut.
Von Ebbe spricht man, wenn sich das Wasser zurückzieht. Der freigegebene Meeresboden heißt Wattenmeer. Bei Flut steigt der Wasserspiegel wieder an.
Der Tidenhub bezeichnet den Unterschied zwischen dem höchsten und dem niedrigsten Wasserstand. Er ist sehr gering im offenen Meer, in Buchten kann er jedoch bis zu 18 m erreichen, wie z. B. in der Fundybai in →**Kanada**.

Ghana

Ghana ist ein →**Staat** in Westafrika. Im Süden grenzt das Land an den →**Atlantischen Ozean**. An die Küstenebene mit tropischen →**Regenwäldern** schließt sich der trockene Norden an, der vorwiegend als Weideland dient. Im Süden wird Kakao für den Export gepflanzt. Ein weiterer wichtiger Wirtschaftszweig ist der Abbau von →**Diamanten** und →**Gold**. Der Voltastausee in Ghana ist flächenmäßig der größte Stausee der Welt.
Ab 1850 war Ghana eine britische →**Kolonie** unter dem Namen Goldküste, 1957 wurde das Land unabhängig.

Ghana
Staatsform: Republik
Hauptstadt: Accra
Fläche: 238 537 km²
Einwohner: 19,2 Mio.
Sprachen: Englisch, afrikanische Sprachen
Währung: Cedi

▲ Behälter mit besonders gefährlichen Giften tragen ein Warnzeichen, damit man sie nicht mit ungefährlichen Substanzen verwechseln kann. Das international gültige Giftsymbol ist ein Totenschädel mit gekreuzten Knochen. Das schwarze Zeichen auf gelbem Grund warnt vor Radioaktivität.

Gifte

Gifte sind Chemikalien oder natürliche Stoffe, die Lebewesen schädigen oder sogar töten können. Einige Gifte dringen durch die →**Haut** in den Körper ein, manche wirken nur, wenn man sie schluckt. Giftige →**Gase** gelangen mit der Atemluft in den Körper. So unterschiedlich wie die Gifte selbst ist auch ihre Wirkung. Starke →**Säuren** verätzen z. B. die →**Haut**, Nervengifte können das →**Herz** zum Stillstand bringen. Bei bestimmten Giften, etwa nach einem Schlangenbiss, hilft ein rechtzeitig vom Arzt verabreichtes Gegengift.

Giraffen

Giraffen leben in den Baum- und Buschsteppen →**Afrikas**. Die weltweit höchsten →**Tiere** können dank ihres Körperbaus auch →**Blätter** und Triebe fressen, die für Konkurrenten (Tiere, die sich ebenfalls von Baumteilen ernähren) unerreichbar sind. Wenngleich der Hals der Giraffe sehr lang ist, hat er doch nur sieben Wirbel – genauso viele wie die Hälse der übrigen →**Säugetiere**. Auf dem Kopf tragen Weibchen wie Männchen bis zu fünf Knochenzapfen, mit denen die Bullen in der Brunft (Zeit der Paarungsbereitschaft) aufeinander losgehen.

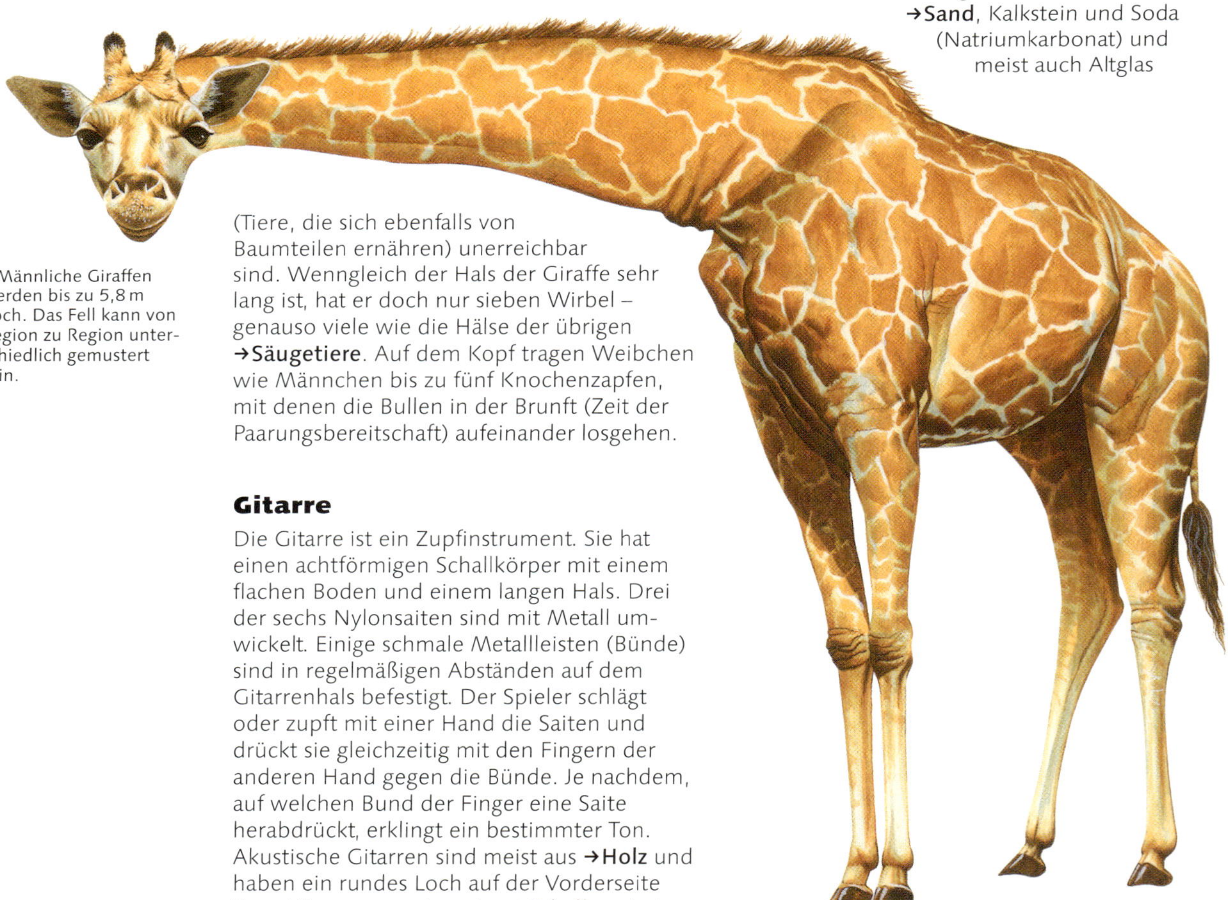

▲ Männliche Giraffen werden bis zu 5,8 m hoch. Das Fell kann von Region zu Region unterschiedlich gemustert sein.

Gitarre

Die Gitarre ist ein Zupfinstrument. Sie hat einen achtförmigen Schallkörper mit einem flachen Boden und einem langen Hals. Drei der sechs Nylonsaiten sind mit Metall umwickelt. Einige schmale Metallleisten (Bünde) sind in regelmäßigen Abständen auf dem Gitarrenhals befestigt. Der Spieler schlägt oder zupft mit einer Hand die Saiten und drückt sie gleichzeitig mit den Fingern der anderen Hand gegen die Bünde. Je nachdem, auf welchen Bund der Finger eine Saite herabdrückt, erklingt ein bestimmter Ton. Akustische Gitarren sind meist aus →**Holz** und haben ein rundes Loch auf der Vorderseite ihres Körpers, aus dem der →**Schall** austreten kann. Elektrische Gitarren (E-Gitarren) sind aus →**Metall** oder →**Kunststoff**. Der Körper einer elektrischen Gitarre wirkt nicht als Schallverstärker. Der Klang der Saiten wird vielmehr durch einen Tonabnehmer zu einem elektrischen Verstärker geleitet und über →**Lautsprecher** als Schall abgegeben.

Glas

Glas ist ein durchsichtiges, äußerst nützliches Material. Es lässt sich leicht formen und billig herstellen und es kann wiederverwertet werden (→**Recycling**). Außerdem ist es vielseitig verwendbar: Man kann daraus z. B. Fensterscheiben, Flaschen, Gläser oder Schmuckstücke anfertigen. Aus Glas bestehen auch die gekrümmten →**Linsen** in →**Fotoapparaten**, →**Mikroskopen** und anderen optischen Geräten. In Form von feinen Fasern hat es große Bedeutung in der →**Glasfaseroptik**. Zur Herstellung von Glas werden →**Sand**, Kalkstein und Soda (Natriumkarbonat) und meist auch Altglas miteinander vermischt und erhitzt. Es entsteht die Glasschmelze. Die Schmelze kann unterschiedlich geformt werden und kühlt dann ab. Soll das Glas besonders hitzebeständig, extrahart oder farbig sein, werden zusätzliche Stoffe beigemischt. Glas ist ein guter Isolator (es leitet →**Elektrizität** nur sehr schlecht oder gar nicht). Außerdem ist es beständig gegen viele Chemikalien und →**Radioaktivität**.

Glasfaseroptik

Die Glasfaseroptik befasst sich mit der Übertragung von →**Licht** in Glasfasern. Das sind biegsame Fäden aus →**Glas**, die dünner sind als ein menschliches →**Haar**. In einer solchen superfeinen Faser kann sich Licht sehr leicht fortbewegen. Glasfasern spielen in vielen Bereichen der Wissenschaft und Technik eine große Rolle, etwa in der →**Medizin**: Mit ihrer Hilfe kann man das Innere des →**menschlichen Körpers** untersuchen, ohne ihn aufzuschneiden. Besondere Bedeutung haben Glasfasern aber bei der Übertragung von Telefongesprächen, Computerdaten und Fernsehsendungen. Die Glasfasern werden zu Kabeln zusammengefasst, die man Lichtleiter nennt. Bei einem Telefongespräch z. B. werden die akustischen Signale, also die gesprochenen Wörter, in Lichtsignale umgewandelt und über die Lichtleiter gesendet. Glasfasern sind wesentlich leistungsfähiger als Kupferkabel, die Informationen in Form von elektrischen Signalen übertragen.

Gletscher

Gletscher sind Eisströme, die sich in großer Höhe im →**Gebirge** bilden, wo der Schnee niemals schmilzt. Wenn sich der Schnee auftürmt, werden die unteren Schichten durch den auf ihnen lastenden Druck zu Eis. Dieses Eis beginnt sich als sogenannte Gletscherzunge sehr langsam bergab zu bewegen. Die meisten Gletscher fließen in einem →**Jahr** so weit, wie ein Mensch in wenigen Minuten gehen kann. Gletscher schmelzen nach und nach, wenn sich das →**Klima** erwärmt. Während der →**Eiszeit** bedeckten Gletscher große Teile der Welt, z. B. viele Täler in den →**Alpen** und in den →**Rocky Mountains**. Der größte Gebirgsgletscher →**Europas** ist der Jostedalsbre in →**Norwegen** (rund 500 km²).

Globalisierung

Der Begriff kommt von dem lateinischen Wort „globus" (Kugel, oft für Weltkugel oder Erdball verwendet) und steht für die zunehmende weltumspannende Zusammenarbeit und Vernetzung zwischen Organisationen und Unternehmen, v. a. auf wirtschaftlichem Gebiet. Technische Voraussetzungen für die Globalisierung sind z. B. Fortschritte in den Bereichen →**Verkehr** und →**Transport**: Waren und Menschen können heute im Vergleich zu noch vor 100 Jahren sehr leicht und an viele Orte der Welt befördert werden. Vor allem aber der Ausbau der weltweiten →**Kommunikation** durch →**Computer** und →**Internet** hat den Prozess der Globalisierung vorangetrieben: Unternehmen in Industriestaaten können Tochterunternehmen in weit entfernten Ländern (wo niedrigere Löhne gezahlt werden) gründen, weil wichtige Informationen innerhalb kürzester Zeit ausgetauscht werden können. Das gilt auch für den Finanzmarkt – Geldanlagen konnten noch nie so schnell getätigt werden wie heute. Globalisierung meint heute v. a. die Herstellung eines freien, unkontrollierten Weltmarkts. Dies bringt auch gesellschaftliche Nachteile mit sich: In den Industrienationen werden soziale Sicherung und Löhne abgebaut. Viele Nicht-Industriestaaten können sich im globalen wirtschaftlichen Wettstreit nicht gut weiterentwickeln. Kritiker warnen daher vor einer Armut durch Globalisierung, und – ebenfalls globale – Organisationen setzen sich für eine faire Weltwirtschaft, für weltweiten →**Umweltschutz** und die internationale Einhaltung der →**Menschenrechte** ein.

▼ Weil sich das Eis in der Mitte schneller bewegt als am Rand, entstehen tiefe Gletscherspalten in der Zunge. Geschmolzenes Eis bildet einen See am Fuß des Gletschers.

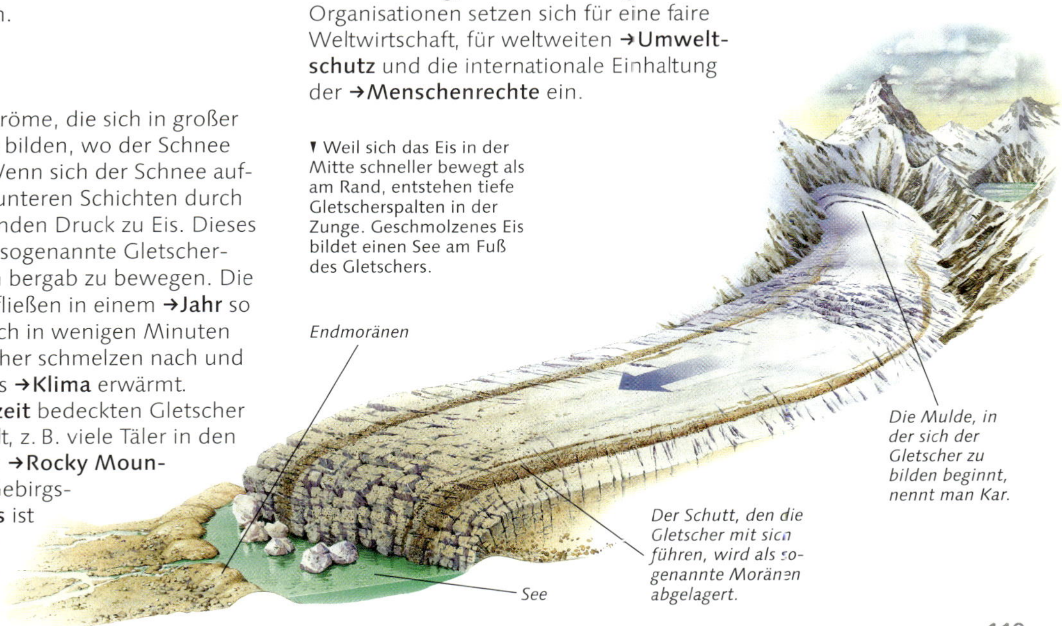

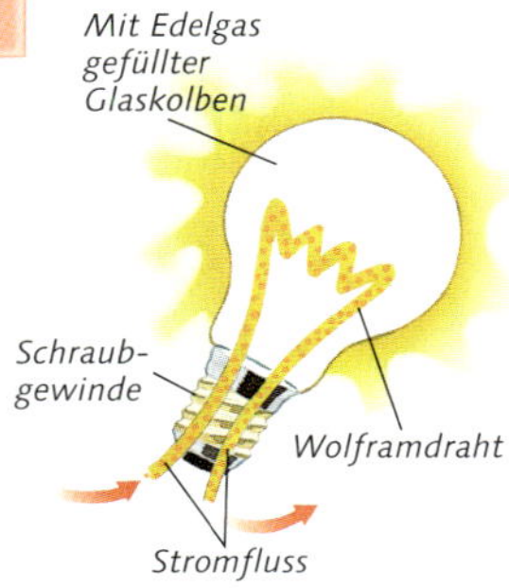

▲ In der Glühlampe steckt der wendelförmig zusammengerollte Wolframdraht. Über das Schraubgewinde ist er mit der Stromquelle verbunden. Durch den Stromfluss wird der Draht stark erhitzt und er beginnt zu glühen. Im Glaskolben befindet sich ein Edelgas (z. B. Argon), das verhindert, dass der Draht mit Sauerstoff in Verbindung kommt und verglüht.

Glühlampe

Schon 1854 hat der nach Amerika ausgewanderte deutsche Uhrmacher Heinrich Goebel (1818–1893) eine Glühlampe entwickelt und damit seine Werkstatt beleuchtet. Er schmolz verkohlte Bambusfasern in eine luftleer gemachte Flasche ein. Verbunden mit einer →**Batterie**, begannen die Fasern zu leuchten. Eine wesentliche Verbesserung dieser kurzlebigen Glühlampe gelang Thomas Alva →**Edison**. Auch seine Glühlampe war eine Kohlefadenlampe, hatte aber eine wesentlich längere Leuchtdauer. Der österreichische Chemiker Carl Auer von Welsbach (1858–1929) entwickelte schließlich die erste Metallglühfadenlampe – statt der verkohlten Fäden benutzte er einen dünnen Draht aus dem →**Metall** Osmium. Heute werden nur noch Metalldrahtlampen hergestellt. Der Glühdraht besteht meist aus Wolfram und ist wendelförmig aufgewickelt. Dadurch entsteht eine bessere Lichtausbeute, weil jede Drahtwindung die Nachbarwindung mit erwärmt und so höhere →**Temperaturen** erreicht werden. Die Temperatur entsteht, wenn man elektrischen →**Strom** durch den Draht schickt. Der Wolframdraht in der Lampe wird so heiß, dass er weiß zu glühen beginnt und damit zu einer Lichtquelle wird. Eigentlich sind Glühlampen (wegen der Form oft auch Glühbirnen genannt) kleine Öfen, denn nur fünf Prozent der elektrischen →**Energie** werden in Lichtenergie, 95 Prozent dagegen in Wärmeenergie umgewandelt.

▼ Gegen Ende des 19. Jh. brach in Kanada, Südafrika, Neuseeland und den Vereinigten Staaten von Amerika ein wahrer Sturm auf das Gold aus, der Goldrausch. Tausende Menschen gingen auf Goldsuche, um ihr Glück zu machen.

Goethe, Johann Wolfgang von

Johann Wolfgang von Goethe (1749–1832) gilt als Universalgenie der →**Neuzeit**. Sein Weltruhm als Dichter, Philosoph, Dramatiker und Naturwissenschaftler beruht auf vielen außerordentlichen Fähigkeiten. Schon sein 1774 erschienener Briefroman „Die Leiden des jungen Werthers" sorgte weltweit für Aufsehen und begründete den literarischen Ruhm des jungen Goethe. Seine Hauptwerke wie „Wilhelm Meisters Lehrjahre" (1777) oder „Faust" (Abschluss des 1. Teils 1806) entstanden in Weimar am Hof des Herzogs Karl August (1757–1828), bei dem Goethe eine Stelle als Geheimer Rat (eine Art Ministerposten) angetreten hatte. Neben Arbeit und Dichtung widmete er sich naturwissenschaftlichen Studien und entdeckte z. B. 1784 den menschlichen Zwischenkieferknochen. 1794 lernte er Friedrich →**Schiller** kennen, mit dem er bis zu dessen Tod 1805 eng zusammenarbeitete.

Gogh, Vincent van

Der Zeit seines Lebens verkannte holländische Maler Vincent van Gogh (1853–1890) zählt heute zu den bedeutendsten Vertretern der →**Kunst** der Moderne. Während seines kurzen Lebens wurde nur ein einziges Bild verkauft, obwohl er mehrere Hundert Gemälde schuf. Die Bilder der ersten Schaffensperiode zeigen dunkle, erdige Farben und beschäftigen sich mit dem Leben von Bauern und Arbeitern, etwa „Die Kartoffelesser" (1885). Unter dem Einfluss des Impressionismus benutzte er später hellere Farben. Im südfranzösischen Arles entstanden viele seiner berühmtesten Werke – Landschaften, Stillleben wie die „Sonnenblumen" (1888) und Selbstporträts. Van Gogh litt in seinen letzten Lebensjahren zunehmend unter geistiger Verwirrung. Er starb 1890, nachdem er sich mit einer Pistole schwer verletzt hatte.

Gold

Gold ist ein weiches, gelbes Edelmetall, das nicht rosten kann. Goldadern im Fels bildeten sich vor Millionen von Jahren, als heiße →**Gase** und →**Flüssigkeiten** aus der Tiefe der →**Erde** hochstiegen. Die Hälfte des weltweit geförderten Goldes stammt aus →**Südafrika**.

Da Gold selten und sehr schön ist, hat es einen hohen Wert. Viele Länder bewahren große Goldvorräte in Form von ziegelsteingroßen Goldbarren in den Tresoren der Staatsbanken auf. Häufig wird Gold auch zu Schmuck verarbeitet, dann jedoch meist in Verbindung mit anderen →**Metallen**, die das Gold härter machen. Solche Metallgemische nennt man →**Legierungen**.

Golfkriege

Am 2. August 1990 marschierten irakische Truppen unter ihrem Präsidenten Saddam Hussein (geb. 1937) in Kuwait ein und besetzten das kleine, aber sehr reiche Land. Die →**Vereinten Nationen** (UNO) verhängten daraufhin wirtschaftliche Strafmaßnahmen gegen den →**Irak**, weil dieser das Völkerrecht verletzt hatte. Sie entschlossen sich dann aber zu einem Militäreinsatz, um die Unabhängigkeit Kuwaits wiederherzustellen. Am 16. Januar 1991 brach der sogenannte Golfkrieg aus und endete am 28. Februar mit der Niederlage des Irak. Zu den Verbündeten gegen den Irak gehörten →**Frankreich**, die →**Vereinigten Staaten von Amerika** (USA) und →**Großbritannien**.
Nach den Terroranschlägen vom 11. September 2001 in den USA verschärften sich die Spannungen zwischen dem Irak und der westlichen Welt erneut. Die Vereinigten Staaten und Großbritannien schickten im März 2003, diesmal aber ohne die Zustimmung der UNO, Truppen in den Irak. Sie eroberten schließlich die Hauptstadt Bagdad und vertrieben die Saddam-Anhänger. Der Golfkrieg endete im April 2004 mit der Kapitulation der irakischen Streitkräfte. Am 13. Dezember 2003 wurde der ehemalige Diktator von US-Soldaten festgenommen und am 30. Dezember 2006 hingerichtet.

Golfstrom

Diese Meeresströmung kann man sich wie einen riesigen →**Fluss** vorstellen, der durch den →**Ozean** fließt. Er transportiert warmes →**Wasser** aus dem Golf von →**Mexiko** an der Ostküste der →**Vereinigten Staaten von Amerika** entlang Richtung Norden. Der Golfstrom ist bis zu 100 km breit und 600 m tief. Ein Arm des Golfstroms überquert den Atlantik und bringt warmes Wasser nach Nordwesteuropa. Wenn es den Golfstrom nicht gäbe, wären die Winter an den Küsten Nordeuropas viel kälter.

Gorillas

Gorillas können bis zu 2 m groß werden und sind damit die größten →**Menschenaffen**. Sie leben in festen Familiengruppen in Zentralafrika und ernähren sich von →**Früchten**, →**Wurzeln** und →**Blättern**. Gorillas bauen Schlafnester aus Ästen und Zweigen, in denen Weibchen und Jungtiere schlafen.

Götter und Göttinnen

Unter einer Gottheit – Gott oder Göttin – versteht man meist ein Wesen, das das →**Universum** erschuf und teilweise auch lenkt. Die →**Menschen** verehrten zu allen Zeiten Gottheiten. Viele sehr alte Kulturen kannten eine mächtige Muttergottheit. Im antiken →**Griechenland**, im →**Römischen Reich** und im alten →**Ägypten** glaubten die Menschen an mehrere Götter, ebenso wie die →**Germanen** oder →**Kelten**. Die Geschichten über diese Gottheiten bezeichnet man als →**Mythen**.

▼ Der elefantenköpfige Gott Ganesh ist dem hinduistischen Mythos zufolge der Verfasser des heiligen Textes „Mahabharata".

▲ Die Römer verehrten zahlreiche Gottheiten. Jupiter war der oberste Gott, Diana die Göttin des Mondes und der Jagd.

Die größten heutigen Religionen – →**Islam**, →**Judentum**, →**Christentum** – lehren, dass es einen Gott gibt, der das Universum steuert (Monotheismus). Das gilt auch für den →**Sikhismus**. Es gibt aber auch heute noch Religionen, die mehrere Gottheiten kennen (Polytheismus). Eine Zwischenstellung nimmt der →**Hinduismus** ein. Im →**Dschainismus** wird kein Gott verehrt.

GPS

Mit dem Globalen Positionierungssystem (Global Positioning System, GPS) lässt sich die Position von Flugzeugen, **→Schiffen**, **→Autos** oder Fußgängern auf etwa 1 m genau bestimmen. Es umfasst 24 **→Satelliten**, die um die **→Erde** kreisen. Alle Satelliten haben Atomuhren an Bord, die extrem genaue Zeitangaben liefern. Die Satelliten senden Zeitsignale zur Erde. Ein GPS-Empfänger, z. B. an Bord eines Schiffes oder Flugzeugs, fängt das Signal auf und misst den Zeitunterschied zwischen dem Absenden und dem Empfang des Signals. Da die Signalgeschwindigkeit und die Position des Satelliten bekannt sind, lässt sich aus diesem Zeitunterschied die Entfernung des Empfängers vom Satelliten ermitteln. Mithilfe von zeitgleich ausgesandten Signalen zweier weiterer Satelliten lässt sich die Position in Bezug auf **→Längen- und Breitengrad** bestimmen. Zur Bestimmung der Höhe sind die Signale eines vierten Satelliten nötig.

Grammatik

Die Grammatik beschäftigt sich mit der Art und Weise, in der aus Wörtern Sätze gebildet werden. Die Wörter der **→Sprache** werden in verschiedene Gruppen eingeteilt. Man unterscheidet zwischen **→Verben** (Tätigkeitswörtern), **→Substantiven** und Pronomen (Hauptwörtern und Fürwörtern), **→Adjektiven** (Eigenschaftswörtern) sowie Adverbien (Umstandswörtern). Fürwörter können für ein Hauptwort stehen, etwa „sie" für „die Frau". Adverbien bezeichnen verschiedene Umstände, also wo, wann, wie oder warum etwas geschieht. Beispiele für Adverbien sind „dort", „gestern" oder „gern". Präpositionen sind z. B. „an", „auf" oder „mit".
Die Reihenfolge der Wörter im Satz ist wichtig. Der Satz „Die Katze kratzt die Frau" hat eine andere Aussage als: „Die Frau kratzt die Katze", obwohl beide aus den gleichen Wörtern zusammengesetzt sind. „Frau die kratzt Katze die" ist überhaupt kein korrekter deutscher Satz. Außer mit dem Satzbau beschäftigt sich die Grammatik auch mit den Formen der Wörter, z. B. „ich gehe", „du gehst", „er ging".

Granit

Granit ist ein hartes **→Gestein**, das hauptsächlich aus Quarz- und Feldspatkristallen besteht. **→Quarz** ist durchsichtig. Feldspat ist rosa, weiß oder grau. Granit birgt auch kleine schwarze Teilchen von **→Mineralien** in sich. Er wird zum Bau von **→Häusern** oder Denkmälern, aber auch für Tischplatten verwendet. Granit entstand aus Magma (schmelzflüssigem Gestein), das unterhalb der Erdoberfläche abkühlte und erstarrte.

Gräser

Gräser sind **→Blütenpflanzen** mit langen, dünnen **→Blättern** und hohlen Stängeln. Die **→Blüten** sind jedoch unscheinbar. Bambus erreicht Baumhöhe, doch die meisten Gräser bleiben relativ kurz. Während **→Pflanzenfresser** wie **→Schafe** und **→Rinder** die ganze **→Pflanze** verzehren, ernähren sich **→Menschen** von den **→Samen** einiger Gräser, z. B. den Körnern von **→Weizen** und **→Reis**. Weltweit gibt es um die 9000 **→Arten** von Gräsern.

▲ Gräser und andere Pflanzen bilden Wiesen, die vielen Insekten als Lebensraum dienen, da sie dort Nahrung und Schutz vor ihren natürlichen Feinden, z. B. den Vögeln, finden.

Grasland

Grasland breitet sich an Wüstenrändern und vorwiegend im Inneren von **→Kontinenten** aus. Für **→Bäume** ist es im Grasland zu trocken, Gräser gedeihen aber gut. Grasland gibt es auf fast allen Kontinenten. In **→Asien** bezeichnet man es als **→Steppe**, in **→Afrika** und **→Australien** als **→Savanne**. In **→Südamerika** spricht man von **→Pampa** und in **→Nordamerika** von **→Prärien**. Grasland ist gutes Weideland für **→Schafe** und **→Rinder**.

Griechenland

Griechenland ist ein **→Staat** im Südosten **→Europas**. Felsige **→Gebirge** bedecken große Teile des Landes, Halbinseln ragen wie riesige Finger ins **→Meer**. Zu Griechenland gehören auch die Insel Kreta und viele andere **→Inseln** im Ägäischen und Ionischen Meer (Teile des Mittelmeers). Die Sommer sind heiß und

Griechenland
Staatsform: Republik
Hauptstadt: Athen
Fläche: 131 957 km²
Einwohner: 10,5 Mio.
Sprache: Neugriechisch
Währung: Euro

trocken, die Winter mild und feucht. Viele Einwohner arbeiten in der Hauptstadt Athen. Die wichtigsten Anbauprodukte sind Zitronen, Weintrauben, →**Getreide** und Oliven. Eine bedeutende Einnahmequelle ist der Fremdenverkehr.

◄ In der Architektur des antiken Griechenland herrschten zwei Stile vor: der dorische und der ionische. Ab dem 5. Jh. v. Chr. kam der korinthische Stil auf.

Griechenland, antikes

Die ersten →**Hochkulturen** Griechenlands waren die minoische (um 2500–1400 v. Chr.) und die mykenische (um 1500–1200 v. Chr.). Um 1200 v. Chr. unterlagen die Mykener den Völkern aus dem Norden, die in Griechenland einwanderten. Diese gründeten eigenständige Städte, die häufig gegeneinander kämpften oder sich gegen gemeinsame Feinde verbündeten. Zwei der mächtigsten Städte wurden Athen und Sparta. Athen wurde zum wirtschaftlichen und kulturellen Zentrum und entwickelte eine frühe Form der →**Demokratie**, in der nur freie Männer politische Rechte hatten.
Die Griechen begeisterten sich für →**Sport**, →**Theater**, →**Kunst** und →**Literatur**. Sie hatten bekannte Philosophen (Denker), darunter →**Aristoteles**, Plato (427–347 v. Chr.) und Sokrates (470–399 v. Chr.). 339 v. Chr. wurde Griechenland von Philipp II. von Makedonien (382–336 v. Chr.) erobert, dem Vater von →**Alexander dem Großen**. Die Stadtstaaten verloren an Bedeutung, doch mit den Eroberungen Alexanders verbreitete sich die griechische Kultur im gesamten Mittelmeerraum und in Kleinasien. Im 3. Jh. v. Chr. übernahm das aufstrebende →**Römische Reich** die Herrschaft in Griechenland.

Grimm, Brüder

Die deutschen Märchensammler und Sprachforscher Jacob (1785–1863) und Wilhelm (1786–1859) Grimm blieben Zeit ihres Lebens beruflich und privat eng miteinander verbunden. Jeder von ihnen war als Verwaltungsangestellter, Professor und Bibliothekar tätig. Gemeinsam befassten sie sich mit der Erforschung der deutschen →**Sprache**. Besonders bekannt wurden sie durch die „Kinder- und Hausmärchen“. In drei Bänden (1812, 1815 und 1822) erschienen 200 bis dahin nur mündlich überlieferte Märchen und Legenden, die sie gesammelt hatten. Diese wurden in viele Sprachen übersetzt und gehören zur Weltliteratur. In ihren letzten Lebensjahren widmeten sich die Brüder v. a. dem „Deutschen Wörterbuch“ (1854–1862), einem Überblick über die deutsche Sprache und die Herkunft der Wörter.

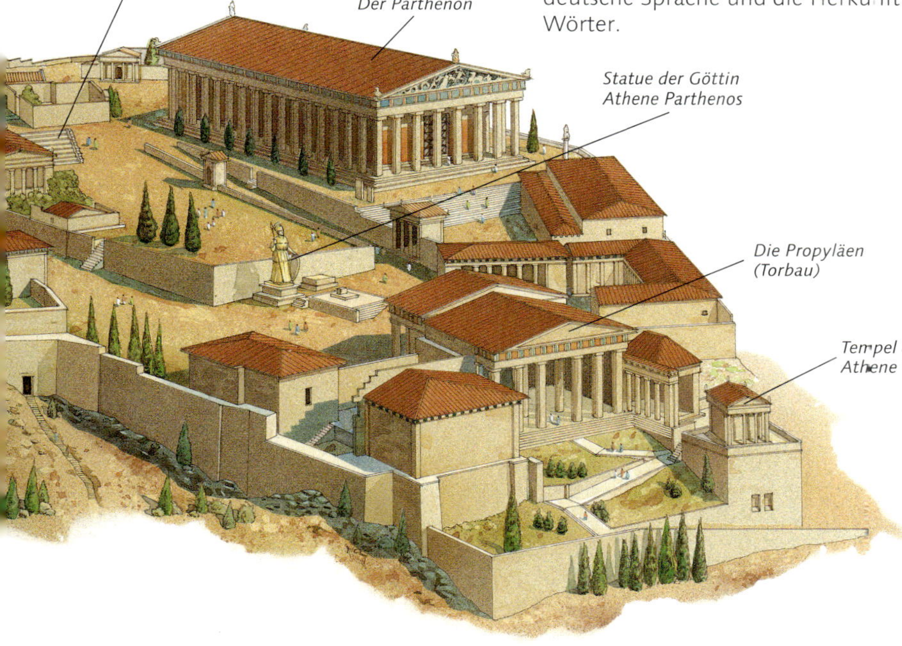

◄ Griechische Städte hatten einen hoch gelegenen, geschützten Mittelpunkt als Zufluchtsort oder als religiöses Zentrum, die Akropolis. Die Akropolis von Athen (erbaut um 400 v. Chr.) zeugt noch heute von der Kultur des antiken Griechenland. Der größte Tempel ist der Parthenon. Er war Athene geweiht, der Schutzgöttin der Stadt.

▲ Grönland ist ein autonomer Teil Dänemarks. Die Hauptstadt ist Nuuk (auch: Godthaab). Die Insel ist 2 166 086 km² groß und hat 56 000 Einwohner. Gesprochen wird Grönländisch und Dänisch.

Grönland

Grönland ist die größte →**Insel** der Welt, der größte Teil davon liegt in der →**Arktis**. Das →**Klima** ist sehr kalt, deshalb leben dort nicht mehr Menschen als in einer mittelgroßen deutschen Stadt. Dickes Eis bedeckt die Insel, nur am Rand erheben sich kahle Berge. Vor etwa 1000 Jahren entdeckten →**Wikinger** das Land. Es liegt nordöstlich von →**Kanada**, gehört aber seit dem 14. Jh. zu →**Dänemark**. Seit 1979 genießt Grönland Autonomie (Selbstverwaltung).
Die meisten Einwohner leben in Dörfern aus Holzhäusern nahe der Küste. Einige sind Dänen, die meisten →**Inuit**. Viele Grönländer arbeiten in der Fischfangindustrie.

Großbritannien

Großbritannien ist eine →**Insel** im Nordwesten →**Europas**. Es besteht aus Schottland, England und Wales. Gemeinsam mit Nordirland bildet es das Vereinigte Königreich von Großbritannien und Nordirland (United Kingdom of Great Britain and Northern Ireland). Staatsoberhaupt ist seit 1952 Königin Elisabeth II. (geb. 1926). Der längste →**Fluss** ist der Severn, der durch England und Wales fließt. Das →**Klima** ist weitgehend mild.
Schottland ist sehr gebirgig, hier liegt der höchste Berg Großbritanniens, der Ben Nevis (1343 m). Schottland gehört seit 1907 zum Vereinigten Königreich, besitzt aber seit 1999 ein eigenes →**Parlament**. Die Hauptstadt ist Edinburgh.
England bildet den größten Teil des Vereinigten Königreichs. Es hat seinen Namen von den Angelsachsen, die das Land vor 1500 Jahren besiedelten. Heute hat England etwa 50 Millionen Einwohner, darunter allein 7,2 Millionen in der britischen Hauptstadt London.
Wales liegt im Westen Großbritanniens. Es ist ein sehr grüner hügeliger Landstrich mit der Hauptstadt Cardiff.
Nordirland ist seit 1921 politisch von der Republik →**Irland** getrennt. Seine Hauptstadt ist Belfast. Bis heute schwelen hier Konflikte zwischen Katholiken und Protestanten.
Vier Fünftel der Einwohner des Vereinigten Königreiches leben in Städten. Der bedeutendste Wirtschaftssektor sind die Dienstleistungen (Banken, Versicherungen, Finanzen). London ist neben New York und Tokio ein Weltfinanzzentrum. Führend in der Welt sind auch die Wirtschaftszweige →**Chemie**, →**Elektronik**, →**Luft**- und →**Raumfahrt** sowie die Erdölförderung. Traditionelle Industriezweige wie der Kohlebergbau nehmen hingegen an Bedeutung ab.
Seit 1926 gibt es das sogenannte Commonwealth of Nations, einen losen Zusammenschluss von ehemaligen britischen →**Kolonien**. Die meisten haben inzwischen ihre eigenen Staatschefs, andere, wie z. B. →**Neuseeland**, erkennen noch immer offiziell die britische Königin als Staatsoberhaupt an. Zum Commonwealth gehören viele kleine Inselstaaten im →**Pazifischen Ozean** oder in der →**Karibik**, jedoch auch große Länder wie →**Kanada**, →**Australien** oder →**Indien**.

Großbritannien
Staatsform: Parlamentarische Monarchie
Hauptstadt: London
Fläche: 244 100 km²
Einwohner: 59,7 Mio.
Sprachen: Englisch, Walisisch, Gälisch
Währung: Pfund Sterling

Guatemala
Staatsform: Republik
Hauptstadt: Guatemala-Stadt
Fläche: 108 889 km²
Einwohner: 11,4 Mio.
Sprachen: Spanisch, Maya-Sprachen
Währung: Quetzal

Guinea
Staatsform: Republik
Hauptstadt: Conakry
Fläche: 245 857 km²
Einwohner: 7,2 Mio.
Sprachen: Französisch, Ful, Mandinka
Währung: Guinea-Franc

Guatemala

Guatemala ist der bevölkerungsreichste →**Staat** in →**Mittelamerika**. Fast die Hälfte der Einwohner sind Indios, Nachfahren der →**Maya**. Guatemala ist ein Land mit dichtem Dschungel, →**Vulkanen** und Trockenwäldern. Die meisten Menschen verdienen ihren Lebensunterhalt in der →**Landwirtschaft**. Kaffee, →**Baumwolle** und Bananen sind die wichtigsten Anbauprodukte.
Das Land wurde 1524 von →**Spanien** erobert, erklärte 1821 seine Unabhängigkeit und wurde 1839 zur →**Republik**.

Guinea

Guinea ist ein Land an der Westküste →**Afrikas**, das größtenteils aus Trockenwaldzonen besteht. Hier entspringen die großen Flüsse

Afrikas: Niger, Senegal, Gambia. Trotz der großen Bauxitvorkommen (Bauxit ist ein aluminiumhaltiges →**Gestein**) ist das Land eines der ärmsten der Welt.

Gummi

Gummi ist ein vielseitiger Stoff, der für die →**Industrie** ebenso wichtig ist wie im Haushalt. Gummiprodukte sind z. B. Schuhsohlen, Auto- und Fahrradreifen oder Gummibälle. Der Rohstoff, aus dem Gummi gemacht wird, heißt Kautschuk. Der Naturkautschuk wird aus dem Saft des Kautschukbaums gewonnen: Wenn man die Baumrinde anritzt, tritt ein weißer, harzartiger Milchsaft aus. Durch Gerinnung mithilfe von →**Säure** entsteht Naturkautschuk, der weiter zu Gummi verarbeitet – vulkanisiert – wird. Die größten Kautschukproduzenten sind →**Malaysia** und →**Indonesien**.
Während des Ersten →**Weltkriegs** gelang es Forschern, Gummi künstlich aus →**Erdöl** oder →**Kohle** herzustellen. Heute werden etwa zwei Drittel des verarbeiteten Gummis auf diese Weise produziert.

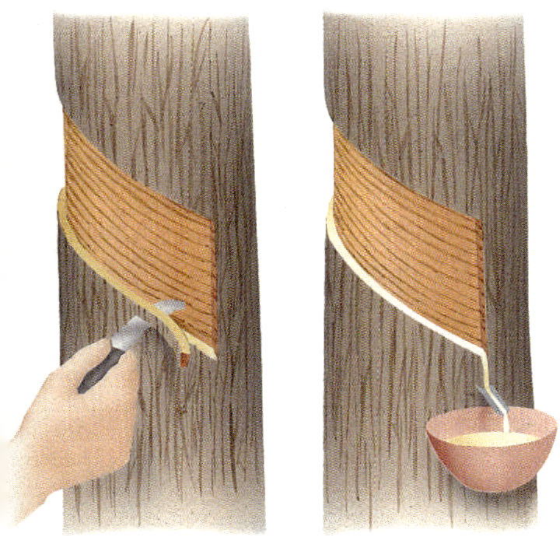

▲ Ausgangsstoff für Naturkautschuk und damit für Gummi ist Latex, der Milchsaft des tropischen Kautschukbaums. Er kann aufgefangen werden, wenn man die Rinde des Baumes anschneidet.

Gürteltiere

Gürteltiere leben in →**Mittel**- und →**Südamerika**. Rücken und Seiten dieser →**Säugetiere** sind mit einem Panzer aus Knochenplatten bedeckt. Die nachtaktiven Insekten- und Kleintierfresser besitzen kräftige Krallen, mit denen sie Baue graben und nach Nahrung suchen. Es gibt 20 →**Arten** von Gürteltieren.

Guyana

Guyana ist ein tropisches, feuchtheißes, regenreiches Land an der Nordostküste →**Südamerikas**. Die meisten der Einwohner leben auf einem schmalen flachen Küstenstreifen. Hier werden Zuckerrohr und →**Reis** angebaut. Im hügeligen Inland werden →**Bodenschätze** wie →**Gold**, →**Diamanten** und Bauxit (aluminiumhaltiges →**Gestein**) gewonnen.
Guyana war eine britische →**Kolonie**, wurde 1966 unabhängig und ist seit 1970 eine →**Republik**.

Guyana
Staatsform: Republik
Hauptstadt: Georgetown
Fläche: 214 969 km²
Einwohner: 772 200
Sprache: Englisch
Währung Guyana-Dollar

Gyroskop

Das griechische Wort „gyros" bedeutet Kreis und ein Gyroskop ist nichts weiter als ein Kreisel. Das Besondere an einem Kreisel ist, dass sich die Lage der Achse, um die er sich dreht, nicht verändert, solange keine →**Kraft** auf ihn einwirkt.
Wenn man einen sich drehenden Kreisel an der Spitze anstößt – also eine Kraft auf ihn ausübt – dreht er sich weiter, beginnt aber gleichzeitig um die ursprüngliche Drehachse zu kreisen. Ist die →**Energie** des Anstoßes verbraucht, richtet er sich wieder auf und dreht sich weiter um die anfängliche Drehachse.
Diese Eigenschaften des Kreisels macht man sich bei der →**Navigation** zunutze: Spezielle →**Kompasse**, die man ebenfalls Gyroskope oder Kreiselkompasse nennt, leisten wertvolle Dienste bei der Steuerung von →**Schiffen** sowie in der →**Luft**- und →**Raumfahrt**.

▼ Gürteltiere verdanken ihren Namen den Querbändern in der Körpermitte. Sie ermöglichen es dem Tier, sich zu biegen oder bei Gefahr einzurollen.

Haare

Haare halten den Körper warm und schützen die →**Haut**. Sie bestehen wie Nägel und Krallen, Hufe, →**Federn** und die →**Schuppen** von →**Reptilien** aus →**Horn**. Jede Haarwurzel sitzt in einer Hauteinbuchtung, dem Haarbalg. In diesen münden →**Drüsen**, die Talg (einen Stoff, der v. a. aus Fett besteht und die Haut geschmeidig hält) produzieren. Der Haarbalg wird mit Blut versorgt und er besitzt einen Muskel, der das Haar aufrichtet.
Es gibt viele verschiedene Arten von Haaren. Die Haare von →**Katzen** z. B. sind weich, während die Haare von →**Stachelschweinen** starre, spitze Stacheln bilden.

Habitat

Der Begriff kommt vom lateinischen Wort „habitare" (wohnen). Man versteht darunter die Umgebung, in der ein Lebewesen alle physikalischen und chemischen Bedingungen vorfindet, die es zum Leben braucht, z. B. →**Sauerstoff**, →**Licht**, →**Temperatur** oder →**Wasser**. Manchmal wird Habitat mit dem Begriff →**Biotop** gleichgesetzt, dieser ist aber weiter gefasst. Bei →**Pflanzen** spricht man statt von Habitat auch von Standort.

▾ Weiße Haie werden bis zu 8 m lang. Wie viele Knorpelfische nehmen sie die elektrischen Impulse wahr, die von den Muskelbewegungen anderer, in der Nähe schwimmender Tiere erzeugt werden.

Habsburger

Viele europäische Herrscher der vergangenen Jahrhunderte stammten aus dem Haus Habsburg. Der Name kommt von dem Schweizer Stammsitz, der Habichtsburg, die bei Brugg am rechten Ufer der Aare lag.
Im Jahr 1273 wurde Graf Rudolf von Habsburg (1218–1291) deutscher König. Er eroberte drei Jahre später →**Österreich**. Viele der späteren Kaiser des →**Heiligen Römischen Reiches** waren Habsburger. Die männlichen Habsburger heirateten häufig ausländische Prinzessinnen und vergrößerten damit den Machtbereich des Herrscherhauses. Die Habsburgerinnen wurden mit bedeutenden Herrschern vermählt, wie z. B. Marie Antoinette (1755–1793) mit Ludwig XVI. (1754–1793). Diese Heiratspolitik führte zu guten diplomatischen Beziehungen der Habsburger mit anderen Ländern. Im 16. Jh. reichte das Reich der Habsburger von →**Spanien** im Westen bis nach →**Ungarn** im Osten. Ab dem 18. Jh. begann die Macht der Familie zu bröckeln. Kriege und →**Revolutionen** schwächten die habsburgischen Herrscher. Zur Zeit →**Napoleons** endete das Heilige Römische Reich (1806). Nach dem Ersten →**Weltkrieg** zerfiel schließlich auch das Österreichisch-Ungarische Reich der Habsburger. Doch erst im Jahr 1961 wurde der offizielle Thronverzicht ausgesprochen.

Hafen

Ein Hafen ist ein natürliches oder künstliches Wasserbecken, in dem →**Schiffe** vor Sturm oder Seegang geschützt sind. Diesen Schutz bieten natürliche Buchten oder künstlich geschaffene Schutzvorrichtungen.
Für →**Transport** und →**Verkehr** sind die Handelshäfen von großer Bedeutung. Sie besitzen neben Kais, an denen die Schiffe anlegen können, zahlreiche Vorrichtungen wie Kräne, Straßen, Gleise oder Lagerhäuser. Diese Anlagen dienen dem An- und Abtransport von Gütern sowie der Be- und Entladung der Schiffe (Güterumschlag). Viele Güter werden heute in Containern befördert. Diese Frachtbehälter lassen sich gut stapeln, auf Schiffen, Lastwägen und Güterzügen leicht transportieren und schnell umladen. Manche Güter können nicht in Containern transportiert werden. →**Getreide** und →**Erdöl** z. B. werden mithilfe von Pumpen verladen, großes Stückgut wird mithilfe von Kränen oder Gabelstaplern direkt verfrachtet. Einige Häfen sind auf den Umschlag bestimmter Güter spezialisiert, etwa Fischereihäfen oder Ölhäfen.
Nicht alle Hafenanlagen dienen dem Güterumschlag: In den Docks werden Schiffe überholt und repariert; in Werften neu gebaut. Darüber hinaus gibt es Spezialhäfen, die gar nichts mit dem Handel zu tun haben: etwa Marinehäfen für militärische oder Jachthäfen für private Zwecke.

Haie

Zur Gruppe der Haie gehören die größten und gefährlichsten Raubfische der →**Erde**. Haie zählen zu den Knorpelfischen. Sie bringen lebende Junge zur Welt oder legen →**Eier**. Viele Haie besitzen einen stromlinien-

förmigen Körper mit einer dreieckigen Rückenflosse und einen keilförmigen Kopf mit kräftigem Kiefer. Die meisten Haie sind in warmen, tropischen Gewässern heimisch. Zwischen den rund 300 Haiarten gibt es beträchtliche Größenunterschiede: Der Schwarze Dornhai wird nur 60 cm lang, während der Walhai etwa 14 m lang werden kann.
Walhai und Riesenhai fressen →**Plankton**, das sie aus dem →**Wasser** filtern. Viele andere Haiarten jagen nach →**Fischen** und anderen Meeresbewohnern. Andere ernähren sich von Aas und werden vom Geruch des Blutes angelockt. Der Weiße Hai wird als „Menschenfresser" gefürchtet, obwohl er Opfer meist schnell wieder loslässt. Auch Bullenhai, Tigerhai und Blauhai greifen Menschen an.

Haiti

Haiti liegt im Westteil der karibischen Insel Hispaniola. (Den Ostteil bildet die →**Dominikanische Republik**.) Ein großer Teil Haitis ist von zerklüfteten →**Gebirgen** bedeckt, in den fruchtbaren Tälern und Küstenebenen wachsen Kaffee und andere Erntefrüchte. Die Vorfahren der meisten Einwohner kamen im Zuge der →**Sklaverei** auf die Insel. 1677 wurde Haiti französische →**Kolonie**. Seit der Unabhängigkeit 1804 wurde das Land von →**Bürgerkriegen** und politischen Unruhen erschüttert und ist nicht zuletzt deshalb sehr arm.

Halbleiter

Es gibt Materialien, durch die elektrischer →**Strom** ganz leicht fließen kann. Man nennt sie deshalb Leiter und die meisten davon sind →**Metalle**. Andere Materialien, etwa →**Kunststoff**, widersetzen sich dem elektrischen Strom – diese bezeichnet man als Isolatoren (oder Nichtleiter). Einige Metalle wie z. B. Germanium und Silizium sind weder Leiter noch Isolatoren, sondern Halbleiter. Diese spielen in der →**Elektronik** eine bedeutende Rolle: Fügt man zu einem Halbleiter kleine Mengen von anderen →**Elementen** hinzu, etwa Arsen und →**Aluminium**, entstehen zwei verschiedene Schichten, zwischen denen ein Elektronenfluss möglich ist. Man kann aus diesem Material wichtige elektronische Bauteile herstellen. Diese können entweder unterschiedlich viel Strom durchlassen, den Strom vollständig verhindern oder ihn nur in eine Richtung fließen lassen. Aus solchen Halbleitern bestehen z. B. →**Transistoren**.

Halley, Edmond

Berühmt wurde der Astronom Edmond Halley (1656–1742) durch die Vorhersage der Wiederkehr eines →**Kometen**, den er 1682 von der Insel St. Helena (Südatlantik) aus beobachtet hatte. Er berechnete, dass die Umlaufzeit des Kometen um die →**Sonne** 76 Jahre beträgt. Der nach seinem Entdecker benannte Halley-Komet näherte sich zuletzt 1986 der →**Erde**. 1703 wurde Halley Professor für →**Geometrie** in Oxford. Bahnbrechend für die →**Astronomie** war Halleys Arbeit von 1717, in der er aus vergleichenden Sternbeobachtungen die Eigenbewegung von Fixsternen ableitete.

Handel

Das Kaufen und Verkaufen von Waren nennt man Handel. Beim Tauschhandel tauschen die Händler eine Ware gegen eine andere. Heute werden Waren jedoch meist gegen →**Geld** gehandelt. →**Unternehmen**, die Waren in riesigen Mengen kaufen und dann an verschiedene Läden und Geschäfte weiterverkaufen, nennt man Großhändler. Einzelhändler verkaufen ihre Waren im Laden direkt an die Verbraucher.
Unter Binnenhandel versteht man den Handel innerhalb eines Landes, den Handel zwischen verschiedenen Ländern nennt man Welthandel. Wenn man ausländische Ware einkauft, handelt es sich um einen Import. Beim Export wird Ware in ein anderes Land verkauft. Dabei unterscheidet man einerseits zwischen materiellen (sichtbaren) Gütern, wie Rohstoffe (z. B. →**Eisen** oder →**Getreide**) oder Industriegüter, und andererseits immateriellen (unsichtbaren) Gütern wie →**Versicherungen**, Transportdienstleistungen und das Geld der Touristen.
Die wichtigsten Handelsnationen sind die reichen Industrieländer. Aber fast jedes Land ist vom Handel abhängig, weil es die Waren, die die Menschen zum Leben brauchen, nicht alle selbst herstellen kann.

▲ Der nach Edmond Halley benannte Komet besteht aus Steinbrocken, Staub und Eis.

Haiti
Staatsform: Republik
Hauptstadt: Port-au-Prince
Fläche: 27 750 km²
Einwohner: 8 Mio.
Sprachen: Kreolisch, Französisch
Währung: Gourde

▲ Um Handel zu treiben, müssen Güter oft über weite Strecken transportiert werden. Dazu werden sie z. B. in Containern auf Schiffe geladen und über den Wasserweg verschickt. Diese Transportart ist besonders kostengünstig.

▲ Hasen leben in den verschiedensten Regionen der Erde. Der Eselhase ist ein Wüstenbewohner. Über die langen Ohren (Löffel) strahlt er überschüssige Körperwärme ab. So wird eine Überhitzung des Körpers verhindert.

Händel, Georg Friedrich

Händel (1685–1759) gehört zu den bedeutendsten deutschen Komponisten. Der Sohn eines fürstlichen Leibchirurgen in Halle studierte →**Musik** in seiner Heimatstadt und ließ sich 1712 nach mehreren Stationen in →**Deutschland** und →**Italien** in London nieder. Hier schuf er, finanziell vom Königshaus unterstützt, eine Reihe italienischer Opern. Bekannter ist er heute allerdings wegen seiner Oratorien – insbesondere „Der Messias" (1741). Oratorien sind wie Opern Werke für Instrumente und mehrere Sänger. Sie werden jedoch nicht als gespielte Szenen aufgeführt und haben meist religiösen Inhalt. Auch als Komponist von Instrumentalwerken trat er hervor, etwa mit der „Wassermusik" (1717) und der „Feuerwerksmusik" (1749).

Hannibal

Hannibal (247/246–183 v. Chr.) war der legendäre Heerführer der Karthager (auch Punier genannt) im zweiten →**Punischen Krieg** (218–201 v. Chr.). Um Rom von Norden her zu erobern, überquerte Hannibal mit seinem Heer – etwa 38 000 Fuß- und 8000 Reitersoldaten sowie 37 →**Elefanten** – von →**Spanien** aus die →**Pyrenäen** und schließlich die →**Alpen** und überraschte die Römer in Norditalien. Nach anfänglichen militärischen Erfolgen wurde Hannibal jedoch von den Römern zurückgedrängt und musste nach Karthago (heute Tunesien) zurückkehren. Als die Römer Hannibals Auslieferung verlangten, nahm er sich das Leben.

Hasen

Hasen bilden zusammen mit den →**Kaninchen** die Ordnung der Hasenartigen. Die Hasen besitzen lange Ohren, kräftige Beine und einen kurzen Schwanz. Anders als die Kaninchen, die nackt und blind geboren werden, haben neugeborene Hasen bereits ein Fell und ihre Augen sind offen.
Hasen leben in offenem Gelände, auf Feldern, Hochebenen, in Mooren und im Hochgebirge. Sie graben keine Baue, sondern ruhen in kleinen Bodenkuhlen. Hasen können bis zu 70 km/h schnell laufen.
Der Europäische Feldhase kommt in weiten Teilen →**Europas** und →**Asiens** vor. Er frisst →**Gräser** und →**Kräuter**, aber auch Rinde von →**Bäumen**. Der Schneehase ist zur →**Tarnung** im Winter weiß gefärbt.

Haus

Die frühesten Häuser waren einfache Unterstände aus Lehm, Ästen, Laub oder Tierfellen. Später benutzten die →**Menschen** sonnengetrocknete Lehmziegel für den Hausbau. Wie Häuser gebaut werden, hängt vom →**Klima** und vom verfügbaren Material ab: Die →**Inuit** bauen ihre Iglus aus Schneeblöcken. Afrikanische Häuser haben dicke Mauern und kleine Fenster, damit die Hitze draußen bleibt. Heutige Häuser in

► Karthago war eines der mächtigsten Reiche am Mittelmeer. Der Heerführer Hannibal führte auf seinem Eroberungszug gegen Rom auch Elefanten über Pyrenäen und Alpen. Vermutlich zum ersten Mal in der Geschichte haben diese afrikanischen Tiere europäische Gebirge betreten.

Mitteleuropa sind so gebaut, dass sie Kälte, Zugluft und Regen abhalten und möglichst viel Wärme speichern. Doppelt verglaste Fenster sowie isolierte Dächer und Mauern verhindern Wärmeverlust. In Städten und größeren Gemeinden, wo viele Menschen auf engem Raum leben, gibt es Mehrfamilienhäuser und Wohnblocks.

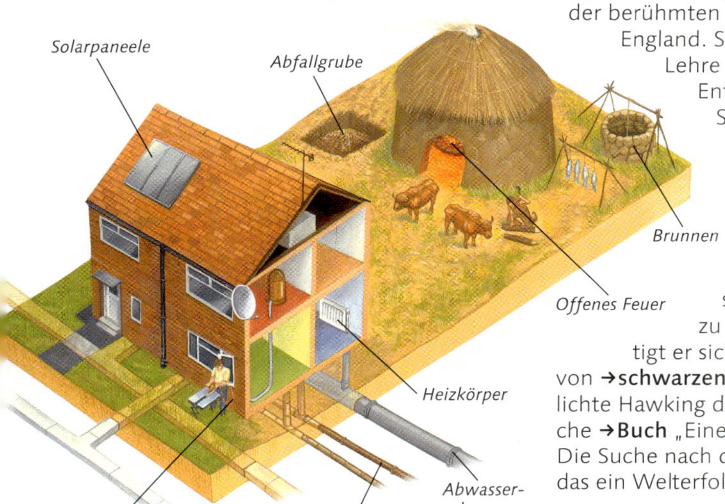

▲ Das Aussehen von Häusern änderte sich im Lauf der Jahrhunderte ständig, doch haben heutige Häuser mit früheren noch viel gemeinsam. In jedem Haus muss es z. B. eine Kochgelegenheit geben, eine Heizmöglichkeit, eine Wasserversorgung und ein System zur Abfallentsorgung.

Haut

Die Haut, das größte →**Organ** des →**Menschen**, ist die wasserdichte, elastische Hülle des Körpers. Sie schützt die inneren Organe vor Verletzungen und Austrocknung, wehrt Schmutz und Keime ab und dient der Wärmeregulierung. Außerdem spielt die Haut eine wichtige Rolle bei der Sinneswahrnehmung: Rezeptoren genannte Nervenzellen in der Haut nehmen z. B. Hitze, Kälte und Berührung wahr. An stark beanspruchten Stellen wie den Fußsohlen kann die Haut mehrere Millimeter dick werden.
Die menschliche Haut besteht aus drei Schichten. In der Oberhaut werden ständig tote Hautzellen abgestoßen und neue →**Zellen** produziert. Ein in diese Schicht eingelagerter chemischer Stoff, das Melanin, ist für die Hautfarbe verantwortlich. Unter der Oberhaut befindet sich die Lederhaut. Sie enthält →**Nerven**, Blutgefäße, →**Drüsen** und →**Muskeln**. In der tiefsten Schicht, der sogenannten Unterhaut, liegt Fettgewebe.

Hawking, Stephen

Stephen Hawking (geb. 1942) ist Professor an der berühmten Universität Cambridge in England. Sein Fach ist Kosmologie, die Lehre von der Entstehung und Entwicklung des →**Universums**. Sein besonderes Interesse gilt dabei dem Zustand des Kosmos nach dem Urknall. Hawking versucht, die →**Relativitätstheorie** Albert →**Einsteins** und die →**Quantentheorie** zu einer sogenannten „Weltformel" zu vereinen. Konkret beschäftigt er sich z. B. mit der Entstehung von →**schwarzen Löchern**. 1983 veröffentlichte Hawking das auch für Laien verständliche →**Buch** „Eine kurze Geschichte der Zeit. Die Suche nach der Urkraft des Universums", das ein Welterfolg wurde.

Haydn, Joseph

Der österreichische Komponist Joseph Haydn (1732–1809), der auf vielen Gebieten Meisterwerke geschaffen hat, arbeitete sich aus einfachsten Verhältnissen empor. Ein Verwandter ermöglichte seine Ausbildung als Chorknabe am Wiener Stephansdom. Ab 1761 stand er als Oberkapellmeister in Diensten des Fürsten Nikolaus von Esterházy (1714–1790). Hier schuf Haydn über 100 Sinfonien und entwickelte seinen ganz persönlichen Stil, der die Epoche der Wiener Klassik prägte. Eine Sinfonie ist ein Instrumentalwerk für →**Orchester**. Manche von Haydns Sinfonien sind mit Titeln versehen, z. B. „Mit dem Paukenschlag" (Nr. 94). Sein Streichquartett Nr. 70 („Kaiser-Quartett") lieferte die Melodie für die deutsche Nationalhymne. Als Fürst Nikolaus von Esterházy 1790 starb, zog Haydn nach Wien und schuf die großen Oratorien „Die Schöpfung" (1798) und „Die Jahreszeiten" (1801) sowie sechs große Messen. Unter Oratorien versteht man Musikwerke für Instrumente und Sänger, die aber nicht (wie die Oper) als Szenen dargestellt werden.

Hefe

Hefen sind mikroskopisch kleine Lebewesen, die zu den →**Pilzen** zählen und jeweils nur aus einer einzigen →**Zelle** bestehen. Hefen nehmen →**Zucker** auf und spalten ihn in →**Alkohol** und das →**Gas** Kohlendioxid. Dieser Prozess wird →**Gärung** genannt. Heute wird Hefe in großen Behältern gezüchtet. Hefe zum Backen von Kuchen kann man in kleine Pakete gepresst im Supermarkt kaufen oder in kleinen Tütchen in Form von Trockenhefe.

Bei der Herstellung von →**Wein** oder Bier verwandeln die Hefen den Zucker aus Trauben oder aus Getreidestärke in Alkohol, während das Kohlendioxid aus der →**Flüssigkeit** aufsteigt. In einem Hefeteig für →**Brote** oder Kuchen sorgt das Gas im Teig dafür, dass der Teig aufgeht.

Heiliges Römisches Reich

siehe Seite 131

Herz

Das Herz ist ein aus Muskeln geformter Hohlkörper, der das →**Blut** gleichmäßig durch den Körper pumpt. Es besteht aus zwei Hälften, der rechten und der linken Herzhälfte. Jede davon ist in einen kleineren Vorhof und eine größere Herzkammer unterteilt.

In den rechten Vorhof fließt durch die obere und die untere Hohlvene sauerstoffarmes Blut. Dieses Blut wird von der rechten Kammer durch die Lungenarterien in die →**Lunge** gepresst, wo es →**Sauerstoff** aufnimmt. Im linken Vorhof sammelt sich das sauerstoffreiche Blut, das durch die Lungenvenen aus der Lunge kommt. Die linke Kammer pumpt dieses Blut durch eine große →**Arterie**, die Aorta, in den Körper, sodass es zu den →**Zellen** strömen kann. Das Herz arbeitet dabei wie eine Saug-Druck-Pumpe. Zieht sich der Muskel zusammen, wird das Blut aus den Herzkammern hinausgedrückt. Wenn er erschlafft, wird Blut in die Vorhöfe gesaugt.

Das Herz des Menschen ist ungefähr so groß wie seine geschlossene Faust. Bei einem Erwachsenen schlägt es durchschnittlich 70 bis 80 Mal in der Minute.

Heuschrecken

Diese →**Insekten** besitzen Vorder- und Hinterflügel sowie lange, kräftige Hinterbeine. Damit können sie gewaltige Sprünge vollführen. Die Männchen zirpen, indem sie die Hinterbeine an den Flügeln reiben. Heuschrecken ernähren sich von →**Blättern**. Einige →**Arten** wie die →**Wanderheuschrecke** sind gefürchtete Pflanzenschädlinge.

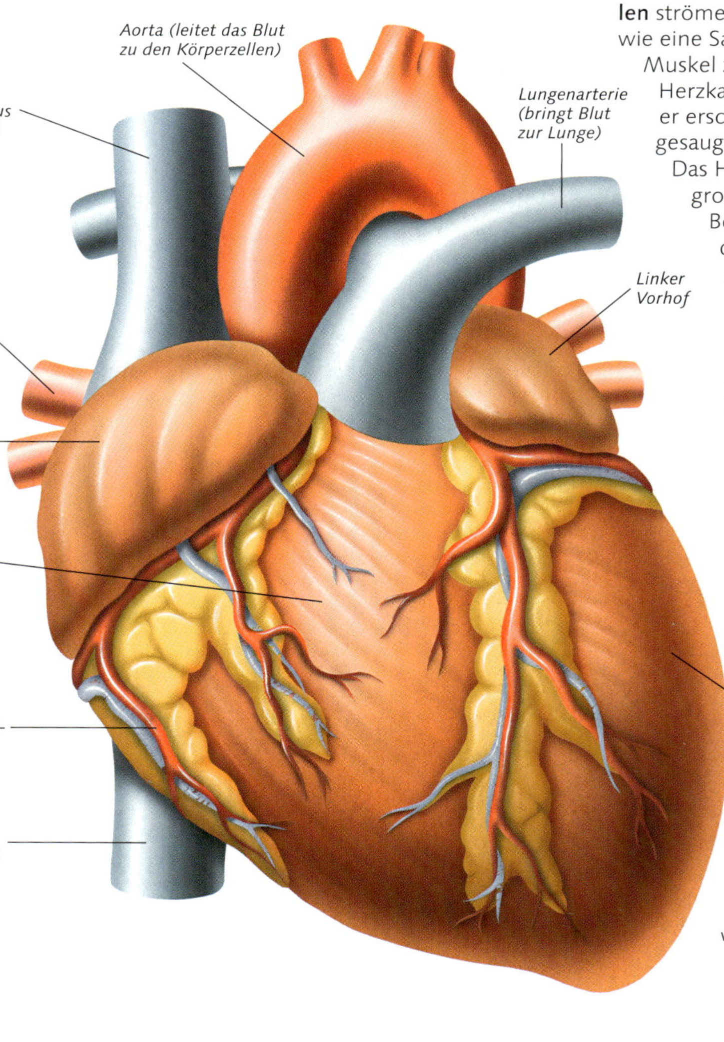

◄ Diese Abbildung zeigt eine Vorderansicht des menschlichen Herzens. Deutlich sichtbar sind die Blutgefäße, die das Blut zum Herzen hin und von ihm wegleiten, sowie die Kranzschlagader, die die dicken Muskelwände des Herzens versorgt.

Heiliges Römisches Reich

Das Heilige Römische Reich verstand sich als Nachfolger des antiken Römischen Reiches. Seine Grenzen änderten sich im Lauf der Jahrhunderte erheblich, doch das Kernland umfasste immer große Teile der deutschen Herzogtümer sowie zeitweise Oberitalien und Burgund.

▲ Die Karte zeigt die Grenzen des Reiches um 1530. Zu dieser Zeit trug es den Namen „Heiliges Römisches Reich Deutscher Nation" der im 14. Jh. aufgekommen war und eine Abgrenzung der deutschen Reichsteile von Italien und Burgund bekräftigte.

Die Anfänge

Im Jahr 395 wurde das antike Römische Reich in ein West- und ein Oströmisches Reich aufgeteilt. Das Westreich löste sich 476 auf. Auf seinem Gebiet entstanden mehrere germanische Reiche, darunter das Frankenreich. Diese erkannten ebenso wie der Papst in Rom zunächst die Oberhoheit des Oströmischen oder Byzantinischen Reiches an. Im 8. Jh. kam es jedoch zum Bruch zwischen Byzanz und Rom. Auf der Suche nach einer weltlichen Schutzmacht wandte sich die Kirche an Karl den Großen (742–814), der 768 den fränkischen Thron bestiegen hatte. Im Jahr 800 wurde er vom Papst zum Kaiser des Reiches gekrönt. Damit war das Weströmische Reich als politische (und kirchliche) Einheit erneuert.

Kaiser und Papst

Mit den Zwistigkeiten unter Karls Nachfolgern und der Teilung des Fränkischen Reiches geriet die Idee der Einheit ins Wanken, doch mit Otto I. (912–973) erhielt das Reich wieder einen starken Kaiser, der auch ein treuer Anhänger der Kirche war.

Als Schutzherren der Kirche beanspruchten die Kaiser auch Rechte ihr gegenüber: Sie setzten Bischöfe und Äbte in ihre geistlichen Ämter ein (Investitur) und verliehen ihnen Land und staatliche Rechte (Lehen). Umgekehrt betrachteten sich die Päpste als oberste Lehnsherren der Kaiser und kämpften um politische Macht. Darüber kam es zu erbitterten Auseinandersetzungen zwischen Kaisertum und Papsttum, die im Mittelalter die Geschichte des Heiligen Römischen Reiches stark prägten. Die Idee von der geistlichen und weltlichen Einheit des Reiches konnte praktisch nicht aufrechterhalten werden und verlor infolge der Reformation ganz an Bedeutung.

Kaiser und Reich

Die Kaiser waren immer auch deutsche Könige, die von anderen hohen Adeligen gewählt wurden (Wahlkönigtum). Ein König wurde nicht unbedingt von allen anerkannt. Es gab Doppelwahlen und Gegenkönige. Die Auseinandersetzungen mit den Päpsten, aber auch die Versuche, das Reich zu vergrößern, nahmen die Kaiser stark in Anspruch. Die innere Einigung des Reiches wurde vernachlässigt. Die Folge war, dass die anderen Fürsten immer mächtiger wurden. Und trotz mancher Bemühungen, die Reichsidee immer wieder zu beleben, entwickelten sich auf deutschem Gebiet starke Einzelstaaten. Auch die Kaiser, v. a. die Habsburger, stärkten mehr und mehr ihre Hausmacht. Den Rückgang der kaiserlichen Macht im Reich markieren z. B. der Augsburger Religionsfrieden (1555) und der Westfälische Frieden (1648): Die einzelnen Landesherren konnten die offizielle Konfession für ihr Land wählen und der Kaiser war bei Reichsentscheidungen an die Zustimmung der Reichsfürsten und Reichsstädte gebunden. Als 1806 Kaiser Franz II. die römisch-deutsche Kaiserwürde niederlegte, war das Ende des Heiligen Römisches Reiches besiegelt.

Zum Weiterlesen

Byzantinisches Reich, Dreißigjähriger Krieg, Germanen, Habsburger, Karl der Große, Karl V., Lehnswesen, Luther, Mittelalter, Reformation, Römisches Reich und Seite 382

► Die Kaiser des Heiligen Römischen Reiches waren immer auch deutsche Könige, die jahrhundertelang vom Papst zum Kaiser gekrönt wurden. Man trifft daher oft auf die Titel „deutscher König", „römischer König", „römischer Kaiser" oder „römisch-deutscher Kaiser".

▲ Eine typische Bilderbuch-Hexe: alte Frau mit großer Nase, schmutzig, zerrissener Kleidung und einem Reisigbesen

Hexe

Viele →**Menschen** glaubten früher an Hexen. Das waren Menschen (meist Frauen), denen man unterstellte, →**Magie** zu betreiben. Es hieß, dass Hexen dem Teufel dienten. Sie würden mit Zaubersprüchen unschuldige Menschen verhexen und ihnen →**Krankheiten** oder sogar den Tod bringen. Hexen ritten, nach den Vorstellungen des Volkes, auf einem Besen nachts durch die Luft und trafen sich an unheimlichen Orten zum sogenannten Hexensabbat, um einen Pakt mit dem Teufel zu schließen. In manchen Märchen, z. B. „Hänsel und Gretel", sind Hexen noch lebendig.

Im →**Mittelalter** wurden aufgrund dieses Aberglaubens viele Frauen, aber auch Männer und Kinder, umgebracht. Die →**Kirche** unterstützte die Hexenverfolgung. Diese fand ihren Höhepunkt in der spanischen Inquisition (im 15. Jh.), die vom spanischen König und von der Kirche ausgeübt wurde. Unter Inquisition versteht man das Verhör durch Folter, das meist mit dem Tod der Verdächtigen endete. Vorläufer dieser Inquisition gab es in →**Deutschland** und →**Frankreich**.

Heute glauben nur noch wenige Menschen an Hexen. Dennoch gibt es einige, die selbst von sich behaupten, Hexe zu sein. Meistens bieten diese sogenannten Hexen nur Kräutermedizin an. Manche begehen in ihrem Wahn, Hexe zu sein, aber auch Verbrechen und müssen sich dann vor →**Gericht** verantworten.

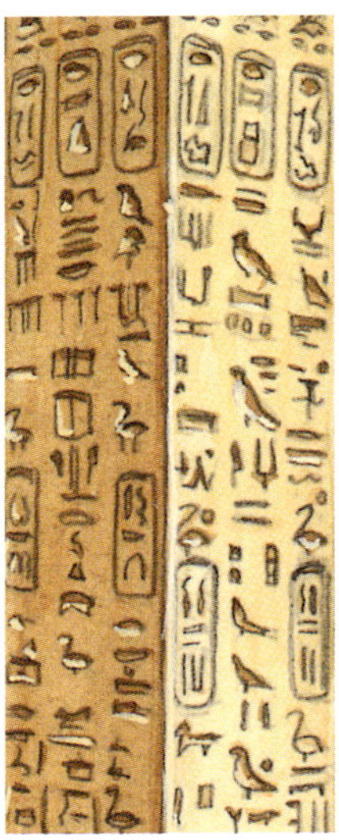

▲ Diese Bildsymbole sind ein Beispiel für ägyptische Hieroglyphen, eine der ältesten Schriften der Welt. Die Hieroglyphen wurden in die Wände von Tempeln, Gräbern und Denkmälern geritzt oder auf Papyrus gemalt.

Hieroglyphen

Das lateinische →**Alphabet**, das auch für die deutsche →**Sprache** genutzt wird, hat 26 Buchstaben. Jeder Buchstabe ist das Zeichen für einen Laut. Die Zeichen aber, die die Bewohner des alten →**Ägypten** vor rund 5000 Jahren entwickelten, waren keine Buchstaben, sondern Bildsymbole, die Hieroglyphen. Diese Symbole können Gegenstände und Ideen bezeichnen, aber auch Laute (Begriffs- und Lautschrift).

Nach dem Niedergang der alten ägyptischen Kultur ging das Wissen um die Bedeutung der Hieroglyphen verloren. 1799 fand man jedoch den sogenannten Stein von Rosette. Er trug eine Inschrift in zwei Sprachen sowie in Hieroglyphenschrift. Indem er die bekannten Sprachen mit den Hieroglyphen verglich, gelang es dem französischen Ägyptologen Jean-Francois Champollion (1790–1832) die Zeichen zu entschlüsseln.

Auch einige andere alten Kulturen verwendeten Bilderschriften, darunter die Hethiter, die im Gebiet der heutigen →**Türkei** lebten, sowie die →**Azteken** und →**Maya** in →**Mittelamerika**. Ihre Hieroglyphen sind mit den ägyptischen nicht verwandt.

▲ Der Himalaja ist der höchste Gebirgszug der Welt. Der Name bedeutet wörtlich: „Heimat des Schnees".

Himalaja

Der Himalaja ist die höchste Gebirgskette der Welt. Er zieht sich wie ein riesiger Grenzwall durch →**Asien** und trennt den Indischen Subkontinent von →**Tibet**. Im →**Mount Everest**, dem höchsten Berg der Welt, erreicht er eine Höhe von 8846 m.

Das →**Gebirge** entstand durch →**Kontinentaldrift**, genauer durch den Zusammenstoß der indischen mit der asiatischen Platte. Es wirkt als gigantische Klimascheide zwischen den trockenen zentralasiatischen Hochländern und den fruchtbaren Regionen →**Indiens**, in denen der →**Monsun** herrscht.

Bis heute gibt es nur wenige →**Straßen** und →**Eisenbahnen** durch die Berge, manche Stellen sind nur zu Fuß über steile Gebirgswege passierbar. →**Pferde**, →**Yaks** und →**Ziegen** werden als Lasttiere eingesetzt.

Hinduismus

Der Hinduismus zählt zu den großen Weltreligionen. Die meisten Hindus leben in →**Asien** und dort v. a. in →**Indien**. Ihre →**Religion** ist vermutlich 4000 Jahre alt und nicht wie →**Christentum** oder →**Islam** von einer Person gegründet worden. Vielmehr hat sich der Hinduismus im Lauf der Zeit aus verschiedenen religiösen Strömungen entwickelt.
Hindus kennen eine unüberschaubare Zahl von →**Göttern und Göttinnen**. Diese werden aber oft als verschiedene Ausprägungen eines einzigen absoluten Gottes gesehen.
Bedeutende Gottheiten oder Gottesvorstellungen sind Wischnu (Bewahrer der Weltordnung) und Schiwa (Zerstörer und Erneuerer) sowie Kali (Göttin des Todes) oder Lakschmi (Göttin des Glücks und der Schönheit). Hindus glauben an die Wiedergeburt (Reinkarnationsglaube). Je nachdem, ob ein Mensch gut oder schlecht gelebt hat, wird er in einem höheren (z. B. als reicher Mensch) oder niederen Zustand (etwa als Insekt) wiedergeboren.
Die bedeutendsten heiligen →**Bücher** des Hinduismus sind die Weden – die Bücher des Wissens. Der wichtigste Text darin ist der Rigweda, eine Sammlung von über 1000 Hymnen (Gedichten) in der alten →**Sprache** Sanskrit.

▲ Einer der wichtigsten Götter des Hinduismus ist Schiwa, der als Schöpfer und Zerstörer angesehen wird. Diese Skulptur zeigt ihn inmitten eines Flammenkreises.

Hippokrates

Der antike Arzt Hippokrates (um 460–370 v. Chr.) gilt als der Vater der →**Medizin**. Er begründete auf Kos, einer griechischen Insel, die Medizinerschule der Hippokratiker. Hier legte man großen Wert nicht nur auf die „Diagnostik", also die Feststellung des Leidens, sondern auch auf die „Prognostik", die Vorhersage von Krankheitsverläufen. Auch Vorbeugung („Prävention") war Bestandteil der hippokratischen Medizin. Um etwa 400 v. Chr. entstand der sogenannte „Hippokratische Eid", den Mediziner vor ihrer Ausbildung zum Wohl der Patienten ablegen mussten. Viele der darin aufgeführten Regeln sind noch heute in dem von Ärzten abzulegenden Ärztegelöbnis enthalten.

Hirsche

Hirsche sind mit den →**Rindern** und →**Antilopen** verwandte →**Huftiere**. Während ihre Verwandten aber bleibende →**Hörner** besitzen, tragen die Männchen der Hirsche Geweihe, die sie einmal im Jahr abstoßen und durch neue ersetzen. Nur bei den Rentieren (in →**Nordamerika** Karibu genannt) tragen beide Geschlechter ein Geweih.
Das neue Geweih bildet sich zu Beginn des Frühjahrs. Dann strömt →**Blut** in die Knochenzapfen oben auf der Stirn. Es enthält einen Knochenbaustoff, der das schnelle Wachstum des Geweihs bewirkt. Zunächst ist das Geweih mit einer behaarten Haut bedeckt, dem Bast. Wenn im Frühsommer das Geweih ausgewachsen ist, wird die Blutzufuhr blockiert und der Bast stirbt ab. Das Tier reibt sein Geweih an Baumstämmen, bis der Bast abgefallen ist. Manche Geweihe erreichen beträchtliche Ausmaße. Elchschaufeln z. B. werden bis zu 2 m breit.
Die meisten Hirscharten leben in Wäldern der Nordhalbkugel, doch gibt es auch in →**Südamerika** heimische →**Arten**. Die in →**Europa** verbreitetste Art ist neben dem Reh der Rothirsch. Im Norden Europas, →**Asiens** und →**Nordamerikas** leben die größten Hirsche, die Elche. Rentiere wurden vom Volk der Samen (Lappen) Skandinaviens erfolgreich gezähmt. Einige Hirscharten, wie die aus dem Mittelmeergebiet stammenden Damhirsche, werden wegen ihres Fleisches auch in Gehegen gehalten.

HIV siehe Aids

▼ Im Sommer reiben männliche Hirsche ihr Geweih an Bäumen, um den abgestorbenen Bast zu entfernen.

Männlicher Rothirsch

► Skateboard fahren wurde in den letzten Jahren zu einem beliebten Hobby. Gute Skater beherrschen akrobatische Tricks.

Hobby

Ein Hobby ist eine Freizeitbeschäftigung. Manche Leute sammeln gerne Briefmarken, →**Münzen** oder →**Gestein**. Zu den kreativen Hobbys zählen z. B. Zeichnen, Malen, Fotografieren oder →**Weben**. Auch →**Schach** und Sportarten sind Hobbys, z. B. →**Fußball** oder →**Reiten**. In Clubs und Vereinen trifft man Leute, die das gleiche Hobby betreiben. Dort kann man Erfahrungen austauschen und das Hobby gemeinsam pflegen.

Hochkulturen

Unter Hochkulturen versteht man in der →**Geschichte** solche Kulturen, die sich auf der Grundlage von Ackerbau und Viehzucht entwickelten und begannen, →**Handel** zu treiben. Sie entstanden oft in fruchtbaren Flusstälern und zeichneten sich aus durch eine in verschiedene Gruppen gegliederte Gesellschaft. Es gab Spezialberufe, Verwaltung, →**Schrift** und →**Religion**. Die Menschen der Hochkulturen lebten größtenteils in festen städtischen Siedlungen.

▼ Die Entstehung einer Höhle aus Kalkstein dauert Tausende von Jahren. Dabei können sich senkrechte und waagrechte Gänge sowie Hohlräume und unterirdische Seen und Wasserläufe ausbilden.

Als älteste Hochkultur gilt die der Sumerer. Sie existierte um 3400 v. Chr. in Mesopotamien (Zweistromland) an den →**Flüssen** Euphrat und Tigris. Die Sumerer gelten auch als Erfinder der Schrift. Andere frühe Hochkulturen gab es in →**Ägypten** am Nil und im Industal, etwa der Gegend des heutigen →**Pakistan**. Die erste Hochkultur →**Europas**, die minoische Kultur, entstand auf Kreta (2500–1400 v. Chr.). Zu verschiedenen Zeiten entwickelten sich Hochkulturen an verschiedensten Orten der ganzen Welt.

Höhlen

Eine Höhle ist ein unterirdischer Hohlraum oder Gang. Die größten Höhlen bilden sich, wenn saures (kohlendioxidhaltiges) Regenwasser durch Kalkstein fließt oder sickert. Das →**Wasser** zersetzt nach und nach das →**Gestein** und hinterlässt dabei ein ganzes Netzwerk von Höhlen. Durch Kalkausscheidungen aus dem abtropfenden Wasser entstehen in den Höhlen oft seltsam geformte Tropfsteine, die sogenannten Stalaktiten und Stalagmiten.
In der frühen →**Geschichte** der Menschheit dienten die Höhlen als Unterschlupf.
Dort entstanden auch die ersten Werke der →**Kunst**, die Höhlenmalereien.

Holland siehe Niederlande

Holocaust

Mit dem Wort Holocaust bezeichnet man den planmäßigen Massenmord, den die Nationalsozialisten in →**Deutschland** von 1933 bis 1945 an über sechs Millionen Juden verübten. Das ursprünglich griechische Wort bedeutet „verbrannt" und im übertragenen Sinn „Massenvernichtung". Die jüdische Bezeichnung dafür ist Shoah. Manchmal wird der Begriff auch ausgedehnt und schließt die Ermordung anderer Gruppen im →**Nationalsozialismus** – etwa Sinti und Roma, politische Gegner, Homosexuelle – mit ein.
Die Ermordung von Menschen, die einer bestimmten religiösen oder kulturellen Gruppe angehören, bezeichnet man im Allgemeinen auch als Völkermord bzw. als Genozid oder Pogrom. Völkermord ist nach der Verordnung der →**Vereinten Nationen** (UNO) von 1948 ein international zu achtendes Verbrechen und kann niemals verjähren.

Holografie

Mit diesem Verfahren kann man wirklichkeitsnahe, dreidimensionale Bilder aufnehmen, die man als Hologramme bezeichnet.
Dazu wird aber kein →**Fotoapparat**, sondern →**Laser** verwendet.
Um ein Hologramm aufzunehmen, wird ein Laserstrahl in zwei Teile aufgespalten. Ein Teilstrahl trifft auf den Gegenstand, der wiedergegeben werden soll, und wird von dort auf eine fotografische Platte reflektiert (zurückgeworfen). Der andere Teilstrahl wird durch →**Spiegel** abgelenkt und trifft dann direkt auf die Platte. Beim Entwickeln dieser Platte entsteht ein schwarz-weißes Muster, das Hologramm. Wenn man dieses von der anderen Seite mit einem Laserstrahl beleuchtet und von dort betrachtet, sieht man ein dreidimensionales Abbild des aufgenommenen Gegenstandes. Das Abbild wirkt ziemlich echt – alles ist genauso hoch, tief und breit wie in Wirklichkeit. Allerdings hat es nicht die Farbe des eigentlichen Gegenstandes, sondern die des Laserstrahls.
Die Holografie wurde in den 1960er-Jahren entwickelt und die Wissenschaftler sind immer noch auf der Suche nach praktischen Anwendungsmöglichkeiten. Hologramme könnten sich z. B. in der →**Medizin** als nützlich erweisen, um den →**menschlichen Körper** zu untersuchen.

Holz

Holz ist eines der wichtigsten natürlichen Materialien, denn es ist vielseitig verwendbar. Aus Bauholz zimmert man Gebäude und Boote. Mit grob gehackten Holzklötzen und Ästen wird geheizt. Holzbretter verarbeitet man zu Möbeln, Fässern und Kisten. Aus bestimmten Hölzern werden Musikinstrumente und Holzschmuck gefertigt, aber auch →**Papier** wird aus Holz hergestellt.
Man unterscheidet Weichholz (von →**Nadelbäumen**) und Hartholz (von →**Laubbäumen**).
Holz ist fest und stark und kann das Vielfache seines eigenen Gewichts tragen. Gleichzeitig kann ein →**Baum** den schwersten Stürmen standhalten. Holz ist also stabil und elastisch zugleich. Verantwortlich dafür sind die Holzfasern, lange dickwandige →**Zellen** und ein spezieller Stoff des Holzes, das Lignin.
Holzbretter aus dem Baumstamm sind teuer. Man stellt deshalb andere Arten von Brettern her: Furniere sind dünne Holzschichten, die man über minderwertiges Holz oder Pressspanplatten klebt. Dicke Holzplatten entstehen durch das Verleimen von vielen Holzklötzen. Für Hartfaser- und Pressspanplatten werden Holzspäne und Leim zusammengepresst. Vor der Verarbeitung muss Holz getrocknet werden, denn es enthält viel →**Wasser** und verzieht sich dadurch leicht.

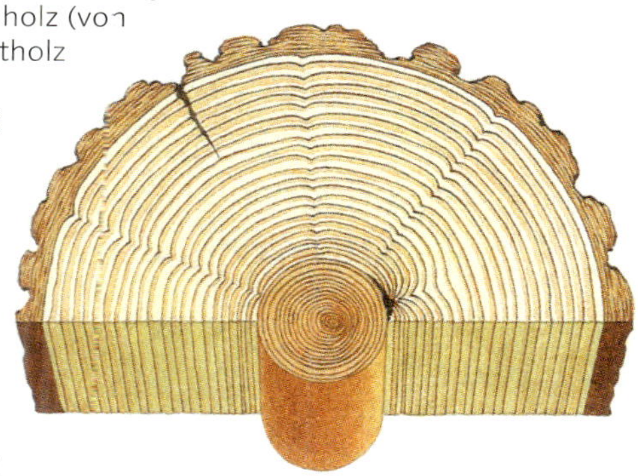

▲ Das Studieren und Datieren der Wachstumsringe im Holz der Bäume wird als Dendrochronologie bezeichnet. Wird ein Baum gefällt, werden diese Ringe sichtbar. Anhand ihrer Anzahl, Form und Farbe kann man das Alter des Baumes ermitteln und feststellen, welchen Umwelteinflüssen er ausgesetzt war.

▼ Hochkulturen entstanden häufig an Flüssen, z. B. am Nil. Seine regelmäßigen Überschwemmungen brachten fruchtbaren Schlamm auf das anliegende Land und begünstigten den Ackerbau.

▲ Die „Odyssee" des Homer erzählt von den Irrfahrten des Helden Odysseus. Er und seine Kameraden erlebten zahlreiche gefährliche Abenteuer. Sie mussten z. B. an den Sirenen vorbeisegeln, die Seefahrer durch einen unwiderstehlichen Gesang anlockten und dann töteten. Odysseus' Männer verstopften sich die Ohren, er selbst ließ sich am Mast festbinden – so konnte er gefahrlos passieren und den Gesang dennoch hören.

Homer

Über das Leben des griechischen Dichters Homer (2. Hälfte des 8. Jh. v. Chr.) gibt es keine gesicherten Daten. Ihm werden jedoch die großen Epen (Erzählwerke) „Ilias" und „Odyssee" zugeschrieben. Die Werke Homers stehen am Anfang der griechischen und damit der europäischen →**Literatur**. Lange Zeit wurde bezweifelt, dass Homer tatsächlich gelebt hat. Doch im Jahr 1870 grub der Archäologe Heinrich Schliemann (1822–1890) in der →**Türkei** die Reste der Stadt Troja aus, die in der „Ilias" eine wichtige Rolle spielt. Damit war belegt, dass es die Stadt wirklich gegeben hatte und somit auch Homer.

Honduras

Honduras
Staatsform: Republik
Hauptstadt: Tegucigalpa
Fläche: 112 492 km²
Einwohner: 6,5 Mio.
Sprachen: Spanisch, Maya-Sprachen
Währung: Lempira

Honduras ist ein gebirgiges Land in →**Mittelamerika**. Es hat eine lange Küste an der →**Karibik** und eine kürzere am →**Pazifischen Ozean**. Über ein Drittel des Landes ist mit tropischem →**Regenwald** bedeckt. Ein Großteil der →**Bevölkerung** lebt in kleinen Dörfern im Westen oder in der Nähe der großen Bananenplantagen an der Nordküste. Christoph Kolumbus (1451–1506) entdeckte Honduras 1502. Bis 1821 war das Land eine spanische →**Kolonie**.

Hormone

Hormone sind chemische Botenstoffe, die Informationen an Körperzellen übermitteln. Sie werden in bestimmten →**Organen**, den →**Drüsen**, erzeugt und über das →**Blut** an die →**Zellen** transportiert. Die Zellen können nicht alle Hormone erkennen. Nur wenn eine passende Bindungsstelle, ein sogenannter Rezeptor, an der Zelle sitzt, kann diese die Information des Hormons verarbeiten.

Den Anstoß für die Produktion eines Hormons gibt in vielen Fällen das →**Gehirn**. Es steuert die Hirnanhangsdrüse, die mehrere Hormone produziert. Diese Hormone wiederum beeinflussen die Hormonproduktion einiger anderer Drüsen. Die Hirnanhangsdrüse regt z. B. die Schilddrüse zur Hormonproduktion an. Die Schilddrüsenhormone bestimmen darüber, wie schnell der Körper Nährstoffe verbraucht. Menschen, deren Schilddrüse zu wenig davon erzeugt, sind übergewichtig.

Wenn man Angst hat oder aufgeregt ist, schütten die Nebennieren das Hormon Adrenalin aus. Die Adrenalinproduktion wird nicht von der Hirnanhangsdrüse gesteuert, sondern direkt vom Nervensystem. Wenn Adrenalin ausströmt, schlägt das →**Herz** schneller, der Blutdruck steigt und der Körper ist extrem leistungsbereit.
Viele Hormone werden synthetisch, d. h. im Labor, hergestellt. Man verwendet sie als →**Medikamente** gegen →**Krankheiten**, die durch Hormonmangel entstehen.

Horn

Horn ist ein Stoff, der von der →**Haut** gebildet wird und sehr widerstandsfähig ist. Er besteht hauptsächlich aus dem →**Eiweiß** Keratin. Finger- und Zehennägel bestehen aus Horn, ebenso die →**Federn** und Schnäbel der →**Vögel** oder die →**Schuppen** von →**Reptilien**. Bei den meisten →**Säugetieren**, Vögeln und Reptilien sind die Zehennägel kräftiger ausgebildet als beim Menschen und werden dann als Krallen bezeichnet. →**Katzen** und Greifvögel packen ihre Beute mit scharfen, gebogenen Krallen oder verteidigen sich damit gegen Angreifer. →**Ameisenbären** reißen mit ihren Krallen die Bauten von →**Termiten** auf. Die Hörner von →**Rindern**, →**Schafen**, →**Ziegen** und

▲ Die beiden massiven Hörner auf der Stirn des Dinosauriers *Triceratops* waren über 1 m lang. Vermutlich konnte sich dieser Pflanzenfresser mit seinen Hörnern gegen Raubtiere wie den *Tyrannosaurus* verteidigen.

→**Antilopen** bestehen ebenfalls aus Horn und sind über einen Knochenzapfen mit dem Schädel verbunden. Die Geweihe der →**Hirsche** bestehen dagegen aus verzweigten Knochen.

Hubschrauber

Ein Hubschrauber ist ein sehr nützliches Luftfahrzeug, das in den 1930er-Jahren erfunden wurde. Er kann senkrecht (also ohne Bahn) starten und landen und ist daher auch in Gebieten einsetzbar, die für Flugzeuge ungeeignet sind. Außerdem ist ein Hubschrauber sehr wendig und kann in der Luft sogar an einer Stelle schweben.
Hubschrauber haben mehrere Flügel oder Tragflächen, die zu einem Propeller zusammenmontiert sind. Der Pilot steuert den Hubschrauber, indem er den Neigungswinkel der einzelnen Flügel (Rotorblätter) verändert. Stehen die Rotorblätter steiler, steigt der Hubschrauber, liegen sie flacher, sinkt er. Um vorwärtszukommen, wird der Propeller nach vorne geneigt, der so erhöhte hintere Teil bewirkt einen Vorwärtsschub. Zum Rückwärts- oder Seitwärtsfliegen wird der Propeller ebenfalls entsprechend geneigt. Ein kleinerer Rotor am Heck (hinterer Teil) verhindert, dass sich der Hubschrauber durch die Propellerdrehung ständig im Kreis dreht.

Huftiere

Alle Huftiere tragen einen Schuh aus →**Horn** und gehen auf Zehenspitzen. Man unterscheidet Paarhufer und Unpaarhufer. Paarhufer, zu denen alle Horn- und Geweihträger sowie →**Kamele**, →**Schweine** und →**Flusspferde** zählen, treten mit zwei Zehen auf.
Bei den Unpaarhufern lastet das Hauptgewicht des Körpers auf nur einer Zehe, und zwar der Mittelzehe. Die übrigen Zehen tragen den geringeren Teil der Last, sind entweder zurückgebildet oder ganz verschwunden. →**Pferde** und ihre Verwandten z. B. besitzen nur noch die Mittelzehe, die zum Huf umgewandelt wurde. →**Nashörner** hingegen haben drei Zehen und Tapire laufen mit den Vorderbeinen auf vier und mit den Hinterbeinen auf drei Zehen. Mit Ausnahme der Schweine sind alle Huftiere reine →**Pflanzenfresser** und Wiederkäuer.
Die rund 240 →**Arten** von Huftieren bewohnen überwiegend die weiten →**Grasländer**. Viele von ihnen bilden zum Schutz vor Feinden riesige Herden. Ihren Verfolgern entziehen sich diese Tiere meist durch eine schnelle Flucht. Viele Huftiere hat der Mensch zu Haustieren gemacht. Dazu zählen →**Rinder** und →**Pferde**, →**Schweine**, →**Schafe** und →**Ziegen**, →**Kamele** und Rentiere.

▲ Die Hufe von Huftieren bestehen aus Horn. Dieses Material wird beim Laufen auf harten Straßen abgenutzt. Pferdehufe werden deshalb oft mit Hufeisen beschlagen.

Hunde

Die ersten, vom →**Menschen** gehaltenen Hunde gab es bereits um 10 000 v. Chr. Sie stammten vom →**Wolf** ab. Aus den Urhunden entwickelten sich alle heutigen, rund 400 Hunderassen. Sie unterscheiden sich durch Größe, Körperbau und Farbe voneinander. Haushunde werden ebenso wie die Wildhunde – u. a. Wölfe, →**Füchse**, Kojoten, →**Schakale** – und der australische Dingo (ein rückverwilderter Haushund) zur Familie der Hunde oder Kaniden gerechnet.
Alle Kaniden sind →**Raubtiere**. Sie können ausgezeichnet riechen, hören und sehen.
Hunde sind heute als Freunde und Begleiter des Menschen beliebt, manche aber werden für bestimmte Aufgaben ausgebildet: Sie hüten →**Schafe**, bewachen Gebäude, spüren verschüttete Menschen auf, suchen nach Sprengstoffen und →**Drogen** oder führen Blinde.

▲ Hunde wurden für bestimmte Aufgaben gezüchtet und so entstanden im Lauf der Zeit verschiedene Rassen. Windhunde dienten früher der Jagd, heute laufen sie Rennen und erreichen bis zu 57 km/h.

▼ Besonders nützlich sind die wendigen Hubschrauber für Such- und Rettungsaktionen. Bei Hochwasserkatastrophen z. B. konnten schon viele Menschen durch den Einsatz von Hubschraubern gerettet werden.

▲ In Afrika leben verschiedene Arten der Hyänen. Der laute Ruf der Tüpfelhyäne ähnelt menschlichem Gelächter.

Hundertfüßer

Hundertfüßer gehören zum großen Stamm der Gliederfüßer. Ihr Körper besteht aus einer Vielzahl von Segmenten (Abschnitten) mit je einem gelenkigen Beinpaar. Am Kopf sitzen zwei lange Fühler, kräftige Kiefer und giftige Klauen, mit denen die Tiere ihre Beute töten. Alle Hundertfüßer leben räuberisch und jagen v. a. →**Würmer**, →**Insekten** und →**Schnecken**. Hundertfüßer sind weltweit verbreitet. Der größte Hundertfüßer ist eine in den →**Regenwäldern** →**Südamerikas** lebende →**Art** der Familie der Skolopender. Der Riese wird etwa 25 cm lang, 2,5 cm dick und er hat 46 Beine. Hundertfüßer sind enge Verwandte der Tausendfüßer. Der Hauptunterschied zwischen beiden besteht darin, dass Hundertfüßer an jedem Körpersegment ein Beinpaar haben, Tausendfüßer dagegen zwei.

Hunnen

Die Hunnen waren ein kriegerisches Nomadenvolk, das ab dem 4. Jh. aus den →**Steppen** Zentralasiens nach →**Europa** einfiel und ganze Landstriche verwüstete. Ihr berühmtester Anführer hieß Attila (406–453). Die Hunnen marschierten ins fränkische Reich bis zur →**Loire**, wo sie auf das mächtige Heer aus Römern und →**Germanen** stießen. In der Schlacht auf den Katalaunischen Feldern im Jahr 451 erlitten die Hunnen eine Niederlage. Sie zogen sich zurück, fielen aber ein Jahr später in →**Italien** ein und verwüsteten dort einige Städte. Attila kehrte dann aber aus bis heute ungeklärten Gründen um und Rom blieb verschont. Nach seinem Tod zerfiel das Reich der Hunnen rasch. Sie und ihr König Attila (auch Etzel) blieben in der Nibelungensage lebendig.

Hyänen

Hyänen sind mit den →**Katzen** verwandte →**Säugetiere**. Ein typisches Kennzeichen der Hyänen ist der nach hinten abfallende Rücken. Hyänen ernähren sich von den Resten, die →**Löwen**, →**Leoparden** und Geparden übrig lassen, töten gelegentlich aber auch selbst Tiere. Sie besitzen sehr kräftige Kiefer und Zähne, mit deren Hilfe sie sogar →**Knochen** fressen können. So verwerten sie Teile, die für andere Tiere unverdaulich sind.

Hyänen leben in Rudeln in Teilen →**Afrikas** und Südasiens. Sie sind nachtaktiv und ruhen tagsüber in Bauen oder Höhlen.

Hygiene

Hygiene ist ein Teilbereich der →**Medizin**, in dem es um die →**Gesundheit** und ihre Erhaltung geht. Dafür muss man bestimmte Regeln der Sauberkeit einhalten. Viele →**Seuchen**, wie z. B. die →**Pest**, konnten im →**Mittelalter** auch deshalb ausbrechen, weil die →**Menschen** noch nicht viel über Hygiene wussten. Um →**Krankheiten** und Seuchen zu vermeiden, müssen Haus und Hof von Ungeziefer und Ratten freigehalten werden. Die Reinhaltung des Körpers ist ebenso wichtig und bei der Zubereitung und Aufbewahrung von Nahrungsmitteln muss man ebenfalls auf Sauberkeit achten. So dürfen z. B. in das Trinkwasser keine Keime geraten.

Damit diese Regeln in der Öffentlichkeit eingehalten werden, kontrollieren die Gesundheitsämter z. B. Gaststätten sowie Lebensmittelgeschäfte und -hersteller, aber auch Schulen und große Festveranstaltungen. Zudem müssen Ärzte jeden Verdacht auf eine seuchenartige Krankheit dem Gesundheitsamt melden.

▼ Hundertfüßer sind geschickte Jäger. Viele Arten laufen sehr schnell hinter ihrer Beute her oder vor einer Gefahr davon.

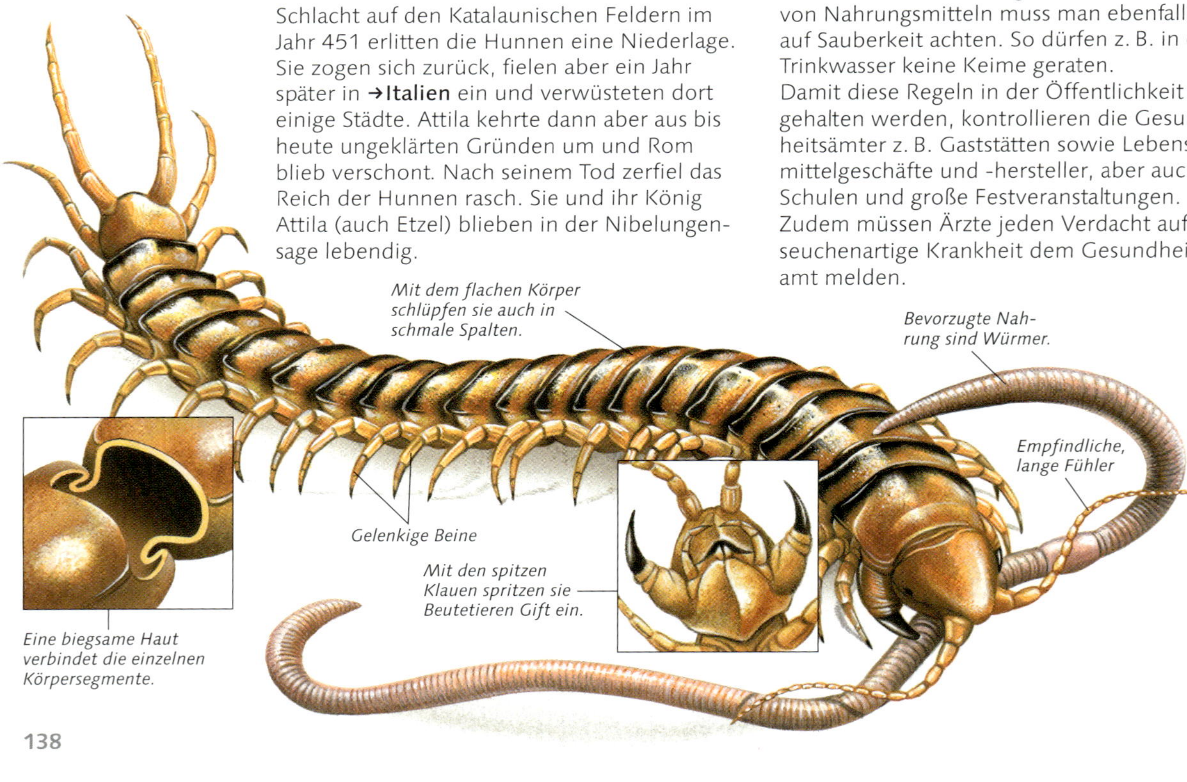

Igel

Der Igel ist ein →**Säugetier**, dessen →**Haare** zu aufrichtbaren Stacheln umgewandelt sind. Die Stacheln bedecken den Rücken des Igels und schützen ihn vor Fressfeinden: Bei Gefahr rollt sich der Igel zu einer stacheligen Kugel zusammen.
In →**Europa**, Nordafrika und →**Asien** leben verschiedene Igelarten. Die bekannteste →**Art**, der Westeuropäische Igel, ist in vielen Regionen Europas in →**Wäldern**, an Hecken und in Gärten anzutreffen. Er geht nachts auf die Jagd nach →**Schnecken**, →**Würmern** und →**Insekten**, die er mithilfe seines ausgezeichneten →**Geruchssinns** aufspürt.
Im Winter halten Igel der kühlen Länder →**Winterschlaf**.

Immunität

Man versteht darunter die Abwehrkraft des Körpers gegen ansteckende →**Krankheiten**. Sie wird aufrechterhalten durch das →**Immunsystem**, das den Körper ständig von Krankheitserregern, also →**Bakterien** oder →**Viren**, reinigt. Außerdem kann man den Körper durch →**Impfungen** immunisieren.

Immunsystem

Täglich gelangen Millionen →**Bakterien** und Krankheitserreger in den →**menschlichen Körper**. Dass man dennoch nicht ständig krank ist, liegt am Immunsystem. Es übernimmt die Abwehr von Krankheitskeimen. Dazu werden verschiedene →**Zellen** eingesetzt, die im →**Blut** oder in der Gewebsflüssigkeit durch den Körper wandern. Diese Immun- oder Abwehrzellen bilden sich im Knochenmark, in der Milz, den Mandeln und anderen →**Organen**. Bei diesen Zellen handelt es sich um weiße Blutkörperchen, die man in verschiedene Gruppen einteilt (Granulozyten, Monozyten oder Makrophagen, Lymphozyten).
Wenn Krankheitserreger in den Körper gelangen, werden sie sofort auf verschiedene Arten attackiert. So bilden bestimmte Abwehrzellen Antikörper (passgenaue Abwehrstoffe gegen jede Art von Erreger), andere umschließen einen Eindringling direkt und verschlingen ihn (Fresszellen). Die Zellen, die Antikörper gebildet haben, können einen besiegten Krankheitserreger wiedererkennen. Dringt er noch einmal in den Körper ein, aktivieren sie das Immunsystem und die bereits gebildeten Antikörper.
Eine wichtige Aufgabe bei der Abwehr von →**Krankheiten** hat das Lymphsystem. Es besteht aus einem über den ganzen Körper verteilten Netz von feinen Gefäßen und Knoten. Darin werden die Abwehrzellen im Körper verteilt. Wenn das Immunsystem gestört ist, können sich die Abwehrzellen auch gegen den eigenen Körper richten.

▲ Igel sind nützliche Gäste der Gärten, weil sie schädliche Schnecken und Insekten fressen. Trotz ihrer kurzen Beine streifen sie jede Nacht bei der Nahrungssuche 1,5 km weit umher.

Impfungen

Impfungen schützen →**Menschen** und →**Tiere** gegen →**Seuchen** oder andere gefährliche →**Krankheiten**. Man verwendet dabei meist Impfstoffe, die geringe Mengen des Krankheitserregers enthalten. Sie werden in den Körper gespritzt, der sofort Antikörper bildet, ohne dass die Krankheit zum Ausbruch kommt. Wenn später die Erreger in den Menschen oder das Tier eindringen, hat der Körper bereits genügend Abwehrkräfte, man sagt auch →**Immunität**, aufgebaut.
Wichtige Impfungen sind die gegen Pocken, Keuchhusten, Tetanus, Masern, Mumps und Diphterie. Gegen Kinderlähmung (Polio) gibt es eine Schluckimpfung. Die Schutzimpfungen müssen in bestimmten Zeiträumen wiederholt werden, damit die Immunität bestehen bleibt.

Indianer

Die Ureinwohner →**Nord**-, →**Mittel**- und →**Südamerikas** werden Indianer genannt. In den spanischsprachigen Ländern bezeichnet man sie als Indios. Der Name geht zurück auf Christoph Kolumbus (1451–1506), der irrtümlich annahm, er sei in →**Indien** gelandet, als er Amerika entdeckte.
Die Einwanderung der amerikanischen Urbevölkerung von →**Asien** her erfolgte im Lauf der letzten →**Eiszeit**, als eine Landbrücke zwischen beiden →**Kontinenten** bestand.
Die Indianer sind – anders als die Bezeichnung vermuten lässt – kein einheitliches Volk Sie gliedern sich vielmehr in viele unterschiedliche Kulturen. Beispiele für nordamerikanische Indianer sind Sioux, Apachen, Irokesen oder Navajo. Südamerikanische Indianer sind etwa Jívaro, Quechua oder Yanomami.
Viele Indianerkulturen verschwanden mit der Eroberung und Besiedlung Amerikas durch die Europäer. Die Nachfahren der voreuropäischen Indianer sind heute in ihren Heimatländern benachteiligt. Sie haben Interessengemeinschaften gegründet, um für ihre Rechte zu kämpfen.

▼ Die Irokesen lebten hauptsächlich von der Jagd. Diese nordamerikanischen Indianer wohnten in Dörfern in den Wäldern des heutigen Staates New York.

Indien
Staatsform: Bundesrepublik
Hauptstadt: Neu-Delhi
Fläche: 3 287 263 km^2
Einwohner: 1,01 Mrd.
Sprachen: Hindi, Englisch, 17 Regionalsprachen
Währung: Indische Rupie

Indien

Indien ist ein großes Land im Süden →**Asiens**. Es hat über eine Milliarde Einwohner. Im Norden liegen die verschneiten Gipfel des →**Himalajas**. In den fruchtbaren Flussebenen von Ganges und Brahmaputra leben sehr viele Menschen. Im Nordwesten des Landes liegt die →**Wüste** Tharr. Den Süden bildet das Hochland von Dekkan, das durch zwei Gebirgszüge, die Westghats und die Ostghats, begrenzt wird.
Indien ist im Sommer sehr heiß und trocken. Aber die sogenannten →**Monsun**-Winde bringen dem Nordosten jedes Jahr heftige Regenfälle. Die meisten Inder sind Bauern, die in Dörfern leben und →**Reis**, →**Getreide**, Tee, →**Baumwolle** und Jute anbauen.
Indien besitzt aber auch eine sich rasant entwickelnde →**Industrie**. Viele betriebsame Städte wie Kolkata (Kalkutta) und Mumbai (Bombay) zählen zu den größten Städten der Welt. Rund 80 Prozent der Inder gehören dem →**Hinduismus** an und etwa zehn Prozent dem →**Islam**.
Portugiesische, britische, niederländische und französische Handelsgesellschaften, die von den Reichtümern Indiens angelockt wurden, gründeten ab dem 16. Jh. Niederlassungen, im 19. Jh. wurde das Land eine britische →**Kolonie**.
1920 setzte Mahatma →**Gandhi** eine Unabhängigkeitsbewegung gegen die britische Herrschaft in Gang, 1947 wurde Indien schließlich unabhängig. Die britische Regierung teilte die frühere Kolonie in zwei Länder: Indien und →**Pakistan**. Die seit dieser Zeit bestehenden Spannungen dauern an und stellen ein Problem auf internationaler Ebene dar, da beide Länder über Atomwaffen verfügen.

Indischer Ozean

Der Indische Ozean hat eine Gesamtfläche von 73,5 Millionen km^2 und ist damit der drittgrößte →**Ozean** der Welt. Er erstreckt sich von →**Afrika** im Westen bis →**Indonesien** und →**Australien** im Osten. Die zwei größten →**Inseln** sind →**Madagaskar** vor der Küste Südostafrikas und →**Sri Lanka** südlich von →**Indien**. Ein starker Ozeanwind, der →**Monsun**, bringt jeden Sommer heftige Regenfälle nach Südostasien. Das warme →**Wasser** des Indischen Ozeans beheimatet große →**Korallenriffe**.

Indonesien

Indonesien liegt im Südosten →**Asiens**. Es besteht aus einer Kette von zahlreichen →**Inseln**, die sich über 5100 km entlang des →**Äquators** erstrecken.

Ein Großteil der →**Bevölkerung** lebt von der →**Landwirtschaft**, die wichtigsten Anbauprodukte sind →**Reis**, Tee, Kautschuk (Rohstoff zur Herstellung von →**Gummi**) und Tabak. Bedeutende →**Bodenschätze** sind →**Erdöl**, →**Erdgas**, Nickel und Zinn. Die großen →**Wälder** werden stark abgeholzt.
Die meisten Einwohner leben auf der Insel Java, wo auch die Hauptstadt Jakarta liegt. Andere große Inseln sind Sumatra und Celebes. Unter indonesischer Verwaltung stehen außerdem Teile der Inseln Borneo, Neuguinea und Timor.
Teile von Indonesien wurden im späten 18. Jh. zu einer niederländischen →**Kolonie**, seit 1949 ist das Land unabhängig.

Indonesien
Staatsform: Republik
Hauptstadt: Jakarta
Fläche: 1 912 988 km²
Einwohner: 210,4 Mio.
Sprache: Indonesisch
Währung: Indonesische Rupie

Industrie

Die Industrie ist der Bereich der →**Wirtschaft**, der mithilfe von →**Maschinen** Waren und Güter herstellt. Ein Industriebetrieb kann z. B. in der Gewinnung von Rohstoffen (etwa →**Erdöl** oder Eisenerz) tätig sein oder – wie Erdölraffinerien und Stahlwerke – Rohstoffe zu Produkten für andere Industriezweige verarbeiten. Ein weiteres Feld ist die Herstellung der Verbrauchsgüter wie Benzin, →**Autos** oder →**Computer**.
Bei den Produkten für andere Industriezweige spricht man vom Investitionsgüterbereich, bei den Produkten, die man selbst kaufen kann, vom Konsumgüterbereich. Industriebetriebe sind größer als Handwerksbetriebe, Herstellung und Verwaltung sind im Industriebetrieb getrennte Bereiche. Zur Finanzierung der teuren industriellen Produktionsanlagen ist sehr viel →**Geld** notwendig.

Industrielle Revolution

Industrielle Revolution nennt man die großen Veränderungen, die in →**Europa** im 18. und 19. Jh. durch viele technische Neuerungen ausgelöst wurden. So bewirkten →**Erfindungen** wie z. B. die →**Dampfmaschine** (1765) und der mechanische Webstuhl (1764), dass die Arbeit schneller vonstatten ging. Die Menschen arbeiteten nun in Fabriken und nicht mehr zu Hause und viele Waren konnten nicht nur wesentlich schneller, sondern auch billiger hergestellt werden. Ebenfalls

Fortsetzung auf Seite 142

▼ Fabriken wurden im Zeitalter der Industriellen Revolution oft an Flüssen oder Eisenbahnlinien gebaut, um Waren einfach und schnell transportieren zu können. Einige Fabrikbesitzer errichteten auch Schulen und Wohnhäuser, doch die meisten Industriegebiete entwickelten sich zu Armenvierteln.

Fortsetzung von Seite 141

bedeutend waren der Bau der Dampflokomotive (1814) und des Dampfschiffs (Stapellauf 1807), denn nun konnte man die Produkte problemlos über weitere Entfernungen transportieren. Die Menschen zogen vom Land in die Stadt, weil es dort mehr Arbeit gab. Auch in der →**Landwirtschaft** hatte sich vieles gewandelt. Landmaschinen wurden gebaut, die Arbeitskräfte einsparten. Fabriken und Städte wuchsen wie Pilze aus dem Boden, es herrschte ein starkes Wirtschaftswachstum. Es gab jedoch noch keine Krankenversicherung oder Rente, geschweige denn Mindestlöhne, die vor Ausbeutung schützten, oder Kündigungsschutz.

Inflation

Unter Inflation versteht man den dauerhaften Anstieg aller Preise. Wenn man immer mehr →**Geld** braucht, um die gleichen Lebensmittel oder Kleidungsstücke zu kaufen, verliert es an Wert. Die Arbeitnehmer brauchen dann, um leben zu können, höhere Löhne, was die Herstellung der Produkte teurer macht und die Preise weiter steigen lässt. Also müssen die Käufer für die Waren noch mehr zahlen und der Kreislauf der Geldentwertung beschleunigt sich.
Je nach Ausmaß der Inflation spricht man von einer schleichenden, galoppierenden oder gar von einer Hyper-Inflation.
Das Gegenteil von Inflation ist die Deflation. In dieser Situation sinken alle Preise, weil von den vorhandenen Waren zu wenig gekauft wird. Die →**Wirtschaft** erlahmt.

▲ Nach dem Ersten Weltkrieg war in Deutschland die Inflation so hoch, dass das Geld fast gar nichts mehr wert war. Im Jahr 1923 kostete ein Laib Brot mehrere Milliarden Mark. Die Arbeiter mussten ihren Lohn in Handwagen abholen und ihre Kinder spielten mit den Geldbündeln. Trotzdem verdienten sie so wenig, dass sie sich Brot kaum leisten konnten.

Informatik

Die klassische Informatik ist die Wissenschaft der Informationsverarbeitung. Der Begriff Informatik tauchte erstmals Ende der 1950er-Jahre auf, als sich die deutsche Elektrofirma SEL diese Bezeichnung für ihre Produkte schützen ließ. Bald verbreitete sie sich als Ersatz für das schwerfällige Wort „Informationsverarbeitung". Heute beschäftigt sich die Informatik v. a. mit der elektronischen Datenverarbeitung durch →**Computer**.
Die Daten können aus Texten, Bildern, Tönen oder Kombinationen davon bestehen. Damit der Computer damit arbeiten kann, werden sie in digitale Signale umgewandelt. Die digitale Datenverarbeitung ermöglicht die kompliziertesten Berechnungen in kürzester Zeit. Ohne sie müssten z. B. Mathematiker Tausende von Stunden aufwenden, um die richtige Flugbahn einer →**Rakete** zu berechnen. Aber auch einfachere Dinge würden viel länger dauern, wie etwa das Zusammenzählen der Warenpreise an der Ladenkasse.

Infrarotstrahlen

Wenn man die Wärme eines →**Feuers** oder der →**Sonne** auf der →**Haut** fühlt, spürt man Infrarotstrahlen. Diese →**Strahlung** gehört wie das →**Licht** zu den elektromagnetischen Wellen. Anders als Lichtstrahlen kann man Infrarotstrahlen aber nicht sehen. Im →**Spektrum** des Lichts (das man z. B. als →**Regenbogen** sehen kann) schließen sie sich an das rote Ende der langwelligen Lichtstrahlen an. Sie heißen Infrarotstrahlen, weil sie im Spektrum unterhalb (das ist die Bedeutung der lateinischen Vorsilbe „infra") des roten Lichts angesiedelt sind. Mit der Infrarotfotografie kann man diese Strahlen sichtbar machen.

Ingenieurswesen

Ingenieure befassen sich mit unterschiedlichsten Aufgaben. Metallurgen trennen →**Metalle** von anderen Stoffen, um sie nutzbar zu machen. Chemieingenieure stellen aus chemischen Stoffen Dinge wie →**Seife**, →**Farben** und →**Kunststoff** her.
Bauingenieure konstruieren und bauen →**Brücken**, →**Straßen**, Bahngleise, →**Tunnel** und Flughäfen. Elektroingenieure arbeiten an Geräten, die mit →**Elektrizität** betrieben werden oder sie erzeugen. Der jüngste Fachbereich des Ingenieurswesens ist die →**Elektronik**, in der es u. a. um den Entwurf und die Anwendung von →**Computern** geht.

Inka

Vom 13. bis zum Ende des 15. Jh. eroberten die Inka ein großes Reich in →**Südamerika**. Anfang des 16. Jh. erstreckte sich ihr Gebiet über 3200 km entlang der Westküste, vom heutigen →**Ecuador** bis nach →**Chile**. Das Zentrum des Inkareiches war →**Peru**.
Es gab strenge →**Gesetze**, die vorgaben, was die Bauern anpflanzen und die Handwerker herstellen durften. Um das Riesenreich gut verwalten zu können, gab es ein weitverzweigtes Straßennetz.
Im 16. Jh. drangen spanische Truppen unter Francisco Pizarro (1474–1541) in das Reich der Inka ein. Sie nahmen den Inkakönig Atahualpa (um 1500–1533) gefangen und forderten →**Gold** als Lösegeld. Die Inka brachten ihnen ihre Schätze, aber die Spanier töteten den König trotzdem. Bis 1569 hatten die Spanier das ganze Inkareich erobert und zerstört.

Insekten siehe Seite 144

Inseln

Eine Insel ist Land, das von →**Wasser** umgeben ist. Manche Inseln sind Landstücke, die sich von den →**Kontinenten** abgetrennt haben. Andere sind →**Vulkane**, die über den Meeresspiegel reichen.
In tropischen →**Meeren** gibt es die sogenannten Atolle, ringförmige Korallenriffe, die sich um eine Vulkaninsel gebildet haben. Die Insel sinkt mit der Zeit ab, doch die Korallen wachsen weiter.
Die Halligen vor der Nordseeküste Schleswig-Holsteins sind Inseln, die regelmäßig vom Meer überflutet werden. Die Häuser stehen auf künstlich errichteten Hügeln, den sogenannten Warften.
Die größte Insel der Welt ist →**Grönland** mit über zwei Millionen km². Die größte Insel →**Europas** ist →**Großbritannien** mit über 213 200 km². →**Deutschlands** größte Insel ist Rügen in der →**Ostsee** (926 km²).
Besonders inselreiche Staaten sind →**Indonesien**, die →**Philippinen** und →**Griechenland**.
Auf den zu →**Ecuador** gehörenden Galapagosinseln im →**Pazifischen Ozean** gibt es eine einzigartige →**Tierwelt**, darunter Riesenschildkröten und Meerechsen.

▼ Die Inka waren sehr begabte Ingenieure. Sie legten ein Straßennetz an, das ihr ganzes Reich überzog. Läuferstaffeln sorgten für schnelle Nachrichtenübermittlung. Ihre Felder legten sie in Terrassen an.

▲ Männliche Hirschkäfer besitzen lange Kiefer, die sie beim Kampf um Weibchen einsetzen.

Insekten

Die Klasse der Insekten ist die erfolgreichste Tiergruppe der Welt: Diese Gliederfüßer sind in fast allen Lebensräumen verbreitet – sogar mit wenigen Arten in den Meeren und den Polargebieten. Man unterscheidet nahezu 1000 Familien mit über einer Million Arten.

▲ Hummeln sammeln Blütenpollen in Pollensäcken an ihren Beinen. Der Pollen dient als Futter für ihre Kolonie.

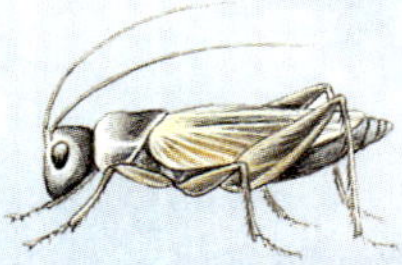

▲ Die Männchen der Grillen zirpen, um Weibchen anzulocken. Dazu reiben sie ihre Flügel aneinander.

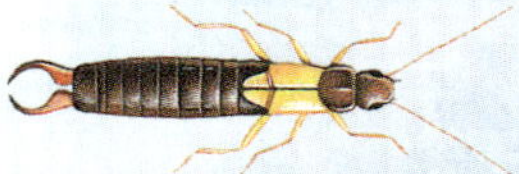

▲ Ohrwürmer sind flach und haben zangenartige Anhänge. Ihre Hinterflügel können sie unter die Deckflügel falten.

▲ Der Körper einer Blattlaus ist weich und grün und nur knapp 3 mm lang.

Gemeine Wespe

Merkmale der Insekten

Der Körper der Insekten ist von einem Außenskelett aus Chitin umgeben. Er ist in die drei Abschnitte Kopf, Brust (Thorax) und Hinterleib (Abdomen) deutlich unterteilt. Man nennt die Insekten deshalb auch Kerbtiere. Am Kopf sitzen neben Augen und Mund noch die Fühler und die Mundwerkzeuge. Diese sind je nach Art der Ernährung beißend, stechend oder saugend. Insekten besitzen Fassettenaugen, die aus Sehkeilen zusammengesetzt sind und ein mosaikartiges Bild der Umwelt liefern. Die Brust trägt drei Beinpaare sowie meist zwei Flügelpaare. Die gegliederten Füße dienen zum Laufen, Graben oder Schwimmen. Der größte Teil der Insekten kann fliegen. Zu den besten Fliegern zählen die Libellen, zu den ausdauerndsten die Wanderheuschrecken. Alle Insekten durchlaufen während ihrer Entwicklung eine Verwandlung (Metamorphose). Bei der vollkommenen Verwandlung schlüpft aus dem Ei eine Made oder eine Raupe, die sich verpuppt. Nach diesem Ruhestadium entsteht das vollkommene Insekt. Bei der unvollkommenen Verwandlung ähnelt die Larve schon dem fertigen Insekt. Das Puppenstadium entfällt.

◄ Die Gottesanbeterin (links) ist ein Raubinsekt. Mit den langen Vorderbeinen packt sie ihre Beute – z. B. Käfer.

▲ Auf dieser stark vergrößerten Abbildung eines Flohs ist der Hinterleib gut zu erkennen. Hier wird der Blutvorrat gespeichert.

Nützlinge und Schädlinge

Unter den Insekten gibt es viele Nützlinge. Fliegende Insekten helfen bei der Befruchtung von Blütenpflanzen, denn sie bringen den Blütenstaub von einer Pflanze zur anderen. Aas und Abfall fressende Insekten beseitigen verrottende Stoffe. Bienen stellen Honig her. Die Zahl der Schädlinge ist allerdings viel größer. Solche Insekten vertilgen Nutzpflanzen, zerstören Wälder oder übertragen Krankheiten. Flöhe sind kleine, knapp 3 mm lange Insekten ohne Flügel. Sie leben auf dem Körper von Vögeln, Säugetieren oder Menschen. Als Parasiten ernähren sie sich vom Blut ihres Wirts. Dabei können sie Bakterien und andere Keime von einem Wirt zum anderen übertragen;

Rattenflöhe z. B. verbreiten die Pest. Auch Echte Läuse und einige Wanzenarten sind Schmarotzer.

▲ Dieser Braune Bär ist so bunt wie ein tagaktiver Schmetterling. Seine gefiederten Antennen und der dicke Körper zeichnen ihn jedoch als Nachtfalter aus.

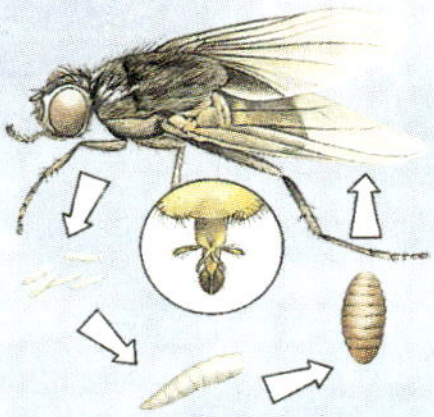

▲ Die Entwicklung der Stubenfliege vollzieht sich in vier Abschnitten. Sie beginnt ihr Leben als Ei. Aus dem Ei schlüpft eine Made. Die Larve verpuppt sich nach einiger Zeit. Aus der Puppe schlüpft das erwachsene Insekt. Diese Verwandlung nennt man vollkommene Metamorphose.

Staaten bildende Insekten

Einige Insektenarten, darunter Ameisen, Bienen und Termiten, sind sehr gesellig. Sie leben in Gruppen, die so gut organisiert sind, dass man sie als Staaten oder Kolonien bezeichnet. Jedes Insekt der Gemeinschaft hat eine besondere Aufgabe: Es sucht z.B. nach Nahrung, versorgt Larven oder bewacht und verteidigt das Nest. An der Spitze eines solchen Insektenstaates steht jeweils eine Königin. Nur sie kann Eier legen und für Nachwuchs sorgen. In Ameisennestern leben oft mehrere Königinnen.

▲ Ameisen leben in Gemeinschaftsnestern. Hier ein Nest südamerikanischer Blattschneiderameisen.

Schmetterlinge

Die Schmetterlinge unterteilt man in Tag- und Nachtfalter. Nachtfalter sind überwiegend nachts aktiv, einige Arten gehen aber auch am hellen Tag auf Nahrungssuche. Äußerlich unterscheiden sie sich von den Tagfaltern durch ihren plumperen, stark behaarten Körper und die gefiederten, gezähnten oder mit Borsten besetzten Fühler. Während die Tagfalter meist eine bunte Zeichnung tragen, ist der Großteil der Nachtfalter unauffällig gefärbt. Tagfalter klappen ihre Flügel im Sitzen senkrecht zusammen, Nachtfalter legen sie dachartig an den Körper. Die Larve des Schmetterlings ist eine Raupe. Wenn sie sich dick und groß gefressen hat, verpuppt sie sich. Aus der Puppe schlüpft dann das fertige Insekt.

Zum Weiterlesen

Ameisen, Bienen, Fliegen, Heuschrecken, Käfer, Linsen, Metamorphose, Moskito, Parasiten, Raupen, Termiten, Wanderheuschrecken, Wirbellose und Seite 385

Käfer

Die Käfer bilden mit rund 350 000 Arten die größte Gruppe innerhalb der Insekten und die größte Tiergruppe überhaupt. Alle besitzen harte Flügeldecken und ein Paar häutige Flügel. Die kleinsten Käfer sind weniger als 1 mm groß, die größten erreichen fast 20 cm Länge. Die meisten Arten sind Pflanzenfresser, doch einige Käfer sind auch Räuber oder ernähren sich von Aas.

Fliegen und Mücken

Fliegen und Mücken sind zweiflügelige Insekten mit einem Saugrüssel oder einem Stech-Saugrüssel. Viele der rund 100 000 Arten der Zweiflügler sind Parasiten und Krankheitsüberträger. Unter den Stechmücken sind nur die Weibchen Blutsauger. Die Männchen hingegen ernähren sich von Pflanzensäften.

► Schmetterlinge können die verschiedensten Farben, Formen und Größen haben. Der weltweit größte Tagfalter ist der Vogelfalter „Queen Alexandra“ aus Neuguinea, dessen Spannweite 28 cm beträgt.

Instinkt

Ein →**Mensch** kann nicht von →**Geburt** an lesen und schreiben, er muss es erst lernen. Aber jedes neu geborene Baby greift automatisch zu, wenn man einen Finger an sein Händchen hält. Es kann sich auf diese Weise sogar festhalten, wenn man es hochhebt (Klammerreflex). Solche Verhaltensweisen, die nicht erlernt sind, werden als Instinkt bezeichnet. Die Instinkte sind ererbt und werden von bestimmten Reizen ausgelöst. Das Verhalten der meisten →**Tiere** ist vorwiegend durch Instinkte gesteuert. So bauen z. B. →**Vögel** instinktiv ihre →**Nester**, →**Bienen** und Wespen stechen bei Gefahr instinktiv zu. Instinkte werden jedoch durch Lernen und Erfahrung verfeinert: Kleine Kätzchen jagen instinktiv, sie müssen aber auch trainieren, um erfolgreiche Beutejäger zu werden.

▲ Eine junge Silbermöwe pickt instinktiv auf den roten Fleck am Schnabel ihrer Eltern. Darauf folgen auch die Eltern ihrem Instinkt: Sie würgen Nahrung aus und füttern ihr Junges.

Insulin

Insulin ist ein →**Hormon**, das den Blutzuckerspiegel senkt. Wenn dem Körper nicht genügend Insulin zur Verfügung steht, kann er →**Zucker** nicht richtig verwerten oder speichern. Der Mangel an Insulin ist eine →**Krankheit**, die man Zuckerkrankheit oder Diabetes nennt. Die →**Drüse**, die Insulin erzeugt, ist die Bauchspeicheldrüse. Sie schüttet auch Glukagon aus. Dieses Hormon erhöht den Blutzuckerspiegel und regelt zusammen mit Insulin den Blutzuckerhaushalt des Körpers.

Intelligenz

Setzt ein →**Mensch** Erfahrung und Wissen ein, um ein Problem zu lösen, zeigt er, dass er intelligent ist. →**Tiere**, die nur aufgrund von →**Instinkten** handeln, sind nicht intelligent. Menschen, →**Menschenaffen**, →**Delfine** und →**Wale** sind die intelligentesten Lebewesen.

Internet siehe Seite 148

Inuit

Die Inuit (früher Eskimo genannt) leben weit über die →**Arktis** verstreut. Früher wohnten sie in Unterkünften aus →**Holz** oder Walknochen, Steinen und Torf. Wo solches Material nicht zur Verfügung stand, bauten sie →**Häuser** aus Schnee: die Iglus. Je nach Lebensraum und Jahreszeit jagten sie vorwiegend →**Fische**, →**Robben** und Karibus (Rentiere). Schlitten wurden von →**Hunden** gezogen. Heute leben nur noch wenige Inuit auf diese Weise, sie haben sich dem modernen Leben angepasst.

▲ Die nordkanadischen Inuit waren vermutlich die Erfinder des Iglus. Sie bauten es aus Blöcken gefrorenen Schnees, die sie mit einem Elfenbeinmesser zurechtschnitten. Die Fugen zwischen den Blöcken wurden mit Schnee gefüllt.

Irak

Irak
Staatsform: gegenwärtig im Umbruch
Hauptstadt: Bagdad
Fläche: 437 393 km²
Einwohner: 23 Mio.
Sprachen: Arabisch, Kurdisch
Währung: Irak-Dinar

Der Irak ist ein →**Staat** im →**Nahen Osten** und gehört geografisch zu →**Asien**. Er besteht zu einem großen Teil aus Sand- und Kieswüsten. Das →**Klima** ist sommerheiß und wintermild.
In Mesopotamien, dem Zweistromland zwischen Euphrat und Tigris, entstanden einige der ältesten Städte der Welt, wie z. B. Ur und →**Babylon**. Noch heute konzentriert sich hier der Großteil der →**Bevölkerung** sowie die →**Wirtschaft** des Landes. Hauptanbauprodukte sind →**Weizen**, Gerste und Datteln. Der Irak verfügt über die zweitgrößten Erdölreserven der Welt. Ein Teil der Iraker sind →**Nomaden**. In der Hauptstadt wohnen über vier Millionen Menschen.
Von 1973 bis Anfang des Jahres 2003 stand der Diktator Saddam Hussein (1937–2006) als Premierminister an der Spitze des Landes. Er wurde gestürzt, als im Jahr 2003 die →**Vereinigten Staaten von Amerika** und →**Großbritannien** den Irak angriffen und besetzten. Seit 2005 hat der Irak zum ersten Mal eine demokratisch gewählte →**Regierung**.
Der Irak war schon zuvor häufig in Kriege verwickelt. 1980 bis 1988 kämpfte das Land gegen den →**Iran**. 1990 marschierten irakische Armeen im benachbarten Kuwait ein, wurden jedoch im →**Golfkrieg** 1991 von der internationalen Gemeinschaft zum Rückzug gezwungen.

Iran

Der Iran ist ein →**Staat** im Mittleren Osten. Er liegt zwischen dem Kaspischen Meer im Norden und dem Persischen Golf im Süden. Salzwüsten, schneebedeckte →**Gebirge** und grüne Täler bilden einen großen Teil des Landes. Im Iran herrschen fast überall heiße, trockene Sommer und kalte Winter.
Der alte Name des Irans ist Persien, die →**Sprache** heißt Persisch. Staatsreligion ist der →**Islam**. Ein Teil der Iraner sind →**Nomaden**. Die Perserteppiche aus →**Wolle** oder →**Seide** sind berühmt für ihre komplizierten Muster und prächtigen Farben. Der bedeutendste Rohstoff ist →**Erdöl**.
Irans →**Geschichte** reicht weit zurück. Gegen 550 v. Chr. errichtete der persische Führer Cyrus mithilfe seiner Armee ein Kaiserreich, das sich von →**Griechenland** und →**Ägypten** bis nach →**Indien** erstreckte. →**Alexander der Große** eroberte Persien um 330 v. Chr. Später wurde das Land von Arabern und Mongolen regiert. Von 1925 bis 1979 regierten die Schahs (persisch für König). 1979 musste der regierende Schah nach politischen Unruhen das Land verlassen. Es wurde in der Folge zu einer islamischen →**Republik**, die bis heute von religiösen Führern regiert wird. Von 1980 bis 1988 führte der Iran Krieg gegen den →**Irak**.

▲ Im Iran gibt es viele Beispiele traditioneller islamischer Architektur. Die religiöse Hochschule (Medrese) Chahar Bagh wurde im 18. Jh. in Isfahan gebaut. Sie besitzt hohe Minarette (Türme einer Moschee).

Iran
Staatsform: Islamische Republik
Hauptstadt: Teheran
Fläche: 1 648 000 km²
Einwohner: 64 Mio.
Sprache: Persisch (Farsi)
Währung: Rial

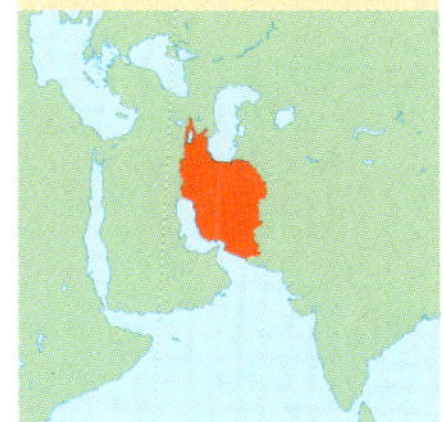

Irland

Irland liegt auf einer →**Insel** westlich von →**Großbritannien**. In dem von niedrigen Bergländern umrahmten Innenland gibt es viele →**Seen**, →**Moore**, →**Flüsse** und sanfte Hügel. Die saftigen Wiesen haben dem Land den Namen „Grüne Insel" eingebracht. Der Shannon ist der längste Fluss Irlands. Die Westküste ist sehr buchtenreich. Das →**Klima** ist mild und feucht. →**Fischfang** →**Landwirtschaft**, →**Elektronik** und Metallverarbeitung sind bedeutende Wirtschaftszweige.

Irland
Staatsform: Republik
Hauptstadt: Dublin
Fläche: 70 284 km²
Einwohner. 3,7 Mio.
Sprachen: Irisch (Gälisch), Englisch
Währung: Euro

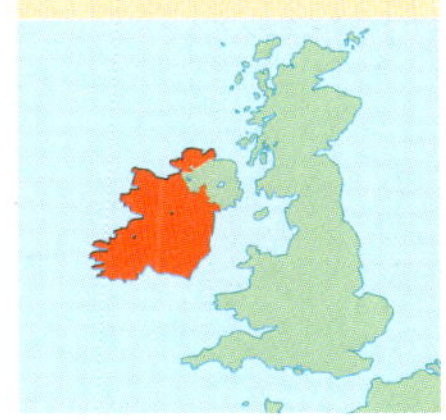

Islam

Mit über einer Milliarde Gläubige ist der Islam nach dem →**Christentum** die zweitgrößte →**Religion**. Viele Muslime (Gläubige des Islam) leben im →**Nahen Osten**, in Südasien und in →**Afrika**. Der Islam wurde vom Propheten →**Mohammed** gegründet, der vor ungefähr 570 Jahren in der Stadt Mekka (im heutigen →**Saudi-Arabien**) zur Welt kam.
Muslime glauben an einen einzigen, allmächtigen →**Gott**, den sie Allah nennen. Das Wort „Islam" bedeutet „sich Gott hingeben" und die Muslime versuchen, sich Gottes Willen zu unterwerfen und nach seinem Wort zu leben: Sie bemühen sich, die Regeln zu befolgen, die im →**Koran** aufgeführt werden, dem heiligen →**Buch** des Islam. Sie beten fünfmal am Tag, geben den Armen regelmäßig Almosen und fasten im heiligen Monat Ramadan (dem neunten Monat des islamischen Jahres) von Sonnenauf- bis Sonnenuntergang. Nach Möglichkeit pilgern sie mindestens einmal im Leben in die heilige Stadt Mekka. Die beiden wichtigsten islamischen Feste sind 'Id al-Adhha (Opferfest) am Ende der Pilgerfahrt und 'Id al-Fitr (Fest des Fastenbrechens) am Ende des Ramadan. Der Ort für gemeinsame Gebete der Gläubigen und religiösen Unterricht ist die Moschee. Moscheen haben Minarette genannte Türme, von denen aus der Muezzin die Gläubigen zum Gebet aufruft. Eine Nische im Inneren der Moschee, Mihrab genannt, ist nach Mekka ausgerichtet. Beim Beten wenden sich die Muslime in Richtung Mekka. Der wöchentliche Feiertag des Islam ist der Freitag.

Internet

Das Internet ist ein weltumspannendes Computernetzwerk, das Menschen raschen Zugang zu Informationen, Wissen, Unterhaltung und Meinungen aus aller Welt ermöglicht.

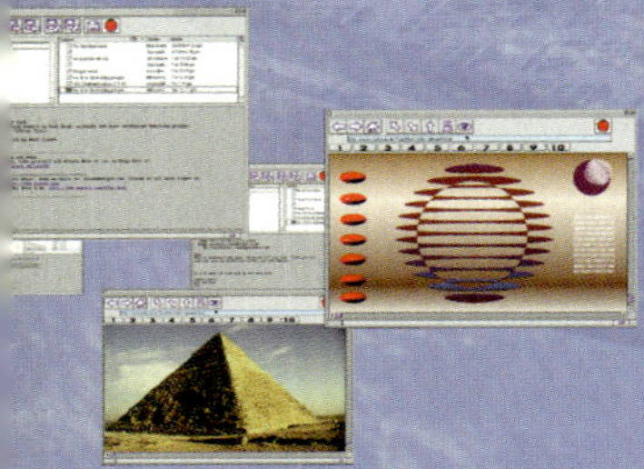

▲ Das Internet ist eine Art Bücherei mit einer fast unüberschaubar großen Anzahl von Büchern – manchmal ist es gar nicht so einfach, etwas zu finden. Suchmaschinen helfen dabei, rasch zu den gewünschten Webseiten zu gelangen.

Die Anfänge

Der Grundstein für das Internet wurde Ende der 1960er-Jahre in den USA gelegt, als dort ein militärisches Kommunikationssystem namens ARPANet entstand. Dieses Netzwerk aus Computern des amerikanischen Verteidigungsministeriums war so aufgebaut, dass es auch dann noch funktioniert hätte, wenn Teile davon während eines Krieges zerstört worden wären. Aus dem ARPANet entwickelte sich nach und nach das Internet. Zunächst bot es nur Wissenschaftlern und Universitäten die Möglichkeit, Informationen auszutauschen, bis es dann Anfang der 1990er-Jahre auch der breiten Öffentlichkeit zugänglich wurde.

Computer vernetzen

Ein Computernetzwerk umfasst zwei oder mehr Computer, die so miteinander verknüpft sind, dass sie Daten (Informationen) untereinander austauschen können. Das Internet ist das größte Computernetzwerk der Welt. Mittels einer vereinheitlichten Software (Programme) können Millionen von Computern ans Internet angeschlossen werden. Internetbenutzer können verschiedene Arten von Informationen senden und empfangen – z. B. Bilder, Musik und Textmitteilungen.

▼ Über das Internet kann man viele Waren und Dienstleistungen auswählen, bestellen und zahlen.

▼ Heute gibt es Webseiten in vielen verschiedenen Sprachen. Sie werden von Einzelpersonen oder Organisationen rund um den Erdball eingerichtet.

▼ Auf dem Internet kann man sich Live-Videoclips (kleine Filme in Echtzeit) anschauen, wie z. B. dieses hier von einer NASA-Weltraummission.

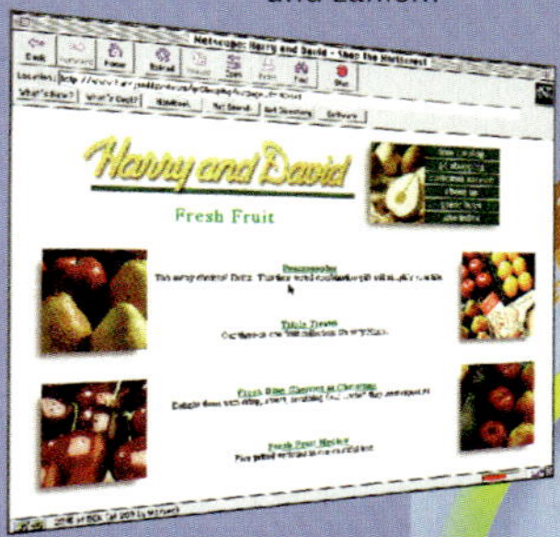

▲ Mittels E-Mail können sich Leute innerhalb von Minuten gegenseitig Briefe schicken. Täglich werden über neun Milliarden E-Mails versendet.

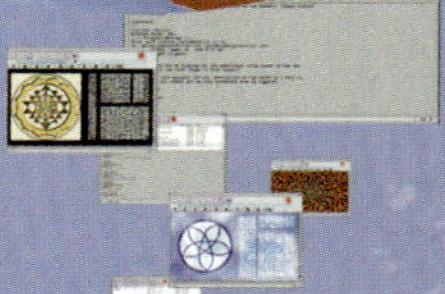

▲ Das Internet liefert auch Informationen über Theater, Kino, Konzerte, Ausstellungen und viele andere Unterhaltungsveranstaltungen.

Verbindung herstellen

Manche Computer sind ständig mit dem Internet verbunden. Die meisten Personalcomputer (PCs) haben allerdings keine laufende Verbindung. Um über die Telefonleitung Zugang zum Internet zu erhalten, benötigen PC-Nutzer ein Gerät namens Modem und müssen sich bei einer Firma (Internetanbieter, Onlinedienst) anmelden. Das Modem wandelt Computerdaten in Signale um, die über die Telefonleitung gesendet werden können. Wenn man Informationen aus dem Internet erhält, geht es genau umgekehrt – die im Modem ankommenden Telefonsignale werden in computerlesbare Daten umgeformt.

Die Internet-Explosion

Eine Verbindung zum Internet herstellen nennt man „online gehen" und die am Internet angeschlossenen Computer nennt man Host-Computer (englisch „Host" bedeutet Gast). Die Zahl dieser Computer hat sich rasant vermehrt. Anfang 1981 gab es gerade einmal 213 Host-Computer, 1991 waren es bereits 376 000 und 2001 war die Zahl auf über 130 Millionen angestiegen. Wer daheim, in der Schule oder am Arbeitsplatz keinen Zugang zum Internet hat, kann gegen eine geringe Gebühr die Computer in einem Internet-Café benutzen.

Das World Wide Web

Mit dem weltweiten Informationssystem im Internet (englisch „world wide web" oder www für weltweites Netz) kann man im Internet rasch und erfolgreich „surfen" (d. h. wahllos oder gezielt nach Informationen suchen). Das WWW ist eine riesige Sammlung aus miteinander verknüpften Websites (englisch „site" für Ort), von denen die meisten jeweils mehrere Unterseiten (Webseiten, „web pages") enthalten. Jede Webseite hat ihre eigene

Adresse (URL). Mit einem Mausklick auf einen hervorgehobenen Link (Querverweis) springt man zu anderen Webseiten.

Benutzung des Internet
Über das Internet können sehr viele Vorgänge durchgeführt werden – von Lernkursen bis zu Online-Spielen. Wenn Unternehmen ihre Waren und Dienstleistungen über das Internet verkaufen, nennt man das E-Commerce (elektronischer Handel). Tausende von Firmen betreiben Websites, wo sich Kunden die Produkte online anschauen und bestellen können. Museen können im Internet anschaulich über ihre Ausstellungen informieren und viele Radiostationen verpacken ihre Sendungen in Klangdateien, die man sich herunterladen kann.

▲ Das Internet wird oft als „Datenautobahn“ (oder „Datensuperhighway“) bezeichnet, weil es riesige Mengen von Informationen befördert. Oft spricht man auch von „Cyberspace“. Dieses Wort stammt aus dem Roman „Neuromancer“, den William Gibson (geb. 1948) im Jahr 1984 verfasste. Er bezog sich damit auf eine Art Informationsuniversum.

Geschichte des Internet

1965 In den USA werden drei Computer über eine Telefonleitung miteinander verbunden und bilden das erste Computernetzwerk.
1969 Das US-Verteidigungsministerium gründet das ARPANet.
1971 Versand der ersten E-Mail (englisch für elektronische Post)
1974 Telenet – die erste gewerbliche Version des ARPANet – nimmt den Betrieb auf.
1977 Erfindung des ersten Modems für Personalcomputer
1984 Einführung des Domainnamen-Systems (Gebietsnamensystem), bei dem jedem Computer ein bestimmtes Gebiet (englisch Domain bedeutet Domäne, Herrschaftsgebiet) zugeordnet wird, der z. B. mit .com, .org usw. endet
1991 Einführung des World Wide Web
1994 Erste Geschäfte und Banken bieten ihre Dienste über das Internet an.
2000 Das World Wide Web umfasst schätzungsweise mehr als eine Milliarde Webseiten.

Zum Weiterlesen
Kommunikation, Computer, Medien, Telekommunikation, Telefon

Island

Island ist eine gebirgige →**Insel** im Norden des →**Atlantischen Ozeans** südlich der →**Arktis**. Durch das warme →**Wasser** des →**Golfstroms** sind die meisten →**Häfen** des Landes das ganze Jahr über frei von Eis.
Die Insel hat viele aktive →**Vulkane** und →**Geysire**. Das Wasser einiger heißer Quellen wird zum Heizen der Häuser genutzt. Im Süden liegen die höchsten Berge, sie sind von →**Gletschern** bedeckt. Der Rest der Insel ist eine Wildnis aus Stein und Lava. Die Küste ist stark zerklüftet.
Island wurde im 9. Jh. von den →**Wikingern** entdeckt. Heute lebt der allergrößte Teil der →**Bevölkerung** an den flachen Küsten im Südwesten. Wichtige Wirtschaftszweige sind →**Landwirtschaft**, →**Fischfang** und Tourismus. Bis 1944 gehörte Island zu →**Dänemark**.

Israel

Israel liegt am östlichen Rand des Mittelmeers. Der →**Staat** Israel wurde 1948 als Heimat für Juden aus aller Welt gegründet. Mehr als die Hälfte des Landes ist →**Wüste** oder trockenes, felsiges →**Gebirge**, aber es gibt auch fruchtbare Ebenen, wo Bauern Orangen, →**Baumwolle**, →**Getreide** und →**Gemüse** anbauen. Die Hauptstadt Jerusalem wird von Juden, Christen und Muslimen als die Heilige Stadt bezeichnet.
Zwischen Israel und seinen arabischen Nachbarn kam es zu mehreren Kriegen. 1994 unterzeichneten Israel und die Palästinensische Befreiungsorganisation (PLO) einen Vertrag, der dem Westjordanland und dem Gaza-Streifen Selbstverwaltung zusicherte. Da die Diskussionen um die praktische Umsetzung zu keinem Ergebnis führten, kommt es immer wieder zu Spannungen und militärischen Auseinandersetzungen zwischen Juden und Palästinensern.

◄ Eine der berühmtesten Städte Italiens ist Venedig. Sie steht auf Holzpfählen im Wasser und ist von einem Netz aus Kanälen durchzogen. Mit fantasievollen Kostümen wird hier der Karneval gefeiert.

Italien

Italien liegt in Südeuropa. Den größten Teil des Landes bildet eine große stiefelförmige Halbinsel im Mittelmeer. Auch die →**Inseln** Sizilien und Sardinien sind Teile Italiens.
Bis auf die Poebene ist Italien sehr gebirgig. In Norditalien liegen die schneebedeckten →**Alpen**, der Apennin zieht sich von Norden nach Süden über den Stiefel.
Die wichtigsten Anbauprodukte sind Trauben, Südfrüchte, →**Tomaten**, Oliven, →**Obst** und →**Getreide**. Italienische →**Mode** (Schuhe und Bekleidung) ist weltbekannt. In Norditalien gibt es viel →**Industrie**, hier werden z. B. →**Autos** und Maschinen hergestellt.
Mit seinen historischen Stätten und großen Stränden ist Italien ein beliebtes Ferienziel und zieht auch zahlreiche deutsche Urlauber an. Italien war Ausgangspunkt des →**Römischen Reiches**. Vom 14. bis ins frühe 16. Jh. war es das Zentrum der →**Renaissance**.
Bis 1919 gehörte das deutschsprachige Südtirol zu →**Österreich** und wurde in der Folge des Ersten →**Weltkriegs** zu einem Teil Italiens. Heute besitzt die Region eine weitgehende Selbstverwaltung.
Berühmte Städte Italiens sind z. B. Mailand wegen seiner Oper und seines Domes, Venedig, Florenz und Rom wegen ihrer historischen Stätten oder Neapel wegen seiner schönen Lage.

Island
Staatsform: Republik
Hauptstadt: Reykjavik
Fläche: 103 000 km²
Einwohner: 280 000
Sprache: Isländisch
Währung: Isländische Krone

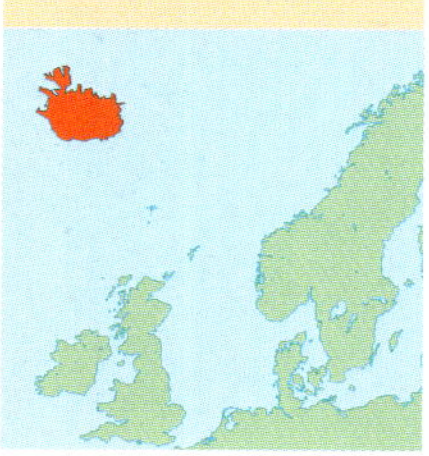

Israel
Staatsform: Republik
Hauptstadt: Jerusalem
Fläche: 20 770 km²
Einwohner: 6,7 Mio.
Sprachen: Hebräisch (Iwrith), Arabisch
Währung: Neuer Schekel

Italien
Staatsform: Republik
Hauptstadt: Rom
Fläche: 301 225 km²
Einwohner: 58 Mio.
Sprache: Italienisch
Währung: Euro

Jagd

Die Jagd war für die →**Menschen** der Vorgeschichte die wichtigste Art des Nahrungserwerbs. In geschichtlicher Zeit wurde sie zu einem →**Sport** für die Reichen. Auch im heutigen →**Europa** ist die sportliche Jagd beliebt. Man braucht dazu in vielen Ländern aber eine spezielle Erlaubnis (Jagdschein). Der Berufsjäger hat v. a. die Aufgabe, den Wildbestand zu regulieren – zu viele Rehe sind schädlich für den →**Wald**.

▲ Der Jaguar lebt häufig in Wassernähe und fängt Fische. Er lauert am Ufer und schlägt zu, sobald er einen Fisch sieht.

Jaguar

Der Jaguar ist ein Bewohner der →**Regenwälder**, des →**Graslands** und der Sümpfe →**Südamerikas** sowie von Teilen →**Mittelamerikas**. Vertreter dieser größten amerikanischen Katzenart wiegen bis zu 150 kg. Das Jaguarfell ist gelbbraun mit schwarzen Tupfen und ähnelt dem des →**Leoparden**. Anders als beim Leoparden sind beim Jaguar jedoch viele Tupfen von dunklen Ringen umgeben. Jaguare klettern geschickt auf Bäume und sind – anders als die meisten Katzen – gute Schwimmer. Sie jagen v. a. nachts →**Nagetiere**, Pekaris (eine wild lebende Schweineart), →**Hirsche** und andere →**Säugetiere**. Außerdem fressen Jaguare Wasserschildkröten, →**Frösche** und →**Fische**.

Jahr

Innerhalb eines Jahres umkreist die →**Erde** einmal die →**Sonne**. Diese Reise dauert 365 Tage und 6 Stunden. Da ein Kalenderjahr aber nur 365 Tage lang ist, wird alle vier Jahre (Schaltjahr) ein zusätzlicher Tag in den →**Kalender** aufgenommen. So wird der Unterschied zwischen astronomischem Jahr und Kalenderjahr ausgeglichen. Schon die alten Ägypter konnten die Länge eines Jahres genau messen. Sie entdeckten nämlich, dass die Nilüberschwemmung bevorstand, wenn der Sirius – der hellste →**Stern** am Himmel – gerade vor Sonnenaufgang erscheint. Sie zählten die Tage bis zum nächsten Siriusaufgang und fanden heraus, dass 365 Tage vergangen waren, eben ein Jahr.

▼ Im alten China war die Jagd ein beliebter Sport für reiche Leute. Das Wild wurde entweder mit Pfeil und Bogen geschossen, mit Hunden oder Geparden gehetzt oder von Falken gefangen.

Jahreszeiten

Ein →**Jahr** ist in vier Jahreszeiten eingeteilt: Frühling, Sommer, Herbst und Winter. Diese Einteilung beruht auf der Dauer von →**Tag und Nacht**.
Im Frühling werden die Tage länger und wärmer, die →**Pflanzen** beginnen wieder zu wachsen und die meisten →**Tiere** bekommen ihre Jungen. Im Herbst werden die Tage kürzer und kälter, Laub fällt von den →**Bäumen** und viele →**Vögel** fliegen den Winter über in wärmere Gebiete.
Jahreszeiten gibt es, weil die →**Erde** an ihrer Achse (eine gedachte Linie durch die Mitte des →**Planeten**, die Nord- und Südpol miteinander verbindet) geneigt ist. Während sich die Erde um die →**Sonne** dreht, ist erst der eine und dann der andere Pol der Sonne zugewandt. Ist der Nordpol der Sonne zugewandt, herrscht auf der nördlichen Halbkugel Sommer und auf der südlichen Halbkugel Winter. Sechs Monate später ist der →**Südpol** der Sonne zugewandt, wodurch in den südlichen Ländern der Erde Sommer und in den nördlichen Winter ist.
An den →**Polen** gibt es nur zwei Jahreszeiten: Sommer und Winter. Während des Winters geht die Sonne nie auf, es bleibt ständig dunkel (Polarnacht). Im Sommer scheint die Sonne 24 Stunden lang (Mitternachtssonne).
Am →**Äquator** hat die Neigung der Erde keine Auswirkungen, es existieren also keine Jahreszeiten.

▾ Auf der nördlichen Halbkugel der Erde ist offiziell am 21. Juni Sommeranfang. Der Herbst beginnt am 23. September, der Frühling am 21. März, der Winter am 21. Dezember. Auf der südlichen Halbkugel verlaufen die Jahreszeiten in umgekehrter Reihenfolge.

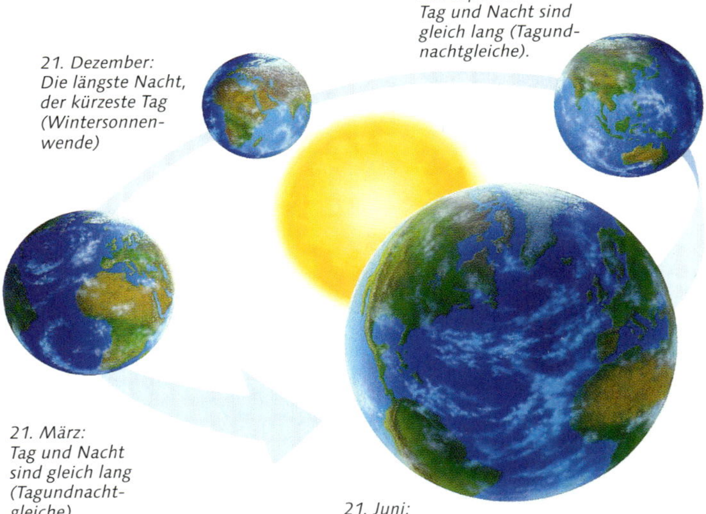

21. Dezember: Die längste Nacht, der kürzeste Tag (Wintersonnenwende)

23. September: Tag und Nacht sind gleich lang (Tagundnachtgleiche).

21. März: Tag und Nacht sind gleich lang (Tagundnachtgleiche).

21. Juni: Der längste Tag, die kürzeste Nacht (Sommersonnenwende)

Jamaika

Jamaika
Staatsform: Parlamentarische Monarchie
Hauptstadt: Kingston
Fläche: 10 991 km²
Einwohner: 2,6 Mio.
Sprache: Englisch
Währung: Jamaika-Dollar

Jamaika ist die drittgrößte →**Insel** in der →**Karibik**. Der Name bedeutet „Insel der Quellen", denn es gibt viele →**Flüsse**, die in den Quellen der bewaldeten →**Gebirge** des Landes entspringen.
Fast die gesamte →**Bevölkerung** stammt von afrikanischen Vorfahren ab, die von den Kolonialherren als Sklaven auf die Insel geholt worden waren. Viele Einwohner leben heute von der →**Landwirtschaft** und bauen auf der tropischen Insel Bananen, Orangen, Kokosnüsse, Kaffee und Zuckerrohr an. Jamaika besitzt auch große Bauxit-Bergwerke. Bauxit ist ein aluminiumhaltiges →**Gestein**. Die Hauptstadt Kingston ist eine wichtige Hafenstadt. Bis 1962 war Jamaika britische →**Kolonie**. In Jamaika entstand aus verschiedenen Musikstilen die Reggae-Musik. Ihr bekanntester Vertreter war Bob Marley (1945–1981).

Japan

Japan ist eine dicht bevölkerte Inselkette im →**Pazifischen Ozean**, die vor der Festlandküste Ostasiens liegt. Das Land besteht aus 3922 →**Inseln**. Die größte Insel ist Honshu, gefolgt von Hokkaido im Norden und Kyushu und Shikoku im Süden. →**Gebirge** bedecken einen großen Teil Japans. Der höchste Berg ist der schneebedeckte →**Vulkan** Fudschijama, der 1707 das letzte Mal ausgebrochen ist. Es gibt auch große →**Wälder** und viele →**Flüsse** und →**Wasserfälle**. Nordjapan hat kühle Sommer und kalte Winter, während die südlichen Inseln ein warmes →**Klima** aufweisen. Japan besitzt eine der größten Fischfangflotten der Welt. Die wichtigste Anbaufrucht ist →**Reis**. Wegen fehlender landwirtschaftlicher Nutzflächen muss das Land sehr viele Lebensmittel einführen. An →**Bodenschätzen** ist Japan ebenfalls arm. Dennoch ist es die zweitgrößte Industrienation der Welt und einer der bedeutendsten Hersteller von →**Autos**, →**Schiffen** und elektronischen Geräten wie Radio- und Fernsehapparaten. Während des 19. Jh. wurde Japan zu einer der mächtigsten Nationen der Welt. Im Zweiten →**Weltkrieg** kämpfte es schließlich gegen die Alliierten (Verbündete gegen →**Deutschland** und Japan), doch 1945 wurden amerikanische Atombomben auf die Städte Hiroshima und Nagasaki geworfen, was Japan zur Aufgabe zwang. Nach dem Krieg wurde Japan ein demokratisches Land und der ehemals allmächtige Kaiser nimmt nur noch ehrenamtliche Aufgaben wahr.

Jazz

Die Musikrichtung Jazz kam am Ende des 19. Jh. in den →**Vereinigten Staaten von Amerika** auf. Im Jazz haben sich Elemente des →**Blues** und von Kirchenliedern der schwarzen Bevölkerung (Spirituals) mit der Tanz- und Volksmusik der Weißen verbunden. Jazzmusiker improvisieren gerne: Dabei kombinieren sie spontan neue Melodien zu der Begleitmusik der Band.
Die Hauptinstrumente des Jazz sind Saxofon, Trompete, →**Klavier**, →**Gitarre** und →**Schlagzeug**.

► Jazz-Musiker beginnen ihr Spiel oft mit einem Lied. Anschließend erfinden sie aus dem Stegreif neue Melodien, die zum Rhythmus und den Harmonien des zuerst vorgestellten Liedes passen.

Jemen

Jemen liegt an der Küste des Roten Meeres und am Golf von Aden. Der Norden und der Osten sind wüstenhaft und trocken. Das Hochland im Westen erhält während der beiden Regenzeiten Niederschläge bis 1000 mm. Es gehört daher zu den fruchtbarsten Gegenden der Arabischen Halbinsel. Viele Jemeniten sind Bauern, die →**Baumwolle**, →**Getreide**, Kaffee, Hirse und →**Obst** anbauen. Der Hafen von Aden an der Südküste ist seit 2000 Jahren ein wichtiger Handelsplatz.
Nordjemen stand bis 1918 unter der Herrschaft des →**Osmanischen Reiches**. Der Südjemen unterstand bis 1967 der britischen Krone. Von 1967 bis 1990 kam es immer wieder zu Spannungen zwischen den beiden jemenitischen Staaten. Im Jahr 1990 wurden Nord- und Südjemen zur →**Republik** Jemen vereinigt. 1994 brach ein →**Bürgerkrieg** zwischen den ehemaligen jemenitischen Einzelstaaten aus. Heute ist das Land auf dem Weg zu einem demokratischen Staat. Trotzdem kommt es noch immer zu politischen Unruhen, Geiselnahmen und anderen Terrorakten.

Jesus

Das →**Christentum** hat seinen geschichtlichen Ausgangspunkt in Jesus (um 6/7 v. Chr. bis 33 n. Chr.) von Nazareth. Über ihn weiß man nur, was in den vier Evangelien des Neuen Testaments (Teil der →**Bibel**) überliefert wird. Die Evangelien sind jedoch keine Biografie Jesu, sondern die Verkündigung seiner Botschaft. Sie berichten von Leben, Wirken, Kreuzigung und Auferstehung Jesu.
Aus seinen Anhängern wählte Jesus zwölf enge Vertraute, die Apostel. In seinen Predigten verkündete er ein zukünftiges Reich →**Gottes** und die Erlösung von den Sünden. Da er mit seinen Lehren sowohl den Unmut der Priester und Schriftgelehrten als auch den der römischen Herrscher auf sich zog, wurde er gekreuzigt. Am dritten Tag nach seinem Tod soll er auferstanden und schließlich in den Himmel aufgefahren sein.

Johanna von Orléans

Das lothringische Bauernmädchen Jeanne, deutsch Johanna, (um 1410–1431) führte im 15. Jh. die französischen Truppen gegen die englischen Besatzer und konnte große militärische Siege erringen. 1430 fiel sie jedoch den Engländern in die Hände und wurde als →**Hexe** verurteilt. Am 30. Mai 1431 wurde sie auf dem Scheiterhaufen verbrannt. Das Urteil gegen Johanna wurde 1456 aufgehoben. 1909 wurde sie selig, 1920 heilig gesprochen. Seit dem 19. Jh. gilt Johanna von Orléans als französische Nationalheldin. Sie lieferte Dramenstoff, z. B. für Friedrich von →**Schiller**.

◄ Die Legende berichtet, dass Johanna göttliche Stimmen hörte: Sie solle sich für den französischen Thronerben Charles VII. (1403–1461) einsetzen und gegen die Engländer kämpfen. Sie beharrte darauf, mit Gott direkt gesprochen zu haben – weshalb man sie als Hexe verbrannte.

Japan
Staatsform: Parlamentarische Monarchie
Hauptstadt: Tokio
Fläche: 377 780 km²
Einwohner: 127 Mio.
Sprache: Japanisch
Währung: Yen

Jemen
Staatsform: Islamische Republik
Hauptstadt: Sanaa
Fläche: ca. 500 000 km²
Einwohner: 19 Mio.
Sprache: Arabisch
Währung: Jemen-Rial

Jordanien
Staatsform: Parlamentarische Monarchie
Hauptstadt: Amman
Fläche: 97 740 km^2
Einwohner: 5,9 Mio.
Sprache: Arabisch
Währung: Jordanischer Dinar

Jordanien

Jordanien liegt im →**Nahen Osten** im Nordwesten der Arabischen Halbinsel. Der größte Teil des Landes besteht aus einer wüstenartigen Hochebene in 1000 m Höhe. Der Fluss Jordan und das salzige Tote Meer liegen westlich der Hochebene. In Jordanien wird viel →**Baumwolle** gepflanzt und →**Salz** und Phosphate (Salze der Phosphorsäure) werden gewonnen.
1967 besetzte →**Israel** das sogenannte Westjordanland, das seit 1948 zu Jordanien gehörte. 1988 übertrug Jordanien seine Ansprüche auf das Westjordanland an die Palästinensische Befreiungsorganisation PLO.

Judentum

Das Judentum ist die →**Religion** des jüdischen Volkes. Seine Lehre besagt, dass es nur einen wahren →**Gott** gibt, der sich den Juden offenbarte (zeigte) und den Menschen Gebote erteilte, nach denen sie leben sollen. Das heilige →**Buch** der Juden ist die hebräische →**Bibel**.
Sie besteht aus den fünf Büchern Mose (der Tora), Geschichten über die Stämme Israels sowie Büchern, die von Königen und Propheten geschrieben wurden. Das →**Christentum** übernahm diese Sammlung von Texten als „Altes Testament" in seine Bibel.
Juden versuchen, nach den Zehn Geboten und anderen Anweisungen der Bibel zu leben. Sie glauben, dass Gott die Gebote auf dem Berg Sinai an Moses übergab, nachdem dieser das jüdische Volk aus der Sklaverei in →**Ägypten** geführt hatte. Diese Flucht aus Ägypten wird als Exodus bezeichnet. Passah, das höchste jüdische Fest, erinnert an den Exodus. Weitere jüdische Feste sind der Versöhnungstag Jom Kippur, an dem die Gläubigen Sünden beichten und um Vergebung bitten, und das acht Tage dauernde Chanukka oder Lichterfest, das an die Wiedereinweihung des Tempels in Jerusalem 165 v. Chr. erinnert.
Heute leben Juden in aller Welt, sehen aber →**Israel** als ihre historische und religiöse Heimat an. Juden beten in Gebäuden, die man Synagogen nennt. Einen religiösen Gelehrten bezeichnet man im Judentum als Rabbiner. Der heilige Wochentag ist der Sabbat. Er dauert vom Freitagabend bis zum Sonnenuntergang am Samstag.

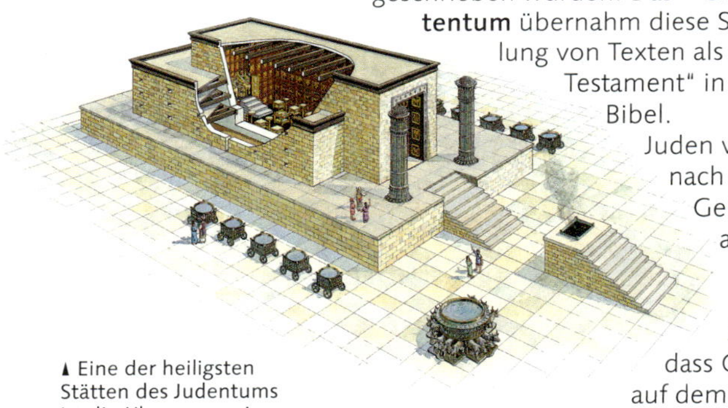

▲ Eine der heiligsten Stätten des Judentums ist die Klagemauer in Jerusalem, z.T. ein Überrest des Tempels aus der Zeit des Königs Herodes (72–4 v. Chr.).

Jugoslawien

Bis zu Beginn der 1990er-Jahre bildeten die heutigen →**Staaten** →**Slowenien**, →**Kroatien** →**Bosnien und Herzegowina** →**Mazedonien** sowie →**Serbien und Montenegro** das Land Jugoslawien, bis sie nach und nach ihre Unabhängigkeit erklärten.

Jupiter

Jupiter ist der größte →**Planet** des →**Sonnensystems**. Er ist 300 Mal so groß wie die →**Erde** und hat eine enorme Anziehungskraft: Auf Jupiter wäre man doppelt so schwer wie auf der Erde. Der Planet besteht hauptsächlich aus heißem, flüssigem →**Wasserstoff**. Auf seiner Oberfläche erkennt man helle und dunkle Streifen sowie einen riesigen Wolkenwirbel, den man den Großen Roten Fleck nennt.
Nach heutigem Forschungsstand wird der Planet von mindestens 60 Monden umkreist. Für eine Umdrehung um seine Achse (Jupitertag) braucht er nur knapp zehn Erdstunden, dafür dauert ein Jupiterjahr (die Zeit, in der der Planet die Sonne umrundet) aber fast zwölf Erdjahre.

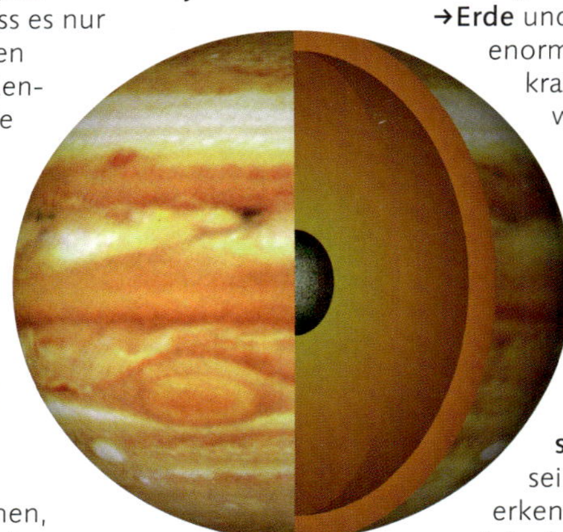

Daten zu Jupiter
Durchschnittliche Entfernung zur Sonne: 778 Mio. km
Kleinste Entfernung zur Erde: 630 Mio. km
Durchschnittstemperatur: –150 °C
Durchmesser am Äquator: 142 800 km
Atmosphäre: Wasserstoff, Helium
Zahl der Monde: 60
Tageslänge: 9 Stunden, 50 Minuten
Jahreslänge: 11,9 Erdjahre

▲ Käfer können sich äußerlich stark unterscheiden. Alle aber besitzen drei Beinpaare und harte Deckflügel.

Käfer

Käfer sind →**Insekten**, deren Vorderflügel zu festen Deckflügeln umgebildet sind. Im Ruhezustand überdecken diese Flügel meist den gesamten Hinterleib und ähneln damit einem Panzer. Von den rund 350 000 bisher bekannten Käferarten leben etwa 20 000 in →**Europa**.
Käfer treten in unterschiedlichsten Farben, Formen und Größen auf. Manche Käfer sind so klein wie ein Stecknadelkopf, andere dagegen sehr groß. Der afrikanische Goliathkäfer z. B. wird bis zu 10 cm lang und 100 g schwer.
Käfer machen im Lauf ihres Lebens eine vollkommene →**Metamorphose** (Verwandlung) durch: Sie beginnen ihr Leben als Eier, aus denen Larven schlüpfen. Diese verpuppen sich nach einiger Zeit. Aus der Puppe schlüpft der erwachsene Käfer.
Viele Käfer und ihre Larven sind Schädlinge. Kartoffel- und Maikäfer z. B. können ganze Ernten vernichten, wenn sie in großen Scharen auftreten. Andere Käfer wiederum sind sehr nützlich. Marienkäfer etwa vertilgen Blattläuse, Mistkäferlarven verwerten Dung.

Kakteen

Es gibt Hunderte von Kakteenarten, aber sie haben alle eines gemeinsam: Sie wachsen in sehr heißen und trockenen Gegenden, da sie für lange Zeit →**Wasser** in ihrem Stamm speichern können. Statt der üblichen →**Blätter** haben sie mehr oder weniger lange, spitze Dornen, die sie vor durstigen Tieren in der →**Wüste** schützen.
Kakteen wachsen in allen möglichen Formen und Größen, von →**Arten** in Nadelkissengröße bis hin zum riesigen Saguaro-Kaktus, der bis zu 15 m hoch werden kann.

Kalender

Kalender teilen die →**Zeit** in Abschnitte ein. Sie dienen z. B. zur Planung des Pflanzens und Erntens von Nutzpflanzen und zeigen Feste und Feiern an. Die westlichen Länder verwenden den gregorianischen Kalender, der 1582 von Papst Gregor XIII. (1502–1585) eingeführt wurde. Ein →**Jahr** dieses Kalenders entspricht der Zeit, die die →**Erde** braucht, um einmal die →**Sonne** zu umlaufen: 365,25 Tage (man rechnet 365 und alle vier Jahre einen Schalttag). Hebräischer und muslimischer Kalender basieren dagegen auf dem Mondzyklus. Der chinesische Kalender berücksichtigt →**Sonne** und →**Mond**.

▼ Die Azteken Zentralamerikas stellten ihren Kalender aus einem großen Stein her, der die Form der Sonne hatte. In die Mitte war das Gesicht des Sonnengotts gehauen. Der Rand war von Zeichen gesäumt, die für die Tage standen.

▼ Kakteen wachsen in trockenen Gegenden, v. a. in Wüsten. Meist stehen sie weit auseinander, um sich nicht gegenseitig das lebensnotwendige Wasser wegzunehmen.

Kambodscha
Staatsform: Parlamentarische Monarchie
Hauptstadt: Phnom Penh
Fläche: 181 035 km²
Einwohner: 12,5 Mio.
Sprache: Khmer
Währung: Riel

Kaltblüter

Kaltblüter sind →**Tiere**, die keine gleich bleibende Körpertemperatur haben. Man nennt sie deshalb auch wechselwarme Tiere. Ihr →**Blut** hat immer die →**Temperatur** ihrer Umgebung. Nachts oder bei kühlem →**Wetter** werden sie träge, weil die Körpertemperatur stark absinkt. In der →**Sonne** wärmen sie sich auf und sie werden aktiv – sie gehen auf Nahrungssuche. →**Reptilien** und →**Amphibien** sind Kaltblüter, während →**Vögel** und →**Säugetiere** zu den →**Warmblütern** zählen.

Kalter Krieg

Der Kalte Krieg begann nach dem Zweiten →**Weltkrieg**. Die beiden wichtigsten Siegermächte, die →**Vereinigten Staaten von Amerika** (USA) und die →**Sowjetunion** (UdSSR), rangen dabei um die Vorherrschaft auf der Welt, ohne jedoch ihre Waffen direkt gegeneinander einzusetzen. Gemeinsam hatte man 1945 noch beschlossen, →**Deutschland**, das den Weltkrieg begonnen und verloren hatte, aufzuteilen. Auch die →**Vereinten Nationen** gründeten USA und UdSSR im Juni 1945 gemeinsam. Doch schon 1947/48 trennten sich die Wege deutlich, als die Westmächte ihre drei Besatzungszonen wirtschaftlich zusammenschlossen. Mit dem sogenannten Marshall-Plan setzten sie dort den wirtschaftlichen Aufschwung in Gang, während die sowjetische Besatzungszone nach sozialistischem Muster aufgebaut wurde. Die Spannungen gipfelten in der Berlin-Blockade durch die UdSSR im Juni 1948. Alle →**Straßen**, Bahnlinien und →**Kanäle** nach Westberlin wurden abgesperrt. Die USA und →**Großbritannien** schickten daher Flugzeuge mit →**Nahrungsmitteln** nach Berlin (Luftbrücke). Schließlich gab die Sowjetunion im Mai 1949 nach. Als Reaktion auf die Blockade schlossen die USA, →**Kanada** und zehn europäische Staaten im April 1949 der Nordatlantikpakt (→**NATO**) und am 23. Mai 1949 wurde die Bundesrepublik Deutschland gegründet. Die Sowjetunion antwortete mit der Gründung der →**DDR** und des Warschauer Pakts (Militärbündnis zwischen UdSSR, DDR und mehreren osteuropäischen Staaten). Weitere Krisen zwischen den Machtblöcken folgten: der Bau der Berliner Mauer 1961, die Kubakrise 1962, der Vietnamkrieg 1964–1973. Erst in den 1970er-Jahren bewirkte die neue Ostpolitik der westdeutschen Regierung unter Willy Brandt (1913–1992) langsam eine Entspannung. Seit dem Untergang des Ostblocks 1989 bis 1991 ist der Kalte Krieg endgültig vorbei.

Kambodscha

Kambodscha liegt in →**Südostasien**. Im Landesinneren gibt es viele Sumpfgebiete. Die meisten Einwohner leben in kleinen Dörfern und bauen →**Reis**, →**Gemüse** und →**Obst** an. Das Land war ehemals Teil der französischen →**Kolonie** Indochina. Nach seiner Unabhängigkeit 1953 wurde es eine →**Monarchie**. 1970 kam es zu einem Staatsstreich und zum →**Bürgerkrieg**, der schließlich in die Schreckensherrschaft der Roten Khmer (kommunistische Untergrundbewegung) mündete. Während dieser Zeit (1975–1979) starben über eine Million Menschen an Hunger, →**Krankheit** und durch Gewaltakte der Herrschenden. Auch in den Folgejahren gab es Bürgerkriege und Unruhen. 1993 fanden dann freie →**Wahlen** statt. Das Land ist heute politisch gefestigt, jedoch nach wie vor sehr arm.

▼ In den Wüstengebieten Nordafrikas, des Nahen Ostens und Asiens sind Kamele unverzichtbare Lasttiere.

Kamele

Man unterscheidet zwei →**Arten** von Großkamelen: Das einhöckrige Kamel oder Dromedar Nordafrikas und des →**Nahen Ostens** und das zweihöckrige Kamel oder Trampeltier, das in der mongolischen Wüste Gobi heimisch ist. Diese beiden Kamele sind bestens an die extremen Bedingungen in der

→**Wüste** angepasst. Mit ihren schwieligen Sohlen finden sie auch im heißen, losen Wüstensand Halt. Bei Sturm verhindern die verschließbaren Nasenlöcher, dass →**Sand** in den Atmungsapparat eindringt. Kamele kommen tagelang ohne Futter und →**Wasser** aus. Sie zehren dann von den Fettreserven, die sie in ihren Höckern anlegen können. Kamele sind sehr genügsam. Sie fressen sogar die dornigen →**Sträucher** und Disteln, die in der Wüste wachsen. Neben den Großkamelen gehören die höckerlosen südamerikanischen Vikunjas und das Guanako zur Familie der Kamele.

Kamerun

Kamerun liegt an der Westküste →**Afrikas**. Im Süden wächst tropischer →**Regenwald**, im Norden dehnt sich Trockensavanne aus. Ein Teil des Landes ist gebirgig. Hauptanbaufrüchte sind Kakao, Kaffee, →**Baumwolle**, Erdnüsse und Bananen. Auch →**Erdöl** wird gefördert. Kamerun war Ende des 19. Jh. eine deutsche →**Kolonie**. Später wurde ein Teil des Landes britische, der andere Teil französische Kolonie. 1961 wurde der →**Staat** Kamerun gegründet.

Kampfsportarten

Sportarten mit kämpferischen Elementen fasst man unter dem Begriff „Kampfsportarten" zusammen. Dazu gehören z. B. Boxen und Fechten, v. a. aber auch die ostasiatischen Kampftechniken wie Judo, Karate, Aikido und Kung-Fu. Bei den meisten asiatischen Kampfsportarten stehen sich die Gegner ohne Waffen gegenüber. Ihre Techniken eignen sich daher gut für die Selbstverteidigung. Eine der beliebtesten Kampfsportarten ist Judo. Ziel des Kampfes ist es, den Gegner auf den Rücken zu legen und ihn 30 Sekunden lang am Boden zu halten. Die Judokas können Prüfungen ablegen, nach denen sie in höhere Leistungsklassen aufsteigen. Die Klasse wird durch die Farbe des Gürtels angezeigt. Dem ersten Schülergrad entspricht die Farbe Gelb, dem höchsten Meistergrad Rot.

◄ Taekwondo ist eine koreanische Kampfsportart, bei der u. a. Fußstöße eingesetzt werden. Dieser Schüler mit schwarzem Gürtel bricht ein Stück Holz.

Kanada

Kanada ist nach →**Russland** das zweitgrößte Land der Welt. Es reicht genauso weit in den Norden wie →**Grönland**. Im Süden erstreckt es sich bis zu den gleichen →**Breitengraden** wie Südfrankreich. Im Westen erheben sich die →**Rocky Mountains**, im Landesinneren breiten sich →**Prärien** aus und es gibt zahlreiche →**Seen**. Trotz der Größe des Landes leben zwei Drittel der Kanadier in einem schmalen Streifen von etwa 200 km Breite an der Grenze zu den →**Vereinigten Staaten von Amerika** (USA).

Im Osten liegen die großen Seen. Sie speisen den Sankt-Lorenz-Strom, eine wichtige Wasserstraße. Die großen Städte Montreal, Toronto und Ottawa befinden sich im Osten des Landes. Die bedeutendste Stadt am →**Pazifischen Ozean** ist Vancouver. Das →**Klima** ist in den meisten Gegenden Kanadas sehr kalt im Winter. Kanadas riesige →**Wälder** liefern Industrieholz, aus dem u. a. →**Papier** hergestellt wird. Auf den Prärien weiden große Rinderherden und es wird →**Weizen** angebaut (ein wichtiges Ausfuhrprodukt). Das Land besitzt auch viele →**Bodenschätze**, v. a. →**Erdöl** und →**Eisen**. Nicht zuletzt deshalb gehört Kanada zu den zehn führenden Industrienationen der Welt.
In der Vergangenheit regierten →**Großbritannien** und →**Frankreich** Teile Kanadas. Neben den europäischstämmigen Kanadiern leben in Kanada zahlreiche Einwanderer aus anderen Teilen der Welt sowie die Nachfahren der indianischen Ureinwohner.

Kanada
Staatsform: Parlamentarische Monarchie
Hauptstadt: Ottawa
Fläche: 9 970 610 km²
Einwohner: 31 Mio.
Sprachen: Englisch, Französisch
Währung: Kanadischer Dollar

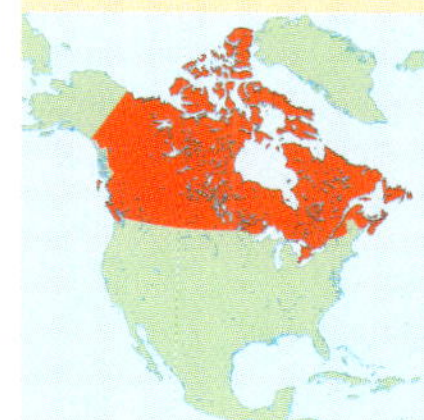

Kamerun
Staatsform: Republik
Hauptstadt: Jaunde
Fläche: 475 442 km²
Einwohner: 16 Mio.
Sprachen: Französisch, Englisch, afrikanische Sprachen
Währung: CFA-Franc

Kanal

Ein Kanal ist ein künstlich angelegter Wasserlauf für den Schiffsverkehr. Bis ins 16. Jh. konnte man Kanäle nur über flaches Land bauen. Erst mit der Erfindung von →**Schleusen** wurde es möglich, Kanäle auf unterschiedlichen Höhen zu verbinden. Große Kanäle wie der →**Sueskanal** und der Panamakanal verbinden →**Meere** und →**Ozeane**. Sie sind so tief, dass sogar riesige Ozeandampfer durch sie hindurchfahren können. Der Panamakanal ist ca. 80 km lang und verbindet den →**Atlantischen** mit dem →**Pazifischen Ozean**. Kanäle werden auch gebaut, um Wasser aus Feuchtgebieten abzuleiten oder es trockenen Gegenden zuzuführen.

▾ Alle gezüchteten Kaninchen gehen auf das Wildkaninchen des Mittelmeerraums zurück. Hauskaninchen oder Stallhasen liefern den Menschen Fleisch und Fell.

Kängurus

Kängurus sind eine artenreiche Familie der →**Beuteltiere** und nur in →**Australien** heimisch. Die meisten Kängurus leben auf mit →**Gras** bewachsenen Ebenen und in trockenen, offenen Landschaften, die als Busch bezeichnet werden. Kängurus ernähren sich von Gras und anderen →**Pflanzen**. Sie bewegen sich mit weiten Sprüngen ihrer Hinterbeine fort. Mit den langen, kräftigen Schwänzen stützen sie sich ab und halten das Gleichgewicht.
Die größten Känguruarten sind das Rote und das Graue Riesenkänguru. Graue Riesenkängurus erreichen Spitzengeschwindigkeiten von 55 km/h und mehr und können bis zu 10 m weit springen. Zu den kleineren Mitgliedern der Kängurufamilie zählen die Wallabys, Felskängurus und Baumkängurus.

▾ Viele Kängurus leben in Gruppen. Diese Familiengruppe Grauer Riesenkängurus lebt in Ostaustralien. Vom Kopf bis zum Schwanz messen sie 2,4 m.

Kaninchen

Kaninchen sind eine kleinwüchsige Form der Hasenartigen, zu denen auch die →**Hasen** gehören. Ursprünglich kamen Kaninchen nur in Südeuropa vor, doch der →**Mensch** hat sie in den meisten Regionen der →**Erde** verbreitet. Die kleinen →**Säugetiere** haben einen kurzen Schwanz und lange, spitz zulaufende Ohren. Kaninchen sind dafür bekannt, dass sie sich schnell vermehren. Sie leben in Familiengruppen in unterirdischen Bauen.

Kanton

Kantone sind die Gliedstaaten der →**Schweiz** und entsprechen in etwa den →**Bundesländern** in →**Deutschland** und →**Österreich**. Sie haben jedoch mehr politischen Einfluss und eine stärkere Stellung gegenüber dem Gesamtstaat als die Länder in den beiden Nachbarstaaten.

Kapitalismus

Kapitalismus nennt man eine Wirtschaftsform, die ganz auf Privateigentum und freien Wettbewerb am Markt setzt. Vertreter des Kapitalismus hoffen, dass durch Steigerung der Firmengewinne die Wirtschaft allgemein wächst und davon alle →**Menschen** profitieren. Die Preise für Waren regulieren sich dabei nur nach Angebot und Nachfrage. Der Kapitalismus setzte sich zur Zeit der Industrialisierung im 19. Jh. durch. Weil große Firmen schneller wachsen konnten als kleinere, entstanden Monopole, das bedeutet, dass ein →**Unternehmen** einen Teilmarkt (z. B. den Stahlbau) beherrscht. Als die Macht der großen Firmen für viele andere zum Nachteil wurde und die Arbeiter verarmten, griffen die Staaten immer mehr in das wirtschaftliche Geschehen ein. Zugleich bildeten sich die Gewerkschaften (Organisationen, die Interessen der Arbeitnehmer vertreten). Dadurch verbesserte sich die Lage der Menschen, indem z. B. geregelte Arbeitszeiten sowie ein Mindestlohn eingeführt wurden. In den meisten Industrieländern spricht man heute deswegen von einer sozialen Marktwirtschaft. Als Gegensatz zum Kapitalismus wird der →**Kommunismus** angesehen.

▲ Die Menschen in der Karibik feiern im Frühjahr Karneval. Viele tragen dabei ausgefallene Kostüme. Leere Ölfässer werden zu Trommeln verarbeitet, den Steel Pans oder Steel Drums.

Karibik

Als Karibik wird die Region östlich von →**Mittelamerika**, zwischen →**Nordamerika** und →**Südamerika**, bezeichnet. Hier liegen Hunderte von →**Inseln** (die Antillen) im →**Atlantischen Ozean**, die eine 3200 km lange Kette bilden. Die größten karibischen Inseln sind →**Kuba**, →**Jamaika**, →**Puerto Rico** und Hispaniola (→**Haiti** und →**Dominikanische Republik**). Zu den kleineren Inseln zählen Barbados, Grenada und die Jungferninseln. Man nennt die Karibischen Inseln auch Westindische Inseln. Christoph Kolumbus (1451–1506), der die Inseln 1492 entdeckte, glaubte nämlich fälschlicherweise, dass sie westlich von →**Indien** lägen. In den darauf folgenden Jahrhunderten kamen viele Europäer in die Karibik und ließen sich dort nieder. Für die Arbeit auf den Zuckerrohrfeldern wurden Afrikaner als Sklaven hierher gebracht.
Die Menschen, die heute in der Karibik leben, entstammen verschiedenen Kulturen. Sie sprechen meist Spanisch, Französisch oder Englisch, oft mit lokalen Akzenten und Varianten.
Der Tourismus ist mit Abstand die größte Einnahmequelle. Die Touristen kommen, um die wunderschönen Sandstrände und das warme →**Klima** zu genießen. Die wichtigsten Erntefrüchte sind Zuckerrohr, Bananen und Kaffee.

Karl der Große

Karl I. (742–814), der unter seinem Beinamen der Große berühmt wurde, war eine der bedeutendsten Herrschergestalten →**Europas**. 768 wurde Karl zusammen mit seinem Bruder Karlmann König der Franken (germanisches Volk), regierte aber nach dessen Tod (771) allein weiter. Er ordnete das Reich neu, richtete Bischofsschulen und →**Klöster** ein und holte bedeutende Gelehrte an seinen Hof, die Kaiserpfalz in Aachen. Auf seinen Feldzügen eroberte er ein riesiges Reich, das von der Nordsee über das Gebiet der heutigen Staaten →**Spanien**, →**Italien**, →**Tschechien** und →**Slowakei** bis nach →**Ungarn** reichte. Im Jahr 800 krönte Papst Leo III. (gest. 816) Karl den Großen zum Kaiser. Damit war der Grundstein für das →**Heilige Römische Reich** gelegt.

▲ Diese Reiterstatue zeigt den Fränkischen König und römischen Kaiser Karl den Großen. Er herrschte über ein riesiges Reich, das nach seinem Tod unter seinen Enkeln aufgeteilt wurde.

Karl V.

Karl V. (1500–1558) wurde 1519 zum deutschen König und 1530 zum Kaiser des →**Heiligen Römischen Reiches** gekrönt. Er war streng katholisch und es fehlte ihm jegliches Verständnis für die Lehre Martin →**Luthers**. Als Luther auf dem Reichstag von Worms 1521 seine Thesen nicht widerrief, erklärte der Kaiser ihn für vogelfrei (völlig rechtlos). Viele deutsche Fürsten protestierten dagegen und erklärten sich zu Anhängern Luthers. Karl V. führte 1546 Krieg gegen die Protestanten, doch im Augsburger Religionsfrieden von 1555 musste er die neue Lehre dulden. Karl V. dankte 1556 als Kaiser ab und zog sich in ein →**Kloster** zurück.

▲ Mit einer Karte und einem Kompass kann man seine genaue Position bestimmen. Höhenlinien informieren über das Relief (Hügel oder Täler). Sie verbinden verschiedene Punkte gleicher Höhe miteinander.

Kasachstan
Staatsform: Republik
Hauptstadt: Astana
Fläche: 2 717 300 km²
Einwohner: 14,9 Mio.
Sprachen: Kasachisch, Russisch
Währung: Tenge

Karte

Karten braucht man, um sich auf der →**Erde** zurechtzufinden.
Es gibt verschiedene Arten von Karten. Politische Karten zeigen die Landesgrenzen und die Lage wichtiger Städte und →**Straßen**. Physische Karten bilden →**Gebirge**, →**Flüsse** und →**Seen** ab. Auf Wetterkarten werden →**Temperaturen** und Windverhältnisse dargestellt. Seekarten informieren über Leuchttürme, →**Kanäle** und die Wassertiefe.
Karten werden in unterschiedlichen Maßstäben (Größenverhältnis zwischen Zeichnung und wirklichem Gebiet) angelegt. Auf manchen Karten ist der Maßstab so groß, dass ein Haus darauf eingezeichnet sein könnte. Der Maßstab anderer Karten ist so klein, dass man die ganze Welt auf einer einzigen Seite unterbringt.
Früher wurde beim Erstellen von Karten viel geraten. Heute benutzt man Luftaufnahmen, um extrem genaue Karten anzufertigen.
Die Fotos werden von einem Flugzeug aus aufgenommen, das in gleichbleibender Höhe fliegt. Dabei überlappen sich die Aufnahmen, damit keine Einzelheit vergessen wird. Mithilfe von →**Satelliten** werden Wetterkarten angefertigt. Genaue Karten des Meeresgrunds erstellt man mithilfe eines →**Sonars**.

Kartoffel

Die Kartoffel ist ein sehr wertvolles →**Nahrungsmittel**. Sie enthält →**Eiweiß** (Protein), →**Vitamine** und viel →**Stärke** (→**Kohlenhydrate**). Die Knollen variieren je nach Sorte in Größe, Form, Farbe und Geschmack.
Kartoffeln dürfen nicht roh, sondern nur gekocht verzehrt werden, z. B. als Pellkartoffeln oder Pommes frites. Neben →**Weizen**, →**Reis** und Mais ist die Kartoffel weltweit die wichtigste Feldfrucht.
Die Kartoffelpflanze kam im 16. Jh. mit den spanischen Eroberern nach →**Europa**. Den Nährwert ihrer Wurzelknollen erkannte man erst später. In →**Deutschland** führte →**Friedrich der Große** die Kartoffel als Grundnahrungsmittel ein.

Kasachstan

Kasachstan ist ein weites Land, das bis 1991 eine Teilrepublik der früheren →**Sowjetunion** war. Es erstreckt sich vom Kaspischen Meer im Westen bis →**China** im Osten. Große Teile des Landes sind →**Steppe** oder →**Wüste**. Die größte Stadt ist Almaty. Es gibt reiche Vorkommen an →**Erdöl**, →**Blei**, →**Eisen** und →**Kohle**. Jahrhundertelang zogen die Kasachen mit ihren Herden von Ort zu Ort (→**Nomaden**). Das änderte sich, nachdem →**Russland** das Land im 19. Jh. erobert hatte und →**Landwirtschaft** (→**Weizen**, →**Baumwolle**) und →**Industrie** förderte.

► Die Kartoffelpflanze bildet einen niedrigen Busch. Alle oberirdischen Pflanzenteile sind ungenießbar bis giftig. Die Kartoffeln, die man als Gemüse isst, wachsen an den Wurzeln.

Käse

Man kann Käse aus der →**Milch** von →**Rindern**, →**Ziegen**, →**Schafen** oder Rentieren machen. Milch für die Käseherstellung muss gerinnen. Für diesen Vorgang sind →**Bakterien** verantwortlich. Die geronnene Milch (Quark oder Bruch) wird von der wässrigen Molke getrennt und in eine Form gepresst. Schließlich lässt man den Käse trocknen und reifen.

◄ In vielen Ländern Europas hat die Herstellung von Käse eine lange Tradition, z. B. in Frankreich und Italien, in der Schweiz und in den Niederlanden. Das Bild zeigt den Käsemarkt in der holländischen Stadt Alkmaar.

Kassettenrekorder

Mit einem Kassettenrekorder kann man durch magnetische →**Aufnahmetechnik** →**Schall** in Form von magnetischen Mustern auf ein Band übertragen. Beim Abspielen verwandeln sich diese Muster wieder in Töne. Beim Aufnahmevorgang formt ein →**Mikrofon** (entweder fest eingebaut oder von außen an das Gerät angeschlossen) den Schall in elektrische Signale um. Diese werden verstärkt und zum Aufnahmekopf geleitet, wo sie ein magnetisches Feld erzeugen.

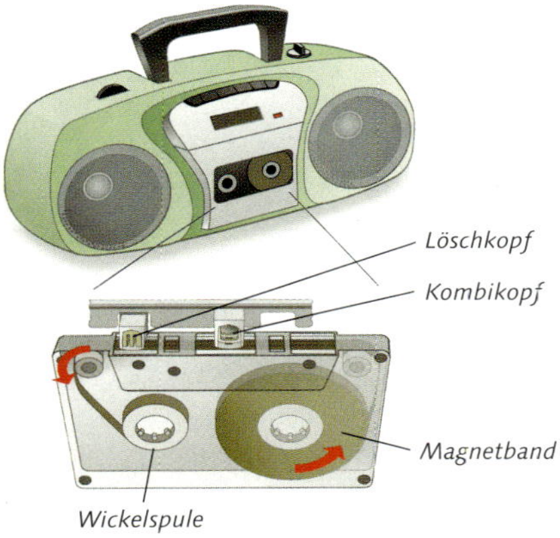

▲ Wenn ein Band im Kassettenrekorder neu bespielt wird, arbeiten der Löschkopf, der ein starkes Magnetfeld erzeugt und so alle vorhergehenden Aufnahmen löscht, und der Aufnahmekopf, der das leere Band erneut magnetisiert. Beim Abspielen arbeitet nur der Abspielkopf. Die Signale werden zum Lautsprecher geleitet und als Töne hörbar.

Metallische Teilchen auf dem Kunststoffband werden beim Vorbeilaufen am Aufnahmekopf durch dieses Magnetfeld in verschiedene Richtungen ausgerichtet.
Beim Abspielen eines Bandes durch den Wiedergabekopf ruft dieses magnetische Muster elektrische Signale hervor, die verstärkt und über einen →**Lautsprecher** wieder hörbar gemacht werden. Das Band wird durch einen →**Motor** von einer Spule zur anderen transportiert. Aufnahme- und Wiedergabekopf sind häufig kombiniert.

Kästner, Erich

Der deutsche Schriftsteller Erich Kästner (1899–1974) veröffentlichte Gedichte und machte sich als Satiriker (Verfasser komisch-kritischer Schriften) einen Namen, bevor er mit seinen Kinderbüchern weltbekannt wurde. Seine mehrfach verfilmten Titel „Emil und die Detektive" (1929), „Pünktchen und Anton" (1931) und „Das fliegende Klassenzimmer" (1933) veröffentlichte er unmittelbar vor dem Ausbruch des Zweiten →**Weltkriegs**. Die Nationalsozialisten verboten Kästners →**Bücher**. Er fand jedoch Wege, seine Werke im Ausland herauszubringen.

Katalysator

Katalysator nennt man eine Substanz, die eine chemische →**Reaktion** beschleunigt oder überhaupt erst ermöglicht. Der Katalysator selbst wird bei der Reaktion nicht verbraucht oder verändert. Katalysatoren werden in der chemischen →**Industrie** sehr häufig eingesetzt. So dienen z. B. Eisenkügelchen bei der Herstellung von Ammoniak aus →**Wasserstoff** und →**Stickstoff** als Katalysatoren. An ihrer Oberfläche bildet sich aus jeweils drei Wasserstoffatomen und einem Stickstoffatom ein Ammoniakmolekül.
Abgaskatalysatoren von →**Autos** besitzen eine Oberfläche aus fein verteiltem Platin, das die Verbrennung giftiger Abgase beschleunigt, damit diese nicht an die →**Luft** abgegeben werden. Sogar in den menschlichen Körperzellen arbeiten Katalysatoren, die sogenannten Enzyme. Einige davon spalten z. B. →**Eiweiße** und unterstützen dadurch die →**Verdauung**.

Kathedrale siehe Kirche

▲ Katzen, die vor über 4000 Jahren in Afrika und vermutlich von den alten Ägyptern gezähmt wurden, sind die Vorfahren der heutigen Hauskatzen.

Kenia
Staatsform: Republik
Hauptstadt: Nairobi
Fläche: 582 646 km²
Einwohner: 30,5 Mio.
Sprachen: Kisuaheli, Englisch
Währung: Kenia-Schilling

Katzen

Katzen bilden innerhalb der →**Raubtiere** eine eigene Familie. Obwohl sich die einzelnen →**Arten** mitunter äußerlich stark voneinander unterscheiden, haben sie doch viel gemeinsam. Alle Katzen haben kurze, runde Köpfe, lange Schnurrhaare, kräftige, spitze Zähne sowie lange scharfe Krallen. Mit Ausnahme der Geparden können alle Katzen ihre Krallen in Scheiden der Pfoten einziehen. Die langen Schwänze helfen den Tieren, beim Klettern und Springen das Gleichgewicht zu halten. Man unterscheidet rund 40 Katzenarten und teilt sie ein in Großkatzen (→**Löwe**, →**Tiger**, →**Leopard**, →**Jaguar**, Gepard) und Kleinkatzen (z. B. Luchse, Puma oder Europäische Wildkatze). Katzen sind überwiegend Einzelgänger, mit Ausnahme der in Familiengruppen lebenden Löwen. Die zahlreichen Rassen der Hauskatze stammen von der afrikanischen Wildkatze ab.

Keime siehe Bakterien, Viren

Kelten

Das Volk der Kelten lebte vor ca. 2800 Jahren in Westeuropa. Es siedelte sich in Britannien und Gallien (heute →**Frankreich**) an sowie in →**Deutschland** und auf der Iberischen Halbinsel (→**Spanien** und →**Portugal**). Um 400 v. Chr. fielen sie in →**Italien** ein, besiegten die →**Etrusker** und plünderten Rom. Um das Jahr 280 v. Chr. zogen sie sogar bis nach →**Griechenland** und Anatolien (Teil der →**Türkei**).
Die Kelten waren in mehrere Stämme unterteilt, die sich aus dem Häuptling, einer Gruppe freier Männer und Frauen sowie unfreien Sklaven zusammensetzten. Ihre Priester, die auch Recht sprachen, hießen Druiden. Die Kelten waren Bauern und Viehzüchter und es gab unter ihnen sehr begabte Metallhandwerker. Die Kelten führten häufig Kriege, liebten aber auch die Dichtung und die →**Musik**. Ihre Sänger nannte man Barden. Die Keltenstämme bekämpften sich häufig untereinander, was die Römer bei der Eroberung Britanniens und Galliens ausnutzten. Die keltische Kultur ging fast völlig verloren. Nur noch in →**Irland**, →**Wales**, Cornwall (Südwestengland), →**Schottland** und in der Bretagne (Nordwestfrankreich) findet man Reste davon, wie z. B. die Sprachen Walisisch und Gälisch.

▼ Die Kelten besaßen keine Schrift, sondern überlieferten die Geschichte ihres Volkes und ihrer Götter mündlich in Gesängen und Gedichten.

Kenia

Kenia ist ein Land in Ostafrika. Im Südwesten grenzt es an den Viktoriasee, im Südosten an den →**Indischen Ozean**. Der →**Äquator** durchzieht die Mitte des Landes. Ein großer Teil des Landes ist gebirgig oder Hochland. Der Rest ist hauptsächlich →**Savanne**. Hier leben →**Antilopen**, →**Zebras**, →**Elefanten**, →**Löwen**, →**Leoparden** und →**Hyänen**. In Kenia gibt es mehrere große →**Nationalparks**, die den Tieren einen geschützten Lebensraum bieten. Davon werden Touristen aus der ganzen Welt angezogen. Tourismus ist ein wichtiger Wirtschaftszweig.
Kenia war von 1895 bis zu seiner Unabhängigkeit 1963 eine britische →**Kolonie**. Manche kenianischen Volksgruppen, wie die Massai, betreiben Viehhaltung. Andere bauen Tee oder Kaffee an, beides wichtige Ausfuhrprodukte.

Kirchen

Man versteht unter Kirche einerseits die Organisation einer christlichen Religionsgemeinschaft, z. B. die katholische, evangelische oder orthodoxe Kirche. Andererseits ist damit das Gebäude gemeint, in dem Gläubige des →**Christentums** ihre →**Religion** ausüben. Christliche Kirchen sehen in jedem Land anders aus. Sie können einfache Zelte oder Holzhütten, aber auch großartige

Steinkathedralen sein. Der Eingang der meisten Kirchen liegt im Westen, der Altar im Osten.

Kirchen wurden zu allen Zeiten im jeweils maßgeblichen architektonischen Stil erbaut. Ab etwa dem 11. Jh. war dies in vielen Teilen **→Europas** der romanische Stil, für den breite Rundbögen und niedrige Kuppeln typisch sind. Später entwickelte sich der gotische Stil. Gotische Kirchen besitzen spitze Türme, hohe Bögen sowie Buntglasfenster und sind reich mit Skulpturen und Reliefs (beides Bildhauerarbeiten) verziert. Der Bau einer großen Kathedrale oder eines Doms – etwa in Chartres (**→Frankreich**), Canterbury (**→England**) oder Köln (**→Deutschland**) – dauerte viele Jahre lang. Der Grundriss vieler Kirchen, besonders der katholischen, hat die Form eines Kreuzes: Sie haben ein Mittelschiff und ein Querschiff. Moderne Kirchen folgen in ihrer Form, aber auch im Baumaterial der zeitgenössischen **→Architektur**.

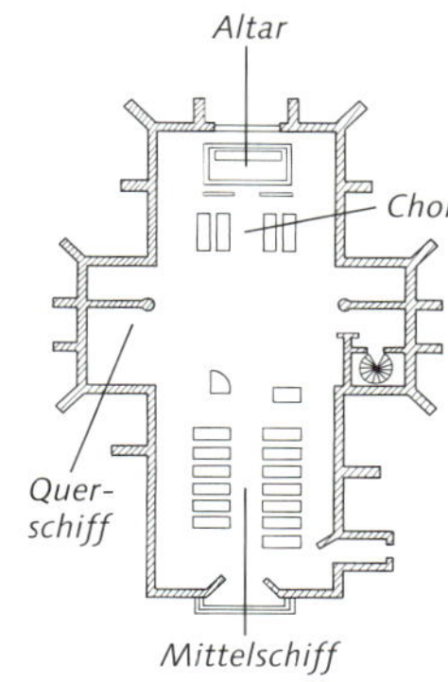

▲ Viele Kirchen haben mehr oder weniger den gleichen Grundriss, egal, ob kleine Pfarrkirchen oder große Kathedralen.

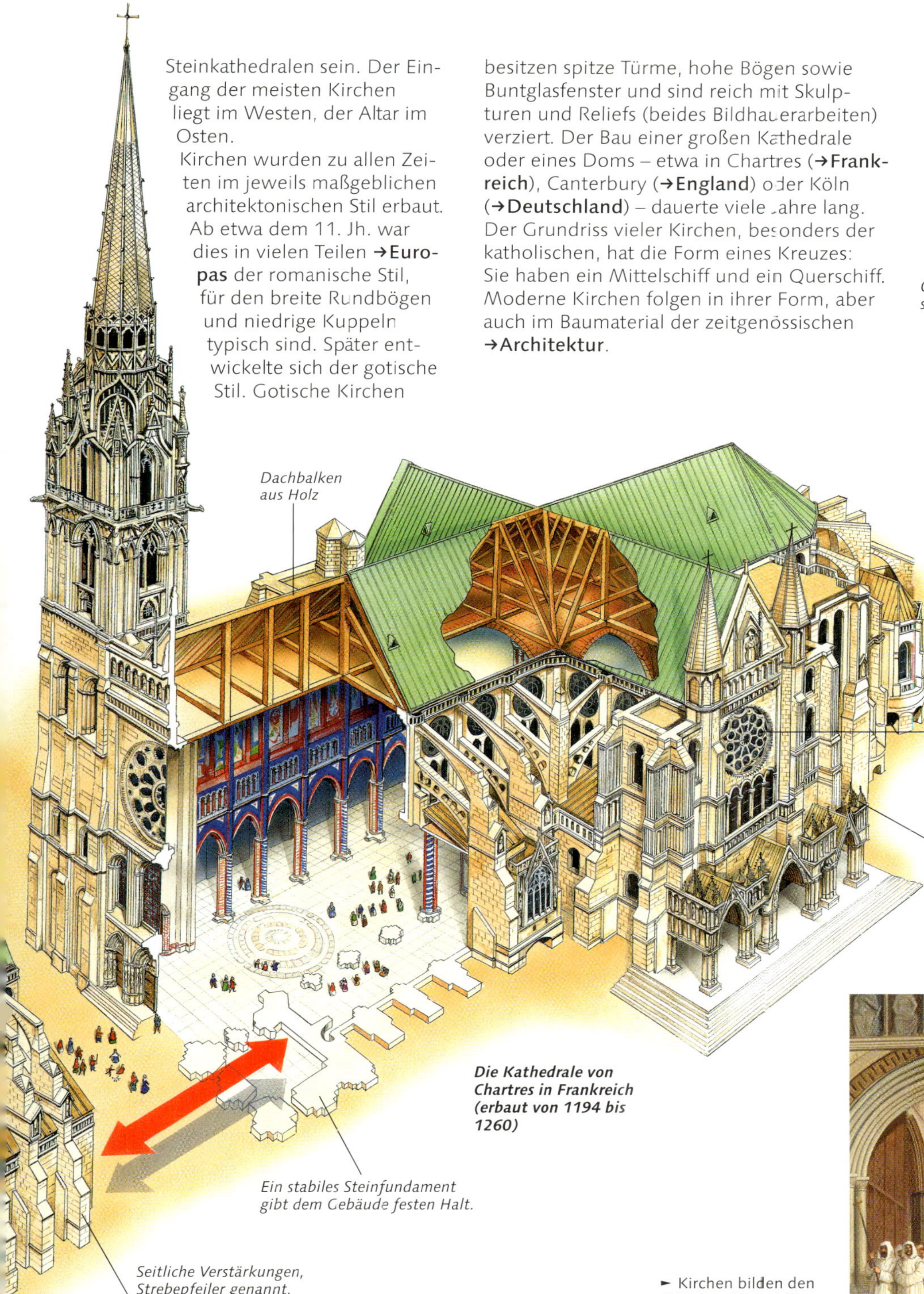

Die Kathedrale von Chartres in Frankreich (erbaut von 1194 bis 1260)

► Kirchen bilden den Mittelpunkt christlicher Gemeinschaften. Früher waren sie auch wichtige Treffpunkte und Zufluchtsorte.

▲ Kiwis sind nachtaktive, flugunfähige Vögel, die nur in den Wäldern Neuseelands vorkommen.

Kiwis

Dieser →**Vogel** aus →**Neuseeland** verdankt seinen Namen den schrillen Rufen des Männchens. Der Kiwi hat einen gedrungenen Körperbau und ist etwa so groß wie ein Huhn. Sein weiches, fellartiges Gefieder und die rückgebildeten Flügel sind nicht zum Fliegen geeignet. Daher bewegt sich der Vogel nur auf seinen kurzen, kräftigen Beinen fort. Die scheuen Waldbewohner schlafen tagsüber in Erdhöhlen und suchen nachts →**Würmer** und Maden. Kiwis sehen nicht gut. Bei der Suche nach Futter sind sie auf ihren hervorragenden →**Geruchssinn** angewiesen. Anders als bei anderen Vögeln sitzen ihre Nasenlöcher an der Schnabelspitze. Die Weibchen legen sehr große →**Eier**, die von den Hähnen ausgebrütet werden.

Klarinette

Die Klarinette ist ein Blasinstrument aus Holz. Ihre heutige Form entwickelte sich ab etwa 1700. Die verschiedenen Klappensysteme, mit denen der Spieler die Tonlöcher schließt oder öffnet, wurden im 19. Jh. von französischen und deutschen Instrumentenbauern entwickelt. Wie die Blockflöte besitzt die Klarinette ein schnabelförmiges Mundstück. Anders als bei →**Flöten** ist daran aber ein sogenanntes Rohrblatt befestigt, das beim Blasen in Schwingung versetzt wird und so die Töne erzeugt. Die Klarinette besteht aus einer langen Röhre, die oben zur Birne verdickt ist. Die Röhre ist in das Oberstück und das Unterstück geteilt und mündet wie bei einer →**Trompete** in einen Schallbecher. Es gibt Klarinetten mit 13 Klappen und solche mit 22 Klappen sowie Instrumente in verschiedenen Größen und Stimmungen. Die Vorläufer der Klarinette wurden als Volksmusikinstrumente gebraucht, doch seit Mitte des 18. Jh. schufen auch viele klassische Komponisten Klarinettenmusik, wie z. B. →**Mozart**, der ein Klarinettenquintett und das berühmte Klarinettenkonzert schrieb. Auch im →**Jazz** spielt dieses Blasinstrument heute eine große Rolle.

▼ Flügel sind Klaviere, die ein großes Klangvolumen besitzen. Bei großen Konzerten wird deshalb fast immer auf Flügeln gespielt.

Klavier

Das Klavier ist ein Musikinstrument. Es wurde um 1710 von dem Italiener Bartolomeo Cristofori (1655–1732) erfunden. Früher nannte man das Instrument meist Pianoforte (italienisch), was so viel wie leise-laut bedeutet. Noch heute wird das Klavier manchmal auch als Piano bezeichnet. Anders als bei seinem Vorgänger, dem Cembalo, werden die Saiten des Klaviers nach dem Drücken einer Taste nicht gezupft, sondern durch ein kleines Hämmerchen angeschlagen. Dadurch kann das Klavier sehr laute, aber auch ganz leise Klänge erzeugen, während die Töne des Cembalos immer fast gleich laut sind.

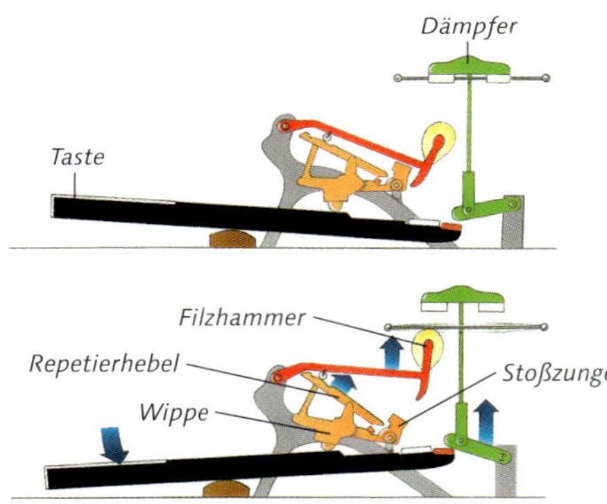

▲ Ein Klavier wird gespielt, indem man die Tasten drückt. Die Hebelwirkung der Taste wird auf ein fellbezogenes Hämmerchen übertragen, das auf eine Klaviersaite schlägt. Ein Dämpfer stoppt das Erklingen des Tones automatisch, wenn man die Taste loslässt.

Bei den besonders großen Klavieren, die man Flügel nennt, verlaufen die Saiten nicht wie beim normalen Klavier von oben nach unten, sondern waagrecht von der Tastatur weg. Vor 1800 hatten alle Klaviere einen waagrechten Saitenbezug. Das Klavier mit senkrechten Saiten hat man erfunden, weil es kleiner ist und sich deswegen besser für die Hausmusik eignet.

Ein modernes Standardklavier hat 88 weiße und schwarze Tasten und zwei Pedale, mit denen man die Töne dämpfen oder länger erklingen lassen kann.

Klebstoffe

Klebstoffe dienen dazu, zwei Dinge fest miteinander zu verbinden. Es gibt verschiedene Formen von Klebstoffen: Viele Jahrhunderte lang kochten die Menschen Tierknochen, Tierhaut und Hörner, um daraus Leim herzustellen. Aus →**Pflanzen** mit hohem Stärkegehalt, wie →**Kartoffeln** oder →**Getreide** kann man eine Paste zum Kleben von →**Papier** herstellen.

◄ Die Kunststoffteile, aus denen das Kanu zusammengesetzt ist, werden durch Klebstoffe zusammengehalten.

Die heutigen, modernen Klebstoffe sind viel stärker als diese natürlichen Kleber. Sie werden aus unterschiedlichen Grundstoffen hergestellt, z. B. aus Kunstharz. Die Anwendungsgebiete sind sehr vielfältig – vom Versiegeln eines Briefumschlags bis hin zur Verleimung von Flugzeug- oder Autoteilen.

Kleopatra

Kleopatra (um 69–30 v. Chr.) war die Tochter des →**Pharaos** Ptolemäus XII. (um 80–51 v. Chr.). Sie regierte zunächst gemeinsam mit ihrem jüngeren Bruder Ptolemäus XIII. (um 63–47 v. Chr.). Als dieser seine Schwester aus dem Land vertrieb, ersuchte Kleopatra Julius →**Cäsar** um Unterstützung, der ihr an die Macht zurückverhalf. Zwischen Kleopatra und Cäsar entwickelte sich eine Liebesbeziehung, aus der der Sohn Caesarion (um 47–30 v. Chr.) hervorging. Nach Cäsars Ermordung 44 v. Chr. brach in Rom ein →**Bürgerkrieg** aus, in dessen Verlauf sich Kleopatra auf die Seite des römischen Feldherrn Marcus Antonius (um 83–30 v. Chr.) stellte, dessen Geliebte sie wurde. Als die Truppen Kaiser Octavians (63 v. Chr.–14 n. Chr.) 30 v. Chr. auf Alexandria vorrückten, beging das Paar Selbstmord.

Klima

Unter Klima versteht man das →**Wetter**, das über einen längeren Zeitraum an einem Ort herrscht.

Die →**Sonne** hat den größten Einfluss auf das Klima. Sie erwärmt das Land, das →**Meer** und die →**Luft.** Länder in der Nähe des →**Äquators** bekommen senkrechte Sonneneinstrahlung und haben daher ein heißeres Klima als Orte, die weiter nördlich oder südlich liegen. In die →**Arktis und Antarktis** fallen die Sonnenstrahlen nur schräg ein, deshalb herrscht dort ein sehr kaltes Klima. Weitere Klimafaktoren neben der geografischen Breite sind die Verteilung von Festland und Meer, Meeresströmungen wie z. B. der →**Golfstrom**, Vegetation (Pflanzendecke), Bebauung und Relief (z. B. →**Gebirge** und Täler). All diese Faktoren bestimmen →**Temperatur**, Luftfeuchtigkeit, →**Wind**, Bewölkung und Niederschläge, also das Klima.

Die →**Erde** wird in verschiedene Klimazonen eingeteilt. Innerhalb dieser Zonen gibt es aber auch lokale Unterschiede.

Das Klima verändert sich im Lauf der Zeit. Viele Wissenschaftler gehen davon aus, dass es gegenwärtig auf der ganzen Welt wärmer wird, ein Prozess, den man →**Klimaerwärmung** nennt.

Die Klimazonen der Erde

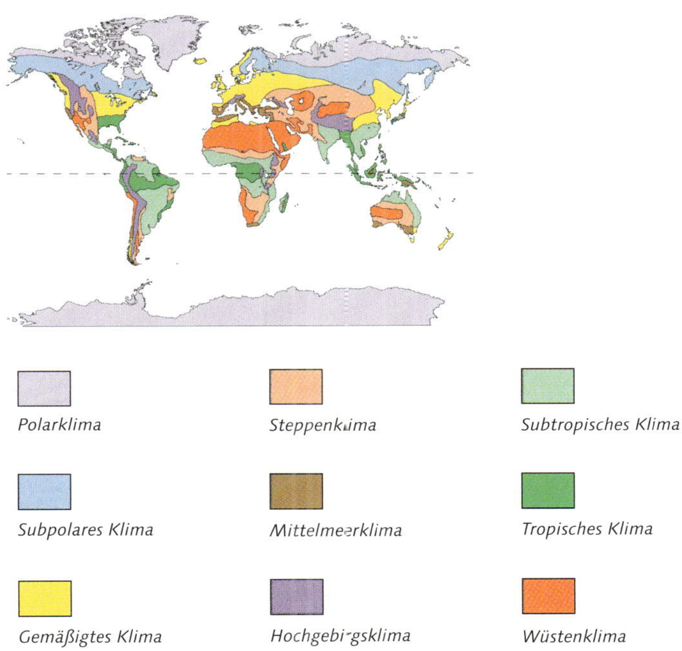

▲ Kleopatra war eine faszinierende Persönlichkeit. Ihr Leben wurde in zahlreichen literarischen Werken verarbeitet, darunter in dem Drama „Antonius und Kleopatra" (1607) von William Shakespeare (1554–1616).

▲ Die Ursache der Klimaerwärmung ist die Folge eines Überschusses an Kohlendioxid in der Atmosphäre. Das Gas speichert die Sonnenenergie und lässt dadurch die Erdtemperatur ansteigen.

Klimaerwärmung

Unter Klimaerwärmung oder Klimawandel versteht man den langsamen Anstieg der →**Temperatur** auf der →**Erde**, durch den Änderungen im →**Klima** hervorgerufen werden. Die Erdatmosphäre besteht aus verschiedenen →**Gasen**, darunter Kohlendioxid (CO_2) und andere sogenannte Treibhausgase. Ohne diese Gase wäre es auf der Erde sehr kalt, denn sie speichern Wärme in ähnlicher Weise wie ein gläsernes Treibhaus: Das Sonnenlicht kann einfallen, aber die entstandene Wärme kann nicht so leicht entweichen. Daher spricht man vom natürlichen Treibhauseffekt.
Beim Verbrennen von →**Kohle** und →**Erdöl** in Fabriken, aber auch in Heizungen und →**Autos**, gelangt immer mehr Kohlendioxid in die →**Atmosphäre**. Wissenschaftler gehen davon aus, dass immer mehr Wärme gespeichert wird. Eine mögliche Folge ist, dass das Eis der →**Pole** schmilzt und der Meeresspiegel ansteigt, außerdem kann es zu Hitzewellen, Dürrekatastrophen, Überschwemmungen und Wirbelstürmen kommen. Der Klimawandel kann durch umweltbewusstes Handeln aufgehalten werden: Strom sparen, Verzicht auf Flug- und Autoreisen, kein Abholzen des →**Regenwaldes** mehr.

▼ Das Schaf Dolly ist eine genaue Kopie seiner Mutter – also ein Klon. Es ist das erste geklonte Säugetier.

Klon

Klone sind Lebewesen mit identischem Erbgut. Es gibt viele natürliche Klone, etwa die Nachkommen einfacher Lebewesen. Bei ihnen teilt sich eine Mutterzelle in zwei identische Tochterzellen (etwa bei →**Bakterien** und →**Hefen**). Auch manche →**Pflanzen** und einfache →**Tiere**, wie Plattwürmer, können sich durch Klonen vermehren. Ihre Nachkommen entstehen ohne die Verschmelzung von männlichen und weiblichen Keimzellen, also durch ungeschlechtliche →**Fortpflanzung**. Bei höheren Lebewesen sind natürliche Klone dagegen äußerst selten und entstehen nur durch Zufall – eineiige Zwillinge sind Klone.
In jüngster Zeit ist es Wissenschaftlern gelungen, Lebewesen im Labor zu klonen. Sie entwickelten die erforderliche Technik schon in den 1960er-Jahren an →**Fröschen**. Allerdings war es einem Team von schottischen Wissenschaftlern erst 1996 möglich, ein →**Schaf** zu klonen – das erste künstlich geklonte →**Säugetier**. Vielleicht gelingt es eines Tages sogar, einen →**Menschen** zu klonen, doch viele Forscher warnen davor. Sie halten es für falsch und gefährlich.

Kloster

Ein Kloster ist ein Gebäudekomplex, in dem Mönche oder Nonnen leben. Diese →**Menschen** führen ein der →**Religion** gewidmetes Leben, das von strengen Regeln geprägt ist. Eine besonders wichtige Rolle spielen Klöster im →**Buddhismus** und im →**Christentum**. Die ersten christlichen Klöster entstanden um 300 n. Chr. in →**Ägypten**. Die Mönche arbeiteten als Bauern und Lehrer und halfen den Armen. Einer der berühmtesten frühen christlichen Mönche war der heilige Benedikt (um 480–547), der in →**Italien** den Benediktinerorden gründete.
Er teilte den Tag in Gebets-, Studien- und Arbeitszeiten ein.
Ein weiterer bedeutender italienischer Mönch war Franz von Assisi (1182–1226), Gründer des Franziskanerordens. Orden unterscheiden sich nach Regeln und nach vorwiegenden Tätigkeiten (Versenkung im Gebet und/oder körperliche Tätigkeit).
Im Mittelpunkt buddhistischen Klosterlebens stehen die Meditation, das Studium religiöser Texte und religiöse Zeremonien. In manchen asiatischen Ländern, etwa in →**Thailand** und →**Myanmar**, werden schon achtjährige Jungen ins Kloster geschickt, damit sie als Mönche leben.

Knochen

Knochen bilden das Gerüst, das →**Muskeln** und →**Organe** der →**Wirbeltiere** stützt. Alle Knochen bestehen überwiegend aus Kalzium, einem Mineral, das auch in bestimmten Lebensmitteln wie →**Milch** enthalten ist. Knochen sind aus einer festen Rindenschicht und der Bälkchensubstanz aufgebaut. Letztere macht den Knochen leicht und dennoch stabil. Das Knochenmark im Inneren des Knochens produziert einen wichtigen Bestandteil des →**Blutes**, die roten Blutkörperchen. Im menschlichen →**Skelett** findet man drei Typen von Knochen: lange Knochen, wie die von Armen und Beinen, platte Knochen wie die des Schädels, und kurze Knochen wie die des Handgelenks und der Wirbelsäule.
Gebrochene Knochen wachsen meist gut zusammen, wenn sie richtig eingerichtet werden. Die →**Zellen** an den Bruchstellen erzeugen eine Substanz, die die Enden dazu anregt, wieder zusammenzuwachsen. Im Alter werden Knochen spröder und brechen leichter.

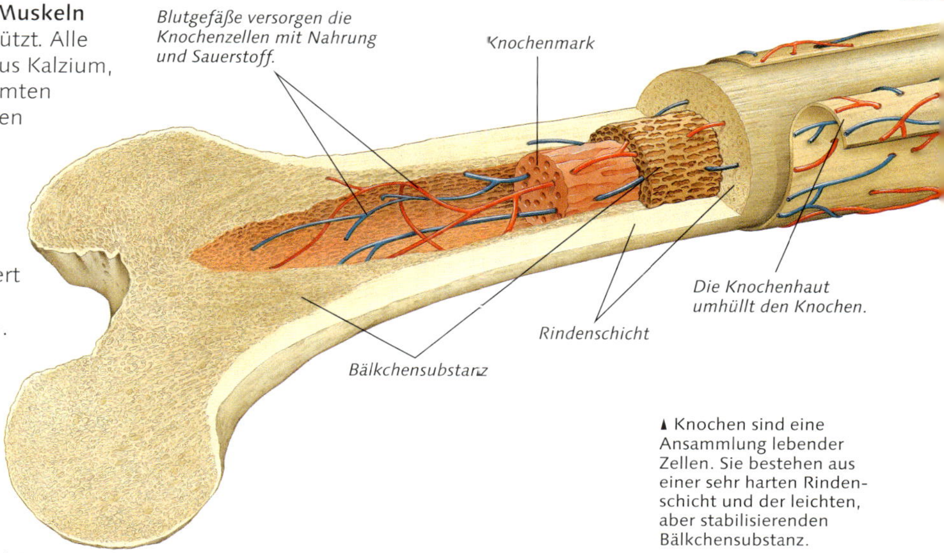

▲ Knochen sind eine Ansammlung lebender Zellen. Sie bestehen aus einer sehr harten Rindenschicht und der leichten, aber stabilisierenden Bälkchensubstanz.

Knoten

Mithilfe von Knoten kann man Schnüre oder Seile verbinden oder an Gegenständen befestigen. Besonders wichtig sind Knoten für Seeleute und Bergsteiger. Seeleute sagen zum Knoten auch „Stek“. Zu den gebräuchlichsten Knoten zählen der Kreuzknoten, der Webeleinstek, der halbe Schlag und der Achtknoten. Seilenden kann man auch verbinden, indem man die Enden miteinander verflicht. Dies nennt man spleißen.
Knoten ist aber auch die Einheit, mit denen die Geschwindigkeit von →**Schiffen** gemessen wird. Ein Knoten entspricht einer Seemeile (1,852 km) in der Stunde.

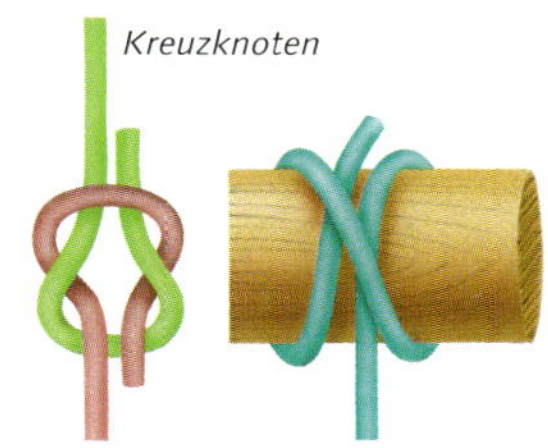

▲ Es gibt viele Arten von Knoten. Mit dem Kreuzknoten kann man Seile verbinden, mit dem Webeleinstek festmachen.

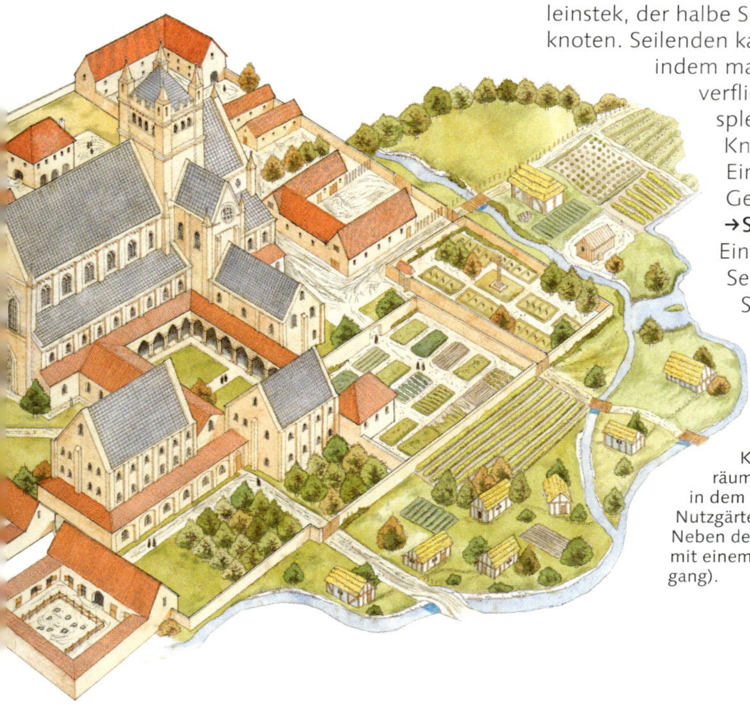

◄ Im europäischen Mittelalter ähnelte ein Kloster einer kleinen Stadt. Das wichtigste Gebäude war die Kirche. Außerdem gab es Schlafräume für die Mönche, ein Spital, in dem Kranke gepflegt wurden, sowie Nutzgärten und Wirtschaftsräume. Neben der Kirche lag ein kleiner Garten mit einem überdachten Umgang (Kreuzgang).

➜ Junge Koalas klammern sich fest an den Rücken ihrer Mutter, die in den Eukalyptusbäumen herumklettert.

Koalas

Der Koala ist ein →**Beuteltier** und wird wegen seines bärenähnlichen Aussehens auch Beutelbär genannt. Er lebt in den →**Wäldern** Ostaustraliens, besucht aber auch Parks und große Gärten. Koalas klettern gemächlich in den Baumkronen herum und kommen kaum jemals auf den Boden. Sie ernähren sich ausschließlich von Eukalyptusblättern. Durch Waldbrände und Bejagung wurden die Koalas beinahe ausgerottet, inzwischen nehmen ihre Bestände aber wieder zu.

Koch, Robert

Robert Koch (1843–1910) gilt als Hauptbegründer der medizinischen Bakteriologie (Lehre von den →**Bakterien**). Weltruhm erlangte er v. a. mit der Entdeckung des Tuberkelbazillus im Jahr 1882, für die er 1905 den →**Nobelpreis** für →**Medizin** erhielt. Mit der Entdeckung dieses Erregers war die Voraussetzung für eine Schutzimpfung gegen Tuberkulose geschaffen worden. Diese Krankheit forderte bis dahin jährlich Tausende von Opfern. 1891 übernahm Koch die Leitung des neu gegründeten Instituts für Infektionskrankheiten in Berlin, das bis heute seinen Namen trägt.
Neben dem Tuberkelbazillus entdeckte er die Erreger von Cholera, Schlafkrankheit und Malaria.

Kohle

Kohle ist ein →**Brennstoff**, der unter der Erdoberfläche gefunden wird. Er gehört zu den sogenannten fossilen Brennstoffen, weil er sich vor Millionen von Jahren aus Resten toter →**Pflanzen** gebildet hat. Kohle wird zum Heizen verwendet, zur Erzeugung von →**Strom** und zur Herstellung von Chemikalien. Braunkohle liegt näher an der Erdoberfläche und wird meist oberirdisch (Tagebau) abgebaut. Die tief liegende Steinkohle wird im Bergwerk (Untertagebau) gefördert. Steinkohle hat einen höheren Heizwert als Braunkohle.

➤ Kohle wird auf verschiedene Weisen gefördert, abhängig von der Tiefe ihres Vorkommens. Nahe der Oberfläche wird sie im Tagebau abgebaut, wenn sie tief liegt im Untertagebau. Dabei werden senkrechte oder schräge Schächte und waagrechte Stollen in die Erde gegraben.

Kohlenhydrate

Unsere Nahrung enthält die Nährstoffe →**Eiweiß**, →**Fett** und Kohlenhydrate. Eiweiß oder Protein ist zum Aufbau der →**Zellen** unersetzlich. Man muss es mit der Nahrung aufnehmen, denn der Körper kann es weder aus Fett noch aus Kohlenhydraten herstellen. Er kann aber Fett in Kohlenhydrate oder diese in Fett umwandeln. Kohlenhydrate sind in der pflanzlichen Nahrung enthalten. Sie werden während der Verdauung in Traubenzucker (Glukose) umgewandelt. Traubenzucker wird von allen Zellen des Körpers zur Energiegewinnung verwendet. Damit hält der Traubenzucker die Körperfunktionen aufrecht. Der Mensch braucht bei normaler Tätigkeit täglich etwa 350 g Kohlenhydrate. Isst er mehr, wird →**Zucker** zu Fett umgebaut und gespeichert.

Kohlenstoff

Kohlenstoff ist ein chemisches →**Element**, das in allen →**Pflanzen** und →**Tieren** enthalten ist. Auch viele Dinge des täglichen Lebens enthalten Kohlenstoff, wie z. B. →**Zucker**, →**Papier**, →**Kohle** oder →**Öl**. Auch →**Diamanten** bestehen aus Kohlenstoff.
Man kann den Kohlenstoff aus abgestorbenem Material (z. B. von →**Fossilien**) auch dazu benutzen, dessen Alter zu bestimmen: Alle Lebewesen enthalten ein wenig radioaktiven Kohlenstoff (das Isotop C-14). Sobald sie sterben, beginnt der Zerfall dieses Kohlenstoffisotops. (Isotope sind unterschiedliche Typen eines →**Atoms**. Sie unterscheiden sich in der Anzahl der Neutronen.) Mit der →**Radiokarbonmethode** kann man feststellen, wie viel C-14 bereits zerfallen ist und dadurch das Alter errechnen.

Kolibris

Kolibris zählen zu den kleinsten →**Vögeln** der Welt. Die winzigste der rund 320 →**Arten** ist die kubanische Bienenelfe, die nicht einmal 5 cm lang wird. Kolibris sind auf dem amerikanischen Kontinent zwischen Südkanada und der äußersten Spitze →**Südamerikas** heimisch.
Als ausgesprochen geschickte Flieger können Kolibris in der →**Luft** stehen oder wie ein →**Hubschrauber** seitwärts und rückwärts fliegen. Dabei schlagen die meist prachtvoll gefärbten Vögel ihre Flügel bis zu 80 Mal in der Sekunde. Die Nahrungsaufnahme erfolgt im Flug.

▲ Durch die Entdeckungsreisen von James Cook (1728–1779) wurden zahlreiche pazifische Inseln sowie Australien und Neuseeland zu britischen Kolonien.

Kolonie

Man versteht darunter ein Gebiet oder ein Land, das von einer fremden Macht beherrscht wird. Die europäischen Entdeckungen legten den Grundstein für viele Kolonien in →**Nord**- und →**Südamerika**, →**Afrika**, →**Asien** und auf den →**Pazifischen Inseln**. Bedeutende europäische Kolonialmächte waren →**Spanien** und →**Portugal** sowie →**Großbritannien**, →**Frankreich**, →**Belgien** und die →**Niederlande**.

Kolumbien

Kolumbien liegt im Norden →**Südamerikas**. Die meisten Einwohner des Landes leben auf den fruchtbaren Hochebenen der →**Anden**. →**Erdöl**, Kaffee und Bananen sind wichtige Handelsgüter.
Kolumbien gewann 1819 unter Führung des Freiheitskämpfers Simón Bolívar (1783–1830) seine Unabhängigkeit. Das Land hat viele soziale Probleme, darunter den weitverbreiteten Handel mit →**Drogen**. Seit Jahrzehnten wird es von →**Bürgerkriegen** erschüttert, das Leben dort ist sehr unsicher.

Kolumbien
Staatsform: Republik
Hauptstadt: Bogota
Fläche: 1 141 748 km²
Einwohner: 41 Mio.
Sprachen: Spanisch, Indianersprachen
Währung: Kolumbianischer Peso

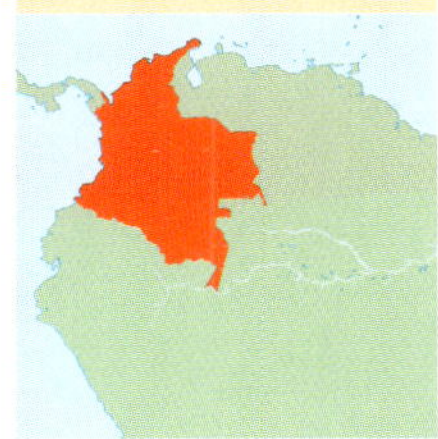

▲ Kolibris, hier der Rubinkehl-Kolibri, schwirren vor einer Blüte und holen sich mit ihrem Schnabel den süßen Nektar oder kleine Insekten aus dem Kelch.

► Der Schweif eines Kometen entsteht in Sonnennähe. Wenn das Eis schmilzt, werden Gase und Staubteilchen frei. Sie bilden den glühenden Schweif.

▲ Besonders für Seefahrer war der Kompass eine wichtige Orientierungshilfe.

Komet

Kometen oder Schweifsterne umkreisen die →**Sonne** auf lang gestreckten (elliptischen) →**Umlaufbahnen**. Manchmal kommen sie dabei der Sonne nahe, manchmal jedoch fliegen sie weit außerhalb des →**Pluto**, des äußersten →**Planeten**. Die Umkreisung kann mehrere →**Jahre** bis viele Jahrhunderte dauern. Zu sehen sind die Kometen allerdings nur, wenn sie sich nahe der Sonne befinden. Die oft auch als „schmutzige Schneebälle" bezeichneten Körper bestehen aus gefrorenem →**Gas**, Eis und kleinen Staubteilchen. Obwohl selbst die größten Kometen nur ein paar Kilometer Durchmesser haben, ziehen sie helle Schweife hinter sich her, die viele Millionen Kilometer lang sein können. Einer der berühmtesten Kometen ist nach dem Astronomen Edmond →**Halley** benannt.

Kommunikation

Den Austausch von Ideen und Informationen durch →**Sprache**, →**Schrift**, Mimik oder Gestik bezeichnet man als Kommunikation. Zur Verständigung über große Entfernungen hinweg setzte man früher Flaggen, Trommeln, Boten oder Rauchzeichen ein. Heute dient dazu die →**Telekommunikation**, also die Nachrichtenübermittlung durch →**Telefon**, →**Rundfunk**, →**Fernsehen** und →**Computer**. Schon im 19. Jh. wurden Kommunikationssysteme entwickelt, die elektrische Signale per Draht übertrugen. Das erste dieser Systeme war der Telegraf. Mithilfe des →**Morsealphabets** konnten Nachrichten über Draht weitergegeben werden. Mit der Erfindung des Telefons konnte die menschliche Stimme über Telegrafenkabel transportiert werden. Seit der Erfindung des Computers in der zweiten Hälfte des 20. Jh. können immer größere Mengen an Informationen immer schneller verbreitet werden. Durch die Vernetzung per →**Internet** sind Computer selbst zum Kommunikationsmittel geworden.

Kommunismus

Der Kommunismus ist eine Herrschaftsform, in der alle Menschen ihren Reichtum und ihren Besitz teilen. Der Kommunismus stützt sich auf die Theorien von Karl Marx (1818–1883) und Friedrich Engels (1820–1895). Sie sahen, dass die Gesellschaft ihrer Zeit aus wenigen reichen Menschen, den Kapitalisten, und vielen armen, dem Proletariat, bestand. Sie glaubten, dass die Arbeiter irgendwann durch eine →**Revolution** an die Macht gelangen würden. Ihre Schriften bildeten daher den Anstoß für viele kommunistische Revolutionen wie die →**Russische Revolution** von 1917. In den meisten kommunistischen Ländern gehören die Fabriken und landwirtschaftlichen Güter dem →**Staat**. Die →**Regierung** kontrolliert Preise und Löhne und schränkt auch die persönlichen Freiheiten sehr stark ein. Auch die →**Medien** – →**Zeitungen**, →**Rundfunk**, →**Fernsehen**, →**Filme**, →**Bücher** – werden vom Staat kontrolliert, damit sie keine Kritik üben können. Im Lauf des 20. Jh. entstanden in vielen Ländern kommunistische Regierungen, die erste in der →**Sowjetunion**, später aber auch in →**China**, →**Kuba**, →**Nordkorea**, →**Vietnam** und vielen osteuropäischen Staaten. Das Leben in diesen Staaten war sehr weit vom kommunistischen Ideal entfernt. Die Menschen blieben arm und die Regierungen entpuppten sich als →**Diktaturen**.
Wladimir Iljitsch Lenin (1870–1924) und Josef Stalin (1878–1953) in der Sowjetunion sowie Mao Zedong (1983–1976) in China gehören zu den berühmtesten kommunistischen Führern des letzten Jahrhunderts.
Nach dem Zusammenbruch der Sowjetunion und des Ostblocks zwischen 1989 und 1991 wurden fast überall demokratische Regierungen gewählt.

Kompass

Ein Kompass ist ein Instrument, das hilft sich zurechtzufinden. Beim magnetischen Kompass wirkt das Prinzip des →**Magnetismus**.
Der Kompass besitzt eine magnetische Nadel an einem Drehzapfen, die sich frei drehen kann. Diese zeigt immer zu den Magnetpolen der →**Erde**, die nahe des Nordpols und des Südpols liegen. Anhand dieser Nord-Süd-Ausrichtung der Nadel lassen sich an jedem beliebigen Standort die Himmelsrichtungen bestimmen und man kann auf gerader Strecke in eine gewünschte Richtung gehen, ohne vom Weg abzukommen.
Beim Kreiselkompass oder →**Gyroskop** ist die Achse des Kreisels in eine bestimmte Richtung ausgerichtet (z. B. auf den geografischen Nordpol). So lange ein Fahrzeug seine

Richtung beibehält, ändert auch der Kreisel seine Drehachse nicht.
Ein Autopilot (automatische Steuerung) bei einem Flugzeug funktioniert, indem jede Abweichung von der Drehachse des Kreisels gemessen und sofort ausgeglichen wird. Auch Raumfahrzeuge werden mithilfe von Gyroskopen gesteuert. Gyroskope dienen auch dazu, →**Schiffe** bei schwerem Seegang aufrecht zu halten.

Konfuzianismus

Konfuzius (um 551–479 v. Chr.) war der Sohn eines verarmten chinesischen Adligen. Er studierte die →**Geschichte** und →**Literatur** seines Landes und war ein angesehener Lehrer und Regierungsbeamter. Die von ihm begründete Lehre, der Konfuzianismus, befasst sich v. a. mit dem moralischen Handeln auf Erden: Menschlichkeit, Selbstlosigkeit, Aufrichtigkeit, Achtung vor den Eltern und den Traditionen der Ahnen sind Grundlage allen Tuns. Eine der Kernaussagen des Konfuzianismus ist: „Füge niemandem etwas zu, von dem du nicht willst, dass es dir angetan wird."

▲ Der Name Konfuzius bedeutet so viel wie „Meister Kung". Seine Schriften, die dem Konfuzianismus zugrunde liegen, sind in fünf heiligen Büchern niedergelegt.

Kongo, Demokratische Republik

Die Demokratische Republik Kongo ist das drittgrößte Land →**Afrikas**. Von 1971 bis 1997 hieß es Zaire. Es umfasst den größten Teil des Kongobeckens. Der Kongo ist der zweitlängste →**Fluss** Afrikas nach dem Nil. Er ist ein wichtiger Transportweg für die Menschen in Zentralafrika, das größtenteils von dichten →**Wäldern** und →**Savannen** bedeckt ist.
Die heutige Demokratische Republik Kongo war eine belgische →**Kolonie**, die 1960 ihre Unabhängigkeit erlangte. Seitdem wird das Land von schweren →**Bürgerkriegen** erschüttert.
Kongo ist sehr reich an →**Bodenschätzen** wie →**Kupfer**, Kobalt (ein hartes →**Metall**) und →**Diamanten** und besitzt viel fruchtbaren Boden. Durch die Kriege, Misswirtschaft und Korruption ist die →**Bevölkerung** aber trotzdem sehr arm.

Kongo, Demokratische Republik
Staatsform: Republik
Hauptstadt: Kinshasa
Fläche: 2 345 409 km²
Einwohner: 53 Mio.
Sprachen: Französisch, afrikanische Sprachen
Währung: Kongo-Franc

Konsonanten

Das lateinische Wort „consonare" bedeutet mitklingen. Danach bezeichnet man die mittönenden Buchstaben als Mitlaute oder Konsonanten. Sie klingen nur in Verbindung mit einem Selbstlaut oder →**Vokal**. Wenn man Konsonantenbuchstaben ausspricht, muss man immer einen Vokal hinzufügen, z. B. b(e), h(a), (e)l oder (i)x. In Wörtern mit kurzem, betontem Vokal verdoppelt man die nachfolgenden Konsonanten, z. B. dann, Herr, schlimm, Sonne, Tuffstein. Statt kk schreibt man ck, z. B. Hecke oder Sack. Eine Ausnahme bilden Fremdwörter wie Mokka oder Sakko. Statt zz schreibt man tz, z. B. Katze und Ritze. Bei Fremdwörtern gibt es wieder Ausnahmen, etwa Puzzle und Skizze. Bei Wortzusammensetzungen werden auch drei gleiche Konsonanten geschrieben, z. B. Betttuch oder Schifffahrt. Für manche Mitlaute gibt es mehrere Zeichen, z. B. ph, v, f: Philosophie, Vogel, Fenster.

Konstellation

Unter Konstellationen oder Sternbildern versteht man Gruppen von →**Sternen**, die Figuren oder Objekte darzustellen scheinen. Die Menschen der frühesten Kulturen glaubten Gestalten oder Gegenstände aus ihren →**Mythen** zu erkennen und benannten sie entsprechend: Orion ist nach einem Jäger, Leo nach dem Löwen und Lyra nach einer Leier (Musikinstrument) benannt. Astronomen unterscheiden 88 Sternbilder, von denen zwölf etwa der Sonnenbahn folgen. Diese Sternbilder sind die Tierkreiszeichen. In dieser Bahn sind auch die Planeten sichtbar.

Südlicher Sternenhimmel

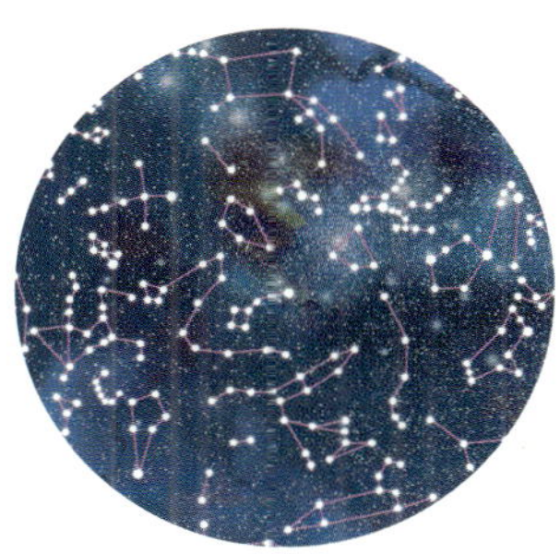

Nördlicher Sternenhimmel

◄ Konstellationen sind Gruppen von Sternen, in denen Menschen Bilder zu erkennen glauben. Menschen auf der Nordhalbkugel sehen andere Sternbilder als Menschen auf der Südhalbkugel.

Kontinente

Kontinente sind große Landmassen. Sie enden nicht dort, wo sie an die Meeresküste grenzen, sondern setzen sich unter der Wasseroberfläche fort, an manchen Stellen mehrere Hundert Kilometer weit und bis zu 200 m tief. Dieses Land im →**Meer** nennt man Kontinentalsockel oder Schelf. Daran schließt sich der Kontinentalabhang an, der zum Meeresboden abfällt.
Es gibt sieben Kontinente: →**Afrika**, →**Antarktis**, →**Asien**, →**Australien**, →**Europa**, →**Nordamerika** und →**Südamerika**. Sie entstanden aus einem zusammenhängenden Urkontinent, Pangäa genannt.

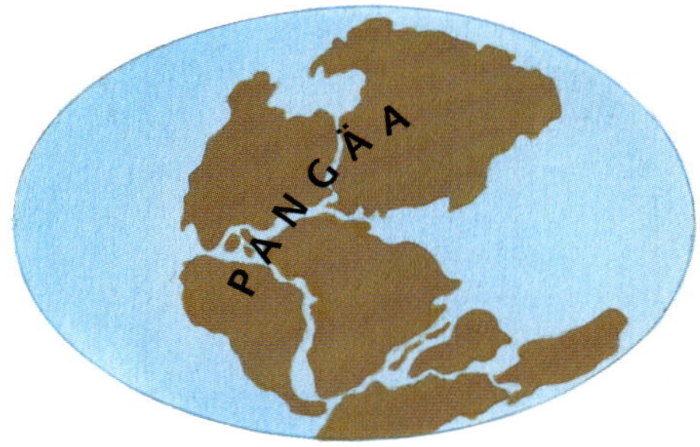

▲ Der Urkontinent Pangäa bildete sich vor etwas mehr als 300 Millionen Jahren. Vor etwa 200 Millionen Jahren entstanden die Kontinente Laurasia und Gondwanaland. Aus diesen wiederum bildeten sich die heutigen Kontinente.

Kontinentaldrift

Bis vor etwa 300 Millionen Jahren waren die →**Kontinente** nicht getrennt, sondern bildeten eine riesige Landmasse, „Pangäa" genannt. Durch tief im Inneren der →**Erde** wirkende Kräfte teilte sich Pangäa in „Gondwanaland" und „Laurasia". Aus diesen Landmassen wiederum entstanden im Lauf von Jahrmillionen die Kontinente. Sie befinden sich noch heute in Bewegung. So vergrößert sich z. B. der Abstand zwischen →**Europa** und Amerika jährlich um 4 cm. Diese Bewegung der Kontinente nennt man Kontinentalverschiebung oder Kontinentaldrift. Die Idee vom Urkontinent hatte der deutsche Wissenschaftler Alfred Wegener (1880–1930), der erkannte, dass sich →**Nordamerika** und →**Afrika** wie Puzzleteile ineinanderfügen. Grund für die Verschiebung der Kontinente sind die Bewegungen von verschiedenen Platten der Erdkruste. Diese tektonischen Platten treiben (driften) auf der heißen geschmolzenen Gesteinsmasse des Erdmantels (Plattentektonik).
Dort, wo zwei Platten aufeinandertreffen, kommt es zu →**Erdbeben** und zur Entstehung von Faltengebirgen (z. B. →**Himalaja**, →**Alpen**) oder zur Bildung vulkanischer Bergketten (→**Anden**).

▼ Die Landmassen eines Kontinents setzen sich unter Wasser fort und fallen schließlich in einem Abhang zum Meeresboden ab. Der Bereich über dem Kontinentalsockel ist von wirtschaftlicher Bedeutung: Er ist besonders fischreich und hier können Bohrinseln Erdöllagerstätten ausfindig machen.

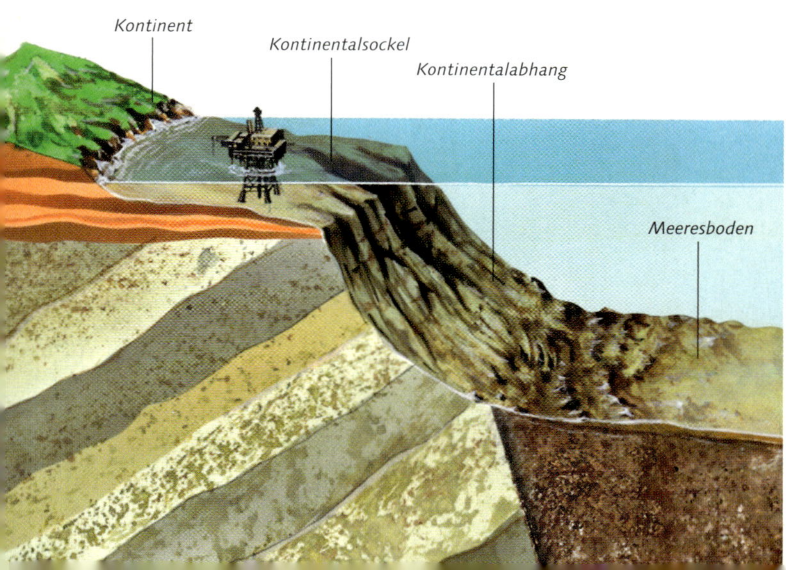

Konzert

Der Begriff Konzert hat zwei Bedeutungen: Zum einen versteht man darunter die Veranstaltung, in der ein Musikstück öffentlich aufgeführt wird. Zum anderen bezeichnet es auch eine Komposition für ein oder mehrere Soloinstrumente und →**Orchester**. Bei einem reinen Sinfoniekonzert spielen jedoch keine zusätzlichen Soloinstrumente, sondern nur das Orchester. Das Wort Konzert stammt vom italienischen Begriff Concerto ab. Darunter verstand man früher die →**Musik**, die von einer Gruppe von Musikern gemeinsam gespielt wurde. Auch die Musikergruppen selbst konnten Concerto genannt werden. Heute heißen sie aber Orchester oder, wenn es weniger Musiker sind, Kammerorchester. Bei der Jazz- und Rockmusik spricht man von einer Band. Große Jazzkonzerte werden von einer Big Band mit einem Bandleader veranstaltet.

Korallen

Korallen sind winzige Tierchen, die v. a. in warmen, seichten Gewässern vorkommen. Ihr einfach gebauter, röhrenförmiger Körper ist weich. Um sich zu schützen, umgeben sich die Korallen mit einem Kalkskelett. Die meisten Korallen leben in Kolonien (Gruppen). Diese haben häufig kräftige Farben und können vielfältige Formen annehmen: Manche gleichen zarten Fächern, andere sehen aus wie knorrige Äste. Einige Arten bilden hohe Mauern, die man Riffe nennt. Diese Riffe gehören zu den artenreichsten Lebensräumen der →**Meere**. Das größte Korallenriff der Erde ist das Große Barriereriff. Es liegt vor der Ostküste →**Australiens**.

Koran

Der Koran – das Wort bedeutet Vortrag – ist das heilige →**Buch** des →**Islam**. Er enthält 114 Kapitel (genannt Suren) in arabischer Sprache. Sein Stil gilt als vollendet und beeinflusste die arabische →**Literatur** maßgeblich. Der Koran betont, dass es nur einen →**Gott** gibt, zu dessen Propheten Abraham, →**Jesus** Christus und →**Mohammed** zählen. Er gilt als Wort Gottes, so wie es Mohammed offenbart wurde, und weist die Muslime (Gläubige des Islam) an, demütig, großzügig und gerecht zu sein. Seine Aussagen bilden die Grundlage für das religiöse Leben der Muslime, aber auch für das islamische Recht, die sogenannte Scharia.

◄ Die Muslime glauben, dass der heilige Text des Korans dem Propheten Mohammed durch den Engel Gabriel offenbart wurde.

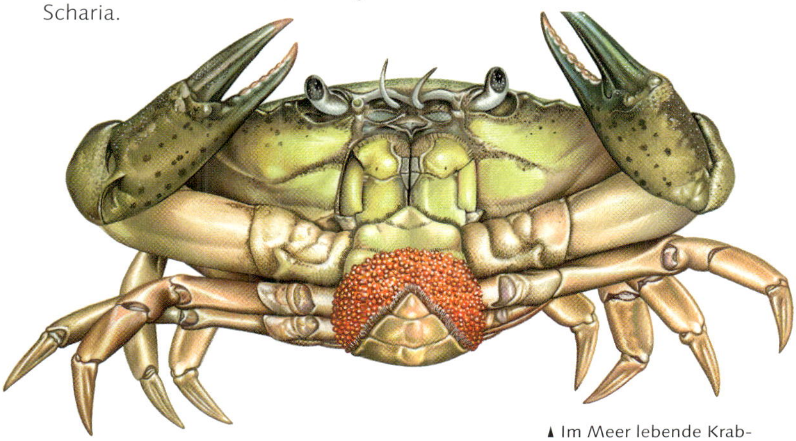

▲ Im Meer lebende Krabben ernähren sich von Würmern und anderen kleinen Tieren sowie von Fleischstückchen, die auf den Meeresboden abgesunken sind.

Körper siehe menschlicher Körper

Kosovo siehe Serbien

Krabben

Krabben gehören zu den →**Krebstieren**. Sie besitzen einen flachen Panzer, der ihren Körper bedeckt. Mit ihren langen, gegliederten Beinen können sie auch unter Wasser laufen, graben sowie schwimmen. Das erste Beinpaar endet in Scheren, mit denen die Krabben Beute angreifen und packen. Die Augen sitzen an den Enden kurzer Stiele, die unter den Panzer eingezogen werden können. Die meisten Krabben leben im →**Meer**, doch gibt es auch →**Arten**, die in →**Flüssen** und →**Seen** heimisch sind. Einige tropische Arten kommen auf bewaldeten →**Inseln** vor. Die häufigste Art an den europäischen Meeresküsten ist die Strandkrabbe, der man häufig bei Ebbe in der Gezeitenzone begegnet.

▼ Die aus Korallen aufgebauten Riffe bieten vielen Meeresbewohnern Nahrung und Schutz.

Kraft

Kraft kann man nicht sehen, man erkennt sie nur an ihrer Wirkung. Wenn ein beweglicher Körper beschleunigt oder ein fester Körper verformt wird, hat Kraft auf ihn eingewirkt. Um eine Kraft vollständig zu beschreiben, muss man ihren Angriffspunkt, ihre Richtung und Stärke angeben. Auf der →**Erde** unterliegen z. B. alle Dinge der →**Schwerkraft**: Lassen wir einen Ball los, fällt er zu Boden, weil er von der Erde angezogen wird.

Kraftwerk

In einem Kraftwerk wird die →**Energie**, die in Wärme oder in Bewegung enthalten ist, oder aber →**Atomenergie** in elektrische Energie umgewandelt. Diese wird als →**Strom** in Wohnungen und Fabriken genutzt. Bei den meisten Kraftwerken stammt die Energie aus →**Brennstoffen**, mit denen Wasser erhitzt und Dampf erzeugt wird. Mit diesem Dampf werden →**Generatoren** (Stromerzeuger) angetrieben. Der Dampf verwandelt sich wieder in (warmes) Wasser, das im Kühlturm abgekühlt wird. Der von den Generatoren erzeugte elektrische Strom wird durch einen →**Transformator** (Umspanner) geschickt und in Überlandleitungen abtransportiert.

▾ In einem mit Kohle betriebenen Kraftwerk wird die Energie, die beim Verbrennen der Kohle entsteht, in Elektrizität umgewandelt. In den weitaus meisten Wärmekraftwerken werden fossile Brennstoffe wie Kohle, Erdöl und Erdgas in großen Mengen verbrannt.

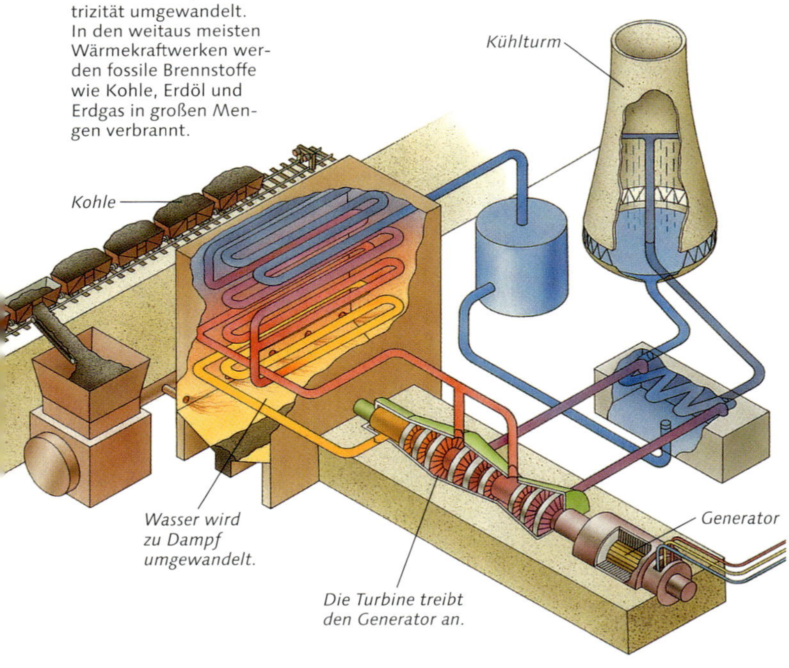

Kraken

Kraken sind meeresbewohnende →**Weichtiere**. Sie haben einen sackartigen Körper und acht etwa gleich lange Arme, die rund um die Mundöffnung sitzen. An jedem Arm sind zwei Reihen Saugnäpfe angeordnet, mit denen sich die Kraken an Felsen festsaugen oder Beute halten können. Anders als viele andere Weichtiere besitzen Kraken weder Schale noch Panzer. Stattdessen schützt eine feste →**Haut** Körper und →**Organe**.
Kraken verstecken sich in Höhlen oder Spalten und kriechen auf der Suche nach Nahrung über den Meeresboden. Mit ihren beiden großen →**Augen** halten sie nach Beute und Fressfeinden Ausschau. Bei Gefahr stoßen manche Arten eine tintenartige →**Flüssigkeit** aus, die wie eine Wolke im →**Wasser** hängt und den Angreifer verwirrt. Kraken können mit ihren Fangarmen vorwärts schwimmen. Um sich rückwärts zu bewegen, stoßen sie aus einem Trichter unterhalb des Kopfes Wasser aus. Das austretende Wasser schiebt den Kraken rückwärts durchs Wasser. Die größten der über 50 →**Arten** erreichen eine Spannweite von etwa 9 m, die meisten Arten aber sind nicht viel größer als eine Faust.
Kraken sind die intelligentesten Weichtiere. Sie lösen auch einfache Probleme: Um an Futter zu kommen, öffnen sie z. B. den Schraubverschluss eines Glases.

▾ Mit seinen Saugnäpfen hält ein Krake Krabben, Muscheln und andere Beutetiere fest. Die Arme schieben die Nahrung zum Maul, das hart und spitz wie ein Vogelschnabel ist.

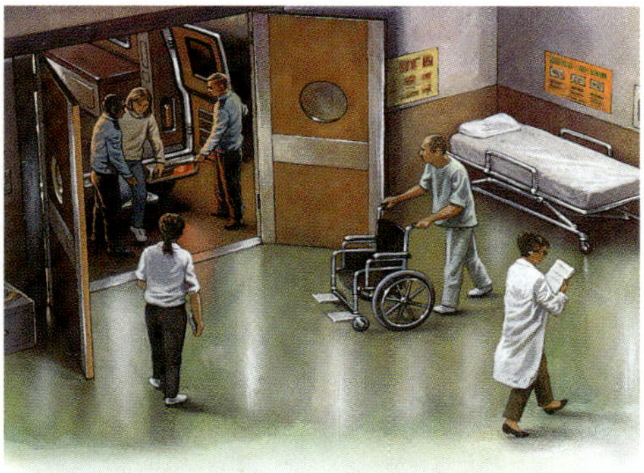

← Große Kliniken sind Betriebe, in denen Hunderte von Menschen beschäftigt sein können. Die Verwaltung eines großen Krankenhauses ist eine komplizierte und aufwendige Angelegenheit.

Krankenhaus

Krankenhäuser oder Kliniken sind Gebäude, in denen Patienten – kranke und verletzte →**Menschen** – gepflegt werden. Ärzte, Krankenschwestern und Krankenpfleger versorgen die Patienten und versuchen, ihre Leiden zu lindern oder zu heilen.
In allgemeinen Krankenhäusern wird alles behandelt, von Unfällen bis hin zu Herzinfarkten. Daneben gibt es Spezialkrankenhäuser, z. B. Nervenkliniken für seelisch Kranke, Kinderkliniken oder Entbindungskliniken, in denen Frauen ihre Babys zur Welt bringen. Universitätskliniken dienen sowohl der Heilung als auch der Forschung. Außerdem sammeln dort Medizinstudenten wichtige Berufserfahrungen.
In alter Zeit gab es in Tempeln, die →**Göttern** der Heilkunst geweiht waren, Bereiche für Kranke. Im →**Mittelalter** unterhielten die →**Klöster** Spitäler (Krankenhäuser). Im Lauf der letzten 200 Jahre setzten sich Krankenhäuser durch, die nicht mit der →**Religion** verbunden sind. In vielen Ländern versorgen staatliche Krankenhäuser die Patienten gegen eine geringe Gebühr oder umsonst. Gesundheitsfürsorge ist einer der Bereiche, für die →**Regierungen** →**Geld** ausgeben, das sie durch →**Steuern** eingenommen haben.

Krankheiten

Krankheiten schwächen den Körper. Einige werden von →**Bakterien**, andere von →**Viren** oder von Giftstoffen ausgelöst. Es gibt auch die sogenannten Erbkrankheiten, die von den Eltern auf die Kinder oder die Enkel vererbt werden.
Der menschliche Körper wehrt die Krankheitserreger mit seinem →**Immunsystem** ab. Bestimmte →**Zellen**, wie z. B. weiße Blutkörperchen, kämpfen gegen die Eindringlinge. Der Körper bildet gegen die Krankheit Antikörper, die bestehen bleiben und bei manchen Krankheiten dazu führen, dass man sie nicht noch einmal bekommt. Dazu gehören viele Kinderkrankheiten wie Masern, Keuchhusten, Mumps, Röteln und Windpocken. Gegen die ersten drei erhält ein Kind heute in der Regel eine →**Impfung**.

▼ Die Schlafkrankheit ist eine weitverbreitete Krankheit in Teilen Afrikas. Sie wird von einem Parasiten verursacht und von der Tsetsefliege übertragen. Sticht eine befallene Fliege einen Menschen, wandert der Parasit in dessen Blutkreislauf. Dort breitet er sich schnell aus und verursacht Fieber, Kopfschmerzen und Müdigkeit.

▲ Kräuter wie Majoran kann man frisch aus dem Garten zum Würzen nehmen. Getrocknet oder eingefroren ist er, wie viele andere Kräuter auch, lange haltbar.

Kräuter

In der →**Botanik** verwendet man den Begriff Kräuter für die krautigen →**Pflanzen**, die nicht oder nur nahe am Boden verholzen und in jedem Herbst absterben. Meistens versteht man darunter jedoch Gewürzkräuter wie Petersilie, Thymian, Rosmarin, Basilikum, Salbei, Majoran, Oregano oder Liebstöckel (auch Maggikraut). Kräuter werden nicht nur beim Kochen, sondern auch in der Kräuterheilkunde eingesetzt – aus vielen Kräutern stellt man Medizin in Form von Tees oder Salben her.

Krebs

Krebs ist eine oft sehr schwere →**Krankheit**, bei der sich Körperzellen plötzlich ungeordnet und sehr schnell vermehren. Diese Krebszellen bilden Geschwülste, so genannte Tumore. Einen gefährlichen Tumor bezeichnet man als bösartig. Bösartige Tumore bewirken oft tödliche Krebserkrankungen. Die Mediziner haben noch nicht endgültig herausgefunden, wieso Krebs entsteht, aber schon einige erfolgreiche Behandlungsmethoden entwickelt. Das Wichtigste ist aber, die Krankheit so früh wie möglich zu entdecken. Der Kampf gegen den Krebs ist ein wichtiges Ziel der modernen →**Medizin**.
Es gibt etwa 100 verschiedene Krebsarten, meist werden ältere →**Menschen** davon befallen. Zu den häufigsten Krebserkrankungen gehören Brustkrebs, Lungenkrebs und Darmkrebs.

▲ Tagsüber verstecken sich Hummer zwischen Felsen oder in Löchern, die sie in den Meeresboden graben. Nachts jagen diese Krebstiere Garnelen und kleine Fische.

Krebstiere

Krebstiere sind →**Wirbellose** und gehören zur großen Gruppe der Gliederfüßer, zu der u. a. →**Insekten** und Spinnentiere zählen. Wie bei Gliederfüßern üblich, sind auch der Körper und die Beine der Krebstiere in mehrere, bewegliche Abschnitte unterteilt. Zu den rund 10 000 Arten von Krebstieren zählen Kellerasseln, Seepocken, Garnelen, →**Krabben** und Hummer.
Der Hummer besitzt ebenso wie viele Krebstiere Scheren, die an den Vorderbeinen sitzen. Sie dienen als Verteidigungswaffen und zum Packen von Beute. Außerdem schützt ein harter Panzer ihren Körper. Die meisten Krebstiere leben im →**Meer**.

Kreide

Kreide ist eine weiße, weiche und bröckelige Art von Kalkstein. Sie besteht aus den Resten der Schalen unzähliger winziger Meereslebewesen. Als diese starben, bildeten ihre Schalen dicke Schichten auf dem warmen Meeresboden. Durch Bewegungen der Erdkruste kamen diese Kreideschichten an die Oberfläche. Der größte Teil der Kreide ist vor rund 100 Millionen Jahren in der Kreidezeit entstanden.
Der Süden Englands, →**Frankreich** und Teile von →**Nordamerika** sind reich an Kreide. Die weißen Klippen von Dover an →**Großbritanniens** Südküste oder die Kreidefelsen der Insel Rügen in der →**Ostsee** sind berühmt. Kreide findet nicht nur Verwendung als Tafelkreide, sondern gemischt mit anderen Substanzen dient sie auch zur Herstellung von →**Gummi**, →**Papier** und Zahnpasta.

▲ Die Kreuzzüge waren eine Reihe von Kriegen, die christliche Ritter (links) und Muslime (rechts) um die Stadt Jerusalem führten.

Kreuzzüge

Unter den Kreuzzügen versteht man die Kriege zwischen →**Christen** und →**Muslimen** im →**Mittelalter**. Kriegsschauplatz war das Heilige Land, →**Palästina**. Im Jahr 637 nahmen die Muslime Jerusalem ein und verboten den Christen ab 1071 den Zutritt zu den heiligen Stätten. Daraufhin rief →**Papst** Urban II. (um 1042–1099) die Christenheit dazu auf, Jerusalem zu befreien. Gläubige aus dem einfachen Volk, Abenteurer und →**Ritter** folgten seinem Ruf. Der erste Kreuzzug startete im Jahr 1096, blieb aber ohne Erfolg. Ein nachfolgendes Ritterheer eroberte 1099 schließlich Jerusalem. 1147 folgte der zweite Kreuzzug gegen Muslime in Spanien, Portugal und Kleinasien. Im Jahr 1187 griff Sultan Saladin (1138–1193) die Kreuzritter an und brachte Jerusalem wieder in islamische Hand. Dies war der Anlass zum dritten Kreuzzug (1189), der von Kaiser →**Friedrich I. Barbarossa** und den Königen Philipp II. von →**Frankreich** (1165–1180) sowie Richard I. Löwenherz (1157–1199) von England angeführt wurde. Barbarossa starb und das übrige Heer schaffte es nicht, die Heilige Stadt zurückzuerobern. Stattdessen schloss man einen Vertrag mit Saladin, der den Christen wieder freien Zutritt zur Stadt gewährte. Einige weitere Kreuzzüge sollten folgen, doch die daran beteiligten Christen starben im Kampf oder wurden versklavt. Nur wenige kehrten in die Heimat zurück. Selbst einen Kinderkreuzzug gab es. Im Jahr 1212 zogen etwa 50 000 Kinder aus →**Deutschland** und Frankreich nach Palästina, doch sie ereilte dasselbe Schicksal wie ihre Vorgänger. Überlebende Kreuzritter brachten viele neue Dinge und Erkenntnisse aus dem Vorderen Orient mit nach →**Europa**, z. B. →**Papier**, →**Seide**, →**Gewürze** und medizinisches Wissen.

Kroatien

Kroatien liegt am Mittelmeer. Steile Berge trennen das →**Meer** von den Ebenen des Inlands. Die lange Küste mit ihren vielen vorgelagerten →**Inseln** ist das Ziel vieler Feriengäste.
Früher war das Land ein Teil →**Jugoslawiens**, erklärte aber 1991 seine Unabhängigkeit. Daraufhin kam es zu kriegerischen Auseinandersetzungen zwischen Kroatien und der jugoslawischen Armee, die zu diesem Zeitpunkt fast ausschließlich aus Serben bestand. Heute haben sich die Beziehungen beider Staaten weitgehend normalisiert.

Kroatien
Staatsform: Republik
Hauptstadt: Zagreb
Fläche: 56 533 km²
Einwohner: 4,4 Mio.
Sprache: Kroatisch
Währung: Kuna

Krokodile

Unter dem Namen Krokodile werden Alligatoren, Kaimane, Echte Krokodile und Gaviale zusammengefasst. Es gibt zwei Alligatorarten: den im Süden der USA lebenden Mississippi-Alligator und den kleineren, im Fluss Jangtsekiang heimischen China-Alligator. Die eng mit den Alligatoren verwandten Kaimane leben in →**Mittel-** und →**Südamerika**. Zu den 20 Arten der Echten Krokodile gehören das afrikanische Nilkrokodil und das in →**Australien** und Südasien lebende Leistenkrokodil. Der in →**Indien** heimische Gangesgavial ist der einzige Vertreter der Familie Gaviale. Krokodile sind räuberisch lebende →**Reptilien**, die →**Fische**, Wasserschildkröten und große →**Säugetiere** erbeuten. Man findet sie in →**Flüssen**, →**Seen** und den Gezeitenzonen.

◄ Kaimane und Alligatoren gehören wie die Echten Krokodile zur Ordnung der Krokodile und sind eng miteinander verwandt. Die Kaimane (unten) werden jedoch nicht so groß wie die Alligatoren (oben).

Kröten siehe Frösche und Kröten

▼ Kuba gehört zu den weltweit führenden Zigarrenherstellern. Zigarren bestehen aus getrockneten Tabakblättern und werden per Hand gerollt.

Kuba

Kuba ist eine →**Insel** in der →**Karibik**.
Der größte Teil des Landes ist von →**Wald** bedeckt. In großen Landwirtschaftsbetrieben werden Zuckerrohr, Tabak und Kaffee angebaut. Tourismus ist der wichtigste Wirtschaftszweig.
1898 eroberten die →**Vereinigten Staaten** die bis dahin spanische →**Kolonie**. 1902 erlangte die Insel ihre Unabhängigkeit. 1959 errichtete der Politiker Fidel Castro (geb. 1927) einen kommunistischen →**Staat**.

Kuba
Staatsform: Sozialistische Republik
Hauptstadt: Havanna
Fläche: 110 860 km²
Einwohner: 11, 2 Mio.
Sprache: Spanisch
Währung: Kubanischer Peso

Kuckucke

Kuckucke bilden eine weltweit verbreitete Familie der →**Vögel**. Dazu gehört auch die in →**Europa** heimische →**Art** mit dem typischen Kuckucksruf. Das besondere an diesem Kuckuck (und einigen anderen Arten) ist, dass er seine Eier von anderen Vögeln ausbrüten lässt: Im Frühjahr legt das Weibchen 15 bis 20 →**Eier**. Es wirft jeweils ein Ei aus dem →**Nest** von artfremden Vögeln – z. B. Bachstelzen oder Sumpfrohrsängern. An dessen Stelle legt sie eins ihrer eigenen, die ähnlich gefärbt sind wie die Eier der Wirtsvögel.
Die nichts ahnenden Pflegeeltern brüten das Kuckucksei mit aus. Sobald der junge Kuckuck ausgeschlüpft ist, wirft er seine Stiefgeschwister oder verbliebene Eier aus dem Nest. So kommt ihm die ganze von den Wirtseltern herbeigeschaffte Nahrung allein zugute. Nach etwa 17 Tagen ist der junge Kuckuck flügge.

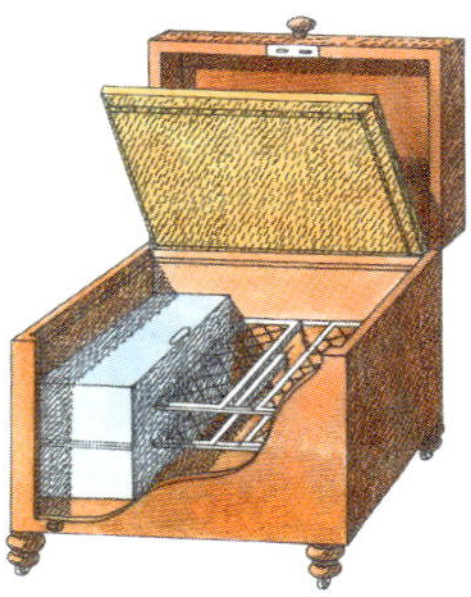

▲ Viele halten Kühlschränke für eine Erfindung der Neuzeit. Der oben gezeigte wurde aber schon 1858 erfunden.

Kühlschrank

In einem Kühlschrank kann man →**Nahrungsmittel** frisch halten. Ein →**Elektromotor** treibt das Kühlsystem an.
Kühlschränke werden aus Wärme isolierenden Materialien hergestellt, die dafür sorgen, dass die Kälte im Kühlschrank erhalten bleibt und nicht nach außen dringt, selbst wenn der Motor eine Weile nicht läuft. Die →**Temperatur** in einem Kühlschrank beträgt durchschnittlich zwischen 2 °C und 7 °C.
Das Kühlsystem enthält ein spezielles gasförmiges Kühlmittel (meist Ammoniak). Es wird außerhalb der Kühlkammer zunächst verdichtet (zusammengepresst), wodurch es sich erwärmt und in Rohren nach oben steigt. Auf diesem Weg verwandelt sich das →**Gas** in eine →**Flüssigkeit** und kühlt ab (es kondensiert). Im Verdampfer (der eigentlichen Kühlung) entzieht die Flüssigkeit dem Innenraum des Kühlschranks Wärme und wird dadurch wieder zu Gas. Im Kühlschrank wird es also kühler. Das Gas wird aus dem Verdampfer herausgeleitet und auf seinem weiteren Weg gibt es die aufgenommene Wärme nach außen ab. Dann gelangt es wieder in den Kompressor und der Kreislauf beginnt von vorn. Das Kühlmittel wird ständig weitergepumpt und wechselt dabei zwischen flüssigem und gasförmigem Zustand.
Der Kühlschrank funktioniert nach dem physikalischen Prinzip des Wärmeaustauschs: Von einem wärmeren Stoff geht immer Wärme auf einen kälteren Stoff über. Flüssigkeiten nehmen beim Verdunsten Wärme auf, bei der Verflüssigung von Gasen oder Dampf wird Wärme abgegeben.

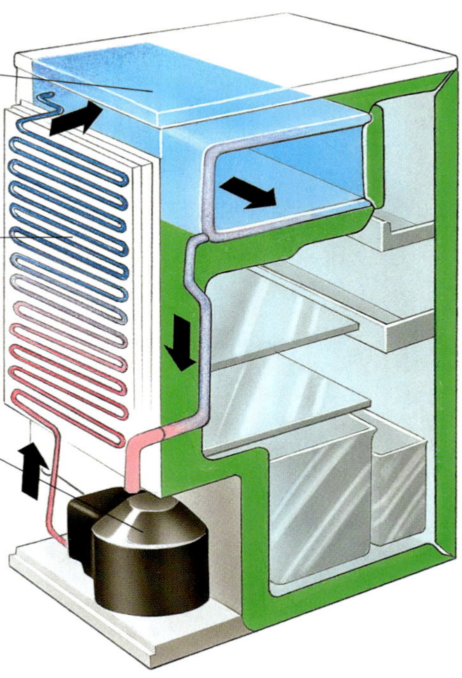

Im Verdampfer wird das flüssige Kühlmittel wieder gasförmig. Dazu braucht es Wärme, die dem Kühlschrank entnommen wird.

Im Kondensator kühlt das erwärmte Gas ab und verflüssigt sich.

Der Kompressor presst das Kühlmittel zusammen, dabei erwärmt es sich.

► In einem Kühlschrank verwandelt sich der Zustand des Kühlmittels fortlaufend von gasförmig zu flüssig und wieder zurück. Durch diesen Kreislauf wird dem Gerät Wärme entzogen und nach außen abgegeben.

Kultur

Der Begriff leitet sich her vom lateinischen Wort „cultura“, das Anbau oder Pflege – vor allem von Pflanzen – bedeutet. Im weitesten Sinn versteht man darunter alles, was von Menschen erdacht, gestaltet oder geschaffen wurde, im Gegensatz zur vom Menschen unbeeinflussten Natur. Der Begriff Kultur umfasst also die menschlichen Ausdrucksformen wie →**Sprache**, →**Musik** oder bildende und darstellende →**Kunst** ebenso wie die unterschiedlichen Versuche des Menschen, die Welt zu verstehen, etwa mithilfe von →**Religion**, →**Philosophie** oder den →**Naturwissenschaften**. Aber auch alle →**Erfindungen**, Entdeckungen, Bauwerke oder Gegenstände des alltäglichen Gebrauchs gehören zur Kultur des Menschen. In einem engeren Sinn bezeichnet Kultur die eigentümlichen Bräuche, Ideen und Lebensweise eines bestimmten Volkes. So spricht man von der Kultur des alten →**Ägypten** oder der →**Inka**.

Kunst siehe Seite 180

Künstliche Intelligenz

Lange Zeit konnten →**Computer** (und damit auch die von ihnen gesteuerten →**Roboter**) nur Arbeitsschritte oder Tätigkeiten ausführen, die ihnen durch die Programmierung vorgegeben waren. Das Forschungsgebiet der künstlichen Intelligenz beschäftigt sich damit, Computer so zu programmieren, dass sie – ähnlich wie das menschliche →**Gehirn** – in der Lage sind, unvorhergesehene Situationen zu erkennen, selbstständig auf diese zu reagieren und aus Fehlern zu lernen. Teilbereiche dieses Forschungszweiges sind z. B. die sogenannte natürlich-sprachliche Informationsverarbeitung, deren Ziel es ist, dass Computer gesprochene oder geschriebene Sprache verstehen und hervorbringen können oder die Bildverarbeitung, die Computer befähigen soll, Muster oder Bilder in ihrer Umgebung zu erkennen und zu deuten.

Kunststoffe

Kunststoffe sind Werkstoffe, die aus chemisch hergestellten Ausgangsstoffen oder chemisch umgewandelten Naturprodukten bestehen. Meistens sind →**Erdöl** oder →**Kohle** das Ausgangsprodukt. Kunststoffe bestehen aus langen Ketten von →**Molekülen** (Polymeren). Je nachdem, wie diese Riesenmoleküle gebaut sind, können sie sehr unterschiedliche Endprodukte liefern, z. B. dünne Folien für Plastiktüten, geschmeidige, aber reißfeste Seile, feste Gehäuse für →**Fotoapparate** sowie →**Klebstoffe** und Lacke. Es gibt Tausende von Kunststoffen. Bekannte Namen sind etwa Styropor, Nylon, PVC (Polyvinylchlorid) oder Polyäthylen.

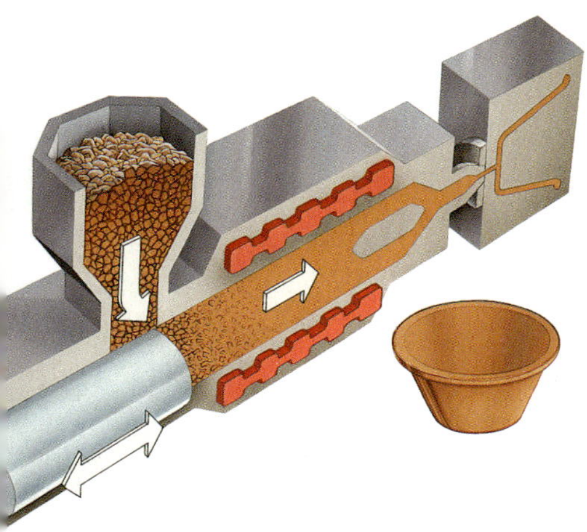

◄ Viele Gegenstände aus Kunststoff werden im Spritzgussverfahren hergestellt. Dabei werden Kunststoffkügelchen erhitzt und als flüssige Masse in eine Form gespritzt. Es gibt noch andere Verfahren, um Kunststoffe zu formen. Beim Strangpressverfahren etwa drückt man die Masse durch Öffnungen (Düsen). So entstehen Stangen oder Folien.

Kupfer

Kupfer ist ein rötlich braunes →**Metall**. Es gehörte zu den ersten Metallen, die von den Menschen als Werkstoff genutzt wurden. Reines Kupfer ist sehr weich, in Verbindung mit anderen Metallen bildet es jedoch harte →**Legierungen** wie Messing oder →**Bronze**, aus denen man Werkzeuge herstellen kann. Da Kupfer sehr gut Wärme und →**Elektrizität** leitet, verwendet man es für Kochtöpfe, Pfannen und Elektrokabel.

► Die Kuppel des Jerusalemer Felsendoms wurde 691 fertiggestellt. Das Bauwerk ist ein bedeutendes Heiligtum des Islams.

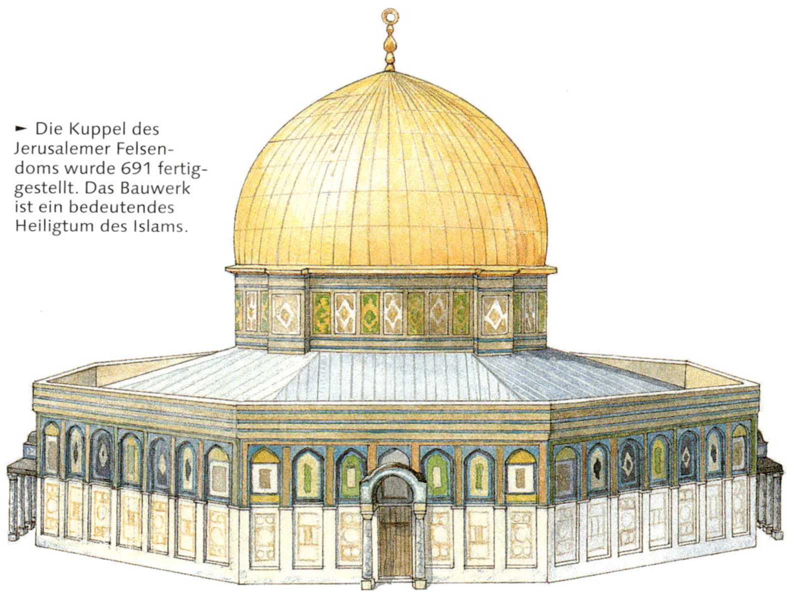

Kuppel

Kuppeln sind Dächer in Form einer Halbkugel. Es gibt Kuppeln aus Ziegeln oder Steinen. Andere sind aus →**Beton** gegossen oder aus →**Stahl** oder →**Kunststoff** gefertigt. Viele Moscheen und →**Kirchen** besitzen Kuppeln. Zu den berühmtesten unter ihnen zählen der Felsendom in Jerusalem, die Hagia Sophia in Istanbul, die Peterskirche in Rom und die St.-Pauls-Kathedrale in London. Die Riesenkuppel des Louisiana Superdome in New Orleans (USA) hat einen Durchmesser von 223 m.

Kunst

Kunst ist jede schöpferische Arbeit. Die Menschen schaffen Kunst auf unterschiedlichste Art und Weise, z. B. in Form von Gemälden, Zeichnungen, Drucken, Skulpturen, Fotografien und Filmen, aber auch in Form von Bauwerken.

◄ Im alten Ägypten wurden Gräber häufig mit Wandmalereien ausgeschmückt, die Götter, religiöse Zeremonien und Jagdszenen zeigen.

▲ Höhlenmalereien wurden in Afrika, China und Europa gefunden. Sie sind z.T. über 30000 Jahre alt. Diese Szene „Hirte mit Rinderherde" war auf einen Felsen in der Wüste Sahara gezeichnet.

Frühe Kunst

In früherer Zeit erfüllte die Kunst stets einen bestimmten Zweck. Die urzeitlichen Höhlenzeichnungen z. B. hatten eine religiöse Bedeutung. Im antiken Ägypten, Griechenland und Rom sollte Kunst auch die Macht der Herrscher und Reichen zeigen. Sie besaßen reich verziertes Geschirr, prächtige Mosaiken und Statuen, die Götter und Göttinnen oder mythische Szenen darstellten.

Vom Mittelalter bis zur Renaissance

Im europäischen Mittelalter diente Kunst dazu, den Menschen die Religion näher zu bringen. Bildhauer und Maler waren gleichermaßen an dieser Aufgabe beteiligt. Die Bildhauer schmückten mit biblischen Figuren oder Heiligen die Fassaden und Eingangsportale der Kirchen, zu sehen etwa an den großen französischen Kathedralen, aber auch an den Domen von Freiburg und Regensburg. Im Inneren der Kirchen wurden Wände ausgemalt oder Altäre aufgestellt, deren Bilder biblische Geschichten erzählten. Sie sollten auch den Leseunkundigen das Wort Gottes vermitteln. Die Künstler dieser Zeit kannten noch keine Perspektive (räumliche Darstellung auf einer Fläche). Erst ab dem 14. Jh. begannen italienische Künstler perspektivisch zu malen. Dieser neue Stil verbreitete sich im 15. und 16. Jh. über ganz Europa. In der Kunstgeschichte wird diese Epoche Renaissance genannt – eine Zeit, in der die Künstler viele neue Techniken ausprobierten und sich wieder an den Idealen der Antike orientierten. Die Renaissance wird geprägt von herausragenden Künstlern wie den Italienern Michelangelo (1475–1564), Leonardo da Vinci (1452–1519) und Raffael (1483–1520) oder den deutschen Albrecht Dürer (1471–1528), Hans Baldung Grien (1484–1545) oder Lucas Cranach d. Ä. (1472–1553).

Barock und Rokoko

Ab dem 17. Jh., der Epoche des Barock, malten Künstler häufig im Auftrag reicher Bürger Familienporträts, Stillleben und alltägliche Szenen (Genremalerei). Die Bilder wurden bewegter, zeigten Dramatik und Gefühle. Zu den bedeutenden Malern dieser Epoche zählen unter vielen anderen Caravaggio (1573–1610), Diego Velázquez (1599–1660) und Peter Paul Rubens (1577–1640).
Als sich ab Mitte des 18. Jh. die politische Situation in Europa anspannte, das Bürgertum nach mehr Macht strebte und die großen Revolutionen ausbrachen, veränderte sich auch die Kunst. Die Zeit des Klassizismus mit seinen strengen Formen und politischen Themen brach an. Die Stimmung der Historienbilder wurde düster. Zu Beginn des 19. Jh. trat eine Kehrtwende ein. Man zog sich von der Politik zurück und konzentrierte sich auf Zerstreuungen im privaten Kreis. Wie Antoine Watteau (1684–1741) bevorzugten nun viele Künstler leichte, romantische Themen. Zu dieser Zeit, die als Kunst des Rokoko in die Kunstgeschichte einging, entstanden viele liebliche Landschaftsbilder mit mythologischen Inhalten.

Das 19. Jahrhundert

Die Erfindung der Fotografie Mitte des 19. Jh. hatte einen großen Einfluss auf die Kunst. Da Fotografien das wirkliche Leben wiedergeben, entschieden sich viele Künstler für weniger naturgetreue Darstellungen. In Frankreich entstand unter Führung von Claude Monet (1840–1926) ein neuer Stil, der Impressionismus, bei dem Licht- und Farbeindrücke in den Vordergrund traten. Kunst wurde zum Selbstzweck und war nicht mehr an Auftraggeber gebunden.
Im Zuge der Industrialisierung kamen viele neue Kunststile auf, mit teils gegensätzlichen Absichten: Der Jugendstil (in Frankreich Art nouveau, in England Modern Style und in Österreich Sezessionsstil genannt) wollte mit

◄ Sandro Botticelli (1445–1510) war einer der führenden Künstler der italienischen Renaissance. Sein Werk „Frühling" entstand 1478.

► Das impressionistische Gemälde „Wilder Mohn“ von Claude Monet entstand 1873. Es zeigt den für diesen Stil typischen tupfenweisen Farbauftrag.

seinen geschwungenen Formen, seiner Sinnlichkeit und den Pflanzenornamenten der Kälte der Technik entgegenwirken. Die Wirklichkeit hingegen zeigte der Realismus. Realistische, d. h. naturgetreue Darstellung gab es zu jeder Zeit. Als Kunstepoche umfasst der Realismus jedoch die Zeit von 1830 bis 1890. Seine Vertreter stellten in einer sachlichen Weise den Alltag der Arbeiter und Bauern dar sowie Industriegegenstände. Der Expressionismus hingegen betonte das Elend und die Härte des neuen Zeitalters. Farbkontraste, hartes Licht und überzeichnete Figuren sind typisch für diese Richtung. Immer mehr trat bei der Bildgestaltung auch die reine Form in den Vordergrund, eine Entwicklung, die im Kubismus (von lateinisch „cubus“ für Würfel) ihren Höhepunkt fand.

▲ Moderne Bildhauer verwenden viele verschiedene Stoffe für ihre Skulpturen. Hier eine interessant geformte Holzskulptur einer liegenden Frau.

◄ Die japanische Kunst hat vorwiegend dramatische Naturszenen zum Thema. Den Druck „Die große Welle“ fertigte der Künstler Hokusai (1760–1849) in den Jahren 1831 bis 1833.

Die Jugendstilkünstler erhoben auch das Plakat zum Kunstwerk. Später schufen auch Künstler anderer Stilrichtungen Plakatkunst, z. B. durch Collage (Bild wird aus Teilen zusammengesetzt).

Moderne Kunst

Kunst ab dem 20. Jh. bezeichnet man als moderne Kunst. Sie wurde zunächst u. a. durch die Schrecken des Ersten Weltkriegs beeinflusst. Die Künstler versuchten das Grauen in ihren Werken zu verarbeiten. Die Vertreter des Dadaismus schufen eine Kunst des Zufalls, des Absurden (ohne Sinnzusammenhang). Im Surrealismus konzentrierten sich die Künstler auf die Psyche des Menschen, die Bilder erscheinen häufig wie Traumgebilde. Im Gegensatz dazu kritisierten die Vertreter der neuen Sachlichkeit schonungslos ihre Umwelt, vorzugsweise den Großstadtbewohner. Menschen als Karikaturen (übertriebene Darstellung) zeigen die Zerrissenheit der Gesellschaft.

Kunst nach dem Zweiten Weltkrieg

Nach dem Zweiten Weltkrieg entstand der Abstrakte Expressionismus. Kräftige Farben, spontane Pinselstriche und tier- oder pflanzenähnliche Formen sind charakteristische Elemente, aber auch das Action-Painting gehört dazu. In Happenings, d. h. in spontanen Kunstaktionen, wollen die Künstler die Grenze zwischen Kunst und Alltag auflösen, das Publikum wird in das Kunstschaffen miteinbezogen. Letzteres ist bei der Performance-Kunst nicht der Fall. Die Performance-Künstler verwenden Video und Film für die Dokumentation ihrer gesellschaftskritischen Kunst. In den 50er- und 60er-Jahren des 20. Jh. fand die Pop-Art große Beachtung. Pop-Art-Künstler wie Andy Warhol (1928–1987) und Roy Lichtenstein (1923–1997) verarbeiteten Elemente aus der Werbung, verfremdeten Alltagsgegenstände und prangerten so die Konsumwelt an. Die Installationskünstler dagegen gestalten Räume. Dabei ist wichtig, dass die Anordnung der einzelnen Elemente einzigartig ist. Ein bedeutender Installationskünstler war Joseph Beuys (1921–1986).

Zum Weiterlesen

Abstrakte Kunst, Bildhauerei, Dali, Film, Fotografie, Kirche, Michelangelo, Malerei, Mosaik, Picasso, Rembrandt, Renaissance, van Gogh, Video, Vinci

► Auf dem Weg zu ihrem Fortpflanzungsgebiet springen diese beiden Lachse einen Wasserfall hinauf. Bei der kräftezehrenden Wanderung verlieren manche Lachse bis zur Hälfte ihres Körpergewichts.

Laos
Staatsform: Volksrepublik
Hauptstadt: Vientiane
Fläche: 236 800 km²
Einwohner: 5,1 Mio.
Sprache: Laotisch
Währung: Kip

▲ Lamas sind widerstandsfähige Tiere und gut an die rauen Lebensbedingungen der Anden angepasst.

Lachse

Lachse sind räuberische →**Fische**, die sich in seichten Wasserläufen fortpflanzen. Die meisten Lachse sterben nach dem Laichen (Ablegen von Eiern). Nachdem die Jungen aus den →**Eiern** geschlüpft sind, bleiben sie noch einige Zeit im Süßwasser. Dann schwimmen sie zum →**Meer** und entwickeln sich dort, bis sie geschlechtsreif sind. Zum Laichen kehren die Lachse dorthin zurück, wo sie geschlüpft sind. Bei dieser Wanderung legen sie Hunderte oder sogar Tausende von Kilometern zurück. Der atlantische Lachs z. B. zieht in die →**Flüsse** →**Europas** und des östlichen →**Nordamerikas**, während die pazifischen Lachse in die Flüsse des westlichen Nordamerikas und Ostasiens schwimmen.

Lamas

Lamas sind höckerlose Verwandte der →**Kamele**. Sie stammen von den südamerikanischen Guanakos ab und wurden bereits vor mehreren Tausend Jahren von den →**Inka** als Haustiere gehalten. Fast alle Völker der →**Anden** setzten sie als Lastenträger ein und hielten sie wegen ihres Fells, ihres Fleisches und der Haut. Heute kommen die kaum mehr als 2 m großen Kleinkamele fast nur noch im Süden von →**Peru**, in →**Bolivien** und im Norden →**Argentiniens** vor. Ein naher Verwandter des Lamas und ebenfalls eine Haustierform ist das Alpaka. Es wird wegen seiner besonders feinen Wolle geschätzt.

Landwirtschaft siehe Seite 183

Längen- und Breitengrade

Längen- und Breitengrade sind auf Landkarten, in Atlanten und auf Globen eingezeichnete Linien. Sie bilden ein Liniennetzwerk, das es möglich macht, die Position von Orten auf der →**Erde** mit großer Genauigkeit zu bestimmen. Jeder Platz auf der Erde hat andere Längen- und Breitenkoordinaten, die in Grad (geschrieben °) angegeben werden. Die Breitengrade zeigen, wie weit nördlich oder südlich ein Ort vom →**Äquator** entfernt ist. Der Äquator ist der Breitengrad 0°. Der Nordpol und der Südpol liegen je auf 90°. Die Längengrade zeigen an, wie weit östlich oder westlich ein Ort ist. Der Längengrad 0° geht durch den Londoner Stadtbezirk Greenwich. Ein Ort auf dem genau gegenüberliegenden Längengrad der anderen Erdhälfte liegt auf 180°.

◄ Längen- und Breitengrade bilden ein Netz von Linien auf der Erdoberfläche. Sie erleichtern das Finden von Orten.

Laos

Laos ist ein Binnenland in →**Südostasien**. Die Hauptstadt und größte Stadt des Landes ist Vientiane am →**Fluss** Mekong. Laos besitzt ein tropisches →**Klima**, der größte Teil des Landes besteht aus →**Wäldern** und →**Gebirgen**. Fast die gesamte →**Bevölkerung** verdient ihren Lebensunterhalt in der →**Landwirtschaft**. →**Reis** ist das wichtigste Anbauprodukt. Laos war von 1893 bis 1949 unter französischer Herrschaft.

Lappland

Lappland ist ein Gebiet in der →**Arktis** im Norden von →**Schweden**, →**Norwegen**, →**Finnland** und →**Russland**. Es besteht hauptsächlich aus →**Tundra** sowie Nadel- und Birkenwäldern. Die Bewohner werden oft Lappen genannt, sie selbst nennen sich jedoch Samen. Ursprünglich waren sie meist →**Nomaden** und durchzogen das Land mit Rentierherden. Ihre traditionelle Kleidung fertigten sie aus Rentierhaut und →**Wolle**. Heute leben die meisten Samen nicht mehr traditionell. Sie sprechen auch kaum mehr Sami, sondern die →**Sprache** des Landes, in dem sie leben, also etwa Schwedisch oder Finnisch.

Landwirtschaft

Landwirtschaft bedeutet Viehhaltung und Anbau von Pflanzen. Sie dient v. a. der Bereitstellung von Nahrungsmitteln, aber auch Textilien u. a. Produkte gehen auf die Landwirtschaft zurück.

▲ Mähdrescher schneiden und dreschen (Trennung der Körner vom Rest) das Getreide mit hoher Geschwindigkeit.

▲ Die Bewässerung wurde um 4000 v. Chr. im Nahen Osten erfunden. Bei guter Versorgung mit Wasser gedeihen die Pflanzen besser.

Anfänge der Landwirtschaft

Die ersten Tierhalter waren Menschen der Steinzeit, die vor ungefähr 12 000 Jahren begannen, wilde Tiere in Herden zu halten. Mit der Zeit entwickelten sich Haus- und Nutztiere (Domestikation). Um 8000 v. Chr. hatten die Menschen gelernt, Samen auszusäen, also Ackerbau zu betreiben. Die ersten Nutzpflanzen waren vermutlich Weizen, Gerste und Hirse und die Bauern arbeiteten mit Grabstöcken und Hacken. Bewohner Mesopotamiens (heute Irak) erfanden um 3000 v. Chr. den von Ochsen gezogenen Pflug. Nun konnte man größere Felder bewirtschaften.

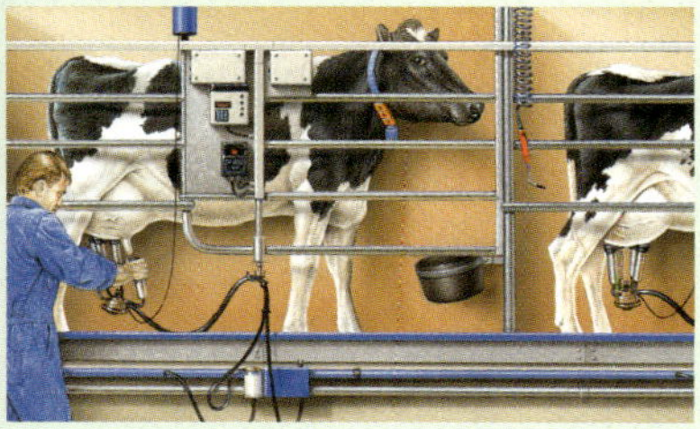

▲ Die meiste Milch stammt von Kühen, doch auch Ziegen und Schafe werden wegen der Milch gehalten. Moderne Betriebe melken mit der Melkmaschine.

▲ Reis ist für die Hälfte der Weltbevölkerung das wichtigste Grundnahrungsmittel. Man sät ihn in trockene Felder aus und setzt die Pflanzen später in überschwemmte Felder um.

Revolution in der Landwirtschaft

Im 17. Jh. entdeckte man, dass Futterpflanzen wie Rüben, Erbsen und Klee dem Boden Nährstoffe zurückgaben. Von nun an betrieben die Bauern Fruchtwechsel, d. h., sie bauten auf einem Feld abwechselnd Getreide und Futterpflanzen an. Außerdem begannen sie, nicht ihr ganzes Vieh im Herbst zu schlachten, sondern es über den Winter zu füttern. Und sie züchteten ergiebigere Rinder-, Schaf- und Schweinerassen. Im 19. Jh. konnten dank der Erfindung des Traktors, der von nun an zunehmend die Zugtiere Ochse und Pferd ersetzte, größere Flächen in kürzerer Zeit bearbeitet werden. In den 30er-Jahren des 19. Jh. kamen die ersten Mähdrescher zum Einsatz.

Landwirtschaft heute

In den Industrieländern ist die Landwirtschaft heute weitgehend mechanisiert, sodass auf den Bauernhöfen nur noch wenige Menschen arbeiten. Bauernhöfe sind heute oft Großbetriebe, die sich auf ein bestimmtes Produkt (z. B. Rinder oder Weizen) spezialisiert haben. Geflügel wird häufig in Käfigen gehalten, die in großen Hallen untergebracht sind (sogenannte Batteriehaltung).

► Das landwirtschaftliche Jahr beginnt im Spätwinter mit dem Pflügen der Felder. Im Frühjahr ist die Aussaat, im Spätsommer die Ernte.

Biologische Landwirtschaft

Im 20. Jh. verwendete die Mehrheit der Landwirte chemische Dünger und Schädlingsbekämpfungsmittel sowie Hormone. Dadurch stiegen die Erträge, aber die Güte der Nahrung nahm ab. Heute gehen viele Bauern wieder zu einer biologischen Landwirtschaft über, weil die Nachfrage nach unbehandelten Produkten gestiegen ist.

Zum Weiterlesen

Bewässerung, Dünger, Geflügel, Gemüse, Getreide, Hochkulturen, Nahrungsmittel, Rinder, Schweine, Schafe, Ziegen

Laser

Normales Tageslicht oder das →**Licht** aus einer →**Glühlampe** hat unterschiedliche Wellenlängen und breitet sich in verschiedene Richtungen aus. Laserlicht dagegen verläuft mit einer Wellenlänge und ohne Streuung in nur eine Richtung. Ein solcher Laserstrahl wird in einer Röhre erzeugt, in der sich

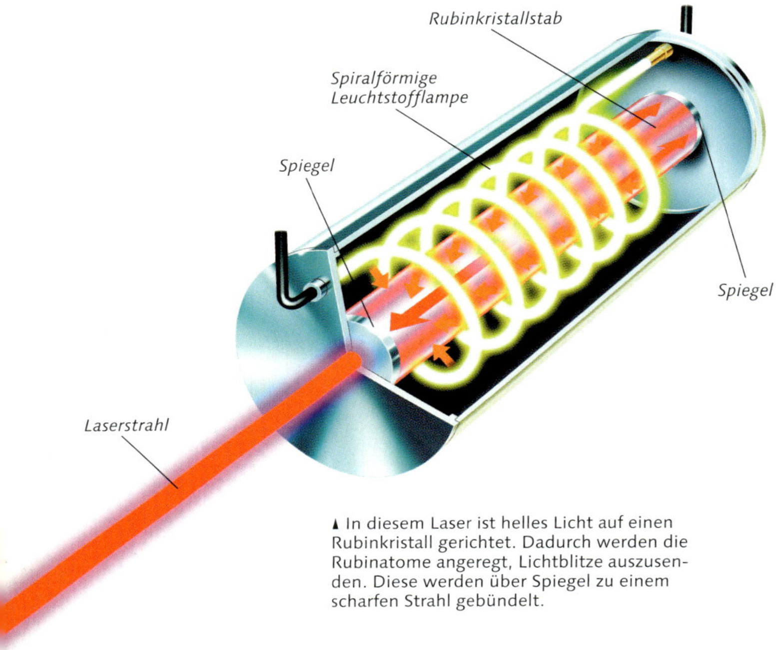

▲ In diesem Laser ist helles Licht auf einen Rubinkristall gerichtet. Dadurch werden die Rubinatome angeregt, Lichtblitze auszusenden. Diese werden über Spiegel zu einem scharfen Strahl gebündelt.

Kristalle von →**Mineralien** oder ein →**Gas** befinden. Diesem Lasermaterial werden helles Licht, Radiowellen oder →**Elektrizität** zugeführt. Dies regt die →**Atome** des Lasermaterials zur Abstrahlung von Photonen an, d. h., die Atome geben Licht ab. Die Photonen treffen auf weitere Atome und lösen dort die Ausstrahlung gleichartiger Lichtwellen aus. Diese treffen wiederum auf Atome – es kommt zu einer Kettenreaktion. An den Enden der Röhre befindet sich je ein →**Spiegel**. Das Licht wird zwischen den Spiegeln hin und her reflektiert und dadurch verstärkt. Ist die Lichtintensität groß genug, kann der Laserstrahl aus der Röhre nach außen treten. Laserstrahlen sind sehr energiereiche, stark gebündelte Lichtstrahlen. Ihre Anwendung ist vielseitig: In der →**Chirurgie** lassen sich mit Laserstrahlen z. B. sehr kleine, genaue Schnitte durchführen. In Fabriken werden Laser eingesetzt, um →**Metall** zu zerteilen oder →**Diamanten** zu schneiden. Eine weitere Anwendungsmöglichkeit für Laser ist die Messung von Entfernungen. Hierzu richtet man den Laserstrahl auf einen weit entfernten Gegenstand. Die Entfernung lässt sich dann anhand der →**Zeit** berechnen, die der Strahl braucht, um dorthin und wieder zurück zu kommen. Laser können auch die Signale von →**Rundfunk**, →**Fernsehen** und →**Telefon** in großen Mengen befördern.

Laubbäume

Laubbäume haben wie alle →**Bäume** einen Stamm und Äste, aber im Gegensatz zu →**Nadelbäumen** breitflächige →**Blätter**. Sie gehören zu den Bedecktsamern, d. h., die →**Samen** sind in →**Früchten**, z. B. Eicheln, Bucheckern oder Kastanien, eingeschlossen. Nur wenige →**Arten** wie Stechpalme und Buchsbaum sind immergrün. Die meisten

▼ Laubbäume haben ausladende Baumkronen. Im Winter tragen sie kein Laub. Blätter und Blüten bilden sich im Frühjahr. Im Sommer ist das Laub grün, im Herbst, bevor es fällt, färbt es sich gelb, rot und braun.

Laubbäume werfen ihr Laub im Winter ab, wie die in →**Europa** verbreiteten Eichen, Buchen und Kastanien. Die Wurzeln der Laubbäume können ebenso stark verzweigt sein wie die Äste und geben der Pflanze Halt. Große Laubwälder finden sich v. a. in Gebieten mit gemäßigtem →**Klima**, in denen keine extremen Temperaturen herrschen.

Lautsprecher

Ein Lautsprecher wandelt elektrische Signale von einem Tonträger, z. B. einer CD, in →**Schall** um. Die gebräuchlichsten Lautsprecher bestehen aus einem trichterförmigen Teil aus →**Kunststoff** (Lautsprecherkorb), in dem sich eine Spule aus →**Draht** und ein Magnet befinden. Mit der Spule verbunden ist eine Membran (dünne bewegliche Haut aus Kunststoff). Die elektrischen Signale gelangen über einen Verstärker als Wechselstrom (→**Strom**, der ständig Richtung und Stärke ändert) zur Spule und magnetisieren sie. Durch die Wechselwirkung mit dem sie umgebenden Magneten gerät die Spule im Rhythmus der elektrischen Signale in →**Bewegung**. Diese Bewegung lässt die Membran und den Lautsprecherkorb vibrieren. Die dabei entstehenden Luftschwingungen erreichen als Töne das →**Ohr**.

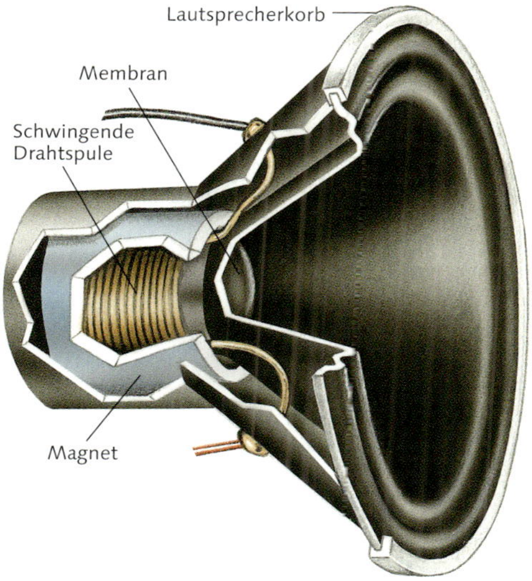

◄ Lautsprecher versetzen Luft in Schwingung. Diese Vibration wird vom Menschen als Ton wahrgenommen.

Lebensraum siehe Biotop

Leber

Die Leber ist das größte innere →**Organ** des Menschen. Sie befindet sich im rechten Oberbauch. Die Leber speichert →**Zucker** und →**Vitamine** und verarbeitet das vom →**Blut** herantransportierte →**Eiweiß**. Außerdem entsorgt die Leber giftige Stoffe wie →**Alkohol** und den in Zigaretten enthaltenen Giftstoff Nikotin. Dicht unter der Leber sitzt die Gallenblase. Diese →**Drüse** produziert die Galle, einen wichtigen Körpersaft, der bei der →**Verdauung** von →**Fett** hilft.

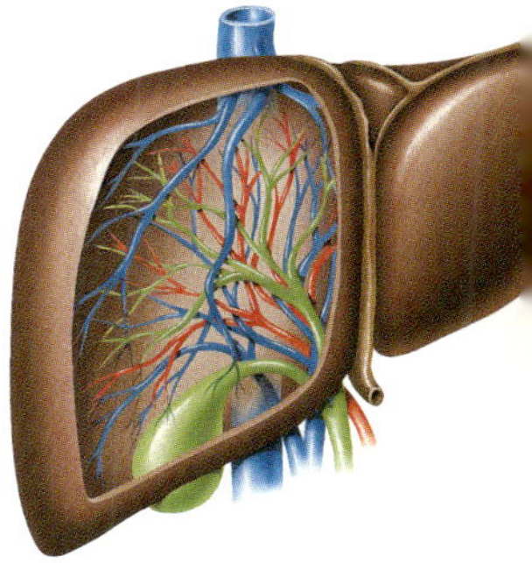

▲ Zahlreiche Blutgefäße durchziehen die Leber. Dieses Organ erfüllt ungefähr 500 verschiedene Funktionen und regelt dadurch die chemische Zusammensetzung des Blutes.

Leder

Leder wird aus der →**Haut** von →**Tieren** hergestellt. Meistens stammt Leder von →**Säugetieren** wie z. B. →**Rindern**. Wenn man Tierhäute zu Leder machen will, werden sie zunächst eingesalzen, um ihnen Gewebeflüssigkeit zu entziehen. Später werden Fleisch- und Fellreste abgeschabt. Anschließend behandelt man die Häute mit dem aus Baumrinde gewonnenen Gerbstoff Tannin. Durch dieses Gerben wird das Leder widerstandsfähig und wasserabweisend. Zum Schluss wird das Leder eingeölt und gefärbt. Nun kann es zugeschnitten, geformt, genäht oder geklebt werden. Aus Leder lässt sich vielerlei herstellen, z. B. Schuhe, Taschen, Möbel oder sogar Schmuckkästchen.

Legierung

Eine Legierung ist eine Mischung aus wenigstens zwei →**Metallen**. Legierungen sind vielseitiger verwendbar als die reinen Metalle. So wird ein weiches Metall wie →**Kupfer** durch Zugabe von →**Zink** zu Messing, durch Zugabe von →**Zinn** zu →**Bronze** – beide Legierungen sind fester und härter als das Kupfer. Reines →**Eisen** rostet leicht. Wenn man es zu Stahl verarbeitet und dann mit Chrom und Nickel legiert, entsteht rostfreier Stahl, der beim Bau von →**Häusern**, →**Brücken** und →**Maschinen** eine große Rolle spielt.

► Bei den Hochsprungwettbewerben der Leichtathletik fallen die Sportler auf den Rücken. Weiche Matten, genannt Sprunghügel, sorgen dafür, dass sie unverletzt landen.

Lehnswesen

Die Gesellschaftsordnung des →**Mittelalters**, genannt Feudalismus, beruhte auf dem Lehnswesen. Das lateinische Wort „feudum" bedeutet Lehen. Das Lehen ist ein Leihgut, das einem Lehnsmann (auch: Vasall) von einem Lehnsherren zur Verfügung gestellt wird. Häufig bestand das Lehen aus Land, es konnte aber auch ein Amt sein oder ein Recht – z. B. das Recht, einen →**Zoll** einzustreichen. Der Lehnsherr musste seinem Vasallen außerdem Schutz gewähren. Als Gegenleistung für das Lehen war der Lehnsmann zum Kriegsdienst verpflichtet und er musste seinem Herrn als Ratgeber zur Seite stehen. Lehnsherr und Lehnsmann schworen sich gegenseitige Treue (Treueid).
Oberster Lehnsherr war der König, der Lehen an Herzöge, Grafen oder Bischöfe vergab. Diese konnten ihr Lehen an →**Ritter** oder Äbte weiterverleihen. Bewirtschaftet wurde das Land von unfreien Bauern, die im Lehnswesen keine Rechte besaßen, aber zu Arbeit und Abgaben verpflichtet waren. Lehen wurden zunächst auf Lebzeiten vergeben, später waren sie erblich. Eigentümer blieb jedoch der Lehnsherr, der das Lehen entziehen konnte, wenn z. B. ein Lehnsmann den Treueid brach.

Leichtathletik

Zu den Sportarten, die unter dem Begriff Leichtathletik zusammengefasst werden, gehören die ältesten Sportdisziplinen überhaupt. Die Sportler messen sich in Lauf-, Sprung-, Wurf- und Stoßwettbewerben. Die Laufdisziplinen umfassen Gehen, Kurz-, Mittel- und Langstreckenläufe sowie Hürden-, Hindernis- und Staffellauf und den →**Marathon**. Die Sprungwettbewerbe setzen sich aus Weit-, Hoch- und Dreisprung sowie dem Stabhochsprung zusammen. Die drei Wurfsportarten sind Diskus-, Hammer- und Speerwerfen, während die Kugelstoßer zum einzigen Stoßwettbewerb antreten.

Leopard

Der Leopard ist eine Großkatze, die in den →**Wäldern** und →**Steppen** →**Afrikas** und in einigen Regionen →**Asiens** vorkommt. Das Fell der Leoparden ist gelb und trägt schwarze Flecken. Die Musterung ihres Fells dient den Leoparden als →**Tarnung**: Sie sind dadurch z. B. im Wechsel von Licht und Schatten in einem Wald nur schwer auszumachen. Es gibt jedoch auch Exemplare, die ein schwarzes Fell haben. Man nennt sie Panter. Leoparden sind kraftvolle und geschickte Jäger, die sich von mittelgroßen Tieren wie →**Affen** und →**Antilopen** ernähren.

◄ Der Leopard schleppt seine Beute – etwa eine Antilope – häufig auf einen Baum. Hier ist sie vor Aasfressern sicher und die Großkatze kann ihr Mahl in Ruhe verzehren.

Wegen ihres schönen Fells wurden die Leoparden fast ausgerottet. Wirksamer →**Artenschutz** – z. B. Verbot des Fellhandels – kann sie vor dem Aussterben bewahren.

Lettland siehe Baltikum

Libanon

Libanon ist ein Land im →**Nahen Osten** am Mittelmeer. Es liegt zwischen →**Syrien** und →**Israel**. Die Küstenebene ist schmal, im Inland erhebt sich das Libanongebirge, an das sich das Hochplateau Bika anschließt. Im Sommer ist es warm, im Winter fallen reiche Niederschläge.
Der Libanon war jahrhundertelang ein Handelszentrum. Im Altertum ab etwa 1000 v. Chr. war das Land Teil des Phönizischen Reiches. Die Phönizier waren bedeutende Händler und im gesamten Mittelmeerraum bekannt. Im 16. Jh. wurde der Libanon Teil des →**Osmanischen Reiches**, das von Konstantinopel aus regiert wurde. Der seit 1920 unter französischem Mandat stehende Libanon wurde 1943 unabhängig. Zwischen 1975 und 1990 herrschte ein →**Bürgerkrieg** zwischen politischen und religiösen Gruppen. Nach einer Phase des Aufbaus kam es 2006 zum Zweiten Libanonkrieg, der durch ein Waffenstillstandsabkommen beigelegt wurde. Die politische Lage im Libanon ist nach wie vor unübersichtlich und wenig stabil.

Libanon
Staatsform: Republik
Hauptstadt: Beirut
Fläche: 10 452 km²
Einwohner: 3,5 Mio.
Sprachen: Arabisch, Französisch
Währung: Libanesisches Pfund, US-Dollar

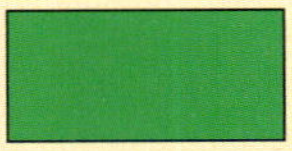

Libyen
Staatsform: Islamisch-Sozialistische Volksrepublik
Hauptstadt: Tripolis
Fläche: 1 759 540 km²
Einwohner: 5,6 Mio.
Sprache: Arabisch
Währung: Libyscher Dinar

Liechtenstein
Staatsform: Konstitutionelle Monarchie
Hauptstadt: Vaduz
Fläche: 160 km²
Einwohner: 32 000
Sprache: Deutsch
Währung: Schweizer Franken

Libyen

Libyen ist ein großes Land im Norden →**Afrikas**, das ans Mittelmeer grenzt. Die Wüste Sahara bedeckt einen großen Teil des Landes, daher ist es sehr dünn besiedelt. Die meisten Einwohner sind Araber. Libyen besitzt große Erdölvorkommen, die Ausfuhr von Öl ist einer der wichtigsten Wirtschaftszweige des Landes. Im 16. Jh. wurde das Land Teil des →**Osmanischen Reiches**, von 1912 bis zum Zweiten →**Weltkrieg** war es eine italienische →**Kolonie**, 1951 wurde es eine unabhängige →**Monarchie**. 1969 errichtete der Offizier Muammar al Gaddafi (geb. 1942) nach seinem Staatsstreich eine sogenannte Volksherrschaft.
Wegen Gaddafis Unterstützung von Terrorgruppen wurden von den →**Vereinten Nationen** Strafmaßnahmen gegen Libyen verhängt. Diese wurden 2003 aufgehoben, nachdem Gaddafi Terroranschläge verurteilte. Seither steht das Land wieder in diplomatischen Beziehungen zu den →**Vereinigten Staaten von Amerika** und europäischen →**Staaten**.

Licht

Licht ist die bekannteste Form elektromagnetischer →**Strahlung** und die einzige, die man sehen kann. →**Sterne** wie die →**Sonne**, elektrische →**Glühlampen** und einige Chemikalien produzieren Licht. Der →**Mond** und die →**Planeten** dagegen erzeugen das Licht, das sie aussenden, nicht selbst, sondern reflektieren (zurückwerfen) nur das Sonnenlicht.
Das helle Licht der Sonne sieht zwar weiß aus, ist aber in Wirklichkeit aus den verschiedenen →**Farben** des →**Regenbogens** bzw. des →**Spektrums** zusammengesetzt. Schon der englische Wissenschaftler Isaac →**Newton** hatte dies entdeckt, als er einen Sonnenstrahl durch ein Prisma (geschliffener Körper aus →**Glas** mit glatten Flächen) schickte: Das Prisma brach den Lichtstrahl in sieben Farben, nämlich Rot, Orange, Gelb, Grün, Blau, Indigo und Violett.

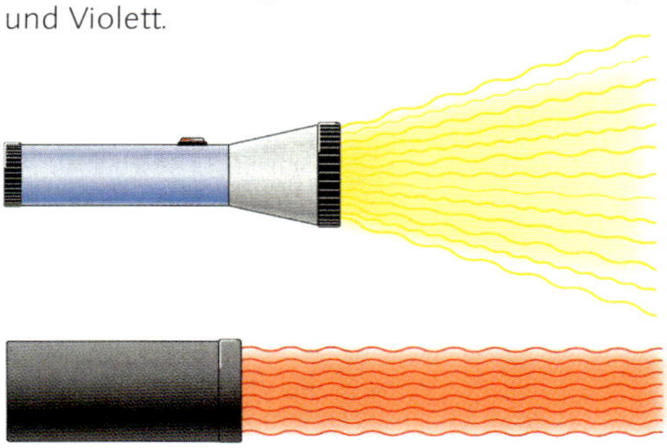

► Licht besteht aus Strahlen mit unterschiedlicher Wellenlänge. Sie verlaufen in unterschiedliche Richtungen (streuen). Laserstrahlen dagegen haben nur eine Wellenlänge und verlaufen ohne Streuung.

Diese Farben sind die Folge der unterschiedlichen Wellenlängen, die Licht haben kann. Licht mit langen Wellen ist rot oder orange, kurzwellige Strahlen nimmt das menschliche →**Auge** als Blau oder Violett wahr.
Licht bewegt sich mit der größten Geschwindigkeit fort, die überhaupt möglich ist. Für die 150 Millionen Kilometer lange Strecke von der Sonne zur →**Erde** braucht das Licht acht Minuten, was einer Geschwindigkeit von etwa 300 000 km/s entspricht. Als ein Lichtjahr bezeichnet man die Entfernung, die ein Lichtstrahl in einem Jahr zurücklegt. Die Astronomen messen die Entfernung der Sterne zur Erde in Lichtjahren. Einige sind Millionen von Lichtjahren entfernt.

Liechtenstein

Liechtenstein ist ein kleiner →**Staat** in den →**Alpen** zwischen der →**Schweiz** und →**Österreich**. Liechtenstein ist ein Steuerparadies (dort müssen nur sehr geringe →**Steuern** gezahlt werden), weshalb viele Firmen ihren Sitz dort haben. Wegen sogenannter Steuerflüchtlinge, die illegal Geld in Liechtenstein anlegen, ist das Land 2008 in die Schlagzeilen geraten.

Lindgren, Astrid

Die schwedische Schriftstellerin Astrid Lindgren (1907–2002) wuchs mit ihren drei Geschwistern auf einem Bauernhof in Vimmerby, im südschwedischen Småland auf. Als Geburtstagsgeschenk für ihre Tochter entstand 1944 das Buch „Pippi Langstrumpf", das weltweit zum Bestseller wurde. Weitere Kinderbücher folgten, darunter „Die Kinder von Bullerbü" (1947), „Mio, mein Mio" (1954), „Karlsson vom Dach" (1955), „Rasmus und der Vagabund" (1956), „Die Brüder Löwenherz" (1973) und „Ronja Räubertochter" (1981). Astrid Lindgren erfuhr große Anerkennung für ihr Werk. Ihre →**Bücher** sind in rund 70 Sprachen übersetzt und weltweit millionenfach aufgelegt worden.

Linsen

Optische Linsen lassen Dinge größer oder kleiner erscheinen. Sie werden gewöhnlich aus →**Glas** oder →**Kunststoff** gefertigt, die Linsen der menschlichen →**Augen** bestehen aus →**Eiweiß**-Bausteinen. Linsen haben glatte, gebogene Oberflächen. Es gibt zwei Arten einfacher Linsen: konvexe und konkave.

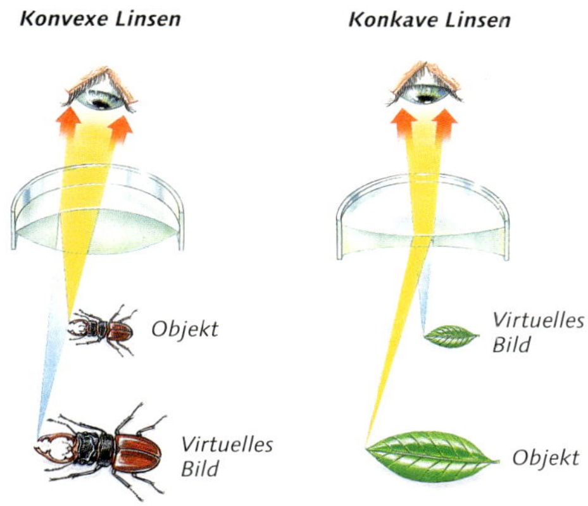

▲ Es gibt konvexe und konkave Linsen. Konvexe Linsen bündeln die Lichtstrahlen und lassen das Objekt größer erscheinen, als es ist. Konkave Linsen streuen die Lichtstrahlen. Durch sie sieht man das Objekt kleiner. Der Mensch erblickt in beiden Fällen nur das virtuelle (nicht echte) Bild.

Die konvexen Linsen sind in der Mitte dicker als am Rand, sie vergrößern Gegenstände. Die konkaven Linsen dagegen sind am Rand dicker als in der Mitte, sie verkleinern. Viele Geräte sind mit konvexen Linsen ausgestattet, z. B. →**Mikroskope** oder →**Teleskope**, →**Fotoapparate** oder →**Ferngläser**.

Im menschlichen Augapfel wirft eine konvexe Linse unter der Hornhaut die Lichtstrahlen gebündelt auf die Netzhaut an der inneren Rückseite des Auges.
Manche Menschen sehen nicht sehr gut. Sie tragen Brillen oder die Augen werden operiert. Kurzsichtige Menschen sehen Dinge schlecht, die weit entfernt sind, und brauchen Brillen mit konkaven Linsen. Weitsichtige sehen Dinge in ihrer Nähe schlecht und benötigen Brillen mit konvexen Linsen.

Litauen siehe Baltikum

Literatur siehe Seite 190

Löwen

Der Löwe ist wie der →**Tiger** oder der →**Leopard** eine →**Art** der Großkatzen. Löwen leben in →**Savannen** und Grassteppen des östlichen und südlichen →**Afrikas** und in einer kleinen Region im Westen →**Indiens**.
Löwenmännchen werden bis zu 1 m hoch und bis zu 250 kg schwer. Ihr Gesicht ist von der typischen zottigen Mähne umgeben. Die kleineren Weibchen dagegen sind mähnenlos. Löwen sind die einzigen Großkatzen, die sich zu größeren Gruppen zusammenschließen. Kern der Gruppe sind meist ältere Weibchen, die auch gemeinsam auf Beutejagd gehen.

▼ Die männlichen Löwen sind für die Verteidigung des Reviers zuständig, die Weibchen sorgen für das Futter. Sie jagen im Rudel und können auch große Beutetiere wie Zebras, Gazellen und Antilopen angreifen. Die männlichen Tiere fressen sich am Riss meist zuerst satt.

Literatur

Unter dem Begriff „Literatur" werden Schriftstücke aller Art zusammengefasst. Dazu gehören z. B. auch Briefe und Gebrauchsanweisungen. Im engeren Sinn versteht man unter Literatur jedoch Texte der drei Gattungen Lyrik (Gedichte), Dramatik (Theaterstücke) und Epik (Romane, Erzählungen, Novellen). Die Literatur zählt wie die bildende Kunst und die Musik zu den sogenannten schönen Künsten. Ihre Anfänge reichen bis in die Antike zurück. Literarische Texte, die auch international einen hohen Bekanntheitsgrad besitzen, bezeichnet man als Weltliteratur. Heutzutage lesen die Menschen, um sich weiterzubilden, sich zu unterhalten und etwas über die Welt zu erfahren.

▲ Bis ins 15. Jh. wurden Texte sehr mühsam vervielfältigt – handschriftlich oder gedruckt mithilfe von holzgeschnitzten einzelnen Buchstaben. Ab etwa 1450 konnten jedoch ganze Seiten mit immer wieder verwendbaren Typen gedruckt werden, was das Drucken beschleunigte und verbilligte. Damit war einer weiten Verbreitung von Literatur der Weg geebnet.

◄ In der „Ilias" führt eine List der griechischen Belagerer zur Eroberung der Stadt Troja (auch Ilion genannt): Zum Schein ziehen die Griechen ab und hinterlassen ein riesiges hölzernes Pferd. Die Trojaner bringen das vermeintliche Geschenk in die Stadt. Doch in dessen Bauch verbergen sich griechische Kämpfer, die aus ihrem Versteck kommen und zusammen mit dem heimlich zurückgekehrten Heer Troja zerstören.

Zum Weiterlesen

Andersen, Antike, Buch, Dickens, Druck, Ende, Goethe, Grimm, Homer, Kästner, Kunst, Lindgren, Musik, Mythen und Sagen, Schiller, Shakespeare, Theater

Lyrik

In Gedichten drücken Dichter ihre persönlichen Gedanken und Gefühle aus. Gedichte sind meist in Reimform verfasst. Zu den bedeutendsten Lyrikern zählen z. B. Heinrich Heine (1797–1856) und Rainer Maria Rilke (1875–1926).

Drama

Ein Drama ist ein literarischer Text in Dialogform, der von Schauspielern gesprochen und gespielt werden kann. Man unterscheidet zwischen den eher heiteren Komödien und ernsten Tragödien oder Trauerspielen. Theaterstücke der Weltliteratur stammen z. B. von William Shakespeare (1564–1616) und Bertolt Brecht (1898–1956).

Erzählende Literatur

Zu den ältesten literarischen Formen zählen Epen und Fabeln. Schon der griechische Dichter Äsop (um 600 v. Chr.) verfasste Tierfabeln, in denen menschliche Verhaltensweisen durch Tiere verkörpert und kritisiert werden. Die Epen „Ilias" und „Odyssee", die der griechische Dichter Homer (8. Jh. v. Chr.) aufgezeichnet hat, sind die ältesten Zeugnisse der abendländischen Literatur. Das „Nibelungenlied" ist ein Heldenepos, dessen Ursprünge in germanischen Sagen liegen.
Märchen sind kurze Erzählungen, die von wundersamen Begebenheiten berichten. Sie wurden mündlich überliefert, später gesammelt und aufgeschrieben.
Ein Roman unterscheidet sich von anderen erzählenden Formen durch die ausführliche Darstellung von Handlungen und Personen. Der Roman entstand zu Beginn des 18. Jh. und zählt heute zu den wichtigsten literarischen Formen. Bedeutende deutschsprachige Romanautoren sind z. B. Günter Grass (geb. 1927) oder Peter Handke (geb. 1942). Auch die Kinder- und Jugendliteratur hat große Autoren hervorgebracht. Zu ihnen zählen Erich Kästner, Michael Ende oder Astrid Lindgren.
Weltberühmt wurden auch die „Harry Potter"-Romane der englischen Autorin Joanne K. Rowling (geb. 1965).

► Eine der berühmtesten Fabeln Äsops erzählt von einem Wettrennen zwischen Schildkröte und Hase: Der Hase ist so siegessicher, dass er sich kurz vor dem Ziel eine Pause gönnt. Dabei schläft er ein und so macht die viel langsamere Schildkröte das Rennen. Der Hase mit dem allzu großen Vertrauen in die eigene Überlegenheit hat das Nachsehen.

Luft

Luft ist ein Gemisch aus mehreren →**Gasen**, das die →**Erde** wie ein Mantel umgibt. Es besteht zu fast ⅘ aus →**Stickstoff**. ⅕ bildet der lebensnotwendige →**Sauerstoff**. Weitere Bestandteile sind Argon, Kohlendioxid, Neon und Helium. In der Luft sind immer auch geringe Mengen an →**Wasser** enthalten, die als Luftfeuchtigkeit gemessen werden können. Mit zunehmender Höhe nimmt der Luftdruck ab und die Luft wird immer dünner. Bergsteiger führen daher bei der Besteigung der höchsten Berge der Welt meistens Sauerstoffflaschen mit sich.
Warme Luft ist leichter und beweglicher als kalte Luft. Aus den komplizierten Bewegungen von unterschiedlich warmen und feuchten Luftmassen entsteht das →**Wetter**.
Man kann Luft weder sehen noch riechen, aber man fühlt sie, z. B. wenn der →**Wind** bläst. Sie erscheint gewichtslos, doch die Luftmenge in einem normal großen Raum wiegt über 45 kg.
Ohne Luft würde man nichts hören, da sich der →**Schall** in der Luft ausbreitet. In einem →**Vakuum** gibt es keine Geräusche.

Luftfahrt siehe Seite 192

Luftkissenfahrzeug

Ein Luftkissenfahrzeug ist ein Fortbewegungsmittel, das von einem Luftkissen getragen wird. Die →**Luft** wird angesaugt und von Gebläsen unter das Fahrzeug gedrückt. Seitlich herabhängende Gummischürzen halten die Luft unter dem Fahrzeug. Dieses wird von riesigen Luftpropellern vorwärtsgetrieben. Luftkissenfahrzeuge bewegen sich am besten auf →**Wasser** fort, können aber auch Strände und ebene Landflächen überqueren. Sie sind schneller als →**Schiffe**, da sie nicht dem Widerstand des Wassers entgegenarbeiten müssen (bis zu 120 km/h). Hinsichtlich ihres Fassungsvermögens sind sie Flugzeugen überlegen (sie können Dutzende von →**Autos** und bis zu 400 Fahrgäste befördern).

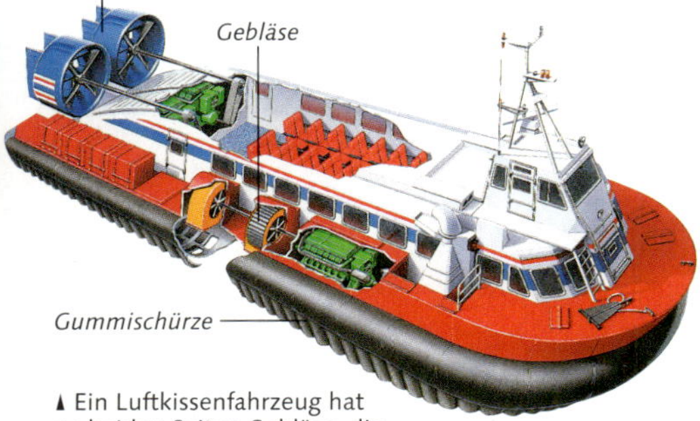

▲ Ein Luftkissenfahrzeug hat an beiden Seiten Gebläse, die Luft ansaugen und unter das Fahrzeug blasen, um dieses anzuheben. Propeller am hinteren Teil (Heck) verleihen dem Fahrzeug Vorwärtsschub.

Luftschiff siehe Ballon und Luftschiff

Lunge

Die Lunge ist ein →**Organ** der →**Atmung**. Sie besteht aus zwei großen Flügeln, die im Brustkorb sitzen. In jeden Lungenflügel mündet ein Bronchus, das ist ein Ast der Luftröhre. Jeder Bronchus fächert sich in der Lunge auf in immer kleinere Äste, die Bronchien und Bronchiolen. An deren Enden befinden sich die Lungenbläschen. Die sauerstoffhaltige →**Luft**, die wir einatmen, gelangt über das Netz aus feinen Röhrchen zu den Lungenbläschen. Dort wird der →**Sauerstoff** an das →**Blut** abgegeben. Gleichzeitig wird Kohlendioxid aus dem Blut aufgenommen und über die Bronchien wieder ausgeatmet.

Luther, Martin

Martin Luther (1483–1546) gehört neben Calvin (1509–1564) und Zwingli (1484–1531) zu den großen Reformatoren. Wie viele Gläubige seiner Zeit war der Wittenberger Theologieprofessor mit den Missständen in der →**Kirche** unzufrieden. Er kritisierte, dass sich die Bischöfe mehr der Anhäufung von Reichtum und Macht widmeten als der Seelsorge und der christlichen Lehre. Mit seinen 95 Thesen, einer Streitschrift gegen den Ablasshandel (Lossprechung von den Sünden gegen Geld), löste er die →**Reformation** in Deutschland aus. Mit der Übersetzung des Neuen Testaments ins Deutsche legte Luther außerdem den Grundstein für eine verbindliche Schriftsprache, aus der sich später das Hochdeutsche entwickelte.

Luxemburg

Luxemburg ist ein kleines Land in →**Europa**. Staatsoberhaupt ist ein Großherzog. Verschiedene Institutionen der →**Europäischen Union**, wie z. B. der Europäische Gerichtshof, haben ihren Sitz in der Hauptstadt. Luxemburg ist außerdem ein bedeutendes Bank- und Finanzzentrum.

Luxemburg
Staatsform: Parlamentarische Monarchie
Hauptstadt: Luxemburg
Fläche: 2586 km²
Einwohner: 441 000
Sprachen: Letzebuergesch, Französisch, Deutsch
Währung: Euro

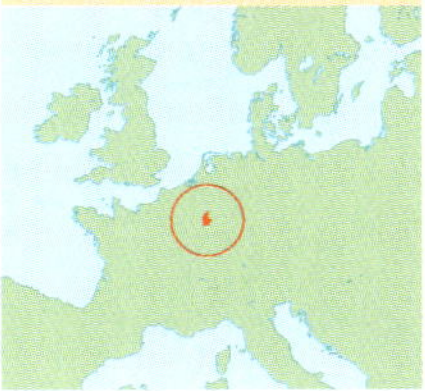

Luftfahrt

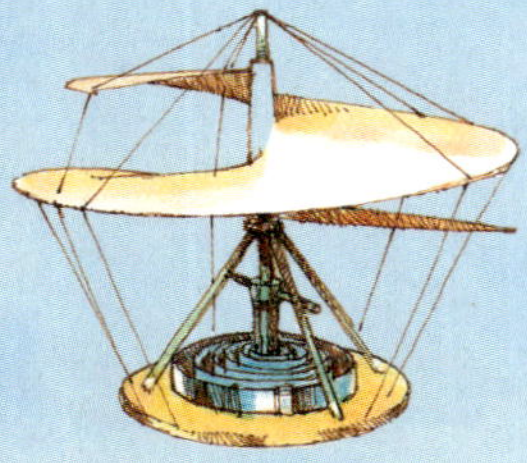

▲ Zeichnung einer Flugmaschine von Leonardo da Vinci

In der heutigen Welt sind Flugreisen für die Menschen ganz selbstverständlich geworden. Aber es hat Tausende von Jahren gedauert, bis der Traum vom Fliegen Wirklichkeit wurde. Die ersten erfolgreichen Flüge fanden erst Anfang des 20. Jh. statt.

► Heißluftballon Montgolfière

Die Anfänge

Mythen und Sagen sowie Märchen sind voller spannender Erzählungen von Menschen, die angeblich fliegen konnten. Tollkühne Erfinder banden sich Flügel um und sprangen von hohen Türmen – aber solche Flugversuche scheiterten kläglich. Im 16. Jh. zeichnete der Künstler und Erfinder Leonardo da Vinci (1452–1519) Entwürfe für einen Schwingflügler, also eine Art Hubschrauber, obwohl man zu seiner Zeit niemals ein solches Fluggerät hätte bauen können.

Das Zeitalter der Luftfahrt begann mit dem ersten Ballonflug im Jahre 1783. Siebzig Jahre später hoben die ersten Luftschiffe ab – riesige, lenkbare Ballons mit Triebwerken und Propellern. Etwa zur gleichen Zeit wurden die ersten Gleitflugzeuge gebaut. Damit war bewiesen, dass Fliegen möglich war, auch wenn man ein Gerät mit Flügeln benutzt, das schwerer ist als Luft.

▼ An den Hinterkanten der Tragflächen befinden sich die Querruder, die zusammen mit den Seitenrudern das Flugzeug lenken, und die Landeklappen.

Eroberung der Luft

George Cayley (1773–1804) erkannte als Erster die Grundelemente des Fliegens, nämlich Auftrieb, Vortrieb und Steuerung. Die Form seines Gleitflugzeugs wurde richtungsweisend für die heutigen Flugzeuge. Im Jahr 1853 baute er das erste bemannte Gleitflugzeug. Cayley experimentierte auch mit der Dampfkraft, der einzigen Mitte des 19. Jh. verfügbaren Antriebsmöglichkeit. Das erste Modell für ein dampfbetriebenes Flugzeug stammt von William Henson (1812–1888). Als erster Pilot der Welt gilt Otto Lilienthal (1848–1896): In den 90er-Jahren des 19. Jh. unternahm er den ersten gesteuerten Gleitflug.

Doch erst die Entwicklung des Benzinmotors in den 1880er-Jahren bedeutete den Durchbruch in der Luftfahrt. Im Jahr 1901 gelang Gustav Weiskopf (1874–1927) der erste Motorflug. Bekannter als er wurden 1903 die Gebrüder Wright (Wilbur 1867–1812, Orville 1871–1948), die in ihrem wackligen „Flyer" eine Strecke von 36 m schafften. Die frühen Flugzeuge hatten Kolbenmotoren, die Propellerflügel antrieben und die Flugzeuge auf diese Weise vorwärts bewegten. Kleine Propellerflugzeuge gibt es bis heute, aber die großen Flugzeuge haben heutzutage Düsen- oder Strahltriebwerke, die viel stärker sind. Das erste Düsenflugzeug startete im Jahr 1939.

Wie ein Flugzeug fliegt

Beim Gleiten durch die Luft erhalten die Flügel eines Flugzeugs Auftrieb (das ist eine der Erdanziehung entgegengesetzte Kraft). Ein Flugzeugflügel ist oben leicht gekrümmt und unten flach, sodass die Luft leichter über die Oberseite strömen kann als über die Unterseite. Dadurch entsteht eine Art Sog nach oben, der den Flügel anhebt und dabei das Flugzeug mitnimmt. Die Rotorblätter eines Hubschraubers haben ähnlich geformte Ober- und Unterseiten. Die Flügel von Flugzeugen nennt man auch Tragflächen.

Großraumflugzeuge

Dank der Düsenflugzeuge (Jets) kann man heute rasch und preiswert über weite Entfernungen reisen. Die Boeing 747 war der erste große Jumbojet. Dieser Flugzeugtyp nahm 1970 seinen Dienst auf und ist seitdem sehr erfolgreich. Eine Boeing fasst bis zu 560 Passagiere (Fluggäste). Sie ist 70 m lang, hat eine Flügelspannweite von 60 m und wiegt fast 320 t. Die 747 kann 8000 km weit und bis zu 910 km/h schnell fliegen.

Verkehrsflugzeuge fliegen hoch über den Wolken und weichen dadurch schlechtem Wetter aus. In der luftdichten Kabine sind Besatzung und Passagiere vor Druckabfall und Sauerstoffmangel geschützt.

Boeing 747–400

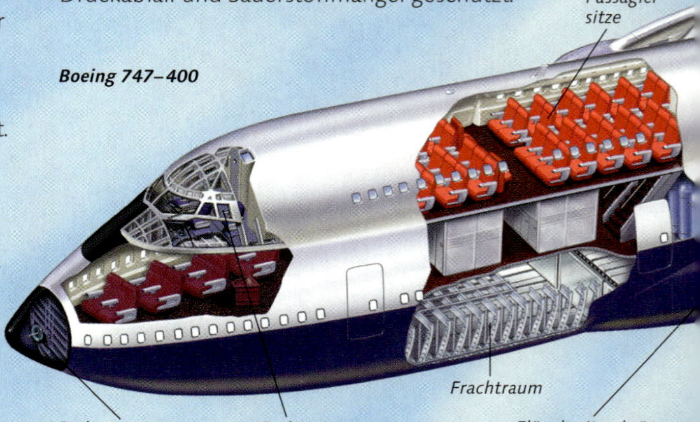

Meilensteine der Luftfahrt
1783 Erster Ballonflug
1852 Erfindung des dampfbetriebenen Luftschiffs
1853 Bau des ersten bemannten Gleitflugzeugs
1901/1903 Erste Motorflüge
1909 Erste Kanalüberquerung per Flugzeug durch Louis Blériot (1872–1936)
1927 Charles Lindbergh(1902–1974) fliegt als Erster allein über den Atlantik.
1939 Erstes Düsenflugzeug – Heinkel *He 178*
1939 Erster Hubschrauber mit nur einem Hauptrotor – Sikorsky *VS-300*
1942 Erster Düsenjäger – Messerschmitt *Me 262*
1947 Das Raketenflugzeug Bell *XI* durchbricht die Schallmauer.
1964 Erstes Schwenkflügel-Kampfflugzeug – US *F-111* (USA)
1952 Erstes Düsenverkehrsflugzeug der Welt – *Comet*
1976 Das Überschallflugzeug *Concorde* nimmt seinen Dienst auf.
1978 Erste Atlantiküberquerung im Ballon
1981 Das erste mit Sonnenenergie betriebene Flugzeug (Solarflugzeug) *Solar Challenger* überquert den Ärmelkanal.
1986 Die *Voyager* fliegt nonstop um den Globus.

Flugzeugrekorde:
Schnellstes Militärflugzeug: Lockheed *SR-71Blackbird* – 3529 km/h (USA)
Schnellstes Düsenflugzeug: *Concorde*, 2333 km/h (Großbritannien/Frankreich)
Schwerstes Flugzeug: Antonov *AB-225*, 600 t (Russland)
Größter Hubschrauber: Mil *Mi-26*, 55 t (Russland)

▲ Transporthubschrauber

▼ Militärflugzeug

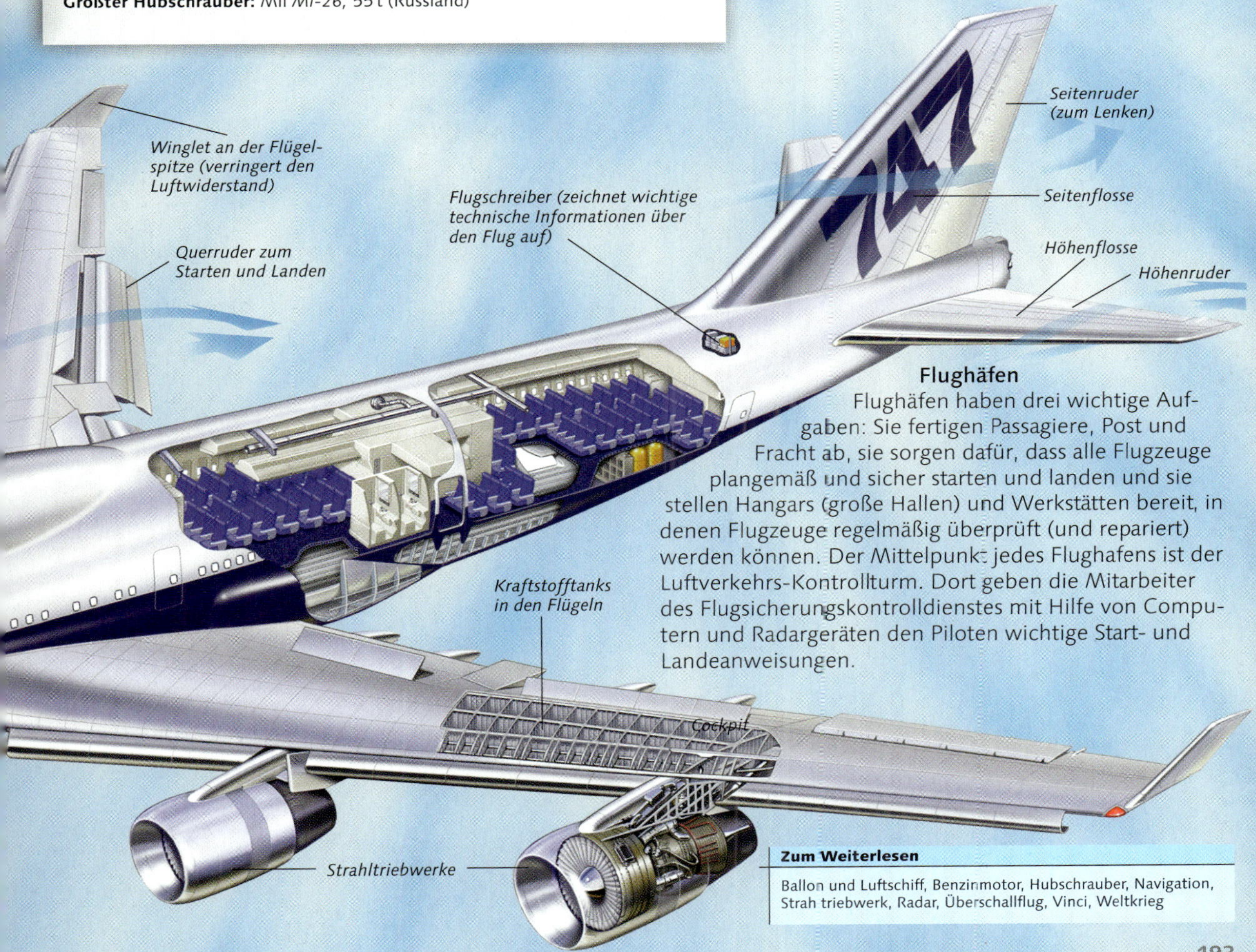

Flughäfen

Flughäfen haben drei wichtige Aufgaben: Sie fertigen Passagiere, Post und Fracht ab, sie sorgen dafür, dass alle Flugzeuge plangemäß und sicher starten und landen und sie stellen Hangars (große Hallen) und Werkstätten bereit, in denen Flugzeuge regelmäßig überprüft (und repariert) werden können. Der Mittelpunkt jedes Flughafens ist der Luftverkehrs-Kontrollturm. Dort geben die Mitarbeiter des Flugsicherungskontrolldienstes mit Hilfe von Computern und Radargeräten den Piloten wichtige Start- und Landeanweisungen.

Zum Weiterlesen
Ballon und Luftschiff, Benzinmotor, Hubschrauber, Navigation, Strahltriebwerk, Radar, Überschallflug, Vinci, Weltkrieg

M

Madagaskar

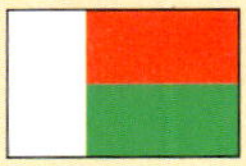

Madagaskar
Staatsform: Republik
Hauptstadt: Antananarivo
Fläche: 587 041 km²
Einwohner 15,5 Mio.
Sprachen: Malagasy, Französisch
Währung: Madagaskar-Franc

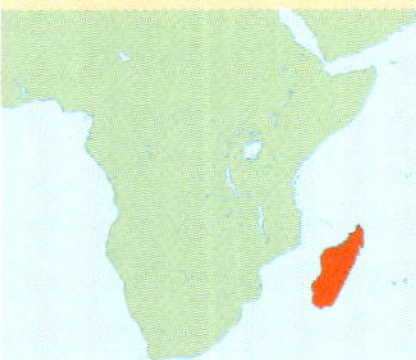

Madagaskar, die viertgrößte →**Insel** der Erde, liegt 400 km vor der Ostküste →**Afrikas** im →**Indischen Ozean**. Sie zeichnet sich durch fruchtbare Küstenebenen, eine zerklüftete, zentrale Hochebene, ein warmes, tropisches →**Klima** und dichte →**Wälder** aus. Allerdings wurden weite Landstriche gerodet, um Holz für den Export und neues Ackerland zu gewinnen. Die wichtigsten Anbauprodukte sind Kaffee, →**Reis**, Zuckerrohr, Vanille und Pfeffer. Die Pflanzen- und Tierwelt der Insel ist einzigartig, dort leben u. a. →**Papageien** und Lemuren (Halbaffen).
Die ersten Einwohner waren sehr wahrscheinlich Afrikaner. Später wanderten dann Malaien ein, die heute den größten Bevölkerungsteil bilden. Im 19. Jh. kam die Insel unter französische Kontrolle, bis sie im Jahr 1960 schließlich unabhängig wurde.

► Madagaskar ist die Heimat einer Vielzahl von Tieren und Pflanzen, die nirgendwo sonst auf der Erde vorkommen. Dazu gehören auch die Kattas, eine Lemurenart, die in Trupps von bis zu 20 Tieren auftreten. Sie leben von Früchten und Blättern, Vogeleiern und Insekten.

Magen

Der Magen ist ein wichtiges →**Organ** der →**Verdauung**. Er gleicht einem gekrümmten, verdickten Schlauch, der an beiden Enden offen ist. Im Magen wird die Nahrung vorübergehend gespeichert und weiter zerkleinert. →**Muskeln** in den Magenwänden kneten die Nahrung durch und vermischen sie mit Magensäften. So entsteht ein Speisebrei, der in den Dünndarm gepresst wird.

Magie

Vor allem in früheren Zeiten glaubten die Menschen steuern zu können, was um sie herum geschah, z. B. durch Zauberformeln, bestimmte →**Tänze** oder das Malen von Bildern.

▲ Die Tricks und Kunststücke von Zauberern nennt man Magie. Sie erscheinen wie Zauberei, weil der Zauberkünstler das Publikum geschickt ablenkt und alles gut vorbereitet hat. Zauberer verwenden auch viele geheim gehaltene Hilfsmittel.

Sie stellten sich auch vor, dass bestimmte Dinge oder Menschen über magische Kräfte verfügten. Diesen Glauben und die dazugehörigen Tätigkeiten nennt man Magie. Noch heute gibt es Kulturen, in denen Magie eine Rolle spielt, etwa in manchen Ländern →**Afrikas** oder der →**Karibik**. Bei Magie denkt man heute aber auch an die Tricks von Zauberkünstlern.

Magnetismus

Magnetismus ist die →**Kraft** der Magneten, die v. a. →**Metalle** wie z. B. →**Eisen** anziehen. Die →**Erde** selbst ist ein riesiger, natürlicher Magnet. Unsichtbare magnetische Kraftlinien umgeben den →**Planeten**. Sie verlaufen vom magnetischen Nord- zum magnetischen Südpol und bilden das Magnetfeld der Erde.

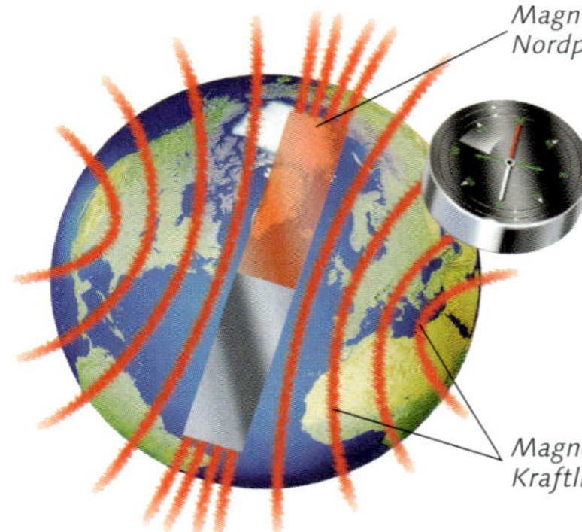

▲ Die Erde ist ein riesiger Magnet mit magnetischen Polen im Süden und Norden. Linien magnetischer Kraft bilden das Magnetfeld der Erde. Dennoch zeigt ein Kompass nicht ganz genau nach Norden, da der magnetische Nordpol und der geografische Nordpol nicht an der exakt gleichen Stelle liegen.

Auch die Nadel in einem →**Kompass** ist ein Magnet. Sie richtet sich immer in Richtung der Kraftlinien des Erdmagnetfeldes, also in Nord-Süd-Richtung, aus. Schon in der →**Antike** entdeckten die Menschen, dass ein Stück Magneteisen an einer Schnur sich immer in die gleiche Richtung bewegt. Das Magneteisen, auch Magnetit genannt, ist ein natürlicher Magnet.
Der Elektromagnet dagegen ist ein künstlicher Magnet. Er besteht aus einer Metallspule mit Metallkern, durch die elektrischer →**Strom** fließt. Wenn man den Strom abschaltet, verschwindet das Magnetfeld. Umgekehrt kann man durch die Bewegung eines Magneten Strom in einem Leiter erzeugen. Dies ist das Prinzip der Stromerzeugung in allen großen →**Kraftwerken**.

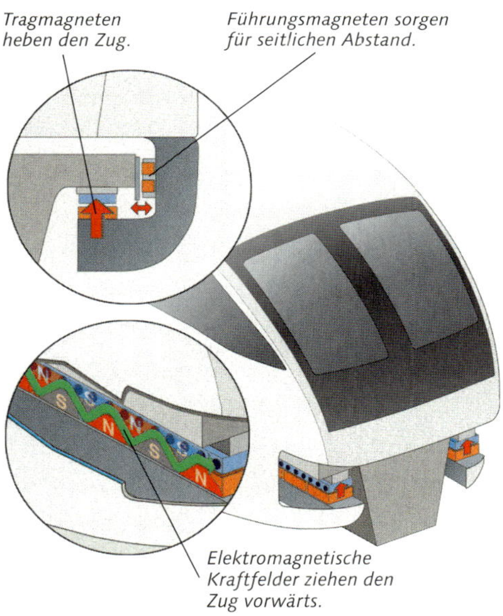

▲ Magnetschwebebahnen haben keine Räder, sondern werden durch die magnetische Wirkung zwischen Schienen und Fahrzeug fortbewegt. Sie sind leicht und können Geschwindigkeiten von über 500 km/h erreichen.

Magnetschwebebahn

Dieses räderlose Schienenfahrzeug (Transrapid) wird mithilfe des →**Magnetismus** auf Schienen schwebend fortbewegt: Am Fahrzeug befinden sich Tragmagneten, die von unten etwas an die Schienen herangezogen werden, wodurch sich das Fahrzeug leicht hebt und so auf den Schienen schweben kann. Die Stärke der magnetischen Kräfte wird so geregelt, dass zwischen Fahrzeug und Schiene immer der gleiche Abstand herrscht. Am Zug befinden sich auch die Führungsmagneten, die seitlich der Schienen liegen und dafür sorgen, dass das Fahrzeug in der Spur bleibt. Um die Bahn fortzubewegen, werden Stromspulen, die sich im Fahrweg befinden, nacheinander angeschaltet. So wandern die durch den →**Strom** entstehenden magnetischen Kraftfelder die Schienen entlang und ziehen mithilfe ihrer Wirkung auf die Tragmagneten das Fahrzeug mit.
Je schneller das Magnetfeld wandert, desto schneller fährt der Zug. Da durch das Schweben kein Geschwindigkeitsverlust durch →**Reibung** entsteht wie bei Eisenbahnen, erreicht eine Magnetschwebebahn sehr hohe Geschwindigkeiten. Der Transrapid ist in Shanghai im Einsatz, in Deutschland ist er umstritten.

Malaysia

Malaysia liegt in →**Südostasien**. Westmalaysia befindet sich auf dem asiatischen →**Kontinent**, Ostmalaysia ist Teil der Insel Borneo. Beide werden durch das hier 650 km breite Südchinesische →**Meer** getrennt. In dem feuchtheißen regenreichen →**Klima** wächst tropischer →**Regenwald**, der jedoch großflächig für den Export abgeholzt wird.
Malaysia verzeichnet ein starkes Bevölkerungswachstum. In seiner modernen Hauptstadt Kuala Lumpur ragen die höchsten →**Wolkenkratzer** der Welt in den Himmel.
Das Land exportiert Kautschuk, →**Zinn** und →**Holz**. Obwohl sich das Land erst Ende des 20. Jh. zu einem Industriestaat entwickelt hat, machen heute Industrieerzeugnisse den größten Anteil der Ausfuhrprodukte aus.
Malaysias König wird alle fünf Jahre aus dem Kreis der neun Sultane gewählt.

Malediven

Die Republik Malediven besteht aus einer Kette von Koralleninseln. Sie liegt südwestlich vor →**Indien** im →**Indischen Ozean**. Trotz der großen Zahl von rund 2000 →**Inseln** hat das Land nur eine sehr kleine Fläche. Die meisten Einwohner leben vom Fischfang. Für die wirtschaftliche Entwicklung des Landes ist der Tourismus von großer Bedeutung.
Einige Wissenschaftler glauben, dass die Malediven in der Zukunft im →**Meer** versinken könnten, da der Meeresspiegel durch die →**Klimaerwärmung** langsam ansteigt.

Malaysia
Staatsform: Parlamentarische Wahlmonarchie
Hauptstadt: Kuala Lumpur
Fläche: 330 000 km²
Einwohner: 23,3 Mio.
Sprachen: Malaiisch, Englisch, Chinesisch, Tamil
Währung: Malaysischer Ringgit

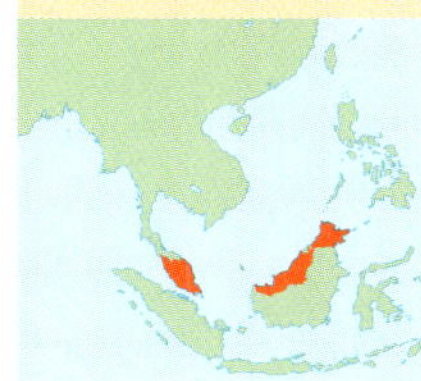

Malediven
Staatsform: Republik
Hauptstadt: Male
Fläche: 298 km²
Einwohner: 276 000
Sprache: Maldivisch (Dhivehi)
Währung: Rufiyaa

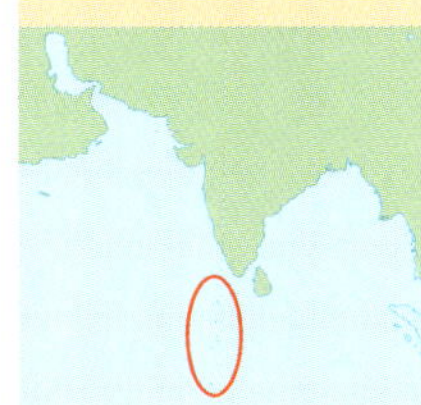

Malerei

Die Malerei ist ein Zweig der bildenden →**Kunst**, bei dem eine Fläche durch →**Farben** gestaltet wird. Diese Fläche kann u. a. Leinwand, →**Papier**, →**Holz** oder Gips sein. Es gibt verschiedenste Techniken der Gestaltung, z. B. Öl- und Aquarellmalerei. Die Malerei wird aber nicht nur nach Techniken unterschieden, sondern auch nach Inhalten. Die Höhlenzeichnungen der Jäger aus der →**Steinzeit** hatten vermutlich eine religiöse Bedeutung. Die Bilder von verwundeten wilden →**Tieren** sollten helfen, diese Tiere bei der nächsten Jagd zu töten. Im →**Mittelalter** arbeiteten die meisten Künstler für die →**Kirche**. Ihre Bilder zeigten Bibelszenen. So sollten die →**Menschen**, die nicht lesen konnten, die Inhalte der →**Bibel** kennen lernen. Seit Anfang des 15. Jh. gaben die Mächtigen →**Europas** Bilder bei berühmten Künstlern in Auftrag, um ihre Machtposition oder ihren Reichtum deutlich zu machen. Neben Einzel- und Familienporträts sowie Szenen aus →**Mythen und Sagen** waren auch Stillleben in Mode, die Blumen oder Obst zeigten. Zu diesen Stoffgebieten traten v. a. im 18. und 19. Jh. Historienbilder (Szenen aus der →**Geschichte**), Landschaftsbilder sowie Genrebilder, die das Leben auch einfacher Menschen darstellten.
Als sich Künstler wie Pablo →**Picasso** und George Braque (1882–1963) zu Beginn des 20. Jh. der →**abstrakten Kunst** zuwandten, wurden gegenständliche Themen von Formen, →**Farben** und Mustern abgelöst.

▲ Malerei bedeutet oft lange, harte Arbeit. Sie kann dem Künstler aber auch ewigen Ruhm bescheren. Im Jahr 1508 erhielt Michelangelo (1475–1564) vom damaligen Papst den Auftrag, die Decke der Sixtinischen Kapelle im Vatikan in Rom auszumalen. Es folgte eine vier Jahre lang dauernde Arbeit an den Fresken zur Schöpfungsgeschichte, die der Künstler zum Großteil auf dem Rücken liegend ausführte.

Malta
Staatsform: Republik
Hauptstadt: Valletta
Fläche: 316 km²
Einwohner: 382 000
Sprachen: Maltesisch, Englisch
Währung: Euro

Malta

Malta ist eine →**Insel** im Mittelmeer. Sie diente schon von alters her als wichtiger Stützpunkt für den Schiffsverkehr, weil sie günstig an den Handelsrouten nach Osten liegt. Der historische Hafen der Hauptstadt Valletta wird von schönen, alten Gebäuden eingerahmt.
Viele Jahrhunderte gehörte die Insel dem Ritterorden der Malteser, bis sie 1814 an →**Großbritannien** fiel. Im Zweiten →**Weltkrieg** wurde sie schwer bombardiert. Seit 1964 ist Malta ein eigenständiger Staat und gehört seit 2004 der →**Europäischen Union** an.

Mammute

Während der →**Eiszeit** streiften Mammute über die Ebenen →**Nordamerikas** und →**Europas**. Sie bildeten Herden und ernährten sich von →**Gras** und anderen →**Pflanzen**.
Zu ihren Fressfeinden zählten →**Wölfe** und Säbelzahnkatzen. Letztere sind längst ausgestorbene →**urzeitliche Tiere**.
Höhlenzeichnungen zeigen, dass auch die →**Menschen** auf Mammutjagd gingen. Sie trieben die Tiere in Gruben und töteten sie mit Speeren.
In Regionen →**Sibiriens**, in denen der Boden das ganze →**Jahr** über gefroren ist, hat man vollständig erhaltene Mammute gefunden.

▲ Mammute sahen wie zottige Elefanten mit langen, gebogenen Stoßzähnen aus und waren Verwandte des heute lebenden Asiatischen Elefanten. Die Mammute starben vor rund 12 000 Jahren aus.

Marathon

Der Marathon ist ein Langstreckenlauf über eine Entfernung von genau 42,195 km. Er ist nach dem Lauf des griechischen Soldaten Pheidippides benannt, der 490 v. Chr. ohne eine Rast einzulegen von der Stadt Marathon nach Athen lief. Nachdem er dort den Sieg der Griechen über die Perser verkündet hat, soll der Läufer tot zusammengebrochen sein. Marathonläufe sind olympische Disziplin, haben sich aber auch zu beliebten Wettkämpfen des Breitensports entwickelt. In vielen Städten der Welt, darunter Berlin, Wien und New York, werden alljährlich Marathonläufe veranstaltet, bei denen Hunderte von Amateursportlern starten.

▲ Der Sandmarathon ist ein besonders anstrengender Marathon durch die marokkanische Sahara. Die Teilnehmer legen in sechs Tagen etwa 230 km zurück und tragen alles, was sie in der Wüste brauchen, auf dem Rücken.

Marconi, Guglielmo

Der italienischer Physiker Guglielmo Marconi (1874–1937) war ein Pionier der Kommunikationstechnik. Er betrieb die Telegrafengesellschaft „Marconi's Wireless Telegraph Company" und interessierte sich besonders für die Vermittlung von Signalen ohne Drahtverbindung mithilfe von Radiowellen. 1901 schaffte er es, ein Signal von Cornwall über den Atlantik bis Neufundland zu senden. 1909 erhielt Marconi gemeinsam mit Karl Ferdinand Braun (1850–1918) den →**Nobelpreis** für →**Physik**.

▲ Guglielmo Marconi widmete sich der Erforschung von Radiowellen. Sein Telegrafenapparat ermöglichte die drahtlose Übermittlung von Informationen.

Margarine

Margarine schmeckt ähnlich wie Butter, besteht aber aus Pflanzenfett und -öl und nicht aus Milchfett. Sie wurde erstmals 1867 von dem französischen Chemiker Hippolyte Mège-Mouriés (1817–1880) hergestellt. Damit gewann er einen Preis, den die französische Regierung für die Herstellung eines preiswerten Buttererersatzes ausgesetzt hatte.

Maria Theresia

Maria Theresia (1717–1780) war die einzige Frau, die jemals an der Spitze der →**Habsburger** stand. Als Erzherzogin von →**Österreich** sowie Königin von →**Ungarn** und Böhmen war sie die einflussreichste Herrscherin ihrer Zeit. 1740 übernahm sie nach dem Tod ihres Vaters Karl VI. (1685–1740) die Regierung und behauptete ihre Ansprüche gegen →**Preußen** unter →**Friedrich dem Großen**. Auch nach ihrer Heirat mit Franz I. (1708–1765), der an ihrer Stelle Kaiser wurde, führte sie die Regierungsgeschäfte. Durch eine geschickte Heiratspolitik konnte Maria Theresia ihren Einfluss noch weiter ausbauen: Ihre Tochter Marie Antoinette (1755–1793) beispielsweise wurde Königin von →**Frankreich**.

Marmor

Marmor ist ein →**Gestein**, das entsteht, wenn Kalkstein unter starkem Druck und hoher Temperatur im Erdinnern verfestigt wird. Reiner Marmor ist weiß, meist jedoch sieht dieses Gestein durch Beimischung anderer Substanzen farbig aus. Marmor ist von alters her wertvolles Material für Bauwerke und Skulpturen, denn er lässt sich gut formen. Wenn man ihn poliert, wird seine Oberfläche wunderschön glatt.

Marokko

Das Land im Nordwesten →**Afrikas** grenzt im Westen an den →**Atlantischen Ozean** und im Norden ans Mittelmeer. Es ist vom Atlasgebirge durchzogen, das eine Höhe von 4165 m erreicht. Die meisten Bewohner des Landes sind Bauern, die →**Weizen**, Mais, →**Obst** und Oliven anpflanzen. Manche halten auch →**Schafe**, →**Ziegen** oder →**Rinder**. Die Marokkaner gehören überwiegend dem →**Islam** an. Die größte Stadt des Landes ist Casablanca.

Marokko
Staatsform: Konstitutionelle Monarchie
Hauptstadt: Rabat
Fläche: 458 730 km²
Einwohner: 28,7 Mio.
Sprache: Arabisch
Währung: Dirham

Mars

Mars ist der vierte →**Planet** des →**Sonnensystems** (von der Sonne aus betrachtet). Er ist etwa halb so groß wie die →**Erde** und braucht für seine Reise um die →**Sonne** zwei Erdjahre. Die Oberfläche des Mars enthält viel Eisenoxid und erscheint rot gefärbt. Deshalb nennt man den Mars auch den „Roten Planeten". In seiner dünnen →**Atmosphäre** toben teils sehr heftige Sandstürme. Es gibt auf dem Mars Jahreszeiten, die denen der Erde ähneln. Im Marswinter sind Nord- und Südpol von Schnee und Eis bedeckt. Auf dem Mars gibt es tiefe Schluchten und riesige →**Vulkane**. Der größte Vulkan des Planeten ist der fast 30 km hohe Olympus Mons.
Mars hat zwei →**Monde**, Phobos und Deimos. Vermutlich handelt es sich bei diesen Monden um →**Asteroiden**, die vom Mars angezogen wurden. Der größere Phobos hat einen Durchmesser von etwa 24 km.
Da der Mars der Erde sehr ähnlich ist, vermutete man auf ihm menschenähnliche Wesen. Allerdings fanden die Sonden, die 1965, 1969 und 1971 am Mars vorbeiflogen, ebenso wenig Hinweise auf Leben wie die beiden Viking-Sonden, die 1976 auf der Oberfläche des Mars landeten und Bodenproben nahmen, oder die Sonde Pathfinder, die 1997 auf dem Mars →**Gestein** untersuchte. Neues brachte eine 2001 gestartete Marsmission: Die Sonde sandte Daten zur Erde, die auf hohe Wasservorkommen hinwiesen. Im Januar 2004 lieferte die europäische Marsmission „Mars Express" den Nachweis, dass es am Südpol des Planeten Wassereis und in der →**Atmosphäre** Wasserdampf gibt. Wahrscheinlich gab es früher auch flüssiges →**Wasser** auf dem Mars.

Daten zum Mars
Durchschnittliche Entfernung zur Sonne: 228 Millionen km
Kleinste Entfernung zur Erde: 56 Millionen km
Durchschnittstemperatur: –50 °C
Durchmesser am Äquator: 6787 km
Atmosphäre: Kohlendioxid
Zahl der Monde: 2
Tageslänge: 24 Stunden, 37 Minuten
Jahreslänge: 687 Erdtage

▼ Mehrere Raumsonden (darunter Viking I und II sowie Pathfinder) haben den Mars untersucht, ohne Hinweise auf Wasser und außerirdisches Leben zu finden. Im Jahr 2002 allerdings wurde Eis unter der Marsoberfläche entdeckt. Möglicherweise hat es doch einst Leben auf dem Planeten gegeben.

Maschine

Jede Vorrichtung, mit deren Hilfe ein Mensch eine bestimmte Arbeit leichter ausführen kann, bezeichnet man als Maschine. Vorrichtungen des Alltags machen sich die Kraftwirkung einer der sechs folgenden einfachen Maschinen zunutze: Hebel, schiefe Ebene, Keil, →**Schraube**, →**Flaschenzug** oder →**Rad** mit Welle (Achse).
Die einfachste Art von Hebel ist eine lange Stange, die quer über einem Baumstamm liegt. Einen schweren Felsbrocken auf dem kurzen Ende (Lastarm) kann man heben, wenn man das längere Ende der Stange (Kraftarm) nach unten drückt. Je länger der Kraftarm, umso größer das Gewicht, das man damit heben kann.
Eine schwere Kugel senkrecht hochzuheben erfordert mehr Kraftaufwand, als sie eine schiefe Ebene (etwa eine Rampe) hinaufzurollen. Je geringer die Steigung der schiefen Ebene ist, desto weniger →**Kraft** ist nötig, um die Kugel zu bewegen. Der Weg zur gewünschten Höhe wird dabei allerdings länger.
Ein Keil, z. B. eine Axt, besteht aus zwei schiefen Ebenen, die an der Schnittkante in spitzem Winkel verbunden sind. Die beim Zuschlagen ausgeübte Kraft wird durch die Anordnung der Ebenen in wesentlich stärkere, nach außen wirkende Kräfte umgewandelt, die den Holzklotz spalten.
Auch eine Schraube nutzt das Prinzip der schiefen Ebene: Das Gewinde ist eine spiralförmige schiefe Ebene, die den Weg verlängert und somit den Kraftaufwand verringert, der nötig ist, um sie in das Holz zu treiben.
Beim Flaschenzug hängt ein schwerer Gegenstand an einem Seil, das über Rollen läuft. Es ist viel länger als die Höhe, auf die der Gegenstand gebracht werden soll. Zieht man am Seil, braucht man viel weniger Kraft, als wenn man den Gegenstand direkt hebt.
Ein einfaches Beispiel für die Kraftwirkung bei Rad und Welle ist die Seilwinde: Durch einen Griff am Rad kann die

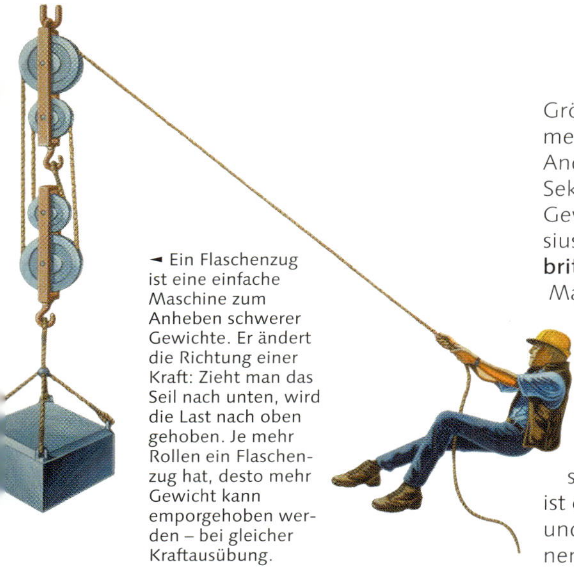

◄ Ein Flaschenzug ist eine einfache Maschine zum Anheben schwerer Gewichte. Er ändert die Richtung einer Kraft: Zieht man das Seil nach unten, wird die Last nach oben gehoben. Je mehr Rollen ein Flaschenzug hat, desto mehr Gewicht kann emporgehoben werden – bei gleicher Kraftausübung.

Welle (eine Rundstange, die am Mittelpunkt des Rades befestigt ist) gedreht und ein daran befestigtes Seil aufgewickelt werden. Ein Gewicht, das am Seil hängt, legt einen kürzeren Weg zurück als der Griff. Man braucht so weniger Kraft, als würde man die Last (z. B. aus einem Brunnen) direkt hochziehen.

Maße und Gewichte

Maße und Gewichte benutzt man, um herauszufinden, wie schwer oder wie voll, wie lang, wie hoch oder wie breit etwas ist. Auch →**Zeit** und →**Temperatur** werden gemessen.
Die Menschen benötigten erstmals Maßeinheiten, als sie begannen, →**Handel** zu treiben: Eine bestimmte Menge einer Ware, z. B. →**Getreide**, musste mit einem bestimmten Gegenwert, etwa einem Stück Stoff oder →**Gold**, verrechnet werden. Im alten →**Ägypten** entwickelte man Maßeinheiten aus Körpermaßen. Vier Finger entsprachen einer Handbreite, eine Elle entsprach dem Abstand zwischen Fingerspitzen und Ellbogen. Um etwas zu wiegen, benutzten die Menschen schon früh Gewichte. Man legte in eine Waagschale das Gewicht und füllte die andere mit der Ware auf, bis ein Gleichgewicht entstand. Auch Hohlmaße wurden verwendet, z. B. entsprach in der Schweiz ein Maß 1,5 l, ein bayerisches Maß waren 1,069 l, ein österreichisches Maß 1,4415 l.
Heute gelten fast überall auf der Welt dieselben Basiseinheiten, also Maßeinheiten, die allen Messungen und Umrechnungen zugrunde liegen. Die Basiseinheit für die Länge z. B. ist der Meter. Auch abgeleitete Größen für Fläche (Quadratmeter) und Volumen (Kubikmeter) beziehen sich darauf.
Andere wichtige Basiseinheiten sind: Sekunde (Zeit), Kilogramm (Masse bzw. Gewicht), Ampere (Stromstärke), Grad Celsius oder Kelvin (Temperatur). In →**Großbritannien** und den USA gelten auch andere Maßeinheiten, z. B. Fuß und Meilen für die Länge oder Pint und Gallone für das Volumen.

Materie

Materie tritt in drei Formen auf: Feststoffe, →**Flüssigkeiten** und →**Gase**. →**Eisen** ist ein Feststoff, →**Wasser** ist eine Flüssigkeit und die →**Luft** ist ein Gas. Diese drei Formen nennt man die Aggregatzustände der Materie. Fast alle Stoffe und Verbindungen gibt es in allen drei Zustandsformen. Erhitzt man Wasser, wird es gasförmig (Wasserdampf). Kühlt man Wasser stark ab, wird es fest (Eis oder Schnee). Aber auch feste Materie wie Eisen wird bei sehr hohen →**Temperaturen** flüssig oder sogar gasförmig. In der →**Sonne** etwa kommt Eisen als Gas vor.
Jede Materie hat eine bestimmte Ruhemasse. Die Masse gibt die Materiemenge eines Körpers an. Sie bleibt unter allen Bedingungen gleich. Dagegen ist das →**Gewicht** von der Erdanziehungskraft abhängig und es verändert sich, wenn man sich z. B. auf dem →**Mond** befindet. Dort wiegt ein Mensch nur ⅙ dessen, was er auf der →**Erde** wiegt.

Mathematik

Man versteht darunter die Wissenschaft von Zahlen und geometrischen Formen und sie ist ein wichtiges Hilfsmittel im täglichen Leben: Zum Beispiel zählt man das →**Geld** beim Einkaufen oder errechnet, wie viel Farbe man zum Streichen einer Wand braucht. Auch viele Berufe – etwa Schreiner, Architekt oder Ingenieur – wären ohne Mathematik nicht denkbar. Heutzutage übernehmen →**Rechenmaschinen** und →**Computer** viele der mathematischen Aufgaben
Das Gebiet der Mathematik, das mit →**Zahlen** arbeitet, heißt Arithmetik. Addieren (zusammenzählen), subtrahieren (abziehen), multiplizieren (malnehmen) und dividieren (teilen) gehören zu diesem Bereich. Die →**Algebra** verwendet Symbole wie x oder y für Zahlen in Gleichungen. Die →**Geometrie** beschäftigt sich mit flachen und räumlichen Gebilden sowie mit Winkeln.

Mauritius
Staatsform: Republik
Hauptstadt: Port Louis
Fläche: 2040 km²
Einwohner: 1,1 Mio.
Sprachen: Englisch und Französisch
Währung: Mauritius-Rupie

▼ Es gibt viele verschiedene Arten der Mäuse. Die Zwergmaus lebt auf Feldern und in Hecken. Sie flicht sich ein faustgroßes Nest, das zwischen Pflanzenstängeln aufgehängt wird.

Maulwürfe

Die Familie der Maulwürfe umfasst 20 →**Arten**. Diese →**Säugetiere** legen unterirdische Gänge und Kammern zum Schlafen und Nisten an. Sie sind für das Leben in der →**Erde** bestens ausgerüstet: Die Vorderfüße sind zu breiten Grabschaufeln umgebildet, die mit kräftigen Krallen versehen sind. Maulwürfe sind fast blind, doch ihr Gehör ist scharf und sie finden ihre Nahrung mithilfe der empfindlichen Nase. Die Würmer- und Insektenfresser lagern einen Teil ihrer Beute in Kammern. Maulwürfe sind in den gemäßigten Regionen der Nordhalbkugel verbreitet.

▼ Das Fell des Maulwurfs hat keinen Strich, d. h., es legt sich in alle Richtungen. So kann der Maulwurf vorwärts und rückwärts durch seine Gänge kriechen.

Mauritius

Mauritius ist ein kleiner Inselstaat im →**Indischen Ozean**. Fast die gesamte →**Insel** ist von Korallenriffen umgeben, das Landesinnere ist vulkanisches Hügelland. Wahrscheinlich ist Mauritius die Spitze eines alten →**Vulkans**. Mit über 500 Einwohnern pro Quadratkilometer gehört Mauritius zu den am dichtesten besiedelten Orten der Erde. Die wichtigsten Anbauprodukte sind Zuckerrohr und Tee, an den Küsten leben viele Menschen vom →**Fischfang**. Ein weiterer wichtiger Wirtschaftsfaktor ist der Fremdenverkehr.

Mäuse

Ebenso wie ihre Verwandten, die →**Ratten**, sind auch Mäuse →**Nagetiere**. Sie sind in den unterschiedlichsten Lebensräumen anzutreffen. Einheimische Vertreter sind unter anderem die Hausmaus und die Feldmaus. Mäuse pflanzen sich sehr rasch fort. Ein Weibchen kann im Jahr 40 Junge zur Welt bringen, die schon ab dem Alter von zwölf Wochen wieder Junge bekommen.

Maya

Die Maya lebten in →**Mittelamerika** und waren neben den →**Inka** und →**Azteken** eine der →**Hochkulturen** Lateinamerikas. Die Blütezeit des Maya-Reiches erstreckte sich vom 5. bis 9. Jh. Die Maya siedelten vorwiegend im Tiefland von →**Guatemala** und auf der Halbinsel Yucatan. Sie lebten in großen Städten mit reich verzierten Palästen, Tempeln und →**Pyramiden**. Einige der Gebäude existieren noch, versteckt im Urwald. Die Maya waren berühmt für ihre Kenntnisse der →**Astronomie** und →**Mathematik** und besaßen eine →**Schrift** aus →**Hieroglyphen**. Erst sehr spät in ihrer →**Geschichte** lernten die Maya die Eisenverarbeitung. Auch das Rad kannten sie nicht. Die Werkzeuge waren vorwiegend aus Stein. Der Alltag der Maya wurde stark von ihrer →**Religion** bestimmt.

► Die Castillo-Pyramide in Chichén Itza (Mexiko) ist 30 m hoch. Vier Treppen führten zu einem Tempel auf der Spitze der Pyramide.

Mazedonien

Der Staat, auch Makedonien genannt, liegt auf dem →**Balkan**, ist gebirgig und hat keinen Zugang zum →**Meer**. Er ist aus dem gleichnamigen ehemaligen Teilstaat des zerfallenen sozialistischen →**Jugoslawien** hervorgegangen. Seine Geschichte ist gekennzeichnet durch Spannungen mit dem Nachbarstaat →**Griechenland** und im Inneren durch Konflikte zwischen der albanischen Minderheit und der slawischen Mehrheit. Die Auflösung Jugoslawiens führte zu großen wirtschaftlichen Schwierigkeiten des ohnehin armen Landes.

Mechanik

Die Mechanik ist das älteste Teilgebiet der →**Physik**. Schon im Altertum entdeckten Forscher wie →**Archimedes** viele Grundsätze der Mechanik. Sie untersucht alle in der Natur vorkommenden →**Bewegungen** und die →**Kräfte**, durch die sie entstehen. Wichtige Bereiche der Mechanik sind daher die Kinematik (die Lehre von den Bewegungen), die Dynamik (die Lehre von den Kräften) und die Statik (die Lehre von den ruhenden Körpern).

Medien

Zu den Medien zählen →**Zeitungen und Zeitschriften**, →**Fernsehen**, →**Rundfunk** und das →**Internet**. Durch sie werden Neuigkeiten und Ansichten verbreitet. Sie sind so etwas wie ein Fenster zur Welt, denn durch sie erfährt man, was in anderen Ländern geschieht.
Medien können informieren, unterhalten oder für etwas werben. Durch die verbreiteten Informationen und Ansichten beeinflussen Medien die öffentliche Meinung. Deshalb sind die heutigen Medienunternehmen sehr mächtig. Mitunter versuchen →**Regierungen** zu bestimmen, was die Medien in ihren jeweiligen Ländern veröffentlichen. Doch das Recht der Medien, alles was sie wollen zu drucken oder zu verbreiten – vorausgesetzt, dass es der Wahrheit entspricht – ist ein wichtiges Recht. Diese sogenannte Pressefreiheit wird in vielen Ländern durch →**Gesetze** geschützt.

Medikamente

Medikamente oder Arzneimittel sind Stoffe, die Krankheitserreger bekämpfen oder Symptome (Auswirkung) von →**Krankheiten** lindern.
Es gibt Tausende von verschiedenen Medikamenten, die jeweils bei bestimmten Krankheiten eingesetzt werden – z. B. bei Herz-Kreislauf- oder Magenbeschwerden. Aber nicht nur körperliche, auch seelische Krankheiten wie Depression werden mit Medikamenten behandelt.
Medikamente können in Form von Tropfen oder Tabletten verabreicht werden, manchmal werden sie durch Spritzen in den →**Muskel** oder ins →**Blut** gebracht. Viele Medikamente sind chemisch hergestellt, haben aber oft natürliche Ausgangsstoffe. Manchmal wirken auch Naturheilmittel wie Tees und Salben aus →**Kräutern** oder anderen →**Pflanzen**.
Die medizinische Forschung bringt immer wieder neue Medikamente hervor.

▼ Die Medien informieren über aktuelle Ereignisse, oft sogar bereits in dem Augenblick, in dem sie geschehen. Mithilfe von Satellitenfahrzeugen können Fernsehteams ihre Berichte aus Kriegs- und Katastrophengebieten fast sofort senden. Reporter verwenden Mobiltelefone und Laptops, um ihre Berichte an die Zeitungen zu übermitteln.

▲ Viele Medikamente werden aus Pflanzen oder Tieren gewonnen. Der Extrakt des Fingerhutes hilft z. B. gegen einige Herzkrankheiten.

Mazedonien
Staatsform: Republik
Hauptstadt: Skopje
Fläche: 25 713 km²
Einwohner: 2 Mio.
Sprachen: Mazedonisch, Albanisch
Währung: Denar

Medizin

Die Medizin ist die Wissenschaft des Heilens. Dazu gehört die Vorbeugung sowie das Erkennen und Behandeln von →**Krankheiten**. In der frühen →**Geschichte** versuchten die Menschen, Krankheiten mit →**Magie**, Gebeten und Zauberformeln zu beherrschen. Vor ca. 5000 Jahren entwickelten die Chinesen die ersten medizinisch wertvollen Behandlungsmethoden, z. B. die →**Akupunktur**. Im antiken →**Griechenland** untersuchten die Ärzte ihre Patienten bereits sehr genau und gaben ihnen pflanzliche Arzneien. Doch die Medizin als →**Wissenschaft**, so wie wir sie heute kennen, entstand erst Anfang des 18. Jh.

In den letzten 200 Jahren hat die Medizin riesige Fortschritte gemacht. Die Entwicklung der Narkotika (Betäubungsmittel) Anfang des 19. Jh. brachte große Erfolge in der →**Chirurgie**. Wissenschaftler entdeckten viele wichtige →**Medikamente**, wie z. B. die →**Antibiotika**, mit denen sie Krankheiten wie Tuberkulose und Wundinfektionen behandeln konnten. Doch nicht nur die Entwicklung neuer Medikamente, auch die Forschung in anderen Bereichen trug und trägt zum medizinischen Fortschritt bei – etwa die Entdeckung der →**Röntgenstrahlen** oder die Möglichkeiten der →**Glasfaseroptik**.

Meere

Etwa drei Viertel der Erdoberfläche sind von →**Wasser** bedeckt. Das meiste davon ist salzig und entfällt auf die drei großen →**Ozeane**: →**Pazifischer**, →**Atlantischer** und →**Indischer Ozean**. Die Gesamtwassermenge des Weltmeeres beträgt 1350 Millionen km^3, die tiefste Stelle liegt im Pazifik und beträgt 11 034 m.

Die Ozeane haben Nebenmeere, die man je nach ihrer Lage Mittelmeere oder Randmeere nennt. Die Mittelmeere liegen entweder innerhalb eines Erdteils wie die →**Ostsee** in →**Europa** oder der Persische Golf in →**Asien**. Oder sie liegen zwischen den Kontinenten, wie das Nordpolarmeer zwischen Amerika und Asien oder das Europäische Mittelmeer, das von →**Europa**, →**Afrika** und Asien umgeben ist. Randmeere sind Meeresteile, die durch Inselgruppen vom Ozean abgetrennt sind, z. B. die →**Nordsee** oder das Japanische Meer. Meeresteile, die nur durch eine schmale Meeresstraße eine Verbindung zu einem Ozean haben, nennt man Binnenmeere. Dazu zählen etwa das Schwarze Meer und das Rote Meer. Auch große Binnenseen werden manchmal fälschlicherweise als Meere bezeichnet, z. B. das Kaspische Meer oder das Tote Meer.

Meeresküste

Die Küsten der →**Meere** und →**Ozeane** werden durch das →**Wasser** geformt. An Felsenküsten zerschlägt die Wucht der →**Wellen** das →**Gestein** und spült Steine und Erde ins Meer. An flacheren Küsten werden durch die →**Gezeiten** Sand und Kies abgelagert.

Im Bereich von Flussmündungen bilden sich häufig schlammige Küsten.

An den Küsten leben zahlreiche →**Tiere**. Napfschnecken, Strandschnecken, Wellhornschnecken, Rankenfüßer, →**Seeanemonen** und →**Schwämme** sind nur einige der Tiere, die sich an Felsenküsten wohl fühlen. Sie verankern sich an einem Stein und filtern kleine Nahrungsteilchen aus dem Wasser. An Sandstränden oder schlammigen Ufern leben Herzmuscheln, Scheidenmuscheln, Miesmuscheln und Krebse.

▼ Zu den Tieren, die an der Meeresküste leben, gehören:

1 Austernfischer
2 Strandkrabbe
3 Napfschnecke
4 Hummer
5 Garnele
6 Einsiedlerkrebs
7 Meergrundel
8 Miesmuschel
9 Maskenkrabbe
10 Tellmuschel
11 Scheidenmuschel
12 Sandwurm
13 Seestern
14 Lachmöwe
15 Brachvogel
16 Qualle

An den Küsten wächst eine ganz besondere Pflanzenwelt. Auf den feuchten, salzigen Standorten gibt es viele →**Algen** oder Seegräser, aber auch andere →**Pflanzen**. Die meisten Pflanzen und Tiere der Küste können im Wasser und an der →**Luft** überleben. Während der Flut sind sie von Wasser bedeckt. Zieht sich das Meer bei Ebbe zurück, trocknen sie ab und leben an der Luft.
An der Küste leben viele Seevögel. Sie wühlen mit ihren langen Schnäbeln im Schlamm nach →**Würmern** und →**Insekten**. Andere fangen sich →**Fische** im Meer.
Brandung, Gezeiten, Meeresströmungen, aber auch →**Kontinentaldrift** verändern die Küsten ständig.

Meerschweinchen

Das Meerschweinchen ist ein aus →**Südamerika** stammendes →**Nagetier**, das seit Jahrtausenden auch als Haustier gehalten wird. Das meist nachtaktive Tier besitzt an den Vorderfüßen je vier Finger und an den Hinterfüßen je drei Zehen. Sein Fell ist braun, grau, weiß, schwarz oder gemischtfarbig. Manche Meerschweinchen haben auffällige Wirbel, die man Rosetten nennt.

Meinungsumfrage

Wenn Politiker oder Firmen wissen möchten, was die Menschen von ihrer Partei oder von ihrem Produkt halten, lassen sie eine Meinungsumfrage durchführen. Damit beauftragen sie ein Meinungsforschungsinstitut, das einen Fragenkatalog entwickelt und die Antworten auswertet. Weil es viel zu teuer wäre, kann man nicht alle Menschen eines Landes befragen. Darum sucht das Institut eine sogenannte repräsentative Gruppe aus, die genauso zusammengesetzt ist wie die tatsächliche Zielgruppe. Wenn also z. B. 20 % der Zielgruppe unter 18 Jahre alt sind, dann müssen auch 20 % der ausgesuchten Gruppe unter 18 sein. Die Ergebnisse der Gruppenbefragung spiegeln dann die Meinung der ganzen Zielgruppe wider.
Die bekanntesten Meinungsumfragen finden vor den →**Wahlen** statt und sagen voraus, wie viel Prozent der Stimmen die verschiedenen Parteien erhalten werden. Man muss aber wissen, dass selbst sehr sorgfältig durchgeführte Umfragen nicht hundertprozentig genau sind.

Mensch siehe Seite 204

▲ Menschenaffen sind gesellige Tiere. Gorillas z. B. leben in Familiengruppen mit mehreren Weibchen und einem kräftigen Männchen, das über die Weibchen und die Jungtiere herrscht.

Menschenaffen

Menschenaffen sind die engsten Verwandten des →**Menschen**. Am menschenähnlichsten sind die Großen Menschenaffen, also →**Gorillas**, →**Schimpansen** und →**Orang-Utans**. Die in ganz Südostasien verbreiteten Gibbons werden als Kleine Menschenaffen bezeichnet. Menschenaffen bilden komplizierte soziale Gruppen und sind sehr intelligent. Schimpansen fertigen manchmal sogar Werkzeuge. Sie verfügen über sehr geschickte Hände und Finger. Menschenaffen sind Waldbewohner und ernähren sich v. a. von →**Früchten** und →**Blättern**.
Der Bestand der Menschenaffen ist vielfach bedroht, denn ihre Lebensräume werden zerstört, die Tiere werden bejagt oder für den Tierhandel eingefangen.

Menschenrechte

Die Menschenrechte sind die unveräußerlichen, grundlegenden Rechte, die aus der Würde des →**Menschen** hervorgehen. Sie stehen jedem Menschen zu, egal aus welchem →**Staat** er stammt, welches Geschlecht, welche →**Religion** oder Hautfarbe er hat oder welche politische Meinung er vertritt. Die Menschenrechte sagen, dass alle Menschen vor dem →**Gesetz** gleich sind, dass jeder ein Recht auf Unversehrtheit besitzt und dass sein Recht auf Eigentum sowie seine Meinungs- und Glaubensfreiheit geschützt werden.
Schon in der →**Antike** glaubte man, dass dem Menschen aufgrund seiner Natur einige Rechte zustehen (Naturrecht). Im Mittelalter gab es zwar manche Gesetze, die Grundrechte einräumten, wie z. B. die englische Magna Charta Libertatum von 1215, doch galten sie nicht für die ganze →**Bevölkerung**, sondern nur für die freien Bürger.

Fortsetzung auf Seite 206

Der Mensch

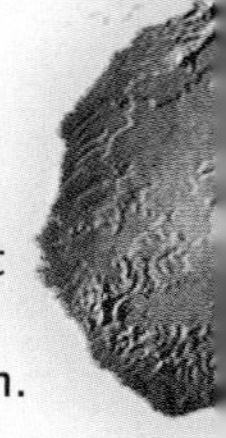

Der größte Unterschied zwischen Mensch und Tier liegt in der Leistungsfähigkeit des Gehirns und in der Fähigkeit zu sprechen: Menschen können über ihre Pläne und ihr Handeln nachdenken. Hat ein Mensch ein Problem gelöst, spricht er mit anderen Menschen darüber, die von ihm lernen. Kein Tier ist so gelehrig wie der Mensch.

◄ Der *Homo habilis* war vermutlich das erste menschenähnliche Lebewesen, das Werkzeuge herstellen und benutzen konnte, z. B. Messer aus Feuerstein.

Der Mensch als Säugetier

Der Mensch ist biologisch gesehen ein Säugetier und seine nächsten Verwandten sind die Menschenaffen wie Schimpansen oder Gorillas. Menschen und Menschenaffen haben viele körperliche Merkmale gemeinsam, z. B. den Knochen- und Muskelaufbau und die Blutgruppen. Es gibt aber auch Unterschiede. So sind bei den Menschenaffen die Arme länger als die Beine, beim Menschen verhält es sich umgekehrt. Das Gehirn des Menschen ist größer, der Kiefer ist kleiner. Der menschliche Fuß ist außerdem nur zum Laufen, nicht zum Greifen geeignet. Alle Menschen gehören zur Art *Homo sapiens* (lateinisch für vernunftbegabter Mensch).

Kleine Unterschiede

Durch die unterschiedlichen Lebensbedingungen entwickelten sich die Menschen in verschiedenen Kontinenten ein klein wenig unterschiedlich. So haben asiatische Menschen oft glattes schwarzes Haar und mandelförmige Augen, Europäer sind meist hellhäutig oder braun und Menschen in Schwarzafrika sind oft dunkelhäutig und haben lockiges Haar. Solche Unterschiede entstanden vermutlich zu einer Zeit, als die Menschen sich nur innerhalb abgegrenzter Gruppen fortpflanzten und deshalb bestimmte Merkmale verstärkt vererbt wurden. Im Großen und Ganzen bestehen jedoch kaum genetische Unterschiede zwischen diesen Gruppen und die Grenzen sind heute fließend.

Der Frühmensch

Die *Australopithecinen* (griechisch für südliche Affen) waren die ersten menschenähnlichen Lebewesen. Sie lebten vor 5,5 bis 1,7 Millionen Jahren und gingen bereits auf zwei Beinen, besaßen aber noch ein affenähnliches Gebiss. Der erste nähere Verwandte des Menschen ist der *Homo habilis* (lateinisch für geschickter Mensch), der sich schon ziemlich aufrecht fortbewegte. Aus ihm entwickelte sich vor ca. 1,8 Millionen Jahren der *Homo erectus* (lateinisch für aufrecht gehender Mensch). Er lebte in Afrika, Asien und Europa. Der *Homo erectus* kannte bereits das Feuer.

Ihm folgten vor ca. 200 000 Jahren in Afrika der *Homo sapiens* und in Europa der Neandertaler, der nach dem Fundort in der Nähe von Düsseldorf benannt wurde. Die Menschen stellten damals bereits Werkzeuge aus Stein her und beherrschten wahrscheinlich eine recht einfache Sprache. Sie waren Jäger und Sammler und lebten in Höhlen, wo sie Schutz vor wilden Tieren und dem Wetter fanden. Auch das lebenswichtige Feuer war in einer Höhle besser zu schützen und in Gang zu halten. Solche Höhlen sind überall auf der Welt entdeckt worden. In ihrem Inneren fand man Knochen, einfache Werkzeuge und Waffen sowie Wandmalereien.

Die letzte Stufe

Der nächste Verwandte des heutigen Menschen unter den Frühmenschen ist vermutlich der Cro-Magnon-Mensch, der ebenfalls nach dem Fundort, diesmal in Frankreich, benannt wurde. Diese Menschen hatten eine hohe Schädeldecke und sahen den jetzigen Menschen schon recht ähnlich. Der Cro-Magnon-Mensch, der ursprünglich wohl aus Vorderasien stammte, verdrängte

▼ Der Mensch ist mit den Affen verwandt. Menschenähnliche Lebewesen entwickelten sich im Lauf von Millionen von Jahren zum modernen Menschen.

Vor 15 Mio. Jahren *Vor 4 Mio. Jahren* *Vor 2 Mio. Jahren* *Vor 1,5 Mio. Jahren* *Vor 130 000 Jahren* *Vor 100 000 Jahren*

Im Nordosten Äthiopiens wurden die über 3 Mio. Jahre alten Skelettreste von Lucy gefunden.

Am Turkana-See (Kenia) fand Richard Leakey das fast vollständige Skelett des Turkana boys.

In der Olduvai-Schlucht (Tansania) fanden Mary und Richard Leakey die ca. 2 Mio. Jahre alten Knochen des Australopithecus boisei.

Mary Leakey stieß in Laetoli (Tansania) auf etwa 3,6 Mio. Jahre alte versteinerte Fußspuren eines Australopithecus.

▲ Wissenschaftler vermuten, dass sich eine der Australopithecus-Arten zur Gattung Homo weiterentwickelte. In Ostafrika fand man Knochen und Werkzeuge des Homo habilis, der noch gemeinsame Merkmale mit Australopithecus aufweist. Man kann heute mit großer Sicherheit davon ausgehen, dass der Mensch in Afrika entstand, das deshalb als „Wiege der Menschheit" bezeichnet wird.

◄ Die Neandertaler waren Frühmenschen, die vor ca. 35 000 Jahren in Europa und im Nahen Osten in Höhlen lebten. Es herrschte damals in Europa eine größere Kälte als heute, da die letzte Eiszeit noch nicht lange zurücklag.

vor ca. 25 000 Jahren den Neandertaler. Er baute sich bereits Hütten oder Zelte, trug Kleidung und Schmuck und fertigte wirkungsvolle Werkzeuge und Jagdwaffen an. Die Cro-Magnon-Menschen hinterließen farbige Höhlenmalereien, die von ihren Jagden und den Beutetieren erzählen.

Der Mensch wird sesshaft

Erst vor 10 000 Jahren wurden die ersten Menschen sesshaft, und zwar in den Steppenlandschaften Jordaniens, Israels und Syriens. Man nennt dieses Gebiet wegen seiner Form und Bodeneigenschaften den „fruchtbaren Halbmond". Die Menschen fingen nun an, Felder zu bewirtschaften und legten Dörfer an. Viele der ersten Häuser standen zum Schutz vor wilden Tieren auf Pfählen in flachen Gewässern (Pfahlbauten).
Die Landwirtschaft entstand und bald entwickelte sich auch der Handel. Die Menschen stellten Gefäße aus Ton her und entdeckten die Metallgewinnung. Ein bedeutender Fund für die Forschung in Europa war der Leichnam eines Menschen, der vor ca. 5000 Jahren gelebt hatte. Der Similaun-Mensch (auch „Ötzi" genannt), der 1991 in den Tiroler Alpen gefunden wurde, hatte sich im ewigen Eis gut erhalten, trug noch seine Kleider und Jagdwaffen. Schließlich lernten die Menschen Kupfer und Zinn zu Bronze zu verarbeiten. Nun entwickelten sich die ersten Hochkulturen.

Forschung

Die Anthropologie ist die Wissenschaft, die Abstammung und Entwicklung des Menschen erforscht. Bis ins 20. Jh. hinein wusste man nur wenig darüber, in welchen Zeiträumen sich diese Entwicklung vollzog und man konnte sich noch schwer vorstellen, dass Menschen und Menschenaffen dieselben Vorfahren haben sollten, wie es die Theorie der Evolution nahelegte. Darüber hinaus machte die genaue Datierung der Funde noch Schwierigkeiten. Erst mit Erfindung der Radiokarbonmethode kam man zu genaueren Ergebnissen. Besonders verdient gemacht um die Erforschung der Menschheitsgeschichte haben sich z. B. Louis (1903–1922) und Mary (1913–1996) Leakey sowie Richard Leaky (geb. 1944), Entdecker des „Turkana boys", oder Donald Johanson (geb. 1943), Entdecker von „Lucy". Das fast zur Hälfte erhaltene Skelett von Lucy ist über drei Millionen Jahre alt und wird der Art *Australopithecus afarensis* zugeordnet. Das Skelett von Turkana boy ist fast vollständig erhalten. Es gehört zu einem etwa neunjährigen *Homo erectus*, der vor ca. 1,6 Millionen Jahren lebte.

Zum Weiterlesen

Art, Bronzezeit, Evolution, Genetik, Geschichte, Hochkulturen, Menschenaffen, Radiokarbonmethode, Säugetiere, Similaun-Mann, Steinzeit

▲ Vor ca. 20 000 Jahren lebten die Menschen in Höhlen oder einfachen Hütten aus Holz oder Zelten aus Fellen. Sie fertigten bereits Werkzeuge und Jagdwaffen aus Stein und Knochen an. Während der Steinzeit lebten vermutlich nur einige Tausend Menschen in ganz Afrika und einige weitere Tausend in Europa und Asien.

Fortsetzung von Seite 203

Die amerikanische Unabhängigkeitserklärung von 1776 und die →**Französische Revolution** von 1789 forderten dann tatsächlich die Gleichheit und Freiheit aller Menschen. Heute sind die Menschenrechte in vielen Staatsverfassungen, wie z. B. in der deutschen →**Verfassung**, als Grundrechte eingebaut.
Auch die →**Vereinten Nationen** setzen sich für die Menschenrechte ein. Seit 1993 gibt es das Amt des UN-Hochkommissars für Menschenrechte und seit 1998 einen Internationalen Gerichtshof, der die Verletzung von Menschenrechten verfolgt.
Trotz allem gibt es heute noch immer viele Länder, in denen die Menschenrechte nicht geachtet werden, z. B. in →**China**, im →**Iran**, in →**Nord-Korea** und sehr vielen afrikanischen Staaten.

◄ Die trockene, luftlose Oberfläche Merkurs ist von Einschlagkratern und großen Lavaströmen gezeichnet. Der dichte Kern des Planeten besteht aus Eisen und Nickel.

Daten zu Merkur
Durchschnittliche Entfernung zur Sonne: 58 Millionen km
Kleinste Entfernung zur Erde: 45 Millionen km
Durchschnittstemperatur: 180 °C
Durchmesser am Äquator: 4880 km
Atmosphäre: fast keine
Zahl der Monde: 0
Tageslänge: 59 Erdtage
Jahreslänge: 88 Erdtage

Menschlicher Körper

Der menschliche Körper besteht aus vielen Teilen. Jeder dieser Teile hat eine bestimmte Aufgabe und alle Teile arbeiten zusammen, damit der Körper am Leben bleibt.
Grundbausteine unseres Körpers sind die winzigen →**Zellen**. Zellen, die ähnlich gebaut sind und die gleichen Aufgaben erfüllen, schließen sich zu Gruppen zusammen. Diese nennt man Gewebe. So bilden z. B. die Zellen, die unsere Bewegungen ermöglichen, →**Muskelgewebe**. Gewebe, die zusammenarbeiten, nennt man →**Organe**. Organe, die eine gemeinsame Aufgabe haben, bezeichnet man als Systeme oder Apparate. Beispielsweise gehören Mund, →**Magen** und Darm einem Apparat an, der zur →**Verdauung** dient, während →**Herz**, →**Arterien** und →**Venen** wichtige Teile des Kreislaufsystems sind.
→**Nase**, Luftröhre, →**Lunge** und Bronchien bilden das Atmungssystem.
Die Lehre von Bau und Funktion des menschlichen Körpers nennt man Anatomie.

Merkur

Merkur gehört zu den kleinsten →**Planeten** des →**Sonnensystems** und ist der →**Sonne** am nächsten. Da der Planet nahezu keine Atmosphäre besitzt, wird es während des Merkurtages so heiß, dass selbst →**Blei** schmilzt. In der Nacht fällt die →**Temperatur** auf –180 °C ab. Die Oberfläche Merkurs ähnelt der des →**Mondes**. Sie ist mit zahlreichen Kratern übersät, die von Meteoriteneinschlägen stammen könnten. Über Merkur war nur wenig bekannt, bis 1974 und 1975 die Raumsonde Mariner 10 dreimal an ihm vorbeiflog. Astronomen wiesen 1991 nach, dass es an den ständig im Schatten liegenden Polen Merkurs Eis gibt.

Metalle

Etwa zwei Drittel der →**Elemente** auf unserer →**Erde** sind Metalle. Besonders wichtige Metalle sind →**Eisen** (daraus wird Stahl hergestellt), →**Kupfer** und →**Aluminium**.
Menschen haben Metalle schon seit Tausenden von Jahren genutzt. Die ersten Metalle, die zu Werkzeugen und Waffen verarbeitet wurden, waren Eisen, →**Kupfer** und →**Zinn**. Auch →**Gold** und →**Silber** sind Metalle. Wegen ihrer Schönheit und ihres Wertes nennt man sie →**Edelmetalle** und verarbeitet sie häufig zu Schmuck.

▲ Fällt ein Meteorit durch die Erdatmosphäre, dann entsteht Reibung und somit Hitze. Diese lässt den Meteoriten verglühen.

Metalle sind, →**Quecksilber** ausgenommen, bei Zimmertemperatur fest, können aber geschmolzen werden. Alle Metalle leiten Wärme und elektrischen →**Strom**, am besten Kupfer und Silber. Einige sind weich, formbar und können leicht zu dünnen →**Drähten** gezogen werden. Andere sind spröde und brechen leicht. Manche Metalle sind sogar so hart, dass sie sich nur schwer bearbeiten lassen.
Wenn man ein Metall mit anderen vermischt, entsteht eine →**Legierung**. Diese hat andere Eigenschaften als das reine Metall. →**Bronze** ist z. B. eine Legierung aus Zinn und Kupfer und wesentlich härter als die beiden Einzelmetalle. Manche Metalle, wie Eisen oder Aluminium, sind in großen Mengen vorhanden, andere, wie Gold oder Platin, sind selten. Als →**Bodenschätze** kommen Metalle entweder rein vor oder als Mineralien (Verbindungen zwischen Metallen und anderen Elementen). Die Gesteine, in denen man Metalle finden kann, nennt man Erze.

Metamorphose

Das griechische Wort Metamorphose bedeutet Verwandlung oder Umwandlung. Viele →**Tiere** durchlaufen während ihrer Entwicklung vom →**Ei** zum fertigen Lebewesen eine Metamorphose. Sie bilden Larven und verändern einmal oder mehrmals ihr Aussehen. Besonders auffällig ist die Metamorphose bei →**Fröschen** und →**Insekten**. Aus dem Froschlaich schlüpfen zunächst Kaulquappen, die im →**Wasser** leben und mit Kiemen atmen. Diese Larven verwandeln sich allmählich in fertige Frösche. Bei Insekten unterscheidet man eine unvollkommene und eine vollkommene Metamorphose: →**Heuschrecken** durchlaufen eine unvollkommene Verwandlung. Ihre Larven sehen dem fertigen Tier schon recht ähnlich. Die Ähnlichkeit wird mit jeder Häutung größer. Schmetterlinge machen eine vollkommene Verwandlung durch. Aus dem Ei schlüpft eine Raupe, die sich mehrmals häutet. Schließlich spinnt sie sich ein und ruht eine Zeit lang als Puppe. Aus der Puppe schlüpft der fertige Schmetterling. Viele Insekten haben eine vollkommene Metamorphose.

Meteor und Meteorit

Meteoriten sind Bruchstücke von →**Kometen** oder →**Asteroiden**, die aus Fels oder →**Metall** bestehen. Sie rasen mit hoher Geschwindigkeit durch den Weltraum. Von den Asteroiden unterscheiden sie sich allein durch ihre geringere Größe. In die Erdatmosphäre dringen täglich Tausende von winzigen Meteoriten ein. Die meisten von ihnen verglühen jedoch, bevor sie auf die Erdoberfläche aufschlagen. Die Leuchtspur, die dabei entsteht, ist in klaren Nächten sichtbar und wird als Meteor oder Sternschnuppe bezeichnet. Größere Meteoriten verglühen nicht, sondern schlagen auf der Erdoberfläche ein.

Meteorologie

Die Meteorologie ist die Wissenschaft vom →**Wetter**. Das Wetter spielt sich in den untersten Schichten der Lufthülle oder →**Atmosphäre** ab. Die wichtigsten Messgrößen für das Wettergeschehen sind Luftdruck, →**Temperatur**, Windstärken, Luftfeuchtigkeit und Niederschlagsmenge. Diese Daten werden täglich in den Wetterstationen erfasst, die über das ganze Land verteilt sind. Den Luftdruck misst man mit dem →**Barometer**. Das Maximum-Minimum-Thermometer zeigt die höchste und tiefste Tagestemperatur an. Windstärken werden mit dem Anemometer gemessen, Luftfeuchtigkeit mit dem Hygrometer und die Niederschlagsmenge mit dem Pluviometer. Alle Messwerte werden in den Wetterzentren mithilfe von →**Computern** verarbeitet. Dort wertet man auch Satellitenbilder, Wolkenaufnahmen und Funksignale von Wetterballonen aus. Die Daten werden in der Wetterkarte zusammengefasst.

Mexiko
Staatsform: Bundesrepublik
Hauptstadt: Mexiko-Stadt
Fläche: 1 953 162 km²
Einwohner: 97,9 Mio.
Sprache: Spanisch
Währung: Mexikanischer Peso

Mexiko

Mexiko grenzt im Norden an die USA, im Süden an →**Guatemala** und Belize. Der größte Teil des Landes besteht aus Hochland, das von zwei Gebirgsketten, der Westlichen und der Östlichen Sierra Madre, begrenzt wird. In der Östlichen Sierra Madre gibt es viele →**Vulkane**, darunter der Popocatépetl (5452 m). Im Südosten ragt die flache Halbinsel Yukatán in den Golf von Mexiko. Während im Süden üppiger →**Regenwald** wächst, erhalten etwa 70 % des Landes kaum Regen.

Die Ureinwohner waren →**Indianer** wie etwa →**Maya** und →**Azteken**. Ab 1519 wurde das Land von den Spaniern erobert und besiedelt. Sie herrschten hier bis zur Unabhängigkeit Mexikos im Jahr 1821. Viele der heutigen Mexikaner sind Mestizen, d. h. Mischlinge aus einem nordamerikanischen oder europäischen und einem indianischen Elternteil. Die meisten Weißen sind Nachkommen der Spanier. Viele der Mexikaner sind Bauern, andere arbeiten in der →**Edöl**-, →**Erdgas**-, Eisen- und Stahlindustrie oder in der chemischen →**Industrie**. Dennoch wird die Armut immer größer und viele Mexikaner versuchen, in die USA einzuwandern.

◄ In Mexiko geerntetes Gemüse und Obst wird nicht nur auf den farbenprächtigen Straßenmärkten der Städte verkauft, sondern auch ins Ausland exportiert. Wichtige Produkte sind Kaffee, Baumwolle, Mais und Bananen.

Michelangelo

Michelangelo (1475–1564) schuf sowohl im Bereich der →**Bildhauerei** als auch der →**Malerei** Meisterwerke, die ihn als einen der bedeutendsten Künstler der →**Renaissance** auszeichnen. Neben der überlebensgroßen Statue des „David" (1501–1504) ist er v. a. für seine Ausgestaltung der Sixtinischen Kapelle in Rom bekannt. Daneben war Michelangelo auch als Architekt tätig. Auf ihn gehen die Neugestaltung des Kapitols (seit 1538), der Palazzo Farnese (seit 1546) und die große Peterskirche zurück, wo er ab 1547 die Bauleitung übernahm.

◄ Michelangelo hieß eigentlich Michelangelo Buonaroti. Der Vorname wurde zum Hauptnamen. Die Abbildung zeigt ihn bei der Arbeit an einer seiner überlebensgroßen Statuen.

Migration

Der Begriff leitet sich her vom lateinischen Wort „migratio" für Umzug. Man bezeichnet damit Wanderungsbewegungen wie →**Tierwanderungen** oder den dauerhaften Ortswechsel von →**Menschen** (Reisen gehören also nicht zur Migration).

Die Gründe für Migration heute – egal ob von Einzelpersonen oder großen Gruppen – sind z. B. Armut, Übervölkerung oder Unterdrückung und die Vorstellung, anderswo ein besseres Leben führen zu können. Wanderungsbewegungen gibt es seit der Frühgeschichte der Menschheit, angefangen mit der

Verbreitung der →**Menschen** von →**Afrika** aus über die ganze Welt. Migrationen der →**Neuzeit** sind z. B. die Auswanderung vieler Europäer nach Amerika oder die Flucht vom Land in die Städte und die Zuwanderung osteuropäischer Arbeiter ins Ruhrgebiet während der →**Industriellen Revolution**. Typische Migranten von heute sind →**Aussiedler**, →**Flüchtlinge** sowie Arbeitsmigranten (etwa aus der →**Türkei**). Die Zahl der Menschen, die nicht mehr in ihrem Geburtsland leben, liegt weltweit gesehen bei 150 Millionen.

Mikrofon

Ob Flugzeuglärm oder →**Musik** – alle Geräusche oder Klänge, die das menschliche Ohr wahrnimmt, sind physikalisch betrachtet Schwingungen (→**Schall** genannt). Sie breiten sich wellenförmig durch die →**Luft** (aber auch durch Wasser und feste Körper) aus.
Ein Mikrofon nimmt diese Schallwellen auf und wandelt sie in elektrische Signale um. Diese können verstärkt und direkt an einen Lautsprecher weitergeleitet werden – etwa bei einer Rede vor vielen Zuhörern. Man kann sie aber auch mithilfe einer →**Aufnahmetechnik** speichern oder – wie beim →**Rundfunk** – als Radiowellen aussenden.
Die Sprechmuschel eines →**Telefons** enthält ein kleines Mikrofon, das die Stimme in elektrische Signale umformt.

Mikroskop

Mit einem Mikroskop ist es möglich, Dinge, die man mit bloßem →**Auge** nicht sehen kann, z. B. →**Bakterien**, zu betrachten. Es vergrößert sie so, dass sie ganz nah erscheinen. Optische (oder →**Licht**-) Mikroskope besitzen ein Rohr (Tubus) mit zwei →**Linsen** oder Linsengruppen – Okular (oben) und Objektiv (unten). Sie lassen den zu betrachtenden Gegenstand vergrößert erscheinen. Dieser liegt dabei auf einer Glasplatte und wird von unten beleuchtet. Kleine Mikroskope können einen Gegenstand etwa 100-mal vergrößern, während die großen Mikroskope, mit denen Wissenschaftler arbeiten, bis zu 2000-fache Vergrößerungen schaffen. Noch leistungsfähiger sind Elektronenmikroskope. Sie arbeiten nicht mit Licht-, sondern mit Elektronenstrahlen, die eine kürzere Wellenlänge haben und deswegen noch kleinere Ausschnitte vergrößern können. Spezielle Elektronenmikroskope können sogar →**Atome** sichtbar machen.

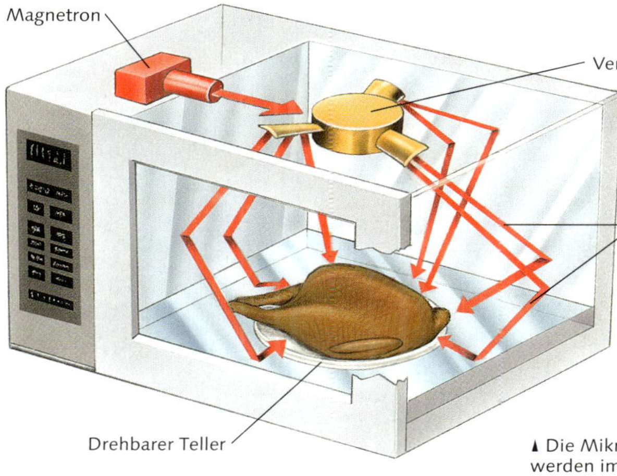

▲ Die Mikrowellen werden im Magnetron des Mikrowellenherdes erzeugt und dann im Inneren des Ofens verbreitet.

Mikrowellenherd

Dieses moderne Küchengerät erlaubt es, Speisen innerhalb sehr kurzer Zeit zu erwärmen. Das bewerkstelligen die Mikrowellen, die unsichtbar sind und sich als wellenförmige Strahlen ausbreiten. Wie die Radiowellen beim →**Rundfunk** oder die →**Röntgenstrahlen** gehören sie zu der elektromagnetischen →**Strahlung**. Wenn die Mikrowellen die Lebensmittel durchdringen, geben sie →**Energie** an das darin enthaltene →**Wasser** ab. Die →**Moleküle** des Wassers werden dadurch in sehr schnelle Bewegung versetzt. Die →**Reibung**, die dabei entsteht, erzeugt Wärme. So wird das Essen im Mikrowellenherd erhitzt. Weil das Geschirr kein Wasser enthält, reagiert es nicht auf die Mikrowellen. Nur die erwärmten Lebensmittel geben etwas →**Temperatur** an Teller oder Schüssel ab.

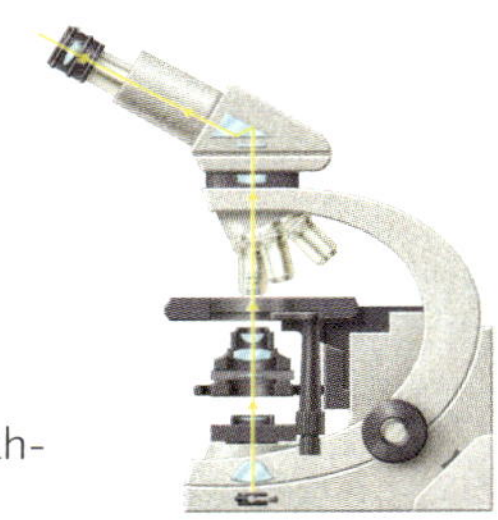

▲ Ein optisches Mikroskop besteht aus dem Tubus mit Okular und Objektiv, einem Stativ und dem Objekttisch, auf dem sich der von unten beleuchtete Untersuchungsgegenstand befindet.

Milch

Alle →**Säugetiere** (auch der →**Mensch**) ernähren ihre Babys mit Milch. Sie wird in den Milchdrüsen der weiblichen Tiere gebildet. Die Babys saugen die Milch durch die Brustwarzen oder Zitzen. Muttermilch enthält alle Nährstoffe, die ein Baby braucht. Die erste Milch ist dünn und wässrig, später wird sie gehaltvoller. Milch enthält →**Fett**, →**Zucker**, →**Stärke**, →**Eiweiß** sowie →**Vitamine und Mineralstoffe**. Außerdem schützt sie das Baby vor Infektionen und →**Krankheiten**. Die Menschen nutzen die Milch von Tieren – von →**Rindern**, →**Schafen**, →**Ziegen** und sogar →**Kamelen**. Die Milch wird getrunken oder zu Sahne, Butter, Jogurt, →**Käse** oder Eis verarbeitet.

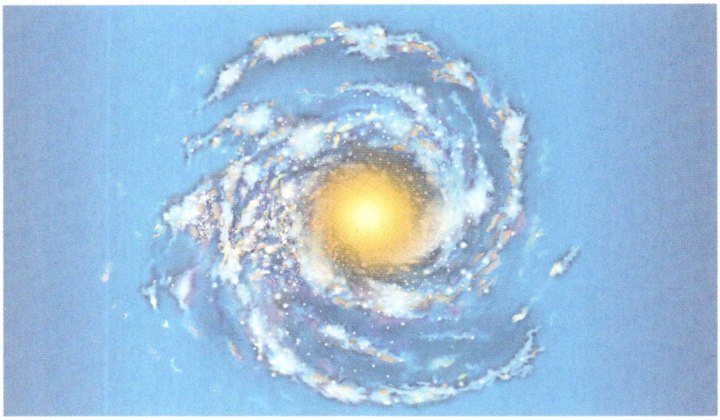

▲ So würde die Milchstraße aussehen, wenn man sie von oben aus mehreren 100 Lichtjahren Entfernung betrachten könnte. Sie besteht aus Spiralarmen und einem Zentrum aus dicht gepackten, alten Sternen.

Milchstraße

Die →**Sonne** ist nur ein →**Stern** unter vielen. Alle sichtbaren Sterne, die die →**Erde** umgeben, sind Teil der Milchstraße. Diese →**Galaxie** besteht aus etwa 100 Milliarden Sternen, die spiralförmig um ein Zentrum angeordnet sind. Obwohl die Milchstraße nur zu den mittelgroßen Galaxien zählt, wäre ein Lichtstrahl von einem Ende der Milchstraße zum anderen rund 100 000 Jahre unterwegs. Da das →**Licht** in einem Jahr eine Strecke von 9,46 Billionen km zurücklegt, ist die Milchstraße also unvorstellbar groß. Unser →**Sonnensystem** liegt etwa 25 000 Lichtjahre von ihrem Zentrum entfernt.

Militär

Das Militär umfasst alle Streitkräfte eines Landes: die Armee, die Marine und die Luftwaffe. Die ersten Armeen entstanden vor ca. 3500 Jahren im Vorderen Orient. In der griechischen und römischen →**Antike** gab es bereits große Heerestruppen, die aus dem Fußvolk, den Bogenschützen und berittenen Truppen bestanden. Auch über Kriegsflotten verfügten schon die Griechen und Römer. Heutzutage ist die Armee aus Truppen mit verschiedenen Aufgaben zusammengesetzt. Es gibt Truppen, die im Gefecht eingesetzt werden, es gibt Versorgungstruppen, die für Nachschub, technische und medizinische Betreuung sorgen, und den Offiziersstab, der Einsätze plant und befiehlt. Auch Luftwaffe und Marine sind ähnlich unterteilt.

Azurit

Malachit

Realgar

Galenit

▲ Mineralien enthalten wichtige Stoffe wie z. B. Realgar (Arsen) oder Galenit (Blei). Andere werden wegen ihrer schönen Farben zu Schmucksteinen verarbeitet, etwa Azurit und Malachit.

Mineralien

Mineralien nennt man diejenigen Stoffe und →**Verbindungen** aus denen sich die Felsgesteine, der →**Sand** und die Böden zusammensetzen. Obwohl über 3000 Arten von Mineralien bekannt sind, bilden nur 30 von ihnen fast alle →**Gesteine** auf der →**Erde**. Einige dieser Stoffe wie →**Gold** oder Graphit bestehen nur aus einem Element. Andere wie →**Quarz** oder →**Salze** sind Verbindungen aus mehreren Elementen. Zu den Mineralien gehören sowohl metallische (Erze) als auch nicht metallische Verbindungen.
Viele Mineralien kommen als Kristalle vor, deren →**Atome** oder →**Moleküle** in regelmäßigen Gittermustern miteinander verbunden sind. Beim Abkühlen im Innern der Erde nehmen heiße →**Gase** oder →**Flüssigkeiten** oft die Form von Kristallen an. Wenn die Abkühlung langsam vor sich geht, können sehr große Kristalle heranwachsen. Unabhängig von ihrer Größe besitzen Kristalle ein und desselben Minerals stets dieselbe typische Form. Einige schön glänzende Mineralien gelten als Edel- oder Halbedelsteine wie z. B. Rubine, Achat oder Türkis.

Mineralstoffe

siehe Vitamine und Mineralstoffe

Mittelalter siehe Seite 212

▼ Die meisten Einwohner Mittelamerikas sprechen Spanisch und gehören dem römisch-katholischen Glauben an.

Mittelamerika

Mittelamerika umfasst die →**Inseln** der →**Karibik** und die schmale Landenge Zentralamerika. Die größten Inseln sind →**Kuba**, →**Jamaika** und Hispaniola. Zu Zentralamerika gehören die Länder →**Mexiko**, Belize, →**Guatemala**, →**El Salvador**, →**Honduras**, →**Nicaragua**, →**Costa Rica** und →**Panama** (Karte siehe Seiten 233 und 368/369). Unter dem Begriff Lateinamerika werden

dagegen alle Länder von Mexiko bis nach →**Brasilien** und →**Argentinien** zusammengefasst. Dort sprechen die Einwohner vorwiegend Spanisch oder Portugiesisch, also Sprachen, die mit dem Lateinischen verwandt sind.
Die Küsten Mittelamerikas werden von Ebenen, dichten →**Wäldern** und Sümpfen gesäumt. Im Landesinnern ragen Bergketten auf. Da das →**Klima** Mittelamerikas weitgehend sehr heiß ist, liegen die meisten Städte im kühleren Hochland.
In den Ländern Mittelamerikas werden Zuckerrohr, Kaffee, Baumwolle und Bananen angebaut. Die gesamte Region ist nur schwach industrialisiert.
Im 16. Jh. drangen spanische Soldaten und Siedler nach Mittelamerika vor und gründeten große →**Kolonien**. Vorher lebten dort verschiedene Indianervölker wie z. B. die →**Maya**. Im Jahr 1821 wurde Mexiko von →**Spanien** unabhängig, 1838 erlangten Guatemala, Honduras, Costa Rica, Nicaragua und El Salvador ihre Unabhängigkeit. Panama löste sich 1903 von Kolumbien, nur Belize blieb bis 1981 britische Kolonie. Auch die meisten karibischen Inseln sind heute unabhängige Staaten.

Mode

Was die →**Menschen** jeweils als Kleidung tragen, hängt von →**Klima**, Lebensweise und Moralvorstellungen ab. So trägt man z. B. in kalten Regionen warme Tierfelle, ein Automechaniker steckt in einem praktischen Overall und islamische Frauen verhüllen ihr Gesicht mit einem Schleier. Wenn sich die wirtschaftlichen und gesellschaftlichen Lebensbedingungen ändern, ändert sich oft auch die Art und Weise sich zu kleiden, also die Mode (von lateinisch „modus“ für Art und Weise). So waren im 16. Jh. Frauen in enge Korsetts und lange weite Röcke mit einem Draht- oder Fischbeingestell gezwängt, während sie heute Jeans und T-Shirts oder Minikleider tragen. Moden entstehen v. a. aus dem Bedürfnis heraus, seinen gesellschaftlichen Rang und seinen Reichtum zu zeigen – z. B. durch die Verwendung kostbarer Stoffe. Auch die bewusste Nichtbeachtung dessen, was gerade Mode ist, kann neue Moden hervorbringen. So war das Tragen von Jeans (ursprünglich eine Arbeitshose) als Abgrenzung von modischen Zwängen gedacht, mittlerweile sind sie selbst zum Modekleidungsstück geworden. Die Modemacher und die Modeindustrie, heute ein wichtiger Industriezweig, bestimmen, was modisch oder „in“ ist.

Modem siehe Internet

Mohammed

Der Begründer des →**Islam**, Mohammed oder Muhammad (569/70–632), wurde in der arabischen Stadt Mekka geboren. Sein Name bedeutet „der Gepriesene“, Islam bedeutet „völlige Hingabe an Gott“. Nachdem er um das Jahr 610 eine religiöse Erscheinung hatte, begann er den Glauben an nur einen →**Gott** zu predigen. Ab 630 breitete sich die neue →**Religion** aus. Mohammed machte Mekka zum zentralen Heiligtum des Islam, wohin jeder Muslim einmal in seinem Leben pilgern soll. Er wurde als oberster Gesetzgeber, Richter, Heerführer und Steuererheber anerkannt. Seine Macht entsprach der eines Königs, der außerdem über den Glauben zu wachen hatte. 632 starb Mohammed als Herrscher über fast die gesamte arabische Halbinsel.

Molche siehe Schwanzlurche

▲ Im antiken Griechenland waren leichte, lose fallende Gewänder aus Leinen oder Wolle Mode.

◄ Die englische Mode des 16. Jh. schrieb Halskrausen aus gestärktem Leinen vor.

Mittelalter

▲ Buntglasfenster waren sehr beliebt im Mittelalter. Diese Art von Glasmalerei, in der meist Szenen aus der Bibel dargestellt wurden, hatte ihre Blütezeit im 12. Jh. in Frankreich.

In der europäischen Geschichte bezeichnet man als Mittelalter die Zeit vom Untergang des Weströmischen Reiches im Jahr 476 n. Chr. bis zum Beginn der Renaissance Anfang des 15. Jh.

▲ Die meisten Menschen in Europa waren zur Zeit des Mittelalters Bauern. Sie arbeiteten für ihren Lehnsherrn, an den sie Abgaben entrichten mussten.

Die ersten mittelalterlichen Reiche

Nach dem Fall des Römischen Reiches und in der Zeit der Völkerwanderung entstanden zahlreiche neue, germanische Reiche, z. B. das Burgunderreich, das Langobardenreich und das Frankenreich. Im Frankenreich herrschten ab dem frühen 8. Jh. die Karolinger. Es umfasste große Teile des heutigen Deutschlands, Frankreichs und Italiens. Neben dem König bildeten Adelige, Geistliche und v. a. Bauern die fränkische Gesellschaft. Und eine weitere Gruppe trat erstmals auf: gepanzerte adelige Reiter, die in den vielen Kriegen dieser Zeit kämpften – die Ritter.

Ausbreitung des Islam

Im Südosten Europas breitete sich der Islam immer stärker aus. Um 750 kontrollierten die Araber Spanien und Portugal, den größten Teil Nordafrikas und den gesamten Nahen Osten. Ihr mehrfacher Versuch, die Hauptstadt des Byzantinischen Reiches, Konstantinopel, zu erobern, scheiterte 678, 708 und zuletzt 718. Zugleich gelang es auch den Franken unter Karl Martell (um 688–741), die Araber, die über die Pyrenäen nach Norden vordrangen, abzuwehren. 732 gewannen sie die entscheidende Schlacht bei Tours und Poitiers gegen die Araber, die das Frankenreich danach nicht mehr gefährdeten.

▼ In den größeren europäischen Städten des späten Mittelalters war oft mehrmals in der Woche Markttag. Händler und Bauern kamen von außerhalb und boten ihre Waren feil.

Im Mittelalter besaßen die Frauen kaum Rechte. Nur adelige Frauen waren gebildet und konnten lesen und schreiben. Oft lebten sie als Nonnen in Klöstern.

Kaiser Karl der Große

Im 8. Jh. verschoben sich die Machtverhältnisse in Europa. Während die Päpste bis dahin durch die byzantinischen Kaiser bestätigt wurden, wandten sie sich nun an die Franken, die ihnen Schutz vor Angriffen zusicherten. Als Gegenleistung krönte der Papst den König der Franken, Karl den Großen (747–814), im Jahr 800 zum Kaiser. Karl der Große ordnete das Reich neu und führte es auf den Höhepunkt seiner Macht. Er legte großen Wert auf Bildung, Recht und Ordnung. Doch mit seinem Tod zerfiel sein Reich. Das Bündnis zwischen Päpsten und Kaisern blieb jedoch bestehen und prägte die weitere europäische Geschichte im Mittelalter.

Europa im Krieg

Nach dem Tod Karls des Großen fielen die Wikinger in Europa ein und eroberten weite Teile Englands und Teile Nordfrankreichs. Im Osten reichte ihr Einflussbereich bis nach Russland.
Die Araber waren nicht aus Spanien zu verdrängen und versuchten, sich in Süditalien auszubreiten. Als sie den Christen verboten, die Heiligen Stätten in Jerusalem zu besuchen, rief Papst Urban II. (1042–1099) im Jahr 1095 die Christenheit auf, das Heilige Land von den Muslimen zu befreien. Die Zeit der Kreuzzüge brach an. Tausende von Moslems und Christen verloren in den Kriegen der nächsten 200 Jahre ihr Leben.

Auch innerhalb Europas kam es immer wieder zu kriegerischen Auseinandersetzungen. Die Motive waren Macht und Reichtum. Im Hundertjährigen Krieg (1337–1453) z. B. kämpften Frankreich und England um die Herrschaft in Frankreich. Der englische König Heinrich V. (1387–1422) gewann eine entscheidende Schlacht im Jahr 1415, doch ein Jahrhundert später verlor England all seine Besitztümer in Frankreich.

Die Lehnsgesellschaft

Europa war in viele Königreiche, Herzogtümer und Grafschaften unterteilt. Wichtigster Erwerbszweig war die Landwirtschaft. Der Landbesitz unterlag einer strengen Hierarchie, die man als Lehnspyramide bezeichnet. Oberster Lehnsherr war der König bzw. die Kirche, die Land an die Adeligen verliehen. Diese wiederum gaben das Land an größere Grundherren und diese schließlich an die Bauern weiter. Dafür mussten die Bauern einen großen Teil der Ernte an ihren Lehnsherrn abgeben. Die Adeligen und Landesherrn waren verpflichtet, ihren Herrn, den König, in Kriegszeiten mit Truppen zu unterstützen und erhielten im Gegenzug die Genehmigung zum Bau einer Burg. Die Bauern des Mittelalters lebten in großer Armut, während die Reichen für damalige Verhältnisse angenehm wohnten, gut aßen und rauschende Feste feiern konnten.

Katastrophen

Die mittelalterliche Bevölkerung wurde von vielen Seuchen und Krankheiten heimgesucht. Weder Reiche noch Arme waren davor verschont. Die Pest, eine schreckliche Krankheit, die auch der „schwarze Tod" genannt wurde, war im Jahr 1347 von China eingeschleppt worden und brachte in einer ersten Epidemie einem Drittel der europäischen Bevölkerung den Tod.

Handel und Reichtum

Während des Spätmittelalters (ab 1250) schlossen sich in den Städten die Kaufleute und Handwerker zu Zünften oder Gilden zusammen. Diese Zünfte gewannen immer mehr Macht und stellten strenge Regeln für ihre Mitglieder auf. Sie bestimmten die Preise, Löhne und Arbeitszeiten und kümmerten sich um Witwen und Waisen.
Als sich das Mittelalter Anfang des 15. Jh. dem Ende zuneigte, brach mit der Renaissance eine friedlichere Zeit in Europa an. Die Künste und Wissenschaften sowie der Handel erblühten, viele Entdeckungen wurden gemacht.

Zum Weiterlesen

Burg, Byzantinisches Reich, Christentum, Geschichte, Handel, Heiliges Römisches Reich, Islam, Kreuzzug, Karl der Große, Lehnswesen, Renaissance, Römisches Reich, Rüstung, Seuche, Völkerwanderung, Wappenkunde, Wikinger

Im Mittelalter kam es häufig zur Belagerung einer Burg. Die Fußsoldaten konnten kaum etwas gegen die gepanzerten Ritter ausrichten.

Moldawien
Staatsform: Republik
Hauptstadt: Chisinau
Fläche: 33 800 km²
Einwohner: 4,3 Mio.
Sprache: Moldawisch
Währung: Moldau-Leu

Moldawien

Der Staat Moldawien, offiziell Republik Moldau genannt, ging hervor aus der gleichnamigen sozialistischen Sowjetrepublik, einem Teilstaat der ehemaligen →**Sowjetunion**. Das Land ist flach und von der →**Ukraine** und →**Rumänien** umschlossen. Der größte Teil der moldawischen →**Bevölkerung** ist rumänischer Abstammung, andere Volksgruppen sind Ukrainer, Russen, Gagausen und Bulgaren. Moldawien ist das ärmste Land Europas.

Molekül

Ein Molekül besteht aus mindestens zwei →**Atomen**, die eine Einheit bilden. In einem Molekül können Atome verschiedener →**Elemente** oder von nur einem Element verbunden sein. Riesenmoleküle, man sagt auch Makromoleküle, können aus tausend bis zu Milliarden von Atomen bestehen. Solch ein Riesenmolekül ist z. B. das DNS-Molekül, in dem die Erbanlagen eines Menschen gespeichert sind. Die Atomkerne bleiben bei der Verbindung von Atomen zu einem Molekül praktisch unverändert. Die →**Kraft**, die die Atome in einem Molekül zusammenhält, entsteht in den meisten Fällen durch den Austausch von Elektronen oder durch die Bildung von gemeinsamen Elektronenpaaren. Die Molekülformel gibt an, aus welchen Atomen ein Molekül aufgebaut ist. Das einfach aufgebaute Wassermolekül besteht z. B. aus zwei Atomen →**Wasserstoff** (chemisches Symbol H) und einem Atom →**Sauerstoff** (Symbol O) und besitzt daher die Molekülformel H_2O. Die meisten natürlichen oder künstlichen Stoffe sind, egal ob flüssig, fest oder gasförmig, aus Molekülen aufgebaut.

Monaco
Staatsform: Fürstentum
Hauptstadt: Monaco-Ville
Fläche: 1,9 km²
Einwohner: 32 000
Sprache: Französisch
Währung: Euro

Molekularphysik

Die Molekularphysik ist ein Teilgebiet der →**Physik** und behandelt die →**Kräfte** und →**Bewegungen** von →**Materie** im Molekularbereich. Ein →**Molekül** ist ein elektrisch neutraler Atomverbund, der aus mindestens zwei →**Atomen** zusammengesetzt ist.

Monaco

Das winzige Land Monaco liegt direkt an der Mittelmeerküste und ist vollständig von →**Frankreich** umschlossen. Das Fürstentum wird seit dem 13. Jh. von der Fürstenfamilie der Grimaldis regiert.
Monaco lebt vorwiegend von seiner Spielbank und den Touristen. Mit einer Einwohnerzahl von 32 000 auf 1,9 km² hat Monaco die höchste Bevölkerungsdichte der Welt, nämlich 16 800 Einwohner pro Quadratkilometer. Über die Hälfte der Bewohner sind Franzosen.

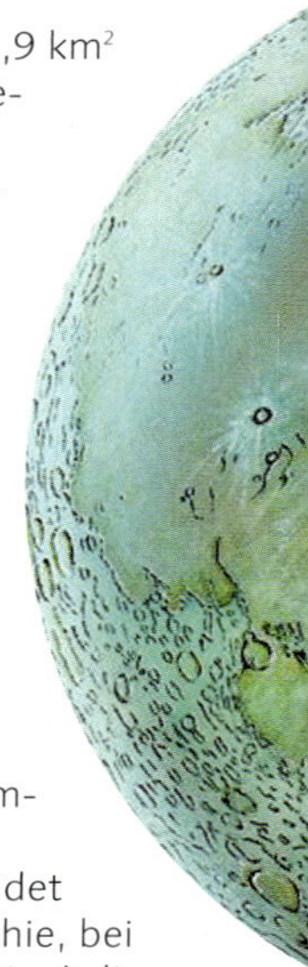

Monarchie

Der griechische Philosoph →**Aristoteles** verstand unter Monarchie eine Staatsform, bei der ein Einzelner die Herrschaft ausübt (der Monarch), im Gegensatz z. B. zur →**Demokratie**. Im Zeitalter des →**Absolutismus** waren die Könige unumschränkte Herrscher. Von dieser absoluten Monarchie unterscheidet sich die konstitutionelle Monarchie, bei der eine →**Verfassung** (Konstitution) die Befugnisse des Monarchen einschränkt und gewissen Gruppen (z. B. dem Adel) Mitsprache und Mitentscheidung garantiert. Diese Monarchieform beruht auf den Gedanken der →**Aufklärung**. Heute gibt es in →**Europa** nur noch parlamentarische Monarchien, etwa in →**Großbritannien**, den →**Niederlanden** oder →**Schweden**. Das bedeutet, dass diese Länder eigentlich Demokratien sind und die Könige oder Königinnen nur besondere Ehrenämter ausüben. Die politische Macht liegt jedoch bei den gewählten →**Parlamenten** und →**Regierungen**. →**Saudi-Arabien** hingegen ist eine absolute Monarchie. Als gegensätzliche Staatsform zur Monarchie gilt die →**Republik**, ein →**Staat** ohne König.

Mond

Einen Himmelskörper, der einen →**Planeten** umkreist, nennt man Mond oder Satellit. Die →**Erde** hat nur einen Mond, andere Planeten des →**Sonnensystems** dagegen mehrere (der →**Jupiter** z. B. mindestens 60). Der Erdmond umkreist die Erde in einer Entfernung von mindestens 356 400 km. Bei einer Geschwindigkeit von 3660 km/h braucht er für einen Umlauf 27,3 Tage. Auf dem Mond gibt es weder →**Luft** noch →**Wasser**. Seine Oberfläche besteht aus Hochländern, die als helle Flächen erscheinen, und vielen Kratern. Obwohl seine →**Schwerkraft** nur ein Sechstel der Erdschwerkraft beträgt, beeinflusst sie die Erde: Die →**Gezeiten** z. B. werden durch die Schwerkraft des Mondes verursacht. Der

◄ Die Oberfläche des Mondes ist von Kratern übersät, die fast alle von Meteoriten-einschlägen stammen.

Mond wird von der →**Sonne** beschienen. Je nachdem, in welcher Umlaufposition er sich befindet, wird jedoch das →**Licht** der Sonne abgeschattet. Dadurch entstehen die von der Erde aus sichtbaren Mondphasen Vollmond, Halbmond, Neumond und die Zwischenphasen. Bei Neumond z. B. steht der Mond zwischen Erde und Sonne und ist nicht sichtbar.

Mondfinsternis

siehe Sonnen- und Mondfinsternis

Mongolei

Die Mongolei liegt im Herzen →**Asiens** zwischen →**Russland** und →**China**. Das Land ist von Hochebenen mit weiten →**Wüsten** und Grassteppen geprägt. Im Westen ragen →**Gebirge** empor, im Süden erstreckt sich die Wüste Gobi.
Die Mongolei ist nur sehr dünn besiedelt. Ihre Einwohner, die Mongolen, leben zum Teil noch heute als →**Nomaden**, die Viehzucht betreiben. Bis in die jüngste Zeit wurde der →**Staat** von einer kommunistischen Partei beherrscht, inzwischen gibt es ein Mehrparteiensystem.

Monsun

Monsune sind →**Winde**, die im Winter vom Land auf das →**Meer**, im Sommer vom Meer auf das Land wehen. Sie treten vorwiegend in Südasien auf. Während des Sommermonsuns regnet die vom Meer mitgebrachte Feuchtigkeit über dem Land ab.

Montenegro

Die Republik in Südosteuropa ist mit einer Fläche von 13 812 km² einer der kleineren Staaten →**Europas**. Seine Gebirgsregion ist nur dünn besiedelt. Das Land ist aus Teilen →**Jugoslawiens** hervorgegangen. Bis zu seiner Unabhängigkeit im Jahr 2006 bildete Montenegro zusammen mit →**Serbien** einen Staat. Die Hauptstadt von Montenegro ist Podgorica.

Moor

Ein ständig feuchtes Gelände bezeichnet man als Sumpf oder Moor. Im Unterschied zum Sumpf, in dem abgestorbene →**Pflanzen** vollständig abgebaut werden, zersetzen sich in einem Moor Pflanzenreste nur unvollständig. Sie bilden den Torf. Das Moor ist mit harten →**Gräsern** und →**Moosen** überzogen.
Moore entstehen durch die Verlandung von →**Seen**. Ständig sinken absterbende Lebewesen auf den Grund und füllen allmählich die Seemulde mit Faulschlamm. Schließlich ist der See ganz verschwunden und ein Flachmoor entstanden. Dieses ist noch sehr feucht, da der Grundwasserspiegel hoch steht. Langsam verfestigt es sich und bald wachsen darauf →**Bäume**. Die Moorbildung kann sich aber auch fortsetzen: Absterbende Pflanzen lassen das Moor immer höher und trockener werden. So entsteht aus dem Flachmoor schließlich ein Hochmoor.

Mongolei
Staatsform: Republik
Hauptstadt: Ulan Bator
Fläche: 1 565 000 km²
Einwohner: 2,4 Mio.
Sprache: Mongolisch
Währung: Tugrik

► Der Monsun bringt gewaltige Sturzregen mit sich. Sie verursachen in Südasien, v. a. in Indien und Bangladesch, immer wieder verheerende Überschwemmungen.

Moose

Moose sind sehr einfache ursprüngliche →**Pflanzen**. Sie haben keine →**Blüten** und keine richtigen →**Wurzeln**. In der →**Botanik** unterscheidet man Laubmoose und Lebermoose. Die Laubmoose haben dünne Stängel und winzige →**Blätter**. Die Lebermoose bestehen aus einem lappigen Körper. Alle Moose wachsen sehr niedrig und gern an feuchten Orten. Ihre →**Fortpflanzung** verläuft ähnlich wie bei den →**Farnen** mithilfe von Sporen. Bei den Lebermoosen können sich auch Teile von der Mutterpflanze ablösen und so neue Pflanzen bilden.

► Die ersten Nachrichten mit dem Morsealphabet wurden Mitte des 19. Jh. mit solchen Schreibtelegrafen übermittelt.

Morsealphabet

Mit dem Morsealphabet kann man einfache Nachrichten übermitteln. Dabei ist jedem Buchstaben des →**Alphabets** eine bestimmte Punkt-Strich-Kombination zugeordnet. Dieses Verschlüsselungssystem wurde von dem amerikanischen Maler und Erfinder Samuel Morse (1791–1872) entwickelt, um über eine Telegrafenleitung elektrische Signale zu versenden. An einem Ende drückte der Telegrafist auf eine Taste und schickte damit elektrische Signale durch die Leitung. Ein kurzes Signal entsprach einem Punkt, ein langes einem Strich. Die Punkt-Strich-Kombinationen wurde am anderen Ende von einem Schreibstift aufgezeichnet. Die erste offizielle Morsenachricht wurde 1844 übertragen. Die Telegrafie ist die älteste Form der →**Telekommunikation**. Das Morsealphabet ist zwar noch heute gültig, wird aber nur noch selten verwendet.

▼ Das Morsealphabet

a	•–	h	••••	o	–––	v	•••–
b	–•••	i	••	p	•––•	w	•––
c	–•–•	j	•–––	q	––•–	x	–••–
d	–••	k	–•–	r	•–•	y	–•––
e	•	l	•–••	s	•••	z	––••
f	••–•	m	––	t	–		
g	––•	n	–•	u	••–		

Mosaik

Ein Mosaik ist ein Bild aus farbigen Steinchen oder Glasstücken. Träger des Bildes ist ein Gips- oder Zementgrund. Mosaiken stellen oft Szenen dar oder fügen sich zu Porträts sowie Blumen- und Ornamentmustern. Sie schmücken Böden, Wände oder Gewölbe. Die Anfänge der Mosaikkunst reichen weit zurück. Schon die Sumerer aus Mesopotamien (heute →**Irak**) fertigten vor fast 5000 Jahren Mosaiken an. Besonders kunstvolle Mosaiken entstanden in der griechischen und v. a. in der römischen →**Antike**. Neben den Herrschern ließen sich damals auch Privatpersonen ihre Villen und Paläste mit schönen Mosaiken ausgestalten. Einen Höhepunkt erlebte die Kunst im →**Byzantinischen Reich**. Häufig auf goldenem Hintergrund wurden damals Heilige und biblische Gestalten dargestellt. Noch heute zeugen Mosaiken in den →**Kirchen** →**Griechenlands**, →**Italiens** und der →**Türkei** (dort wurden viele Kirchen zu Moscheen umgewandelt) von der Fertigkeit der byzantinischen Mosaikkünstler.

▲ Dieses Mosaik zeigt Kaiser Justinian I. (483–565), einen Herrscher des Byzantinischen Reiches. Das Bild wurde um 550 n. Chr. in der Kirche S. Vitale in Ravenna geschaffen.

► In einem mit Benzin betriebenen Motor wird ein Gemisch aus Luft und Kraftstoff in einen Zylinder gesaugt, entzündet und ausgestoßen. Die bei den ständigen Explosionen entstehenden Druckkräfte schieben die Kolben in den Zylindern hin und her. Diese versetzen daraufhin die Kurbelwelle in Drehung – und diese die Autoräder.

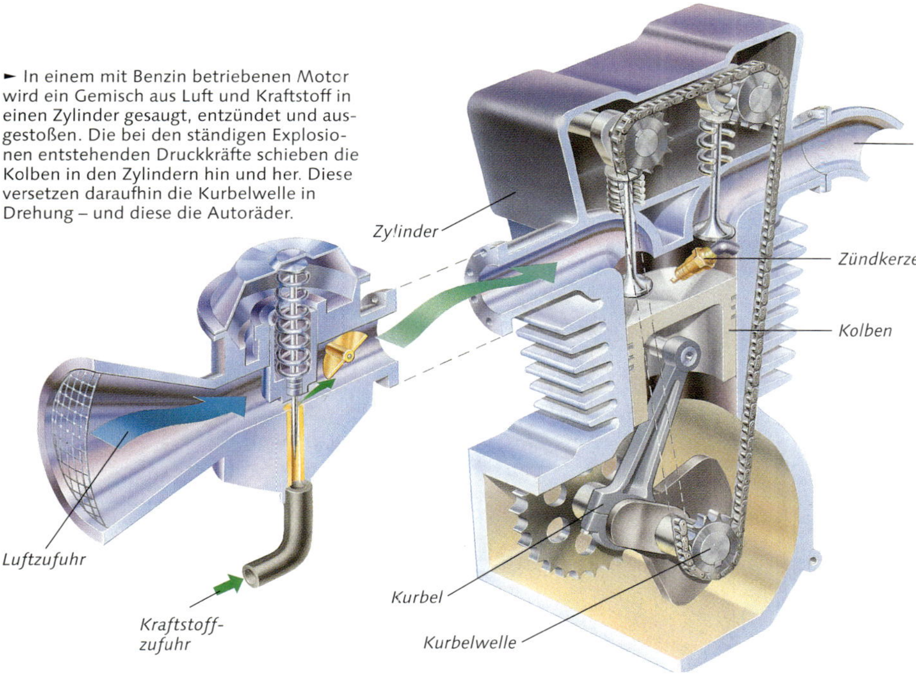

Mosambik
Staatsform: Republik
Hauptstadt: Maputo
Fläche: 801 600 km²
Einwohner: 17, 3 Mio.
Sprache: Portugiesisch
Währung: Metical

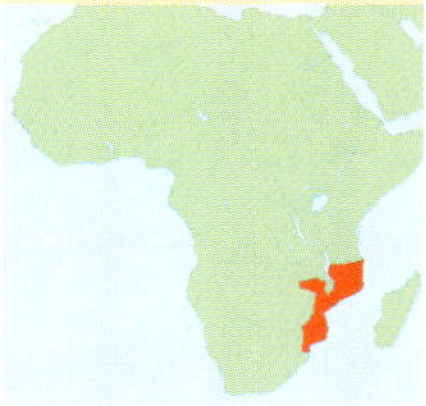

Mosambik

Mosambik ist eine Republik in Südostafrika. →**Landwirtschaft** ist der wichtigste Erwerbszweig dieses heißen, tropischen Landes. Maputo und Beira sind große Hafenstädte. Das Cabora-Bassa-Kraftwerk am →**Fluss** Sambesi liefert den Großteil der →**Energie** des Landes.
Bis zu seiner Unabhängigkeit im Jahr 1975 wurde Mosambik von →**Portugal** regiert. In den 1980er-Jahren litt das Land unter Hungersnöten und einem blutigen →**Bürgerkrieg**.

Moskitos

Moskitos sind tropische Stechmücken. Die →**Insekten** besitzen einen schlanken, röhrenförmigen Körper, eine buckelförmige Brust und zwei schmale Flügel. Weibliche Moskitos stechen mit ihrem Saugrüssel in die feinen Blutgefäße ihrer Opfer und saugen deren →**Blut**. Die Männchen leben hingegen von Pflanzensäften. Manche Moskitoarten übertragen →**Krankheiten** wie Malaria und Gelbfieber.

Motor

Motoren sind Maschinen, die potenzielle (gespeicherte) →**Energie** in nutzbare Energie umwandeln, mit der man Arbeit verrichten kann.
Als die Menschen der Vorgeschichte erstmals →**Feuer** machten, entdeckten sie eine Form der Energiegewinnung, denn bei der Verbrennung entstehen Wärme und Licht. Die ersten →**Dampfmaschinen** wurden Anfang des 18. Jh. erfunden. Mit ihnen konnte man erstmals die bei der Verbrennung entstehende Wärme in Bewegung umsetzen. Sie trieben Fabrikmaschinen an und wurden später zu Motoren für →**Schiffe** oder →**Eisenbahnen** weiterentwickelt. Bis heute werden →**Turbinen** in →**Kraftwerken** von Dampf betrieben. Ansonsten hat man Dampfmaschinen inzwischen weitgehend durch Verbrennungsmotoren ersetzt. Dazu gehören →**Benzinmotoren** und →**Dieselmotoren**. Bei solchen Motoren wird der →**Brennstoff** im Motor verbrannt und so →**Bewegung** erzeugt.
→**Elektromotoren** befinden sich in vielen Alltagsgeräten, vom →**Kühlschrank** über den →**Kassettenrekorder** bis hin zum →**Computer**. Sie erzeugen Bewegung durch die Wechselwirkung von →**Strom** und →**Magnetismus**.
Das erste →**Strahltriebwerk** wurde 1928/29 entworfen. Strahltriebwerke (auch: Düsentriebwerke) werden in vielen Flugzeugen verwendet. Die nach dem gleichen Prinzip arbeitenden, aber ungleich stärkeren Raketentriebwerke kommen in Raketenwaffen und in der →**Raumfahrt** zur Anwendung.

▲ Weibliche Moskitos ernähren sich von Blut. Wenn sie ihr Opfer stechen, spritzen sie ihm eine Flüssigkeit ein. Diese sorgt dafür, dass das Blut dünnflüssiger wird und sich leichter saugen lässt.

▲ Motorräder, die an Wettbewerben wie dem Grand Prix teilnehmen, werden speziell für Rennstrecken gebaut und haben besonders starke Motoren.

Motorrad

Das erste Motorrad wurde 1885 von den deutschen Ingenieuren Gottlieb Daimler (1834–1900) und Wilhelm Maybach (1846–1929) gebaut. Sie befestigten dazu einen →**Benzinmotor** – den sie zusammen erfunden hatten – an einem hölzernen Rahmen, ähnlich dem eines →**Fahrrads**. Der →**Motor** eines Motorrads gleicht dem eines →**Autos**, ist jedoch kleiner. Vorder- und Hinterrad sind mit Rahmen aus Stahlblech verbunden. Wichtiger Bestandteil des Motorrads sind die Teleskopgabeln: Sie bestehen aus einem Standrohr, das am Vorderrad befestigt ist, und einem Gleitrohr, das vom Lenker ausgeht und sich in oder über das Standrohr schiebt. Öl dient als Gleitmittel. So ist die Gabel beweglich und Unebenheiten auf der Fahrbahn können abgefedert werden. Der Antrieb erfolgt bei Motorrädern am Hinterrad. Vorder- und Hinterbremse können unabhängig voneinander bedient werden.

Mount Everest

Der Mount Everest ist der höchste Berg der Welt. Er ist 8846 m hoch und steht im →**Himalaja**, an der Grenze zwischen →**Nepal** und →**China** (Tibet).

Möwen

Möwen leben v. a. an den Küsten und →**Seen** kühlerer Regionen. Sie können gut fliegen, laufen und sind, da sie über Schwimmhäute verfügen, auch gute Schwimmer. Die →**Vögel** ernähren sich u. a. von →**Wirbellosen** und →**Fischen**, aber auch von Abfällen. Viele Möwen brüten in lärmenden Kolonien. Häufig nisten sie auf →**Inseln**, auf denen die →**Eier** vor →**Ratten** und →**Füchsen** sicher sind.

Mozart, Wolfgang Amadeus

Schon als Sechsjähriger spielte Mozart (1756–1791) zusammen mit seiner älteren Schwester Nannerl (1751–1829) auf dem →**Klavier** vor Königen und Herzögen in ganz →**Europa**. 1781 ging er als selbstständiger Musiker nach Wien. Zeiten großer Anerkennung als Komponist, Lehrer und Pianist wechselten ab mit bitterer Armut. So erhielt er nach seinem frühen Tod nur ein Armenbegräbnis, der genaue Ort des Grabes ist unbekannt. Seine insgesamt über 600 Werke sind geprägt von einem ganz besonderen Stil, der Leichtigkeit und Tiefgang vereint. Zu den weltberühmten Meisterwerken gehören die Opern „Die Entführung aus dem Serail" (1782), „Don Giovanni" (1787) und „Die Zauberflöte" (1791).

Münzen

Münzen sind ein Zahlungsmittel. In →**China** wurden schon im 12. Jh. v. Chr. Münzen aus heißem →**Metall** gegossen. Um 700 v. Chr. entstanden in Lydien (heute →**Türkei**) die ersten geprägten (durch Bearbeitung mit Hammer oder Stempel hergestellten) Münzen. Bevor es Münzen gab, erfolgte →**Handel** nur durch Tausch. Lange Zeit stellte man Münzen aus kostbaren Metallen wie →**Gold** und →**Silber** her. Später einigte man sich darauf, für Münzen weniger wertvolle Metalle zu verwenden und stattdessen den Wert jeder einzelnen Münze verbindlich festzulegen.

Muscheln

Muscheln sind →**Weichtiere** mit einer Schale, deren beide Hälften durch ein Scharnier verbunden sind. Die meisten der rund 20 000 Muschelarten leben im →**Meer**, einige wenige sind auch im Süßwasser heimisch. Muscheln haben weder einen Kopf noch eine ausgeprägte Gestalt. Meist sitzen sie am Grund des Gewässers und sind in Sand oder Schlick eingegraben. Aus ihrem beilförmigen Fuß sondern sie Fäden ab, die im Wasser hart werden. Damit können sie sich auf Felsen oder an Pfählen fest verankern. Muscheln atmen mit Kiemen und ernähren sich von kleinsten Teilchen, die im Wasser schweben. Diese Schwebteilchen strudeln sie mit dem Atemwasser in ihren Körper. Muscheln können ihren Standort verlassen und mit ihrem Fuß über den Boden kriechen. Einige können sogar schwimmen, indem sie die Schalen mit den Schließmuskeln auf- und zuklappen. Bestimmte Muscheln können Perlen bilden: Gelangt z. B. ein winziges Sandkorn in das Innere einer solchen Muschel, so reagiert diese auf den Fremdköper, indem sie ihn mit Perlmutt umhüllt – so entstehen Perlen. Manche Muscheln werden gesammelt, weil sie sehr gut schmecken. Besonders geschätzt wird die Auster, die man im Meer an Pfählen züchtet.

Museum

In einem Museum werden Gegenstände zu einem bestimmten Thema ausgestellt. Die meisten denken bei einem Museum zunächst an eine Gemäldegalerie mit Bildern bekannter Maler. Das ist ein Kunstmuseum. Häufig sind in Kunstmuseen auch Skulpturen oder Plastiken bedeutender Bildhauer zu sehen. Zu den berühmtesten Museen für →**Kunst** zählen der Louvre in Paris und der Prado in Madrid. Schon bei den Griechen gab es vor über 2000 Jahren Kunstsammlungen und das Wort Museum geht auf das griechische „Museion" zurück. Ein Museion war eine den Schutzgöttinnen der Künste und Wissenschaften (den Musen) geweihte Stätte. Seit dem 19. Jh. begann man auch für andere Gebiete Museen einzurichten. Es entstanden Sammlungen zur Völkerkunde, zur Technik oder zur Geschichte der Natur. Das berühmteste Technikmuseum der Welt ist das Deutsche Museum in München. Es zeigt alle technischen →**Erfindungen** von den Anfängen bis heute. Ebenso interessant sind in Berlin das Ethnologische Museum (Museum für Völkerkunde) mit 500 000 Gegenständen aus aller Welt oder das Museum für Naturkunde, das über 60 Millionen Objekte besitzt. Alle Museen – ob ein kleines Heimatmuseum oder ein ganzes Dorf als Freilichtmuseum – sammeln Zeugnisse der Menschheitsgeschichte, um sie der Nachwelt zu erhalten.

Musik siehe Seite 220

Muskeln

Muskeln sind verantwortlich für die →**Bewegung** des Körpers und einzelner Körperteile. Alle Muskeln des Körpers oder auch einzelne Muskelgruppen werden unter dem Begriff Muskulatur (oder z. B. Rückenmuskulatur) zusammengefasst. Dabei wird die willkürliche Muskulatur von der unwillkürlichen unterschieden. Die willkürliche Muskulatur bewegt das →**Skelett**. Sie wird von bewussten Entscheidungen des Menschen gesteuert. Wollen wir etwa den Arm heben, werden die willkürlichen Muskeln aktiv. Zur unwillkürlichen Muskulatur gehören z. B. die Muskeln des →**Herzens**. Sie arbeiten ohne einen bewussten Befehl des →**Gehirns**. Muskeln können sich zusammenziehen, aber nicht selbstständig ausdehnen. Sie benötigen deshalb stets einen Gegenspieler, der sie wieder streckt. Dieser Gegenspieler kann ein anderer Muskel sein, aber auch die →**Schwerkraft**.

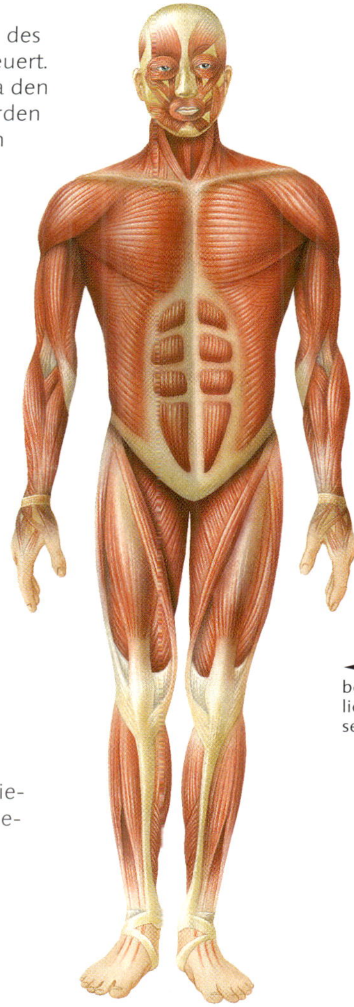

← Rund 640 Muskeln bewegen den menschlichen Körper und seine Organe.

Muslime
siehe Islam

Myanmar

Myanmar (bis 1989 Birma) liegt in →**Südostasien**. Die meisten seiner Bewohner arbeiten in der →**Landwirtschaft** und gehören dem →**Buddhismus** an. Im 20. Jh. gab es immer wieder Unruhen und →**Bürgerkriege**. 1993 berief die militärische Führung einen Konvent (Versammlung) zur Ausarbeitung einer →**Verfassung** ein, was aber zu keinem Ergebnis führte.

Myanmar
Staatsform: Militärregime
Hauptstadt: Rangun (Yangon)
Fläche: 678 528 km²
Einwohner: 51 Mio.
Sprache: Birmanisch
Währung: Kyat

Mythen und Sagen

Mythen und Sagen sind sehr alte Geschichten über Helden. Viele davon sind bis heute bekannt, z. B. die Heldengedichte „Ilias" und „Odyssee" des griechischen Dichters →**Homer**.

◄ Eines der frühesten Musikinstrumente war diese Rassel aus einem Knochen und einem Strick. Wenn man sie über dem Kopf herumschleudert, erklingen eigenartige, kreischende Töne.

Musik

Der Begriff „Musik" stammt von dem griechischen Wort „mousike", das die Künste Tanz, Musik und Dichtung zusammenfasste. Obwohl der genaue Ursprung der Musik unklar ist, vermuten Musikforscher, dass die Menschen bereits in der Steinzeit Musik kannten. Im Lauf der Zeit entwickelten die Menschen die Musik zu einer Kunstform.

▲ Dieses Bild zeigt das Wunderkind Wolfgang Amadeus Mozart beim Klavierspiel während einer Reise an die großen europäischen Fürstenhöfe.

Musikgeschichte

In Europa entstand die Kunstmusik in den Klöstern und Kirchen des Mittelalters. Um das Jahr 900 hatte sich hier eine Art des Mönchgesangs durchgesetzt, die man den gregorianischen Gesang nennt. Zugleich kam auch die Mehrstimmigkeit auf, bei der die Mönche zwei oder mehrere Melodien zur gleichen Zeit sangen. Auch die ersten Musiknoten, mit denen diese Gesänge aufgeschrieben wurden, stammen aus dem 9. Jh. Nun konnten Musikstücke verbreitet werden.

◄ Ein Gamelan ist ein Orchester, wie es in dem asiatischen Inselstaat Indonesien typisch ist. Es umfasst bis zu 40 Trommeln, Gongs, Xylofone und Glockenspiele. Auch viele Musikliebhaber aus Europa lieben die magisch klingende Musik dieser Instrumente.

In der Renaissance (15. und 16. Jh.) wurde neben der Kirchenmusik die weltliche Musik immer wichtiger. Da die Musiker nun zum ersten Mal reine Instrumentalmusik spielten, stellten sie in dieser Zeit auch die ersten Orchester zusammen. Für diese Orchester entstanden viele neue Instrumente wie Geige, Viola und Cello.
Im Zeitalter des Barock (etwa 1600–1750) schrieben immer mehr Komponisten Opern und Instrumentalstücke. Die Musik entwickelte sich zu einer allgemein anerkannten Kunst. Noch heute hören wir die Werke von Komponisten wie Claudio Monteverdi (1567–1643), Antonio Vivaldi (1678–1741), Georg Friedrich Händel (1685–1759) und Johann Sebastian Bach (1685–1750). Ihr Musikstil ist prunkvoll und dramatisch, ganz ähnlich wie die Architektur dieser Zeit.
In den folgenden Jahren und v. a. in der Epoche der musikalischen Klassik (ca. 1780–1827) rückte das Klavier in den Mittelpunkt der Instrumentalmusik. Die Musik war nun geprägt von sanglichen Melodien und ausgewogenen Harmonien. Weil die berühmtesten Komponisten dieser Zeit, Joseph Haydn (1732–1809), Wolfgang Amadeus Mozart (1756–1791) und Ludwig van Beethoven (1770–1827), alle in Wien lebten, nennt man diese Epoche auch Wiener Klassik.
Zu Beginn des 19. Jh. trat dann der Ausdruck von Gefühlen und Empfindungen in den Vordergrund. Viele Komponisten nahmen ganz bewusst Bezug auf die romantische Dichtung ihrer Zeit, weswegen man diese Musikepoche als Romantik bezeichnet. Die wichtigsten Komponisten waren Franz Schubert (1797–1831), Hector Berlioz (1803–1869), Felix Mendelssohn-Bartholdy (1809–1847), Robert Schumann (1810–1856), Frédéric Chopin (1810–1849), Giuseppe Verdi (1813–1901), Richard Wagner (1813–1883), Johannes Brahms (1833–1897) und Peter Tschaikowsky (1840–1893). Sie schufen Werke der verschiedensten Gattungen.

◄ Die Etrusker, ein Nachbarvolk der Römer, spielten bereits auf Instrumenten wie Lyra und Doppelflöte und machten damit eine kunstvolle Musik.

▲ Richard Wagner gründete 1872 die Bayreuther Festspiele, für die er eigens das berühmte Opernhaus bauen ließ. Es bot die idealen Voraussetzungen für die Inszenierung seines aufwendigen Werks „Der Ring des Nibelungen", das hier 1876 zum ersten Mal aufgeführt wurde.

Moderne Musik

Seit Ende des 19. Jh. wurden viele verschiedene Musikrichtungen ins Leben gerufen, wie z. B. Blues, Jazz, Pop- und Rockmusik, Reggae und Rhythm and Blues. In der klassischen Musik brachen die Komponisten mit dem traditionellen Gebrauch der Tonarten (Dur oder Moll) und experimentierten mit Rhythmen und Instrumenten. Bedeutend wurde die Zwölftonmusik Arnold Schönbergs (1874–1951), auf die moderne Komponisten bis heute immer wieder zurückgreifen. Igor Strawinsky (1882–1971) nahm in seinen Werken traditionelle Stile und Formen auf, um sie melodisch und rhythmisch zu verändern, ebenso wie Maurice Ravel (1875–1937) oder

Sergej Prokofjew (1891–1953). Richard Strauss (1864–1949) erlangte v. a. mit seinen feinfühligen Opern Weltruhm.
Karlheinz Stockhausen (geb. 1928) und Pierre Boulez (geb. 1925) entwickelten aus der Zwölftonmusik den strengen Stil der seriellen Musik. Stockhausen schuf zudem die elektronische Musik, bei der er Ton-

▲ Im Metropolitan Opernhaus in New York (auch „Met" genannt) werden Opern und Ballette aufgeführt. Für jede Vorstellung arbeitet ein Team von etwa 1000 Mitarbeitern.

bandaufnahmen veränderte und mit elektronisch erzeugten Tönen vermischte. Boulez setzte als erster Komponist den Computer ein. Einen anderen Weg beschritt John Cage (1912–1992), indem er z. B. klassische Instrumente wie das Klavier so präparierte, dass völlig neue Klänge entstanden. Zu den vielen weiteren Musikrichtungen zählen die Minimal Music, in der sich Rhythmen und Melodien ständig ganz leicht verändert wiederholen, und die Musik der Postmoderne, bei der alte und neue Musikstile miteinander kombiniert werden.

Musikinstrumente

Man kann die Musikinstrumente in fünf Gruppen unterteilen: Die Holzblasinstrumente erzeugen Töne durch die schwingende Luft, die durch ihr Inneres strömt, bzw. durch ein Rohrblatt, das am Mundstück angebracht ist. Zu dieser Gruppe gehören u. a. Fagott, Klarinette, Oboe und die Flöten wie Block- oder Altflöte.
Bei den Blechblasinstrumenten, wie z. B. Tuba, Posaune und Trompete, lassen die Lippen des Spielers die Luft im Innern der Instrumente schwingen. Bei Saiteninstrumenten bringt man die Saiten durch das Darüberstreichen mit einem Bogen zum Schwingen, wie bei Cello, Viola oder Geige, oder man zupft die Saiten wie bei der Gitarre und der Harfe.

► Eine klassische Rock- oder Popband ist besetzt mit einem Keyboard, einer elektrischen Gitarre (rechts), einer Bassgitarre und einem Schlagzeug (links).

Bei den Schlaginstrumenten wird ein fester Körper aus Holz oder Metall oder eine Haut, die über einen Rahmen gezogen ist, mit einem Klöppel, Metallbesen oder Ähnlichem geschlagen. Schlaginstrumente sind z. B. Triangel, Becken, Pauken, Tamburin und Xylofon.
Zu den Tasteninstrumenten gehören u. a. Klavier, Cembalo und Orgel. Man kann darauf zwei Melodien gleichzeitig oder eine Melodie mit Begleitung spielen, aber auch leise oder laute Akkorde und rasche oder langsame Tonläufe. Man kann sie auch zu zweit, also vierhändig, spielen. Die elektronischen Tasteninstrumente fasst man unter dem englischen Begriff Keyboards zusammen.

Musiktheater

Die Oper ist ein Schauspiel mit Musik. Die Darsteller sind Sänger, die von einem Orchester begleitet werden. Die erste Oper wurde vor ungefähr 400 Jahren in Italien aufgeführt. Opern von Händel, Mozart, Gioacchino Rossini (1792–1868), Verdi, Wagner und Giacomo Puccini (1858–1924) werden noch heute aufgeführt.
Die Operette ist eine Art kleine und heitere Oper. Sie fand ab den 1880er-Jahren großen Anklang beim Publikum. Die Handlung ist überwiegend komisch und unterhaltsam. Im Unterschied zur klassischen Oper werden viele Dialoge gesprochen und die Darsteller geben Tanzeinlagen.
Das Musical entwickelte sich um 1900 als eine Mischung aus Operette, Sprechdrama, Revue und Varietétheater. Es erfreut sich heute großer Beliebtheit.

Zum Weiterlesen

Bach, Beethoven, Blues, Flöte, Geige, Gitarre, Händel, Harfe, Haydn, Jazz, Klarinette, Klavier, Konzert, Mozart, Orchester, Orgel, Percussion, Pop- und Rockmusik, Rhythmus, Schall, Synthesizer, Tanz, Trompete, Wagner, Xylofon

▲ Die meisten Nadelbäume weisen eine kegelförmige Gestalt auf: Von einem geraden Stamm gehen waagrechte Äste ab, die nach oben hin gleichmäßig kürzer werden.

Nacht siehe Tag und Nacht

Nadelbäume

Wie die →**Laubbäume** vermehren sich die Nadelbäume durch →**Samen**. Sie gehören jedoch zu den Nacktsamern. Das bedeutet, dass ihre Samen nicht in einer →**Frucht** eingeschlossen sind. Sie bilden sich vielmehr an den Zapfen heran. Zapfen sind verholzte →**Blüten** und typisch für die Nadelbäume. Ebenfalls charakteristisch sind die schmalen, nadelförmigen →**Blätter**. Der Großteil der Nadelbäume wächst in kühleren Gegenden. Riesige Nadelwälder bedecken weite Teile →**Kanadas** und →**Russlands**.

Nagetiere

Nagetiere bilden die artenreichste Ordnung der →**Säugetiere** und kommen in fast allen Lebensräumen vor. Sie besitzen im Ober- und im Unterkiefer je ein Paar lange, scharfe Schneidezähne. Diese Zähne wachsen ständig nach, gleichzeitig werden sie durch Benagen der Nahrung laufend abgenutzt. Viele Nagetiere nutzen ihre Zähne z. B. auch beim Graben ihrer Baue ab.
Zu den knapp 2000 Nagetierarten zählen →**Mäuse**, →**Stachelschweine**, →**Eichhörnchen** und →**Biber**. Das größte Nagetier ist das südamerikanische Wasserschwein. Es wird 1,25 m lang und mehr als 45 kg schwer. Das kleinste Nagetier →**Europas** ist die nur etwa 7 cm lange Zwergmaus.

Naher Osten

Unter dem Begriff Naher Osten werden mehrere →**Staaten** zusammengefasst, die im Südwesten →**Asiens** liegen. Große Teile dieser Länder werden von →**Wüsten** eingenommen, hinzu kommen zerklüftete →**Gebirge** in der östlichen →**Türkei**. Die Menschen bewohnen vorwiegend die Küstenebenen sowie Täler oder →**Oasen** im Landesinneren. Die beiden wichtigsten →**Flüsse**, Euphrat und Tigris, entspringen in der Türkei, fließen durch →**Syrien** und den →**Irak**, bis sie in den Persischen Golf münden. Mit ihrem →**Wasser** werden Felder bewässert. In manchen Teilen des Nahen Ostens leben →**Nomaden**, die mit ihren Schaf- und Ziegenherden umherziehen. Der wichtigste Rohstoff der Region ist das →**Erdöl**. Allein →**Saudi-Arabien** verfügt über ein Viertel der Weltreserven. Auch der Irak, Kuwait, Katar, →**Oman** und die →**Vereinigten Arabischen Emirate** fördern Erdöl.
Viele Einwohner dieser Länder sind Araber, die dem →**Islam** angehören. In der zweiten Hälfte des 20. Jh. gab es mehrere Kriege zwischen arabischen Ländern und dem jüdischen Staat →**Israel**.

Nahrungskette

Eine Nahrungskette beschreibt, welches Lebewesen was oder wen frisst und von wem es gefressen wird. Jedes Lebewesen ist Teil von einer, die meisten sogar von mehreren Nahrungsketten. Wenn sich Nahrungsketten

▼ Der Nahe Osten ist einer der weltweit wichtigsten Erdölproduzenten. Das Öl wird aus Lagerstätten hochgepumpt, die unter der Wüste liegen.

► Diese Nahrungskette beginnt mit dem Gras, das mithilfe des Sonnenlichts seine eigene Nahrung herstellt. Kaninchen fressen das Gras und werden zur Nahrung des Rotfuchses.

überschneiden, spricht man von Nahrungsnetz. Alle Nahrungsketten beginnen mit den grünen →**Pflanzen**, z. B. →**Gras** oder pflanzlichem →**Plankton**. Mithilfe der →**Energie** des Sonnenlichts stellen die Pflanzen aus →**Wasser** und dem Kohlendioxid der →**Luft** ihre eigene Nahrung her (Traubenzucker). Außerdem brauchen sie einige Nährstoffe aus dem Boden. →**Tiere** können ihre Nahrung nicht selbst herstellen, sie müssen entweder Pflanzen oder andere Tiere fressen. Wenn Pflanzen oder Tiere sterben, werden sie von →**Bakterien** zersetzt. Dabei werden Mineralien frei, die wieder in den Boden gelangen und ihn düngen. Damit stehen den Pflanzen neue Nährstoffe zur Verfügung und die Nahrungskette beginnt aufs Neue.

Nahrungsmittel

Als Nahrungsmittel bezeichnet man alle Stoffe, die der →**Mensch** isst oder trinkt und die sein Leben erhalten. Nahrungsmittel liefern die Baustoffe für →**Zellen** und die →**Energie**, die der Körper benötigt, um sich bewegen und seine Temperatur halten zu können. In den verschiedenen Nahrungsmitteln befinden sich u. a. →**Eiweiß**, →**Fett**, →**Kohlenhydrate**, →**Vitamine und Mineralstoffe**. Um gesund und leistungsfähig zu bleiben, muss der Mensch darauf achten, dass seine →**Ernährung** alle diese Bestandteile enthält. Man kann seine Ernährung aus einer großen Vielfalt an frischen Nahrungsmitteln zusammenstellen und diese vor dem Verzehr sorgfältig zubereiten (z. B. kochen oder braten). Heute werden jedoch immer mehr Nahrungsmittel gekauft, die bereits fertig zubereitet, in Dosen verpackt, eingefroren oder getrocknet sind.

Namibia

Namibia ist ein →**Staat** im Südwesten →**Afrikas**. Entlang der Küste zieht sich die Wüste Namib. Im Inland erhebt sich ein Hochplateau, das von →**Savanne** bedeckt ist. Im Südosten liegt die Kalahari-Wüste.
Die Buschmänner oder San besiedelten schon vor über 30 000 Jahren die →**Wüsten** von Namibia und →**Botsuana**. In jüngster Zeit wurden diese Ureinwohner von internationalen Bergwerksgesellschaften, die →**Diamanten** abbauen, aus vielen ihrer Wohngebiete vertrieben.
Bis ins Jahr 1915 war Namibia eine deutsche →**Kolonie** mit dem Namen Deutsch-Südwestafrika. Als →**Deutschland** diese Kolonie nach dem Ersten →**Weltkrieg** verlor, wurde das Land vom Völkerbund (Vorläufer der →**Vereinten Nationen**) der Aufsicht →**Südafrikas** unterstellt. 1946 sprachen die Vereinten Nationen Südafrika das Recht ab, Namibia zu regieren. Südafrika wollte sich jedoch nicht zurückziehen und erklärte sich erst 1989 bereit, die Macht an die schwarze Mehrheit im Land abzugeben. Doch erst nach einem bewaffneten Aufstand erhielt Namibia 1990 die völlige Unabhängigkeit.

Namibia
Staatsform: Republik
Hauptstadt: Windhoek
Fläche: 824 292 km²
Einwohner: 1,7 Mio.
Spachen: Englisch, Afrikaans, afrikanische Sprachen
Währung: Namibia-Dollar

Nanotechnologie

Das griechische Wort „nanos" bedeutet Zwerg. Als Vorsilbe vor einer Grundeinheit bezeichnet Nano ein Milliardstel. Ein Nanometer (nm) ist also ein milliardstel Meter.
Die Nanotechnologie beschäftigt sich z. B. mit der Entwicklung von Materialien, die Teilchen mit einer Größe von weniger als 100 nm enthalten: Winzige Rußpartikelchen in Autoreifen verringern den Rollwiderstand und den Verschleiß, winzige Teilchen in →**Farben** sorgen für einen schmutzabweisenden Anstrich. Doch die Nanotechnologie ist nicht nur auf das Gebiet der Technik beschränkt. Sie ist fächerübergreifend und spielt auch für →**Physik**, →**Chemie**, →**Medizin** und →**Elektronik** eine Rolle. Allgemein lässt sich sagen, die Nanotechnologie widmet sich der Untersuchung, der Herstellung und der Anwendung von Strukturen, deren Abmessungen sich im Größenbereich von 10 bis 100 nm bewegen. Das Besondere dabei ist, dass durch diese winzigen Abmessungen Wirkungen auftreten, die bei größeren Strukturen nicht zu beobachten sind. Viele Wissenschaftler sind der Meinung, dass die Nanotechnologie das Leben in der Zukunft nachhaltig verändern und gestalten wird.

Napoleon I. Bonaparte

Für einige Jahre beherrschte Napoleon (1769–1821) große Teile →**Europas**: Der ehemalige Revolutionsgeneral, der sich selbst zum Kaiser →**Frankreichs** krönte, bereitete →**Österreich** und den →**Habsburgern**, →**Preußen** und →**Russland** zwischen 1805 und 1807 vernichtende Niederlagen. Sein Stern begann jedoch zu sinken, als 1812 Tausende französischer Soldaten während des Russlandfeldzugs verhungerten und erfroren. Daraufhin kam es in den besetzten Ländern zu Erhebungen gegen Napoleon, die 1813 zur Großen Völkerschlacht bei Leipzig führten. Die verbündeten europäischen Heere marschierten nach ihrem Sieg in Paris ein und Napoleon wurde auf die →**Insel** Elba verbannt. Als Napoleon 1815 noch einmal aufbegehrte, wurde er in der Schlacht bei Waterloo (1815) endgültig besiegt. Für den Rest seines Lebens wurde er auf die Insel Sankt Helena verbannt, wo er 1821 starb.

▼ Napoleon war zunächst Brigadegeneral der französischen Revolutionstruppen und übernahm schließlich die alleinige Macht in Frankreich. Er strebte die Herrschaft über ganz Europa an. Bei den alten europäischen Adelsdynastien galt er als Emporkömmling.

Nase

Die Nase hat zwei Aufgaben: Sie ist bei Menschen und Tieren Teil des Atmungssystems und Geruchsorgan.
Durch die Nase wird Atemluft aufgenommen. Diese wird in der Nase angewärmt und über die Luftröhre in die →**Lunge** geleitet. Winzige Härchen und die feuchte Nasenschleimhaut in der Nasenhöhle halten dabei Staubteilchen zurück.
Wenn man durch die Nase atmet, gelangt die →**Luft** auch auf die Riechschleimhaut. Dort sitzen etwa 20 Millionen Riechzellen mit Sinneshärchen oder Sensoren. Diese werden von Duftstoffen gereizt, die sich in der Luft befinden. Die Riechzellen senden diese Reize an den Riechkolben im hinteren Teil der Nase. Hier werden sie sortiert und über den Riechnerv an das →**Gehirn** geschickt. Das Gehirn verarbeitet die einzelnen Geruchsreize und entscheidet, ob etwas gut oder schlecht riecht. Der Mensch kann etwa 4000 Gerüche unterscheiden. Der →**Geruchssinn** ist auch ein wichtiger Teil des →**Geschmackssinns**.

Nasenbeutler

Nasenbeutler leben in →**Australien** und →**Neuguinea**. Sie gehören zu den →**Beuteltieren**. Wie bei allen Beuteltieren üblich, besitzen weibliche Nasenbeutler Hautbeutel, in denen sich ihre Jungen entwickeln. Nasenbeutler haben ein graubraunes Fell und ähneln in Aussehen und Größe den →**Ratten**, können aber auch größer werden. Die →**Allesfresser** bauen sich ihre →**Nester** in unterirdischen Bauen.

Nashörner

Zur urtümlichen Familie der Nashörner gehören fünf →**Arten**, die in →**Afrika** oder →**Südostasien** vorkommen. Das afrikanische Breitmaulnashorn ist zusammen mit dem →**Nilpferd** das größte Landtier nach dem →**Elefanten**. Es kann 4 m lang und 2,3 t schwer werden.
Nashörner zeichnen sich durch einen massigen Körper aus, der von einer dicken, lederartigen Haut bedeckt ist. Auf dem Nasenbein tragen diese →**Säugetiere** ein oder zwei →**Hörner** aus verhornter Oberhaut. Diese Hörner werden bis zu 1,5 m lang. Nashörner ernähren sich von Laub und →**Gras**. Um ihren großen Körper zu versorgen, müssen sie viel fressen. Die meist als Einzelgänger lebenden Tiere markieren ihr Revier und wechseln es selten.
Nashörner sind durch Lebensraumzerstörung und Wilderei vom Aussterben bedroht. In →**China** z. B. gilt das Horn des Tieres als →**Medikament**. Tatsächlich aber hat es keine heilende Wirkung.

Nationalpark

Ende des 19. Jh. hat man begonnen, Naturlandschaften zu schützen. Es wurden erste Naturschutzgebiete als Rückzugsgebiete für →**Tiere** und →**Pflanzen** ausgewiesen. Eingriffe des Menschen sollten dort möglichst unterbleiben. Inzwischen gibt es viele solcher Gebiete. Sie reichen vom Landschaftsschutzgebiet über Naturparks bis hin zu Nationalparks. Für sie gelten jeweils genaue Regeln. Am strengsten sind die Vorschriften in reinen Naturschutzgebieten. Die Nationalparks stehen Besuchern offen und die Vorschriften sind daher etwas lockerer als in streng geschützten Gebieten.
Als Vorbild für spätere Nationalparks diente der Yellowstone-Nationalpark, der schon 1876 in den USA gegründet worden war. In der Folge entstanden weltweit Nationalparks, z. B. der berühmte Serengeti-Nationalpark in →**Tansania**. Der erste dieser Parks in →**Deutschland** war der Nationalpark Bayerischer Wald, der 1970 eröffnet wurde. Inzwischen gibt es 15 deutsche Nationalparks. Am größten ist der Nationalpark Schleswig-Holsteinisches Wattenmeer mit einer Fläche von 2850 km^2.

Nationalsozialismus

Der Nationalsozialismus war eine politische Bewegung, die in →**Deutschland** nach dem Ersten →**Weltkrieg** entstand und von Adolf Hitler (1889–1945) und seiner Partei angeführt wurde. Von 1933 bis 1945 herrschte in Deutschland eine nationalsozialistische →**Diktatur**.

Die Nationalsozialistische Deutsche Arbeiterpartei (NSDAP) vertrat eine nationalistische Haltung, d. h., das Wohlergehen des eigenen →**Staates** war das alles bestimmende Ziel. Die Interessen aller anderen Staaten und auch die →**Menschen**- und →**Bürgerrechte** des Einzelnen im eigenen Land galten dagegen nichts. Als Feindbilder wurden v. a. die Juden, aber auch die Kommunisten aufgebaut.
Vorbild für den nationalsozialistischen Staat war der italienische →**Faschismus**. Im November 1923 versuchte Hitler, mit einem Putsch die Macht an sich zu reißen. Das misslang jedoch und er kam in Haft. Nach seiner Freilassung 1924 strebte Hitler an, durch Wahlen an die Macht zu kommen und 1932 schließlich war die NSDAP stärkste Partei. Die wirtschaftlich und politisch schwierige Situation, in der sich Deutschland nach dem verlorenen Ersten Weltkrieg befand, begünstigte diesen Aufstieg. Am 30. Januar 1933 wurde Hitler Reichskanzler. Bald wurden alle anderen Parteien und die Gewerkschaften verboten. Politische Gegner verfolgte das Regime und sperrte sie in Konzentrationslager. Oft wurde die Todesstrafe verhängt.
Hitlers aggressive Außenpolitik mündete in den Zweiten Weltkrieg. Juden aus Deutschland und den besetzten Gebieten wurden vertrieben und zu Millionen in Konzentrations- und Vernichtungslagern ermordet. Ein ähnliches Schicksal erlitten Sinti und Roma. Auch andere Gruppen, die nicht ins Weltbild der Nationalsozialisten passten (z. B. Homosexuelle und Behinderte), fielen dem Terror zum Opfer. Der millionenfache Massenmord der Nationalsozialisten gehört zu den größten Verbrechen der Menschheitsgeschichte.
Mit dem Zusammenbruch Deutschlands nach dem Zweiten Weltkrieg endete die nationalsozialistische Diktatur.

◄ Nashörner sehen nicht gut. Dafür sind ihr Gehör und ihr Geruchssinn sehr gut entwickelt.

NATO

NATO ist die Abkürzung von North Atlantic Treaty Organization (deutsch: Organisation des Nordatlantikvertrags). Sie wurde nach dem Zweiten →**Weltkrieg** als Verteidigungsbündnis gegründet. 1949 schlossen zwölf Länder einen Vertrag, in dem sie sich gegenseitige Hilfe bei Angriffen zusicherten und eine gemeinsame Verteidigungsstrategie vereinbarten. Die Unterzeichner waren →**Belgien**, →**Dänemark**, →**Frankreich**, →**Großbritannien**, →**Island**, →**Italien**, →**Kanada**, →**Luxemburg**, die →**Niederlande**, →**Norwegen**, →**Portugal** und die →**Vereinigten Staaten von Amerika**. 1952 schlossen sich →**Griechenland** und die →**Türkei** an, 1955 die Bundesrepublik →**Deutschland** und 1982 →**Spanien**. Im Jahr 1999 kamen die →**Tschechische Republik**, →**Ungarn** und →**Polen** hinzu.

Ziele des Bündnisses sind die gegenseitige militärische Unterstützung und die Erhaltung des Friedens. Jedes Mitglied stellt Soldaten und Material für die NATO-Streitkräfte.

Der Zusammenbruch des →**Kommunismus** in Osteuropa und die Auflösung des Warschauer Paktes im Jahr 1991 stellten die NATO vor die Aufgabe, ihre Rolle neu zu überdenken. Als Aufgaben für die Zukunft wurden die Friedenssicherung in Krisengebieten, vorausschauende Konfliktverhütung und der Einsatz in Krisenregionen im Auftrag der →**Vereinten Nationen** festgelegt.

Naturwissenschaften

Unter Naturwissenschaften versteht man alle Wissenschaften, die sich mit der Erforschung der Natur (oder eines Teils davon) befassen und versuchen, Naturgesetze zu erkennen. →**Astronomie**, →**Biologie**, →**Chemie**, →**Geologie** oder →**Physik** sind z. B. Naturwissenschaften.

Wissenschaftler untersuchen oder beobachten ihren Forschungsgegenstand (das, was sie erforschen) sehr sorgfältig, um möglichst viel darüber herauszufinden. Dann entwickeln sie eine Theorie, die erklären soll, woraus dieser Gegenstand besteht, wie er funktioniert oder sich verhält. Anschließend überprüfen sie durch Versuche die Richtigkeit ihrer Theorie. Wenn die Ergebnisse der Versuche die Theorie bestätigen, können allgemein gültige Gesetze aufgestellt werden. Manchmal wird ein solches Naturgesetz abgeändert, weil Forscher neue Dinge entdeckt haben.

Mit dem Studium der Natur begann man schon früh, etwa im alten →**Griechenland** und in →**China**. Im →**Europa** des →**Mittelalters** bestimmte die →**Religion** das Leben sehr stark. Wissenschaftlicher Fortschritt wurde dadurch gebremst. Doch in der →**Renaissance** wurden Entdeckungen gemacht, die das Leben und Denken der Menschen nachhaltig veränderten. Das Tempo dieser Entwicklung beschleunigte sich in der →**Industriellen Revolution** und hat sich seither noch weiter gesteigert.

Navigation

Navigation ist das Lenken von Fahrzeugen sowie die dazu notwendige Bestimmung des eigenen Standorts (Position) und Kurses. Sie spielt v. a. in der →**Luftfahrt** und für →**Schiffe** eine wichtige Rolle. Jahrhundertelang fanden sich die Navigatoren auf hoher See anhand der wechselnden Positionen der →**Sonne** und der →**Sterne** zurecht. Das war möglich, weil die Sonne immer im Osten auf- und im Westen untergeht und der Polarstern immer den Norden anzeigt.

1990 wurde das Globale Positionierungssystem (→**GPS**) eingeführt, die modernste Art

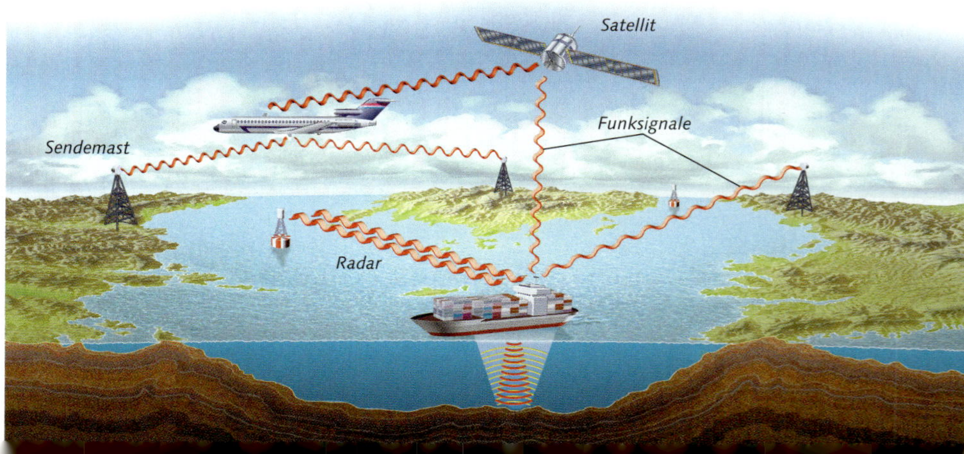

► Für eine sichere Navigation stehen Schiffen und Flugzeugen heute mehrere Methoden zur Verfügung. Meistens übernehmen Computer die Auswertung der verschiedenen Signale.

← Dieses Bild zeigt Neptun am Horizont seines Mondes Triton. Auf Triton gibt es Geysire, die flüssigen Stickstoff in die Atmosphäre schleudern.

der Positionsbestimmung. Es arbeitet mit 24 →**Satelliten**, die mit Atomuhren ausgestattet sind. Aus der Zeit, die die Signale von drei Satelliten zu einem Empfänger benötigen, lässt sich dessen Standort bestimmen. Daneben gibt es noch viele andere Orientierungsmöglichkeiten.
Leuchttürme an der →**Meeresküste** und Bojen (Schwimmkörper) im Wasser dienen der Sichtnavigation bei Schiffen. Funktürme senden (wie beim →**Rundfunk**) Signale aus. Empfänger an Bord von Schiffen und Flugzeugen fangen die Signale auf. Aus deren Laufzeit und Richtung lässt sich die Position des Fahrzeugs durch →**Computer** berechnen. Eine wichtige Navigationshilfe v. a. bei schlechter Sicht ist das →**Radar**. Ein Radargerät sendet Wellen aus, die von Hindernissen reflektiert (zurückgeworfen) werden. Aufgrund dieses Echos lässt sich der Weg an den Hindernissen vorbei finden. Ein Echolot sendet Schallwellen in die Tiefe. Sie werden reflektiert und aus der Zeit, die sie zur Rückkehr brauchen, kann die Wassertiefe ermittelt werden. Das ist v. a. in seichten Gewässern wichtig. Seit über 250 Jahren benutzen Seeleute Sextanten, um den Winkel zwischen einem Himmelskörper und dem Horizont zu messen und daraus die Position des Schiffes zu berechnen. Nicht zuletzt sind →**Karten** und →**Kompass** wichtige Navigationsinstrumente.

Nepal

Nepal ist ein Gebirgsland zwischen →**Indien** und →**Tibet**. Der Norden des Landes ist Teil des →**Himalajas**. Die meisten Einwohner leben im fruchtbaren Haupttal von der Zucht ihrer →**Schafe**, →**Ziegen** und →**Yaks**. Die Hauptstadt Kathmandu, gleichzeitig die einzige Stadt des Landes, liegt auf einer Höhe von 1340 m. Der Tourismus gehört zu den wichtigsten Einnahmequellen Nepals. Menschen aus der ganzen Welt kommen hierher, um den →**Mount Everest** zu besteigen, den höchsten Berg der Welt. Ansehen und Einfluss der königlichen Herrscherfamilie haben stark gelitten, als im Jahr 2001 der Kronprinz seine Eltern und andere Familienmitglieder ermordete.

Nepal
Staatsform: Republik
Hauptstadt: Kathmandu
Fläche: 147 181 km²
Einwohner: 23,4 Mio.
Sprachen: Nepali, Maithili, Bihari
Währung: Nepalesische Rupie

Neptun

Neptun ist von der →**Sonne** aus gesehen der achte →**Planet** des →**Sonnensystems**. Aufgrund seiner großen Entfernung von der Sonne ist es auf dem Planeten sehr kalt. Neptun ist wie →**Jupiter**, →**Saturn** und →**Uranus** ein Gasplanet, der keine feste Oberfläche besitzt. Seine →**Atmosphäre**, die hauptsächlich aus →**Wasserstoff** und Helium besteht, enthält auch Methan. Dieses →**Gas** lässt den Planeten blau erscheinen, weshalb er den Namen des römischen Meeresgottes erhielt. Neptun hat elf →**Monde** und ein Ringsystem. Sein größter Mond ist Triton. Er kreist entgegen dem Drehsinn seines Mutterplaneten.
Neptun war der erste Planet, der mithilfe von mathematischen Berechnungen nachgewiesen wurde, noch bevor man ihn im →**Teleskop** gesehen hatte. Der englische Astronom John Adams (1819–1892) und der Franzose Urbain Leverrier (1811–1877) hatten unabhängig voneinander errechnet, dass die Bahn des Uranus von einem nahen Planeten beeinflusst sein musste. Aufgrund dieser Berechnungen konnten deutsche Astronomen Neptun 1846 erstmals betrachten.

Daten zu Neptun
Durchschnittliche Entfernung zur Sonne: 4,5 Mrd. km
Kleinste Entfernung zur Erde: 4,3 Mrd. km
Durchschnittstemperatur: –210 °C
Durchmesser am Äquator: 48 400 km
Atmosphäre: 85 % Wasserstoff, 13 % Helium, 2 % Methan
Zahl der Monde: 11
Tageslänge: 18 Stunden
Jahreslänge: 164,8 Erdjahre

Nerven

Nerven sind Leitungsbahnen, die für die Informationsübertragung im Körper zuständig sind. Sie bestehen aus →**Zellen**, die man Neuronen nennt. Die Nerven bilden ein verzweigtes Netz, das sich durch den gesamten Körper zieht, das Nervensystem. Man unterscheidet zwischen dem zentralen Nervensystem (ZNS), das sich aus →**Gehirn** und Rückenmark zusammensetzt, und dem peripheren (äußeren) Nervensystem, das die Körperteile mit dem Rückenmark verbindet. Auch die Nerven selbst werden in zwei Gruppen unterteilt: Die sogenannten sensorischen Nerven leiten Signale von den →**Sinnen** an das ZNS. Die motorischen Nerven übertragen Signale vom ZNS zu den ausführenden Körperteilen, beispielsweise den Armen und Beinen.
Nerven sind von einer Fettschicht umhüllt, der Myelinscheide. Ohne diese Hülle können die Zellen ihre Signale nicht korrekt übermitteln. Menschen, die an Multipler Sklerose (MS) leiden, verlieren die Kontrolle über ihre →**Muskeln**, weil die →**Krankheit** die Myelinscheiden zerstört.

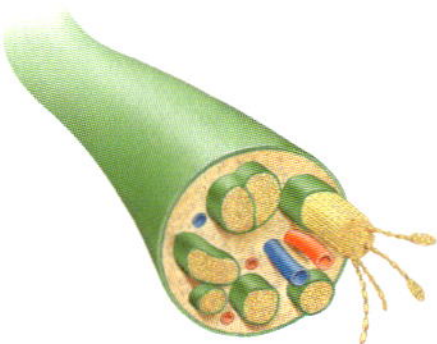

▲ Nerven bestehen aus Bündeln von Nervenzellen. Sie übermitteln Signale zwischen den Körperteilen und dem Gehirn.

Nesseltiere

Diese →**Tiere** werden auch Hohltiere genannt, da sie einen hohlen Körper mit nur einer Öffnung in der Körperwand besitzen. Außerdem haben sie Fangarme (Tentakel), an denen Nesselkapseln sitzen. Aus diesen kommt das →**Gift**, mit dem sie Beutetiere lähmen. Mit den Fangarmen befördern sie die Beute dann zur Mundöffnung. Die meisten Nesseltiere leben im →**Meer**. Man unterscheidet Polypen mit einem schlauchförmigen Körper, →**Quallen** und Blumentiere, die Pflanzen ähneln.

Nest

Viele →**Tiere** errichten Wohnbauten, um sich und ihre Jungen vor Feinden und der Witterung zu schützen. Diese Bauten nennt man Nester. Die bekanntesten Nester sind diejenigen der →**Vögel**. Sie werden gebaut, wenn das Weibchen kurz davor steht, →**Eier** zu legen, und dienen meist nur zur Aufzucht der Brut. Vogelnester gibt es in unterschiedlichsten Formen und aus verschiedensten Materialien: Wasserhühner z. B. bauen ihre Nester auf Steinen oder Ästen, die aus dem Wasser ragen. Der südamerikanische Töpfervogel errichtet sein Nest, das die Form eines Topfes hat, aus Lehm und Gras.
Einige →**Säugetiere** wie →**Eichhörnchen**, →**Igel** oder Hamster legen Nester an, in denen sie den Winter verbringen. Manche →**Affen**, z. B. die →**Menschenaffen**, bauen sich reine Schlafnester.
Die ausgefeiltesten Nester stellen einige Insektenarten her. Sie sind häufig für eine große Gruppe von →**Insekten** bestimmt und werden oft jahrelang bewohnt. So leben etwa die meisten →**Bienen** in wächsernen Bienenstöcken. Wespennester hingegen haben dünne Wände. Ihr papierähnliches Baumaterial besteht aus Pflanzenteilen, die mit Speichel aufgeweicht wurden. →**Termiten** wiederum bauen ihre hohen Nester aus Lehm.

◄ Das Männchen des Webervogels webt ein Nest aus Grashalmen. Gefällt einem Weibchen ein Nest, polstert es dieses mit seinen Federn aus und paart sich mit dem Männchen.

Neuguinea

Die Insel Neuguinea gehört zu den größten →**Inseln** der →**Erde**. Sie liegt im →**Pazifischen Ozean**, nördlich von →**Australien**. Vermutlich kamen die Vorfahren der heutigen Einwohner vor rund 40 000 Jahren aus →**Südostasien** auf die Insel und entwickelten eine charakteristische Lebensweise, der sie bis heute treu geblieben sind: Sie züchteten →**Schweine** und bauen Jamswurzeln an.
Die Insel gehört zu den regenreichsten Gegenden der Welt mit Sumpfwäldern und Mangroven an der Küste. Die meisten Einwohner leben im zentralen Hochland.
Da die Bewohner vieler Dörfer über Jahr-

hunderte isoliert lebten, konnten sich rund 760 Sprachen entwickeln.
Politisch ist die Insel zweigeteilt: Der westliche Teil (West-Papua, früher Irian Jaya) gehört zu →**Indonesien**, der östliche Teil ist das seit 1975 selbstständige →**Papua-Neuguinea**, das früher zu Australien gehörte.

Neuseeland

Neuseeland
Staatsform: Parlamentarische Monarchie
Hauptstadt: Wellington
Fläche: 270 534 km²
Einwohner: 3,8 Mio.
Sprachen: Englisch, Maori
Währung: Neuseeland-Dollar

Neuseeland ist ein Inselstaat im →**Pazifischen Ozean**, 1600 km südöstlich von →**Australien**. Die nördliche der beiden Hauptinseln ist für ihre →**Vulkane** und heißen Quellen berühmt. Die Südinsel wird durch den Gebirgszug der Südalpen und zahlreiche →**Seen** geprägt.
In Neuseeland herrscht ein mildes, feuchtes →**Klima**. In den Tälern und auf den Ebenen der beiden →**Inseln** werden Äpfel, →**Getreide** und →**Gemüse** angebaut. Auf den riesigen Weideflächen grasen →**Schafe** und →**Rinder**. Neuseeland ist mit seinen rund 45 Millionen Schafen der weltweit drittgrößte Produzent von Lammfleisch und Schafwolle.
Die Einwohner werden nach dem hier heimischen flugunfähigen →**Vogel** auch scherzhaft →**Kiwis** genannt. Etwa 85% der Neuseeländer leben in Städten. Auckland ist die größte Stadt und liegt auf der Nordinsel.
Viele Einwohner Neuseelands stammen von britischen Kolonisten ab, die sich ab 1769 auf den Inseln ansiedelten. Lange vor ihnen lebten hier bereits die polynesischen Maori, die von anderen →**pazifischen Inseln** kamen. Gegen Ende des 19. Jh. waren die Maori durch Kriege und Krankheiten fast verschwunden, doch inzwischen nimmt ihre Zahl wieder zu. Sie und die Nachkommen aus Mischehen machen etwa 14% der →**Bevölkerung** aus. Die Regierung hat den Maori Land zurückgegeben und Maori wird auch als offizielle Sprache in der Schule gelehrt.

Neuzeit

Als Neuzeit bezeichnet man die Epoche, die sich an das →**Mittelalter** anschließt. Der Beginn der Neuzeit liegt zwischen 1450 und 1500 und fällt mit den ersten großen Fahrten der →**Entdecker** zusammen. Der bis dahin beherrschende Einfluss der →**Religion** auf das politische und kulturelle Leben schwand in dieser Zeit. Stattdessen vertrauten die Menschen zunehmend der eigenen Vernunft als Richtschnur für ihr Handeln und Denken. Das Bürgertum gewann an Macht und trat in Konkurrenz zu Adel und Geistlichkeit. Die erste Phase der Neuzeit endet mit der →**Französischen Revolution** im Jahr 1789. Danach begann das sogenannte bürgerliche Zeitalter. Es war geprägt von der →**Industriellen Revolution** mit ihrem technischen Fortschritt und der Verarmung der Arbeiterschaft. Mit der →**Russischen Revolution** von 1917 unter Lenin (1870–1924) und dem Erstarken der →**Vereinigten Staaten von Amerika** verlor →**Europa** seine Vormachtstellung. Die jüngste Phase der Neuzeit bezeichnet man auch als →**Zeitgeschichte**.

Newton, Sir Isaac

Isaac Newton (1642–1727) gilt als bedeutendster Wissenschaftler der →**Neuzeit**. Ihm sind entscheidende Erkenntnisse in den Bereichen →**Mathematik**, →**Optik**, Bewegungslehre und →**Astronomie** zu verdanken. Er entwickelte die Infinitesimalrechnung (diese ermöglicht die Berechnung sich dauernd verändernder Größen), entdeckte die Brechung von weißem →**Licht** und konstruierte das erste Spiegelteleskop. Als sein Hauptwerk gelten die „Principia" (1687), in denen Newton seine Gravitationstheorie formulierte. Diese besagt, dass auf alle Körper im Weltraum (und auf der →**Erde**) eine Kraft wirkt, die →**Schwerkraft** oder Gravitationskraft. Die „Principia" bildeten einen Wendepunkt in der Geschichte der Wissenschaft. Erst Albert →**Einstein** im 20. Jh. wirkte mit seiner →**Relativitätstheorie** ähnlich bahnbrechend.

Nicaragua

Nicaragua
Staatsform: Republik
Hauptstadt: Managua
Fläche: 130 700 km²
Einwohner: 5 Mio.
Sprachen: Spanisch, Kreolisch, Indianersprachen, Englisch
Währung: Córdoba

Nicaragua, ein mittelamerikanisches Land, grenzt im Westen an den →**Pazifischen Ozean** und im Osten an das Karibische →**Meer**. Die karibische Küstenebene ist teilweise mit →**Regenwald** bewachsen. Mitten durch das Land zieht sich eine Gebirgskette. Die meisten Einwohner leben an der flachen Westküste, wo sich das Land besser für die →**Landwirtschaft** eignet. Die wichtigsten Anbauprodukte sind →**Baumwolle**, Kaffee, →**Obst** und Zuckerrohr.
Das Land leidet unter großen wirtschaftlichen Problemen, die teilweise auf Naturkatastrophen zurückgehen. So verwüstete der Hurrikan „Mitch" 1998 große Teile Nicaraguas, es gab Tausende von Toten. Außerdem werden die Gebirgsregionen regelmäßig von →**Erdbeben** heimgesucht.

Niederlande
Staatsform: Parlamentarische Monarchie
Hauptstadt: Amsterdam
Fläche: 41 528 km²
Einwohner: 16,2 Mio.
Sprache: Niederländisch
Währung: Euro

Niederlande

Die Niederlande liegen in Nordwesteuropa. Den westlichen Teil des Landes bildet Holland. Über ein Drittel der Landesfläche liegt tiefer als der Meeresspiegel. Die Niederländer haben dieses Acker- und Weideland trockengelegt und durch Deiche vor dem eindringenden Meerwasser geschützt. Die →**Landwirtschaft** spielt eine große Rolle, Blumen, →**Gemüse** und Milchprodukte werden exportiert. Die Niederlande sind aber auch ein stark industrialisiertes Land, bedeutende Zweige sind →**Chemie**, →**Elektronik** und →**Nahrungsmittel**. Außerdem verfügt das Land über große Erdgasvorkommen.
Die Nähe zum →**Meer** hat dazu geführt, dass die Niederländer auf eine lange und erfolgreiche Tradition als Seefahrer, Händler und Forschungsreisende zurückblicken können. Rotterdam ist der größte →**Hafen** →**Europas**.
Mit über 400 Einwohnern pro Quadratkilometer haben die Niederländer eine der höchsten Bevölkerungsdichten in Europa. Die meisten Menschen leben in der sogenannten Randstad, das ist eine Gruppe von Städten um Rotterdam, Amsterdam und Den Haag.
Die Niederlande sind ein wohlhabendes Land und waren eines der ersten Mitglieder der Europäischen Gemeinschaft (Vorläufer der →**Europäischen Union**).

Nieren

Alle →**Wirbeltiere** besitzen zwei Nieren. Das sind bohnenförmige →**Organe**, die zu beiden Seiten der Wirbelsäule liegen. Die Nieren eines Menschen sind ungefähr so groß wie seine Faust. Aufgabe der Nieren ist es, das →**Blut** zu reinigen und →**Wasser** auszuscheiden. Das Blut fließt durch eine →**Arterie** in die Niere. Diese Arterie verzweigt sich in immer kleinere Äste, in denen dem Blut Abfall- und Schadstoffe sowie überschüssiges Wasser entzogen wird. Als Urin fließt diese Mischung durch einen feinen Kanal, den Harnleiter, in die Blase. Das gefilterte Blut verlässt die Niere durch eine →**Vene**.

Nigeria
Staatsform: Bundesrepublik
Hauptstadt: Abuja
Fläche: 923 768 km²
Einwohner: 120 Mio.
Sprachen: Englisch, Yoruba, Hausa, Igbo, Ful
Währung: Naira

Nigeria

Nigeria liegt in Westafrika. In der breiten Küstenebene am Golf von Guinea herrscht feuchtes →**Klima** mit tropischen →**Regenwäldern** vor, Richtung Norden geht das Land in eine von →**Savannen** bedeckte Plateaulandschaft über. Lagos und Ibadan sind die größten Städte des Landes.
Nigeria ist das bevölkerungsreichste Land →**Afrikas**. Das Bevölkerungswachstum ist enorm und fast die Hälfte der Einwohner ist jünger als 15 Jahre. Den Süden des Landes bevölkern Christen und Anhänger von afrikanischen →**Religionen**. In den nördlichen Bundesstaaten leben vorwiegend Muslime, die 45% der Gesamtbevölkerung ausmachen. Seit 2002 gilt hier auch die islamische Rechtsprechung (Scharia), was immer wieder zu blutigen Zusammenstößen zwischen verschiedenen religiösen Gruppen führt.
Die wichtigsten Ausfuhrgüter des Landes sind →**Erdöl** und →**Erdgas**. Hauptnahrungsmittel sind Jams, Maniok und Hirse. Kakao und Erdnüsse werden für den Export angebaut.
Nach einem Putschversuch wurden im Jahr 1995 internationale Sanktionen gegen Nigeria ausgesprochen, die nach den demokratischen →**Wahlen** im Jahr 1999 wieder aufgehoben wurden.

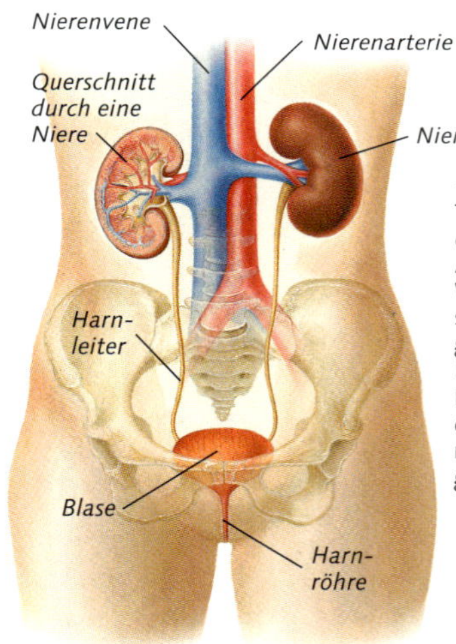

◄ Die Nieren sind Teil eines Systems, das das Blut von Abfallstoffen und Wasserüberschüssen befreit. Diese gelangen über die Harnleiter in die Blase und werden durch die Harnröhre als Urin ausgeschieden.

Nobelpreis

Der Nobelpreis ist ein Preis, der seit 1901 jedes Jahr an Menschen verliehen wird, die sich auf einem bestimmten Gebiet verdient gemacht haben. Je einen Nobelpreis gibt es für Entdeckungen auf den Gebieten →**Physik**, →**Chemie** und →**Medizin**. Auch Verdienste um →**Literatur** und um die Sicherung des Weltfriedens werden mit einem Nobelpreis bedacht. Später kam noch ein Nobelpreis für Wirtschaftswissenschaften dazu. Der Nobelpreis geht zurück auf den schwedischen

◄ Die Tuareg der afrikanischen Sahara sind Nomaden. Sie leben vom Handel mit Kamelen und Ziegen und schlafen in Zelten aus Wollstoff.

Maschinenbauer und Chemiker Alfred Nobel (1833–1896), der das Dynamit erfunden hat. In seinem Testament verfügte er, dass ein Teil seines großen Vermögens für die nach ihm benannten Preise verwendet werden solle.

Nomaden

Menschen, die keine festen Siedlungen bewohnen, nennt man Nomaden. Viele Nomaden leben in Gebieten, die für den Anbau von Nutz- und Futterpflanzen zu trocken sind. Sie halten Nutztiere in Herden und ziehen mit ihnen von Weide zu Weide. Sie wohnen in Zelten oder anderen tragbaren Behausungen. Nomaden gibt es z. B. in den großen **→Wüsten →Afrikas** und **→Asiens** oder in deren Nähe.

Nordamerika siehe Seite 232

Nordirland siehe Großbritannien

Nordkorea

Nordkorea (offiziell Demokratische Volksrepublik Korea) nimmt den nördlichen Teil der koreanischen Halbinsel ein. Diese ragt von **→China** aus nach Süden und trennt das Japanische vom Gelben **→Meer**. Die Halbinsel ist seit 1948 in Nord- und **→Südkorea** geteilt. Nordkorea ist ein gebirgiges Land mit ausgedehnten **→Wäldern**. Die meisten seiner Bewohner arbeiten in der **→Landwirtschaft**, sie bauen v. a. **→Reis** an und züchten Seidenraupen. Auch die Schwerindustrie, insbesondere die Stahlproduktion, ist von Bedeutung. Das Land wird von einer Kommunistischen Partei regiert. Im Krieg gegen Südkorea (1950–1953) wurde der Norden von Truppen des kommunistischen Chinas unterstützt. An der Seite von Südkorea kämpften Truppen der **→Vereinten Nationen** (v. a. der USA). Die Feindseligkeiten blieben auch nach Kriegsende bestehen, doch seit den 1990er-Jahren scheint sich eine Entspannung anzubahnen.

Nordsee

Die Nordsee ist ein Randmeer des **→Atlantischen Ozeans**. Sie liegt zwischen der britischen Ostküste, **→Norwegen**, **→Schweden**, **→Dänemark**, **→Deutschland**, den **→Niederlanden** und **→Belgien** und hat eine Fläche von rund 575 000 km². Mit Ausnahme eines 725 m tiefen Grabens vor Norwegen ist sie durchschnittlich nur 100 m tief. Der Ärmelkanal, eine der meistbefahrensten Meeresstraßen der Welt, verbindet sie im Süden mit dem Atlantik. Die Nordsee ist ein raues, stürmisches **→Meer** mit heftiger Brandung. Der Unterschied zwischen dem höchsten Wasserstand (bei Flut) und dem niedrigsten (bei Ebbe) kann bis zu 7 m betragen. Besonders im Herbst kommt es häufig zu heftigen Sturmfluten. Deshalb hat man die Küsten in den Niederlanden und in Deutschland mit Deichen vor Überflutung geschützt. Früher war die Nordsee sehr fischreich, doch sind die Bestände durch Überfischung stark zurückgegangen. **→Erdöl** und **→Erdgas** haben heute eine viel größere wirtschaftliche Bedeutung als der **→Fischfang**.
Die Ölfelder auf dem Meeresgrund werden v. a. von **→Großbritannien** und Norwegen ausgebeutet.

Normannen siehe Wikinger

Norwegen

Norwegen liegt in Nordeuropa. Es erstreckt sich als schmaler Streifen entlang der Westküste Skandinaviens und ist von **→Gebirgen** bedeckt. Die felsige Küste wird von den tief eingeschnittenen **→Fjorden** geprägt. Die Sommer sind kurz, doch zwei Monate lang geht die Sonne nicht unter. An der Küste sind die Winter durch den warmen **→Golfstrom** feucht und mild, im Innenland und im arktischen Norden wird es bitterkalt.
Das Land verfügt über die größten Erdöl- und Erdgasvorkommen Westeuropas. Die Fischerei ist ein bedeutender Wirtschaftszweig.

Nordkorea
Staatsform: Volksrepublik
Hauptstadt: Pjöngjang
Fläche: 122 762 km²
Einwohner: 23,6 Mio.
Sprache: Koreanisch
Währung: Won

Norwegen
Staatsform: Parlamentarische Monarchie
Hauptstadt: Oslo
Fläche: 385 000 km²
Einwohner: 4,5 Mio.
Sprache: Norwegisch
Währung: Norwegische Krone

▲ Ein Cowboy treibt auf einer texanischen Ranch Rinder zusammen.

Nordamerika

Nordamerika ist nach Asien und Afrika der drittgrößte Kontinent der Erde. Er reicht vom Nordpolarmeer bis zum tropischen Panama im Süden. Neben den beiden großen Ländern Kanada und USA gehören auch die Staaten Mittelamerikas zu diesem Kontinent.

Steckbrief Nordamerika
Fläche: 24 000 000 km²
Höchster Berg: Mount McKinley (Alaska, USA) 6194 m
Tiefster Punkt: Death Valley (Kalifornien, USA) 86 m unter dem Meeresspiegel
Größter See: Oberer See 82 100 km²
Längster Fluss: Mississippi 3779 km
Größte Wüste: Great Basin 492 000 km²
Zahl der Länder: 23
Größtes Land: Kanada
Kleinstes Land: St. Kitts und Nevis
Größte Stadt: Mexiko-Stadt 22 Mio. Einwohner
Einwohner: 480 Mio.

Landschaften

Nordamerika ist ein sehr abwechslungsreicher Kontinent. Sein Klima reicht von der bitterkalten Tundra im Norden bis zu den heißen, trockenen Wüsten und den tropischen Regenwäldern im Süden. Die Rocky Mountains im Westen und die Appalachen im Osten bilden die wichtigsten Gebirgszüge. Im Zentrum des Kontinents dehnt sich die weite Ebene der Great Plains aus, die von den beiden größten Flüssen, dem Missouri und dem Mississippi, durchflossen wird. In Alaska und dem nördlichen Kanada wachsen so gut wie keine Bäume. Etwas weiter südlich in Kanada und Teilen der USA breiten sich jedoch riesige immergrüne Nadelwälder aus. Sie liefern große Mengen an Holz. Neben den Niagarafällen und dem Grand Canyon hat der Kontinent viele weitere Naturwunder aufzuweisen.

◄ Die Börse in der New Yorker Wall Street ist ein internationales Zentrum des Aktienhandels und das Finanzzentrum von Nordamerika.

Die Menschen in Nordamerika

Nordamerika ist ein Schmelztiegel von Menschen und Kulturen. Schon bevor die ersten europäischen Entdecker im 15. Jh. ins Land kamen, war der gesamte Kontinent von verschiedenen Ureinwohnern besiedelt, z. B. von den Maya und Azteken Mittelamerikas, den Indianern der Great Plains und den Inuit in Nordkanada. Auf die Entdeckungsreisenden folgten die europäischen Siedler und ihre Familien. Sie besetzten das Land der Ureinwohner und reduzierten deren Zahl durch Kriege und Krankheiten. Daher sind die meisten heutigen Nordamerikaner Nachkommen der europäischen Einwanderer. Der Großteil der Einwohner Mittelamerikas dagegen sind Mestizen (Mischlinge aus Europäern und Indianern).
Seit dem 17. Jh. legten die europäischen Siedler in den Südstaaten der USA riesige Plantagen an. Um Tabak, Baumwolle und Zuckerrohr zu ernten, waren die Plantagenbesitzer auf sehr viele Arbeitskräfte angewiesen. Aus diesem Grund begann der Sklavenhandel: Über einen Zeitraum von über 300 Jahren wurden über eine Million Afrikaner versklavt und nach Amerika verschifft. Der Streit um die Abschaffung der Sklaverei zwischen Nord- und Südstaaten löste schließlich den amerikanischen Bürgerkrieg aus (1861–1865). Nach dem Krieg wurde die Sklaverei zwar abgeschafft, doch lange Zeit lebten viele Afroamerikaner in Armut. In den 1960er-Jahren gab es große Proteste gegen Rassendiskriminierung und Bewegungen für die Gleichberechtigung (Bürgerrechtsbewegung). Heute stellen die Afroamerikaner 12 % der Einwohner der Vereinigten Staaten von Amerika.
Die meisten Bewohner des Kontinents leben im Osten Nordamerikas. Die größte Stadt ist Mexiko-Stadt. Die häufigsten Sprachen sind Englisch und Spanisch, in Teilen Kanadas spricht man auch Französisch.

▼ Ein Luchs in der kanadischen Tundra macht Jagd auf Vögel und kleine Säugetiere.

Industrie

In Nordamerika wird die Hälfte aller Waren der Erde hergestellt. Gründe dafür sind u. a. die großen Rohstoffvorräte des Kontinents, beispielsweise das Holz im Norden und das Erdöl um den Golf von Mexiko.
Der enorme technologische Fortschritt der letzten Jahrzehnte räumte den USA eine Vormachtstellung auf dem Kontinent ein. Hier nahm z. B. die Computerindustrie ihren Anfang und heute hat Nordamerika bei Forschung und Produktion in diesem Bereich die weltweit führende Stellung inne. Die wichtigsten Betriebe stehen in den USA und in Kanada, die dadurch zu sehr reichen und mächtigen Staaten wurden. Im Unterschied dazu sind die meisten Länder Mittelamerikas und der Karibik außerordentlich arm. Vielen dieser kleineren Länder fehlen die natürlichen Rohstoffe, sodass die Industrie deutlich schwächer entwickelt ist.

Zum Weiterlesen

Azteken, Indianer, Inuit, Kanada, Karibik, Kontinent, Maya, Mittelamerika, Regenwald, Sklaverei, Tundra, Vereinigte Staaten von Amerika, Wüste

O

▲ Oasen können unterschiedlich groß sein. Die einen bestehen aus wenigen Palmen, in manchen sind sogar Städte entstanden.

Oase

Oasen sind fruchtbare Orte in der →**Wüste**. Es gibt sie nur an Stellen, wo →**Wasser** vorhanden ist. Es kann aus →**Flüssen** oder aus dem Grundwasser kommen, aber auch aus Quellen, die am Ort der Oase entspringen. Meist stammt das Wasser von Regenfällen, die in nahen Gebirgen niedergehen. Es sickert unterirdisch durch Felsen bis in die Wüste.

In einer kleinen Oase wachsen oft nur einige Palmen, während in größeren Oasen auch Nutzpflanzen auf bewässerten Feldern angebaut werden.

Obst

Obst umfasst essbare, meist saftreiche, fleischige →**Früchte** und Samenkerne von →**Bäumen** und →**Sträuchern**. Im Obstanbau und →**Handel** unterscheidet man Kernobst (z. B. Apfel, Birne), Steinobst (z. B. Kirsche, Aprikose), Schalenobst (z. B. Haselnuss, Walnuss) und Beerenobst (z. B. Johannisbeere, Weintrauben). Obst enthält viele →**Vitamine** sowie andere wichtige Nährstoffe und stellt deshalb ein wertvolles Lebensmittel dar. Obst wird zum großen Teil roh verzehrt, aber auch als Kompott oder Marmelade eingemacht oder in ganzen Früchten tiefgefroren. Aus vielen Obstsorten werden Getränke wie Saft, →**Wein** und Schnaps hergestellt.

Ohr

Das Ohr ist das →**Organ** des →**Gehörs**. Es setzt sich aus folgenden drei Teilen zusammen: äußeres Ohr, Mittelohr und Innenohr. Geräusche erreichen das Ohr in Form von Schallwellen, die sich über die →**Luft** ausbreiten. Diese Wellen treffen zunächst auf das äußere Ohr. Die Ohrmuschel fängt den →**Schall** auf und leitet ihn in den Gehörgang weiter. An dessen Ende spannt sich das Trommelfell. Diese feine Haut, die den Eingang zum Mittelohr bildet, wird durch die Schallwellen in Schwingung versetzt. Ihre Schwingungen wiederum werden auf winzige →**Knochen** im Mittelohr übertragen, die man Hammer, Amboss und Steigbügel nennt. Von dort werden sie an das Innenohr weitergeleitet, wodurch sich die Flüssigkeit in der sogenannten Schnecke bewegt. Die →**Nerven** in der Schnecke verwandeln die Bewegungen in elektrische Signale, die an das →**Gehirn** geleitet und dort verarbeitet werden. Das Innenohr ist auch Sitz des Gleichge-

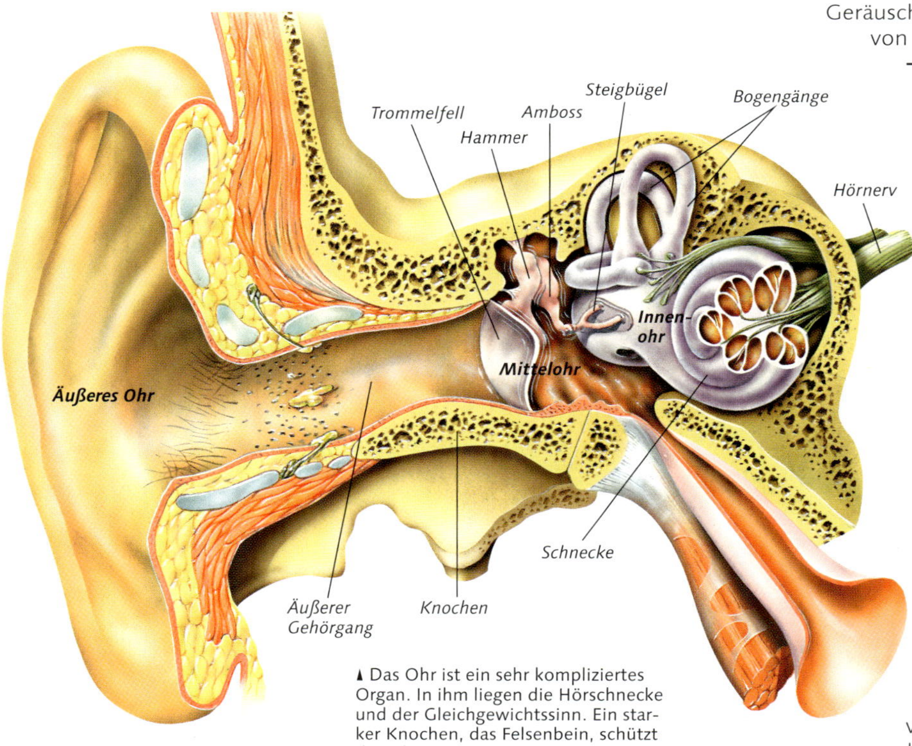

▲ Das Ohr ist ein sehr kompliziertes Organ. In ihm liegen die Hörschnecke und der Gleichgewichtssinn. Ein starker Knochen, das Felsenbein, schützt das Ohr.

wichtsorgans mit seinen drei hohlen, mit →**Flüssigkeit** gefüllten Bogengängen. Dieses Organ teilt dem Gehirn laufend mit, in welcher Lage sich der Körper befindet, und trägt dazu bei, dass man das Gleichgewicht hält.

Ökologie

Die Ökologie ist ein Forschungszweig der →**Biologie**. Sie befasst sich mit den Beziehungen zwischen den Lebewesen und ihrer Umwelt. Die Untersuchungen der Ökologen haben gezeigt, dass fast alle →**Pflanzen** und →**Tiere** auf eine ganz bestimmte Umgebung angewiesen sind, die man Lebensraum oder →**Biotop** nennt. Alle Pflanzen eines Lebensraums sind an dessen Boden, die →**Temperatur**, Sonnenschein, Regen und andere Eigenschaften angepasst. Von diesen Pflanzen leben bestimmte Tiere, die wiederum anderen Tieren als Beute dienen. Daher sind alle Pflanzen und Tiere eines Lebensraums in →**Nahrungsketten** voneinander abhängig. Stirbt nur ein Glied einer Nahrungskette aus, sind auch alle anderen Tiere dieser Nahrungskette gefährdet.
→**Landwirtschaft** sowie Städte- und Straßenbau verändern die Naturlandschaften. Durch →**Umweltverschmutzung** werden →**Wasser**, →**Luft** und Boden vergiftet. Auch diese Einflüsse der Menschen auf die Natur werden von den Ökologen untersucht, ebenso Möglichkeiten, die Umwelt zu schützen.

Ökosystem

Darunter versteht man die Wechselbeziehungen und Wirkungszusammenhänge in einem →**Biotop**, etwa zwischen den Lebewesen, die in einer →**Nahrungskette** voneinander abhängig sind. Aber auch die Beziehungen zwischen den Lebewesen und den im Biotop herrschenden Umweltbedingungen gehören zum Ökosystem. Ökosysteme können ganz unterschiedlich groß sein. So ist etwa der Bereich der →**Erde**, in dem Leben möglich ist (Biosphäre), selbst ein großes Ökosystem. Eine Wechselbeziehung der Biosphäre wäre z. B. die Fotosynthese der →**Pflanzen**. Die Biosphäre setzt sich aus weiteren Ökosystemen zusammen. So haben die großen Lebensräume wie →**Wüste** oder →**Gebirge** ebenso ihr Ökosystem wie ein kleiner Teich im Garten. Eine genaue Abgrenzung ist schwierig, da größere Ökosysteme immer auch kleinere beinhalten.

Olympische Spiele

Zu den großen Wettkämpfen im →**Sport** gehören die Olympischen Spiele. Die ersten Olympischen Spiele fanden um 776 v. Chr. in →**Griechenland** statt. Seit 1896 werden die Spiele alle vier Jahre an einem anderen Ort der Welt durchgeführt. Es gibt die Olympischen Winter- und Sommerspiele; bis 1994 wurden die Winter- und die Sommerspiele im gleichen Jahr veranstaltet. Während der gesamten Spiele brennt das olympische Feuer. Eine Fackel wird von einer Reihe von Läufern aus Olympia in Griechenland in das Stadion gebracht, in dem die Spiele stattfinden. Die Olympischen Ringe sind das Symbol für die Olympischen Spiele. Die fünf ineinander greifenden Ringe stellen die Kontinente →**Europa**, →**Asien**, →**Afrika**, →**Australien** und Amerika dar. Zu den sportlichen Disziplinen bei den Winterspielen gehören z. B. Ski fahren, Eislauf, Eiskunstlauf und Eishockey. Bei den Sommerspielen wetteifern die Athleten z. B. in den Disziplinen Leichtathletik, Schwimmen und Springen, Turnen, Fußball, Rudern und Reiten.

Öl

Öle sind flüssige Substanzen mit einem hohen Gehalt an Fettsäuren. Sie lösen sich nicht in →**Wasser**.
Es gibt tierische und pflanzliche Öle, die v. a. als Speiseöle und für Hautcremes verwendet werden. Manche Speiseöle, wie z. B. Olivenöl, haben einen hohen Anteil an mehrfach ungesättigten Fettsäuren. Sie sind der Gesundheit sehr zuträglich.
Auch →**Erdöl** (Mineralöl) wird oft einfach Öl genannt, hat aber eine andere Zusammensetzung.

◄ Die Samen der Sonnenblumen enthalten ein Öl, das zu Margarine oder Speiseöl verarbeitet wird. Es wird wie Olivenöl in Salaten oder zum Kochen verwendet oder dient als Zusatz zu Hautölen.

Oman

Der Oman ist ein Land im Südosten der Arabischen Halbinsel. Der größte Teil besteht aus →**Wüste**. Auf der fruchtbaren Küstenebene wachsen Datteln, Zitrusfrüchte und →**Gemüse**. Die wichtigste Einnahmequelle ist das →**Erdöl**. Viele Einwohner leben als →**Nomaden**.

Oman
Staatsform: Sultanat
Hauptstadt: Maskat
Fläche: 309 500 km²
Einwohner: 2,4 Mio.
Sprache: Arabisch
Währung: Rial Omani

Opossum

Opossums sind →**Beuteltiere**, die in →**Nord-** und →**Südamerika** leben. Manche Arten sehen →**Ratten** ähnlich, andere gleichen →**Mäusen**. Opossums verbringen ihren Tag in Baumhöhlen und gehen in der Dämmerung und nachts auf Jagd. Die guten Kletterer klammern sich mit ihrem unbehaarten Greifschwanz an Äste oder halten sich mit ihren scharfen Krallen fest. Als →**Allesfresser** ernähren sie sich von →**Pflanzen**, →**Tieren**, Abfällen und Aas (verwesende Tierkörper). Opossumweibchen gebären wie alle Beuteltiere wenig entwickelte Jungen, die im Beutel ihrer Mutter heranwachsen.
Das Virginische Nordopossum ist im südlichen Nordamerika und in →**Mittelamerika** verbreitet. Es ist bekannt dafür, dass es sich sehr überzeugend tot stellen kann.

▲ Ab einem Alter von drei Monaten kann das Junge eines Opossums auf dem Rücken seiner Mutter reiten.

Optik

Die Optik ist die Lehre vom →**Licht** und beschäftigt sich mit der Frage, wie Licht entsteht und sich ausbreitet. Sie erforscht nicht nur den sichtbaren Teil des Lichtspektrums, sondern auch die beiden angrenzenden Wellenlängenbereiche der elektromagnetischen →**Strahlung**, also der →**Infrarotstrahlen** und der →**ultravioletten Strahlung**. In der angewandten Optik untersucht man, auf welche Weise Lichtstrahlen durch →**Linsen** und Prismen (Glaskörper) abgelenkt bzw. von →**Spiegeln** reflektiert (zurückgeworfen) werden. Die daraus gewonnenen Erkenntnisse nutzen die Hersteller von optischen Geräten wie →**Mikroskopen**, →**Teleskopen** und →**Fotoapparaten**.

Orang-Utan

Dieser →**Menschenaffe** lebt in den →**Regenwäldern** der →**Inseln** Borneo und Sumatra in →**Südostasien**. Sein malaischer Name bedeutet „Waldmensch". Der Orang-Utan trägt langes, rotbraunes Haar und hat relativ kurze Beine. Mit seinen langen Armen hangelt er sich in den Bäumen von Ast zu Ast. Orang-Utans ernähren sich von →**Blättern** und →**Früchten**, fressen aber auch →**Insekten** oder Vogeleier. Für die Nacht bauen sie sich hoch oben in den →**Bäumen** Schlafnester.
Orang-Utans leben allein oder in kleinen Familiengruppen. Ihre schlimmsten Feinde sind Wilderer, die die Jungtiere einfangen und an →**Zoos** verkaufen.

Orchester

Ein Orchester ist eine größere Gruppe von Musikern, die gemeinsam spielen. Das Wort Orchester stammt aus dem Griechischen und heißt ursprünglich „Tanzplatz". Im antiken griechischen →**Theater** traten die Tänzer und Musiker in dem Bereich zwischen Zuschauer und Bühne auf. Als Anfang des 17. Jh. die Oper in →**Italien** eingeführt wurde, übernahm man dort diese Anordnung. Im Lauf der Zeit übertrugen die →**Menschen** dann den Begriff „Orchester" auf die Gruppe der Musiker selbst.
Das heutige Sinfonieorchester entwickelte sich in der Zeit der musikalischen Klassik, v. a. unter dem Einfluss der stilbildenden Werke Joseph →**Haydns**. Seitdem unterteilt man die Musikinstrumente des Orchesters in vier Hauptgruppen: Streicher, Holzblasinstrumente, Blechblasinstrumente und Schlaginstrumente.

▼ Der Orang-Utan ist nach dem Gorilla der größte Affe. Ein ausgewachsenes Männchen kann bis zu 90 kg schwer werden. Männchen haben Bart und Schnurrbart im ansonsten unbehaarten Gesicht.

Der Dirigent lenkt mit seinen Händen und Armen sowie mit seinem Gesichtsausdruck das Spiel des Orchesters. Mit dem Taktstock zeigt er die Einsätze sowie Takt und Tempo der →**Musik**. Oft besteht ein Orchester aus über 100 Musikern.

Orchideen

Mit mindestens 15 000 →**Arten** bilden die Orchideen eine der größten Pflanzenfamilien. Die meisten wachsen in den tropischen →**Regenwäldern**, zum Teil auf →**Bäumen**. Manche Arten ziehen mit →**Wurzeln** Nahrung aus der feuchten →**Luft**. Orchideen zeichnen sich aus durch auffällige Farben und Formen ihrer →**Blüten**. Eine tropische Orchideenart liefert als →**Frucht** die Vanilleschote, ein beliebtes →**Gewürz**.

Organ

Unter einem Organ versteht man Körpergewebe, die besondere Aufgaben übernehmen. Alle →**Zellen** im Körper sind zu Geweben angeordnet. Dabei besteht jedes Gewebe aus einer bestimmten Art von Zellen, das Muskelgewebe z. B. aus Muskelzellen. Verschiedene Gewebe schließen sich zu einem Organ zusammen. Das →**Herz** und der →**Magen** werden überwiegend aus Muskelgewebe gebildet, →**Knochen** bestehen aus verschiedenartigem Knochengewebe. Ebenso wie die Gewebe arbeiten auch die einzelnen Organe im Körper zusammen. Sie bilden mit anderen Organen ein sogenanntes Organsystem. So sind etwa alle Knochen Teile des Skelett- oder Knochensystems. Das Herz ist Teil des Kreislaufsystems, zu dem auch das →**Blut** und die Blutgefäße zählen. Insgesamt hat unser Körper ein Dutzend solcher Organsysteme. Dazu gehören u. a. das Verdauungssystem, das Atmungssystem, das Fortpflanzungssystem. Auch die →**Haut** ist ein Organsystem. Alle Organsysteme werden vom Hormonsystem und Nervensystem gesteuert. Die Organsysteme bilden gemeinsam den Körper oder Organismus.

▼ Insekten und Kolibris ernähren sich von Blütensaft (Nektar) und Pollen der Orchideen und helfen bei der Befruchtung, indem sie den Pollen von einer Pflanze zur anderen tragen.

Orgel

Eine Orgel ist ein Musikinstrument, das aus vielen Pfeifen unterschiedlichster Höhe und Dicke besteht. Die größte Orgel besitzt über 30 000 Pfeifen. Jede Pfeife erzeugt einen speziellen Ton, wenn →**Luft** durch sie hindurchströmt. Der Luftstrom wird durch ein Gebläse oder einen Blasebalg erzeugt.

► Große Kirchenorgeln besitzen bis zu fünf Manuale und etliche Gruppen von Pfeifen. Ältere Orgeln z. B. aus dem 18. Jh. sind zudem oft aufwendig verziert.

Gespielt wird die Orgel von einem Organisten, der die Tasten und Pedale am Spieltisch des Instruments drückt. Die Orgel ist also kein Blas-, sondern ein Tasteninstrument. Die Tasten sind oft in zwei oder mehr Reihen (Manualen) angeordnet. Mit Hebeln oder Knöpfen (Register) kombiniert der Organist verschiedene Pfeifengruppen und kann so den Klang der Orgel verändern. Elektronische Orgeln klingen ähnlich, doch werden die Töne hier elektronisch und nicht durch Pfeifen erzeugt.

Orkan

Wann ein Sturm zu einem Orkan wird, bestimmt die Windstärkeskala. Gewöhnlich spricht man ab Windstärke 12 von einem Orkan. Die Windböen haben dann eine Geschwindigkeit von mindestens 118 km/h. Schon ein Sturm von Windstärke 10 kann Bäume entwurzeln und Häuser abdecken. Orkane richten noch viel schlimmere Verwüstungen an. Sie können Spitzengeschwindigkeiten von über 200 km/h erreichen. Im Allgemeinen treten solche Stürme auf dem →**Meer** viel häufiger auf als auf dem Festland. Ursache für einen Orkan ist ein kräftiges Tiefdruckgebiet. Wird die Erdoberfläche besonders stark aufgeheizt, dehnt sich die darüber liegende →**Luft** aus. Die leichte Warmluft steigt auf und der Luftdruck nimmt ab. Strömt in dieses Tiefdruckgebiet kühlere Luft nach, bildet sich eine starke Luftbewegung. Der Unterschied zwischen hohem und niedrigem Luftdruck bestimmt die Windgeschwindigkeit. Je nachdem entstehen Winde oder Orkane, in tropischen Gebieten meist verheerende →**Wirbelstürme**.

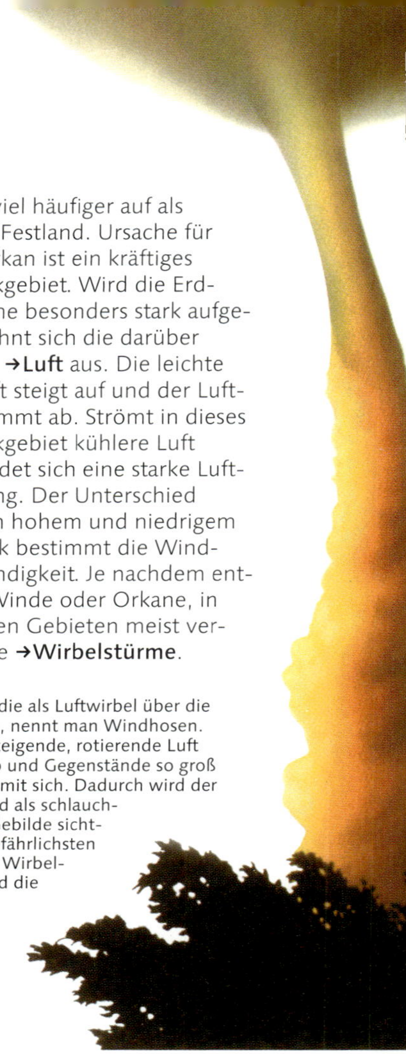

▲ Orkane, die als Luftwirbel über die Erde fegen, nennt man Windhosen. Die hochsteigende, rotierende Luft reißt Staub und Gegenstände so groß wie Autos mit sich. Dadurch wird der Wirbelwind als schlauchförmiges Gebilde sichtbar. Die gefährlichsten derartigen Wirbelstürme sind die Tornados.

Osmanisches Reich

Das Osmanische Reich wurde von Osman I. (1259–1326) begründet, der über einen islamischen Volksstamm in Kleinasien, die Seldschuken, herrschte. Die Osmanen entwickelten sich bald zu einer Großmacht, die 1453 Konstantinopel eroberte und damit dem Oströmischen bzw. →**Byzantinischen Reich** ein Ende bereiteten. Auf seinem Höhepunkt umfasste das Osmanische Reich →**Syrien**, den heutigen →**Irak**, Teile Arabiens, die Kaukasusländer, →**Ägypten**, den gesamten →**Balkan** und einen Großteil →**Ungarns**. Seine Flotte beherrschte das Mittelmeer. Mit dem Tod des berühmten Sultans Süleiman II. (ca. 1494–1566) begann der Verfall des Reiches. Zwar belagerten die Osmanen 1683 noch einmal die Stadt Wien, doch blieben sie erfolglos und verloren anschließend nach und nach die eroberten Gebiete. Das Osmanische Reich wurde 1922 aufgehoben und ging in die heutige →**Türkei** über.

Österreich

Österreich ist ein kleines Land in Mitteleuropa. Die →**Alpen** bedecken den größten Teil des Staatsgebiets. Der höchste Berg ist der Großglockner (3797 m).
Österreich war einst eines der größten und mächtigsten Länder in →**Europa**. Es wurde von 1278 bis 1918 von den →**Habsburgern** regiert. Diese mächtige →**Monarchie** zerbrach nach dem Ende des Ersten →**Weltkriegs**.
Das moderne Österreich mit seinen zahlreichen Kirchen, Schlössern, Denkmälern und Parks aus der Zeit der Monarchie sowie seinen zahlreichen Wintersportmöglichkeiten zieht viele Touristen an. Im hügeligen Nordosten wird viel →**Wein** angebaut. In der Hauptstadt lebt ein Fünftel der Gesamtbevölkerung des Landes. Österreich ist mit seinen Alpentälern, Pässen und Tunneln ein wichtiges Durchgangsland auf dem Weg zwischen Nord- und Südeuropa.
(Siehe auch die Seiten 374–377.)

Ostsee

Die Ostsee ist neben der →**Nordsee** das zweite →**Meer**, an dem →**Deutschland** Küsten hat. Außerdem liegen →**Dänemark**, →**Schweden**, →**Finnland**, →**Russland**, →**Estland** →**Lettland**, →**Litauen** und →**Polen** an der Ostsee. Mit 397 000 km² ist sie rund ein Drittel kleiner als die Nordsee. Ihre mittlere Tiefe beträgt nur etwa 55 m. Das flache Meer hat zahlreiche Buchten und →**Inseln**. Mit der Nordsee ist es durch zwei Meeresteile, das Skagerrak und das Kattegat, verbunden. Auch der Nord-Ostsee-Kanal verbindet beide Meere. Die Ostsee ist erst nach der letzten →**Eiszeit** entstanden, als das Eis abschmolz. Zunächst bestand noch eine Landbrücke zwischen Dänemark und Skandinavien und schloss die Ostsee von der Nordsee ab. Der Salzgehalt der Ostsee beträgt nur etwa ein Sechstel dessen der Nordsee. Auch die →**Gezeiten** machen sich bei diesem Binnenmeer kaum noch bemerkbar. Im Winter sind weite Teile im Norden bis zu fünf Monate lang von Eis bedeckt. Die Ostsee ist zwar fischreich, doch gibt es nicht viele Fischarten.

Otter

Otter bewohnen fast alle Erdteile, nur in →**Australien** sind sie nicht heimisch. Der Körper dieser →**Säugetiere** ist lang und schlank, die Beine sind kurz. Otter sind an das Leben im →**Wasser** angepasst: Ihr dichtes Fell ist Wasser abweisend, die Ohren können verschlossen werden und die Schwimmhäute zwischen den Zehen sorgen für schnellen Antrieb. Die Fleischfresser tauchen nach ihrer Beute, das sind u. a. →**Fische** und →**Krebse**. Dabei bewegen sie sich schlängelnd wie ein →**Aal**.

◄ Otter bewegen sich an Land eher langsam, ihr wahres Element ist das Wasser.

Der in →**Europa** heimische Fischotter ist durch Wasserverschmutzung und den Verlust seines Lebensraums bedroht.

Ozeane siehe Seite 240

Ozon

Das →**Gas** Ozon ist eine besondere Form des →**Sauerstoffs**. Dessen →**Moleküle** bestehen aus zwei →**Atomen**, die des Ozons dagegen aus drei. Und im Gegensatz zu Sauerstoff ist das durchdringend riechende Ozon giftig: Es verursacht z. B. Kopfschmerzen und schädigt Atemwege und Lungen. Das Ozon in der Erdatmosphäre dagegen ist sehr nützlich, denn es schirmt die gefährliche UV-→**Strahlung** der Sonne ab.

Ozonloch

Die →**Atmosphäre** der →**Erde** besteht aus verschiedenen Schichten oder Sphären.
Die Ozonschicht sorgt dafür, dass die gefährliche ultraviolette →**Strahlung** der Sonne weitgehend abgeschirmt wird. Diese Schicht weist in der Nähe der Antarktis ein Loch auf. Ursache hierfür sind v. a. Chemikalien (z. B. →**FCKWs**). Die Zerstörung der Ozonschicht führt u. a. zu einem Anstieg von Hautkrebs.

Österreich
Staatsform: Bundesrepublik
Hauptstadt: Wien
Fläche: 83 849 km²
Einwohner: 8 Mio.
Sprache: Deutsch
Währung: Euro

Ozeane

Fast drei Viertel der Erdoberfläche sind von Ozeanen bedeckt und 97 % des gesamten Wassers auf der Erde befindet sich in den Ozeanen.

▼ Ein Atoll beginnt als Korallenriff um eine vulkanische Insel (1). Während die Insel im Meer versinkt, baut sich das Korallenriff immer höher auf (2). Wenn die Insel schließlich völlig verschwunden ist, bleibt nur noch das ringförmige Riff mit einer Lagune im Zentrum übrig – das Atoll (3).

Die Ozeane der Erde

Der größte und tiefste der drei Ozeane ist der Pazifik oder Pazifische Ozean. Er wird auch Stiller Ozean genannt. Der etwa halb so große Atlantische Ozean ist der zweitgrößte. Der Indische Ozean ist der kleinste, allerdings ist er tiefer als der Atlantik.

Das Wasser der Ozeane ist immer in Bewegung. Winde werfen es zu Wellen auf und kalte oder warme Meeresströmungen, wie der Golfstrom, fließen wie riesige Flüsse durch ihre Tiefen. Außerdem senkt und hebt sich der Meeresspiegel zweimal pro Tag zu Ebbe und Flut.

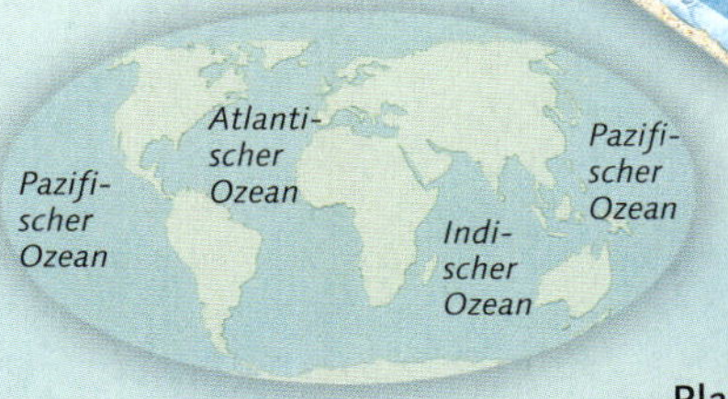

▲ Die Ozeane der Erde bedecken etwa drei Viertel der Erdoberfläche.

Plattenbewegung

Die Erdkruste besteht aus mehreren festen Gesteinsplatten. Diese Platten schwimmen auf dem flüssigen Gestein des Erdmantels und verschieben sich. Dadurch ist auch der Grund der Ozeane in ständiger Bewegung. Bewegen sich zwei Platten voneinander fort, entstehen an den Plattenrändern neue Gebirge und neuer Meeresboden. Dies geschieht durch aufsteigendes Magma, das aus den Grabenbrüchen der untermeerischen Rücken quillt. Taucht dagegen die Kante einer Platte unter eine andere Platte, entstehen Tiefseegräben. Dort versinkt altes Gestein der Erdkruste in den Untergrund des Erdmantels. Bricht Magma an einem Punkt der Bodenoberfläche hervor, entstehen Vulkane.

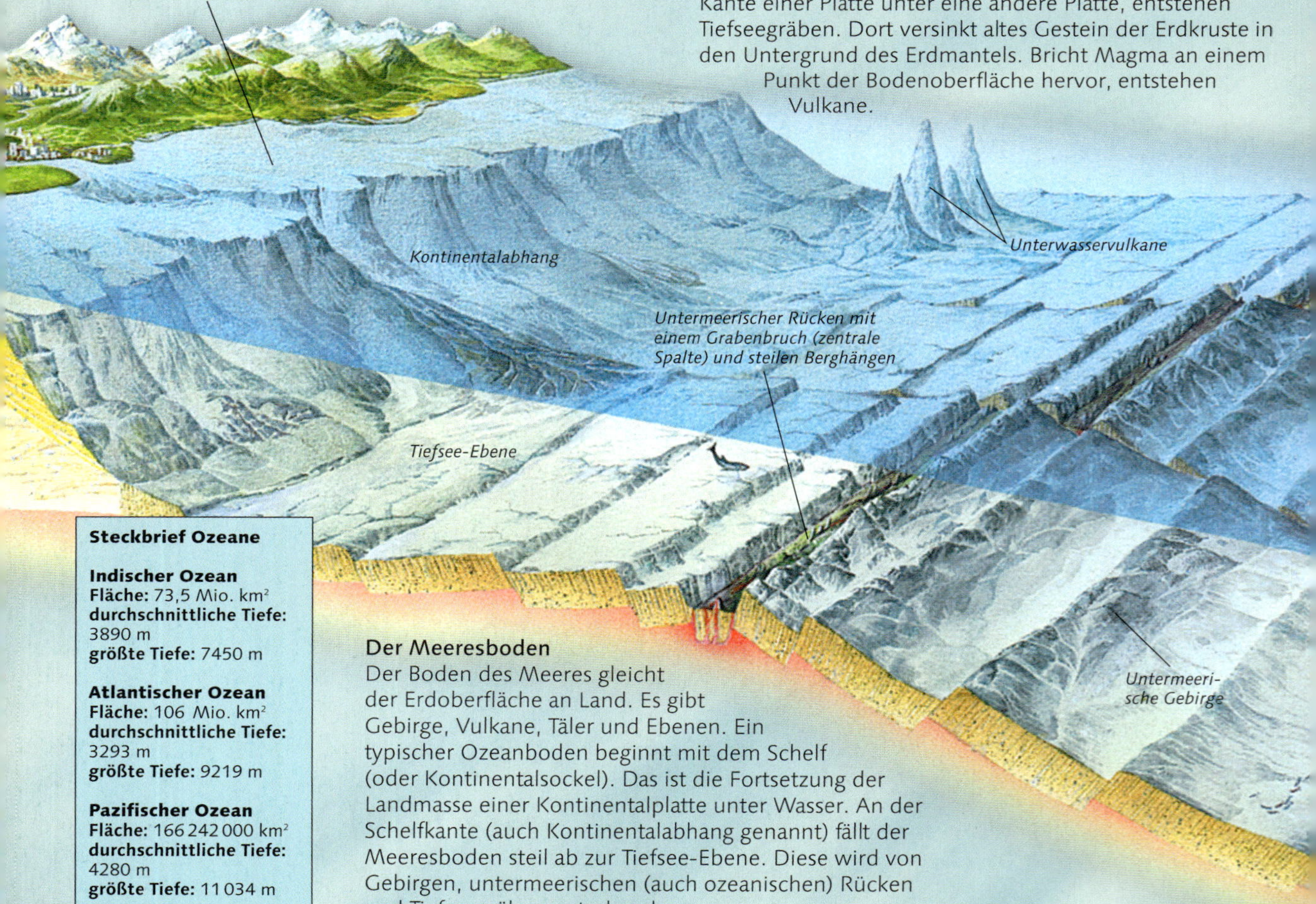

Steckbrief Ozeane

Indischer Ozean
Fläche: 73,5 Mio. km²
durchschnittliche Tiefe: 3890 m
größte Tiefe: 7450 m

Atlantischer Ozean
Fläche: 106 Mio. km²
durchschnittliche Tiefe: 3293 m
größte Tiefe: 9219 m

Pazifischer Ozean
Fläche: 166 242 000 km²
durchschnittliche Tiefe: 4280 m
größte Tiefe: 11 034 m

Der Meeresboden

Der Boden des Meeres gleicht der Erdoberfläche an Land. Es gibt Gebirge, Vulkane, Täler und Ebenen. Ein typischer Ozeanboden beginnt mit dem Schelf (oder Kontinentalsockel). Das ist die Fortsetzung der Landmasse einer Kontinentalplatte unter Wasser. An der Schelfkante (auch Kontinentalabhang genannt) fällt der Meeresboden steil ab zur Tiefsee-Ebene. Diese wird von Gebirgen, untermeerischen (auch ozeanischen) Rücken und Tiefseegräben unterbrochen.

► In den Ozeanen leben zahlreiche Tiere. Einige von ihnen haben ein sehr merkwürdiges Aussehen, aber alle haben ihren ganz bestimmten Platz im Lebensraum Ozean.

1 Hering, 2 Pottwal, 3 Garnele, 4 Fadenschwanz, 5 Anglerfisch, 6 Grenadierfisch, 7 Kabeljau, 8 Pelikanmaul, 9 Asselspinne, Röhrenwürmer, Geisterkrabbe, Muschel, 10 Stativfisch, 11 Viperfisch, 12 Schlinger, 13 Laternenfisch, 14 Schwertfisch, 15 Gelbflossentunfisch, 16 Riesenkalmar, 17 Hammerhai, 18 Barrakuda, 19 Portugiesische Galeere, 20 Plankton, 21 Grüne Meeresschildkröte, 22 Seelöwe, 23 Delfin

Wasserkreislauf

Ozeane verlieren ständig Wasser durch Verdunstung. Es wird von der Hitze der Sonne in Wasserdampf verwandelt, steigt in die Atmosphäre auf und fällt als Regen wieder auf die Erde. Flüsse transportieren das Wasser dann wieder ins Meer.

Leben im Meer

Im Ozean wimmelt es von Leben. Die meisten Tiere leben in einer Tiefe bis etwa 100 m – so tief kann das Sonnenlicht eindringen. Sonne und die Salze in den obersten Wasserschichten fördern das Wachstum winziger Pflanzen. Sie bilden die Nahrung für winzige Tiere. Diese Pflanzen (Phytoplankton) und Tiere (Zooplankton) bilden in ihrer Gesamtheit das Plankton und stellen den Anfang aller Nahrungsketten der Ozeane dar. Alle Tiere des Meeres leben entweder direkt vom Plankton oder von Plankton fressenden Tieren. Das Plankton ist die Nahrung für kleine Fische und Krebse, die wiederum von größeren Fischen gefressen werden. Am Ende der Nahrungskette stehen die großen Raubfische, z. B. Haie.

Erforschung der Tiefsee

Forschungstauchboote sind mit Scheinwerfern, Kameras und z. T. Greifern für Bodenproben ausgerüstet. Jacques Piccard (geb. 1922) gelangte 1960 mithilfe eines speziellen Tauchbootes im Marianengraben in die Rekordtiefe von 10 916 m. Die größte bekannte Tiefe beträgt 11 034 m.

Zum Weiterlesen

Atlantischer Ozean, Atmosphäre, Erde, Fische, Gezeiten, Golfstrom, Indischer Ozean, Kontinentaldrift, Kontinent, Meere, Mineralien, Pazifischer Ozean, Verdunstung, Wasser

P

Pakistan
Staatsform: Parlamentarische Demokratie
Hauptstadt: Islamabad
Fläche: 800 000 km²
Einwohner: 140 Mio.
Sprachen: Urdu, Englisch, Pandschabi und mehrere Regionalsprachen
Währung: Pakistanische Rupie

Pakistan

Pakistan liegt in Vorderasien. Es hat die zweitgrößte islamische →**Bevölkerung** der Welt. Das →**Klima** ist in großen Teilen heiß und trocken. Mit dem →**Wasser** aus dem →**Fluss** Indus werden Weizen- und Baumwollfelder bewässert. Der Indus entspringt im →**Himalaja**. Bis 1947 war Pakistan ein Teil →**Indiens**, das damals von →**Großbritannien** regiert wurde. Nach der Trennung von Indien gründete sich Pakistan als islamische Republik. Im Jahr 1971 trennte sich Ostpakistan als selbstständiger Staat →**Bangladesch** ab. Von 1999 bis 2002 wurde Pakistan von einer Militärregierung geführt.

▲ In Pakistan (Region Pandschab) haben Archäologen 1826 die Stadt Harappa ausgegraben (hier eine Rekonstruktion). Diese frühe Stadt lag in einem Flusstal und gehört zu den ersten Hochkulturen der Welt. Sie nahm eine Fläche von etwa 1 km² ein und war von 2300–1750 v. Chr. bewohnt.

Palästina

Das Land Palästina liegt an der Ostküste des Mittelmeers. Schon vor etwa 20 000 Jahren, also während der →**Steinzeit**, siedelten sich hier →**Menschen** an. Palästina wird auch das Heilige Land genannt, weil sich hier die Geschichten aus der →**Bibel** und auch einige aus dem →**Koran** abgespielt haben. Seinen Namen erhielt das Land von den Philistern, mit denen das jüdische Volk von ca. 1200 bis 1000 v. Chr. um die Vorherrschaft in Palästina rang.
Unter König David bildete sich um 970 v. Chr. das Reich Israel. 63 v. Chr. eroberten die Römer das Land, das dann ab etwa 640 n. Chr. erst zu Arabien, dann zum →**Osmanischen Reich** gehörte. 1948 wurde hier der →**Staat** →**Israel** gegründet. Kleinere Gebiete Palästinas gehören zu →**Jordanien**, →**Libanon** und →**Syrien**. Die Palästinenser, arabische Flüchtlinge aus dem israelischen Staatsgebiet, fordern einen eigenen Staat. Da sich beide Parteien nicht einigen können, herrscht seit langem Gewalt zwischen Palästinensern und Israelis.

Palmen

Die meisten Palmen sind in den →**Tropen** heimisch, manche →**Arten** gedeihen aber auch im Mittelmeergebiet. Bei vielen Palmen wachsen die geschlitzten →**Blätter** direkt aus der Spitze des Stammes. Es gibt Zwergpalmen sowie Palmen mit sehr langen Stämmen und sogar Kletterpalmen, die an anderen →**Bäumen** hochwachsen.
Palmen sind sehr nützlich. Sie liefern Material für Matten, Körbe und Möbel sowie →**Nahrungsmittel**, wie z. B. Datteln oder Kokosnüsse.

Panama
Staatsform: Republik
Hauptstadt: Panama-Stadt
Fläche: 75 517 km²
Einwohner: 2,8 Mio.
Sprachen: Spanisch und Englisch
Währung: Balboa

Panama

Panama bildet eine schmale Landenge zwischen →**Mittel**- und →**Südamerika**. Im feuchtheißen, tropischen →**Klima** des Landes gedeihen →**Reis**, Zuckerrohr, Bananen und Ananas.
Der Panamakanal teilt das Land in zwei Hälften. Er dient →**Schiffen** als Abkürzung zwischen →**Atlantischem** und →**Pazifischem Ozean**. Auf ihrem Weg müssen sie mehrere gigantische →**Schleusen** passieren. Die Gebühren für die Nutzung des →**Kanals** machen einen großen Teil des Landeseinkommens aus, und Panama-Stadt hat sich

◄ Eine Palme und ihre Frucht: Die Kokospalme wird über 30 m hoch. Ihre Frucht, die Kokosnuss, ist innen hohl und enthält eine trinkbare Flüssigkeit, die Kokosmilch. Das weiße, harte Fruchtfleisch ist essbar, man kann daraus aber auch Seife, Wachs oder Öl herstellen.

wegen des Kanals zu einem internationalen Geschäftszentrum entwickelt. In Panama sind außerdem viele Schiffe registriert.
Im Jahr 1903, nach seiner Unabhängigkeit von Großkolumbien, trat Panama die Nutzung und Verwaltung über den Kanal an die USA ab. Doch am 31.12.1999 hat das Land wieder die volle Kontrolle über den Kanal übernommen.

Panda, Großer und Kleiner

Sowohl der Kleine Panda als auch der Große Panda leben in den →**Wäldern** Ostasiens. Der Große Panda ähnelt einem →**Bären** und wird zu den Großbären gezählt. Das →**Säugetier** mit dem weiß-schwarzen Fell ist ein Nahrungsspezialist: Es ernährt sich v. a. von den vielen Bambusarten der Bambuswälder →**Chinas**.
Der Kleine Panda ist nicht viel größer als eine Hauskatze und wird zu den Kleinbären gerechnet. Der nachtaktive Einzelgänger frisst ebenfalls Bambusblätter und -triebe, aber auch →**Gräser**, →**Früchte**, Maden und kleine →**Wirbeltiere**.

▼ Das Überleben des Großen Pandas ist stark gefährdet. Das Tier ist das internationale Symbol für den Naturschutz.

Pampa

Die Pampa ist eine weit ausgedehnte, von →**Grasland** bedeckte Ebene in →**Argentinien**, die von der Atlantikküste zu den →**Anden** hin ansteigt. Hier werden Millionen von →**Rindern** und →**Schafen** geweidet. Durch die lockeren, wasserhaltenden Böden ist die Pampa eine der fruchtbarsten Regionen des Landes.

▲ Der Hellrote Ara ist wie viele Papageien sehr gesellig. Er lebt in Familienverbänden, in der Fortpflanzungszeit aber mit einem Partner.

Papageien

Zur Ordnung der Papageienvögel gehören weit mehr als 300 →**Arten**, darunter Kakadus, Aras und Wellensittiche. Sie alle sind in wärmeren Regionen, v. a. in den →**Tropen**, heimisch. Die meist auffällig gefärbten →**Vögel** sind gute Flieger und Kletterer. Beim Klettern unterstützt sie der kräftige, gebogene Schnabel. Mit ihm halten sich die Papageien an Ästen fest. Außerdem dient er dazu, →**Samen** aufzuknacken und →**Früchte** zu zerreißen. Viele Papageien können Wörter nachsprechen und sogar ganze Sätze behalten.

▲ Der Kleine Panda trägt ein rötliches Fell, einen buschigen Schwanz und hat weiße Flecken um Augen, Nase und an den Ohren.

Papier

Das Wort Papier leitet sich ab von „Papyrus“, dem Namen eines Sumpfgrases. Im alten →**Ägypten** stellte man aus dem Mark seiner Stängel einen papierähnlichen Stoff her. Das Papier, wie man es heute kennt, wurde aber vor knapp 2000 Jahren in →**China** erfunden, wahrscheinlich von einem Mann namens Tsai Lung. Er schabte die Bastfasern von der Rinde des Maulbeerbaums. Durch Einweichen und Schlagen stellte er daraus einen Brei her, der platt gewalzt und getrocknet wurde – so entstanden Blätter, auf denen man schreiben konnte. Bis heute besteht Papier aus pflanzlichen Fasern. Einige der hochwertigsten Papiere werden aus →**Baumwolle** hergestellt. Der Ausgangsstoff für billiges Zeitungspapier ist →**Holz**. Auch Stofflumpen und Altpapier verwendet man zur Papierherstellung.

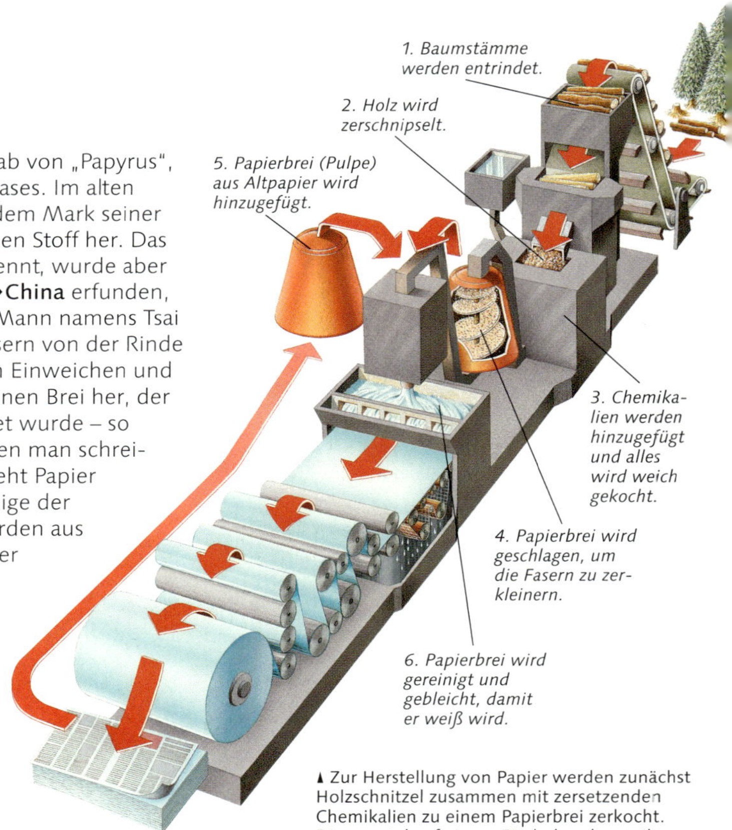

▲ Zur Herstellung von Papier werden zunächst Holzschnitzel zusammen mit zersetzenden Chemikalien zu einem Papierbrei zerkocht. Dieser wird auf einem Förderband verteilt, entwässert und geschüttelt (dadurch verfilzen die Fasern). Schließlich wird er getrocknet und von Walzen zu Papierbahnen gepresst.

Papst

Papst ist der Titel des Oberhauptes der römisch-katholischen →**Kirche**. Der Papst lebt in der →**Vatikanstadt**, einem winzigen →**Staat** innerhalb der Stadt Rom.
Die römisch-katholischen Christen glauben, dass →**Jesus** den heiligen Petrus zum ersten Oberhaupt der Christen erklärt hat. Alle Päpste gelten als die Nachfolger von Petrus und als Stellvertreter von Jesus Christus. Der Papst ist nicht nur Oberhaupt der römisch-katholischen Kirche, sondern auch Bischof von Rom und Staatsoberhaupt der Vatikanstadt.

◄ Der Papst wird von Kardinälen gewählt. Er kann Kirchengesetze erlassen, Bischöfe ernennen und jemanden heilig sprechen.

Papua-Neuguinea
Staatsform: Parlamentarische Monarchie
Hauptstadt: Port Moresby
Fläche: 461 691 km²
Einwohner: 4,7 Mio.
Sprachen: Englisch und Pidgin
Währung: Kina

Papua-Neuguinea

Das Land nimmt die östliche Hälfte der Insel →**Neuguinea** ein, die im Norden von →**Australien** liegt. Die Westhälfte, West-Papua (früher Irian Jaya), gehört zu →**Indonesien**. Die wichtigsten Exportgüter sind Tee, Kakao, Kopra (Kokosnüsse), →**Kupfer** und →**Gold**. Die Verkehrssprache Tok Pisin entwickelte sich aus einer Mischung von Englisch und einheimischen Papuasprachen. Der Tourismus ist zu einer wichtigen Einnahmequelle der →**Insel** geworden. Daher lohnt es sich für die Einwohner auch wirtschaftlich, ihre Traditionen wie →**Tanz**, →**Musik** und Kochkunst zu erhalten und vorzuführen.

Paraguay
Staatsform: Republik
Hauptstadt: Asunción
Fläche: 406 752 km²
Einwohner: 5,5 Mio.
Sprache: Spanisch
Währung: Guaraní

Paraguay

Paraguay ist ein südamerikanisches Land ohne Verbindung zum →**Meer**. Der Fluss Paraguay teilt das Land in eine westliche und in eine dichter besiedelte östliche Hälfte. Die Mehrzahl seiner Einwohner sind Mestizen, d. h. Mischlinge von spanischen und indianischen Vorfahren. Die wichtigsten Anbaufrüchte sind Sojabohnen, →**Baumwolle**, Zuckerrohr, Tabak, →**Reis** und →**Obst**. Ein großer Teil der Einwohner lebt auf dem Land und produziert gerade genug für den eigenen Bedarf.
Von 1954 bis zu seiner Absetzung im Jahr 1989 regierte ein Diktator das Land. Danach bildete sich eine demokratische →**Regierung**.

Parasiten

Parasiten leben auf oder in anderen Lebewesen und ziehen ihre Nahrung aus diesen Wirten. Man unterscheidet dabei tierische und pflanzliche Parasiten. Auch einige →**Pilze** leben parasitisch.
Zu den tierischen Außenparasiten gehören Flöhe, Läuse, Zecken und Milben. Viele dieser Parasiten saugen →**Blut** und einige verbreiten Krankheiten. Manche →**Würmer**, z. B. der Bandwurm, sind Innenparasiten und leben im Darm oder in den →**Muskeln** ihrer Wirte. Blattläuse und andere →**Insekten** leben als Parasiten auf →**Pflanzen**.
Die Mistel ist ein Beispiel für einen pflanzlichen Parasiten. Sie wächst auf →**Bäumen** und entzieht ihnen →**Wasser** und Nährstoffe. Manche parasitischen →**Pilze** sind Krankheitserreger, z. B. die Mehltaupilze.
Symbionten sind im Gegensatz zu Parasiten und ihren Wirten Lebewesen, die zum gegenseitigen Nutzen zusammenleben. Symbiosen bestehen z. B. häufig zwischen bestimmten Pilzen und Bäumen.

Parlament

Ein Parlament ist eine Versammlung von Volksvertretern. Sie verabschieden →**Gesetze** und kontrollieren →**Regierung** und Verwaltung. Die Mitglieder des Parlaments sind in einer →**Demokratie** die vom Volk gewählten Abgeordneten der Parteien. Je nachdem, wie viele Stimmen eine Partei bei den →**Wahlen** gewonnen hat, erhält sie mehr oder weniger Sitze im Parlament.
Parlamente gibt es schon sehr lange. Eines der ersten war das Althing in →**Island**, das schon vor mehr als 1000 Jahren tagte. Heute gibt es in fast allen Ländern Parlamente.

Pasteur, Louis

Der französischer Chemiker und Biologe Louis Pasteur (1822–1895) gilt als der Begründer der Mikrobiologie, der Wissenschaft von Kleinstlebewesen (Mikroorganismen) wie →**Bakterien**, →**Pilze**, →**Algen** und →**Einzeller**. Pasteur erforschte z. B. den Prozess der →**Gärung** und entwickelte Impfstoffe gegen Milzbrand (Anthrax), Geflügelcholera und Tollwut. Außerdem fand er heraus, dass Bakterien durch kurzzeitiges Erhitzen abgetötet werden können. Dieses Verfahren, das Pasteurisieren, wird bei der Milchverarbeitung und bei der Herstellung von Säften und Babynahrung angewendet.

Pazifische Inseln

Obwohl auch große →**Inseln** im →**Pazifischen Ozean** liegen, etwa →**Taiwan** und →**Japan**, versteht man unter dem Begriff pazifische Inseln meist nur die kleinen Inseln und Inselgruppen in der Mitte und im Westen des Pazifischen Ozeans. Man unterteilt sie in Melanesien, Mikronesien und Polynesien. Melanesien und Mikronesien liegen im Westen, Polynesien in der Mitte des Pazifiks. Einige Inseln liegen außerhalb dieser großen Gruppen. So befinden sich die Hawaiiinseln im Norden von Polynesien, die Galapagosinseln und die Osterinsel im Ostteil des Pazifischen Ozeans.
Manche Inseln und Inselgruppen sind eigenständige →**Staaten** (siehe Kasten). Andere gehören zu verschiedenen Ländern, wie z. B. die Hawaiiinseln zu den →**Vereinigten Staaten von Amerika**. →**Frankreich** unterhält im Pazifik einige Überseeterritorien, z. B. Französisch Polynesien und Neukaledonien. Die Cookinseln gehören zu →**Neuseeland** und die Osterinsel zu →**Chile**.

▲ Blattläuse sind Parasiten, die mit rüsselähnlichen Mundwerkzeugen Saft aus Pflanzen saugen. Außerdem können sie Viren übertragen.

▲ Die Ergebnisse von Louis Pasteurs Forschungsarbeiten über Mikroorganismen waren für die Medizin, aber auch für die Wirtschaft von Bedeutung, etwa für die Weinherstellung oder die Seidenindustrie.

▼ Inselstaaten im Pazifik

Land	Staatsform	Fläche	Einwohner	Hauptstadt	Sprachen	Währung
Fidschi	Republik	18376 km²	810 000	Suva	Fidschianisch, Englisch	Fidschi-Dollar
Kiribati	Republik	810,5 km²	91 000	Bairiki	Gilbertesisch, Englisch	Australischer Dollar/ Kiribati
Marschall-Inseln	Republik	181,3 km²	52 000	Dalap-Uliga-Darrit	Englisch	US-Dollar
Mikronesien	Republik	700 km²	118 000	Kolonia	Englisch	US-Dollar
Nauru	Republik	21,3 km²	11 000	Yaren	Nauruisch, Englisch	Australischer Dollar
Palau	Republik	508 km²	19 000	Koror	Palauisch, Englisch	US-Dollar
Salomonen	Monarchie	27556 km²	442 000	Honaria	Englisch	Salomonen-Dollar
Samoa	Monarchie	2831 km²	169 000	Apia	Samoanisch, Englisch	Tala
Tonga	Monarchie	748 km²	100 000	Nuku`alofa	Tongaisch	Pa'anga
Tuvalu	Monarchie	26 km²	11 000	Funafuti	Tuvaluisch, Englisch	Australischer Dollar
Vanuatu	Republik	12190 km²	200 000	Port Vila	Bislama, Englisch, Französisch	Vatu

► Der Pazifische Ozean hat eine durchschnittliche Tiefe von 4280 m, die tiefste Stelle liegt im Marianengraben mit 11 034 m Tiefe.

Pazifischer Ozean

Der Pazifische Ozean oder Pazifik ist der größte und tiefste →**Ozean** der Welt. Seine Wasseroberfläche bedeckt über ein Drittel der Erdoberfläche. Er ist größer als alle →**Kontinente** der →**Erde** zusammen. An seiner tiefsten Stelle könnte man den →**Mount Everest**, den höchsten Berg der Welt, versenken.
Der Pazifik liegt westlich von Amerika und östlich von →**Australien** und →**Asien**. Er reicht vom Eismeer der →**Arktis** bis zum antarktischen Kontinent. Im Pazifik liegen Tausende von kleinen →**Inseln**. Die meisten von ihnen entstanden, als Vulkane im Ozean bei Ausbrüchen die Lava so hoch auftürmten, dass die Vulkanberge schließlich über den Meeresspiegel hinaus reichten. Manchmal erschüttern →**Erdbeben** den Meeresboden und erzeugen gewaltige Flutwellen.

Pendel

Ein Pendel ist ein aufgehängtes Gewicht, das frei schwingen kann. Wenn man das Gewicht seitlich aus der Ruhelage herauszieht und dann loslässt, fällt das Pendel aufgrund der →**Schwerkraft** zum Ruhepunkt zurück. Durch seine Trägheit bewegt es sich aber über den Ruhepunkt hinaus weiter auf die andere Seite. So beginnt es in einem Bogen hin und her zu schwingen. Jede Schwingung, ob groß oder klein, braucht gleich viel →**Zeit**. Deshalb hat man früher Pendel in →**Uhren** eingesetzt. Normalerweise schwingt ein Pendel nach einer gewissen Zeit aus. In einer Pendeluhr wird es jedoch immer wieder angetrieben.

Percussion

Mit dem englischen Wort Percussion bezeichnet man die Schlaginstrumente, man sagt im Deutschen auch Perkussionsinstrumente. Zu den wichtigsten Schlaginstrumenten eines →**Orchesters** zählen die Pauke und die Trommel sowie der Gong und das →**Xylofon**. In der →**Pop- und Rockmusik** gehören zum Schlagzeug die große Trommel mit der Fußmaschine, die kleine Trommel und zwei bis drei Hänge- oder Standtrommeln, die Hi-Hat-Maschine mit den zwei aufeinanderschlagenden Becken sowie ein kleines und ein großes Becken. Die ganze Anordnung nennt man auch Drum-Set. Neben diesem inzwischen traditionellen Schlagzeug kennt man heute v. a. in der Rockmusik noch weitere Perkussionsinstrumente wie die länglichen Conga-Trommeln, kleine Handtrommeln oder Bongos, das Vibrafon und das Marimbafon sowie das Agogo, eine Art Kuhglocke. Techno-Bands verwenden häufig anstelle der Instrumente einen Drum-→**Computer**, mit dem man alle Klänge von Schlaginstrumenten künstlich erzeugen kann.

Periodensystem

Das Periodensystem ist eine Tafel, auf der alle chemischen →**Elemente** in einem bestimmten Ordnungsschema dargestellt werden. Erfunden wurde es 1869 von dem russischen Chemiker Dimitri Mendelejew (1834–1907) und zeitgleich von dem deutschen Chemiker Lothar Meyer (1830–1895). Beide Forscher hatten erkannt, dass sich die chemischen und

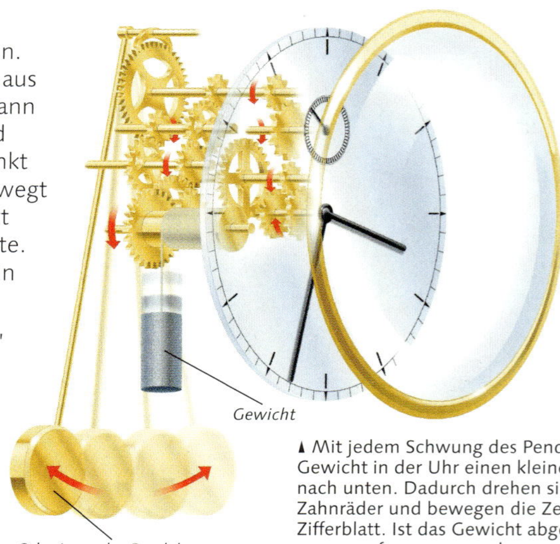

▲ Mit jedem Schwung des Pendels sinkt das Gewicht in der Uhr einen kleinen Schritt nach unten. Dadurch drehen sich winzige Zahnräder und bewegen die Zeiger auf dem Zifferblatt. Ist das Gewicht abgerollt, muss es neu aufgezogen werden.

physikalischen Eigenschaften der Elemente in bestimmten Element-Gruppen wiederholen, wenn man sie nach steigender Anzahl der Protonen (elektrisch positiv geladene Teilchen eines →**Atoms**) in ihren Atomkernen anordnet. Im heutigen Periodensystem sind die Elemente in sieben Querreihen eingeteilt, die sogenannten Perioden. Elemente, die im Periodensystem untereinander stehen, bilden eine Gruppe. Diese Elemente sind sich chemisch ähnlich, weil sie die gleiche Anzahl von Elektronen (elektrisch negativ geladene Teilchen) in der äußeren Schale besitzen. Die Gruppe der Alkalimetalle mit einem Elektron in der Außenschale ist z. B. äußerst reaktionsfreudig. Die Edelgase besitzen dagegen eine optimal gefüllte Außenschale und sind chemisch sehr träge.

Peru

Peru ist das drittgrößte Land in →**Südamerika**. Im Westen grenzt es an den →**Pazifischen Ozean**. Wie ein gigantisches Rückgrat ziehen sich die schneebedeckten Gipfel der →**Anden** von Nord nach Süd durch das Land. Zwischen →**Gebirge** und Küste liegt ein schmaler Streifen wüstenartigen Landes, der nur von den fruchtbaren Tälern der aus den Anden herabfließenden →**Flüsse** unterbrochen wird. Östlich der Anden dehnt sich der feuchtheiße →**Regenwald** des Amazonasgebietes aus.
In Peru werden Zuckerrohr und Kaffee angebaut und →**Schafe** und →**Lamas** wegen ihrer Wolle und ihres Fleisches gehalten. Vor der Küste ist →**Fischfang** in reichen Fischgründen möglich. In den peruanischen Bergwerken werden →**Kupfer**, →**Eisen** und →**Silber** für den Export gefördert. Im Amazonasbecken gibt es reiche Erdölvorkommen.
Die Einwohner Perus haben schon vor mehreren Tausend Jahren erste Städte errichtet. Besonders bekannt ist das Inkareich in den Anden. Nach 1530 eroberten die Spanier das Land.
Seit den 1820er-Jahren ist Peru ein unabhängiger →**Staat**.

Pest

Die Pest ist eine schreckliche →**Krankheit**, die in →**Europa** besonders im →**Mittelalter** seuchenartig wütete. Sie wurde auf dem Schiffsweg aus →**China** eingeschleppt. Im 14. Jh. starben bei einer Pestepidemie 25 Millionen →**Menschen** in Europa, das war fast ein Drittel der damaligen →**Bevölkerung**. Die Krankheitserreger der Pest sind →**Bakterien**, die von Rattenflöhen übertragen werden. Wenn ein Floh das →**Blut** einer angesteckten →**Ratte** saugt, nimmt er den Krankheitserreger auf. Dieser wird weitergegeben, wenn der Floh später eine andere Ratte oder einen Menschen beißt. Die →**Seuche** verbreitet sich sehr schnell und führt zu einem langsamen und qualvollen Tod.

Peru
Staatsform: Republik
Hauptstadt: Lima
Fläche: 1 285 216 km²
Einwohner: 25,6 Mio.
Sprachen: Spanisch, Quechua, Aymara
Währung: Neuer Sol

Pfauen

Pfauen sind aus →**Asien** stammende Waldvögel, die man hierzulande meist nur in →**Zoos** zu sehen bekommt. Auffällig ist das Verhalten der Pfauenmännchen: Sie stoßen in der Balz (Lockverhalten in der Paarungszeit) laute, durchdringende Schreie aus und schlagen ihre langen, mit Augenflecken geschmückten Schleppenfedern zum Rad auf. Dabei erzeugen sie ein rasselndes Geräusch.

▾ Der männliche Pfau wirbt mit seinen langen Schleppenfedern um eine Henne. Männchen wie Weibchen tragen auf dem Kopf ein Federkrönchen.

Pferde

Pferde werden wegen ihrer Kraft und Schnelligkeit als Reittiere geschätzt. Der frühe Vorfahr der Pferde aber war ein nur hundegroßes Waldtier, das sich in seiner Lebensweise stark von den heutigen Pferden unterschied. Dieses *Eohippus* genannte →**Tier** lebte vor etwa 50 Millionen Jahren. Es hatte an den Vorderfüßen vier und an den Hinterfüßen drei Zehen und setzte beim Gehen nur die Zehen auf.
Aus ihm entwickelte sich in Millionen von Jahren schließlich das moderne, wild lebende Pferd. Jedes seiner langen Beine endet in einer einzigen Zehe, deren Nagel zu einem Huf umgebildet ist. Pferde laufen also auf den Zehenspitzen. Heute gibt es nur noch wenige wild lebende Pferde, wie z. B. das Przewalskipferd, das man im →**Grasland** der →**Mongolei** und Nordchinas wieder ausgewildert hat.
Für den →**Menschen** erlangte das Pferd erst vor rund 6000 Jahren Bedeutung. Er zähmte es wegen seines Fleisches, später wurde es zum Last- und Reittier. Im Lauf der Jahrtausende wurden aus diesen Hauspferden viele verschiedene Pferderassen gezüchtet. Man unterscheidet heute leichtere Warmblut- und schwerere Kaltblutpferde sowie die feingliedrigen Vollblutpferde und die aus Kreuzungen zwischen Warm- und Vollblutpferden hervorgegangenen Halbblutpferde.

▲ Pferde sind Fluchttiere. Bei Gefahr flieht die ganze Herde. Die jungen Fohlen müssen daher schon wenige Tage nach ihrer Geburt galoppieren können.

Pflanzen siehe Seite 250

Pflanzenfresser

Pflanzenfresser sind →**Säugetiere**, die sich von →**Pflanzen** ernähren, z. B. →**Elefanten**, →**Hirsche**, →**Pferde**, →**Schafe** und →**Ziegen**. Manche Pflanzenfresser ernähren sich nur von →**Gras**, während andere die →**Blätter**, →**Samen** und →**Früchte** einer Vielzahl von Pflanzen fressen. Viele Pflanzenfresser verfügen über ein kompliziertes Verdauungssystem, welches das Pflanzenmaterial gründlich verwertet. →**Rinder** z. B. haben einen mehrteiligen Magen und käuen ihr Futter wieder.

Pharao

Das Wort Pharao (Ägyptisch peraa für großes Haus) bedeutet König, der in einem großen Haus, nämlich einem Palast wohnt. Gemeint sind die Herrscher des alten →**Ägypten**. Doch noch großartiger als ihre Paläste waren ihre Grabstätten, die →**Pyramiden**.
Die Ägypter glaubten, dass ihre Pharaonen direkt von dem Sonnengott Re abstammten. Der Herrscher hatte die Aufgabe, für das Volk zu sorgen und das Land – das Obere und Untere Ägypten – gut zu regieren.
Ein wichtiger Fund für die Wissenschaft war das Grab des jungen Pharao Tutanchamun (1347–1339 v. Chr.), das der englische Archäologe Howard Carter (1873–1939) im Tal der Könige entdeckte. Nicht nur der Sarkophag und die Mumie (einbalsamierter Leichnam) waren gut erhalten, sondern auch alle Grabbeigaben. Es war eines der wenigen Königsgräber, die von Grabräubern verschont geblieben waren. Man fand einen goldenen

▼ Der Körper des Pharaos Tutanchamun lag geschützt in mehreren, ineinander gesetzten Särgen. Sie waren mit Edelsteinen und Gold verziert. Die Särge befanden sich in einem großen Steinsarkophag und sollten ein Zuhause für Tutanchamuns Seele darstellen. Die Mumie selbst trug eine kostbare goldene Totenmaske.

▲ Wenn der Pharao auf seinem Thron saß und Recht sprach, glaubten die Ägypter, dass der Gott Horus aus seinem Munde zu ihnen redete.

Thron, Truhen, Statuen, kostbare Edelsteine und Möbel. Im Sarkophag mussten die Wissenschaftler vier weitere goldene Särge öffnen, bis sie im letzten auf die Mumie des Pharaos stießen.
Tutanchamun heiratete mit elf Jahren eine Tochter des Pharaos Echnaton (um 1384–1347 v. Chr.) und folgte diesem auf den Thron. Echnaton hatte sich durch viele Reformen beim Volk sehr unbeliebt gemacht: Er ernannte den Gott Aton zum einzigen Gott und machte die Stadt Amarna zur Hauptstadt. Tutanchamun kehrte zu den alten religiösen Traditionen zurück und erhob Theben wieder zur Hauptstadt. Er starb nach achtjähriger Herrschaft.

Philippinen

Die Philippinen sind eine große Inselgruppe in **→Südostasien** mit den beiden größten **→Inseln** Mindanao und Luzon. Manila ist Hauptstadt, wichtigster **→Hafen** und größte Stadt zugleich. Die meisten Menschen leben in kleinen Dörfern vom Ackerbau. Sie pflanzen Zuckerrohr, **→Obst**, **→Reis**, Kokospalmen und **→Gemüse** an.
Die Inseln erhielten ihren Namen von spanischen Eroberern zu Ehren von König Philip II. von Spanien (1527–1598). Nach dem Spanisch-Amerikanischen Krieg kam das Land 1898 unter die Herrschaft der USA. Im Jahr 1946 wurden die Philippinen unabhängig. Der 1965 zum **→Präsidenten** gewählte Ferdinand Marcos (1917–1989) herrschte bis 1986 als Diktator. Das Land hatte auch danach mit wirtschaftlichen Problemen und der weitverbreiteten Armut zu kämpfen.

Philippinen
Staatsform: Republik
Hauptstadt: Manila
Fläche: 300 000 km²
Einwohner: 75,6 Mio.
Sprachen: Philippino, Englisch
Währung: Philippinischer Peso

Philosophie

Das Wort Philosophie kommt aus dem Griechischen und bedeutet Liebe zur Weisheit. Philosophen sind Denker, die sich mit verschiedensten Fragen auseinandersetzen, etwa: Was oder wie viel können wir wirklich über etwas erfahren? Wenn wir von etwas behaupten, dass es stimmt, wie können wir dabei sicher sein, dass unsere Behauptung tatsächlich richtig ist? Wenn wir sagen, dass **→Gott** existiert, was meinen wir dann mit „Gott" und was meinen wir mit „existiert"? Einer der ersten großen Philosophen war **→Aristoteles**. Bekannte Philosophen des 20. Jh. sind z. B. Ludwig Wittgenstein (1889–1951), Jean-Paul Sartre (1905–1980) oder Michel Foucault (1926–1984).
Anders als die **→Naturwissenschaften** hat die Philosophie keinen genau bestimmten Gegenstand, mit dem sie sich beschäftigt, und keine bestimmten Methoden, mit denen sie arbeitet.

Physik

Physik als Wissenschaft erforscht alle Vorgänge in der Natur, die sich in Experimenten überprüfen lassen. Physiker beschäftigen sich mit **→Energie**, mit **→Materie** – in festem, flüssigem und gasförmigem Zustand – und mit den **→Atomen**, aus denen Materie besteht. Wichtige Teilbereiche der Physik sind **→Mechanik** (untersucht **→Kräfte** und **→Bewegung** sowie Feststoffe, **→Flüssigkeiten** und **→Gase**), **→Optik** (die Lehre vom **→Licht**), **→Akustik** (die Lehre vom **→Schall**), **→Astrophysik** (erforscht das **→Universum**) sowie die Atom- und Kernphysik.
Die Physiker versuchen durch Experimente, ihre Theorien oder Hypothesen (aus Beobachtungen abgeleitete Vermutungen über Gesetzmäßigkeiten) zu bestätigen oder zu widerlegen. Die Physik ist ein außerordentlich großes Gebiet der **→Naturwissenschaften**, sodass sich die meisten Forscher auf ein Fachgebiet spezialisieren. Alle jedoch müssen die **→Mathematik** beherrschen. Denn physikalische Erkenntnisse und Gesetze werden in mathematischen Formeln ausgedrückt. Die zwei vielleicht berühmtesten Physiker in der Geschichte der Menschheit waren Isaac **→Newton** und Albert **→Einstein**.

▲ Das Veilchen ist ein Beispiel für eine sehr vielseitige Pflanze. Es wird für die Herstellung von Parfüm benutzt, man kann es im Salat essen, frittiert in Öl oder kandiert. Als Heilpflanze wird es bei Hautproblemen und für Umschläge gegen Entzündungen eingesetzt.

Pflanzen

Es gibt etwa 360 000 verschiedene Pflanzenarten in unterschiedlichen Größen – vom winzigen Moos, das nur wenige Millimeter lang ist, bis zum Mammutbaum, der über 100 m erreicht. Man findet Pflanzen in fast allen Gegenden der Erde – von der Wüste bis in Polargebiete. Ohne die Pflanzen wäre die Erde ein nahezu unbelebter Planet: Die Pflanzen liefern Sauerstoff für die Atmung und dienen als Nahrungsquelle und Unterschlupf für andere Lebewesen.

Einteilung der Pflanzen

Wie alle Lebewesen kann man die Pflanzenarten zu immer größeren Gruppen zusammenfassen: Gattung, Familie, Ordnung, Klasse, Abteilung, Reich. Abteilungen der Pflanzen sind z. B. Moose, Farnpflanzen und Samenpflanzen. Moose und Farne vermehren sich durch Sporen, die von den Blättern aus verstreut werden.

Die große Gruppe der Samenpflanzen wird in Nacktsamer und Bedecktsamer aufgeteilt: Bei nacktsamigen Pflanzen wie Nadelbäumen reifen die Samen offen, z. B. auf den Schuppen der Zapfen heran. Bedecktsamige Pflanzen wie Laubbäume, Blumen und Gräser bilden ihre Samen in geschlossenen Fruchtknoten. Sie sind in zwei Klassen unterteilt: in einkeimblättrige und zweikeimblättrige Pflanzen. Gräser z.B. entwickeln sich aus einem Keimblatt und haben lange, schmale Blätter. Die zweite Gruppe verfügt über zwei Keimblätter. Sie ist weitaus größer und umfasst über 200 000 Pflanzenarten.

Pflanzen-Kraftwerke

Die Pflanzenzellen in den Blättern enthalten winzige Organe, die Chloroplasten mit dem grünen Blattfarbstoff Chlorophyll. Dieser nimmt Energie aus dem Sonnenlicht auf. Die Pflanze nutzt diese Energie dazu, aus dem Kohlendioxid der Luft und aus dem Wasser der Erde Traubenzucker (Glukose) herzustellen. Dabei wird Sauerstoff freigesetzt. Dieser Vorgang ist einzigartig unter den Lebewesen und nur bei den Pflanzen vorzufinden. Man nennt ihn Fotosynthese, das bedeutet Aufbau durch Licht. Die Glukosebausteine, die durch die Fotosynthese hergestellt werden, werden zu anderen lebenswichtigen Stoffen verbunden, z. B. Zellulose.

Aufbau einer Pflanze

Die Blüten enthalten die Fortpflanzungsorgane der Pflanze. Sie blühen in prächtigen Farben und duften. Durch den Stängel werden Wasser und Nährstoffe aus dem Boden zu den Blättern transportiert. Bei den Bäumen und Sträuchern sind Stamm und Äste aus festem Holz. Die Wurzeln nehmen das Wasser und die Nährstoffe aus der Erde auf und sorgen für einen sicheren Halt der Pflanze.

Die Vermehrungsweise von Pflanzen

Die meisten Pflanzen haben sowohl männliche als auch weibliche Organe. Die männlichen Staubblätter produzieren Pollen. Der Pollen wird durch Insekten oder durch den Wind auf die Narbe (Teil des weiblichen Fortpflanzungsorgans) übertragen. Diesen Vorgang nennt man Bestäubung. Das Pollenkorn wächst von der Narbe aus hinunter in den Fruchtknoten und verschmilzt mit der weiblichen Eizelle (Befruchtung). Nun wächst aus dem Fruchtknoten die Frucht mit den Samen heran. Pflanzen verbreiten ihre Samen auf verschiedenste Arten. Einige Samen sind klein und leicht und werden vom Wind davongetragen. Andere haben Haken oder eine klebrige Hülle, mit denen sie sich an Tiere heften, die vorbeistreifen. Viele Samen werden, da sie sich in einer Frucht befinden, von Tieren gefressen und

wieder ausgeschieden. Einige Pflanzen, wie etwa die Spritzgurke, schießen ihre Samen in die Luft. Manche Pflanzen können sich auch ohne Samen vermehren, sie bilden Ableger an Wurzeln oder oberirdischen Ausläufern.

Keimung

Unter Keimen versteht man die Entwicklung des Samens zur jungen Pflanze. Dies passiert nur, wenn die Bedingungen für den jeweiligen Samen – Temperatur, Licht und Feuchtigkeit – stimmen. Der Samen nimmt Wasser in sich auf, schwillt an und platzt. Kleine Wurzeln wachsen heraus und bohren sich in die Erde. Dann folgt der Keimspross (auch Schössling), der nach oben, der Sonne entgegen, wächst. Die ersten Blätter nennt man Keimblätter. Sie sehen anders aus als die späteren Blätter der Pflanze.

Zum Weiterlesen

Art, Bäume, Blatt, Blüte, Blütenpflanzen, Farne, Fortpflanzung, Früchte, Gemüse, Gräser, Laubbäume, Moose, Nadelbäume, Obst, Samen, Sauerstoff, Wurzeln, Zellen und Seite 384

▲ Die Fortpflanzungsorgane einer Blütenpflanze sind das männliche Staubblatt und das weibliche Fruchtblatt. Fruchtblätter bilden den Fruchtknoten, der meist oben in der klebrigen Narbe endet. Jedes Staubblatt besitzt einen Staubbeutel, in dem sich unzählig viele kleine Pollenkörner befinden. Hier sammeln Bienen von einer Lilie Pollen, streifen diesen in ihren Pollensack und tragen ihn zur Narbe (Bestäubung).

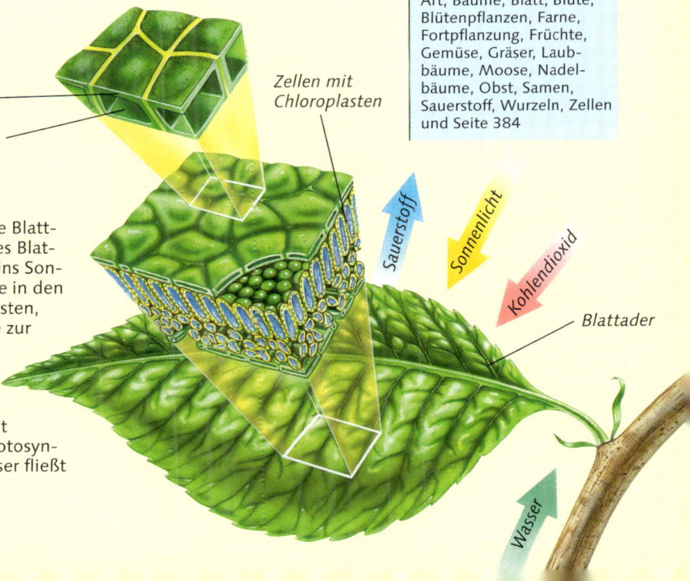

► Der Blattstiel hält die Blattspreite (große Fläche des Blattes mit den Blattadern) ins Sonnenlicht. Winzige Organe in den Blattzellen, die Chloroplasten, nutzen die Sonnenenergie zur Herstellung von Traubenzucker, der den Pflanzen die Energie zum Leben liefert. Dabei wird Kohlendioxid aus der Luft verbraucht und Sauerstoff abgegeben (Fotosynthese). Das notwendige Wasser fließt über den Stiel in das Blatt.

▲ Picassos Gesamtwerk besteht aus über 15 000 Arbeiten. Er sagte: „Ich male die Dinge wie ich sie denke, nicht wie ich sie sehe."

Picasso, Pablo

Pablo Ruiz y Picasso (1881–1973) war einer der bedeutendsten und produktivsten Künstler des 20. Jh. Nachdem er in seiner sogenannten rosa Periode (1905–1907) bevorzugt Zirkusmotive in hellen Farben gemalt hatte, begründete er gemeinsam mit Georges Braque (1882–1963) die als revolutionär angesehene Kunstrichtung des Kubismus, in dem Motive in geometrische Formen aufgelöst werden. Weltberühmt ist u. a. sein 1937 für den spanischen Pavillon der Weltausstellung angefertigtes Wandgemälde „Guernica". Es prangert die Zerstörung der Stadt Guernica durch die Faschisten im Spanischen →**Bürgerkrieg** (1936–1939) an. Picassos gesamtes Werk besteht aus weit mehr als 15 000 Arbeiten – Zeichnungen, Grafiken, Plastiken und Keramiken.

Pilger

Ein Pilger ist ein Mensch, der aus religiösen Gründen auf Wanderschaft geht oder an einen bestimmten Ort reist, den seine →**Religion** als heilig ansieht. Eine solche Reise nennt man Pilgerreise oder Pilgerfahrt. Christen unternahmen besonders im →**Mittelalter** Pilgerreisen nach Jerusalem oder nach Rom. Auch die Gräber von Heiligen sind Ziel von Pilgerfahrten, z. B. das Grab des heiligen Jakobus des Älteren (vor 44 n. Chr.) im spanischen Santiago de Compostela.

▼ Eine besondere Gruppe von Pilgern waren die „Pilgrim fathers" (Pilgerväter), die 1620 aus religiösen Gründen von England nach Nordamerika auswanderten, auf einem Schiff namens „Mayflower".

Eine wichtige Rolle spielt die Pilgerreise auch im religiösen Leben der Gläubigen des →**Islam**. Über zwei Millionen Muslime besuchen jedes Jahr die Stadt Mekka in →**Saudi-Arabien**, Geburtsstadt des Propheten →**Mohammed**.

Pilze

Pilze sind einfach gebaute Organismen ohne Stängel, →**Blüten**, →**Wurzeln** oder →**Blätter**. Da ihnen das Blattgrün der →**Pflanzen** fehlt, können sie keine eigene Nahrung durch Fotosynthese herstellen. Alle Pilze brauchen leicht zugängliche tierische oder pflanzliche Nahrung. Daher leben manche →**Arten** als

▼ Pilze gehören weder zu den Pflanzen noch zu den Tieren, sondern bilden ein eigenes Reich. Der abgebildete Pilz ist der giftige Fliegenpilz.

→**Parasiten** auf anderen Lebewesen (etwa der Birkenporling), andere verwerten die Überreste toter Pflanzen oder →**Tiere**. Es gibt über 100 000 Pilzarten. Einige bestehen nur aus einer →**Zelle**, andere bilden Zellfäden (Hyphen). Dieses Geflecht aus Fäden (Myzel) wächst durch die Nahrungsquelle und durchdringt sie völlig. Einige Pilzarten bilden von Zeit zu Zeit gut sichtbare Hüte (Fruchtkörper) aus, die über der →**Erde** wachsen. Darin bilden sie winzige Sporen, aus denen neue Pilze entstehen. Viele dieser Hutpilze sind essbar (etwa Steinpilz oder Champignon), einige jedoch tödlich giftig (Knollenblätterpilz). Zur Gruppe der Pilze gehören auch die Schimmelpilze. Sie siedeln sich gern auf →**Nahrungsmitteln** an, die nicht im →**Kühlschrank** aufbewahrt werden. Zu den nützlichen Pilzen gehören die →**Hefen**. Man braucht sie, um →**Brot** und →**Wein** herzustellen. Das →**Medikament** Penizillin, das von →**Bakterien** verursachte →**Krankheiten** bekämpft, stammt ebenfalls von einem Pilz.

◄ Die Familie der Pinguine umfasst 17 Arten. Die meisten leben in großen Kolonien. Die hier abgebildeten Arten sind in der Antarktis heimisch. Das dichte, stark eingefettete Gefieder und eine dicke Fettschicht unter der Haut halten die Pinguine warm.

Pinguine

Pinguine sind gewandte Schwimmer und Taucher, können aber nicht fliegen. Ihre flossenähnlichen Flügel setzen diese →**Vögel** im →**Wasser** wie Ruder ein. An Land bewegen sie sich aufrecht gehend oder auf dem Bauch rutschend vorwärts.
Alle Pinguinarten sind in den kalten →**Meeren** der Südhalbkugel heimisch. Kaiserpinguine z. B. leben in der →**Antarktis**. Im Winter legt das Weibchen ein →**Ei** auf das Eis. Das Männchen rollt das Ei auf seine Füße und bedeckt es mit einer Hautfalte. So wird es zwei Monate lang warm gehalten, bis das Junge schlüpft.

Planck, Max

Der in Kiel geborene deutsche Physiker Max Planck (1858–1947) studierte in München und Berlin und war später Professor in Kiel und Berlin. Ihm gelang es erstmals, die Wellen- und Teilcheneigenschaften des →**Lichts** in einer einheitlichen Theorie zu beschreiben, die später von Albert →**Einstein** weiterentwickelt wurde. Plancks Forschungsergebnisse wurden zentraler Bestandteil der später entwickelten →**Quantentheorie**, die das physikalische Verhalten von →**Molekülen**, →**Atomen**, Atomkernen und Elementarteilchen beschreibt. Er erhielt dafür 1918 den →**Nobelpreis** für →**Physik**. Die „Max-Planck-Gesellschaft zur Förderung der Wissenschaften" ist heute eine bedeutende Forschungseinrichtung.

Planeten

Der Begriff Planet stammt aus dem Griechischen und bedeutet „Wanderer". Planeten sind nämlich Himmelskörper, die sich um →**Sterne** herumbewegen. Auch die →**Erde** ist ein Planet. Sie wandert ebenso wie die übrigen sieben Planeten des →**Sonnensystems** um die →**Sonne**. Obwohl jeder Planet seiner eigenen Bahn folgt, bewegen sie sich alle in dieselbe Richtung und in einer Ebene. Vermutlich bildeten sich die Planeten aus einer Scheibe, die aus →**Gas** und Staub bestand. Teile dieser Materiemassen wurden durch die →**Schwerkraft** (Gravitation) zusammengezogen und bildeten schließlich die acht Planeten: →**Merkur**, →**Venus**, →**Erde**, →**Mars**, →**Jupiter**, →**Saturn**, →**Uranus** und →**Neptun**. Merkur ist der Sonne am nächsten, Neptun am fernsten. →**Pluto** gehört seit 2006 zu den Zwergplaneten. Die Planeten des Sonnensystems sind von der Erde aus sichtbar, weil sie von der Sonne beleuchtet werden und ihr →**Licht** reflektieren. Sie leuchten aber nicht aus eigener Kraft. Vieles spricht dafür, dass auch andere Sterne der →**Milchstraße** von Planeten umlaufen werden.

Plankton

Als Plankton bezeichnet man die Masse der unzähligen winzigen →**Pflanzen** und →**Tiere**, die im Süßwasser und in den →**Meeren** frei schweben. Die meisten dieser Lebewesen sind so klein, dass man sie nur unter dem →**Mikroskop** erkennt.
Pflanzenplankton nennt man auch Phytoplankton. Die kleinen Pflanzen bleiben nahe der Wasseroberfläche, damit sie genügend →**Licht** bekommen. Einige von ihnen schwimmen aktiv, indem sie mit peitschenartigen →**Organen** auf das →**Wasser** schlagen. Andere haben stachelige, harte Gehäuse.
Zooplankton ist tierisches Plankton. Manche dieser Tierchen leben in großer Tiefe und steigen nachts zum Fressen auf. Zum Zooplankton zählen →**Einzeller** sowie sehr junge →**Krebstiere** und →**Fische**.
Plankton steht am Anfang der →**Nahrungskette** der Meere. Alle Meeresbewohner ernähren sich entweder von Plankton oder von Tieren, die Plankton fressen.

▲ Die Lebewesen des Planktons sind zwar klein, aber oft sehr schön geformt. Diese Kieselalgen besitzen ein hartes, farbloses Gehäuse.

Polen
Staatsform: Republik
Hauptstadt: Warschau
Fläche: 312 677 km²
Einwohner: 38,7 Mio.
Sprache: Polnisch
Währung: Zloty

Pluto

Mit →**Neptun** endet das System der großen →**Planeten**, nicht aber das →**Sonnensystem**. Es folgt der sogenannte Kuiper-Gürtel aus vielen →**Asteroiden**. Darin befindet sich auch der Zwergplanet Pluto.
Pluto ist etwa 40-mal weiter von der →**Sonne** entfernt als die →**Erde** und hat daher eine sehr lange Umlaufbahn: Während seines fast 248 Erdjahre dauernden Umlaufs beträgt seine Entfernung von der Sonne 4,4 Mrd. km bis 7,4 Mrd. km. Auf den sonnennahen Teilen seiner Bahn gibt es wahrscheinlich eine →**Atmosphäre**. Diese gefriert aber, wenn sich der Zwergplanet von der Sonne entfernt. Pluto besitzt einen →**Mond**.

Daten zu Pluto
Durchschnittliche Entfernung zur Sonne: 5,9 Mrd. km
Kleinste Entfernung zur Erde: 4,4 Mrd. km
Durchschnittstemperatur: –230 °C
Durchmesser am Äquator: 2200 km
Atmosphäre: fast keine
Zahl der Monde: 1
Tageslänge: 6 Tage, 9 Stunden
Jahreslänge: 247,7 Erdjahre

Pole

Als Pole bezeichnet man in der →**Astronomie** die beiden Endpunkte der Achse eines rotierenden (sich drehenden) Himmelskörpers. Wie alle anderen →**Planeten** des →**Sonnensystems** dreht sich auch die →**Erde** um ihre eigene Achse. Eine Umdrehung dauert einen Tag. Der Nord- und der Südpol der Erde liegen dort, wo die gedachte Dreh- oder Rotationsachse die Erdoberfläche durchstößt. Die Lage der beiden Pole in der →**Arktis** bzw. →**Antarktis** bleibt während der Drehung unverändert, während alle anderen Punkte auf der Erde sich mit einer bestimmten Geschwindigkeit um die Erdachse drehen, die zum →**Äquator** hin zunimmt. Da die Erdachse leicht geneigt ist, stehen die Pole nicht im gleichen Abstand zur →**Sonne**. Das ist der Grund dafür, dass die →**Jahreszeiten** auf der nördlichen und südlichen Halbkugel im Wechsel auftreten.
Denkt man sich die Erdachse verlängert bis zur Himmelssphäre – einer gedachten unendlich großen Himmelskugel mit der Erde als Mittelpunkt –, dann liegen an den beiden Enden die Himmelspole. Fast genau in der Verlängerung der Erdachse nach Norden sieht man den Polarstern, der zum Sternbild Kleiner Bär gehört. Er bleibt während der Erddrehung nahezu fest an seinem Ort nahe dem Himmelsnordpol.

Polen

Polen ist ein osteuropäischer →**Staat**, der im Norden an die →**Ostsee** grenzt. Weite Teile des Landes werden von einer Tiefebene eingenommen, nur im Süden steigt die Landschaft bis zu den waldreichen Karpaten an, wo Polens längster Fluss, die Weichsel, entspringt.
Das Land ist stark landwirtschaftlich geprägt, es werden →**Getreide**, Zuckerrüben und →**Kartoffeln** angebaut. Auch die Viehzucht ist bedeutend.
Die meisten Polen gehören dem römisch-katholischen Glauben an.
Im Jahr 1989 fanden nach 40 Jahren die ersten freien Wahlen Polens statt, die die unabhängige Gewerkschaftsbewegung Solidarnosc gewann. Die neue →**Regierung** machte Polen zum ersten nicht kommunistischen Land im ehemaligen Ostblock. 1999 trat Polen der →**NATO** bei, seit 2004 ist es Mitglied der →**Europäischen Union**.

Polizei

Die Polizei ist ein Teil der staatlichen Gewalt. Ihre Aufgabe besteht darin, Gefahren für die →**Bevölkerung** und für die staatliche Ordnung abzuwehren. Sie schützt das Leben und den Besitz der →**Menschen** und sorgt für

▼ Der einzige Mond Plutos ist Charon (unten). Charon ist halb so groß wie Pluto selbst. Kein anderer Mond im Sonnensystem ist im Vergleich zu seinem Planeten so groß. Charon umkreist seinen Mutterplaneten in nur sechs Tagen. Daher bezeichnen manche Astronomen Pluto als Doppelplaneten und nicht als Planeten mit Mond.

Ordnung im Verkehr oder bei Demonstrationen. Die Polizei soll Verbrechen verhindern oder begangene Verbrechen aufklären und die Täter festnehmen. Die Arbeit eines Polizisten kann gefährlich sein. Die meisten Polizeikräfte tragen daher Waffen.
Bei der Verbrechensbekämpfung helfen der Polizei z. B. →**Fingerabdrücke**, Hinweise aus der →**Bevölkerung** oder Täterprofile, die von Psychologen erstellt werden.

Pompeji

Vor 2000 Jahren war Pompeji eine kleine römische Stadt in Süditalien. Im Jahr 79 n. Chr. brach der nahe gelegene →**Vulkan** Vesuv aus und überzog Pompeji mit einem Ascheregen. Fast alle Einwohner starben an den giftigen →**Gasen**, die durch die Straßen strömten. Pompeji lag dann – vor →**Wind** und →**Wetter** geschützt – unter einer fast 7 m dicken Schicht aus Asche und Geröll vergraben und geriet in Vergessenheit. Erst im 18. Jh. begannen Archäologen, Pompeji wieder auszugraben. Ganze Gebäude, z.T. mit Wandverzierungen, kamen ans Tageslicht, ebenso Straßen und Plätze, Werkzeuge und Statuen. Man fand sogar Abdrücke von Menschen in der Asche, die mit Gips ausgefüllt wurden, um Rekonstruktionen anzufertigen. So bekam man ein Bild vom Moment der Katastrophe. Pompeji ist die besterhaltene Stadt der →**Antike**, jedoch noch nicht vollständig ausgegraben.

Pop- und Rockmusik

Popmusik ist die Abkürzung für „populäre", d. h. beim Volk beliebte →**Musik**. Moderne Popmusik hat stark betonte →**Rhythmen** und einfache, einprägsame Melodien. Die meisten Popmusikstücke sind Lieder. Eine Popgruppe setzt sich normalerweise aus einem oder mehreren Sängern und einigen weiteren Musikern zusammen, die Musikinstrumente wie elektrische →**Gitarre**, →**Synthesizer** und elektronische →**Orgel** spielen. Viele Popgruppen gründen sich bereits als Schülerband. Der Erfolg stellt sich ein, wenn sie entdeckt werden und Plattenverträge erhalten.
In den 1950er-Jahren entstand aus Elementen des →**Blues**, des Rhythm and Blues sowie der Country-und-Western-Musik der Rock 'n' Roll, der eine ganze Generation bis hin zu ihrem Kleidungsstil prägte. Gruppen wie die Beatles formten dann den Rock 'n' Roll zur Beatmusik um. Weitere Stilrichtungen kamen auf. So spielten z. B. die Rolling Stones, die Animals und The Who Hardrock und Bluesrock, Bob Dylan (geb. 1941) verschrieb sich dem Folkrock, die Gruppe Santana dem Latinrock und die Gruppe Chicago dem Jazzrock.
Elvis Presley (1935–1977) – Star des Rock 'n' Roll – wurde zur Kultfigur. Berühmte Popgruppen und Stars wie Madonna (geb. 1958), Michael Jackson (geb. 1959) und Britney Spears (geb. 1981) folgten und haben Fans in aller Welt. Im Fernsehen ausgestrahlte Popkonzerte zeugen von der Begeisterung, die Popmusik hervorruft.

▲ Die Archäologen haben etwa die Hälfte Pompejis ausgegraben. Unter anderem fand man kostbare Wandmalereien und Abdrücke von Menschen und Tieren, die dem Ascheregen nicht mehr entfliehen konnten.

Population

Mit Population bezeichnet man in der →**Biologie** alle Lebewesen einer →**Art**, die in einem bestimmten Gebiet vorkommen und sich untereinander fortpflanzen. Zum Beispiel spricht man von der Population der →**Wölfe** in Brandenburg oder in →**Polen**. Mithilfe von Populationszahlen können Biologen bestimmte Gesetzmäßigkeiten bei →**Tieren** und →**Pflanzen** festhalten. Vermehrungsrate, Krankheiten, Nahrungsangebot und Fressfeinde bestimmen die Populationsdichte. Sie gibt an, wie viele Lebewesen einer Art durchschnittlich in einem Gebiet bestimmter Größe vorkommen. Beträgt etwa die Populationsdichte der Regenwürmer im Waldboden 30/m², dann leben 30 Würmer auf einem Quadratmeter. Man kann die Populationsdichten aller Arten in einem →**Biotop** miteinander vergleichen. Dabei zeigt sich, dass in →**Ökosystemen**, die sich nicht verändern, die Spezialisten unter den Lebewesen oft die besten Überlebensaussichten haben. Sie können im Lauf der Zeit besondere Fähigkeiten entwickeln und sich dadurch gegen Konkurrenten durchsetzen. In sich ständig ändernden Ökosystemen sind eher die weniger angepassten Tier- und Pflanzenarten im Vorteil. Spezielle Fähigkeiten könnten hier nämlich bald schon überflüssig oder hinderlich sein.

Portugal
Staatsform: Republik
Hauptstadt: Lissabon
Fläche: 92 345 km²
Einwohner: 10 Mio.
Sprache: Portugiesisch
Währung: Euro

Portugal

Portugal liegt im Westen der Iberischen Halbinsel. Der Norden ist großteils gebirgig, im Süden und Westen dehnt sich eine weite Küstenebene aus. Die drei großen aus →**Spanien** kommenden →**Flüsse** Tajo, Douro und Guadiana münden in Portugal in den →**Atlantischen Ozean**. Am Guadiana wurde der größte Stausee (Alqueva-Damm) →**Europas** gebaut.
Das →**Klima** mit milden Wintern und warmen Sommern begünstigt den Anbau von Oliven, Apfelsinen und →**Reis**. Auch Weinbau ist von Bedeutung, der bekannte Portwein wurde nach der Stadt Porto benannt. Aus den Korkeichen Portugals wird mehr Kork erzeugt als in jedem anderen Land der Welt. Die Fischer fangen Sardinen und andere Meeresfische. →**Bergwerke** fördern →**Kupfer** und →**Zinn**, in den Fabriken werden Textilien, Lederwaren und Elektrogeräte hergestellt.
Madeira und die Inselgruppe der Azoren gehören zum portugiesischen Staatsgebiet.

Prärie

Unter Prärie versteht man das →**Grasland** im Innern Nordamerikas und Kanadas. Es erstreckt sich von den Ausläufern der →**Rocky Mountains** im Westen bis zum Mississippi im Osten. Die besten Lagen werden ackerbaulich genutzt während der übrige Teil als Weideland dient.

▾ Einst zogen riesige Bisonherden über die Prärie Nordamerikas. Sie waren wichtige Beutetiere der Indianer. Weiße Siedler hatten sie im 19. Jh. fast ausgerottet, doch heute leben Bisons wieder in Naturparks.

Präsident

Ein Präsident ist im Allgemeinen Leiter und Vorsitzender oder Vorstand einer Organisation, etwa eines Vereins oder einer Hochschule. Der Begriff bezeichnet aber auch das Staatsoberhaupt einer →**Republik**.
In einigen Ländern ist der Präsident zugleich der Regierungschef, z. B. in den →**Vereinigten Staaten von Amerika**. Der deutsche Bundespräsident gehört dagegen nicht zur →**Regierung** und erfüllt hauptsächlich repräsentative Aufgaben: Er schlägt z. B. den Bundeskanzler vor und ernennt diesen sowie die Bundesminister, die Bundesrichter und Offiziere. Außerdem vertritt er die Bundesrepublik bei offiziellen Anlässen.

Preußen

Nach dem →**Dreißigjährigen Krieg** gelang es dem „Großen Kurfürsten" Friedrich Wilhelm (1620–1688) von Brandenburg, seine verstreut liegenden Ländereien in Brandenburg, Preußen und einigen kleineren Herzogtümern zusammenzuschließen. Er schuf ein einheitliches Staatswesen und förderte →**Handel** und →**Industrie**. Durch geschickte Verhandlungen gewann er weitere Länder wie Hinterpommern und einige Bistümer hinzu. Als sein Nachfolger Kurfürst Friedrich III. als Friedrich I. (1657–1713) gekrönt wurde, war das Königreich Preußen geboren. Unter dessen Sohn Friedrich Wilhelm I. (1688–1740), auch Soldatenkönig genannt, und v. a. unter →**Friedrich II. dem Großen** vergrößerte sich Preußen durch Kriegsgewinne und entwickelte sich zur europäischen Großmacht. In Friedenszeiten verstand sich Friedrich der Große als „erster Diener seines Staates" und reformierte u. a. das Rechtswesen.
1848 brachen in →**Deutschland** →**Revolutionen** aus, die mehr →**Demokratie** und einen Nationalstaat forderten. Es kam zur Frankfurter Nationalversammlung, die am 28. März 1849 eine Reichsverfassung beschloss. Da der Preuße Friedrich Wilhelm IV. (1795–1861) die angebotene Kaiserkrone jedoch ablehnte, blieb Deutschland weiterhin in viele Mächte geteilt. Daran änderte erst die Politik des preußischen Reichskanzlers Fürst Otto von Bismarck (1815–1898) etwas: Den Krieg gegen →**Frankreich** 1870/71 nutzte Bismarck dazu, Deutschland unter der Vorherrschaft Preußens zu einigen. Von 1871 an war der preußische König auch deutscher Kaiser.
Nach dem Ende des Ersten →**Weltkriegs** 1918 musste Kaiser Wilhelm II. (1859–1941) abdanken. Das deutsche Kaiserreich und das preußische Königreich waren untergegangen. Nach dem Zweiten Weltkrieg wurde der preußische →**Staat** gänzlich aufgelöst.

Psychologie

Das Wort stammt aus dem Griechischen und heißt so viel wie Seelenkunde. Die Psychologie beschäftigt sich mit dem Verhalten des →**Menschen**, mit der Wahrnehmung und mit dem Denken. Aber auch innere Erlebnisse, wie z. B. Angst, sind Gegenstand der Psychologie. Psychologen untersuchen z. B., wie Verstand und →**Sinne** arbeiten, und führen dazu Tests durch. Zu solchen Tests gehören Intelligenz- und Persönlichkeitstests. Psychologen arbeiten als Wissenschaftler (also in der Forschung), als Gutachter (z. B. bei einer Gerichtsverhandlung), als Betreuer von Unfallopfern und Soldaten in Krisengebieten sowie als Therapeuten in einer Klinik oder Praxis. Schulpsychologen helfen Schülern bei Problemen, aber auch bei der Berufswahl.
Die Psychiatrie ist ein Teilgebiet der →**Medizin**. Psychiater erforschen und lindern seelische →**Krankheiten** wie Depressionen oder Psychosen.

Pubertät

Als Pubertät bezeichnet man den Lebensabschnitt, in dem aus Kindern allmählich fortpflanzungsfähige Erwachsene werden. Die Pubertät setzt bei Mädchen meist zwischen dem 10. und dem 13. Lebensjahr ein, bei Jungen beginnt sie etwa ein Jahr später. In den folgenden Jahren entwickeln sich bei Mädchen Brüste, Taille und Hüften formen sich aus. In diese Zeit fällt auch die erste Monatsblutung. Bei Jungen wachsen die →**Geschlechtsorgane** zur vollen Größe heran. Die Stimme wird tiefer und der Bart beginnt zu sprießen. Bei Mädchen wie Jungen wachsen die Schamhaare. In der Pubertät wandelt sich aber nicht nur der Körper: Auch Gefühle, Interessen und die Beziehung zu Freunden und Familie verändern sich.

Puerto Rico

Puerto Rico ist eine tropische →**Insel** in der →**Karibik**. Sie wird von einem Gebirge durchzogen. Nördlich und südlich davon schließen sich Bergländer und schmale Küstenstreifen an. Das Land ist eng mit den →**Vereinigten Staaten von Amerika** verbunden: So sind die Einwohner von Puerto Rico US-Amerikaner, haben aber kein Wahlrecht in den USA. Die Insel ist sehr dicht besiedelt, viele ihrer Einwohner sind in die USA ausgewandert. Der Tourismus ist eine wichtige Einnahmequelle.

Puls

Der Puls ist das rhythmische Klopfen in den →**Arterien** des Körpers. Er entsteht, wenn sich das →**Herz** zusammenzieht um →**Blut** in die Arterien zu pumpen. Jedem Herzschlag entspricht ein Pulsschlag. Um herauszufinden, wie oft das Herz schlägt, zählen Ärzte die Pulsschläge. Dazu greifen sie an das Handgelenk, denn dort verläuft eine Arterie, an der man den Pulsschlag gut fühlen kann. Bei Männern schlägt der Puls normalerweise 72-mal in der Minute und bei Frauen 76- bis 80-mal. Doch alle Pulsraten zwischen 50 und 85 gelten als normal. Kinder haben einen schnelleren Pulsschlag.

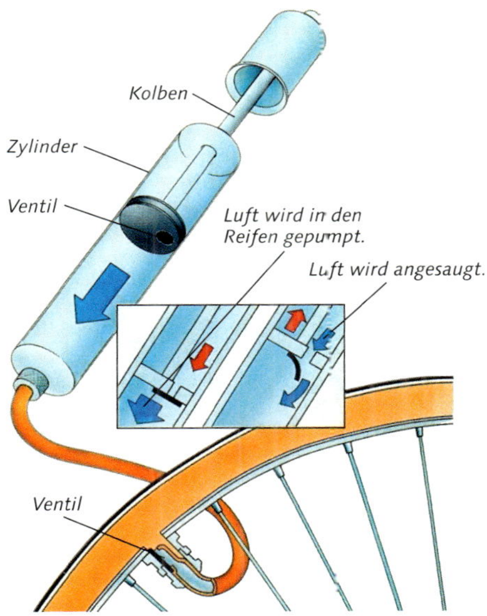

◄ Eine Pumpe, mit der man einen Fahrradreifen mit Luft aufpumpen kann, funktioniert auf ganz einfache Weise. Die Luft wird mithilfe des Kolbens in den Reifen gepresst. Zieht man den Kolben zurück, wird neue Luft angesaugt. Ein Ventil in der Pumpe sorgt dafür, dass sich die Luft nur in eine Richtung bewegen kann. Das Ventil am Reifen verhindert, dass die Luft entweicht, sobald die Pumpe weggenommen wird.

Pumpe

Die meisten Pumpen dienen zum Fördern von →**Flüssigkeiten** oder von →**Gasen**, manche befördern auch Schüttgut wie z. B. →**Getreide**.
Der bekannteste Pumpentyp ist die Kolbenpumpe. Durch die Hin- und Herbewegung eines Kolbens in einem Zylinder wird z. B. Luft oder Wasser angesaugt bzw. ausgestoßen. Einfachstes Beispiel für eine Kolbenpumpe ist die Luftpumpe für das →**Fahrrad**. Neben den Kolben- gibt es auch Kreisel- und Strahlpumpen. Bei einer Kreiselpumpe wird Flüssigkeit durch ein sich drehendes Flügelrad befördert. Ein dünner Flüssigkeits- oder Dampfstrahl wird bei Strahlpumpen durch die Förderflüssigkeit geschickt. Er reißt einen Teil davon mit und weitere Förderflüssigkeit wird nachgesaugt.

▲ Die Insel Puerto Rico hat eine Fläche von 8897 km² und 3,8 Millionen Einwohner. Man spricht dort Spanisch und Englisch. Ein Großteil der Bevölkerung lebt in Städten. Hauptstadt ist San Juan.

Punische Kriege

Als Punische Kriege werden die drei Kriege bezeichnet, die das →**Römische Reich** im 3. und 2. Jh. v. Chr. gegen den mächtigen Stadtstaat Karthago in Nordafrika führte. Punisch werden sie genannt, weil die Einwohner Karthagos auch Punier hießen.
Der Erste Punische Krieg (264–241 v. Chr.) entbrannte um die Insel Sizilien. Rom gewann Sizilien, Korsika und Sardinien, Karthago dagegen besetzte →**Spanien**. Der spanische →**Fluss** Ebro wurde vertraglich als Grenze zwischen den Reichen festgesetzt. Doch der karthagische Feldherr →**Hannibal** überschritt den Ebro und löste so den Zweiten Punischen Krieg aus (218–201 v. Chr.). Er zog mit einem Heer, zu dem auch →**Elefanten** gehörten, über die →**Alpen** und besiegte die Römer in mehreren Schlachten. Doch nach einer schweren Niederlage musste sich Hannibal schließlich nach →**Afrika** zurückziehen. Als die Karthager 149 v. Chr. einen Friedensvertrag brachen, nahm Rom dies zum Anlass, einen erneuten Krieg gegen die Stadt zu führen. Der Dritte Punische Krieg endete 146 v. Chr. mit der völligen Zerstörung Karthagos.

▼ Die gewaltigen Pyramiden, die vor Jahrtausenden in Ägypten entstanden, waren Meisterwerke der damaligen Baukunst. Unzählige Arbeiter waren nötig, um die großen Steinblöcke zu bewegen.

Pyramiden

Pyramiden sind große, vierseitige Bauwerke mit einer viereckigen (meist quadratischen) Grundfläche. Die Seitenflächen sind Dreiecke, die an einem Punkt oberhalb der Grundfläche zusammentreffen.
Die Ägypter bauten Pyramiden als Königsgräber. Die erste entstand 2650 v. Chr. in Sakkara und ist 62 m hoch. Die drei berühmtesten Pyramiden stehen bei Giseh. Die größte ist die 137 m (ursprünglich 147 m) hohe, um 2600 v. Chr. erbaute Cheops-Pyramide. Chephren, der bald nach Cheops regierte, ließ für sich die zweite Pyramide errichten. Die dritte und kleinste wurde im Auftrag von Chephrens Nachfolger Mykerinos gebaut. In →**Ägypten** gibt es heute noch etwa 80 Pyramiden.
Auch in →**Mittel-** und →**Südamerika** wurden in den ersten sechs Jahrhunderten nach Christus Pyramiden erbaut, z. B. von den →**Maya** und den →**Inka**. Es waren Stufenpyramiden, die als Tempel dienten. Eine dieser Pyramiden steht in Cholula bei Mexiko-Stadt und ist ungefähr 54 m hoch.

Pyrenäen

Die Gebirgskette der Pyrenäen liegt zwischen →**Spanien** und →**Frankreich**. Sie erstreckt sich über 435 km vom Golf von Biscaya bis zum Mittelmeer. Da die Pyrenäen ein schwer zu überwindendes natürliches Hindernis bilden, wurde der →**Handel** zwischen den beiden Ländern von alters her vorwiegend auf dem Seeweg abgewickelt. In den Bergen wird →**Eisen**, →**Blei** und →**Kohle** abgebaut. Die beeindruckende Landschaft zieht viele Touristen an. Die Gipfel der Zentralpyrenäen erreichen eine Höhe von über 3000 m, im Durchschnitt sind die Berge allerdings nur rund 1100 m hoch. Mit 3404 m ist der Pico de Aneto der höchste Berg der Pyrenäen. In der Mitte der Gebirgskette liegt der winzige Gebirgsstaat →**Andorra**.

Pythons

Pythons gehören mit den Boas zur Familie der Riesenschlangen. Sie kommen in →**Afrika**, →**Südostasien** und vereinzelt auch in →**Australien** vor. Pythons bebrüten ihre →**Eier**, indem sie ihren Körper um das Gelege rollen. Die bis zu 10 m langen →**Schlangen** töten ihre Beutetiere – z. B. →**Hasen**, →**Antilopen** oder sogar →**Krokodile** – durch Erwürgen. Dazu wickeln sie sich um ihre Opfer und verengen den Griff, bis das Opfer erstickt.

▼ Als Beutetiere kommen für Pythons Vögel ebenso infrage wie große Säugetiere. Die Abbildung zeigt einen Afrikanischen Felsenpython, der im Grasland und in Wäldern heimisch ist. Hautfarbe und -musterung tarnen die Schlange gut. Afrikanische Felsenpythons gehören zu den längsten Schlangen der Welt.

Quallen

Als Quallen bezeichnet man wirbellose, frei im Wasser schwimmende Meeresbewohner mit einem gallertartigen (ähnlich wie Sülze) Körper. Quallen sind →**Nesseltiere**, die ihre Beute mit Tentakeln (Fangarmen) fangen. Sie ernähren sich von kleinen →**Fischen**, Garnelen, →**Plankton** und anderen Quallen.

◄ Die Tentakel der Quallen sind mit Nesselzellen besetzt. Diese enthalten ein Gift, das kleine Tiere lähmt. Mit den Tentakeln wird die Beute zur Mundöffnung geführt.

Quanten

Man kann die Ausbreitung des →**Lichtes** und anderer Strahlen wie Radiowellen und →**Röntgenstrahlen** als Wellenbewegung verstehen. Zugleich lässt sich das Licht aber auch als Strom vieler kleiner Quanten (kleinster, unteilbarer Energiemengen) oder Photonen ansehen. Die →**Energie** eines einzelnen Photons hängt von der Wellenlänge des Lichtes ab, die sich in ihrer Farbe niederschlägt. Ein Photon von blauem Licht besitzt mehr Energie als ein Photon von rotem Licht. Das Licht hat also sowohl Eigenschaften einer Welle als auch Eigenschaften von Teilchen. Wissenschaftler vertreten nun die Theorie, dass sich das Licht in Wellen von Quanten bzw. Photonen ausbreitet.
Auch wenn man das Verhalten von kleinsten Materieteilchen, wie z. B. Elektronen (negativ geladene Teilchen eines →**Atoms**), betrachtet, kann man sie als Wellen oder als feste Partikel beschreiben.

Quantentheorie

Den Grundstein für die Quantentheorie legte Max →**Planck** im Jahr 1900. Er fand heraus, dass elektromagnetische →**Strahlung** in Portionen, den sogenannten →**Quanten**, auftritt. Das Geschehen zwischen kleinsten physikalischen Teilchen ist also nicht fließend, sondern sprunghaft und passiert in Form von Quantensprüngen, wenn die Teilchen ihre Position verändern. Diese Theorie ergänzte die Wellentheorie über die Ausbreitung elektromagnetischer Strahlung wie z. B. des →**Lichtes** um eine weitere Erklärung. Darüber hinaus spielt das Wissen über die Quanten eine wichtige Rolle in der modernen Atom- und Kernphysik. Neben Max Planck haben weitere Wissenschaftler wie z. B. Albert →**Einstein** die Quantentheorie weiterentwickelt.

Quarz

Quarz gehört zu den häufigsten →**Mineralien** der Erde. Er ist im →**Sand** und in vielen →**Gesteinen** enthalten.
Reiner Quarz bildet sechsseitige Kristalle. Er ist härter als Stahl. In seiner reinen Form, als Bergkristall, ist Quarz durchsichtig wie →**Glas** und farblos. Fast immer jedoch sind dem Mineral andere Substanzen beigemischt und verleihen ihm eine rauchig weiße oder eine andere Farbe. Auch eine Reihe von Halbedelsteinen wie Achat, Amethyst, Opal und Onyx bestehen aus diesem Mineral. Quarz wird u. a. zu Sandpapier, Zement, →**Linsen** sowie als Bauelement in der Uhren- und elektronischen →**Industrie** verwendet.

▲ Reine Kristalle von Quarz sind zwar farblos, kommen aber meist in Verbindung mit anderen, farbigen Mineralien vor.

Quasar

Quasare sind äußerst energiereiche, sehr leuchtkräftige Objekte, die mehrere Milliarden Lichtjahre von der →**Erde** entfernt sind. Man entdeckte sie erst in den 60er-Jahren des 20. Jh. und benannte sie mit dem Kunstwort für „quasistellares (Radio)objekt", woraus Quasar entstand. Bei Quasaren handelt es sich um die Kerne weit entfernter →**Galaxien**, in deren Zentrum sich ein →**schwarzes Loch** befindet. Quasare senden Radio-, →**Röntgen**- und →**Infrarotstrahlen** sowie →**Licht** aus. Aufgrund der großen Entfernung empfangen wir ihre Signale jedoch aus einer längst vergangenen Zeit. Von der Erde aus betrachtet sehen Quasare aus wie sehr schwach leuchtende →**Sterne**.

Quecksilber

Quecksilber ist das einzige →**Metall**, das bei Zimmertemperatur flüssig ist. Da sich seine →**Atome** untereinander stark anziehen, bildet Quecksilber kleine perlenartige Tropfen, wenn man es auf eine glatte Fläche gießt. Die silbern glänzende Flüssigkeit wird in →**Thermometern** und →**Barometern** verwendet. Quecksilberdämpfe sind hochgiftig.

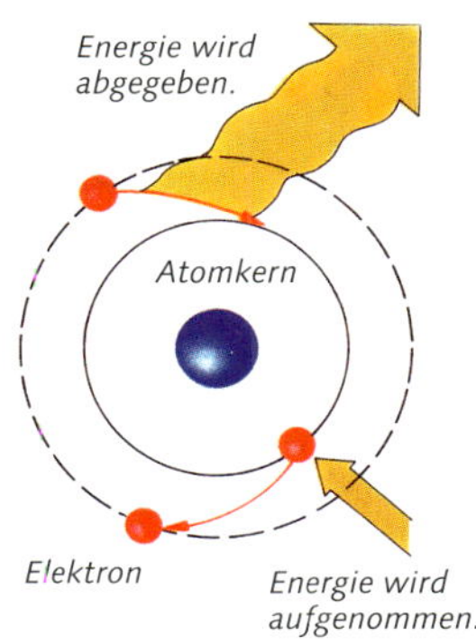

▲ Die Quantentheorie beschreibt Bewegungen von Elektronen um den Kern eines Atoms. Elektronen können von einem inneren Kreis auf einen äußeren wechseln. Bewegen sie sich zurück, geben sie Energie ab.

Rad

Das Rad gehört zu den nützlichsten →**Erfindungen** der Menschheit, weil man mit einem Rad, das sich um eine Achse dreht, schwere Lasten viel leichter bewegen kann als durch Tragen oder Ziehen.
Die ältesten Räder dienten als Töpferscheiben. Ab etwa 3200 v. Chr. verwendete man Räder für Transportmittel. Älteste Darstellungen davon stammen aus Mesopotamien (heute →**Irak**). Diese Räder waren aus drei Holzteilen zu runden Scheiben zusammengefügt.
Zunächst waren die Räder fest mit der Achse verbunden. Später wurde die Achse am Fahrzeug befestigt und die Räder drehten sich um sie herum. Dann fand man heraus, dass ein Rad mit Speichen genauso stabil war wie eine durchgehende Scheibe, aber viel weniger wog. Heute haben die Räder von →**Autos** und Flugzeugen hohle Reifen aus →**Gummi**, die mit →**Luft** gefüllt sind und so harte Stöße abdämpfen. Kugellager, das sind Stahlkugeln zwischen Achse und Nabe (hülsenförmiges Mittelstück eines Rades), sorgen dafür, dass sich die Achse leicht in der Nabe drehen kann. Nicht nur für den →**Transport**, auch für den Bau von →**Maschinen** ist das Rad von großer Bedeutung. So regulieren z. B. Zahnräder →**Kraft** und Geschwindigkeit in einem →**Getriebe**. Der heute erreichte technische Fortschritt wäre ohne die Erfindung des Rades nicht denkbar.

▲ Moderne Räder unterscheiden sich erheblich von denen, die vor Tausenden von Jahren benutzt wurden. Die Abbildung zeigt einige Räder, die der Mensch im Lauf der Geschichte verwendet hat.

Radar

Die Bezeichnung Radar ist abgeleitet von „Radio Detecting and Ranging", was so viel bedeutet wie Nachweis von Gegenständen außerhalb des Sichtbereichs mithilfe von elektromagnetischen Wellen. Mit diesem System kann man selbst im Dunkeln oder bei Nebel Dinge erkennen oder Dinge, die Tausende von Kilometern entfernt sind.
Ein Radarsystem sendet Radiowellen aus. Diese bewegen sich mit einer gleichbleibenden Geschwindigkeit von 300 000 km/s. Sobald dieser Strahl auf einen Gegenstand trifft, wird er als eine Art →**Echo** zurückgeworfen. Dieses wird aufgefangen und auf einem Bildschirm als kurzes Lichtsignal sichtbar gemacht. Ein Radarexperte kann anhand der Zeitspanne zwischen Aussenden und Empfang der Signale sagen, wie weit entfernt der Gegenstand ist, in welche Richtung und wie schnell er sich bewegt.
Radar wird vom →**Militär** eingesetzt, um Raketenwaffen und Flugzeuge zu verfolgen, oder in der →**Meteorologie**, um festzustellen, wo Stürme entstehen und wohin sie sich bewegen. Mit Radargeräten ausgerüstete →**Satelliten** können die →**Erde** vom Weltraum aus kartieren (vermessen und auf einer Karte darstellen), und die →**Navigation** in der →**Luft**- und →**Raumfahrt** wäre ohne Radar nicht möglich.

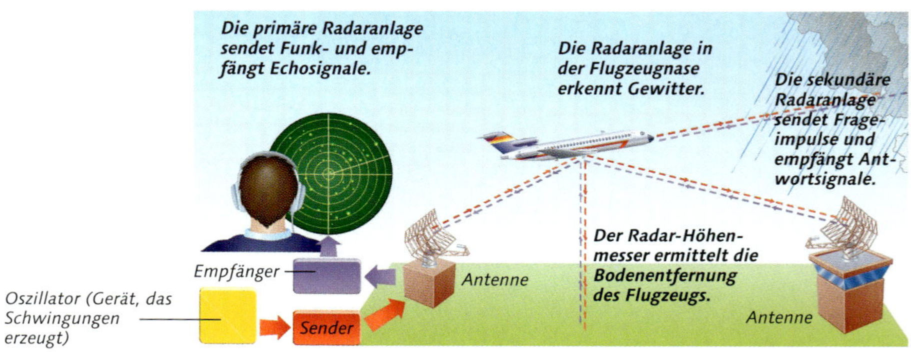

◄ Flugzeuge haben Radar an Bord, um rechtzeitig andere Flugzeuge und Schlechtwetterfronten erkennen zu können und ihre eigene Position zu bestimmen. Radarstationen auf Flughäfen ermitteln Position und Höhe aller Flugobjekte in ihrem Erfassungsgebiet, um Zusammenstöße zu vermeiden.

Radioaktivität

Die →**Atome** einiger Stoffe geben eine →**Strahlung** ab, die man weder sehen noch fühlen kann. Diese sogenannte Radioaktivität wurde im Jahr 1896 von Marie und Pierre →**Curie** entdeckt. Das Forscherehepaar fand heraus, dass sich radioaktive Stoffe auch ohne äußere Einwirkungen in andere Stoffe umwandeln. Ein Stück radioaktives →**Uran** zerfällt in einem Zeitraum von Millionen von Jahren und wird zu einem Stück →**Blei**.
Anhand des Verfallszustandes eines besonderen radioaktiven Kohlenstoffatoms in →**Fossilien** kann man ausrechnen, wie alt diese sind (→**Radiokarbonmethode**).
Die Strahlung von radioaktivem Material ist sehr gefährlich – nach dem Unfall im russischen Kernkraftwerk Tschernobyl sind viele →**Menschen** durch die Radioaktivität erkrankt und gestorben.

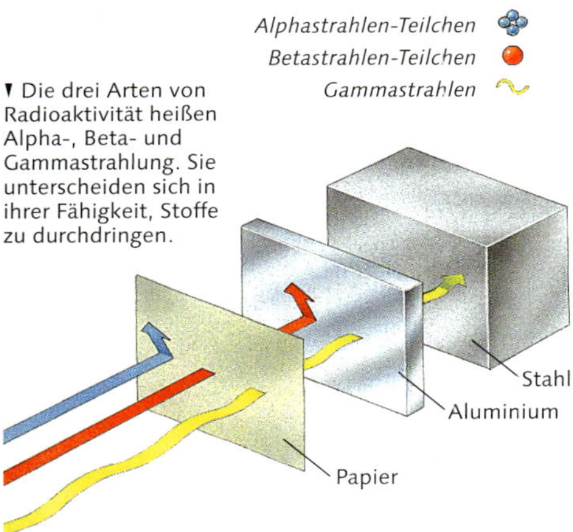

▾ Die drei Arten von Radioaktivität heißen Alpha-, Beta- und Gammastrahlung. Sie unterscheiden sich in ihrer Fähigkeit, Stoffe zu durchdringen.

Radiokarbonmethode

Mit dieser Methode kann man das Alter von Pflanzenfasern, →**Holz** und anderen organischen (aus Kohlenstoffatomen aufgebauten) Stoffen bestimmen. Sie basiert auf der →**Radioaktivität** des Kohlenstoffisotops C-14 (Isotope sind unterschiedliche Atomarten desselben chemischen Elements), das mit einer Halbwertszeit von 5730 Jahren zerfällt. Das heißt, nach dieser Zeit ist nur noch die Hälfte der C-14-Atome in einer Probe vorhanden. C-14 wird zusammen mit dem nicht radioaktiven Kohlenstoff C-12 von Pflanzen aus der Luft aufgenommen und in Stärke- oder Zuckermolekülen gebunden. Nach dem Absterben der →**Pflanzen** zerfällt das radioaktive Isotop und das Verhältnis von C-14 zu C-12 verschiebt sich im Lauf der Zeit immer mehr zu Gunsten von C-12. Misst man die radioaktive Strahlung, kann man die Zeit bestimmen, die seit dem Absterben einer Pflanze vergangen ist.
Mit der Radiokarbonmethode lassen sich Vorgänge erfassen, die bis zu 50 000 Jahre zurückliegen, z. B. wann eine Feuerstelle angelegt wurde. Anwendung findet die Radiokarbonmethode z. B. in der →**Archäologie**.

Radium

Radium ist ein →**Element**, das man nur in Uranerz findet. Es wurde 1898 von Marie →**Curie** entdeckt. Ihr fiel auf, dass Uranproben mehr →**Radioaktivität** besaßen als erwartet, was sie auf das eingeschlossene Radium schließen ließ. Radium ist äußerst radioaktiv und sehr gefährlich.
In seiner reinen Form ist Radium ein weiß glänzendes →**Metall**. Man muss etwa fünf Tonnen Uranerz fördern, um nur ein Gramm Radium zu gewinnen. Pro Jahr werden weltweit nur 75 g reines Radium gewonnen, v. a. in der Demokratischen Republik →**Kongo** und in →**Kanada**.

Rakete

Eine Rakete für ein →**Feuerwerk** und eine Rakete, mit der →**Astronauten** ins All fliegen, haben etwas gemeinsam: Sie funktionieren nach dem Rückstoßprinzip. Beim Verbrennen des →**Brenn**- oder Treibstoffs entstehen →**Gase**, die nach unten ausströmen und so die Rakete vorwärtsschieben. Je schneller und stärker die Gase aus der Rakete strömen, desto größer ist der Schub.
Raketentriebwerke sind die stärksten →**Motoren**, die es gibt. Sie erzeugen eine Geschwindigkeit von 40 000 km/h. Damit kann die Rakete die Anziehungskraft der →**Erde** überwinden und ins All fliegen.
Weltraumraketen verfügen über mehrere Raketentriebwerke, sogenannte Stufen. Diese werden nacheinander gezündet und abgeworfen, sobald der Treibstoff verbrannt ist. Treibstoffe für Raketen sind z. B. Kerosin und flüssiger →**Wasserstoff**. Da Verbrennung (also der Raketenantrieb) nur mithilfe von →**Sauerstoff** möglich ist, muss auch dieser in der Rakete mitgeführt werden. Denn im luftleeren Weltraum ist kein Sauerstoff vorhanden.
Raketen dienen der bemannten und unbemannten →**Raumfahrt**, können aber auch als Waffen eingesetzt werden.

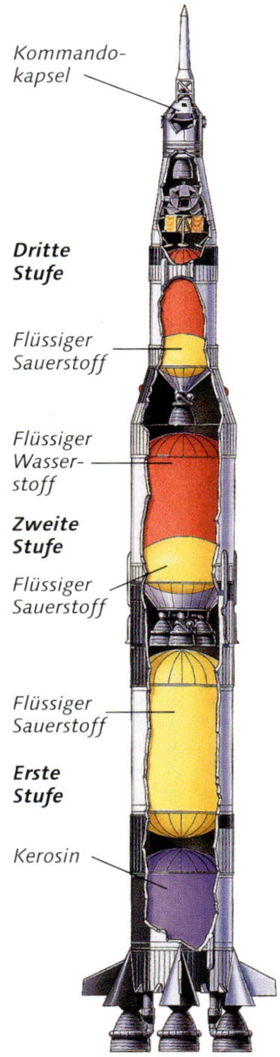

▴ Die Rakete Saturn V brachte 1969 die Apollo-11-Astronauten zum Mond. Sie besaß mehrere Stufen. War eine Stufe abgebrannt, wurde sie abgeworfen – die Rakete wurde mit jeder abgeworfenen Stufe leichter und schneller.

Rassismus

Rassismus bedeutet Ausgrenzung und Unterdrückung von bestimmten Gruppen von →**Menschen** durch andere. Er gründet sich auf die Vorstellung, dass Unterschiede – z. B. in der Hautfarbe – eine Gruppe der anderen überlegen macht. Jahrhundertelang unterdrückten weiße Menschen in den →**Vereinigten Staaten von Amerika** oder in →**Südafrika** die farbige →**Bevölkerung**. In der Zeit des →**Nationalsozialismus** betrieb Adolf Hitler (1889–1945) eine extrem rassistische Politik gegen Minderheiten in →**Deutschland**, v. a. gegen die Juden sowie gegen Sinti und Roma. Millionen von Menschen wurden aus rassistischen Gründen ermordet.

Als Allesfresser vergreifen sich Ratten an der Nahrung des Menschen und verunreinigen sie. Außerdem können die Tiere gefährliche Krankheiten übertragen. Ein →**Parasit** der Ratten, ein Floh, überträgt z. B. die →**Pest**.

Raubtiere

Raubtiere stellen eine Gruppe der →**Säugetiere** dar, zu der u. a. →**Katzen**, →**Hunde**, →**Hyänen**, →**Bären**, →**Waschbären** und →**Dachse** zählen. Die gemeinsamen Merkmale aller Raubtiere sind der kräftige Kiefer mit den spitzen Eck- und Backenzähnen und die krallenbewehrten Zehen. Darüber hinaus haben Raubtiere hervorragende →**Sinne**. Sie können sehr gut hören, sehen und riechen. Die meisten Raubtiere ernähren sich von →**Wirbeltieren**, fressen gelegentlich aber auch →**Insekten** und →**Pflanzen**. Einige Mitglieder dieser Gruppe sind sogar reine Vegetarier, wie der Große →**Panda**.

Raumfahrt siehe Seite 264

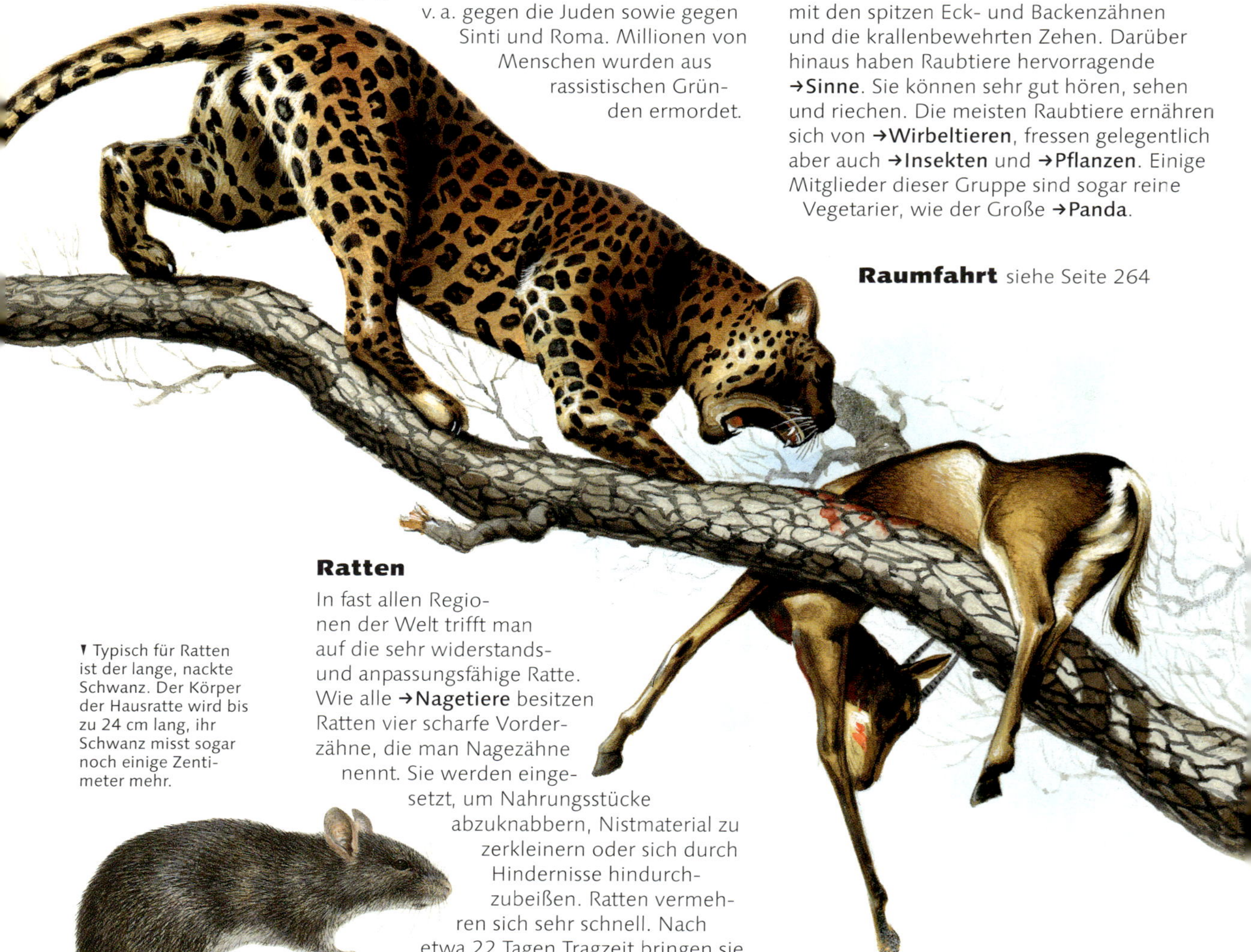

▲ Raubtiere sind geschickte Jäger. Manche jagen im Rudel, Leoparden aber allein. Sie lassen sich gern von einem Baum auf ihre Opfer herunterfallen, töten es und ziehen die Beute dann nach oben.

Ratten

In fast allen Regionen der Welt trifft man auf die sehr widerstands- und anpassungsfähige Ratte. Wie alle →**Nagetiere** besitzen Ratten vier scharfe Vorderzähne, die man Nagezähne nennt. Sie werden eingesetzt, um Nahrungsstücke abzuknabbern, Nistmaterial zu zerkleinern oder sich durch Hindernisse hindurchzubeißen. Ratten vermehren sich sehr schnell. Nach etwa 22 Tagen Tragzeit bringen sie bis zu zehn Jungen zur Welt – und das bis zu fünfmal pro Jahr. Häufig ist die braune Wanderratte, seltener kommt die graue Hausratte vor.

▼ Typisch für Ratten ist der lange, nackte Schwanz. Der Körper der Hausratte wird bis zu 24 cm lang, ihr Schwanz misst sogar noch einige Zentimeter mehr.

▲ Die Raupe des Monarchfalters ist sehr giftig. Ihr Streifenmuster ist ein Warnsignal für Tiere, die Raupen fressen.

Raupen

Der Lebenszyklus der →**Insekten** ist in drei Abschnitte unterteilt: →**Ei**, Larve und erwachsenes Tier. Die Larve des Schmetterlings nennt man Raupe.
Schmetterlinge legen ihre Eier gewöhnlich auf →**Pflanzen** ab, die später den Raupen als Futter dienen. Aus den Eiern schlüpfen die kleinen, länglichen Raupen. Das Raupenstadium ist ein reines Fressstadium, in dem die Raupe immer größer und dicker wird. Wird die Haut der Raupe zu eng, reißt sie auf und unter ihr kommt eine neue Haut zum Vorschein. Dies geschieht bis zu fünfmal. In der letzten Hülle aber kann sich die Raupe nicht mehr bewegen, sie ist zur Puppe geworden und entwickelt sich nun zum Schmetterling. Diese Entwicklung vom Ei über Raupe und Puppe zum Schmetterling nennt man →**Metamorphose**.
Der Körper der Raupen besteht aus dem Kopf, drei Brustsegmenten (Abschnitten) und elf Hinterleibssegmenten. Am Kopf befinden sich Augen, Fühler und Mundwerkzeuge. An jedem Brustsegment sitzt ein Paar gegliederter Beine. Am Hinterleib reihen sich meist vier Paar ungegliederter Bauchfüße, die nicht zur Fortbewegung dienen. Raupen sind oft bunt gefärbt, manchmal ist ihre Haut sogar mit Haarbüscheln, Dornen und Warzen besetzt. Sie sollen die Raupe vor Fressfeinden schützen.

Reaktion

Bei einer chemischen Reaktion bilden sich aus zwei oder mehr →**Elementen** oder →**Verbindungen** neue Stoffe. Bei der Verbrennung von →**Kohle** z. B. verbindet sich der →**Kohlenstoff** der Kohle mit dem →**Sauerstoff** der →**Luft** und bildet Kohlendioxid. Die Reaktionsgleichung lautet: $C + O_2 \rightarrow CO_2$. Bei dieser Reaktion wird →**Energie** frei, man nennt das eine exotherme Reaktion. Die überschüssige Energie wird als Wärme bzw. →**Licht** freigesetzt.
Andere chemische Reaktionen verbrauchen dagegen Energie, sie sind endotherm. Oft beschleunigt Wärmezufuhr eine chemische Reaktion, bei Reaktionen unter gasförmigen Stoffen hilft auch höherer Druck, weil dann die Zusammenstöße der Gasteilchen zunehmen. Bei flüssigen Stoffen laufen Reaktionen schneller ab, wenn man die Stoffe in höherer Konzentration verwendet, bei festen Stoffen nützt die Vergrößerung der reaktionsfähigen Oberfläche, z. B. durch Pulverisierung. Auch →**Katalysatoren** beschleunigen oder ermöglichen chemische Reaktionen.

Rechenmaschine

Vor ca. 3000 Jahren benutzten die →**Griechen** bereits eine Rechenmaschine, den →**Abakus**. Der deutsche Ingenieur Wilhelm Schickhard (1592–1635) und der französische Mathematiker und Philosoph Blaise Pascal (1623–1662) bauten im 17. Jh. die ersten Maschinen, die →**Zahlen** automatisch addierten (zusammenzählten). Sehr schwierige Berechnungen konnte man damit aber nicht durchführen.
Zwei revolutionäre Erfindungen veränderten die Welt der Rechner: Zunächst entwickelten Mitte des 20. Jh. der Amerikaner John V. Atanasoff (1903–1995) und der Deutsche Konrad Zuse (1910–1995) unabhängig voneinander den →**Computer**. Mithilfe der zweiten Erfindung, des →**Chips** aus Silizium, konnte man seit den 1970er-Jahren immer kleinere und schnellere Taschenrechner bauen.

Recycling

Die Wiederverwertung von Müll bezeichnet man als Recycling, weil die Abfälle wieder („re") in den Kreislauf („cycle") der Produktion eingespeist werden. Altes →**Papier** wird z. B. bei der Papierherstellung verwendet, aber auch für Dämmstoffe oder Verpackungsmaterial. Glasflaschen können eingeschmolzen und zu neuen Flaschen geformt werden. Auch →**Metalle** – egal ob Weißblechdosen oder das →**Blei** aus den →**Batterien** von →**Autos** – führt man der Wiederverwertung zu und sogar →**Kunststoffe** können recycelt werden. Nicht gekochte, organische Küchenabfälle (z. B. Obst- oder Gemüseschalen) kann man wieder dem Kreislauf der Natur zuführen, indem man sie zu →**Erde** werden lässt (kompostiert). Recycling dient dem →**Umweltschutz**, da weniger Müll anfällt, der den Boden belastet, und Rohstoffe gespart werden.

← Nach einem erbitterten Wettlauf zwischen der Sowjetunion und den Vereinigten Staaten von Amerika betrat der amerikanische Astronaut Neil Armstrong 1969 als erster Mensch den Mond.

Raumfahrt

Die Raumfahrt begann 1957 mit dem Start des ersten künstlichen Satelliten. Die Amerikaner brachten 1969 den ersten Menschen zum Mond. Heute dringen Raumsonden immer tiefer in den Weltraum vor und erkunden das Sonnensystem – und es gab sogar schon die ersten Touristenflüge ins All.

Militärische Anfänge

Die Technologie, die später die ersten Weltraumflüge ermöglichte, entstand zur Zeit des Zweiten Weltkriegs. Damals wurde in Deutschland die unbemannte Rakete V2 entwickelt. Als sich nach 1945 der Kalte Krieg zwischen den Vereinigten Staaten von Amerika und der Sowjetunion zuspitzte, wollten sich beide Supermächte die Möglichkeit verschaffen, einen entscheidenden Schlag aus dem Weltraum zu führen. Die USA und die Sowjetunion befanden sich im Wettlauf – wer würde als Erster einen Satelliten ins All schicken? Man baute dazu in großem Umfang auf der Technologie der V2 auf. Am 4. Oktober 1957 gelang es den Russen schließlich, ihren „Sputnik" auf eine Erdumlaufbahn zu bringen. Sie hatten das Rennen gewonnen.

Der erste Mensch im All

In den USA begann die Weltraumbehörde NASA (National Aeronautics and Space Exploration) nun damit, Piloten zu Astronauten auszubilden. Aber am 12. April 1961 erzielten die Russen erneut einen Vorsprung: Sie schickten den Kosmonauten (so nennt man Astronauten in Russland) Juri Gagarin (1935–1968) in die Erdumlaufbahn. Die ersten Worte, die ein Mensch im Weltraum aussprach, waren: „Ich sehe die Erde. Sie ist wunderschön." Aber die USA lagen nicht weit zurück und am 5. Mai 1961 startete der Amerikaner Alan Shepard (1923–1998) mit der „Mercury"-Raumkapsel in den Weltraum.

Ziel: Der Mond

Die Tatsache, dass die Amerikaner nicht den ersten Menschen in den Weltraum brachten, machte sie umso entschlossener beim Wettlauf zum Mond. Nach mehreren Rückschlägen hatten die amerikanischen Wissenschaftler und Ingenieure das Raumfahrzeug „Apollo 11" endlich startklar und am 20. Juli 1969 (21. Juli um 3.56 Uhr mitteleuropäischer Zeit) betrat Neil Armstrong (geb. 1930) als erster Mensch den Mond. Seine Worte wurden zur Legende: „Das ist ein kleiner Schritt für einen Menschen, aber ein großer Schritt für die Menschheit."

► Das Hubble-Weltraumteleskop wurde 1990 gestartet. Es wird über zwei große, flache Sonnensegel mit Energie versorgt.

Entdeckungsreisen

Die Amerikaner starteten noch mehrere bemannte Raumflüge, doch ab den 1970er-Jahren befasste sich das amerikanische Raumfahrtprogramm vorrangig damit, unbemannte Satelliten in den Weltraum zu schicken – sowohl zu Forschungszwecken als auch zur militärischen Verteidigung. Die „Voyager"-Satelliten starteten 1977 zu ihren langen Erkundungsreisen durch das Sonnensystem. Sie flogen 1989 an dem Planeten Neptun vorbei und sind bis heute zu den äußersten Grenzen des Sonnensystems unterwegs. Sie schicken Daten und Bilder zur Erde, mit denen Wissenschaftler hier arbeiten.

Spaceshuttle

Da die Raumfahrt Unmengen von Geld verschlingt, haben die Amerikaner in den 1970ern und Anfang der 1980er-Jahre ein Raumfahrzeug entwickelt, das zwar wie eine Rakete startet, aber wie ein Flugzeug wieder landen kann. Der erste solche Spaceshuttle, die „Columbia", startete 1981. Am 28. Januar 1986 explodierte der Spaceshuttle „Challenger" wenige Sekunden nach dem Start und alle sieben Besatzungsmitglieder starben.

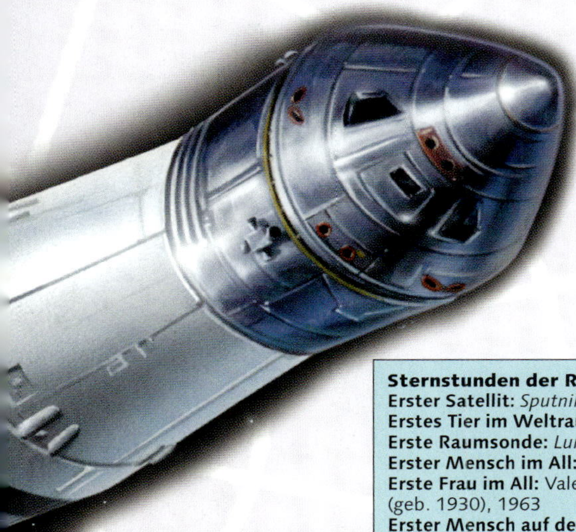

Internationale Weltraumstation

Die ISS (International Space Station) ist eine Weltraumstation zur weiteren Erforschung des Alls. An diesem Projekt sind neben der amerikanischen NASA und der russischen Raumfahrtagentur auch Staaten der europäischen Weltraumagentur ESA beteiligt. Die ISS besteht aus mehreren Modulen, die mit Spaceshuttles ins All transportiert und dort zusammengebaut werden. Die Raumstation ist seit dem 2. November 2000 bewohnt.

Sternstunden der Raumfahrt
Erster Satellit: *Sputnik 1*, 1957
Erstes Tier im Weltraum: Die Hündin Laika, 1957
Erste Raumsonde: *Luna 2*, 1959
Erster Mensch im All: Juri Gagarin, 1961
Erste Frau im All: Valentina Tereschkowa (geb. 1930), 1963
Erster Mensch auf dem Mond: Neil Armstrong, 1969
Erste Weltraumstation: *Saljut 1*, 1971
Erster Deutscher im All: Siegmund Jähn (geb. 1930), 1978
Erster Spaceshuttle-Flug: *Columbia*, 1981
Erster Weltraumtourist: Dennis Tito, 2001

▼ Die dritte Stufe der Rakete zündete zweimal, bevor sie die Apollo-Kapsel und die Mondsonden in Richtung Mond schoss.

Zum Weiterlesen
Astronaut, Astronomie, Atmosphäre, Kalter Krieg, Mond, Planeten, Rakete, Sonnensystem, Teleskop, Weltkrieg

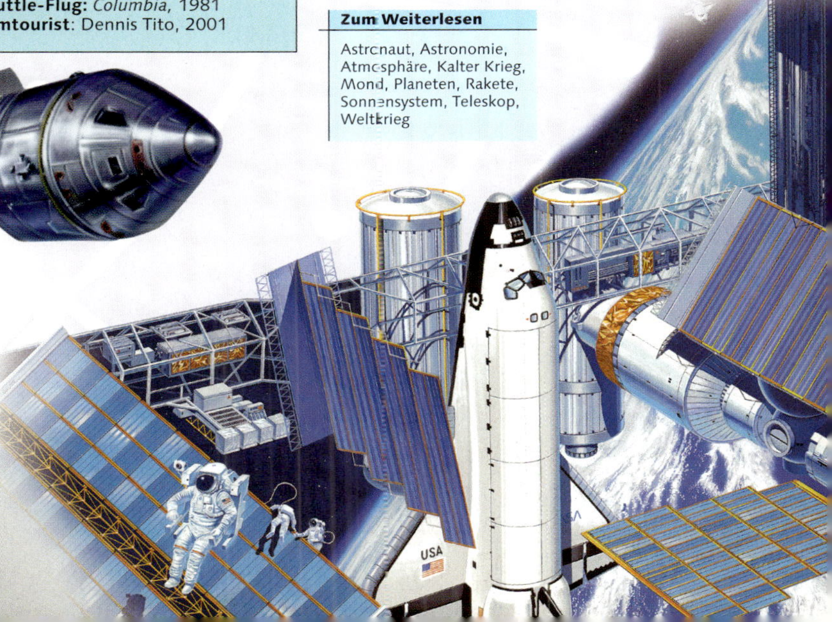

► Die Internationale Weltraumstation wird derzeit von Wissenschaftlern und Ingenieuren aus 16 Nationen gebaut, darunter USA, Russland, Japan und Großbritannien. Die Abbildung zeigt, wie sie nach ihrer Fertigstellung einmal aussehen könnte.

▲ Der Volksmund sagt, dass man am Ende des Regenbogens, also dort, wo er auf die Erde trifft, einen Topf voll Gold findet. Da ein Regenbogen aber ein Kreis ist und außerdem eine Erscheinung am Himmel, ist dieses Ende auch nie zu finden.

Reformation

Reformation nennt man die Zeit von ca. 1520 bis 1600, in der religiöse Erneuerungsbewegungen zu einer Spaltung der →**Kirche** in →**Europa** führten. Schon im späten →**Mittelalter** gab es Kritik an den katholischen Geistlichen: Die →**Päpste**, Bischöfe und Äbte führten ein Leben in Luxus und kümmerten sich mehr um →**Politik**, Macht und Reichtum als um die eigentlichen Aufgaben der Kirche. Gegen diese Missstände wandte sich der Mönch Martin →**Luther**.
Mit seinen 95 Thesen löste er 1517 die Reformbewegung aus, die sich rasch in Nord- und Mitteldeutschland ausbreitete. Schon bald danach setzte die Gegenreformation ein, d. h., katholische Fürsten und der →**Papst** versuchten, protestantische Gebiete wieder zu rekatholisieren.
Mit dem Augsburger Religionsfrieden 1555 erkannte der katholische Kaiser Ferdinand I. (1503–1564) im →**Heiligen Römischen Reich** schließlich eine gewisse Gleichberechtigung des katholischen und des protestantischen Glaubens an: Die Landesherren durften die Religion ihrer Untertanen bestimmen. Auf dieser Grundlage verschärften sich die gegenreformatorischen Maßnahmen der katholischen Fürsten.

Regenbogen

Ein Regenbogen ist eine farbige Lichterscheinung am Himmel. Sie entsteht, wenn Sonnenstrahlen durch Regentropfen scheinen, denn die Wassertröpfchen brechen das →**Licht**, d. h., sie spalten es in die Farben des →**Spektrums** auf: Rot, Orange, Gelb, Grün, Blau, Indigo und Violett (Regenbogenfarben). Ein Betrachter sieht den Regenbogen nur, wenn die →**Sonne** hinter ihm und knapp über dem Horizont steht. Man sieht auch immer nur einen Teil vom Regenbogen, tatsächlich ist er aber ein ganzer Kreis, der unsichtbare Teil liegt unterhalb des Horizonts. Je tiefer die Sonne steht, desto höher und prächtiger erscheint der Regenbogen.

Regenwald siehe Seite 268

Regenwürmer siehe Würmer

Regierung

Unter Regierung versteht man die politische Führung eines Landes. Sie entwirft oder erlässt →**Gesetze**, gestaltet den →**Staat** im Inneren und ist für die Beziehungen zum Ausland verantwortlich.
Regierungen können ganz unterschiedliche Formen annehmen: In einer →**Demokratie** wählt das Volk seine Vertreter in ein Parlament, das dann die Regierung wählt, oder das Regierungsoberhaupt wird direkt vom Volk gewählt. Wahlen finden in regelmäßigen Abständen statt, so können Regierungen auch wieder abgewählt werden. Volksvertreter, die im Parlament sitzen, aber nicht der Regierung angehören, bilden die Opposition. Sie sprechen mit bei der Gestaltung der Gesetze. Wenn dagegen eine Person oder eine Partei die absolute Macht innehat und nicht abgewählt werden kann, spricht man von einer →**Diktatur**.
→**Deutschland**, →**Österreich** wie auch die →**Schweiz** haben demokratisch-parlamentarische Regierungen.

Reibung

Wo sich zwei Dinge in einer →**Bewegung** berühren, entsteht die physikalische Reibung. Je rauer die Oberflächen, desto mehr Reibung gibt es und desto stärker wird die Bewegung abgebremst. Wenn etwas möglichst schnell laufen soll, versucht man daher, durch glatte Oberflächen die Reibung zu verringern. So sind z. B. die →**Räder** von →**Eisenbahnen** und die Schienen sehr glatt. Die Bremsen in →**Autos** dagegen haben raue Oberflächen, denn sie sollen ja den Lauf des Autos möglichst stark verlangsamen. Bei jeder Reibung entsteht Wärme. Wer die Hand schnell gegen sein Bein reibt, merkt, wie die →**Haut** durch die Reibung heiß wird. Eine Welt ohne Reibung ist nicht vorstellbar. So könnte man z. B. nicht laufen, wenn die Schuhe nicht am Boden haften, also reiben würden.

Reis

Die Reispflanze gehört zu den →**Getreiden** und damit zur Familie der →**Gräser**. Für einen Großteil der Weltbevölkerung stellt Reis das Grundnahrungsmittel dar. Zum Wachstum benötigt die Reispflanze einen stark bewässerten oder sogar wasserüberfluteten Boden. Die Reiskörner, die man isst, entwickeln sich aus den →**Blüten** der Reispflanze.

Reiten

Seit ungefähr 3000 v. Chr. nutzen die →**Menschen** das →**Pferd** als Reittier. Sie setzten es bei der →**Jagd**, im Krieg und in der →**Landwirtschaft** ein. Heute werden Pferde v. a. für den Reitsport verwendet.
Während der Ausbildung lernt der Reiter, wie er seinem Pferd klare Anweisungen geben kann. Nur wenn er diese beherrscht, tut das Tier, was der Reiter von ihm will. Der Reiter erteilt seine Befehle mittels sogenannter Hilfen. Die natürlichen Hilfen werden durch Gewichtsverlagerung (Gewichtshilfen), Druck der Beine (Schenkelhilfen) und Handbewegungen (Zügelhilfen) gegeben. Zur Unterstützung dieser Hilfen kann der Reiter künstliche Hilfen wie Gerte und Sporen einsetzen. Meist müssen mehrere Hilfen gleichzeitig gegeben werden, und zwar zum richtigen Zeitpunkt und absolut korrekt. Das ist nicht nur für Reitanfänger sehr schwierig. Um ihr Können und das ihres Pferdes zu testen, nehmen Reiter an Turnieren teil.

Relais

Als Relais bezeichnet man in der Elektrotechnik ein Schaltgerät, das auf schwache elektrische →**Ströme** anspricht und damit viel stärkere Ströme steuert: Bei elektromechanischen oder elektromagnetischen Relais wird durch den schwachen Strom im sogenannten Steuerkreis ein Elektromagnet aktiviert. Dessen Magnetfeld zieht einen beweglichen Anker (meist aus →**Eisen**) an, der durch seine Bewegung die Kontakte des Arbeitsstromkreises (mit starkem Strom) schließt. Schaltet man den Strom im Steuerkreis aus, wird der Arbeitsstromkreis unterbrochen, weil die Magnetwirkung aufhört und der Anker dadurch losgelassen wird.
Relais aus →**Halbleitern** arbeiten nicht mechanisch mit einem Anker, sondern schalten den Arbeitsstrom durch sich ändernden Elektronenfluss aus und ein. Zeitrelais können elektrische Ströme für eine einstellbare Zeitdauer oder mit Zeitverzögerung schalten. Relais werden als Schaltelemente mit sehr geringem Stromverbrauch in der Elektrotechnik eingesetzt. Sie schalten Heizungen ein, elektrische Türöffner oder Alarm- und Sensorschalter in der →**Überwachungstechnik**.

▼ Reiten ist heute v. a. ein Sport. Früher kam der Reiterei aber im Krieg große Bedeutung zu. Auf dem Schlachtfeld musste man nicht nur hervorragend reiten können, sondern gleichzeitig auch noch kämpfen.

Regenwald

Tropische Regenwälder wachsen nur im feuchtheißen Klima der Tropen, einer Region nördlich und südlich des Äquators. Diese Wälder findet man in Süd- und Mittelamerika, Afrika und Teilen von Südostasien und Australien. Über die Hälfte der bekannten Pflanzen- und Tierarten der Erde lebt in Regenwäldern. Die Bäume sind immergrün und wachsen sehr hoch. Unter den Baumkronen ist es dunkel und feucht. Manche Tiere und Pflanzen kommen nur in bestimmten Regenwäldern vor. So leben die mit den Affen verwandten Vari (Lemurenart) ausschließlich in den Regenwäldern auf Madagaskar.

► Auf den obersten Zweigen eines Baumes wachsen zahlreiche Pflanzen. Diese Gewächse werden Epiphyten oder Aufsitzerpflanzen genannt. Einige haben schwammartige Wurzeln, die frei herunterhängen und Feuchtigkeit aus der Luft aufnehmen (Luftwurzeln). Dazu gehören viele der tropischen Orchideen sowie die Bromelien, die Regenwasser in ihren tütenartig ineinander stehenden Blättern sammeln.

Die Stockwerke im Regenwald

In einem Regenwald wachsen Millionen von Bäumen. Es regnet beinahe täglich und die Bäume und andere Pflanzen wachsen sehr üppig und werden ziemlich groß. Einige der Bäume, die sogenannten Überständer, wachsen über das Kronendach der übrigen hohen Bäume hinaus. Dieses Kronendach beherbergt mehr als die Hälfte aller Tiere des Regenwaldes – Insekten, Vögel, Reptilien, Amphibien und viele andere.

Unterhalb der Kronenschicht ist es kühler und dunkler, weil Zweige und die dichten Blätter für Schatten sorgen. Die Blätter stehen so dicht, dass es bis zu zehn Minuten dauern kann, bis ein Regentropfen am Boden ankommt. In diesem Bereich leben die unterschiedlichsten Tiere: Ameisenbären, Halbaffen und Baumkängurus. Am Boden wachsen Sträucher, Moose und Pilze und es wimmelt von Insekten und anderen Kleintieren. Es gibt hier aber auch sehr große Tiere wie z. B. Waldelefanten.

Viele der Regenwaldtiere sind nachtaktiv, d. h., sie wagen sich nur nachts aus ihren Verstecken.

Nahrung und Medizin aus dem Regenwald

Der Regenwald ist eine Schatztruhe von Millionen von Pflanzen. Viele Nutzpflanzen stammen von hier. Dazu gehören, neben vielen anderen, Kakaobohnen, Bananen, Ananas, Vanille, Erdnüsse, Pfeffer und Zuckerrohr.

Allein im Amazonas-Regenwald wachsen mehr als 3000 Arten von Früchten. Während die Bewohner des Waldes rund 2000 davon kennen und verzehren, nutzen die westlichen Industrieländer gerade einmal 200.

Viele der bisher noch nicht erforschten Regenwaldpflanzen könnten medizinisch wirksam sein. Wissenschaftler haben erst einen geringen Prozentsatz der Baum- und Pflanzenarten untersucht, dennoch gibt es schon Medikamente, deren Wirkstoffe aus Regenwaldpflanzen gewonnen werden. Mit der fortschreitenden Zerstörung der Regenwälder sterben aber auch viele nützliche Pflanzen aus. Eine Wildform des Immergrüns z. B., aus der man ein Mittel gegen Leukämie herstellt, ist heute in seiner natürlichen Umgebung (Regenwald von Madagaskar) nicht mehr zu finden.

► Im Kronendach eines Regenwalds leben die unterschiedlichsten Tiere – Vögel, Affen, Schlangen, Schmetterlinge und Laubfrösche finden hier reichlich Nahrung und sicheren Schutz.

Bedrohter Lebensraum

Tropische Regenwälder bedecken 6–7 % der Landoberfläche der Erde. Sie sind sehr wichtig, z. B. weil sie der Atmosphäre Kohlendioxid entziehen und so einer Klimaerwärmung entgegenwirken.

Doch die Regenwälder sind bedroht, da sie aus wirtschaftlichen Interessen großflächig abgeholzt werden – entweder weil man ihr Holz braucht oder auf den gerodeten Flächen Ackerland und Viehweiden anlegen will. Nach Schätzungen werden in den Regenwäldern, besonders im Amazonasgebiet, jährlich rund 160 000 km^2 Wald vernichtet. Wissenschaftler schätzen, dass täglich 137 Arten von Pflanzen, Insekten und anderen Tieren verschwinden, d. h., Jahr für Jahr sterben Tausende von Arten unwiederbringlich aus.

In den tropischen Regenwäldern leben auch Menschen. Manche, wie das Volk der Yanomami in den Amazonas-Regenwäldern von Brasilien und Südvenezuela, leben hier seit Tausenden von Jahren. Ihre Zahl nimmt immer mehr ab. Sie sterben an den Krankheiten, die von Fremden eingeschleppt werden, oder ihre natürliche Umwelt wird zerstört. Wenn die eingeborenen Waldbewohner aussterben, stirbt mit ihnen eine besondere Lebensweise und ein tiefes Wissen über die Pflanzen und Tiere des Waldes.

Zum Weiterlesen

Amphibien und Reptilien, Art, Artenschutz, Bäume, Insekten, Klima, Klimaerwärmung, Medikamente, Pflanzen, Säugetiere, Tropen, Vögel, Wald, Wetter

▲ Rembrandt war ein bekannter Porträtmaler und er schuf auch viele Selbstbildnisse. Dieses stammt aus seiner späten Schaffensperiode.

Relativitätstheorie

Wenn ein →**Auto** mit 60 km/h fährt und ein anderes Auto überholt es mit 80 km/h, dann bewegt sich das schnellere Auto mit 20 km/h von dem langsameren weg. Die relative Geschwindigkeit im Verhältnis beider Fahrzeuge beträgt 20 km/h. Man könnte also sagen, die Geschwindigkeit ist relativ zum Betrachter. Die Relativitätstheorie besagt, dass dies nur bei geringen Geschwindigkeiten stimmt, nicht jedoch bei sehr, sehr hohen wie z. B. der Lichtgeschwindigkeit.
Am Ende des 19. Jh. entdeckten Wissenschaftler, dass die Geschwindigkeit des →**Lichtes** immer gleich ist. Diese Erkenntnis war eine Grundlage für die spezielle Relativitätstheorie, die Albert →**Einstein** 1905 formulierte. Sie befasst sich mit dem Einfluss der konstanten (gleich bleibenden) Lichtgeschwindigkeit auf die Ausdehnung und Masse von Körpern und auf die →**Zeit**. Dies führt zu erstaunlichen Erkenntnissen: Wenn z. B. ein Raumschiff mit Lichtgeschwindigkeit durch das Weltall fliegt, verringert sich seine Länge im Vergleich zu der eines Raumschiffs auf der →**Erde**, seine Masse jedoch erhöht sich und die Zeit an Bord vergeht langsamer! 1916 veröffentlichte Albert Einstein seine Allgemeine Relativitätstheorie. Mit ihrer Hilfe wurden viele Vorgänge im All und die Natur des →**Universums** besser erklärbar. Außerdem legte sie den Grundstein für die moderne Atomphysik.

Religionen

Das Wort Religion bedeutet zurückgebunden sein und meint die Verbindung des Menschen mit einem Gott oder mehreren →**Göttern** oder mit anderen unsichtbaren Wesen, die sich z. B. in der Natur verbergen. Entstanden ist der Glaube an eine übernatürliche Macht vermutlich aus dem Bedürfnis heraus, Unerklärliches und Bedrohliches – z. B. Blitz und Donner – zu erklären und abzuwenden, oder Gutes, etwa den verlässlichen Lauf der →**Jahreszeiten** heraufzubeschwören. Religionen gibt es in allen →**Kulturen** der Welt.
Die fünf größten Religionen sind das →**Christentum**, der →**Islam**, der →**Hinduismus**, der →**Buddhismus** und das →**Judentum**.
All diese Religionen haben eine lange Geschichte. Die jüngste unter ihnen ist der vor etwa 1400 Jahren von →**Mohammed** gegründete Islam. Der größten Religionsgemeinschaft, dem Christentum, gehören etwa zwei Milliarden Menschen an. Neben diesen sogenannten Weltreligionen gibt es noch viele weitere Religionen, z. B. →**Bahai-Religion**, →**Dschainismus**, →**Konfuzianismus**, →**Zarathustrismus**, →**Shintoismus**, →**Sikhismus** oder →**Taoismus**. Fast jede Religion kennt Riten (religiöse Bräuche), Personen, die mit dem religiösen Wissen vertraut sind (z. B. Priester oder Medizinmänner) und besondere Orte, an denen die Religionsausübung stattfindet (etwa Tempel oder →**Kirchen**).

Rembrandt van Rijn

Etwa 600 Gemälde, über 300 Radierungen und mehr als 1500 Handzeichnungen sind von dem bedeutendsten Maler der →**Niederlande** erhalten. In seiner ersten Schaffensperiode malte Rembrandt (1606–1669) v. a. Bilder, die Geschichten aus der →**Bibel** wiedergaben. 1634 heiratete er die wohlhabende Saskia von Uylenburgh (gest. 1642), erwarb ein riesiges →**Haus** in Amsterdam und führte das Leben eines angesehenen Künstlers. In dieser Zeit entstand sein berühmtestes Werk „Die Nachtwache" (1642). Gegen Ende seines Lebens entstanden viele Selbstporträts.

Renaissance

Mit diesem Begriff bezeichnet man eine von etwa 1420 bis ins 16. Jh. währende Epoche der Kulturgeschichte. Sie bedeutete das Ende des →**Mittelalters** und leitete die →**Neuzeit** ein. Kern dieser Zeit war die Rückbesinnung auf die Ideale der →**Antike**. Nach Jahrhunderten, in denen die Menschen sich v. a. für den Glauben und die →**Religion** interessiert hatten, rückten nun der Mensch und die Welt wieder ins Zentrum des Interesses. Die →**Naturwissenschaften** blühten auf, die →**Wirtschaft** erhielt neue Anregungen und

die →**Kunst** orientierte sich an Vorbildern der antiken →**Bildhauerei** und →**Architektur**. Die Renaissance nahm 1420 in der italienischen Stadt Florenz ihren Anfang. Von dort aus verbreitete sie sich über ganz →**Europa**. Diese Epoche brachte viele herausragende Maler, Bildhauer und Architekten hervor. Darunter Universalgenies wie Leonardo da →**Vinci** und →**Michelangelo**.

Reptilien

siehe Amphibien und Reptilien

Republik

Eine Republik ist eine Staatsform, in der die Staatsgewalt nicht von einem Einzelnen oder einer einzigen Partei ausgeht, sondern entweder vom ganzen Volk (→**Demokratie**) oder von größeren Gruppen daraus (z. B. Aristokratie, d. h. Adelsherrschaft). Eine Republik ist demnach weder eine →**Monarchie** noch eine →**Diktatur**. Viele heutige Republiken sind gleichzeitig auch Demokratien. In anderen hat ein →**Präsident** oder eine religiöse Gruppe (z. B. islamische Republik) große Macht.

Revolution

Eine Revolution findet statt, wenn das Volk eine →**Regierung** oder ein politisches System gewaltsam absetzt. Große Revolutionen dieser Art waren der Amerikanische Unabhängigkeitskrieg (1775–1783) und die →**Französische Revolution** (1789). In der Revolution von 1848 forderten die Aufständischen eine Vereinigung der deutschen Länder zu einem Nationalstaat. Am 18. Mai 1848 trat in der Frankfurter Paulskirche das erste deutsche →**Parlament**, die Nationalversammlung, zusammen. Die Gründung eines Nationalstaates scheiterte jedoch am preußischen König Friedrich Wilhelm IV. (1795–1861), der die deutsche Kaiserkrone ablehnte. Die →**Russische Revolution** (1917/18), bei der die Bolschewiken unter Lenin (1870–1924) die Regierung stürzten, gehört zu den folgenreichsten Revolutionen in der →**Geschichte**.
Revolutionen verlaufen in der Regel mit Gewalt. Es gibt aber auch friedliche Umstürze. Als friedliche Revolution bezeichnete man z. B. die erfolgreichen Proteste der →**DDR**-Bürger im Jahr 1989, die schließlich zur →**Wiedervereinigung** beider deutscher Staaten führten.

◄ In der toskanischen Stadt Florenz nahm die Renaissance ihren Anfang. Unterstützt von der kunstsinnigen Herrscherfamilie der Medici konnten sich hier die Künstler recht frei entfalten.

Rhythmus

Unter Rhythmus versteht man allgemein die Ordnung im zeitlichen Ablauf einer Bewegung. Er spielt beim →**Tanz**, in der Dichtung und in der →**Musik** eine wichtige Rolle. Man darf den Rhythmus aber nicht mit dem Takt verwechseln. Beim Takt ist das Zeitmaß genau vorgegeben und festgelegt, wann eine Betonung oder ein Schlag erfolgen muss. Auf dem Notenpapier ist das durch die Taktstriche angezeigt. Sie geben jeweils gleiche Zeitabschnitte an. Beim Dreivierteltakt ist z. B. nur der erste Ton betont, die zwei weiteren sind unbetont, beim Viervierteltakt der erste und – schwächer – der dritte. Der Rhythmus einer Musik kann mit diesen Betonungen zusammenfallen, muss es aber nicht. Er bestimmt die Dauer der Töne sowie die Abfolge von betonten und unbetonten, kurzen oder langen Tönen. Auch die Tonhöhe und die Klangfarbe wirken auf den Rhythmus. Alle Schlaginstrumente sind Rhythmusinstrumente.

▲ In vielen Teilen der Welt werden Rinder noch heute als Arbeitstiere eingesetzt und ziehen Wagen oder Pflug.

Rinder

Rinder sind große, →**Hörner** tragende Weidetiere. Das →**Gras**, das sie fressen, ist schwer verdaulich. Deshalb besitzen alle Rinder vierteilige Mägen. Die einmal gekaute Nahrung wandert in den →**Magen** und nach einer Weile wieder ins Maul zurück, um nochmals durchgekaut zu werden. Dann wandert sie wieder in den Magen. Diesen Vorgang bezeichnet man als „wiederkäuen". Zu den Rindern gehören u. a. Bison, →**Yak** und Büffel. Vom ausgestorbenen Auerochsen stammt das europäische Hausrind ab. Es liefert →**Milch** und Fleisch und aus seinen Häuten stellt man →**Leder** her. Heute züchtet man Spezialrassen, die nur für die Milchproduktion eingesetzt werden oder als reine Fleischlieferanten dienen.

Ritter

Der Ritter war ursprünglich ein bewaffneter adeliger Reiter. Im →**Mittelalter** entwickelte sich dann der Ritterstand. Seine Angehörigen gehörten meistens zum niederen Adel, manche stiegen auch als Nichtadelige in den Ritterstand auf. Wichtig war, dass bereits die Eltern und Großeltern rittergemäß lebten. Im Lauf der Zeit bildeten sich ritterliche Ideale aus, wie z. B. Tapferkeit, Treue, Gerechtigkeit und Schutz von Witwen und Waisen.
Während der →**Kreuzzüge** entstanden mächtige Ritterorden wie die Templer, Johanniter und Malteser. Im Spätmittelalter verloren die Ritter an Einfluss. Militärische Neuerungen wie die Erfindung des →**Schießpulvers** um 1350 machten die unbeweglichen Reiter in ihren schweren →**Rüstungen** nutzlos. Sie verarmten, manche wurden Raubritter.

Robben

▲ Mit den zu Flossen umgewandelten Gliedmaßen können Robben fantastisch schwimmen. An Land dagegen kommen sie nur langsam voran.

Die Robben werden in zwei große Gruppen, die Ohrenrobben und Seehunde, unterteilt: Ohrenrobben besitzen im Gegensatz zu den Seehunden Ohrmuscheln. Viele Robben leben in kalten →**Meeren**. Dort wärmt sie eine dicke Schicht Blubber (Fett), die unter der Haut liegt. Robben verbringen die meiste Zeit im Wasser. Mit ihrem stromlinienförmigen Körper und den kräftigen Flossen können diese →**Raub**- und →**Säugetiere** schnell und gewandt schwimmen. Gelegentlich kommen sie an Land, um sich zu sonnen. Auch zur Paarung und zur Geburt der Jungen suchen sie das Land auf. Robben ernähren sich von →**Fischen** und anderen Meerestieren.

Roboter

Ein Roboter ist ein von einem →**Computer** gesteuertes, kompliziert gebautes Gerät, das bestimmte Aufgaben selbstständig ausführen kann. Oft unterscheidet man zwischen zwei Arten von Robotern: Die einen sind so programmiert, dass sie eine bestimmte Tätigkeit ohne Abweichung immer auf dieselbe Art und Weise ausführen. Die anderen hingegen sind mit sogenannter →**künstlicher Intelligenz** ausgestattet. Das heißt, sie können ihre Umwelt mithilfe von Kameras oder Sensoren (Messfühler) wahrnehmen und auf Veränderungen reagieren.
Je nach Verwendungszweck haben Roboter unterschiedliche Gestalt: Sehr kleine Roboter, die wie Insekten mit sechs Beinen ausge-

► Truppen aus schwer bewaffneten Rittern waren ein wichtiger Teil der mittelalterlichen Kriegführung.

stattet sind, können sich in engen Räumen bewegen und kleine Reparaturen ausführen. Andere Roboter mit langen, durch Gelenke sehr beweglichen Greifarmen können z. B. zur Obsternte oder am →**Fließband** eingesetzt werden.
Auch für gefährliche Aufgaben wie das Aufspüren von Minen und in der →**Raumfahrt**, etwa bei der Erforschung von Planeten, finden Roboter Verwendung.

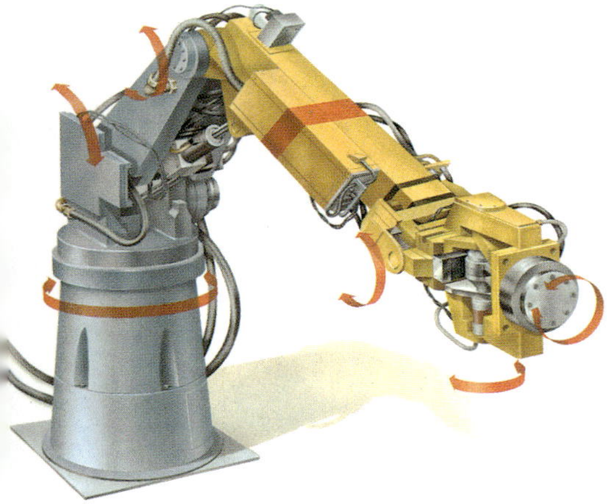

▲ Dieser japanische Roboter kann für die unterschiedlichsten Tätigkeiten programmiert werden. Mit seinem automatisch gesteuerten Arm kann er Metallteile verschweißen, Autoteile lackieren oder Gegenstände von einem Ort zum anderen transportieren.

Robotik

Man versteht darunter alle Forschungen, die sich mit der Entwicklung und der Anwendung von →**Robotern** befassen. Dieses Wissensgebiet steht an der Schnittstelle von Maschinenbau, Elektrotechnik, →**Elektronik** und →**Informatik**. Für die Robotik ist aber auch das Studium natürlicher Vorbilder, also die →**Bionik** wichtig. Die Bewegungsabläufe der sechs Beine von Insekten sind z. B. Vorbild für manche Roboter. Wissenschaftler im Bereich der Robotik streben für die Zukunft auch eine stärkere Zusammenarbeit mit →**Medizin** und →**Psychologie** an.

Rocky Mountains

Die Rocky Mountains sind eine mächtige, 4800 km lange Gebirgskette in →**Nordamerika**. Sie ziehen sich von Alaska im Norden durch den Westen →**Kanadas** und der USA bis nach New Mexico im Süden. Ihr höchster Gipfel, der Mount Elbert in den USA, ist 4399 m hoch. Der höchste kanadische Berg ist der Mount Robson (3954 m). In den sieben →**Nationalparks**, darunter Yellowstone-, Banff- und Glacier-Nationalpark, leben zahlreiche wilde Tiere wie z. B. Pumas und →**Bären**.

Römisches Reich siehe Seite 274

Röntgenstrahlen

Röntgenstrahlen sind wie Radio- oder Lichtwellen elektromagnetische →**Strahlungen**. Anders als →**Licht** durchdringen sie menschliches Gewebe. Ärzte können mithilfe eines Röntgengeräts oder eines Computertomografen (CT) Aufnahmen von kranken Regionen im Innern des Körpers machen. So können sie z. B. sehen, ob ein →**Knochen** gebrochen ist oder nicht.
Wenn man zu oft oder zu starken Röntgenstrahlen ausgesetzt wird, können die Strahlen Körperzellen zerstören. Bei der Behandlung von →**Krebs** setzt man diesen Effekt absichtlich ein. Radiografen schießen Röntgenstrahlen auf die Krebszellen und töten sie ab. Diese Methode ist allerdings sehr belastend für die Patienten.
Der deutsche Physiker Wilhelm →**Röntgen** (1845–1923) entdeckte die Röntgenstrahlen im Jahr 1895, als er →**Elektrizität** durch ein →**Gas** schickte. Er nannte sie X-Strahlen. Für seine Entdeckung erhielt Röntgen 1901 als Erster den →**Nobelpreis** für →**Physik**.
Röntgenstrahlen werden aber nicht nur in der →**Medizin** eingesetzt, sondern auch in der Technik, z. B., in der Materialerforschung. Auch bei der Gepäckkontrolle auf dem Flughafen kommen Röntgenstrahlen zum Einsatz. Alle Gepäckstücke werden mit ihrer Hilfe nach Waffen durchsucht.

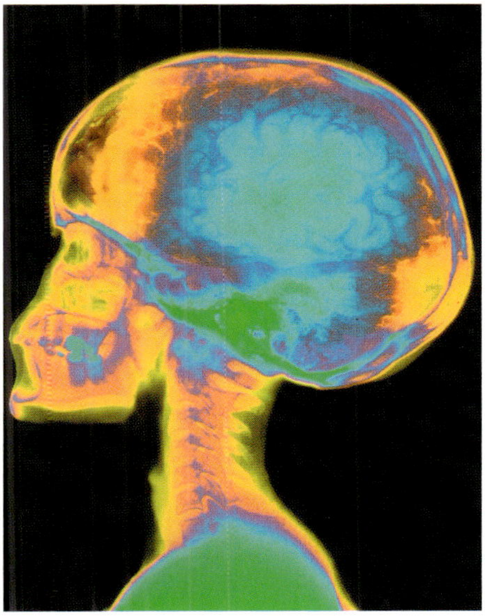

► Dieses Bild wurde von Röntgenstrahlen aufgenommen und dann farbig gemacht, um den Schädel und das Hirn des menschlichen Kopfes hervorzuheben.

◄ Diese Karte zeigt das Römische Reich um 100 n. Chr. Die Römer waren bis dahin sehr mächtig geworden und hatten viele benachbarte Länder erobert. Sie herrschten über ein riesiges Reich und waren eines der mächtigsten Völker weltweit.

► Die Soldaten im Römischen Reich mussten etwa 25 Jahre im Heer dienen, allerdings nur 20 Jahre, wenn sie aus Rom selbst stammten. Die Soldaten waren fast nie in ihrer Heimat und führten ein entbehrungsreiches Leben.

Römisches Reich

Das Römische Reich, das der Sage nach 753 v. Chr. gegründet wurde, war eines der mächtigsten antiken Reiche. Auf der Höhe seiner Macht beherrschte es ein Gebiet von Nordafrika im Süden bis nach Germanien im Norden, von England und Portugal im Westen bis nach Vorderasien im Osten. Das Zentrum des Reiches bildete die Stadt Rom, die damals größte Stadt der Welt mit etwa einer Million Einwohner.

Der römische Senat

In seinen Anfangsjahren wurde Rom von einem Senat regiert, einer Versammlung reicher römischer Männer. Das höchste Amt war das des Konsuls. Jeweils zwei Konsuln regierten für ein Jahr. Damit sollte gesichert sein, dass kein einzelner Herrscher die Macht an sich reißen konnte. Zwei Tribune vertraten im Senat die Interessen des Volkes.

Das römische Kaiserreich

Im Jahr 45 v. Chr. erhielt der Feldherr und Konsul Gaius Julius Cäsar (100–44 v. Chr.) den Titel „Vater des Landes“ verliehen. Er wurde auf zehn Jahre zum Konsul gewählt und zum ersten Diktator auf Lebenszeit ernannt. Dadurch konnte er ohne Zustimmung des Senates handeln. Das Römische Reich war nun keine Republik mehr. Im Jahr 44 v. Chr. wurde Cäsar von seinen Gegnern ermordet. Cäsars Nachfolger war sein Adoptivsohn Octavian (63 v. Chr.–14 n. Chr.). Er wurde nach kurzem Kampf um die Macht der zweite Kaiser des Römischen Reiches und erhielt den Beinamen Augustus (der Erhabene). Er leitete mit seiner Regierung eine lange Zeit des Friedens, die sogenannte Pax Romana, ein.

◄ Die Römer waren große Ingenieure und Baumeister. Aquädukte (Wasserleitungen) wie dieses versorgten die Bevölkerung täglich mit frischem Wasser.

Eine Zeit des Wandels

Kaiser Augustus hatte das Reich neu geordnet und ließ prunkvolle Gebäude, Tempel und Straßen errichten. Das Römische Reich war mächtig und sollte dies auch nach außen hin zeigen. Er habe eine Stadt aus Holz vorgefunden, rühmte sich Augustus selbst, und eine Stadt aus Marmor hinterlassen.

Die römischen Kaiser regierten Rom für lange Zeit. Die römische Lebensart wurde zum Vorbild für die benachbarten und eroberten Völker. Die Bürger verstanden sich auf Bequemlichkeit und kannten bereits eine Art Zentralheizung, warme Bäder, Wasserleitungen und gepflasterte Straßen.

◄ Das riesige Kolosseum im antiken Rom wurde im Jahr 80 fertiggestellt. Es hatte vier Stockwerke und ein Dach aus Leinentuch, das die 50 000 Zuschauer vor Sonne und Regen schützte.

Gladiatoren und das Amphitheater

So wie Menschen heute ins Fußballstadion gehen, besuchten die Römer ihre weniger harmlosen Spiele. Bei großen Feierlichkeiten fanden in riesigen Amphitheatern, wie z. B. im Kolosseum in Rom, Gladiatorenkämpfe, Wagenrennen oder Kämpfe zwischen Menschen und wilden Tieren statt. Sklaven kämpften als Gladiatoren auf Leben und Tod gegeneinander, Verbrecher, Kriegsgefangene und später auch Christen wurden wilden Tieren vorgeworfen. Schlachten wurden nachgestellt, sogar Seeschlachten mit Schiffen, wofür man die Arenen unter Wasser setzen konnte.

Reichtum und Sklaverei

Der Reichtum der römischen Bürger war sehr von den Sklaven abhängig, die einen großen Teil der Bevölkerung bildeten. Sie stammten aus den eroberten Gebieten der Römer. Die Sklaven arbeiteten als billige Arbeitskräfte auf den Feldern, in den Bergminen und als Diener in den Häusern der Reichen.

Der Fall des Römischen Reiches

Im Lauf der Zeit wandelte sich das Römische Reich. Mit Kaiser Konstantin dem Großen (ca. 280–337) wurde z. B. die Religion der Christen endgültig anerkannt. Die Hauptstadt des Reiches war nun nicht mehr Rom. Konstantinopel (vorher Byzanz, heute Istanbul) wurde Hauptstadt im Osten und Ravenna im Westen. Das Römische Reich war nun zweigeteilt in ein Weströmisches und ein Oströmisches Reich (Byzantinisches Reich).

Die Verteidigung der Grenzen gegen einfallende Germanenstämme wurde immer schwieriger. Der letzte weströmische Kaiser Romulus Augustulus (geb. um 459, gest. nach 476) wurde 476 abgesetzt. Ihm folgte der germanische Anführer Odoaker (433–493) auf den Thron. Damit war das Römische Reich untergegangen.

Zum Weiterlesen

Antike, Byzantinisches Reich, Cäsar, Christentum, Diktatur, Germanen, Heiliges Römisches Reich, Republik, Straße, Völkerwanderung

► Das Herz der Stadt Rom war das Forum Romanum, ein Platz, an dem sich die Bürger trafen und Geschäfte abwickelten.

Rost

Rost ist eine rötlich braune Kruste, die sich bei Feuchtigkeit auf →**Eisen** bildet. Der Rost ist eine Verbindung von Eisen mit dem →**Sauerstoff** der →**Luft** und frisst sich in die Oberfläche des →**Metalls**. Fett, →**Öl** und →**Farbe** können vor Rost schützen.

Rotes Kreuz

Das Rote Kreuz ist eine internationale Vereinigung, die sich zum Ziel gesetzt hat, die Leiden der Bevölkerung in Kriegsgebieten zu lindern. Außerdem hilft sie in Katastrophenfällen und beim Austausch von Gefangenen. Das Rote Kreuz ist auf der ganzen Welt vertreten. Sein Zeichen ist das Rote Kreuz auf weißem Grund. In nicht christlichen Ländern gibt es ähnliche Organisationen. Viele islamische Länder (z. B. →**Türkei**) haben als Zeichen einen roten Halbmond, →**Israel** einen roten Davidstern.
Das Rote Kreuz wurde im Jahr 1863 von dem Schweizer Henri Dunant (1828–1910) ins Leben gerufen. Heute bilden das 25-köpfige Komitee des Roten Kreuzes (IKRK) in Genf und die Liga der Rot-Kreuz-Gesellschaften zusammen das Internationale Rote Kreuz.
Das Deutsche Rote Kreuz (DRK) entstand in den Jahren 1863–1866. Es nimmt die Aufgaben des Internationalen Roten Kreuzes in →**Deutschland** wahr, engagiert sich aber auch in der freien Wohlfahrtspflege, hilft bei der Suche nach Verschollenen, bietet Rettungsdienste und Krankentransporte, Blutspendedienst und Katastrophenschutz. Außerdem gehören zum DRK die Berg- und Wasserwacht.

Ruanda
Staatsform: Republik
Hauptstadt: Kigali
Fläche: 26 338 km²
Einwohner: 8,5 Mio.
Sprachen: Französisch, Kinyarwanda
Währung: Ruanda-Franc

Ruanda

Ruanda ist ein kleines, gebirgiges Land in Zentralafrika mit tropischem, durch die Höhenlage gemäßigtem →**Klima**. Die meisten Ruander arbeiten in der →**Landwirtschaft**. Sie bauen Kaffee, Tee, Mais und Bohnen an, einige züchten →**Rinder**. Ruanda hat eine der höchsten Bevölkerungsdichten in →**Afrika**. Das Land ist seit 1962 unabhängig und wurde seitdem immer wieder durch →**Bürgerkriege** zwischen Hutu und Tutsi erschüttert.

Rumänien
Staatsform: Republik
Hauptstadt: Bukarest
Fläche: 237 500 km²
Einwohner: 22,5 Mio.
Sprachen: Rumänisch, Ungarisch, Deutsch
Währung: Leu

Rumänien

Rumänien liegt in Südosteuropa. Die Grenze zu →**Bulgarien** bildet die Donau. Die Karpaten (ein →**Gebirge**) trennen die Transsilvanische Hochebene (Siebenbürgen) im Westen von den Regionen Walachei und Moldau im Osten. Die meisten Einwohner arbeiten in der →**Landwirtschaft**, viele auch im →**Bergbau** und in der Erdölförderung.
Im Jahr 1989 wandten sich die Rumänen gegen die kommunistische →**Regierung** des Landes. 1991 wurde eine demokratische Verfassung verabschiedet. Seit 2007 gehört Rumänien zur →**Europäischen Union**.

Rundfunk

Unter Rundfunk versteht man die Übermittlung von akustischen Signalen (z. B. Musik) mithilfe von Radio- oder Funkwellen. Sie gehören wie →**Licht** zu den elektromagnetischen Wellen und breiten sich mit Lichtgeschwindig keit aus. Regelmäßige Rundfunkprogramme gibt es seit den 1920er-Jahren. Sie entstehen in Studios, wo menschliche Stimmen oder Musik in elektrische Signale umgewandelt werden. Über Stromkabel gelangen diese Signale zu einem Sender (oft Funkturm genannt). Der Sender verstärkt die Signale und strahlt sie als Radiowellen aus. Die Radiowellen gelangen entweder direkt oder über weitere Sender oder über →**Satelliten** zu den Radiogeräten. Diese können die Wellen empfangen und wieder in →**Schall** umwandeln.
Im Jahr 1887 gelang es Heinrich Hertz (1857–1894) als Erstem, Radiowellen nachzuweisen und zu erzeugen. 1894 sendete →**Guglielmo Marconi** (1874–1937) damit die ersten Mitteilungen. Radiowellen sind auch die Grundlage für →**Fernsehen**, →**Telekommunikation** und →**Navigation**.

▲ Von einem Sender (Funkturm) werden die elektrischen Signale bearbeitet und verstärkt. Als Radiowellen werden sie dann von einer Sendeantenne durch die Luft ausgestrahlt.

Russische Revolution

Die Russische Revolution bestand im Grunde aus zwei →**Revolutionen** innerhalb eines Jahres: 1917 wurde →**Russland** von Zar Nikolaus II. (1868–1918) regiert, der das Volk unterdrückte und den Städtern ihre →**Bürgerrechte** verwehrte. Der Unmut des Volkes gipfelte in Aufständen der Arbeiter und Soldaten in St. Petersburg. Der Zar musste schließlich im

März 1917 abdanken. Nach dem damals gültigen russischen →**Kalender** nennt man diesen Aufstand die Februarrevolution. Eine kurze Zeit gab es eine liberale →**Regierung** unter Alexander Kerenski (1881–1970). Doch als der kommunistische Führer Lenin (1870–1924) aus dem Exil zurückkehrte, rief er – nach westlicher Rechnung im November – die sogenannte Oktoberrevolution aus. Er riss die Macht an sich und errichtete die erste sowjetische Regierung. Der Zar und seine Familie wurden 1918 erschossen.

Russland

Russland (Russische Föderation) ist von seiner Fläche her das größte Land der Welt. Im europäischen Teil Russlands, der sich bis zum Ural (→**Gebirge**) erstreckt, leben über 80 % der Einwohner. Östlich davon dehnt sich das unwirtliche →**Sibirien**, der asiatische Teil Russlands aus. Beiderseits des Urals gibt es riesige Ebenen. Im Südwesten erhebt sich der Kaukasus mit dem höchsten Berg Europas (Elbrus, 5642 m). Weiter im Osten liegt das Mittelsibirische Hochland, das im Süden und Osten mehrere Gebirgsketten umrahmen. Russland stand nach dem Zusammenbruch der →**Sowjetunion** großen wirtschaftlichen Problemen gegenüber. Aber dank reicher Bodenschätze (→**Erdgas**, →**Erdöl**, →**Kohle**, Platin, Mangan, Nickel, Wolfram, →**Blei**, →**Zink**, →**Kupfer**, →**Gold**) kann es diese Krise leichter als andere ehemalige Sowjetrepubliken überwinden. Hauptanbauprodukte sind →**Getreide**, Zuckerrüben und →**Kartoffeln**, in der Viehhaltung überwiegen Rinder- und Schweinezucht. Meeresfischfang und Binnenfischerei sind bedeutende Wirtschaftszweige. Ein weiteres Potenzial stellen die weiten →**Wälder** dar, sie umfassen fast ein Viertel des weltweiten Waldbestands.
Eines der größten Probleme, dem das heutige Russland gegenübersteht, ist das organisierte Verbrechen in Verbindung mit zunehmender Korruption (Bestechlichkeit) in Verwaltung und Politik.

Russland
Staatsform: Republik
Hauptstadt: Moskau
Fläche: 17 075 000 km²
Einwohner: 143,5 Mio.
Sprache: Russisch
Währung: Rubel

Rüstung

Eine Rüstung ist ein Schutz für den →**Körper** im Kampf. Die ersten Rüstungen aus widerstandsfähigem Leder gab es vor ca. 5000 Jahren. Später fertigte man Brustplatten, Helme und Schilde aus →**Metall** und Kettenhemden aus lauter kleinen Eisenringen an. Im →**Mittelalter** wurden die Rüstungen immer ausgefeilter, schließlich war fast der ganze Körper durch eine Art Anzug aus Metall geschützt. Das große Gewicht der Rüstungen machte den →**Ritter** allerdings auch immer unbeweglicher. Die Rüstungen wogen bis zu 30 kg. Als Gewehre und Kanonen aufkamen, wurden die Reiterheere und damit auch die Rüstungen überflüssig. Heute tragen Soldaten und Polizisten auch noch eine Art Rüstung: schusssichere Westen aus Leichtmetall oder →**Kunststoff**.
Unter Rüstung versteht man heute auch die Gesamtheit aller Waffen und militärischen Einrichtungen eines →**Staates**.

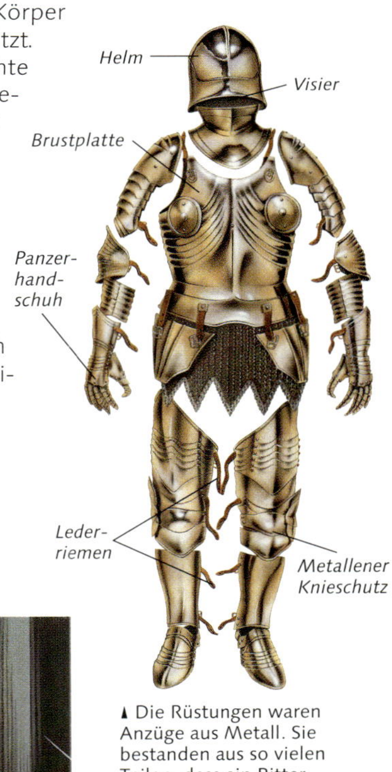

▲ Die Rüstungen waren Anzüge aus Metall. Sie bestanden aus so vielen Teilen, dass ein Ritter bis zu einer Stunde brauchte, um sie anzulegen.

▼ Während der Russischen Revolution wurden die bewaffneten Arbeiter von Armee- und Marinesoldaten unterstützt. Am 6. November stürmten sie den Winterpalast in St. Petersburg. Im ehemaligen Hauptquartier des Zaren trafen sie auf wenig Widerstand und hatten es schnell eingenommen.

S

Sagen siehe Mythen und Sagen

Salz

Der chemische Name für das alltäglich verwendete Kochsalz ist Natriumchlorid. Der →**menschliche Körper** braucht kleine Mengen von Salz, sonst wird er krank. Mit Salz kann man →**Nahrungsmittel** haltbar machen und es dient zur Herstellung von →**Farben**, →**Papier**, Keramik, →**Leder** oder →**Medikamenten**. Das Salz für Speisen stammt aus dem →**Meer** oder aus Salzlagern aus der →**Erde**.

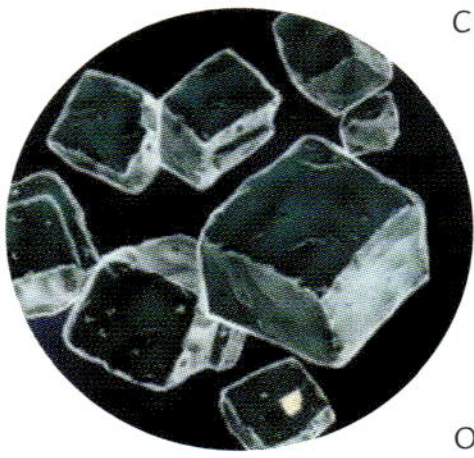

► Reine Salzkristalle sind würfelförmig. Der menschliche Körper braucht jeden Tag Salz, denn er scheidet es auch ständig aus, z. B. wenn er schwitzt.

Sambia

Sambia ist ein Land im Süden →**Afrikas** ohne Zugang zum →**Meer**. Seinen Namen erhielt das Land vom →**Fluss** Sambesi, der durch den Westen des Landes fließt und die Grenze zu →**Simbabwe** bildet. Hier liegen auch die berühmten Viktoriafälle.
Mais, Hirse und Maniok werden für den Eigenbedarf angebaut. Die Feldarbeit wird gewöhnlich von den Frauen erledigt, da viele Männer in den →**Bergwerken** arbeiten. Die wichtigste Einnahmequelle des Landes ist →**Kupfer**. Zum Schutz von Großtieren wie z. B. →**Elefanten**, →**Nashörnern** und →**Giraffen** wurden 18 →**Nationalparks** eingerichtet. Bis Sambia 1964 unabhängig wurde, war es unter dem Namen Nordrhodesien britisches Schutzgebiet.

Sambia
Staatsform: Republik
Hauptstadt: Lusaka
Fläche: 752 614 km²
Einwohner: 10,4 Mio.
Sprachen: Englisch, Bemba, Nyanja, Lozi, Tonga
Währung: Kwacha

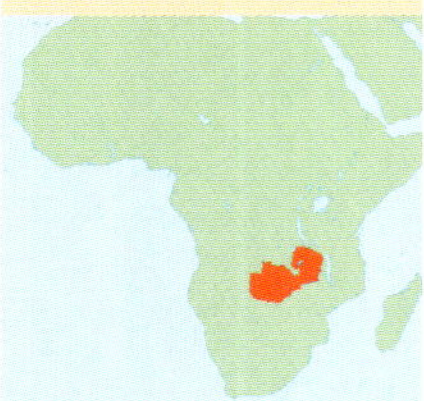

Samen

Samen sind ein wichtiger Teil der →**Pflanzen**. Jeder Same kann sich unter den richtigen Bedingungen zu einer neuen Pflanze entwickeln. Ein Same entsteht bei der →**Befruchtung**, also, wenn männliches Pollenkorn und weibliche Eizelle verschmelzen. Es bildet sich eine →**Frucht**, die den Samen schützend umgibt. Bei einer Weintraube ist das Fleisch die Frucht und die Kerne sind die Samen. Die Samen von →**Nadelbäumen** liegen nicht in den Früchten, sondern frei an den Zapfenschuppen.
Da die Samen Boden benötigen, damit sich aus ihnen neue Pflanzen entwickeln können, müssen sie verbreitet werden: Einige werden in den sie umgebenden Früchten vom →**Wind** fortgetragen, andere am Fell von →**Tieren**. Wieder andere Früchte werden von Tieren gefressen und die Samen mit dem Kot ausgeschieden.
Im Samen steckt ein Keimling, der von Nahrungszellen umgeben ist. Wenn der Keimling zu wachsen beginnt, versorgt er sich aus diesen →**Zellen**, bis er →**Wurzeln** gebildet hat, mit denen er →**Nährstoffe** und →**Wasser** aus dem Boden aufnimmt.
Bei →**Menschen** und Tieren versteht man unter Samen die männlichen Samenzellen, die zur →**Fortpflanzung** weibliche Eizellen befruchten.

San Marino

Der winzige Staat liegt innerhalb →**Italiens** nahe der Adriaküste, umgeben von den Regionen Emilia-Romagna und Marche.
Die Staatsform der →**Republik** geht auf eine →**Verfassung** aus dem Jahr 1599 zurück. Die wichtigsten Einnahmequellen des Landes sind der Tourismus und der Verkauf von Briefmarken.

San Marino
Staatsform: Republik
Hauptstadt: San Marino
Fläche: 60,5 km²
Einwohner: 27 000
Sprache: Italienisch
Währung: Euro

Sand

Sand ist ein sogenanntes Lockermaterial, das aus kleinsten Gesteinskörnchen besteht. Sandkörnchen sind kleiner als Kies, aber größer als der feinkörnige Schluff. Am Meeresufer sammelt sich der angeschwemmte Sand zu Sandstränden. Auf dem Festland kann der Wind den Sand zu Dünen auftürmen. Auch in vielen Böden ist Sand enthalten. Wird der Sand tief im Boden durch großen Druck verfestigt, entsteht der harte Sandstein, das zweithäufigste →**Gestein** der →**Erde**. Das häufigste Mineral im Sand ist der →**Quarz**.

Satellit

Ein Satellit ist ein Himmelskörper, der einen anderen größeren Himmelskörper auf einer →**Umlaufbahn** umkreist. So sind z. B. die →**Erde** und die anderen →**Planeten** des →**Sonnensystems** Satelliten der →**Sonne**.
Es gibt natürliche und künstliche Satelliten. Der →**Mond** ist der größte und der einzige natürliche Satellit der Erde, doch umkreisen diese auch viele künstliche Satelliten. Die künstlichen Satelliten werden mit →**Raketen** in festgelegte Umlaufbahnen geschossen. Manche sind mit Kameras ausgerüstet, mit denen sie Bilder von Wolken und Sturmgebieten zur Erde senden. Sie helfen den Meteorologen dabei, das →**Wetter** vorherzusagen. Andere Satelliten dienen der

→**Kommunikation** und übertragen Signale für →**Fernsehen** und →**Telefone** rund um die Welt. Sie empfangen Funksignale von einer Bodenstation auf der Erde, verstärken diese und senden sie zu einer anderen Station auf der Erde zurück. Um ihre vielfältigen Aufgaben zu erfüllen, brauchen Satelliten →**Energie**. Diese liefern Solarzellen oder besondere →**Batterien**, die von den Sonnenstrahlen immer wieder aufgeladen werden können. Der erste künstliche Satellit hieß „Sputnik 1". Er wurde 1957 von der →**Sowjetunion** ins Weltall geschickt und umkreiste die Erde drei Wochen lang.

▲ Die Ringe des Saturn sind kaum 100 m dick. Alle zusammen bilden ein Band, dessen Breite zwei Drittel der Distanz zwischen Erde und Mond beträgt.

Saturn

Nach →**Jupiter** ist Saturn der zweitgrößte →**Planet** des →**Sonnensystems**. Er hat einen Durchmesser von rund 120 200 km. Der Gasriese besteht hauptsächlich aus den →**Gasen** Helium und →**Wasserstoff**, hat vermutlich aber einen festen Kern. Berühmt und teilweise sogar mit einfachen →**Teleskopen** sichtbar sind die Ringe des Planeten. Sie bestehen aus Milliarden von zentimeter- bis metergroßen Eisbrocken. Heute kennt man 31 →**Monde** des Saturn. Sie bestehen aus Eis, das aufgrund der großen Entfernung von der →**Sonne** nicht schmilzt. Titan, der größte dieser Trabanten, ist mit 5200 km Durchmesser größer als der →**Merkur**. Titan ist auch der einzige bekannte Mond, der eine →**Atmosphäre** besitzt.

Daten zu Saturn
Durchschnittliche Entfernung zur Sonne: 1,43 Mrd. km
Kleinste Entfernung zur Erde: 1,28 Mrd. km
Durchschnittstemperatur: –190 °C
Durchmesser am Äquator: 120 200 km
Durchmesser des Ringsystems: 272 000 km
Atmosphäre: Wasserstoff, Helium
Zahl der Monde: 31 sind bekannt
Tageslänge: 10 Stunden, 14 Minuten
Jahreslänge: 29,5 Erdjahre

▼ Manche Satelliten umkreisen die Erde in etwa 1000 km Höhe und liefern Aufnahmen der ganzen Erdoberfläche. Geostationäre Satelliten sind etwa 36 000 km entfernt und befinden sich immer über demselben Punkt der Erde. Deshalb erfassen sie nur einen Teil der Erdoberfläche.

Saudi-Arabien

Saudi-Arabien umfasst den größten Teil der Arabischen Halbinsel. Der Name geht auf die Herrscherfamilie der Saud zurück, die das Land seit seiner Gründung 1932 regiert. Hier liegen Mekka und Medina, die heiligen Stätten des →**Islam**, die jedes Jahr von Millionen von →**Pilgern** besucht werden.

Das Land besteht fast ausschließlich aus →**Wüste**. Im Jahr 1933 wurde am Persischen Golf →**Erdöl** gefunden. Nach Schätzungen verfügt Saudi-Arabien über ein Viertel der Erdölvorräte der →**Erde**. Mit dem Geld aus dem Ölgeschäft wurde das Land modernisiert.

Während des →**Golfkriegs** (1991) zur Befreiung von Kuwait war Saudi-Arabien der Stützpunkt für die Truppen der internationalen Koalition. Seit den Attentaten vom 11. September haben sich die Beziehungen zu den →**Vereinigten Staaten von Amerika** abgekühlt.

Saudi-Arabien
Staatsform: Monarchie
Hauptstadt: Riad
Fläche: 2,15 Mio. km²
Einwohner: 20,7 Mio.
Sprache: Arabisch
Währung: Saudi Riyal

▲ Der Docht einer Wachskerze verbrennt und spendet Licht. Die Flamme wird durch den Sauerstoff der Luft unterhalten.

Sauerstoff

Sauerstoff ist ein →**Gas**. Es ist farb- und geruchlos und das häufigste →**Element** der →**Erde**. Allein ein Fünftel der →**Atmosphäre** besteht aus Sauerstoff, doch ist er auch im →**Wasser** und in vielen →**Gesteinen** enthalten. Das →**Gewicht** von Wasser wird hauptsächlich, das Gewicht von Gestein fast zur Hälfte vom Sauerstoff bestimmt.
Jede →**Flamme**, jeder Verbrennungsvorgang braucht Sauerstoff. Bis auf wenige Ausnahmen müssen alle Lebewesen Sauerstoff atmen. Damit verbrennen sie Nährstoffe, um →**Energie** für ihr Überleben zu gewinnen. Da →**Pflanzen** mehr Sauerstoff erzeugen, als sie selbst verbrauchen, geben sie Sauerstoff an die →**Luft** ab.

Säugetiere siehe Seite 282

Säuren

Säuren sind flüssige chemische →**Verbindungen**. Einige Säuren wie Schwefelsäure, Salpetersäure und Salzsäure sind sehr stark ätzend und können selbst stabile →**Metalle** auflösen. Andere Säuren, wie die Zitronensäure, sind dagegen harmlos. Sie geben Zitronen und Apfelsinen ihren typischen Geschmack. Im Weinessig ist Essigsäure enthalten und Milchsäure entsteht, wenn die →**Milch** sauer wird. Zum Nachweis von Säuren benutzt man Lackmuspapier, das sich in der Säure rot färbt. Basen bzw. Laugen färbt das Lackmuspapier dagegen blau. Natronlauge ist eine besonders starke Base. →**Seifen** werden aus Laugen und Fettsäuren hergestellt.

1

2

3

4

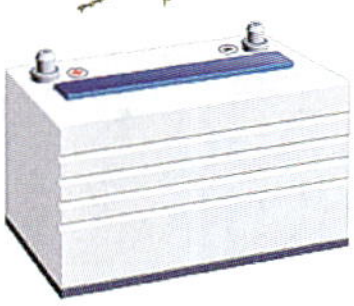

▲ Die Behälter von Säuren in einem Labor müssen Warnschilder tragen (1).
Die harmlosen Fruchtsäuren geben Obst seinen säuerlichen Geschmack (2).
Die Säure im Bienengift ist sehr schmerzhaft (3).
Autobatterien (4) enthalten die sehr starke Schwefelsäure.

Saurer Regen

Regen ist schon immer leicht sauer. Die normale →**Säure** im Regenwasser kann den Kalkstein in Gebäuden und Statuen auflösen, da Kalk basisch ist und daher stark auf die Säure reagiert. Der Regen ist allerdings oft auch mit den Schadstoffen belastet, die →**Kraftwerke**, →**Autos** und Fabriken in die Luft abgeben. Dann bilden sich in den Wolken schwache Schwefel- und Salpetersäure, die als „saurer Regen" auf die →**Erde** fallen. Nach einiger Zeit werden davon die →**Seen** und →**Flüsse** sauer und der Regen schadet den →**Pflanzen** und →**Tieren**. Daher will man durch internationale Abkommen die Menge der Schadstoffgase vermindern, die von den Industriestaaten ausgestoßen werden.

Savanne

Die Savanne ist ein →**Grasland** in den tropischen Regionen →**Afrikas** und →**Australiens**. Hier wachsen auch vereinzelt →**Sträucher** und →**Bäume**. Savannen entstehen auf ebenem oder hügeligem Gelände. Sie sind an ein →**Klima** mit ausgeprägten Trocken- und Regenzeiten gebunden. Während der Regenzeit wachsen die Gräser üppig bis zu 3 m hoch, sie bilden →**Blüten** und →**Samen**. Während der längeren Trockenzeit stellen sie das Wachstum ein oder sterben sogar ab. Das ganze →**Jahr** über herrschen hohe →**Temperaturen**.
In der afrikanischen Savanne leben →**Zebras**, Gnus, →**Giraffen** und →**Elefanten** sowie →**Löwen**, Geparden und →**Hyänen**.

▼ Saurer Regen entsteht, wenn sich die Schadstoffe aus Fabriken mit dem Wasser in den Regenwolken vermischen. Der Regen schadet Lebewesen und Gebäuden.

Scanner

Der Begriff Scanner stammt von dem englischen Wort „scan" ab, das abtasten oder absuchen bedeutet. Als Scanner bezeichnet man in der Computertechnik Geräte, die Fotos, Dias oder Papiervorlagen mit einem Lichtstrahl abtasten und in digitale (computerlesbare) Bilddateien für die Weiterverarbeitung am →**Computer** umwandeln. Bei Flachbettscannern wird die Vorlage wie bei einem →**Fotokopiergerät** auf eine gläserne Auflagefläche gelegt. Unter der Scheibe fährt ein Schlitten mit einer Lichtquelle entlang, die das Motiv beleuchtet. Das reflektierte →**Licht** wird über einen →**Spiegel** auf eine Leseeinheit mit Sensoren aus →**Halbleitern** gelenkt, die die Bildinformation in elektrische Ladungen verwandeln. Ein Analog-Digital-Wandler wandelt die Ladungssignale der Sensoren in eine digitale Bilddatei um und gibt diese an den Computer weiter. Scanner werden auch als Lesegeräte zum Abtasten und Einlesen der →**Strichcodes** von Waren an den Kassen von Geschäften eingesetzt. Auch in Faxgeräten tasten sie die Vorlagen ab und wandeln sie in digitale Signale um.

Schach

Schach wird seit Hunderten von Jahren gespielt. Auf einem quadratischen Brett mit 64 ebenfalls quadratischen schwarzen und weißen Feldern stellen zwei Spieler ihre je 16 Figuren auf. Jede Figur kann auf dem Brett nur auf eine ganz bestimmte Weise bewegt werden. Mit ihren Figuren können die Spieler angreifen, andere ihrer Figuren verteidigen oder Figuren des Gegners gefangen nehmen. Die wichtigste Figur jedes Spielers ist der König. Sieger ist, wem es gelingt, den König des Gegners „matt" zu setzen – das bedeutet, dass der König nicht mehr bewegt werden, also ausweichen kann.

Schafe

Wild lebende Schafe wie das Mufflon bewohnen grasbewachsene Bergländer. Sie treten in Rudeln auf.
Die widerstandsfähigen Schafe werden bereits seit der →**Steinzeit** als Haustiere gehalten. Ihre →**Milch** wird getrunken oder für die Käseherstellung verwendet und auch ihr Fleisch ist geschätzt. Schaffelle wärmen den Menschen und durch die Schafschur erhält man →**Wolle**, die zu Kleidung und Stoffen verarbeitet wird.

► Es gibt drei Arten von Schakalen. Den Goldschakal nennen die Araber „Heuler", denn sein lautes Kläffen und Heulen ist nachts weithin zu hören.

Schakale

Schakale gehören zur Familie der →**Hunde**. Es gibt drei Schakalarten: Der Goldschakal ist in Südosteuropa, Nord- und Ostafrika sowie vom →**Nahen Osten** bis →**Indien** verbreitet. Streifen- und Schabrackenschakal leben in →**Afrika**. Wie die meisten wilden Hunde sind auch Schakale sowohl Jäger als auch Aasfresser. Mithilfe ihres gut entwickelten →**Gehörs** und →**Geruchssinns** spüren sie nach Einbruch der Nacht Beutetiere auf. Tagsüber ruhen sie in dichtem Gestrüpp.

Schall

Geräusche, die an das →**Ohr** dringen, nennt man Schall. Der Schall entsteht, wenn etwas schwingt und die →**Luft** dadurch zu Wellen (Schallwellen) gestaucht und gedehnt wird (vibriert). Auch in →**Flüssigkeiten** oder festen Stoffen kann sich Schall ausbreiten. Die Schallgeschwindigkeit beträgt 332 m/s in der Luft, in →**Wasser** oder in →**Metall** ist sie wesentlich höher.
Je nachdem, wie schnell ein Tonerzeuger schwingt, hört man unterschiedliche Tonhöhen. Eine hohe Frequenz, d. h. eine schnelle Schwingung, verursacht hohe Töne, eine niedrige Frequenz, also eine langsame Schwingung, tiefe Töne. Die Lehre vom Schall heißt →**Akustik**.

◄ Alle gezüchteten Schafe, egal welcher Rasse, stammen vom Orientalischen Wildschaf ab. Die Männchen tragen meist Hörner.

Säugetiere

Die Klasse der Säugetiere ist unvergleichlich vielfältig. Säugetiere haben sich an alle Lebensräume angepasst – sie leben an Land, im Wasser und in der Luft.

▲ Der Schlanklori ist nur nachts aktiv. Dank seiner riesigen Augen findet er im Dunkeln Insekten und andere Beutetiere.

► Säugetiere wie dieses zweihöckrige Trampeltier säugen ihre Jungen. Die Muttermilch enthält alles, was das Junge zum Wachsen benötigt.

Welt der Säugetiere

Bis auf wenige Ausnahmen bringen alle Säuger lebende Jungen zur Welt. Die Jungen werden in der ersten Zeit mit Milch ernährt, die in speziellen Drüsen des Weibchens produziert wird: Die Mütter säugen die Jungen – daher der Name dieser Tierklasse. Säugetiere sind warmblütige (auch: gleichwarme) Tiere. Das heißt, dass ihre Körpertemperatur unabhängig von der Außentemperatur ist und nahezu gleich bleibt. Die meisten Säugetiere haben ein Fell. Sogar Meeressäuger wie Delfine und Wale sind von einer dünnen Haarschicht bedeckt. Weitere gemeinsame Merkmale der meisten Säuger sind vier Gliedmaßen und die Zähne.

▲ Luchse sind große Katzen mit Ohrpinseln. Der nordamerikanische Rotluchs ist getupft, der größere Nordluchs dagegen hat – je nach Vorkommen – unterschiedlich deutliche Flecken.

▲ Ameisenigel legen Eier, zählen aber zu den Säugetieren. Diese Kloakentiere ernähren sich von Insekten und ihre Haare sind zu wehrhaften Stacheln umgebildet.

Einteilung der Säugetiere

Die ersten Säugetiere entwickelten sich vor etwa 230 Mio. Jahren aus Reptilien. Heute unterscheidet man weit mehr als 4000 Arten, die in drei Unterklassen eingeteilt werden: Eier legende Säugetiere, Beuteltiere und Plazentatiere.

Plazentatiere

Plazentatiere bilden die größte Gruppe innerhalb der Säugetiere. Ihre Jungen entwickeln sich im Mutterleib und werden in dieser Zeit von der Plazenta (Mutterkuchen) mit Nährstoffen und Sauerstoff versorgt. Dieses Organ wird am Anfang der Tragzeit von der Gebärmutter gebildet und bei der Geburt ausgestoßen. Die Jungen einiger Arten sind gleich nach der Geburt sehr selbstständig, andere müssen noch längere Zeit von ihren Eltern behütet werden.

◄ Die Mongolische Rennmaus lebt in den Wüsten Zentralasiens und ernährt sich von Pflanzentrieben und Samen.

Beuteltiere

Beuteltiere bringen ebenfalls lebende Jungen zur Welt, doch sind diese nur schwach entwickelt. Nach der Geburt krabbeln die Jungen in einen Hautbeutel der Mutter und saugen sich an den Zitzen fest. Im Beutel wachsen sie weiter heran. Bis auf wenige Ausnahmen, z. B. das in Amerika lebende Opossum, sind die meisten Beuteltiere in Australien und Neuguinea heimisch.

Eier legende Säugetiere

Die einfachsten heutigen Säugetiere sind die sogenannten Kloakentiere. Zu ihnen gehören das Schnabeltier und der Ameisenigel. Kloakentiere legen Eier und haben in ihren schnabelartigen Mäulern keine Zähne. Die Milch der Weibchen fließt nicht durch Zitzen, sondern durch einen Schlitz in der Bauchhaut. Kloakentiere findet man nur in Australien und Neuguinea.

► Einige südamerikanische Affen, wie diese Klammeraffen, können sich mit ihrem langen Greifschwanz an Äste klammern.

Die richtigen Zähne

Säugetiere besitzen die jeweils für ihre Nahrung geeigneten Zähne. Raubtierzähne sind spitz und scharf und ermöglichen das Packen und Zerkleinern der Beute. Die breiten Backenzähne der Pflanzenfresser dagegen zermahlen Gras und Blätter.

Nagetiere

Fast die Hälfte aller Säugetierarten sind Nagetiere. Zu diesen zählen u. a. Mäuse, Ratten, Biber und Stachelschweine. Nagetiere besitzen scharfe Schneidezähne, mit denen sie ihr Futter benagen oder unterirdische Gänge und Baue graben. Die meisten Nagetiere leben nur ein bis zwei Jahre, pflanzen sich aber rasch fort.

Anpassung

Säugetiere sind ihrem jeweiligen Lebensraum und der Lebensweise angepasst. Eisbären verfügen z. B. über ein dichtes Fell und sie halten Winterschlaf, um den Energieverbrauch in der kalten Jahreszeit zu drosseln. Antilopen und andere Weidetiere besitzen ein besonderes Verdauungssystem für die Verwertung der Futterpflanzen. Die Gliedmaßen der Robben sind zu Flossen umgebildet, sodass die Tiere gut schwimmen können. Fledermäuse hingegen besitzen flügelähnliche Vordergliedmaßen für einen gewandten Flug.

Zum Weiterlesen

Beuteltiere, Delfine und Schweinswale, Evolution, Fortpflanzung, Milch, Nagetiere, Pflanzenfresser, Raubtiere, Robben, Tiere, Urzeitliche Tiere, Wale, Winterschlaf und Seite 385

Meeressäuger

Wale, Delfine und Schweinswale leben im Meer und bringen dort auch ihre Jungen zur Welt. Im Unterschied zu Fischen atmen sie mit Lungen und müssen zum Luftholen auftauchen. Sie haben stromlinienförmige Körper und Flossen.

► Schwertwale, auch Orcas genannt, jagen Meeressäuger, z. B. Sattelrobben. Robbenbabys sind leichter zu fangen als erwachsene Tiere.

► Schiffe wie die „Grand Princess“ sind schwimmende Hotels. Das größte Passagierschiff der Welt bietet bis zu 2600 Passagieren Platz auf zwölf Decks. An Bord gibt es eine Bibliothek mit CD-ROMs und Internetzugang, einen Bereich für Computerspiele, ein Schwimmbecken mit einer beweglichen Überdachung und ein Casino, das mit Hologrammen geschmückt ist.

Schiffe und Boote

Wasserfahrzeuge sind uralte Verkehrsmittel, die die Menschen schon seit Tausenden von Jahren benutzen. Im Lauf der Zeit haben sie sich aber stark verändert – vom ausgehöhlten Baumstamm über Segelboote und Segelschiffe hin zum Ozeandampfer.
Große Schiffe dienen heute hauptsächlich zum →**Transport** von Frachten. Sie können z. B. in ihrem Inneren riesige Mengen an →**Erdöl** oder →**Getreide** befördern. Andere transportieren die unterschiedlichsten Waren in großen Behältern, sogenannten Containern. Kühlschiffe haben →**Nahrungsmittel** wie →**Früchte**, →**Gemüse** oder Fleisch geladen. Außer beim Transport kommt Schiffen beim →**Fischfang** eine große Bedeutung zu. Kleinere Schiffe sind die Schlepper, die starke →**Motoren** haben und große Schiffe aus dem Hafen schleppen.
Weite Reisen unternimmt man heute eher mit dem Flugzeug als mit einem Passagierschiff. Für kürzere Strecken nutzen aber immer noch sehr viele Menschen Fähren, die außer Passagieren auch →**Autos** und Lastwagen befördern. Kreuzfahrtschiffe bieten allen möglichen Luxus an. An Bord gibt es z. B. Restaurants, Swimmingpools, Fitnessstudios und Kinos. Unter den Kriegsschiffen sind die Flugzeugträger am größten. Auf ihnen können Flugzeuge starten und landen.
Boote spielen v. a. in →**Sport** und Freizeit eine Rolle. Segeln und Rudern, aber auch schnelle Motorboote sind im Sommer sehr beliebt.

Europäische Sumpfschildkröte

▲ Süßwasserschildkröten leben in Teichen, Seen, Flüssen, Sümpfen und Küstengewässern. Sie ernähren sich u. a. von Fischen und Fröschen.

Schildkröten

Bereits vor rund 200 Millionen Jahren traten die ersten Schildkröten auf. Damit gehört diese Tierordnung zu den ältesten überlebenden →**Reptilien**. Der Körper aller Schildkröten wird von einem stabilen Knochenpanzer umgeben, der Hornschilde oder eine ledrige Haut trägt.

► Grüne Meeresschildkröten verbringen fast ihr ganzes Leben im Meer. Sie fressen Seegras und Algen.

▲ Auch in Wüsten kommen Schildkröten vor. Gopherschildkröten sind bis zu 35 cm lang. Solange sie genügend saftige Kakteen fressen können, brauchen sie kein Wasser.

Nur die Gliedmaßen sowie Kopf und Hals ragen aus dem Panzer, können bei Gefahr aber eingezogen oder unter den Panzer gelegt werden. Schildkröten haben keine **→Zähne**. Sie zerkleinern ihre Nahrung mithilfe von Hornschneiden im Kiefer. Alle Schildkröten legen ihre **→Eier** an Land ab, und zwar meist in Sandgruben. Schildkröten sind vorwiegend in warmen Regionen der **→Erde** zu Hause. Sie bewohnen das Land, die **→Meere**, aber auch **→Flüsse** und **→Seen**. Landschildkröten tragen häufig einen hoch gewölbten Rückenpanzer. Sie bewegen sich auf ihren kurzen Beinen relativ langsam vorwärts und ernähren sich v. a. von **→Pflanzen**. Zu ihren bekanntesten Vertretern zählen die Griechische Landschildkröte und die Galapagos-Riesenschildkröte. Letztere wird bis zu 1,5 m lang und 200 kg schwer. Meeresschildkröten haben oft Schwimmhäute zwischen den Zehen oder zu Flossen umgebildete Beine. So können sie gut schwimmen. Sie fressen Pflanzen und **→Wirbellose**. Die größte Meeresschildkröte ist die Lederschildkröte. Sie kann über 1,8 m lang und 725 kg schwer werden. Schnappschildkröten sind mit über 60 cm Länge und 90 kg Gewicht die größten Süßwasserschildkröten. Die schlechten Schwimmer laufen über den Grund der Flüsse und Seen, in denen sie leben.

Schiller, Friedrich von

Friedrich von Schiller (1759–1805) gilt neben Johann Wolfgang von **→Goethe** als herausragende Persönlichkeit der deutschen **→Literatur**. Stark beeinflusst von William **→Shakespeare** erschien 1781 anonym sein erstes Drama „Die Räuber", in dem er seine Abscheu gegen jede Art von Tyrannei zum Ausdruck brachte. Schiller verfasste zahlreiche Schauspiele und Gedichte, wie z. B. „Kabale und Liebe" (1782) bzw. „Die Bürgschaft" (1799). Ab 1794 kam es zu einem regen geistigen Austausch zwischen Schiller und Goethe. 1799 siedelte Schiller nach Weimar um, wo große Geschichtsdramen wie „Maria Stuart" (1801) entstanden. Seine letzten Lebensjahre waren von Krankheiten überschattet.

Schimpanse

Schimpansen gehören zu den **→Menschenaffen** und leben in den tropischen **→Regenwäldern** West- und Zentralafrikas. Sie bilden lockere Gemeinschaften, die von ranghohen Männchen geführt werden. Schimpansen sind tagaktiv und bauen sich für die Nacht ein Schlafnest in den Bäumen. Sie ziehen ihre Jungen drei bis vier Jahre lang sehr fürsorglich auf. Die intelligenten und gelehrigen Tiere können lernen, sich mithilfe von Zeichen etwas mitzuteilen, einfache Werkzeuge zu benutzen oder leichte Aufgaben zu erledigen. Sie erkennen sogar ihr eigenes Spiegelbild. Schimpansen sind außergewöhnlich laut. Sie schreien, trommeln auf Bäumen, schlagen auf den Boden und rufen fast ständig.

Schlaf

Im Schlaf tanken Körper und Geist neue Kraft. Manche **→Organe** müssen während des Schlafs gar nicht arbeiten, andere, wie der **→Magen** oder die **→Lunge**, leisten wesentlich weniger als im Wachzustand. Menschen wie Tiere brauchen den Schlaf, um gesund zu bleiben. Wer nicht ausreichend schläft, fühlt sich unwohl, ist leicht reizbar und kann mit der Zeit erkranken.
Man unterscheidet den oberflächlichen Schlaf und den Tiefschlaf. Darüber hinaus gibt es eine Schlafphase, die als REM-Schlaf (englisch: „rapid eye movement" für schnelle Augenbewegungen) bezeichnet wird. In dieser Phase bewegen sich die **→Augen** unter den geschlossenen Lidern sehr rasch und es wird am meisten geträumt.

▼ Schimpansen gebrauchen einfache Werkzeuge. Mit einem Stöckchen angelt dieses Tier Termiten aus ihrem Nest.

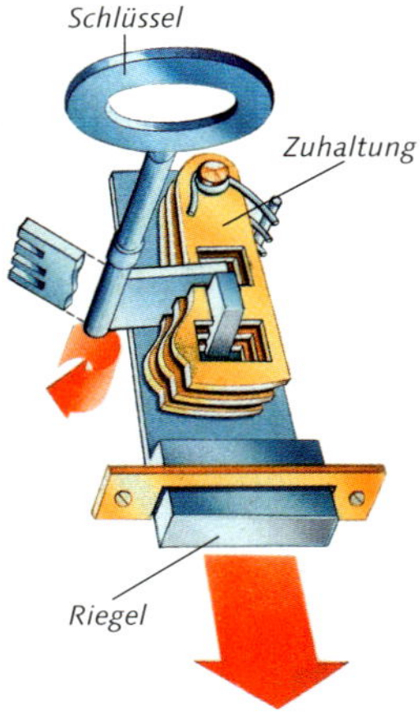

▲ In einem Schloss befindet sich ein Riegel, der in einen Schlitz im Türrahmen geschoben wird, sobald man den passenden Schlüssel im Schloss umdreht. Die Schlüsselkerben passen genau in die Aussparungen eines Metallstücks, das man als Zuhaltung bezeichnet. Auf diese Weise wird der Riegel bewegt.

Schlangen

Schlangen sind lange, schlanke →**Reptilien** ohne Gliedmaßen. Sich windend, schlängelnd oder kriechend können sie sich dennoch fortbewegen. Ihre Haut ist mit Schuppen besetzt und wird in bestimmten Zeitabständen abgestreift. Einige wenige Schlangenarten sind lebend gebärend, doch die Jungen der meisten →**Arten** schlüpfen aus →**Eiern**.
Schlangen sind hervorragende Beutegreifer, die mithilfe ihres sehr guten Geruchssinns auf Jagd gehen. Sie fressen ihre Beute teils lebend, teils tot. Um sie zu töten, spritzen manche Schlangen wie die Schwarze Mamba oder die Königskobra ihren Beutetieren mit langen Giftzähnen →**Gift** ein. Manche Arten wie der →**Python** erwürgen ihre Opfer. Die Beute ist meist wesentlich größer als der Kopf der Schlange. Da Schlangen aber eine sehr dehnbare Haut und einen sehr beweglichen Kiefer haben, können sie die Beute trotzdem verschlingen.
Die meisten Schlangenarten leben in warmen Regionen. Schlangen, die in kühlen Gegenden heimisch sind, halten Winterschlaf.

Schleuse

Schleusen gibt es in →**Kanälen** und →**Häfen**. Mit ihrer Hilfe können →**Schiffe** Höhenunterschiede überwinden. Eine Schleuse besteht aus zwei wasserdichten Toren, die einen Abschnitt des Gewässers, die Schleusenkammer, begrenzen. Beim Übergang von einem hohen zu einem niedrigen Wasserspiegel fährt das Schiff durch ein Schleusentor in die Kammer ein. Das Tor schließt sich hinter dem Schiff, das andere Schleusentor ist bereits geschlossen. Dann wird Wasser aus der Kammer abgelassen, bis der niedrigere Wasserspiegel, der außerhalb des vorderen Schleusentores herrscht, erreicht ist. Dieses Tor öffnet sich und das Schiff kann weiterfahren. Beim Aufwärtsfahren herrscht in der Schleusenkammer der niedrigere Wasserstand. Ist die Kammer geschlossen, fließt Wasser zu und das Schiff wird nach oben bewegt.

Schloss und Schlüssel

Ein Schloss ist meist in eine Tür eingebaut und kann mithilfe eines Schlüssels abgesperrt werden, dann ist die Tür ohne Schlüssel (außer mit Gewalt) nicht zu öffnen. Es gibt im Wesentlichen zwei Arten von Schließmechanismen. Bei einem einfachen Schloss wird durch das Umdrehen des Schlüssels ein Metallstück – der sogenannte Riegel – in einen Schlitz im Türrahmen geschoben. Der Schlüssel hat an einem Ende mehrere Vertiefungen (Bart), die genau in die Kerben im Schloss passen. Etwas anders funktionieren Zylinderschlösser. In einem solchen Schloss dreht der Schlüssel einen Zylinder, sobald einige kleine Metallstifte im Schloss von den Erhebungen auf dem Schlüssel auf eine bestimmte Höhe gedrückt werden. Da es bei mehreren Stiften zahllose Kombinationsmöglichkeiten gibt, ist ein Zylinderschloss wesentlich sicherer als ein einfaches Schloss.

Schmerz

Schmerz ist ein unangenehmes Gefühl und ein Warnsignal. Es zeigt an, dass ein →**Organ** oder ein Gewebe des Körpers geschädigt ist. Sogenannte Schmerzempfänger nehmen z. B. eine Verletzung wahr und leiten eine Information mithilfe der →**Nerven** an das zentrale Nervensystem. Dieses verarbeitet die Information und sorgt für die notwendige Körperreaktion.
Schmerz kann sehr nützlich sein, denn durch ihn lernt man, gefährliche Dinge zu meiden. Wer sich z. B. einmal verbrannt hat, wird nicht mehr ins Feuer greifen. Gegen die durch →**Krankheiten** und Verletzungen verursachten Schmerzen wurden Schmerzmittel entwickelt.

▲ Das Mädchen hat die Stacheln des Kaktus berührt. Die Haut wurde dabei leicht verletzt. Nerven am Finger senden die Information an das zentrale Nervensystem, das den Schmerz wahrnimmt. Blitzschnell befiehlt es den Armmuskeln, den Arm zurückzuziehen.

▲ Das Schnabeltier-Weibchen brütet seine ein bis zwei weichschaligen Eier etwa zehn Tage lang aus. Die Jungen werden drei bis vier Monate lang gesäugt.

Schnabeltier

Das Schnabeltier ist in →**Australien** heimisch. Als Kloakentier legt es zwar →**Eier**, zählt aber zu den →**Säugetieren**, da es die Jungen mit Milch aufzieht.
Kennzeichen der Schnabeltiere sind der ungewöhnliche, namensgebende Hornschnabel, der flache, breite behaarte Schwanz, das dichte Fell sowie die mit Schwimmhäuten ausgestatteten Füße. Schnabeltiere sind gute Taucher, die in →**Flüssen** nach →**Würmern** und →**Insekten** suchen. Sie leben in Höhlen an Uferböschungen.

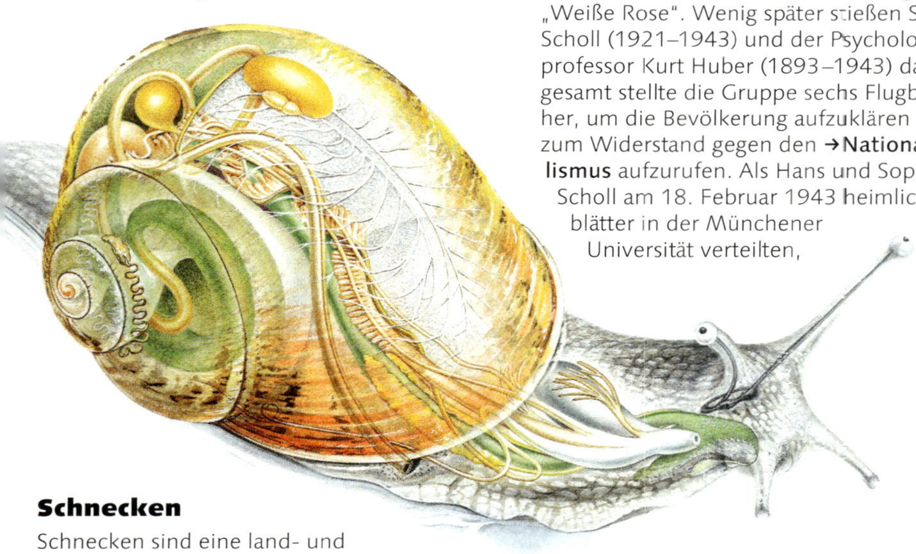

◄ Die meisten Organe einer Schnecke liegen in ihrem Mantel, der bei Gehäuseschnecken gut von der Schale geschützt ist. Bei Gefahr zieht die Schnecke Kopf und Fuß ein.

Schnecken

Schnecken sind eine land- und wasserbewohnende Klasse der →**Weichtiere** mit rund 80 000 →**Arten**. Typische Schnecken tragen ein spiralförmiges Schneckenhaus. Die Schale der Schnecken kann jedoch auch viele andere Formen haben. Nacktschnecken besitzen gar kein Schneckenhaus. Der Schneckenkörper besteht aus Kopf, Mantel und Fuß. Am Kopf sitzen Fühler, Augen, Tast- und Riechorgane sowie der Mund mit seiner Raspelzunge. Der Mantel umhüllt die inneren Organe. Der Fuß ist ein muskulöser Teil des Schneckenkörpers. Er scheidet Schleim aus, auf dem sich die Schnecke vorwärtsschiebt.

Schokolade

Schokolade ist eine braune, feste oder flüssige Süßigkeit, die aus den →**Samen** des Kakaobaums (Kakaobohnen) hergestellt wird. Dazu werden die Bohnen geröstet und dann zu einer öligen Masse zermahlen. Neben dieser Kakaomasse enthält Schokolade auch Kakaobutter (ein Pflanzenfett, das ebenfalls aus Kakaobohnen hergestellt wird) sowie →**Milch** und →**Zucker**.

▲ Schokolade stellt man aus den Samen des Kakaobaums her. Die kürbisförmigen gelben Früchte werden mit Messern vom Baum geschnitten.

Scholl, Geschwister

Mit seinen Freunden Willi Graf (1918–1943), Christoph Probst (1919–1943) und Alexander Schmorell (1917–1943) gründete Hans Scholl (1918–1943) 1942 die Widerstandsgruppe „Weiße Rose". Wenig später stießen Sophie Scholl (1921–1943) und der Psychologieprofessor Kurt Huber (1893–1943) dazu. Insgesamt stellte die Gruppe sechs Flugblätter her, um die Bevölkerung aufzuklären und sie zum Widerstand gegen den →**Nationalsozialismus** aufzurufen. Als Hans und Sophie Scholl am 18. Februar 1943 heimlich Flugblätter in der Münchener Universität verteilten, wurden sie entdeckt und an die Gestapo (Geheime Staatspolizei) ausgeliefert. Nur vier Tage später wurden sie zum Tode verurteilt und enthauptet. Auch die anderen Mitglieder der Widerstandsgruppe wurden verhaftet und hingerichtet.

Schottland siehe Großbritannien

▲ Schrauben werden mit einem Schraubenzieher aus- oder eingedreht. Bei diesem Werkzeug handelt es sich um eine Art Hebel, der sich kreisförmig bewegt. Dreht man am Handgriff, wandert die Kraft der Bewegung durch den Schaft bis zum Kopfstück des Schraubenziehers und dreht dort die Schraube.

Schraube

Eine Schraube ist ein kleines Maschinenelement, mit dem man Gegenstände fest miteinander verbinden kann. Die meisten Schrauben bestehen aus →**Metall**. Die spiralförmige Fläche am Schaft der Schraube nennt man das Gewinde. Dreht man eine Schraube mit einem Schraubenzieher in ein Stück →**Holz**, frisst sich das Gewinde mit jeder Umdrehung tiefer in das Material hinein.

Schrift

Unter Schrift versteht man eine Ansammlung von Zeichen, die auf unterschiedliche Materialien – z. B. →**Ton**, →**Holz**, →**Papier** – gezeichnet, gemalt oder geritzt werden und dabei der menschlichen →**Kommunikation** dienen. Das heißt, mithilfe der Schrift lassen sich Informationen, Gedanken und Ideen festhalten und weitergeben. Die älteste Form der Schrift war die reine Bilderschrift: Ein Bild oder eine Bildfolge stand für einen Gegenstand oder ein Ereignis. Eine Bilderschrift ist im Prinzip unabhängig von der gesprochenen →**Sprache**. Dann gingen die →**Menschen** dazu über, die Bilder oder die Symbole, die sich daraus entwickelt hatten, für sprachliche Einheiten zu verwenden: Es entstanden Wort-, Silben- und Lautschriften sowie Mischformen daraus. Vor etwa 5000 Jahren entwickelten die Sumerer in einer der frühen →**Hochkulturen** die älteste bekannte Schrift, eine Keilschrift: Aus Bildern waren im Lauf der Zeit eckige Zeichen für Wörter und Silben entstanden. Sie wurden mit Schilfrohr in weichen Ton geritzt. Noch heute gibt es Wortschriften, z. B. das Chinesische.
Viele heutige Sprachen, auch das Deutsche, verwenden jedoch Buchstaben als Zeichen, die jeweils für einen bestimmten Laut stehen. Die Gesamtheit der Buchstaben bildet das →**Alphabet**. Schriften werden in einer Zeile von links nach rechts geschrieben, z. B. die lateinische Schrift (die für das Deutsche verwendet wird), von rechts nach links, etwa das Arabische und Hebräische, oder von oben nach unten, z. B. das Chinesische. Man unterscheidet heute zwischen Handschrift und Druckschrift. Die Typografie beschäftigt sich mit den Schriftarten und -größen, die in der →**Drucktechnik** verwendet werden.

◄ Die frühesten Schriften wurden auf Lehm- oder Steintafeln oder aber Papyrus geschrieben.

Schule

Die Schule ist ein Ort, an dem Kinder und Jugendliche unterrichtet werden. Sie sollen hier Wissen und Fähigkeiten erwerben, die sie für ein selbstständiges Erwachsenenleben brauchen. In manchen Ländern ist es gesetzlich vorgeschrieben, dass Kinder in einem bestimmten Alter in die Schule gehen müssen, z. B. zwischen 6 und 16 Jahren. Doch in einigen armen Ländern gibt es nicht genügend Schulen und Lehrkräfte. Fast ein Drittel der Weltbevölkerung über 15 Jahren kann weder schreiben noch lesen. Es gibt auch Schulen für Erwachsene, z. B. die Volkshochschule.

Schuppen

Viele →**Tiere** und →**Pflanzen** schützen sich durch Schuppen. Bei →**Blütenpflanzen** sind die Knospen der →**Blätter** und →**Blüten** durch derbe Schuppenknospen geschützt. Diese sind oft auch harzig, um die Feuchtigkeit abzuhalten und das Faulen der Knospen zu verhindern. Bei Tieren werden die Schuppen von der →**Haut** gebildet. →**Fische** tragen Knochenschuppen, die aus der Lederhaut wachsen. Sie liegen wie Dachziegel übereinander und sind von der Oberhaut überzogen. Eine Schleimschicht über der Schuppenhaut bietet zusätzlichen Schutz. Die Schuppen der Eidechsen, →**Schlangen** und anderer Kriechtiere bestehen aus →**Horn**.

Bei →**Krokodilen** und vielen Schlangen sind die Hornschuppen noch durch Knochen unterlegt und bilden Schilde. Die Haie haben die merkwürdigsten Schuppen: Auf ihrer Haut wachsen kegelförmige Zähnchen. Sie machen die Haihaut zu einem Reibeisen. Unter den →**Säugetieren** sind nur die Schuppentiere und →**Gürteltiere** ganz von Schuppen bedeckt.

Schwämme

Ein Schwamm ist ein sehr einfach gebautes, im →**Wasser** lebendes →**Tier**. Die meisten Schwämme treten in warmen →**Meeren** auf, doch gibt es auch Süßwasserschwämme. Der Körper eines Schwamms ist von feinen Röhrchen durchsetzt, die zu kleinen Poren an der Oberfläche führen. Wasser, das Nahrungsteilchen und →**Sauerstoff** enthält, fließt durch die Poren in die Röhrchen und den Körper. Auf diese einfache Weise kann sich der Schwamm ernähren und atmen. Durch andere Röhrchen werden Abfallstoffe entsorgt.
Stirbt ein Schwamm, so verrottet die weiche Masse und ein →**Skelett** bleibt zurück. Manche Schwammskelette sind weich und können als Badeschwämme verwendet werden.

Schwäne

Diese anmutigen Wasservögel gehören zu den schwersten flugfähigen →**Vögeln**. Um auffliegen zu können, benötigen sie kräftige Flügel und eine lange Startbahn. Schwäne sind →**Pflanzenfresser** und stecken den Kopf unter Wasser, um Wasserpflanzen abzuweiden. Mit dem einmal gewählten Partner bleiben sie zeitlebens zusammen. Seine Eier legt das Schwanenweibchen in große Nester an Teichen oder →**Flüssen**.

▼ Der bekannteste Schwan in Europa ist der Höckerschwan. Höckerschwäne sind zwar sehr schwer, können aber dank ihrer großen Flügel und der kräftigen Brustmuskeln gut fliegen. Um abheben zu können, benötigen sie einen langen Anlauf.

Schwangerschaft und Geburt

Die Schwangerschaft ist die Zeit, in der sich in der Gebärmutter der Frau ein Baby entwickelt. Sie dauert durchschnittlich 40 Wochen. Nach der →**Befruchtung**, also der Verschmelzung von Samen- und Eizelle, wandert das Ei vom Eileiter in die Gebärmutter. Auf dieser Reise teilt sie sich bereits in mehrere Tochterzellen und es entsteht ein kugeliges Gebilde, das sich in die Gebärmutterschleimhaut einnistet. Daraus entwickelt sich nun der Embryo. Er liegt geschützt in einer Blase mit Fruchtwasser und ist über die Nabelschnur mit der Plazenta, dem Mutterkuchen, verbunden. Die Plazenta ist an den →**Blutkreislauf** der Mutter angeschlossen und versorgt den Embryo mit Nährstoffen.
Nach zwölf Wochen sind die Arme und Beine bereits deutlich zu erkennen und die inneren Organe sind geformt. Man nennt den heranwachsenden Menschen jetzt Fetus. Nach 28 Wochen ist das Kind fast ausgereift und etwa 35 cm lang. In der Zeit bis zur Geburt nimmt es noch an Größe und Gewicht zu. Dass die Geburt bevorsteht, spüren schwangere Frauen durch immer stärker werdende Schmerzen im Unterleib: die Wehen. Dabei ziehen sich die Muskeln der Gebärmutter zusammen und treiben das Baby mit dem Kopf voran durch den Geburtskanal, die sehr dehnbare Scheide. Sobald das Kind auf der Welt ist, wird die Nabelschnur durchtrennt. Kurze Zeit später wird die Plazenta als Nachgeburt ausgestoßen.

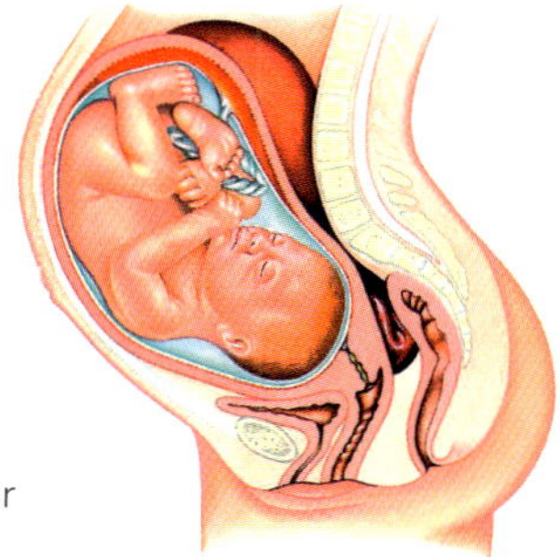

▲ Während der Schwangerschaft entwickelt sich aus dem befruchteten Ei ein Baby. Es ist bis zur Geburt sicher im Bauch der Mutter untergebracht und wird über die Nabelschnur mit Nährstoffen versorgt.

Schwanzlurche

Schwanzlurche gehören zu den →**Amphibien** und umfassen Salamander und Molche. Sie haben eidechsenförmige Körper, vier kurze, gleich lange Beine und lange Schwänze. Die Haut der meisten Schwanzlurche ist nackt und drüsenreich. Manche →**Arten** leben in feuchten →**Wäldern**, andere in Teichen und Bächen. Die meisten Schwanzlurche ernähren sich von →**Würmern** und →**Insekten**.
Als Molche bezeichnet man vorwiegend im →**Wasser** lebende Schwanzlurche. Ihr Schwanz ist seitlich häufig abgeplattet. Die Männchen mancher Arten bilden in der Fortpflanzungszeit über dem Rücken einen Kamm.

▲ Viele Schwanzlurche besitzen Giftdrüsen. Die auffällige Färbung dieses Feuersalamanders soll Fressfeinde vor seinem giftigen Sekret warnen.

Schwarzes Loch

→**Sterne** bestehen v. a. aus →**Wasserstoff**, der zu Helium umgewandelt wird. Hat ein Stern seine Wasserstoffvorräte verbraucht, stürzt er in sich zusammen. Diese Explosion nennt man →**Supernova**.

► Ein schwarzes Loch zieht sämtliches Material seiner Umgebung an. Wie Wasser, das in den Abfluss der Badewanne läuft, kreist das Material um das schwarze Loch und wird schließlich von ihm verschluckt.

Danach bleibt nur ein winziger Stern übrig. Dessen Material ist so stark komprimiert – es ist so dicht – dass seine →**Schwerkraft** alles anzieht. Da nicht einmal Lichtstrahlung aus diesem Objekt heraustreten kann, nennt man es ein schwarzes Loch. Ein schwarzes Loch ist optisch nicht nachweisbar. Wäre es sichtbar, gliche es einem runden, schwarzen Objekt von wenigen Kilometern Durchmesser. Im Innern dieses Objekts käme man sich wie in einem Universum vor: Man könnte nicht nach außen schauen.

Schweden
Staatsform: Parlamentarische Monarchie
Hauptstadt: Stockholm
Fläche: 449 964 km²
Einwohner: 8,8 Mio.
Sprache: Schwedisch
Währung: Schwedische Krone

Schweden

Schweden liegt in Nordeuropa an der →**Ostsee**. Im Westen, an der Grenze zu →**Norwegen**, erheben sich →**Gebirge**. Über die Hälfte Schwedens ist von Nadelwäldern bedeckt, die viel Weichholz liefern. Schweden nutzt die Wasserkraft seiner Gebirgsflüsse zur Stromerzeugung. In den landwirtschaftlichen Gebieten an der Küste werden →**Milch**, Fleisch, →**Getreide** und Zuckerrüben produziert. Um Kiruna im Norden gibt es reiche Eisenerzvorkommen. Auch der →**Fischfang** ist eine wichtige Einnahmequelle. Bedeutende Industriezweige sind →**Elektronik**, →**Kommunikation** sowie Fahrzeug- und Maschinenbau. Der Großteil der →**Bevölkerung** lebt im Süden des Landes.

Schwefel

Schwefel ist ein chemisches →**Element**. Man findet die gelben Schwefelkörnchen im Krater von →**Vulkanen** und in heißen Quellen. Etwas Schwefel ist auch in Kohl, →**Eiern** und anderen Lebensmitteln zu finden, und →**Pflanzen** und →**Tiere** brauchen Schwefel in der Nahrung. Schwefel wird z. B. in der chemischen und pharmazeutischen →**Industrie** verwendet: manche →**Dünger** und →**Medikamente** enthalten Schwefel.

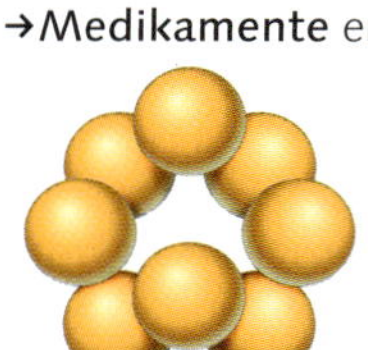

Schwefel ist ein hellgelbes Element. In einem Schwefelmolekül bilden je acht Atome einen Ring.

Schweine

Diese →**Allesfresser** haben einen lang gestreckten, schweren Körper, kurze Beine, paarige →**Hufe**, eine lange Schnauze, einen kurzen Schwanz und ein Borstenkleid. Wildschweine sind in den →**Wäldern** →**Europas**, Nordafrikas und →**Asiens** heimisch. Von ihnen stammen die heutigen Hausschweinrassen ab. Diese liefern Fleisch, Schinken und Speck. Ferner kann man aus Teilen des Schweinekörpers Bürsten, →**Klebstoff**, →**Leder** und →**Seife** herstellen. Die männlichen Hausschweine nennt man Eber, die weiblichen Säue.

▲ Unter den Schweinen gibt es viele verschiedene Rassen. Abgebildet sind: (1) Gloucester Old Spot, (2) PolnischeRasse, (3) Chinesische Rasse und (4) Tamworth.

Schweinswale siehe Delfine

Schweißen

Das Schweißen dient dazu, Teile aus →**Metall** durch Erhitzen fest zusammenzufügen. Der Schweißbrenner wirft je nach Bauart einen Lichtbogen, einen Elektronenstrahl oder eine sehr heiße Gasflamme an die Stelle, an der die Teile verbunden werden sollen. Entweder werden dabei nur die Teile selbst erhitzt, bis sie zusammenschmelzen, oder sie werden mittels eines geschmolzenen Zusatzstoffes zusammengefügt. Nach dem Abkühlen hat man dann ein einziges Stück Metall. Eine solche Schweißverbindung ist sehr stabil.

Schweiz

Das kleine, gebirgige Land liegt in der Mitte →**Europas**. Die schneebedeckten Gipfel und engen Täler der →**Alpen** nehmen den gesamten Süden des Landes ein. Hier ist der Tourismus eine wichtige Einnahmequelle. Viele Urlauber besuchen die Schweiz, um in den Bergen zu wandern oder Ski zu fahren. Im Monte-Rosa-Massiv liegt der zweithöchste Berg Mitteleuropas (4637 m). Auch große →**Seen** wie der Bodensee und der Genfer See und Städte wie Zürich, Basel und Genf ziehen zahlreiche Touristen an.
→**Landwirtschaft** ist nur im Schweizer Unterland nördlich der Alpen möglich. Dort liegen auch die größten Städte des Landes. Die Schweizer →**Industrie** produziert Chemikalien, Maschinen und →**Uhren**. Die →**Milch** der Kühe aus den Schweizer Bergen wird zu →**Schokolade** und →**Käse** verarbeitet. Eine der Haupteinnahmequellen des Landes ist das private Bankwesen.
Das Land gehört zu den wohlhabendsten der ganzen Welt. Die Schweiz ist kein Mitgliedsstaat der →**Europäischen Union**. (Siehe auch Seite 378–381.)

Schweiz
Staatsform: Bundesstaat
Hauptstadt: Bern
Fläche: 41 288 km²
Einwohner: 7,2 Mio.
Sprachen: Deutsch, Französisch, Italienisch, Rätoromanisch
Währung: Schweizer Franken

Schwerkraft

Die Schwerkraft der →**Erde** ist die →**Kraft**, die alle Dinge auf der Welt zum Erdmittelpunkt hinzieht. Man nennt sie auch Erdanziehungskraft. Ohne Schwerkraft hätten wir kein →**Gewicht** und könnten über der Erde schweben. Auch sorgt die Schwerkraft dafür, dass der →**Mond** auf seiner →**Umlaufbahn** um die Erde bleibt.
Aber nicht nur die Erde besitzt Schwerkraft. Auch von →**Planeten** und →**Sternen** geht eine Anziehungskraft aus. In geringem Umfang wirkt bei allen Dingen, die eine Masse haben, eine Schwerkraft. Also zieht nicht nur die Erde den Mond an, sondern auch umgekehrt, wie man an den →**Gezeiten** sehen kann.
Je größer die Masse eines Sterns oder Planeten ist und je näher er sich an anderen Objekten befindet, desto stärker zieht er sie an. Weil die →**Sonne** im →**Sonnensystem** die größte Masse besitzt, hält sie alle Planeten in Kreisbahnen fest.

Science-Fiction

Geschichten, die in der Zukunft oder im →**Universum** spielen, bezeichnet man als Science-Fiction. Die Autoren bauen in ihre Erzählungen häufig neue wissenschaftliche Entdeckungen ein. Sie stellen sich vor, wie diese das Leben in der Zukunft verändern könnten. In vielen dieser Geschichten (oder →**Filme**) geht es um Reisen durch das Weltall oder durch die →**Zeit** und um Begegnungen mit Wesen von anderen Planeten.
Jules Verne (1828–1905) und H.G. Wells (1866–1946) waren zwei der bedeutendsten Schriftsteller dieser Gattung. Neuere Autoren der Science-Fiction-Literatur sind Isaac Asimov (1920–1992), Ray Bradbury (geb. 1920) oder Stanislav Lem (geb. 1921). Ein bedeutender deutschsprachiger Vertreter ist Herbert W. Franke (geb. 1927).

See

Ein See ist eine mit Wasser gefüllte Senke. Viele Seen entstanden während der →**Eiszeit**. Sie bildeten sich in Tälern, die durch Gletscher ausgeschürft wurden. Als die Gletscher schließlich schmolzen, hinterließen sie Wälle aus Schlamm und Steinen. Dahinter staute sich das Schmelzwasser auf und bildete die Seen. Seen sind →**Biotope** für spezielle →**Pflanzen** und →**Tiere**.
Der größte See der →**Erde** ist das salzige Kaspische Meer, das östlich des Kaukasus liegt. Der größte Süßwassersee ist der Obere See in →**Nordamerika**. Der Baikalsee in →**Russland** ist mit einer Tiefe von 1620 m der tiefste See der Erde.

▼ Seeanemonen heften sich an Felsen. Bei Flut strudeln die Tentakel im Wasser. Wenn bei Ebbe das Wasser abfließt, zieht das Tier die Tentakel ein, damit sie nicht austrocknen.

Seeanemonen

Seeanemonen sind meist schön gefärbte →**Nesseltiere**. Sie sind eng mit den →**Korallen** verwandt, bilden im Unterschied zu ihnen aber kein hartes Außenskelett aus und leben nicht in Kolonien. Seeanemonen haben einen röhrenförmigen Körper. Sie heften sich mit ihrer saugfußähnlichen Basis an Felsen, die an oder nahe der →**Meeresküste** liegen. Rings

▼ Die Wasserzufuhr der Seen erfolgt oft durch Flüsse. Im Mündungsgebiet entstehen häufig sumpfige Deltas. Abfließende Flüsse bilden im Lauf der Zeit manchmal Täler oder Schluchten aus.

um ihre Mundöffnung sitzt ein Kranz aus langen, mit Nesselzellen besetzten Tentakeln (Fangarmen). Damit fangen Seeanemonen kleine →**Fische** und andere Meerestiere. Die Tentakel führen das Futter zum Mund. Von dort aus gelangt es in den Magen und wird verdaut.

Seeigel

Wie die →**Seesterne** gehören die Seeigel zum Stamm der Stachelhäuter. Sie haben eine Schale aus Kalk, die mit vielen Stacheln übersät und deshalb kaum sichtbar ist. Bei manchen →**Arten** sind die Stacheln kurz und dick, bei anderen lang und spitz. Seeigel leben nur im Salzwasser, zum Teil in Flachwasserzonen, aber auch noch in 7000 m Tiefe. Langsam kriechen sie über den Meeresgrund. Mit der nach unten gerichteten Mundöffnung, in der fünf harte, meißelartige Zähne sitzen, nehmen sie ihre Nahrung – meist →**Algen** – auf.

Seepferdchen

Seepferdchen sind aufrecht schwimmende Knochenfische mit einem Kopf, der einem Pferdekopf ähnelt. Sie kommen weltweit in warmen und tropischen →**Meeren** vor.
Die meisten →**Arten** werden 15 bis 20 cm lang.
Seepferdchen schwimmen, indem sie ihre Rückenflossen hin und her bewegen. Häufig halten sie sich mit ihrem Schwanz an →**Algen** fest.
Ungewöhnlich ist die Brutpflege: Die Männchen tragen die →**Eier** in einem Beutel an ihrem Bauch, bis die Jungen schlüpfen.

► Seepferdchen

Seestern

Seesterne sind →**Tiere**, die weltweit auf dem Meeresboden leben. Sie haben einen runden Körper, an dem die meist fünf Arme wie die Speichen eines Rades angeordnet sind. An der Unterseite der Arme befinden sich die in Reihen stehenden Saugfüßchen. Mit ihrer Hilfe bewegt sich der Seestern vorwärts. Seesterne haben kein Rückgrat, werden aber durch ein Außenskelett aus Knochenplatten geschützt. Seesterne besitzen weder Kopf noch →**Gehirn**. Reize werden über ein Netz von →**Nerven** durch den Körper geleitet. Der Mund befindet sich an der Unterseite.

◄ Gemeine Seesterne besitzen fünf Arme. Reißt ein Arm ab, so wächst ein neuer nach.

Manche Seesterne öffnen →**Muscheln** mit ihren Saugfüßchen. Anschließend stülpt der Seestern seinen →**Magen** durch den Mund aus dem Körper und in die geöffnete Muschelschale hinein. Hier verdaut der Magen das Fleisch.

Segelflug

Der Segelflug ist Fliegen ohne →**Motor**, nur durch Ausnutzung der Luftströmungen. Ein Segelflugzeug hat sehr lange, schmale Tragflächen, die ihm besonders viel Auftrieb verleihen. Es wird mit einer Seilwinde oder im Schlepp eines Motorflugzeugs gestartet. Nachdem ein Segelflugzeug in der →**Luft** ist, halten es nur noch die Aufwinde, die Thermik, in der Luft. Die Aufwinde sind oft so stark, dass das Flugzeug sogar an Höhe gewinnt. Wenn der Pilot landen will, muss er seinen Sinkflug so berechnen, dass er auch wirklich auf der Landebahn ankommt.
Die ersten Gleitflüge über die Entfernung von einigen Hundert Metern führten Flugpioniere wie z. B. Otto Lilienthal (1848–1896) bereits im 19. Jh. durch. Heute sind Segelflugzeuge natürlich viel leistungsfähiger. Im Jahr 1986 erreichte in den →**Vereinigten Staaten von Amerika** ein Segelflugzeug eine Höhe von 11 500 m.
Beim Drachenfliegen ist der Pilot mit Gurten an der Tragestange eines Hängegleiters befestigt. Zum Starten rennt der Drachenflieger über eine steile Bergkante oder einen Hang hinunter, bis er vom Aufwind emporgetragen wird. In der Luft steuert er das Fluggerät dann durch Gewichtsverlagerung.

Seide

Seide ist eine natürliche Faser, die bestimmte Schmetterlingsarten, die Seidenspinner, produzieren. Wirtschaftlich bedeutend ist v. a. der Maulbeer-Seidenspinner. Die Schmetterlingsraupen werden mit →**Blättern** vom Maulbeerbaum gefüttert. Wenn sie herangewachsen sind, spinnen sie aus einem dünnen Faden eine schützende Hülle (Kokon) um sich und werden zur Puppe. Normalerweise würde sich aus der Puppe ein Schmetterling entwickeln (→**Metamorphose**). Doch die Kokons werden nun in heißes Wasser geworfen. Die Puppen sterben und die Seidenfäden werden zu Garn versponnen und aufgewickelt. Daraus lassen sich schließlich Seidenstoffe herstellen. Seide wurde zuerst in →**Asien** verwendet, in →**China** schon um 2000 v. Chr. Über alte Handelswege, die Seidenstraßen, gelangte Seide dann ins →**Römische Reich**. Im 15. Jh. begann man auch in →**Europa**, aus Seide Stoffe zu →**weben**.

Seife

Mit Seife kann man sich waschen oder Dinge reinigen. Sie besteht aus Fettsäuren oder Pflanzenölen, die mit Basen wie z. B. Natronlauge vermischt werden. Seifen lösen den Schmutz aus der Kleidung und waschen ihn heraus. Moderne Waschmittel enthalten keine echte Seife mehr, sondern sogenannte Detergenzien. Diese machen das →**Wasser** weich und reinigen deshalb besser als Seife.

Senegal

Senegal ist ein →**Staat** an der Westküste →**Afrikas**. Das Nachbarland →**Gambia** ragt wie ein Finger entlang des gleichnamigen →**Flusses** in das Land hinein. Im Norden, in der Sahelzone, wächst Dornstrauchsavanne mit Affenbrotbäumen, südlich von Gambia gibt es Feuchtwaldgebiete. Die wichtigsten Anbauprodukte sind Erdnüsse, →**Reis** und Hirse, außerdem gibt es eine moderne Fischfangflotte. Der Tourismus ist eine bedeutende Geldquelle.
Senegal war die erste französische →**Kolonie** in Afrika. 1960 wurde das Land unabhängig.

Senegal
Staatsform: Republik
Hauptstadt: Dakar
Fläche: 196 192 km²
Einwohner: 9,5 Mio.
Sprachen: Wolof, Französisch, Ful, Serer
Währung: CFA-Franc

Serbien

Das Land ist aus Teilen →**Jugoslawiens** hervorgegangen und hieß bis 2006 Serbien und Montenegro. Der Süden ist sehr gebirgig und im Norden dehnen sich Ebenen aus. Die Donau hat als Wasserstraße eine große Bedeutung für die Entwicklung des Landes. In den Jahren nach der Auflösung Jugoslawiens führte Serbien verschiedene Kriege, die schließlich durch Luftangriffe der →**NATO** beendet wurden. 1995 wurde ein Friedensvertrag unterzeichnet, doch im Kosovo, einer Region im Süden von Serbien, forderten die albanischsprachigen Bewohner ihre Unabhängigkeit. Daraufhin kam es zu schweren Kämpfen zwischen Serben und Kosovo-Albanern.
Von 1999 bis 2008 gehörte die Provinz Kosovo zu Serbien und stand unter der Verwaltung der →**Vereinten Nationen**. Am 17. Februar 2008 erklärte das Parlament des Kosovo gegen den Widerstand Serbiens die Gründung eines unabhängigen →**Staates**. Damit hat →**Europa** einen neuen Zwergstaat. Die Hauptstadt des Kosovo ist Priština.

Serbien
Staatsform: Bundesrepublik
Hauptstadt: Belgrad
Fläche: 102 173 km²
Einwohner: 10,6 Mio.
Sprachen: Serbisch, Albanisch
Währung: Dinar

Seuche

Seuchen sind hochansteckende →**Krankheiten**, die sich schnell ausbreiten und für viele tödlich verlaufen. Seit der →**Antike** wurden →**Europa**, →**Asien** und →**Afrika** immer wieder von schweren Seuchen heimgesucht und große Teile der →**Bevölkerung** ausgerottet. So starben an der →**Pest** Millionen von Menschen. Seuchen wie die Cholera brechen heute noch z. B. in →**Südamerika** aus. Sie sind in der Regel die Folge von mangelhafter →**Hygiene**. In →**Deutschland** und vielen anderen Ländern müssen Fälle von hochansteckenden Krankheiten den Gesundheitsämtern gemeldet werden.

Seychellen

Die Inselgruppe der Seychellen liegt 1600 km vor der Ostküste →**Afrikas** im →**Indischen Ozean**. Das Land wird von vulkanischen Bergen, Sandstränden und Plantagen mit Kokospalmen geprägt. Der Großteil der →**Bevölkerung** lebt auf der Hauptinsel Mahé.
1976 wurden die Inseln von →**Großbritannien** unabhängig. Die Einwohner haben afrikanische und europäische Vorfahren. Der Tourismus ist eine wichtige Einnahmequelle.
(Infokasten siehe Seite 295)

Shakespeare, William

William Shakespeare (1564–1616) wird als einer der größten und bekanntesten Dichter verehrt. Besonders als Schöpfer zeitloser

Theaterstücke gelang es ihm, bis zum heutigen Tag seinen Weltruhm zu behaupten. 1594 wird er erstmals als Schauspieler, Stückeschreiber und Teilhaber einer Londoner Theatergruppe genannt. Shakespeare führte die Truppe mit seinen Dramen zu großem Ruhm und bald schon galt das „Globe-Theatre" als das beste →**Theater** in ganz London. Shakespeares Werk umfasst ungefähr 37 Stücke und 154 Sonette. Zu seinen bekanntesten Werken zählen u. a. „Ein Sommernachtstraum" (veröffentlicht 1600), „Romeo und Julia" (1595/96), „Hamlet" (1601) und „Macbeth" (1608).

Shintoismus

Shinto ist eine japanische →**Religion**. Das Wort „Shinto" bedeutet „Der Weg der Kami". Unter „Kami" sind göttliche Wesen oder Geister zu verstehen, die in der Natur, z. B. in Bergen, →**Flüssen**, →**Seen**, Bäumen oder Steinen, verborgen sind, aber auch in den →**Menschen** und ihren Vorfahren. Der Shintoismus ist demnach gekennzeichnet durch Naturverehrung und Ahnenkult. Es gibt keinen Religionsgründer, der Shintoismus geht auf vorgeschichtliche Zeit zurück.

Sibirien

Sibirien ist ein ungeheuer weites Land, das östlich des Ural-→**Gebirges** den größten Teil des asiatischen →**Russlands** einnimmt. Hier herrschen extreme →**Temperaturen**, die von 34 °C im Sommer bis zu –70 °C im Winter reichen. Im Norden wächst →**Tundra**, südlich schließt sich das Waldgebiet der →**Taiga** an. An der Grenze zur →**Mongolei** liegt der Baikalsee, der tiefste Süßwassersee der Welt (1620 m).
Als Russland noch Teil der →**Sowjetunion** war, versuchte die kommunistische →**Regierung**, →**Menschen** in Sibirien anzusiedeln, um das Land zu entwickeln. Das wichtigste Verkehrsmittel ist die Transsibirische Eisenbahn.

Sicherung

Eine Sicherung ist eine Vorrichtung zum Schutz eines →**Stromkreises** vor Überlastung. Es gibt zwei hauptsächliche Sicherungssysteme: In einer Schmelzsicherung befindet sich ein →**Draht**, der bei Temperaturerhöhung schmilzt und so den Stromkreis unterbricht. Die Sicherungsautomaten in den Sicherungskästen besitzen einen Bimetallstreifen („bi" bedeutet zwei), der ebenfalls nach einer bestimmten Erwärmung den Stromkreis unterbricht. Außerdem sorgt ein Schaltmagnet dafür, dass der →**Strom** auch bei einem Kurzschluss unterbrochen wird. Eine solche Sicherung hat den Vorteil, dass man sie nach dem Auslösen einfach wieder einschalten kann. Die Schmelzsicherung muss dagegen immer ausgetauscht werden. Sicherungen verhindern, dass am Stromkreis angeschlossene Geräte geschädigt werden und dass sich die Leitungsdrähte zu stark erhitzen und möglicherweise einen Brand verursachen.

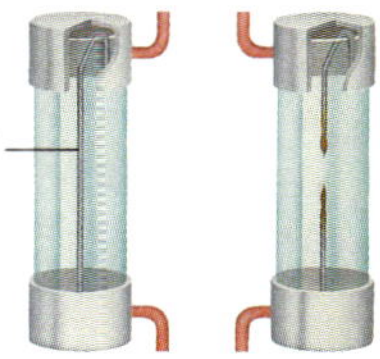

◄ In vielen technischen Geräten oder Schaltern sind kleine Sicherungen (Feinsicherungen) mit einem Schmelzdraht eingebaut (links). Bevor ein zu starker Strom das Gerät beschädigen kann, erhitzt sich der Draht, schmilzt (rechts) und unterbricht so den Stromkreis.

Sieben Weltwunder

Die sieben Weltwunder sind sieben außergewöhnliche Gebäude oder Kunstwerke aus alter Zeit. Als Weltwunder wurden sie bezeichnet, weil die Menschen über ihre Größe oder Schönheit staunten. Von den sieben sind jedoch nur die →**Pyramiden** von Giseh erhalten. Die anderen sechs Weltwunder:
Die Hängenden Gärten von Babylon (heute →**Irak**) waren in Terrassen angelegte und künstlich bewässerte Gärten – vermutlich ein Geschenk von Nebukadnezar II. (um 630–562 v. Chr.) an eine seiner Gattinnen.
Der Tempel der Artemis in Ephesos (in der heutigen →**Türkei**) war einer der größten Tempel der antiken Welt. Er wurde Mitte des 6. Jh. v. Chr. ganz aus →**Marmor** errichtet.
Die Zeusstatue in Olympia (→**Griechenland**) zeigte den höchsten griechischen Gott auf seinem Thron. Sie war 12 m hoch und von dem Bildhauer Phidias (gest. um 431 v. Chr.) aus →**Gold** und Elfenbein angefertigt worden.
Das Mausoleum in Halikarnassos (in der heutigen Türkei) wurde als Grabmahl für König Mausolos (gestorben 353 v. Chr.) errichtet, einen persischen Herrscher. Es war so beeindruckend, dass bis heute alle großen Grabmale Mausoleen genannt werden. Der Koloss von Rhodos war eine über 35 m hohe Bronzestatue (errichtet um 290 v. Chr.). Sie erhob sich über dem Hafeneingang der griechischen Insel Rhodos. Der Leuchtturm von Alexandria in Ägypten stellt das siebte Weltwunder dar. Er wurde ab 270 v. Chr. erbaut.

Seychellen
Staatsform: Republik
Hauptstadt: Victoria
Fläche: 455 km²
Einwohner: 81 000
Sprachen: Englisch, Französisch, Kreolisch
Währung: Seychellen-Rupie

Sierra Leone
Staatsform: Republik
Hauptstadt: Freetown
Fläche: 71 740 km²
Einwohner: 5 Mio.
Sprache: Englisch
Währung: Leone

Sierra Leone

Sierra Leone liegt an der Westküste →**Afrikas**. Es hat ein feuchtheißes →**Klima**. An der Küste fallen jährlich 3800 mm Niederschlag. Die meisten Einwohner sind Bauern, die →**Reis**, Palmen, Ingwer, Kaffee und Kakao anbauen. In den →**Bergwerken** werden Eisenerz, Bauxit (Aluminiumerz) und →**Diamanten** gefördert.
Sierra Leone war bis zu seiner Unabhängigkeit 1964 eine britische →**Kolonie**. In den 1990er-Jahren brach ein →**Bürgerkrieg** aus, der erst 2002 endete.

Sikhismus

Der Sikhismus ist eine →**Religion**, die ihren Ursprung in der Region Pandschab (heute teils →**Indien**, teils →**Pakistan**) hat. Ihre Gläubigen nennt man Sikhs. Der erste Guru (Lehrer) des Sikhs war Nanak (1469–1539). Die Lehren der Gurus wurden im heiligen →**Buch** der Sikhs zusammengestellt, dem „Granth Sahib".
Sikhs müssen drei Dinge beherzigen. Erstens sollen sie ständig an Gott denken und deshalb seinen Namen oft wiederholen. Zweitens sollen sie hart arbeiten, um sich ihren Lebensunterhalt auf ehrliche Weise zu verdienen. Drittens sollten sie ihren Verdienst mit anderen teilen und dem Nächsten helfen.

Silber

Silber ist wie →**Gold** oder Platin ein wertvolles →**Metall**, ein sogenanntes Edelmetall. Es wird schon seit Tausenden von Jahren von den →**Menschen** genutzt. Zum Beispiel stellte man daraus schon sehr früh →**Münzen** her. Da Silber sehr weich ist, lässt es sich leicht zu verschiedenen Formen und Mustern gestalten, etwa zu Löffeln und Gabeln, Schalen und Schmuck. Silber wird aber auch für lichtempfindliche Filme zum Fotografieren gebraucht.

Simbabwe
Staatsform: Republik
Hauptstadt: Harare
Fläche: 390 759 km²
Einwohner: 13,1 Mio.
Sprachen: Englisch, Shona, Ndebele
Währung: Simbabwe-Dollar

Simbabwe

Simbabwe, das ehemalige Südrhodesien, ist ein Binnenstaat im Süden →**Afrikas**, etwa 240 km vom →**Indischen Ozean** entfernt. Im Norden bildet der →**Fluss** Sambesi mit den Viktoriafällen die Grenze zu →**Sambia**. Dieser →**Wasserfall** stürzt auf einer Breite von 1700 m über 100 m in die Tiefe einer Felsenschlucht. Der Kariba-Staudamm versorgt Simbabwe und Sambia mit Strom.

▲ Der Goldene Tempel in der Stadt Amritsar ist den Gläubigen des Sikhismus heilig. Er liegt in der Mitte eines Sees und beherbergt das heilige Buch „Granth Sahib".

Im historischen Simbabwe entwickelte sich etwa ab 900 n. Chr. bis ins 14. Jh. ein bedeutendes Bantureich. Noch heute zeugen die Steinmauern von Groß-Simbabwe von dieser wohlhabenden Kultur.
Im Jahr 1965 erklärten weiße Siedler (2% der →**Bevölkerung**) die Unabhängigkeit Rhodesiens (so der Name seit 1964) von →**Großbritannien** und übernahmen die Macht im Land. Anschließend kam es zu einem blutigen →**Bürgerkrieg** zwischen Weißen und Schwarzen. 1980 wurde Robert Mugabe (geb. 1924), Führer einer Partei der Schwarzen, zum Premierminister gewählt. Das Land erhielt seinen heutigen Namen. Ende der 1990er-Jahre brachen neue Unruhen aus, die der Präsident selbst durch sein Vorgehen gegen Weiße und seine schwarzen Gegner geschürt hatte.

Similaun-Mann

Der Similaun-Mann, auch „Ötzi" genannt, ist der Leichnam eines →**Menschen** aus der Kupferzeit, der im Jahr 1991 auf dem Similaun-Gletscher in den Tiroler →**Alpen** gefunden wurde. Der Similaun-Mann lebte vor etwa 5000 Jahren und kam vermutlich bei einem Jagdunfall auf dem →**Gletscher** ums Leben. Eis und Schnee haben den Leichnam gut erhalten. Waffen und Kleidungsreste, aber auch der Körper (z. B. der Mageninhalt) des Similaun-Manns geben wertvolle Hinweise auf die Gebräuche und die Lebensweise der Menschen in der damaligen Zeit.

Singapur

Singapur ist ein Stadtstaat in →**Südostasien**, an der Südspitze der Malaiischen Halbinsel. Drei Viertel seiner Einwohner sind chinesischer Herkunft, der Rest stammt aus der

ganzen Welt. Singapur ist einer der geschäftigsten →**Häfen** der Welt und es treibt →**Handel** mit vielen Ländern der →**Erde**. Der Stadtstaat ist hoch industrialisiert und zudem ein wichtiges Banken- und Finanzzentrum. Die Landesfläche wurde in den letzten 15 Jahren durch Landgewinnungsmaßnahmen um 15 % vergrößert.
Für eine kurze Zeit war Singapur Teil von →**Malaysia**, inzwischen hat es eine eigene →**Regierung**.

Sinne

Die Sinne dienen dem Menschen dazu, seine Umwelt wahrzunehmen. Der Mensch verfügt über fünf Sinne und die entsprechenden Sinnesorgane: →**Gesichtssinn** (→**Augen**), →**Gehör** (→**Ohren**), →**Tastsinn** (Tastkörperchen in der →**Haut**), →**Geschmackssinn** (→**Nase** und →**Zunge**) und →**Geruchssinn** (Nase). Daneben gibt es noch den Gleichgewichtssinn. Er liegt im Ohr. Alle Sinnesorgane arbeiten nach demselben Prinzip: Sinneszellen, die in den Sinnesorganen sitzen, werden gereizt und leiten den Reiz über →**Nerven** an das →**Gehirn**. Dort wird der Reiz verarbeitet und entschieden, wie der Körper darauf reagieren soll.

Skelett

Das Skelett ist das Knochengerüst eines Körpers. Es gibt ihm Form, macht ihn stabil und schützt die lebenswichtigen inneren →**Organe** wie →**Herz** und →**Leber**. Das menschliche Skelett ist aber nicht starr, sondern biegsam und beweglich. Viele seiner über 200 →**Knochen** sind nämlich durch Gelenke verbunden und werden durch die →**Muskeln** bewegt. An den Gelenken sitzen Bänder und Sehnen. Sie verhindern, dass sich die Knochen verschieben. Die Knochenenden treffen nicht direkt aufeinander. Zwischen ihnen befindet sich eine →**Flüssigkeit**, die verhindert, dass die Knochen aneinander reiben.
Menschen und →**Wirbeltiere** tragen ihr Skelett im Körperinneren. Andere Lebewesen aber besitzen ein sogenanntes Außenskelett. →**Insekten** und →**Spinnen** z. B. werden von einem harten Panzer umhüllt. Wieder andere Tiere wie →**Quallen** und →**Tintenfische** haben gar kein Skelett. Die einzige Stütze ihres Körpers ist das →**Wasser**, in dem sie leben.

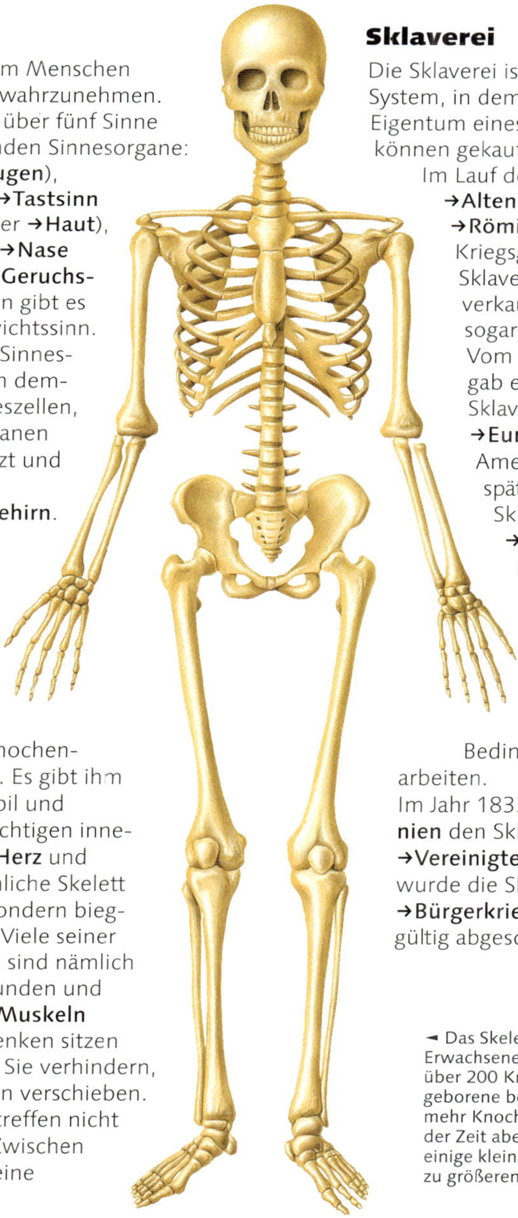

◄ Das Skelett eines Erwachsenen besteht aus über 200 Knochen. Neugeborene besitzen noch mehr Knochen. Im Lauf der Zeit aber wachsen einige kleinere Knochen zu größeren zusammen.

Sklaverei

Die Sklaverei ist ein unmenschliches System, in dem ein Mensch zum Eigentum eines anderen wird. Sklaven können gekauft und verkauft werden. Im Lauf der Geschichte, z. B. im →**Alten Ägypten** oder auch im →**Römischen Reich**, wurden Kriegsgefangene häufig zu Sklaven gemacht. Manchmal verkauften arme Familien sogar ihre Kinder als Sklaven. Vom 16. bis zum 18. Jh. gab es einen regelrechten Sklavenhandel zwischen →**Europa**, →**Afrika** und Amerika. Spanische und später auch britische Sklavenhändler brachten →**Menschen** aus Afrika nach Nord- und Südamerika und verkauften sie dort v. a. an Plantagenbesitzer. Dort mussten die Afrikaner unter unmenschlichen Bedingungen leben und arbeiten.
Im Jahr 1833 verbot →**Großbritannien** den Sklavenhandel. In den →**Vereinigten Staaten von Amerika** wurde die Sklaverei erst nach dem →**Bürgerkrieg** im Jahr 1865 endgültig abgeschafft.

Singapur
Staatsform: Republik
Hauptstadt: Singapur
Fläche: 647,5 km²
Einwohner: 3,9 Mio.
Sprachen: Chinesisch, Malaiisch, Tamil, Englisch
Währung: Singapur-Dollar

Skorpione bringen lebende Junge zur Welt. Die Jungen sitzen in den ersten ein bis zwei Lebenswochen auf dem Rücken der Mutter, dann klettern sie herunter und sind fortan selbstständig.

Skorpione

Skorpione sind mit den →**Spinnen** verwandt und leben überwiegend an warmen und trockenen Orten. Sie besitzen vier Beinpaare und ein Paar große Klauen, die sogenannten Pedipalpen. Mit einem Giftstachel am Ende ihres Schwanzes können sie ihre Beute lähmen oder Feinde abwehren.

Slowakei
Staatsform: Republik
Hauptstadt: Bratislava
Fläche: 49 035 km²
Einwohner: 5,4 Mio.
Sprachen: Slowakisch, Ungarisch, Tschechisch
Währung: Slowakische Krone

Slowakei

Dieses mitteleuropäische Land wird vom Gebirgszug der Karpaten durchzogen, deren höchster Gipfel (2655 m) sich im Massiv der Hohen Tatra befindet. Bis 1918 standen Tschechen und Slowaken mehrere Jahrhunderte lang unter der Herrschaft →**Ungarns**, dann vereinigten sie sich zur Tschechoslowakei. Ab 1948 wurde das Land von einer kommunistischen Partei regiert; im Jahr 1989 brach deren Herrschaft zusammen. Seit 1993 sind die Slowakische und die →**Tschechische Republik** getrennte →**Staaten**. Die Slowakei gehört seit 2004 zur →**Europäischen Union**.

Slowenien
Staatsform: Republik
Hauptstadt: Ljubljana
Fläche: 20 253 km²
Einwohner: 2 Mio.
Sprache: Slowenisch
Währung: Euro

Slowenien

Slowenien liegt im Südosten Mitteleuropas. Das Land ist überwiegend gebirgig, seine Küste am Adriatischen Meer ist 42 km lang. Bis 1918 war Slowenien ein Teil von Österreich-Ungarn, nach dem Ersten →**Weltkrieg** wurde es eine Teilrepublik von →**Jugoslawien**. Seit 1991 ist das Land unabhängig und seit 2004 Mitgliedsstaat der →**Europäischen Union**. Von allen →**Staaten**, die aus dem ehemaligen Jugoslawien entstanden sind, hat sich Slowenien am meisten der westlichen Lebensweise angenähert. Die Hauptstadt Ljubljana ist eine wichtige Industriestadt.

Smog

Smog ist ein Kunstwort aus den englischen Wörtern smoke (Rauch) und fog (Nebel). Man bezeichnet damit den dichten, nebelartigen Dunst über Großstädten.
Zum ersten Mal wurde der Begriff in London verwendet. Dort herrscht in den Wintermonaten oft Nebel. Dieser verband sich mit den Abgasen aus Schornsteinen und →**Autos**. In der →**Luft** hielten sich dabei lebensgefährliche giftige →**Gase** wie Schwefeldioxid, Kohlenmonoxid und Stickstoffoxide. Erst als man dazu überging, die Häuser mit Gas statt mit →**Kohle** zu beheizen, und Filter in die Schornsteine und Auspuffanlagen einbaute, ging der Smog in London zurück.
Heute ist Smog in vielen Großstädten ein Problem. Besonders wenn die Luft über den Häusern wärmer ist als am Boden und kein →**Wind** weht, sammeln sich Abgase in den unteren Luftschichten und können nicht entweichen. Dann wird Smogalarm gegeben.
Eine besondere Form ist der Sommer- oder Ozonsmog. Auch hier liegt die warme Luft wie eine Glocke über den Abgasen. Unter der Einwirkung der Sonnenstrahlen verändern sich die ohnehin gesundheitsschädigenden Gase in noch gefährlichere Stoffe. Dabei kommt es auch zu einer Erhöhung des gesundheitsschädlichen →**Ozons**.

Somalia

Somalia ist ein ostafrikanisches Land an der Küste des →**Indischen Ozeans**. Das Land ist sehr arm, viele seiner Bewohner sind →**Nomaden**. Ein großer Teil Somalias ist sehr trocken, Ackerbau ist nur an den Ufern der Flüsse Shebele und Jubba möglich. Die wichtigsten

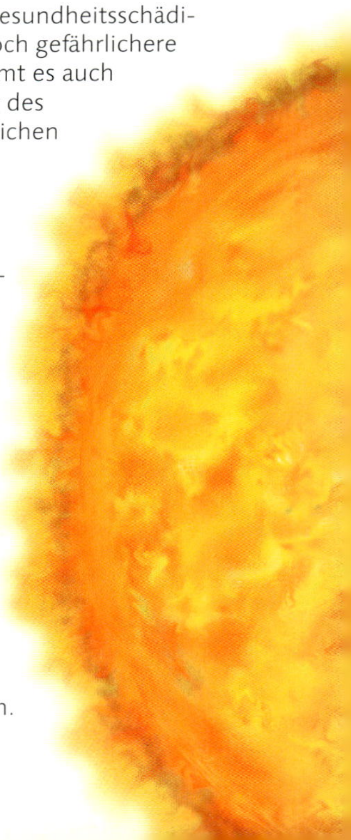

Anbauprodukte sind Zuckerrohr, Bananen, Hirse und Weihrauch. Seit Beginn der 1990er-Jahre leidet das Land unter Dürren und →**Bürgerkrieg**.

Sonar

Sonar ist die Abkürzung für die englische Bezeichnung „Sound Navigation And Ranging" (→**Navigation** und Entfernungsmessung mit Hilfe von Schallwellen). Damit kann man von einem →**Schiff** aus herausfinden, wie tief unter der Wasseroberfläche sich der Meeresboden oder andere Objekte (z. B. ein →**U-Boot** oder ein Fischschwarm) befinden. Das Sonar funktioniert ähnlich wie ein →**Radar**, es arbeitet jedoch nicht mit Radiowellen, sondern mit Schallwellen.
Ein Sonar wandelt elektrische Signale in Ultraschallwellen um, die es ins →**Wasser** sendet. Wird ein Gegenstand im Wasser von den Schallwellen getroffen, wirft er sie als →**Echo** zurück. Das Sonargerät verwandelt das Echo dann wieder in elektrische Signale und misst, wie lange der →**Schall** unterwegs war. Daraus kann man errechnen, in welcher Tiefe sich ein Objekt unter Wasser befindet.

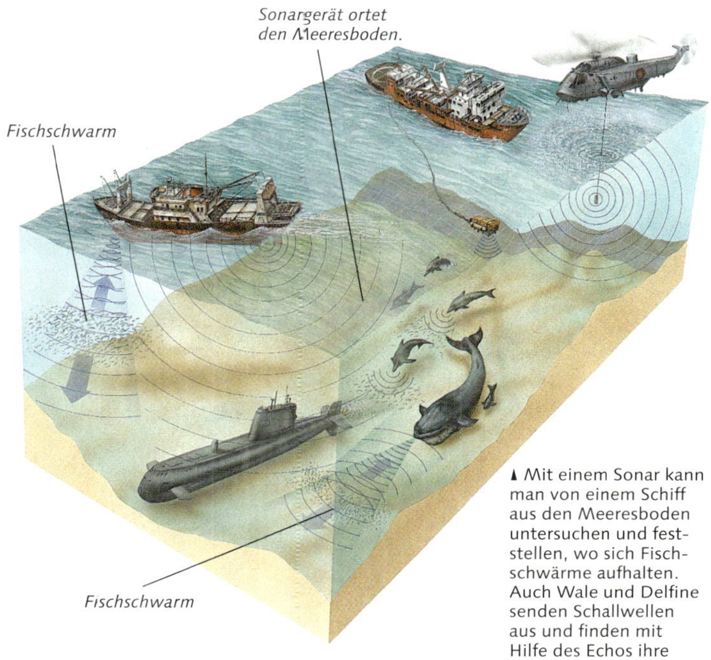

▲ Mit einem Sonar kann man von einem Schiff aus den Meeresboden untersuchen und feststellen, wo sich Fischschwärme aufhalten. Auch Wale und Delfine senden Schallwellen aus und finden mit Hilfe des Echos ihre Beute.

Sonne

Die Sonne ist einer von Millionen →**Sternen** der →**Milchstraße**. Sie bildet das Zentrum des →**Sonnensystems** und damit auch den Mittelpunkt der →**Umlaufbahn** der →**Erde**. Von der Erde aus gesehen erscheint die Sonne klein, weil sie sehr weit entfernt ist. Ein Raumschiff, das die Erde in einer Stunde umkreisen könnte, bräuchte fünf Monate, um die Sonne zu erreichen. Tatsächlich ist die Sonne so groß, dass die Erde darin eine Million Mal Platz hätte, und sie ist 750-mal schwerer als alle →**Planeten** zusammen. Die Sonne ist ein Feuerball aus →**Gasen**. In ihrem Innern verschmelzen Wasserstoffatome zu Helium. Dabei entstehen große Mengen an →**Energie**, die in alle Richtungen abgestrahlt wird. Ein Teil dieser →**Strahlung** versorgt die Erde mit Licht und Wärme. Ohne diese wäre hier kein Leben möglich.
Die Sonne entstand vor rund 4,5 Milliarden Jahren. Wissenschaftlichen Berechnungen zufolge wird sie noch weitere 4,5 Milliarden Jahre existieren. Dann wird sie sich wie viele Sterne zum roten Riesen aufblähen und schließlich zum weißen Zwerg schrumpfen.

◄ Die hell strahlende Oberfläche der Sonne wird Photosphäre genannt. Die dunkle Stelle, ein so genannter Sonnenfleck, ist etwa 1000 °C kühler als seine Umgebung.

Somalia
Staatsform: Republik
Hauptstadt: Mogadischu
Fläche: 637 657 km²
Einwohner: 9,7 Mio.
Sprachen: Somali, Arabisch
Währung: Somalia-Schilling

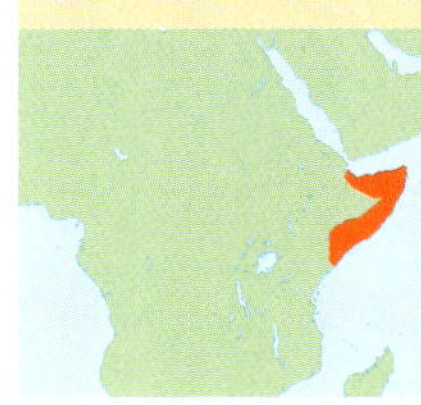

► Bei einem Sonnenkraftwerk bündeln zahlreiche Einzelspiegel die Sonnenstrahlen in ihrem Mittelpunkt. Dort entsteht Wärme, die zur Stromgewinnung genutzt werden kann.

Sonnenenergie

Die von der →**Sonne** abgegebene →**Energie** erreicht die →**Erde** v. a. in Form von →**Licht** und Wärme.
Nur etwa 15 % der gesamten Sonnenenergie, die zur →**Erde** gelangt, werden von der Erdoberfläche aufgenommen – der große Rest wird in den Weltraum zurückgestrahlt. Sonnenenergie lässt sich auffangen und speichern. Man kann mit ihr durch Erwärmung von →**Wasser** oder anderen Stoffen dann z. B. Häuser beheizen. Sie lässt sich aber auch in →**Elektrizität** umwandeln. Dabei wird →**Strom** entweder direkt in Solarzellen erzeugt (wie z. B. bei vielen Taschenrechnern) oder (bei Sonnenkollektoren oder großen Sonnenspiegelanlagen) durch Erhitzen von Wasser. Dieses treibt als Dampf in →**Kraftwerken** →**Turbinen** an, die Strom erzeugen.

▼ Die mittels Sonnenkollektoren eingefangene Sonnenenergie kann zum Erwärmen von Wasser verwendet werden, das in Gebäuden und Wohnungen gebraucht wird.

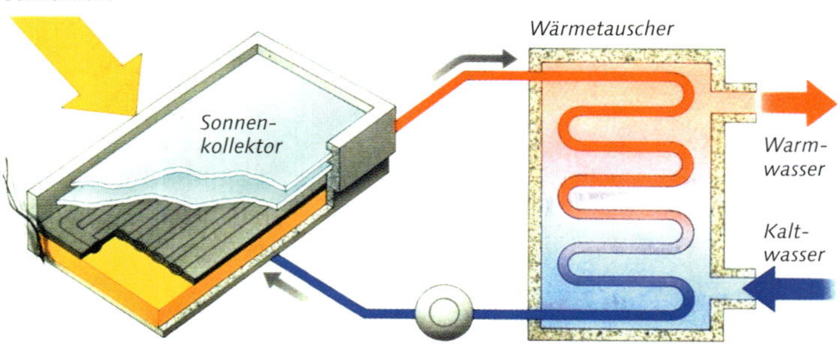

Sonnen- und Mondfinsternis

Finsternisse entstehen, wenn der Schatten eines →**Planeten** oder →**Mondes** auf ein anderes Himmelsobjekt fällt. Verschwindet der verfinsterte Himmelskörper völlig, spricht man von einer totalen Finsternis; wird nur ein Teil abgedeckt, handelt es sich um eine partielle Finsternis. Auf der →**Erde** kann man Sonnen- und Mondfinsternisse mitverfolgen. Eine Mondfinsternis entsteht, wenn sich die Erde zwischen →**Sonne** und Mond schiebt. Dann fällt der Erdschatten auf den Mond. Steht dagegen der Mond zwischen Sonne und Erde, beschattet er einen Teil der Erde. Von dort aus ist die Sonne nicht mehr zu sehen – man spricht von einer Sonnenfinsternis. Jedes Jahr verzeichnet man mehrere Finsternisse, die aber nur von Teilen der Erde aus zu beobachten sind. Mondfinsternisse sind jeweils von der ganzen Nachtseite der Erde aus zu sehen. Man bekommt sie deshalb häufiger zu Gesicht als Sonnenfinsternisse. Insgesamt sind Mondfinsternisse jedoch seltener: Zwischen 2001 und 2010 gibt es 15 Mond- und 20 Sonnenfinsternisse.

Sonnensystem

Das Sonnensystem besteht aus der →**Sonne** und acht Himmelskörpern, die sich um die Sonne bewegen. Sie werden durch die starke Anziehungskraft der Sonne in ihren →**Umlaufbahnen** gehalten. Die acht Planeten des Sonnensystems sind →**Merkur** (der Sonne am nächsten), →**Venus**, →**Erde**, →**Mars**, →**Jupiter**, →**Saturn**, →**Uranus** und →**Neptun** (am weitesten von der Sonne entfernt).

Sowjetunion

Das riesige Gebiet der Sowjetunion (Union der sozialistischen Sowjetrepubliken) ist seit 1990 in mehrere unabhängige →**Staaten** zerfallen. Die drei baltischen Staaten Lettland, Litauen und Estland erklärten 1991 ihre Unabhängigkeit von der Sowjetunion. 1992 schlossen sich die restlichen elf ehemaligen sowjetischen Teilstaaten in der Gemeinschaft der unabhängigen Sowjetrepubliken (GUS) zusammen. Dies waren Armenien, Aserbaidschan, →**Kasachstan**, Kirgisistan, →**Moldawien**, →**Russland**, Tadschikistan, Turkmenistan, →**Ukraine**, Usbekistan und →**Weißrussland**. Georgien schloss sich später an. Jedes Land besitzt jedoch seine völlige Unabhängigkeit, hat eine eigene →**Regierung**, ein eigenes →**Militär** und ein eigenes Wirtschaftssystem. Den größten Einfluss in der GUS hat Russland, heute unter Präsident Wladimir Putin (geb. 1952).
Vor der →**Russischen Revolution** wurde Russland lange von Zaren, das waren die russischen Kaiser, regiert. Danach wurde unter der Führung von Wladimir Iljitsch Lenin (1870–1924) die kommunistische Sowjetunion gebildet. Lenins Nachfolger Josef Stalin (1879–1953) errichtete eine Schreckens-

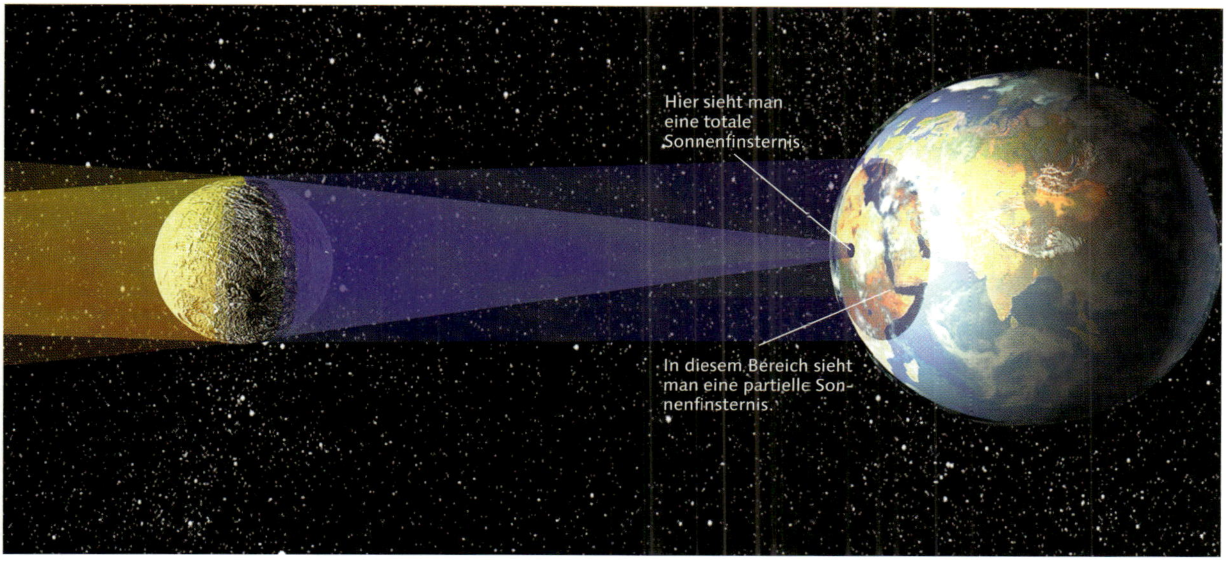

▲ Bei einer totalen Sonnenfinsternis schiebt sich der Mond zwischen Sonne und Erde und wirft seinen Schatten auf die Erde. Da dieser Schatten sehr klein ist, kann man eine totale Sonnenfinsternis nur in einer recht kleinen Region der Erde erleben.

herrschaft, die Millionen von →**Menschen** das Leben kostete. Nach dem Ende des Zweiten →**Weltkriegs** brachten die Sowjets →**Ungarn**, →**Bulgarien**, →**Rumänien**, die Tschechoslowakei, →**Polen** und den östlichen Teil →**Deutschlands** in ihren Einflussbereich. Wegen der politischen Feindschaft der kapitalistischen →**Vereinigten Staaten von Amerika** und der kommunistischen Sowjetunion herrschte nach 1945 jahrzehntelang der →**Kalte Krieg.** Erst als 1985 Michail Gorbatschow (geb. 1931) sowjetischer Präsident wurde, trat eine Wende ein und schließlich kam es zur Auflösung der Sowjetunion.

Sozialismus

Der Sozialismus ist eine politische Lehre, die Gerechtigkeit und die Gleichheit der →**Menschen** in einer Gesellschaft fordert. Er entwickelte sich im 19. Jh., als im Zuge der →**industriellen Revolution** viele Arbeiter verarmten, und verstand sich als Gegenmodell zum →**Kapitalismus**. Karl Marx (1818–1883) betrachtete den Sozialismus als Zeit des Übergangs vom Kapitalismus zum →**Kommunismus**.
In der →**Sowjetunion** und in anderen Ostblockstaaten, etwa in der →**DDR**, herrschte der so genannte real existierende Sozialismus. Das private Eigentum war abgeschafft, stattdessen gehörten alle Firmen und Landwirtschaftsbetriebe dem →**Staat**, der von einer Einheitspartei regiert wurde. Die Menschen blieben recht arm und nur Parteifunktionäre konnten wohlhabend werden. In den westlichen Ländern entstand die Sozialdemokratie, in der das private Eigentum und die Handelsfreiheit nur in geringem Maß eingeschränkt werden, um Armut und Ausbeutung zu verhindern.

Spanien

Spanien liegt im Südwesten →**Europas** und ist von →**Frankreich** durch die →**Pyrenäen** getrennt. Große Teile des Landes werden von Hochflächen und →**Gebirgen** eingenommen. Nur in der Nähe der Küsten breiten sich größere Ebenen aus. Das →**Klima** des Hochlandes ist durch heiße Sommer, kalte Winter und wenig Regen gekennzeichnet. An den Küsten ist das Wetter milder und feuchter, v. a. im Norden Spaniens.
Wichtige Anbauprodukte sind Zitrusfrüchte, Oliven, →**Wein**, →**Obst** und →**Gemüse**. Fischfang wird im Mittelmeer und im →**Atlantischen Ozean** betrieben. Auto-, Schiffbau- und Textilindustrie sind bedeutende Einnahmequellen. Die meisten Menschen arbeiten in der Dienstleistung, insbesondere im Tourismus. Jedes Jahr reisen Millionen Urlauber ins Land, um sich an den Sandstränden zu erholen. Auch die Kanarischen Inseln und die Balearen sind beliebte Ferienziele.
Unter der →**Diktatur** Francos (1892–1975) war Spanien über 40 Jahre lang ein isoliertes Land. Seit seinem Eintritt in die →**EU** im Jahr 1986 erlebte es einen rasanten wirtschaftlichen und kulturellen Aufschwung.

Spanien
Staatsform: Parlamentarische Monarchie
Hauptstadt: Madrid
Fläche: 504 782 km²
Einwohner: 39,4 Mio.
Sprache: Spanisch
Währung: Euro

◄ Auch in den Wüsten im Südwesten der USA gibt es Spechte. Sie nisten in den großen Saguaro-Kakteen.

Spechte

Es gibt mehr als 200 Spechtarten, die in vielen, meist bewaldeten Regionen der →**Erde** heimisch sind. Die häufig bunt gefärbten →**Vögel** verfügen über stark bekrallte Füße, einen kräftigen Schwanz und einen spitzen Schnabel. Damit hacken sie Nisthöhlen in Bäume oder legen Bohrgänge von Insektenlarven frei. Larven und →**Insekten** werden mit der langen, klebrigen Zunge herausgeholt. Spechte hacken mit großer Geschwindigkeit: Der in Europa häufige Buntspecht kann acht bis zehn Schläge pro Sekunde ausführen.

Spektrum

Der englische Forscher Isaac →**Newton** fand heraus, dass sich weißes →**Licht** (Sonnenlicht) aus verschiedenfarbigem Licht zusammensetzt. Er ließ einen Sonnenstrahl durch ein Prisma (Glaskörper mit mehreren Seitenflächen) scheinen. Das Prisma brach das Licht in die verschiedenen Farben des →**Regenbogens**. Die Farbenreihe des sichtbaren Lichts nennt man Spektrum.
Das Lichtspektrum ist aber nur ein kleiner Teil des elektromagnetischen Spektrums. Denn Licht ist wie z. B. die Radiowellen eine elektromagnetische →**Strahlung**. Das elektromagnetische Spektrum ordnet die verschiedenen Strahlungen nach Wellenlängen oder der Frequenz (Schwingungsanzahl pro Sekunde) der Wellen. Radiowellen haben die niedrigste Frequenz und die größte Wellenlänge, Gammastrahlen dagegen die höchste Frequenz und die kleinste Wellenlänge. Dazwischen befinden sich →**Röntgen**- und andere Strahlen.

Sperlinge

Die Sperlinge bilden eine Vogelfamilie von etwa 30 →**Arten**. Der auch in Mitteleuropa vorkommende Haussperling ist über die ganze Welt verbreitet. Er lebt in kleinen Gruppen und in der Nähe von menschlichen Siedlungen. Sogar in Städten ist er anzutreffen. Er nistet gern in Mauerlöchern oder unter Dachbalken. Das Weibchen legt bei jeder Brut (zwei bis drei im Jahr) fünf bis sechs →**Eier**. Die Eltern brüten abwechselnd, bis nach 11 bis 13 Tagen die Jungen ausschlüpfen. Etwas kleiner als der Haussperling ist der Feldsperling, der in Baumhöhlen oder Nistkästen sein →**Nest** baut. Der Feldsperling ist über weite Teile →**Europas** und →**Asiens** verbreitet.

Spiegel

Ein Spiegel besteht aus einer Glasscheibe mit einem dünnen →**Silber**- oder →**Aluminiumbezug** auf der Rückseite. Der Bezug wird mit einer Schutzschicht überdeckt, damit keine Kratzer entstehen können. Die ersten Glasspiegel wurden im 16. Jh. in Venedig hergestellt. Davor hatte man Spiegel aus glatt polierten Silber- oder Bronzeteilen angefertigt.
Trifft →**Licht** auf die Oberfläche eines Spiegels, so wird es reflektiert, also gespiegelt. Das Spiegelbild ist jedoch seitenverkehrt. Wenn man vor dem Spiegel die linke Hand hebt, hebt das Spiegelbild die rechte.
Ein Planspiegel hat eine flache Oberfläche. Die Fläche eines Wölbspiegels ist nach außen gebogen wie der Rücken eines Löffels. Beim Hohlspiegel wölbt sich die Oberfläche nach innen wie bei einer Schüssel.

▼ Man sieht Farben, weil Gegenstände immer nur einen Teil des weißen Lichts zurückstrahlen. Eine Tomate z. B. reflektiert rotes Licht, die anderen Farben des Lichtspektrums jedoch nicht. Sie erscheint deshalb rot.

Spinnen

Spinnen bilden zusammen mit den →**Skorpionen** die Gruppe der Spinnentiere, sie gehören also nicht zu den →**Insekten**. Spinnen haben acht Beine und ihr Körper ist in die zwei Teile – Kopfbruststück (Cephalothorax) und Hinterleib – untergliedert.
Alle Spinnen erzeugen Seidenfäden in Spinndrüsen, die am Hinterleib sitzen. Viele Spinnen fertigen daraus ihre Wohnung. Manche Spinnenarten weben aus den Fäden auch ein klebriges Netz. Andere, wie z. B. Springspinnen, nutzen den Faden als Sicherheitsleine. Spinnen leben räuberisch: Sie fangen ihre Beute mit Netzen ein, springen sie an oder bespeien sie mit Klebsaft. Dann töten sie ihr Opfer mit →**Gift** aus den Mundwerkzeugen.
Man unterscheidet etwa 30 000 Spinnenarten. Die Gewächshausspinne ist nicht größer als ein Stecknadelkopf. Vogelspinnen dagegen erreichen – Beine eingeschlossen – bis zu 25 cm Durchmesser. Manche Spinnen leben nur ein Jahr lang, andere werden 20 Jahre alt. Kleine →**Arten** legen nur wenige →**Eier**, die größten dagegen bis zu 2000.

Spitzmäuse

Spitzmäuse ähneln →**Mäusen**, haben aber eine lange, spitze Schnauze. Um ihren Nahrungsbedarf zu decken, fressen sie täglich eine große Menge an →**Insekten** und →**Würmern** – etwa so viel wie sie selbst wiegen. Die tag- und nachtaktiven Insektenfresser werden häufig selbst zur Beute nächtlicher Jäger, z. B. von →**Eulen**, →**Katzen** und →**Dachsen**.

▲ Spitzmäuse, wie diese Waldspitzmaus, sind eifrige Jäger. Mit ihren spitzen Zähnen greifen sie auch Mäuse und andere Spitzmäuse an.

Sport

Unter den Begriff Sport fallen alle Spiele und Aktivitäten, die die körperlichen Fähigkeiten trainieren, die Bewegungsfreude fördern und die Leistungsfähigkeit erhalten. In fast allen Sportarten werden Wettkämpfe ausgetragen. Es gibt Einzelsportarten, wie z. B. Schwimmen, →**Turnen** oder Laufen, und Mannschaftssportarten, zu denen z. B. →**Fußball** spielen gehört. Zu den Rückschlagspielen zählen Badminton, Squash, Tischtennis, Tennis und Volleyball. Dabei muss der Ball in das Spielfeld des Gegenspielers zurückgeschlagen werden. Der Wintersport mit Skilauf, Skilanglauf, Snowboard fahren, Rodeln und Eislaufen findet überwiegend im Freien statt. Ringen, Judo, Karate, Boxen und Fechten sind Kampfsportarten. Zum Motorsport gehören alle Sportarten, die mit einem Fahrzeug ausgeführt werden, z. B. Motorradrennen und Autorennen. Außerdem gibt es Radsport, z. B. Radball, und Pferdesportarten wie →**Reiten** und Pferderennen.

◄ Die dicht behaarten Vogelspinnen zählen zu den größten Spinnen der Welt. Gehirn und Magen liegen wie bei allen Spinnen im Cephalothorax. Herz und Spinndrüsen sind im Hinterleib untergebracht.

► Die Ursprünge der gesprochenen Sprache reichen weit in die Menschheitsgeschichte zurück. Die Schriftsprache entwickelte sich erst sehr viel später. Die Abbildung zeigt eine antike griechische Inschrift.

Sprache

Mithilfe der Sprache können →**Menschen** direkt miteinander kommunizieren (einander Dinge mitteilen). Viele →**Tiere** verständigen sich untereinander durch Körperbewegungen und Laute oder auch über ihre Gerüche. Doch Sprache ist ein viel höher entwickeltes Verständigungsmittel und nur Menschen sind in der Lage zu →**sprechen**. Heute werden auf der Welt mehrere Tausend Sprachen gesprochen. Zu den meistgesprochenen zählen Chinesisch (Mandarinchinesisch), Englisch, Hindi, Spanisch, Russisch und Arabisch. Sprachen unterscheiden sich in ihren Lauten, in ihrer →**Grammatik** und teilweise in ihrer →**Schrift**.

Sprechen

Eine der kennzeichnendsten Fähigkeiten des →**Menschen** ist es, aus Tönen Laute zu bilden, sie zu Wörtern und Sätzen zu fügen und sich damit zu verständigen. Das wichtigste →**Organ** für diese Fähigkeit zu sprechen ist der Kehlkopf. In ihm spannen sich zwei feine Häute, die beiden Stimmbänder. Strömt →**Luft** aus der →**Lunge** an diesen Bändern vorbei, werden sie in Schwingung versetzt. Dadurch entstehen Töne, deren Höhe von der Spannung der Stimmbänder abhängig ist. Aus diesen Tönen formen Lippen, →**Zunge**, Gaumen und →**Zähne** unterschiedlichste Laute, mit denen man die Wörter aller →**Sprachen** bilden kann.

▾ Sind die Stimmbänder beim Sprechen entspannt (links), erzeugen sie tiefe Töne. Hohe Töne entstehen, wenn die Stimmbänder angespannt werden (rechts).

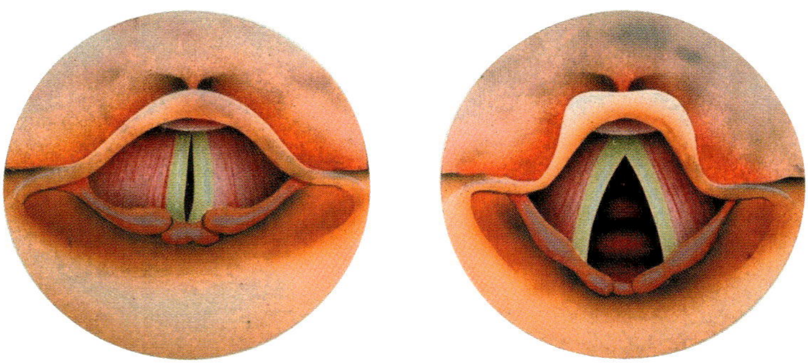

Sprichwort

Ein Sprichwort ist ein einprägsamer Satz, der eine Lebensweisheit ausdrückt. Der Verfasser eines Sprichworts ist unbekannt. Alle Völker besitzen Sprichwörter, und viele sind international: „A bird in the hand is worth two in the bush" (Ein Vogel in der Hand ist zwei im Busch wert) heißt ein englisches Sprichwort. Die deutsche Fassung lautet: „Der Spatz in der Hand ist besser als die Taube auf dem Dach." Zwei weitere sehr bekannte deutsche Sprichwörter sind: „Ein voller Bauch studiert nicht gern" oder „Wer andern eine Grube gräbt, fällt selbst hinein".

Sri Lanka

Sri Lanka (früher Ceylon) ist eine →**Insel** vor der Südspitze →**Indiens** und durch feuchtes, tropisches →**Klima** gekennzeichnet. Große Teile des →**Regenwalds** wurden gerodet, um Platz für Ackerland zu schaffen. Es gibt aber noch Landschaften mit Bambuswäldern und Palmenhainen. In den wilderen Regionen leben →**Elefanten**, →**Leoparden**, →**Affen**, →**Schlangen** und bunte →**Vögel**. Die Bauern der Insel produzieren Tee, Kautschuk und Kokosnüsse.
Das politische Klima leidet unter den anhaltenden Unruhen zwischen den herrschenden Singhalesen (Buddhisten) und den Tamilen (Hindus).

Sri Lanka
Staatsform: Sozialistische Republik
Hauptstadt: Colombo
Fläche: 65 610 km²
Einwohner: 19,3 Mio.
Sprachen: Singhalesisch, Tamil
Währung: Rupie

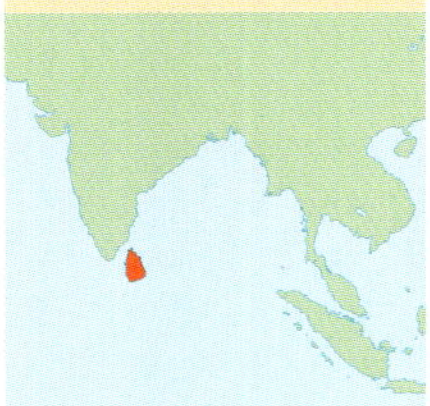

Staat

Ein Staat ist eine Vereinigung von →**Menschen**, die in einem bestimmten abgegrenzten Gebiet zusammenleben. Jeder Staat hat eine →**Regierung**. Auch die →**Polizei** und die Verwaltung gehören zur ausführenden Gewalt des Staates (Exekutive). Die →**Parlamente** sind in →**Demokratien** für die Gesetzgebung zuständig (Legislative), die Gerichte haben die richterliche Gewalt (Judikative) inne. Diese drei Bereiche müssen in einem Rechts-

staat unabhängig voneinander sein (Gewaltenteilung). Andere Herrschaftsformen eines Staates außer der Demokratie können z. B. eine →**Monarchie** oder eine →**Diktatur** sein. Wenn sich mehrere Staaten aus wirtschaftlichen oder politischen Gründen zusammenschließen, so entsteht ein Staatenbund, wie z. B. die →**Europäische Union**. Die →**Vereinigten Staaten von Amerika** setzen sich aus mehreren Bundesstaaten zusammen, ähnlich den →**Bundesländern** in →**Deutschland** oder →**Österreich** oder den →**Kantonen** in der →**Schweiz**. Man spricht in solchen Fällen von einem föderalen Staat oder Föderalismus. Die Gliedstaaten eines Bundesstaates spielen in der Innenpolitik eine wichtige Rolle. Die Außenpolitik wird aber von der Gesamtregierung allein bestimmt.
Derzeit gibt es 194 Staaten auf der Welt.

Stachelschweine

Stachelschweine zählen zu den →**Nagetieren** und sind nicht mit den →**Schweinen** verwandt. Ihre Haare sind zu teils bleistiftdicken, in scharfen Spitzen endenden Stacheln umgewandelt. Wird ein Stachelschwein bedroht, richtet es seine Stacheln auf und stürmt rückwärts auf seinen Angreifer zu. Dabei schlägt es mit dem Schwanz, sodass die Schwanzstacheln rasseln, und trampelt mit den Hinterbeinen. Kommt der Angreifer zu nahe, bleiben die Stacheln in seinem Fleisch stecken und verursachen schmerzhafte, mitunter tödliche Wunden. Man trifft die nachtaktiven →**Pflanzenfresser** im südlichen →**Asien**, in →**Afrika**, Südeuropa und Ostindien an.

Stahl siehe Eisen und Stahl

Stärke

Stärke ist ein Reservestoff der →**Pflanzen**, aus dem sie →**Energie** gewinnen. →**Getreide** wie →**Weizen**, →**Reis** oder Mais enthalten besonders viel Stärke. Auch in Erbsen, Bohnen und →**Kartoffeln** ist viel Stärke vorhanden. Stärke ist wie →**Zucker** ein →**Kohlenhydrat**, d. h., sie besteht aus →**Kohlenstoff**, →**Sauerstoff** und →**Wasserstoff**. Als Energielieferant ist sie ein wichtiger Teil der →**Ernährung**.
Reine Stärke wird als weißes Pulver in der Lebensmittelindustrie verwendet. Sie verleiht →**Papier** eine glänzende Oberfläche und kann →**Baumwolle** und andere Materialien steifer machen.

Statistik

Die Statistik ist ein Teilgebiet der →**Mathematik** und befasst sich damit, zufällige Daten zu sammeln und dann auszuwerten. Solche zufälligen Daten können Ergebnisse von Versuchsreihen oder von Befragungen sein. Wenn z. B. vor einer →**Wahl** eine Umfrage zum Wahlergebnis gemacht wird, werden die Daten von Statistikern ausgewertet.

▲ Der Rücken des Südafrikanischen Stachelschweins ist mit weiß und braunschwarz geringelten Stacheln versehen.

Sie bewerten die Daten nach bestimmten Merkmalen und suchen nach Gesetzmäßigkeiten. Auf diese Weise können sie recht genaue Vorhersagen darüber machen, wie die Wahlen ausgehen werden. Man kann Statistiken aber auch für ganz andere Zwecke gebrauchen. So errechnen Versicherungsgesellschaften etwa aus Daten der Vergangenheit, wie wahrscheinlich Blitze Schäden an einem Haus anrichten. Die Versicherungsprämien müssen dann so hoch sein, dass die Versicherung insgesamt mehr →**Geld** einnimmt, als sie für Blitzschäden zahlen muss. Gibt es in einem Jahr viel mehr →**Gewitter** als sonst, zahlt die →**Versicherung** etwas mehr, gibt es sehr wenige Gewitter, zahlt sie weniger. Über längere Zeit gleichen sich die Unterschiede aus.

Steinbruch

Ein Steinbruch ist eine riesige Grube, aus der die →**Menschen** →**Gestein** herausschneiden oder heraussprengen. Schon in vorgeschichtlicher Zeit gab es Steinbrüche zum Abbau von Feuerstein, aus dem die Steinzeitmenschen Werkzeuge und Waffen herstellten.
Heutzutage gewinnt man in Steinbrüchen auf der ganzen Welt riesige Mengen an nutzbarem Stein oder →**Sand**. Mit Sprengstoff wird das Gestein tonnenweise aus dem festen Fels herausgesprengt.
Manchmal werden Steine aber auch sauber aus dem Fels herausgeschnitten. Dazu setzt man elektrische Schneidwerkzeuge, Drahtsägen und Bohrer ein. Solche geschnittenen Steine verwendet man zum Bauen von →**Häusern** und für das Straßen- oder Gehwegpflaster.

Steinzeit

Steinzeit nennt man den Abschnitt der Menschheitsgeschichte, in der die →**Menschen** noch kein →**Metall** kannten und ihre Werkzeuge und Jagdwaffen aus Stein, →**Holz** oder →**Knochen** anfertigten. Die Steinzeit begann vor ca. drei Millionen Jahren und endete, als in Mesopotamien (entspricht etwa dem heutigen →**Irak**) und →**Ägypten** die →**Bronzezeit** anbrach. Die Steinzeit lässt sich, wie auch die →**Bronze**- oder →**Eisenzeit**, zeitlich nicht genau eingrenzen. Sie bezeichnet einen Entwicklungszustand des Menschen, der von Ort zu Ort zu völlig verschiedenen Zeiten bestanden hat.
Die Steinzeit ist in drei Zeitabschnitte unterteilt: Alte, Mittlere und Junge Steinzeit. Im →**Nahen Osten** endete die Alte Steinzeit vor

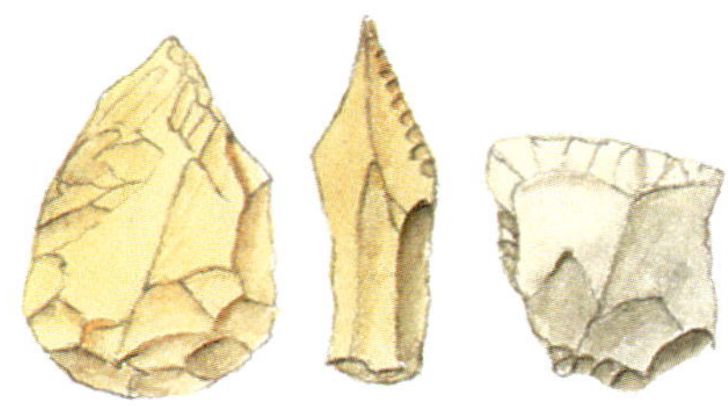

▲ Faustkeile (links) waren die charakteristischen Werkzeuge der Altsteinzeit. Sie entstanden, indem man einem sogenannten Kernstein mithilfe eines anderen Steins (Hammerstein) Schnittkanten beibrachte. Auch Klingen und Schaber (Mitte, rechts) wurden auf diese Weise hergestellt.

ca. 10 000 Jahren. In der Altsteinzeit fertigten die Menschen Faustkeile, Klingen und Schaber aus Feuerstein. In der Mittleren Steinzeit verwendeten die Jäger Pfeile und Harpunen mit winzigen Spitzen aus Feuerstein. Die Junge Steinzeit begann im Nahen Osten vor etwa 9000 Jahren. Die Menschen besaßen mittlerweile geschliffene und polierte Steinäxte. Die →**Landwirtschaft** entstand und wurde für die Nahrungsbeschaffung wichtiger als die Jagd. Diesen Übergang vom Jagen und Sammeln zu Ackerbau und Viehzucht nennt man Neolithische Revolution.

◄ In einem Steinbruch wird Gestein abgebaut. Meist sprengt man es mit Dynamit oder einem anderen Sprengstoff aus dem Fels heraus. Die Steinbrocken werden von Greifbaggern auf Lastwagen gehoben und zu einem Brechwerk transportiert. Dort zerkleinern Maschinen die Steine weiter, die später als Schotter für das Gleisbett der Eisenbahn, als Untergrund für Straßenbeläge oder zur Herstellung von Zement verwendet werden. Der größte Steinbruch der Welt ist das Kupferbergwerk im Bingham Canyon in Utah, USA. Es ist etwa 770 m tief.

1. Aus solchen Nebeln (Wolken aus Gas und Staub) werden die Sterne geboren.

2. Gas und Staub verdichten sich, ein Protostern entsteht.

3. Die Kernfusion beginnt: Wasserstoff wird in Helium umgewandelt.

4. Der neue Stern strahlt Licht und Wärme ab.

5. Als „gelber Stern" oder Hauptreihenstern kann er einige Milliarden Jahre erhalten bleiben.

▲ Ein Stern entsteht aus einer Wolke von Gas und Staub. Hat die Kernfusion eingesetzt, tritt der Stern in ein stabiles, Milliarden von Jahren dauerndes Stadium ein.

Steppe

Die Steppe ist ein baumloses →**Grasland** mit trockenheitsliebenden →**Gräsern**. Der eurasische Steppengürtel zieht sich von Ostrumänien über weite Teile der →**Ukraine**, Südrussland und →**Kasachstan** bis in die →**Mongolei**. Die Winter sind hier sehr trocken und kalt. Viele Steppen sind Hochflächen, die von Bergketten eingerahmt sind. Da die Berge die Niederschläge abhalten, fällt in der Steppe so wenig Regen, dass nur harte Gräser, aber keine Bäume wachsen können. Die Böden sind sehr fruchtbar, weil die Nährsalze nicht ausgewaschen werden und das Gras und die →**Kräuter** sich jährlich verjüngen und Humus bilden. Heute liegen in Steppengebieten die größten Weizenfelder der →**Erde**.

Sterne

Die Sterne, die man am Nachthimmel funkeln sieht, stellen nur einen winzigen Teil der vielen Milliarden Sterne des →**Universums** dar. Sie erscheinen auf Grund ihrer großen Entfernung sehr klein, doch in Wirklichkeit handelt es sich dabei um riesige, heiße, leuchtende Gasbälle.
Sterne werden aus Gas- und Staubwolken geboren, deren Hauptbestandteil →**Wasserstoff** ist. Durch die →**Schwerkraft** (Gravitation) werden die Gasteilchen immer enger zusammengezogen und verdichtet. Dabei steigt die →**Temperatur** an. Hat ein solcher sogenannter Protostern eine bestimmte Masse und Temperatur erreicht, beginnt die Kernfusion. Dabei werden Wasserstoffatome zu Helium verschmolzen. Die dadurch frei werdende →**Energie** lässt den Stern leuchten.
Diese sehr stabile Phase eines Sterns nimmt den Hauptteil seines Lebens ein. Wenn aber der gesamte Wasserstoff verbraucht ist, bläht sich der Stern auf. Es entsteht ein sogenannter „roter Riese". Im Lauf der Zeit schrumpfen die roten Riesen sehr stark zusammen, bis sie sich in winzige, heiße „weiße Zwerge" verwandelt haben. Sie erzeugen keine Energie mehr, kühlen immer weiter ab und verschwinden schließlich als ausgebrannte Schlacke in der Dunkelheit des →**Universums**. Manche Sterne explodieren am Ende ihres Lebens jedoch in einer →**Supernova**.

Steuern

Die Verwaltung eines Landes und die Versorgung seiner Bürger kostet sehr viel →**Geld**: Straßenbau, →**Schulen**, Sozialhilfe, Oper und →**Theater**, →**Krankenhäuser**, →**Polizei** und Militär und viele andere Dinge mehr müssen finanziert werden. Da der →**Staat** selbst zu wenig Geld besitzt, muss all das die →**Bevölkerung** zahlen, indem sie einen Teil von ihren Einkommen an den Staat abgibt. Diese Abgaben nennt man Steuern. Wie viel Steuern man zahlen muss, hängt davon ab, wie viel man verdient, ob man verheiratet ist und ob man Kinder hat. Die Lohn- und Einkommenssteuer, die Gewerbesteuer oder die Erbschaftssteuer sind Abgaben, die man direkt an den Staat zahlt, und heißen daher direkte Steuern.
Indirekte Steuern bezahlt man beim Kauf von Waren. Dazu gehören z. B. die Umsatzsteuer, die Tabaksteuer und die Mineralölsteuer.
Die →**Regierung** kann mit den Steuern auch Politik betreiben, indem sie z. B. einzelne Wirtschaftsbereiche durch Steuervergünstigungen fördert oder das Benzin durch die Ökosteuer teurer macht, damit mehr Menschen mit der umweltfreundlicheren →**Eisenbahn** zur Arbeit fahren.

Stickstoff

Stickstoff ist ein sehr häufiges, gasförmiges chemisches →**Element**. Es hat sieben Protonen im Kern seines →**Atoms**. Der Anteil von Stickstoffgas an der →**Luft** beträgt 78 %. Luftstickstoff besteht nicht aus einzelnen Stickstoffatomen, sondern aus →**Molekülen**, bei denen sich immer zwei →**Atome** miteinander verbinden.
Stickstoff ist ein geschmack-, geruch- und farbloses →**Gas** und bei Zimmertemperatur chemisch träge, d. h., es geht kaum chemische →**Reaktionen** ein. Unter Hitze oder elektrischem →**Strom** verbindet sich Stickstoff jedoch leicht mit anderen Elementen. In der Natur findet sich Stickstoff in Salpeter, Ammoniak, Stickstoffoxiden, Nitriden und Eiweißstoffen.
Man gewinnt Stickstoff in großen Mengen aus der Luft, um damit Ammoniak herzustellen. Ammoniak ist ein Grundstoff der chemischen →**Industrie**, der u. a. zu →**Dünger** verarbeitet wird. Bei Verbrennungsvorgängen, wie sie in vielen Fabriken oder →**Kraftwerken** vorkommen, können aus dem Luftstickstoff Stickstoffoxide entstehen, die zu →**saurem Regen** führen.

Stoffwechsel

Unter dem Begriff Stoffwechsel werden alle chemischen Vorgänge in einem Organismus (lebender Körper) zusammengefasst. Dazu gehört der Aufbau von →**Zellen** ebenso wie die Verwertung der Nährstoffe und die Ausscheidung von Abfällen. Also alles, was den Körper am Leben erhält.
Man unterscheidet zwei Formen des Stoffwechsels: den Baustoffwechsel und den Betriebsstoffwechsel. Beim Baustoffwechsel wird →**Energie** verbraucht. Die Energie wird dazu eingesetzt, Nährstoffe in Substanzen umzuwandeln, die zum Aufbau von →**Zellen** und Gewebe notwendig sind. Für die Bereitstellung dieser Energie sorgt der Betriebsstoffwechsel. Durch ihn wird Traubenzucker, der aus der Nahrung gewonnen wird, mithilfe von →**Sauerstoff** verbrannt. Dabei entsteht Energie.

Stonehenge

Stonehenge ist eine große Steinkreisanlage aus vorgeschichtlicher Zeit in Südengland. Vermutlich diente sie astronomischen Berechnungen und religiösen Zeremonien. Der Hauptteil besteht aus einem großen Kreis aufgerichteter Steinquader. Jeder ist mehr als doppelt so hoch wie ein →**Mensch** und wiegt fast 30 t. Auf die Oberseiten der Quader waren flache Steine gelegt worden. Innen im Ring aus Steinen standen kleinere Steine und ein großer Block, vermutlich ein Altar. Die verschiedenen Teile der Anlage wurden etwa zwischen 2750 und 1900 v. Chr. errichtet.

▲ Archäologen stellten fest, dass einige der großen Steine (Megalithe), aus denen Stonehenge besteht, von einer 400 km entfernten Stätte herbeigeschafft wurden.

Störche

Die langbeinigen Störche halten sich gern in wasserreichen Regionen auf. Dort finden sie ihre Hauptnahrung: →**Fische** und →**Frösche**. Manche der 17 →**Arten** bevorzugen auch Aas. In nördlichen Ländern vorkommende Störche sind Zugvögel. Der Weißstorch z. B. nistet ab März in →**Europa** und zieht im August nach →**Afrika**, wo er den Winter verbringt.

◄ Bekannte Störche sind die Weißstörche. Sie bauen ihre Nester häufig auf Dächern und Kaminen. Das Weibchen legt etwa vier Eier, aus denen nach rund fünf Wochen die Jungen schlüpfen.

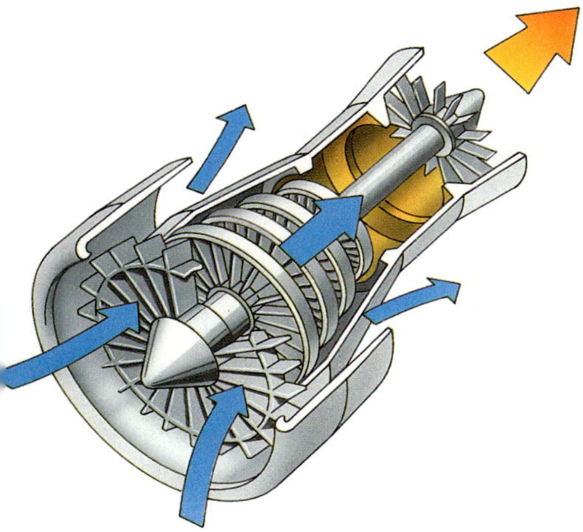

▲ Im Vorderteil eines Strahltriebwerks drehen sich Schaufelräder und saugen dabei Luft ein. Diese Luft wird verdichtet und mit dem Brennstoff vermischt. Das Gemisch entzündet sich. Die dabei entstehenden heißen Gase strömen explosionsartig hinten aus dem Triebwerk aus und stoßen das Flugzeug dadurch nach vorn.

Strahltriebwerk

Ein Schwimmer bewegt sich vorwärts, indem er →**Wasser** nach hinten wegstößt, und ganz ähnlich funktioniert auch ein Strahltrieb- bzw. Düsentriebwerk bei Flugzeugen. In einem solchen Triebwerk wird vorn →**Luft** eingesaugt und in eine Brennkammer geführt. Dort vermischt sie sich mit einem →**Brennstoff** und das Gemisch wird gezündet. Dabei entstehen extrem heiße Verbrennungsgase, die in einem kräftigen Strahl hinten herausschießen und das Flugzeug nach vorn stoßen. Auch →**Raketen** werden auf ähnliche Weise angetrieben. Allerdings nehmen sie den für die Verbrennung nötigen →**Sauerstoff** nicht aus der Luft, sondern führen ihn als Flüssigkeit oder in chemisch gebundener Form mit sich.

Strahlung

Aus dem Weltraum gelangt elektromagnetische Strahlung verschiedenster Wellenlängen zur →**Erde**: sichtbares →**Licht**, →**Ultraviolette Strahlung**, →**Röntgen**-, →**Infrarot**- und Gammastrahlen sowie Mikro- und Radiowellen. Diese Strahlung wird unter dem Begriff elektromagnetisches →**Spektrum** zusammengefasst.
Die größte Wellenlänge haben die Radiowellen, die kleinsten die Gammastrahlen. Für verschiedene Strahlungen gibt es jeweils spezielle →**Teleskope**, mit denen der Weltraum erforscht wird. Mit Gammateleskopen können z. B. die Gammastrahlen, die beim radioaktiven Zerfall von Atomkernen entstehen, aufgefangen werden. Sie eignen sich dazu, Daten von →**schwarzen Löchern** zu sammeln. Das bekannteste Lichtteleskop der →**Astronomie** ist das Hubble-Weltraumteleskop.

▼ Das elektromagnetische Spektrum umfasst eine große Bandbreite von Strahlungen. Die einzigen Wellen, die der Mensch sehen kann, sind die Lichtwellen. Aber auch die übrigen Wellen sind wichtig und können von den Menschen für die verschiedensten Zwecke genutzt werden.

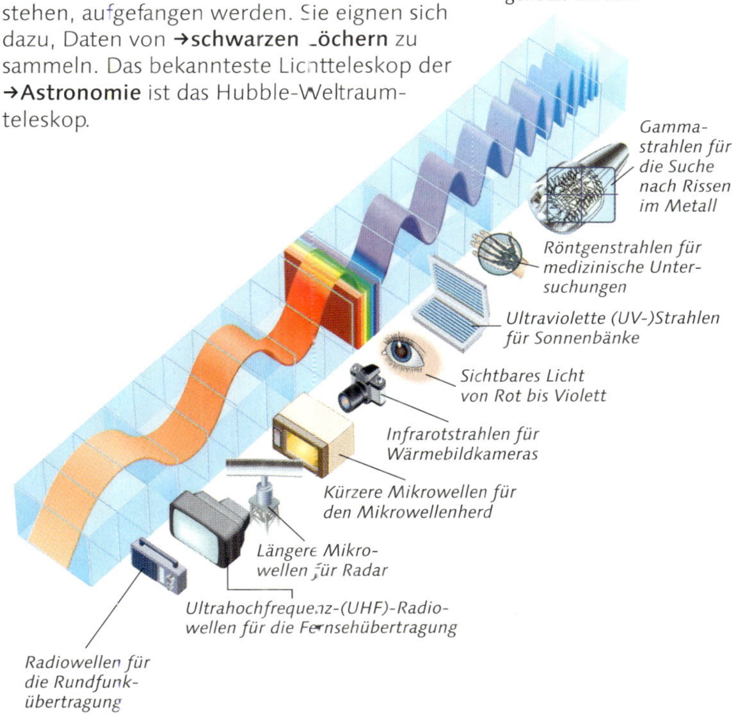

▼ Moderne Straßen haben eine glatte Deckschicht, die aus Beton oder Asphalt und kleinen Steinchen (Splitt) besteht. Darunter befindet sich die feste obere Tragschicht aus Sand und Schotter. Die untere Tragschicht ist lockerer und gleicht Unebenheiten des Bodens aus.

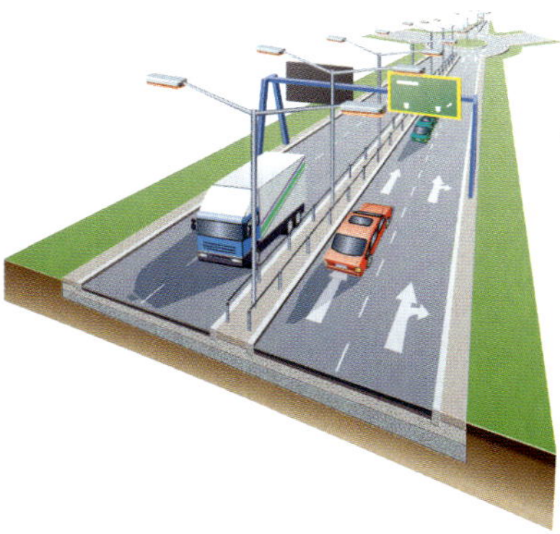

Straße

Straßen benutzen die Menschen schon seit Jahrtausenden. Besonders geschickte Straßenbauer waren die Römer. Sie legten ein Straßennetz im ganzen →**Römischen Reich** an und manche haben sich sogar bis heute erhalten. Damals verwendete man zum Straßenbau nur Kies und Steine. Die Oberfläche der Straße war etwas gekrümmt, damit rechts und links das Regenwasser in kleine Gräben ablaufen konnte.

Anfang des 19. Jh., also zur Zeit der →**industriellen Revolution**, wurde der schottische Ingenieur John McAdam (1756–1836) zum Wegbereiter des modernen Straßenbaus. Für Fahrzeuge mit Gummireifen war sein Straßenbelag aus Schotter und einem Bindemittel (z. B. Teer) allerdings noch ungeeignet. Später bekamen die Straßen einen Belag nur noch aus Teer oder Asphalt. Heute besteht die obere Straßendecke – besonders bei Autobahnen – manchmal auch aus →**Beton**.

Sträucher

Sträucher gehören wie die →**Bäume** zu den Gehölzen. Sie weisen jedoch keinen deutlichen Hauptstamm auf. Stattdessen haben sie mehrere kleine Stämme, die sich schon nah am Boden verzweigen. Sträucher sind meist wesentlich kleiner als Bäume und beliebte Gartenpflanzen, etwa die Forsythie. Manche Gehölze, z. B. die Hasel, können als Baum oder als Strauch heranwachsen.

▲ Mit seinen winzigen Flügeln kann der Emu nicht fliegen, doch er erreicht eine Laufgeschwindigkeit von bis zu 50 km/h.

Strauße und Emus

Der Strauß ist der größte heute lebende →**Vogel**. Der Hahn wird bis zu 2,80 m hoch. Strauße können zwar nicht fliegen, sind aber sehr gute Läufer. Bei Gefahr fliehen sie oder sie wehren sich mit Fußtritten, die einen Angreifer schwer verletzen können. Strauße leben in den →**Steppen** und →**Savannen** →**Afrikas**. Sie streifen in großen, von einem Männchen angeführten Herden umher und suchen nach pflanzlicher Nahrung. Die Männchen sorgen auch für die Brut: Sie legen Nestmulden an, in die die Hennen bis zu 30 →**Eier** legen. Die Hähne brüten die Eier aus und kümmern sich um die Jungen.

Der zweitgrößte Vogel nach dem Strauß und nah mit ihm verwandt ist der in →**Australien** heimische Emu. Er ist ebenfalls flugunfähig. Emus bilden lockere Herden und streifen auf der Suche nach Samen, Beeren und frischem Laub umher. Auch bei ihnen sorgt der Hahn für das Gelege.
Weitere Verwandte von Strauß und Emu sind Kasuare und Nandus.

Strichcode

Seit einigen Jahren ist auf allen Verpackungen ein rechteckiger Streifen aus schwarz-weißen Strichen und →**Zahlen** aufgedruckt. Diesen Aufdruck nennt man Strichcode. Die verschiedenen Streifen stehen für eine Ziffernfolge. Jedem Produkt hat man eine andere Ziffernfolge zugewiesen. An der Kasse im Supermarkt wird der Strichcode mit einem →**Laser**-→**Scanner** abgelesen. Der →**Computer**, an den die Kasse angeschlossen ist, erkennt dann, um welches Produkt es sich handelt und wie viel es kostet. Außerdem kann er nun ausrechnen, wie oft das Produkt verkauft worden ist und ob es nachbestellt werden muss.

▼ Der Strauß besitzt als einziger Vogel nur zwei Zehen. Auf seinen kräftigen Beinen läuft er bis zu 70 km/h schnell.

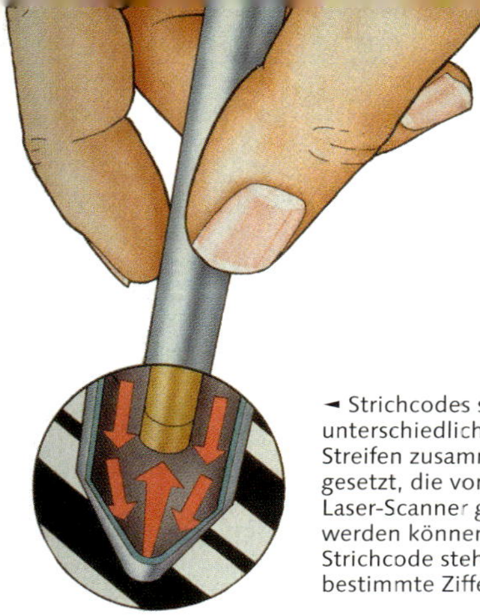

→ Strichcodes sind aus unterschiedlich dicken Streifen zusammengesetzt, die von einem Laser-Scanner gelesen werden können. Jeder Strichcode steht für eine bestimmte Ziffernfolge.

Strom

Ein elektrischer Strom entsteht durch die Bewegung geladener Teilchen wie Elektronen oder Ionen (Ionen entstehen, wenn ein →**Atom** ein Elektron, also ein negativ geladenes Teilchen, abgibt oder aufnimmt). Beim Strom aus dem Stromnetz sind die Ladungsträger Elektronen, die sich in Metalldrähten (den Leitern) fortbewegen. Die Stromstärke ist die Ladungsmenge, die pro Zeiteinheit durch den Querschnitt des Leiters fließt. Ihre Einheit ist das Ampere. Bei einer Kochplatte beträgt die Stromstärke etwa vier Ampere, bei einer 40-Watt-→**Glühlampe** etwa 0,2 Ampere. Der Strom, der aus der Steckdose kommt (Netzstrom), wird in großen Wärmekraftwerken erzeugt, die mit →**Kohle**, →**Erdöl** oder →**Erdgas** betrieben werden. Auch Atomkraftwerke sind Wärmekraftwerke. Ihre Wärmeenergie (→**Atomenergie**) stammt aus dem Zerfall von Uranatomen. Erneuerbare Energien wie →**Wasserkraft**, →**Wind**- und →**Sonnenenergie** lassen sich ebenfalls in Strom umwandeln. Kleinere Strommengen liefern →**Batterien** oder Akkus, die gespeicherte chemische →**Energie** in elektrischen Strom verwandeln. Elektrischer Strom ist aus dem Alltag nicht wegzudenken. Er liefert z. B. die Energie für viele Haushaltsgeräte, →**Computer**, Radio- und Fernsehgeräte, Straßenbeleuchtung und vieles andere.

Stromkreis

Ein elektrischer Stromkreis besteht im einfachsten Fall aus einer Stromquelle und einem Verbraucher (etwa einer →**Glühlampe**), die durch eine Leitung miteinander verbunden sind. Dazu kommt noch ein Schalter, mit dem sich der Stromkreis schließen oder unterbrechen, also der Stromfluss in Gang setzen oder stoppen lässt. Damit nicht zu starker →**Strom** fließt, enthalten die meisten Stromkreise auch eine →**Sicherung**, die bei zu hoher Stromstärke durchschmilzt und so den Stromfluss unterbricht. Drückt man auf einen Lichtschalter in der Wohnung, so schließt man damit einen Stromkreis, in dem der elektrische Strom vom Hausanschluss (das Haus ist an das öffentliche Stromnetz angeschlossen) durch die Stromleitungen in den Wänden zur Glühlampe fließt. Wie viel Strom durch die Leitungen fließt, hängt vom Widerstand des Stromkreises ab, v. a. vom Widerstand des Verbrauchers. Der Widerstand besagt, wie leicht elektrischer Strom fließen kann. Er hängt z. B. vom Material, von der Dicke und der Länge einer Leitung ab.

Substantiv

Ein Substantiv ist ein Wort, das jemanden oder etwas bezeichnet: eine Person („Marie"), ein Tier („Löwe"), ein Ding („Buch"), einen Ort („Europa") oder eine Eigenschaft („Freundlichkeit"). Ein Satz braucht immer mindestens einen Satzgegenstand (Subjekt) und ein →**Verb**, z. B. „Das Haus stürzt ein". Der Satzgegenstand ist meistens ein Substantiv. Dieses kann aber auch durch ein Pronomen (Fürwort) ersetzt werden, z. B. „Das Haus" durch „Es".

Südafrika

Südafrika ist ein Staat an der Südspitze →**Afrikas**. Der Großteil des Landes besteht aus einer Hochebene, die stufenweise vom Nordwesten zum Südosten ansteigt, wo die Drakensberge mit ihren flachen Gipfeln (Tafelberge) eine Höhe von fast 3500 m erreichen. An der Küste zieht sich eine schmale Ebene entlang. Das →**Klima** im Inland ist warm und trocken, an der Küste und im Hochland ist es gemäßigter und feuchter. Südafrika ist ein reiches Land. Seine →**Bergwerke** fördern →**Gold**, Platin, Vanadium, Chrom, →**Diamanten** und →**Kupfer**. Die Fabriken stellen Fahrzeuge, Textilien, Rüstungsgüter und chemische Produkte her. Bedeutende Anbauprodukte sind Mais, →**Weizen**, →**Obst** und →**Wein**.
Etwa drei Viertel der Bevölkerung sind Schwarze. Die rund fünf Millionen Weißen stammen von holländischen oder englischen Siedlern ab und kontrollierten →**Wirtschaft** und Politik des Landes. Seit den 1940er-Jahren war die Politik Südafrikas durch die →**Apartheid** bestimmt. 1991 wurde sie offiziell abgeschafft, 1994 wurde Nelson Mandela (geb. 1918) →**Präsident**.

Südafrika
Staatsform: Republik
Hauptstadt: Pretoria
Fläche: 1 223 201 km²
Einwohner: 42,8 Mio.
Sprachen: Afrikaans, Englisch, Bantusprachen
Währung: Rand

Südamerika

Südamerika ist der viertgrößte Kontinent der Erde. Er reicht von Kolumbien im Norden bis zum südlichsten Punkt von Chile. Südamerika wird von der längsten Gebirgskette der Erde, den Anden, durchzogen. Außerdem wächst hier der größte Regenwald der Welt.

► Die südamerikanischen Cowboys werden Gauchos genannt. Sie hüten das Vieh auf den weiten Pampas von Argentinien.

Gebirge und Regenwald

In Südamerika gibt es beeindruckende Landschaftsformen. Die Anden ziehen sich über 8000 km an der Pazifikküste entlang. Der höchste Berg der Anden und gleichzeitig auch des Kontinents ist der Aconcagua in Argentinien (6960 m). Auch im Osten erheben sich Berge, die aber niedriger als die Anden sind (z. B. Brasilianisches Bergland).
In den Anden entspringt der Amazonas (6500 km), das größte Flusssystem der Erde. Sein Einzugsgebiet umfasst sieben Millionen Quadratkilometer. Das Amazonasbecken ist dicht mit tropischem Regenwald bewachsen. Er ist Lebensraum für eine ungeheure Vielfalt von Pflanzen und Tieren. Doch ist dieser wichtige Naturraum bedroht, denn Tag für Tag werden Bäume abgeholzt.

Wüsten und Pampas

Entlang der Pazifikküste von Ecuador bis in den Norden Chiles ziehen sich Wüstenstreifen. Die Atacama in Nordchile gehört zu den trockensten Gebieten der Erde. In Südamerika gibt es auch eine kalte Wüste, das unwirtliche Patagonien im Süden Argentiniens.
In Argentinien, Uruguay und Venezuela dehnen sich die Pampas aus, weites Grasland, von dem große Teile als Weide- und Ackerland genutzt werden.

Ureinwohner

Die ersten Bewohner des Kontinents waren Indianer, in Südamerika auch Indios genannt. Vermutlich kamen sie über die Beringstraße aus Asien und wanderten durch Nordamerika, bis sie etwa 9000 v. Chr. den südamerikanischen Kontinent erreichten. Später entwickelte sich hier die außergewöhnliche Hochkultur der Inka. Als Europäer im 16. Jh. den Kontinent erreichten, zerstörten sie diese Kultur.

Eroberung und Plünderung

Gegen Ende des 16. Jh. eroberten die Europäer große Teile Südamerikas. Sie wurden von den Goldschätzen angelockt, die man hier gefunden hatte. Europäische Abenteurer plünderten die Reichtümer des Kontinents. Außerdem schleppten sie Krankheiten ein, sodass viele der Indianer durch den Kontakt mit den Fremden starben.

Die heutigen Einwohner

In Südamerika gibt es heute zwölf Staaten. Die meisten Südamerikaner sprechen Spanisch, wie die spanischen Eroberer. Nur in der ehemaligen portugiesischen Kolonie Brasilien spricht man Portugiesisch. Brasilien bedeckt fast die Hälfte des Kontinents. Hier leben neben Weißen auch viele Mulatten (Mischlinge aus Schwarzafrikanern, die als Sklaven importiert wurden, und Weißen) sowie Mestizen (Mischlinge aus Europäern und Indianern). In Andenländern wie Bolivien und Peru gibt es noch viele Nachfahren der indianischen Ureinwohner. Die Einwohner Argentiniens und Uruguays sind überwiegend weiß.

Wirtschaft

In den Anden gibt es viele Bodenschätze: Silber in Peru, Zinn in Bolivien und Kupfer in Chile. Venezuela verfügt über große Erdölvorräte. Aus Brasilien stammt ein Drittel der Weltkaffee-Ernte, auf den Pampas von Argentinien, Uruguay und Paraguay weiden Schafe und Rinder. Aus den Pflanzen des Regenwaldes werden viele Medikamente gewonnen.

◄ Im Regenwald leben einige Indianerstämme noch wie ihre Vorfahren. Dieser Junge jagt Tiere mit einem Blasrohr, aus dem er vergiftete Pfeile abschießt.

▲ Vom Zuckerhut hoch über Rio de Janeiro (Brasilien) grüßt eine riesige Jesus-Figur.

Steckbrief Südamerika
Fläche: 17 800 000 km²
Höchster Berg: Aconcagua, 6960 m
Tiefster Punkt: Halbinsel Valdez (Argentinien), 40 m unter dem Meeresspiegel
Größter See: Maracaibosee, 13 512 km²
Längster Fluss: Amazonas, 6500 m
Größte Wüste: Atacama
Zahl der Länder: 12
Größtes Land: Brasilien
Kleinstes Land: Uruguay
Größte Stadt: São Paulo (Brasilien) 10,5 Mio.
Einwohner: 350 Mio.

Zum Weiterlesen
Anden, Gold, Inka, Kontinent, Kupfer, Pampa, Regenwald, Silber, Wüste, Zinn

Sudan
Staatsform: Islamische Republik
Hauptstadt: Khartum
Fläche: 2 505 813 km²
Einwohner: 29,6 Mio.
Sprachen: Arabisch, afrikanische Sprachen
Währung: Sudanesischer Dinar

Südkorea
Staatsform: Republik
Hauptstadt: Seoul
Fläche: 99 392 km²
Einwohner: 47,3 Mio.
Sprache: Koreanisch
Währung: Won

Sudan

Der Sudan liegt im Nordosten →**Afrikas**. Im Norden dieses heißen Landes dehnt sich →**Wüste** aus, im Zentrum herrschen grasbewachsene Ebenen und im Süden →**Wälder** und riesige Sümpfe vor.
Die meisten Einwohner leben in der Flussebene des Nils, der das Land von Süden nach Norden durchfließt. Weltwirtschaftliche Bedeutung hat die Gewinnung von Gummiarabikum, das aus der Rinde von Akazienbäumen gewonnen wird und als →**Klebstoff** dient.
Seit 1988 befindet sich der Norden des Landes im →**Bürgerkrieg** gegen den Süden. Der Krieg und eine lang andauernde Dürre bedrohen das Leben vieler Einwohner.

Südkorea

Südkorea (Republik Korea) ist das Ergebnis einer Teilung: Im Jahr 1948 wurde die koreanische Halbinsel in zwei unabhängige Staaten geteilt. Obwohl der gebirgige Süden kleiner ist als der kommunistische Nachbar im Norden (→**Nordkorea**), wohnen hier doppelt so viele Menschen. Seoul gehört mit 10,2 Millionen Einwohnern zu den größten Städten der Welt.
Die gut entwickelte →**Industrie** des Landes produziert →**Autos**, →**Schiffe**, →**Textilien**, →**Stahl** und zahlreiche elektronische Produkte.

Südostasien

Die Länder zwischen dem Süden →**Chinas** und →**Indien** gehören zu Südostasien. Auf dem Festland liegen →**Myanmar**, →**Laos**, →**Vietnam**, →**Kambodscha**, →**Thailand**, →**Malaysia** und →**Singapur**. Im Osten und Süden grenzen die südostasiatischen Inselketten mit →**Indonesien**, Brunei, Osttimor und den →**Philippinen** an.
Große Teile von Südostasien sind gebirgig. Das →**Klima** ist tropisch, während der Regenzeit fallen heftige Niederschläge. Die meisten Einwohner arbeiten in der →**Landwirtschaft** und bauen →**Reis**, Tee, Mais, Kautschukbäume und Zuckerrohr an. Außerdem verfügen einige Länder über →**Bodenschätze** wie →**Erdöl**, →**Zinn** und Bauxit (aluminiumhaltiges →**Gestein**). Die meisten →**Menschen** leben in kleineren Dörfern, aber es gibt auch riesige Großstädte wie Bangkok, Kuala Lumpur, Jakarta und schließlich Singapur mit einem der größten →**Häfen** der →**Erde**.
Südostasien ist sehr dicht besiedelt. Seine Einwohner gehören verschiedenen ethnischen Gruppen an. Sie sprechen viele Sprachen und haben sehr unterschiedliche Lebensweisen.

Sueskanal

Der Sueskanal durchschneidet Ägypten zwischen Port Said am Mittelmeer und Sues am Roten Meer. Mit einer Länge von 195 km und seiner Mindestbreite von 60 m kann er auch von großen Schiffen befahren werden. Er kürzt die Fahrt zwischen →**Europa** und →**Asien** um 9000 km ab – so weit ist der Weg um die Südspitze →**Afrikas**.
Der Bau des →**Kanals** begann 1859 unter dem französischen Ingenieur Ferdinand de Lesseps (1805–1894). Über 8000 Arbeiter und unzählige Kamele arbeiteten zehn Jahre lang an dem Kanal. Bis 1956 wurde der Kanal von Franzosen und Engländern betrieben, dann fiel er an →**Ägypten**. Während des Krieges zwischen Ägypten und →**Israel** war er durch versunkene Schiffe acht Jahre lang nicht passierbar.

Supernova

Als Supernova bezeichnet man das Endstadium eines besonders schweren, massereichen →**Sterns**, in dem der Stern plötzlich um das Milliardenfache heller als zuvor aufleuchtet. Supernovä entstehen, wenn ein Stern keine →**Energie** mehr erzeugen kann. Das heißt, es ist kein →**Wasserstoff** mehr

► Sonnen leuchten hellgelb, solange ihre Wasserstoffvorräte verbrannt werden. Sind diese verbraucht, entstehen rot leuchtende Riesensterne (rote Riesen), die schließlich in einer Supernova explodieren.

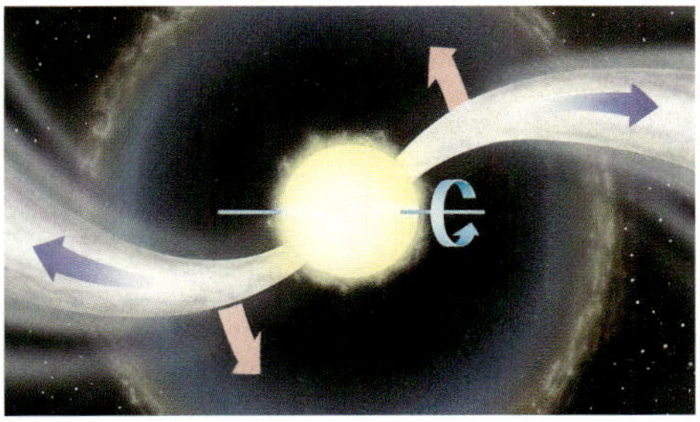

▲ Bei einem Pulsar handelt es sich um den stark verdichteten, nur noch aus Neutronen bestehenden Kern eines Sterns, der in einer Supernova explodiert ist. Pulsare drehen sich sehr schnell und senden dabei Strahlenbündel aus. Bei jeder Umdrehung strahlt ein Bündel auch auf die Erde.

vorhanden, aus dem Helium und Energie entsteht. Dann stürzt sein dichter Kern in sich zusammen. Die darauf folgenden Schockwellen reißen den Stern in einer gewaltigen Supernova-Explosion auseinander. Es bleibt nur eine Gaswolke übrig, manchmal auch ein überdichter Neutronenstern (Pulsar) oder ein →**schwarzes Loch**.

Supraleitung

Es gibt Stoffe, die den elektrischen →**Strom** leiten und solche, die nicht leiten. Aber auch unter den Leitern gibt es Unterschiede. Durch manche fließt der Strom leichter hindurch als durch andere. →**Kupfer** oder →**Silber** z. B. sind gute Leiter und setzen dem Strom kaum Widerstand entgegen. 1911 fand man heraus, dass →**Quecksilber** seinen elektrischen Widerstand restlos verliert, wenn man es auf annähernd –273,15 °C abkühlt. Das ist die kälteste →**Temperatur**, die es gibt. Einen Leiter, der keinen Widerstand hervorruft, nennt man Supraleiter. Allerdings ist es sehr teuer und sehr schwierig, eine so extrem niedrige Temperatur zu erzeugen.
Inzwischen haben Forscher keramische Stoffe entwickelt, die schon bei höheren Temperaturen Supraleiter sind. Sie werden mittels Trockeneis (festes Kohlendioxid) auf –78,5 °C abgekühlt. Heute suchen die Wissenschaftler nach Materialien, die bereits bei Raumtemperatur zu Supraleitern werden. Falls dies gelingt, wird das die gesamte →**Elektronik** verändern.

Suriname

Suriname liegt an der Nordostküste →**Südamerikas**. Auf den Küstenebenen werden →**Reis**, Bananen, Kakao, Zuckerrohr und →**Obst** angebaut. Im Innenland wächst dichter →**Regenwald**. Der wichtigste Rohstoff des Landes ist Bauxit, aus dem →**Aluminium** hergestellt wird.
Im Jahr 1667 tauschten die Holländer ihre Besitzung Neu-Amsterdam (das heutige New York) mit den Engländern und erhielten dafür Suriname. 1975 wurde das Land dann von den →**Niederlanden** unabhängig.

Suriname
Staatsform: Republik
Hauptstadt: Paramaribo
Fläche: 163 265 km²
Einwohner: 415 000
Sprachen: Holländisch, Hindi, Sranang, Javanisch
Währung: Surinam-Gulden

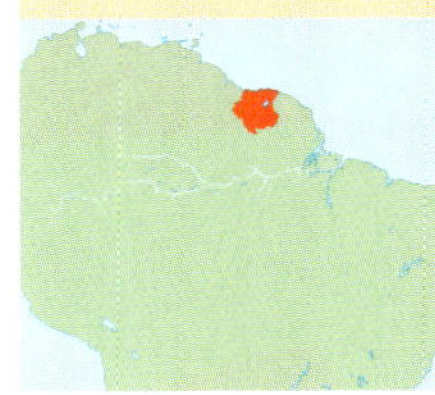

Synthesizer

Ein Synthesizer ist ein elektronisches Musikinstrument, ein Elektrofon. Er kann sowohl natürliche Klänge verändern als auch künstliche Klänge erzeugen. Dies geschieht mithilfe von Tongeneratoren, Modulatoren und →**Computern**, die man Sequenzer nennt. Die ersten Synthesizer konnten nur einen einzigen Ton erzeugen. Später gab es mehrstimmige Synthesizer. Heute werden viele Töne gesampelt. Dies bedeutet, dass man natürliche Töne auf dem Computer bearbeitet, speichert und wieder hörbar macht. Dadurch hat sich das Klangspektrum wesentlich erweitert. Man kann die gesampelten Töne oder Geräusche mit elektronischen Klängen verbinden und so eine Fülle an Tönen und Tonfarben erzeugen, die ein einzelnes Musikinstrument nicht hervorbringen könnte. Damit lassen sich z. B. alle Instrumente eines →**Orchesters** nachahmen. Der Synthesizer ist meist ein Tasteninstrument oder Keyboard. Er wird in der elektronischen Musik, v. a. in der →**Pop- und Rockmusik** und im Tonstudio eingesetzt.

Syrien

Der arabische Staat liegt im →**Nahen Osten** und grenzt ans Mittelmeer. Große Teile des Landes werden von trockenen Ebenen geprägt, die im Sommer glühend heiß und im Winter mild und feucht sind.
Nur →**Nomaden** mit ihren Schaf- und Ziegenherden ziehen durch die Syrische →**Wüste**. Die Bauern pflanzen auf bewässerten Feldern →**Getreide**, Weintrauben und Zitrusfrüchte an. Die meisten Städte liegen an uralten Handelsstraßen, auf denen Waren aus dem Orient nach Westen transportiert wurden. Die Osmanen beherrschten das Land ab 1516 für etwa 400 Jahre. Nach dem Ersten →**Weltkrieg** zogen die Franzosen im Auftrag der →**Vereinten Nationen** ein. Im Jahr 1946 wurde Syrien unabhängig. In einem Krieg mit →**Israel** verlor es die Golanhöhen.

Syrien
Staatsform: Republik
Hauptstadt: Damaskus
Fläche: 185 180 km²
Einwohner: 16,1 Mio.
Sprache: Arabisch
Währung: Syrisches Pfund

Tag und Nacht

Auf ihrer Bahn um die →**Sonne** dreht sich die →**Erde** um ihre eigene Achse. Die jeweils der Sonne zugewandte Erdhälfte wird beleuchtet – es herrscht heller Tag. Die abgewandte Hälfte liegt im Dunkeln – dort herrscht Nacht. Wegen der Drehung der Erde wandert die Grenze zwischen Licht und Dunkelheit ständig weiter.
Die Zeit, die an einem Ort der Erde zwischen zwei Sonnenaufgängen vergeht, wird als Tag definiert und in 24 Stunden untergliedert. Die Dauer des hellen Tages hängt davon ab, an welcher Stelle der Erde ein Ort liegt. Am →**Äquator** ist die Dauer von Tag und Nacht fast das ganze Jahr über gleich. Da die Erdachse leicht geneigt ist, ändert sich die Dauer von Tag und Nacht zunehmend Richtung Nord- und Südpol. Die Stellung der Erdachse ist auch der Grund für die →**Jahreszeiten**.

Tansania
Staatsform: Republik
Hauptstadt: Dodoma
Fläche: 945 087 km²
Einwohner: 34,5 Mio.
Sprachen: Kisuaheli, Englisch
Währung: Tansanischer Schilling

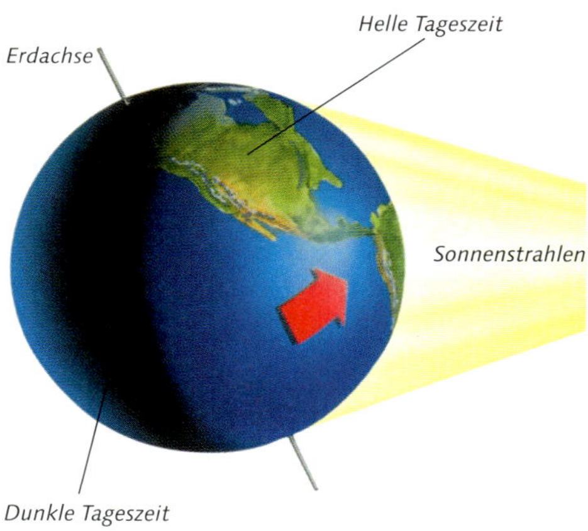

► Tag und Nacht entstehen durch die Drehung der Erde um ihre Achse: Es wird immer nur die der Sonne zugewandte Hälfte der Erde beleuchtet. Aufgrund der Erddrehung wandert das Sonnenlicht um die Erde.

Taiga

In einem Bereich der kalten Regionen der Nordhalbkugel, also im Norden →**Europas**, Amerikas und →**Asiens**, wachsen hauptsächlich →**Nadelbäume**. Man spricht vom borealen Nadelwaldgebiet, es liegt zwischen →**Tundra** im Norden und gemäßigter Klimazone im Süden. Das russische Wort für diese Gegend heißt Taiga. Das →**Klima** der Taiga zeichnet sich aus durch kurze, kühle Sommer und lange, strenge Winter.

Taiwan
Staatsform: Republik
Hauptstadt: Taipeh
Fläche: 36 000 km²
Einwohner: 22 Mio.
Sprachen: Chinesisch, Taiwanesisch, Hakka
Währung: Taiwan Dollar

Taiwan

Der Inselstaat Taiwan (Republik China, früher Formosa) liegt 140 km vor der Küste des chinesischen Festlands. Das wichtigste Anbauprodukt ist →**Reis**. Die meisten Taiwaner stammen von chinesischen Vorfahren ab, die schon im 18. Jh. vom Festland auf die →**Insel** kamen. Andere flüchteten erst 1949, nachdem Kommunisten in China die Macht übernommen hatten. Bis 1971 vertrat Taiwan in den →**Vereinten Nationen** ganz →**China**, dann wurde der Sitz an die Volksrepublik China übertragen und Taiwan ausgeschlossen. Während das kommunistische China Taiwan als Landesteil ansieht, möchten die meisten Taiwaner lieber unabhängig bleiben.

Tansania

Tansania liegt in Ostafrika am →**Indischen Ozean**. An die Küstenebene schließen sich bis auf 1500 m ansteigende Hochplateaus an. Im Norden erhebt sich der Vulkan Kilimandscharo, mit 5895 m der höchste Berg →**Afrikas**. Die drei größten afrikanischen →**Seen**, darunter der Viktoriasee, begrenzen das Land. Es ist reich an herrlichen Landschaften mit zahlreichen Wildtieren. Die wertvollsten →**Bodenschätze** sind →**Diamanten** und →**Gold**. Die größten Städte sind Daressalam auf dem Festland und Sansibar auf der gleichnamigen Insel. 1964 ging die Vereinigte Republik Tansania aus dem Zusammenschluss des Inselstaates Sansibar und Pemba mit Tanganyika auf dem Festland hervor.

Tanz

Tänze sind rhythmische Bewegungen des Körpers zu →**Musik**. Gern wird auf Festen oder im Karneval getanzt. Viele Tanzstile haben ihren Ursprung in Volkstänzen.
Zum Tanz gehört das klassische Ballett mit festgelegten Ballettschritten und Positionen. Daraus entwickelte sich das moderne Tanztheater. Bei beiden Tanzrichtungen stellen die Tänzer Handlungen und Gefühle dar. Zum Gesellschaftstanz gehören Tänze wie Wiener Walzer, Tango oder Discofox. Typisch für Breakdance sind die mechanisch wirkenden Bewegungen und akrobatische Elemente.

Taoismus

„Tao" bedeutet Weg und meint „richtiger Weg". Der Taoismus lehrt ein Leben in Mäßigung. Sein Stifter soll im 6. Jh. v. Chr. der Dichter und Weise Laotse gewesen sein. Über sein Leben ist nur wenig bekannt. Ihm wird das Buch des Taoismus zugeschrieben, das „Tao-te-King" („Das Buch vom richtigen Weg"). Es lehrt, dass der Mensch durch eine angemessene Ausübung der →**Religion** irdische Bedürfnisse überwindet und dadurch Harmonie, ewiges Leben nach dem Tod und die Erlösung von den Sorgen des Alltags erlangt. Um zur Harmonie zu gelangen, pflegen Taoisten Meditation, Gesang und körperliche Übungen. So praktizieren z. B. →**Menschen** aller Altersstufen an öffentlichen Plätzen „Tai Chi". Die Übungen sollen im Körper einen Ausgleich der Energien herbeiführen und dadurch Gesundheit und ein langes Leben bewirken. Der Taoismus wird v. a. in →**China** praktiziert.

Tarnung

Die Tarnung dient wehrlosen →**Tieren** als Schutz gegen Fressfeinde. Viele legen sich eine Tarntracht zu, um ihre Angreifer zu täuschen. Manche →**Vögel** sind durch Färbung und Muster ihres Gefieders der Umgebung so täuschend angepasst, dass sie von ihr kaum zu unterscheiden sind. Dies gilt auch für viele Schmetterlinge, die man in Ruhestellung auf dem Untergrund kaum erkennt. Die Tarntracht wirkt jedoch nur, wenn sich ein Tier völlig bewegungslos verhält. Eine andere Art Tarnung ist die Warntracht. Grelle Farben warnen einen Räuber, dass ein Beutetier giftig ist oder schlecht schmeckt. Wespen oder Feuersalamander tragen z. B. auffällige Warntrachten. Eine sehr wirksame Tarnung ist die Mimese. Dabei ahmen Farbe, Musterung und Haltung einen Gegenstand nach. Stabheuschrecken erscheinen dadurch als Teil einer →**Pflanze**. Bei der Mimikry dagegen gibt sich ein Tier als ein anderes aus. Es ahmt in der Färbung und oft auch im Verhalten ein gefährliches Tier nach und ist so geschützt. Dadurch sieht z. B. ein harmloser Hornissenschwärmer wie eine gefährliche Hornisse aus.

▲ Auch Raubtiere tragen Tarnungen, damit sie von Beutetieren nicht so leicht wahrgenommen werden. Die dunklen Streifen auf dem Tigerfell z. B. tarnen die Raubkatze im hohen Gras des Dschungels.

Tastsinn

Mithilfe des Tastsinns kann man Hitze, Kälte und Berührung wahrnehmen. Die Sinneszellen, die diese Reize aufnehmen, liegen in der →**Haut**. Da sie jedoch nicht gleichmäßig über den Körper verteilt sind, reagieren manche Körperpartien empfindlicher auf die Sinnesreize als andere.

Tauben

Tauben sind weltweit verbreitete →**Vögel**, die – je nach →**Art** – so groß wie ein Huhn oder fast so klein wie eine Lerche sein können. Die guten Flieger ernähren sich von →**Früchten** und →**Samen** und sammeln die Nahrung in ihrem Kropf. Viele Tauben geben ein leises Gurren von sich. Von der Felsentaube, die in Felswänden nistet, stammt die Haustaube ab. Sie wird wegen ihres Fleisches gehalten oder dient als Brieftaube. Brieftauben finden aus oft Hunderte von Kilometern entfernten Orten wieder nach Hause zurück.

▲ Tauben haben einen abgerundeten Schwanz und ein bräunliches, weißes oder graublaues Gefieder.

Telefon

Durch ein Telefon kann man mit jemandem sprechen, der sich an einem weit entfernten Ort befindet. Beim Abheben des Hörers schaltet sich ein schwacher elektrischer Strom ein und in dem Teil des Hörers, in den man hineinspricht, befindet sich ein →**Mikrofon**. Dort trifft der →**Schall** der Stimme auf ein dünnes Plättchen (Membran) aus →**Metall** und bringt es zum Schwingen. Diese Schwingungen werden als elektrische Signale über die →**Drähte** der Telefonleitung zur Hörmuschel des anderen Telefons geleitet. Dort werden die elektrischen Signale wieder in Schallwellen und damit wieder in die Sprache zurückverwandelt.
Hergestellt wird eine Telefonverbindung durch das Wählen einer Nummer.

Fortsetzung auf Seite 318

▲ Das erste leistungsfähige Fernrohr oder Teleskop entwickelte der Forscher Galileo Galilei (1564–1642). Er entdeckte damit die Krater auf der Mondoberfläche sowie vier Jupitermonde.

Fortsetzung von Seite 317

Heute sind die Kabel der Telefonnetze über die gesamte Welt verzweigt und die →**Kommunikation** kann sogar über →**Satelliten** im All erfolgen. Über Telefonleitungen lassen sich auch geschriebene Texte (Faxe) übermitteln und Daten von einem →**Computer** zum anderen schicken.
Viele Menschen verständigen sich heutzutage über ein Mobiltelefon (auch Handy genannt). Diese Telefone sind sehr handlich und arbeiten wie der →**Rundfunk** mit Funksignalen. Auf diese Weise kann man von fast jedem Ort der Welt aus mit fast jedermann Kontakt aufnehmen. Mit den meisten Handys kann man auch Textnachrichten (meist SMS genannt, nach dem Englischen Begriff „short message service") versenden und manche bieten sogar Zugang zum Internet.

Telekommunikation

Das griechische Wort „tele" bedeutet so viel wie „weit weg". Telekommunikation ist also →**Kommunikation** über weite Entfernungen – mittels →**Rundfunk**, Fernschreiber, →**Telefon** oder →**Fernsehen**. Heutzutage findet diese Art der Fernverständigung größtenteils mithilfe der →**Elektronik** statt.
Die Telekommunikation ist sehr schnell, weil die Töne oder Bilder in Form von elektrischen Strömen über →**Drähte** übertragen werden, als Radiowellen durch die →**Luft** oder als Lichtwellen über Glasfaserkabel: Radiowellen und Lichtwellen bewegen sich mit 300 000 km/h – die elektrischen Signale sind beinahe genauso schnell.
Die rasche Ausbreitung des →**Internets** hat die Telekommunikation grundlegend verändert. Eine E-Mail (elektronische Post) kann auf unterschiedlichen Wegen zwischen zwei Ländern übermittelt werden. Schickt man sie von einem →**Computer** aus los, wird sie zuerst über ein Glasfaserkabel weitergesendet. Danach wird sie mittels Mikrowellen zu einem →**Satelliten** geschickt, bevor sie über ein Kabel beim Empfänger ankommt.
Für die moderne Telekommunikation spielt das Telefax eine wichtige Rolle. Ein Faxgerät ist mit einem Telefon ausgestattet. Beim Versenden einer Nachricht wird der Text auf dem Blatt von einem Ablesegerät (→**Scanner**) im Inneren des Faxgerätes gelesen und in elektronische Signale umgewandelt. Diese werden dann über die Telefonleitung übertragen und vom Faxgerät des Empfängers übersetzt, das dann eine Kopie des Textes ausdruckt.

Teleskop

Ein Teleskop lässt Dinge näher erscheinen, die sich sehr weit weg befinden. Hierzu fängt es das →**Licht** eines fernen Objektes, z. B. eines →**Sterns**, ein und erzeugt ein winziges Bild davon. Dieses wird dann vergrößert, sodass man das Objekt besser erkennen kann. Es gibt zwei Arten von Lichtteleskopen (optische Teleskope).
Beim Linsenteleskop (Refraktor) sind in einem Rohr verschiedene →**Linsen** eingebaut. Das Rohr hält unerwünschtes Licht fern. An einem Ende des Rohres befinden sich mehrere große Linsen (sie bilden das Objektiv), die das einfallende Licht sammeln. Am anderen Ende sind kleinere Linsen eingebaut (Okular), die das Bild vergrößern. Das Okular liegt näher am →**Auge**, das Objektiv näher am betrachteten Gegenstand.
Bei der zweiten Art von Teleskop, dem Spiegelteleskop (Reflektor), wird das Licht nicht von einer Linse, sondern von einem gekrümmten →**Spiegel** eingefangen. Dieser ist so geformt, dass die darauf auftreffenden Lichtstrahlen auf einen zweiten Spiegel umgelenkt werden, der sie dann in Richtung Okular reflektiert (zurückwirft).

Temperatur

Temperatur ist ein Maß für die Wärme, gemessen wird sie mit einem →**Thermometer**. In den meisten Ländern wird die Temperatur in Grad Celsius (°C) angegeben, mancherorts verwendet man die Fahrenheit-Skala. Die →**Wärmelehre** ist ein Teilgebiet der →**Physik** und wird auch Thermodynamik genannt.
Aber auch in der →**Biologie** spielt die Temperatur eine Rolle. Einige →**Tiere**, z. B. die →**Säugetiere**, und auch die →**Menschen** sind →**Warmblüter**. Ihre Körpertemperatur ist gleichmäßig und liegt beim Menschen bei 37 °C. Höhere Temperaturen nennt man →**Fieber**.
Andere Tiere wie →**Schlangen** und →**Frösche** sind →**Kaltblüter**. Ihre Körpertemperatur verändert sich entsprechend der Außentemperatur.

Termiten

Termiten sind in den warmen Regionen der →**Erde** zu Hause. Die blassen, lichtscheuen →**Insekten** bauen sich unter- oder überirdische →**Nester** oder bohren Gänge in →**Holz**. Da sie sich auch von Holz ernähren, können

sie mitunter große Schäden an Gebäuden oder Holzbeständen anrichten.
Alle Termitenarten bilden große Gruppen, die man Kolonien oder Staaten nennt. In jeder Kolonie gibt es eine Königin und einen König sowie Soldaten und Arbeiter. Die meisten Termiten einer Kolonie sind weibliche und männliche Arbeiter. Sie sind klein, blind und haben keine Flügel. Arbeiter graben Gänge oder tragen Erde herbei und beschaffen das Futter für die Kolonie. Soldaten besitzen große Köpfe und Mundwerkzeuge, aber auch sie sind blind und flügellos. Sie verteidigen die Kolonie gegen Angriffe. Die Königin ist um ein Vielfaches größer als die anderen Termiten. Sie legt die →**Eier** und bewohnt zusammen mit dem König eine Kammer des Nestes. Die Arbeiter füttern die Königin und betreuen ihre Eier.

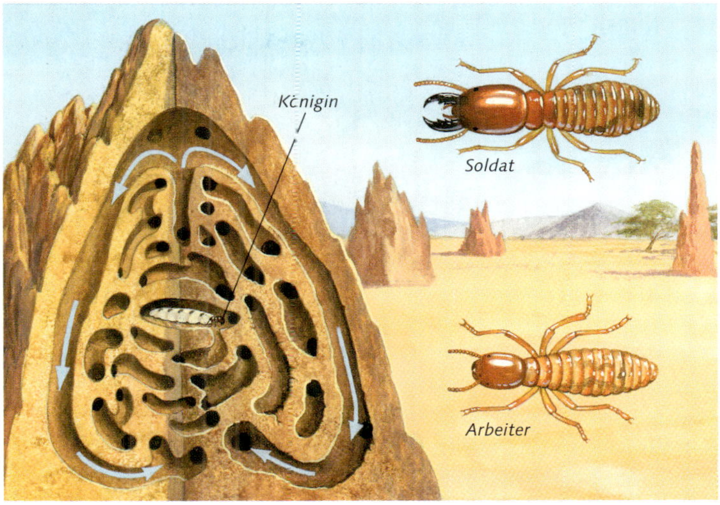

▲ Viele Termiten errichten mehrere Meter hohe Bauten. Als Baumaterial verwenden sie mit Speichel vermischte Erde und verdautes Holz. Das Nest besteht aus Gängen und Kammern sowie aus Schächten zur Belüftung.

Terrorismus

Terrorismus nennt man es, wenn →**Menschen** Gewalt anwenden, um damit politische Ziele zu erreichen. Terroristen verüben Anschläge auf Gebäude und Menschen, sie entführen Flugzeuge oder nehmen Menschen als Geiseln. Manchmal rauben sie auch →**Banken** aus oder sind im Drogenhandel tätig. In →**Deutschland** ermordete die RAF (Rote Armee Fraktion) in den 1970er-Jahren einige Politiker. Sie war eine linksradikale Gruppierung, aber auch Rechtsradikale waren immer wieder für Terroranschläge verantwortlich. Terrorismus ist ein weltweites Problem. Am 11. September 2001 flogen zwei amerikanische Flugzeuge, die von Terroristen entführt worden waren, in die Türme des World Trade Centers in New York und eines in das Pentagon in Washington D.C. Ein viertes Flugzeug stürzte über Pennsylvania ab. Dabei starben Tausende von Menschen. Anschließend versuchten die →**Vereinigten Staaten von Amerika** und viele andere →**Staaten** gegen den Terrorismus anzukämpfen. Sie befreiten →**Afghanistan** von den Taliban, die Terroristen ausgebildet hatten. Auch im zweiten →**Golfkrieg** spielte die Angst vor dem Terrorismus eine Rolle

▼ Flughäfen und Flugzeuge sind häufige Ziele von Terroristen. Deshalb wurden die Sicherheitsvorkehrungen an Flughäfen verschärft. Metalldetektoren und Röntgengeräte suchen nach Sprengstoff und Waffen. Flüssigkeiten dürfen nur im Koffer mitgeführt werden.

Textilien

Als Textilie bezeichnet man einen Stoff, der durch →**Weben** hergestellt wird. Vor der →**Industriellen Revolution** wurden alle Textilien von Hand und aus Naturfasern wie →**Wolle**, →**Seide**, →**Baumwolle** oder Flachs hergestellt. Inzwischen haben die Wissenschaftler zahlreiche weitere Fasern entwickelt. Der Grundstoff für Reyon oder Viskose ist →**Holz**. Nylon wird aus →**Erdöl** hergestellt. Manche Textilfasern werden sogar aus →**Glas** gemacht. Künstlich hergestellte Textilfasern sind preiswerter in der Produktion und meistens einfacher zu waschen und zu pflegen als Naturfasern. Manchmal werden sie mit Naturfasern gemischt, um von beiden Materialien die jeweils besten Eigenschaften zu nutzen.

Thailand

Thailand
Staatsform: Konstitutionelle Monarchie
Hauptstadt: Bangkok
Fläche: 513 115 km²
Einwohner: 61,9 Mio.
Sprache: Thai
Währung: Baht

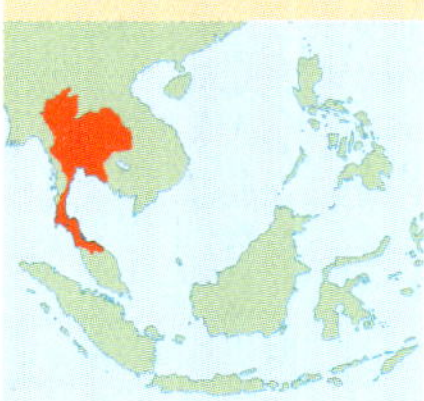

Thailand (bis 1939 Siam) liegt in →**Südostasien** und grenzt an →**Myanmar**, →**Laos** und →**Kambodscha**, während sich die Südküste zum Golf von Thailand öffnet, dem westlichsten Teil des Südchinesischen Meeres. Thailand wird geprägt von über 2000 m hohen →**Gebirgen**, →**Regenwäldern**, Mangroven (Pflanzen im Bereich der →**Gezeiten**) und einer zentralen Ebene, in der der Großteil der →**Bevölkerung** lebt. Dank der vielen →**Flüsse**, die durch dieses Tiefland fließen, ist die Region sehr fruchtbar. Die meisten Einwohner sind Reisbauern, außerdem werden →**Baumwolle**, Tabak, Mais, Kokosnüsse und Bananen angebaut.
In den →**Wäldern** des Nordens wachsen Teakholzbäume, die ein wichtiges Exportprodukt darstellen. Auf der Halbinsel Malakka werden sehr viele Rohstoffe, v. a. →**Zinn**, gefunden. Der Fremdenverkehr entlang der Küsten und auf den Inseln ist eine wichtige Einnahmequelle des Landes.
Die meisten Thailänder gehören dem buddhistischen Glauben an, daher leben viele Männer eine Zeit lang als Mönche im Tempel. Während dieser Zeit tragen sie auffällige orangefarbene Kleidung.

Theater siehe Seite 321

Thermometer

Mit einem Thermometer misst man →**Temperaturen**. Es besteht meistens aus einem Rohr aus →**Glas**, auf dem eine Messskala aufgedruckt ist. In dem Rohr befindet sich ein weiteres, sehr viel dünneres Röhrchen (Kapillare), das unten in einer Kugel endet. Diese ist meistens mit →**Quecksilber** gefüllt, manchmal auch mit →**Alkohol**. Wenn die Temperatur ansteigt, erwärmt sich das Quecksilber, dehnt sich aus und steigt in dem dünnen Röhrchen hoch. Dort, wo es stehen bleibt, kann man die Temperatur an der Skala ablesen. Wenn es wieder kälter wird, zieht sich das Quecksilber zusammen und bewegt sich in dem Röhrchen nach unten. Wenn die Flüssigkeit in einem Thermometer rot oder blau gefärbt ist, handelt es sich um Alkohol. In den meisten Ländern wird die Celsius-Skala verwendet, aber einige messen die Temperatur mit der Fahrenheit-Skala, z. B. die →**Vereinigten Staaten von Amerika**. Dort liegt der Gefrierpunkt bei 32 Grad und der Siedepunkt bei 212 Grad.
Mit einem Fieberthermometer wird die Körperwärme gemessen.

◄ Mit einfachen Thermometern wie diesem kann man feststellen, wie warm oder kalt die Luft innerhalb oder außerhalb eines Gebäudes ist. Die meisten dieser Thermometer enthalten Alkohol, der billiger ist als Quecksilber.

Thermostat

Mit einem Thermostat lässt sich die →**Temperatur** regeln, das bedeutet auf einem bestimmten Wert halten. Solche Regler werden häufig in Zentralheizungssystemen eingesetzt. Je nachdem, ob die Temperatur fällt oder ansteigt, schalten sie den Boiler ein oder aus. Auch Kessel, →**Autos**, Raumfahrzeuge, Öfen und viele andere Maschinen arbeiten mit Thermostaten.
Früher befanden sich in allen Thermostaten dünne Streifen aus →**Metall**. Sobald sich diese erwärmen, dehnen sie sich aus. Um noch in ihr Gehäuse zu passen, müssen sie sich verbiegen. Bei dieser Bewegung wird ein elektrischer Kontakt unterbrochen – und dadurch ein Boiler oder ein Heizsystem abgeschaltet. Moderne Thermostate funktionieren mit →**Elektronik**. Sie werden bei Temperaturen eingesetzt, bei denen die meisten Metalle schmelzen würden.

◄ Im antiken Griechenland saßen die Zuschauer halbkreisförmig auf ansteigenden Sitzplätzen unter freiem Himmel. In der Mitte des Theaters befand sich der runde Spielplatz, die Orchestra.

Theater

Mit dem Begriff „Theater" werden die darstellenden Künste wie Musiktheater (Oper, Musical, Operette), Tanztheater (Ballett, Pantomime) und Sprechtheater (Schauspiel) bezeichnet. Auch das Gebäude, in dem Theatervorstellungen stattfinden, heißt Theater. Der Ursprung des Theaters liegt im antiken Griechenland. Auch das Wort „Theater" ist von dem griechischen Wort „théatron" (Schaustätte) abgeleitet.

Das antike griechische Theater

In Athen fanden Ende des 6. Jh. v. Chr. die ersten Theateraufführungen zu Ehren des Gottes Dionysos statt. Zu diesem Zweck errichteten die Griechen riesige Theaterbauten. Das Dionysostheater am Südhang der Akropolis fasste 17 000 Zuschauer. Die vier großen Dramatiker des griechischen Theaters waren Aischylos (525–456 v. Chr.), Sophokles (496–406 v. Chr.) und Euripides (um 480–406 v. Chr.) sowie der Komödiendichter Aristophanes (um 446–385 v. Chr.).

▲ Shakespeare hat 37 Dramen geschrieben. Darunter z. B. „Romeo und Julia" (1596), „Ein Sommernachtstraum" (1600) und „Hamlet" (1601). Er brachte das Leben von Königen und des einfachen Volkes auf die Bühne.

Das Drama

Bis heute werden auf dem Theater Stücke gespielt, deren Text von einem Schriftsteller vorher in Dialogfassung aufgeschrieben wurde. Einer der bedeutendsten Dramenautoren war William Shakespeare (um 1564–1616). Seine Stücke werden noch heute vielfach gezeigt. Wichtige klassische Dramatiker in Deutschland waren Johann Wolfgang von Goethe (1749–1832) und Friedrich von Schiller (1759–1805). Wegweisend für das moderne deutsche Drama wurde Georg Büchner (1813–1837), der bis ins 20. Jh. hinein wirkte, etwa auf Gerhart Hauptmann (1862–1946) und Bertolt Brecht (1898–1956). Deutschsprachige Dramatiker an der Wende vom 20. zum 21. Jh. sind z. B. Thomas Bernhard (1931–1989), Elfriede Jelinek (geb. 1946), Heiner Müller (1929–1995) oder Botho Strauß (geb. 1944).

Die Inszenierung

Das Theater lebt nicht allein von geschriebenen Texten, sondern auch dadurch, wie eine Handlung auf der Bühne dargestellt, also in Szene gesetzt wird (Inszenierung). Eine entscheidende Rolle dabei spielt der Regisseur. Er deutet das literarische Werk und erarbeitet mit den Schauspielern die Rollen. Bedeutende Regisseure sind z. B. Max Reinhardt (1873–1943), Ariane Mnouchkine (geb. 1938), Peter Brook (geb. 1925) oder Peter Zadek (geb. 1926).
Viele Theatermacher betätigen sich gleichzeitig als Autor und Regisseur, etwa George Tabori (geb. 1914), Einar Schleef (1944–2001) oder Christoph Marthaler (geb. 1951).
Weitere wichtige Elemente einer Inszenierung neben Regie und Schauspiel sind Musik und Ton, Beleuchtung, Bühnenbild sowie zahlreiche Maschinen und Geräte für rasche Szenenwechsel und spezielle Effekte.

▲ In Japan entwickelte sich Anfang des 17. Jh. aus Musik, Schauspiel und Tanz das Kabuki-Theater.

Alternative Theaterformen

Es gibt Theaterformen, bei denen der geschriebene Text überhaupt keine Rolle spielt: Die Pantomime ist reines Körpertheater und kommt ganz ohne Text aus. Beim Improvisationstheater werden Handlung und Text während des Spiels erfunden, häufig nach Vorgaben der Zuschauer. Diese Theaterform wird auch Theatersport genannt, weil oft mehrere Theatergruppen in einem Wettkampf gegeneinander antreten.
Viele Theatermacher der zweiten Hälfte des 20. Jh. sind dazu übergegangen, mit Sprache, politischen oder philosophischen Themen und körperbetonter Schauspielkunst in der Gruppe zu experimentieren. In gemeinschaftlicher Arbeit werden Stückbearbeitungen oder eigene Theaterwerke entwickelt. Als Beispiele sind hier zu nennen, das Living Theatre (1947–1984) oder das international besetzte und bekannte Theatre de Complicité (gegründet 1983).

Zum Weiterlesen

Aristoteles, Goethe, Literatur, Musik, Schiller, Shakespeare, Tanz

Tibet

Tibet ist eine dünn besiedelte Region in Zentralasien. Mit einer durchschnittlichen Höhe von 4500 m ist es das höchstgelegenste Land der →**Erde**. Die Hochebene wird von gewaltigen Bergen umrahmt: Im Süden vom →**Himalaja** mit dem →**Mount Everest**, im Westen vom Karakorum in Kaschmir und im Norden vom Kunlun-Gebirge. Tibet wurde lange Zeit von buddhistischen Mönchen, den Lamas, regiert. Im Jahre 1959 eroberte →**China** das Land.

Tiefseefische

Die meisten →**Pflanzen** und →**Tiere** der →**Meere** halten sich in Tiefen bis zu 200 m unter dem Meeresspiegel auf. Ab etwa 300 bis 400 m beginnt die Tiefsee. In diesen Bereich dringt kein Licht und daher gibt es dort auch keine Pflanzen mehr, denn diese brauchen Sonnenlicht zum Überleben. Dennoch leben hier einige →**Fische**, die sich sehr gut an die Finsternis, die Nahrungsknappheit und den hohen Wasserdruck angepasst haben.
Alle Tiefseefische ernähren sich räuberisch. Die meisten sind sehr klein, besitzen aber auffallend große Mund- und Kieferapparate. Auch die →**Augen** sind z.T. stark vergrößert oder aber zurückgebildet. Häufig zu finden sind Leuchtorgane, mit denen die Fische Artgenossen erkennen, Beute anlocken oder Feinde abschrecken.

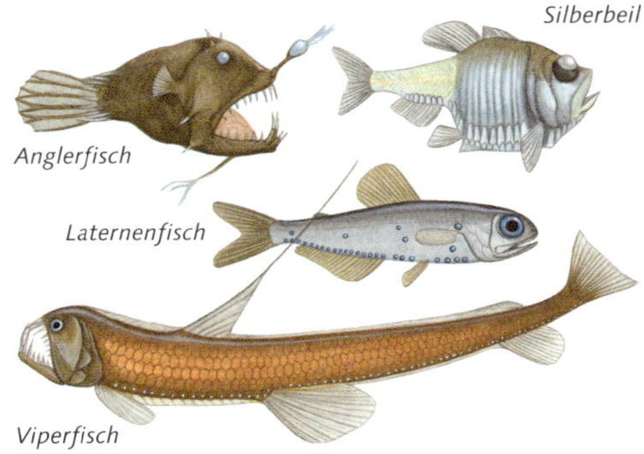

▲ Tiefseefische unterscheiden sich von anderen Fischen v.a. durch ihre Augen und Mundwerkzeuge.

Tiere

Tiere sind Lebewesen, die auf →**Pflanzen** oder andere Tiere als Nahrung und Energiespender angewiesen sind. Damit unterscheiden sie sich deutlich von den Pflanzen, die ihre →**Energie** mithilfe von Sonnenlicht, →**Wasser** und Kohlendioxid selbst herstellen können. Ein weiteres Merkmal der Tiere ist, dass sie sich in mindestens einer Phase ihres Lebens bewegen.
Niemand weiß, wie viele Tierarten auf der →**Erde** leben. Manche Wissenschaftler schätzen ihre Zahl auf 30 Millionen. Jedes Jahr aber werden Hunderte von →**Arten** neu entdeckt und andere sterben aus. Um einen Überblick zu behalten, unterteilt man die

▼ Lhasa in Tibet liegt auf einer Höhe von 3600 m und ist damit die höchstgelegene Stadt der Erde. Hier lebte der Dalai Lama, das Oberhaupt der tibetischen Buddhisten, bis er 1959 ins Exil nach Indien flüchtete.

Tiere in verschiedene Gruppen und Untergruppen. Eine große Gruppe des Tierreichs ist z. B. der Unterstamm der **→Wirbeltiere**. Sie alle besitzen eine stützende Wirbelsäule. Zu den Wirbeltieren zählen die Klassen der **→Vögel**, **→Säugetiere**, **→Fische**, **→Amphibien** und **→Reptilien**. Zu den **→Wirbellosen** gehören hingegen Tiere ohne Wirbelsäule, wie Gliederfüßer (z. B. **→Insekten** und **→Spinnen**), **→Nesseltiere** oder **→Weichtiere**. (Siehe auch Seite 385.)

Tierwanderungen

Manche **→Tiere** legen regelmäßig eine größere Strecke zwischen zwei Orten zurück. Grund für die Wanderschaft (auch Migration genannt) sind die jeweils besseren Bedingungen für Nahrungssuche, Paarung oder Aufzucht der Jungtiere an diesen Orten. Tierwanderungen sind meistens an bestimmte Jahreszeiten gebunden.
Die Tiere werden durch ihren **→Instinkt** zur Wanderung getrieben. Sie können ihre Wegstrecke zwar nicht im Voraus planen, haben aber viele Fähigkeiten, um sich zu orientieren: Einige ziehen entlang von natürlichen Landmarken wie **→Gebirgen**, **→Flüssen** oder Küsten, andere benutzen ihren **→Geruchssinn**. **→Vögel** lassen sich von der **→Sonne** und den **→Sternen** oder sogar vom **→Magnetismus** der **→Erde** leiten.
Die weitesten Strecken legen die Zugvögel zurück. Im Herbst machen sich die Schwalben und viele Singvögel auf den Weg von **→Europa** nach **→Afrika**. Im Frühling kommen sie zurück, um zu brüten. Den Rekord unter den Zugvögeln hält die Küstenseeschwalbe. Im Sommer der **→Arktis** ziehen diese Vögel ihre Jungen auf. Dann fliegen sie in den Süden, zum Teil bis in die **→Antarktis**. Dabei legen sie etwa 20 000 km zurück. Ist der Sommer am Südpol zu Ende, fliegen sie wieder in den Norden.
Auch Schmetterlinge, **→Fische**, **→Schildkröten**, **→Wale** und viele **→Huftiere** begeben sich regelmäßig auf Wanderschaft. In der arktischen **→Tundra** wandern z. B. riesige Rentier- oder Karibuherden, um den Winter in den südlicheren Wäldern zu verbringen. Wale und Fische ziehen auf der Suche nach Nahrung und Partnern durch die Weltmeere. Manche Tiere wandern nicht Jahr für Jahr, sondern nur einmal im Leben: Die **→Aale** verlassen die Flüsse Europas und schwimmen quer über den **→Atlantischen Ozean**, um sich in der Sargassosee (Teil der **→Karibik**) zu paaren. Danach sterben sie. Die Jungaale brauchen dann mehrere Jahre, bis sie den Weg zurück nach Europa geschafft haben. Wieder andere Tiere wandern nur, wenn sie zu viele werden und die Nahrung knapp wird (Lemminge und **→Heuschrecken**).

▲ Der Monarchfalter wandert 3000 km weit von Nordamerika nach Mexiko. In ihrem Winterquartier warten dann viele Tausend Falter den nächsten Frühling ab. Dann fliegen sie zurück in den Norden.

Tiger

Tiger sind die größten Mitglieder der Familie der **→Katzen**. Sibirische Tiger werden bis zu 3 m lang und können bis zu 300 kg wiegen. Das Fell der Tiger ist vorwiegend rostrot mit schwarzen Streifen.
Tiger leben in den **→Wäldern**, **→Gebirgen** und sumpfigen Ebenen **→Asiens**, und zwar sowohl in tropischen als auch in sehr kalten Gegenden. Die Großkatzen gehen meist

Fortsetzung auf Seite 324

▼ Raubtiere, wie z. B. der Gepard, jagen und fressen andere Tiere. Die wichtigsten Beutetiere der Geparden sind Antilopen.

Fortsetzung von Seite 323

nachts auf Beutefang. Sie lauern ihren Beutetieren, das sind →**Hirsche**, Wildschweine, →**Fische** und →**Reptilien**, an Wildwechseln und Wasserlöchern auf. Die frisch getötete Beute schleppen sie an einen ruhigen Ort, um sie zu fressen.
Die Bestände des Tigers sind stark bedroht. Einige Unterarten sind noch im 20. Jh. ausgestorben. Die Gründe dafür sind der Verlust des Lebensraums, Beutemangel und Wilderei. Nicht nur das Fell der Tiere ist begehrt, sondern auch einzelne Körperteile. Sie werden zu Heilmitteln der chinesischen Medizin verarbeitet.

▲ Tragflächenboote schweben auf Tragflügeln über der Wasserfläche und kommen daher rascher voran als herkömmliche Schiffe. Sie werden hauptsächlich als Express-Fähren für den Personenverkehr über kurze Strecken eingesetzt.

Tintenfische

Tintenfische sind →**Weichtiere** und eng mit den →**Kraken** verwandt. Viele Tintenfische halten sich tagsüber in der Tiefsee auf und schwimmen nachts nach oben, um zu fressen. Mit ihren Tentakeln (Fangarmen) fangen sie →**Fische** und schieben sie in ihr schnabelartiges Maul. Tintenfische können einen Schwall Tinte ausstoßen und Angreifer damit irritieren. Manche Tintenfische sind nur daumengroß, Riesentintenfische dagegen erreichen bis zu 12 m Länge.

Tomate

Die Tomate stammt aus →**Südamerika**, wo sie bereits vor etwa 1000 Jahren angepflanzt wurde. Im 16. Jh. brachten die Spanier sie von dort nach →**Europa**. Mittlerweile werden Tomaten auf der ganzen Welt angepflanzt. Die runden, roten, fleischigen Früchte enthalten viele wichtige →**Vitamine**, z. B. Vitamin A und C.

▲ Tomatenpflanzen haben kleine gelbe Blüten. Nach deren Befruchtung entwickeln sich die Früchte mit den Samen. Eine Tomate braucht 40 bis 75 Tage, bis sie reif ist.

Ton

Ton ist der Überrest von →**Gestein**, das in Millionen von Jahren zu mikroskopisch kleinen Teilchen verwittert ist und eine wasserdichte Masse gebildet hat. Tonschichten im Untergrund verhindern, dass Regenwasser weiter versickert, sie wirken wasserstauend. Oberhalb solcher Tonschichten können sich daher Wasserspeicher bilden, die für Brunnen angebohrt werden.
Ton lässt sich gut formen und kann in Brennöfen sehr hart zu Töpfen, Schalen oder Ziegeln gebrannt werden. Man nennt die Töpferkunst auch Keramik. Die ältesten Tongefäße stammen aus der jüngeren →**Steinzeit**.

Tragflächenboot

Bei einem →**Schiff** wird ein großer Teil der Kraft des →**Motors** darauf verwendet, den Wasserwiderstand seitlich und unterhalb des Schiffsrumpfs zu überwinden. Ein Tragflächenboot besitzt Tragflügel, die sich zunächst unter Wasser befinden. Sie sind am Bug (vorne) und am Heck (hinten) des Schiffsrumpfs befestigt. Bei zunehmender Geschwindigkeit lassen sie das Schiff über dem Wasser schweben. Da sich dadurch der Wasserwiderstand verringert, kann sich ein Tragflächenboot rascher fortbewegen als ein normales Schiff.

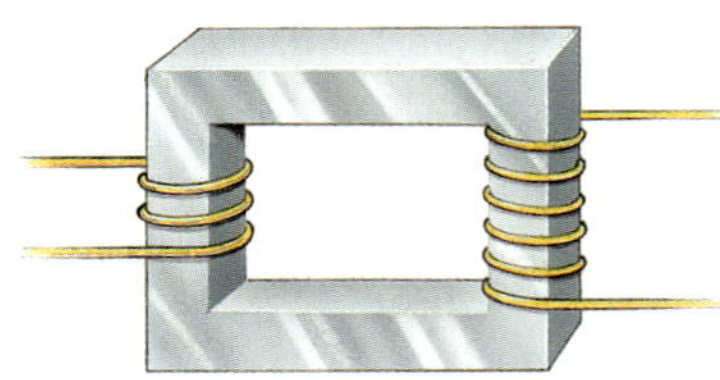

▲ Bei diesem Transformator hat die rechte Spule doppelt so viele Windungen wie die linke. Die Stromspannung erhöht sich um das Doppelte.

Transformator

Das Wort bedeutet allgemein „Umwandler" und bezeichnet konkret einen „Umspanner" – eine Vorrichtung, welche die Spannung des elektrischen →**Stroms** erhöht oder senkt.
Die Spannung kann man sich vorstellen wie eine Art Druck, der den Strom durch die Leitung schiebt. Transformatoren werden z. B. gebraucht, um die Spannung des Stroms aus →**Kraftwerken** zu erhöhen, denn Strom mit hoher Spannung kann leichter in Hochspannungsleitungen transportiert werden.
Für Gebrauchsstrom (etwa für Haushalts-

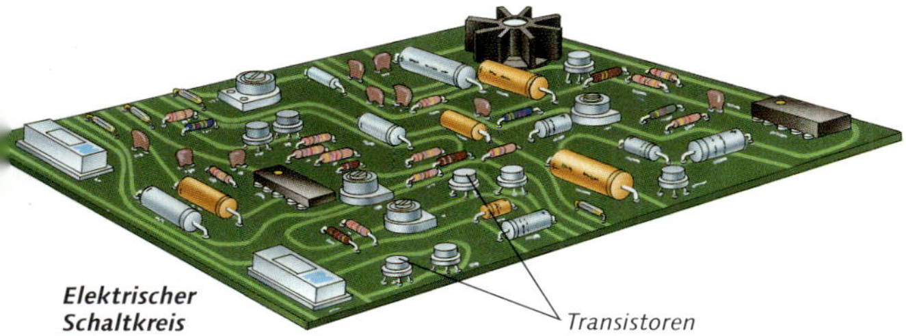

➜ Transistoren können in einem elektrischen Stromkreis als Schalter oder als Verstärker dienen. Stromkreise (oder Schaltkreise) wie dieser enthalten zahlreiche elektronische Bauteile, durch die elektrischer Strom fließt. Sie sorgen dafür, dass ein Elektrogerät – etwa ein Toaster oder Computer – richtig funktioniert.

geräte) wird die Spannung durch weitere Transformatoren dann wieder gesenkt.
Ein einfacher Transformator besteht aus zwei Drahtspulen mit unterschiedlich vielen Windungen. Die Spulen sind nur durch einen geschlossenen Eisenkern miteinander verbunden. Führt man einer der Spulen (Primärspule) Wechselstrom zu (Strom, der ständig seine Stärke und Richtung ändert), wird ein Magnetfeld (→**Magnetismus**) erzeugt, das ebenfalls ständig die Richtung ändert. Dadurch entsteht elektrische Spannung, die auf die zweite Spule (Sekundärspule) übertragen wird. Ist die Sekundärspule öfter um das Eisen gewickelt als die erste Spule, wird in ihr die Stromspannung erhöht. Hat sie weniger Windungen, ist die Spannung in ihr niedriger als in der Primärspule.

Transistor

Transistoren sind kleine elektronische Bauelemente. Die meisten sind in Radios, Fernsehapparaten, →**Computern** und →**Satelliten** eingebaut, wo sie elektrische Ströme verstärken. Außerdem können sie elektrische Ströme ein- und abschalten. Sie haben weitgehend die Vakuumröhren ersetzt, die man früher dazu verwendete.
Heute lassen sich komplizierte Schaltkreise mit Tausenden von Transistoren auf einem einzigen nur einen Quadratzentimeter großen →**Chip** unterbringen. Die ersten funktionsfähigen Transistoren wurden in den 1940er-Jahren von den amerikanischen Physikern Walter Brattain (1902–1987), John Bardeen (1908–1991) und William Shockley (1910–1989) entwickelt. Ihre Erfindung hat die →**Elektronik** stark beeinflusst. Heute werden diese Bauelemente jährlich zu Millionen hergestellt.

Transport

Um Lasten oder auch Personen von einem Ort zum anderen zu bringen, benutzten die →**Menschen** zunächst ihre eigene Körperkraft, später Last- und Tragtiere. Mit der →**Erfindung** des →**Rades** erleichterten sich die Transportmöglichkeiten erheblich. Seither ist die Geschichte des Transports eng mit der Geschichte des →**Verkehrs** und der Entwicklung von immer neuen Fortbewegungsmitteln verknüpft. Meilensteine in der Geschichte von Transport und Verkehr waren z. B. die Erfindung der →**Dampfmaschine** und des →**Benzinmotors**.
Transport findet zu →**Wasser**, zu Lande und in der →**Luft** statt. Schon früh wurden schwere Lasten auf dem Wasser transportiert. Zunächst verwendete man Flöße aus Baumstämmen und →**Schiffe** und Boote mit Segeln. Wichtige Wasserfahrzeuge für den Transport heute sind Tanker und Containerschiffe. Transportmittel auf dem Land waren lange Zeit von Tieren gezogene Wagen. Heute werden Güter und Menschen mithilfe von Kraftfahrzeugen und →**Eisenbahnen** über Land befördert. Transport im Bereich der →**Luftfahrt** spielt gegenüber Straße, Schiene und Wasser eine geringere Rolle. Für die Beförderung von flüssigen Gütern, etwa →**Erdöl**, verwendet man häufig auch Rohrleitungen, sogenannte Pipelines, die über weite Strecken verlegt werden.
Viele Güter werden häufig mit verschiedenen Transportmitteln fortbewegt. So übernehmen z. B. Eisenbahnen und Schiffe den Ferntransport, während Lastwagen die Waren zu Güterbahnhof und →**Hafen** bringen oder von dort abholen. Die Beförderung erfolgt dabei meist in Transportbehältern, den Containern, die leicht von einem Transportmittel auf das andere verfrachtet werden können.
Container sind stabile Großraumbehälter, in denen Waren zum Transport sicher gelagert sind. Es gibt neben den reinen Transportcontainern auch Kühlcontainer für verderbliche Waren, wie z. B. Fleisch, und Tankcontainer für flüssige und gasförmige Stoffe. Containerschiffe fahren die Container über die Weltmeere. Das größte Containerschiff kann über 14 000 Container transportieren.

Traum
Als Traum bezeichnet man Bilder, die während des →**Schlafs** entstehen und die man nicht bewusst wahrnimmt. Besonders in einer Phase des Schlafs, der sogenannten REM-Phase (englisch: „rapid eye movement" für schnelle Augenbewegungen), träumt man viel. In zahlreichen Träumen verarbeitet ein →**Mensch**, was er am Tag erlebt hat. Am Morgen erinnert man sich aber nur selten an einen Traum. Nicht alle Träume sind schön. Es gibt auch Träume, die einen beängstigen. Man nennt sie Albträume. Der Arzt Siegmund →**Freud** erkannte die große Bedeutung der Träume in Bezug auf die seelischen Zustände eines Menschen und entwickelte die Methode der Traumdeutung.

Trinidad und Tobago
Staatsform: Republik
Hauptstadt: Port of Spain
Fläche: 5130 km²
Einwohner: 1,3 Mio.
Sprache: Englisch
Währung: Trinidad-und-Tobago-Dollar

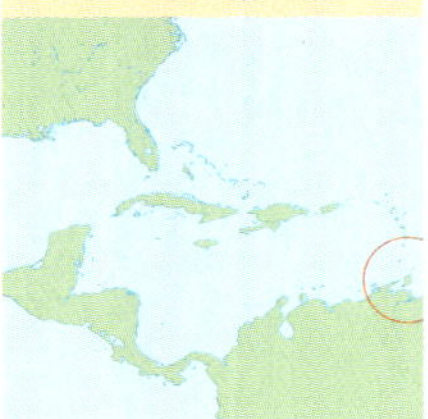

Treibhauseffekt
siehe Klimaerwärmung

Trinidad und Tobago
Der Staat besteht aus den karibischen Inseln Trinidad und Tobago. Beide sind der Küste von →**Venezuela** vorgelagert. Das →**Klima** ist warm und feucht. Der Reichtum des Landes beruht auf den Vorkommen von →**Erdöl** und →**Erdgas**. Bedeutende Industriezweige sind die Produktion von →**Eisen und Stahl** sowie die Petrochemie (Ammoniak und Methanol). Der jährliche Karneval zieht viele Touristen an, die den Steelbands und dem Calypso lauschen, für die die Inseln berühmt sind.

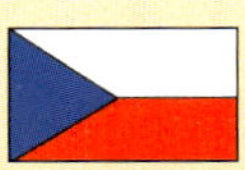

Tschechische Republik
Staatsform: Republik
Hauptstadt: Prag
Fläche: 78 866 km²
Einwohner: 10,3 Mio.
Sprache: Tschechisch
Währung: Tschechische Krone

Trompete
Die Trompete ist ein Blechblasinstrument und besteht meist aus Messing oder Neusilber. Das zylindrische Rohr ist oben gebogen und endet in einem Schallstück, der Stürze. Das Instrument hat ein rundes Kesselmundstück und in seiner heutigen Form drei Ventile. Je nachdem, welches Ventil gedrückt wird, verlängert oder verkürzt sich die schwingende Luftsäule. Dadurch verändert sich die Tonhöhe. Frühere Trompeten konnten nur Naturtöne hervorbringen. Durch die Ventile lassen sich nun auch Halbtöne spielen, die man für die meisten Melodien braucht. Trompeten haben einen hellen, strahlenden Klang, der alle anderen Instrumente übertönt. Im →**Mittelalter** dienten sie deshalb als Signalinstrumente. Später nahm man die Trompete in die →**Orchester** auf. Viele berühmte Komponisten schrieben Musikstücke für die Trompete. Heute ist sie auch ein wichtiges Soloinstrument im →**Jazz**. Louis Armstrong (1901–1971) war z. B. ein weltberühmter Jazztrompeter.

Tropen
Die Tropen sind die heißeste Klimazone der →**Erde**. Sie erstrecken sich wie ein Gürtel rund um den Erdball zwischen dem →**Äquator** und den Wendekreisen (zwei Kreise 23,5° nördlicher und südlicher Breite). →**Afrika**, →**Mittel-** und →**Südamerika**, →**Indien**, Südasien, Ozeanien und Nordaustralien liegen in den Tropen. Hier steht die →**Sonne** zweimal im Jahr auf ihrem höchsten Punkt, dem Zenit. Das bedeutet, dass ihre Strahlen das ganze Jahr über nahezu gleichmäßig stark einfallen. Immer wenn die Sonne ihren höchsten Stand erreicht hat, kommt es zu heftigen Regenfällen. Man unterscheidet deshalb in den Tropen Regenzeiten und Trockenzeiten. Zu den Wendekreisen hin gibt es nur noch eine schwache Regenzeit. Hier ist es trocken und heiß. Unmittelbar am Äquator regnet es dagegen das ganze Jahr hindurch fast täglich. Hier liegen die inneren Tropen mit den immerfeuchten →**Regenwäldern**. Im Allgemeinen ist es in den Tropen nie kälter als 20 °C. Nur in den tropischen →**Gebirgen** ändert sich mit aufsteigender Höhe die →**Temperatur** und auf den höchsten Gipfeln liegt selbst in den Tropen Schnee.

Tschechische Republik
Das osteuropäische Land besteht aus zwei Regionen. Im Westen liegt Böhmen, dessen Ebenen von waldreichen Mittelgebirgen umrahmt sind. Im Osten des Landes dehnt sich das hügelige Mähren aus. Die Hauptstadt Prag gehört zu den ältesten historischen Städten →**Europas**. Das Land war ursprünglich ein Teil der Tschechoslowakei (ČSR). Von 1938 bis zum Ende des Zweiten →**Weltkriegs** gehörte der Westteil dieses Landes zum Deutschen Reich, 1939 besetzten deutsche

Truppen Böhmen und Mähren. Nach dem Krieg herrschte in der Tschechoslowakei (jetzt ČSSR) eine kommunistische →**Regierung**, die 1989 durch eine demokratische Regierung abgelöst wurde. 1993 spaltete sich die Tschechoslowakei in die Tschechische Republik (kurz: Tschechien) und die →**Slowakei** auf. Seit 2004 gehört die Tschechische Republik zur →**Europäischen Union**.

Tundra

Mit dem Begriff Tundra beschreiben die Geografen die weiten, öden Ebenen im äußersten Norden von Amerika, →**Europa** und →**Sibirien**. Dort ist es so kalt, dass keine →**Bäume** mehr wachsen können. Die Tundra schließt sich südlich an die Polargebiete an. In den Wintern erscheint die →**Sonne** für mehrere Wochen oder gar Monate nicht am Himmel. Dann ist das Land von Schnee bedeckt und der Boden tief gefroren. Die durchschnittliche Sommertemperatur beträgt 10 °C.
Trotz des rauen Klimas können in der Tundra →**Moose**, Zwergsträucher und →**Flechten** wachsen. Hier leben auch zahlreiche →**Insekten**, die wiederum den →**Vögeln** wie →**Gänsen**, →**Schwänen** und →**Enten** als Nahrung dienen. Im Sommer wird die Tundra von Moschusochsen, Karibus oder Rentieren bevölkert. Dauerhaft leben dort allerdings nur wenige Tiere. Zu diesen gehören Polarfüchse, →**Bären**, Schneehasen, →**Wölfe** und Lemminge. In der Tundra leben nur wenige →**Menschen**, wie z. B. die →**Inuit** und die Samen (früher Lappen). Durch die Förderung von →**Erdöl** und →**Erdgas** gewinnen die Tundraregionen immer mehr an wirtschaftlicher Bedeutung.

▲ Obwohl die Temperaturen in der Tundra nur zwei bis vier Monate im Jahr den Gefrierpunkt übersteigen, wachsen in dieser Landschaft zahlreiche Pflanzen.

Tunesien

Tunesien ist ein Land im Norden →**Afrikas**. Seine Mittelmeerstrände sind beliebte Urlaubsorte für europäische Touristen. Im zerklüfteten Bergland des Nordens fällt der meiste Regen, während der Süden schon zur →**Wüste** Sahara gehört. →**Landwirtschaft** und Tourismus sind die wichtigsten Einnahmequellen des Landes, es werden aber auch Phosphate und →**Erdöl** ausgeführt.
Die meisten Tunesier sind Muslime.
In der Nähe der Hauptstadt liegen die Ruinen der antiken Stadt Karthago. Sie war eine wichtige Seemacht, wurde aber 146 v. Chr. von den Römern zerstört.

Tunesien
Staatsform: Republik
Hauptstadt: Tunis
Fläche: 163 610 km²
Einwohner: 9,6 Mio.
Sprachen: Arabisch, Französisch
Währung: Tunesischer Dinar

Tunfische

Die verschiedenen Tunfische gehören zu den schnellsten Schwimmern der →**Ozeane**. Die meisten leben in warmen →**Meeren**. Im Sommer folgen sie jedoch ihren Beutetieren (Heringe, Makrelen) mitunter in nördliche Gewässer. Der Gewöhnliche Tunfisch kann bis zu 5 m lang werden und wiegt bis zu 900 kg. Das Fleisch des Tunfischs ist reich an →**Eiweiß** und →**Vitaminen** und wird meist zu Konservennahrung verarbeitet.

Tunnel

Tunnel spielen eine wichtige Rolle im →**Bergbau** sowie für den →**Verkehr** und die Versorgung mit →**Wasser**. Schon die Römer bauten lange unterirdische Wasserleitungen.
Es gibt verschiedene Methoden des Tunnelbaus. Aus hartem →**Gestein** wird der Tunnel herausgesprengt. Aus weicherem Gestein kann man einen Tunnel mit speziellen Maschinen herausschneiden. Sie funktionieren ähnlich wie die, mit denen man nach →**Erdöl** bohrt. In sehr weichem Gestein kann man mit einer sogenannten Schildvortriebsmaschine arbeiten. Dabei handelt es sich um einen riesigen Zylinder aus →**Stahl** vom gleichen Durchmesser wie der geplante Tunnel. Das mit scharfen Schneiden versehene Kopfstück bohrt sich in die Erde hinein.
Das abgebaute Gestein wird laufend hinausbefördert und die fertige Tunnelröhre hinter der Maschine gleich ausgekleidet, damit sie nicht zusammenstürzen kann.
Tunnel können auch in einer offenen Baugrube entstehen. Nach den Bauarbeiten werden sie mit Erdreich zugeschüttet und mit einer Decke versehen.
Wenn ein Tunnel unter einem →**Fluss** verlaufen soll, werden häufig fertige Tunnelteile ins Wasser abgesenkt und von Tauchern miteinander verbunden.

◄ Moderne automatische Maschinen zum Graben von Tunneln sind vorne mit Drehschneiden besetzt. Die beim Vortrieb entfernten Erd- und Gesteinsbrocken werden mit einem Förderband abtransportiert. Hydraulische Pressen, die ähnlich wie Federn funktionieren, zwingen die Maschine vorwärts.

Sobald der Tunnel fertig ist, pumpt man das Wasser heraus.
Ein bedeutender Verkehrstunnel für →**Autos** und Züge ist der Eurotunnel, der unter dem Ärmelkanal →**Großbritannien** mit dem europäischen Festland verbindet. Er ist 50 km lang und wurde 1994 eröffnet.
Der längste Eisenbahntunnel der Welt wird derzeit unter dem St.-Gotthard-Massiv gebaut. Er wird einmal 57 km lang sein und soll etwa 2010 in Betrieb genommen werden. Künftig können dann Expresszüge mit hoher Geschwindigkeit zwischen Mailand (→**Italien**) und Zürich (→**Schweiz**) fahren. Der derzeit längste Eisenbahntunnel der Welt verläuft in →**Japan** unter dem Meer.

Turbine

Eine Turbine ist eine →**Maschine**, in der →**Wasser**, Dampf, →**Wind** oder →**Gas** ein →**Rad**, eine Walze oder eine →**Schraube** in Drehung versetzen, um →**Energie** zu erzeugen. Einfache Turbinen sind z. B. Wasserräder und Windmühlen.
Wasserturbinen werden in Wasserkraftwerken eingesetzt. Die in dem z. B. von einem Stausee herabrauschenden Wasser enthaltene Energie treibt eine Turbine an. Die Turbine selbst erzeugt keine →**Elektrizität** – das übernimmt ein →**Generator**, den sie in →**Bewegung** versetzt.
Manche Turbinen sind wie Räder oder Zylinder geformt und ringsum mit Blättern oder Schaufeln besetzt, andere erinnern an Schrauben oder Propeller.
Dampfturbinen werden mit Dampfstrahlen angetrieben und finden vielseitig Verwendung – entweder ebenfalls zur Stromerzeugung in →**Kraftwerken** oder als Antriebssystem für →**Schiffe** oder →**Pumpen**.
Gasturbinen werden von sehr schnell strömendem Gas angetrieben. Das Gas stammt aus der Verbrennung von →**Brennstoffen**, z. B. →**Erdöl**. Die heiße →**Luft**, die in der Brennkammer innerhalb der Gasturbine entsteht, dehnt sich aus und treibt beim Entweichen die Turbine an.
Die winzigen Turbinen in einem Zahnarztbohrer werden von Druckluft angetrieben. Sie schaffen über 250 000 Umdrehungen pro Minute.
Mit Windturbinen kann man die →**Windenergie** zur Erzeugung von elektrischem →**Strom** ausnutzen – eine gute Quelle erneuerbarer Energie, da bei diesem Verfahren keine →**Brennstoffe** verbraucht werden.

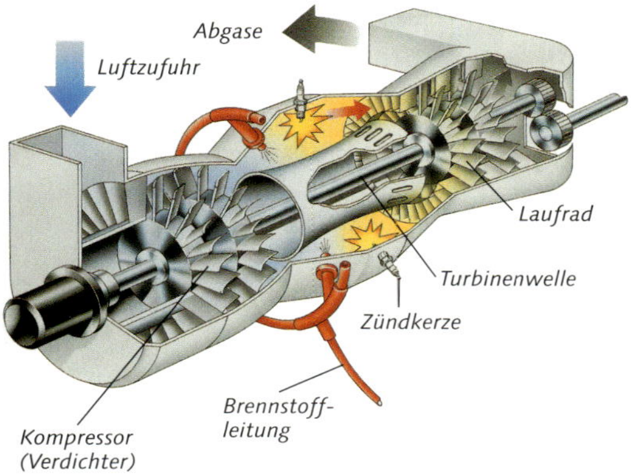

▲ In einer gasbetriebenen Turbine zwingt ein Kompressor Luft in eine Brennkammer. Dort wird sie mit Brennstoff vermischt und anschließend entzündet. Während der Verbrennung entstehen heiße Gase, die sich ausdehnen und dabei die Laufräder der Turbine zum Drehen bringen. Diese Drehbewegung wird zum Antrieb eines Strom erzeugenden Generators genutzt.

Türkei

Der größte Teil der Türkei gehört zu →**Asien**. Der europäische Landesteil nimmt nur 3 % der Gesamtfläche ein. Er liegt westlich der Meerenge zwischen Schwarzem →**Meer** und Mittelmeer. Hier befindet sich Istanbul, die größte Stadt des Landes. Früher hieß sie Byzanz, später dann Konstantinopel. Im asiatischen Teil, der Anatolien oder Kleinasien genannt wird, liegt die Hauptstadt Ankara.

▼ Die Blaue Moschee in Istanbul, Türkei, gehört zu den eindrucksvollsten Sakralbauten der Welt. Sie entstand zwischen 1609 und 1616 während der Regierungszeit von Sultan Achmed I.

Anatolien ist ein karges, von zahlreichen Gebirgsketten durchzogenes Hochland. →**Landwirtschaft** wird vorwiegend auf den schmalen, fruchtbaren Küstenebenen betrieben. Die Türkei fördert Chrom, ein →**Metall**, das zur Verstärkung von →**Eisen und Stahl** verwendet wird. Eine weitere wichtige Einnahmequelle des Landes ist der Tourismus. Die meisten Türken sind Anhänger des →**Islam**.

Bis zum Fall von Konstantinopel (1453) gehörte das Land zum →**Byzantinischen Reich**. Danach errichteten die osmanischen Sultane ein gewaltiges Imperium. Auf dem Höhepunkt seiner Macht dehnte sich das →**Osmanische Reich** von Südrussland bis nach Marokko und von der Donau bis zum Persischen Golf aus. Nach 1600 schwand seine Macht und im Ersten →**Weltkrieg** brach es völlig zusammen.

Nach dem Krieg begann Kemal Atatürk (1881–1938), das Land vorsichtig zu modernisieren. Sein Name bedeutet „Vater der Nation".

Türkei
Staatsform: Republik
Hauptstadt: Ankara
Fläche: 814 578 km²
Einwohner: 67,8 Mio.
Sprachen: Türkisch, Kurdisch
Währung: Türkische Lira

◄ Unter dem Begriff Turnen versteht man heute v. a. Übungen an den hier gezeigten Geräten. Die meisten Kinder lernen diese Geräte im Sportunterricht kennen.

Turnen

Im 19. Jh. wurden alle Übungen, die den Körper gesund und leistungsfähig erhalten sollten, unter dem Begriff Turnen zusammengefasst. Heute versteht man darunter v. a. Übungen, die an Geräten durchgeführt werden. Männer und Frauen treten bei Wettkämpfen als sogenannte Kunstturner an unterschiedlichen Geräten an. Die teilnehmenden Frauen führen Übungen an Pferd, Schwebebalken und Stufenbarren aus und turnen am Boden. Bodenturnen gehört auch zu den männlichen Disziplinen. Darüber hinaus turnen die Männer an Reck, Ringen und Barren sowie an Pauschen- (oder Seit-) und Sprungpferd.

U

U-Bahn

Tagtäglich benutzen Millionen von Menschen →**Eisenbahnen**, die unter der Erde fahren. Diese Untergrundbahnen (U-Bahnen) werden elektrisch betrieben und können ihre Fahrgäste rascher befördern als →**Autos** oder Busse, die oben durch den dichten Stadtverkehr fahren.

Die erste, dampfbetriebene U-Bahn der Welt wurde 1863 in London eröffnet, die erste elektrische U-Bahn ebenfalls in London 1890. Es folgte Budapest im Jahr 1896. Die erste elektrische U-Bahn in →**Deutschland** fuhr ab 1902 in Berlin. Heute gibt es weltweit über 60 U-Bahnen. Die größten davon befinden sich in London und New York – beide haben ein etwa 400 km langes Streckennetz. Die Moskauer U-Bahn hat die größten und schönsten Bahnhöfe.

Überschallflug

Überschallflug bedeutet, dass sich ein Flugkörper schneller fortbewegt als der →**Schall** durch die →**Luft**. Auf Meereshöhe entspricht das einer Geschwindigkeit von etwa 1225 km/h. In höheren Lagen bewegt sich der Schall zunehmend langsamer fort. Fliegt ein Flugzeug langsamer als Schallgeschwindigkeit, können sich die vor ihm liegenden Luftmassen teilen und um das Flugzeug herumströmen. Bei einem Über-

▼ In den Stationen einer U-Bahn gibt es zahlreiche Tunnel und Fahrtreppen, damit die Fahrgäste nach oben auf die Straße oder zu einem anderen Zug gelangen können.

▲ Bei einem Überschallflug bewegt sich ein Düsenjäger schneller als der Schall. Vor ihm baut sich dabei Luft auf, die sich nicht schnell genug verteilen kann, sodass eine Art Stau entsteht, der eine Stoßwelle hervorruft. Eine zweite Stoßwelle bildet sich hinten am Flugzeug. Wenn diese Stoßwellen den Boden erreichen, hört es sich an wie eine doppelte Explosion – das ist der Überschallknall.

schallflug hat der Luftstrom keine Zeit, die vom Flugzeug verursachten Druckstörungen auszugleichen. Es entsteht eine gewaltige Stoßwelle, mit der ein lauter Knall verbunden ist. Dieser kann dem Flugzeug einen heftigen Schlag versetzen.
Um diesen Schlag zu verhindern, werden Flugzeuge, die sich schneller als der Schall bewegen – wie ehemals die „Concorde" – mit langen, spitzen Nasen und schmalen, nach hinten verlaufenden Flügeln gebaut. So sind sie der Luftströmung beim Überschallflug angepasst. Ein solches Flugzeug hat einmal die sechsfache Schallgeschwindigkeit geschafft.

Überschwemmungen

Zu Überschwemmungen kann es kommen, wenn →**Flüsse** über ihre Ufer treten oder wenn das →**Meer** bei Stürmen mit hohen Fluten die Küste überspült. So treten Flüsse über ihre Ufer, wenn sie durch Schmelzwasser aus dem verschneiten →**Gebirge** und gleichzeitigem Dauerregen anschwellen. In tropischen Gebieten führen häufig die starken Regenfälle während der Regenzeit zu Überflutungen. In großen Teilen von Bangladesch kommt es regelmäßig zu Überschwemmungen. Das Wasser bringt fruchtbaren Schlamm mit sich, sodass die Bauern zweimal pro Jahr ernten können. Allerdings können Überschwemmungen in Verbindung mit Wirbelstürmen verheerende Schäden anrichten. Klimaforscher erwarten im Zusammenhang mit der →**Klimaerwärmung** künftig mehr Überschwemmungen auf der Nordhalbkugel der →**Erde**. Durch die Erwärmung um ein Grad in →**Europa** in den letzten 100 Jahren verdunstet mehr Oberflächenwasser. Dadurch befindet sich mehr Feuchtigkeit in der Luft, die zu lang anhaltenden, starken Regenfällen führen. In →**Deutschland** kam es in den letzten Jahren allein zu zwei Jahrhundertfluten: das Oderhochwasser im Jahr 1997 und die Elbeflut im Jahr 2002. Bayern ist seit 1999 drei Mal von Jahrhundertfluten heimgesucht worden, 2005 gab es das schlimmste Hochwasser seit 300 Jahren. Gleichzeitig fällt in den tropischen und subtropischen Regionen der Südhalbkugel die Niederschlagsmenge, und Wissenschaftler rechnen mit zunehmendem Wassermangel und Dürrekatastrophen.
Drei große Flüsse sorgten in der Geschichte immer wieder für Überschwemmungen: Der Nil in →**Ägypten**, der Mississippi in den →**Vereinigten Staaten von Amerika** und der Huang Ho (Gelber Fluss) in →**China**. Um den Nil zu zähmen, wurde der gewaltige Assuanstaudamm gebaut, dessen →**Kraftwerke** elektrischen →**Strom** liefern. Zuvor war es in jedem Jahr zu Überschwemmungen gekommen. Der hierbei an den Ufern abgelagerte Schlamm verwandelte die →**Wüste** rechts und links des Flusses in fruchtbares Land.
Die in der →**Bibel** beschriebene Sintflut bezieht sich vermutlich auf ein gewaltiges Hochwasser des Euphrats, das um 3000 v. Chr. das Zweistromland Mesopotamien (heute →**Irak**) überschwemmte.

Überwachungstechnik

Der Begriff Überwachungstechnik ist sehr umfassend, es fallen viele verschiedene Techniken darunter. Besonders bekannt ist die Überwachung mit Videokameras, z. B. in Kaufhäusern, auf Flughäfen, in Bahnhöfen, in U-Bahnstationen, auf Autobahnen oder an Straßenkreuzungen. Die Videobilder werden in einen Kontrollraum übertragen und dort beobachtet und ausgewertet. Die Überwachung durch →**Satelliten** vom Weltraum aus dient sowohl militärischen als auch zivilen Zwecken, etwa der frühzeitigen Erkennung von Waldbränden, Ölteppichen oder anderen Umweltschäden. Für die Überwachung von Innenräumen zum Schutz gegen Einbrecher werden oft Bewegungsmelder verwendet. Ein Typ dieser Überwachungsgeräte spricht auf die unsichtbare →**Infrarot**- oder auf Wärmestrahlung von →**Menschen** an. Andere Bewegungsmelder vergleichen fortlaufend die von Videokameras aufgezeichneten Bilder und

Fortsetzung auf Seite 332

▼ U-Boot

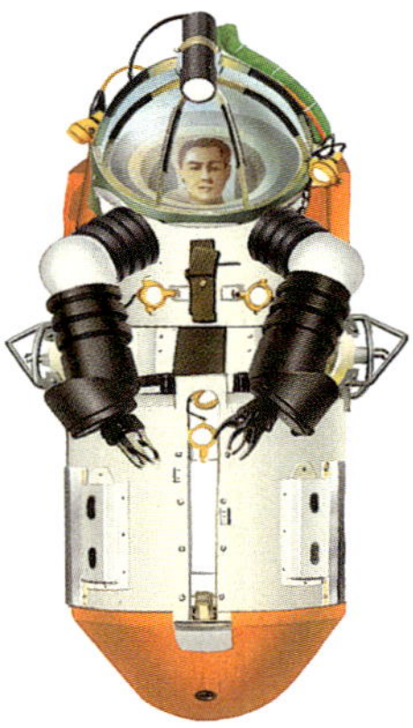

▲ In diesem Einpersonen-U-Boot können Taucher in einer Tiefe von bis zu 300 m arbeiten. Bis zu dieser Tiefe hält es dem Wasserdruck stand.

Uganda
Staatsform: Republik
Hauptstadt: Kampala
Fläche: 236 860 km²
Einwohner: 24 Mio.
Sprachen: Luganda, Kisuhaheli, Luo, Englisch
Währung: Ugandischer Schilling

Fortsetzung von Seite 331

können so Veränderungen in einem überwachten Raum sofort feststellen. In vielen Fällen lösen Überwachungsgeräte bei Auffälligkeiten Alarm aus.

U-Boot

Unterseeboote (kurz: U-Boote) sind →**Schiffe**, die sich unter Wasser fortbewegen können. U-Boote haben einen langen, zigarrenförmigen Rumpf (stromlinienförmig), um den Wasserwiderstand beim Fahren zu verringern. Sie werden mithilfe von Rudern gesteuert, und über die flossenähnlichen Tiefenruder vorne und hinten am Rumpf kann man das U-Boot auf der gewünschten Wassertiefe halten. Wenn seine sogenannten Tauchzellen (große Kammern) voller →**Luft** sind, kann ein U-Boot auch an der Wasseroberfläche schwimmen. Zum Tauchen werden diese Tauchzellen mit →**Wasser** vollgepumpt. Um an die Oberfläche zu steigen, pumpt man verdichtete Luft in die Tauchzellen, um das Wasser herauszudrängen.
Die frühen U-Boote waren sehr langsam, weil das Ein- und Auspumpen noch von Hand erfolgte. In den 1870er-Jahren wurde ein U-Boot mit Dampfantrieb erfunden, aber hier musste die Besatzung beim Abtauchen immer den Schornstein einziehen und das →**Feuer** löschen, mit dem das Wasser für die Dampferzeugung erhitzt wurde.
Das erste wirklich einsatzfähige U-Boot wurde um 1900 gebaut. Über dem Wasser verwendete es einen →**Dieselmotor**. Da Kraftstoff zum Verbrennen →**Luft** benötigt, wurde das U-Boot unter Wasser von einem →**Elektromotor** angetrieben, der mit →**Batterien** versorgt wurde.
Im Jahr 1955 lief das erste mit →**Atomenergie** betriebene U-Boot vom Stapel. Diese U-Boote können rund um die Welt fahren, ohne auch nur ein einziges Mal aufzutauchen. Das Atom-U-Boot „Nautilus", das in den →**Vereinigten Staaten von Amerika** gebaut wurde, schaffte 1958 die erste Unterquerung des Nordpols. Die neuesten und größten atombetriebenen U-Boote wiegen über 20 000 t und bieten Platz für 150 Besatzungsmitglieder und 16 Marschflugkörper (Raketenwaffen).

Uganda

Uganda liegt in Ostafrika. Es wird vom Nil durchflossen, im Süden hat es Anteil am Viktoriasee, die Bergländer im Westen und Osten erheben sich bis über 5000 m. Die meisten Ugander arbeiten in der →**Landwirtschaft**, sie bauen Kaffee, Tee und →**Baumwolle** an. Kaffee ist eines der Produkte, die in andere Länder ausgeführt werden.
Das Land wurde bis 1962 von →**Großbritannien** regiert, dann erlangte es die Unabhängigkeit. In den Jahren 1971–1979 litt das Land unter der Schreckensherrschaft des Generals Idi Amin Dada (1925–2003).

Uhr

Uhren sind Zeitmessinstrumente. Die älteste Methode der Zeitmessung bestand darin, einen Stock in den Boden zu stecken und zu beobachten, wie sich sein Schatten mit dem Lauf der →**Sonne** bewegte. Dies ist das Prinzip der Sonnenuhr, die jedoch nur tagsüber funktioniert, wenn keine Wolken die Sonne verdunkeln. In der →**Antike** gab es auch Sand- und Wasseruhren, bei denen →**Sand** oder →**Wasser** von einem oberen in einen unteren Behälter fließt und so einen bestimmten Zeitabschnitt abmisst. Die ersten mechanischen Uhren entstanden in →**Europa** im 13. Jh. Das sind Uhren mit →**Getrieben** aus Zahnrädern.
Die frühen Uhren gingen am Tag bis zu einer Stunde vor oder nach. Der italienische Astronom Galileo Galilei (1564–1642) entdeckte, dass man mit einem →**Pendel** →**Zeit** messen konnte. Mithilfe des Pendels wurden bald präzisere Uhren hergestellt. Ab dem 16. Jh.

gab es Taschenuhren, ab dem 19. Jh. Armbanduhren. Die mechanischen Armbanduhren funktionieren ähnlich wie Pendeluhren. Statt eines Pendels haben sie ein kleines Schwungrad, Unruh genannt, das durch eine Spiralfeder hin und her bewegt wird. Die Feder muss immer wieder aufgezogen werden.
Digitaluhren haben weder Zifferblatt noch Zeiger, sondern zeigen die Zeit in fortlaufenden →**Zahlen** an. Sie funktionieren mit →**Strom** aus einer kleinen →**Batterie** und einem →**Quarz**, der durch den Strom in Schwingungen versetzt wird. Die genauesten Uhren sind die Atomuhren – sie arbeiten mit den Schwingungen von →**Atomen** und werden z. B. in →**Satelliten** eingesetzt.

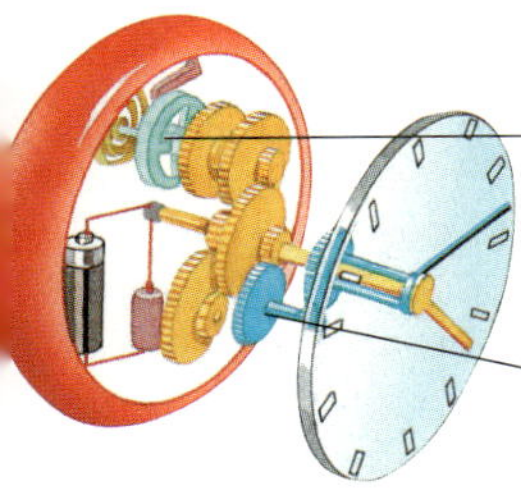

Das Ankerrad unterteilt die Drehbewegung in kleine, genau gleiche Zeitabschnitte und sorgt so dafür, dass die Uhr die richtige Zeit anzeigt.

Das Treibrad dreht Stunden-, Minuten- und Sekundenzeiger auf dem Zifferblatt der Uhr.

Ukraine

Die Ukraine liegt in Osteuropa und grenzt im Süden an das Schwarze →**Meer**. Sie besteht fast ausschließlich aus weiten Ebenen, nur im Westen hat sie einen kleinen Anteil an den Karpaten. Das Land verfügt über reiche →**Bodenschätze** (→**Quecksilber**, Mangan) und erzeugt →**Stahl**, Chemikalien und Zement. Hauptanbauprodukte sind Zuckerrüben und →**Weizen**.
Seit dem Zusammenbruch der →**Sowjetunion** im Jahr 1991 ist die Ukraine unabhängig.

Ultraschall

Die Frequenz (Anzahl der Schallwellen pro Zeiteinheit) von Ultraschall ist so hoch, dass das menschliche Ohr ihn nicht hören kann. In der Natur senden z. B. →**Fledermäuse** Ultraschallwellen aus, um sich zu orientieren. Ultraschall kann aber auch künstlich erzeugt werden, indem man →**Strom** durch Kristalle aus →**Quarz** schickt, die dadurch in Schwingung versetzt werden.
Da Ultraschall in der Lage ist, menschliches Gewebe zu durchdringen, können Ärzte mithilfe von Ultraschallbildern u. a. Tumore (Geschwülste) und Blutgerinnsel im Körper entdecken.
Das →**Sonar** nutzt Ultraschall, um die Wassertiefe festzustellen oder unter →**Wasser** z. B. →**U-Boote** aufzuspüren.

Ultraviolette Strahlung

Scheint Sonnenlicht durch ein Prisma (Glaskörper mit mehreren Seitenflächen), wird es in die Farben des →**Regenbogens** gebrochen, das sogenannte →**Spektrum**. An den Enden des Lichtspektrums liegen die Farben Rot und Violett. Das ultraviolette (Abkürzung: UV) →**Licht** schließt sich direkt an das violette Ende an. Obwohl das menschliche →**Auge** es nicht sehen kann, gehört es zum Spektrum der Sonnenstrahlung. Der Großteil des von der →**Sonne** abgestrahlten UV-Lichts geht in der →**Atmosphäre** verloren. Die geringen Mengen, die noch auf der →**Erde** auftreffen, sind der Grund dafür, dass die →**Haut** des Menschen im Sommer braun wird. Wenn man sich zu lange sonnt und zu viele UV-Strahlen abbekommt, kann dies Hautschäden bis hin zu Hautkrebs verursachen.
UV-Licht lässt sich für verschiedene Zwecke nutzen. Es tötet →**Bakterien** ab und wird für die Sterilisation (Entkeimung) von medizinischen Geräten verwendet. Auch kann man handschriftliche Dokumente mit UV-Licht auf ihre Echtheit überprüfen, weil man damit sehen kann, ob mit einer zweiten Tinte etwas verändert wurde.

Ukraine
Staatsform: Republik
Hauptstadt: Kiew
Fläche: 604 000 km²
Einwohner: 50 Mio.
Sprachen: Ukrainisch, Russisch
Währung: Griwna

▼ Mit Ultraschall überwacht der Arzt das Heranwachsen des Babys im Mutterleib.

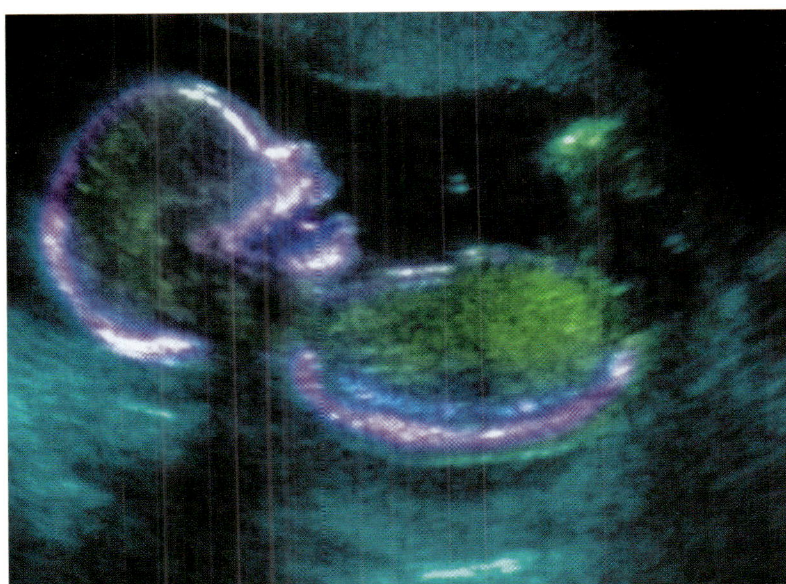

Ungarn
Staatsform: Republik
Hauptstadt: Budapest
Fläche: 93 030 km²
Einwohner: 10 Mio.
Sprache: Ungarisch
Währung: Forint

Umlaufbahn

Als Umlaufbahn oder Orbit wird die Bahn bezeichnet, auf der sich ein Himmelskörper um einen anderen bewegt. Künstliche →**Satelliten** und der →**Mond** umkreisen die →**Erde** auf Umlaufbahnen. Die →**Planeten** bewegen sich auf Umlaufbahnen um die →**Sonne**.
Himmelskörper auf der Umlaufbahn um einen anderen haben die Neigung sich auf einer geraden Linie zu bewegen, werden aber von der →**Schwerkraft** des Körpers, den sie umkreisen, angezogen. Daher haben Umlaufbahnen eher die Form einer Ellipse (abgeflachter Kreis) als die eines Kreises.

Umweltschutz

Ziel des Umweltschutzes ist es, die Lebensgrundlagen von →**Pflanzen**, →**Tieren** und →**Menschen** zu erhalten. Heutzutage ist die Umwelt durch Schadstoffe, Lärm, Straßen- und Städtebau sowie Müll so stark belastet, dass viele Pflanzen- und Tierarten bereits ausgestorben sind oder vielleicht bald aussterben werden. Dazu trägt auch die →**Klimaerwärmung** bei, die durch den Mensch verursacht wird. Eine Möglichkeit, die Natur zu schützen, besteht darin, Naturschutzgebiete und große →**Nationalparks** anzulegen. In vielen europäischen Ländern wie →**Deutschland**, den →**Niederlanden**, →**Österreich** und der →**Schweiz** setzen sich →**Bürgerinitiativen** und Parteien für den Umweltschutz ein.
Viele andere Länder nehmen immer noch sehr wenig Rücksicht auf die Erhaltung der Umwelt: →**Flüsse** und →**Meere** werden verseucht. Seltene Tiere werden bejagt, Wälder abgeholzt, die →**Luft** mit Kohlendioxid belastet und Pflanzenschutzmittel eingesetzt, die auch für den Menschen gefährlich sind. Der Umweltschutz wird in Zukunft für das Überleben der Menschen immer wichtiger werden.

▾ Wenn Öl aus einem Tanker ausläuft, kommt es zu katastrophalen Umweltverschmutzungen. Meer und Küste werden verpestet, Vögel und andere Tiere haben kaum Überlebenschancen.

Umweltverschmutzung

Vor der →**industriellen Revolution** in →**Europa** waren viele Abfälle natürlichen Ursprungs und konnten wieder in den natürlichen Kreislauf eingehen. Heute erzeugen die Menschen große Mengen an Abfall, der aufwendig beseitigt werden muss, z. B. durch Vergraben oder Verbrennen. Dadurch werden Boden oder →**Luft** belastet. →**Autos** und Fabrikschlote blasen Rauch und Abgase in die →**Atmosphäre**. Chemische →**Dünger** und Pflanzenschutzmittel vernichten zum Teil Wildtiere und -pflanzen. Abwässer oder ausgelaufenes →**Erdöl** bedrohen →**Flüsse** und →**Meere**. Um dieser Umweltverschmutzung entgegenzuwirken, wurden in vielen Ländern und auch auf internationaler Ebene Maßnahmen zum →**Umweltschutz** entwickelt.

Ungarn

Ungarn ist ein mitteleuropäisches Land ohne Verbindung zum →**Meer**. Die schiffbare Donau teilt Ungarn fast genau in zwei Hälften. Die Hauptstadt Budapest ist zugleich die größte Stadt des Landes. Ungarn ist vorwiegend ein Tiefland. Auf der weiten Grasebene im Osten weiden →**Schafe**, →**Rinder** und →**Pferde**. Die →**Landwirtschaft** ist ein wichtiger Erwerbszweig, doch arbeiten mehr →**Menschen** in der →**Industrie** oder im →**Bergbau**. Als die Österreichisch-Ungarische-→**Monarchie** nach dem Ersten →**Weltkrieg** zusammenbrach, wurde Ungarn eine eigenständige →**Republik**. 1956 zwang die →**Sowjetunion** dem Land ein kommunistisches Regierungssystem auf, das bis 1989 bestand. Seit 2004 gehört Ungarn zur →**Europäischen Union**.

Universum

Das Universum oder Weltall ist ein unvorstellbar großer Raum, der verschiedenste Himmelskörper enthält. Noch ist nicht geklärt, wie groß dieser Raum ist und ob er begrenzt oder unendlich ist. Die Wissenschaftler aber erkennen in ihm bestimmte Strukturen, mit

Wahrscheinlich entstand das Universum vor 15 Milliarden Jahren in einer gewaltigen Explosion, dem Urknall. Dabei wurden Gase und andere Materialien in den Raum geschleudert.

denen sie seinen Aufbau beschreiben: Die →**Erde** ist Teil des →**Sonnensystems**. Dieses wiederum gehört zu einer →**Galaxie**, der →**Milchstraße**. Die Milchstraße bildet zusammen mit etwa 30 anderen Galaxien einen Haufen, die lokale Gruppe. Diese ist Teil eines Superhaufens – und auch Superhaufen schließen sich wieder zusammen. Solche Strukturen sind mehrere Hundert Millionen Lichtjahre breit.
Die Wissenschaftler bemühen sich, mehr über den Ursprung des Universums zu erfahren. Ihrer Meinung nach war das gesamte Universum anfangs extrem heiß und auf einen winzigen Raum beschränkt. Als es explodierte, wurde das Material, aus dem es bestand – →**Gas** und Staub –, in alle Richtungen geschleudert. Während es sich ausbreitete, kühlte dieses Material ab. Es entstanden →**Sterne**, →**Planeten**, →**Monde** und alle übrigen Himmelskörper. Diese Vorstellung von der Entstehung des Universums wird Urknall-Theorie genannt. Es gibt auch Theorien zur Zukunft des Universums: Einer Vermutung zufolge werden sich die Galaxien immer weiter voneinander entfernen, bis sich im Zentrum des Universums nur schwarze Leere befindet. Andere Wissenschaftler glauben, dass die Galaxien irgendwann zum Stillstand kommen und durch ihre →**Schwerkraft** wieder ineinander stürzen – bis zu einem neuen Urknall.

Unkraut

Unter Unkraut versteht man wilde →**Pflanzen**, die dort wachsen, wo der Landwirt oder Gärtner sie nicht will – also etwa auf dem Getreidefeld oder im Gemüsegarten. Nimmt das Unkraut überhand, schadet es den Nutzpflanzen, weil es ihnen →**Licht**, →**Wasser**, Nährstoffe und Platz wegnimmt. Es gibt mehrere Möglichkeiten, Unkraut unter Kontrolle zu halten: Der Gärtner hackt meist die →**Erde** locker und zupft das Unkraut mit der Hand aus. Der Landwirt macht dies mit verschiedenen Geräten, die am Traktor angehängt werden. Häufig wird auch Unkrautvernichtungsmittel verwendet. Manche →**Arten** wurden dadurch so stark bekämpft, dass sie vom Aussterben bedroht sind.
Wachsen dieselben Pflanzen außerhalb von Nutzflächen, können sie sehr wertvoll sein, z. B. als Glieder einer →**Nahrungskette** oder als Heilpflanzen. Die Bezeichnung Unkraut ist also nicht ganz gerechtfertigt. Man spricht deshalb heute auch von Beikräutern oder unerwünschten Wildkräutern.

Unkraut ist nur störend, wenn es die Ernte auf dem Feld oder im Garten beeinträchtigt. Ansonsten sind diese Pflanzen sehr nützlich als Nahrung für Tiere oder sogar als Heilpflanzen.

Unternehmen

Ein Unternehmen ist eine Organisation, mit der ihre Besitzer →**Geld** verdienen wollen. Unternehmen können Produkte herstellen (z. B. Automobilhersteller oder Landwirte) oder Dienstleistungen anbieten (z. B. →**Banken** oder Transportunternehmen). Unternehmen können unterschiedlich groß sein: Es gibt Ein-Mann-Unternehmen und solche, die mehrere Tausend Arbeiter beschäftigen. Große Unternehmen müssen Geschäftsberichte veröffentlichen, in denen sie auflisten, wie viele Produkte hergestellt und verkauft wurden und wie viel Geld eingenommen und ausgegeben wurde. Diese Berichte zeigen, wie es dem Unternehmen wirtschaftlich geht.
Die ersten Unternehmen in →**Europa** gab es im →**Mittelalter**. Sie handelten mit Stoffen, →**Holz** oder →**Nahrungsmitteln**. Große Unternehmen gehören heute eher selten einer einzelnen Person, sondern oft vielen Aktionären. Die Aktionäre besitzen Anteile am Unternehmen in Form von →**Aktien**, die auch an der →**Börse** gehandelt werden können.

Uran

Dieses seltene silberweiße →**Metall** ist das schwerste natürliche →**Element**, das auf der →**Erde** vorkommt. Da man es etwa gleichzeitig mit dem →**Planeten** →**Uranus** (in den 1780er-Jahren) entdeckte, gab man ihm den Namen Uran. Uran gibt radioaktive →**Strahlung** ab. Bei diesem Prozess zerfallen seine →**Atome** nach und nach, bis es sich nach Millionen von Jahren in →**Blei** verwandelt hat. →**Menschen**, die mit Uran umgehen, müssen Schutzkleidung tragen, um ihren Körper vor der gefährlichen Strahlung zu schützen.
Bis etwa 1940 hatte man für Uran kaum Verwendung, doch dann fand man Methoden, wie man die bei der Kernspaltung von Uran frei werdende →**Energie** (→**Atomenergie**) nutzen kann. Mit Uran werden heute Kernkraftwerke betrieben, es bildet aber auch den Rohstoff für Atombomben. Der Brennwert von Uran übersteigt denjenigen anderer →**Brennstoffe** um ein Vielfaches, daher ist Uran ein sehr wertvolles Metall.
Uran wird in vielen Ländern abgebaut, große Mengen fördern etwa →**Kanada**, →**Australien**, →**Namibia**, →**Kasachstan** und die →**Vereinigten Staaten von Amerika**. Zunächst muss Uran aus dem →**Erz** gelöst werden. Bis es in der Form vorliegt, in der es zur Erzeugung von Atomenergie genutzt werden kann, müssen viele aufwendige Verfahrenstechniken angewandt werden.

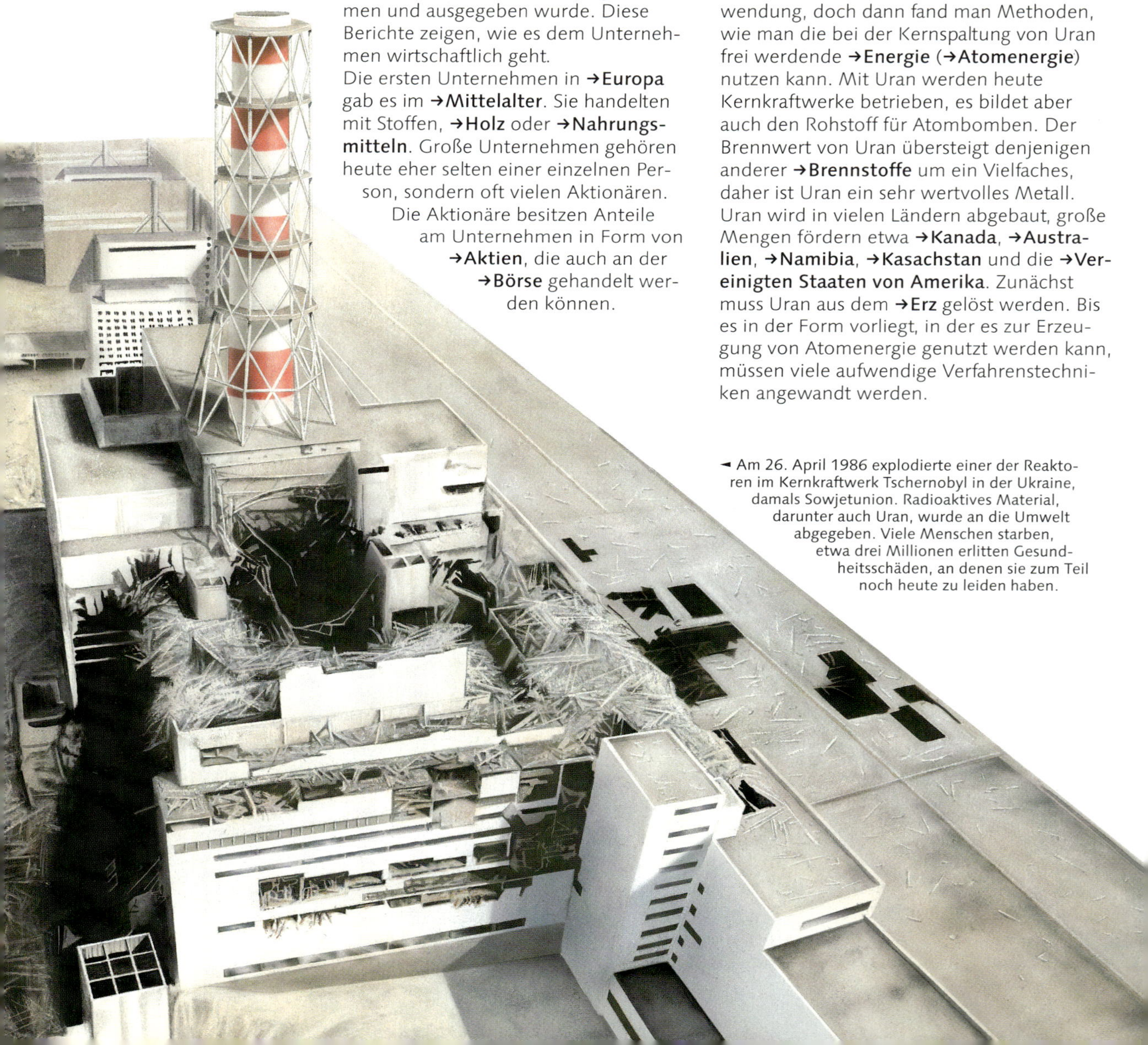

◄ Am 26. April 1986 explodierte einer der Reaktoren im Kernkraftwerk Tschernobyl in der Ukraine, damals Sowjetunion. Radioaktives Material, darunter auch Uran, wurde an die Umwelt abgegeben. Viele Menschen starben, etwa drei Millionen erlitten Gesundheitsschäden, an denen sie zum Teil noch heute zu leiden haben.

◄ Blick auf den Planeten Uranus von seinem kleinsten Mond Miranda aus. Die Oberfläche von Miranda ist mit Kratern, Bergen und Eisklippen bedeckt.

Uranus

Uranus war der erste →**Planet**, der mithilfe eines →**Teleskops** entdeckt wurde. Im Jahr 1781 fiel er dem deutschen Astronomen Friedrich Wilhelm Herschel (1738–1822) auf. Der Planet ist nur viermal größer, aber 19-mal weiter von der →**Sonne** entfernt als die →**Erde**. Deshalb sieht er im Teleskop wie ein winziges, grünblaues Scheibchen aus. Der felsige Kern dieses Planeten ist von →**Wasser** umgeben und die dichte →**Atmosphäre** besteht aus den →**Gasen** Helium, →**Wasserstoff** und Methan. Letzteres verleiht dem Planeten seine blaugrüne Farbe. Uranus dreht sich in nur 17 Erdstunden um die eigene Achse, benötigt aber 84 Erdjahre für eine Sonnenumrundung. Die Achse des Planeten ist stark gekippt, sodass er sich fast rechtwinklig zu seiner Bahnrichtung dreht. Die Jahreszeiten des Uranus sind daher sehr ungewöhnlich: Die →**Pole** sind die wärmsten Orte des Planeten. Am Südpol dauert der Sommer 42 Jahre – in dieser Zeit geht hier die Sonne nicht unter. Währenddessen herrschen am Nordpol Dunkelheit und Kälte. Erst seit 1986 weiß man Näheres über die Oberfläche des Uranus. Aufnahmen, die die Raumsonde Voyager II bei ihrem Vorbeiflug machte, zeigen Wolken und starke Stürme. Der Planet ist von schwachen Ringen umgeben. Uranus besitzt mindestens 21 →**Monde**, die aus Eis bestehen und nicht mehr als 1000 km Durchmesser haben.

Daten zu Uranus
Durchschnittliche Entfernung zur Sonne: 2,87 Mrd. km
Kleinste Entfernung zur Erde: 2,59 Mrd. km
Durchschnittstemperatur: –200 °C
Durchmesser am Äquator: 51 118 km
Atmosphäre: Wasserstoff, Helium, Methan
Zahl der Monde: 21 sind bekannt
Tageslänge: 17 Stunden, 14 Minuten
Jahreslänge: 84 Erdjahre

Uruguay

Uruguay ist ein kleines Land in →**Südamerika**. Es liegt an der Küste des →**Atlantischen Ozeans** zwischen den beiden großen Nachbarn →**Argentinien** und →**Brasilien**. Der Rio de la Plata ist der gemeinsame Mündungstrichter der Flüsse Paraná und Uruguay. Weite Teile des Landes werden von niedrigen, mit Gras bewachsenen Hügeln und Ebenen geprägt. Das →**Klima** ist das ganze Jahr über mild. Die meisten Einwohner des Landes stammen von spanischen oder italienischen Einwanderern ab. In den Fabriken des Landes werden Kleidung, Möbel und →**Nahrungsmittel** (Rindfleischkonserven) hergestellt. Ein bedeutender Erwerbszweig ist die Viehzucht auf den großen Ranchos mit Millionen von →**Schafen** und →**Rindern**. Die wichtigsten Exportgüter sind Fleisch, →**Wolle** und →**Leder**.

Uruguay
Staatsform: Republik
Hauptstadt: Montevideo
Fläche: 176 215 km²
Einwohner: 3,34 Mio.
Sprache: Spanisch
Währung: Uruguayischer Peso

USA siehe Vereinigte Staaten von Amerika

Vakuum

Ein Vakuum herrscht, wenn ein Raum vollkommen leer ist (von lateinisch „vacuus" für leer). Auf der →**Erde** kann man jedoch kein absolutes Vakuum herstellen. Wenn man aus einem Behälter die →**Luft** herauspumpt, bleibt doch immer ein kleiner Rest darin enthalten. Ein teilweise leerer Raum wird „Teilvakuum" genannt. Gebräuchlich ist die Einteilung eines Vakuums nach dem Unterdruck, der darin herrscht. Unterdruck heißt, dass beim Öffnen des Behälters neue Luft hineinfließt, um den Raum wieder zu füllen. Dieser Vorgang funktioniert auch mit Flüssigkeit: Saugt man z. B. an einem Strohhalm, so entsteht ein Unterdruck im Mund. Die Limonade fließt nach oben, um das Vakuum zu füllen. Ein ähnliches Phänomen hält auch die Flugzeuge in der Luft. Die Flugzeugflügel sind so geformt, dass über dem Flügel ein Unterdruck entsteht. Die Luft unter dem Flügel drückt nun nach oben, um das Teilvakuum zu füllen.

Vatikanstadt
Staatsform: Souveränes Bistum
Hauptstadt: Vatikanstadt
Fläche: 0,44 km²
Einwohner: 530
Sprachen: Latein, Italienisch, Französisch
Währung: Euro

Vatikanstadt

Die Vatikanstadt liegt auf einem Hügel in Rom (→**Italien**). Sie bildet den kleinsten Staat der Welt und wird vorwiegend von Mönchen, Priestern und Nonnen bewohnt. Hier ist der Wohnsitz des →**Papstes** und das Verwaltungszentrum der römisch-katholischen →**Kirche**. Die Vatikanstadt hat ihre eigene →**Flagge** sowie Radiostation und Bank und druckt ihre eigenen Briefmarken. Sie ist von einer Stadtmauer umgeben und enthält zahlreiche berühmte Gebäude, darunter den Papstpalast mit über 1000 Räumen, die Sixtinische Kapelle mit den Fresken von →**Michelangelo** und die größte Kirche der Welt – den Petersdom.

▼ Zu den berühmtesten Gebäuden der Vatikanstadt gehört der Petersdom, der zwischen 1506 und 1614 erbaut wurde. Ganz in der Nähe stehen der Papstpalast und die Sixtinische Kapelle mit den berühmten Fresken von Michelangelo.

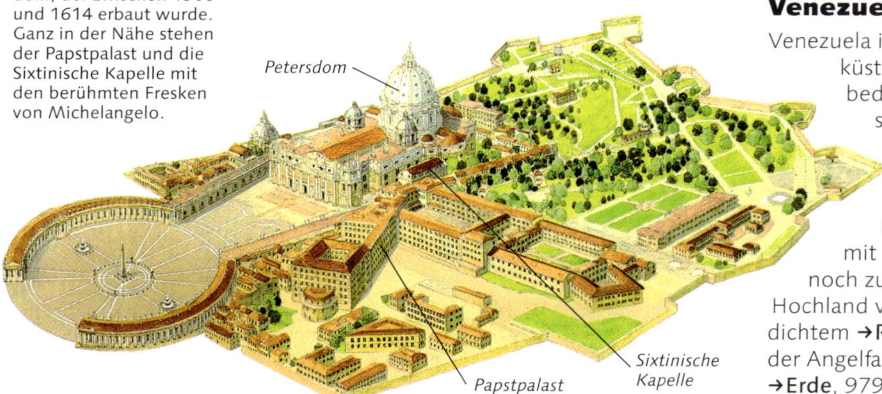

Vegetationszone

Unter Vegetation versteht man die Pflanzendecke der →**Erde**. Da die Art der →**Pflanzen** vom Boden und vom →**Klima** abhängig ist, trifft man in bestimmten Gebieten unterschiedliche Vegetationsformen an. Man sieht das an den Höhenstufen: Im Hochgebirge wachsen vorwiegend →**Nadelbäume**, im Tiefland hingegen mehr →**Laubbäume**. Wo ungefähr gleiche →**Temperaturen** und Niederschläge vorherrschen, findet man auf der ganzen Erde ähnliche Pflanzenarten. Diese Vegetationszonen ziehen sich wie Gürtel um den Erdball und fallen ungefähr mit den unterschiedlichen Klimazonen zusammen. Vom Nordpol zum →**Äquator** kann man folgende Klima- und Vegetationszonen unterscheiden: in der Polarzone den Tundrengürtel mit Moosen und Flechten, in der kalt gemäßigten Zone den Nadelwaldgürtel, in der warm gemäßigten Zone den Mischwaldgürtel und die →**Steppen**, in der subtropischen Zone den Gürtel der Halbwüsten und →**Wüsten** und in der tropischen Zone die →**Savannen** und den Regenwaldgürtel.
Die Vegetationszonen sind große →**Biotope** oder Lebensräume, die man Biome nennt. Sie haben jeweils ein besonderes →**Ökosystem**.

Venen

Venen sind dünne Blutgefäße, in denen verbrauchtes →**Blut** aus allen Teilen des Körpers zum →**Herzen** fließt. Wenn das Blut in die Venen einströmt, hat es bereits den halben Körper passiert und es fließt nun deutlich langsamer. Damit das Blut nur zum Herzen fließt, gibt es in den Venen Klappen. Sie verhindern, dass das Blut rückwärts strömt.

Venezuela

Venezuela ist ein großes Land an der Nordküste →**Südamerikas**. Der Name bedeutet „Klein-Venedig", weil die spanischen Eroberer sich von den zahlreichen →**Flüssen** an die Kanäle von Venedig erinnert fühlten. Der Nordosten des Landes wird von einem Bergland mit hohen Tafelbergen geprägt, die noch zu den →**Anden** gehören. Das Hochland von →**Guyana** im Südosten ist mit dichtem →**Regenwald** bewachsen. Hier stürzt der Angelfall, der höchste Wasserfall der →**Erde**, 979 m in die Tiefe. Das Zentrum des Landes nehmen grasbewachsene Ebenen,

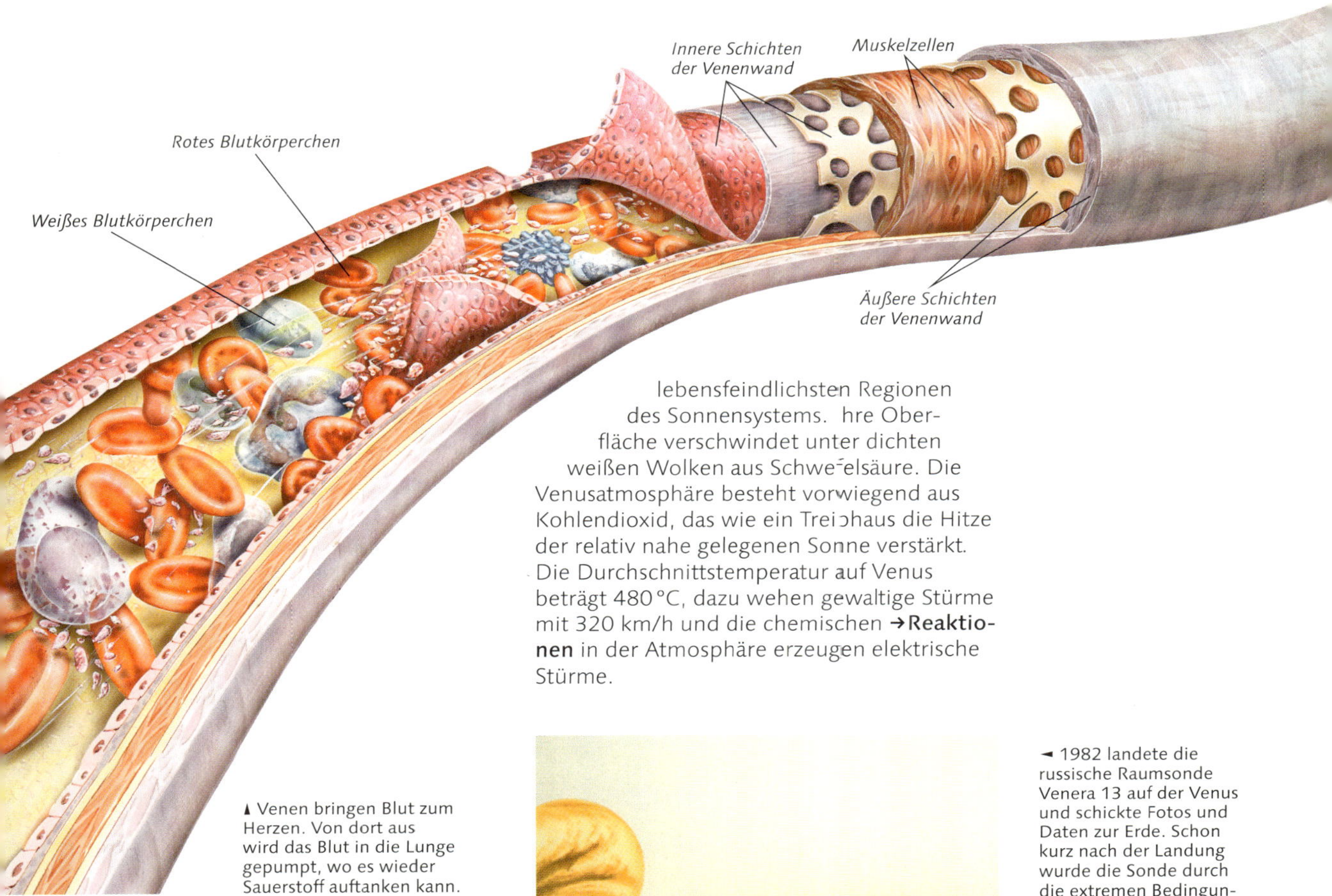

▲ Venen bringen Blut zum Herzen. Von dort aus wird das Blut in die Lunge gepumpt, wo es wieder Sauerstoff auftanken kann.

die Llanos ein. Sie werden vom Orinoco durchflossen und dienen Tausenden von →**Rindern** als Weideland.
Die meisten Einwohner von Venezuela leben in den Städten an der Küste. Dank seiner →**Bodenschätze**, v. a. →**Erdöl**, gehört Venezuela zu den reichsten Ländern der Erde.

Venezuela
Staatsform: Bundesrepublik
Hauptstadt: Caracas
Fläche: 912 050 km²
Einwohner: 24,2 Mio.
Sprache: Spanisch
Währung: Bolivar

Venus

Venus ist neben →**Sonne** und →**Mond** das hellste Objekt des →**Sonnensystems**. Ihre →**Umlaufbahn** ist näher an der Sonne als die der →**Erde**. Je nach der Stellung auf ihrer Bahn um die Sonne, kann man die Venus als Morgen- oder Abendstern betrachten. Venus braucht 225 Tage, um die Sonne einmal zu umkreisen, d. h., während auf der Erde zwei →**Jahre** vergehen, sind es auf Venus drei. Dafür dreht sich Venus so langsam um ihre Achse, dass ein Venustag 243 Erdentage dauert. Als einziger →**Planet** des Sonnensystems dreht sich die Venus entgegengesetzt zu ihrer Bahnrichtung. Venus ist etwa so groß wie die Erde und besteht vorwiegend aus vulkanischem →**Gestein**, gehört aber zu den lebensfeindlichsten Regionen des Sonnensystems. Ihre Oberfläche verschwindet unter dichten weißen Wolken aus Schwefelsäure. Die Venusatmosphäre besteht vorwiegend aus Kohlendioxid, das wie ein Treibhaus die Hitze der relativ nahe gelegenen Sonne verstärkt. Die Durchschnittstemperatur auf Venus beträgt 480 °C, dazu wehen gewaltige Stürme mit 320 km/h und die chemischen →**Reaktionen** in der Atmosphäre erzeugen elektrische Stürme.

◄ 1982 landete die russische Raumsonde Venera 13 auf der Venus und schickte Fotos und Daten zur Erde. Schon kurz nach der Landung wurde die Sonde durch die extremen Bedingungen auf der Oberfläche zerstört.

Daten zu Venus
Durchschnittliche Entfernung zur Sonne: 108,2 Mio. km
Kleinste Entfernung zur Erde: 42 Mio. km
Durchschnittstemperatur: 480 °C
Durchmesser am Äquator: 12 103 km
Atmosphäre: Kohlendioxid, Stickstoff
Zahl der Monde: keine
Tageslänge: 243 Erdtage
Jahreslänge: 225 Erdtage

Vereinigte Arabische Emirate
Staatsform: Föderation
Hauptstadt: Abu Dhabi
Fläche: 83 600 km²
Einwohner: 2,94 Mio.
Sprache: Arabisch
Währung: Dirham

Verb

Verben (Tätigkeitswörter) beschreiben Tätigkeiten oder Zustände – das, was Menschen oder Dinge tun oder was mit ihnen geschieht. Mit Verben kann man auch die Zeit ausdrücken, in der etwas passiert: „Uli isst ein Eis" (Gegenwart), „Uli aß ein Eis" (Vergangenheit) oder „Uli wird ein Eis essen" (Zukunft). Man nennt Verben deshalb auch Zeitwörter. Verben können außerdem aktiv oder passiv gebraucht werden. Im Satz: „Uli aß ein Eis" ist „aß" eine Aktivform, die beschreibt, was Uli tut. Im Satz: „Das Eis wurde von Uli gegessen" ist „wurde gegessen" eine Passivform, die sagt, was dem Eis widerfuhr.

Verbindung

Verbindungen setzen sich aus zwei oder mehreren →**Elementen** zusammen, die gemeinsam andere Eigenschaften aufweisen als einzeln. So besteht das essbare Kochsalz aus den in größeren Mengen sehr giftigen Elementen Natrium und Chlor. Ihre Atome finden sich neu zusammen und bilden ein →**Molekül**. Moleküle sind Atomverbände, die aber auch aus nur einem Element bestehen können wie z. B. das Ozon, bei dem jeweils drei Sauerstoffatome aneinander gebunden sind.
Manche Verbindungen sind einfach, wie das →**Wasser**, das nur aus zwei Wasserstoffatomen und einem Sauerstoffatom besteht (H_2O). Die Moleküle anderer Verbindungen wie z. B. der Zellulose bestehen aus über 1000 Atomen. Solche Riesenverbände nennt man auch Makromoleküle.

▾ An der Verdauung sind viele Organe beteiligt. Die Nahrung wandert vom Mund in den Magen und schließlich in den Darm. Sind dem Nahrungsbrei alle nützlichen Stoffe entzogen, werden die Abfallstoffe ausgeschieden.

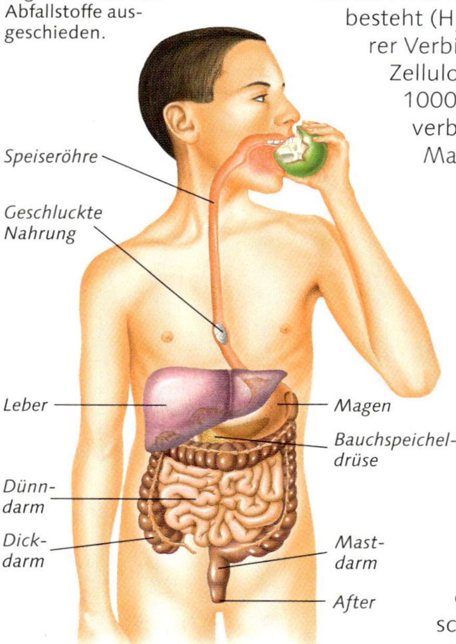

Verdauung

Damit der Körper seine Aufgaben erfüllen kann, benötigt er Nährstoffe. Diese sind in den →**Nahrungsmitteln** enthalten. Durch die Verdauung werden die Nahrungsmittel so aufbereitet, dass der Körper die in ihnen enthaltenen Nährstoffe nutzen kann.
Der Verdauungsapparat des Menschen liegt zwischen Mund und After. Die erste Station der Nahrung ist der Mund. Die →**Zähne** zermalmen die Nahrung, während der Speichel sie zersetzt. Anschließend geht sie in die Speiseröhre. Dieser lange Muskelschlauch zieht sich an bestimmten Stellen immer wieder zusammen und schiebt dadurch die Nahrung in den →**Magen**. Hier wird sie durch den sauren Magensaft weiter zersetzt und von den Magenmuskeln geknetet. Der so entstehende Speisebrei wird über einen Muskel am Ende des Magens in den Dünndarm abgegeben. Galle und →**Leber** sowie Verdauungssäfte aus der Bauchspeicheldrüse tragen hier zur weiteren Verwertung der Nahrung bei. Viele Nährstoffe gehen durch die dünnen Wände des Dünndarms in den →**Blutkreislauf** über. Der Rest kommt in den Dickdarm, wo ihm Flüssigkeit und →**Mineralstoffe** entzogen werden. Die übrig bleibenden Abfallstoffe werden als Kot über den After ausgeschieden.

Verdunstung

Wenn →**Wasser** kocht, entsteht Wasserdampf. Das heißt, das Wasser geht vom flüssigen Zustand in den gasförmigen über. Diesen Vorgang nennt man Verdampfung. Auch unterhalb des Siedepunkts einer Flüssigkeit – also ohne sie zu kochen – geht ein Teil von ihr in den gasförmigen Zustand über. Man spricht dann von Verdunstung. Dazu ist Wärmeenergie nötig, die der Flüssigkeit entzogen wird. Verdunstung ist also mit Abkühlung verbunden. Man merkt das, wenn man schwitzt: Der Schweiß verdunstet an der →**Luft** und man beginnt zu frieren.
Den umgekehrten Vorgang, also den Übergang vom gasförmigen in den flüssigen Zustand eines Stoffes, nennt man Kondensation.

Vereinigte Arabische Emirate

Die Vereinigten Arabischen Emirate sind eine aus sieben selbstständigen Emiraten gebildete Staatenunion: Abu Dhabi, Ujman, Dubai, Al-Fujayrah, As-Shariqah, Umm-al-Qaywayn und Ra's al-Khaymah. Fast das gesamte Gebiet besteht aus →**Wüste**. Dank der Ölvorkommen von Abu Dhabi und Dubai gehört die Region aber dennoch zu den reichsten der →**Erde**. Jedes Emirat wird von einem Scheich (arabisch für Ältester – ein islamischer Ehrentitel) regiert. Alle Scheichs zusammen bilden den Obersten Rat, aus dessen Mitte der →**Präsident** bestimmt wird.

Vereinigte Staaten von Amerika (USA)

Die USA (United States of America) sind das viertgrößte Land der →**Erde**. Es besteht aus 50 Bundesstaaten. Davon bilden 48 ein zusammenhängendes Gebiet, Alaska liegt davon isoliert im Norden des Kontinents und die Hawaiiinseln befinden sich mitten im →**Pazifischen Ozean.** Die USA reichen vom Pazifik im Westen bis zum Atlantik im Osten. Entlang der Pazifikküste im Westen dehnen sich Gebirgsketten aus. Weiter im Inland folgen Tafelberge und Täler wie das Death Valley und der Grand Canyon, der vom →**Fluss** Colorado in den Felsen geschnitten wurde. Noch weiter im Osten liegen die →**Rocky Mountains**, die sich von →**Kanada** bis nach →**Mexiko** erstrecken. Jenseits davon folgen die Great Plains, die vom Flusssystem des Mississippi durchflossen werden. Im Osten der USA steigt das Gebirge der Appalachen auf.

Die Vereinigten Staaten sind ein sehr junges Land, das 2001 seinen 225. Geburtstag feierte: 13 britische →**Kolonien** auf dem nordamerikanischen Kontinent erklärten 1776 ihre Unabhängigkeit von →**Großbritannien**. Zum ersten →**Präsidenten** wurde 1789 George Washington (1732–1799) gewählt. Schon Mitte des 19. Jh. waren die USA etwa so groß wie heute. Verschiedene Expeditionen hatten den Westen erkundet und das Land besetzt, bis es bis zum Pazifik reichte. Von 1861–1865 tobte ein →**Bürgerkrieg** zwischen den Nord- und den Südstaaten. Der Norden bekämpfte die →**Sklaverei** im Süden, die nach dem Sieg über die Südstaaten abgeschafft wurde. Zwischen 1870 und 1900 kamen Zehntausende von Europäern ins Land, um hier eine neue Heimat zu finden. Um 1900 hatte sich die →**Bevölkerung** des Landes verdoppelt. Zu den heute 280 Millionen Einwohnern des Landes gehören die →**Indianer**, →**Inuit**, Polynesier und die Nachkommen der europäischen, asiatischen, afrikanischen und lateinamerikanischen Einwanderer. 76% der Amerikaner leben in Städten. Die Hauptstadt der USA ist Washington D.C., die größte Stadt ist New York. Weitere große Städte sind Los Angeles, Chicago und San Francisco.

Die USA gehören zu den reichsten Ländern der Erde. Riesige Farmen produzieren mehr →**Getreide**, Apfelsinen, Fleisch, Eier und →**Käse** als jedes andere Land. Die amerikanischen Bergwerke fördern →**Kohle**, →**Kupfer**, →**Blei**, →**Uran**, →**Erdöl** und →**Erdgas**, außerdem sind die USA der größte Hersteller von →**Autos** und Chemikalien. In Kalifornien an der Westküste konzentrieren sich die wichtigsten modernen →**Computer**- und Software-Firmen.

Vereinigte Staaten von Amerika
Staatsform: Bundesrepublik
Hauptstadt: Washington D.C.
Fläche: 9 809 155 km²
Einwohner: 281,42 Mio.
Sprachen: Englisch, Spanisch
Währung: US-Dollar

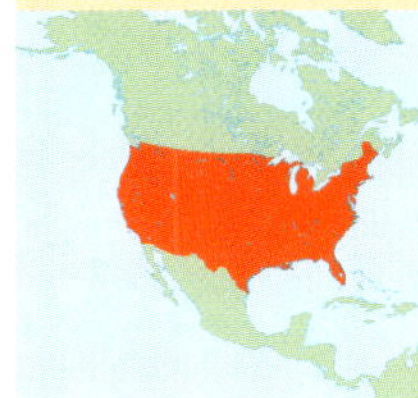

Vereinte Nationen (UN)

Die Vereinten Nationen (englisch United Nations) sind eine Organisation, die 1945 gegründet wurde und der die meisten Länder der Welt angehören. Jedes Mitgliedsland sendet Vertreter zu den Versammlungen, die in New York sattfinden. Ziel der Vereinten Nationen ist es, für die Erhaltung oder Herstellung des Friedens und die Einhaltung der →**Menschenrechte** zu sorgen. So senden z. B. Mitgliedstaaten Friedenstruppen in Kriegs- oder Krisengebiete. Zu den Vereinten Nationen gehören zahlreiche Nebenorganisationen, etwa das Kinderhilfswerk UNICEF oder die Weltgesundheitsorganisation WHO.

Vererbung siehe Genetik

▼ Im 19. Jh. wanderten Zehntausende von Europäern in die Vereinigten Staaten von Amerika ein. Auf den überfüllten Einwandererschiffen herrschte drückende Enge. Das Erste, was die Einwanderer im Hafen von New York sahen, war die Freiheitsstatue. Diese Statue war ein Geschenk von Frankreich zum 100. Unabhängigkeitstag des jungen Landes (1864).

Verfassung

Die Verfassung eines →**Staates** legt fest, welche grundlegenden Rechte und Pflichten der Staat selbst und seine Bürger haben und auf welche Einrichtungen die politische Macht im Staat verteilt ist. Die Verfassung der Bundesrepublik →**Deutschland** heißt Grundgesetz. Es legt z. B. fest, dass der Gesamtstaat aus →**Bundesländern** besteht, die eigene Machtbefugnisse haben und über die Belange Deutschlands stark mitbestimmen können. Darüber hinaus garantiert es das Recht auf freie, geheime und gleiche →**Wahlen** sowie die Teilung der politischen Macht in gesetzgebende, gesetzausführende und richterliche Gewalt (Gewaltenteilung). Mit solchen Grundsätzen soll die →**Demokratie** garantiert und eine Gewaltherrschaft (→**Diktatur**) ausgeschlossen werden. Die Verfassung von →**Österreich** heißt Bundes-Verfassungsgesetz, in der →**Schweiz** spricht man von Bundesverfassung.

Verhütung siehe Geburtenkontrolle

Verkehr

Man versteht darunter alle Vorgänge und Handlungen, die der Überwindung von Strecken zu Wasser, zu Lande und in der Luft dienen. Der eigentliche →**Transport** gehört ebenso zum Bereich Verkehr wie die Verkehrsplanung.
Zu allen Zeiten spielte der Verkehr eine wichtige Rolle für →**Handel** und →**Wirtschaft**. Die Verkehrsmittel haben sich aber im Lauf der Zeit sehr verändert. Lasttiere und einfache Wagen bestimmten zunächst die Beförderung über Land. Flöße, Ruderboote und Segelschiffe wurden auf dem Wasser eingesetzt. Die →**Erfindungen** des 18. und 19. Jh. brachten jedoch wesentliche Veränderungen: Durch →**Eisenbahnen** und Kraftfahrzeuge konnten weite Landstriche erschlossen werden, und große, leistungsfähige →**Schiffe** erleichterten den Verkehr zwischen den →**Kontinenten**. Im 20. Jh., insbesondere nach dem Zweiten →**Weltkrieg**, nahm die →**Luftfahrt** ihren Aufschwung, und die Kombination von Schienen-, Straßen-, See- und Luftverkehr bildet heute ein verzweigtes Verkehrsnetz über fast die ganze Welt.
Je nach befördertem Gegenstand unterscheidet man zwischen Personen-, Güter- und Nachrichtenverkehr. Letzterer war lange Zeit an die jeweils gängigen Verkehrsmittel – Postkutschen, Züge, Kraftfahrzeuge, Schiffe, Flugzeuge – gebunden. Mittlerweile spielen bei der Übermittlung von Nachrichten jedoch →**Telekommunikation** und →**Internet** die entscheidende Rolle.

Vermessung

Mithilfe von genauen Messinstrumenten kann die Lage und Höhe jedes Punktes auf der Erdoberfläche bestimmt werden. Die so gewonnenen Informationen werden z. B. für die Erstellung geografischer und thematischer →**Karten** verwendet. Man kann aber auch Grundstücke, Verkehrswege und Gebäude vermessen. Heute wird diese Arbeit durch →**GPS**-Systeme unterstützt.

Versicherung

Durch eine Versicherung sorgt man für sogenannte Schadensfälle vor. Der Versicherte zahlt einer Versicherungsgesellschaft jährlich oder monatlich eine bestimmte Summe. Wenn etwas, was ihm gehört, gestohlen oder beschädigt wird, gibt ihm die Versicherung Geld, um es zu ersetzen oder reparieren zu lassen. Man kann jede Form von Eigentum versichern, aber auch sich selbst, z. B. gegen das Risiko durch einen Unfall berufsunfähig zu werden. In vielen Ländern haben alle Bürger eine Krankenversicherung, die im Fall einer Erkrankung die Behandlungskosten übernimmt.

Video

Hierbei handelt es sich um eine →**Aufnahmetechnik** für bewegte Bilder und Ton. Die meisten Sendungen im →**Fernsehen** sind mit Videotechnik aufgenommen.
Videobänder gibt es seit 1956. Sie werden in einem Videorekorder abgespielt, der mit dem Fernsehgerät verbunden ist. Auf dessen Bildschirm kann der Film dann angeschaut werden. Mit einem Videorekorder kann man auch Fernsehprogramme auf Band aufnehmen – ganz ähnlich wie man mit einem →**Kassettenrekorder** →**Musik** aufnehmen kann. Man kann Filme auch vom Videoband löschen oder mit neuen Filmen überspielen. Mit Camcordern oder Videokameras, die man leicht in der Hand halten kann, nehmen heute viele →**Menschen** zu Hause selbst Videofilme auf. Die Bilder werden dabei auf ein Magnetband aufgezeichnet. Der Unterschied zu einem Kassettenrekorder besteht darin, dass sich bei einem Videogerät beim

▲ Mit seinen Naturbeobachtungen und Erfindungen, zu denen selbst Flugmaschinen gehörten, war Leonardo da Vinci seiner Zeit weit, sogar um Jahrhunderte, voraus.

Vorbeilaufen des Bandes die Aufnahme- und Abspielköpfe drehen. Auf diese Weise können die Köpfe das Band mit hoher Geschwindigkeit abtasten – nur so ist es möglich, die vielen Bildsignale richtig zu erfassen.
Mit Video aufgenommene Bilder und Töne können auch auf sogenannten „Digital Versatile Disks“ (vielseitig verwendbare Disketten oder DVDs), ähnlich wie auf Compact Disks (CDs), gespeichert werden. Auf eine DVD passen allerdings siebenmal mehr Daten.

▼ Mit einem Camcorder werden Videos auf einem Videoband aufgenommen. Viele benutzen diese handlichen Geräte im Urlaub oder halten damit besondere Ereignisse fest, z. B. Hochzeits- oder Geburtstagsfeiern.

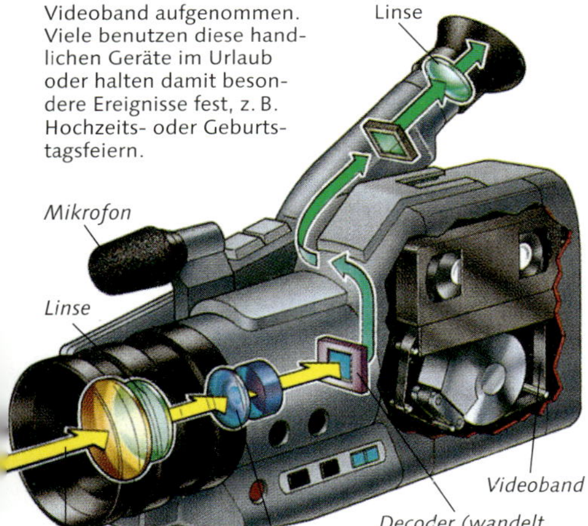

Die Bild- und Tonsignale werden in Form winzigster Erhebungen und Vertiefungen auf der Oberfläche der Scheibe eingebrannt und können mithilfe eines →**Lasers** von einem DVD-Spieler gelesen und wiedergegeben werden.

Vietnam

Vietnam liegt in Südostasien am Südchinesischen Meer. Das gebirgige Land ist lang und schmal und hat ein feuchtheißes →**Klima**. Vietnam war Teil der französischen →**Kolonie** Indochina. Am Ende des Zweiten →**Weltkriegs** wurde Vietnam in Nord- und Südvietnam geteilt. Hanoi wurde zur Hauptstadt des Nordens, Saigon (heute Ho-Chi-Minh-Stadt) Hauptstadt des Südens. In den 1950er-Jahren brach ein Krieg zwischen dem kommunistischen Norden und dem von den USA unterstützten Süden aus. Über eine Million Vietnamesen und Amerikaner verloren ihr Leben. Der Krieg endete 1975 mit dem Sieg des Nordens und der Wiedervereinigung unter einer kommunistischen Regierung.

Vietnam
Staatsform: Sozialistische Republik
Hauptstadt: Hanoi
Fläche: 326 797 km²
Einwohner: 80 Mio.
Sprache: Vietnamesisch
Währung: Dong

Viktoria

Königin Viktoria (1819–1901) war Königin von →**Großbritannien** und →**Irland** sowie Kaiserin von →**Indien**. Sie brachte in ihrer außergewöhnlich langen Regierungszeit von 64 Jahren der britischen →**Monarchie** eine Stabilität, die ihren Tod überdauerte. Diese Epoche, die Viktoria prägte, wird als das „viktorianische Zeitalter“ bezeichnet. Nach dem plötzlichen Tod ihres Mannes Albert von Sachsen-Coburg-Gotha (1819–1861) zog sie sich völlig aus der Öffentlichkeit zurück und trug bis zu ihrem eigenen Tod nur noch schwarze Kleidung. Das britische Weltreich erreichte in ihrer Regierungszeit die größte Ausdehnung, die es als Kolonialmacht je hatte. Der größte Zuwachs war 1876 die →**Kolonie** Indien.

▲ Königin Viktoria von England hatte neun Kinder, die alle in europäische Königshäuser einheirateten. Sie galt deshalb in späteren Jahren auch als „Großmutter Europas“. Einer ihrer Enkel war der deutsche Kaiser Wilhelm II. (1859–1941).

Vinci, Leonardo da

Leonardo (1452–1519), geboren in Vinci (→**Italien**), war als Maler, Bildhauer, Konstrukteur, Naturforscher, Schriftsteller und Kunsttheoretiker tätig – ein Genie, das dem Ideal der →**Renaissance** entsprach. Nach Stationen in Florenz, Mailand und Rom trat er 1516 in den Dienst von König Franz I. (1494–1547) von →**Frankreich**. Zu seinen bekanntesten Kunstwerken zählt die „Mona Lisa“ (1503) mit ihrem geheimnisvollen Lächeln, die heute im Louvre (Paris) hängt.
Außer mit Malerei und Architektur beschäftigte sich Leonardo intensiv mit Anatomie (Lehre vom Körperbau) und anderen wissenschaftlichen Studien wie →**Optik** oder →**Mechanik**.

Viren

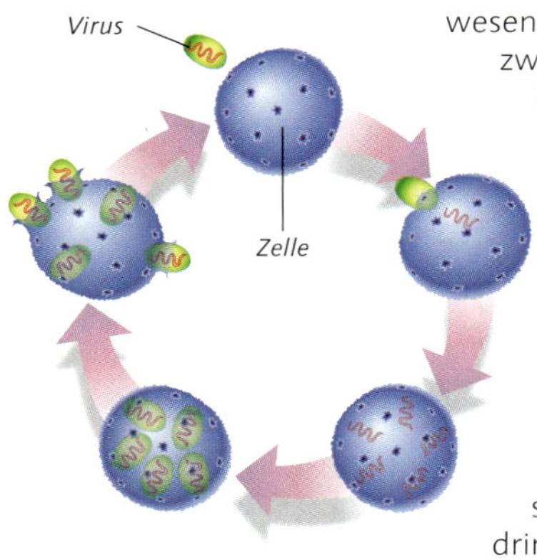

▲ Viren dringen in Körperzellen ein und lassen dort Kopien von sich selbst herstellen. Sobald die Kopien frei werden, zerstören sie ihre Wirtszelle und befallen weitere Körperzellen – der Kreislauf beginnt aufs Neue.

Viren können nur mithilfe lebender →**Zellen** existieren. Sie sind also keine richtigen Lebewesen und stehen an der Grenze zwischen belebter und unbelebter Natur. Viren sind noch winziger als →**Bakterien** und nur mit leistungsstarken Elektronenmikroskopen zu sehen. Viele sind Krankheitserreger. Die Übertragung geschieht z. B. durch die Atemluft oder über die Nahrung. Es gibt auch →**Insekten**, die Viren in sich haben und sie beim Biss übertragen. Im Körper bewegen sich die Viren im Blutstrom. Sie dringen in lebende Zellen ein, wo sie sich rapide vermehren. Schließlich zerstören sie die Zellen und jedes Virus infiziert eine neue. Zu den Viruskrankheiten gehören Masern, Windpocken, Mumps, Grippe, Erkältung und →**Aids**. Viren lassen sich kaum bekämpfen, nur eine vorbeugende →**Impfung** bringt bei manchen →**Krankheiten** Erfolge. Sobald ein Virus in den Körper eindringt, bildet dieser Antikörper als Abwehrstoffe. Sind schließlich genügend Antikörper vorhanden, kann der Körper die Viren abtöten und die Krankheit besiegen. Diese Selbstheilung funktioniert aber nicht bei allen Viruskrankheiten.

▲ Zitrusfrüchte wie Limonen enthalten viel Vitamin C.

Virtuelle Realität

Der Begriff Virtuelle Realität bezeichnet eine Computertechnik, die den Benutzer in eine künstlich erzeugte, nicht wirklich existierende Umgebung versetzt. In diesem Umfeld kann er sich bewegen und die Geschehnisse steuern. Als Ausgabegerät dient meist ein Datenhelm mit zwei Monitoren, die den beiden Augen leicht abweichende Ansichten derselben virtuellen Umgebung liefern. Dadurch empfindet das Gehirn die Szenerie als dreidimensionalen Raum. Klänge aus Kopfhörern unterstützen diesen Eindruck akustisch. Bewegt man den Kopf, verändern sich die Darstellungen auf den Monitoren und die Töne aus den Kopfhörern entsprechend. Ein spezieller Datenhandschuh oder ein Joystick dient dazu, in das Geschehen einzugreifen. Die Virtuelle Realität findet bereits zahlreiche Anwendungen. So konstruieren Ingenieure Prototypen von →**Autos** und Biochemiker untersuchen komplizierte →**Moleküle** in virtuellen Umgebungen.

Vitamine und Mineralstoffe

Vitamine sind chemische Stoffe, die der Körper für viele Vorgänge braucht. Da der Körper die meisten Vitamine nicht selbst herstellen kann, müssen sie ihm mit den →**Nahrungsmitteln** zugeführt werden. Für den Menschen sind die Vitamine A, B, C, D und E besonders wichtig. Vitamin A, das Augenvitamin, versorgt die →**Augen** und die →**Haut**. Es ist in →**Gemüse**, →**Obst**, Milch und Eiern enthalten. →**Herz**, →**Blut** und →**Nerven** benötigen Vitamin B, das z. B. in Nüssen und →**Getreide** steckt. Vitamin C schützt vor Erkältungskrankheiten. Man findet es in frischem Obst und Gemüse. Zum Aufbau der →**Knochen** und →**Zähne** benötigt man Vitamin D, das in Fleisch und Fisch vorliegt. →**Zellen** und Haut brauchen Vitamin E. Es kommt v. a. in pflanzlichen →**Ölen** vor. Da kein einziges Nahrungsmittel alle Vitamine enthält, die ein Mensch braucht, sollte man auf einen vielfältigen Speiseplan achten. Wichtig für den Menschen sind auch bestimmte Mineralstoffe. Das in Milch und Käse enthaltene Kalzium sorgt für harte Knochen und Zähne. Eisen hilft, das Blut mit →**Sauerstoff** zu versorgen. Fleisch ist reich an Eisen. Damit die Schilddrüse richtig funktioniert, brauchen wir Jod. Es kommt in großen Mengen in Fisch vor.

Vögel siehe Seite 346

Vokale

Die Buchstaben a, e, i, o, u sind im Gegensatz zu den →**Konsonanten** Selbstlaute oder Vokale. Sie werden mit geöffnetem Mund ausgesprochen. Ihr Klang hängt von der Stellung der →**Zunge** im Mund und der Formung der Lippen ab. Stülpt man die Lippen vor, wie zum Pfeifen, so entsteht ein O-Laut. Zieht man sie weit zurück, entsteht ein i oder ein e. Beim i liegt die Zunge dabei hoch, beim e dagegen niedrig. Zunge und Lippen können sich auf vielfältige Art bewegen und verformen, sodass man Hunderte verschiedener Vokallaute erzeugen kann. Zusammenstellungen von Vokalen können einen neuen Laut ergeben. So wird im Deutschen aus e und i „ei" und aus e und u „eu". Die Vokallaute einer Sprache sind für Sprecher anderer Sprachen häufig nicht leicht auszusprechen. Auch innerhalb eines Sprachraums können Vokale unterschiedlich ausgesprochen werden. So klingt ein „a" im Hochdeutschen häufig heller als im Bayerischen.

Völkerwanderung

Schon ab etwa 200 v. Chr. haben sich Stämme und Völker der →**Germanen** immer wieder auf Wanderschaft begeben und neue Siedlungsräume besetzt. Unter Völkerwanderung versteht man jedoch meist die großen Wanderungsbewegungen der Germanen durch ganz →**Europa** vom 4. bis zum 6. Jh. Ausgelöst wurde sie durch das Vordringen der →**Hunnen** von →**Asien** bis nach Europa. Sie führten schließlich zum Untergang des →**Römischen Reiches** und zur Bildung germanischer Reiche (z. B. des Frankenreiches) auf dessen Gebiet. Die Suche nach neuen Siedlungsräumen führte manche Germanenstämme Tausende von Kilometern weit. Die Vandalen z. B. zogen von Osteuropa bis nach Nordafrika.
Auch bei anderen historischen Wanderungsbewegungen spricht man manchmal von Völkerwanderung, z. B. von der indoeuropäischen Völkerwanderung (um 2000 v. Chr.).

Volkszählung

Wenn ein →**Staat** die Menge der →**Menschen**, die in ihm leben, zählt, nennt man das eine Volkszählung. Oft werden dann nebenbei noch zusätzliche Fragen gestellt, die der →**Regierung** wichtige Informationen über die →**Bevölkerung** liefern: Welche Berufe die Menschen ausüben, wie viel →**Geld** sie verdienen, ob sie in einer Wohnung oder in einem →**Haus** wohnen, ob sie verheiratet sind oder nicht, wie viele Kinder sie haben. Im antiken →**Römischen Reich** führten die Volkszähler Listen über die Menschen und ihren Besitz. So wollten sie sichergehen, dass jeder auch wirklich seine →**Steuern** zahlte.
In →**Deutschland** fand die letzte Volkszählung 1987 statt, nachdem eine →**Bürgerinitiative** eine geplante Zählung mit einem sehr umfangreichen Fragenkatalog 1983 verhindert hatte.

Vulkan

Vulkane bilden sich an Rissen in der Erdkruste, aus denen brennende Gase, flüssiges →**Gestein** und Asche nach außen dringen. In manchen Vulkanen geschieht dies langsam, in anderen explosionsartig in Form eines Vulkanausbruchs.
Einige Vulkane wie der Ätna sind Berge mit sanften Hängen, in denen Risse und Spalten aufbrechen. An solchen Stellen kann flüssige Lava austreten. Andere Vulkane sind kegelförmig, haben steilere Hänge und öffnen sich in einem Krater. Solche Vulkane können mit einer gewaltigen Explosion (Eruption) ausbrechen.
Ausbrechende Vulkane können enorme Katastrophen auslösen. So begrub der Vesuv bei seinem Ausbruch 79 n. Chr. die römische Stadt →**Pompeji** unter sich. Als 1883 der Krakatau ausbrach, entstand eine riesige Flutwelle (Tsunami), die 36 000 Menschen tötete.
Vulkane können aber auch neues Land schaffen. Südlich von Island brach 1963 ein Vulkan unter dem Meer aus und schuf die Insel Surtsey.
Viele Vulkane sind Teil lang gestreckter Bergketten, die an den Rändern der Kontinentalplatten hochgedrückt werden. Diese Platten sind Teile der Erdkruste und schwimmen auf dem flüssigen Erdmantel (→**Kontinentaldrift**). Einer dieser Plattenränder zieht sich als „Feuerring" um den →**Pazifischen Ozean**. In denselben Regionen wie die Vulkane entstehen häufig auch →**Erdbeben**, →**Geysire** und heiße Quellen.

▼ Tief unter der Oberfläche der Erde steht der Schlot eines Vulkans mit Magma (flüssiges Gestein) und heißen, brodelnden Gasen aus dem Erdinneren in Verbindung. Bei einem Ausbruch schießt das Magma durch den Schlot nach oben und gelangt als Asche oder Lava ins Freie.

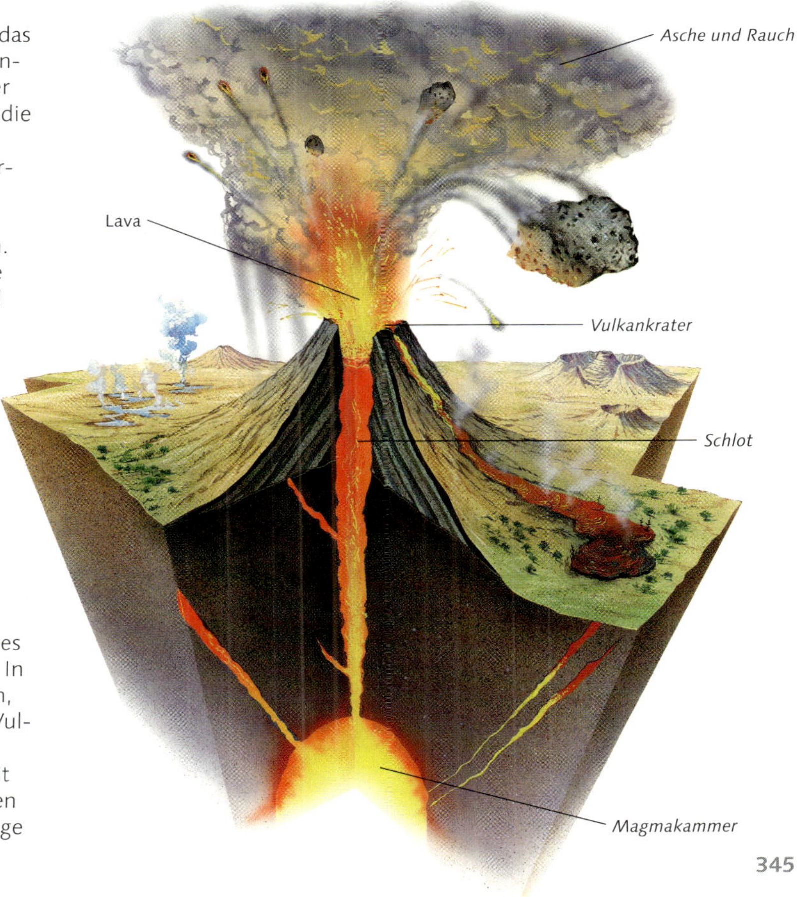

Vögel

▲ Der Wanderfalke ist der schnellste Flieger unter den Vögeln. Wenn er im Sturzflug auf seine Beute niederstößt, erreicht er bis zu 350 km/h.

Die Vögel gehören zu den wenigen Wirbeltieren, die den Lebensraum Luft erobert haben. Als einzige Tiere tragen sie Federn. Die ersten Vögel lebten vor etwa 150 Millionen Jahren. Der Urvogel *Archaeopteryx* hat sich vermutlich aus einem Dinosaurier entwickelt.

► Da der Schnabel jeder Tukanart anders gefärbt ist, dient er vermutlich zur Erkennung von Artgenossen.

Welt der Vögel

Die Welt der Vögel ist sehr vielgestaltig. Unter den rund 9000 Vogelarten gibt es winzige Vertreter wie die Kolibris, die kaum 2 g wiegen, sowie die mannshohen Strauße, die mehr als 150 kg auf die Waage bringen können. Vögel sind fast in allen Regionen der Welt zu finden. Sie leben an den Polkappen ebenso wie in den tropischen Wäldern oder in den Großstädten.

Perfekte Formen

Das Aussehen eines Vogels verrät einiges über seine Lebens- und Ernährungsweise. Adler haben z. B. gebogene Schnäbel, mit denen sie Fleisch abreißen. Die spitzen Schnäbel der Spechte sind wie Meißel. Schwäne und andere Wasservögel besitzen ein wasserabweisendes Gefieder und Schwimmhäute. Vögel, die wie Schwalben viel Zeit in der Luft verbringen, haben meist lange Flügel und stromlinienförmige Körper. So können sie schnell und mit geringem Energieaufwand fliegen. Wasserläufer waten auf ihrer Futtersuche durch flaches Wasser. Ihre langen Beine sorgen dafür, dass das Gefieder nicht verschmutzt.

▲ Mit seinem melodischen Lied lockt das Männchen des Wiesenstärlings Weibchen an und warnt gleichzeitig andere Männchen davor, in sein Revier zu kommen.

Das Wunder des Fliegens

Vögel haben reptilienähnliche Vorfahren, die zur Zeit der Dinosaurier lebten. Im Laufe von Millionen von Jahren entwickelten sich Federn und die Vorderbeine wurden zu Flügeln umgewandelt. Auch der Knochenbau veränderte sich. Ihre hohlen und daher leichten Knochen werden durch Streben verstärkt. Die Flügel werden von kräftigen Brustmuskeln bewegt. Große Vögel wie Adler und Störche können ihre Flügel langsam schlagen und auf Luftströmungen segeln. Kleine Vögel müssen ihre Flügel schneller schlagen, um in der Luft zu bleiben. Manche Vögel fliegen Tausende von Kilometern weit. Ihre langen Reisen nennt man Wanderungen. Es gibt jedoch auch Vögel, die nicht fliegen können. Pinguine z. B. sind gewandte Schwimmer, während Strauße sehr schnell laufen können.

◄ Basstölpel nisten auf Klippenvorsprüngen.

Werbung und Balz

Am Anfang der Paarungszeit suchen sich Vögel einen Partner. Meist sind es die Männchen, die um das Weibchen werben. Um es auf sich aufmerksam zu machen, singen die Männchen melodische Lieder oder sie bringen ihr schönes Gefieder zur Geltung. Manche Arten führen auch Balztänze auf oder zeigen Flugkunststücke.

◄ Die Rauchschwalbe baut ein Nest aus Lehm und Pflanzenteilen.

Aufzucht der Jungen

Alle Vögel legen Eier. Die meisten Arten bauen für ihr Gelege ein Nest in Bäume, Sträucher oder an Felswände. Es gibt aber auch Vögel, die ihre Eier direkt auf den Boden legen. Manche Arten nisten in großen Gruppen, die man Kolonien nennt. Die Eier werden je nach Vogelart von der Mutter, vom Vater oder beiden Eltern abwechselnd bebrütet. Nach mehreren Tagen oder erst nach zwei Monaten schlüpfen die Jungen aus ihrer Schale.

Greifvögel

Diese Vögel sind Beutejäger und Fleischfresser. Sie verfügen über ein scharfes Gehör und können sehr gut sehen.

Adler kreisen stundenlang am Himmel oder halten von einem Baum oder Felsen aus Ausschau. Hat ein Adler ein Beutetier entdeckt, so stürzt er sich darauf, packt es mit den Krallen und reißt mit dem scharfen, gebogenen Schnabel Stücke aus seinem Fleisch.

► Der Steinadler jagt Kaninchen und andere mittelgroße Tiere.

Weltweit gibt es mehr als 50 Adlerarten. Zu ihren Beutetieren zählen Vögel, Fische, Schlangen und Echsen.
Falken sind schnell fliegende, weltweit vorkommende Greifvögel. Zu ihnen zählen u. a. der Wanderfalke, der Merlin, der Turm- und der Baumfalke. Schnabel und Krallen des Falken sind sehr scharf. Der Vogel schlägt seine Beute im Sturzflug.
Habichte sind mit Falken und Adlern verwandt. Mit ihren langen Schwanzfedern steuern sie ihren Flug. Viele Habichtarten ähneln Falken, doch meist sind die Flügel der Habichte breiter und haben abgerundete Spitzen. Die Weibchen sind stets größer als die Männchen. Habichte sind außer auf den Inseln des Pazifiks weltweit verbreitet. Die nachtaktiven Beutejäger unter den Vögeln sind die Eulen.

◄ Der Kasuar ist ein großer flugunfähiger Vogel, der in den Regenwäldern Neuguineas und Australiens lebt.

► Der Amerikanische Schlangenhalsvogel setzt seinen Schnabel wie eine Harpune ein.

Flugunfähigkeit

Fast alle Vögel können fliegen, doch gibt es auch flugunfähige Arten. Viele davon haben sich zu guten Läufern entwickelt, wie z. B. Strauße und Emus. Mit den kräftig entwickelten Beinen können diese Vögel nicht nur schnell fliehen, sondern auch schmerzhafte Tritte verteilen.
Die zurückgebildeten Flügel helfen, das Gleichgewicht zu halten. Im Gegensatz zu den Laufvögeln sind die flugunfähigen Pinguine hervorragende Schwimmer. Ihre Flügel dienen ihnen im Wasser als Ruder.
Flugunfähigkeit hat sich meist auf abgelegenen Inseln entwickelt, wo fehlende Fressfeinde das Fliegen überflüssig gemacht haben. Als der Mensch in diese Regionen vordrang und Tiere wie Katzen und Ratten mitbrachte, gerieten die flugunfähigen Vögel in Gefahr.
Die Dronte auf Mauritius etwa starb schon im 17. Jh. aus. Kiwis und der flugunfähige Papagei Kakapo sind stark gefährdet.

Zum Weiterlesen

Albatros, Dronte, Ei, Enten, Eulen, Federn, Kiwis, Kolibris, Kuckucke, Nest, Pinguine, Spechte, Strauße, Tierwanderungen

► Der größte Falke ist der Gerfalke, der in den arktischen Zonen Europas und Nordamerikas lebt. Er jagt andere Vögel und nistet auf Felsvorsprüngen.

W

Wagner, Richard

Der in Leipzig geborene Schöpfer des „Tristan", des „Ring des Nibelungen" und des „Parsifal" war der bedeutendste Musikdramatiker der deutschen Romantik. Nach einem unsteten Lebenswandel und Stationen in London, Venedig, Luzern und Paris heiratete Richard Wagner (1813–1883) 1870 Cosima Liszt (1837–1930). Mit ihr und den drei gemeinsamen Kindern lebte Wagner ab 1872 in Bayreuth, wo mit dem Bau des Festspielhauses auf dem „grünen Hügel" sein Lebenstraum in Erfüllung ging. 1876 wurden die ersten Bayreuther Festspiele mit drei Aufführungen des „Ring des Nibelungen" eröffnet.

▲ Richard Wagner schuf eine Theorie des „Gesamtkunstwerkes", einer Verbindung aller Künste: Musik, Dichtung, Malerei, Tanz, Bühnenbild. In seinem Bayreuther Festspielhaus konnte er diese z.T. verwirklichen.

Wahl

Die meisten →**Staaten**, →**Bundesländer**, Städte und Gemeinden (aber auch viele öffentliche Organisationen wie z. B. Vereine) halten von Zeit zu Zeit Wahlen ab. Bei Wahlen wird eine neue →**Regierung**, ein neuer Stadt- oder Gemeinderat (oder ein neuer Vorstand) bestimmt.
In demokratischen Ländern gehen die Wähler am Wahltag in ein bestimmtes Gebäude (oft ist es eine Schule), das Wahllokal. Dort erhalten sie ein Liste mit allen Kandidaten und Parteien, die zur Wahl stehen. Jeder Wähler kreuzt, ohne dass jemand zusehen kann, einen oder mehrere Namen an (geheime Wahl). Kinder dürfen noch nicht wählen. Erst ab 18 Jahren ist man wahlberechtigt. Die Kandidaten mit den meisten Stimmen gehen dann als Abgeordnete ihres Wahlkreises ins →**Parlament**. In manchen Ländern werden alle Abgeordneten direkt bestimmt. In →**Deutschland** bestimmt die Zahl der Stimmen für eine Partei, wie viele Abgeordnete diese ins Parlament schicken darf. Dies nennt man das Verhältniswahlrecht.
In Deutschland ist der Gang zur Wahl freiwillig, in anderen Ländern wie z. B. →**Griechenland** herrscht Wahlpflicht. Die Regierung ist durch eine Wahl nur auf eine bestimmte Zeit im Amt, danach gibt es wieder eine Wahl, in der die →**Bevölkerung** entscheiden kann, ob sie die alte Regierung behalten oder eine neue einsetzen will.

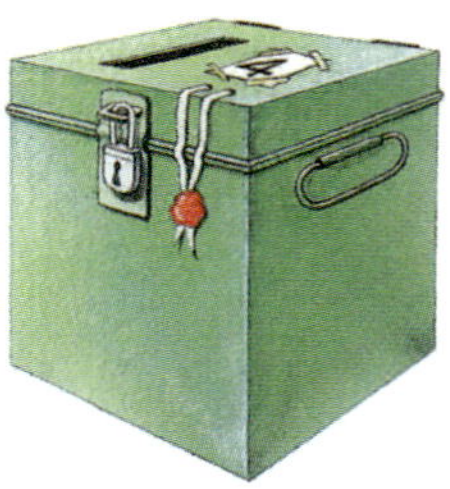

▲ Bei geheimen Wahlen macht der Wähler auf der Wahlliste ein Kreuz neben dem Namen seines Kandidaten oder seiner Partei. Dann wirft er den Wahlzettel in einen Kasten, die Wahlurne. Nachdem die Wahllokale geschlossen wurden, beginnt die Auszählung.

Währung

Die Währung ist die Geldeinheit eines Landes. Die gesetzlichen Bestimmungen von Währungsangelegenheiten regeln den →**Geld**- und Zahlungsverkehr. Dazu gehört die Festlegung, welche →**Münzen**, Geldscheine und weitere Möglichkeiten wie Schecks oder Kreditkarten als gesetzliche Zahlungsmittel erlaubt werden. Sehr wichtig ist auch die Bestimmung des Austauschverhältnisses zu anderen Währungen (Wechselkurs). Währungen, die wenig Wert verlieren oder sogar Wert gewinnen, nennt man harte Währungen (z. B. Schweizer Franken). Sie eignen sich für eine sichere Geldanlage.
In der →**Europäischen Union** haben sich einige Länder zu einer Währungsunion zusammengeschlossen. In dieser Europäischen Währungsunion (EWU) gilt seit Januar 2002 der Euro als Einheitswährung und es gibt eine gemeinsame Europäische Zentralbank.

Wald

Ein Wald ist ein dicht mit →**Bäumen** und anderen →**Pflanzen** bewachsenes Gebiet. Wälder gehören zu den wichtigsten Lebensräumen der →**Erde**. Sie bedecken etwa 30 Prozent der Landfläche. Wälder sind nach Höhenstufen geschichtet. Auf dem Boden wachsen →**Pilze**, →**Moose**, →**Farne** und Wildblumen. Darauf folgt eine Strauchschicht mit Büschen und →**Sträuchern**, darüber die kleinen Bäume. Die oberste Baumschicht bildet die große Kronenregion.
Es gibt drei Grundtypen von Wäldern, die in verschiedenen →**Vegetationszonen** angesiedelt sind. Im kalten Norden von →**Kanada**, →**Europa** und →**Asien** wachsen die borealen Nadelwälder. In Russland werden sie →**Taiga** genannt. Sie bestehen vorwiegend aus Tannen, Lärchen und Kiefern.

Ein weiterer Waldtyp ist der Laubwald der gemäßigten Breiten in Nordamerika, Europa und Ostasien. Hier unterscheidet man zwischen sommergrünem Laubwald und immergrünem Hartlaubwald. Der sommergrüne Laubwald wächst in den gemäßigten Breiten mit ihren kurzen Wintern, warmen Sommern und ganzjährigen Regenfällen. Seine Bäume wie z. B. Eichen, Buchen, Eschen und Linden tragen nur im Sommer Laub und werfen ihre Blätter im Herbst ab. In den milderen Winterregengebieten, wie etwa um das Mittelmeer, wachsen immergrüne Hartlaubwälder mit Korkeichen, Olivenbäumen und Johannisbrotbäumen. In Zonen, wo dieser Wald durch Abholzung oder Brände vernichtet wurde, entwickelte sich die aus Sträuchern wie Wacholder und Ginster bestehende Macchie. Um den →**Äquator** im feuchtheißen →**Klima** der →**Tropen** liegen die immergrünen tropischen →**Regenwälder**. Hier regnet es fast täglich und es gedeiht eine üppige Pflanzenwelt.

Wale

Wale sind perfekt an das Leben im →**Wasser** angepasste →**Säugetiere**. Ihr fischförmiger Körper erleichtert ihnen die Fortbewegung im →**Meer**. Die Vorderbeine sind zu Flippern (Flossen) umgewandelt. Der breite Schwanz ist an Ober- und Unterseite abgeflacht und trägt eine quer liegende Fluke (Schwanzflosse). Eine dicke Schicht Blubber (Speck) unter der Haut schützt die Wale vor Kälte. Anders als Fische atmen Wale mit Lungen und müssen daher zum Atmen regelmäßig auftauchen. Bevor sie Luft holen, blasen sie die verbrauchte Luft durch ein Blasloch am Kopf heraus.
Wale bringen ihre Jungen im Wasser zur Welt. Das Neugeborene muss sofort nach der Geburt an die Oberfläche schwimmen, um zu atmen.
Wale kommen in allen Meeren vor. Viele von ihnen unternehmen auf der Suche nach ihrer tierischen Nahrung (u. a. →**Robben**, →**Pinguine**, →**Fische**, Krill, →**Plankton**) lange Wanderungen. Der Grauwal z. B. legt auf seiner Reise etwa 20 000 km zurück.
Der Blauwal ist das größte Säugetier. Er kann 30 m lang werden.

▲ Es gibt viel Arten von Walen. Der Buckelwal springt fast mit dem ganzen Körper aus dem Wasser. Dann dreht er sich um und taucht rücklings wieder ein.

◄ Vor sehr langer Zeit bedeckten die Wälder eine größere Fläche als heute. Der Waldbestand ging weltweit um 80 % zurück, da die Bäume ihres Holzes wegen gefällt wurden oder landwirtschaftlichen Nutzflächen, Straßen und Städten weichen mussten.

Wales siehe Großbritannien

Walross

Das Walross gehört zur Ordnung der →**Robben** und lebt in den kalten Gewässern der →**Arktis** und des nördlichen →**Atlantischen Ozeans**. Diese →**Säugetiere** haben auffallend große, bis zu 75 cm lange obere Eckzähne. Sie dienen den Walrossen dazu, →**Muscheln** aus dem Meeresboden auszugraben oder von ihrer Unterlage abzubrechen. Außerdem sind sie eine beeindruckende Waffe. Walrosse sind sehr gesellige Tiere, die man immer in Gruppen antrifft.

▼ Das Walross lebt in seichten arktischen Gewässern. Es hat Vorder- und Hinterflossen, aber keinen Schwanz. Die bis zu 24 km/h schnellen Schwimmer bewegen sich an Land eher schwerfällig. Im Atlantik lebende Walrossbullen werden bis zu 4 m lang und 1800 kg schwer.

▲ Wanderheuschrecken können zur regelrechten Plage werden. Die Schwärme sind mitunter so groß, dass sich der Himmel verdunkelt. Sie fressen Tausende Tonnen von Erntefrüchten und lösen so Hungersnöte aus.

Wanderheuschrecke

Wanderheuschrecken sind →**Heuschrecken**, die in →**Afrika**, Südasien und →**Australien** vorkommen. Unter bestimmten Bedingungen vermehren sich die →**Insekten** so stark, dass sie riesige Schwärme bilden. Diese durchfliegen auf der Suche nach Futterplätzen weite Gebiete. An ihren Rastplätzen fallen die Wanderheuschrecken über die Pflanzen her und fressen das Land kahl. Solche Schwärme können ganze Ernten zerstören.

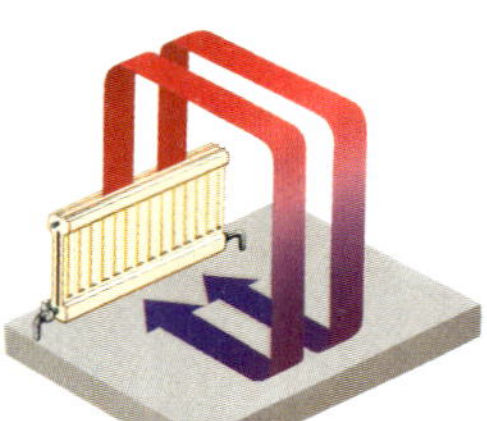

▲ Die Erkenntnisse der Wärmelehre haben große Bedeutung für den Alltag: Ein Heizkörper strahlt Wärme ab. Die Wärme durchdringt die Luft mittels der Konvektion. Ist die Luft über dem Heizkörper erwärmt, steigt sie nach oben. Kältere Luft folgt ihr und wird wiederum erwärmt. Dadurch entsteht eine Konvektionsströmung.

Wappenkunde

Wenn ein →**Ritter** im →**Mittelalter** seine →**Rüstung** anlegte, war er kaum noch zu erkennen. Daher versahen die Ritter ihre Mäntel und Schilde mit bestimmten Zeichen, an denen man ihre Herkunft erkennen konnte. Jede Familie, jeder Herrscher hatte ein eigenes Zeichen, das niemand anders tragen durfte und das vererbt wurde. Daraus entwickelten sich die Wappen. Geformt war das Wappen wie ein Schild. Die Wissenschaft, die sich mit den Wappen beschäftigt, nennt man Heraldik. Um Wappen zu beschreiben, haben die Heraldiker eine eigene Fachsprache entwickelt.

Warmblüter

Anders als bei den →**Kaltblütern** behält der Körper eines Warmblüters die Körpertemperatur bei, auch wenn die Außentemperatur schwankt. Die Körpertemperatur wird durch chemische →**Reaktionen** in den →**Zellen** des Körpers aufrechterhalten. →**Haare**, Fell, →**Federn** oder eine dicke Fettschicht verhindern eine Auskühlung. Wenn es zu heiß wird, kühlen sich Warmblüter durch Schwitzen oder Hecheln ab. →**Vögel** und →**Säugetiere** sind Warmblüter.

Wärmelehre

Die Wärmelehre ist ein Teilgebiet der →**Physik** und wird auch Thermodynamik genannt. Wärme ist eine Form von →**Energie**, die man fühlen, aber nicht sehen kann. Sie entsteht, wenn etwas brennt. Die →**Sonne** produziert riesige Mengen von Wärme, indem →**Atome** in ihrem Innern miteinander verschmelzen (Kernfusion).
Der Großteil der Wärme, die der Mensch gezielt herstellt, stammt aus dem Verbrennen von Heizmaterial wie →**Kohle** oder →**Erdgas**. Wärme entsteht auch durch →**Reibung** oder durch →**Elektrizität**, wenn z. B. →**Strom** durch einen Glühdraht fließt wie in einem Toaster.
Die Wärme von →**Materie** kann man anhand ihrer →**Temperatur** überprüfen. Diese misst man mit einem →**Thermometer**. Wenn Materie heiß wird, bewegen sich ihre →**Moleküle** oder Atome schneller und nehmen mehr Platz ein. →**Metalle** z. B. dehnen sich stark aus, wenn sie warm werden.
Wärmeenergie bewegt sich auf drei Arten: durch Wärmeleitung, durch Konvektion oder

▼ Wappen sind aus Zeichen oder Bildern (z. B. von Tieren) und bestimmten Farben zusammengesetzt. Verwendet wurden Metallfarben wie Gold (Gelb) und Silber (Weiß) und eigentliche Farben wie Blau, Rot, Schwarz und Grün.

durch →**Strahlung**. Sie strömt stets von einem wärmeren Ort zu einem kälteren. Bei der Wärmeleitung fließt Wärme durch Festkörper, sogenannte Wärmeleiter: Taucht man z. B. einen Löffel in ein heißes Getränk, dann wird er warm. Bei der Konvektion fließt Wärme durch →**Flüssigkeiten** und →**Gase**. Bei der Strahlung ist die Wärmeenergie in einer elektromagnetischen Welle gebunden.

▲ Waschbären kommen auch in Städte, um dort nach Fressbarem zu suchen. Sie gelten in ihrer nordamerikanischen Heimat mitunter als lästige Schädlinge und werden deshalb gejagt.

Erst beim Auftreffen auf Materie, wie die →**Luft** oder die →**Erde**, verwandelt sich die Strahlung wieder in Wärme. So gelangt z. B. die Sonnenwärme auf die Erde.

Waschbären

Waschbären kommen in →**Nord**- und →**Mittelamerika** vor. Die zu den Kleinbären zählenden →**Säugetiere** haben ein langes Fell, einen buschigen, schwarz geringelten Schwanz, eine spitze Schnauze und eine dunkle Gesichtsmaske. Von der Schnauzen- bis zur Schwanzspitze können sie bis zu 90 cm messen.
Waschbären leben in →**Wäldern**. Sie sind gute Kletterer und ruhen in Baumlöchern. Nachts gehen sie auf Nahrungssuche. Waschbären fressen u. a. →**Pflanzen**, →**Eier**, →**Insekten**, →**Fische**, →**Vögel** und kleine →**Säugetiere**. Da sie sich ihre Hauptnahrung aus →**Flüssen** holen, liegen ihre Unterschlupfe häufig in Flussnähe.

Wasser

Etwa 71 % der Erdoberfläche sind von Wasser bedeckt, vorwiegend mit dem Salzwasser der →**Meere**. →**Flüsse**, →**Seen**, →**Gletscher** und Inlandeis bestehen aus Süßwasser.
Ohne Wasser wäre kein Leben auf der →**Erde** möglich. Im Wasser entstanden die ersten Lebewesen. →**Pflanzen**, →**Tiere** und der →**Mensch** bestehen hauptsächlich aus Wasser. Wasser, das man trinkt, enthält →**Mineralstoffe**, die aus dem Boden oder dem →**Gestein** gelöst wurden. Wasser kann flüssig, gasförmig oder fest sein. Bei 0 °C friert es zu festem Eis, bei 100 °C kocht es und wird zu Dampf.
Auch Wolken sind gewaltige Ansammlungen von Wasser. In ihnen sind Millionen Tonnen Wasser gespeichert, die in Form von Regen zur Erde fallen. Teilweise bleibt Wasser viele Jahre lang im Erdboden, doch das meiste Wasser fließt über Flüsse und Ströme direkt ins Meer.
Die chemische Formel des Wassers ist H_2O, d. h., jedes →**Molekül** besteht aus zwei →**Atomen** Wasserstoff (H) und einem Atom Sauerstoff (O). Mithilfe von elektrischem →**Strom** kann man Wasser in seine beiden Bestandteile zerlegen. Diese →**Reaktion** wird als Elektrolyse bezeichnet.

▼ Das Wasser der Erde befindet sich in einem ewigen Kreislauf. Regen fällt auf das Land und fließt ins Meer. Die Sonne erwärmt das Wasser, es verdunstet und steigt in die Atmosphäre auf. Wenn es abkühlt, kondensiert es wieder zu Wolken und wird abgeregnet.

▲ Die vielleicht berühmtesten Wasserfälle der Welt sind die Niagarafälle zwischen den USA und Kanada. Im 17. Jh. sahen zum ersten Mal Europäer dieses Naturschauspiel.

Wasserfall

Wenn ein →**Fluss** über eine Felskante in die Tiefe stürzt, spricht man von einem Wasserfall. Solche Felskanten können auf unterschiedliche Arten entstehen. Wenn das →**Wasser** eines Flusses sich immer tiefer in das →**Gestein** des Flussbetts hineinschneidet, werden manche Gesteine schneller abgetragen als andere, da sie weicher sind. An den Grenzen zwischen harten und weichen Gesteinen entstehen Klippen oder Felskanten, an denen sich Wasserfälle bilden können. Auch durch →**Gletscher** oder Erdbewegungen können Höhenunterschiede in Flussläufen entstehen.
Wasserfälle gibt es überall auf der Welt. Der höchste ist der 979 m hohe Angelfall in →**Venezuela**. Die Iguaçu-Fälle liegen an der Grenze zwischen →**Argentinien** und →**Brasilien**. Sie sind 82 m hoch und ziehen sich über eine Breite von insgesamt 3 km. Die großen Viktoriafälle des Sambesi an der Grenze zwischen →**Sambia** und →**Simbabwe** sind über 107 m hoch und etwa 1,6 km breit. Pro Minute stürzen fast 100 Millionen Liter Wasser in die Tiefe. Würde diese →**Wasserkraft** vollständig zur Energiegewinnung genutzt, könnte man eine Fünfmillionenstadt mit →**Strom** versorgen.

Wasserkraft

Über ein Fünftel der weltweit erzeugten →**Elektrizität** wird mithilfe von schnell fließendem oder fallendem →**Wasser** gewonnen. Die darin enthaltene →**Energie** nennt man Wasserkraft. Die meisten Wasserkraftwerke liegen an künstlich erbauten →**Dämmen**, andere nutzen die Energie aus →**Wasserfällen**.
Wenn Wasser durch riesige Rohre aus großer Höhe von einem Damm in die Tiefe stürzt, bringt es die Schaufelräder einer →**Turbine** zum Drehen. Über die daran befestigten Wellen wird die Bewegungsenergie auf →**Generatoren** übertragen. Diese erzeugen →**Strom** – ähnlich wie die Generatoren in →**Kraftwerken**, die mit →**Kohle** oder →**Erdöl** betrieben werden.

Wasserstoff

Wasserstoff ist ein →**Gas**. Vermutlich ist es das häufigste →**Element** im →**Universum**. →**Sterne** wie die →**Sonne** bestehen fast ausschließlich aus Wasserstoff. Wasserstoff ist außerdem das leichteste Element, es ist 14-mal leichter als →**Luft**. Ein Wasserstoffatom besteht aus nur einem Proton und einem Elektron. Wasserstoff ist farb-, geruch- und geschmacklos und brennt sehr leicht.
In der Sonne werden ständig unglaubliche Mengen von Wasserstoff verbrannt. Die entstehende →**Energie** versorgt die →**Erde** mit →**Licht** und Wärme.
Alle →**Pflanzen** und →**Tiere** enthalten Wasserstoff. Auch in den fossilen Brennstoffen wie →**Kohle**, →**Erdöl** und →**Erdgas** ist Wasserstoff gebunden. Weil er leichter ist als Luft, füllte man ihn früher in →**Luftschiffe** wie die Zeppeline. Wegen der großen Explosionsgefahr wird er dazu heute nicht mehr verwendet.

Weben

Vorhänge und Laken, Hemden und Teppiche, Handtücher und Anzüge sind nur einige der vielen nützlichen Dinge, die durch Weben hergestellt werden. Bei diesem Vorgang werden Fäden kreuzweise miteinander zu einem Gewebe oder Stoff verflochten.
Die Technik des Webens ist seit der →**Steinzeit** bekannt. Die ältesten bekannten Stoffe entstanden vor 8000 Jahren in einer Region, die zur heutigen →**Türkei** gehört. Aus Flachs (einem Leinengewächs) wurde dort Leinenstoff hergestellt. Um 2000 v. Chr. webten die Chinesen Stoffe aus →**Seide**. In Indien verwendete man die Fasern der →**Baumwolle**, während in den →**Wüsten** und →**Gebirgen** →**Asiens** lebende →**Nomaden** die Herstellung von Wollstoffen entwickelten.

► Beim Weben wird der Schussfaden mithilfe der Spule (Schiffchen) so durch die Kettfäden geführt, dass er immer abwechselnd über und unter einem Faden verläuft.

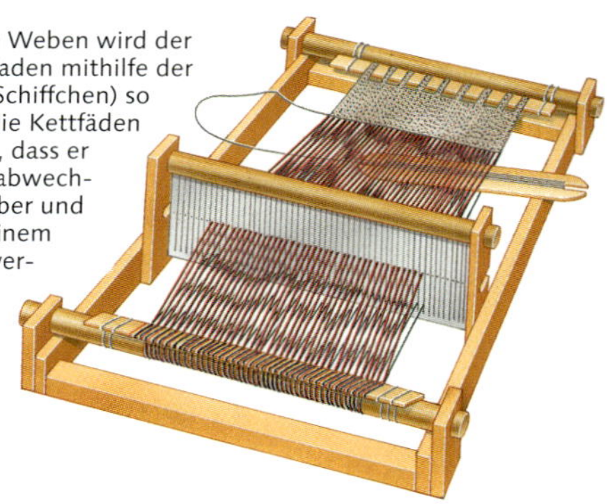

Spinnräder sowie Webrahmen und -stühle wurden bis ins 18. Jh. von Hand betätigt. Dann erfand man Spinn- und Webmaschinen, mit denen man die Stoffe schneller und damit billiger herstellen konnte. Heute sind die meisten Stoffe und Gewebe maschinell hergestellt, wobei ein einziger Mensch problemlos 20 moderne, vollautomatische Webmaschinen bedienen kann. Bestimmte kostbare Stoffe aus Wolle oder Seide aber webt man weiterhin mit der Hand.

Website siehe Internet

Weichtiere

Weichtiere bilden den zweitgrößten Stamm der →**Wirbellosen**. Man unterscheidet etwa 100 000 →**Arten** in acht Klassen, darunter →**Schnecken**, →**Muscheln** und Kopffüßer (z. B. →**Tintenfische**). Weichtiere treten in zahlreichen Lebensräumen auf, die meisten aber leben im →**Meer**.
Weichtiere besitzen kein stützendes inneres Skelett und keinerlei →**Knochen**. Zu ihrem Schutz erzeugen sie mehr oder weniger dicke Kalkschalen. Der Körper der meisten Weichtiere besteht – neben den Schalen – aus vier Teilen: Kopf, Eingeweidesack, Mantel und muskulöser Fuß. Der Fuß dient zum Graben und zur Fortbewegung, der Mantel bringt die Schale hervor.

Weimarer Republik

Bei den ersten →**Wahlen** 1919 in →**Deutschland** nach dem Ersten →**Weltkrieg** erhielten die Befürworter einer →**Republik** die Mehrheit. Bis dahin war das Land eine →**Monarchie**, an deren Spitze ein Kaiser stand.
Die neue Republik erhielt ihren Namen, weil die Nationalversammlung, von der die →**Verfassung** erarbeitet wurde, zunächst in der Stadt Weimar getagt hatte. Der erste Reichspräsident war Friedrich Ebert (1871–1925). Die →**Regierung** stand damals vor großen Problemen: Deutschland war nach dem Krieg wirtschaftlich und politisch geschwächt. Der Versailler Vertrag, mit dem der Erste Weltkrieg beendet wurde, sah fast untragbare Wiedergutmachungen (Reparationen) an andere Länder vor. Auch war der Rückhalt in der →**Bevölkerung** für die erste deutsche →**Demokratie** noch nicht sehr groß. Die Regierung versuchte, die Reparationszahlungen zu reduzieren. Deutschland fand aus der Isolation und trat dem Völkerbund (Vorläufer der →**Vereinten Nationen**) bei. Die 1920er-Jahre brachten der westlichen Welt eine kurze wirtschaftliche und kulturelle Blüte. Doch der Börsenkrach 1929 (Schwarzer Freitag) führte zu einer Weltwirtschaftskrise. Steigende →**Inflation** und eine hohe Arbeitslosigkeit schwächten die Weimarer Republik. Das schuf den Nährboden für den →**Nationalsozialismus** und 1933 kam Adolf Hitler (1889–1945) an die Macht.

Wein

Wein ist ein alkoholhaltiges Getränk, das durch →**Gärung** von Saft oder Früchten entsteht.
Man kann Wein im Prinzip aus allen möglichen Früchten gewinnen, die weitaus meisten und besten Weine aber werden aus Weintrauben hergestellt. Für Weißweine verwendet man den Saft der gepressten Trauben, für Rotweine die zerdrückten Früchte. Durch Zusatz von →**Hefe** beginnt der Gärungsprozess – aus dem →**Zucker** der Trauben wird →**Alkohol**. Nach der Gärung wird der Wein gefiltert und in Fässer gefüllt. Je nach Art des Weines lagert dieser Wochen oder Jahre im Fass und wird dann in Flaschen abgefüllt. Wein liefert die Grundlage für Sekt (Schaumwein), Weinbrand und Essig.

◄ Im Meer sind viele Arten von Weichtieren zu Hause, z. B. Wellhornschnecken (1), Napfschnecken (2), Tintenfische (3), Herzmuscheln (4) und Miesmuscheln (5).

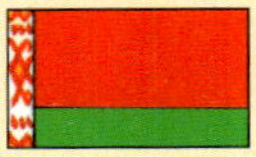

Weißrussland
Staatsform: Präsidialrepublik
Hauptstadt: Minsk
Fläche: 207 595 km²
Einwohner: 10 Mio.
Sprachen: Weißrussisch, Russisch
Währung: Belarus-Rubel

Weißrussland

Der osteuropäische Staat war bis 1991 ein Teilstaat der →**Sowjetunion** und ging als erster unabhängiger Staat aus deren Zerfall hervor. Der Präsident hat in dieser →**Republik** große Vollmachten. Wichtige Wirtschaftszweige des Landes sind →**Landwirtschaft**, Bekleidungsindustrie und Maschinenbau.

Weizen

Weizen gehört wie jedes andere →**Getreide** zu den →**Gräsern** und ist ein wichtiges →**Nahrungsmittel**. Die Weizenkörner (→**Samen**) werden zu Mehl gemahlen, aus dem man →**Brot**, Kuchen oder Nudeln herstellt. Die meisten Weizenprodukte sind nahrhaft, da Weizen einen hohen Anteil an →**Kohlenhydraten** in Form von →**Stärke** enthält, die der Körper zu →**Energie** umwandelt.
Weizen ist eines der meistproduziertesten Getreide der Welt.

▲ Weizen wächst am besten in Gegenden mit einem milden Klima. Die Landwirte säen im Winter oder Frühling und ernten den Weizen, wenn die Getreidekörner trocken und hart sind.

Wellen

Wenn der →**Wind** über das →**Meer** bläst, türmt er das Wasser zu Wellen auf. Höhe und Geschwindigkeit der Wellen richten sich nach der Kraft des Windes und seiner Laufstrecke über die Wasseroberfläche. Während eine leichte Brise das Wasser nur kräuselt, können Stürme haushohe Wellen auftürmen.
Wellen bewegen sich nur auf und ab, das Wasser bewegt sich nicht in Richtung des Windes. Ein Vogel oder eine Flasche, die auf der Wasseroberfläche schwimmen, werden nur auf und ab bewegt und treiben nicht mit den Wellen vorwärts. Die größten Wellen entstehen, wenn unter dem Meer ein Erdbeben, ein Vulkanausbruch oder ein Erdrutsch stattfindet. Sie werden Tsunamis genannt und können verheerende Schäden an den Küsten anrichten.
Eine Meereswelle trägt die →**Energie** des Windes in sich. Man könnte diese Energie nutzen, um →**Strom** zu erzeugen. Es gibt dazu erste Versuche: Eine entsprechende Maschine hat einen beweglichen Hebelarm, der von den Wellen auf und ab bewegt wird. Im Innern der Maschine treibt dieser Hebelarm einen →**Generator** an und erzeugt Strom.

Weltkriege

Im 20. Jh. kam es zum Ersten Weltkrieg (1914–1918) und zum Zweiten Weltkrieg (1939–1945). Beide Kriege wurden von →**Deutschland** ausgelöst. Deutschland und die mit ihm verbündeten Länder verloren beide Kriege. In beiden Weltkriegen starben jeweils Millionen von Menschen. Viele wurde aus ihrer Heimat vertrieben oder mussten flüchten. Noch Jahre nach Beendigung der Kriege litten die Menschen unter den Folgen: Viele Städte waren zerstört, und es fehlten Unterkünfte, Nahrungsmittel und Medikamente. Nach dem Zweiten Weltkrieg wurden die →**Vereinten Nationen** gegründet, deren Ziel es ist, weitere Kriege zu verhindern.

Werbung

Um seine Produkte den Käufern bekannt zu machen, muss ein →**Unternehmen** Werbung machen. Die Werbung betont die Vorteile der Produkte und zeigt, warum sie unbedingt gekauft werden sollten. Man kann in verschiedenen →**Medien** werben: im →**Fernsehen**, im →**Rundfunk**, in →**Zeitungen** und Zeitschriften, auf Plakaten oder in Form von Prospekten. Auch →**Regierungen** oder Parteien machen Werbung für ihre Programme. Die Werbung selbst hat sich zu einem wichtigen Wirtschaftszweig entwickelt. Viele Menschen sind darin z. B. als Autoren, Fotografen, Zeichner, Schauspieler oder Verkäufer tätig. Sie arbeiten entweder für die Werbeabteilung eines Unternehmens oder in sogenannten Werbeagenturen, die für verschiedene Unternehmen interessante Werbekonzepte und auffällige Verpackungen für die Produkte entwickeln.

Wetter siehe Seite 356

Wiedervereinigung

Nach dem Zweiten →**Weltkrieg** entstanden zwei deutsche →**Staaten**: Die Bundesrepublik →**Deutschland** und die →**DDR**. Es wirkten mehrere Voraussetzungen, damit es Ende des 20. Jh. zur Wiedervereinigung beider deutscher Staaten kommen konnte. Dazu gehörte die Entspannungspolitik der Bundesrepublik und der DDR, aber auch Bürgerrechtsbewegungen gegen den →**Kommunismus** in →**Polen** und in der →**Tschechoslowakei**. Die wichtigste Veränderung ging aber von Michail Gorbatschow (geb. 1931) aus, der 1985 zum Staatspräsidenten der →**Sowjetunion** gewählt wurde. Er stellte seine Politik unter die Leitgedanken von „Perestroika“ (Umgestaltung) und „Glasnost“ (Offenheit). Unter seiner Führung sicherte die Sowjetunion zu, dass sich alle →**Staaten** ihr politisches und soziales System selbst wählen dürften. Erleichterte Reisebedingungen führten außerdem dazu, dass viele Menschen aus der DDR ausreisten. Am 2. Mai 1989 öffnete →**Ungarn** für DDR-Flüchtlinge die Grenzen zu →**Österreich**. Jeden Montag fanden in Leipzig Friedensgebete statt. Bei den Feiern zum 40. Jahrestag der DDR im Oktober 1989 forderte Gorbatschow die →**Regierung** der DDR zu Reformen auf. Demonstrationen vieler DDR-Bürger folgten. Der Druck auf die DDR-Führung war so groß, dass am 9. November die innerdeutschen Grenzen freigegeben wurden. Am 3. Oktober 1990 trat die DDR der Bundesrepublik Deutschland bei.

Wikinger

Die Wikinger waren kriegerische, seefahrende Volksstämme aus dem Gebiet des heutigen →**Norwegen**, →**Schweden** und →**Dänemark**. Sie suchten vom 8. bis 11. Jh. →**Europa** und →**Russland** heim. Hilfreich bei ihren Beutezügen waren die Wikingerschiffe – diese waren sehr stabil und hatten einen flachen Rumpf. Man konnte sie sowohl segeln als auch rudern und sogar über Land ziehen. Die Schiffe wurden auch zur Bestattung bedeutender Personen verwendet. Dabei wurden der Leichnam und das Schiff zusammen verbrannt.
Die Wikinger überfielen die britischen Inseln und →**Island**, wo sie sich auch ansiedelten. Dänische Wikinger plünderten ab 834 Friesland, Hamburg und Paris, zogen nach →**England** und ins Rheinland und ließen sich 911 in der Normandie nieder. Die Wikinger der Normandie werden Normannen genannt. Sie eroberten 1066 England. Andere Wikingerstämme kamen bis nach →**Spanien** und ans →**Mittelmeer**.
Nach Russland wanderten die schwedischen Wikinger (Rus oder Waräger). Unter den Wikingern gab es auch große →**Entdecker**: So erreichte Erich der Rote (950–1005) im Jahr 982 Grönland und Leif Eriksson (978–1037) um das Jahr 1000 sogar →**Nordamerika**.

Wind

Wind ist bewegte Luft. Langsame Winde werden Brise genannt, schnelle heißen Sturm. Winde entstehen z. B., weil die →**Sonne** das Land stärker erwärmt als das →**Meer**: Über dem Land steigt warme Luft auf und die Warmluft strömt in der Höhe in Richtung Meer. Dort erhöht sich der Luftdruck, am Boden fällt er. Um den Druckunterschied auszugleichen, strömt kühle Luft vom Meer aufs Land (Meeresbrise). Bei Nacht kehrt sich der Vorgang um. Durch solche Temperatur- und Luftdruckunterschiede entstehen auch die großen Hoch- und Tiefdruckgebiete, die das →**Wetter** bestimmen. Je größer die Luftdruckunterschiede sind, desto stärker weht der Wind.
Der Admiral Sir Francis Beaufort entwickelte 1805 eine Skala der Windgeschwindigkeiten von 0 bis 17. Die Zahl 0 steht für ruhiges Wetter ohne Wind. Windstärke 4 ist eine Brise, die kleine Zweige und Flaggen in Bewegung setzt. Bei 7 bewegen sich →**Bäume** und man kann kaum noch gegen den Wind ankämpfen. Ab Windstärke 12 spricht man von einem →**Orkan**. Diese Stärke haben auch →**Wirbelstürme**. Solche starken Winde können katastrophale Schäden anrichten – Bäume werden entwurzelt, Häuser niedergerissen und ganze Landstriche verwüstet.

▲ Die Schriftzeichen der Wikinger hießen Runen. Sie wurden in Holz, Metall oder wie hier in große Steine (Runensteine) geritzt.

▼ Die Wikinger waren große Seefahrer und hervorragende Schiffbauer. Für lange Seereisen dienten ihnen die vielseitigen Langschiffe. Diese waren oft mit schönen Schnitzereien verziert.

Wetter

In den meisten Regionen der Welt ändert sich das Wetter fast ständig. Der Grund für diese Schwankungen ist die bewegte, unterste Schicht der Erdatmosphäre. Das Wetter ist der atmosphärische Zustand zu einem bestimmten Zeitpunkt.

▲ Wenn sich Sonnenlicht im Regen bricht, erscheinen die Regenbogenfarben: Rot, Orange, Gelb, Grün, Blau, Indigoblau und Violett.

► Da sich die Erde ständig dreht, werden Winde, die in Nord-Südrichtung (und umgekehrt) blasen, immer zur Seite hin abgelenkt. Diesen physikalischen Effekt bezeichnet man als Corioliskraft. Ein Wind, der vom Nordpol Richtung Süden weht, wird nach Westen umgelenkt. Obwohl er also aus dem Norden kommt, denkt man, dass er aus dem Osten blase. Ostwinde am Äquator werden Passate genannt.

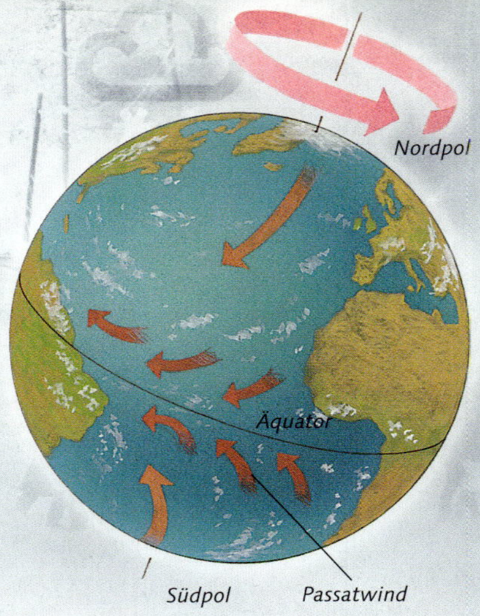

Die Troposphäre

In der untersten, 11 km hohen Schicht der Erdatmosphäre, der sogenannten Troposphäre, laufen alle Erscheinungen ab, die man als Wetter bezeichnet. Die Sonne heizt diese Schicht unterschiedlich stark auf. Die Luft über dem Meer erwärmt sich z. B. nur langsam, kühlt aber auch langsamer wieder ab als die Luft über dem Land. Die Luft über dem Äquator wird viel heißer als die Luft über den Polen. Aus solchen Unterschieden resultiert das Wetter.

Wolken und Fronten

Aufsteigende Luft kühlt sich ab, der darin enthaltene Wasserdampf kondensiert (er wird zu Wassertropfen) und bildet Wolken. Bei tiefen Temperaturen gefrieren die Wassertropfen zu Eis. Daher bestehen manche Wolken aus Eiskristallen, andere aus Wassertröpfchen.
Die Grenze zwischen zwei Luftmassen mit unterschiedlicher Temperatur wird Front genannt. An solchen Frontsystemen ist das Wetter besonders wechselhaft. Wenn Kaltluft auf ruhende, warme Luft stößt, drückt sie die leichtere Warmluft rasch nach oben und erzeugt so kurze, heftige Regenschauer. Stößt dagegen eine Warmluftfront auf ruhende, kalte Luft, steigt sie langsam auf und erzeugt lang anhaltende leichte Niederschläge. Vermischen sich Warm- und Kaltluft, löst sich die Front auf.

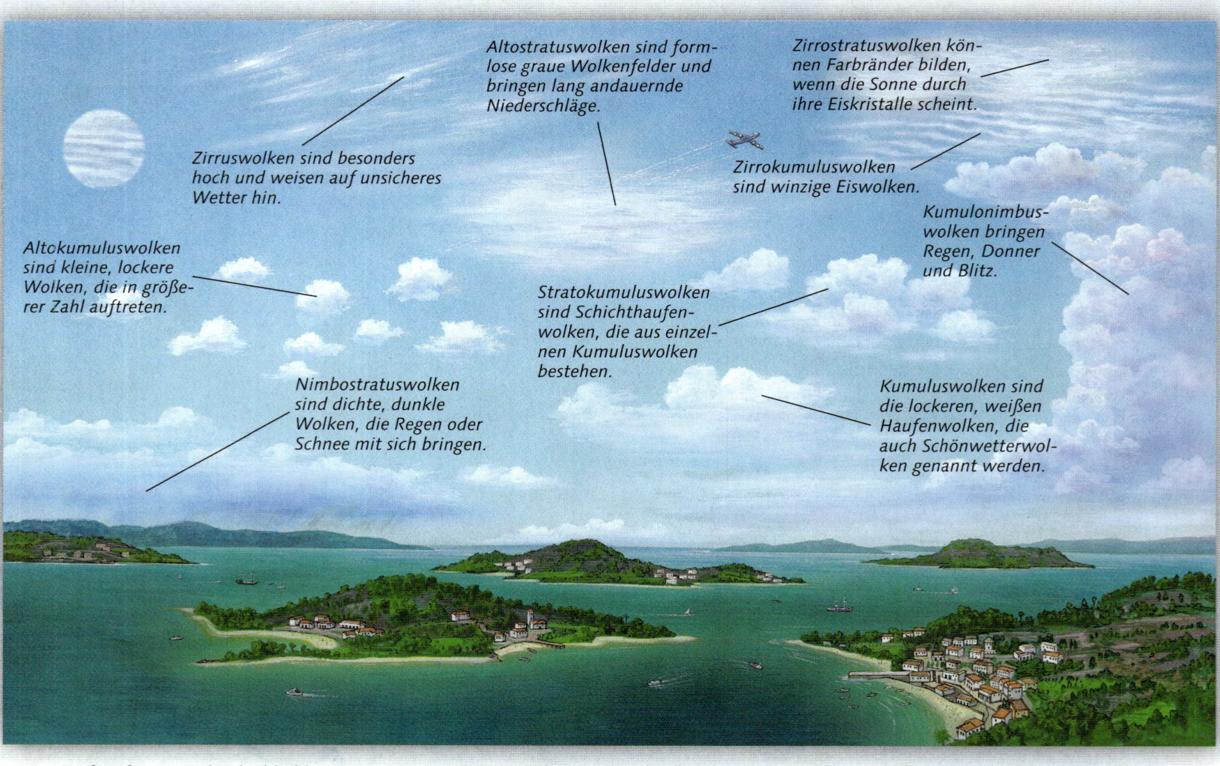

▲ Wenn Luft aufsteigt und sich abkühlt, bilden sich unterschiedliche Wolkenarten.

Das Wetter der Zukunft

Viele Wissenschaftler sagen voraus, dass sich das Erdklima bis zum Jahr 2100 um 1–5 °C erwärmen wird. Vermutlich ist diese Klimaerwärmung auf einen Überschuss bestimmter Gase in der Atmosphäre zurückzuführen, die mehr Sonnenhitze festhalten. Wegen der Temperaturerhöhung könnte z. B. Eis schmelzen und der Meeresspiegel ansteigen. Art und Heftigkeit von Stürmen und Regenfällen werden ebenfalls beeinflusst.

◄ Tornados sind die gefährlichsten Stürme der Erde. Sie bestehen aus einem trichterförmigen Windwirbel. Die Geschwindigkeit der Luft in diesem Trichter wird auf etwa 500 km/h geschätzt.

► Für den Wetterbericht sind die Meteorologen auf Daten angewiesen, die ihnen Wetterstationen, hoch fliegende Wetterballons, Flugzeuge und Satelliten liefern. Daraus errechnen sie die Lage der Hoch- und Tiefdruckgebiete und können das Wetter bis zu einer Woche relativ genau vorhersagen.

Niederschläge

Wenn das Wasser als Regen, Schnee, Eisregen oder Hagel aus den Wolken herabfällt, spricht man von Niederschlag. Im Wasserkreislauf der Erde verdunstet Wasser zu Wasserdampf. Dieser kühlt sich beim Aufsteigen in die Luft ab. Dabei entstehen unterhalb einer bestimmten Temperatur, dem Taupunkt, feine Wassertröpfchen, die sich um winzige Staubkörnchen herum bilden. Verbinden sich diese Tröpfchen zu großen schweren Tropfen, fallen sie als Regen auf die Erde. Bei Temperaturen unter 0 °C bildet sich kein Regen, sondern Schnee in den Wolken. Liegt die Temperatur in Bodennähe unter 0 °C, schneit es auf der Erde, bei höherer Bodentemperatur schmilzt der Schnee und kommt als Regen an.

Hagel entsteht immer dann, wenn die Eiskristalle durch starke Winde innerhalb der Wolken auf und ab bewegt werden. So bilden sich immer dickere Eiskristalle, die schließlich als Hagelkörner herabfallen.

Zum Weiterlesen

Atmosphäre, Barometer, Erde, Klima, Luft, Klimaerwärmung, saurer Regen, Regenbogen, Überschwemmungen, Wasser, Wind, Wirbelstürme

▼ Ein Hurrikan ist ein gewaltiger Wirbelsturm, der sich über warmen Meeresgebieten bildet (Karibik). Dabei dreht sich der Wind um eine ruhige Mittelzone (das Auge des Sturms) mit Geschwindigkeiten von über 200 km/h. Solche Stürme werden von Wolkenbrüchen und Sturmfluten begleitet und richten an den Küsten große Schäden an.

◄ Mit dieser Windmühle haben die Menschen früher Korn gemahlen. Wenn genug Wind blies, brachte eine Achse die schweren Mühlsteine zum Drehen.

Windenergie

Windmühlen sind →**Maschinen**, in denen die im Wind enthaltene Kraft in nutzbare →**Energie** umgewandelt wird. In →**Asien** wurde Windenergie bereits um 600 n. Chr. verwendet, in →**Europa** erst seit 1100.
Bei den frühen Windmühlen war ein →**Rad** mit langen Segeln an einem Turm befestigt. Oft konnte sich der gesamte Turm in Richtung →**Wind** drehen. Solange sich das Segelrad drehte, versetzte es über eine Achse verschiedene Vorrichtungen im Turm in Bewegung. Diese konnten auf diese Weise schwere Arbeit verrichten – Steinräder mahlten z. B Korn oder es wurde →**Wasser** aus einem Brunnen heraufgepumpt.
Moderne Windkraftanlagen erzeugen →**Elektrizität**. Sie bestehen aus einem Turm aus Stahlträgern oder Beton und werden auch als Windturbinen bezeichnet. Sie haben Rotorblätter, die wie die Propeller von Flugzeugen aussehen und sich bei Wind sehr schnell drehen. Die Rotorblätter treiben →**Generatoren** an, die →**Strom** erzeugen.

▼ Um Windenergie gut auszunutzen stehen in modernen Windkraftanlagen häufig viele Windturbinen beieinander. Man spricht auch von Windfarmen.

◄ Während des Winterschlafs sinkt die Körpertemperatur der Haselmaus stark ab und ihr Herzschlag wird langsamer. Sie wacht selbst dann nicht auf, wenn man sie berührt.

Winterschlaf

Manche →**Tiere** überstehen den harten Winter, indem sie ihn einfach verschlafen.
Im Schlaf verbrauchen sie weniger →**Energie** und damit weniger Nahrung – die im Winter knapp ist. Ehe sie sich zurückziehen, müssen die Tiere aber so viel fressen wie möglich.
Eine Haselmaus stopft sich so lange mit Nahrung voll, bis sie rund und dick ist. Im Herbst baut sie sich ein kuscheliges →**Nest**, rollt sich zusammen und fällt in einen tiefen →**Schlaf**. Ihr →**Herz** schlägt dann so langsam, dass sie wie tot erscheint.
Während des Schlafs werden die angefutterten Fettreserven langsam verbraucht. Im Frühling wacht die nun dünne, hungrige Haselmaus wieder auf, verlässt ihr Nest und sucht nach Nahrung.
Ein anderer berühmter Winterschläfer ist z. B. der →**Igel**.

Wirbellose

Tiere, die keine Wirbelsäule besitzen, bezeichnet man als Wirbellose. Zu ihnen gehören über 90 % aller →**Tiere**, darunter →**Insekten**, →**Spinnen**, →**Würmer**, →**Muscheln** und →**Schnecken**.

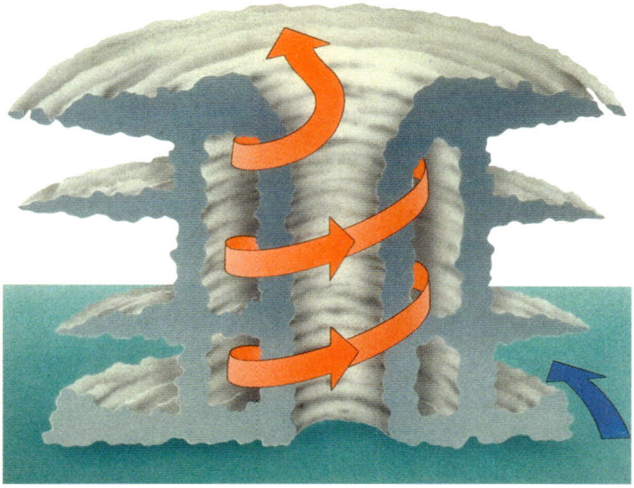

← Hurrikane sind starke Wirbelstürme. Der Wind bewegt sich innerhalb von Sturmwolken mit hoher Geschwindigkeit spiralförmig aufwärts. Dabei kreist er um eine Säule nahezu unbewegter Luft (Auge).

Wirbelstürme

Wirbelstürme entstehen meistens über tropischen Meeren. Dort steigt warmfeuchte Luft auf und bildet große Gewitterwolken. Wenn zwischen den einzelnen Wolken Winde wehen, summieren sich die Strömungen und die gesamte Wetterfront beginnt sich zu drehen. Solche Windsysteme haben einen Durchmesser von bis zu 500 km. Im Innern des Wirbelsturms befindet sich eine ruhige Zone, das sogenannte Auge. Wirbelstürme breiten sich mit Geschwindigkeiten von über 200 km/h aus. Sie können jedoch nur über dem Meer länger bestehen. Beim Übertritt auf das Festland verlieren sie rasch an Energie. Zuvor richten sie an den Küsten aber verheerende Zerstörungen an. In der →**Karibik** nennt man einen solchen Wirbelsturm Hurrikan, in →**Japan** und →**China** Taifun, im →**Indischen Ozean** Zyklon. Ein Tornado ist ein kleiner Wirbelsturm, der häufig in →**Nordamerika** mitten im Land entsteht. Er hat nur bis zu 400 m Durchmesser und sieht aus wie ein Schlauch. In diesem Schlauch strömt die Luft mit bis zu 500 km/h. Tornados fegen wie riesige Staubsaugerrüssel über das Land und hinterlassen eine Schneise der Verwüstung. Hierzulande treten sehr selten kleine Tornados auf, die Wasser oder Staub hochwirbeln. Man bezeichnet sie als Tromben und spricht auch von Wasser- oder Staubhosen.

Wirbeltiere

Unter dem Begriff Wirbeltiere fasst man alle →**Tiere** zusammen, die eine Wirbelsäule (Rückgrat) besitzen. Die Wirbelsäule besteht aus kleinen →**Knochen**, den Wirbeln, und Bandscheiben. Sie wird durch Bänder zusammengehalten und ist biegsam, sodass fast alle Wirbeltiere ihren Rücken beugen und strecken können.
Wirbeltiere unterscheiden sich in vielen Punkten von →**Wirbellosen** (Tiere ohne Wirbelsäule). Das →**Gehirn** wird meist von Knochen geschützt. →**Herz**, →**Lunge** und andere empfindliche →**Organe** sind von Rippen umgeben. Ferner besitzen Wirbeltiere ein oder zwei Paar Gliedmaßen. Nahezu alle Wirbeltiere haben ein Innenskelett aus →**Knochen** und Knorpeln sowie einen geschlossenen →**Blutkreislauf**. Das →**Blut** wird vom Herzen durch den ganzen Körper gepumpt und in den Lungen – bei Fischen in den Kiemen – mit Sauerstoff angereichert. Man unterscheidet sieben Gruppen von Wirbeltieren. Als die ältesten Wirbeltiere gelten die Kieferlosen, zu denen die aalähnlichen Neunaugen gehören. Sie besitzen eine Wirbelsäule, haben aber kein Skelett. Knorpelfische wie →**Haie** und Rochen traten als zweitälteste Wirbeltiergruppe auf. Nur wenig später entwickelten sich die Knochenfische. Sie besitzen wie alle später folgenden Wirbeltiere, also →**Amphibien und Reptilien**, →**Vögel** und →**Säugetiere**, ein Knochenskelett mit Wirbelsäule.

Wirtschaft

Die Wirtschaft betrifft ursprünglich den Bedarf der →**Menschen** an Nahrung, Kleidung und Wohnen sowie die Art und Weise, wie die Menschen diesen Bedarf decken.
Die Wirtschaftswissenschaftler untersuchen die Möglichkeiten einer Gesellschaft, ihre Bedürfnisse zu befriedigen. Kein Land verfügt über alle →**Bodenschätze** und kann alles selbst produzieren, was seine Bewohner brauchen. Somit ist jedes Land zum →**Handel** mit anderen Ländern gezwungen, um die erforderlichen Rohstoffe und Waren einzukaufen.
Es gibt viele verschiedene Wirtschaftssysteme, u. a. die sozialistische Planwirtschaft und den →**Kapitalismus**. In einem kapitalistischen Wirtschaftssystem gehört Privatleuten der größte Teil der Wirtschaftsgüter und der →**Unternehmen**. In einem sozialistischen System übernimmt der Staat fast alle Wirtschaftsbereiche.

► Wölfe heulen, um ihren Artgenossen mitzuteilen, dass sie ein Revier besetzt haben.

Wolf

Dieser Wildhund war früher fast überall auf der nördlichen Halbkugel anzutreffen. Heute kommt der Wolf überwiegend im östlichen →**Europa** und in Teilen →**Nordamerikas** vor. Dort tritt er in abgelegenen Gegenden und dichten →**Wäldern** auf. Wölfe haben ein dichtes Fell, lange Beine und kräftige Kiefer. Sie werden bis zu 1,8 m lang.
Wölfe leben in Rudeln aus einem erwachsenen Paar und seinen Jungen, die aus mehreren Würfen stammen. Innerhalb des Rudels herrscht eine strikte Rangordnung, an deren Spitze das sogenannte Alpha-Paar steht.
Wölfe jagen im Rudel. So können sie sogar Tiere töten, die wie →**Hirsche** wesentlich größer als sie selbst sind. Das Rudel teilt die Beute, doch dürfen sich zuerst die Alpha-Tiere an ihr satt fressen.

Wolkenkratzer

▼ Im Jahr seiner Fertigstellung (1930) war das Empire State Building (links) in New York mit 381 m der höchste Wolkenkratzer der Welt. Der von 1970–1973 in Chicago erbaute Sears Tower (rechts) ist 443 m hoch.

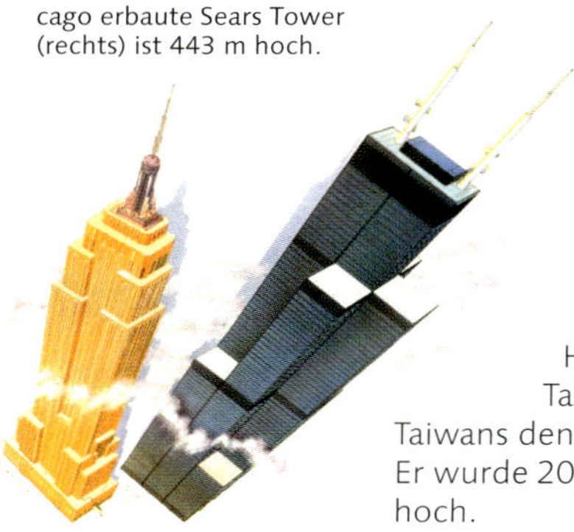

Ein Wolkenkratzer, auch Hochhaus genannt, ist ein sehr hohes Gebäude. Das erste dieser Art wurde 1884 in Chicago in den →**Vereinigten Staaten von Amerika** errichtet. Es hatte ein Gerüst aus →**Eisen**. Die folgenden Wolkenkratzer wurden zunächst in New York und Chicago gebaut, aber inzwischen gibt es sie überall auf der Welt.
Viele Jahre lang war das 102-stöckige Empire State Building in New York das höchste Gebäude der Welt. Heute hält der Wolkenkratzer Taipeh 101 in der Hauptstadt Taiwans den weltweiten Höhenrekord. Er wurde 2003 fertig gestellt und ist 508 m hoch.

Wolle

Wolle wird aus den →**Haaren** von →**Schafen** oder anderen Tieren (z. B. →**Ziegen** oder →**Lamas**) gewonnen. Das geschorene Fell der Tiere wird gereinigt, oft auch gefärbt und schließlich zu Garn versponnen. Aus dem Garn werden Decken, Teppiche und Kleidungsstoffe gewebt oder es wird zum Stricken verwendet. Wollstoffe sind schwer und warm.
Schon seit der →**Steinzeit** wird Wolle gesponnen und gewebt. Inzwischen wurden für die Wollproduktion bestimmte Tierrassen mit hochwertiger Wolle gezüchtet, wie z. B. das aus →**Spanien** stammende weiße Merinoschaf. Der Großteil der weltweit verwendeten Wolle stammt aus →**Australien**, →**Neuseeland**, →**Argentinien** und →**Russland**.

▲ Die Wolle für Kleidung stammt meist von Schafen. Früher wurden die Tiere mühsam von Hand geschoren. Dank der elektrischen Schurmaschine kann heute ein Mensch über 200 Schafe am Tag scheren.

Wörterbuch

Ein Wörterbuch ist ein Nachschlagewerk, in dem Wörter einer Sprache in alphabetischer Reihenfolge geordnet und mit Informationen über das jeweilige Wort versehen sind. Je nach Art der Information, die zu den Wörtern gegeben wird, unterscheidet man verschiedene Arten von Wörterbüchern. Sie erklären z. B. die Rechtschreibung, die Aussprache,

die Herkunft oder auch die Bedeutung von Wörtern. Außerdem gibt es zweisprachige Wörterbücher, in denen zu jedem Wort die Übersetzung in eine andere Sprache angegeben wird.
Eines der umfangreichsten Wörterbücher der deutschen Sprache ist das „Deutsche Wörterbuch", von Jacob und Wilhelm →**Grimm**, dessen erster Band 1854 erschien. Das Werk wurde erst 1961 von Sprachforschern mit Band 32 fertiggestellt. Es beschäftigt sich mit Bedeutung und Geschichte der aufgeführten Wörter. Das wichtigste Rechtschreib-Wörterbuch der deutschen Sprache ist der Duden.

Würmer

Unter der Bezeichnung Würmer fasst der Volksmund Hunderte von →**Wirbellosen** mit würstchen- oder walzenförmigem Körper zusammen. Die Fadenwürmer (auch Rundwürmer) und Plattwürmer sind sehr einfache Lebewesen.

▲ Es gibt Tausende verschiedener Arten von Würmern. Der Regenwurm besitzt sowohl männliche als auch weibliche Fortpflanzungsorgane.

Die Ringelwürmer, z. B. die Regenwürmer, besitzen einen komplizierteren Bau. Ihre Körper sind in mehrere Segmente (Abschnitte) unterteilt. Die meisten einfachen Würmer sind klein. Häufig leben sie wie die Leberegel und die Bandwürmer als →**Parasiten** in →**Tieren** oder →**Pflanzen**.

Wurzeln

Wurzeln sind die unterirdischen Teile von →**Pflanzen**. Sie verankern die Pflanze im Boden und nehmen mit den winzigen Wurzelhaaren →**Wasser** und darin gelöste Nährstoffe auf. Wurzeln können unterschiedliche Formen haben. Man unterscheidet z. B. dicke Pfahlwurzeln und vielfach verzweigte Büschelwurzeln sowie Wurzeln, die tief in die →**Erde** reichen und solche, die sich nah an der Bodenoberfläche ausbreiten.

Wüste

Nicht alle Wüsten sind heiß und bestehen aus →**Sand**, einige sind auch felsig oder sehr kalt. Alle Wüsten sind jedoch sehr trocken: Jede Landschaft, in der weniger als 250 mm jährlicher Niederschlag fällt, wird als Wüste bezeichnet. Die meisten großen Wüsten der →**Erde** liegen in den →**Tropen**. Der tropische Hochdruckgürtel verhindert jegliche Bildung von Regenwolken. In anderen Zonen der Erde bilden sich Wüsten weit im Landesinnern, wo Gebirge die feuchten →**Winde** des →**Meeres** abhalten.
Geografen unterscheiden drei Haupttypen von Wüsten: Felswüsten, wo der Wind alle lockeren Bestandteile weggeblasen hat, Geröllwüsten, deren Boden von kleinem Gestein bedeckt ist, und Sandwüsten, die aus Sanddünen bestehen.
Unter solchen Bedingungen können nur wenige →**Pflanzen** und →**Tiere** überleben. Bestimmte Wüstenpflanzen, dazu gehören die Kakteen, speichern Wasser in ihren fleischigen Sprossen. Andere bilden →**Samen**, die lange Zeit wie leblos im Boden liegen können. Sobald es jedoch regnet, keimen sie aus und bilden innerhalb kurzer Zeit neue →**Blüten** und Samen. Viele Wüstentiere ziehen sich am Tag in den Schatten zurück und kommen nur nachts heraus. Einige von ihnen trinken nie, sie kommen mit dem Wasser in ihrer Nahrung aus.
Die afrikanische Sahara ist die größte Wüste der Erde, die trockenste ist jedoch die Atacama in Südamerika, die sich westlich der →**Anden** erstreckt. Zu den Kältewüsten gehören weite Teile der →**Arktis und Antarktis**, sowie die Wüste Gobi in der →**Mongolei**. Insgesamt ist etwa ein Siebtel der Landoberfläche der Erde von Wüsten bedeckt.

▼ In einer Wüste ist das Überleben für Mensch und Tier sehr schwierig. Die meisten Menschen, die in Wüsten leben, wohnen in Oasen. Das sind Orte, wo es nahe der Erdoberfläche Wasser gibt.

Xylofon

Das Xylofon ist ein →**Musikinstrument** aus flachen, unterschiedlich langen Holzstäben, die in Reihen auf einem Rahmen befestigt sind. Je nach ihrer Länge erzeugen die Holzstäbe unterschiedlich hohe Töne, wenn man sie mit einem Schlegel anschlägt.

▲ Das Vibrafon wird wie das Xylofon mit zwei Schlegeln gespielt.

Die →**elektrische** Version des Xylofons heißt Vibrafon und hat Metall- anstelle der Holzstäbe. Sowohl Xylofon als auch Vibrafon werden in →**Orchestern** und Bands eingesetzt. Senkrecht herabhängende Röhren unter den Stäben (Resonatoren) verstärken den Klang. Beim Vibrafon öffnet und schließt zusätzlich ein Motor eine Drehklappe auf jeder Röhre. Das ergibt den typischen vibrierenden Klang dieses Instruments.

Yak

Yaks sind langhaarige, zwei Hörner tragende →**Rinder** des →**Himalaja**. Sie ernähren sich von den →**Gräsern**, →**Moosen** und →**Flechten** der unwirtlichen Region.
Deutlich kleiner als die mannshohe Wildform ist der gezüchtete, etwa kuhgroße Hausyak. Er dient den Völkern des Himalaja als wichtiges Lasttier und liefert Milch und Fleisch. Aus den Haaren kann man Seile und Stoffe anfertigen, aus der Haut der Yaks gewinnt man Leder.

Yoga

Yoga ist eine Lehre und Methode, durch die der Mensch zu Selbstvervollkommnung gelangen soll. Ziel ist es, Körper, Geist und Seele in harmonischen Einklang zu bringen. Dazu führen bestimmte Körperhaltungen, Atem- und Konzentrationsübungen sowie Meditation (Versenkung). Yoga kommt aus dem →**Hinduismus** und wird in →**Indien** seit über 2000 Jahren praktiziert. Ein Mensch, der Yoga ausübt, wird dort Yogi genannt. Eine bekannte Yogaübung ist das Sonnengebet, das aus einer Abfolge von zwölf Körperhaltungen besteht. Im Lauf der Zeit haben sich verschiedene Yoga-Schulen herausgebildet. Heute werden Yoga-Kurse auch in Ländern der westlichen Welt angeboten. Hier macht man Yoga meist aus gesundheitlichen, weniger aus religiösen Gründen.

▼ Im Himalaja sind Yaks als Lasttiere unentbehrlich. Sie laufen sicher über steinige, schmale Pfade und trotzen Eis und Schnee.

Zahl

Eine Zahl gibt an, wie viele einzelne Bestandteile eine Menge umfasst. In der →**Steinzeit** wurden Zahlen wie 20 oder 30 durch ebenso viele Zeichen, z. B. Zählstriche, dargestellt. In vielen →**Höhlen**, die früher von →**Menschen** bewohnt wurden, sind solche Zeichen noch zu sehen.

Mit der Zeit entwickelten die Menschen verschiedene Zahlensysteme, die auf wenigen Grundzeichen aufbauen. Diese Zeichen heißen Ziffern. Das erste Zahlensystem entwickelten vermutlich die Babylonier vor etwa 4000 Jahren. Lange Zeit verwendeten die Menschen das System römischer Ziffern, das Zahlen in Tausender, Hunderter, Zehner, Fünfer und Einer aufteilt und diese aneinanderreiht. Die Zahl 38 z. B. schreibt man in römischen Ziffern XXXVIII. Diese Zahlengruppe besteht aus drei Zehnern (X), einem Fünfer (V) und drei Einern (I). Zusammengerechnet ergibt das 38 (3x10 + 1x5 + 3x1 = 38).

Das heute gebräuchliche Zahlensystem, das Dezimalsystem, ist einfacher und arbeitet mit arabischen Ziffern. Es gibt zehn Ziffern von null bis neun. Die erste Stelle rechts in einer Zahl gibt die Einer an, die nächste die Zehner, dann die Hunderter, Tausender und so fort. 38 bedeutet also acht Einer und drei Zehner. Zahlen lassen sich mit dieser Schreibweise kürzer darstellen als mit dem römischen Zahlensystem.

Eine besondere Art von Zahlen sind die Primzahlen. Sie sind nur durch 1 und durch sich selbst teilbar. So ist 17 eine Primzahl, 8 hingegen nicht, da sie sich auch durch 2 und 4 teilen lässt. Manche Mathematiker beschäftigen sich mit der Frage, ob es unendlich viele Primzahlen gibt.

Zähne

Zähne zerkleinern →**Nahrungsmittel** und spielen daher eine wichtige Rolle bei der →**Verdauung**. Darüber hinaus sind sie zum →**Sprechen** bestimmter Laute – z. B. des „t“ – notwendig. Es gibt drei Typen von Zähnen: Mit den scharfen Schneide- und den spitzen Eckzähnen werden Nahrungsstücke abgebissen. Die breiten Backenzähne zermahlen die Nahrung.

Ein Zahn besteht aus drei Teilen: der Wurzel, dem Zahnhals und der Zahnkrone. Die Wurzel verankert den Zahn im Kiefer. Der Zahnhals sitzt im Zahnfleisch. Er geht in die Krone über. Die Krone ist der sichtbare Teil des Zahns. Sie ist vom Zahnschmelz überzogen. Diese harte Schicht schützt den Zahn vor harten, süßen oder kalten Speisen. Der Zahnschmelz ist gefährdet, wenn sich →**Bakterien** mit →**Zucker** vermischen. Ist der Zahnschmelz zersetzt, kommt es zu Zahnfäule, auch Karies genannt.

Das Gebiss – das ist die Gesamtheit der Zähne – wächst in zwei Phasen. Den ersten Satz Zähne eines Menschen bezeichnet man als Milchzähne. Dieses Milchgebiss, das in den ersten beiden Lebensjahren wächst, besteht aus 20 Zähnen. Im Alter von etwa sieben Jahren fallen diese Zähne aus und werden durch die insgesamt 32 bleibenden Zähne ersetzt.

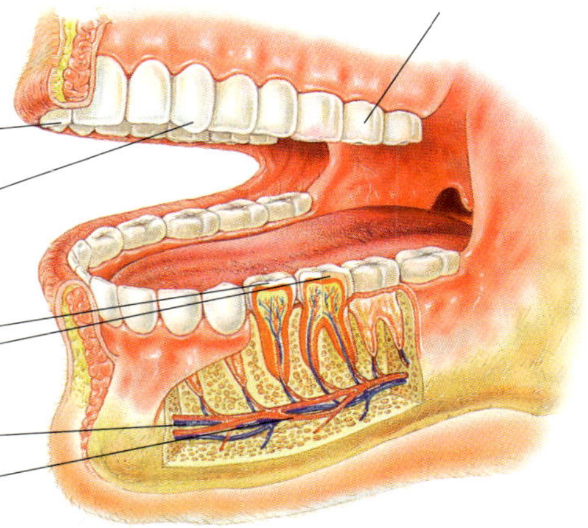

▲ Menschen besitzen Backen-, Eck- und Schneidezähne. Die Zähne haben drei Schichten. Das Innere (Pulpa) besteht aus Nerven und Blutgefäßen. Es ist von Zahnbein (Knochen) umgeben, das von hartem, glänzendem Schmelz überzogen ist.

Zahnradbahn

Zahnradbahnen sind Schienenfahrzeuge, die mithilfe von Zahnrädern und einer Zahnstange fortbewegt werden. Die eiserne Zahnstange verläuft zwischen den Schienen. Sie hat eingefräste Löcher oder ist gebaut wie eine sehr enge Leiter. Die Zahnräder befinden sich bei den meisten Bahnen in senkrechter Stellung in der Mitte der Radachse. Die Zähne greifen in die Löcher oder zwischen die Leitersprossen der Zahnstange, wenn sich die →**Räder** drehen. Bei einem anderen Typ von Zahnradbahn sind Zahnräder waagrecht unter dem Zug befestigt. Ihre Zähne greifen von rechts und links in die Zahnstange. Diese Bahnen sind besonders stark. Angetrieben wird die Zahnradbahn von einem →**Elektromotor**.

Zahnradbahnen braucht man besonders dann, wenn steile Strecken zu überwinden sind, etwa als Berg- oder Grubenbahn. Bei großen Steigungen würden glatte Räder rutschen und durchdrehen.

Zarathustrismus

Der Zarathustrismus (auch Zoroastrismus) war einst eine Weltreligion, wird heute aber nur noch von rund 200 000 Menschen, den sogenannten Parsen ausgeübt. Sie sehen sich als Nachfolger des Propheten und Religionsstifters Zarathustra (um 1000 v. Chr.). Er verkündete eine →**Religion**, die einen Erlöser, die Wiederauferstehung der Toten und ein Jüngstes Gericht verhieß. Viele dieser Gedanken wurden von anderen Religionen aufgegriffen, insbesondere von →**Judentum**, →**Christentum** und →**Islam**. Heute üben die Parsen ihre Religion in sogenannten Feuertempeln aus. Ihre Gemeinden leben im Osten →**Irans** und im Westen →**Indiens**, einige auch in den USA. Das heilige Feuer symbolisiert die Reinheit Gottes, die Quelle von Licht und Leben. Der Feueraltar bildet den Mittelpunkt der Feuertempel.

Zebras

Zebras sind eng mit den →**Pferden** verwandt und haben wie diese an jedem Fuß nur eine Zehe. Das Fell der Zebras ist cremeweiß mit schwarzen oder dunkelbraunen Streifen. Diese Musterung dient der →**Tarnung**, weil dadurch die Umrisse des Zebras verwischt werden. Jede →**Art** und jedes einzelne Zebra hat eine eigene, unverwechselbare Musterung. Von den drei Arten ist das Burchellzebra am weitesten verbreitet. Es lebt im offenen →**Grasland** →**Afrikas** südlich der →**Wüste** Sahara und bildet Herden, die von einem Hengst (männliches Zebra) angeführt werden. Zebras fressen →**Gras** und streifen oft gemeinsam mit →**Antilopen** umher. Ihre wichtigsten Fressfeinde sind →**Löwen**, →**Leoparden** und →**Hyänen**. Bei Gefahr können die Fluchttiere mit einer Geschwindigkeit von bis zu 40 km/h davonlaufen.

Zeichentrickfilm

Zeichentrickfilme funktionieren so ähnlich wie ein Daumenkino. Für ein Daumenkino werden viele kleine Bilder gezeichnet, die eine Figur in verschiedenen Momenten eines Bewegungsablaufs zeigen. Klebt man die Bilder wie die Seiten eines →**Buches** in der richtigen Reihenfolge hintereinander und blättert dann mit dem Daumen rasch durch, so wirkt es, als würde die Figur sich bewegen. Für einen Zeichentrickfilm werden die Bilder auf durchsichtige Blätter gezeichnet und dann fotografiert. Seit den 1980er-Jahren werden Zeichentrickfilme auch mit Computeranimation hergestellt. Bei dieser neuen Technik erzeugen die Künstler alle Figuren mithilfe von →**Computern** und können faszinierende Spezialeffekte entstehen lassen.

Zeichnung

Zeichnungen sind Bilder, die u. a. mit Bleistift, Tusche, Kohle oder Kreide angefertigt werden. Sie werden meist nur mit Linien gestaltet, können jedoch auch mit Aquarell- oder Pastellfarben getönt sein. Als Entwürfe spielen Zeichnungen eine wichtige Rolle in der →**Architektur**, in der bildenden →**Kunst**, im →**Ingenieurswesen** und in der →**Mode**. Zeichnungen können exakte Pläne (etwa für ein Haus), aber auch flüchtige Skizzen (etwa für ein Gemälde oder ein Kleid) sein. Seit dem 15. Jh. wurden Zeichnungen von vielen Künstlern auch als selbstständige Kunstwerke geschaffen.

► Innerhalb der Herde bilden Zebras häufig Familiengruppen. An diesem neugeborenen Zebrafohlen kleben noch Reste der Eihäute.

Zeit

Es ist schwer, ganz genau zu erklären, was Zeit ist. Zumeist versteht man darunter die Abfolge – also das Nacheinander – von Ereignissen und Handlungen. Die →**Menschen** haben viele Möglichkeiten erfunden, die vergehende Zeit einzuteilen und zu messen. Zunächst unterteilte man sie in →**Jahre** und Monate und orientierte sich dabei am Lauf der →**Erde** um die →**Sonne** oder des →**Mondes** um die Erde. Am Stand der Sonne lasen die Menschen die Tageszeit ab. Nach und nach wurden verschiedene →**Uhren** – von der Sonnenuhr bis hin zur Atomuhr – entwickelt, die eine immer genauere Zeitmessung erlaubten.

Durch die Drehung der Erde um ihre eigene Achse herrscht an verschiedenen Orten jeweils eine andere Tageszeit. So bricht z. B. in →**Australien** bereits der Abend an, wenn in →**Europa** noch Vormittag ist. Daher hat man die Erde in 24 Zeitzonen aufgeteilt, sodass die Uhrzeit an jedem Ort möglichst genau dem Sonnenstand entspricht. An der sogenannten Datumsgrenze mitten im →**Pazifischen Ozean** ändert sich dadurch das Datum. Auf der einen Seite dieser Grenze kann also bereits Neujahr sein, während auf der anderen noch Silvester gefeiert wird.

Der Mensch hält Zeit für etwas, das immer und überall gleich schnell vergeht. Doch Albert →**Einstein** bewies, dass die Geschwindigkeit, mit der die Zeit vergeht, abhängig ist von der Geschwindigkeit, mit der man sich bewegt, und von der →**Schwerkraft**, der man ausgesetzt ist. Wenn man sich in einem Raumschiff mit Lichtgeschwindigkeit fortbewegte, verginge dort die Zeit langsamer.

Zeitgeschichte

Als Zeitgeschichte wird die jüngste Phase der →**Neuzeit** bezeichnet. Darüber, wann die Zeitgeschichte anfängt, sind sich die Historiker nicht ganz einig. Da sie immer die jüngste Geschichte bis zur Gegenwart meint, verschiebt sich der Beginn ständig, im Moment geht man von den 1930er- oder 1960er-Jahren aus. Für die Erforschung der Zeitgeschichte stehen im Gegensatz zur älteren Geschichte als Quellen Zeitzeugen sowie neue →**Medien** wie →**Fernsehen**, →**Film** und →**Rundfunk** zur Verfügung. In →**Deutschland** spielt die Zeitgeschichte wegen der Aufarbeitung des →**Nationalsozialismus** eine sehr wichtige Rolle.

Zeitungen und Zeitschriften

Die ersten Zeitungen erschienen im 15. Jh., bald nach der Erfindung der →**Drucktechnik** mit beweglichen Buchstaben. Die Drucker brachten Flugblätter heraus, auf denen stand, was sich im Land ereignet hatte und wie die Leute darüber dachten. Zeitungen im heutigen Format kamen im 18. Jh. auf. Inzwischen erscheinen Zeitungen in fast jedem Land der Welt und in unzähligen →**Sprachen**. Manche Zeitungen werden täglich gedruckt,

Fortsetzung auf Seite 366

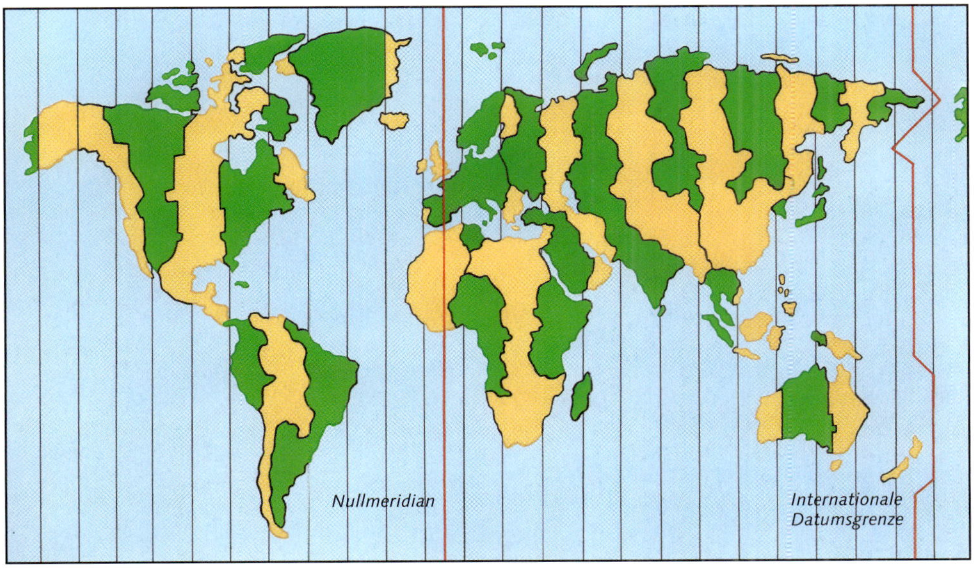

◄ Die Erde wurde in 24 Zeitzonen aufgeteilt. Diese beginnen am Nullmeridian in Greenwich, einem Vorort von London. Nimmt man diese Greenwich-Zeit zum Maßstab, dann ist jede Zone weiter westlich des Meridians eine Stunde früher, jede Zone östlich eine Stunde später dran.

Fortsetzung von Seite 365

andere erscheinen jede Woche. Eine der ältesten Zeitungen der Welt ist die Londoner „Times". Sie kam erstmals 1785 unter dem Namen „Universal Daily Register" heraus und wurde 1788 in „The Times" umbenannt. Zeitschriften erscheinen wöchentlich, monatlich oder in noch größeren Abständen. Typisch für sie sind das Heftformat, das Hochglanzpapier und die Farbfotos. Während Zeitungen sich mehr mit dem täglichen Geschehen befassen, haben Zeitschriften oft ein zentrales Thema oder wenden sich an eine bestimmte Zielgruppe. Es gibt Frauenzeitschriften, Männerzeitschriften, Modezeitschriften, Zeitschriften mit politischem oder wirtschaftlichem Schwerpunkt, religiöse Zeitschriften, Elternzeitschriften, Jugendzeitschriften, Zeitschriften zu bestimmten Sportarten und wissenschaftliche Zeitschriften.

Zellen

Zellen sind die kleinsten Einheiten des Lebens. Man kann sie nur unter dem →**Mikroskop** sehen. Ihre Entdeckung geht zurück auf den englischen Forscher Robert Hooke (1635–1703). Alle →**Pflanzen** und →**Tiere** sind aus Zellen aufgebaut. Selbst ein winziges Stück menschlicher →**Haut** besteht aus Millionen von Zellen. Die verschiedenen Körperzellen sind unterschiedlich groß und geformt und erfüllen verschiedene Aufgaben. Es gibt Haut-, Muskel-, Nerven-, Knochenzellen und noch viele andere. Fast alle Zellen, sowohl bei Pflanzen wie bei Tieren, besitzen einen Zellkern. In ihm ist das Erbgut eines Lebewesens gespeichert und von hier werden alle Vorgänge in der Zelle gesteuert. Tierische Zellen werden von einer dünnen Membran (festes, flexibles Häutchen) umgeben. Pflanzenzellen haben zusätzlich eine feste Wand aus Zellulose, einer stabilen chemischen Substanz. Außerdem enthalten Pflanzenzellen Chloroplasten. In diesen winzigen grünen Körperchen findet die Fotosynthese statt, ein chemischer Prozess, in dem Pflanzen eigene Nahrung (Traubenzucker) und →**Sauerstoff** herstellen. Der →**menschliche Körper** besteht aus 100 000 Milliarden Zellen, obwohl er aus nur zwei Zellen (Ei- und Samenzelle) bei der →**Befruchtung** entsteht.

Eine tierische Zelle

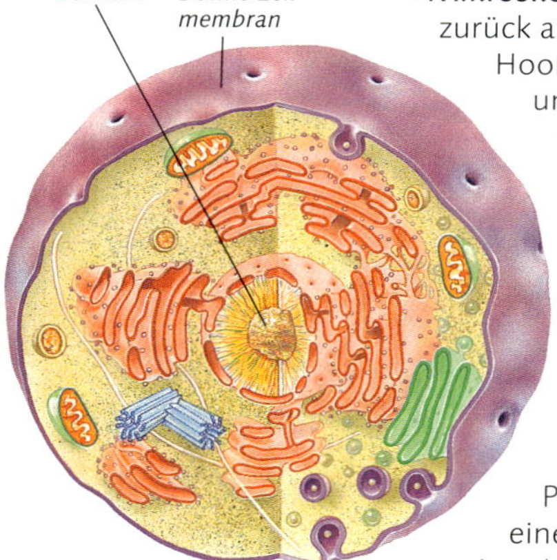

▲ Zellen sind die winzigen Bausteine von Tieren und Pflanzen. Innerhalb einer Zelle befinden sich zahlreiche noch kleinere Organellen, die alle bestimmte Aufgaben übernehmen. Einige liefern Energie, andere können eingedrungene Keime bekämpfen.

Ziegen

Ziegen sind meist größer, schlanker und lebhafter als die mit ihnen eng verwandten →**Schafe**. Sie besitzen gespaltene →**Hufe** und hohle →**Hörner**. Bei den Männchen wächst unter dem Kinn ein Bart.
Wilde Ziegen, die in den →**Gebirgen** Zentralasiens, des Nahen Ostens und →**Nordamerikas** vorkommen, leben in Herden und fressen →**Gras** und →**Blätter**. In vielen Ländern werden Ziegen als Haustiere gehalten. Sie liefern →**Milch**, Fleisch und →**Leder**. Aus der feinen, weichen Wolle von Angora- und Kaschmirziegen werden hochwertige Stoffe hergestellt.

Zink

Zink ist ein hartes, bläulich weißes →**Metall**. Seit über 2000 Jahren verstehen es die →**Menschen**, aus →**Kupfer** und Zink die →**Legierung** Messing herzustellen.
Ein großer Teil der Zinkvorräte der →**Erde** stammt aus →**Kanada**, →**Australien** und den →**Vereinigten Staaten von Amerika**. Heute benötigt man Zink in erster Linie, um →**Stahl** zu galvanisieren. Dabei wird eine dünne Schicht Zink auf den Stahl aufgebracht, so ist er vor →**Rost** geschützt. Auch →**Batterien** enthalten Zink.
Die menschliche Nahrung muss kleinste Mengen an Zink enthalten, denn bei starkem Zinkmangel werden die Menschen anämisch, d. h., sie bilden nicht genügend rote Blutzellen, was bei Kindern das Wachstum beeinträchtigt. Bei normaler →**Ernährung** wird dem →**menschlichen Körper** genügend Zink zugeführt.

Zinn

Zinn ist ein weiches, weißes →**Metall**. →**Kupfer** und Zinn bilden zusammen die →**Legierung** →**Bronze**, die schon früh von den →**Menschen** als Werkstoff verwendet wurde. Schon vor 4000 Jahren gab es Zinnbergbau in Mesopotamien (dem Gebiet des heutigen →**Irak**) und in →**Europa**. Die Phönizier brachten es mit Segelschiffen aus dem Mittelmeer bis nach England. Die wichtigsten heutigen Zinnminen liegen in →**Bolivien**, Südostasien und Westafrika.
Zinn ist ein sehr nützliches, allerdings recht seltenes Metall. Es wird als Rostschutz auf andere Metalle aufgebracht und verleiht ihnen eine helle, glänzende Oberfläche. Konservendosen bestehen aus Stahlblech, das mit Zinn beschichtet wird. Zusammen mit Anti-

mon und Kupfer bildet es eine weiche Zinnlegierung, aus der man früher Tischgeschirr herstellte. Auch zum Löten (Verbinden verschiedener metallischer Stoffe) verwendet man eine Zinnlegierung.

Zirkus

Die Römer verwendeten den Begriff Zirkus für eine längliche Fläche, auf der Pferde- und Wagenrennen sowie Gladiatorenkämpfe stattfanden. Zirkus wie man ihn heute kennt, gibt es seit dem 18. Jh. Zu den beliebtesten Attraktionen einer Zirkusvorstellung gehören Jongleure, Clowns und Akrobaten sowie Tiernummern mit dressierten Elefanten, Bären, Tigern und Löwen.

Zoll

Zölle sind →**Steuern**, die auf Waren zu bezahlen sind, wenn sie von einem Land in ein anderes transportiert werden. Meistens werden nur die in ein Land eingeführten Waren mit einem Zoll belegt. Will der →**Staat** damit einfach seine Einnahmen erhöhen, spricht man von Finanzzoll. Sollen inländische →**Unternehmen** vor der ausländischen Konkurrenz geschützt werden, handelt es sich um einen Schutzzoll. Schutzzölle beschränken den internationalen freien →**Handel** und sollen deshalb abgebaut werden. In →**Deutschland** wie in den anderen Staaten der →**Europäischen Union** gilt weitgehend EU-Zollrecht im Handel mit Drittländern.

Zoo

Zoos (eigentlich: Zoologische Gärten) oder Tierparks sind Anlagen, in denen einheimische und fremdländische →**Tiere** gehalten werden. In Zoos werden die Tiere nicht nur versorgt, sondern auch beobachtet und erforscht.
In guten Zoos wird darauf geachtet, dass die Tiere in einer Umgebung leben, die ihrem natürlichen Lebensraum entspricht.

Zoologie

Die Zoologie ist wie die →**Botanik** ein Teilgebiet der →**Biologie**. Sie beschäftigt sich mit der wissenschaftlichen Erforschung der →**Tiere**, z. B. mit ihrem Aussehen, ihrer Entwicklungsgeschichte, ihrer Verwandtschaft untereinander, ihren Beziehungen zur Umwelt oder ihrem Verhalten.

Zucker

Zucker ist ein süß schmeckendes →**Nahrungsmittel**. Er wird bei der Herstellung von Speiseeis, Süßigkeiten und Getränken verwendet und dient als Süßmittel für Kaffee oder Tee. Zucker führt dem Körper schneller →**Energie** zu als jedes andere Lebensmittel. Die Bestandteile des Zuckers sind →**Kohlenstoff**, →**Wasserstoff** und →**Sauerstoff**.
Je nachdem, wie die →**Atome** angeordnet sind, entstehen andere Formen von Zucker. Der Speisezucker besteht z. B. aus →**Molekülen**, die man Saccharose nennt. Er stammt von zwei →**Pflanzen**: vom Zuckerrohr, einer riesigen Graspflanze, und von der Zuckerrübe.

Zunge

Die Zunge ist ein muskulöses →**Organ** der Mundhöhle. Sie dient zum Essen und →**Sprechen**. Außerdem ist sie ein wichtiger Teil des →**Geschmacks**- sowie des →**Tastsinns**. Mit der Zunge kann man nämlich gut erkennen, ob ein Gegenstand, den man in den Mund nimmt, süß oder sauer, kalt oder warm, weich oder hart, glatt oder rau ist.

▼ Diese Ringelnatter hat eine gegabelte Zunge, mit der sie Gerüche der Umgebung aufnimmt.

Viele →**Reptilien** haben gegabelte Zungen, die sie häufig aus dem Maul schnellen lassen und wieder einziehen. Dadurch nehmen sie Düfte aus der Umgebung wahr. Einige →**Amphibien** und →**Echsen** fangen mit ihren langen, klebrigen Zungen →**Insekten**.

Zypern

Die Insel Zypern liegt im östlichen Mittelmeer und ist seit 1974 geteilt in den griechisch-zypriotischen Süden, der beansprucht, ganz Zypern zu vertreten, und die türkische Provinz Nordzypern, die international nicht als →**Staat** anerkannt ist. Wichtige Ausfuhrprodukte sind Kleidung, Schuhe, →**Kartoffeln**, Weintrauben und Zitrusfrüchte. In Zypern stehen viele wertvolle Bauwerke der →**Antike**. Seit Mai 2004 gehört Zypern der →**Europäischen Union** an.

Zypern
Staatsform: Präsidialrepublik
Hauptstadt: Nikosia
Fläche: 9251 km²
Einwohner: 766 000
Sprachen: Griechisch, Türkisch
Währung: Euro

Die Länder der Erde

NORDPOLARMEER
Sewernaja Semlja
Franz-Josef-Land
Neusibirische Inseln
Wrangel-Insel
Barentssee
Nowaja Semlja
Jenissei
Lena
Beringmeer
Ob
RUSSLAND
Ochotskisches Meer
Alëuten (USA)
Wolga
Baikalsee
Amur
FINNLAND
ESTLAND
LETTLAND
LITAUEN
WEISSRUSSLAND
UKRAINE
MOLDAWIEN
RUMÄNIEN
BULG.
KASACHSTAN
MONGOLEI
Aralsee
Balchaschsee
Kaspisches Meer
Schwarzes Meer
GEORGIEN
ASERB.
ARM.
USBEKISTAN
KIRGISISTAN
TURKMENISTAN
TADSCHIKISTAN
Tarim
CHINA
Huang Ho
Japanisches Meer
NORDKOREA
SÜDKOREA
Gelbes Meer
JAPAN
PAZIFISCHER OZEAN
TÜRKEI
GRIECHENLAND
ZYPERN
LIBANON
ISRAEL
SYRIEN
IRAK
JORDANIEN
IRAN
AFGHANISTAN
Indus
KUWAIT
BAHRAIN
KATAR
VER. ARABISCHE EMIRATE
PAKISTAN
NEPAL
BHUTAN
Ganges
Jangtsekiang
Ostchinesisches Meer
Ryukyu-Inseln (Jap.)
Bonin-Inseln (Jap.)
TAIWAN
ÄGYPTEN
Nil
Rotes Meer
SAUDI-ARABIEN
OMAN
INDIEN
BANGLADESCH
MYANMAR (BIRMA)
LAOS
VIETNAM
THAILAND
KAMBODSCHA
Marianen (USA)
PHILIPPINEN
Arabisches Meer
Golf von Bengalen
JEMEN
ERITREA
DSCHIBUTI
CHAD
SUDAN
ÄTHIOPIEN
SOMALIA
Lakkadiven (Ind.)
Andamanen (Ind.)
SRI LANKA
Südchinesisches Meer
PALAU
MIKRONESIEN
MARSHALL-INSELN
BRUNEI
MALAYSIA
SINGAPUR
Celebessee
MALEDIVEN
KIRIBATI
Äquator
NAURU
ZENTRALAFRIK. REPUBLIK
Kongo
DEM. REP. KONGO
UGANDA
KENIA
Turkanasee
Victoriasee
RUANDA
BURUNDI
Tanganjikasee
TANSANIA
SEYCHELLEN
Tschagos-Inseln (G.-B.)
INDONESIEN
Bandasee
PAPUA-NEUGUINEA
SALOMONEN
TUVALU
Malawisee
MALAWI
KOMOREN
SAMBIA
MOSAMBIK
MADAGASKAR
SIMBABWE
BOTSUANA
INDISCHER OZEAN
MAURITIUS
Réunion (Fr.)
Korallensee
VANUATU
SAMOA
FIDSCHI
TONGA
Neukaledonien (Fr.)
südlicher Wendekreis
SÜDAFRIKA
SWASILAND
LESOTHO
AUSTRALIEN
Eyresee
Torrenssee
Darling
Kermadec-Inseln (Neus.)
NEUSEELAND
Tasmanien
Tasmansee
Prinz-Eduard-Inseln (Südafrika)
Crozet-Inseln (Fr.)
Kerguelen (Fr.)
Auckland-Inseln (Neus.)
Bounty-Inseln (Neus.)
Campbell-Insel (Neus.)
Balleny-Inseln
ARKTIS

Deutschland
(Bundesrepublik Deutschland)

Als sich im Jahr 1990 die beiden deutschen Staaten vereinigten, kamen zu den elf westdeutschen Bundesländern fünf ostdeutsche hinzu, sodass sich die Bundesrepublik Deutschland jetzt aus 16 Bundesländern zusammensetzt. Die Wiedervereinigung schuf einige wirtschaftliche Probleme, denn die Modernisierung der oft veralteten Betriebe und Unternehmen der ehemaligen DDR musste durch große Mengen an Geld unterstützt werden. Trotz dieser Belastung ist Deutschland weiterhin eine der wohlhabendsten Nationen der Welt. Aufgrund seiner zentralen Lage in Europa spielte es im Lauf der Geschichte immer wieder eine große Rolle für wirtschaftliche, politische und kulturelle Entwicklungen. So hat z.B. die deutsche Regierung – zusammen mit Frankreich – die Einigung Europas zur Europäischen Union und die Einführung einer gemeinsamen europäischen Währung nachdrücklich vorangetrieben.
Geografisch besteht Deutschland aus drei Teilen: Der Norddeutschen Tiefebene an Nord- und Ostsee, den Mittelgebirgen im Zentrum und den Alpen mit Alpenvorland im Süden. Die größten Städte sind die Hauptstadt Berlin sowie Hamburg, München und Köln. Aufgrund seiner landschaftlichen Vielfalt und Schönheit, aber auch wegen seiner zahlreichen kulturellen Sehenswürdigkeiten, ist Deutschland nach wie vor ein beliebtes Urlaubsziel für Reisende aus aller Welt.

Die deutschen Bundesländer
Jedes der 16 Bundesländer hat eine eigene Landesregierung, die vom Ministerpräsidenten des Landes geleitet wird und die einige ihrer Mitglieder in den Bundesrat (die Interessenvertretung der Länder) entsendet. In vielen Bereichen, wie z. B. Kultur, Ausbildung oder Baurecht, können die Länderregierungen selbst Gesetze erlassen, die in ihrem Bundesland gelten. Drei der Bundesländer – Berlin, Bremen und Hamburg – haben eine Besonderheit: Sie sind Städte und gleichzeitig Bundesländer. Daher nennt man sie Stadtstaaten.

Land	Fläche in km² (gerundet)	Einwohner (gerundet)
Baden-Württemberg	35752	10601000
Bayern	70550	12330000
Berlin	892	3388000
Brandenburg	29476	2593000
Bremen	404	660000
Hamburg	755	1726000
Hessen	21114	6078000
Mecklenburg-Vorpommern	23173	1760000
Niedersachsen	47616	7956000
Nordrhein-Westfalen	34082	18052000
Rheinland-Pfalz	19847	4049000
Saarland	2568	1066000
Sachsen	18413	4384000
Sachsen-Anhalt	20447	2581000
Schleswig-Holstein	15761	2804000
Thüringen	16172	2411000

Das politische System der Bundesrepublik Deutschland
Die Bundesrepublik Deutschland ist ein parlamentarisch-demokratischer Bundesstaat. Das bedeutet, dass sich mehrere Bundesländer zu einem Staat zusammengeschlossen haben und dass ein Parlament, das sind von den Bürgern gewählte Vertreter (auch Abgeordnete genannt), neue Gesetze beschließt und politische Entscheidungen trifft. Die Wahlen zum Bundestag, so heißt das Parlament in Deutschland, finden alle vier Jahre statt. Wählen darf jeder deutsche Staatsbürger, der 18 Jahre oder älter ist. Die Kandidaten für die 598 Sitze im Bundestag treten jeweils für eine bestimmte Partei zur Wahl an. Nach einer Bundestagswahl schlägt der Bundespräsident dem neu gewählten Bundestag einen Vertreter der Partei, welche die meisten Stimmen erhalten hat, für die Wahl zum Bundeskanzler vor. Der Bundeskanzler legt dann fest, wer Minister werden soll, und zusammen mit den Ministern, die vom Bundespräsidenten ernannt werden, bildet er die Bundesregierung. Er bestimmt deren Politik und trägt die Verantwortung für alle Entscheidungen der Regierung. Die Minister sind jeweils für einen bestimmten Bereich zuständig, wie z. B. Arbeit, Gesundheitswesen oder Finanzen. Von der Bundesregierung entworfene Gesetze werden jedoch nur wirksam, wenn eine – je nach Art des Gesetzes unterschiedlich große – Mehrheit des Bundestags ihnen zustimmt. In den meisten Fällen muss darüber hinaus der Bundesrat, eine Interessenvertretung der Bundesländer, die Gesetze billigen. Die 69 Mitglieder des Bundesrats werden nicht gewählt, sondern von den Länderregierungen bestimmt. Für jedes Bundesland ist eine festgelegte Anzahl von Stimmen und damit Mitgliedern im Bundesrat vorgesehen. Die Vertreter dürfen jedoch nur einheitlich stimmen, müssen sich also vorher einigen.
Staatsoberhaupt der Bundesrepublik ist der Bundespräsident. Dieser wird jeweils für die Dauer von fünf Jahren von der Bundesversammlung gewählt (diese besteht aus dem Bundestag und der gleichen Anzahl von Vertretern der Bundesländer) und kann nur einmal wiedergewählt werden. Er vertritt die Bundesrepublik bei öffentlichen Auftritten im In- und Ausland, so bei Staatsbesuchen, und empfängt Staatsgäste. Außerdem unterzeichnet er alle Verträge, die Deutschland mit anderen Staaten schließt, sowie Bundesgesetze, die erst durch seine Unterschrift gültig werden und die er auch verkündet. Zu seinen weiteren Aufgaben gehört die Ernennung und Entlassung von Ministern ebenso wie die Verleihung von Titeln und Orden, außerdem kann er Strafgefangene begnadigen.

Fakten
Hauptstadt: Berlin
Verfassung: Grundgesetz von 1949, mit Änderungen
Nationalfeiertag: 3. Oktober (Tag der deutschen Einheit)
Währung: 1 Euro = 100 Cent
Wichtigste Exportgüter: Autos und Autoteile, Maschinen, Chemische Produkte
Wichtige politische Parteien: Sozialdemokratische Partei Deutschlands (SPD), Bündnis 90/Die Grünen (Grüne), Christlich Demokratische Union Deutschlands (CDU), Christlich Soziale Union in Bayern (CSU), Freie Demokratische Partei (FDP), Die Linke

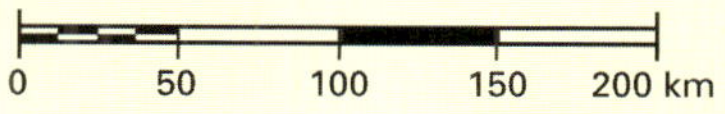

Geschichte Deutschlands

Deutschland entstand aus dem östlichen Teil des Frankenreichs Karls des Großen. Sein Enkel Ludwig der Deutsche wurde 843 erster König dieses ostfränkischen Reiches. Bis zur Gründung des Kaiserreichs im Jahr 1871 war Deutschland kein einheitlicher Flächenstaat mit einer Hauptstadt, sondern setzte sich aus vielen kleinen selbstständigen Herrschaftsgebieten zusammen. Durch seine Lage in der Mitte Europas war Deutschland Zentrum des wirtschaftlichen und kulturellen Austauschs zwischen Nord und Süd, Ost und West. Oft kam es aber in der deutschen Geschichte zu Kriegen mit den Nachbarn.

◄ Die deutschen Könige des Mittelalters erhielten bei der Krönung die wertvollen, mit Edelsteinen besetzten Reichsinsignien als Zeichen der Macht.

► Deutschland war in viele Herrschaftsgebiete unterteilt. Preußen und Österreich waren die beiden Machtzentren.

Das Mittelalter

Im Mittelalter stand ein König an der Spitze des deutschen Reiches. Er wurde von den Landesfürsten gewählt und konnte sich vom Papst zum Kaiser krönen lassen. Dieses Kaiserreich trug bis zu seiner Auflösung im Jahr 1806 den Namen „Heiliges Römisches Reich". Die Herrscher stammten aus Adelsfamilien, z. B. den Staufern. Ihre politische und militärische Stütze waren die Ritter. In den Kreuzzügen kämpften sie im Heiligen Land gegen die Seldschuken. Die Bevölkerung war streng geteilt in „Freie" und „Unfreie". Bischöfe, Ritter und Adelige waren frei. Den Großteil der Bevölkerung bildeten die Bauern, die von den Grundherren völlig abhängig waren. In den Städten entwickelten sich Handwerk und Handel. Nürnberg und Augsburg im Süden oder die Hansestädte (z. B. Hamburg und Lübeck) im Norden waren reich. Den Menschen dort ging es meist besser als den Bauern. Im Mittelalter entwickelte sich die deutsche Sprache. Im 12./13. Jh. erlebte die deutsche Dichtung eine erste Blüte.

Reformation, Bauernkrieg, Dreißigjähriger Krieg

Die Reformation war einer der Einschnitte, die den Beginn der Neuzeit markieren. In seinen 95 Thesen forderte der Mönch Martin Luther die Kirche dazu auf, sich wieder auf die Bibel zu besinnen und nicht nach weltlicher Macht und Luxus zu streben. Luther gründete eine neue christliche Glaubensrichtung, den Protestantismus. Viele der weltlichen Fürsten traten ihm bei, der Kaiser aber und viele andere Herrscher blieben katholisch. Von diesen Auseinandersetzungen wurden auch die Bauern erfasst. Sie forderten die Aufhebung der Leibeigenschaft und eine Verringerung der Dienste. 1525 begann ein Aufstand der Bauern. Dieser „Bauernkrieg" wurde blutig niedergeworfen, die Anführer wurden hingerichtet. Trotz mehrerer Schlichtungsversuche, wie z. B. dem Augsburger Religionsfrieden (1555), führte die religiöse Spaltung zum Dreißigjährigen Krieg (1618–1648) zwischen Katholiken und Protestanten. Er erweiterte sich zum Krieg um die politische Macht in Mitteleuropa.

◄ Martin Luther (1483–1546) gründete die protestantische Kirche und übersetzte die Bibel erstmals ins Deutsche.

Die Herrschaft Preußens

Im 17. und 18. Jh. wurde Preußen zu dem straff geführten protestantischen Militärstaat, der das Bild Preußens bis heute prägt. Nach den Verwüstungen des Dreißigjährigen Krieges baute der „Große Kurfürst" Friedrich Wilhelm (1640–1688) die Markgrafschaft Brandenburg-Preußen wieder auf. Unter dem „Soldatenkönig" Friedrich Wilhelm I. (1713–1740) wurde ein schlagkräftiges Heer aufgebaut, um durch Eroberungen das Staatsgebiet zu erweitern. Sein Sohn Friedrich, der schon zu Lebzeiten „der Große" genannt wurde, besetzte das zu Österreich gehörende Schlesien. Teile Polens wurden in den sogenannten „Polnischen Teilungen" preußisch. Im Siebenjährigen Krieg (1756–1763) behauptete sich Preußen gegen Russland, Österreich und Frankreich. Es zählte nun zu den europäischen Großmächten. 1806 wurde Preußen von Napoleon besiegt. Aus Angst vor einer Revolution, wie in Frankreich 1789, wurden Reformen ausgearbeitet, z. B. die Bauernbefreiung, die Gewerbefreiheit und eine Verbesserung der Schulen und Universitäten.

Die Revolution von 1848

Im März 1848 erhoben sich Handwerker und Arbeiter, aber auch Beamte, Professoren und Studenten gegen die Unterdrückung durch die Monarchen. Überall kam es zu Volksversammlungen und Demonstrationen, bei denen Forderungen nach Presse- und Vereinsfreiheit, nationaler Einigung und der Einberufung eines deutschen Parlaments erhoben wurden. In der Frankfurter Paulskirche versammelte sich schließlich im Mai 1848 das erste gesamtdeutsche Parlament. Die meisten Abgeordneten waren höhere Verwaltungsbeamte, Richter und Universitätsprofessoren – Arbeiter und Handwerker waren dagegen kaum vertreten. Organisierte politische Parteien gab es noch nicht, doch bildeten sich schnell politische Gruppierungen, aus denen später die Parteien entstanden sind. Erste Aufgabe des Parlaments war die Ausarbeitung einer Verfassung für Deutschland. Doch während sich die

◄ Die Parlamentssitzung in der Paulskirche in Frankfurt am Main. Hier entstanden die ersten deutschen Parteien – je nach ihrer Sitzordnung, vom Präsidium aus gesehen, zählten sie zu den Linken (liberale, demokratische und sozialistische Parteien), den Rechten (konservative Parteien) oder der Mitte.

Parlamentarier über die zukünftige Staatsform stritten, konnten die entmachteten Monarchen ihre Herrschaft wieder festigen. Schließlich boten die Revolutionäre dem preußischen König die deutsche Kaiserkrone an, um ein geeintes Deutschland zu schaffen. Friedrich Wilhelm IV. lehnte jedoch ab. Die Nationalversammlung wurde 1849 mit Waffengewalt aufgelöst, viele der Mitglieder verhaftet. Deutschland blieb in Einzelstaaten zersplittert und ohne jegliche demokratische Reformen.

Das Deutsche Kaiserreich (1871–1918)

Ziel Preußens war es, Österreich aus dem 1815 geschaffenen Deutschen Bund, einem lockeren Zusammenschluss der deutschen Länder, hinauszudrängen und Deutschland zu einer europäischen Großmacht auszubauen. Durch ein ausgeklügeltes Bündnissystem erreichte Reichskanzler Otto von Bismarck die Zustimmung von England und Russland zur Reichsgründung. Innenpolitisch blieb das deutsche Kaiserreich autoritär und undemokratisch. Die Arbeiterbewegung und die Sozialdemokraten wurden verfolgt. Andererseits wurde aber auch ein vorbildliches staatliches Sozialsystem mit Arbeitslosen-, Kranken- und Rentenversicherung eingeführt. Als Kaiser Wilhelm II. 1888 den Thron bestieg und 1890 Bismarck entließ, begann Deutschland mit einer aggressiven Außenpolitik, rüstete auf und löste Bündnisse. Diese Politik verursachte den Ersten Weltkrieg (1914–1918).

◄ Wilhelm I. wird im Spiegelsaal von Versailles zum Kaiser gekrönt.

Nationalsozialismus und Zweiter Weltkrieg

Durch die Weltwirtschaftskrise wurde 1929 eine katastrophale wirtschaftliche Lage mit hoher Arbeitslosigkeit ausgelöst. Dies und die geringe Unterstützung der Demokratie in weiten Kreisen der Bevölkerung führte am Ende der Weimarer Republik (1918 ausgerufen) zu einer Radikalisierung rechter und linker Gruppen. 1933 kamen Adolf Hitler und die NSDAP an die Macht. Das politische Programm war v. a. von Rassismus, Antisemitismus und extremem Nationalismus geprägt. Die Nationalsozialisten beseitigten die Demokratie und verfolgten politische Gegner. Die gesamte Bevölkerung wurde von der Diktatur der Nationalsozialisten in allen Lebensbereichen kontrolliert und unterdrückt. Das schlimmste Verbrechen war die Verfolgung und Ermordung der Juden. Schon 1933 wurden jüdische Geschäfte boykottiert, 1935 wurden den Juden durch die Nürnberger Rassengesetze alle staatsbürgerlichen Rechte genommen und am 9. November 1938 brannten jüdische Synagogen. In Konzentrationslagern wie Auschwitz und Buchenwald wurden die Juden zu Millionen ermordet. Mit dem deutschen Überfall auf Polen begann am 1. September 1939 der Zweite Weltkrieg, der weltweit über 50 Mio. Todesopfer forderte. Er endete mit der Niederlage Deutschlands am 9. Mai 1945.

► Die Olympischen Sommerspiele in Berlin 1936 wurden von den Nationalsozialisten zu politischen Propagandazwecken missbraucht.

Teilung und Wiedervereinigung

Deutschland wurde 1945 von den Alliierten, den Siegern des Zweiten Weltkriegs, besetzt. Es entstanden eine französische, eine englische, eine amerikanische und eine sowjetische Besatzungszone. Die Zusammenarbeit zwischen den Alliierten endete bald. Deutlich wurde dies mit der Währungsreform und der Gründung der beiden deutschen Staaten: der Bundesrepublik Deutschland im Westen und der Deutschen Demokratischen Republik im Osten. Es begann eine Zeit des Kalten Krieges zwischen dem Westen und dem kommunistischen Ostblock. Die Grenze der beiden Blöcke verlief mitten durch Deutschland. Schnell ging es im Westen wirtschaftlich wieder aufwärts. Aus der DDR flohen Tausende in den Westen. Deshalb ließ die DDR-Regierung 1961 die Berliner Mauer und nahezu unüberwindliche Grenzanlagen zwischen den beiden deutschen Staaten errichten. 40 Jahre waren die Deutschen getrennt. Erst der Zusammenbruch der Sowjetunion und des Bündnissystems im Osten im Jahr 1989 machte den Weg für die Wiedervereinigung der beiden deutschen Staaten frei. Sie erfolgte 1990.

▲ Das Brandenburger Tor in Berlin ist Symbol für Teilung und Wiedervereinigung Deutschlands.

Die Bundespräsidenten der Bundesrepublik Deutschland

1949–1959	Theodor Heuss
1959–1969	Heinrich Lübke
1969–1974	Gustav Heinemann
1974–1979	Walter Scheel
1979–1984	Carl Carstens
1984–1994	Richard von Weizsäcker
1994–1999	Roman Herzog
1999–2004	Johannes Rau
seit 2004	Horst Köhler

Die Bundeskanzler der Bundesrepublik Deutschland

1949–1963	Konrad Adenauer
1963–1966	Ludwig Erhard
1966–1969	Kurt Georg Kiesinger
1969–1974	Willy Brandt
1974–1982	Helmut Schmidt
1982–1998	Helmut Kohl
1998–2005	Gerhard Schröder
seit 2005	Angela Merkel

Österreich

(Republik Österreich)

Nicht nur die neutrale Schweiz hat sich zu Beginn des 21. Jh. – durch den Beitritt zu den Vereinten Nationen – außenpolitisch geöffnet. Auch in Österreich fand im Jahr 2001 eine Neubewertung der 1955 in der Verfassung verankerten „immerwährenden Neutralität" statt. Ein Parlamentsbeschluss ermöglicht – nach vorheriger Volksabstimmung – ausdrücklich eine zukünftige Mitgliedschaft im Nordatlantischen Verteidigungsbündnis (NATO). Vorrang für die österreichische Regierung hat jedoch die Einbindung des Landes in die gemeinsame Außen- und Sicherheitspolitik der Europäischen Union (EU). Rechnet man die wirtschaftliche Leistung des Landes auf seine Einwohnerzahl um, zählt Österreich wie die Schweiz zu den reichsten Nationen der Welt.

Geografisch ist das Land v. a. von Gebirge geprägt: Etwa zwei Drittel der Gesamtfläche werden von Bergen eingenommen, die das Land von Westen nach Südosten durchziehen. Mit einer Waldfläche von fast 50 % ist Österreich zudem eines der waldreichsten Länder Europas.

Diese Schönheiten der Natur ziehen viele Urlauber, v. a. Wintersportler, in das Land und machen den Tourismus zu einer sehr wichtigen wirtschaftlichen Einnahmequelle Österreichs. Gleichzeitig führt aber die hohe Zahl an Urlaubern – ebenso wie der starke Durchgangsverkehr durch das Verbindungsland nach Süd- und Südosteuropa – auch zu einer Belastung der Umwelt. Österreich hat auf die Gefährdung der natürlichen Lebensräume deutlich reagiert und zählt umweltpolitisch zu den führenden Staaten in Europa und weltweit. Österreich hat außerdem eine große kulturelle Tradition und mehrere international bedeutende Festspielereignisse vorzuweisen.

Die österreichischen Bundesländer

Die wahlberechtigten Bürger aller neun österreichischen Bundesländer können ein Landesparlament, den Landtag, wählen. Der Landtag ist verantwortlich für die Landesgesetzgebung und wählt die Landesregierung, deren Mitglieder nicht dem Landtag angehören müssen. Die Landesregierung besteht aus dem Landeshauptmann, der das Land vertritt, seinen Stellvertretern und weiteren Mitgliedern, den Landesräten. Zudem wählen die Landtage die Abgeordneten des Bundesrats. Dieser ist zusammen mit dem Nationalrat für die nationale Gesetzgebung verantwortlich.

Land	Fläche in km² (gerundet)	Einwohner (gerundet)
Burgenland	3965	277 000
Kärnten	9536	559 000
Niederösterreich	19 178	1 555 000
Oberösterreich	11 982	1 377 000
Salzburg	7154	515 000
Steiermark	16 392	1 183 000
Tirol	12 648	674 000
Vorarlberg	2601	351 000
Wien	415	1 551 000

Das politische System der Republik Österreich

Österreich ist eine parlamentarisch-demokratische Bundesrepublik. Das bedeutet, dass das Land – wie Deutschland und die Schweiz – ein Zusammenschluss mehrerer einzelner Bundesländer ist und dass die Gesetzgebung Aufgabe eines von den Bürgern gewählten Parlaments ist. Das nationale Parlament des Landes heißt Nationalrat. Die 183 Mitglieder des Nationalrats werden alle vier Jahre von den wahlberechtigten Österreichern gewählt. Wählen dürfen alle Staatsbürger, die am 1. Januar des Wahljahrs 18 Jahre oder älter sind. Dem Nationalrat steht bei der Aufgabe der Bundesgesetzgebung der Bundesrat (Vertretung der Bundesländer) zur Seite. Die Anzahl der Vertreter, die ein Bundesland in den Bundesrat entsenden kann, richtet sich nach seiner Einwohnerzahl: Das Bundesland mit den meisten Einwohnern ist mit zwölf, alle weiteren Länder entsprechend ihrer Einwohnerzahl mit weniger Abgeordneten im Bundesrat vertreten. Doch kein Land stellt weniger als drei Bundesratsmitglieder. Entscheidungen über Gesetzesvorlagen trifft zunächst der Nationalrat. Die meisten Bundesgesetze müssen dann jedoch dem Bundesrat zur Zustimmung vorgelegt werden, um in Kraft treten zu können (eine Ausnahme sind z. B. Gesetze, welche die Bundesfinanzen betreffen). Lehnt der Bundesrat

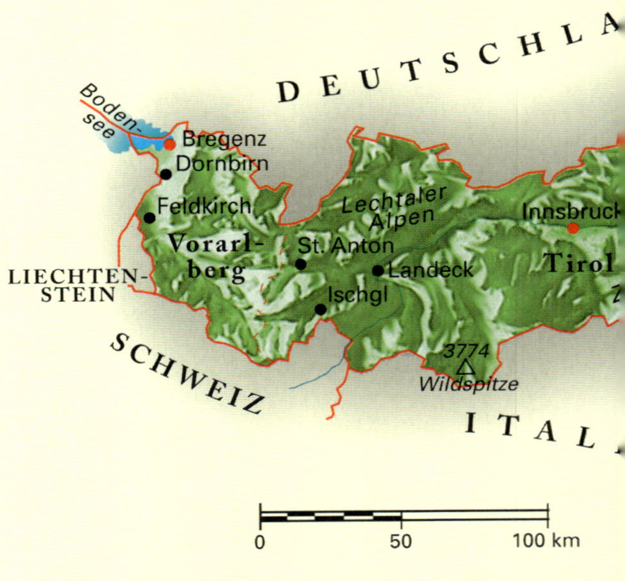

eine Zustimmung ab, kann der Nationalrat das Gesetz trotzdem beschließen. Es wird nach Unterzeichnung durch den Bundeskanzler und den Bundespräsidenten gültig. Der Bundeskanzler bildet als Regierungschef zusammen mit dem Vizekanzler und den Bundesministern die Bundesregierung. Nach einer Nationalratswahl ernennt der Bundespräsident, fast immer unter Berücksichtigung der Mehrheitsverhältnisse im Nationalrat, den Bundeskanzler und auf dessen Vorschlag hin die Bundesminister. Der Bundespräsident ist das Staatsoberhaupt Österreichs und wird für höchstens zwei Amtszeiten von je sechs Jahren unmittelbar vom Volk gewählt. Er ist mit deutlich mehr Machtbefugnissen ausgestattet als seine Kollegen in Deutschland oder der Schweiz. Wie diese vertritt er den Staat nach außen, er unterzeichnet z. B. Staatsverträge mit anderen Ländern. Daneben kann er aber auch den Bundeskanzler oder die gesamte Bundesregierung entlassen sowie auf Vorschlag des Bundeskanzlers auch einzelne Minister. Er hat den Oberbefehl über das Bundesheer und kann sogar den Nationalrat auflösen, dies jedoch nicht mehrmals aus dem gleichen Grund.

Fakten
Hauptstadt: Wien
Verfassung: Verfassung von 1920, in der Fassung von 1929 mit Änderungen
Nationalfeiertag: 26. Oktober (Verabschiedung des Neutralitätsgesetzes)
Währung: 1 Euro = 100 Cent
Wichtigste Exportgüter: Maschinen, Fahrzeuge, Textilien
Wichtige politische Parteien: Österreichische Volkspartei (ÖVP), Freiheitliche Partei Österreichs (FPÖ), Sozialdemokratische Partei Österreichs (SPÖ), Die Grünen

Geschichte Österreichs

▲ Kaiser Maximilian I. (1493–1519)

Durch den Aufstieg der Habsburger seit dem 13. Jh. wurde Österreich zu einem der führenden Staaten des Heiligen Römischen Reiches, zu dem das Land bis 1806 gehörte. Die geschickte Heiratspolitik der Habsburger ließ Österreich zu einer europäischen Macht aufsteigen. Nach dem Sieg über die Türken gehörten weite Teile des Balkans und Osteuropas zu Österreich. Zeitweise standen aber auch andere Teile Europas, z. B. Spanien, unter der Herrschaft der Habsburger. Die Nationalbewegungen des 19. Jh. brachten unlösbare Probleme für den Vielvölkerstaat Österreich. Nach der Niederlage im Ersten Weltkrieg verlor Österreich seinen großen Einfluss in Europa. Das heutige Österreich ist seit dem Staatsvertrag von 1955 ein souveräner Staat.

Der Aufstieg der Habsburger

Fast 300 Jahre lang regierten die Babenberger die Markgrafschaft Österreich. Rudolf I. (1278–1282) sicherte im 13. Jh. für das Haus Habsburg die Herrschaft über die Herzogtümer Österreich und Steiermark. Die Habsburger regierten Ende des 14. Jh. die größten Ländereien im Deutschen Reich. Mit Kaiser Maximilian I. (1493–1519) begann die Zeit der Habsburger Kaiser, die bis zur Auflösung des Heiligen Römischen Reiches im Jahr 1806 dauerte. Österreich entwickelte sich neben Preußen zum wichtigsten deutschen Staat. Während der Reformation und im Dreißigjährigen Krieg (1618–1648) stellte Österreich eine bedeutende Stütze des katholischen Lagers gegen den protestantischen Norden dar.

Türkenkriege

Die wichtige Position Österreichs im Deutschen Reich war v. a. durch seine Grenzlage im Osten begründet. Seit dem 15. Jh. drangen die Osmanen (Türken) nach Europa vor. Nach dem Sieg der Türken über die Ungarn 1526 begannen Kriege zwischen dem Osmanischen Reich und Österreich. Der Balkan wurde zum Hauptkriegsschauplatz. Die Türken beherrschten im 17. Jh. große Teile der Balkanhalbinsel. 1683 marschierten sie sogar bis Wien vor und belagerten zwei Monate lang die österreichische Hauptstadt.

▲ In der Schlacht am Kahlenberg im Jahr 1683 wurde Wien von der türkischen Belagerung befreit.

Mit der Unterstützung der meisten christlichen Herrscher Europas und unter der Führung Prinz Eugens von Savoyen wurde Wien befreit und das Osmanische Reich endgültig zurückgedrängt. Österreich wurde zur europäischen Großmacht, da es nun weite Teile des Balkans erobern konnte; für das Osmanische Reich begann die Zeit des Niedergangs.

◄ Karte des Vielvölkerstaats von 1883

Der Vielvölkerstaat

Habsburg unterwarf große Teile der angrenzenden Länder im Osten und Südosten. Im 13. Jh. gehörten Böhmen und Mähren zu Österreich. Mit dem Sieg über die Türken vergrößerte sich der Herrschaftsbereich der Habsburger: Zahlreiche Gebiete Ungarns und Kroatiens wurden österreichisch. Unter Maria Theresia (1740–1780) kamen weitere Teile des Balkans und ein großer Teil Polens hinzu. Schließlich sprach weniger als ein Drittel der österreichischen Bevölkerung Deutsch. Vor allem im 19. Jh. lehnten sich die besetzten Länder gegen Österreich auf. Die Ungarn erreichten 1866/67 eine weitgehende Gleichberechtigung; es entstand die Doppelmonarchie Österreich-Ungarn. Nach dem Ersten Weltkrieg verlor Österreich alle nicht deutschsprachigen Gebiete.

Österreich als europäische Macht

Durch eine geschickte Heiratspolitik und die militärischen Erfolge gegen die Türken wurde Österreich neben Frankreich, Großbritannien und Russland zu einer der zentralen europäischen Mächte. Im Osten gründete es nach dem Sieg über die Türken nach und nach den großen Viel-

Die österreichische Kaiserin Maria Theresia herrschte über eines der mächtigsten Reiche.

völkerstaat Österreich. Auch andere europäische Länder wie Spanien, Burgund, die Niederlande und überseeische Gebiete kamen in habsburgischen Besitz. Vor allem Frankreich wehrte sich gegen die Vormachtstellung Österreichs. Nachdem der letzte Herrscher der spanischen Linie der Habsburger gestorben war, beanspruchten Österreich und Frankreich die Macht im spanischen Königreich. Im Spanischen Erbfolgekrieg (1701–1713/14) mussten die Habsburger auf den spanischen Thron verzichten. Bis zum Ersten Weltkrieg (1914–1918) behielt Österreich aber eine einflussreiche Stellung im europäischen Machtgefüge.

Am 12.11.1918 wurde die österreichische Republik ausgerufen.

Die Bundespräsidenten der Republik Österreich	
1920–1928	Michael Hainisch
1928–1938	Wilhelm Miklas
1945–1950	Karl Renner
1951–1957	Theodor Körner
1957–1965	Adolf Schärf
1965–1974	Franz Jonas
1974–1986	Rudolf Kirchschläger
1986–1992	Kurt Waldheim
1992–2004	Thomas Klestil
seit 2004	Heinz Fischer

Die Bundeskanzler der Republik Österreich	
1945–1953	Leopold Figl
1953–1961	Julius Raab
1961–1964	Alfons Gorbach
1964–1970	Josef Klaus
1970–1983	Bruno Kreisky
1983–1986	Fred Sinowatz
1986–1997	Franz Vranitzky
1997–2000	Viktor Klima
2000–2007	Wolfgang Schüssel
seit 2007	Alfred Gusenbauer

Die erste Republik 1918

Bis nach dem Ersten Weltkrieg, den Deutschland und Österreich verloren hatten, war Österreich eine Monarchie. 1918 wurde wie in Deutschland die Republik ausgerufen. Im Frieden von Saint-Germain verlor Österreich Südtirol bis zum Brenner sowie die anderen Gebiete in Italien und auf dem Balkan. Ungarn und die Tschechoslowakei wurden selbstständig. Österreich wurde eine parlamentarische Demokratie mit einem gewählten Bundespräsidenten, einem Bundeskanzler und einer Vertretung der Bundesstaaten. Die Auseinandersetzungen zwischen Linken und Rechten führten schon zu Beginn der 1920er-Jahre zu Machtkämpfen, die oft auch mit Waffengewalt ausgetragen wurden. 1933 errichtete Engelbert Dollfuß (1892–1934) durch einen Staatsstreich eine Diktatur. Bei einem Putsch der Nationalsozialistischen Partei wurde er später erschossen. Im März 1938 marschierten deutsche Truppen in Österreich ein. Das Land wurde an das nationalsozialistische Deutschland angeschlossen.

Österreich und Deutschland

Als nach den Befreiungskriegen gegen Napoleon 1814/15 Europa auf dem Wiener Kongress neu geordnet wurde, wurde der Deutsche Bund, ein lockerer Zusammenschluss

Die Schlacht bei Königgrätz im Krieg zwischen Preußen und Österreich führte zu einer österreichischen Niederlage.

der deutschen Staaten, gegründet. Österreich und Preußen sowie die vielen anderen deutschen Staaten waren darin zusammengefasst. Doch bald flammte die Gegnerschaft zwischen Österreich und Preußen auf. Gestritten wurde bis 1848 um eine sogenannte „großdeutsche" Lösung – ein Zusammenschluss der deutschen Staaten mit Einschluss Österreichs – oder eine „kleindeutsche" Lösung unter Führung Preußens ohne Österreich.
1866 kam es zu einem Krieg zwischen Österreich und Preußen (Deutscher Krieg). In der Schlacht bei Königgrätz unterlag Österreich. Damit war der Weg für die Gründung des kleindeutschen Kaiserreichs 1871 geebnet.
Die Feindschaft währte jedoch nicht lange. Im Ersten Weltkrieg 1914–1918 kämpften Deutschland und Österreich als Verbündete gegen die Alliierten – und verloren den Krieg. Kurz nach dem Anschluss Österreichs an das nationalsozialistische Deutschland begann der Zweite Weltkrieg (1939–1945).

Im Schloss Belvedere wurde 1955 der Österreichische Staatsvertrag unterzeichnet.

Der Staatsvertrag 1955

Nach dem Zweiten Weltkrieg war Österreich wie Deutschland von den Alliierten besetzt. Es gab eine sowjetische, eine amerikanische, eine britische und eine französische Besatzungszone. Auch die Hauptstadt Wien wurde in vier Sektoren geteilt. Am 15. Mai 1955 erhielten die Österreicher einen Staatsvertrag. Österreich wurde ein unabhängiger Staat. Es musste sich aber verpflichten, mit Deutschland keine politische oder wirtschaftliche Vereinigung einzugehen. Der österreichische Beitritt zur Europäischen Union (EU) zum 1.1.1995 wurde erst durch den Zusammenbruch der Sowjetunion und der damit verbundenen Lösung aus den Verpflichtungen des Staatsvertrags ermöglicht.

Schweiz

(Schweizerische Eidgenossenschaft)

Ihre streng eingehaltene politische Neutralität hat die Schweiz während der beiden Weltkriege vor Angriffen und Zerstörung bewahrt. Zu Beginn des 21. Jh. hat ein außenpolitischer Öffnungsprozess eingesetzt: Im Jahr 2002 trat die Schweiz als 190. Mitglied den Vereinten Nationen (UN) bei, im gleichen Jahr näherte sich das Land mit In-Kraft-Treten mehrerer Abkommen der Europäischen Union (EU) an. Betrachtet man die wirtschaftliche Leistung des Landes im Verhältnis zu seiner Einwohnerzahl, so ist die Schweiz eines der reichsten Länder der Welt.

Eine Eigenheit des Landes ist seine Viersprachigkeit. Im Süden des Landes wird Italienisch gesprochen, im Westen Französisch, in Graubünden Rätoromanisch und im Norden Deutsch, und zwar das alemannische Schwyzerdütsch. Deshalb wird der amtliche Name des Landes oft in allen vier Landessprachen angegeben: Schweizerische Eidgenossenschaft, Confédération Suisse (französisch), Confederazione Svizzera (italienisch) und Confederaziun Svizra (rätoromanisch).

Kanton	Fläche in km² (gerundet)	Einwohner (gerundet)
Zürich	1729	1 229 000
Bern	5959	947 000
Luzern	1493	351 000
Uri	1077	35 000
Schwyz	908	131 000
Obwalden	491	33 000
Nidwalden	276	39 000
Glarus	685	38 000
Zug	239	101 000
Fribourg	1671	239 000
Solothurn	791	246 000
Basel-Stadt	37	187 000
Basel-Landschaft	517	261 000
Schaffhausen	299	73 000
Appenzell-Ausserrhoden	243	53 000
Appenzell-Innerrhoden	173	15 000
St. Gallen	2026	453 000
Graubünden	7105	186 000
Aargau	1404	551 000
Thurgau	991	228 000
Ticino (Tessin)	2812	312 000
Vaud (Waadt)	3212	626 000
Valais (Wallis)	5225	278 000
Neuchâtel (Neuenburg)	803	167 000
Genève (Genf)	282	414 000
Jura	839	69 000

Geografisch besteht die Schweiz aus drei großen Naturräumen: Die Alpen bilden den südlichen Landesteil, der Schweizer Jura, ein Mittelgebirge aus Kalkstein, den nordwestlichen. Dazwischen liegt das hügelige Schweizer Mittelland. Die Schweizer Gebirge locken zahlreiche Urlaubsgäste an, etwa zum Wandern, Bergsteigen oder Skilaufen. Wegen ihrer Lage war die Schweiz seit jeher ein Durchgangsland aus dem Norden in den Süden Europas. Um die zunehmende Belastung der Umwelt durch den Durchgangsverkehr zu verringern, wird versucht einen Großteil des Güterverkehrs von den Straßen auf die Bahn zu verlagern.

Die Schweizer Kantone

In der Verfassung der Schweiz ist die bedeutende Rolle der 20 Kantone und sechs Halbkantone im staatlichen Leben des Landes eindeutig festgelegt. Die Bundesregierung ist für die Aufgaben zuständig, die ihr ausdrücklich übertragen wurden, so z. B. Außenpolitik, Einsatz der Armee oder Gesetzgebung im Zivil- und Strafrecht.

Die Kantone sind z. B. verantwortlich für Schulwesen, Gerichtswesen oder Naturschutz und können ihre Amtssprache festlegen. Im Parlament können die Kantone ihren Einfluss durch die Abgeordneten des Ständerats geltend machen.

Eine Besonderheit des politischen Systems der Schweiz war, dass Frauen bis in die zweite Hälfte des 20. Jh. hinein kein Wahlrecht besaßen. Erst ab Ende der 1950er-Jahre wurde nach und nach auf Kantonsebene das Frauenwahlrecht eingeführt. Ab 1971 schließlich durften die Schweizerinnen auf nationaler Ebene wählen. Als letzter Kanton gestand Appenzell-Innerrhoden seinen Einwohnerinnen 1990 das Kantonswahlrecht zu.

Das politische System der Schweiz

Wie Deutschland und Österreich ist auch die Schweiz ein parlamentarischer Bundesstaat. Auch hier haben sich mehrere Länder, die Kantone, zu einem Staat zusammengeschlossen, ohne dabei ihre Selbstständigkeit aufzugeben. Eine solche Staatsform nennt man föderalistisch (von lateinisch foedus für Bündnis).

Das Parlament in der Schweiz heißt Bundesversammlung und besteht aus dem Nationalrat, der Volksvertretung und dem Ständerat, der Vertretung der Kantone. Im Nationalrat, dessen 200 Abgeordnete alle vier Jahre von allen wahlberechtigten Bürgern gewählt werden, ist jeder Kanton gemäß seiner Einwohnerzahl vertreten. Die 46 Mitglieder des Ständerats (zwei pro Kanton, einer pro Halbkanton) werden nach Kantonsrecht in den Kantonen direkt gewählt. Gesetze und Beschlüsse erlangen nur Gültigkeit, wenn sie sowohl vom National- als auch vom Ständerat angenommen werden. Dabei befassen sich die beiden Kammern unabhängig voneinander mit den Gesetzesentwürfen und Beschlussvorlagen. Doch die Kantone sind schon an der Entstehung eines neuen Gesetzes maßgeblich beteiligt: Bei der sogenannten Vernehmlassung werden alle von einem Gesetz betroffenen

Kantone zu ihrer Meinung befragt, ehe das Gesetz formuliert wird. Jede der Kammern tritt mehrmals jährlich zu meist mehrwöchigen Sitzungsperioden zusammen. Alle National- und Ständeräte üben neben ihrer Abgeordnetentätigkeit noch einen anderen Beruf aus, weswegen das Schweizer Parlament als Milizparlament bezeichnet wird. Die Regierung der Schweiz, der Bundesrat, besteht aus sieben Mitgliedern, die vom Parlament gewählt werden. Jeder der Bundesräte ist für einen bestimmten Aufgabenbereich, Departement genannt, verantwortlich. Departemente sind z. B. das Finanzdepartement oder das Departement für Verteidigung.
Jedes Jahr wird einer der sieben Bundesräte von der Bundesversammlung zum Bundespräsidenten gewählt. Als Bundespräsident ist er Staatsoberhaupt der Schweiz und vertritt sie nach außen, bleibt aber gleichzeitig verantwortlich für sein Departement.
Die Bürger der Schweiz haben auch die Möglichkeit, direkt, also nicht nur über Wahlen, auf politische Entscheidungen einzuwirken. So können sie Anregungen und Beschwerden an die Behörden herantragen (Petition). Wenn eine genügend große Anzahl von Bürgern oder Kantonen dies beantragt, muss ein Referendum durchgeführt werden, d. h. eine Abstimmung aller Bürger, z. B. über Beschlüsse oder neue Gesetze der Regierung. Schließlich gibt es noch die Möglichkeit der Volksinitiative, durch die die Bürger eine Verfassungsänderung beantragen können.

Fakten
Hauptstadt: Bern
Verfassung: Neue Bundesverfassung vom 18.06.1999 löste am 01.01.2000 die Verfassung von 1874 ab.
Nationalfeiertag: 1. August
Währung: 1 Schweizer Franken = 100 Rappen
Wichtigste Exportgüter: Maschinen, Chemikalien, Metallwaren
Wichtige politische Parteien: Sozialdemokratische Partei der Schweiz (SPS), Freisinnig-Demokratische Partei (FDP), Christlichdemokratische Volkspartei (CVP), Schweizerische Volkspartei (SVP), Liberale Partei (SP), Die Grünen Parteien der Schweiz (GPS)

Geschichte der Schweiz

Aus der im Jahr 1291 gegründeten Eidgenossenschaft der drei Urkantone Uri, Schwyz und Unterwalden entstand die Schweiz. Gemeinsames Ziel war die Verteidigung der Unabhängigkeit v. a. gegen die Habsburger, aber auch die Kontrolle der wichtigen Alpenübergänge. Nach und nach traten dem Bund weitere Städte und Kantone bei oder wurden, wie das habsburgische Aargau, erobert. Trotz verschiedener Sprachen und unterschiedlicher Religionszugehörigkeit bildete sich allmählich ein eigenes Schweizer Nationalbewusstsein. Die Alpenrepublik hat heute vier offizielle Sprachen: Deutsch, Französisch, Italienisch und Rätoromanisch.

◄ Der historisch nicht belegte „Rütli-Schwur" soll auf der „Rütliwiese" am Westufer des Urner Sees geschlossen worden sein.

Rütli-Schwur (1291) und Eidgenossenschaft

1291 schworen sich die drei Urkantone Uri, Schwyz und Unterwalden einen „Ewigen Bund" und gründeten damit die Eidgenossenschaft. Vor allem der Kampf gegen die österreichischen Habsburger führte zum Beitritt weiterer Gebiete. 1353 wurde der „Bund der Acht alten Orte" geschlossen, dem nun auch die Städte Bern, Zürich und Luzern angehörten. Der Druck von außen, von Seiten der Habsburger im Osten und Savoyens im Westen, war aber nicht die einzige einigende Klammer. Vor allem die Kontrolle der neu erschlossenen Alpenübergänge, insbesondere der Gotthardpass, einte die Eidgenossen.
In der Schlacht am Morgarten 1315 besiegten die Schweizer erstmals das habsburgische Heer. Ihre leicht bewaffneten Fußsoldaten waren dem Ritterheer der Habsburger weit überlegen. Nach und nach versuchten die Schweizer ein eigenes Staatsgebiet zu schaffen. Wichtig war v. a. die Eroberung des habsburgischen Aargau und Thurgau. Bereits Ende des 15. Jh. konnte die Schweiz als ein eigenständiges Staatsgebilde gelten. Während des Dreißigjährigen Krieges entwickelte die Schweizer Eidgenossenschaft ihre Neutralität. Im Westfälischen Frieden (1648) wurde die Eigenständigkeit der Schweiz bestätigt.

Reformation in der Schweiz

Von der Reformation des christlichen Glaubens im 16. Jh. wurde auch die Schweiz erfasst. Männer wie Ulrich Zwingli (1484–1531) in Zürich und später Johann Calvin (1509–1564) in Genf forderten eine Erneuerung des christlichen Glaubens. Uri, Schwyz, Unterwalden, Luzern, Zug, Freiburg und Solothurn blieben katholisch; Appenzell, Glarus, St. Gallen und Graubünden waren konfessionell gespalten. Vor allem die Lehren Calvins beeinflussten ganz Europa und begründeten eine eigene Richtung des Protestantismus, den Calvinismus. Er erreichte großen Einfluss in Frankreich und den Niederlanden; auch in England und Schottland konnte er sich durchsetzen.
In Polen und Ungarn nahm ein großer Teil des Adels den Calvinismus an.

► Der Schweizer Reformator Ulrich Zwingli war durch die Schriften des Humanisten Erasmus von Rotterdam beeinflusst.

◄ Der Franzose Johann Calvin flüchtete als Anhänger der Reformation in die Schweiz und begründete dort die reformierte Kirche.

Landsknechte

Die überraschenden militärischen Erfolge der leicht bewaffneten Schweizer Fußsoldaten gegen die habsburgischen Truppen führten zu einer Umbildung des europäischen Kriegswesens. Diese Truppenverbände wurden „Landsknechte" genannt. Sie waren den schwerfälligen Reiterheeren weit überlegen. Die Landsknechte waren schnell und wendig, ihre Ausrüstung war billiger und leichter zu handhaben. Bis zum Dreißigjährigen Krieg (1618–1648) kämpften Schweizer Landsknechte als bezahlte Söldner für viele europäische Staaten. Sie wurden gegen Sold für einen Krieg angeworben, danach wieder entlassen. Erst die Einrichtung sogenannter „stehender Heere" beendete die Zeit der Landsknechte.

◄ Zu Beginn des 16. Jh. holte auch der Papst Schweizer Landsknechte zu seinem Schutz. Bis heute gibt es im Vatikan in Rom eine Schweizergarde.

Die Schweiz wird ein Staat

Bereits nach dem Frieden von Basel 1499, nach einem erneuten Sieg gegen die Habsburger, schied die Eidgenossenschaft aus dem Verbund des Heiligen Römischen Reiches aus. Offiziell anerkannt wurde die Unabhängigkeit der Schweiz im Westfälischen Frieden von 1648. Der französische Kaiser Napoleon besetzte 1798 die Schweiz und schuf eine „Helvetische Republik". Doch als Napoleon besiegt war, wurde die Unabhängigkeit der Schweiz im Wiener Kongress (1815) erneut besiegelt. Den Eidgenossen wurde „immerwährende Neutralität" zugesichert.

◄ Die Neutralität der Schweiz in den Kriegen wurde auf dieser Abbildung verglichen mit einem Fels in einer tosenden Brandung.

Danach kam es innerhalb der Eidgenossenschaft zu bürgerkriegsähnlichen Auseinandersetzungen zwischen konservativ-katholischen Kräften und einer vornehmlich protestantisch-liberalen Partei. 1845 gründeten sieben konservative Kantone einen „Sonderbund" zur Wahrung ihrer Souveränitäts- und Religionsrechte. 1847 kam es zum sogenannten „Sonderbundskrieg" zwischen diesen sieben Kantonen und dem Rest der Schweiz. Die liberale Mehrheit siegte.
Durch die danach erlassene Verfassung von 1848, eine der ersten demokratischen Verfassungen in Europa, wurde die Schweiz zu einem Bundesstaat. Die oberste Entscheidungsgewalt lag nun beim Bund, die Macht der einzelnen Kantone wurde eingeschränkt. Hauptstadt wurde Bern. Zu dieser Zeit war die Schweiz die einzige demokratische Republik in Europa.

◄ Das Symbol des Roten Kreuzes (links) und die Schweizer Flagge (rechts)

Rotes Kreuz

Unter dem Eindruck der Schlacht bei Solferino (1859) zwischen Italien und Österreich, die zahlreiche Opfer gefordert hatte, gründete der Genfer Henri Dunant (1828–1910) 1864 das Rote Kreuz. Das bis heute bestehende Rote Kreuz ist eine internationale Hilfsorganisation zum Schutz des Sanitätswesens und der Pflege aller Verwundeten im Krieg, unabhängig von ihrer Nationalität. Die Fahne des Roten Kreuzes entspricht mit vertauschten Farben der Flagge der Schweiz.

Die Rolle der Schweiz in Europa: Neutralität und Ausgleich

Neutralität ist eines der bestimmenden Kennzeichen der Schweizer Geschichte. Im Westfälischen Frieden von 1648 und im Wiener Kongress 1815 wurde die Schweiz als unabhängiger Staat anerkannt. Im 19. Jh. und in den zwei Weltkriegen des 20. Jh. behielt die Schweiz ihre neutrale Haltung und schloss sich keiner der Krieg führenden Parteien an. Während des Dritten Reiches (1933–1945) und des Zweiten Weltkriegs (1939–1945) nahm die Schweiz begrenzt Flüchtlinge auf oder war Durchgangsstation für viele. Nach 1945 beteiligte sich die Schweiz unter strikter Beachtung der Neutralität an wichtigen internationalen Einrichtungen, wie z. B. an der UNESCO oder dem Europarat. Eine Annäherung an die Europäische Union fand in jüngster Zeit statt.

Industrialisierung der Schweiz

Im 19. Jh. sank die wirtschaftliche Bedeutung der Landwirtschaft in der Schweiz wie in vielen anderen Ländern Europas auch zugunsten der Industrie. Zunächst wurden Produkte wie Textilien und Uhren in großem Stil in Fabriken hergestellt, bald traten neue Erzeugnisse hinzu, für die die Schweiz bis heute bekannt ist: neben Maschinen und später der chemischen Industrie v. a. Nahrungsmittel. Da die Fabriken in den Tälern standen und dort viel Geld zu verdienen war, zog ein großer Teil der Bergbevölkerung in die Städte. Dies führte dazu, dass die ehemals politisch wichtigen Bergkantone wie Uri oder Graubünden an Bedeutung verloren. Heute ist die Schweizer Wirtschaft außer durch die Industrien für ihr Bankwesen bekannt; seit dem 18. Jh. ist auch der Tourismus eine wichtige Einnahmequelle.

◄ In der Schweiz mussten Eisenbahnverbindungen über die Alpen gebaut werden, wie hier die Berninabahn. Die erste Eisenbahnlinie der Schweiz wurde 1847 eröffnet.

Bundespräsidenten der Schweiz

1952 Karl Kobelt
1953 Philipp Etter
1954 Rodolphe Rubattel
1955 Max Petitpierre
1956 Markus Feldmann
1957 Hans Streuli
1958 Thomas Holenstein
1959 Paul Chaudet
1960 Max Petitpierre
1961 Friedrich Wahlen
1962 Paul Chaudet
1963 Willy Spühler
1964 Ludwig von Moos
1965 Hans Peter Tschudi
1966 Hans Schaffner
1967 Roger Bonvin
1968 Willy Spühler
1969 Ludwig von Moos
1970 Hans Peter Tschudi
1971 Rudolf Gnägi
1972 Nello Celio
1973 Roger Bonvin
1974 Ernst Brugger
1975 Pierre Graber
1976 Rudolf Gnägi
1977 Kurt Furgler
1978 Willi Ritschard
1979 Hans Hürlimann
1980 Georges-André Chevallaz
1981 Kurt Furgler
1982 Fritz Honegger
1983 Pierre Aubert
1984 Leon Schlumpf
1985 Kurt Furgler
1986 Alphons Egli
1987 Pierre Aubert
1988 Otto Stich
1989 Jean-Pascal Delamuraz
1990 Arnold Koller
1991 Flavio Cotti
1992 René Felber
1993 Adolf Ogi
1994 Otto Stich
1995 Kaspar Villiger
1996 Jean-Pascal Delamuraz
1997 Arnold Koller
1998 Flavio Cotti
1999 Ruth Dreifuss
2000 Adolf Ogi
2001 Moritz Leuenberger
2002 Kaspar Villiger
2003 Pascal Couchepin
2004 Joseph Deiss
2005 Samuel Schmid
2006 Moritz Leuenberger
2007 Micheline Calmy-Rey
2008 Pascal Couchepin

Kaiser, Könige, Kanzler

Herrscher des Heiligen Römischen Reiches

Das Heilige Römische Reich wurde verstanden als Nachfolger des Römischen Reiches und hatte etwa 1000 Jahre Bestand. Es gründete zunächst auf der engen Verbindung zwischen den Päpsten in Rom und den deutschen Königen: Über Jahrhunderte wurden viele der gewählten deutschen Könige zum Kaiser des Reiches gekrönt. Für unmündige Könige übernahmen gelegentlich Kaiserinnen die Regentschaft. Später wurde die Königswahl zur Kaiserwahl.

Regierungszeit	Herrscher des HRR
936–973	Otto I. (✣ 962)
973–983	Otto II. (✣ 967)
984–991	Theophanu
991–995	Adelheid
995–1002	Otto III. (✣ 996)
1002–1024	Heinrich II. (✣ 1014)
1024–1039	Konrad II. (✣ 1027)
1039–1056	Heinrich III. (✣ 1046)
1056–1062	Agnes
1062–1065	Anno (Erzbischof von Köln) und Adalbert von Bremen und Hamburg
1065–1106	Heinrich IV. (✣ 1084)
1077–1080	*Rudolf von Rheinfelden*
1081–1088	*Hermann von Salm*
1087–1098	*Konrad*
1106–1125	Heinrich V. (✣ 1111)
1125–1137	Lothar III. (✣ 1133)
1138–1152	Konrad III.
1152–1190	Friedrich I., Barbarossa (✣ 1155)
1190–1197	Heinrich VI. (✣ 1191)
1198–1208	*Phillip* ✳
1198–1218	*Otto IV. (✣ 1209)* ✳

Regierungszeit	Herrscher des HRR
1212–1250	Friedrich II. (✣ 1220)
1222–1235	*Heinrich*
1246–1247	*Heinrich Raspe*
1250–1254	Konrad IV.
1247–1256	*Wilhelm von Holland*
1257–1272	*Richard von Cornwall* ✳
1257–1273	*Alfons von Kastilien* ✳
1273–1291	Rudolf I.
1292–1298	Adolf von Nassau
1298–1308	Albrecht I.
1308–1313	Heinrich VII. (✣ 1313)
1314–1330	*Friedrich III., der Schöne* ✳
1314–1346	Ludwig IV. (✣ 1328) ✳
1346–1378	Karl IV. (✣ 1355)
1349	*Günther*
1378–1400	Wenzel
1400–1410	Ruprecht von der Pfalz
1410–1411	*Jobst von Mähren* ✳
1410–1437	Sigismund (✣ 1433) ✳
1438–1439	Albrecht II.
1440–1493	Friedrich III. (✣ 1452)
1493–1519	Maximilian I. (nennt sich 1508 Kaiser ohne Krönung durch den Papst)

Regierungszeit	Herrscher des HRR
1519–1556	Karl V. (✣ 1530)
Von nun an ließen sich die deutschen Könige nicht mehr vom Papst zum Kaiser krönen, sondern wurden zum Kaiser gewählt.	
1558–1564	Ferdinand I.
1564–1576	Maximilian II.
1576–1612	Rudolf II.
1612–1619	Matthias
1619–1637	Ferdinand II.
1637–1657	Ferdinand III.
1658–1705	Leopold I.
1705–1711	Joseph I.
1711–1740	Karl VI.
1742–1745	Karl VII. Albrecht
1745–1765	Franz I. Stephan
1765–1790	Joseph II.
1790–1792	Leopold II.
1792–1806	Franz II.

HRR = Heiliges Römisches Reich
✣ = Kaiserkrönung
✳ = Doppelwahl
kursiv = Gegenkönige

Preußische Könige

Dem Kurfürsten von Brandenburg Friedrich III. (1657–1713; Kurfürst seit 1688) gelang die Erhebung des Herzogtums Preußen zum Königreich mit Zustimmung von Sigismund I., Kaiser des Heiligen Römischen Reiches. Im Jahr 1701 wurde er als Friedrich I. erster preußischer König.

Regierungszeit	Preußische Könige
1701–1713	Friedrich I.
1713–1740	Friedrich Wilhelm I.
1740–1786	Friedrich II., der Große
1786–1797	Friedrich Wilhelm II.
1797–1840	Friedrich Wilhelm III.
1840–1861	Friedrich Wilhelm IV.
1861–1888	Wilhelm I.
1888	Friedrich III.
1888–1918	Wilhelm II.

Österreichische Kaiser

Franz II., letzter Kaiser des Heiligen Römischen Reiches, erklärte die österreichischen Erblande samt Herrschertitel im Jahr 1804 zum erblichen Kaisertum. Er wurde als Franz I. erster österreichischer Kaiser. Den Titel römischer Kaiser legte er 1806 offiziell ab.

Regierungszeit	Österreichische Kaiser
1804–1835	Franz I.
1835–1848	Ferdinand I.
1848–1916	Franz Josef I.
1916–1918	Karl I.

Deutsche Kaiser

Das Deutsche Kaiserreich wurde 1871 gegründet und bestand aus 25 Einzelstaaten. Kaiser waren jeweils die preußischen Könige. Große politische Bedeutung im Kaiserreich hatten v. a. zu Beginn der Epoche die Reichskanzler. Da im Jahr 1888 drei Kaiser regierten, spricht man vom „Dreikaiserjahr".
Deutschland wurde wie auch Österreich nach dem Ersten Weltkrieg im Jahr 1918 zur Republik.

Regierungszeit	Deutsche Kaiser
1871–1888	Wilhelm I.
1888 (März–Juni)	Friedrich III.
1888–1918	Wilhelm II.

Regierungszeit	Deutsche Reichskanzler
1871–1890	Otto von Bismarck
1890–1894	Leo von Caprivi
1894–1900	Chlodwig zu Hohenlohe-Schillingsfürst
1900–1909	Bernhard von Bülow
1909–1917	Theobald von Bethmann-Hollweg
1917 (Juli bis Okt.)	Georg Michaelis
1917 (Okt.)	Georg von Hertling
1918 (Okt. bis Nov.)	Max von Baden

Zum Weiterlesen

Dreißigjähriger Krieg, Germanen, Habsburger, Heiliges Römisches Reich, Mittelalter, Monarchie, Preußen, Reformation, Republik, Weltkriege sowie die Seiten 372–373 und 376–377

Erdzeitalter

Die Erde ist etwa 4,6 Milliarden Jahre alt. Wissenschaftler, die sich mit der Erforschung der Geschichte der Erde beschäftigen, haben eine Zeitskala erdacht, in die bedeutende Ereignisse der Erdgeschichte eingeordnet werden. Die unten stehende Zeittafel gibt einen Überblick über die Erdzeitalter (auch Ära). Sie beginnt mit dem Präkambrium, als sich die Erdkruste zu bilden begann. Diese Periode umfasst den größten Teil der Erdgeschichte.

Erst vor 570 Millionen Jahren begann mit dem Zeitabschnitt (Epoche) Kambrium das Erdaltertum (auch Paläozoikum). Das Erdmittelalter (auch Mesozoikum) begann vor etwa 250 Millionen Jahren, die Erdneuzeit (auch Neozoikum) vor etwa 65 Millionen Jahren. Zur Erdneuzeit gehört auch die Erdgegenwart oder das Holozän, das am Ende der letzten Eiszeit vor etwa 10 000 Jahren begann und bis heute andauert.

Erdzeitalter			Zeitabschnitt in Jahren
Erdneuzeit	Quartär	**Holozän**	heute–10 000
		Pleistozän Mehrere große Eiszeiten; der moderne Mensch tritt auf	10 000–1,8 Mio.
	Tertiär	**Pliozän** Der Urmensch *Australopithecus* tritt auf	1,8–6 Mio.
		Miozän Mäuse, Ratten, Menschenaffen	6–25 Mio.
		Oligozän Hirsche, Affen, Schweine, Nashörner	25–37 Mio.
		Eozän Zwerghirsche, erste Hunde, Kaninchen, Elefanten, Pferde	37–55 Mio.
		Paleozän Rasche Ausbreitung der Säugetiere (erste Nager)	55–65 Mio.
Erdmittelalter		**Kreide** Dinosaurier sterben aus	65–140 Mio.
		Jura Dinoaurierzeit, erste Vögel, *Archaeopteryx*	140–210 Mio.
		Trias Erste Dinosaurier, Säuger, Schildkröten, Krokodile	210–250 Mio.
Erdaltertum		**Perm** Großes Tiersterben	250–285 Mio.
		Karbon Erste Reptilien, große Kohlesümpfe, Spinnen	285–360 Mio.
		Devon Erste Amphibien, Insekten, Spinnen, Knochenfische	360–410 Mio.
		Silur Riesige Seeskorpione, erste Landpflanzen	410–440 Mio.
		Ordovizium Erste Fische, Kopffüßer, Korallen, Trilobiten	440–505 Mio.
		Kambrium Trilobiten, Korallen, Brachiopoden (Armfüßer)	505–570 Mio.
Präkambrium		**Präkambrium** Erste bakterienartige Lebewesen im Meer vor 4–3,5 Mrd. Jahren; erste Quallen und Würmer vor etwa 700 Mio. Jahren	570 Mio.–4 Mrd

Zum Weiterlesen
Dinosaurier, Erde, Erdzeitalter, Fossilien, Geologie, Urzeitliche Tiere

Pflanzen und Tiere im Überblick

Alle Lebewesen lassen sich je nach Ähnlichkeit ihrer Merkmale und dem Grad der Verwandtschaft in Gruppen zusammenfassen. So entsteht eine Systematik der Lebewesen. Ganz oben stehen die Reiche. Neben dem Tier- und dem Pflanzenreich gibt es drei weitere Reiche: Pilze, Kernlose Einzeller oder Prokaryoten und Protisten (Einzeller). Die nächste Stufe bei den Tieren sind die Stämme, bei den Pflanzen die Abteilungen. Es folgen Klasse, Ordnung, Familie, Gattung und Art. Reicht diese Einteilung nicht aus, werden Untergruppen, etwa Unterabteilungen oder Unterklassen eingeführt. Die unten stehende Übersicht zeigt die wichtigsten Stämme, Abteilungen und Klassen sowie einige ausgewählte Unterklassen, Ordnungen und Familien.

Zum Weiterlesen:
Algen, Art, Bakterien, Biologie, Botanik, Einzeller, Pflanzen, Pilze, Tiere, Zoologie

▲ Die Sonnenblume gehört zur großen Abteilung der Samenpflanzen.

- **Pflanzen**
  - Samenpflanzen
    - Bedecktsamer
      - Zweikeimblättrige
      - Einkeimblättrige
        - Lilienartige – Lilien
        - Grasartige – Gräser
        - Orchideenartige – Orchideen
    - Nacktsamer
      - Nadelhölzer
      - Ginkgogewächse
  - Flechten
  - Moose
    - Laubmoose
    - Lebermoose
  - Farnpflanzen
    - Schachtelhalme
    - Bärlappgewächse
    - Echte Farne
  - Grünalgen
  - Rotalgen
  - Braunalgen

► Alle Getreidearten gehören zur Familie der Gräser.

▼ Die Samen der Nadelbäume bilden sich an den Zapfen.

◄ Stiel, Blätter und Blüten sind die oberirdischen Teile vieler Pflanzen.

◄ Farne gab es schon vor Millionen von Jahren.

► Die meeresbewohnenden Tange gehören zu den Algen. Diese Lebewesen sind ein gutes Beispiel für die Lebendigkeit der Forschung: Zunächst zählten alle Algen zu den Pflanzen. Manche Forschungsergebnisse sprechen jedoch dafür, die einzelligen Algen den Protisten zuzuordnen. Einige Forscher rechnen aufgrund neuester Untersuchungen sogar die mehrzelligen Algen zum Reich der Protisten.

► Der Koala ist ein Beuteltier, das in Australien auf Eukalyptusbäumen lebt.

- **Tiere**
  - Chordatiere
    - Schädellose
    - Manteltiere
    - Wirbeltiere
      - Säugetiere
        - Plazentatiere
        - Beuteltiere
        - Kloakentiere
      - Vögel
      - Reptilien
      - Amphibien
      - Fische
  - Weichtiere
    - Kopffüßer
    - Schnecken
    - Muscheln
  - Stachelhäuter
    - Seesterne
    - Haarsterne
    - Seeigel
  - Gliederfüßer
    - Spinnentiere
      - Spinnen
      - Skorpione
    - Insekten
    - Tausendfüßer
    - Krebse
  - Ringelwürmer
  - Fadenwürmer
  - Plattwürmer
  - Nesseltiere
    - Polypen
    - Quallen
    - Blumentiere
  - Schwämme
- **Pilze**
- **Protisten**
- **Prokaryoten**

◄ Viele Papageienvögel tragen ein farbenfrohes Gefieder.

◄ Seesterne haben keinen Kopf.

◄ Alle Käfer gehören zur Klasse der Insekten.

◄ Der Regenwurm gehört zu den Ringelwürmern.

- Reich
- Stamm/Abteilung
- Unterstamm/-abteilung
- Klasse
- Unterklasse
- Ordnung
- Familie

◄ Die oberirdisch wachsenden Teile von Pilzen nennt man Fruchtkörper.

◄ Manche Nesseltiere sehen aus wie Blumen.

Register

Register

L

Register

Register

Internet-Adressen

Astronomie
http://www.kinder-hd-uni.de/astro/astro7.html
(Seite der Kinder-Universität Heidelberg, auch sonst sehr interessant)

Raumfahrt und Raketen
http://www.esa.int/esaKIDSde/
(Kinderseite der European Space Agency)
http://www.esa.int/SPECIALS/Mission_Possible_de/
(Kinderseite der European Space Agency mit mehreren Unterthemen)
http://www.astronews.com/kalender/startrampe/index.html
(Informationen über Raketenstarts und laufende Weltraummissionen)

Sonnensystem, Planeten, Monde, Kometen
http://www.astronomie.de/sonnensystem/
(Vielseitige Seite mit vielen Links)
http://sunearth.gsfc.nasa.gov/eclipse/eclipse.html
(Informationen der NASA über Sonnenfinsternisse, in englischer Sprache)
http://linpop.zdf.de/ZDFxt/module/space/start.html
(Spannende virtuelle Raumfahrt durch das Sonnensystem)
http://www.quarks.de/themendossiers/weltraum/html-version/unser-sonnensystem/index.html
(WDR-Seite zum Thema Universum)
http://www.quarks.de/themendossiers/weltraum/html-version/das-universum-und-der-ganze-rest/kleine-meteoritenkunde/index.html
(Thema: Meteoriten. Seite des WDR)
http://www.quarks.de/themendossiers/weltraum/html-version/das-universum-und-der-ganze-rest/kometen-schmutzige-schneebaelle/index.html
(Thema: Meteoriten. Seite des WDR)

Universum und Sterne
http://www.3sat.de/3sat.php?http://www.3sat.de/nano/astuecke/44148/index.html
(Was ist das Universum? Die Suche nach der Weltformel)
http://www.astronews.com/index.html
(Der deutschsprachige Online-Dienst für Astronomie, Astrophysik und Raumfahrt)
http://www.quarks.de/themendossiers/weltraum/html-version/das-universum-und-der-ganze-rest/sterne/index.html
(Thema: Sterne. Seite des WDR)
http://www.astronews.com/kalender/sternenhimmel/index.html
(Sternenkarten und Himmelsvorschauen)

Vulkane
http://www.br-online.de/wissen-bildung/thema/vulkane/
(„Feuerspucker und rauchende Riesen"; Seite des Bayerischen Rundfunks)
http://www.kinder-hd-uni.de/vulkane/vulkane0.html
(Seite der Kinder-Universität Heidelberg)
http://www.vulkane.net/
(aktuelle und Hintergrundinformationen)

Mineralien
http://www.mineralienatlas.de/
(Private, gut gemachte Seite zu den Themen Mineralogie, Paläobiologie, Geologie, Bergbau sowie Lagerstätten (Fundstellen))
http://www.minmax.net/index.php?SID=5aopd2k3tstrf1v6fvcllr45uh96spbl
(Community für Mineraliensammler mit vielen Informationen)

Klima und Wetter
http://www.dwd.de/de/de.htm
(Homepage des Deutschen Wetterdienstes)
http://www.deutsches-museum.de/dmznt/klima/index.html
(Informationen des Deutschen Museums zum Thema Klima)
http://www.ipcc.ch/
(Homepage des Intergovernmental Panel on Climate Change, Herausgeber des Klimaberichts, in englischer Sprache)
http://www.kinder-hd-uni.de/natur/nat23.html
(Seite der Kinder-Universität Heidelberg)
http://www.unwetterzentrale.de/uwz/index.html
(Seite mit Informationen über Unwetter und aktuellen Unwetterwarnungen)
http://www.zeit.de/online/2007/09/klimawandel
(Seite der ZEIT zum Thema Klima)

Erdbeben
http://www.sueddeutsche.de/wissen/schwerpunkt/197/95102/
(Hintergrundinformationen über Erdbeben)
http://www.seismo.uni-koeln.de/edu/index.htm
(Informationen der Erdbebenstation Bensberg)
http://lbs.hh.schule.de/welcome.phtml?unten=/themen/erdbeben/beben-150.html
(Kommentierte Linkliste des Hamburger Bildungsservers)

Staaten der Erde
https://www.cia.gov/library/publications/the-world-factbook/docs/faqs.html
(Faktbuch des CIA zu den Staaten der Erde)
http://www.auswaertiges-amt.de/diplo/de/LaenderReiseinformationen.jsp
(Reise- und Länderinformationen des Deutschen Auswärtigen Amtes)

Sport
http://www.dfb.de/
(Homepage des Deutschen Fußballbundes)
http://www.iaaf.org/worldrankings/index.html
(Weltbestenliste des Internationalen Leichtathletik-Verbands)
http://www.deutscherhandballbund.de/
(Homepage des Deutschen Handballbundes)
http://www.formel1.de/
(Informationen rund um die Formel 1)

Die schönen Künste
http://www.deutsches-museum.de/ausstellungen/kommunikation/drucktechnik/?0
(Information zur Sammlung „Drucktechnik" des Deutschen Museums München)
http://www.rundfunkmuseum.fuerth.de/german/index.htm
(Virtuelle Tour des Rundfunkmuseums Fürth)
http://www.tet.uni-hannover.de/sp/geschichte/rundfunk.htm
(Viele Informationen zu Geschichte und Technik des Rundfunks)
http://theater-info.de/theatergeschichte.html
(Informationen über die Epochen der Theatergeschichte)
http://www.theaterheute.de/
(Online-Ausgabe der Zeitschrift „Theater Heute")
http://www.wga.hu/index1.html
(Online Kunstmuseum mit sehr guten Abbildungen und Kommentaren; in englischer Sprache)
http://witcombe.sbc.edu/ARTHLinks.html
(Umfangreiche Linksammlung zur Kunstgeschichte, in englischer Sprache)
http://mfm.uni-leipzig.de/
(Museum für Musikinstrumente)
http://www.lehrer.uni-karlsruhe.de/~za874/homepage/
(Daten der deustschen Literatur)
http://www.dradio.de/portale/literatur/
(Literaturportal des Deutschlandfunks)
http://www.epd.de/film/film_index.html
(Filmseiten des Evangelischen Pressedienstes)
http://www.filmmuseum-berlin.de/
(Filmmuseum)

Fossilien, Dinosaurier
http://www.dinosaurier-interesse.de/
http://www.kinder-hd-uni.de/fossilien.html
(Seite der Kinder-Universität Heidelberg)
http://www.berthold-weber.de/fosslk.htm
(Umfangreiche Linksammlung)
http://www.sfk-oberfranken.de/dinos/frm_dino.htm
(Informaitonen zu Dinosauriern
http://www.palaeontologische-gesellschaft.de/palges/schule/schlagwort/main2.html
(Seite der Paäontologischen Gesellschaft mit vielen guten Abbildungen)

Tiere
http://www.pferde-rassen.de/rasseverzeichnis.htm
(Übersicht über Pferderassen)
http://www.nabu.de/m01/m01_05/
(Seite des Naturschutzbundes zum Thema „Vogel des Jahres")
http://www.vogelstimmen-wehr.de/
(Seite mit Tonaufnahmen von Vogelstimmen)
http://www.planet-wissen.de/pw/Artikel,,,,,,A95BE43C292147E5E0340003BA04DA2C,,,,,,,,,,,,,,.html
(Informationen zu Säugetieren)

Bedrohte Arten
http://www.iucnredlist.org/search/search-basic
(Rote Liste der bedrohten Arten, in englischer Sprache)
http://www.wwf.de/unsere-themen/artenschutz/bedrohte-tiere-und-pflanzen/
(Seite des World Wildlife Fund)
http://www.bpb.de/wissen/MSPOUG,0,0,Bedrohte_Arten.html
(Informationen der Bundeszentrale für politische Bildung)

Gesellschaft und Politik
http://www.wdr.de/online/wirtschaft/euro/geldgeschichte.phtml
(Seite des WDR zur Geldgeschichte)
http://www.geldgeschichte.de/EinfuehrungGGS.aspx
(Geldgeschichtliches Museum der Stadtsparkasse Köln)
http://www.kindernetz.de/infonetz/thema/euro/eurolaender/-/id=32926/nid=32926/did=68846/13it1fj/index.html
(Informationen zumThema „Euro" der Kinderseiten des SWR)
http://www.europarl.de/
(Homepage des Europaparlaments)
http://www.bundespraesident.de/static/KidsQuiz/faq05.htm
(Kinderseite des deutschen Bundespräsidialamts
http://www.bundestag.de/
(Homepage des deutschen Bundestags)
http://www.admin.ch/br/index.html?lang=de
(Webseite der Schweizer Regierung)
http://www.parlament.at/
(Homepage des österreichischen Parlaments)
http://www.unser-parlament.de/aktuelle_themen/themaderwoche.html
(Bundestag und Schule)
http://hdr.undp.org/hdr2006/statistics/
(Human Development Report der Vereinten Nationen)
http://www.unfpa.org/swp/2007/english/introduction.html
(Weltbevölkerungsbericht 2007, in englischer Sprache)

Wissenschaft und Technik
http://www.wissenschaft.de/wissenschaft/home.html
(Umfangreiche Sammlung aktueller wissenschaftlicher Themen)
http://www.learn-line.nrw.de/angebote/gssachunterricht/BU_strom.htm
(Information zum Thema Elektrizität)
http://www.ieap.uni-kiel.de/plasma/ag-piel/vorl/kap30/kap30.html
(Kleine Geschichte der Elektrizität)
http://www.swm.de/de/service/schule/wie-funktioniert.html
(Didaktisch gut aufbereitete Seiten der Stadtwerke München zum Thema Energie)
http://www.ipsi fraunhofer.de/~crueger/farbe/links.html
(Informationen der Fraunhofer-Gesellschaft zum Thema Farben)
http://www.deutsches-museum.de/sammlungen/maschinen/
(Übersicht über die Maschinensammlung des Deutschen Museums)
http://www.wissen.swr.de/sf/03_wis01.php
(Begleitmaterial, Hintergrundinformationen und methodisch-didaktische Hinweise zu den Sendereihen über „Naturwissenschaft und Technik" des SWR Schulfernsehens)
http://www.physikfuerkids.de/lab1/magnet/
(Thema: Magnetismus)
http://www.weltderphysik.de/index.php
(Vielseitige Seite zu verschiedenen Physik-Themen)
http://www.wissenschaft-online.de/
(Wissenschaftsthemen)

Geschichte
http://www.geo.de/GEO/kultur/geschichte/
(Diverse geschichtliche Themen)
http://www.dhm.de/lemo/
(Deutsches Historisches Museum)
http://www.lernen-aus-der-geschichte.de/
(Dieses Webportal publiziert fortlaufend von einer Fachkommission ausgewählte Projekte aus Schulen, Gedenkstätten und Einrichtungen der historisch- politischen Bildung zu den Themen Nationalsozialismus, Holocaust, Zweiter Weltkrieg, Menschenrechte sowie zur Auseinandersetzung darüber heute)
http://www.blinde-kuh.de/ritter/
(Informationen zum Rittertum)
http://www.planet-wissen.de/pw/Artikel,,,,,,B3D18AE608805123E034080009B14B8F,,,,,,,,,,,,,,.html
(Mittelalterseite)
http://www.br-online.de/kinder/fragen-verstehen/wissen/2003/00320/
(Mittelalter: Musik, Ritter, Speisen)
http://www.dhm.de/lemo/html/wk1/index.html
(Seite des Deutschen Historischen Museums zum 1. Weltkrieg)
http://www.dhm.de/lemo/html/wk2/index.html
(Seite des Deutschen Historischen Museums zum 2. Weltkrieg)

Nachweise und Danksagungen

Illustrationen:
Susanna Addario, Anderson Geographics, Marion Appleton, Mike Atkinson, Julian Baker, Julie Banyard, Russell Barnett, Julian Baum, Richard Berridge, Mark Bergin, Remo Berselli, Simone Boni, Trevor Boyer, Lucia Brunelli, Leonhard Büttner, Peter Bull, John Butler, Robin Carter, Harry Clow, M. Coates, Dan Cole, Tom Connell, David Cook, Giampietro Costa, Peter Dennis, Sandra Doyle, Richard Draper, Les Edwards, Bridget Ellison, Gill Elsbury, Dean Entwistle, Andy Farmer, Betti Ferrero, James Field, Michael Fisher, Chris Forsey, Terry Gabbey, Luigi Galante, Lee Gibbons, Peter Goodfellow, Jeremy Gower, Craig Greenwood, Ray Grinaway, Alan Hancocks, David Hardy, Donald Harley, Keith Harmer, Gary Hinks, Adam Hook, Christian Hook, Richard Hook, Andre Hrydziusko, Ian Jackson, John James, Lovell Johns, Kevin Jones, Peter Kesterton, Karl Knospe, Martin Knowldon, Haucke Kock, Arno Kolb, Eddy Krahenbuhl, Milada Krautmann, Mike Lacey, Ruth Lindsay, Bernard Long, Steiner Lund, Chris Lyon, Kevin Maddison, Shirley Mallinson, Janos Marffy, Shane Marsh, David Marshall, Joannah May, Jamie Medlin, Simon Mendez, Justin Moat, Chris Molan, Patrick Mulrey, Steve Noon, Nicki Palin, Alex Pang, Darren Patenden, Robert Payne, Andie Peck, John Porter, Gabor Racsmany, Sebastian Quigley, John Ridyard, Steve Roberts, Bernard Robinson, Susan Rowe, David Salariya, Claudia Saraceni, Laury Sartin, Mike Saunders, Chris Shields, Rob Shone, Nick Shewring, Guy Smith, Clive Spon, Roger Stewart, John Storey, Mike Taylor, Ian Thompson, Mike Trim, Mariano Valsesia, Bob Watton, Joanne Williams, David Wright

Bildnachweis:
(Abkürzungen: l. = links; M. = Mitte; o. = oben; r. = rechts; u. = unten; Abb. = Abbildung)

Archiv für Kunst und Geschichte: 372o.l.; o.r., u.l.; 373o.l.; o.r., u.l.; 376o.l., u.l.; 377o.l., u.r.; 380o.l., u.l., u.M.; Deutsches Rotes Kreuz: 381M.l.; The Bridgeman Art Library/Christie´s Images: 60M.l., 181u.l.; The Bridgeman Art Library/Galleria degli Uffizi, Florenz, Italien: 180u.; The Bridgeman Art Library/Kenwood House, London: 270o.l.; Corbis: 26o.; ILN: 65o.r., 71u.r., 88o., 113u.r., 252o.l.; 343u.r.; Hulton Deutsch Collection 103; Keystone: 373u.r., 380u.r., 381M.r.; Eric Lessing/Magnum Fotos 101r.; Österreichische Nationalbibliothek, Wien: 376r., 377u.l., o.r.; Powerstock/Zefa/Christie's Images: 8r.; Science Photo Library: 333u.r.; Stadt- und Universitätsbibliothek, Bern: 381o.; Urban Niehues: 381u.r.

Der Verlag dankt Boeing Aircraft Corporation für die Abb. S. 192/193 sowie Princess Cruises für die Abb. S. 284/285 oben.

Es wurde jegliche Anstrengung unternommen, alle Rechteinhaber des verwendeten Bildmaterials zu ermitteln und im Bildnachweis aufzuführen. Bei Fehlern bitten wir um Benachrichtigung.